新曲綫 New Curves | 用心雕刻每一本……

用心字里行间　雕刻名著经典

# 人性的六大知识领域

## 人格心理学通览

（第6版）

［美］兰迪·拉森（Randy J. Larsen）
戴维·巴斯（David M. Buss） 著
郭永玉 主译

人民邮电出版社
北京

**图书在版编目（CIP）数据**

人性的六大知识领域：人格心理学通览：第 6 版 /（美）兰迪·拉森著；（美）戴维·巴斯著；郭永玉主译. 北京：人民邮电出版社，2025. -- ISBN 978-7-115-66399-3

Ⅰ. B848

中国国家版本馆 CIP 数据核字第 2025YN5669 号

Randy J. Larsen, David M. Buss

**Personality psychology: Domains of knowledge about human nature**, 6th Edition

ISBN 978-1-259-87049-1



**人性的六大知识领域：人格心理学通览（第 6 版）**

◆ 著　　［美］兰迪·拉森　戴维·巴斯
主　译　郭永玉
策　划　刘　力　陆　瑜
特约编审　谢呈秋
责任编辑　李仙杰
装帧设计　陶建胜

◆ 人民邮电出版社出版发行　北京市丰台区成寿寺路 11 号
邮编　100164　电子邮件　315@ptpress.com.cn
网址　http://www.ptpress.com.cn
电话（编辑部）010-84931398　（市场部）010-84937152
北京奇良海德印刷股份有限公司印刷

◆ 开本：889 × 1194　1/16
印张：38.25　　2025 年 6 月第 1 版
字数：920 千字　　2025 年 6 月北京第 1 次印刷

著作权合同登记号　图字：01-2024-2957 号

定价：258.00 元

**本书如有印装质量问题，请与本社联系　电话：010-84937152**

# 内容简介

作为众多心理学分支交汇的枢纽，人格心理学是所有心理学专业的必修课程，同时也是与普通人关系最密切、最有趣的学科之一。最近几十年，人格心理学进入了黄金时期，每年都会涌现出数以千计的科学论文。然而这些丰硕成果很大程度上尚未被大众所了解，这与人格心理学目前的进展很不相称。因此，这既是一笔财富，也是一个挑战。如何组织现代人格心理学无比广博的知识？如何在专业研究与普通读者之间建立桥梁？这是每一本人格心理学入门教材都需要回答的核心问题。

本书的最大亮点就是为人格心理学繁杂的知识提供了一个良好的组织框架，让读者能够把握当今人格心理学的整体格局。作者按照研究者们因兴趣、视角的不同而自然形成的边界，将人格心理学分为六大知识领域，分别是：特质领域（特质、特质分类和人格特质的发展），生物学领域（生理、遗传和进化），心理动力领域（心理动力、动机），认知/经验领域（认知、情绪和自我），社会与文化领域（社会互动、性别和文化）以及调适领域（压力、应对、健康和人格障碍）。

本书的另一个亮点是除了介绍人格的个体差异层面，还关注了人格的文化、性别等群体差异层面和所有人共有的人性层面，这是很多同类教科书所欠缺的。这种社会结构、文化以及进化史的宏观视角能够让我们在更广阔的背景中审视人性。

中文版第6版的主要更新包括：扩展了对“黑暗三角人格”的介绍；新增了“大六”人格即HEXACO模型；介绍了多项纵向研究和大规模元分析的最新成果；介绍了人格的脑结构和脑功能研究的进展；引入了“行为免疫系统”概念；增加了关于生命故事的新材料；增加了关于自尊变异性的新研究；在气质的性别差异方面做了重大更新；新增了关于人格刻板印象的小节；更新了关于互联网约会网站使用的文化变迁；新增了关于冷血精神病态三元模型及其对应脑区的介绍；介绍了人们在人性的六大知识领域的合作研究以及相互建立联系方面取得的进展。

读完本书，你将对自己有更深刻的认识，同时也能回答一些与生活息息相关的问题，包括：如何最好地概括一个人的人格特征？MBTI靠不靠谱？职业测试该如何使用？人的性格是天生的还是后天养成的，是本性难移还是能够发生改变？精神分析领域有哪些经受了实证检验的精华？我们的哪些看待世界的认知图式可能限制了个人成长？什么样的人更容易体验到幸福？什么样的人更可能长期维持亲密关系？人格与健康、长寿和疾病有什么关联？如何理解压力以及如何应对压力？等等。

# 作者简介

**兰迪·拉森（Randy J. Larsen）**于 1984 年在伊利诺伊大学香槟分校获得人格心理学博士学位。1992 年，他被美国心理学协会（APA）授予“人格心理学学术新人杰出科学成就奖”，1987 年获得美国心理健康研究院（NIMH）颁发的科学研究发展奖。他曾担任《人格与社会心理学杂志》（*Journal of Personality and Social Psychology*）和《人格与社会心理学公报》（*Personality and Social Psychology Bulletin*）期刊的副主编，以及《人格研究杂志》（*Journal of Research in Personality*）、《普通心理学评论》（*Review of General Psychology*）和《人格杂志》（*Journal of Personality*）等期刊的编委。他在人格心理学领域发表了 100 多篇论文，并且被美国科学信息研究所（ISI）列为在该领域被引用率最高的 25 位科学家之一。他的著作包括《主观幸福感科学》（*The Science of Subjective Well-Being*）和《人格心理学中的抉择》（*Taking Sides in Personality Psychology*）。拉森是美国心理健康研究院和国家研究委员会的多个科学评审小组的成员，美国心理学协会和心理科学协会（APS）资深会士。他的人格心理学研究得到了美国心理健康研究院、国家科学基金会、国家老龄化研究所、认知神经科学 McDonnell 基金以及 Solon Summerfield 基金的资助。2000 年，他当选美国中西部心理学会主席。拉森曾在普渡大学和密歇根大学任职，后在圣路易斯华盛顿大学担任心理学系主任、威廉·斯图肯贝尔人类价值观与道德发展讲座教授。拉森于 2022 年 10 月 25 日在美国去世，享年 68 岁。

**戴维·巴斯（David M. Buss）**于 1981 年在加州大学伯克利分校获得心理学博士学位。他曾就职于哈佛大学和密歇根大学，1996 年在得克萨斯大学奥斯汀分校获得教席并一直执教至今。巴斯于 1988 年获得美国心理学协会（APA）授予的“人格心理学学术新人杰出科学成就奖”，1990 年被美国心理学协会授予 G. Stanley Hall 奖，2001 年获得美国心理学协会颁发的杰出科学教授奖。巴斯的著作包括：《欲望的演化：人类的择偶策略》修订版（*The Evolution of Desire: Strategies of Human Mating*, 2016），该书已被译为 10 种语言；《进化心理学：心理的新科学》第 5 版（*Evolutionary Psychology: The New Science of the Mind*, 2011），该书获得 Robert W. Hamilton 图书奖;《危险的激情:为什么嫉妒与爱和性一样是必需的》(*The Dangerous Passion: Why Jealousy Is as Necessary as Love and Sex*, 2000),该书被译为 13 种语言;两版《进化心理学手册》(*The Handbook of Evolutionary Psychology*, 2005, 2016)。巴斯发表了 300 余篇(部)科学论文或著作,同时还为《纽约时报》和《泰晤士高等教育增刊》撰写文章。他入选了 ISI 全球引用率最高的心理学家名单,还曾入选现代最杰出的心理学家榜单和 50 位最具影响力的在世心理学家榜单。2017 年,他获得了美国心理科学协会(APS)颁发的终身成就导师奖。他在全美各地及海外讲学,有一大批跨文化研究的合作伙伴。巴斯特别热爱教书,曾荣获得克萨斯大学校长杰出教学奖。

# 译者简介

**郭永玉**，南京师范大学心理学院教授、博士生导师、人格与社会心理研究所所长。兼任教育部高等学校心理学类教学指导委员会委员，中国心理学会常务理事、心理学与社会治理专业委员会主任，江苏省心理学会副理事长。曾任华中师范大学助教、讲师、副教授和教授（1991—2017年），中国心理学会理论心理学与心理学史专业委员会主任（2019—2020年）、人格心理学专业委员会副主任（2005—2017年）。主持国家自然科学基金、国家社会科学基金、教育部人文社科基金等资助的多个科研项目，在中英文期刊上发表论文200余篇，出版专著、译著及主编或参编学术著作或教材10余部；获得中国心理学会学科建设成就奖、教育部高等学校科学研究优秀成果奖（人文社会科学）、全国教育科学研究优秀成果奖、全国教育图书奖、湖北省社会科学优秀成果奖、湖北省高等学校教学成果奖等多项奖励，并被评为“湖北省优秀教师”。主要研究领域为人格与社会心理学，聚焦于中国现代化进程中的社会问题研究。

# 译者序

## 黄金时期的人格心理学

人格心理学创建者之一默里（Henry A. Murry, 1893—1988）指出，人格心理学研究个人（person），并将个人视为一个整体。但要研究整体，仍需要对其加以分析，只是应该在整体观的前提下进行分析。人格心理学家大体从三个层面分析一个人。第一，人类本性的层面（the human nature level），即一个人首先是人，与所有人相似（like all others）。第二，个体差异和群体差异的层面（level of individual and group differences），即一个人与部分他人是相似的（like some others），个体之间的差异仅仅是程度的差异而已，如外向的程度不同等等，并且一个人与其所在群体的其他成员是相似的，但与其他群体的成员明显不同。第三，个人唯一性的层面（the individual uniqueness level），即一个人不同于任何人的、独特的、不可重复、不可替代的特征（like no others）（Kluckhohn & Murry, 1953）。在此三个层面中，"与所有人相似"的层面是基础，要在理解人类本性的基础之上，再来探讨"与部分他人相似"的层面和"不同于任何人"的层面。因此，人格心理学关心的是人性问题，它既关心人的共同性（human nature），也关心个体差异（individual differences）。而英文 personality 一词，从字面上看，就是"人性"的意思*。当然，也可以说整个心理学科都是研究人性的，或者心理学的各个分支都是研究人性的。但正如本书作者所言，人格心理学似乎处于心理学各分支交汇的枢纽上，因为其他分支往往侧重研究人性的某一方面（如生理心理学、社会心理学）或侧重于一个视角（如发展心理学），人格心理学则将人（person）视为整体，它几乎与所有分支都直接关联，并提供知识和理论的支撑。

这种学科定位或领域界定注定了人格心理学的宏大性、复杂性和艰巨性。宏大性是指人格心理学的领域非常宽泛，从生理、遗传、进化，到社会、历史、文化，都要纳入研究的视野，因为它们在理解人这件事上都是不可或缺的。复杂性是指人是世界上最复杂的存在，影响人格的不同因素不仅多样而且交互作用，错综复杂，将整体的人作为研究对象无论在理论上还是方法上都是一个极大的挑战。领域的宏大性和对象的复杂性注定了研究的艰巨性。当然，还有很多兄弟学科也具有这些特点，我这里强调的是人格心理学作为心理学的一个分支而不是作为心理学这一上位学科的特点，因此它的确具有自己的特殊性。正是这种特殊性吸引着一些心理学家

---

* 类似构词法的单词，习惯上都翻译为"……性"，如 emotionality, activity, sociability，依次翻译为情绪性、活动性、社会性。

去迎接这些挑战。为此，早期的人格心理学家致力于创建宏大理论，进而总体而言，人格心理学的知识发展呈现出先理论后研究，先宏观后微观的轨迹。这里所说的人格理论（theory）是心理学家对人性及其差异进行描述和解释，从而对人的行为进行预测和改变所使用的概念体系。人格研究（research）是指人格的经验研究或实证研究，是研究者验证变量之间关系假设的一种活动。理论总体上侧重于假设，也更宏观，研究则侧重于对假设进行验证，更具体和微观。当然，理论的创建离不开研究，而研究也需要从理论出发提出假设。如潜意识理论建立在早期创伤性经验与神经症之关系的临床证据基础上，行为的强化理论建立在不同强化物与反应概率的因果关系的证据基础上。研究与理论的关系在于：研究只是为了验证理论并在理论的指导下进行。这是人格心理学的传统体系，即以大理论为框架的知识体系。我们所熟知的精神分析、行为主义、人本主义、特质理论、认知理论等“大理论”，主要关注的都是从整体上解决人格的结构、动力、形成与发展，以及人格改变的可能、机制与方法等宏观问题。尽管每一种理论也只是从某一种视角来解决问题，但这些理论家几乎都认为自己是在整体上探讨人格的问题。所以，在人格心理学的历史上，理论先于研究，大理论是人格心理学的基石。

但在近几十年间情况发生了巨大的变化，除了理论的发展，更多的人格心理学家则是围绕一些明确的问题（issues）或主题（topics）展开研究。有些主题明显受某种大理论的影响，例如“依恋关系”概念来自精神分析理论；有些主题与某种大理论没有特定的联系，例如社交焦虑，可以用多种大理论来解释；更多的研究受大理论的影响较少，例如A型行为，它们在经验中产生，研究者通过具体的实证研究逐步形成特定的理论。此外，人格心理学家始终没有放弃对人格的基本问题的探讨。例如：天性与教养在人格形成与发展中的作用，以及它们各自又是如何起作用的？人格在多大程度上具有跨时间的稳定性和跨情境的一致性？根据人格预测行为是否可行？等等。在此基础上，形成特定的理论。随着研究的发展，新的知识越来越超出了原有几大理论的范畴。在以研究为主要内容的知识体系中，研究与理论的关系在于：理论服务于研究，服务于具体问题的解决，而不是试图解决人格领域的所有主要问题。这些问题或专题越积越多，研究也越来越深入，如何将这些新的知识吸收到教科书中来，如何处理理论与研究这两大知识模块的关系，也就成为人格心理学家不得不面对的挑战。

当然，人格心理学家还致力于评鉴（assessment）和应用（application），只是评鉴服务于理论和研究，并以理论和研究为根据；应用也是理论、研究和评鉴方法的应用，所以，实际上人格心理学的基本知识主要由人格理论和人格研究两大部分构成。如何将不同理论观点、不同研究发现整合到一个好的知识体系或教科书框架之中？这是摆在21世纪所有人格心理学教科书作者面前的共同难题。

已有的人格心理学教科书大体有四种体系。第一种是大理论框架，也就是一些人格理论派别，这种框架提供了心理学大师们对人的各种解说，但如上所述，经典人格理论不能完整体现当代人格心理学全貌，不能组织、吸纳和整合人格心理学领域不断增长的具体研究成果。第二种框架是以大理论来整合问题研究，试图将不同取向的理论与问题研究整合起来，但仍以大理论为线索，虽整合了一些问题研究成果，但这种整合是在大理论的统领之下的，往往割裂了问题之间的联系。问题研究的成果不仅没有被很好地整合到理论体系中，反而被切割得支离破碎。被呈现出来的问题研究成果是片段性的、相互孤立的，只是大理论的派生物或附属物。第三种框架是大理论与问题研究相加，这种框架打破了大理论统整一切的局面，避免了将当前丰富的研究成果分别填塞到不同学派之下的尴尬，为问题研究及其成果被组织、吸纳和整合到教科书体系中争得了空间。但这种框架主要由两大块组成，二者之间几乎没有逻辑联系，而且仍以大理论为主，仅涉及少数几个研究主题，不能反映人格研究的丰富性。第四种是问题中心框架，完全抛开传统的大理论或让这些理论服务于具体问题的解决。这种框架给人以耳目一新之感，代表着当代人格心理学体系建构的新趋势。但第四种思路很可能要冒很大的风险，即顾及了学科的前沿性，却失去了知识结构的系统性和完整性，因为主题之多，相互关系之复杂，很难建构起一种完整的系统来呈现人格心理学丰富而又庞杂的知识。

本书大体属于第四种框架，并且较好地解决了这种思路可能面临的难题。作者明确指出要为人格心理学繁杂的知识提供一个良好的组织框架，让读者能够把握当今人格心理学的整体格局。作者按照研究者们因兴趣、视角的不同而自然形成的边界，将人格心理学分为六大知识领域，不同领域揭示人格的不同侧面，集六大领域知识之总和，形成完整的人格心理学知识体系。这是一种令人欣喜的尝试，因为这六大领域的划分，既是对本学科已有知识的重新组织，也反映了当前的研究趋势。这六大领域分别是：

第一，特质领域。人格心理学以个人为研究对象，认识个人通常始于对个人特质（traits）的描述。关注人格特质的心理学家试图找到描述个体差异的基本维度，即那些稳定的基于天性的特质（disposition）。* 如何找到这些基本维度？究竟有哪些维度？如何进行分类？这些维度在个体一生发展历程中的稳定性与可变性如何？人格测验涉及哪些理论和测量学问题？对这些问题的探索构成了第一部分的内容。科学研究往往始于描述，描述性研究是解释性研究、预测性研究和控制性研究的基础。

第二，生物学领域。要对人格特质进行解释，涉及许多复杂的层面，其中生物性是人格的基本层面，也是人类本性的基础。作者从遗传、生理和进化三个方面总结了心理学家对人格之生物性的研究成果，分别涉及行为遗传学、生理心理学（特别是神经科学）以及进化心理学这三大当代活跃的科学领域。在人格心理学的知识框架内，我们也可以将生理、遗传、进化理解为人性生物学的三个递进层次：生理是当下个体的身体功能状况，遗传是来自父母的基因特征，而进化则进一步追溯到祖先的生存适应机制。

第三，心理动力领域。人格虽有其生物性基础，但更是一种心理性的存在。人格研究必然从生物学层面进入到心理性层面，从人格的生理机制上升到心理机制。心理动力领域，一方面与生物性存在着密切联系，另一方面又超越了生物性，为人格的其他层面提供动力来源。作者在这一部分介绍了弗洛伊德开创的精神分析学派和以马斯洛、罗杰斯为代表的人本主义理论及其在当代引发的各种研究，还包括当代的人格动力研究，如成就需要、权力需要和亲密需要。过去的人格心理学往往一开始就用很多篇幅讲精神分析，本书将精神分析作为人格动力领域的主要理论，既重视了这一学派的特殊贡献和价值，也将其置于当代人格心理学知识体系的适当地位上。

* disposition 意为性情、性格、倾向，从本书上下文看，就是指人格的基本特质，这种特质也就是特质理论（trait theory）所要揭示的东西，作者也指出这两个单词可以交换使用，因此将 disposition 和 trait 都翻译为特质更便于阅读和理解。

第四，认知/经验领域。认知是人格的重要功能领域，人要知觉和解释世界，并且不同的人知觉和解释世界的方式不同。同时，目标的设立和实现策略的选择则是人的认知功能的主观性和能动性的重要体现。此外，人们通常还将认知与情绪相提并论。自古以来，知和情都被视为人性经验的基本因素，且两者之间紧密相关。情绪自然受到人格心理学家的关注。人与人之间在情绪上既有共同性更有明显的差异性，心理学家试图从状态、特质、类型等方面对其进行描述和解释。人的知和情既能够以外界为对象，也能够以自我为对象。以自我为对象和内容的意识就是自我意识，包括自我概念、自尊和自我同一性等不同的方面。所以这一部分主要综合了人格心理学关于认知、情绪和自我的研究。

第五，社会与文化领域。人格要以基因和神经系统为基础，并可以追溯到漫长的进化历程，但人格更要受到个体所处的社会、文化背景的影响，反过来，一个人的人格也影响他人和社会，并且文化也是人创造的。个体在与他人的互动中，在性别、种族的差异上，无处不显露出社会情境和文化背景影响的痕迹。对人格与社会交往、人格的性别差异和文化差异的关注也是作者特别强调的本书特色，也就是说，这本人格心理学不仅重视个体差异，也重视群体差异。其中，性别心理学、文化心理学是当代心理学的热点，直接关系到个人的身份认同，与每个人的生活经验甚至自我价值体验息息相关。

第六，调适领域。个人在应对和适应生活中的压力事件时，人格起着关键的作用。同时，应对与调整的历程也可能使人格发生改变。人格还与某些身心疾病如心脏病之间存在关联，还会影响与健康状况密切相关的行为，如吸烟、酗酒等。而人格障碍本身则是心理疾病分类中的一部分。人格健康问题不仅关系到个人的生活质量，也关系到周围人的感受和社会的和谐。全书将调适和健康问题作为人格心理学六大知识领域的最后一个领域，因为这一领域具有较强的应用性，而且体现了人格心理学对人的健康与幸福的关怀。

六大知识领域加上导言与结论（介绍人格心理学学科本身的界定、任务、方法、现状与未来走向等），以及人格的评鉴、测量和研究设计，全书一共20章。

通过以上我对本书内容结构的介绍，读者不难发现作者对人格心理学六大领域的划分不是生硬的、牵强的，不仅有其自身的逻辑依据，而且反映了学科研究的实际状况。作者除了依次介绍各领域的理论和有关研究，还探讨了该领域区别于其他领域之处，并特别强调各领域与整体人格的关系，以及它们之间如何相互作用构成整体人格。

本书的两位作者拉森（Randy J. Larsen）教授和巴斯（David M. Buss）教授都是当今人格心理学界的著名人物。在出版这本书之前，两位作者就曾有过数次合作，联合发表多篇论文。拉森教授的主要学术兴趣在情绪控制研究，但他总是将自己视为人格心理学家。他因为对人格心理学的杰出贡献而在1992年获美国心理学协会（APA）颁发的"人格心理学学术新人杰出科学成就奖"（Distinguished Scientific Achievement Award for Early Career Contributions to Personality Psychology），并于2000年当选中西部心理学会主席。拉森先后执教于普渡大学、密歇根大学和圣路易斯华盛顿大学。令人惋惜的是，2022年，拉森教授永远离开了我们。巴斯教授是进化心理学的主要代表人物。他从1996年开始任教于得克萨斯大学。在此之前，他曾就职于哈佛大学和密歇根大学。他曾在2001年荣获美国心理学协会（APA）颁发的"杰出科学教授奖"（Distinguished Scientist Lecturer Award）。他不仅是一位杰出的学者，还是一位多产的作家。发表学术论文 300 余篇，并为《纽约时报》等报刊撰写文章。他先后出版多部学术著作，其中有些著作被翻译成十多种文字，在世界各地出版发行。两位作者都有多年的教学经验，深知教与学的原理。他们编写的这本教科书内容丰富有趣，表述流畅。

作者说人格心理学在最近几十年进入了“黄金时期”，因此他们一直怀着极高的热情将这个充满活力的领域的新成果及时吸收到自己的教科书中。这部教科书的第 1 版于 2002 年出版，现在大家看到的是第 6 版。第 6 版秉承了之前各版的基本结构，并补充了大量近年来人格心理学领域的新研究成果。如关于冷血精神病态三元模型及其对应脑区；关于互联网约会网站使用的文化变迁；关于人生故事的研究；作为公众热点的 MBTI 是否靠谱；我们有哪些看待世界的认知图式可能限制了个人成长；什么样的人更容易体验到幸福；什么样的人更可能长期维持亲密关系；人格与健康、长寿和疾病有什么关联；如何理解压力以及如何应对压力；等等。

第 6 版还增加了一些有趣的研究发现。如外向的人更少可能为退休存钱；内向的人在闲暇时更喜欢深山而不是大海；情绪不稳定的人更容易在压力下“窒息”；高开放性的人在政治上更倾向于自由主义；低尽责性加低随和性能够预测学术不诚实；高感觉寻求者喜欢冒险的赌博和危险的性行为；自恋者会更多地发自拍，会更频繁地更新网上个人资料照片，并且花更多的时间在社交媒体上；在择偶领域，自恋者惯于玩弄操控对方的把戏，更有可能使用胁迫和侵略性的性策略；在性别差异方面，女性在热情和乐群性方面得分高于男性，男性则在果敢和刺激寻求方面得分高于女性；来自较低社会经济地位的人可能更慷慨和乐于施予，尽管他们拥有的资源更少；高度神经质的人会制造更多的冲突和分歧，在争吵后他们的情绪低落往往也会持续更长时间；青春期早熟与抑郁症状之间的相关仅在社会经济地位较高的群体中出现，而在社会经济地位较低的群体中未见显著关联；等等。

本书的主要特点:第一，强调人格的整体性。作者反复论及人格分析的三个层面，即与所有人相似（like all others）、与部分他人相似（like some others）和不与任何人相似（like no others），从共同人性、群体差异性和个体独特性三个相互联系的层面了解整体的人格。

第二，注重联系性。作者不仅在内容上注重六个领域之间的联系，在章节编排上亦注重学习的联系性。每章都设置有练习、阅读、应用等环节。根据练习的要求，读者有机会结合本章的关键概念，自己尝试着收集相关信息；通过背景资料的阅读，读者可以了解观念的演变与研究的发展历程；在应用环节上，作者会叙述一个研究主题在当代是如何被探究的，有时还会评介当代的一个研究例证。

第三，体系新颖性。如前所述，将人格心理学划分成六大知识领域，在此架构下揭示人性及其个体差异，是一种全新的尝试。

其实三个特点可以归结到一点上，这就是整合。整合是新世纪人格心理学的基本主题。如何整合？目前仍处在百家争鸣阶段。迄今为止，无论英文还是中文版本的人格心理学都已经出现很多种不同的体系，要形成共识还有待时日。目前也许可以形成以下共识：第一，还没有公认的体系。第二，不能只讲人格理论，甚至不要用太多时间专门讲人格理论。也就是说，人格理论不是人格心理学知识体系的全部，也不适合占有大部分篇幅，要尽力去压缩和凝练经典的人格理论。第三，人格理论仍是人格心理学知识体系的基石。离开了人格理论，人格心理学的知识就会显得更加繁杂和碎片化，这个学科就失去了从整体上描述和理解人性及其个体差异的学术使命。第四，不展开讲精神分析。但不意味着精神分析不重要，精神分析是重要的人格理论，更是20世纪影响人类现代文明的重要思潮，这是基本认识。但在今天的人格心理学知识体系中，由于大量新理论和研究的出现，我们不得不压缩精神分析所占的篇幅。第五，人格心理学的知识起点，也就是逻辑起点是特质。要从特质讲起，无论采用何种体系。即使讲人格理论也最好从特质理论讲起，然后依次生物学理论、学习理论、精神分析、现象学理论。其实，如果考察常识心理学和心理学史就会发现，从特质的视角看待人的性格在中西方都是古已有之的，孔子在《论语》中经常谈到不同人的性格特点，还有古希腊罗马医学有关性格分类的描述都是证明。第六，生物学视角的理论和研究以及社会文化视角的理论和研究构成了当代人格心理学最活跃的领域，生理、遗传、进化，社会、历史、文化，这两大视角的知识积累与整合是未来人格心理学的发展趋势和挑战。

如果你不了解人格心理学，本书会使你对该学科发生兴趣；如果你对人格心理学已有兴趣且有所了解，它会使你的知识更加系统深入；如果你已经系统地了解了人格心理学，它会为你提供一个新的组织知识的框架，以及富有时代气息的各种生动、丰富的研究成果。这是一本对心理学专业的师生以及其他专业的心理学爱好者都很有用的书，因为它向我们呈现了一幅完整而丰富的人格图景。尽管如此，本书也只是人格心理学短暂历史所积累知识的阶段性总结。面对人性，面对他人和我们自己，我们的知识还是太有限了。在认识人自身的道路上，我们仍需谦恭而执着地前行。

翻译是一项浩繁的工作，要做到“信、达、雅”更是要花去大量的时间查阅与推敲。我们采用了分工协作的方式。第6版译稿是在第2版译稿基础上增删修改而成的。第2版翻译分工如下：序言、导言，郭永玉、孙灯勇（武汉理工大学教授）；第一编，陈继文（江汉大学副教授）；第二编，贺金波（华中师范大学教授）；第三编，孙灯勇；第四编，杨子云（中南财经政法大学教授）；第五编，马一波（湖北民族大学副教授）；第六编及总结与展望，刘娅（湖北中医药大学教授）。陈继文、韩磊（山东师范大学教授）、喻丰（武汉大学教授）、胡小勇（武汉大学副教授）分别对译稿进行了反复校对加工，还有多位人格研究方向的研究生和修读人格心理学课程的2008级本科生阅读了译稿并提出了修改意见。郭永玉组织翻译并审校了全部译稿，华中科技大学陈建文教授审校了部分译稿。在此向参与第2版翻译工作的同仁们表示感谢！*

第6版翻译工作的分工如下：第1章于泽坤，第2章黄兴，第3章张唯茹，第4章曾昭携，第5章顾玉婷，第6章尹旭超，第7章茆家焱，第8章任怡丹，第9章唐纪芸，第10章张唯茹，第11章于泽坤，第12章黄兴，第13章尹旭超，第14章茆家焱，第15章曾昭携，第16章顾玉婷，第17章吴婷婷，第18章王阳，第19章李静，第20章吴婷婷。博士生解晓娜（已毕业并任教于南京邮电大学）翻译作者简介、序言和目录并协助我统稿。我负责全书统稿。

感谢刘丽丽编辑、李仙杰编辑等人的辛勤付出。

尽管我们很认真，但我们知道一定还有翻译得不够好甚至错误的地方，恳请读者提出宝贵的修改意见。

**郭永玉**

**2024年11月9日**

**于金陵随心斋**

---

* 以上括号中所注是他们现在的头衔，当年他们都还是研究生。

# 简要目录

## 导　言



## 第一编　特质领域



## 第二编　生物学领域



## 第三编　心理动力领域



## 第四编　认知 / 经验领域



## 第五编　社会与文化领域



## 第六编　调适领域



## 总　结

# 目　录

## 总 结

# 前　言

我们把毕生奉献给人格的研究，并相信这是心理学中最令人兴奋的领域之一。因此，当看到对本书前几版感到满意的读者发来的大量电邮、信件和评论时，我们由衷地感到欣慰。同时，准备第 6 版被证明是一段令人谦卑的经历：在人格心理学领域，振奋人心的研究文献层出不穷、令人敬畏，所以，本书不仅需要更新，也需要增加大量新内容。而且，我们在撰写第 1 版时确定的一些重要原则和方式，业已证明有着先见之明。

我们没有围绕传统的人格宏大理论来组织内容，而是精心设计了一个框架，使之涵盖人格功能的六大重要知识领域。这六个领域分别是特质领域（特质、特质分类和人格特质的发展），生物学领域（生理、遗传和进化），心理动力领域（心理动力、动机），认知/经验领域（认知、情绪和自我），社会与文化领域（社会互动、性别和文化），以及调适领域（压力、应对、健康和人格障碍）。我们认为这些知识领域代表了人格心理学的现状，并且自第 1 版出版以来，该学科的进步一直在证实着这个信念。

本书前几版与其他教材的重要区别在于，我们强调文化、性别和生物学，而这些领域在近几年里都取得了巨大的进步。我们也很高兴见证了人格的六大知识领域中每个领域的长足发展，它们构成了本书组织的核心。

我们一直希望这本书能够反映人格的所有重要领域，也一直期望捕捉到人格科学令人兴奋之处。在第 6 版中，我们尽最大的努力来接近这一愿景。我们认为，人格心理学领域业已进入黄金时期，希望我们在第 5 版基础上所做的改进和修订，以一种前所未有的方式揭示了一个充满活力的学科。毕竟，没有任何其他学术领域像人格心理学那样，如此贴近并致力于揭示完整的人性。

在这一版中，每一章我们都做了一些深思熟虑的删减，以便为过去几年新增的研究成果提供空间，也让全书体量稍微变得更小且更经济。第 6 版新增的重要内容简述如下。

### 第 1 章：人格心理学概观

- 只有少量修改，精简了文字，更新了语言以反映现代用法，比如在一些地方用 gender（性别；强调社会性）而不是 sex（性，性别；强调生物性）。

### 第 2 章：人格评鉴、测量和研究设计

- 关于经验取样法的新讨论，包括基于各种社交媒体平台、智能手机和可穿戴设备的取样。讨论了这些新数据来源的优点和不足。
- 关于社会称许性反应定势的新讨论。笃信宗教的人倾向于夸大自己的随和性，部分原因是他们认为随和是一个受到社会高度赞许的特质。

### 第 3 章：特质与特质分类

- 扩展了对“黑暗三角人格”的介绍，这是一个以冷血精神病态、自恋和马基雅维利主义为特征的人格特质群。
- 介绍了更多与主要人格特质或特质组合相关的变量。例如，外向的人更少可能为退休存钱；内向的人在闲暇时更喜欢深山而不是大海；高尽责的人更有可能在退休后做志愿者工作；情绪不稳定的人更容易在压力下“窒息”；高开放性的人在政治上更倾向于自由主义；低尽责性加低随和性能够预测学术不诚实。
- 新增了 HEXACO 人格模型：诚实谦逊（H）、情绪性（E）、外向性（X）、随和性（A）、尽责性（C）和对经验的开放性（O）。跨文化研究表明，该模型比五因素模型更全面。本章讨论了与诚实谦逊这一新因素相关的有趣变量。它能够预测人们在实验游戏中是倾向于合作还是欺骗、是否有虔诚的宗教信仰以及是否会真诚道歉。低分能够预测破坏他人工作、犯罪和做出其他剥削行为的倾向。

### 第 4 章：特质心理学中的理论与测量问题

- 增加了关于个体—情境交互 / 相互作用以及人格一致性的新材料。
- 增加了关于将人格特质看作特定行为在时间中的密度分布的新材料。
- 增加了关于工作场所诚实性测试的新材料，区分了直白的测试和隐蔽的测试。
- 新增了一个练习，通过工作分析，用人格来帮助人员选拔。

### 第 5 章：人格特质跨时间的发展：稳定性、连贯性和变化

- 一项为期 21 年的纵向研究显示，男孩和女孩的活动水平有中等的稳定性。
- 另一项芬兰研究显示，成人人格的五因素模型具有稳定性。
- 在德国和日本的研究发现，随着年龄的增长，情绪稳定性会增加（即神经质水平降低）。
- 神经质与压力生活事件存在双向联系，即高神经质可以预测未来会更多地经历压力生活事件；反过来，随着年龄的增长，那些经历过很多压力生活事件的人神经质水平也会上升。
- 与选择生孩子的女性相比，选择不生孩子的女性的女性化得分更低。
- 关于坚毅（Grit）对教育和成就的预测力的大型元分析表明，坚毅与尽责性有很大的重叠，但坚毅的“毅力”子成分确实显示出一定的增量预测力，另一个子成分“对目标的热情”则不然。
- 多项研究表明，进入成年人的角色（进入一段严肃的恋爱关系、为人父母或投身于工作）会提高尽责性特质的水平。

### 第 6 章：遗传学与人格

- 总结了近期关于人格遗传率的大规模元分析的发现。
- 新增了在五个国家实施的关于政治态度（从保守主义到自由主义）可遗传性的新研究。
- 扩展了关于基因如何影响婚姻结果（比如关系满意度）的内容，以便介绍基因在幸福感和生活满意度中的作用。
- 增加了关于基因与环境交互的研究。例如，一项研究发现，青春期早熟与抑郁症状之间的相关仅在社会经济地位较高的群体中出现，而在社会经济地位较低的群体中未见显著关联。此外，一项有趣的研究显示，在幸福与不幸福的婚姻

中人格的表现方式不同。

- 一项元分析发现，表现出反社会行为（一种具有中等遗传性的特质）的孩子，往往会引发试图遏制其行为的父母的严厉管教。
- 讨论了一种颇有前景的新方法——全基因组关联研究，它可以快速考察整个基因组与人格的联系，有可能带来更快的科学进步。

第 7 章：人格的生理取向

- 关于人格与脑结构和脑连接相关联的新材料，新增了介绍人类连接组计划的阅读专栏。
- 关于多巴胺功能及其与外向性特质的关系的新材料。
- 关于“百灵鸟型”—“猫头鹰型”与亲密关系的新材料。
- 更新关于额叶不对称性的研究总结。

第 8 章：人格的进化观

- 将厌恶情绪看作行为免疫系统的组成部分进行了讨论，回顾了支持这种情绪具有预防疾病的重要功能的证据，例如，回避受污染的食物甚至感染疾病的人。新增了讨论厌恶情绪的阅读专栏。
- 新的研究表明“归属需要”的适应性在生命早期就已显现，讨论了关于社会排斥对儿童焦虑的影响，以及儿童为了重新被纳入群体而尝试模仿的研究。
- 亲属关系的重要性：研究发现，人们愿意为亲属忍受更多的身体痛苦（尽可能长时间保持难受的身体姿势），这种愿意程度与亲属关系的密切程度或遗传相关性相关。
- 关于亲属关系的更多内容：人们在写遗嘱时更倾向于将现金和其他资产留给血缘关系更近的亲属。
- 嫉妒的性别差异：新研究显示，无论是在瑞典和挪威那样性别平等程度高的文化中，还是在纳米比亚的辛巴族（Himba）这样的传统文化中，嫉妒的性别差异都非常显著。
- 择偶偏好的性别差异：这些心理性别差异相当显著，大致与身高和上肢肌肉强度的性别差异相当。仅凭一个人的择偶偏好，就可以相当准确地预测其生物性别，准确率高达 92%。
- 同意陌生人的性邀约：关于同意与陌生人发生性行为的性别差异已经在其他国家得到了有力验证，包括法国、德国和丹麦，这是个重要的发现。
- 拓展了关于反应遗传性（依赖于身体强壮度和外貌吸引力等条件的人格特质）的理论和研究的介绍。

第 9 章：人格的精神分析取向

- 关于无意识决策和意识外思考的新材料。
- 对压抑型应对风格新研究的总结，包括其收益和潜在的大脑机制。
- 关于自我损耗的新研究及其与弗洛伊德心理能量理论的关联。

第 10 章：精神分析取向：当代的议题

- 关于生命故事和自我同一性的新材料。
- 关于早期依恋经历与成人恋爱关系的新研究以及依恋理论的最新扩展。
- 新研究表明，依恋风格最好用维度而不是类别的形式来理解和测量。

第 11 章：动机与人格

- 关于主题统觉测验（TAT）评估动机的效度的新研究。
- 对权力需要的定义的扩展。
- 关于激素在人类动机中作用的新材料。

第 12 章：人格领域的认知主题

- 关于场依赖性 / 场独立性的新材料，包括与现代数字技术的发展（如数字地图、虚拟现实）以及需要在刺激性环境中保持感知焦点的职业（如空中交通管制员、拆弹专家）的关系。
- 关于控制点的新研究，探讨了在技术可能控制我们生活的情境中，如自动驾驶技术的应用，控制点会产生什么影响。
- 关于解释风格在群体（如运动队、商业组织）中应用的新材料。

第 13 章：情绪与人格

- 基于财富与幸福关系的研究，对收入不平等做了新的讨论。
- 关于利他性消费与幸福的新研究。
- 丰富了对特质焦虑 / 神经质和特质愤怒的脑成像研究的介绍。

第 14 章：走近自我

- 关于问题性互联网使用与羞怯 / 社交焦虑的新研究，总体上对在线与线下社交互动进行了讨论。
- 丰富了对内隐自尊研究的介绍。
- 关于自尊变异性的新研究。

第 15 章：人格与社会交往

- 外向的人选择花更多时间在社交场合，而高度尽责的人选择更多与工作相关的活动——这种选择差异从青少年期延续到成年早期（Wrzus, 2016）。随和性高的人选择花更多时间观看描绘积极形象的照片和媒体，随和性低的人则更多观看消极照片和媒体形象（Bresin & Robinson, 2014）。
- 不论性取向如何，人们对随和性、尽责性和情绪稳定性等人格特质的看重程度都是相同的（Valentova et al., 2016）。在这些人格特质上得分较低，往往容易成为感情的“雷点”（Jonason et al., 2015）。
- 伴侣双方或有一方是高神经质会导致两人关系不满意。
- 婚姻满意度的一个关键预测因素是配偶价值，即一个人是否成功选择了一个具有大多数人所渴望的品质的配偶。相较于那些与配偶价值低的个体结婚的人，那些与配偶价值高的个体结婚的人通常在他们的关系中更加幸福（Conroy-Beam et al., 2016）。
- 高度神经质的人会制造更多的冲突和分歧，在争吵后他们的情绪低落往往也会持续更长时间（Solomon & Jackson, 2014）。
- 高感觉寻求者往往喜欢冒险的赌博和危险的性行为（Webster & Crysel, 2012）。
- 扩展了关于唤起的讨论。一个例子是诚实谦逊的人会唤起他人的信任和合作（Thielmann & Hilbig, 2014）。也许是因为高分者倾向于信任他人，所以他们唤起了他人相同的期望。另一项研究发现，随和性低的人往往会因为他们的愤怒、嫉妒和反社会行为而引发高水平的关系冲突（Lemay & Dobush, 2014）。在实验室的经济博弈任务中，随和性高的人往往会唤起他人的信任与合作（Zhao & Smillie, 2015）。

- 妻子随和性高，夫妻间一般会有更频繁的性生活，这也许是因为她们更容易接受并唤起更多的性暗示（Meltzer & McNulty, 2016）。
- 扩展了对人格与操控策略的讨论。例如，父母有时会试图操纵子女的配偶选择，并使用专属于这种情境的策略，如"陪护"，即当子女和潜在伴侣在一起时，他们会留在旁边（Apostalou, 2014）。一项关于子女如何在配偶选择问题上操纵父母的研究表明，随和性高的子女喜欢使用理性策略，并且通常能说服父母信任他们（Apostalou et al., 2015）。
- 扩展了对自恋人格的讨论。自恋者会发布更多的自拍，会更频繁地更新网上个人资料照片，并且花更多的时间在社交媒体上（Marshall et al., 2015; Moon et al., 2016; Sorokowski et al., 2015; Weiser, 2015）。在择偶领域，他们惯于玩弄操控对方的把戏，更有可能使用胁迫和侵略性的性策略（Blinkhorn et al., 2015; Haslam & Montrose, 2015）。

第 16 章：性、性别与人格

- 在气质的性别差异方面做了重大更新。例如，性别对冲动性有强烈影响，男孩的得分明显较高。女孩在恐惧气质上得分较高，而男孩在愤怒气质上得分较高。
- 在五因素人格模型的子维度方面做了重大更新。具体来说，在热情和乐群性（女性高于男性）、果敢和刺激寻求（男性高于女性）方面发现了性别差异。
- 拓展了关于抑郁症性别差异的讨论。尽管女性比男性更常进行思维反刍，但这种性别差异很小，并不能完全解释青春期时出现的抑郁症的性别差异。
- 关于共情—系统化维度的新讨论。**共情**（empathizing）指的是理解他人的思维和情感；**系统化**（systemizing）则是指理解事物如何运作、系统如何构建以及输入如何产生输出等（Baron-Cohen, 2003）。女性在共情方面得分较高，男性在系统化方面得分较高，这在一定程度上可以解释职业偏好上的性别差异——女性更倾向于教育和助人方面的职业，而男性更倾向于建筑和工程方面的职业。
- 新增了对工作场所性骚扰的讨论，这种侵害更有可能发生在女性身上而不是男性身上。

第 17 章：文化与人格

- 新增关于人格刻板印象是否准确的小节。关于性别差异和年龄差异的人格特质刻板印象往往是准确的；与此相反，关于民族性格的刻板印象往往是不准确的。
- 关于社会阶层差异的新研究。来自较低社会经济阶层的人往往更慷慨和乐于施予，尽管他们拥有的资源更少。
- 更新了关于互联网约会网站使用的文化变迁。
- 最近的跨文化研究证实一些基本的情绪表达形式具有普遍性。一项研究比较了纳米比亚人和西方人在体验到愤怒、厌恶、恐惧、喜悦、悲伤和惊讶等"基本情绪"时的非言语情绪发声（例如，"yuck""huh"）。这些声音表达能互相直接识别——纳米比亚人正确地识别出了西方人的非言语发声所对应的情绪，反之亦然。这些发现进一步支持了某些情绪具有跨文化普遍性的说法。

### 第 18 章：压力、应对、调适与健康

- 在介绍人格如何影响健康时引入了人格心理学中的“调节”和“中介”概念。提供了其他关于调节和中介的一般例子，以凸显这些概念在理解人格运作方式中的价值。
- 更新了关于尽责性、长寿和健康行为的研究。

### 第 19 章：人格障碍

- 新的依赖型人格障碍案例介绍。
- 更新了关于人格障碍维度模型的研究，作为当前类别模型的替代选择。
- 对“成功型”冷血精神病态这一颇具争议的概念做了讨论。
- 新增了对冷血精神病态三元模型的介绍，包括冒失、卑鄙和抑制缺失等成分。
- 介绍了一个新的神经科学研究，该研究表明冷血精神病态的不同成分似乎各自对应特定脑区的活动。
- 关于女性冷血精神病态的新信息。

### 第 20 章：总结和展望

- 人格的遗传基础被证明远比最初的设想更复杂。
- 介绍了人性的六大领域在合作研究和相互建立联系方面取得的进展。

## 致　谢

非常感谢多年来使我们对心理学保持浓厚兴趣的众多导师和同事，他们是：Arnold Buss, Joe Horn, Devendra Singh 和 Lee Willerman（得克萨斯大学）；Jack Block, Ken Craik, Harrison Gough, Jerry Mendelsohn 和 Richard Lazarus（加州大学伯克利分校）；Roy Baumeister（佛罗里达州立大学塔拉哈西分校）；Brian Little, Harry Murray 和 David McClelland（哈佛大学）；Sam Gosling, Bob Josephs, Jamie Pennebaker 和 Bill Swann（得克萨斯大学）；Ed Diener（伊利诺伊大学）；Gerry Clore（弗吉尼亚大学）；Chris Peterson（密歇根大学）；Hans Eysenck 和 Ray Cattell（两位均已逝世）；Tom Oltmanns, Roddy Roediger 和 Mike Strube（华盛顿大学）；Alice Eagly（西北大学）；Janet Hyde（威斯康星大学）；Robert Plomin（伦敦国王学院）；Lew Goldberg（俄勒冈州研究所）和 Jerry Wiggins（之前在不列颠哥伦比亚大学），感谢他们来自远方的指导。特别感谢美国海军陆战队退役中校 Bill Graziano 和 Ken Thompson 对本书提供的有益评论。我们也感谢 McGraw-Hill 公司的团队，包括品牌经理 Jamie Laferrera、编辑协调人 Jasmine Staton、内容项目经理 Christina Gimlin、内容编辑 Reshmi Rajeesh 和 Erin Guendelsberger 以及整个资源开发团队。

最后，兰迪·拉森要感谢他的家人，他们给予了他莫大的支持，容忍了当他将精力集中于本书时对家庭的忽略，感谢他的妻子 Zvjezdana、孩子 Tommy 和 Ana。戴维·巴斯要感谢与他共享“50%”遗传基因的亲属：父亲 Arnold 和母亲 Edith、哥哥 Arnie 和妹妹 Laura、孩子 Ryan 和 Tara。

像本书这样涉及范围如此广阔、使用的篇幅如此巨大的项目，通常需要许多人的共同努力。我们非常感谢同事们在各个阶段给予本手稿的评论。我们真诚地感谢以下老师为本书花费了时间和精力：

Michael Botwin
*California State University, Fresno*
Tammy Crow
*Southeastern Oklahoma State University*
Jennifer R. Daniels
*Lyon College*
Katherine Lau
*SUNY Oneonta*
Lynda Mae
*Arizona State University*
William Pavot
*Southwest Minnesota State University*
Justin W. Peer
*University of Michigan–Dearborn*
Lisa Rapalyea
*University of California–Davis*
Jonathan C. Smith
*Roosevelt University*
Lyra Stein
*Rutgers University*
Sarah Wood
*University of Wisconsin–Stout*

当然，我们还要一如既往地感谢为本书之前版本提供宝贵意见的评论者：

Michael Ashton
*Brock University*
Timothy Atchison
*West Texas A&M University*
Nicole E. Barenbaum
*University of the South*
Michael D. Botwin
*California State University–Fresno*
Fred B. Bryant
*Loyola University Chicago*
Joan Cannon
*University of Massachusetts at Lowell*
Mark S. Chapell
*Rowan University*
Jeff Conte
*San Diego State University*
Eros DeSouza
*Illinois State University*
Scott J. Dickman
*University of Massachusetts at Dartmouth*
Wayne A. Dixon
*Southwestern Oklahoma State University*
Katherine Ellison
*Montclair State University*
Richard Ely
*Boston University*
Stephen G. Flanagan
*University of North Carolina*
Irene Frieze
*University of Pittsburgh*
Barry Fritz
*Quinnipiac University*
Lani Fujitsubo
*Southern Oregon State College*
Steven C. Funk
*Northern Arizona University*
Glenn Geher
*State University of New York–New Paltz*
Susan B. Goldstein
*University of Redlands*
Jane E. Gordon
*The McGregor School of Antioch College*
Marjorie Hanft-Martone
*Eastern Illinois University*
Evan Harrington
*John Jay College of Criminal Justice*
Gail A. Hinesley
*Chadron State College*
Christopher Hopwood
*Michigan State University*
Alisha Janowsky
*University of Central Florida*
Marvin W. Kahn
*University of Arizona*
Jill C. Keogh
*University of Missouri–Columbia*

Carolin Keutzer
*University of Oregon*
Laura A. King
*Southern Methodist University*
John E. Kurtz
*Villanova University*
Alan J. Lambert
*Washington University*
Michael J. Lambert
*Brigham Young University*
Mark R. Leary
*Wake Forest University*
Len B. Lecci
*University of North Carolina at Wilmington*
Christopher Leone
*University of North Florida*
Brian Little
*Harvard University*
Kenneth Locke
*University of Idaho*
Charles Mahone
*Texas Tech University*
Gerald Matthews
*University of Cincinnati*
Gerald A. Mendelsohn
*University of California at Berkeley*
Todd Nelson
*California State University–Stanislaus*
Julie K. Norem
*Wellesley College*
Stephen J. Owens
*Ohio University*
William Pavot
*Southwest State University*
Bill E. Peterson
*Smith College*
David Pincus
*Chapman University*
Tracy Richards
*Colorado State University*
Alan Roberts
*Indiana University*
Mark E. Sibicky
*Marietta College*
Jeff Simpson
*Texas A&M University*
Stephanie Sogg
*Massachusetts General Hospital; Harvard Bipolar Research Program*
Robert M. Stelmack
*University of Ottawa*
Steven Kent Sutton
*University of Miami*
Kristy Thacker
*University at Albany*
Vetta L. Sanders Thompson
*University of Missouri at St. Louis*
Forrest B. Tyler
*University of Maryland at College Park*
Jennifer Wartella
*Virginia Commonwealth University*
Barbara Woike
*Barnard College*
David Harold Zald
*Vanderbilt University*

# 人性的六大知识领域

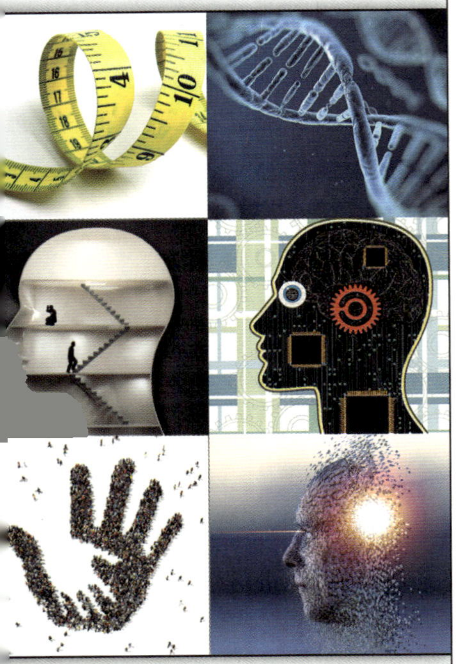

左上：© moswyn/Getty Images RF;
右上：© Svisio/Getty Images RF;
左中：© Science Photo Library RF/Getty Images RF;
右中：© Corbis/SuperStock RF;
左下：© Arthimedes/Shutterstock RF;
右下：© Colin Anderson/Blend Images LLC RF

# 1 人格心理学概观

**人格的定义**
- 心理特质
- 心理机制
- 个体内部
- 组织性和相对持久性
- 人格影响力
- 个体—环境交互 / 相互作用
- 适应
- 环境

**人格的三种分析水平**
- 人类本性
- 个体和群体差异
- 个体独特性

**人格领域的一个裂隙**
- 人格的大理论
- 当代人格研究

**关于人性的六大知识领域**
- 特质领域
- 生物学领域
- 心理动力领域
- 认知 / 经验领域
- 社会与文化领域
- 调适领域

**人格理论的作用**

**评价人格理论的标准**

**是否有一个终极的、正确的人格大理论**

**关键术语**

# 导 言

每个人都在某些方面与其他所有人相似，在某些方面只与部分人相似，在某些方面与其他所有人都不相似。

那些过度幽默的人被看成庸俗的小丑，他们不惜代价地制造幽默，完全不顾及自己给娱乐对象造成的伤害……而那些既不开玩笑，也不能容忍他人开玩笑的人则被认为呆板和不文雅。但那些以一种有品位的方式开玩笑的人被认为是机智和得体的……像一个善良和有教养的人那样表达和倾听幽默，是得体者的标志。

在《尼各马可伦理学》一书中，亚里士多德描述了他对幽默这一主题以及人们表达或者不表达幽默的方式的睿智观察。从这段引述中，我们看到亚里士多德表现得像一个人格心理学家。他分析了具有适宜幽默感的人所具备的特点并提供了与幽默感相关联的许多细节特征。亚里士多德把他们与那些过度幽默或缺乏幽默感的极端个体做了比较。在这本伦理学著作中，亚里士多德分析了许多人格特征，包括诚实、勇敢、才智、自我放纵、易怒和友善。

我们也许会说亚里士多德是一位业余的人格心理学家，但在某种程度上，我们所有人不都是业余的人格心理学家吗？难道我们不会对他人和我们自己所具有的特征感到好奇吗？难道我们不都是用人格特征来描述人的吗？难道我们没有用人格语词解释过自己或他人的行为吗？

当我们说某位朋友会参加很多聚会因为她是个好交际的人时，便是在用人格解释其行为。当我们说另一个朋友有责任心、可信时，是在描述他的人格特征。当我们说自己有思想、聪明和有志向时，我们是在描述自己的人格特征。

人格特征使人们各不相同，在描述一个人的人格特征时，我们常常使用形容词。例如，约翰是一个懒惰的人；玛丽是一个乐观的人；弗雷德是一个易焦虑的人。能用于描述人的特征的形容词称为**特质描述性形容词**（trait-descriptive adjectives）。在英语中，有将近两万个这样的形容词。仅这一令人吃惊的事实就能告诉我们，在日常生活中，肯定有某些理由迫使我们去努力理解和描述那些与我们互动的他人以及我们自己。

需要注意的是，描述人格的形容词涉及人的许多非常不同的方面。例如，有思想指的是内在的心理特征；迷人和幽默指的是一个人对他人的影响；盛气凌人则与人际关系有关，形容的是一个人相对于他人的地位或姿态；有雄心指的是达成目标的强烈愿望；有创造性既指心理的特征，也指我们生产的产品的特性；狡诈指的是一个人用来达成其目标的策略。所有这些特征都描述了人格的不同方面。

练习

以一位你很熟悉的人为例，如朋友、亲属或室友，想想使这个人与众不同的各种特征。列出你认为最能描述其人格的五个形容词，即如果要对他人描述这个人，你会使用哪五个形容词？接着，让那个人列出自认为最能描述自己的五个形容词。然后比较你们所列的形容词。

## 人格的定义

给像人格这样复杂的概念下定义是非常困难的。第一批人格教科书的作者，如戈登・奥尔波特（Allport, 1937）和亨利・默里（Murray, 1938）等，在界定人格时遇到了困难。问题在于如何给出一个足够全面的定义，以涵盖前文提到的所有方面，包括内在特征、社会影响、心智特性、身体特性、与他人的关系以及内在目标等。由于其复杂性，一些人格教科书干脆全然放弃给出一个正式的定义。不过，下面的定义抓住了人格的基本要素：**人格**（personality）是个体内部的心理特质和机制的集合，这些特质是有组织的和相对持久的，并且影响个体与环境（包括心理的、物理的和社会的）相互作用的方式和对这些环境的适应。现在，让我们更详尽地去了解此定义的各个元素。

人们在许多方面都是不同的，人格心理学这门科学可以帮助我们理解人与人之间心理上的差异。

### 心理特质

**心理特质**（psychological traits）是描述人与人之间不同之处的各种特征。我们说一个人是害羞的，是指他与开朗的人有所不同。同时，特质也界定了人们之间的相似性。例如，害羞的人都有一些相似之处，如在社交情境中他们会感到焦虑，特别是在有观众注意他们的时候。

思考另一个例子——健谈特质，它可以用来有意义地形容人们，并且描述了人们之间差异的一个维度。一个健谈的人通常每日、每周乃至每年都是如此。当然，即使是最健谈的人也会有安静的时刻，安静的几天甚至是几周。但从长期看，健谈者的言语行为比不健谈者更频繁。就此意义而言，特质描述的是一个人的**平均倾向**（average tendencies）。平均来看，健谈者比不健谈者话多。

关于人格特质的研究需要回答以下四类问题：

- 存在多少种特质？
- 这些特质是如何被组织的？
- 这些特质的根源是什么？
- 特质与什么变量有相关或因果联系？

首要的问题是有多少种基本特质。几十种、几百种，还是仅仅只有几种？第二类问题涉及特质的组织或结构。例如，健谈如何与其他特质，诸如冲动性和外向性相联系？第三类问题涉及特质的根源，即它们从何而来，怎样发展。遗传会影响健谈吗？什么样的文化和育儿习惯会影响健谈等特质的发展？第四类关键问题涉及特质与个体的经历、行为和生活结果的相关和因果联系。健谈者有更多的朋友吗？他们在遇到困难的时候会有更广泛的社会关系网络可以利用吗？他们会妨碍那些正在努力学习的人吗？

这四类问题构成了许多人格心理学家研究的核心内容。心理特质是有用的，原因至少有三个。第一，特质有助于描述人，并且有助于理解人与人之间差异的维度。第二，特质有助于解释行为。人们的行为可能部分源于其人格特质。第三，特质可以帮助预测未来的行为。例如，个体会对什么样的职业感到满意；谁更能承受压力；谁能更好地与他人相处。因此，人格可用于描述、解释和预测个体间的差异。任何优秀的科学理论都能使研究者对其领域进行描述、解释和预测。就像某种经济理论可以很好地描述、解释和预测经济的波动一样，人格特质可以描述、解释和预测人们之间的差异。

## 心理机制

**心理机制**（psychological mechanisms）与特质类似，但机制一词更多指人格的过程。例如，绝大多数的心理机制涉及信息加工活动。一个外向的人可能会去寻求和发现与他人互动的机会，也就是说，外向的人会时刻注意着特定类型的社会信息，并对其做出反应。

大多数心理机制都有三个基本要素：输入、决策规则和输出。心理机制可能使人们对来自环境的某些类型的信息（输入）更敏感，使他们更可能考虑特定的选择（决策规则），并引导他们做出某些类型的行为（输出）。例如，一个外向的人可能会寻求与他人在一起的机会，在每一种情境中可能都会考虑与他人接触和交流的可能性，并可能促使他人与自己互动。我们的人格中有许多这样的心理机制，它们是包含输入、决策规则和输出这些关键要

有些特质只有在特定情境中才会被激活，勇敢就是一个例子。

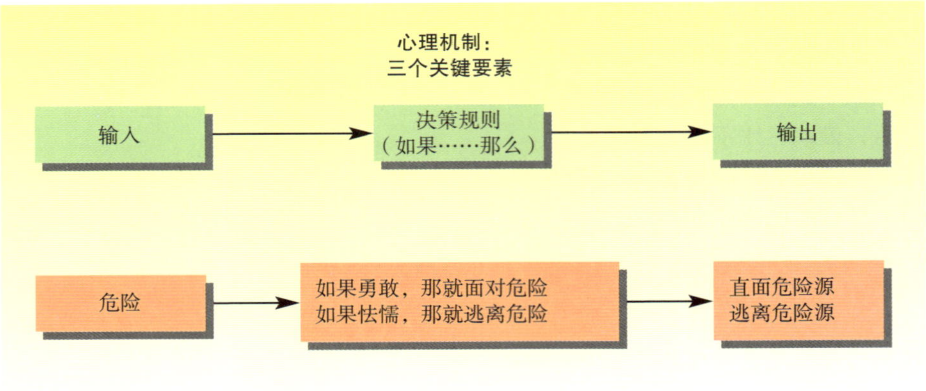


**图 1.1**
心理机制有三个关键要素，我们的人格中包含许多这样的机制。

素的一套信息加工程序（见图 1.1）。

这并不意味着个体所有的特质和心理机制在任何时候都处于激活状态。事实上，在任一特定时间点，只有少数几种处于激活状态。以勇敢特质为例，这种特质只有在特定的情境下，例如当人们面临严重的危险和生命威胁时，才会被激活。一些人比另一些人更勇敢，但只有、直到合适的情境出现时，我们才知道哪些人更勇敢。下次看看周围的人：你认为谁具有勇敢的特质？只有在一种为施展勇敢行为提供了可能性的情境中，你才能得知答案。

## 个体内部

在**个体内部**（within the individual）意味着人格是个体跨越时间和情境“随身携带”的某种“东西”。通常，我们觉得现在的自己与上周、上个月以及去年的自己是同一个人，我们也会感觉到在将来的岁月里，这些人格将继续为我们所有。虽然人格会受我们所处的环境特别是生活中重要他人的影响，但从一个情境到另一个情境，我们会感到自己的人格并未改变。人格的定义强调人格的重要根源存在于个体内部，因而至少在某种程度上具有跨时间的稳定性和跨情境的一致性。

## 组织性和相对持久性

**组织性**（organized）意指个体的心理特质和机制不仅仅是一个随机的元素集合。相反，人格是有组织的，因为这些机制和特质以一种有条理的方式相关联。设想一个仅有两种需求（对食物的需求和对亲密的需求）的简单情境。如果你已经很长时间没吃东西，正忍受饥饿，那么你对食物的需求就可能超过对亲密的需求；相反，如果你已经吃过东西，那么你对食物的渴望可能会暂时消退，让你能够去追求亲密感。人格包含着一套决策规则，这些决策规则会依据具体情境确定应该激活哪一种需求或者动机，正是在这个意义上我们说它是有组织的。

心理特质还具有跨时间的相对**持久性**（enduring），特别是在成年期，并且在某种程度上还具有跨情境的一致性。我们说某人此刻很生气，并非是在描述他的某一特质。因为一个人可能现在生气，但明天不一定生气；可能在一种情境中生气，但在其他的情境中不一定生气。生气更多是一种状态而不是一种特质。但是，如果我们说某人易生气或脾气总体上比较暴躁，则是在描述一种心理特质。易怒的人相对于其他人而言经常生气，且在许多不同的情境中一次又一次地表现出这种倾向（如在工作中好争执，在娱乐性的团体运动项目中充满敌意和攻击性，并且经常与家人争吵）。

人格并非在所有情况下都表现出跨情境的一致性。某些情境的力量可能非常大，会抑制心理特质的表达。例如，健谈者在听报告、看电影或在电梯里时可能会保持安静，尽管你肯定碰到过个别在这样的情境中仍不能或不愿保持沉默的人！

关于人格是否具有跨情境一致性的争论在人格心理学中由来已久。一些心理学家认为支持一致性的证据不足（Mischel, 1968）。例如，在一种情境中（比如在测验中作弊）测出的诚实性，可能与在另一情境中（比如谎报所得税）测出的诚实性没有关系。在本书的后面部分，我们将对这一争论进行更为全面的探讨。但是现在，我们只能简单地说，尽管人们并不具有完全的一致性，但大多数人格心理学家认为，人们表现出的一致性程度已经足以让其在人格的定义中占有一席之地。

人格中包含相对持久的心理特质和机制这一事实，并不排除人格可能随时间而变化。事实上，准确地描述人格随时间变化的模式，正是人格心理学家的目标之一。

## 人格影响力

在人格的定义中，对人格**影响力**（influential forces）的强调意味着人格特质和机制可以对人们的生活产生影响。人格会影响我们如何行动，如何评价自己，如何看待这个世界，如何与他人互动，如何感受，如何选择我们的环境（特别是社会环境），在生活中追求什么样的目标和欲望，以及如何对环境做出反应。人类不是一种只能被动地对外部力量做出反应的生物。相反，在人们塑造自己生活的过程中，人格扮演着关键的角色。在此意义上，人格特质是影响我们如何思考、行动和感受的力量。

## 个体—环境交互 / 相互作用

人格的这一特征也许是最难描述的，因为**个体—环境交互 / 相互作用**（person-environment interaction）的本质非常复杂。在第 15 章中，我们将更详细地探讨交互 / 相互作用论。就目前而言，我们只需要知道个体与环境的交互 / 相互作用包括知觉、选择、唤起和操控就足够了。*知觉*是指我们如何去“看”或去解释某种环境。两个人可能会面对同一个客观事件，但他们注意的内容和对事件的解释却可能非常不同。这种差异是其人格的一种功能。例如，两个人看同一张墨迹图，一个人知觉到的可能是两个食人族正在火上烤人，而另一个人知觉到的可能是一个微笑的小丑在招手问好。再举一个例子，假如一个陌生人在大街上对他人微笑，一个人可能觉得这是在幸灾乐祸，而另一个人却视其为友好的表示。微笑是相同的，墨迹图也是相同的，但人们如何解释这些情境却是由他们的人格决定的。

*选择*描述我们如何选择自己要进入的环境，例如，我们如何选择朋友、浪漫伴侣、爱好、大学课程和职业。如何做出这些选择至少在一定程度上反映了我们的人格，如何支配自由时间尤其能反映我们的人格。一个人可能有跳伞的爱好，而另一个人可能更喜欢安静地收听播客。我们从生活给予我们的可能性当中做出选择，这些选择在一定程度上是由人格决定的。

唤起是我们在他人身上引起的反应，通常是无意的。在一定程度上，我们创造了自身所在的社会环境。例如，高活动水平的儿童可能会引起父母对其活动的限制，尽管这并不是儿童意图得到或想要得到的。再如，一个身材魁梧的人尽管并不想威胁他人，但他仍可能令他人产生受威胁的感觉。唤起性互动也是人格的基本特征。

操控是个体故意试图影响他人的方式。易焦虑或易害怕的人可能会试图影响他们的群体，以避免看恐怖电影或进行冒险活动；高尽责性的人可能坚持要求每个人都遵守规则；一个非常整洁有序的丈夫，可能会坚持要求妻子收好自己的东西。人们试图操控他人的行为、思想和情感的方式是人格的基本特征。知觉、选择、唤起和操控这四种形式的个体与环境的交互 / 相互作用，对于理解个体的人格与所处环境之间的联系至关重要。

## 适 应

人格定义对**适应**（adaptation）的强调传达了这样一种观点：人格的核心特征涉及适应功能，即实现目标、应对、调适以及处理生活中面临的挑战和问题。在人类行为的诸多属性中，没有什么比目标导向性、功能性和目的性更显而易见了。即使是看起来没有功能的行为，如过分担心这一神经质行为，实际上也可能是功能性的。例如，经常担心的人往往会得到别人的很多支持。因此，表面上看似适应不良的特征（担心），实际上却可能给个体带来一些回报（引发社会支持）。另外，人格过程的某些方面其实代表的是正常适应功能的缺失，如缺乏应对压力、调节社会行为或管理情绪的能力。尽管目前心理学家们对人格特质和机制的适应功能所知有限，但它对于理解人格的本质仍然是不可或缺的关键。

## 环 境

物理**环境**（environment）经常给人们带来挑战。某些环境对人类生存有直接的威胁。例如，食物短缺会导致没有充足的营养来维持生存；极端的温度会导致体内温度失去平衡；高处、蛇、蜘蛛和陌生人都可能对个体的生存构成威胁。与其他动物一样，人类对这些适应问题有进化而来的解决方案。饥饿的痛苦促使我们寻找食物，味觉偏好引导我们选择食物，颤抖机制帮助我们抵抗寒冷，汗腺帮助我们对抗酷热。在心理层面上，人类最常见的恐惧，如对高处、蛇、蜘蛛和陌生人的恐惧，使我们免于接触这些威胁生存的环境因素，或使我们能够安全地与其互动。

社会环境也给我们的适应带来挑战。我们可能期望拥有好工作、好朋友和好伴侣，但有许多人在为此竞争。我们可能期望与他人有更亲密的情感联系，但可能不知道如何建立亲密关系。我们应对社会环境（在努力获得归属感、爱和尊重时所面临的挑战）的方式，对理解人格甚为关键。

在许多情况下，人格决定了在某一时刻，环境中的哪些特定方面对个体来说是重要的。例如，与不健谈的人相比，健谈者会注意到社交环境中更多的攀谈机会；脾气不好的人会经常处于有人与其争吵的社会环境中；认为身份地位非常重要的人会更多地关注他人的相对地位等级，如谁的地位高、谁的地位低、谁正在向上攀升、谁正在走下坡路。简言之，我们所处的环境有无限的维度，但我们的心理机制引导我们注意并做出反应的“有效环境”仅仅是其中的一小部分。

除了物理和社会环境外，我们还有内在的心理环境。内在心理的（intrapsychic）的意思是“在头脑中”。我们每天都生活在各种记忆、梦、期望、想象和私人体验中。尽管内在心理环境不能像社会或物理环境那样被客观证实，但对每一个人来说，它都是真实的，是构成心理现实的重要部分。例如，自尊——在任何特定时刻我们对自己感觉有多好（或多坏）——可能就依赖于我们对目标实现程度的评估。工作的成功和友谊的成功会提供两种不同形式的成功体验，从而形成不同的内心记忆。每当思考自己的自我价值时，我们便会受到这些记忆的影响。在理解人格方面，心理环境的重要性绝不亚于物理环境和社会环境。

练习

写一篇关于你非常熟悉的一位好朋友的小短文，请在文章中描述他身上那些带有特征性、持久性和功能性的东西。描述中还需包括他 / 她如何适应物理、社会和内在心理环境以及如何与这些环境因素相互作用。

## 人格的三种分析水平

尽管本书采用的人格定义相当宽泛，但我们可以将人格分为三种水平来加以分析。克拉克洪和默里（Kluckhohn & Murray, 1948）在他们关于文化与人格的书中很好地总结了这三种水平。他们认为，每个人都在某些方面：

1. 与其他所有人相似（人类本性水平）；
2. 与某些人相似（个体和群体差异水平）；
3. 与任何人都不相似（个体独特性水平）。

理解这些区别的另一种方法是，第一种水平指“普遍性”（universals）（我们都相似的方面），第二种水平指“特殊性”（particulars）（我们与一些人相似但与另一些人不相似的方面），第三种水平指“独特性”（uniqueness）（我们和其他所有人都不相似的方面）（见表 1.1）。

表 1.1　**人格的三种分析水平**

| 分析水平 | 例子 |
|---|---|
| 人类本性 | 归属的需要 |
| | 爱的能力 |
| 个体和群体差异 | 归属需要的差异（个体差异） |
| | 男性比女性更有身体攻击性（群体差异） |
| 个体独特性 | 拉提莎表达爱意的独特方式 |
| | 约翰表达攻击性的独特方式 |

## 人类本性

人格分析的第一种水平从总体上描述**人类本性**（human nature），即我们这个物种典型的、每个人或几乎每个人都拥有的人格特质和机制。例如，几乎每个人都拥有语言技能，这使得我们能学习和使用语言。地球上每种文化下的人都说某种语言，因此口语是普遍的人类本性的一部分。在心理层面上，所有的人都拥有基本的心理机制——如与他人共同生活和归属于社会群体的愿望——这些机制是人类本性的一部分。在许多方面，每个人都与任何其他的人相似。通过了解这些方面，我们可以理解人类本性的一般规律。

## 个体和群体差异

人格分析的第二种水平是个体和群体差异。一些人爱社交，喜欢参加聚会；另一些人则喜欢安静的晚间阅读。一些人冒很大的人身风险去跳伞、驾驶摩托车或飙车；另一些人却避免冒险。一些人具有高自尊，过着相对不焦虑的生活；另一些人则经常焦虑，饱受自我怀疑之苦。这些是**个体差异**（individual differences）的维度，即个体与其他一些人（如外向者、感觉寻求者）相似（或不相似）的方面。

我们也可以通过研究**群体差异**（differences between groups）来考察人格。也就是说，同一群体中的人可能具有某些共同的人格特征，它们使该群体的人有别于其他群体。人格心理学家研究的群体包括不同的文化、不同的年龄组、不同的政治党派，以及来自不同社会经济背景的群体。还有一个重要差异是男性与女性之间的差异。虽然人类的许多特质和机制在两性中是相同的，但在一些方面仍存在性别差异。例如，大量的证据表明，在所有的文化中，男性通常比女性表现出更多的身体攻击，世界上的多数暴力事件都是男性所为。人格心理学的目标之一是探究为什么不同的群体在人格的某些方面存在差异。例如，女性如何以及为何与男性不同；为什么一种文化中的人不同于另一种文化中的人。

人格心理学家有时会研究群体差异，如男女之间的差异。

## 个体独特性

没有任何两个人——即使是在同一种文化背景下，由同一对父母在同一个家庭抚养长大的同卵双生子——会有完全相同的人格。每个个体都有一些他人所没有的个人特质。人格心理学的目标之一是考虑到个体的独特性，并开发出捕捉个体独特生命丰富性的方法。

人格研究领域的一个争论是应该用探寻一般规律还是特殊规律的方法来研究个体。前者在研究中把个体看作分布于人群的普遍特征的单个实例，而后者把个体看作单一的、独特的个案。**一般规律**（nomothetic）研究通常涉及个体或群体的统计学比较，需要大量参与者样本来开展研究。一般规律研究通常用于确定普遍的人类特征以及个体或群体差异的维度。**特殊规律**（idiographic）（字面意义为“对个体的描述”）研究通常关注单个的人，试图观察随着时间的推移个体在生活中表现出来的总体原则。在多数情况下，特殊规律研究的结果是个案研究或个体的心理传记（Runyon, 1983）。例如，弗洛伊德写过一本达·芬奇的心理传记（Freud, 1916/1947）。罗森茨魏希（Rosenzweig, 1986, 1997）提供了特殊规律研究的另一种途径，即通过人们生活中的一系列事件来分析个体，尝试理解个体生活史中的关键事件。

需要强调的是，人格心理学家历来关注所有三种水平的分析：普遍水平、个体和群体差异水平以及个体独特性水平。每种水平的分析都对全面理解人格的本质贡献了有价值的知识。

## 人格领域的一个裂隙

不同的人格心理学家注重不同的分析水平，因此，该研究领域内存在着一个尚未被成功弥合的裂隙，即人类本性分析水平与个体和群体差异分析水平之间的裂隙。许多心理学家从总体上对人类的本性进行了理论阐释。然而，在具体的研究中，心理学家们却更多地关注人格的个体和群体差异。于是在人格的大理论和当代的人格研究之间就出现了裂隙。

### 人格的大理论

大部分人格的大理论都专注于人类本性水平的分析，换言之，这些理论试图为人类这一物种的基本心理过程和特征提供一种普遍性的解释。例如，弗洛伊德（Freud, 1915/1957）强调普遍存在的性本能和攻击本能，普遍存在的本我、自我和超我这三种结构，以及普遍存在的心理性欲发展阶段（口唇期、肛门期、性器期、潜伏期和生殖期）。人格大理论的中心便是描述人类本性中共有的核心部分。

许多大学人格心理学教科书的章节都是围绕大理论来组织的。但是，这类书籍受到了批评，因为许多理论基本上只具有历史意义，仅有一小部分经受住了时间的考验，并为当代的人格研究提供指引。虽然大理论在人格心理学历史上占有重要地位，但是当代许多有趣的人格研究却并不与之直接相关。

### 当代人格研究

在当代人格研究中，大多数实证研究聚焦于个体和群体差异。例如，关于外向和内向、焦虑和神经质以及自尊的大量研究文献都关注人们之间的差异。关于男性气质和女性气质的大量研究考察男性和女性心理上的差异，以及人们如何获得社会性别角色。文化研究表明，不同文化之间差异的一个主要维度涉及个体持有集体主义还是个体主义的态度。东方文化更倾向于集体主义，而西方文化则更倾向于个体主义（见第 17 章）。

剖析人格心理学的一种方法是选取十几个当代的研究主题，并考察心理学家对每一主题的了解。例如，人们对自尊这一主题进行了大量的研究，包括自尊是什么、自尊是怎样形成的、人们如何维持高自尊，以及它在人际关系中如何发挥作用。当代人格心理学中还有许多其他有趣的主题——害羞、攻击、信任、支配性、催眠易感性、抑郁、智力、归因风格、目标设定、焦虑、气质、性别角色、自我监控、外向、感觉寻求、宜人性、冲动性、反社会倾向、道德、控制点、乐观主义、创造力、领导能力、偏见和自恋等。

一门仅仅考察当前人格研究主题的课程似乎并不能令人满意。这就像在拍卖会上对每件物品都竞拍一样，很快你就会不知所措。仅选取一些研究主题不能将人格的各个方面有机地联系起来。事实上，人格这一学科已因其包含了太多独立的研究领域而受到批评，这些分离的研究主题忽视了人的整体性。在这种方法中，将人格作为一个协调一致的领域整合在一起的东西是缺失的。

你可能听过盲人摸象的古老故事。三个盲人试图勾画出整头大象的模样。第一个盲人小心地接近大象，伸开双手抱住大象的腿，惊呼："哦，大象整个像一棵树，又细又高。"第二个盲人抓住大象的鼻子大叫："不，大象像一条大蛇。"第三个盲人抓住大象的耳朵说道："你们两个都错了，大象更像一把扇子。"三个盲人继续争论着，每个人都坚持认为自己的看法正确。在某种意义上，每个盲人都掌握了有关大象的一部分事实，但他们都没有认识到自己的感知所捕捉到的只不过是一小部分真相。然而，如果三个盲人合作，他们本可以对整头大象有一个合理的认识。

人格的主题就像这个大象，人格心理学家们有点像那几个盲人，一次只检验一个视角。例如，一些心理学家研究人格的生物学方面；另一些心理学家研究文化如何促进人与人之间和群体之间的人格差异。一些心理学家研究心理的各个方面如何相互作用共同形成人格；还有一些心理学家研究人际关系，认为人格最重要的效应体现在社会互动领域。这些人格研究的每一个视角都抓住了事实的一部分，但是，每个单独的视角都难以描述完整的人格，或者说是整个大象。

## 关于人性的六大知识领域

人格研究者的观点不同，这并不是因为谁对谁错，而是因为他们研究的是不同的知识领域。**知识领域**（domain of knowledge）指的是科学和学术的一个专业领域，在该领域中，心理学家专注于了解人性的某些特定且有限的方面。知识领域标示了研究者们的知识、专长和兴趣的边界。

这种专业化程度是合理的。事实上，专业化是许多科学领域的特征。例如，医学领域有心脏科专家和脑科专家，他们更细化地聚焦于自己的领域。同样，人格心理学领域有心理动力专家、特质起源专家、文化影响专家以及人格与社会交互专家也是合情合理的。人格研究的每个领域都积累了自己的知识基础。但研究者们仍然期望整合各领域，使它们成为一个有机的整体。

像整个大象一样，整个人格是各个部分和它们之间联系的总和。对于人格来说，每个部分就是一个知识领域，代表了人格某些方面知识的集合。这些知识领域是如何被界定的？在很大程度上，人格心理学领域已经形成了自然的分界线。也就是说，相互契合的研究主题形成了自然的集群，并且它们有别于其他的知识集群。在这些可识别的领域中，研究者们发展出了共同的提问方法，积累了已知的事实作为基础，并提出了理论解释——用于说明每个领域视角下的人格事实。

人格领域可以被划分为六个关于人性的不同知识领域：人格受与生俱来的特质

及其发展的影响（特质领域）；受生物事件的影响（生物学领域）；受个体内心过程的影响（心理动力领域）；受个人的思维、情感、欲望、信念以及其他主观经验的影响（认知 / 经验领域）；受社会、文化和性别角色的影响（社会与文化领域）；受个体面对生活中不可避免的挑战时必须做出的调适的影响（调适领域）。

不同领域中的人格心理学家经常持有不同的理论观点并关注不同的事实。因此，来自不同领域的心理学家们有时会显得相互矛盾。例如，弗洛伊德的精神分析观点认为，人格是由非理性的性本能和攻击本能构成的，这些本能会激发人的行为。相比之下，人格的认知观点则认为，人是理性的“科学家”，试图冷静地预期、预测和控制周围世界中发生的事件。

从表面来看，这些观点显得互不相容。人类怎么可能既理性又非理性？人类如何既受欲望所驱使，又能在寻求准确预测的过程中保持冷静和超然？更深一步考察会发现，这种矛盾可能更多地存在于表面。例如，人类完全有可能既有很强的性动机和攻击动机，又拥有能准确知觉和预测事件的认知机制。完全有这样的可能，即在某些时候基本的情绪和动机被唤起，而在另一些时候冷静的认知机制被激活。这两套机制有时还可能会联合起来，比如通过理性的机制满足基本的欲望。简言之，尽管人格领域的每一个视角都可能聚焦于人类心理功能的一个至关重要的部分，但每一个视角本身并不能把握完整的人。

本书的内容将围绕人格功能的六个领域来组织，即特质领域、生物学领域、心理动力领域、认知 / 经验领域、社会与文化领域以及调适领域。在每一个人格领域中，我们都将关注两项关键内容：（1）每一领域中提出过的各种理论，包括对人性的基本假设；（2）每一领域中已积累的实证研究。为了在人格的理论与实证研究之间架起一座桥梁，我们主要关注那些最受研究重视的理论，以及每个领域中那些知识积累最为丰富的主题。

## 特质领域

**特质领域**（dispositional domain）的研究核心是个体间的差异。因此，该领域与其他所有领域都有交集。因为个体之间在习惯性的情绪、习惯性的自我概念、生理倾向，甚至是内在心理机制上都可能存在差异。但是，特质领域有别于其他领域的地方在于，它对基本特质的数量、本质和结果感兴趣。特质领域的人格心理学家的核心目标是找到并测量最重要的个体差异。他们也对重要的个体差异的起源、发展和维持感兴趣。

2000 年 8 月 8 日，澳大利亚布里斯班，26 岁的同卵双胞胎阿尔文·哈里森（左）和加尔文·哈里森（右）庆祝他们在 400 米比赛中分别获得第一名和第二名。心理学家正在进行双胞胎研究，以确定人格的某些方面是否受遗传因素的影响。

*© Greg Wood/AFP/Getty Images*

## 生物学领域

**生物学领域**（biological domain）的核心假设是，人首先是生物系统的集合体，这些生物系统为个体的行为、思想和情感提供基础。人格心理学家们使用生物学取向这一术语时，通常指这个大的领域中的三个研究方面：遗传学、心理生理学和进化论。

第一个方面是人格的遗传学。随着行为遗传学的发展，我们对人格的遗传已经有了相当多的认识。该研究领域涉及的问题包括：同卵双生子与异卵双生子相比，在人格上更相似吗？将同卵双生子分开抚养或者一起抚养，将会有什么不同？我们能否用分子遗传学的方法确认人格特质背后的特定基因？行为遗传学的研究使我们能够提出并暂时回答这些问题。

第二个方面是人格的心理生理学。在这个领域，研究者们从神经系统功能的角度总结关于人格的生理基础的已有知识。涉及的主题包括大脑皮质的唤醒、神经递质、心脏反应性，神经系统的强度、耐痛性、昼夜节律（你是一只百灵鸟，还是一个夜猫子），以及人格与激素（如睾酮）之间的联系。

生物学取向的第三个方面涉及进化如何塑造了人类的心理机能。这种取向假设构成人格的心理机制历经了千万年的进化，因为这些机制有效地解决了与生存和繁殖相关的适应性问题。进化视角使人格的功能清楚地显现出来。我们还将阐述一些关于动物“人格”的有趣研究（Gosling, 2001; Sih et al., 2015; Vazire & Gosling, 2003）。

## 心理动力领域

**心理动力领域***（intrapsychic domain）涉及研究人格的内心机制，其中许多机制在意识之外运作。该领域的主导理论是弗洛伊德的精神分析理论。精神分析理论的基本假设是，本能系统，即性动机和攻击动机，驱动着人类的大多数行为。相当多的研究表明，性动机和攻击动机确实很强大，人们可以对它们在实际行为中的表现进行实证研究。心理动力领域的研究还包括防御机制，如压抑、否认和投射，其中一些机制已经在实验室研究中得到了检验。尽管心理动力领域与弗洛伊德的精神分析理论联系最为紧密，但也有一些现代版本。例如，许多关于权力动机、成就动机和亲密动机的研究都是基于一个关键的心理动力假设，即这些力量常常在意识之外运作。

## 认知 / 经验领域

**认知 / 经验领域**（cognitive-experiential domain）关注思考过程和主观经验，如关于自己和他人的有意识的想法、感受、信念和欲望。但是，不同人的主观经验所涉及的心理机制在形式和内容上都不尽相同。主观经验的一个重要成分是自我和自我概念。自我的描述性方面体现了我们如何看待自己：对自己的认识、过去自我的形象以及可能的未来自我形象。我们把自己看作好人还是坏人？过去的成功或失败对我们的自我评价重要吗？我们设想自己将来会结婚生子，还是事业有成？我们如何评价自己，即自尊，是认知 / 经验领域的另一个方面。

该领域的一个有些不同的方面与我们所追求的目标有关。例如，有些人格心理学家认为人性生来就是目标导向的，强调基本需要或追求的影响，如对归属的需要和对地位的追求。这一传统方向的新近研究包括通过个人计划（即个人在日常生活中试图完成的任务）来研究人格。这些计划可以是平凡的，比如安排周六晚上的约会，也可以是宏大的，比如改变西方文明中的社会不公。

主观经验的另一个重要方面涉及我们的情绪。我们是高兴还是悲伤？是什么令

* 按字面意思应为“内在心理”领域，但这种说法与特质或认知等领域没有区分度，故根据这一编的内容译作了“心理动力领域”。——译者注

我们生气或害怕？我们是把自己的情绪埋藏得很深，还是立即表现出来？喜悦、悲伤、胜利感和绝望感都是我们主观经验中的基本要素，都属于认知 / 经验领域。

## 社会与文化领域

本书的特色之一是强调人格的**社会与文化领域**（social and cultural domain）。其假设是：人格不仅仅是存在于个体的头脑、神经系统和基因中的某种东西，人格影响社会与文化，并会被社会与文化所影响。

巴布亚新几内亚南部高地的一名原住民男性。

在文化层面上，不同群体之间存在非常大的差异。例如，委内瑞拉的雅诺马莫人（Yanomamö）的文化带有某种程度的攻击性。事实上，一个雅诺马莫男人只有在杀死另一个男人之后，才能获得完全的男人地位。与此相反，博茨瓦纳的昆桑人（!Kung San）的文化则相对宜人和平和。在他们的文化中，公开展示攻击行为是不受鼓励的，而且会给违背者带来社会耻辱。这些群体间的人格差异，更可能是由于文化的影响。换言之，不同的文化会激发人格的不同方面，并通过行为表现出来。可能每个人都可以是和平的，也可以是暴力的，正如人类的暴力与和平在历史中的巨大变化所证明的那样（Pinker, 2012）。我们会表现出哪一种能力在很大程度上取决于所处的文化鼓励和接受什么。

在特定文化内，个体水平的人格差异会表现在社会生活中。喜欢支配还是顺从会影响到我们生活的许多不同方面，从我们与伴侣的冲突，到我们用来操控他人的策略。倾向于焦虑抑郁还是愉快乐观，会影响某些社会结果（如婚姻稳定和离婚）出现的可能性。性格内向还是外向，会影响我们的朋友数量以及我们在群体内部受欢迎的程度。许多重要的个体差异会在人际交往中表现出来。

一个重要的社会领域涉及男性与女性之间的关系。在性别差异水平上，人格对男性和女性的影响可能有所不同。性别通常是同一性的一个重要组成部分。

## 调适领域

**调适领域**（adjustment domain）关注人格在人们应对、适应和调节日常生活的各种起起落落中所起的关键作用。例如，有证据表明，人格与重要的健康结果有关，如心脏病。人格还与各种健康相关的行为有关，如吸烟、饮酒和冒险。有的研究甚至发现人格与我们的寿命有关。

人格通过影响健康相关行为（例如吸烟）而与健康发生关联。

除了健康之外，许多应对和调适方面的重要问题都可以追溯到人格。在这个领域，某些人格特征与适应不良有关，并被认定为人格障碍。第 19 章将介绍人格障碍，如自恋型人格障碍、反社会型人格障碍和回避型人格障碍等。我们可以通过考察人格障碍来加深对“正常”人格机能的理解，正如医学领域中经常通过研究疾病来理解正常的生理功能。

练习

想想你自己或熟人身上的一种有趣的行为模式或特征，如拖延、自恋或完美主义，任何你感兴趣的人格特征都可以。然后写下六个关于该特征的句子，每一句代表六个领域的一个方面：特质、生物学、心理动力、认知/经验、社会与文化以及调适。每个句子应该从特定领域的角度就此特征进行陈述或提出问题。

## 人格理论的作用

本书的核心目的之一是强调人格理论与研究之间的相互影响。在每个知识领域中都有一些流行的理论，因此我们将以对理论的探讨来结束本章。理论在所有的科学努力中都是必不可少的，它们服务于多个有用的目的。在科学中，一个**好理论**（good theory）可以达到以下三个目的：

- 为研究者提供指导。
- 组织已有的发现。
- 做出预测。

理论最重要的目的之一是为研究者提供指导，引导他们把注意力放在研究领域中的重要问题上。

理论的第二个功能是组织已有的发现。例如，在物理学中有一系列令人困惑的事件——苹果从树上落下，行星之间相互吸引以及黑洞吸收光线。引力理论简洁而有力地解释了所有这些发现。通过解释已有的发现，理论可以帮助我们理解已知的世界，并使其连贯一致。人格理论亦是如此，除了指导心理学家对重要的领域进行研究外，强有力的理论还能够成功解释已有的发现。

理论的第三个目的是对至今还无人证明或观察过的行为和心理学现象做出预测。例如，早在我们拥有验证其预言的技术之前，爱因斯坦的相对论就预测光会在大的恒星周围发生弯曲。当研究者们最终证实光确实在恒星（例如我们的太阳）附近发生弯曲时，这一发现证实了爱因斯坦理论的效力。

最后，我们需要区分科学的**理论**（theories）与**信念**（beliefs）。例如，占星学是关于人格与出生时天体位置关系的一些信念。即使这些信念缺乏支持性的证据，有些人还是认为这样的关系是真实的。到目前为止，心理学家们通过标准的研究方法和系统的观察，没有发现可信的事实来支持出生时的天体位置会影响个体人格的观点。因此，占星学仍然只是一种信念，而不是一种科学理论。信念对个体而言通常是非常有用的，对某些人也许是至关重要的。但是信念只是基于信仰，而不是基于可信的事实和系统的观察。与此相反，理论可以通过系统的观察来检验，其他人可以重复这种系统的观察并得出相似的结果。

总之，人格理论的三个关键标准强调理论与研究的相互影响。它们指导研究者探寻重要的领域，解释已有的发现，并对新现象做出预测。

## 评价人格理论的标准

当我们在后面逐一探索这六个领域时，记住五个**评价人格理论的科学标准**（scientific standards for evaluating personality theories）将是十分有益的，它们分别是：

- 综合性
- 启发价值
- 可检验性
- 简约性
- 跨领域和水平的相容性和整合性

第一个评价标准是**综合性**（comprehensiveness）：该理论能够很好地解释本领域内的所有事实与观察吗？能解释更多实证发现的理论优于那些仅能解释少数研究发现的理论。

第二个评价标准是**启发价值**（heuristic value）：该理论能指导我们获取以前未知的关于人格的重要新发现吗？能指引科学家们获得新发现的理论优于那些不能提供指引的理论。例如，地质学中的板块构造理论指导研究者发现了在这个理论出现之前未知的火山活动区域。同样，一个好的人格理论将引导人格研究者获得前所未知的发现。

第三个重要的评价标准是**可检验性**（testability）：该理论是否提出了可被实证检验的精确预测？有些理论，例如弗洛伊德的内心冲突理论的某些方面，受到了批评，因为它们难以或无法检验；但弗洛伊德理论的其他一些方面是可以检验的（见第 9 章和第 10 章）。一般来说，理论的可检验性取决于其预测的精确性。精确的理论预测有助于科学的进步，因为它们使不适合的理论被摒弃（其预测被证伪的理论），好的理论得以保留（其预测被实证研究证实的理论）。如果一个理论经不起实证检验，一般会被认为是一个拙劣的理论。

第四个评价标准是**简约性**（parsimony）：理论包含的前提和假设很少（简约）还是很多（不简约）？一般而言，对于一组给定的发现，需要很多前提和假设才能解释的理论被认为不如只需较少的前提和假设就能解释的理论。尽管简约性非常重要，但请记住，这并不意味着简单的理论总是比复杂的理论好。事实上，简单的理论常常因不能满足这里描述的五个标准中的一个或多个而走向消亡。例如，简单理论可能不具有综合性，因为它们能解释的现象太少。我们的观点是，人类的人格确实是复杂的，因此一个包含许多前提的复杂理论可能最终是必要的。

第五个评价标准是**跨领域和水平的相容性和整合性**（compatibility and integration across domains and levels）。例如，天文学中某种违反已知物理定律的宇宙理论就不具备跨水平的相容性，因此会被判定为存在根本性缺陷；违背了已知化学定律的某些生物学理论同样也会被认为有致命缺陷。同理，如果某领域中的一个人格理论违背了另一领域中一个享有盛誉的规律，这个理论就会被认为有很大的问题。例如，一个与公认的生理学和遗传学知识不一致的人格特质发展理论会被认为是有问题的。同样，一个关于进化对人格影响的理论如果与已知的文化对人格的影响相矛盾，那么它就是有问题的。反之亦然。虽然跨领域和水平的相容性和整合性标准已成为大部分科学领域中的一条公认原则（Buss, 2015; Tooby & Cosmides, 1992），但它极少被

表 1.2 评价人格理论的五个标准

| 标准 | 定义 |
| --- | --- |
| 综合性 | 能解释大多数甚至全部的已知事实 |
| 启发价值 | 能指引研究者获得新的重大发现 |
| 可检验性 | 能提供可实证检验的精确预测 |
| 简约性 | 包含的前提或假设很少 |
| 跨领域和水平的相容性和整合性 | 与其他领域已知的知识一致；与其他科学分支的知识相协调 |

用于评价人格理论的适宜性。我们认为本书中所采用的“领域”划分法，突显了跨人格分析水平的相容性这个评价标准的重要性。

总之，当你探索人格功能的六个领域时，请记住每个领域中的理论都具有五个评价标准，即综合性、启发价值、可检验性、简约性和跨领域和水平的相容性和整合性（见表 1.2）。

## 是否有一个终极的、正确的人格大理论

生物学领域有一个宏大的、统一的理论——基于自然选择的进化理论。它最初由达尔文（Darwin, 1859）提出，后经改进形成新达尔文主义，即内含适应性理论（Hamilton, 1964）。这一理论具有综合性，指引着生物学家获得新的发现，经受住了成千上万次的实证检验，具有高度简约性，并且与邻近科学领域中的已知原理相容。进化理论提供了一个宏大的、统一的框架，大多数生物学家都在这个框架下开展他们的工作。理想情况下，人格心理学领域也应该有这样一个宏大的、统一的理论，但很可惜，目前还没有。

也许精神分析理论的创始者弗洛伊德，对创建一个宏大的、统一的人格理论做出了最雄心勃勃的尝试（见第 9 章）。许多人跟随弗洛伊德的脚步构建了大理论。但是在过去的几十年里，大多数人格研究者开始意识到，人格领域仍缺乏一个宏大的、统一的理论。大多数人格研究者只关注特定的功能领域。正因为如此，本书按照六个领域来组织，每个领域的内容都包含了各自的已有成果、科学发现和最新发展。

在我们看来，一个终极的人格心理学大理论必须统一这六个领域。它必须解释人格特征及其发展（特质领域）；它必须解释人格的进化、遗传和生理基础（生物学领域）；它必须解释深层次的动机和心理动力过程（心理动力领域）；它必须解释人们如何感知世界以及如何加工相关的信息（认知 / 经验领域）；它必须解释人格如何影响人们生活的社会与文化背景，又如何被其影响（社会与文化领域）；它还必须解释当人们在时而坎坷的人生历程中遇到诸多适应问题时，他们是如何应对和运作的，以及调适为什么会失败（调适领域）。

尽管人格心理学领域目前还缺乏一个大理论，但我们相信，这六个领域的工作最终将为建立起这样一个统一的人格理论奠定基础。我们很高兴地告知大家，在所有六个领域都有了巨大的进展和发现。我们希望你也和我们一样，对探索人格的这些领域感到兴奋。

## 关键术语

特质描述性形容词
人格
心理特质
平均倾向
心理机制
个体内部
组织性
持久性
影响力
个体—环境交互 / 相互作用
适应
环境
人类本性
个体差异
群体差异
一般规律
特殊规律
知识领域
特质领域
生物学领域
心理动力领域
认知 / 经验领域
社会与文化领域
调适领域
好理论
理论
信念
评价人格理论的科学标准
综合性
启发价值
可检验性
简约性
跨领域和水平的相容性和整合性

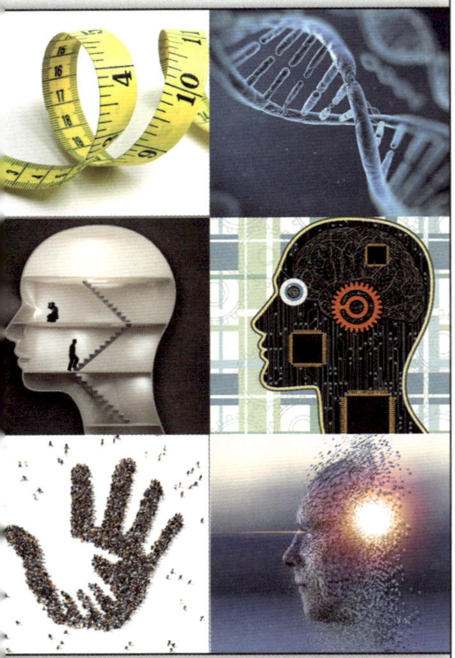

左上：© moswyn/Getty Images RF;
右上：© Svisio/Getty Images RF;
左中：© Science Photo Library RF/Getty Images RF;
右中：© Corbis/SuperStock RF;
左下：© Arthimedes/Shutterstock RF;
右下：© Colin Anderson/Blend Images LLC RF

# 2

# 人格评鉴、测量和研究设计

2

## 导 言

关于政治人物的许多话题都涉及对其人格的讨论。

假设美国总统大选临近，你要从两名候选人中选出一个。这种情况下，候选人的人格特征对你的决定可能至关重要。他们的抗压能力如何？他们对堕胎和枪支管控的态度是怎样的？他们在与其他国家的领导人谈判时会采取强硬立场吗？本章关注的是我们获取他人人格信息的各种方法，包括人格数据的来源，以及在人格的科学研究中我们所采用的研究设计。

在考虑两位总统候选人时，你可能想知道，他们是如何谈及自己的价值观和态度的——这便是*自我报告*。你可能想知道，人们如何看他们在与其他国家领导人交涉中态度是否强硬——这便是*观察者报告*。你可能还希望将候选人置于更可控的环境中，比如来一场辩论，看看每个人的表现如何——这便是*测验数据*。此外，你可能还想知道他们生活中的特定事件，比如是否曾经使用过非法药物、被逮捕、逃避过兵役、离过婚，或者卷入过令人难堪的性丑闻——这便是*生活史数据*。

这些数据来源中的每一种都能揭示总统候选人某些方面的人格特点，但任何一种数据各自都是不完整的，可能存在偏差（对总统候选人引人入胜的人格分析，见 Immelman, 2002; O'Donnell & Rutherford, 2016; Post, 2003; Renshon, 1998, 2005）。例如，候选人可能自我报告拥有一系列商业交易成功的经历，但事实记录显示的却是破产申请和未支付账单的历史。观察者们可能会说候选人是一个诚实的人，但他们可能并未意识到该候选人曾经撒过谎。在辩论中，一位候选人可能表现得神采飞扬，但那或许是因为另一位候选人那天碰巧感冒了。公开记录显示服过兵役，但或许不能显示候选人利用家族关系免于到前线作战。每一种数据来源都提供了重要的信息，但是，每一种数据来源本身都只具有有限的价值，并不完整，也不全面。

本章包含了人格评鉴（*也称“人格评估”*）与研究的三个主题。第一个涉及我们从哪里获得有关的信息，即人格数据的来源以及人格心理学家采用的实际测量方法；第二个主题涉及我们如何评价那些测量方法的质量；第三个主题涉及在实际的研究设计中我们如何使用这些测量方法来研究人格。

# 人格数据的来源

个人信息最显而易见的来源也许是**自我报告数据**（self-report data，缩写为S-data），即个人所提供的信息。很明显，由于种种原因，个体可能并不总是提供自己的准确信息，比如人们都愿意以积极的方式展现自己。然而，那些发表最新人格研究的期刊表明，自我报告是最常见的人格测量方法（Connelly & Ones, 2010）。

## 自我报告数据

获得自我报告数据的方法有很多种，包括在访谈中向个体提问题、让个体记录并定期汇报所发生的事件或使用问卷。问卷法（questionnaire method），即个体回答一系列有关自己信息的题目，它是目前为止使用最普遍的自我报告评估形式。

支持我们使用自我报告的理由有很多。最明显的理由是，个体能够获得大量他人无法获得的关于自身的信息，如个人的习惯性焦虑程度（例如 Vazire, 2010）。个体可以报告他们的感受、情绪、欲望、信念和私人体验。个体不仅能报告自己的自尊水平，也能报告自己感知到的他人对自己的尊重情况。个体还能报告内心最深处的恐惧与幻想，以及自己的当前目标和长远目标。由于其潜在的丰富信息，自我报告是一种必不可少的人格数据来源。

自我报告有多种形式，从开放式的“填空”到迫选式的“是或否”的问题。有时它们也被称作**非结构化**（unstructured）（开放式的，例如“告诉我你最喜欢哪种聚会”），以及**结构化**（structured）（比如“我喜欢人多且热闹的聚会”——回答“是”或“否”）的人格测验。一种重要的开放式自我报告测验是“二十条陈述测验”（Twenty Statements Test, TST）（下页的阅读材料中提供了更多的信息）。在该测验中，参与者会拿到一张纸，上面除了重复的20条“我是……”之外，其余的地方都是空白的，要求参与者将每项不完整的陈述补充完整。例如，一个人可能按照这样的顺序回答：*我是一个女孩；我19岁；我是羞怯的；我是聪明的；我是一个喜欢在家度过安静夜晚的人；我是内向的人；*等等。为了对收集到的回答进行分类，开放式的人格测量工具需要有编码方案。换句话说，心理学家必须设计出一种方法，对参与者的开放式回答进行评分或解释。为了得知本例中这位女性的外向程度，心理学家可能会统计有多少陈述涉及社交特征。

比开放式问卷更普遍的是结构化的人格问卷，结构化问卷的反应选项是给定的。最简单的结构化自我报告问卷包含一系列特质描述性形容词，如活跃的、有雄心的、焦虑的、自大的、风雅的、大方的、爱社交的、贪婪的、温和的、排外的和愚蠢的，等等，参与者需要指出每个形容词是否描述了自己。呈现这些词的最简单形式是检核表，如《形容词检核表》（Adjective Check List, ACL）（Gough, 1980）。在完成ACL时，个体只需对那些他们感觉非常准确地描述了自己的形容词做记号，而不必理会那些不能描述自己的词条。一种更复杂的方法是：要求受测者以数字的形式，指出每一种特质在多大程度上能够准确描述自己的特征，如一个从1（非常不符合）到7（非常符合）的7点评价量表。这种量表被称为**利克特评价量表**（Likert Rating Scale）（以发明者的名字命名），它就是让人们用数字形式来表达某种特质有多适合描述自己的一种方法。典型的利克特评价量表如下：

## 阅读　我是谁

“二十条陈述测验”（TST）是由社会学家库恩和麦克帕特兰（Kuhn & McPartland, 1954）编制的。他们一直对人们看待自身的态度很感兴趣。1954 年，他们发布了“我是谁”测验，该测验要求受测者补全 20 个以“我是 _____”开头的句子。库恩和麦克帕特兰开发了一种通过分析个体的反应内容来给测验计分的方法，反应顺序被认为是非常有意义的（例如，先提到的内容可能比后提到的对自我定义更重要）。

在心理学家的早期应用中，TST 主要用于临床与人格研究。例如，一项研究通过使用 TST 探讨了婚姻“适应良好”的个体与婚姻“适应不良”的个体的自我概念是否存在差异（Buerkle, 1960）。结果显示，与婚姻适应不良的人相比，那些婚姻适应良好的人在自我概念中更多地提到了配偶、婚姻和家庭。该结果告诉我们，成功婚姻的部分原因在于把婚姻角色整合到个人的自我概念中。

在 20 世纪 70 年代，研究者开始用更具批判性的眼光审视 TST。它是一种开放式问卷，所以，语言能力较弱的人不能像语言能力强的人那样快速或详尽地完成测验，因此参与者的智力差异会导致测验分数上的偏差（Nudelmen, 1973）。但是，假如给予个体充足的时间（至少 15 分钟）来完成这 20 个问题，那么智力偏差的影响似乎就会被消除。最终 TST 经受住了审视，被心理学界视为一种能够测量人们如何界定自身的有用工具。

到了 20 世纪 80 年代，TST 被用于许多时代性人格主题的研究，如性别和其他社会角色对自我定义的影响。例如，一项研究对已婚女性和单身女性进行了比较（Gigy, 1980）。结果表明，已婚女性在回答“我是谁”的问题时，倾向于提及人际关系（“我是一个母亲”“我是一个妻子”），在家庭生活中获得的角色（“我是喂养孩子的人”）以及家务劳动（“我是购买日用品的人”）。很明显，婚姻意味着自我概念的重大改变。这类研究证实了社会角色与个体如何看待自身之间的联系。

根据文化和族裔进行自我定义已经成为一种趋势（Bochner, 1994）。研究者使用 TST 进行了一项跨文化研究，比较了肯尼亚人与美国人。他们比较了几组人群在陈述中提到社会群体类别（例如，“我是本地校委会一员”或者“我是本地垒球队成员”）的比例。结果表明，美国大学生在自我定义中提到社会群体的次数约占总数的 12%，肯尼亚大学生约为 17%。但是，传统的肯尼亚乡村居民的测验结果却非常不同。肯尼亚的马赛人（Massai）在反应中提到社会群体的次数占 80%，桑布鲁人（Samburu）在反应中提到社会群体的次数占 84%（Ma & Schoenoman, 1997）。此类结果表明，文化可能会影响我们如何看待自己。TST 是一种测量人们如何定义自己的有用方法，它已被证明能够特别有效地识别个体身份中最重要的组成部分，这些成分能为一个人提供自尊感、生活意义以及在他人世界中的归属感（Vignoles et al., 2006）。

精力充沛的

| 1 | 2 | 3 | 4 | 5 | 6 | 7 |
|---|---|---|---|---|---|---|
| 非常不符合 | | | | | | 非常符合 |

最常见的人格量表的分数是由一系列单个评价量表的分数相加而成的。例如，关于活动水平的人格量表的分数可能由测量精力充沛性、好动性和活泼性的评价量表的得分相加而成。

练习

**指导语：**下面列出了一系列的形容词，请快速阅读它们，然后在每一个你认为能描述自己的形容词旁写下“X”。请尽量真实和准确。

| | | |
|---|---|---|
| ______ 健忘的 | ______ 高兴的 | ______ 依赖的 |
| ______ 好动的 | ______ 文明的 | ______ 意志消沉的 |
| ______ 适应性强的 | ______ 思维清晰的 | ______ 坚决的 |
| ______ 爱冒险的 | ______ 聪明的 | ______ 高贵的 |
| ______ 做作的 | ______ 粗俗的 | ______ 谨慎的 |
| ______ 深情的 | ______ 冷淡的 | ______ 混乱的 |
| ______ 仁慈的 | ______ 暴躁的 | ______ 愚蠢的 |

但是，比形容词检核表更普遍的是陈述式的自我报告问卷。广为使用的自我报告调查表的例子包括《NEO 人格调查表》（NEO Personality Inventory）（Costa & McCrae, 2005）和《加利福尼亚心理调查表》（California Psychological Inventory, CPI）（Gough, 1957/1987）。CPI 的条目样例如下：我喜欢社交聚会，喜欢与人们在一起；我敬佩我的父亲，他是一个完美的人；一个人需要不时地“表现”一下自己；我有一种想要成功的强烈愿望；我需要较长时间才能拿定主意。受测者阅读每一条陈述，在答题纸上做出回答。当认为陈述符合真实情况时，就做出肯定的回答；而当认为陈述不符合真实情况时，就做出否定回答。《NEO 人格调查表》的样例如下：我喜欢我遇到的大多数人；我很容易笑；我通常讨厌那些我不得不应付的人。受测者采用从 1 到 5 的利克特量表值表明条目与自身相符合的程度，1 代表非常不赞同，5 代表非常赞同。

练习

选取一种你想要测量的人格特征。首先，请写下该特征的清晰定义。例如，你可能选择类似这样的特征，如友善的、尽责的、焦虑的或自恋的。然后，编制一个大约包含 5 个条目的简短问卷来测量这一特征。你的条目可以是陈述句，也可以是形容词。其形式可以是开放式的，或者“是”或“否”式的，抑或是一个利克特评价量表。最后，让其他人来做问卷。你认为编制条目容易吗？你认为你的问卷能够准确地测量该特质吗？

像其他所有的方法一样，自我报告法也有其局限性和缺点。受测者必须有准确作答的意愿和能力，自我报告法才能有效。但是人们并不总是诚实的，特别是被问及非常规的经历时，例如：不寻常的欲望、不寻常的性经历以及不受欢迎的特质。有些人可能本身就缺乏准确的自我认知。由于这些局限，人格心理学家也经常利用那些不依赖受测者诚实度和洞察力的数据来源，如观察者数据。

应用

经验取样——自我报告的一种巧妙方法。人格研究的一个数据来源叫作**经验取样**（experience sampling）（例如，Barrantes-Vidal & Kwapil, 2014; Hormuth, 1986; Larsen, 1989; Mehl & pennebaker, 2003）。在这种方法中，受测者在数周或更长的时间里，每天回答有关情绪或身体状况的一些问题。研究者每天随机抽取时间段，以传呼机的方式与他们取得联系（每天 1 次至数次），并要求他们完成测验。在一项研究中，74 名大学生在连续的 84 天里，每天都报告他们的情绪状况（Larsen & Kasimatis, 1990）。研究者对一周中的各天与情绪之间的关系很感兴趣。他们发现大学生的情绪具有非常强的周期性。积极情绪在周五和周六时达到顶峰，消极情绪在周二和周三时达到顶峰（注意，周一不是一周中心情最糟的一天）。与外向者相比，内向者每周的情绪周期更具规律性。也就是说，与外向者相比，内向者的情绪更能够被 7 天的情绪周期所预测。这种差异可能是由于外向者一般不会等到周末才开始做一些使他们心情愉悦的事情，如聚会、社交或者与朋友们一起聚餐。通常，外向者在日常生活中避免一成不变，内向者的生活则更具有可预测性。

虽然经验取样也是采用自我报告作为数据来源，但它与传统的自我报告法不同，它能探查跨时间的行为模式。因此，经验取样可以提供仅在某一时间点施测的问卷法所无法获得的信息。经验取样是一种非常好的方法。例如，利用它可以获取个体自尊随时间波动的信息，还可以获得个体如何对日常生活中的压力做出反应的信息。通过新的技术手段（包括智能手机、各种社交媒体和运动记录器等）进行的经验取样越来越多地被用于人格研究。例如，韩国的一项研究发现，自恋程度高的人发布自拍照和更新个人资料照片的频率显著高于自恋程度低的人（例如，Moon et al., 2016）。

## 观察者报告数据

在日常生活中，我们会对与我们接触的人产生印象。而对于每一个人，通常会有许多观察者对其形成这样或那样的不同印象。我们的朋友、家人、老师和一般的熟人都是我们人格特征的潜在信息源。**观察者报告数据**（observer-report data, 缩写为 O-data）利用这些资源来收集一个人的人格信息。

作为人格数据的一种来源，观察者报告既有优点，也有缺点。其中的一个优点是，观察者可以获得其他来源不能获取的信息。例如，观察者能够报告受测者在他人眼中的印象、社会声望，与他人相处融洽还是冲突不断，以及在群体中的相对地位。事实上，一项研究发现，观察者只需接触 20 秒，就能相对准确地识别利他主义特征（Fetchenhauer et al., 2010）。正如桑塔亚纳（Santayana, 1905/1980）所指出的，“（观察者）有时会得到人们自己无法发现的关于性格和命运的真相”（p. 154）。

观察者报告的第二个优点是，可以通过许多观察者来评价一个人，而在自我报告中只有一个人提供信息（Connelly & Ones, 2010; Paunonen & O’Neill, 2010）。使用多个观察者使研究者能够评价观察者之间的一致性程度，这被称为**评分者间信度**（inter-rater reliability）。而且，通过统计程序计算多个观察者的评价均值，可以减少单一观察者的独特风格和偏见的影响。通常，使用多个观察者能够获得更有效和更可信的人格评鉴。

观察者报告的数据也可作为人格信息的一种来源。

### 观察者的选择

当需要利用观察者时，研究者面临的一个关键问题是：如何选择观察者。人格研究者们提出了两种策略：一种策略是使用事先不认识受测者的专业人格评鉴人员；另一种策略是使用实际生活中认识受测者的人。加州大学伯克利分校的人格与社会研究所（Institute of Personality and Social Research, IPSR）就是一个使用专业观察者进行研究的机构。受测者在研究所待 1~5 天，以便接受广泛而深入的人格评鉴。例如，一项研究联系了一组被同伴认为具有高创造力的建筑师，以确定能预测创造力的人格因素；另一项研究关注那些被认为具有创造力的小说家；第三项研究评估了 MBA 培训班的研究生，以确定能预测商业成功的人格因素。在该所的研究中，受过训练的人格观察者在多种背景下观察受测者。随后，每个观察者独立提供一份对受测者的人格描述。

获得观察数据的第二种策略是利用实际生活中认识受测者的人。例如，亲密朋友、配偶、母亲和室友等都曾被用来提供受测者的人格数据（例如 Buss, 1984; Connelly & Ones, 2010; Vazire & Mehl, 2008）。与专业评估者相比，与受测者已经存在关系的观察者有其优点和缺点。一个优点是，这样的观察者能更好地观察受测者的自然行为。相比之下，在人格与社会研究所这一相对公众化的评估情境中，专业观察者不能目睹更多的私人行为，只能观察公开行为。配偶或亲密朋友则能得到其他渠道无法获取的私人信息。

使用亲密观察者的第二个优势是可以评估**多重社会人格**（multiple social personalities）（Craik, 1986, 2008）。每个人都会对不同的人展现自己不同的方面。例如，我们可能对朋友很友好，对敌人很残忍，对配偶很痴情，对父母却冲突不断。换言之，我们在不同的情境中会展现出不同的人格，这取决于我们与他人关系的性质（Lukaszewski & Roney, 2010）。多个观察者作为信息来源，为我们多方面评估个体的人格提供了一种可行的方法。

虽然在人格评鉴中使用亲密观察者有许多优势，但也有一些缺点（Vazire, 2010）。因为亲密观察者与受测者存在一定的关系，所以他们可能会在某些方面出现偏差。例如，受测者的母亲可能忽略孩子的消极特征而更多地强调孩子的积极特征。

### 自然情境观察与人为情境观察

除了确定使用哪种类型的观察者外，人格研究者还必须确定观察是发生在自然情境还是人为情境中。在**自然情境观察**（naturalistic observation）中，观察者观察和记录受测者正常生活中发生的事情。例如，观察者跟随一个孩子一整天，或是待在受测者家里进行观察。与此不同，观察也可以在人为设定的情境中进行。例如，在人格与社会研究所这一情境中，实验者可以指导受测者完成一项任务，如参与小组讨论，然后观察他们在这些结构化的情境中如何表现。心理学家戈特曼和利文森曾邀请若干对夫妻到他们的实验室讨论一些常引起他们争执的话题，然后观察他们之间的争论。结果发现，夫妻争吵的方式可以预测夫妻关系是能够维持还是走向离婚（Gottman, 1994）。甚至在实验室冲突中表现出来的面部表情也能预测之后的婚姻结果（Coan & Gottman, 2007; Gottman, Levenson, & Woodin, 2001）。

自然情境观察能够让研究者确保信息来自个体日常生活的真实情境，但其代价是不能控制被观察的事件和行为。在实验者创设的情境中观察，优点是可以控制条件以引发有关行为。但也要付出代价，即失去了日常生活的真实性。

总之，观察者报告数据有很多维度。例如，是使用专业评估者还是亲密观察者，是在自然情境还是在人为情境中观察。究竟如何选择，一定要根据具体的人格研究目的，对各种选项的优点和缺点进行仔细的评估。没有哪一种方法可以完美地适用于所有的人格评鉴目标。

## 测验数据

除了自我报告和观察者报告数据外，第三种常见的人格信息源是标准化测验，即**测验数据**（test data, 缩写为 T-data）。受测者被置于一种标准化的测验情境中，目的是考察不同的人对相同的情境是否做出不同的反应。研究者设计情境引发某种行为，并以此行为作为人格变量的指标（Block, 1977）。在默里（Murray, 1948）的经典著作《人的评估》中有一个有趣的例子，即搭桥测验。在测验中，给受测者一些木头、绳子和工具，为他们安排两名助手，要求其在小溪上搭一座桥。受测者不能单独完成搭桥，必须指导两名助手去做这项工作。受测者并不知道，两名助手其实是在进行角色扮演：一个扮演愚蠢的、难以理解指令的人；另一个扮演“无所不知”的人，此人对如何搭桥有自己的观点，并且经常与受测者发生冲突。这两名“助手”实际上是在给受测者制造麻烦。尽管受测者以为这是在评估其领导能力，实际上却是在评估其在不利条件下的挫折耐受性。

使用测验数据的一个有趣的例子是梅加吉（Megargee, 1969）对支配性（dominance）的研究。梅加吉希望设计一个实验室测验环境，以便检验支配性对领导能力的影响。他先对大量的男性和女性实施了《加利福尼亚心理调查表》支配性分量表的测量，然后选取在支配性上得分非常高与非常低的男性和女性。之后，梅加吉让一名高支配性的人和一名低支配性的人组对，两人一组来参加实验。他创设了四种情形：（1）高支配性男性与低支配性男性；（2）高支配性女性与低支配性女性；（3）高支配性男性与低支配性女性；（4）高支配性女性与低支配性男性。

然后，梅加吉给每对参与者一个大盒子，盒子中包含很多红色、黄色和绿色的螺母、螺栓和杠杆。参与者被告知研究目的是测查压力情境下人格与领导能力的关系。每对参与者作为一组解决问题的专家，需要尽可能快地修好盒子，即拿掉特定颜色的螺母和螺栓，并用其他颜色取代它们。要求每组参与者中必须有一人作为领导者（可以发出指令），另一人作为服从者（需要进入盒子里，完成领导者吩咐的卑微任务）。实验者告诉参与者，两人可以自行决定谁是领导者，谁是服从者。

梅加吉感兴趣的关键变量是谁将成为领导者，谁将成为服从者。他简单地记录了每种情境下高支配性的参与者成为领导者的百分比。他发现，在同性配对的情况下，高支配性男性和高支配性女性分别在 75% 和 70% 的试次中担当了领导者角色；而当高支配性男性和低支配性女性配对时，在 90% 的试次中男性成了领导者。但是，当高支配性女性和低支配性男性配对时，结果非常令人惊奇。在这种情境下，仅有 20% 的试次中高支配性女性担当了领导者角色。

当人们在一起工作时，谁来担任领导者通常是由他们的人格决定的。

梅加吉通过录音记录了每组参与者在确定谁是领导者时的对话。在分析这些录音时，他发现了一个惊人的结果：高支配性的女性任命了她们低支配性的伙伴担任领导者。事实上，在 91% 的试次中高支配性女性做出了关于角色分配的最终决定。该结果表明，在异性配对的情况下，女性用一种不同于男性的方式表现她们的支配性。

梅加吉的研究凸显了实验室研究的几个关键点。第一，它表明通过设置情境来揭示人格的关键指标是可能的。第二，它表明实验者应该对可能体现人格特点的实验的附带部分很敏感，如参与者之间的讨论。第三，通过问卷获得的自我报告数据与通过严格控制测验条件获得的测验数据之间通常有着有趣的联系。这样的联系有助于同时确立问卷和实验室测验的效度。

与其他数据来源一样，测验数据也有其局限性。首先，一些参与者可能会猜测被测量的是什么特质，然后改变自己的反应，从而给别人留下一种特定的印象。其次，很难证实参与者所理解的测验情境与实验者所界定的实验情境是否一致。一个研究“权威服从”的实验设计可能被错误地理解为“智力”测验，这样会增加参与者的焦虑，歪曲随后的反应。实验者的设想与参与者的理解之间的不一致可能会导致错误。

在使用测验数据的过程中应该注意的第三个问题是，这些情境本质上是人际间的，研究者可能会不经意地影响到参与者的行为表现。例如，与冷淡的实验者相比，外向和友善的实验者会激发参与者更多的合作（见 Kintz et al., 1965）。简言之，选择由谁来操作实验，会不经意地引入一些能改变测验结果的因素（包括实验者的人格和举止）。

虽然存在这些局限，测验数据仍然是非常有价值且不可替代的人格信息来源。通过恰当的设计，用以获得测验数据的程序可以引发日常生活中很难观察到的行为。这些程序允许调查者控制情境以消除无关影响源。不仅如此，通过控制预想的因果变量，它可以让实验者检验特定的假设。由于这些原因，对人格研究者来说，测验数据仍是一种不可或缺的工具（Elfenbein et al., 2008）。

### 机械记录装置

人格心理学家在适应技术革新方面一直很积极。一个例子是用“活动度测量计”评估在活动或能量水平上的人格差异。活动度测量计本质上是一种改装过的自动上发条的手表，可以绑在参与者（通常是儿童）的胳膊或腿上。运动激活发条装置，通过手上的刻度计记录个体的活动状况。当然，情绪、生理状态和环境在每天甚至每时每刻都会有波动，这限制了活动水平的任何单次取样的有效性。但是，对于每个人来说，收集他在不同时间的样本，便可以产生合成分数，从而反映出他是多动的、正常活动水平的还是安静的（Buss, Block, & Block, 1980）。

在一项研究中，研究者让 3~4 岁的学前儿童在其非利手的手腕上戴了将近 2 个小时的活动度测量计（Buss et al., 1980）。每个活动度测量计的刻度盘都用带子盖着，以使儿童不会分散注意力。在预测验时，那些能够看到刻度盘的儿童确实会被刻度盘吸引（例如坐在一个地方，来回摇晃着测量计），这种行为干扰了测量的有效性。为了获得每个儿童更可信的活动水平指标，研究者采用了多次记录的办法，之后再合并活动度测量计的读数。

实验者试图寻找以下三个问题的答案：（1）用活动度测量计测量的活动水平与观察测量的结果一致吗？（2）活动水平在多大程度上具有跨时间的稳定性？（3）使用这种机械记录装置测量的活动水平与基于观察者的人格判断相关吗？为了回答这些问题，研究者通过《加利福尼亚儿童 Q 分类调查表》（California Q-Sort, 用来描述儿童多方面人格特征的工具），从儿童的老师那里获取了观察者的评价（Block & Block, 1980）。Q 分类的条目样例如下：是一个健谈的人；对他人慷慨；基本上是顺从的；是狡猾的、爱骗人的、控制性的和机会主义的；是精力旺盛的。研究者分别在儿童 3 岁、4 岁和 7 岁时获得这些观察者评价，而只在儿童 3 岁和 4 岁时进行活动度测量计测量。

研究表明，通过测量计测量的活动水平与基于观察者的测量之间具有高度的一致性。活动水平也被证明具有中等程度的跨时间稳定性。例如，3 岁时的活动度测量计测量结果与 4 岁时的测量结果具有中等程度的一致性。测量计测量出的活动水平与观察者的各种人格判断之间有一定关系吗？被活动度测量计测量为高活动水平的儿童会被老师评价为生气勃勃、精力充沛和活跃。另外，高活动水平的儿童被评为好动的和坐立不安的。活跃的儿童在老师的眼里是无拘无束的、自信的、好胜的、有肢体和言语攻击性的、引人注意且喜欢操控他人。因此，活动度测量计测得的活动水平与其他对社会互动有重要影响的人格特质之间存在关联。

活动水平具有跨时间的一致性，并且与教师所做出的生气勃勃、精力充沛和活跃等评定相关。

总之，人格的某些方面可以通过机械记录装置来测量，如活动度测量计（Wood et al., 2007）。这类形式的测验数据有多个优点和缺点。首先，它提供了一种评估人格的机械测量方法，这种方法不会受观察者可能引入的偏差的影响。第二个优点是这些数据是在相对自然的情境中获得的，如儿童玩耍的操场。主要的缺点是，很少有人格特征能够直接被机械装置所测量。例如，没有机械装置能够直接测量内向性或责任心。

### 电子及互联网记录设备

人格评鉴中开始越来越多地使用电子记录设备，包括通过智能手机、各类社交媒体以及健身设备等进行监控。一项使用电子激活记录仪的研究发现，以展现同情和感激为代表的道德行为具有跨时间的高度稳定性（Bollich et al., 2016）。另一项研究发现，高度自恋的人会更频繁地更新社交媒体上的个人资料照片（Moon et al., 2016）。

电子和互联网记录横跨自我报告数据、观察者报告数据以及测验数据这三个类别。例如，实验者可以引入一种实验操作（测验数据），让参与者讨论一段创伤经历，而对照组只被要求写下他们一天的经历，然后比较两组随后的生理和心理健康状况（例如，Pennebaker & Chung, 2011）；或者研究者可以要求参与者报告他们在收到提示时正在做什么（自我报告数据）；或者简单地观察一些行为，如自拍的次数（观察者报告数据），并将这些行为与自我报告的自恋联系起来。

电子记录设备有一个很大的优势，那就是能够以实验室或自我报告无法实现的方式评估自然发生的行为。尽管如此，由于参与者知晓自己处于电子监控中，因此仍会对实验者想要看到的东西有所猜测，并以自认为符合社会期望的方式来行动，从而在某种程度上扭曲了实验结果。

### 生理数据

人格数据的一个重要来源是生理测量。生理测量可以提供个体的唤醒水平、对各种刺激的反应性以及吸收新信息的速度等信息，它们都是人格的潜在指标。例如，可以把传感器放在人身体的不同部位，测量交感神经系统的活动、血压、心率和肌肉收缩等。研究者还可以评定对刺激做出反应的脑电波，甚至通过阴茎膨胀测量器

（Geer & Head, 1990）或阴道血流测量仪这样的工具来测量与性唤醒有关的生理变化（Hamilton, Rellini, & Meston, 2008）。

在第 7 章里，我们将更详细地介绍生理测量。此处我们的目的是介绍不同的人格测量方法，因此只举一个使用生理数据作为人格信息源的例子。心理学家帕特里克（Patrick, 1994, 2005）一直在研究冷血精神病态者，特别是关押在监狱里犯了重罪的男性。一种关于冷血精神病态者的理论认为，他们没有大多数人所具有的正常恐惧或焦虑反应，让大多数人焦虑的事情可能不会让他们感到焦虑。为了检验此观点，帕特里克采用了一种被称为“眨眼惊跳反射”的技术，这种技术曾被用于恐惧的研究。

人在受到惊吓时，如突然出现一个极强的噪声，会做出眨眼惊跳反射。这个过程由眨眼、下巴压向胸部以及突然吸气等构成。假如人们正因某种原因而焦虑，那么与在正常情感状态下相比，他们将更快地做出这种惊跳反射。从适应的角度，这是有道理的，如果人们已经处于害怕或焦虑的状态，那么他们将随时准备做出快速的防御性惊跳反应。你可以通过给人们呈现吓人或令人不适的图片，如蛇、凶猛的狗或蜘蛛的图片（大多数人认为这些图片能使自己产生轻微的焦虑）来证明这一点。如果人们是在看这些令人害怕的场景时受到惊吓，那么与在看不吓人的物体（如房子、树或桌子）时受到惊吓相比，他们将更快地表现出惊跳反应。有趣的是，帕特里克发现，因暴力犯罪而入狱的冷血精神病态者在观看诱发焦虑的图片时，并未对惊吓表现出更快的眨眼反应。也许冷血精神病态者之所以犯罪，是因为他们不具有阻止大多数人做坏事的正常焦虑水平和罪恶感。这是一个能够说明生理测量如何能被用于考察和理解各种人格特征的好例子。

一种新近的生理数据来源是**功能性磁共振成像**（functional magnetic resonance imaging, fMRI），这是用来确定人们在完成特定任务（如言语问题或空间导航问题）时有哪些脑区被“激活”的一种技术，它的工作原理是测量大脑特定位置的血氧输送量。当大脑的某一区域被高度激活时，大量的血液流向该区域，血液中携带的氧在这里累积。fMRI 通过检测血红细胞中氧所携带的铁离子的浓度，进而确定执行任务时使用了大脑的哪一区域。fMRI 大脑扫描呈现的彩色图像经常是非常生动的。

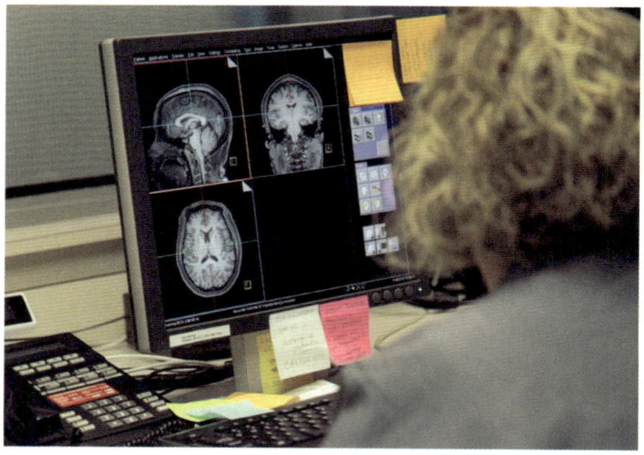

生理反应的测量，比如图中的 fMRI 脑部扫描，是人格研究的一种数据来源。上图是美国国家卫生研究院研究者显示器中的 fMRI 结果。



从理论上来讲，fMRI 提供的生理数据可以与人格特质、智力或精神病理学相关联。但在实践中，这种方法揭示的内容是有局限的。由于 fMRI 必须比较“激活”状态与“静息”状态的不同，因此，知道什么才是真正的静息状态就非常关键。例如，如果男性的静息状态更多地关注运动，而女性的静息状态更多地关注社交活动，那么比较任务状态（如观察面部表情）与静息状态将可能得出男性和女性完成该任务时脑活动不同的结论，但事实上，这种差异完全是由静息状态的性别差异造成的（Kosslyn & Rosenberg, 2004）。

生理数据的优点之一在于，参与者很难做出虚假反应，特别是在测量唤醒或反射反应时，例如眨眼惊跳反射。但是，生理记录程序有着其他实验室测验数据所具有的大多数局限，尤为突出的是，它通常受到实验情境相对人为性的限制。

### 投射技术

另一类测验数据的来源是**投射技术**（projective techniques）。使用投射技术时，研究者会给受测者提供一种标准化的刺激，然后询问他们看到了什么。人格评鉴中最著名的投射技术是由罗夏（Hermann Rorschach）发明的墨迹测验。投射技术的共同特点是呈现模棱两可的刺激，如一张墨迹的图片，然后让个体通过描述自己的所见对刺激进行建构，如从墨迹中看到了什么。投射技术背后的理念是，个体在刺激中所看到的东西反映了其人格的某些方面。一个人可能会把自己的担忧、冲突、特质、看待世界以及应对世界的方式“投射”到模棱两可的刺激上。

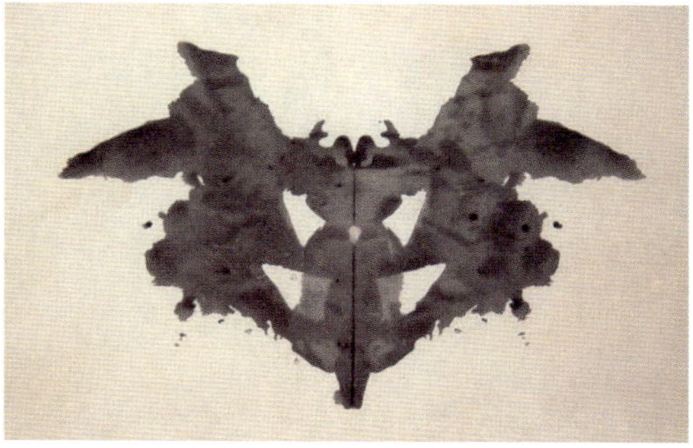

个体在解释墨迹图时可能会将自己的人格投射到所看到的东西上。

投射技术被看作一种测验数据，因为它呈现给所有人的都是一种标准化的测验情境，给予的都是同样的指导语，并且测验情境引发的行为被认为能揭示人格。

就心理学家解释个体对墨迹的反应而言，反应的内容是非常重要的。例如，具有“依赖型人格”的人会更高频地给出某些反应，如食物、食物提供者、被动进食、养育者、口腔活动、被动、无助，和“婴儿式语言”（Bornstein, 2005）。

总而言之，所有的投射测验都会呈现给个体一些模棱两可的刺激，然后让个体通过解释、绘画或编故事为刺激提供一种建构。提倡投射测验的心理学家们认为，这样的测验可用于获得被测者自己可能没有意识到因此也不可能在问卷法中报告的愿望、欲望、幻想和冲突。其他一些研究者则对投射技术提出了批评，质疑其作为准确的人格测量工具的信度和效度（Wood, Nezworski, & Stejskal, 1996）。

## 生活史数据

**生活史数据**（life-outcome data，缩写为 L-data）是指从可供公开查阅的个体生活事件、活动和结果中搜集到的信息，如结婚和离婚就是一种公开的记录。人格心理学家有时可以获得个体参加的俱乐部、收到多少张超速行驶罚单以及是否持有枪支等信息。个体是否因为暴力犯罪或白领犯罪而被捕也是一种公开记录。个体在工作中的成就，如这个人是向上还是向下流动，以及所创造的作品如出版的书籍和音乐唱片等，这些都是个体的重要生活结果，都可视为人格的重要信息源。

人格心理学家经常使用自我报告数据和观察者报告数据来预测生活史数据。卡斯皮和他的同事提供了一个用观察者报告数据来预测重要生活事件的例子（Caspi, Elder, & Bem, 1987）。通过对 8 岁、9 岁和 10 岁儿童的母亲进行临床访谈，研究者编制了两个能测量儿童坏脾气的人格量表。一个量表以发脾气的严重程度为基础，它关注肢体行为（如撕咬、踢打、扔东西）和言语表现（如咒骂、尖叫与嘶吼）。另一个量表评估坏脾气发生的频率。卡斯皮及其同事把两个量表整合在一起，形成一个测量坏脾气的单一量表。这种测量代表的是观察者报告数据，因为它以母亲的实际观察为基础。然后，当这些参与者到了三四十岁时，研究者收集他们的生活结果信息，如受教育程度、工作情况、婚姻状况以及是否有子女等。最后，研究者考察了儿童时期测量的坏脾气（观察者报告数据）是否能预测二三十年后的重要生活结果（生活史数据）。

童年时期爱乱发脾气与成年后的消极生活结果有关，如更高的离婚率。

结果表明这种预测意义重大。对于男性来说，早期的坏脾气与成年生活的许多消极结果有关。儿童时期表现出坏脾气的男性，其在部队服役时的军衔明显更低。与儿童时期未被评价为坏脾气的人相比，他们的职业生涯更不稳定，更频繁地换工作，失业的次数也更多。而且，这样的男性与儿童时期脾气相对温和的人相比，不太可能拥有满意的婚姻。到 40 岁时，儿童时期坏脾气的男性离婚率是 46%；但是，那些在儿童时期很少发脾气的男性，到 40 岁时离婚的只有 22%。

与男性不同，女性早期的坏脾气与后来的工作状况则没什么关系。但是，儿童时期坏脾气的女性倾向于与职业地位显著低于自己的男性结婚。儿童时期坏脾气的女性中有 40% 的人"下嫁"；而在儿童时期脾气较温和的女性中，这一比例只有 24%。与男性一样，女性在儿童时期的坏脾气与离婚率相关。到 40 岁时，儿童时期坏脾气的女性中有 26% 的人离婚；但是儿童时期脾气相对温和的女性，到 40 岁时离婚的只有 12%。

除了用于实证研究（如预测婚姻和离婚情况），生活史数据还被用于能够影响我们日常生活的其他方面。我们的驾驶记录，包括超速罚单和交通事故，被保险公司用来确定我们应该支付的车险金额。有时商业公司会跟踪我们的信用卡使用历史，以确定我们的行为偏好，进而影响我们在社交网络上接收到的广告。最近，广告商有时会跟踪我们浏览的网页，依据我们上网的行为模式，向我们发送垃圾邮件或弹出广告。事实上，一个人的邮箱地址甚至都能反映其人格特质。使用像 honey.bunny77@hotmail.com 这种邮箱地址的人，可能会比使用更沉闷的邮箱地址的人更加外向（Back, Schmukle, & Egloff, 2008）。因此，驾驶记录、信用卡使用记录和上网模式已成为现代的生活史数据来源。你认为我们能够通过人格变量，如冲动性（更多的交通事故）、身份追求（用信用卡购买象征声望的物品）和性驱力（更频繁地浏览色情网页）来预测这些可公开追溯的数据吗？未来的生活史数据研究可以很快回答这些问题。

总之，生活史数据可以作为关于人格的真实生活信息的重要来源。早期测量的人格特征经常与数十年后的重要生活结果有关联。就此意义而言，工作、结婚和离婚等生活结果，在一定程度上是一个人人格的体现。但是，我们必须认识到生活结果是由诸多因素导致的，包括个体的性别、文化背景、经济地位、族裔、种族以及偶然遇到的机会等。人格特征仅仅是这些生活结果的原因之一。

**练习**

请想一种你非常感兴趣的人格特征。例如，你可能想到活动水平、冒险性、暴脾气或合作性这些特征。结合以上四种主要的数据源，想想你可以使用什么样的具体方法来收集关于该特征的信息。请用具体的例子说明你会如何使用自我报告数据、观察者报告数据、测验数据和生活史数据来评估人们在该特征上的水平。请提供详细的例子，说明你将如何评估选定的人格特征。

## 人格评鉴中的问题

我们已经介绍了几种基本的人格数据来源，现在回过头来考虑人格评鉴中的两大问题。第一个问题是，当我们在某项人格研究中使用两种或多种数据来源时，人格数据的各种来源之间的关系是怎样的？第二个问题涉及人格测量的易错性，以及如何使用多种数据来源以克服单一数据源产生的某些偏差。

### 各种数据来源之间的关系

人格心理学者们必须处理的一个关键问题是：从一种数据来源获得的结果与从另一种数据来源获得的结果之间相符程度如何。例如，一个人认为自己性格中具有支配性特点，而其他观察者们，如他的朋友和配偶是否也这样认为？从电子记录设备获得的结果，与观察者报告或自我报告的自恋一致吗？

根据所考察的人格变量的不同，数据来源之间的一致性程度有的很低，有的呈适中水平。有研究者（Ozer & Buss, 1991）在 8 个人格维度中检验了自我报告与配偶报告的关系。他们发现一致性程度取决于具体的特质和该特质的可观察性。外向性特质在不同数据来源之间显示出中等程度的一致性。“精明的”这一特质的自我报告与配偶报告数据只有较低的一致性。较之那些很难观察且需要推测内部心理状态的特质（如精明的），那些很容易观察的特质（如外向性）在自我报告与观察者报告上表现出更高的一致性（Vazire, 2010）。

使用多种测量方法的主要优点在于，每种测量方法都有一些与潜在的心理结构无关的独有特性，但通过使用来自不同数据源的多种度量，研究者们可以用取平均的方式将这些特性消除，进而锁定关键变量。

评价各种人格数据来源之间关系的一个主要问题是，将它们看作对同一结构的不同测量，还是对不同现象的评估。例如，一位女士报告自己的相对支配性水平时，她拥有大量的相关信息，即她在社会环境中与许多人互动的情况；而一个特定的观察者，如亲密朋友，却只能获得有限的、特定部分的相关行为样本。因此，假如朋友评价这位女士的支配性很高，但是该女士却认为自己只具有中等的支配性，这种不一致可能完全是由每个人做出评价时依据的行为样本不同所致。因此，缺乏一致性并不一定意味着测量的错误（尽管测量当然有可能出错）。

总之，对各种人格数据来源之间关系的解释，很大程度上取决于所提出的研究问题。如果两种数据源之间的一致性很高，正如外向性与活动水平那样，那么就会使研究者相信不同测量方法测量的是同一人格现象。相反，缺乏高一致性，可能意味着不同的数据来源评估的是不同的现象，或者其中一种或多种数据来源出了问题。我们即将要讨论这个问题。

### 人格测量的易错性

每种数据来源都有一些问题和陷阱会限制其有效性。科学中的任何测量方法都是如此。甚至所谓的客观科学工具，如望远镜，也不是完美的。因为微小的瑕疵，如镜头的轻微变形，就会在观察中引入误差。人格研究同样需要面对科学测量的易错性问题。

因此，人格评鉴中的一种有力策略就是检验不同方法是否能得出统一的结果——这个程序有时被称为三角测量（triangulation）。假如发现了一种特殊效应，如支配性对承担领导者角色的影响，我们就要问用观察者报告和自我报告来测量支配性时，是否都会发现这种作用？假如发现外向者比内向者更易厌倦，那么就要问用生理记录装置测量和用自我报告测量是否都能得出相同的结论？在本书中，我们将特别关注那些能超越单一数据源测量局限性的发现。

## 人格测量的评价

一旦确定了人格测量的方法，下一步的任务就是对它们进行科学的检验，确定测量的好坏。一般来说，评价人格测量的标准有三个——信度、效度和可外推性。虽然在这里是通过评价人格问卷来讨论这三个标准的，但是，这些标准适用于人格研究中的所有测量方法，而不仅仅限于自我报告的人格问卷。

### 信 度

**信度**（reliability）可被界定为一个测验的测量结果在多大程度上反映了被测特质的真实水平。假定每个人确实在某种程度上具有你希望测量的特质，而且你能够了解其真实水平，如果你的测量是有效的，那么测量的结果与真实的水平就是相关的。例如，如果一个人的实际智商是 115 分，那么一个完全可信的智商测验所测得的此人的分数就是 115 分，而且一个可信的智商测验每次测得的此人的分数都会是 115 分。信度稍低的测验获得的分数会在一定范围内波动，例如在 112 分到 118 分之间；信度更低的测验获得的分数波动的范围则更大，比方说可能在 100 分（平均水平）到 130 分（天才的临界线）之间。人格心理学家喜欢信度高的测验，因为这样所得的分数就能够准确地反映每个人的人格特征的真实水平。

有几种方法可以用来估计信度。第一种方法是**重复测量**（repeated measurement）。重复测量有不同的形式。常见的形式是对同一个样本进行跨时间重复测量，例如间隔一个月。假如两次测验之间具有高相关，大部分人在两次测验上得到的分数相近，那么测量结果可被视为具有较高的*重测信度*。

估计信度的第二种方法是在同一个时间点检验条目之间的关系。假如一个测验的条目彼此之间都高相关（被视为重复测量的一种形式），那么这个量表就被视为具有较高的*内部一致性信度*。这种信度是内部的，因为是通过测验本身来评估信度。使用内部一致性作为信度指标的逻辑依据在于，心理学家假设一个量表中的所有条目测量的都是同一特征。假若确实如此，那么这些条目之间应该具有正相关。

第三种方法是通过多个观察者来得到测量信度，这种方法仅适用于以观察者为基础的人格测量。当不同的观察者之间具有一致性时，该测量被认为具有较高的*评分者间信度*；当不同的观察者意见不一致时，该测量被认为具有较低的评分者间信度。

无论是通过重测信度、内部一致性信度，还是评分者间信度，证明一个人格测量是可信的非常重要。有一个因素会降低测量的信度，尤其是对于自我报告问卷，那就是我们接下来要讨论的反应定势。

## 反应定势

当参与者回答问题时，心理学家通常假定他们是在对问卷条目的内容进行反应。例如，心理学家假定，当参与者碰到“我从未感到过想砸东西”这样的问题时，他们会考虑令其生气的所有时刻，然后回忆在那种情况下自己是否感觉到想砸东西。心理学家还假定，参与者会在有意识地努力理解条目的内容后，才用“是”或“否”的回答如实地反映自己的行为。但这种假设有时可能是不正确的。

**反应定势**（response sets）是指有些人有一种做出与问题内容无关的回答的趋势，有时也被称为**与内容无关的反应**（noncontent responding）。反应定势的一种类型是**默认**（acquiescence），或总是回答“是”。这种定势表现为简单地赞同问卷中的条目，而不管条目的内容是什么。心理学家会故意将一些问卷条目反向计分以抵消默认定势，例如这样陈述一个关于外向性的条目：“我经常喜欢独处。”**极端反应**（extreme responding）是另一种反应定势，即倾向于做出端点的反应（如“非常赞成”或“非常不赞成”）而回避选择反应量表的中间部分（如“有点赞成”或“有点不赞成”）。

人格心理学家担心反应定势会影响测量的信度。反应定势可能会使自我报告的人格测量无效，因此心理学家一直在寻找探测和消除其影响的方法。

**社会称许性**（social desirability）反应定势受到了人格心理学家最多的研究和测量。社会称许性反应是指以一种给人留下具有社会吸引力或好印象的方式回答问题。以这种方式反应的人想要给他人留下好印象，想显得自己适应良好或是一个好公民。例如，要求对“大多数时间我是快乐的”做出“是”或“否”的回答。假定一个人实际可能只有 45% 的时间是快乐的，但他仍然回答“是”。因为在美国的文化中，快乐是适应良好的表现。人们喜欢快乐的人，因此社会期望的反应是“是的，大多数时间我很快乐”。这个例子代表了一种反应定势：不是基于条目的内容，而是根据“是”或“否”的回答会给人留下怎样的印象来作答。一项有趣的研究发现，宗教信仰非常虔诚的个体更倾向于夸大自身的随和性，部分原因是他们认为随和是一个受到社会高度称许的特质（Ludeke & Carey, 2015）。

关于如何解读社会称许性有两种看法。第一种认为社会称许性代表着对真实的歪曲，应该将之消除或降到最小；另一种认为它是一些良好的人格特质（如幸福感、尽责性或随和性）的一部分。

将社会称许性看作一种歪曲，并不是认为人们在有意识地努力制造积极形象。社会称许性反应定势实际上可能并非在有意歪曲反应，因此它与欺骗或撒谎不同。有些人可能只是对自己有一种歪曲的认识，或者强烈地需要他人认为自己很好。因此，大多数心理学家反对将这种反应定势称作“撒谎”或“欺骗”（不同的观点见 Eysenck & Eysenck, 1972）。然而许多人格心理学家认为，社会称许性会导致测验成绩不准确，因此应该被消除或控制。

应对社会称许性反应的第一种方法是，假定它是错误的或迷惑性的，然后测量这种定势，并在统计上将其从其他问

一些罕见的人，如加尔各答已故的特蕾莎修女，可能在社会称许性上得分很高，但那是因为这些人真的很好，而不是因为想通过在人格问卷上撒谎来给自己制造一个好的印象。

表 2.1 《克朗—马洛社会称许性量表》条目样例

| 指导语：下面列出了一些关于个人态度和特点的陈述。阅读每一个条目，判断该陈述是否能反映你的人格。 | 正确 | 错误 |
|---|---|---|
| 1. 当我犯错时，我总是愿意承认。 | ____ | ____ |
| 2. 我总是言行一致。 | ____ | ____ |
| 3. 我从来没有因为别人要我还人情而感到不快。 | ____ | ____ |
| 4. 我从来没有因为别人表达了与我非常不同的观点而感到烦恼。 | ____ | ____ |
| 5. 我从来没有故意说过伤害他人情感的话。 | ____ | ____ |
| 6. 我有时喜欢八卦。 | ____ | ____ |

资料来源：Crowne & Marlowe, 1964.

卷反应中消除。测量社会称许性的方法有很多。表 2.1 列出了克朗和马洛（Crowne & Marlowe, 1964）开发的备受欢迎的测量量表中的几个条目。克朗和马洛认为社会称许性反映了对他人认可的需要，并在他们的著作《称许动机》中刊登了社会称许性量表。考察量表中的条目你会发现，他们提及的通常是大多数人都犯过的小过错，或者我们大多数人都有的一些不足之处。此外，一些条目涉及的几乎是圣人般的行为。如果个体否认普通的错误或问题，赞成大量完美的、适应良好的行为，那么就会在社会称许性上得分较高。在此量表上的得分可用来对个体在其他问卷上的得分进行统计调整，从而控制这种反应定势。

第二种解决社会称许性定势的方法是编制不易受社会称许性影响的问卷。例如，在选择问卷条目时，研究者只选择那些已被证明与社会称许性没有关联的问题。

第三种将社会称许性反应的影响降至最低的方法是使用**迫选式问卷**（forced-choice questionnaire）的形式。在这种问卷形式中，受测者面临成对的陈述，被要求指出每对陈述中哪一个更符合自身的真实情况。问卷选择的每一对陈述都在社会称许性上相似，迫使受测者从具有相同社会称许性（或不具有称许性）的两个陈述中做出选择。以下来自《万多缩小者 / 放大者量表》（Vando Reducer Augmenter Scale）（Vando, 1974）的条目样例，用以说明迫选问卷的形式：你更偏好哪一个（a 或 b）？

1. a. 读书
   b. 看电影
2. a. 吃松软的食物
   b. 吃松脆的食物
3. a. 持续的麻木
   b. 持续的幻觉
4. a. 需要集中注意力的工作
   b. 需要外出的工作

如果一个人全部回答“b”，则这个量表测的是唤起偏好或强刺激偏好。每个条目中呈现的两个选项在社会称许性上几乎相同，因此，受测者必须基于社会称许性之外的其他因素来回答。他们必须对条目的内容做出反应，从而提供关于其人格的准确信息。

尽管许多心理学家将社会称许性反应看作一种应该避免或消除的误差，但也有人认为它是某种重要特质的一部分。这种特质与其他的积极特质，如幸福感、适应良好以及尽责性相关。这些心理学家认为，事实上，维持心理健康可能需要对自己以及自己的能力持有过度积极的看法。社会心理学家泰勒（Taylor, 1989）在《积极错觉》一书中总结了大量研究后发现，对自己、对世界、对将来持有自我抬升的错觉，经常能够促进心理调适和心理健康。研究的确发现，对自己不现实的信念（积极错觉）与生理健康相关，如感染了艾滋病毒的男性的病情会发展得更缓慢。如果心理学家以社会称许性的形式测量积极错觉，并将它从其他人格测量中分离出来，这实际上是将婴儿与洗澡水一起泼掉。也就是说，社会称许性也许是个体具有良好的心理调适能力和心理健康状态的一个元素。

一些关于社会称许性的研究试图将印象管理（impression management，也译作"印象整饰"）与自欺的乐观主义分离开来。心理学家保卢斯（Paulhus, 1984, 1990）开发了一种社会称许性量表，称为《社会称许性平衡量表》（Balanced Inventory of Desirable Responding），包括两个独立的分量表："自欺性抬升分量表"，用于测量过分自信的自我欺骗，涉及的条目比如"我对他人的第一印象往往是正确的"；"印象管理分量表"，用于测量人们用积极的样貌来呈现自己的一种倾向，这正是将社会称许反应解释为一种歪曲反应的人所关注的问题，它涉及的条目比如"我不对别人的事说三道四"。后者旨在敏感地探测各种自我展示动机，例如那些促使个体想给别人留下好印象的动机。

如果社会称许性等反应定势被认为是误差，它们就会降低测量的信度（Paulhus & Vazire, 2007）。也就是说，受反应定势影响的人格问卷不能反映所测特质的真实水平。这引发了人格心理学家对反应定势的担心，尤其是对于自我报告问卷。事实上，新的人格测量方法通常会尽量减少参与者以社会称许的形式，竭力伪装或展示他们自己（例如，McDaniel et al., 2009）。另外，反应定势还可以影响接下来我们要讨论的量表的效度。

## 效　度

**效度**（validity）是指一个测验在多大程度上测量到它所要测量的东西（Cronbach & Meehl, 1955; Wiggins, 2003）。确认一个测验是否确实测量了它所要测量的东西是一项复杂而有挑战的任务。效度有五种类型：表面效度、预测效度、聚合效度、区分效度和结构效度。最简单的效度是**表面效度**（face validity），是指从表面上看，测验是否测量了其应该测量的东西。例如，测量"操控性"的量表可能包含以下具有表面效度的条目：我交朋友仅仅是为了获得好处；我向朋友骗取其个人信息；我试图通过表现出合作来达到自己的目的；我假装受到伤害，好让他人帮助我。由于大多数人都同意这些行为是操控性的，因此含有这些条目的量表具有很高的表面效度。

更重要的一种效度是**预测效度**（predictive validity），是指测验是否能预测外在效标，因此有时它也被称为**效标效度**（criterion validity）。例如，旨在测量"感觉寻求"的量表应该可以预测什么样的人会为了获得兴奋和刺激而采取冒险行为，如跳伞或骑摩托车。一项研究发现，感觉寻求的测量结果成功地预测了许多赌博行为，如买彩票、在体育赛事中赌博、玩视频扑克游戏和老虎机，这证明了感觉寻求量表的预测效度（McDaniel & Zuckerman, 2003）。测量"尽责性"的量表应该能预测什么样的人会按时参加会议和遵守规则。成功地预测了应该预测的内容的量表具有高预测效度。

第三种类型的效度是**聚合效度**（convergent validity），是指一个测验是否与其他应该相关的测验相关。例如，如果“忍耐性”的自我报告测量与同伴评价之间具有很好的一致性，那么就可以说这个量表具有高聚合效度。在本章前面，我们所描述的“活动水平”研究就是聚合效度的一个例子。在该研究中，机械记录的活动水平与观察者判断的活动水平之间具有高相关。如果同一结构的各种测量与目标测量相关或聚合，那我们就说目标测量有高聚合效度。

第四种类型的效度称为**区分效度**（discriminant validity），它经常与聚合效度一起使用。聚合效度是指一个测量*应该*与什么相关，而区分效度是指一个测量*不应该*与什么相关。例如，一位心理学家开发了一个关于“生活满意度”的测量，即一个人有多倾向于相信自己的生活是幸福的、有价值的和令人满意的。但是，社会称许性即人们对自己做出良好评价的倾向，可能是与之相关的一个特质。因此，该心理学家可能会关心生活满意度测量的区分效度，并尽力表明这种测量与对社会称许性的测量不同。我们了解一种测量实际测的是什么，部分是通过了解它没有测量什么。

最后一类效度是**结构效度**（construct validity，也译作“构想效度”或“构念效度”），指测验是否测量了其宣称要测量的内容，是否与它应该相关的变量相关，并且与不该相关的变量无关。因此，结构效度是最宽泛的效度，包括了表面效度、预测效度、聚合效度和区分效度。之所以把这种效度称为结构效度，是因为它以这样一个观念为基础：人格变量是**理论结构**（theoretical constructs）或者说理论构想。假如要求“表现你的智力”或“表现你的外向性”，你将很难做出反应。因为你不能提供任何一个具体的事物，然后说“这是我的智力”或“这是我的外向性”。智力和外向性，几乎与所有的人格变量一样，都是抽象的。但是，这些理论结构或构想可以帮助心理学家们描述和解释人们之间的差异。确定实际的测验是否有效地测量了这些结构或构想是结构效度的根本。

那么，我们如何知道某个测验是否具有结构效度呢？假如一个测验与其他测量相同结构的测验聚合，与理论（即这个结构所涉及的理论）所述应该相关的其他变量相关，与理论所述不应该相关的变量*无关*，那么我们就可以初步地说这个测验具有一定的结构效度。例如，假设研究者编制了一份测量创造力的问卷，且很想知道它的结构效度。那么可以考察一下，同一样本在该问卷上的得分与通过其他方式测量的创造力评分相关吗？如朋友提供的创造力评价（聚合效度），或在美术课上获得的奖励或学分（预测效度）。该结果与行为测验（如要求参与者指出锤子或绳子等普通物体的创造性用途）相关吗？

最后，如果假设创造力与智力不同，那么证明创造力的测量与智力的测量不相关也是非常重要的（区分效度）。当一个测量的大量潜在关系被确立后，我们就开始相信这个测量是特定人格结构的可信测量。

## 可外推性

评价人格测量的第三个标准是**可外推性**（generalizability）（Cronbach & Gleser, 1965; Wiggins, 1973）。可外推性是指测量在不同背景中保持其效度的程度。研究者感兴趣的背景之一是不同的*人群*。例如，人格心理学家可能对一个问卷在不同年龄、性别、文化或族裔群体中是否有预测效度感兴趣。一种量表在男性中使用与在女性中使用是否具有相同的效度？一个测验对非裔美国人和欧裔美国人是否具有相同的效度？该测验对日本人和爪哇人是否也具有相同的效度？该测验在大学生和中年人中所测量的特质相同吗？如果这个测验在不同的人群和不同的文化背景中具有广泛的适用性，那么可以说该测验具有跨群体的高可外推性。

可外推性的另一个方面指不同的情境。例如，预测在工作情境中谁会成为领导者的支配性量表，是否也适用于非正式的、工作之外的情境？预测谁将准时来上课的尽责性量表是否同时还能预测谁将保持宿舍的整洁？具有高可外推性的量表能够广泛用于不同的人群、情境、文化和时代。

## 人格研究的研究设计

在本章，我们已经介绍了人格测量的类型和评价测量质量的方法。人格研究的下一步将是在实际的研究设计（research designs）中使用这些测量方法。尽管方法的变化几乎是无限的，但是在人格心理学研究领域中有三种基本的研究设计：实验研究、相关研究和个案研究。每种研究设计都各有优缺点，每种研究设计都能提供一些其他研究设计所不能提供的信息。

### 实验研究

**实验法**（experimental methods）常被用于确定变量间的因果关系，也就是说，发现一种变量是否影响另一种变量。变量（variable）就是指在不同人身上不同或者说有不同值的那些属性。例如，身高是一个变量，因为个体的身高各有所不同；攻击性也是一个变量，不同的人的攻击性水平不同；人格特征，如外向性和随和性，也是变量。为了确立一个变量对另一个变量的影响，好的实验设计必须满足两个关键要求：（1）**操纵**（manipulation）一个或多个变量；（2）确保每种实验条件下的参与者在实验开始时相互之间是同质的。

第一个要求是操纵，作为实验的一部分，被认为是影响因素的变量受到了操控。例如，如果假设一种药物会影响记忆，那么让一部分参与者服用这种药物，另一些参与者服用无活性物质丸剂，然后让所有的参与者参加记忆测验。第二个要求是同质性（equivalence），通过以下两种方法中的一种可以实现。假如实验操纵在组间进行，那么**随机分配**（random assignment）参与者到各组是保证所有组在研究开始时同质的一种程序。但是，在一些实验中，操纵是在组内进行的。例如，在一项记忆实验中，参与者可能先吃药，随后进行记忆测验；然后再吃无活性物质丸剂，再进行记忆测验。在这种情况下，每个参与者接受了两种实验条件。这类实验（被称为被试内设计或参与者内设计）可通过**平衡**（counterbalancing）实验条件的顺序来获得同质：让一半参与者先服药物，然后吃无活性物质丸剂；另一半参与者与之相反。

通过一个具体的人格实验例子，这些概念将会变得更加清晰。也许你很好奇，为什么有些人喜欢学习的时候开着音乐或电视，而另一些人则需要绝对安静的环境才能学习。一种人格理论预测，外向的人喜欢大量的刺激，而内向的人不喜欢刺激。如果你对这样一个假设感兴趣，即外向者在高外部刺激的条件下表现得更好，而内

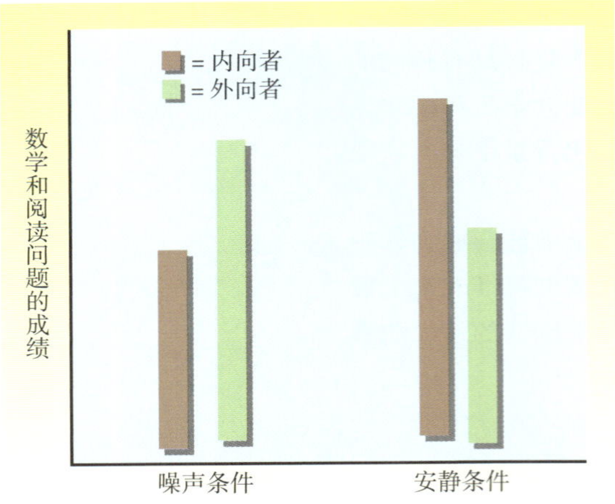


图 2.1 数学和阅读问题的成绩

向者在低刺激的条件下表现得更好，那么为了检验该假设，你可以首先让一组参与者完成一份测量外向—内向的自我报告问卷。然后，仅选择那些分数比较极端的个体，即非常内向的人和非常外向的人来参加实验。接下来，把参与者带到实验室，让他们在两种不同的条件下完成关于数学和句子理解的问题：一种是充满刺耳的收音机声的环境；另一种是绝对安静的环境。每组参与者的一半（一半外向者和一半内向者）先被随机安排在噪声条件下进行实验，然后是安静条件；另一半参与者先被随机安排在安静条件下进行实验，然后是噪声条件。接下来，你可以考察每组参与者在每种条件下所犯错误的数量。假如被检验的人格理论是正确的，你应该得到如图 2.1 所示的结果模式。图 2.1 中虚拟的结果说明：外向者在吵闹的条件下犯错少，而在安静的条件下犯错多；内向者表现出了相反的模式，即噪声影响了他们的成绩，而在安静的条件下他们表现得更好。

尽管是虚拟的研究，但它突出了好的实验设计的关键特征。第一个特征是操纵。在本例中，外部条件（自变量）即实验室中环境噪声的大小受到了操纵。第二个特征是平衡，即一半参与者先接受噪声条件，另一半参与者先接受安静条件。平衡非常关键，因为总是先面对一种条件可能会产生顺序效应。平衡设计使实验者在解释结果时能够排除顺序效应。第三个特征是随机分配。通过随机分配，所有的人都有相同的机会被分配到某种条件下。随机化可以通过抛硬币或更常见的随机数字表的方式进行。随机化可以确保没有与条件的分配程序相关联的预定模式可以解释最终的结果。

在实验设计中，我们希望确定不同条件组之间是否具有显著差异。在内向与外向的例子中，我们想知道内向者与外向者在噪声条件下成绩是否有显著差异，以及在安静条件下成绩是否有显著差异。为了回答这些问题，我们需要知道五个具体的指标，即样本大小、平均数、标准差、$t$ 检验和 $p$ 值（两种条件之间差异的显著性）。

平均数是指平均水平，在本例中指的是每种条件下的平均错误数。标准差是每种条件下的变异量。因为并非所有参与者犯错误的次数都与平均数相同，所以我们

喜欢在图书馆里单独学习的人很可能是内向的，而那些喜欢在群体中学习的人往往是外向的。

需要一种方法来估计每种条件下参与者间犯错次数的差异有多大，这种估计就是标准差。用这些数值，我们就能够通过一种统计方法，即 $t$ 检验，计算两组参与者的平均数差异。

下一步是看这种差异是否大到足以称“达到了显著性差异”（$p$ 值）。尽管“足够大”或多或少是个主观概念，但心理学家已经接受了如下规范：假如平均数之间的差异偶然（即数据的随机波动）产生的概率是 1/20 或更少，那么这一差异在 $p < 0.05$ 的水平上达到了**统计显著性**（statistically significant）（0.05 指 5% 或 1/20 的概率水平）。在 0.05 水平上显著的平均数差异说明，此结果偶然出现的可能性只有 5/100；另一种理解方法是，假如实验重复 100 次，我们预期仅有 5 次能偶然产生此结果。

总之，实验法在证明变量之间的关系上是有效的。例如，与上述假想实验类似的实验已经证实了内向—外向与高低噪声条件下的作业成绩之间的联系。对实验条件的操纵、平衡实验条件的顺序，以及给参与者随机分配条件可以确保排除无关因素。然后，在计算了平均数和标准差之后，可以使用 $t$ 检验和 $p$ 值来确定两种条件下参与者的差异是否具有统计上的显著性。这些程序可以确定人格是否能够影响人的行为表现。

## 相关研究

人格研究设计的第二种主要类型是相关研究。在**相关法**（correlational method）中，人们用一种统计程序来确定两个变量之间是否存在某种关系。例如，大学里成就需要高的人比成就需要低的人在未来会拿更高的薪水吗？相关研究设计试图直接确认两个或多个变量之间的关系，而不进行实验法中所提到的各种类型的操纵。相关设计通常试图确定自然条件下变量间的关联。例如，我们可能对自我报告的自尊（自我报告数据）与他人的尊重（观察者报告数据）之间的关系感兴趣，或者我们可能对成就动机与平均绩点之间的关系感兴趣。相关研究的一个主要优点在于，它使我们能够确认各种变量之间的自然联系。继续以外向—内向和噪声条件下的成绩表现为例，我们可以测量真实生活中人们是偏好有音乐还是没有音乐的学习环境，然后看它们与内向—外向分数之间是否存在相关。

相关研究中最常见的测定变量之间关系的统计指标是**相关系数**（correlation coefficient）。借用身高和体重之间的关系来说明，我们选取 100 个大学生作为样本，测量他们的身高和体重。假如把结果画成散点图，我们会看到，高个子的人，其体重往往也相对较重；矮个子的人，其体重则往往相对较轻。但是也有一些例外，如图 2.2 所示。

相关系数的范围从 +1.00 到 0.00 再到 –1.00。也就是说，变量之间可以是正相关（+0.01 到 +1.00）、不相关（0.00）或负相关（–0.01 到 –1.00）。身高和体重之间恰巧具有很强的正相关，图 2.2 所示的数据之间的相关系数是 +0.60。

举一个更心理学化的例子。假设我们对人的自尊与不快乐的时间之间的关系感兴趣，可以看图 2.3 所示的散点图。这个散点图是以大学生为样本，使用标准化的自尊问卷进行测量而获得的。对第二个变量即不快乐的时间的测量，则是要求参与者连续写两个月的日记，注明每天总体上是好（感觉快乐）还是不好（感觉不快乐）。然后计算每个参与者报告不快乐的天数的百分比。正如你所看到的，当自尊提升时，个体感觉不快乐的时间的百分比降低。相比而言，低自尊的人倾向于报告有更多不

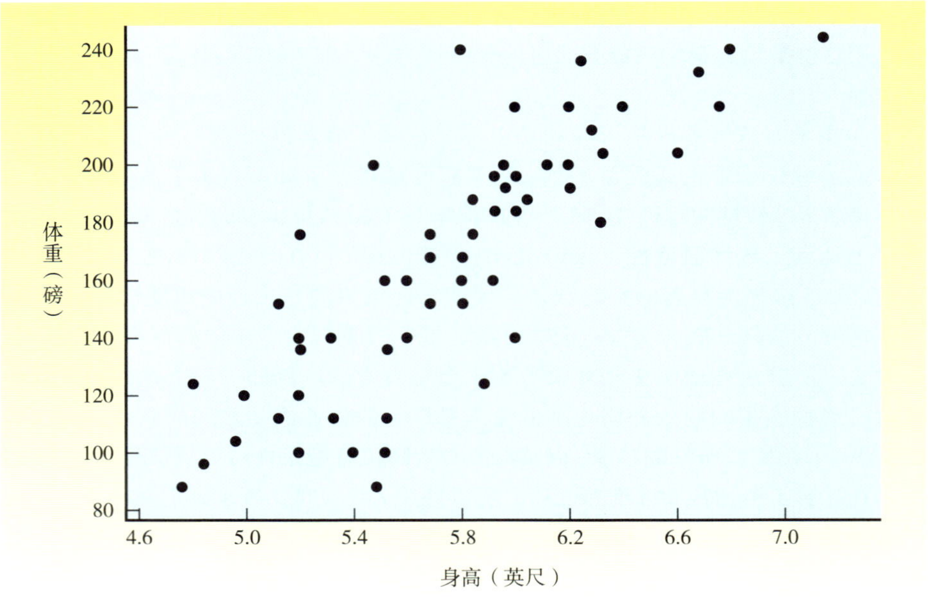


**图 2.2**
57 个参与者的散点图显示身高和体重之间具有很强的正相关。每一个符号（•）代表一个被同时测量了身高和体重的人。越重的人往往越高，越轻的人往往越矮（1 英尺 = 30.48 厘米；1 磅 ≈ 0.45 千克）。

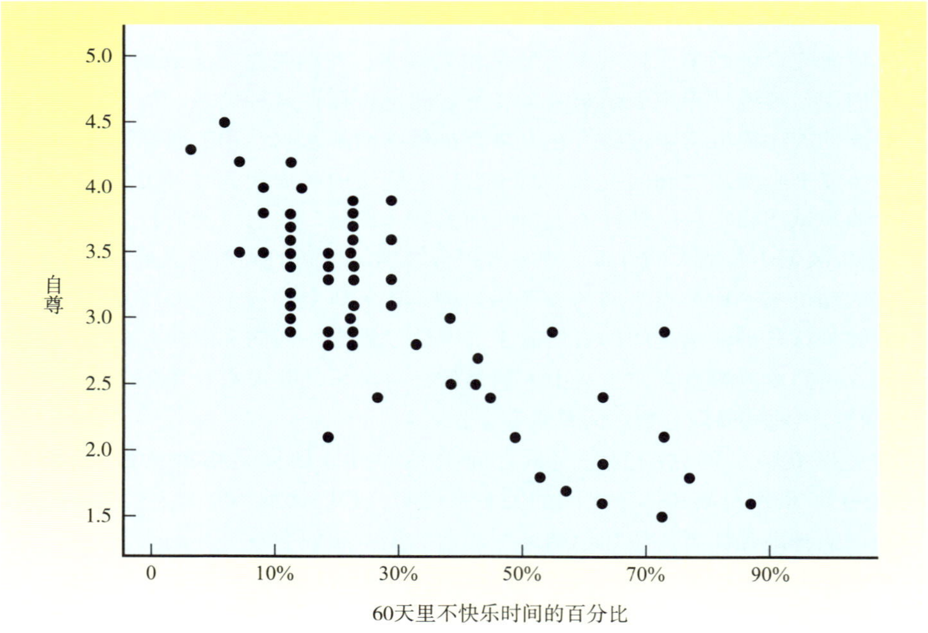


**图 2.3**
58 个参与者的散点图表明自尊与在两个月里报告不快乐的时间的百分比负相关。 相关系数是 –0.60，说明与低自尊者相比，高自尊者不快乐的时间较少。

快乐的时间。简而言之，自尊与不快乐时间的百分比负相关，本例中相关系数大约是 –0.60。

最后一个例子，假设我们对“外向性”与“情绪稳定性”（冷静和稳重的倾向）之间的关系感兴趣。它们的关系呈现在图 2.4 中，正如你所见，外向性与情绪稳定性之间不存在相关。因为当一个变量的值增加时，另一个变量的值有可能上升，有可能下降，还有可能保持不变。在这种情况下，相关系数是 0.00。这意味着你能发现人们的外向性与情绪稳定性之间具有各种不同的组合。例如，有些人是外向的、好社交的，但是同时表现出很高的神经质和情绪不稳定性。总之，变量之间的关系可

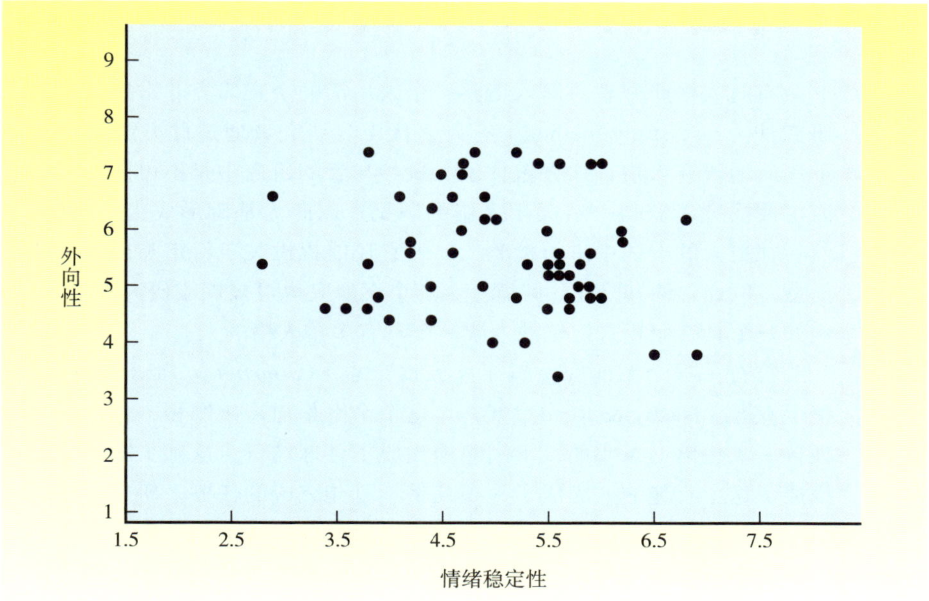


**图 2.4**

57 个参与者的散点图展示了情绪稳定性与外向性之间的关系。两个变量的相关基本上是 0.00，意味着二者不相关。因此，在散点图中，我们看到散点相当均等地落在图中各个方向，没有清晰的模式。

能是正向的、负向的或非正非负的，即表示为正相关、负相关或零相关。

大多数研究者不仅对变量间关系的方向感兴趣，还对关系的大小感兴趣。尽管判定关系的大小依赖很多因素，但社会科学家们已经形成了一套惯例：相关系数为 0.10 左右的相关被认为是很小的；0.30 左右是中等的；接近 0.50 或者更高则被认为相关是很大的（Cohen & Cohen, 1975）。以图 2.2 和图 2.3 为例，身高与体重之间的相关是 +0.60，被认为相关很高；自尊与不快乐时间的百分比之间的相关是 –0.60，也被认为相关很高。这两种相关的大小相等，但是方向相反。

统计显著性的概念也适用于相关，这基本上是统计计算的组成部分之一。它以数字的形式来表述基于已知的测量变量和样本大小，偶然发现这种程度的相关的可能性有多少。在提到相关显著时，心理学家也需要以 0.05 或更小的概率为前提。

不能从相关推论因果关系，记住这一点非常重要。至少有两个原因使得相关永远不能证明因果关系。一个是**方向性问题**（directionality problem），即使 A 和 B 是相关的，我们也不知道 A 是 B 的原因，还是 B 是 A 的原因。例如，我们知道外向性与快乐相关，但仅从这一事实，我们不知道是外向导致人快乐，还是快乐使人外向。

相关不能证明因果关系的第二个原因是**第三变量问题**（third variable problem）。两个变量之间的相关可能是由于第三个未知的变量同时导致了两者的变化。例如，某一天冰激凌的销量可能与那天溺水的人数相关，这能说明吃冰激凌导致溺水吗？不能，因为很有可能存在起作用的第三个变量：炎热的天气。天气非常热时，有许多人吃冰激凌。同样，也有很多本来并不怎么游泳的人会去水里游泳，因此更有可能溺水。溺水与吃冰激凌之间没有任何因果关系；这两个变量很可能是受到了第三个变量“炎热天气”的影响。

在 54 岁时，摩根独自驾驶自己的小船“美国希望号”，不间断地完成了环球航行。心理学家威廉·纳斯比和南茜·里德，对这个魅力非凡的男人进行了深入的个案研究，并以《伟大的航海与航海者》为题做了专题报告，文章发表在 1997 年的《人格杂志》上，第 65 卷第 823–852 页。

© *Dodge Morgan*

## 个案研究

有时人格研究者对深入考察一个人生活的个案研究非常感兴趣。**个案研究法**（case study method）有许多优点。研究者通过此方法能够非常详细深入地研究人格，这在包含了大量参与者的研究中是不可能的。个案研究可使研究者获得一些关于人格的洞见，以此为基础形成更一般的理论，然后在更大的群体中进行检验。另外它还能提供关于特定杰出个体的详细信息，例如甘地和马丁·路德·金。个案研究也可被用于研究罕见的现象，例如一个具有照相式记忆的人或一个具有多重人格的人。

曾有一项个案研究占据了《人格杂志》（*Journal of Personality*）的一整个专题（Nasby & Read, 1997）。这个个案是道奇·摩根，他在 54 岁时，独自一人凭借一条小船，不间断地完成了环球航行。这项个案研究生动地描述了这个有趣的人完成了一项几乎不可能完成的任务。研究关注的焦点是摩根早期的生活经历如何使他在成年后形成了特殊的人格，导致其做出单独乘小船环游世界这一极端的行为。在实施个案研究时，心理学家利用了摩根的航海日志、自传材料、访谈材料，甚至采用了标准化的人格问卷。这项研究报告非常值得关注，因为作者们还讨论了个案研究法对推进人格心理科学有什么优点和缺点。作者总结说，人格理论为讨论个体的生活提供了一种语言；反过来，分析个体的生活为评价人格理论如何帮助我们理解具体的个体提供了一种方法。

在个案研究设计中，可以利用各种各样的工具。研究者可以建立一套编码系统，用来分析个人信件等书面材料；可以对许多认识该个体的人进行访谈；可以对个体深入地访谈数个小时；还可以使用摄像机跟拍个体，用声音和影像记录其日常生活中的行为。

### 个案研究：一个寻求关注的男孩

个案研究最有力的倡导者之一是戈登·奥尔波特（Gordon Allport），他是现代人格心理学的奠基人之一。奥尔波特坚信，关于人格的重要假设可以来自对个体的深入研究。他还相信可以用个案研究法来检验关于某个体潜在人格特征的假设。下面的例子说明了这类假设的形成和检验：

> 一个男孩在学校里表现出模范行为，他遵守秩序、勤奋好学、关心他人；但在家里，他吵闹、不守规矩，并且会欺凌年幼的孩子……
>
> 这时心理学家可能假设：这个男孩的核心人格倾向是渴望得到关注。他发现，在学校里遵守规则可以更好地达到这一目的；而在家里，不遵守规则能更好地达到这一目的。
>
> 做出这个假设后，心理学家可以实际地统计这个男孩一天中的行为（由独立的观察者来考察），看看有多少行为是“功能上等同的”，即表现出吸引他人关注的行为。假如这一比例很高，我们就认为假设得到了证实，该人格倾向假设得到了确认。（Allport, 1961, p. 368）

### 个案研究：连环杀手泰德・邦迪

泰德・邦迪，一个被定罪的连环杀手，表现出了典型的反社会人格特征。

虽然泰德・邦迪被判的罪名是杀死了 3 名女性，但他被怀疑在 20 世纪 70 年代长达 5 年的疯狂杀戮中，强奸并杀死了俄勒冈、华盛顿、科罗拉多和佛罗里达州多达 36 名女性（Rule, 2000）。许多个案研究试图解释是什么驱使邦迪去强奸和杀人。有些研究追溯到这样一个事实，即他是被收养的，以从来不知道自己的亲生父母是谁而深感羞耻。有些研究者认为，这与他想成为律师的抱负失败有关，即追求地位的动机受挫。有些研究者指出，他是因为被他的未婚妻（一个社会经济地位高于他、且让他十分痴迷的女性）拒绝后，故而对所有女性产生了深深的敌意。然而，所有关于邦迪的个案研究，均揭示出他与其他连环杀手具有许多共同的特质。他具有“典型的”反社会人格，其特征是自大、极端的特权思想、满脑子对成功和权力不现实的幻想、对他人缺乏同情心、长期欺骗、经常无法满足学校和工作的一般要求，以及在人际关系中具有高度的剥削性。此外，邦迪还表现出一些被认为与连环杀手有关的早期行为和人格特征，即所谓的连环杀手三特征：（1）小时候虐待动物；（2）破坏性地放火；（3）尿床。对邦迪的个案研究不仅可以揭示他生活的独特方面（如被地位高于他的未婚妻拒绝，想当律师而失败），还能揭示与连环杀手有关的一般人格倾向（如虐待动物、尿床；另见对承认强奸并杀死了 8 名女性的耶斯佩松的个案研究 Olson, 2002）。

虽然深入的个案研究法有很多优点，但也有一些严重的缺点。最重要的一点是，基于一个人的研究发现，不能推广到其他人。个案研究与其他研究的关系，就如火星研究与行星系统研究的关系。我们可以发现火星（或者一个特定的人）的许多信息，但是这些信息可能不适用于其他行星（或其他人）。鉴于此，个案研究经常作为假设的来源，或者作为一种通过现实生活中的例子来更好地说明一个原理的方法。

## 什么情况下使用实验、相关和个案研究设计

这三种主要的研究设计，每一种都有其优点和缺点，或者更准确地说，每一种研究设计都能很好地回答一些问题，但对另一些问题不能做出很好的回答。对于确立变量之间的因果关系，实验法是比较理想的。例如，它可用来确定噪声环境是否会妨碍内向者的表现但对外向者不会有影响；但是，实验法不太适用于发现日常生活中自然发生的各种变量之间的联系。而且，对某些问题而言，使用实验法可能是不切实际和不道德的。例如，假如研究者对营养在智力发展上的作用感兴趣，那么对此直接进行实验研究，即让一半的参与者在儿童期的几年里营养不良从而考察营养是否会影响他们成年期的智商，这显然是不道德的。

练习

想一个关于人格某方面的问题。大部分问题的形式是这样的："变量A是与变量B相关，还是由变量B引起的？"例如，外向的人比内向的人能更好地应对压力吗？高自尊的人比低自尊的人更可能取得成功吗？自恋的人与他人相处有困难吗？写下你的问题。现在考虑如何使用实验法、相关法和个案研究法来解决你的问题，并简单描述你将如何使用这三种研究设计解答你的问题。

但是，由于不幸的环境，总有一些人会经历几年缺乏营养的生活。因此，我们可以用相关研究来确定营养水平是否与智力的发展有关。实验研究的这一弱点正好是相关研究的优势。相关设计非常适用于发现发生在日常生活中的两个或多个变量之间的关系，如身高与支配性，尽责性与平均绩点，或者焦虑与患病的频率，等等。但是相关设计不能确定因果关系。

个案研究非常适用于提出假设，这些假设可被后续的相关或实验法检验。个案研究可用于发现某些在更严格但不自然的实验设计和受到限制的相关设计中可能被忽视的个体心理功能的模式。而且，个案研究能够出色地描述人类经验的丰富性和复杂性。虽然个案研究具有这些优点，但它不能像实验法一样确立因果关系，也不能像相关法那样发现不同人之间自然发生的共变模式。不仅如此，个案研究的结论也不能推广到所研究的个体之外的任何其他人。总之，三种研究设计为探讨人类的人格提供了互补的方法。

## 总结与评论

人格评鉴和测量从确定人格数据的来源开始，即我们要从哪里获得人格信息。四种主要的人格数据来源是自我报告、观察者报告、实验室测验和生活史。每种数据来源都有其优点和缺点。例如，在自我报告中，参与者可能会造假或说谎；在观察者报告中，观察者可能无法获取某些相关信息；实验室测验可能无法发现日常生活中自然发生的行为模式。但是，人格数据的每种来源都非常有价值，每一种来源都提供了通过其他来源不能获得的信息。而且，新的测量技术也不断被探索和开发出来。最近的例子包括通过智能手机和社交媒体等电子和互联网技术进行评估。

一旦选定了人格测量的数据来源，研究者就要评估测量的质量。理想状态是：人格测量应该是可信的，即通过重复测量获得的分数相同；也应该是有效的，它们测量了想要测量的东西。研究者还应该确定测量的可外推性，即确定测量最适用的人群、环境和文化。例如，仅适用于美国大学生的量表的可外推性要小于适用于不同年龄、经济水平、族裔和文化的量表。

一个特别重要的测量问题是社会称许性，或者说是夸大个人人格积极方面的倾向。目前特质心理学家认为，社会称许性的一个动机是受测者想要传达特定的印象（通常是积极的）。这种行为有时被称作印象管理。许多心理学家担心社会称许性是一种反应定势，认为它降低了特质测量的效度。但是，另一种观点认为社会称许性是有效的反应，有些人就是认为自己比大多数人更好或更令人满意，或者他们在心理上欺骗自己，把自己看得比真实的情况更好。鉴于此，特质心理学家设计了测量手段来识别与区分这两种类型的社会称许性。

人格研究的下一步是选择采用上述测量方法的研究设计。有三种基本的研究设计类型：第一种是实验研究设计，涉及控制或操纵感兴趣的变量，最适合用来确定两个变量之间的因果关系。第二种是相关研究设计，最适用于发现变量之间自然发生的联系，但不适用于确定因果关系。第三种是个案研究设计，非常适合用来产生新的人格假设和了解单个个体。

也许最重要的人格评鉴和测量原则在于，数据来源与研究设计的确定主要取决于研究目的。没有完美的方法，也没有完美的设计。但是，某些数据来源和方法比其他的数据来源和方法更适用于某些研究目的。

## 关键术语

自我报告数据
非结构化
结构化
利克特评价量表
经验取样
观察者报告数据
评分者间信度
多重社会人格
自然情境观察
测验数据
功能性磁共振成像（fMRI）
投射技术
生活史数据
信度
重复测量
反应定势
与内容无关的反应
默认
极端反应
社会称许性
迫选式问卷
效度
表面效度
预测效度
效标效度
聚合效度
区分效度
结构效度
理论结构
可外推性
实验法
操纵
随机分配
平衡
统计显著性
相关法
相关系数
方向性问题
第三变量问题
个案研究法

第一编

# 特质领域

© moswyn/Getty Images RF

特质领域关注人格中那些具有跨时间稳定性、跨情境相对一致性并且使人们各不相同的方面。例如，有些人外向、健谈；有些人内向、害羞。内向、害羞的人在大多数时候（具有跨时间的稳定性）都会是这个样子，并且在工作、娱乐中以及在学校里（具有跨情境的一致性）往往都是如此。

该领域由对特质的研究构成。之所以使用 disposition（基本倾向、特性、性情）这一术语，是因为它指的是以一种特定的方式去行动的内在倾向性。术语 trait（特质）与 disposition 可以互换使用。特质领域的心理学家的主要工作是解决以下问题：存在多少种人格特质？最好的特质分类系统是什么？如何才能最大限度地发现和最有效地测量特质？人格特质是如何发展的？特质如何与环境交互 / 相互作用从而产生行为？

在这个领域，特质被看作人格的基本组成模块。个体的人格被认为是由一组共同的特质构成的。心理学家一直致力于识别最重要的特质，即能够形成个体之间所有差异的那些特质。

下一步是开发分类法或分类系统。分类法在科学的所有领域都非常有用。目前最流行的人格分类法包括五种基本特质：外向性、神经质、随和性、尽责性和对经验的开放性。

在特质领域，心理学家对人们如何在改变的同时保持稳定性有一种独

I

特的构想。我们将讨论为何行为背后的特质能够保持稳定，而特质的行为表现却会在人的生命历程中改变。以支配性特质为例，假设一个具有支配性的 8 岁女孩成长为一位具有支配性的 20 岁的年轻女性。作为 8 岁大的孩子，这个女孩可能通过以下行为表现出高水平的支配性：喜欢打闹争斗的游戏；把支配性较弱的同伴称作胆小鬼；坚持在群体中独占任何自己喜欢的玩具。然而，到了 20 岁她会以截然不同的行为表现她的支配性：也许是在政治问题讨论中说服他人接受自己的观点；或者大胆地邀请别人出去约会，并决定在约会的时候去哪家餐馆。因此，特质水平可以在很长时间内保持不变，而表现特质的行为会随着年龄而改变。

我们还将详细讨论人格心理学家如何研究特质的发展，并会介绍揭示特质如何在一生中变化的具体研究。

© moswyn/Getty Images RF

# 3 特质与特质分类

**什么是特质？两种基本表述**

作为内因属性的特质

作为纯粹描述性概括的特质

**特质的行为频率观——描述性概括观的一个例证**

行为频率研究法

对行为频率观的评价

**识别最重要的特质**

词汇学取向

统计学取向

理论取向

对各种取向的评价

**人格的分类**

艾森克的人格层级模型

人格的环形分类模型

五因素模型

HEXACO 模型

**总结与评论**

**关键术语**

3

# 特质领域

人们很容易对他人形成可用少数几个人格特质描述的印象，比如这个人是不是友善的、慷慨的或泰然自若的。上图为一大群学生正在大学体育赛事上欢呼。

假设你和朋友去参加聚会，她向主人（她的一个熟人）介绍你。你们三个人聊了十分钟，然后你和其他客人一起交谈。最后，在离开的时候，朋友问了你对主人的看法。你回想那十分钟的交流，脑子里出现了什么想法？也许你会把主人描述为友善的（她微笑了很多次）、慷慨的（她告诉你随便吃宴会的丰盛食物）和泰然自若的（她能够应对来来往往的客人的众多要求）。这些词都是特质描述性形容词，即能够描述一个人的特质或属性的词，是一个人较为典型的特征，可能还具有跨时间的稳定性。正如你可能会把玻璃描述为易碎的，或者汽车是经久耐用的（玻璃和汽车的稳定特征），特质描述性形容词意味着一致和稳定的特征。在 20 世纪的大部分时间里，心理学家一直致力于发现组成人格的基本特质，以及这些特质的本质与起源。

大部分人格心理学家假设，特质（也称作特性）具有较高的跨时间稳定性，并至少具有某种程度的跨情境一致性。例如，前面描述的宴会女主人在以后的其他宴会中也会被认为是友善的、慷慨的和泰然自若的，这说明了跨时间的稳定性。而且在其他情境中她也可能表现出这些特质：也许是通过对电梯里的人微笑而表现出友善，通过给无家可归的人金钱而表现出慷慨，或者是通过镇定地回答课堂问题而表现出泰然自若。然而，特质实际表现出多大程度的跨时间稳定性和跨情境一致性是一个颇具争议且需要实证研究的主题。

有三个基本问题引导着人格特质研究者。第一个问题是“如何将特质概念化？”每一个领域都需要清楚地界定它的关键术语。例如，在生物学中，物种是一个关键术语，因此物种的概念界定相当明确，即一群能够相互间生殖繁衍的有机体。在物理学中，质量、重量、力以及重力等基本概念也都有明确的界定。因为特质是人格心理学的核心概念，所以也应该被精确地表述。

第二个问题是“我们如何从千差万别的个体差异中识别出最重要的特质？”个体之间在许多方面存在差异，这些差异既是个人特性，又具有稳定性。有些人极端外向，喜欢喧嚣和拥挤的聚会；而另一些人则比较内向，更喜欢在安静的夜晚读书。

一些人喜欢摇滚乐，而另一些人喜欢说唱音乐。人格心理学的一个重要目标是识别出最重要的个体差异维度。

第三个问题是"如何构建一个全面的特质分类系统，即一个包含所有主要人格特质的系统？"一旦确定了重要的特质，下一步就是构建一个有组织的系统，即分类系统，将单个特质整合在一起。例如，元素周期表并不仅仅是一个所有已发现的物质元素的随机列表，而是一个通过内在准则来组织元素的分类系统，即依据原子序数（原子核中的质子数）排列元素。又如，如果没有底层的组织架构，仅仅罗列成千上万种现存的物种，那么生物学将无可救药地迷失方向。因此，每个物种都被组织到一个分类系统之中——所有的植物、动物和微生物通过一个简单的谱系树被系统地联系起来。同样，人格心理学的一个核心目标是提出一个可以包容所有重要特质的综合分类系统。本章将介绍人格心理学家如何解决特质心理学的这三个基本问题。

## 什么是特质？两种基本表述

当你把某人描述为冲动、不可靠或懒惰的时候，你具体指的是什么？人格心理学家对这些特质所代表的意义的表述各不相同。一些人格心理学家把特质看作能够引发行为的内在（或隐藏的）属性；另一些人格心理学家不对因果关系进行任何假设，只是使用这些特质术语来描述个体行为的稳定方面。

### 作为内因属性的特质

当我们说迪尔德丽对物质有欲望，丹需要刺激，或者多米尼克渴望得到控制他人的权力时，我们指的是使他们以特定的方式行事的内在的东西。个体会把自己的欲望、需要和渴望带到不同的情境中，正是在这个意义上特质被认为是内在的（如 Alston, 1975）。另外，这些欲望与需要被认为与行为存在因果关系，因为它们可以解释个体的行为。例如，迪尔德丽的物质欲望会使她将大量的时间花在购物上，她会拼命工作挣更多的钱，以获取更多私人财产。她内在的欲望影响了外在的行为，导致她以特定的方式行事。

把特质看作内在特性的心理学家并没有将其等同于外在的行为。用一个食物的例子就可以很容易地解释这种区别。哈里可能有想吃大汉堡包和炸薯条的强烈欲望，然而，因为他正在减肥，所以他在行为上会抑制自己的欲望——他饥饿地看着食物，抑制了吃它的诱惑。同样，多米尼克可能在大多数社会情境中都渴望掌控局面，即使他并不总是表达这种欲望。例如，有些情境中可能已有确定的领导者，如有心理学教授参与的班级讨论。需要注意的是，这种理解方式假定，我们可以在其实际行为表现的测量之外独立地测量其权力需要。

我们可以用玻璃做个类比。玻璃的特质是易碎，即使某块玻璃永远不碎（即不表现出其易碎性），它仍然拥有易碎的属性。总之，把特质看作内在属性的心理学家相信特质是潜在的，即使个体没有实际表现出特定行为，这种性能也仍然存在。即使缺乏可观测的行为表现，特质（如内在的需要、动力、欲望等）仍被假定是存在的。

把特质看作行为内因的科学意义在于它排除了导致某种行为的其他原因。当我们说琼参加许多聚会是因为她外向时，我们潜在地排除了其行为其他的可能原因（例如，琼参加很多聚会也许仅仅是因为她男朋友拉着她去，而不是因为琼自己外向）。将特质作为内因属性的表述，完全不同于另一种表述，即仅仅将特质作为行为的描述性概括。

### 作为纯粹描述性概括的特质

另一种观点的支持者把特质简单地界定为对个体属性的描述性概括。他们没有任何关于内在性或因果关系的假设（Hampshire, 1953; Saucier & Goldberg, 2001）。设想这样一个例子，我们说乔治是一个具有嫉妒特质的年轻人。根据描述性概括论的观点，这种特质仅仅描述了乔治所表现出的行为。例如，乔治会怒视聚会中与其女朋友说话的其他男人，坚持要她带着他送的戒指，并要求她把所有的空余时间都花在他身上。在这种情况下，嫉妒特质精确地概括了乔治行为的一般倾向，然而没有给出任何关于乔治行为原因的假设。

尽管乔治的嫉妒可能有其内在原因，也许是源于内心深处的不安全感，但是他的嫉妒也可能源于社会情境。乔治表现出嫉妒可能是由于其他男人正在挑逗他的女友，而女友也做出了响应（情境因素），而不是因为乔治本质上是一个嫉妒的人。重要之处在于，认为特质是描述性概括的研究者并不预先判断行为的原因。他们只是以一种概括的方式，用特质来描述个人行为的倾向。主张此观点的人格心理学家（如 Saucier & Goldberg, 1998; Wiggins, 1979）认为，我们必须首先识别并描述人与人之间的重要个体差异，然后再提出因果性理论来解释这些差异。

## 特质的行为频率观——描述性概括观的一个例证

许多赞同将特质视为一种描述性概括的心理学家，用一种被称作“行为频率法”（act frequency approach）的研究方法考察了这一表述的意义（Amelang, Herboth, & Oefner, 1991; Angleitner, Buss, & Demtröder, 1990; Buss & Craik, 1983; Church et al., 2007; Jackson et al., 2010; Romero et al., 1994）。

行为频率法建立在这样一种观念之上，即特质是行为的类别。正如“鸟”这一类别有特定的鸟作为其类别成员（例如，知更鸟、麻雀）；特质类别，如“支配性”或“冲动性”，也有特定的行为“成员”。例如，支配性这一类别可能包含以下特定行为：

- 他发布命令使群体组织有序。
- 她设法在其他人未察觉的情况下控制了会议的结果。
- 他分配角色使游戏得以进行。
- 她决定大家应该看哪个电视节目。

支配性就是一个包含上述行为以及数百个其他类似行为的特质类别。根据行为频率观，具有支配性的人就是那种会比其他人表现出更多支配行为的人。例如，把玛丽与她的十几个朋友在三个月期间的活动拍摄下来，然后统计每个人表现出支配行为的次数。如果玛丽的支配行为比她的朋友多，她就会被认为具有支配性。因此，在行为频率观中，像支配性这样的特质是对个体行为的一般倾向（即相较于其他人做出大量某种类别的行为的倾向）的描述性概括。

## 行为频率研究法

特质研究的行为频率法包括三个关键元素：行为提名（act nomination）、原型性判断（prototypicality judgement）和行为表现记录（recording of act performance）。

### 行为提名

行为提名是旨在确定哪些行为属于哪种特质类别的一种程序。以“冲动性”为例，现在想想你认识的某个冲动的人，列出体现其冲动性的特定行动或行为。你可能会说：“即使在他必须学习的时候，他也会凭一时冲动决定和朋友们外出。”“他根本不考虑后果，别人一激就会立即接受做危险举动的挑战。”或者：“还没来得及思考具体情景，他就会让自己的愤怒脱口而出。”通过这样的行为提名程序，研究者可以确定上百种属于各种特质类别的行为。

### 原型性判断

第二步是确定在每一特质类别中，哪些行为最重要，或具有原型性。以“鸟”这一类别为例，当你想到这个类别时，哪种鸟首先进入脑海？大多数人想到知更鸟、麻雀，而不是火鸡和企鹅。尽管火鸡和企鹅也是鸟这一类别的成员，但是人们认为知更鸟和麻雀更具原型性，也就是说它们是更好的例子，更接近大多数人理解的“鸟”（Rosch, 1975）。

类似地，某特质类别下的不同行为在原型性上也有所不同。通常采用评定小组（panels of raters）来评定每种行为的原型性。例如，对支配性来说，评定者认为她在其他人没有察觉的情况下控制了会议的结果和事故发生后她负责控制局面，要比她开会故意迟到更具有原型性。

### 行为表现记录

第三步也是最后一步涉及获取有关个体在日常生活中实际表现的信息。正如你可能想到的，获取关于一个人日常活动的信息很困难。大部分研究者通常使用行为表现的自我报告或来自亲密朋友或配偶的报告。正如表 3.1 所示，你可以对日常和艺术性的创造性行为测量做出自己的回答。相似的方法也曾应用于尽责行为（Jackson et al., 2010）和外向行为（Rauthmann & Denissen, 2011）。同样，我们可以在面对面的群体环境中对支配行为进行观察测量（Anderson & Kilduff, 2009）。有趣的是，传统的特质测量方法在预测日常生活中的行为表现方面做得还不错（Fleeson & Gallagher, 2009）。

## 对行为频率观的评价

像行为频率观那样将特质视为纯描述性概括的做法，在几个方面受到了质疑（参见 Angleitner & Demtröder, 1998; Block, 1989）。大部分批评针对研究的技术实施。例如，行为频率法没有明确指出在描述特质相关行为时应包括多少背景信息。考虑

表 3.1 **创造性行为的自我报告**

指导语：下面是一个行为列表，依次阅读每一项行为，在最接近你的通常表现频率的数字上画圈。如果从来没有，就圈“0”；偶尔有，就圈“1”；频率中等，就圈“2”；经常有，就圈“3”。

| 选项 | 行为 |
|---|---|
| 0 1 2 3 | 1. 给某人取一个有趣的外号。 |
| 0 1 2 3 | 2. 坐下来，根据头脑中的想象画画。 |
| 0 1 2 3 | 3. 仅仅为了好玩而拍照。 |
| 0 1 2 3 | 4. 整天带着一个画板。 |
| 0 1 2 3 | 5. 听大量风格迥异的音乐。 |
| 0 1 2 3 | 6. 写歌。 |
| 0 1 2 3 | 7. 为某人制作一张卡片。 |
| 0 1 2 3 | 8. 把自己的想法写在日记里，然后编成诗。 |
| 0 1 2 3 | 9. 讲一个笑话让人哈哈大笑。 |
| 0 1 2 3 | 10. 别人过生日时，送上自己画的画作为礼物。 |

资料来源：改编自伊夫切维奇（Ivcevic, 2007）的研究。选取了其中最典型的日常创造性行为和艺术性的创造性行为。条目 1，3，5，7 和 9 是典型的日常创造性行为。条目 2，4，6，8 和 10 是艺术性的创造性行为。根据行为频率观，如果你表现出这些创造性行为的总频率高于同伴群体，那你就会被认为是“有创造性的”。

下面的支配性行为：他坚持要其他人去他喜欢的餐馆吃饭。要将这一行为理解为支配性行为，我们需要知道：(1) 这些人之间的关系；(2) 出去吃饭的原因；(3) 这些人过去下馆子的经历；(4) 谁为这顿饭付账。需要多少背景信息才能认定这一行为是支配性行为？

对这种取向的另一种批评是，对明显的行为来说，这种频率研究似乎是可行的，但如果行为未被实施，或者不能被直接观察时应该怎么办？例如，一个人可能很勇敢，但是在不需要展现勇气的日常生活环境中，我们永远也无法得知他很勇敢。

尽管有这些局限性，行为频率研究还是取得了一些引人瞩目的成就。它特别有助于弄清楚大部分特质词所指的行为现象，毕竟我们了解特质的首要方式是通过其实际的行为表现。正如几位杰出的人格研究者（Gosling et al., 1998）所指出的：“行为是人际知觉的基石，也是推断人格特质的基础。”因此，对人格行为表现的研究仍然是该领域议程中一个必不可少的部分，尽管对这些行为表现的研究存在困难（Furr, 2009）。行为频率研究还有助于识别行为的规律性——这是任何全面的人格理论都必须解释的现象（Furr, 2009）。它还有助于探索一些被证明很难研究的特质的含义，如冲动性（Romero et al., 1994）、尽责性（Jackson et al., 2010）和创造力（Amelang et al., 1991）。在识别特质行为表现的文化相似性和差异性方面，它也被证实是有帮助的（Church et al., 2007）。例如，向害羞的人发起一段对话的行为在菲律宾比在美国更能反映外向性；而对陌生人微笑的行为则在美国比在菲律宾更能反映外向性。

对行为频率法的探索有助于确定它可以在哪些领域提供关于人格的洞见。例如，有研究考察了个体自我报告的行为与观察者记录的实际行为间的关系（Gosling et al., 1998）。有些行为表现出高度的自我—观察者一致性，例如“讲了一个笑话来缓解紧张的时刻”“说了一句幽默的话”“主持会议”。反映外向性和尽责性特质的行为常常表现出高度的自我—观察者一致性。与此相反，反映随和性特质的行为则常常表现出较低的自我—观察者一致性。行为的可观察性越高，自我报告与观察者记录的行为间的一致性就越高。

其他研究表明，行为频率法能够预测日常生活中的重要结果，如职业成功、薪资，以及个人在商业机构内的晋升速度（Kyl-Heku & Buss, 1996; Lund et al., 2006）。还有研究利用行为频率法来探究社交互动中的欺骗行为（Tooke & Camire, 1991）和“配偶保卫”（能够预测约会和婚姻关系中的暴力行为）（Shackelford et al., 2005）等主题。

总而言之，主要的特质观有两种。第一种把特质看作能影响外显行为（即具有因果性质）的个体内在属性。第二种把特质看作对外显行为的描述性概括，而导致这些行为倾向的原因则需要之后再确定。无论如何理解特质，所有的人格心理学家都必须面对下一个棘手的挑战：识别最重要的特质。

## 识别最重要的特质

有三种基本的研究取向被用于识别重要的特质。第一种是**词汇学取向**（lexical approach）。这种取向认为，辞典中列出和定义的特质构成了描述个体间差异的基础（Allport & Odbert, 1936）。因此，词汇学取向的逻辑起点是自然语言。第二种是**统计学取向**（statistical approach）。这种取向采用因素分析或其他类似的统计方法来确定重要的人格特质。第三种是**理论取向**（theoretical approach）。研究者依靠理论来识别重要的特质。

### 词汇学取向

词汇学取向对重要特质的识别始于**词汇学假设**（lexical hypothesis）：*所有重要的个体差异都已在自然语言中被编码*。随着时间的积累，人们会注意到重要的人际差异，并创造出词汇来谈论这些差异。人们创造了诸如*支配的*、*有创造力的*、*可靠的*、*合作的*、*性急的*或*自我中心的*等词汇来描述这些差异。人们发现这些特质词对描述人很有帮助，并且有助于交流关于他们的信息。因此，这些特质词被传播开来，变得很普遍。而那些对描述和与他人交流无用的特质词会在自然语言中逐渐消失。

如果考察一下英语，我们就会发现有大量的特质词被编码成形容词，如*控制的*、*傲慢的*、*懒散的*和*热情的*。对英语字典的仔细排查发现了约 18 000 个特质描述性形容词（Norman, 1967）。依据词汇学取向的观点，这一发现的重要意义是不言自明的：在人与人的交往中，特质词有着超乎寻常的重要性。

词汇学取向提出了两个识别重要特质的标准：**同义词频**（synonym frequency）和**跨文化普遍性**（cross-cultural universality）。同义词频标准是指，如果用来描述某一属性的形容词不是仅有一两个，而是有许多个，那么它就是一个更重要的个体差异维度。“在任何一门语言中，某种属性越重要，描述它的同义词就越多，并且关于该属性微妙差别的描述就越丰富”（Saucier & Goldberg, 1996, p. 24）。来考察一下支配性这一个体差异，许多词都在描述这个维度：*支配的*、*专横的*、*坚定的*、*强有力的*、*咄咄逼人的*、*有魄力的*、*像领导的*、*霸道的*、*有影响力的*、*优越的*、*权威的*和*傲慢的*。

有这么多流行的同义词，每个词都表达了支配性的细微差别，这说明支配性是一种重要的特质，并且支配性的不同方面在社会沟通中很重要。因此，同义词频提供了一个重要标准（相反的观点见 Wood, 2015）。

跨文化普遍性是词汇学取向中识别重要特质的第二个重要标准：“某种个体差异在人际交流中越重要，就会有越多的语言包含描述这种差异的词语”（Goldberg, 1981, p. 142）。这个标准的逻辑是，如果一种特质在所有文化中都足够重要，以至于其成员创造了词语来描述它，那么该特质在人类事务中必定有着普遍的重要性。相反，如果某种特质词仅存在于一种或少数几种语言中，那么该特质只具有局部重要性。这样的特质不太可能是人格特质的普适性分类维度（McCrae & Costa, 1997）。

例如，委内瑞拉的雅诺马莫原住民的语言中有“unokai”与“non-unokai”这样的词，大意分别是“通过杀死其他人获得地位的人”（unokai）和“没有通过杀死其他人获得地位的人”（non-unokai）（Chagnon, 1983）。在雅诺马莫人的文化中，这种个体差异至关重要，因为 unokai 有更高的地位、受到更多人的敬畏、拥有更多的妻子并被视作领导者。相比之下，在美国主流文化中，有通用的“杀人者”（killer）一词，但没有单个的词具有 unokai 的特定含义。因此，尽管这种个体差异对雅诺马莫人来说非常重要，但它不太可能被当作人格特质的普适性分类维度。

词汇学取向的一个问题在于，人格可以通过语言中不同词性的词来描述，包括形容词、名词和副词。例如，英语中有许多描述不太聪明的人的名词：笨蛋（birdbrain, blockhead, bonehead, chucklehead, dope, dullard, dummy）、白痴（cretin）、庸人（deadhead）、傻瓜（dimwit, dunce, jughead, peabrain）、呆子（dolt, lunkhead）、蠢人（dumbbell, pinhead）、低能者（moron）、傻子（softhead）、笨人（thickhead）以及木头脑袋（woodenhead）等。尽管还没有太多相关的研究，名词依然是可能揭示重要个体差异的一个潜在信息来源。

在识别重要个体差异方面，词汇学取向被证明是一个非常有生命力的出发点（Ashton & Lee, 2005）。如果我们不有效地利用这些信息，“就是在毫无必要地把自己排除在人类历史进程中获得的浩瀚知识之外”（Kelley, 1992, p. 22）。词汇学取向是识别重要个体差异的一个良好起点，但是我们不能完全依靠这种取向。另外两种常用的取向是统计学取向和理论取向。

## 统计学取向

在确定重要特质方面，统计学取向的起点是建立一个人格测量条目库。这些条目可以是特质词语，或是关于行为、体验或情绪的问题。大部分采用词汇学取向的研究者都转向了统计学取向，以便从自我评定的特质形容词中提取出人格特质的基本类别。不过，统计学取向的起点也可以是对大量与人格有关的句子（例如，我发现我能轻易说服他人同意我的观点）的自我评定。当收集到大量且多样的条目后，就可以采用统计学方法对其进行分析。具体方法是先让参与者在这些条目上评定自我或他人，然后用统计程序确定条目的群组（groups）或集群（clusters）。统计学取向的目标是确定人格“地图”的主要维度或“坐标”，就像经纬度为地球地图提供坐标一样。

最常使用的统计程序是**因素分析**（factor analysis）。虽然探讨因素分析背后复杂的数学过程超出了本书的范围，但它的基本逻辑很简单。因素分析实质上是确定条目的群组——同一组内条目之间存在共变（即聚在一起），而不同组的条目之间不存在共变。以空间位置来打一个比喻，想象一下你们学校的物理学家、心理学家和社会学家的办公室。尽管这些办公室可能分散在四处，但总体上，心理学家们的办公室相互之间的距离往往小于到物理学家和社会学家办公室的距离。而与到社会学家或心理学家办公室的距离相比，物理学家们的办公室彼此之间距离更近。因此，因素分析可能揭示出三个教授集群。

类似地，确定共变的人格条目集群的主要优点在于，它提供了一种手段，让我们能够确定哪些人格变量具有某些共同的属性。因素分析还有助于将大量的人格特质精简为更少和更有用的几个潜在因素。因素分析提供了一种组织数以千计的人格特质的方法。

让我们用表 3.2 所示的例子来考察因素分析是如何进行的。这张表汇总了 1 210 名参与者的数据。这些参与者在一系列特质描述性形容词上进行了自我评定。需要评定的形容词包括幽默、有趣、受欢迎、勤奋、有成效、坚定、有想象力、独创性和创造性。

表 3.2 中的数字被称作**因素负荷**（factor loadings），这个指标反映了各条目得分的变异在多大程度上能够被对应的因素所"解释"。因素负荷表明条目与潜在因素相关的程度，或"负荷"在其上的程度。在本例中，出现了 3 个明确的因素。第一个是"外向性"因素，幽默、有趣和受欢迎这 3 个条目在此因素上的负荷较高；第二个是"雄心"因素，勤奋、有成效和坚定这 3 个条目在此因素上的负荷较高；第三个是"创造力"因素，有想象力、创造性和独创性这 3 个条目在此因素上负荷较高。在本例中，因素分析能够非常有效地帮助我们识别 3 个不同的特质词集群，这些特质词在每个集群之内彼此共变，而在集群之间相对独立（没有共变的趋势）。如果没有这一统计程序，研究者可能不得不把这 9 个特质形容词看作是彼此独立的。因素分析告诉我们，勤奋、有成效和坚定这 3 个条目的共变程度足以使我们把它们当作一种特质，而不是三种独立的特质。

在使用统计方法识别重要特质时应该注意一点，即你得到什么取决于你放入的

表 3.2　**人格形容词评定的因素分析样例**

| 形容词评定 | 因素 1（外向性） | 因素 2（雄心） | 因素 3（创造力） |
|---|---|---|---|
| 幽默 | **0.66** | 0.06 | 0.19 |
| 有趣 | **0.65** | 0.23 | 0.02 |
| 受欢迎 | **0.57** | 0.13 | 0.22 |
| 勤奋 | 0.05 | **0.63** | 0.01 |
| 有成效 | 0.04 | **0.52** | 0.19 |
| 坚定 | 0.23 | **0.52** | 0.08 |
| 有想象力 | 0.01 | 0.09 | **0.62** |
| 独创性 | 0.13 | 0.05 | **0.53** |
| 创造性 | 0.06 | 0.26 | **0.47** |

注：表中数字为因素负荷，代表的是条目与潜在因素的相关程度（具体见正文）。

资料来源：Matthews & Oddy, 1993.

是什么。换言之，假如一种重要特质碰巧没被包含在某个因素分析之中，那么随后的结果将不会出现这个特质。因此，研究者密切关注最初的条目选择至关重要。

对人格研究者来说，因素分析以及类似统计程序的价值极高。也许这些统计程序最大的贡献在于，它们能够将数量庞大、烦琐且多样的人格条目简化成一组数量更小、更有意义且更宽泛的基本因素。

## 理论取向

识别个体差异重要维度的第三种取向，即理论取向，依据理论来决定哪些变量是重要的。统计学取向可以被描述为“与理论无关”，因为它没有预先判断哪个变量是重要的；与之相反，理论取向会指明哪些是需要测量的重要变量。

例如，对弗洛伊德学派的人而言，测量“口唇期人格”和“肛门期人格”至关重要，因为它们代表着理论驱动的重要心理结构。又或者对于像马斯洛这样强调自我实现的理论者而言，测量个体在自我实现上的动机差异至关重要（参见 Williams & Page, 1989）。简言之，是理论严格地决定了哪些变量是重要的。

关于理论取向的一个例子，是**社会性性取向**（sociosexual orientation）理论（Simpson & Gangestad, 1991; Penke & Asendorph, 2008a）。根据这一理论，男性和女性会从两种性关系策略中选择一种。第一种策略是寻求单一的忠诚关系，其特征是一夫一妻制以及对孩子的大量投资；第二种策略的特点是频繁乱交、变换性伙伴，以及对孩子投资较少。[应用于男性时，记住这两种策略的简单办法是给它们贴上“好爸爸”（dads）或“无赖”（cads）的标签。] 因为这种理论指出个人所采取的择偶策略是一项重要的个体差异，所以辛普森与甘格斯塔德开发了一种能够测量社会性性取向的工具（见下面的练习）。

练习

**指导语**：请如实回答下列问题。对与行为有关的问题，请在空格处写下你的回答；对与想法和态度有关的问题，请在适合的数字上画圈。

1. 在过去的一年里，你与__________个不同的人发生过性关系？
2. 在下一个五年里，你预计你会与__________个不同的人发生性关系？（请给出准确的、现实的估计）
3. 与你仅仅发生过一次性关系的人有__________个？
4. 你幻想与现任伴侣以外的其他人发生性关系的频率如何？（只圈出一个答案）
   （1）从不
   （2）每两三个月一次
   （3）一个月一次
   （4）每两周一次
   （5）每周一次
   （6）一周好几次
   （7）几乎每天
   （8）一天至少一次
5. 无爱的性是可以接受的。

1 2 3 4 5 6 7 8 9

我非常不赞成 我非常赞成

6. 我可以想象自己会对与不同的人发生“随意”性行为感到舒适和享受。

1 2 3 4 5 6 7 8 9

我非常不赞成 我非常赞成

7. 除非建立了亲密的依恋关系（包括在情感和心理上），否则性行为不能令我感到舒适和完全的享受。

1 2 3 4 5 6 7 8 9

我非常不赞成 我非常赞成

资料来源：Simpson & Gangestad (1991). 

### 对各种取向的评价

总之，理论取向让理论来决定个体差异的哪些维度是重要的。与其他取向一样，理论取向也有其优点与局限性。它的优点与理论自身所具有的优点相吻合。如果一个有力的理论告诉我们哪个变量是重要的，我们就可以避免像没有地图和指南针的水手那样，漫无目的地飘荡。理论指明了前进的方向。同时，它的局限性也与理论自身所具有的局限性相吻合。如果理论带有缺陷或偏差，那么随后对重要个体差异的识别就会反映出遗漏和扭曲。

“百花齐放”能最好地刻画出人格特质心理学领域的现状。一些研究者从某种理论出发，并在对个体差异的测量中遵循该理论；另一些研究者相信因素分析是识别重要个体差异的唯一明智方法；还有一些人认为词汇学策略利用了人们千百年来的智慧结晶，是确保获取重要个体差异的最好方法。

在实践中，许多人格研究者将三种策略结合起来使用。例如，诺曼（Norman, 1963）与戈德伯格（Goldberg, 1990）以及索西耶（Saucier, 2009）先用词汇学策略确定最开始需要纳入的一系列变量（即特质）。然后采用因素分析技术将最初选择的特质数量简化到更少、更易处理的数目（五个或六个）。这解决了人格科学中的两个核心问题（Saucier & Goldberg, 1996）：第一是识别存在个体差异的各个领域；第二是寻找一种方法来描述这些个体差异中存在的结构。词汇学策略可用于特质词的选取，然后因素分析作为一种强大的统计手段可以为这些特质词提供结构和秩序。

## 人格的分类

在过去的一个世纪里，人们提出了几十种人格特质分类法。多数分类通常只是基于人格心理学家的直觉列出的特质清单。正如人格心理学家霍根（Hogan, 1983）所观察到的，“人格理论的历史是由那些断言他们的个人心魔就是所有人的苦难的人组成的”。实际上，某本关于人格特质的书的两位编辑（London & Exner, 1978）也表达了对人格特质分类缺乏一致性的失望，于是干脆就按照字母顺序罗列了人格特质。但是，显然我们可以找到更坚实的基础来组织人格特质。因此，本章下面所呈现的特质分类并不是从诸多现存的分类中随机选取的，相反，它们代表着得到可靠的实证和理论支撑的人格分类法。

艾森克在其伦敦的办公室中。

© *Randy J. Larsen*

## 艾森克的人格层级模型

在所有的人格分类中，艾森克（Hans Eysenck）的模型有着最浓厚的生物学背景。艾森克 1916 年生于德国，他成长的年代正是希特勒权力上升的年代。艾森克对纳粹政权表现出强烈的憎恶，所以在 18 岁时他移民英国。尽管最初打算学习物理学，但是艾森克缺乏所需的基础知识。因此几乎是出于偶然，他开始在伦敦大学学习心理学。1940 年艾森克获得博士学位，第二次世界大战后成为伦敦莫兹利医院新精神病中心的心理科主任。艾森克是一个相当多产的心理学家，出版了 40 多本书，发表了 700 多篇文章。在 1998 年去世前，艾森克一直是在世心理学家中被引用最多的人。

艾森克基于一些他认为具有高度可遗传性且可能具有心理生理学基础的特质提出了一种人格模型（见本书第 6 章）。艾森克认为，有三个主要特质符合这些标准，它们是外向—内向性（extraversion-introversion, E）、神经质—情绪稳定性（neuroticism-emotional stability, N）和精神质（psychoticism, P）。将首字母合在一起就组成了缩略词 PEN，这样很容易记住。

### 描　述

让我们先来描述这三个宽泛的特质。如图 3.1 所示，艾森克将每一个宽泛特质放在所属层级结构中的最高层。例如，外向性这一宽泛特质包含大量的次级特质：好交际、好动、活泼、爱冒险和支配的等。这些次级特质被包含在外向性这一更

“你应该多出来外面走走”

内向者比外向者更喜欢独处。

漫画来源：Richard Jolley

宽泛的特质之下，因为它们共变的程度足以使它们负荷于同一个大的因素。外向者通常喜欢聚会，有许多朋友，喜欢周围有人可以跟他们聊天（Eysenck & Eysenck, 1975）。许多外向者喜欢恶作剧，表现出无忧无虑、轻松的态度，而且往往有较高的活动水平。

反之，内向者喜欢独自一人打发时间。他们喜欢安静，热爱读书。内向者有时看上去冷漠，有距离感，但是他们通常会有少数几个亲密朋友。内向者比外向者更严肃，更喜欢按适度的步调做事。他们往往很有条理，喜欢循规蹈矩、可预测的生活方式（Larsen & Kasimatis, 1990）。

神经质（N）这一特质由一个更具体的特质集群组成，包括焦虑、易怒、内疚、低自尊、紧张、害羞以及喜怒无常。从概念上讲，焦虑和易怒等次级特质可能被视为彼此非常不同；然而，从实证角度，感到焦虑的人往往也易怒。因此，这两个特质实际上是联系在一起的，在人群中有共同发生的倾向，这再次证明因素分析是颇有价值的一种工具。

神经质得分较高的人往往是易烦恼的人。他们常常焦虑和抑郁，有睡眠问题，还会受许多心身症状的困扰。一项包含 5 847 人的美国全国性研究发现，神经质得分高的个体特别容易患抑郁障碍和焦虑障碍（Weinstock & Whisman, 2006）。他们的一个特点是负面情绪过多。面对日常生活的正常压力，与神经质得分低的人相比，得分高的人有更高的情绪唤起。在经历情绪唤起事件后，他们也更难恢复平静。神经质得分高的个体在被侵犯后会保持更长时间的愤怒，并且更少会原谅那些他们认为侵犯了自己的人（Maltby et al., 2008）。他们对危险更警惕，特别是像社会排斥这样的社会性威胁（Denissen & Penke, 2008b; Tamir, Robinson, & Solberg, 2006）。与之相反，神经质得分低的人情绪稳定、平和、冷静，对压力事件反应较慢，并且在恼人事件发生后很快就能恢复正常。

第三个大的特质是精神质（P）。如图 3.1 所示，精神质由一群含义更窄的特质组成，包括攻击性、自我中心、有创造力、冲动、缺乏同理心和反社会。因素分析被证明对次级特质的分组很有用。例如，因素分析显示冲动与缺乏同理心往往会同时发生在同一个个体身上。也就是说，不假思索就行事的人（冲动）往往也缺乏站在他人角度看问题的能力（缺乏同理心）。

在精神质上得分高的通常是独来独往的人，经常被其他人描述为“孤独者”。因为他们缺乏同理心，所以可能会残酷无情。男性在精神质上的得分几乎是女性的两倍。高精神质得分的人常常有虐待动物的经历。此外，当有狗被车撞或者有人意外受伤时，精神质得分高的人可能会大笑。他们对他人的疼痛和苦难没有感觉，包括自己的亲人；他们带有攻击性，包括言语与肢体的攻击，对所爱的人也是如此。精神质得分高的人嗜好新奇和不寻常的事物，为追求新异体验可能完全忽视危险的存在。他们喜欢愚弄别人，并且经常被描述为有反社会倾向。

在实践中，精神质量表可以预测许多引人注目的效标行为。与精神质得分低的人相比，得分高的人更喜欢暴力电影，而且对暴力镜头的愉悦性评分更高（Bruggemann & Barry, 2002）。精神质得分高的人比得分低的人更喜欢令人不快的画或图片（Rawling, 2003）。马基雅维利主义（与精神质高度相关）得分高的男性，支持滥交和敌意的性态度——他们会将性隐私泄露给第三方，在不相爱时装作还爱着对方，给潜在的性伙伴灌酒，甚至报告试图强迫他人发生性行为；但在此特质上得分高的女性并非如此（McHoskey, 2001）。事实上，精神质得分高的个体更容易成为性捕食

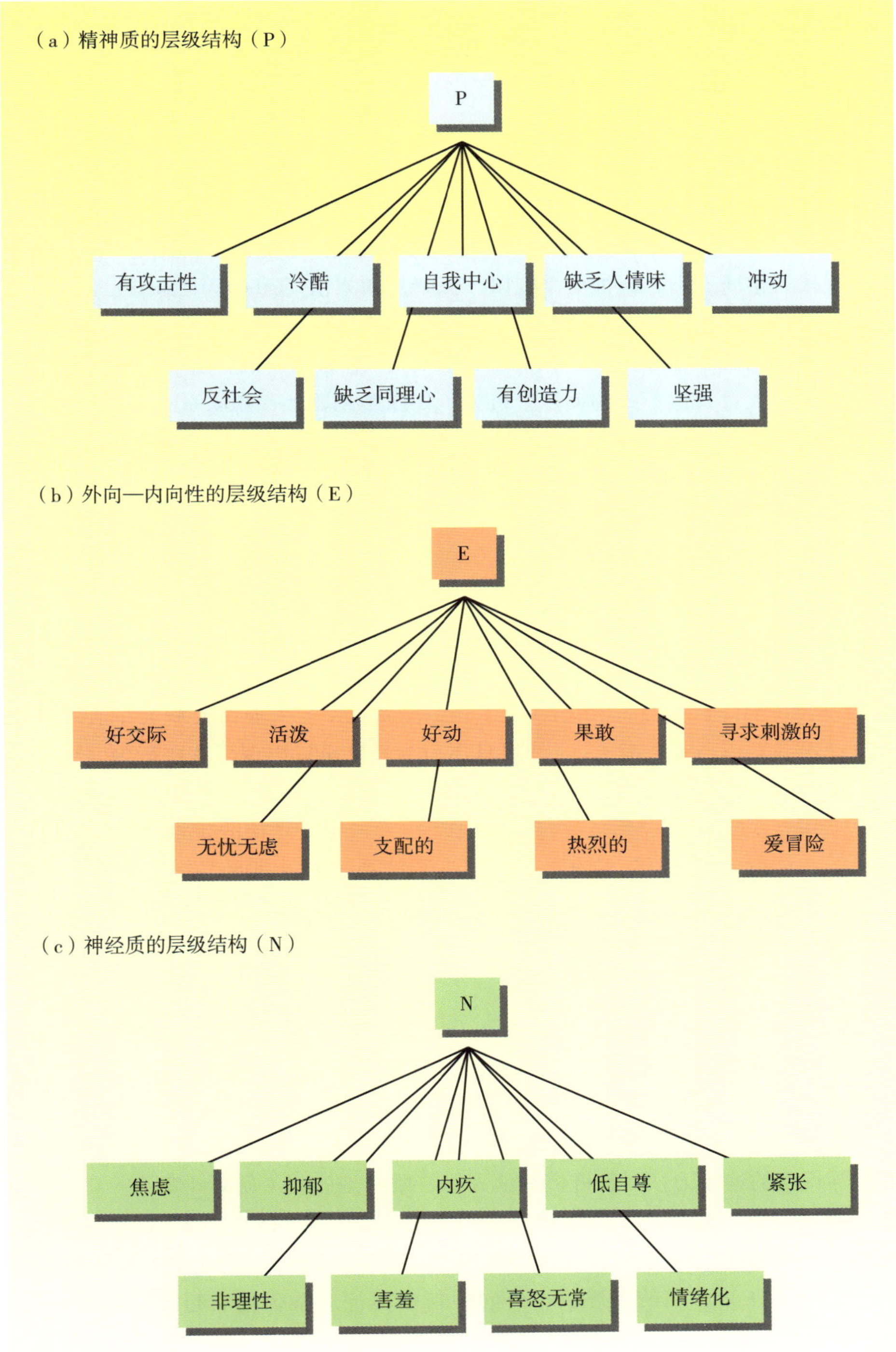


**图 3.1**

艾森克的主要人格特质的层级结构。每一个超级特质（E、N 和 P）占据着层级结构的最高层，代表一种更宽泛的人格特质。层级结构中的每个宽泛特质都包含更多的次级特质。（a）精神质的层级结构（P）；（b）外向—内向性的层级结构（E）；（c）神经质的层级结构（N）。

者（O-Connell & Marcus, 2016）。精神质得分低的人往往更虔诚地信奉宗教，而得分高的人对宗教或多或少有些玩世不恭的态度（Saroglou, 2002）。最后，精神质得分高的人容易陷入危险的活动中，如暴力、盗窃和故意破坏（Carrasco et al., 2006; Pickering et al., 2003）。

艾森克给这些超级特质，尤其是精神质的命名，引起了一些争议。事实上，有人建议对“精神质”更准确、更合适的命名应该是“反社会人格”或“冷血精神病态人格”。无论具体命名是什么，精神质维度在正常人格的研究中已成为一种重要的特质。在现代人格研究中，精神质维度以“黑暗三角人格”（the dark triad）的形式再次复苏，它由冷血精神病态、自恋和马基雅维利主义组成（Furnham et al., 2013）。黑暗三角特质被证明与工作中的坏上司和“毒性领导”、教室中的作弊、择偶领域的欺骗和胁迫，以及大量其他形式的反社会行为（如白领犯罪）存在联系。

现在让我们深入探讨艾森克分类系统的另外两个方面：层级结构和生物学基础。

### 艾森克分类系统的层级结构

图 3.1 呈现了艾森克层级模型的结构：每一个宽泛特质处于顶层，次级特质处于第二层。每一个次级特质又包含第三个水平，即*习惯化行为*。例如，好交际这一次级特质所包含的一个习惯化行为可能是打电话聊天，另一个可能是经常停下手头的工作以与其他同学社交。因此，次级特质包含各种各样的习惯化行为。

在层级结构的最底层是*具体的行为*（例如，*我在课堂上和朋友聊天；我在上午十点半来一次茶歇以与朋友聊天*）。如果具体行为经常重复出现，这些行为就会成为第三个水平的习惯化行为。由习惯化行为构成的集群形成了第二个水平的次级特质；而由次级特质构成的集群又形成了顶层的超级特质。层级结构的优点是把每一种与人格有关的具体行为精确地定位在一个相互嵌套的系统中。因此，“*我在聚会上疯狂跳舞*”这一第四水平的行为，在最高水平上可被描述为外向，在第二个水平上可被描述为好交际，在第三个水平上则是参加聚会行为的常规习惯的一部分。

### 生物学基础

艾森克人格分类系统的生物学基础有两个方面，即*遗传力*和*可识别的生理基础*。对艾森克来说，成为人格“基本”维度的重要标准是具有足够高的遗传力。行为遗传学的证据证实，艾森克分类中的三个超级特质，即外向—内向性、神经质和精神质，都具有中等程度的遗传力，尽管许多其他人格特质亦是如此（见第 6 章）。

基本人格特质的第二个生物学标准是，它应当具有可识别的生理基础，即可以在大脑和中枢神经系统中找到某些性能和成分，而这些被认为是产生人格特质的因果链的一部分。在艾森克的表述中，外向性与中枢神经系统的唤起或反应性有关。艾森克预测，内向的人会比外向的人更容易被唤起（并且自主反应性更强）（见第 7 章）。相比之下，他认为神经质与自主神经系统的不稳定（可变）程度有关。最后，精神质得分高的人被预测有高水平的睾丸激素和较低水平的单胺氧化酶（一种神经递质抑制剂）。

总之，艾森克的人格分类有许多显著的特点。它是一个层级结构，从宽泛特质开始，其下包含次级特质，次级特质又包含具体行为。层级系统中的宽泛特质已显示出具有中等的遗传力。而且艾森克试图将这些特质与生理机能联系起来，这是大多数人格分类所没有的重要分析层面。

尽管有这些值得赞美的优点，艾森克的人格分类也有一些局限性。第一，许多其他的人格特质也表现出中等的遗传力，而不只是外向性、精神质和神经质；第二，艾森克可能在他的分类中遗漏了一些重要的人格特质，卡特尔以及更近期的戈德伯格、科斯塔和麦克雷等心理学家都指出了这一点。

## 人格的环形分类模型

几个世纪以来，人们一直对圆形很着迷。它没有起点也没有终点，象征着完整与统一。圆形作为人格领域的一种可能的表征，也吸引着人格心理学家。

威金斯开发了测量环形模型中人格特质的量表。

*Courtesy of Krista Trobst*

在 20 世纪，倡导用圆形来表征人格的两位最著名的心理学家是利里（Timothy Leary，他也因在哈佛大学所做的迷幻药实验而闻名）和威金斯（Jerry Wiggins）。他们用现代统计技术正式确定了环形模型（环形只是圆的一个花哨的说法）。

威金斯（Wiggins, 1979）的出发点是词汇学假设，即所有重要的个体差异均得到了自然语言的编码。但他的分类尝试更进了一步，他认为特质词指明了个体差异的不同类型。其中一类个体差异涉及人们如何对待彼此，即**人际特质**（interpersonal traits）。

其他种类的个体差异可以通过以下的特质类型来确定：气质特质，如紧张不安的、忧郁的、行动迟缓的以及易激动的；品格特质，如有道德的、坚持原则的、不诚实的；物欲特质，如贪婪的和吝啬的；态度特质，如虔诚的、注重精神的；心智特质，如聪明的、有逻辑的和有洞察力的；生理特质，如健康的和强壮的。

由于威金斯主要关注人际特质，所以他仔细地将这些特质与其他类别的特质区分开来。然后，以早期研究者（Foa & Foa, 1974）的理论为基础，他将“人际”界定为涉及交换的人之间的互动。界定社会交换的两个资源是爱和地位：“人际事件可以被界定为对当事双方都有相对明确的社会（地位）和情感（爱）结果的二元互动”（Wiggins, 1979, p. 398）。因此，“地位”与“爱”构成了威金斯环形模型的两个主轴，如图 3.2 所示。

威金斯的环形分类模型有三个明显的优点。第一，它给出了人际行为的明确界定。因此，对任何涉及交换“地位”或“爱”的社会交流，应该都可以在环形饼的特定区域内对其进行定位。这不仅仅包括给予爱（如给朋友一个拥抱）或是承认地位（如对父母表现出尊敬或敬意），还包括拒绝爱（如对男朋友大声叫喊）以及否认地位（如因某人不重要而忽视他，不与之交谈）。因此，威金斯的模型具有为人际交流提供清晰而精确的界定的优点。

威金斯模型的第二个优点在于环形明确了模型内每个特质与其他特质的关系。该模型区分了三种基本的关系类型。第一种是**接近性**（adjacency），或者说环形内特质之间彼此接近的程度。模型中彼此接近或邻近的变量之间具有正相关。因此，“合群—外向”与“热情—随和”相关，“傲慢—精明”与“敌对—好争吵”相关。

第二种关系类型是**两极性**（bipolarity）。两极的特质位于圆的两端，彼此之间呈负相关。因此，“支配”是“顺从”的对立面，两者负相关；“冷漠”是“热情”的对立面，两者负相关。明确这种两极性关系非常有用，因为几乎每一种人际特质都

**图 3.2　人格的环形模型**

坐标轴上的数字代表相关系数。

资料来源："Circular Reasoning About Interpersonal Behavior," by J. S. Wiggins, N. Phillips, and P. Trapnell, 1989, *Journal of Personality & Social Psychology*, 56, p. 297. Copyright 1989 by the American Psychological Association. Reprinted with permission.

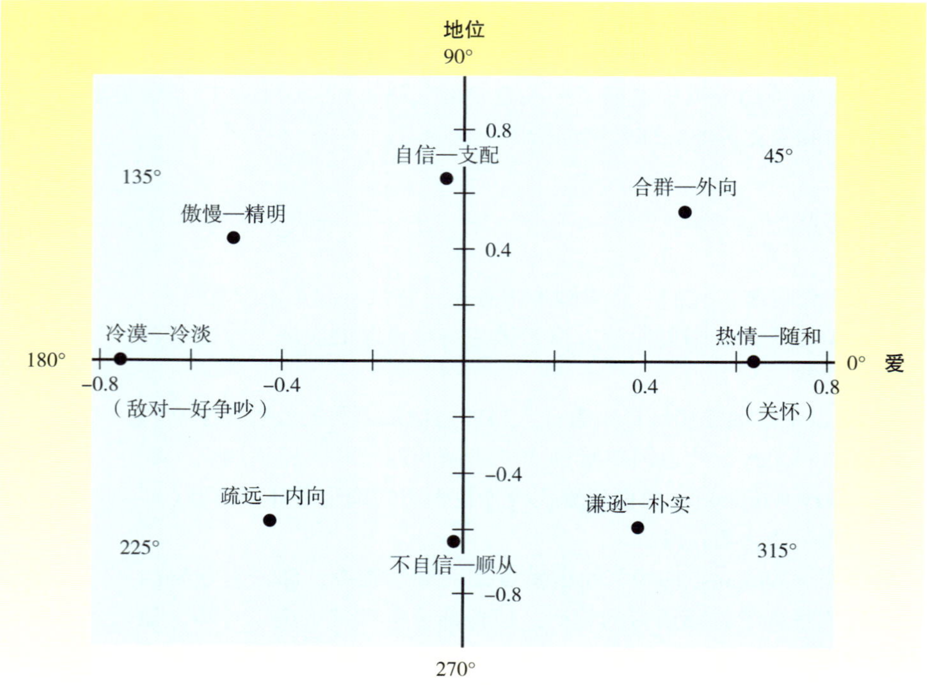


有与之相对的特质。

第三种是**正交性**（orthogonality），指模型中彼此垂直的特质（相差 90°，或彼此呈直角）完全不相关。换言之，这些特质之间零相关。例如，"支配"与"随和"正交，因此两者不相关。这意味着支配性可以用争吵的方式来表达（例如，为了达到目的大喊大叫），也可以用更随和的方式来表达（例如，我组织了一群人来帮助我的朋友）。类似地，攻击性（好争吵）可以通过自信—支配的方式来表达（例如，我利用自己的职权惩罚敌人），也可以通过不自信—顺从的方式来表达（例如，当我沮丧时我会对他不理不睬）。因此，正交性可以使个体更精确地区分特质在实际行为中的不同表达方式。

环形分类模型的第三个重要优点是，它能够提醒研究者关注人际行为研究中的空白。例如，尽管有许多关于支配和攻击的研究，但人格心理学家却很少关注"谦逊"和"精明"这样的特质。环形模型通过提供人际交流领域的地图，引导研究者关注这些被忽略的心理功能领域。

总而言之，威金斯的环形分类模型提供了一个关于社交领域主要个体差异的精致地图。在儿童中也发现了类似成人的人际特质环形结构（Di Blas, 2007）。这个模型曾被用来研究人际敏感性（Hopwood et al., 2011）。例如，人们更容易发现那些和自己性格截然相反的人的不愉快情绪。它还被用来识别一些适应不良的人际功能。例如，那些顺从和随和的人可能过于迁就（例如，在商店购物时，店员少找了零钱也默不作声）或具有被动攻击性（例如，与别人冷战）（Hennig & Walker, 2008）。尽管有这些积极的特点，环形分类模型也有其局限性。最主要的局限性在于人际地图仅有两个维度。这两个维度未能涵盖的其他特质也有重要的人际作用。例如，"尽责性"是一种人际特质，在此特质上得分高的人对朋友、配偶和子女有强烈的社会责任感。即使是神经质或情绪稳定性这样的特质，也可能在人际交往中体现得最强烈（例如，当主人长时间没有注意到他的存在时，他会对这种轻微的怠慢反应过度，坚持要与同伴离开聚会）。一个把这些维度都囊括在内的更全面的人格分类模型是五因素模型。

## 五因素模型

在过去的几十年里，最受人格研究者关注和支持的人格特质分类法是**五因素模型**（five-factor model）。五因素模型有着不同的称谓，被称为“大五”（Big Five），甚至是带有幽默色彩的 High Five（有“击掌庆祝”的意思）（Costa & McCrae, 1995; Goldberg, 1981; McCrae & John, 1992; Saucier & Goldberg, 1996）。构成“大五”的几个宽泛特质暂时被命名为：I. 活泼性或外向性（surgency or extraversion）；II. 随和性（agreeableness）；III. 尽责性（conscientiousness）；IV. 情绪稳定性（emotional stability）；V. 开放性—智力（openness-intellect）。人格特质的五因素分类有许多极具说服力的倡导者（例如，John, 1990; McCrae & John, 1992; Rammstedt, Goldberg, & Borg, 2010; Saucier & Goldberg, 1998; Wiggins, 1996），也有一些激烈的批评者（例如，Block, 1995; McAdams, 1992）。

五因素模型最初建立在词汇学取向与统计学取向相结合的基础上。词汇学取向始于 20 世纪 30 年代，先导者奥尔波特和奥德波特（Allport & Odbert, 1936）艰辛地通查了英文词典，识别出 17 953 个特质词。他们将这些特质词划分成四类：（1）稳定的特质（例如，有安全感的、有才智的）；（2）暂时的状态、情绪与活动（例如，不安的、兴奋的）；（3）社会评价（例如，迷人的、烦人的）；（4）比喻性的、物理的或不确定的语词（例如，多产的、贫瘠的）。

奥尔波特等人的第一类词（包括 4 500 个可能的稳定特质）随后被卡特尔（Cattell, 1943）当作其人格特质词汇学分析的出发点。然而，由于那个时代计算机算力的局限性，卡特尔无法对整个系列进行因素分析。通过淘汰和合并，卡特尔将这些词精简到 171 个集群（特质群组），最后又减少为 35 个人格特质集群。

菲斯克（Fiske, 1949）从卡特尔的 35 个特质集群中选取了 22 个，通过因素分析技术发现了 5 个因素。然而，这一样本容量相对较小的研究很难为全面的人格特质分类奠定坚实的基础。因此，在回顾五因素模型的历史时，菲斯克虽被认为是发现五因素模型的第一人，但其精确结构的确定并未归功于他。

塔佩斯等人（Tupes & Christal, 1961）为五因素模型做出了另一个重要贡献。他们在 8 个样本中考察了菲斯克的 22 个简化人格描述的因素结构，得到了五因素模型：活泼性（surgency）、随和性（agreeableness）、尽责性（conscientiousness）、情绪稳定性（emotional stability）与文化（culture）。随后，诺曼（Norman, 1963）以及后来的一批研究者（例如，Botwin & Buss, 1989; Digman & Inouye, 1986; Goldberg, 1981; McCrae & Costa, 1985; Rammstedt et al., 2010）重复验证了这个因素结构。表 3.3 列出了诺曼（Norman, 1963）提出的用以界定“大五”因素的关键标签。

过去的 30 年见证了对“大五”研究的爆发式增长。事实上，“大五”分类法比人格特质心理学历史上的任何其他分类法都获得了更大程度的共识。然而，它也引起了一些争议。接下来我们来考虑三个关键问题：（1）人格五因素分类法有什么实证证据？（2）第五个因素到底是什么？（3）“大五”分类是否真的足够全面，或者说“大五”之外是否还有其他重要的特质维度？

表 3.3 诺曼界定“大五”人格的标签

| | |
|---|---|
| **Ⅰ. 外向性** | **Ⅳ. 情绪稳定性** |
| 健谈的—寡言的 | 平静的—焦虑的 |
| 好交际的—隐遁的 | 镇静的—易兴奋的 |
| 爱冒险的—谨慎的 | 不疑病妄想的—疑病妄想的 |
| 坦率的—不外露的 | 泰然自若的—紧张的 / 焦虑的 |
| **Ⅱ. 随和性** | **Ⅴ. 文化** |
| 和蔼的—易怒的 | 才智超群的—不思考的 / 狭隘的 |
| 合作的—对抗的 | 有艺术敏感性的—缺乏艺术敏感性的 |
| 温柔的 / 和善的—任性的 | 富于想象力的—简单的 / 直接的 |
| 不嫉妒的—嫉妒的 | 优美的 / 优雅的—粗鲁的 / 粗野的 |
| **Ⅲ. 尽责性** | |
| 尽责的—不可靠的 | |
| 细心的—不谨慎的 | |
| 不屈不挠的—半途而废的 | |
| 挑剔的 / 整洁的—粗心的 | |

## 人格五因素模型有什么实证证据

在以英语特质词为对象的研究中，五因素模型被证明具有惊人的可重复性（Goldberg, 1981, 1990; John et al., 2008; McCrae & Costa, 2008）。数十名研究者通过不同的样本发现了这五个因素。在过去的半个世纪里，这个模型每十年就会被重复验证一次，说明它具有跨时间的可重复性。在不同的语言和不同的条目形式中，这个模型也得到了验证（Rammstedt et al., 2010）。

在现代的版本中，测量“大五”分类的方式主要有两种。一种是对单词形式的特质形容词进行自我评定，如健谈的、热情的、有序的、喜怒无常的和有想象力的（Goldberg, 1990）；另一种则是对句子的自我评定，如“我的生活节奏很快”（McCrae & Costa, 1999）。我们将会依次讨论。

戈德伯格采用单词形式的特质形容词对“大五”模型进行了最系统的研究。根据戈德伯格（Goldberg, 1990）的观点，“大五”模型的关键形容词标签如下：

1. 外向性：健谈的、外向的、自信的、冒失的、坦率直言的；与之相对的是害羞的、安静的、内向的、腼腆的、拘谨的。
2. 随和性：有同情心的、亲切的、热情的、善解人意的；与之相对的是缺乏同情心的、不亲切的、苛刻的、残酷的。
3. 尽责性：有条理的、整洁的、有序的、实际的、一丝不苟的；与之相对的是无条理的、无序的、随便的、草率的、不切实际的。
4. 情绪稳定性：平静的、放松的、稳定的；与之相对的是喜怒无常的、焦虑的、不自信的。
5. 智力或想象力：有创造力的、有想象力的、聪明的；与之相对的是缺少创造性的、缺乏想象力的、愚笨的。

除了用单个特质词作为条目的“大五”测量方法之外，在句子形式的测量方法中，由科斯塔和麦克雷编制的工具使用最为广泛。它被称作《NEO 人格调查表》修订版（neuroticism-extraversion-openness Personality Inventory Revised），缩写为 NEO-PI-3（McCrae, Costa, & Martin, 2005）。NEO-PI-3 的条目样例如下：神经质（N）——我时常情绪波动；外向性（E）——我发现局面很难控制（反向计分）；开放性（O）——我喜欢尝试新的、国外的食物；随和性（A）——我认识的大多数人都喜欢我；尽责性（C）——我让自己的物品保持干净整洁。

## 练习

先确定一个你认识的人，如一个朋友、室友或家庭成员，然后找到一种方法测量他的“大五”特质。测量前先仔细阅读表 3.3 中的形容词，直至你理解了“大五”中的每一种特质。然后，思考第 2 章中介绍的人格数据的不同来源。

| | 很低 | 有点低 | 一般 | 有点高 | 很高 |
|---|---|---|---|---|---|
| 外向性 | | | | | |
| 随和性 | | | | | |
| 尽责性 | | | | | |
| 情绪稳定性 | | | | | |
| 智力—开放性 | | | | | |

1. 自我报告，通常是在问卷上问问题。
2. 观察者报告，通常是请熟知参与者的人报告他是什么样的人。
3. 测试数据，通常是客观的任务、情境或生理记录，这些能够反映出所关注的特质。
4. 生活史数据，是指个人生活史中可能会揭示某项特质的那些部分。例如，内向的人会选择与他人打交道少的工作。

请结合各种数据来源，在“大五”的每一种特质上评估你所选定的人。首先，你应该列出测量每种特质所用的方法，如问卷或访谈的条目，或该特质的生活史数据。然后，标出你认为你所考察的人在五个特质中的每一个上所处的位置。

此刻你也许会认为五种因素太少了，不能捕捉人格的全部复杂性。你的看法可能是正确的，但是请考虑这一点：每一个总括性“大五”人格因素都包含许多特定的“方面”（facet，也称“子维度”），这些方面能够反映很多微妙和精细的差别。以尽责性为例，它包括六个方面：能力、条理性、责任心、上进心、自律和审慎。总括性特质“神经质”也有六个方面：焦虑、愤怒敌意、抑郁、自我意识、冲动和脆弱。总括特质的这些方面对增加人格描述的丰富性、复杂性和细微差别大有帮助。

尽管 NEO-PI-3 特质呈现的顺序（N，E，O，A 和 C）与戈德伯格的顺序不同，并且在少数情况下甚至命名也不同，但其实际测量的人格特质几乎与戈德伯格所发现的完全相同。特质词形式条目与句子形式条目的因素结构间的这种趋同性，为五因素模型的稳健性和可重复性提供了支持（Rammstetd et al., 2010）。

## 第五个因素到底是什么

尽管五因素模型在不同的样本、调查者和条目形式之间表现出了令人印象深刻的可重复性，但在第五个因素的内容和可重复性上仍然存在一些争议。第五个因素曾被不同的研究者命名为文化、才智、智力、想象力、开放性、对经验的开放性，甚至是流体智力和敏感性（参见 Brand & Egan, 1989; De Raad, 1998）。造成这些差异的主要原因在于，不同的研究者采用了不同的条目库来做因素分析。那些从词汇学策略开始并使用形容词作为条目的研究者通常支持将智力作为第五个因素的含义和名称（Saucier & Goldberg, 1996）。与之相反，采用问卷法的研究者倾向于使用开放性或对经验的开放性，因为这个名称能够更好地反映条目内容（McCrae & Costa, 1997, 1999, 2008）。

消除这些差异的一种途径是回归到词汇学基本原理这一出发点，考察它们的跨文化与跨语言性。根据词汇学取向的观点，那些在不同的语言与文化中普遍存在的特质被认为比缺少跨文化普遍性的特质更重要。那么，跨文化数据表明的结果是什么？一项在土耳其进行的研究中，出现了一个可以被明确地描述为开放性的第五因素（Somer & Goldberg, 1999）。另一项在荷兰进行的研究所发现的第五因素则一端是进步，另一端是传统（DeRaad et al., 1998）。在德语中，第五个因素代表智力、才能和能力（Ostendorf, 1990）。在意大利语中，第五个因素是传统性，其标志性条目是“反叛的”和“批判的”（Caprara & Perugini, 1994）。综观这些研究，第五个因素已被证明难以确定，尽管开放性和智力非常好地描述了其最常见的内容（John, Naumann, & Soto, 2008）。

总之，尽管前四个因素在跨文化和跨语言的研究中具有高度的可重复性，但第五个因素的内容、名称和可重复性都带有不确定性（De Raad et al., 2010）。也许某些个体差异在某些文化中比在另一些文化中更重要：在一些文化中是智力；在一些文化中是传统性；而在另一些文化中是开放性。很显然，需要更广泛的跨文化研究，特别是来自非洲文化、亚洲文化以及其他受西方文化影响最少的传统文化的研究。

## 五因素与哪些变量相关

在过去的 20 年里，人们对五因素中每一个的相关变量都进行了大量的研究。下面将总结一些有趣发现。

**外向性**（Extraversion，也译作“外倾性”）。外向者喜欢聚会，他们经常参与社交互动，带头让沉闷的聚会活跃起来，并且喜欢交谈。事实上，有证据表明，**社会关注**（social attention）是外向性最核心的特征（Ashton, Lee, & Paunonen, 2002）。对于外向者而言，“获得的关注越多就越愉快”。外向者对其所处的社会环境影响更大，经常担任领导职务；而内向者更像是局外人（Jensen-Campbell & Graziano, 2001）。外向的男性面对不认识的女性更大胆，而内向的男性面对女性却很羞怯（Berry & Miller, 2001）。外向者往往更快乐，而且当一个人以外向的方式与他人相处时，这种积极的情感体验最为强烈（Fleeson, Malanos, & Achille, 2002; Oelermns & Bakker, 2014）。外向性对工作也有影响。外向者倾向于更加投入和享受他们的工作（Burke,

Mattheiesen, & Pallesen, 2006），并且对所在的工作组织有更多的承诺（Erdheim, Wang, & Zickar, 2006）。实验还证明了外向者比内向者更具有合作性，这可能有利于他们获得积极的工作体验（Hirsh & Peterson, 2009）。与内向者相比，外向者常常身体更为强壮，部分原因是他们会更频繁地参与强度更大的体育活动（Fink et al., 2016; Tolea et al., 2012）。但是外向性也存在不利的方面。例如，外向者喜欢开快车，驾车时听音乐。因此，与较为内向的同龄人相比，他们会更多地卷入车祸，甚至因车祸而丧生（Lajunen, 2001）。与内向者相比，他们不太可能为退休存钱（Hirsh, 2015）。当可以选择时，外向者更喜欢在沙滩或者海边度过自己的休闲时光，而内向者更喜欢山中的静谧（Oishi et al., 2015）。

**随和性**（Agreeableness，也译作“宜人性”）。外向者的箴言可能是“让我们活跃起来”，而高度随和者的箴言是“让我们融洽相处”。在随和性上得分高的人喜欢用协商解决冲突；而随和性低的人在解决社会冲突时，总是试图维护自己的权力（Graziano & Tobin, 2002; Jensen-Campbell & Graziano, 2001）。随和的人也更容易从社会冲突中退出。随和性高的个体喜欢和谐的社会交往和合作的家庭生活。他们同样有高度的亲社会性和同理心，并且十分享受为有需要的人提供帮助（Caprara et al., 2010）。他们看重他人的亲社会行为，但同时也会严厉评判那些做出反社会行为的人（Kammrath & Scholer, 2011）。随和性高的儿童在青少年早期较少受到恃强凌弱者的伤害（Jensen-Campbell et al., 2002）。正如你猜测的，政客在随和性上一般得分较高，至少在意大利是这样（Caprara et al., 2003）。随和性高的人似乎擅长读懂别人的心思（Nettle & Liddle, 2008），这种共情能力会使人更容易宽恕他人的过错（Strelan, 2007）。

随和性的另一个极端是攻击性。研究者（Wu & Clark, 2003）发现，攻击性与许多日常行为有很强的联系。例如，因为愤怒而打别人；当事情不能正常发展时勃然大怒；使劲摔门；大声叫喊；陷入争吵；握紧拳头；提高嗓门；故意变得粗鲁；破坏他人的物品；推搡或打他人以及用力挂掉电话。所以当下次想和某人争吵时，你也许会想知道这个人在随和性—攻击性维度上的位置。

简言之，随和性高的个体与他人相处融洽、广受欢迎、避免冲突、争取和谐的家庭生活，而且倾向于选择那些受欢迎是一种优势的工作。随和性低的个体有攻击性，容易使自己卷入大量的社会冲突。

**尽责性**（Conscientiousness）。如果说外向者喜欢聚会，随和者容易相处，那么尽责的个体就会勤勉并领先。尽责性高的人的努力工作、守时以及可信赖的行为带来了很多积极的生活结果，如高于平均水平的学习成绩（Conrad, 2006; Noftle & Robins, 2007; Poropat, 2009），更高的工作满意度、更强的工作安全感以及更多积极、牢固的社会关系（Langford, 2003）。反之，尽责性得分低的人很可能在学习和工作中表现得较差。事实上，尽责性高的人在工作领域获得成功可能是由于三个关键因素。首先，他们不会拖延；与之相反，尽责性低者的座右铭可能是：“能够拖到后天再做的事就不要明天做”（Lee, Kelly, & Edwards, 2006）。其次，他们往往是完美主义者，为自己设定很高的标准（Cruce et al., 2012; Stoeber, Otto, & Dalbert, 2009），而且有高成就动机（Richardson & Abraham, 2009）。最后，尽责性高的人非常勤奋，为了脱颖而出，他们会花很长的时间辛勤工作（Lund et al., 2006）。尽责性高的人更可能坚持良好的体育锻炼计划（Bogg, 2008），因此人到中年时体重增加的可能性更小（Brummett et al., 2006）。尽责性得分高的人还会对长期的目标表现出更多的激情和毅力（Duckworth et al., 2007），并且更可能在退休后从事志愿者工作（Mike et al., 2014）。

低尽责性与冒险的性行为相关，如不使用避孕套（Trobst et al., 2002），以及在已经建立恋爱关系的情况下对其他潜在的对象做出更多响应（Schmitt & Buss, 2001）。在一个囚犯样本中，尽责性得分低的人有频繁被捕的趋势（Clower & Bothwell, 2001）。总之，尽责性得分高的人在学习和工作中表现得更好，避免破坏规则，并且拥有更稳定和安全的恋爱关系。但高尽责性至少有一个弊端——与尽责性得分低的人相比，在经历长时间失业时，尽责性得分高的人心理健康水平会有更明显的下降（Boyce et al., 2010）。

**情绪稳定性**（Emotional stability）。每个人都必须面对生活中的压力与困难。情绪稳定性维度涉及人们应对这些压力的方式。情绪稳定的个体就像在波浪滔滔的水面上保持航向的小船；情绪不稳定的个体则会受到波浪的冲击，因此更有可能偏离航向。情绪不稳定或神经质的特征就是情绪的多变性，这样的人比情绪稳定的人更容易情绪起伏不定（Murray, Allen, & Trinder, 2002）。

情绪不稳定的个体在一天之中可能会体验到更多疲劳感（De Vries & Van Heck, 2002），并且在所爱的人去世后会经历更多的悲伤和抑郁（Winjgaards-de Meij et al., 2007）。在心理上，情绪不稳定的个体更可能有分离体验。例如，不能回忆起重要的生活事件；感觉到与生活和其他人相脱离；感觉自己在一个奇怪或不熟悉的地方醒来（Kwapil, Wrobel, & Pope, 2002）。神经质得分高的人也往往有更频繁的自杀意念（Chioqueta & Stiles, 2005; Stewart et al., 2008），报告的健康水平更差、身体症状更多，且提升健康的努力更少（Williams, O'Brien, & Colder, 2004）。他们还会做出损害健康的行为，例如将饮酒作为应对问题的一种方式（Theakston et al., 2004）。

在人际关系方面，那些在情绪不稳定性上得分高的人在社会关系中更容易经历起伏和波折。例如，在性领域中，情绪不稳定的个体会体验到更多的性焦虑（例如，担心自己的表现），也更害怕发生性行为（Heaven et al., 2003; Shafer, 2001）。在面对高度应激事件时，如意外流产，情绪不稳定的个体更容易患创伤后应激障碍，心理

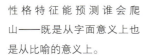

性格特征能预测谁会爬山——既是从字面意义上也是从比喻的意义上。

创伤的体验深刻且持久（Englelhard, van den Hout, & Kindt, 2003）。

情绪不稳定不利于事业成功。这可能部分是由于这样一个事实：我们所有人都会经历的日常压力和担忧会让情绪不稳定的人偏离航向。部分原因可能是他们体验到更多疲劳，但也可能是由于他们进行大量的“自我设障”（Ross, Canada, & Rausch, 2002）。自我设障被界定为一种“为了保护自尊，在涉及表现或竞争性情境中为成功设置障碍”的倾向（Ross et al., 2002, p. 2）。情绪不稳定的个体也更容易在压力下（如完成任务的截止日期）“窒息”（Byrne et al., 2015）。尽管如此，在办公室环境中，当工作要求变动导致工作环境异常繁忙时，神经质得分高的人实际上比情绪稳定的人表现得更好（Smillie et al., 2006）。总之，情绪稳定性低者的多变情感影响其生活的方方面面，从性到事业成就。

**智力—开放性**（Intellect-Openness）。对下列句子，你是赞成还是反对？“晚上醒来时，我不确定自己是真的经历过某事还是仅仅在做梦”；“我知道自己在做梦，甚至在梦里也知道”；“我能够控制或引导梦的内容”；“梦可以帮助我解决当前的问题或担忧”（Watson, 2003）。如果你倾向于赞成这些陈述，你在开放性上可能会获得高分。开放性得分高的人能回忆起更多的梦，有更多清醒的梦、生动的梦、预言性的梦（梦到日后发生的事件）以及解决问题的梦（Watson, 2003）。

开放性已被证明与尝试新食物、喜欢新奇体验，甚至对婚外情的“开放性”有关（Buss, 1993）。导致开放性差异的一个可能原因是个体信息加工的差异。高开放性者很难忽视先前体验过的刺激（Peterson, Smith, & Carson, 2002）。似乎高开放性者的知觉和信息加工“闸门”在接受从各方涌来的大量信息时，的确更为开放。也许这就是为什么高开放性会与创造性指标相关（Nusbaum & Silva, 2010）。而开放性较低的人视野更狭窄，容易忽略竞争性刺激。开放性高的个体更少对少数群体表现出偏见，持有负面种族刻板印象的可能性也更低（Flynn, 2005）。他们也更可能会文身或者在身体上穿孔（Nathanson, Paulhus, & Williams, 2006; Tate & Shelton, 2008）。高开放性者往往在政治上更加宽容，特别是当存在外部威胁（如恐怖主义）时（Sibley et al., 2012）。他们在艺术成就上也表现突出（Kaufman et al., 2016），并有更高的音乐修养（Greenberg et al., 2015）。开放性还能预测社交网络中更多的跨性别友谊（Lonnqvist et al., 2014）。总而言之，开放性与许多其他有趣的变量相关，从干扰性刺激到可能的潜在性伙伴。

**大五变量的组合**（Combinations of Big Five variables）。当然，大五人格特质的组合比单一的人格特质能更好地预测许多生活结果。下面是一些例子。

- 尽责性（高）和情绪稳定性（高）对好成绩的预测更准确（Chamorro-Premuzic & Furnham, 2003a, 2003b）。一个可能的原因是情绪稳定和尽责的人更不可能拖延（Watson, 2001）。
- 学术不端更有可能发生在尽责性低和随和性低的人中（Giluk et al., 2015）。
- 是什么造就了电脑奇才？高尽责性、高开放性和内向性。
- 在类似米尔格拉姆经典研究的实验中，尽责性高和随和性高的个体更有可能服从权威（Begue et al., 2014）。
- 高情绪稳定性、开放性和尽责性可预测教育成就和收入（O’Connell & Sheikh, 2011）。
- 高开放性、高神经质、低尽责性和低随和性的组合对危险性行为（如拥有众多性伙伴、不用避孕套）的预测更为准确（Miller et al., 2004; Trobst et al., 2002）。

- 高外向性和低尽责性可更好地预测酒精消费量（Paunonen, 2003; Hong & Paunonen, 2009）。芬兰的一项研究调查了5 000名工人，发现低尽责性还能预测酒精消费量随时间的增加，也就是说，能预测谁最终会变成重度饮酒者（Grano et al., 2004）。
- 物质滥用障碍，如非法药物滥用，与高神经质和低尽责性有关（Kotov et al., 2010）。
- 高神经质与低尽责性的组合可更好地预测病理性赌博（Bagby et al., 2007; Myrseth et al., 2009; MacLaren et al., 2011）。
- 神经质能够很好地预测出生气时对他人的攻击性，但高随和性能够使情绪不稳定者冷静下来（Ode, Robinson, & Wilkowski, 2008）。
- 攀登珠穆朗玛峰的人往往外向，情绪稳定，同时精神质高（Egan & Stelmack, 2003）。
- 高外向性和低神经质可更好地预测幸福感和每天的积极情绪体验（Cheng & Furnham, 2003; Steel & Ones, 2002; Stewart, Ebmeier, & Deary, 2005, Yik & Russell, 2001）。
- 从事志愿者工作的倾向，如校园或者社区服务，能够通过高随和性和高外向性的组合得到更好的预测（Carlo et al., 2005）。
- 随和性高和情绪稳定性高的个体，具有善于宽恕的特征，即原谅犯错者的倾向高（Brose et al., 2005; Steiner et al., 2012）。
- 高外向性、高随和性、高尽责性和高情绪稳定性是商务环境中领导效能的最佳预测指标（Silverthorne, 2001）。
- 高开放性和低随和性可预测在美国州内和州间的移居倾向（Jokela, 2009），也有研究表明，高开放性和高外向性的组合能够预测移民到其他国家的意向（Canache et al., 2013）。
- 高外向性（好交际）和高情绪稳定性可预测生育倾向（Jokela et al., 2009）。
- 随和性高和开放性高的人更喜欢被亲密伴侣触摸（Dorros, Hanzel, & Segrin, 2008）。

在预测重要的生活结果方面，人格变量的组合常常比单一变量效果更好，对此我们不应感到惊讶，并且我们可以预期未来的研究会越来越多地关注这些组合。

## 五因素模型是否全面

五因素模型的批评者认为它遗漏了人格的其他重要方面。例如，有研究者（Almagor, Tellegen, & Waller, 1995）提供了七因素的证据。他们的研究结果表明应该加上两个因素：积极评价（例如，杰出的对平庸的）与消极评价（例如，糟糕的对得体的）。五因素模型的倡导者之一戈德伯格发现，尽管“虔诚”（religiosity）与“精神性”（spirituality）对变异量的解释力明显小于这五个因素，但有时也会作为独立的因素出现（Goldberg & Saucier, 1995）。

兰宁使用《加利福尼亚成人Q分类调查表》（California Adult Q-Sort）中的条目，发现了一个可被重复验证的第六因素，并将其命名为“吸引力”，包括外貌吸引力、认为自己有吸引力、富有魅力等条目（Lanning, 1994）。与此类似，有研究者（Schmitt

& Buss, 2000）在性领域发现了可靠的个体差异，如性感（例如，性感的、极有魅力的、有吸引力的、诱人的、肉欲的以及诱惑的）和忠诚（例如，忠诚的、单配偶的、挚爱的以及不通奸的）。这些个体差异维度与五因素存在相关：性感与外向性正相关，忠诚与随和性和尽责性正相关。但这些相关未能解释个体之间的大部分差异，表明这些性方面的个体差异并未完全包含在五因素模型中。

有研究者发现了 10 种五因素之外的人格特质：传统、有魅力、善于操控、节俭、幽默、正直、女性气质、虔诚、冒险和自我中心（Paunonen, 2002; Paunonen et al., 2003）。其他研究者证实了这些特质与大五人格之间没有高相关，与五因素模型所代表的"总括性"因素相比，这些特质在更具体的层面上突出了人格中许多有趣的方面（Lee, Ogunfowora, & Ashton, 2005）。

如果实证证据足够充分，五因素模型的支持者通常对吸纳五因素之外的潜在因素持开放态度（Costa & McCrae, 1995; Goldberg & Saucier, 1995）。尽管如此，这些研究者认为还没有令人信服的证据表明"大五"之外还存在其他因素。有些人认为积极评价与消极评价不是真正的独立因素，而是由于评价者总是把所有事物评价为好或坏而产生的虚假因素（McCrae & John, 1992）。至于兰宁发现的吸引力因素，科斯塔与麦克雷（Costa & McCrae, 1995）认为它通常不被认为是一种人格特质，尽管落在此因素上的"富有魅力"条目肯定会被认为是人格的一部分。

研究"大五"之外的人格因素的一种研究方法是探索**人格描述性名词**（personality-descriptive nouns）而不是形容词。索西耶（Saucier, 2003）在人格名词领域发现了八个有趣的因素，如笨蛋（例如，笨蛋、低能者、白痴）；宝贝 / 小可爱（例如，美人、宝贝、尤物）；哲学家（例如，天才、艺术家、个体主义者）；违法者（例如，瘾君子、醉汉、反叛者）；滑稽人物（例如，小丑、糊涂虫、喜剧演员）和运动爱好者（例如，运动员、硬汉、机器般的人）等。一项对意大利语人格名词的研究揭示了一种与大五人格不同的组织形式，发现了诸如诚实、谦逊和聪慧等因素（Di Blas, 2005）。正如索西耶所总结的，"基于形容词的人格分类不太可能是全面的，因为名词强调了不同于形容词的内容"（Saucier, 2003, p. 695）。

## HEXACO 模型

研究"大五"之外的人格因素的另一种研究方法是回到词汇学取向，聚焦于不同语言中的大量特质形容词（DeRaad & Barelds, 2008）。一个激动人心的进展是，几项研究共同指向六个而不是五个因素。一项对七种语言（荷兰语、法语、德语、匈牙利语、意大利语、韩语和波兰语）的研究发现了大五人格的变体，并且增加了第六个因素——**诚实谦逊**（Honesty-Humility）（Ashton et al., 2004）。这个因素的一端是诚实、真诚、可信和无私等特质形容词；另一端则是诸如傲慢、自负、贪婪、浮夸、妄自尊大和利己这样的形容词。独立的研究者也在希腊（Saucier et al., 2005）和意大利（Di Blas, 2005）发现了这个第六因素的对应版本。

鉴于已经积累了如此多的证据，有人认为最综合的跨语言人格分类应当是 **HEXACO 模型**：诚实谦逊（H）、情绪性（E）、外向性（X）、随和性（A）、尽责性（C）和对经验的开放性（O）（Ashton et al., 2014）。在此模型中，六个因素中有五个与大五人格的因素非常接近，尽管也有细微的差别。当然，最大的不同之处在于增加了诚实谦逊这一因素。对世界上主要语言的词汇分析都发现了这种六因素分类，最近的例子是波兰语（Gorbaniuk et al., 2013）。诚实谦逊这一因素也显示出了很强的结构效度。得分高的人更有可能做出真诚和谦卑的道歉（Dunlop et al., 2015），尽管他们更少违反社会规则。该因素还能预测实验游戏中的合作性（Ashton et al., 2014）。在诚实谦逊维度上得分高的人更有可能是虔诚的宗教信徒（Silvia et al., 2014），并且更容易表现出与性和道德相关的厌恶（Tybur et al., 2013）。

在诚实谦逊维度上得分低的个体倾向于人际剥削，更容易在工作环境中妨碍他人，甚至更有可能参与犯罪活动（Johnson et al., 2011; Zettler & Hilbig, 2010）。他们更可能违反社会契约并在游戏中作弊（Fiddick et al., 2016）；更爱自吹自擂（Hibig et al., 2014）。此外，在浪漫关系中要小心地拒绝那些不太诚实谦逊的人；这类人更有可能报复他们的前任伴侣（Sheppard & Boon, 2012）。

诚实谦逊的低分一端集中了一些令人不快的人际特质，包括自我中心、自恋和剥削型人际风格。这一集群，有时被称为“黑暗三角人格”（自恋、马基雅维利主义和冷血精神病态），似乎越来越成为一个超越五因素模型所捕捉的重要特质领域（Paulhus & Williams, 2002; Veselka, Schermer, & Vernon, 2012）。这些发现意味着特质领域内人格基本因素的扩展（Ashton & Lee, 2008, 2010; Lee & Ashton, 2008）。

将五因素模型扩展为六因素的 HEXACO 模型是人格心理学的一个激动人心的新进展，也代表了这一充满活力的科学领域的重要进步。

## 总结与评论

本章集中探讨了特质人格心理学中的三个基本问题：如何理解特质；如何识别最重要的特质；如何构建一种全面的特质分类。

对特质有两种基本的理解。第一种将特质视作导致个体行为的内在属性。在这种理解中，特质导致了外在行为。第二种将特质视作对外显行为的描述性概括。这种观点并没有假设特质导致了行为，而是在行为概貌被识别后，单独地考察因果关系问题。

识别重要人格特质的基本取向有三种。第一种是词汇学取向，认为所有重要的特质都已反映在自然语言中。词汇学取向采用同义词频和跨文化普遍性作为识别重要特质的标准。第二种取向是统计学取向，试图用统计程序（如因素分析）来识别共变的特质集群。第三种是理论取向，利用已有的人格理论决定哪些特质是重要的。在实践中，人格心理学家有时将三种取向结合使用。例如，以词汇学取向为出发点识别特质的范围，然后应用统计程序识别共变的特质群组，并以此构建更大的因素。

第三个基本问题，即构建一种人格特质的总体分类法，已经产生了几种解决方案。艾森克提出了层级结构模型，在这个模型中，宽泛特质（外向性、神经质和精神质）包括很多次级特质（如好动、喜怒无常以及自我中心）。艾森克的分类以因素分析为基础，但也有着明显的生物学基础，包括特质的可遗传性以及对特质的底层生物学基础的识别。

人格环形分类模型的目标更窄，它关注人际特质领域而不是整体人格。环形模型围绕两个关键维度——地位（支配性）与爱（随和性）——将特质组织为环形结构。

人格的五因素模型包含了环形模型，因为五因素模型的前两个特质，即外向性和随和性，基本上与环形模型的支配性和随和性维度相同。然而，五因素模型还包括尽责性、情绪稳定性以及智力—开放性。五因素模型因为不全面，并且不能解释内在心理过程而受到批评与质疑。近期证据指向了一个激动人心的发现即第六因素（诚实谦逊）的存在，因此有必要扩展大五人格。目前有人认为一个六因素人格结构具有跨文化的稳健性，即 HEXACO 模型：诚实谦逊（H）、情绪性（E）、外向性（X）、随和性（A）、尽责性（C）和对经验的开放性（O）。这可能是过去 20 年内人格分类研究中最重要的一个进展。

## 关键术语

词汇学取向
统计学取向
理论取向
词汇学假设
同义词频
跨文化普遍性
因素分析
因素负荷
社会性性取向
人际特质
接近性
两极性
正交性
五因素模型
外向性
社会关注
随和性
尽责性
情绪稳定性
智力—开放性
大五变量的组合
人格描述性名词
诚实谦逊
HEXACO 模型

© moswyn/Getty Images RF

# 4

# 特质心理学中的理论与测量问题

## 特质领域

注册网络约会服务时通常需要回答人格特质问卷。

萨拉是一名大三学生，同时修数学和计算机科学两个专业。她有点儿害羞，特别是面对同龄男性的时候。尽管希望有更多的约会，但是她对所要找的男性的特质非常挑剔。她想，通过网络约会服务中心找约会对象可能是一条有效的途径。于是便在一家网络约会服务中心注册了一个账户，她发现第一步需要完成一份详尽的人格问卷。萨拉回答了许多问题，包括她的好恶、习惯、特质以及其他人对她的看法，甚至包括她开哪类车以及她的驾驶风格。完成这一切后，她收到了网站认为很适合她的几位男性的基本人格信息。其中有一人萨拉非常感兴趣，于是她花了几小时与他网聊。萨拉决定和他通几次电话，她发现他俩有许多共同之处，与他交谈很轻松。他们都感到聊得很愉快，所以决定进一步接触，约定共进晚餐。当一切安排妥当后，萨拉惊奇地发现，他们竟然就住在同一个公寓大楼里，很可能彼此都见过对方，甚至可能交谈过。但是，只有通过一个网络约会服务中心，借助其中的人格匹配程序，他们才真正找到了彼此。

首次约会的关键任务之一是弄清楚你和对方的共同点是什么，即你们的人格有多少相似之处。

互联网上有许多网络约会服务中心，其中大多数都会雇佣人格心理学家来帮助其更好地做匹配工作。例如，eHarmony 网站使用了 480 个条目的人格问卷。这个网站采用一种组合的匹配程序，依据主要人格特质进行选择性匹配。其他约会服务网站，比如 Chemistry, PerfectMatch 或 okcupid，也收集广泛的人格资料用于复杂的匹配程序。在过去的半个世纪，人格心理学家们一直在积累证据，证明人格相似性是一个重要的预测因素，它可以预测人们是否会被彼此吸引（详见第 15 章），以及建立关系后是否感到满意（Decuyper, De Bolle, & De Fruyt, 2012）。

对人格特质进行匹配听起来是个好主意，但能否奏效则取决于人格测量的有效程度。人们可能提供身体特征方面的虚假信息。例如，说自己是娇小的而实际上并不是；声称自己有浓密的卷发而实际上是秃头。在人格方面人们也可能错误地描述自己。例如，人们可能试图掩盖攻击性与虐待性的人格。因此，一些约会服务网站非常重视安全问题，会使用人格评鉴技术探测有潜在问题的客户。例如，一些网站会询问一些轻微的不当行为，诸如“别人要求我还人情时，我从不怨恨”或是“我偶尔会说一些无恶意的谎言”之类。对大量否认这些常见不当行为的人要多加小心，因为这样的人很可能在所有的问卷条目上都没有如实地描述自己。事实上，eHarmony 声称，基于对这些问卷的回答，16% 的客户被要求离开网站（*U.S. News & World Report*, 2003）。

人格测试的这种用途引起了人们对一些特质测量问题的关注。特质是否代表了一贯的行为模式，使我们可以据此准确地预测一个人未来的行为？人格特质与情境，特别是社会情境如何相互作用？是否有办法探测哪些人在人格问卷中没有如实作答？是否有一些人在做问卷时具有伪装好或者伪装坏的动机？

人格测量也在其他的“选择”情境中被使用，比如对求职人员的选择、对假释罪犯的选择，或者在组织内部对工作职位的安排。在利用人格测量做这些决定时会面临哪些法律问题？各种选择程序之间有什么共同点？雇主能否通过对“诚实”特质的测量，进而筛选出不诚实的雇员？我们是否可以基于能力倾向测验或其他所谓的智力测验，对那些想进入大学、法学院或者医学院的人进行选择？

尽管许多问题看起来很抽象，但它们对我们如何看待人格特质很重要，对理解一些有争议的问题（如在商业、工业和教育中用人格测验选择、训练以及选拔候选者）也很重要。

## 理论问题

人格的特质理论提供了许多关于人性的基本构成模块的观点。如第 3 章所述，不同的理论在特质由何构成、存在多少种特质，以及发现基本特质的最好方法是什么等问题上不尽相同。尽管如此，特质理论还是共享着三个关于人格特质的重要假设。这些假设超越任何一种人格特质理论或分类，因此构成了特质心理学的基础。这三个重要假设是：

- 有意义的个体差异。
- 跨时间的稳定性。
- 跨情境的一致性。

### 有意义的个体差异

特质心理学家主要对确定人与人之间的差异感兴趣。任何有意义的个体差异都可能被识别为一种人格特质。譬如，有些人爱说话，有些人则不然；有些人活泼好动，有些人则终日懒散在家；有些人喜欢解决复杂的谜题，有些人则避免挑战自己的心智。由于特质心理学强调对个体差异的研究，故有时它也被称作**差异心理学**（differential psychology），以便与人格心理学的其他分支区分开来（Anastasi, 1976）。除了人格特质，差异心理学还研究其他方面的个体差异，如能力、能力倾向和智力。不过在本章中，我们主要关注人格特质。

特质取向历来关注精确测量。它采用量化的手段，强调一个特定的个体与平均值存在多大程度的差异。在所有的人格研究取向和策略中，特质取向最具数学与统计学导向，因为它强调数量（Paunonen & Hong, 2015）。

你也许会感到疑惑，几个关键特质如何能够捕捉并代表个体间的大量差异。每一个体的独特性如何能够仅用几个特质来描述？特质心理学家有点像化学家，主张将几种基本特质进行不同的组合，就可以重新创造出每一个体的独特属性。这一过程可与三原色的组合过程类比。光谱上每一种可见的颜色，从灰紫色到深褐色，都可以通过红、绿、蓝三原色的不同组合而产生。根据特质心理学家的观点，每一种人格，不管有多复杂或非同寻常，都是由几种主要基本特质的特殊组合产生的。

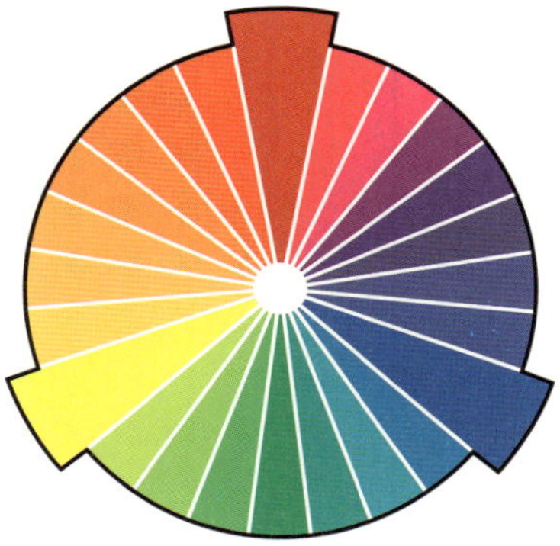

色轮。所有的颜色都是由三原色组合而成的。类似地，特质心理学家认为，各种各样的人格也是由几种基本特质组合而成的。

## 跨时间的稳定性

所有特质理论的第二个假设是，人格具有一定程度的跨时间稳定性。如果在一段时期内观察到某人高度外向，那么特质心理学家倾向于认为这个人在明天、下周、一年后甚至数十年后仍然是外向的。许多宽泛的人格特质表现出相当程度的跨时间稳定性，这一观点已得到大量研究的支持，我们将在第 5 章对此进行总结。智力、情绪反应性、冲动性、羞怯和攻击性等特质表现出高度的重测相关，甚至两次测量之间间隔数年或数十年亦如此。那些被认为具有生物学基础的人格特质，如外向性、感觉寻求、活动水平和羞怯，也表现出显著的跨时间稳定性。然而，态度的跨时间稳定性要低得多，兴趣和观念也是如此（Conley, 1984a, 1984b）。当然，整个成年期间，人们确实会在重要的行为方式上发生改变，特别是在经历了像服兵役这样重大的人生转折点之后。例如，有研究（Jackson et al., 2012）表明，高中时随和性和开放性较低的人，更有可能在毕业后参军。经过训练后新兵的随和性会更低，这种低随和性在训练后至少会持续 5 年，此时大多数人已经离开部队去上大学或进入了职场。然而，在不存在重大人生转折点的情况下，对宽泛人格特质而言，跨时间的稳定性通常是一种规律，而不是例外（Allemand, Gomez, & Jackson, 2010）。

虽然一种特质可能具有跨时间的稳定性，但是该特质在实际行为中的表现方式可能充满了变化。以低随和性为例，一个高度不随和的儿童可能容易乱发脾气、屏息、挥拳、无来由的愤怒；而成人后，不随和的表现可能是很难相处，因此，可能也就很难维持人际关系或容易丢掉工作。例如，研究者已经发现，儿童期的乱发脾气与 20 年后能够保住工作之间存在 –0.45 的相关（Caspi, Elder, & Bem, 1987）。这个发现为特质（低随和性）稳定性提供了证据，尽管特质的行为表现会随时间而变化。

类似活动水平、冲动性和反社会性等特质会随着年龄增长而降低其强度，这该如何理解？如果已知一种特质会随年龄而改变，那么如何能说它具有稳定性呢？例如，犯罪倾向通常随年龄的增长而减弱。因此，一个 20 岁的反社会者，随着其年龄的增长，对社会的危害性会逐渐变小。此问题的答案在于**等级顺序稳定性**（rank

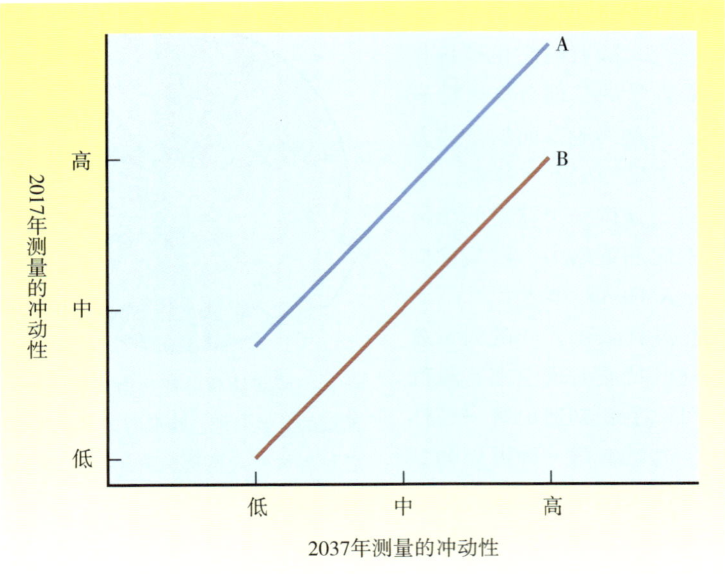


**图 4.1**

假设的 20 年间两次冲动性测量的回归直线。直线 A 代表冲动性随年龄而变化，所有的人都是年龄越大，冲动性得分越低。直线 B 代表 20 年间冲动性没有变化。然而，这两条直线都代表了个体在冲动性等级顺序上的一致性，即很高的重测相关。

order stability）。如果在特定特质上所有人都随年龄的增长而表现出相同比例的减弱，那么他们彼此间仍然保持相同的等级顺序。考虑这种随年龄而产生的一般变化，可类比为将特质测量中每一个参与者的得分加上或者减去一个常数。图 4.1 说明，冲动性随年龄增长而表现出的下降趋势对 20 年间两次测量的相关没有实际影响。随着年龄的增长，人们的冲动性一般会表现出减弱的趋势，但是，年轻时最具冲动性的个体在后来仍是最具冲动性的人。在第 5 章中，我们将再次讨论等级顺序稳定性，以及整个的稳定性与变化的概念。

## 跨情境的一致性

特质心理学家的第三个假设是，特质会表现出一定的跨情境**一致性**（consistency）。虽然特质的跨时间稳定性有很多证据，但是关于特质在情境之间的一致性问题上却存在更激烈的争论（近期的综述请参见 Leikas, Lonnqvist, & Verkasalo, 2012）。传统上，特质心理学家相信，人们的人格表现出了跨情境的一致性。例如，如果一个年轻人“真的很友好”，那么人们将预期这个人会在学校、在职场或者在娱乐活动中都表现得友好。这个人对陌生人、不同年龄的人以及权威人物可能都会很友好。

当然，尽管一个人真的很友好，但他在有些情境中还是会有不友好的表现。也许有些特殊的情境会影响大多数人表现出友好的程度。例如，与在图书馆相比，人们在聚会上更有可能与陌生人交谈。如果人们的行为主要由情境控制，那么“特质具有跨情境一致性”这一观点作为解释行为的一种取向将会受到广泛的质疑。

跨情境一致性问题在人格心理学中有着漫长而曲折的历史。哈茨霍恩和梅（Hartshorne & May, 1928）研究了一大群夏令营中的小学生，研究主要关注孩子们的“诚实”特质。他们在许多情境中观察诚实或不诚实的行为。例如，哈茨霍恩和梅观察哪些孩子在夏令营的户外游戏中作弊，哪些孩子在学校考试中作弊。他们发现这两种情境中的诚实性相关非常低。了解到一个孩子在夏令营的一个晚上玩“踢罐子”游戏时作弊，并不能告诉我们这个孩子在参加学校考试时是否会抄袭邻座同学的试卷。在助人和自我控制特质上，哈茨霍恩和梅也报告了类似的跨情境低相关性。

40 年后的 1968 年，米歇尔出版了一本很有影响的著作，名为《人格及其评估》（Mischel, 1968）。在书中，米歇尔不仅汇总了哈茨霍恩和梅的研究，而且也综述了许多报告相似结果的其他研究（即在不同情境下测量的行为只有低相关）。在回顾了这些研究后，米歇尔总结道：“行为的一致性并未得到证实，因而将人格特质理解为宽泛的倾向是站不住脚的”（p. 140）。

米歇尔那本 1968 年的著作质疑了人格特质最根本的基础——人们在不同情境中

哈茨霍恩和梅的研究考察了儿童在学习和游戏中的跨情境一致性。然而，他们在这些情境中并没有发现特质（如诚实）具有跨情境一致性。但批评者认为，这项研究在每种情境中只对儿童施测了一次。那些在每种情境中测量多次并将结果汇聚在一起的研究，的确发现了更高水平的跨情境一致性。

是一致的。他认为，人格心理学家应该放弃用人格特质解释行为，并建议他们将焦点转移到情境上。如果行为因情境而异，那么决定行为的应该是情境差异而不是潜在的人格特质。这种观点被称作**情境论**（situationism），可以用下面的例子来说明。一位年轻女性可能在学校里对熟人很友好，但对陌生人却有所保留；一位年轻男性可能很想在学业上取得好成绩，但却并不在意在体育运动方面是否胜过他人。

自 1968 年米歇尔的著作出版之后，在接下来的 20 年里，他对特质取向的这种质疑占据了整个特质心理学领域。许多研究者通过提出旨在拯救特质论的新理论视角以及收集新的数据来回应米歇尔的情境论（例如，A. H. Buss, 1989; Endler & Magnusson, 1976）。反过来，米歇尔自己也有新观点和数据来支持他的观点，即特质概念的作用是有限的（例如，Mischel, 1984, 1990; Mischel & Peake, 1982）。

尽管这一长期的争论仍未尘埃落定（近期情况的综述参见 Benet-Martinez et al., 2015），但是我们可以肯定地说，争论的结果是，特质心理学家和米歇尔都修正了各自的观点。米歇尔缓和了自己的观点，即情境总是行为最有力的决定因素。然而，他始终坚持认为，特质心理学家过去夸大了特质的重要性（Mischel & Shoda, 2010）。在米歇尔提出质疑之前，特质心理学家经常声称人格测验的分数可以预测行为。米歇尔则指出，心理学家并不擅长预测在特定情境中某个个体将会如何行事。特质心理学家也修正了自己的观点。其中有两个转变最深远：一是特质心理学家接受了**个体—情境交互 / 相互作用**（person-situation interaction）的观点*；二是采用**聚合法**（aggregation）或求平均的方式来评估人格特质。

## 个体—情境交互 / 相互作用

在第 1 章中我们第一次接触了个体—情境交互 / 相互作用的问题。在本节里，我们将更细致地考察此问题，关注对米歇尔的质疑做出回应的交互 / 相互作用论。正如

* 作者区分了静态形式与动态形式的 interaction，其静态形式实际上就是通常所说的交互作用，而其动态形式则是指相互作用，当作者宽泛地使用这个词时我们的处理是将两种含义并置。——译者注

## 阅读　今天的情境论

科普作家马尔科姆·格拉德威尔（《引爆点》和《眨眼之间》的作者）在 2008 年出版了名为 *Outliers* 即《异类》（Gladwell, 2008）的新书。outliers 一词来自统计学，指的是与所在样本中所有其他人明显不同的个体。作者在这本书中探讨了“与众不同”的问题：为什么有些人在生活的某些领域，如体育、科学或商业上取得了巨大的成功，而其他大多数人只是表现平平。这个问题体现了个体差异的概念，直指人格心理学的核心，并且还可以用于说明极端的情境论视角。

格拉德威尔的立场是，大多数杰出的人之所以杰出，是因为特殊的机遇或生活环境给他们带来了一些优势。他的观点是，我们当中的成功者遇到了有利的生活环境，然后他们顺势而为。例如，许多大型计算机公司（如微软、苹果、太阳微系统公司）的创始人都出生于 1953 年至 1956 年之间，因此，他们在对新科技充满好奇的青少年时期接触到了早期的原型计算机，那时候他们正有着大量可自由支配的时间。他们都花了无数的时间研究这些早期的原型机，长大后在计算机行业取得了非凡的成功。

格拉德威尔列举了一个又一个这样的例子。他认为，在正确的时间处于关键性的生活环境中，是理解为什么有些人如此成功的最重要因素。这是一种完全情境论的解释，因为成功的原因被认为不在于个人，而在于其所处的情境。在格拉德威尔看来，成功只关乎机会、时机、运气和努力。它与一个人的内在特质如天资、智力、兴趣、动机或人格等都无关。格拉德威尔是一位现代的情境论者，对于如何理解非凡的成功，他提供了一个一边倒的观点。

本书的两位作者也都出生于 1953 年到 1956 年之间，就像比尔·盖茨、史蒂夫·乔布斯和比尔·乔伊一样。对新科技充满好奇的青少年时期我们也接触过早期的电脑，也有很多自由支配的时间。尽管处于与计算机巨头们类似的生活环境（该环境是格拉德威尔认为计算机巨头们取得非凡成功的原因），然而我们都并未成为计算机行业的巨头。那该如何解释这种差异呢？这么说吧，我们都对人非常感兴趣，并且在成长过程中有动力去尽可能多地了解人性。我们都获得了心理学博士学位，并在人格领域做了一些获得表彰的研究，说明我们在这个领域一定具有一些天赋。很明显，我们的兴趣、动机、能力和人格都与比尔·盖茨和史蒂夫·乔布斯大不相同，尽管我们都经历过许多相似的生活环境。我们可以说，正是这些个人特征决定了为什么我们会成为人格心理学家，而乔布斯和盖茨会成为计算机大亨。这是一个完全人格论的立场，主张个人特征（能力、智力、兴趣、人格）完全决定人生成就。呈现这种视角的书籍——像格拉德威尔的观点一样片面——也来自一些非科学家作者［例如，特拉维斯·布拉德伯里 2007 年出版的《人格密码》（Bradberry, 2007）］。

理解大多数生活结果的真正答案可以在个人特质与生活情境的交互作用中找到：当机会情境遇到有准备的人时，非凡的事情就会发生。如果一个人拥有比尔·盖茨或史蒂夫·乔布斯所有的个人特质，但却来自贫民区一所贫穷的学校，没有接触到那些早期的原型计算机，那么这个人很可能不会从事这一职业。然而，如果一个人与乔布斯和盖茨有着完全相同的生活经历，但基本兴趣、天资和人格却与他们不同（就像本书的作者），那么这个人也可能不会从事计算机行业。只有在正确的情境里出现具有正确特征的人，才能创造非凡。格拉德威尔的书只讲述了半个故事，即关于情境的一半内容。完整的故事比他描述的更复杂，也更有趣。有关个体—情境交互作用的综合性观点，可查阅范德的文献（Funder, 2006）。

米歇尔与特质心理学家的争论所显示的，对于行为，或者说为什么人们在特定的情境中会那样行事，有两种可能的解释：

1. 行为是人格特质的函数，$B=f(P)$。
2. 行为是情境力量的函数，$B=f(S)$。

显然，两种论点都有正确的地方。例如，人们在葬礼上的行为不同于在体育赛事中的行为，这说明正如米歇尔强调的那样，情境力量以特定的方式指导着行为。然而，有些人会一直很安静，即使在体育赛事中也是如此；而另一些人则爱说话，好社交，即使在参加葬礼时也是如此。这些例子支持了传统的特质观，即强调人格决定人们为何如此行事。

整合这两种观点最显而易见的做法就是，声明人格与情境交互作用产生行为，即

$$B=f(P\times S)$$

该公式表明，行为是人格特质与情境力量交互作用的函数。例如，考虑“急性子”这一特质，它是一种对小挫折做出过激反应的倾向。在此特质上得分高的人，如果熟人没有看过他们如何应对挫折情境，可能不会察觉到他们性子急。只有在合适的情境下，比如在挫折情境中这些人才会表现出急性子的特质。如果某人在情境中受挫（如自动售货机吞了钱但是没有吐出商品），而且碰巧他又是个急性子（人格因素），那么这个人就会变得烦躁，也许还会攻击挫折源（例如，一再踢打自动售货机，并且大声诅咒）。解释为什么这样的人会如此烦躁，需要综合考虑特定情境（挫折）与人格特质（急性子）两个方面。这种观点被称为个体—情境交互作用，它已成为现代特质理论中相当普遍的观点。另一种解释方法是“如果……，如果……，那么……”形式的陈述（Shoda, Mischel, & Wright, 1994）。例如，“如果情境是挫折情境，如果个体是个急性子，那么结果将会是攻击行为”。

交互作用论认为，个体差异只有在特定情境下才有意义。某些特质是特定情境所特有的，如考试焦虑。一个年轻人可能总体上是从容自信的，但是当他处在一些非常特殊的情境时，比如参加重要的考试，他就会变得非常焦虑。在这些特殊情境中，一个在其他情境下从容不迫的人会变得紧张、焦虑、心烦意乱。这个例子表明，某种特定的情境会唤起与个体特质不符的行为，我们称之为**情境特异性**（situational specificity），即个体在特定的情境下表现出特殊的行为方式，意味着这一行为是由环境引起的。

有一些特质—情境交互作用非常罕见，因为引发与这些特质相关的行为的情境本身就很少。例如，你会发现想要确定谁是班上最勇敢的人是很困难的。需要一类特定的情境，如发生校园人质劫持事件，你才能发现谁勇敢，谁不勇敢。

要点在于人格特质与情境力量的交互作用产生行为。人格心理学家已经放弃了在“所有时间对所有人”进行预测的希望，而是接受了这样的观点，即他们只能够预测“某些时刻的某些人”。例如，以焦虑特质为例，我们也许能够预测谁有可能在哪些情境中（例如，评价性的情境，比如考试）焦虑，而在哪些情境中（例如，与家人一起在家休息时）不焦虑。

莫斯科维茨的研究提供了一个关于个体—情境交互作用的有趣例子（Moskowitz, 1993）。长期以来，人们认为支配性（想要影响他人的倾向）和友善性（个体热情友好和亲切的程度）有很大的性别差异：男性比女性更具支配性，而女性比男性更友

善（Eagly, 1987）。然而这项研究指出，这些特质与情境变量存在交互作用。具体来看，个体的支配性或友善性水平可能取决于与其互动的那个人。例如，互动对象是同性还是异性，是熟人还是陌生人。这项研究表明，女性只有在与其他女性互动时才会比男性更友善；而当与陌生的异性互动时，女性并不比男性更友善。支配性也是如此，男性只有在与同性朋友互动时才会比女性更具支配性；而当与陌生人互动时，男性并不比女性更具支配性。该研究说明互动对象会影响个体支配性和友善性这两种人格特质的具体表现，并且这种表现的男女差异可能出现也可能不出现，取决于社会情境。在近期的一篇文章中，莫斯科维茨对她在个体—情境交互作用领域所做的研究和其他相关的例子进行了总结（Moskowitz & Fournier, 2015）。

然而，有些情境力量如此之强，以至于几乎每个人都以同样的方式做出反应。例如，在一项对生活事件的情绪反应的研究中，研究者（Larsen, Diener, & Emmons, 1986）希望找出哪些人倾向于在日常事件中做出过度情绪反应。研究者要求参与者在两个月的时间里写日记，同时对自己每天的情绪做出评价。根据情绪反应特质的测量结果，研究者能够预测谁将会对小的或中等的压力事件，如轮胎漏气、被爽约或户外活动计划因下雨而取消等产生过度反应。当真正糟糕的事件发生时，如宠物死去，几乎每个人都有强烈的情绪反应。研究者创造出了一个新术语——**强情境**（strong situation），意指几乎所有人都会以相似的方式做出反应的情境。

某些强情境，比如葬礼、宗教仪式以及拥挤的电梯似乎会导致统一的行为。与之相反，当处于弱情境或不确定的情境时，人格对行为的影响最强。罗夏墨迹图是弱情境或不确定情境的经典例子。要求受测者解读墨迹图，实际上就是要求他们描述从墨迹中看到了什么结构。实际生活中也有许多不确定的情境：当一个陌生人对你微笑时，那是友好的微笑还是带有讽刺的讥笑？当一个陌生人迎着你的眼睛长时间盯着你看时，这一行为意味着什么？像这两个例子一样，许多社会情境需要我们解释他人的行为、动机和意图。如同对墨迹图的解释一样，我们对社会情境的解释可能揭示我们的人格。例如，具有马基雅维利主义性格的人（例如，喜欢利用他人、擅长操控、精于算计），常常认为别人故意跟他们过不去（Golding, 1978）。特别是在不确定的社交情境中，具有这种性格的人很可能将他人视为一种威胁。这是一种相当简单的人格特质与情境交互 / 相互作用的版本——并不是所有人对特定情境的反应都是一样的。研究者（Kihlstrom, 2013）称之为交互 / 相互作用的静态版本：人格特质和情境特征被看作独立的影响源，当它们共同作用时，能够比仅考虑其中一个因素做出更多的解释。

人格会影响人们进入何种情境。例如，在娱乐方式上一个人是选择团体活动（如打篮球）还是个体活动（如长跑）取决于其外向性水平。研究表明，外向者偏爱团体活动，而内向者偏爱个体活动。

## 情境选择

然而，人格特质与情境的交互 / 相互作用还有更多的动态形式，在这些形式中情境与人格特质并不是独立起作用的（Kihlstrom, 2013）。在动态版本中，人格在建构人们自身所处的情境方面起着重要作用。我们之所以称之为“动态”，是因为人格特质与情境之间的因果关系是双向的。也就是说，在某种程度上人格特质是情境的函数，同样，情境也是人格特质的函数。

人格特质与情境的交互 / 相互作用至少有三种不同的动态形式，分别对应着人格特质影响情境的不同途径。这些概念在后续章节还会提到，所以我们在此花点时间介绍一下。动态交互 / 相互作用的第一种形式是**情境选择**（situational selection），即人们倾向于自己选择所处的情境（Ickes, Snyder, & Garcia, 1997; Snyder & Gangestad, 1982）。换言之，人们通常不是随机地出现在某个情境中。相反，他们主动选择自己将进入的情境。斯奈德（Snyder, 1983, p. 510）简要地表达了这个观点："个体选择生活环境的方式很有可能反映了个体的人格特点；一个人之所以会选择在严肃、斯文和知识氛围浓厚的情境中生活，正是因为他 / 她本身就是一个严肃、斯文和爱思考的人。"

研究者考察了特定的人格特质是否可以预测人们进入特定情境的频率（Diener, Larsen, & Emmons, 1984）。他们让参与者佩戴寻呼机，以便在持续 6 周的时间里能够随时收到传呼。他们每天被传呼两次，这样每个参与者都有一个由 84 个瞬间组成的样本。每次发出传呼时，参与者都要完成一份简短的问卷，其中一个问题询问参与者此时所处情境的类型。在参与者被"抓住"的 84 个瞬间中，研究者推断，人格特质可以预测个体有多少次处于特定的情境中。例如，研究者发现"成就需要"这一特质与花在工作情境中的时间相关；对秩序的需要与花在熟悉情境中的时间相关；外向性与选择社交形式的娱乐活动相关（例如，团体活动，如棒球或排球；而不是个体活动，如长跑或游泳）。

人格会影响人们所处的情境，这一观点表明我们可以通过调查人们在生活中的选择来研究人格。当面对选择时，人们通常选择与其人格相适应的情境（Snyder & Gangestad, 1982）。人格的这种效应不必很大就能产生实质性的生活结果差异。例如，比别人仅多花 10% 的时间在"工作"情境中（如多花 10% 的时间在学习上，或额外工作 10% 的时间），就可能导致实际生活结果的极大差异，如获得一个学位或更多的薪水。想想你会选择如何打发你的自由时间，你的选择是否在某种程度上反映了你的人格。

人与环境的关系是双向的。到目前为止，我们一直在强调人格如何影响情境选择。然而，一旦进入某种情境，这种情境就会影响人格。弗利森等人的一项研究（Fleeson, Malanos, & Achille, 2002）阐明了情境如何影响人格。长期以来，人们知道外向性与积极情绪有关联。我们将在第 13 章对此作进一步讨论，但现在需要知道的是，在外向性与高频率的积极情绪之间有很强的相关。研究中，参与者 3 人一组进入实验室参加小组讨论，并被随机分到"内向"或"外向"条件组。外向组的指导语强调他们应该在小组讨论中表现得健谈、大胆和充满活力；内向组的指导语则强调他们应该在小组讨论中表现得矜持、顺从和不冒险。在随后的实验中，参与者被要求讨论飞机失事后最重要的 10 件物品，或者提出解决校园停车问题的 10 种可能方案。

在讨论过程中，观察者对每个参与者的积极情绪进行评分；在讨论结束后，每个参与者对其在讨论过程中的积极情绪进行自我报告。在观察到的积极情绪和自我报告的积极情绪这两个变量中，外向组的参与者都明显高于内向组的参与者。此外，这种效应并不取决于一个人外向性特质的实际水平。这项研究表明，处在外向的情境中（和一群充满活力、健谈的人在一起）可以提高一个人的积极情绪水平。该研究清楚地表明，在个体与情境的相互作用方面，正如个体能影响情境那样，情境也能影响个体。

### 唤 起

个体—情境交互 / 相互作用的第二种动态形式是**唤起**（evocation），此观点认为特定的人格特质会唤起环境中的特定反应。例如，善于摆布和不随和的人可能唤起他人的特定反应，如敌对和回避。换言之，人们会通过引发他人的特定反应来创造自己的环境。以一位男性患者为例，他在与女性维持关系方面存在障碍，因此已离过三次婚（Wachtel, 1973）。他向心理治疗师抱怨说，每一个与他一起生活的女性都会变得脾气暴躁、恶毒和可恨；他抱怨说，他的每段关系都从满意开始，以女人变得愤怒并离开他而告终。研究者（Wachtel, 1973）推测，他本人一定是做了什么才唤起其生活中女人们的这种反应。

唤起与第 9 章精神分析所讨论的移情类似。当患者在精神分析师身上再创造出自己与重要他人的人际问题时，便产生了移情（transference）。此时，患者会在治疗师身上唤起他 / 她通常会使人产生的一些反应和感受。有研究者（Malcomb, 1981）报告了关于一名男性精神分析师的例子。他发现自己的一名女性患者特别烦人，他在治疗阶段很难保持清醒，因为对他而言，该患者和她的问题似乎既无趣又琐碎。然而，体验数周这样的反应后，治疗师意识到是这位患者在使他感到厌烦，正如她在生活中让其他男人感到厌烦一样。治疗师总结道：为了避免男性的注意，并把他们赶走，她使自己变得很无趣。但是，她来治疗的部分原因在于，她抱怨感到孤独。这个案例生动说明人们是如何唤起他人反应的，即在其日常生活中不断创造某些特定的社会情境。

### 操 控

个体—情境交互 / 相互作用的第三种动态形式是**操控**（manipulation），可以界定为人们影响他人行为的各种不同方式。操控是指故意使用特定策略来强迫、影响或改变他人。操控会改变社会情境。操控与选择的不同之处在于，选择涉及对现存环境的选择，而操控则要改变现有的环境。个体使用的操控策略各不相同。例如，研究者发现，一些人为了影响他人会采用魅力策略：恭维他人、表现得热情和体贴，以及略施恩惠。另一些人使用“不理睬”作为操控策略，忽略他人或对他人不做反应。还有一些人采用的是强制，包括提要求、大声喊叫、指责、咒骂，并威胁他人以达到自己的目标（Buss et al., 1987）。

## 聚合法

我们已经了解到，特质心理学家与米歇尔的争论使他们意识到行为是人格特质与情境交互 / 相互作用的结果。特质心理学家学到的另一个重要经验是，他们发现了聚合法在测量人格特质时的价值。聚合法是指累加或平均几个独立观察的结果，以获得比单一行为观察更好的（即更可靠的）人格特质测量。这种方法通常能为心理学家提供比使用单一观察更好的人格特质测量。以棒球选手的击球率为例，击球率可以视为对棒球选手击球能力（特质）的测量。击球率不能很好地预测选手是否能够在某一次击球时击中。事实上，有心理学家（Abelson, 1985）分析了整个赛季运动员的单次击球情况。他发现击球率只能解释单次“击中”变异量的 0.3%，这是相当微不足道的关系。那么为什么人们还如此关注击球率，并且击球率高的选手能挣如此多的钱？因为重要的是选手在相当长的一段时间内的表现，比如说是整个赛季的表现。这就是聚合法运作的原则。

将人格与击球率作类比，假如你决定和某人结婚，部分原因是这个人性格开朗乐观。显然，总会有些时候你的配偶是不开心的，但是你关心的是配偶的长期（即你配偶总体的开朗乐观程度）行为，而不是某天或某种情况下的情绪。

假如参加一个只有一道题的智力测验，你认为这一道题能够很好地测量你总体的智力吗？如果你认为一个问题不能非常精确且公平地测量总体智力，那么你是对的。一个相似的例子是，人格课程的老师在期末考试时不会仅通过一个问题就确定你的成绩。一个问题当然不可能测出你对这门课程知识的掌握情况。对任何事情来说，单个问题或单一观察都不是好的测量。

回忆哈茨霍恩和梅的研究（Hartshorne & May, 1928），他们通过儿童在夏令营的一次游戏中是否作弊来评估诚实性。你认为这种单一项目测验是参与者真实诚实水平的精确反映吗？大概率不是。这很可能是哈茨霍恩和梅发现诚实性的不同测量结果之间相关很小的原因之一（因为它们都只是单一项目的测量）。

人格心理学家西摩·爱泼斯坦发表了许多文章（Epstein, 1979, 1980, 1983），展示了将问题或观察聚合在一起会得到更好的测量结果。长测验比短测验更可信（第 2 章介绍了信度），因此能更好地测量特质。如果我们想知道一个人的尽责性如何，那么我们应该在多种情况下观察与尽责性有关的大量行为（如他有多整洁、多准时），并聚合或平均这些行为反应。任何场合下的单一行为都可能受到与人格无关的各种环境条件的影响。但是，一个人行为的平均水平或趋势可能是其人格的最好指标。

设想一位特质心理学家正在编制测量“助人性”“同情心”和“尽责性”的问卷。问卷条目如下：“在过去的几年里，你有多少次停下来帮助车子被陷在雪中的人？”进一步设想，假如你居住的地方很少下雪，那么你的答案会是“从不”，尽管你通常是个乐于助人的人。现在设想你被问到一系列问题，诸如你为慈善事业捐款、参与献血和在社区做义工的频率。与你对一道问题的回答相比，对一系列问题的回答提供了更真实的“助人性”水平的指标。

心理学家在 20 世纪 80 年代“重新发现”了聚合法。回溯到 1910 年，斯皮尔曼（Spearman, 1910）发表文章指出，与条目较少的测验相比，条目多的测验一般更可信。斯皮尔曼还提供了公式，即现在的斯皮尔曼—布朗预测公式（Spearman-Brown prophesy formula），可以精确地计算测验信度随测验长度增加的程度。尽管所有主要的测量与统计学教科书中都有这个公式，但人格心理学家似乎已经忘记了聚合的原理，直到爱泼斯坦（Epstein, 1980, 1983）在 20 世纪 80 年代初期发表文章重新提醒了他们。从那以后，其他研究者提供了大量的例证来说明聚合法如何能够提高人格测量与行为测量的关系强度。例如，有研究者（Diener & Larsen, 1984）发现，某一天测量的活动水平与另一天的活动水平之间相关仅有 0.08。然而，将三周的活动水平加以平均后，与另外三周的平均活动水平之间的相关就达到了 0.66。显然，与单一观测相比，聚合法提供了对个体特质更加稳定和可靠的测量。

除了作为重要的测量原则，聚合思想还对我们理解人格特质及其在日常生活中的作用有着深远的影响。最大的启示是，人格特质实际上关涉的是平均水平，而不是一个人在某一时间点做了什么。换句话说，人格特质最擅长预测的是趋势或平均值，它永远无法很好地预测单一场合下的单一行为。例如，如果我们说某些人是守时的，这意味着他们在有约的时候通常是准时的。然而，有时他们可能会迟到（例如，赴约的路上车爆胎了)。我们永远无法提前知道他们明天是否会准时赴约(单一场合),但我们知道他们是守时的人，所以最佳预测是他们将会准时。当某些事情打乱他们的计划时，我们可能会出错。然而，最重要的是一个人的一般倾向。例如，当我们写推荐信的时候，我们可能会说这个人非常可靠、守时，而忽略他们少数并非出于自身原因的迟到行为。特质关涉的是一般的倾向，而不是在任何特定场合下会发生什么。

弗利森提出特质的**状态密度分布**(density distributions of states)观来阐释聚合思想对我们理解人格特质的意义(Fleeson, 2001, 2004)。以外向性为例，外向性与频繁地做出特定行为有关，如健谈、活泼好动和热情等。我们聚焦在其中一种行为上，比如说话。想象一下给 100 个人配备微型录音机，连续一个月录下他们在醒着的时候每小时里说了多少话，以此来测量他们健谈的程度。你可以计算出每个人每小时说了多少个单词，并绘制出他们说话行为的频率分布。图 4.2 展示了两个假想的说话行为的密度分布。在这个图中，个体 A 说话行为的平均频率比个体 B 低，所以我们说 B 的外向性特征可能更高(他说得更多、更频繁)。然而，在这段时间当中，个体 A 在某几个小时中实际说了很多话，甚至比个体 B 的平均水平还要多。换句话说，把个体的说话行为看作一种分布，可以表明随着时间的推移，人们的行为会发生很大的变化：一个人有时很健谈，有时则不然。重要的是平均水平，即他们平均说了多少话。这其中隐含的意思是，一个人的行为有时会低于或高于其在某特征上的平均水平。情境很大程度上可以解释这些个体内变异，而人格特质可以解释该个体的平均水平(Fleeson & Law, 2015)。把人格特质看作个体日常生活状态的密度分布，就是承认在现实生活中人是可变的，他们的行为每时每刻都在变化。然而，在这个可变范围内包含着一个人的真实平均值，而特质概念实际上关涉的是平均水平。这与体重的设定值概念相似：一个人的体重每天都在波动，但波动会围绕着这个设定值或平均水平。

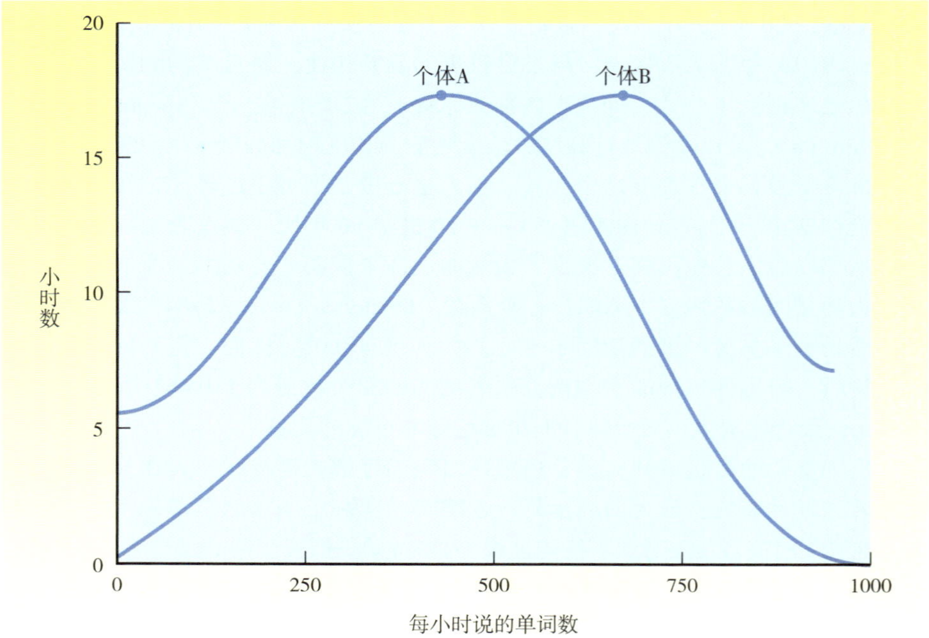


**图 4.2**
两个假想的说话行为的密度分布显示了平均水平的差异。然而请注意，密度分布有很大的重叠，更健谈的人(B)有时说得比不那么健谈的人(A)的平均水平还少，反之亦然。

## 测量问题

与人格的其他取向相比，特质取向更依赖自我报告问卷来测量人格。尽管特质心理学家能够采用其他测量技术（如投射技术、行为观察），但问卷是测量特质时最频繁使用的方法（Craik, 1986）。人格心理学家假定人们所拥有的特质在量上彼此不同，所以测量的关键问题是确定个体拥有某种特质的程度。

特质被表征为维度的形式，人们在这些维度上彼此不同。评估一个人在人格特质维度上的位置的最有效方法就是向其询问他们自己的特征。按照特质论的观点，如果问的问题合适，就能准确地评估个体在某个特质维度上的位置。

虽然这种特质测量的观点很有说服力，但它需要假设人们总体上愿意而且能够正确报告自己的行为。然而，有些人可能不愿意透露自己的信息，或者受某些原因的驱使，会歪曲事实甚至在自我报告中撒谎，比如在就业面试或假释听证中。特质心理学家自身也一直关注影响特质测量的准确性、信度、效度以及效用的一些因素。我们现在将讨论特质研究中的一些重要的测量问题。

人格测验通常是大规模施测。在这样的情境中，有些人可能会粗心，甚至会欺骗。心理学家开发了许多方法，可以从答案中探测出粗心和欺骗的作答者。

### 粗　心

一些参与者在填写特质问卷时可能缺乏仔细或诚实作答的动机。例如，一些大学要求上心理学导论课的学生参加心理学实验，其中很多时候就包含人格问卷。这些义务参加的人可能缺乏认真完成问卷的动机，他们会急着做问卷，随机作答。另一些参与者可能有正确作答的动机，但是他们的答卷可能会因为偶然因素而无效。例如，有时问卷会要求参与者在答题卡上用 2B 铅笔涂圈，参与者不小心漏涂一两个圈的情况并不少见，但这意味着随后的所有回答都是错乱的。另一个问题是，参与者未能仔细阅读问题就做出了回答，原因也许是参与者有阅读障碍、疲倦甚至产生了幻觉。

探测这些问题的一种常见手段是在一系列问卷条目中嵌入**低频率量表**（infrequency scale）。低频率量表包含大多数人或所有人都会以特定方式回答的一些条目。如果有人在这些条目中选择“错误”答案的数量超过一项或两项，其测量就会被标记为可疑。以《人格研究表》（Personality Research Form）（Jackson & Messick, 1967）为例，其中的低频率量表包括如下内容：“我不相信木头真的能燃烧。”“我自己动手做所有的衣服和鞋子。”“只要遇到楼梯，我总会用手爬。”从美国与加拿大选取的样本中，95% 以上的人会对这些问题回答“否”。如果有参与者对此类问题中的一个或两个回答“是”，我们就有理由怀疑其回答是无效的。

另一种探测粗心的技术是在问卷中间隔很远的位置设置重复问题。心理学家能够统计参与者对相同问题做不同回答的次数。如果这种情况经常发生，心理学家就会怀疑是粗心或其他原因导致了此人的回答无效。

## 欺　骗

**欺骗**（faking）是指故意歪曲问卷作答。当人格问卷被用来做出与个人生活有关的重要决定时（如雇佣、升职、因精神失常而免于刑法或允许犯人假释），通常就会有欺骗的可能。有些人有“伪装好”的动机，即表现得比实际处境更好或者更适应；另一些人有“伪装坏”的动机，即表现得比实际处境更差或更不适应。例如，起诉公司的恶劣工作条件造成自己出现心理问题的员工，可能有在法院指派的心理学家面前表现得非常痛苦的动机。

问卷的编制者们尝试设计了探测伪装好或伪装坏的方法。例如，在建构《十六种人格因素问卷》时，研究者（Cattell, Eber, & Tatsouoka, 1970）让多组参与者在特定的指导语下完成问卷。引导一组参与者“伪装好”，即尽可能表现得适应良好；引导另一组参与者“伪装坏”，即尽可能表现得适应不良。用这两组数据形成“伪装好的轮廓图”与“伪装坏的轮廓图”。然后将真正的参与者的数据与两组伪装情境下的数据进行比较，心理学家就可以计算个体的回答在多大程度上与被要求伪装的参与者的数据相符。这种方法虽不完美，但却给心理学家提供了一种合理的方法来确定一个人在问卷中欺骗的可能性。

最近，一项针对申请飞行员培训的美国军校学员的研究清楚地表明，当人格分数会影响某些重要结果时，人们回答问题更倾向于“伪装好”（Galic, Jerneic, & Kovacic, 2012）。研究考察了三组申请飞行员培训的军校学员样本，发现申请人的分数与那些被要求伪造最理想人选的分数更接近。研究者提醒说，一旦问卷的回答涉及重要决定，那就必须考虑到受试者的社会称许性或者“伪装好”的倾向。

在试图区分真实反应与欺骗反应时，心理学家可能会出现两种错误。他们可能将真实的作答归结为欺骗，而拒绝其数据，我们称之为**错误否定**（false negative）；或是将虚假的作答当作真实的，我们称之为**错误肯定**（false positive）。心理学家无法确切知道他们的欺骗量表在把错误肯定和错误否定的百分率降到最低方面效果如何。由于这些无法察觉的欺骗的存在，许多心理学家对自我报告的人格问卷结果表示怀疑。

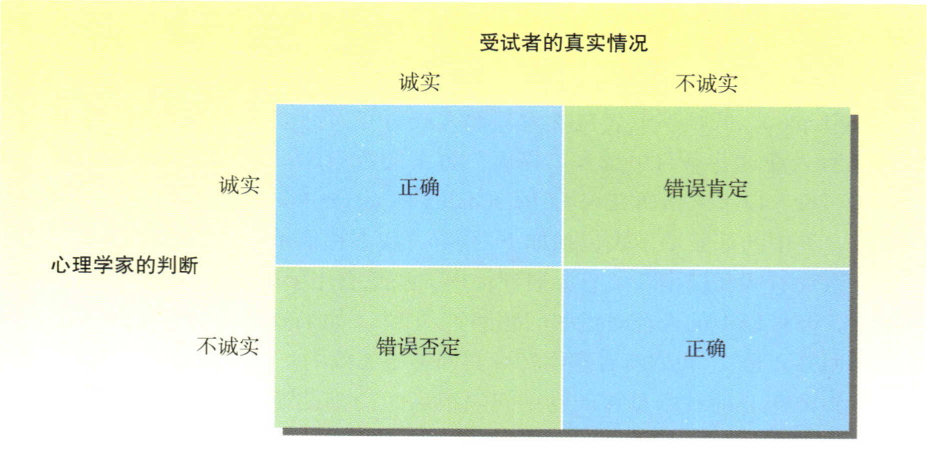


判断一个人在人格问卷中是否欺骗时，可能犯的两种错误。

## 担心人格测验解释中的巴纳姆式陈述

"我们有着适合所有人的东西。"

——巴纳姆（P. T. Barnum）

**巴纳姆式陈述**（Barnum statements）就是那种适用于任何人的笼统描述，尽管在占星术咨询专栏的读者们看来它们似乎是针对自己的。占星术预测在报纸和杂志中相当流行。例如，"有时你会怀疑自己是否做了正确的事"，或"你需要他人喜欢或崇拜你"，抑或"尽管在危急关头你有能力应付，但是，如果可以的话，你通常喜欢避免它"。这些都是巴纳姆式陈述。人们在读到这样的陈述时会想，"是的，那确实是我"，而实际上这样的陈述适用于任何人。

人格测验的解释者有时也会提供由巴纳姆式陈述组成的解释。为了说明这一点，本书的作者之一在网上完成了《迈尔斯—布里格斯人格类型测验》（MBTI），一种非常流行的人格测验。然后将答案提交给三个不同的在线解释中心，以获得关于自身人格的反馈。读完他收到的第一种解释，他觉得是对的："你总是趋善避恶；你讨厌错过发生在身边的事；你总是尽力对身边的人说实话；你尽力做到可信与真诚，你与其他人沟通得很好。"第二种解释听起来也很正确："你想要被他人喜欢和崇拜；你对新观点感兴趣；你相当有魅力，其他人真的很喜欢你；有时你的注意持续时间很短；你不喜欢官僚作风。"第三种解释看起来也适用："你是个有趣的人；虽然你可以很聪明、严肃和正经，但你也会突然变得孩子气，喜欢找乐子；你喜欢学习新的事物，自律能力很强。"

这些解释听起来都与作答的个人有关。但是唯一的问题是，他对问卷的回答是随机的！也就是说，本书的作者并没有读问题，而仅仅是随机地点击"是"或"否"。那么这些测验解释为何看起来如此准确且具有针对性呢？把这些解释再读一遍，你会发现它们其实是巴纳姆式陈述，适用于任何人。

这个例子并不是暗示 MBTI 人格类型测验是一个不好的测验，而是说，有时人格测验的反馈或解释并不准确。想想上述这些解释是从三个不同的免费在线服务中心得到的。因此，这个例子也说明了"一分钱，一分货"，大多数可靠的测验解释服务都需要付费。

可靠的测验解释服务提供的陈述通常是量化的，或者会提供个人在某特质上相对于他人的位置信息。例如，一份解释可能这样陈述："你在外向性上的得分，表明你属于人群总体中最外向或外向性水平最高的那 10%。"或者陈述中会提及研究的结果，如："研究发现，外向性得分与你一样高的人特别喜欢从事那些需要频繁社交的工作，如销售、教师或公关工作。"可靠的测验解释服务通常会检查本章前面提到的"粗心"的作答，并且还会提供关于此次回答可疑程度的评估。三个免费的测验解释服务都没有提供这样的检查，因此，它们都没有发现这些回答是随机的。

到目前为止，我们已经讨论了特质心理学中的一些理论和测量问题。特质心理学不仅关心这些精深的学术问题，它还有一些在现实世界中的实际应用。接下来我们将转向人格特质测量的实际应用。

# 阅读

## 说谎、测谎和诚实性测试

从古至今，雇主都很关注雇员的偷窃行为。如果在雇佣之前就有办法知道一个人诚实还是不诚实，就可以避免偷窃行为或者至少将其减少到最低限度。约两个世纪以前，中国人发明了一种测验，可检测一个人是否在撒谎。测验包括：问嫌疑人一个问题，等待回答，然后在嫌疑人的嘴里撒一把米粉。如果嫌疑人不能吞下米粉，就被当作在说谎。这些听起来好像是迷信，但是，如果你了解到心情紧张往往伴随着口干舌燥（因而难以吞咽米粉），那么这一早期的测谎技术应该就有了一定的表面效度。

现代测谎仪，即多导生理记录仪，是一种依赖心理生理测量（如心率、呼吸和皮肤电传导）的机器（见第7章）。利用生理测量来测谎始于20世纪初期的美国。这种方法的依据是，生理测量可能有助于探测常与说谎相伴的神经唤起（如负罪感）。现代测谎仪的起源目前还不明确。有人把它归功于加利福尼亚州伯克利市一名叫拉森的警官，他在1917—1921年构造了多导生理记录仪的原型，并且出版了一本介绍如何使用测谎仪的手册。也有人认为，通过心理生理记录（具体而言是收缩压）在实验室和法律环境下测量欺骗的想法源于马斯顿（William Moulton Marston），1915—1921年在哈佛大学读研究生期间他一直在研究这个课题。在20世纪30年代，当豪普特曼案件（他被控谋杀了林德伯格之子）引入测谎仪之后，测谎仪便受到了广泛的关注。从20世纪70年代开始，商业领域开始广泛使用测谎仪。

测谎仪曾被广泛用于员工筛选，直至1988年美国国会禁止在私人招聘中使用这一技术。但是，美国政府仍在使用测谎仪进行员工筛选，以及对敏感职位人员做定期的诚实性检查。事实上，美国政府还开办了多所培训学校，用以认证能够实施标准化测谎仪测验的人。

测谎仪最初被用于探测当事人否认特定犯罪行为时所产生的负罪反应。后来，许多雇主开始使用测谎仪和其他所谓的测谎测验，以此来筛选潜在雇员的诚实性。也就是说，最初的意图是评估一种状态（负罪感），但测谎仪通常被用于评估一种特质（诚实性）。总之，就是给受测者绑上这些仪器，然后询问他们各种可能引发负罪感的问题，如是否曾经拿了不属于自己的东西。如果受测者表现出任何紧张或唤起的信号（如心率加快或呼吸变浅），可能就不会被雇佣。雇主也会使用测谎测验对已被雇佣的员工进行例行检查。从1970—1988年这十几年间，快餐连锁业是测谎仪的最大使用群体。管理者雇佣专业测谎者将测谎仪连在员工身上，然后问他们在过去的几个月里是否拿过汉堡包或钱这样的问题。如果测谎仪测出任何“紧张”的信号，员工就可能被开除。

从20世纪70年代至80年代，仅在美国每年就会实施300万次测谎测验（Murphy, 1995）。在20世纪80年代，如果你走进大学的一个大班级，问是否有人参加过测谎测验，你通常会发现每一百个左右的人里就会有几个人举手表示参加过。大多数人会说参加测谎测验是求职筛选程序的一部分，而且通常发生在申请快餐店工作的时候。

1983年，美国联邦政府技术评估办公室对作为测谎仪的多导生理记录仪进行了科学评估。评估的结论是：所谓的测谎仪并不存在。从技术上讲，这是正确的。因为多导生理记录仪探测的是生理的唤起水平，但有时说谎并不会伴随生理唤起；另外，有时没有说谎也会有生理唤起。政府的评估员还总结到，没有一种测谎方法是绝对准确的，而且还有几种有效的方法可以骗过测谎仪。再者，在工作情境中采用测谎仪考察诚实性特质，更大的可能是导致就业歧视，而不是获得诚实性的准确探测。

1988年，美国国会禁止在私营机构的大部分雇佣过程中使用测谎仪。有趣的是，美国政府仍然用测谎仪来为政府的一些分支部门筛选雇员，如特勤局、中央情报局、联邦调查局、缉毒局、海关甚至邮政局。美国还保留了几所测谎仪学校，在那里人们接受如何使用测谎仪的训练。然而，当今在私营机构中使用测谎仪筛选雇员是受到严格限制的。

政府的禁令使私营机构的雇主们失去了探测潜在雇员诚实与否的技术手段。然而，在禁止了测谎仪的使用后，许多出版公司开发并推广了问卷测量，用于取代测谎仪（DeAngelis, 1991）。这些问卷被称为**诚实性测试**（integrity tests，也译作"诚信测验"），用来评估一个人总体上是否诚实。许多此类测验被认为具有不错的信度与效度，因此可以被合法地用于雇员筛选（DeAngelis, 1991）。诚实性测试所测量的态度与下列一种或多种心理结构相关：容忍他人偷窃、认为许多人都会偷窃、认为偷窃行为可以接受（合理化）、小偷间的忠诚、反社会信念与行为，以及承认过去曾偷窃。

对诚实性问卷的一篇综述（Ones & Viswesvaran, 1998）总结到，该测量是可信（初测—重测相关在 0.85 左右）且有效的（诚实性测试分数可以预测如下与盗窃有关的效标：①监管者对雇员诚信度的评价分数；②聘用后可能被发现盗窃的申请者；③有犯罪前科的申请者；④在匿名测试中有可能承认盗窃的申请者）。在一项研究中，一些便利店使用了诚实性测试来挑选员工。在 18 个月的时间里，这些便利店由偷窃导致的库存缩水减少了 50%。最近的一项综述（Berry, Sackett, & Wiemann, 2007）总结到，诚信测验的效度、抗欺骗和抗训练水平都在提高，它们没有给受保护群体带来不利影响（见下文），而且在就业环境中仍然可以合法使用。此外，新的测试形式正在开发中，例如，用一些条目来评估各种场景下的道德决策，或者人们如何对他们所做的决策进行合理化。诚实性测试是应用人格心理学的一个非常活跃的领域，在该领域人格心理学的原理被用来改善工作环境和提高员工的工作效率。

## 人格与预测

在美国企业界和政府部门中，人格测量的使用有很长的历史。联邦监狱与州监狱系统用它们对囚犯做出决策。人格测量也被广泛应用于企业界，包括使个人与特定职位相匹配，以及在人员聘用和选拔中筛选合适的人选。雇主可能会觉得某项特定的工作（如消防队员）需要情绪稳定的人，或者认为诚实特质特别重要（如珠宝店的店员或运钞车的驾驶员）。另一些工作需要有很强的组织能力、社交能力或在使人分心的环境中工作的能力。一个人是否能够在工作中干得出色，一定程度上取决于个体的人格特质是否与工作需要相吻合。简言之，人格特质可以预测谁有可能做好特定的工作，因此，根据特质测量来决定雇佣对象有一定的道理。

### 人格测试在职场的应用

在竞争日益激烈的商业环境中，许多雇主通过雇佣测试来提高员工素质。大多数《财富》100 强企业都采用某种包含心理测验的招聘形式。美国管理协会的一项调查显示，44% 的企业都曾使用测试来排除或挑选员工。虽然职场中最常用的心理测试形式是认知能力测试（如理解、阅读速度），但人格测试的使用也越来越频繁。

职场中使用的人格测试大多是对特定人格特质或倾向的自我报告。目前有大量的人格测量工具可供使用。有些人格测量工具在人格功能正常的范围内描绘人的特征；另一些则侧重于精神病理学或功能异常水平的鉴定。有些人格测验评估大量的人格特征，比如《明尼苏达多相人格调查表》（Minnesota Multiphasic Personality Inventory, MMPI）或《加利福尼亚心理调查表》等；有些测试则仅针对雇主特别感兴趣的单一特质。

雇主出于不同的目的使用不同类型的人格测试。职场中使用人格评鉴主要有三个原因：人员选拔、诚实性测试以及担心雇佣失察。

### 人员选拔

雇主有时会用人格测试来甄选特别适合做特定工作的员工。例如，保险公司可能会使用外向性—内向性的测量来选择外向程度高的求职者去从事销售工作，这样他们的人格特征可以与销售部门的成功职员相匹配。或者，雇主可能想用人格评鉴来淘汰或筛掉具有特定人格特质的人。例如，警察局可能会使用MMPI或类似的测试来筛掉那些精神不稳定或精神病态水平较高的应聘者。有大量人格测试及应用可以帮助雇主进行**人员选拔**（personnel selection）。

### 诚实性测试

评估诚实性或正直性的人格测试可能是商业世界使用最广泛的人格评鉴形式。通常，零售业和金融服务业会用这些测试来选拔低收入入门级岗位的员工，这些员工将在没有监督的情况下处理金钱或商品。诚实性测试的设计目的是预测在工作环境中出现盗窃或其他反生产行为（如旷工等）的倾向（见阅读专栏“说谎、测谎和诚实性测试”）。

据估计，美国企业每年因雇员盗窃而遭受的经济损失在150亿至250亿美元之间。此外，每年有相当比例的商业失败可归咎于员工盗窃。正因为如此，许多雇主都对那些能够检测出哪些员工最有可能在工作中盗窃的技术感兴趣。诚实性测试有两种形式，**直白的和隐蔽的诚信测试**（overt and covert integrity tests），两者都基于自我报告。直白的诚信测试会询问过去的反生产行为（如盗窃和旷工），以及一般的犯罪历史、不良行为或学校纪律问题。直白的诚信测试还会询问对盗窃和惩罚的态度、是否曾考虑过从雇主那里偷窃东西，以及对诚实性的总体自身评估。作为对比，隐蔽的诚信测试不直接问反生产行为本身，而是评估与反生产行为相关的人格特征。大五人格中的尽责性与职场的问题行为具有最强的负相关（Berry et al., 2007），所以隐蔽的诚信测试包含很多尽责性的条目。隐蔽的诚信测试通常还包括反映其他特征的条目，例如可靠性、社交性、随和性和对权威的敌意（反向加权）、刺激寻求和社交不敏感性等（Sackett et al., 1989）。一项对27个社会进行的职场诚信跨文化研究发现，在整体社会层面（政府和企业）腐败程度最高的地区，员工的职场诚信水平最低（Fine, 2010）。

### 担心雇佣失察

雇主使用人格测试的第三个原因是，如果员工在工作中侵犯客户或其他同事，雇主可能会在法庭上被追究责任。在这种情况下，雇主可能被指控**雇佣失察**（negligent hiring），即雇用了精神状态不稳定或有暴力倾向的人。由于大多数州的法院都受理雇佣失察的案件，越来越多的诉讼要求雇主为其雇员所犯的罪行进行赔偿，因此雇主要有保护自己的意识。在这类案件中，雇主被指控所雇之人具有可能对他人造成伤害的人格特质，案件取决于雇主是否有义务在雇用这样的人之前发现他们的这些特质。人格测试可以提供证据，证明雇主确实试图合理地调查岗位申请人是否适合此工作，这样可以减轻雇主的过失。

## 阅读　女性预测偏低效应

几乎每个人都熟悉的一种选拔场景是基于入学考试成绩的大学选拔，典型的例子是学术能力评估测试（Scholastic Assessment Test, SAT）或者美国大学入学考试（American College Test, ACT）。众所周知，这些考试可以预测学生在大学里的表现，而且各大学都发现，从众多申请者中进行选拔时，这种测试很有用。

大学入学考试通常可以预测大学期间的平均绩点（Grade Point Average, GPA），SAT 分数与 GPA 之间的相关性在 0.30 到 0.50 之间（College Board Online, 2009）。例如，最近对圣路易斯华盛顿大学学生的一项分析表明，大学新生的 SAT 分数与第一学期 GPA 之间的相关达到了 0.33。因此，我们的结论是，在预测学生在大学的成绩方面，SAT 分数有一定的预测效度。

然而，SAT 分数对大学 GPA 的预测效应对女性和男性稍有不同。事实证明，相对于男生而言，SAT 分数对女生的 GPA 预测偏低。也就是说，女生在大学里的表现优于根据她们 SAT 分数所做的预测。在过去的 30 年里，该现象已广为人知，并且被称为**女性预测偏低效应**（female underprediction effect）（Hyde & Kling, 2001）。

女性预测偏低效应对女性意味着什么呢？其中之一是，作为一个群体，女生的总体大学成绩往往优于男生。对此心理学家提出了几种解释。例如，女性本来就是比男性更好的学生，能够从教育中获得更多。或者，女性的尽责性水平可能高于男性，使得她们拥有准时、有序、努力等更容易在大学中成功的特质。

女性预测偏低效应对女性还有另一种含义。如果大学入学采用严格的 SAT 录取分数线，并且这条分数线平等地用于男生和女生，那么有些本可以在大学中比某些被录取的男生表现更好的女生将会被拒绝。由于在群体水平上女生的大学成绩往往比男生更好，而她们的 SAT 分数对大学的表现预测效力偏低，因此略低于 SAT 录取分数线的女生可能会比刚好处于或略高于录取分数线的男生表现得更好。这让一些研究者推论到，作为一种进入大学的选拔工具，SAT 对女性并不公平（Hyde & Kling, 2001）。

你可能会想到一种纠正 SAT 分数性别偏差的方法：对男生和女生采用不同的录取分数线。然而，对不同的群体采用不同的分数线是不合法的。因此，多数大学会通过结合其他的信息组成录取指数来弥补 SAT 分数中的性别偏差，其中涉及每个申请者各方面的信息，包括高中成绩（在这一期间女性群体表现得比男性更好）。因此入学的决定不光是基于 SAT 分数。多数大学的录取决定建立在申请者多方面信息的综合之上，并且会使用一种旨在平衡单一测量偏差的综合指数。

## 就业情境中使用人格测试的法律问题

关于在就业情境中使用人格和其他测试的法律问题可以追溯到《1964 年民权法案》，该法案禁止公共场所的种族歧视，包括剧院、饭店、旅馆和投票站点等。**《1964 年民权法案》第七章**要求雇主给所有人提供平等的就业机会。该法案在就业法中的首次考验发生在“**格里格斯诉杜克电力案**”当中。1964 年以前，杜克电力公司在雇佣和工作分配中使用了明显歧视性的做法，包括禁止黑人从事某些工作。该法案通过后，杜克电力对这些工作设置了各种要求，包括须通过某些能力测试。其结果是延续了歧视。1971 年最高法院做出裁定，由于杜克电力公司使用测试是为了维持歧视，因此这些看似中立的测试实践是不被允许的。此外，法院还裁定，任何选拔程序都不得对法案所保护的群体（例如，少数种族群体、妇女）产生差别性影响。最高法院的这项裁决要求雇主提供证据，证明其选拔程序是非歧视的，不会对特定群体产生差别性影响。

在员工选拔方面，之后的一次重大事件是1978年美国劳工部发布了**《员工选拔程序统一指南》**（下文简称《选拔指南》）。这个指南被广泛采纳，并被司法部沿用至今。该指南的目的是为员工选拔提供一套原则，以符合所有联邦法律，特别是那些禁止种族、肤色、宗教信仰、性别或者国籍歧视的要求。该指南提供了在就业情境中合理运用人格测试和其他选拔程序的细节，定义了歧视和不利影响，描述了如何评估和记录测试效度的证据，并指导了雇主应该保留哪些记录。

关于就业法律的另一个重要案例是**"沃德湾包装公司诉安东尼奥案"**。沃德湾包装公司是一家位于阿拉斯加的三文鱼罐头企业。罐头工厂的工作主要由非白人担任，非罐头工厂的工作则主要由白人担任。几乎所有非罐头工厂岗位的工资都比罐头工厂的要高。1974年，非白人罐头工人开始对公司提起法律诉讼，指控该公司的各种雇佣和晋升方式（例如，裙带关系、二次雇佣偏好、缺乏客观的雇佣标准和区分性的雇佣渠道）导致了劳动力的种族分层。该主张是根据《1964年民权法案》第七章的差别性影响部分提出的。1989年，最高法院裁定，提起歧视诉讼的员工必须给出导致职场不平等的具体雇佣实践。然而，法院还裁定，即使雇员能够证明存在歧视，但如果这些实践符合"雇主的合法雇佣目标"，那它仍可被视为合法。

沃德湾案淡化了格里格斯案的影响，并留下了一个漏洞，让企业可以继续实施歧视性的雇佣实践，只要能够证明这些做法符合公司的需要。例如，如果某个测试排除了大多数黑人申请者，但是公司可以证明这个测试与工作相关，那么公司可以继续使用该测试。这个案件促使美国国会通过了《1991年民权法案》，其中包括对原法案第七章的几项重要修订。1991年的法案扩大了保护群体的范围，包括了种族、肤色、宗教信仰、性别或国籍。新法案还禁止在就业测试中使用基于种族的不同录取分值（见阅读材料"女性预测偏低效应"）。但最重要的是，新法案将举证责任转移到雇主身上，要求雇主必须证明差别性影响与实际承担工作的能力之间存在密切联系。

另一个与人格有明确关联的重要案件，是1989年由最高法院判决的**"普华永道诉霍普金斯案"**。安·霍普金斯是一家会计师事务所的高级经理，事务所正在考虑将她晋升为合伙人。按照正常的晋升程序，公司要求每位现有合伙人对霍普金斯进行评估。结果很多评价都是负面的，批评她的人际交往能力，指责她粗鲁无礼，作为女性来说太男性化（他们觉得她需要化更多的妆，走路说话更有女人味，等等）。她起诉了这家公司，指控其有性别歧视，理由是对她的评价是基于性别刻板印象。此案最终被提交至最高法院。普华永道承认存在歧视，但坚持性别刻板印象只是其中一个因素，并强调还有其他原因才拒绝霍普金斯成为合伙人。他们认为即使没有任何性别歧视，霍普金斯也不会被晋升。

霍普金斯胜诉的原因是另一个法律问题：正是由于公司内部的性别刻板印象导致她没有晋升为合伙人。她认为，从本质上讲，投票的合伙人把她与职场女性应该如何表现的文化刻板印象进行了比较，而她不符合这种形象。美国心理学协会也参与了此案并提供了专家证据，证明这种刻板印象确实存在，并且偏离文化期望的女性往往会因违反这些标准而受到惩罚。最高法院认可了性别刻板印象确实存在，而且会在职场造成对女性的偏见，这是不允许的。根据法院的命令，安·霍普金斯成了事务所的正式合伙人。之后，她从法律和个人的角度，在其著作《如此命令：成为合伙人的艰难之路》中描述了她漫长的法庭诉讼过程（Hopkins, 1996）。

### 差别性影响

要证明案件中存在**差别性影响**（disparate impact），原告必须说明雇佣实践损害了受保护群体的利益。最高法院尚未界定证明差别性影响存在所必需的差异大小。大多数法院将差异悬殊定义为一种大到不太可能偶然发生的差异。通常使用统计显著性检验来证明这一点。然而，一些法院更倾向于《选拔指南》中规定的 80%。在这一规则下，如果任何种族、性别或族裔群体的入选率低于入选率最高的群体的五分之四（或 80%），那就说明选拔程序对这些群体存在不利影响。

一旦法庭认可不利影响已经发生，举证责任就转移到雇主身上，后者须证明选择过程是与工作有关且符合商业需要的。《选拔指南》建议雇主可以通过三种方式表明选拔程序的工作相关性：内容效度、效标效度和结构效度。内容效度用于测试的内容与工作的内容非常接近的情况，如打字员职位的打字考试。由于人格测试通常针对一般的特质而非特定的能力，内容效度通常不适用于人格测试。效标效度则是对比测试表现与在重要或关键的工作行为中的表现，这是《选拔指南》首选的方法，但在技术上并不总是可行。结构效度是确定良好工作表现的某些方面与特定特质的关系，然后通过测量这种特质进行选拔。例如，客服代表的工作可能需要特定的人际风格才能高效完成职责。结构效度最适合人格测试，因为这种证明关注的是特定特质与工作表现的不同方面之间的联系。如果测试与工作相关，并且满足《选拔指南》的效度要求，那么，在大多数情况下，法庭将驳回对差别性影响的索赔。

涉及人格测试的差别性影响的案件相对较少，因为此类测试通常不会对任何受保护的群体造成不利影响。在证明没有不利影响方面，诚实性测试的历史记录可能是所有选拔技术中最好的。此外，诚实性测试的发布者通常拥有广泛的统计证据来证明它在预测盗窃和工作相关的反生产行为上的效度，这将满足雇主的举证需求。其他人格测试也有支持工作相关性的类似数据。但在某些情况下，雇主可能需要自己对测验进行效度研究。

### 种族或性别基准化

《1991 年民权法案》禁止雇主对不同人群使用不同的标准或分数线。例如，公司在选拔测试中为女性设置高于男性的门槛是违法的。包括不同版本的 MBTI 在内的一些人格测试，会推荐基于**种族或性别基准化**（race or gender norming）的评分。这种做法显然是非法的，所以雇主应该避免这类测试，而采用对所有申请者有统一标准常模的人格测试。

### 《美国残疾人法案》

**《美国残疾人法案》**（Americans with Disabilities Act, ADA）规定，在选拔过程中，雇主不能对申请人进行健康检查，甚至不能询问其是否有残疾。即使有明显的残疾，雇主也不能询问残疾的性质或严重程度。因此，雇主在对求职者进行心理测试时需要小心，以确保该测试不是一种健康检查。如果心理测试能提供诊断、鉴定精神障碍或缺陷的证据，那么它就会被认为是一种健康检查。

考虑下面的例子：一项心理测试（如 MMPI）的设计是用来诊断精神疾病的，然而某位雇主表示，使用该测试并非用来检测精神疾病，而是用来检测求职者的偏好和习惯。但该测试也是由公司的心理学家来解释的。此外，该测试通常用于临床环境，它所提供的证据可能导致施测者做出精神障碍或缺陷的诊断（例如，一个人是否有偏执倾向或抑郁）。在这些情况下，这项测试可能被认为是一项健康检查，并可能违反《美国残疾人法案》。

像 MMPI 等一些人格测试主要是用于精神病理学的诊断，使用这种临床取向的测试可能会违反《美国残疾人法案》对健康检查的禁令。因此，雇主在选拔过程中应避免使用 MMPI 和类似的测试。正常范围的人格功能和诚实性测试，从未被认为是一种健康检查。

### 隐私权

对于使用人格测试的雇主来说，最关心的法律问题可能是隐私。就业情境中的**隐私权**（right to privacy）产生于更广义的隐私权概念。指控雇主侵犯隐私的案件所依据的法律可以是联邦宪法、州宪法以及成文法和习惯法。

在“麦克纳诉法戈”一案中，新泽西州的一家联邦地区法院支持城市消防局使用人格测试来选拔消防员的权利。这起案件是基于侵犯隐私的指控。法院裁定，尽管这种测试确实侵犯了申请人的隐私权，但该城市想要筛除那些在工作压力下不稳定的申请人，这一利益诉求足以使这种侵犯合理化。麦克纳案的裁决表明，在人格测试中询问申请人的性取向和宗教或政治态度，可能会侵犯隐私权。然而，该裁决也承认，如果政府有足以令人信服的需求，如需要消防员保护公众安全，那么这种侵犯就是合理的。

在另一起案件中，加州一家上诉法院发现，对保安申请人进行的人格测试，其中某些条目侵犯了该州宪法赋予的隐私权。在“萨罗卡诉戴顿·赫德森”案中，原告在申请塔吉特连锁店的保安职位时被要求完成 MMPI 和《加利福尼亚心理调查表》。这两种测试被广泛用于评估人格特质和适应性，其中一些条目涉及非常私人的话题，如宗教信仰、性行为和政治信仰。原告称，这些问题要求他透露非常隐秘的想法和高度私人化的行为，且它们与工作无关。法院对此表示同意。塔吉特公司试图进行辩护，强调选拔过程的结果有着合理的商业利益。法院承认塔吉特百货需要雇佣情绪稳定的人担任商店保安。然而，法院裁定，塔吉特百货并没有证明涉及申请人宗教信仰或性取向的问题与其情绪稳定性有任何关系。由于无法提供有关特定条目的结构效度或效标效度的证据，塔吉特百货败诉。

**练习**

想象一份工作或职业，在该工作中人格可能会影响一个人的表现或者满意度。它可以是任何工作或职业，如投资银行、编程、汽车销售，只是作为练习的一个例子。现在，考虑一下要做好这份职业或工作的必要条件，并列出其中两三个关键要求。这一步骤称为**工作分析**（job analysis），在这一过程中，你会试图确定与特定工作相关的关键要求。例如，社交技能可能是汽车销售的关键要求。现在，把每一个关键要求都列出来，看是否能找到一种人格或能力特质可能会对你列出的要求有所帮助。例如，查看“人员选拔”一节中关于警官选拔的材料。如果你能将工作分析中确定的关键要求与特定的人格特质联系起来，那么人格测试很有可能在选择适合这份工作的员工时就能派上用场。这个练习是人格心理学家在企业界一直在做的实际应用之一。

## 人员选拔——为工作选择合适的人选

警官工作可以说明为工作选择合适人选的重要性。最近备受瞩目的警察枪杀手无寸铁的嫌疑人事件，比如 2014 年发生在密苏里州弗格森市的事件，以及许多类似的事件，都凸显了为工作选择合适人选或筛除错误人选的重要性。人格测验常被用来从大批申请警官工作的人中筛除不合适者。最常采用的测验是修订后的《明尼苏达多相人格调查表》（MMPI Ⅱ），它的设计目标是探测各种心理疾病。MMPI Ⅱ有 550 道题目，主要用于识别有显著心理问题的人。得分高表明个体具有心理或情绪障碍，需要将他们从候选的警官中筛除（Barrick & Mount, 1991）。

在哈格雷夫和希亚特（Hargrave & Hiatt, 1989）考察《加利福尼亚心理调查表》（CPI）与警官工作表现的关系之前，人们对警官工作的成功可归因于哪些人格特质几乎没有了解。他们的研究发现，受训的学员中有 13% 的人被教官认为是“不合适”的。此外，这些“不合适”的学员在 CPI 的 9 个分量表上不同于“合适”的学员，其中包括同众性与社交风度分量表。在另一个由 45 名具有严重问题的在职警官组成的样本中，哈格雷夫和希亚特发现 CPI 也能将他们与其他没有问题的警官区分开来（Hargrave & Hiatt, 1989）。这些发现为 CPI 适用于警官选择提供了证据，CPI 以及其他人格问卷目前正被用于此目的（如，Black, 2000; Coutts, 1990; Grant & Grant, 1996; Lowry, 1997; Mufson & Mufson, 1998）。

第 3 章中介绍的《十六种人格因素问卷》（16 Personality Factor questionnaire, 16PF）也被用于职业指导与选拔。16PF 测验表明，最适合警官工作的基本人格特征是勇敢和自信，这些品质使个体有能力命令或控制他人，从而完成目标（Krug, 1981）。一个人能否享受那些能够提供掌控全局的机会和挑战的工作，与这个人是否有强烈的冒险和影响他人的需要有关。警官的另一个人格特征是对他人支持的需求较低，这意味着一种非常自信的人格。所有这些人格特征结合起来，似乎勾勒出了一个“男性化”的基本轮廓。然而，与警官原型匹配的基本人格特征在美国“正常”男性和女性样本中出现的比例通常是相同的（Krug, 1981）。在心理上，男性与女性似乎同样具备与警官原型最匹配的人格特质。

警官的基本人格特征是勇敢和自信（这些品质有助于命令或控制他人）、强烈的冒险需求，以及对他人支持的低需求（意味着自信）。优秀警官所具有的人格特质在男性和女性中的分布情况是相同的（Krug, 1981）。

## 商业选拔：迈尔斯—布里格斯人格类型测验

企业面临诸多决定成败的关键决策。不同的工作提出了不同的要求，而人格很可能对人们是否能在不同职位上取得成功扮演着关键的角色。到目前为止，商业中最广为使用的人格评鉴工具是**《迈尔斯—布里格斯人格类型测验》**（Myers-Briggs Type Indicator, MBTI）（Myers et al., 1998）。该测验是由凯瑟琳·布里格斯和伊莎贝尔·迈尔斯母女根据荣格的概念发展而来的。该测验通过测试 8 种基本偏好来提供人格信息。测验条目样例如下：“你通常更重视情感还是更重视逻辑？”这种条目采用的是“迫选”的形式，个体必须选择其一，即使他们认为自己的偏好可能介于中间的某一点。表 4.1 列出了这 8 种基本偏好。

表 4.1 《迈尔斯—布里格斯人格类型测验》所测的 8 种基本偏好

| | |
|---|---|
| **外向**（Extraverted）<br>从外界汲取能量；喜欢与人交往；喜欢行动，喜欢热闹 | **内向**（Introverted）<br>从内在的思想和观点中获取能量 |
| **感觉**（Sensing）<br>偏好通过五种感官获取信息；关注真实存在的事物 | **直觉**（iNtuition）<br>偏好来自“第六感”的信息；更关注可能性而不是现实 |
| **思维**（Thinking）<br>偏好有逻辑、有组织和纯粹的客观结构 | **情感**（Feeling）<br>偏好个体定向和价值定向的信息处理方式 |
| **判断**（Judging）<br>偏好有序和可控的生活 | **觉察**（Perceiving）<br>偏好随性的生活，为心血来潮的行动留有灵活空间 |

资料来源：Myers et al. (1998); Hirsh & Kummerow (1990).

这 8 种基本偏好可以折合成 4 个分数：外向的（E）或内向的（I）；感觉的（S）或直觉的（N）；思维的（T）或情感的（F）；判断的（J）或觉察的（P）。然后将这 4 个分数合并得到所属的类型。事实上，每个人都属于 4 个分数合成所形成的 16 种类型中的一种。例如，你可能是 ESTP 类型：外向、感觉、思维与觉察。据 MBTI 作者的说法，这种类型的人在商业中有一种与众不同的领导风格：当出现危机时，他们喜欢掌控局面；善于说服他人接受自己的观点；自信，带领团队直奔目标；想要看到即时的结果。

与之相反的一个类型是 INFJ：内向、直觉、情感与判断。根据本测验作者的观点，这种类型的人有一种完全不同的领导风格：他们更有可能为组织发展出一种愿景，而不是去掌控局面和维护权威；与他人达成合作而不是要求合作；激励他人而不是命令他人；踏实地工作，为了达到事业的目标而恪尽职守、始终如一。很容易想象，不同类型的商业领导者适合不同的组织环境。例如，在危机时期，ESTP 类型的领导者能更好地组织他人应对迫在眉睫的威胁。在稳定时期，INFJ 类型的领导者更善于停下脚步思索组织的长远目标。

据估计，每年有超过 300 万人接受 MBTI 测试（Gardner & Martinko, 1996）。尽管它是为教育、咨询、职业指导和团队建设等领域的应用而开发的，但也被广泛用于人员选拔情境（Pittenger, 2005）。它的广泛使用可能主要源于其直观的吸引力；人们很容易理解这个测试号称所测量的那些人格特质与自身的相关性。

然而，MBTI 存在几个问题。第一个问题是，该测试的理论依据是荣格的**心理类型**（psychological types）理论，但是该理论并没有得到学术或研究取向的心理学家的广泛认可。首先，人并非按照“类型”的形式存在，比如外向型和内向型。相反，大多数人格特质是正态分布的。图 4.3 说明了支持内向—外向类型模型（称为双峰分布）的数据与真实的内向—外向数据（呈现钟形曲线的正态分布）之间的差异。人的特征只有很少一部分遵循类型学或双峰分布，生理性别是其中之一：女性类型有很多人，男性类型也有很多人，而介于两者之间的人则很少。内向—外向的分布完全不是这样的：它只有一个位于中间的峰值，这表明大多数人既非完全内向也非完全外向，而是介于两者之间。几乎所有的人格特质都遵循这种正态分布，所以人格“类型”的概念根本不合理。

将类型学强加于呈正态分布的特质所带来的一个后果是，将人们划分为不同类

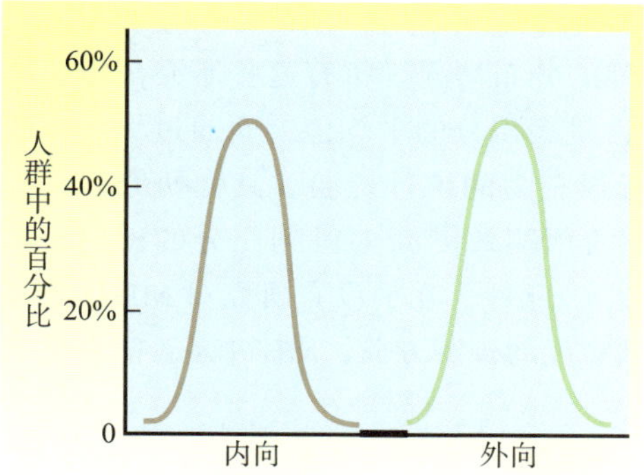


在人群中真正符合类型式分布的内向—外向特质的假设数据。其中会有大量的内向者、大量的外向者和极少数介于两者之间的人。

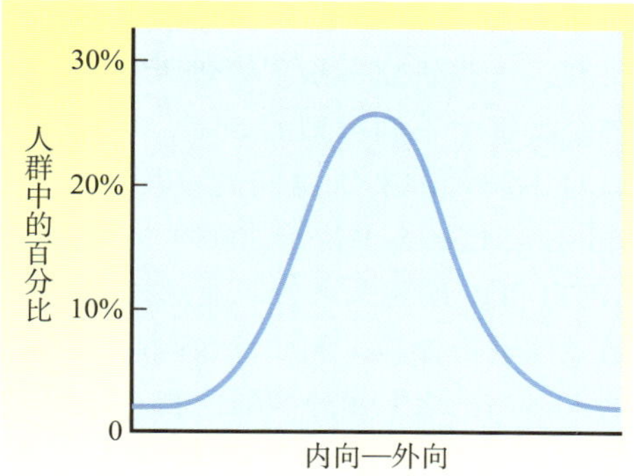


在人群中符合钟形曲线或正态分布的内向—外向特质的典型数据。其中会有大量介于中间的人和少数极端内向者或外向者。

**图 4.3**

图中例子展示了遵循类型模型（图 A）或正态分布模型（图 B）时内向—外向特质在人群中可能出现的分布情况。真实数据支持正态模型而非类型模型。

别（例如，内向或外向）的分界值变得很重要。大多数人在使用 MBTI 测试时将一些标准化样本中的中位数（50% 高于此值，50% 低于此值）作为分界值。问题在于，事实上在任何样本中，很大比例的人都将聚集在中位数附近。如果用来确定分界值的样本特征不同，导致中位数在任何一个方向上移动了一到两个点，那么很多人将被重新归类到相反的类别。事实上，一个内向—外向得分为 20 的人可能在一个样本中被归为内向者（如果中位数为 21），而在另一个样本中被归为外向者（如果中位数为 19）。因此，相同的个体得分（20 分）将因为用于确定分类分界值的中位数不同而得到截然不同的解释。尽管存在分界值和类型准确性方面的问题，大部分 MBTI 使用者仍然遵循将人划分为字母类别的评分系统，这一做法已经在专业咨询文章中受到了严厉的批评（例如，Pittenger, 2005）。

使用类型的方式进行 MBTI 评分的另一个相关后果是，其评分将是不可信的。信度通常是通过间隔一段时间对一组人实施两次测试来估计的。MBTI 测试使用分界值将人分成不同的群体，而许多人的分数非常接近分界值，因此在重测中原始分数的微小变化可能导致很大一部分人被重新划分为不同的人格类型。的确，一项关于 MBTI 测试重测信度的研究表明，在间隔 5 周的两次测试中，50% 的参与者在一种或多种类型上得到了不同的分类( McCarley & Clarskadon, 1983 )。该结果并不令人惊讶，这也是大多数科学取向的人格心理学家不建议在任何人格测量中使用类型式评分系统的原因之一。

类型式评分系统的另一个问题是，它假定人与人之间存在类别间的巨大差异，而不存在类别内的差异。例如，所有的外向型都被认为是相似的，而内向型被认为与外向型截然不同。然而，事实未必如此。假设有两个人的得分都是外向型的，但其中一个只比中位数高 1 分，另一个比中位数高 31 分。这两个外向型的人彼此之间可能会有很大的不同（他们在量表上相差 30 分，却被归入同一种人格类别）。再假设一个内向型的人得分比中位数低 1 分，而一个外向型的人得分比中位数高 1 分。这个内向者和这个外向者很可能是无法区分的（他们在量表上只差 2 分，但是被划分到不同的类型）。这也是了解测量问题的心理学家避免在任何人格测试中使用类型式评分系统的另一个原因。

关于 MBTI 的效度研究已经发表了几十篇，其中大部分将人格类型与职业偏好关联起来。然而，由于其中大多数没有报告确定差异显著性所需的统计细节，这类研究受到了批评。例如，加德纳和马丁科（Gardner & Martinko, 1996）回顾了 13 项研究，这些研究考察了管理人员中 MBTI 类型的分布情况。所有这些研究都报告了各个类别中不同类型的频率，但没有一项报告量表得分的平均值，而通过平均值可以对不同管理类别之间的平均人格差异进行强有力的统计检验。其他研究者（如 Hunsley, Lee, & Wood, 2003）还指出，MBTI 的预测效度尚未得到充分的检验（如 MBTI 可以预测未来的职业选择或工作满意度）。此外，几乎没有研究对 MBTI 的增值效度进行检验（例如，在职业选择或工作满意度的预测方面，MBTI 是否能在传统的人格测试之上额外增加预测效力）。

每隔几年，心理学家就会重新审视 MBTI 的证据，并总结他们的发现。1991 年，比约克等人（Bjork & Druckman, 1991, p. 99）回顾证据后总结道："目前为止，没有设计良好且足够充分的研究证明 MBTI 在职业咨询项目中的应用是合理的。"几年后，又有研究者回顾了相关文献，发现没有强有力的科学证据支持 MBTI 的实用性（Boyle, 1995）。2003 年，汉斯利等人（Hunsley, Lee, & Wood, 2003, pp. 63–64）回顾了最新的证据并做出如下总结："我们只能得出这样的结论，MBTI 作为一种当代人格测量是不够充分的。"在更近的一篇综述（Pittenger, 2005, p. 219）中，研究者评估了所有与 MBTI 有关的科学文献并总结道："将 MBTI 用于员工选择、员工分配或其他形式的工作评估是不合理的，原因很简单，找不到数据来支持这些决定。"

既然 MBTI 的科学价值受到了高度负面的评价，为什么在咨询和职业指导领域它仍然是非常受欢迎的工具呢？原因可能有这样几点：首先，MBTI 的流行可能反映了出版商营销活动的成功；其次，该测试的评分和解释说明非常简单，让未受过专业人格心理学训练的人也可以使用和理解；最后，测试提供的解释很容易转化为对工作和人际关系看似合理的预测，就像占星术的流行一样，人们喜欢听到关于自己和未来的事情，即使这些描述和预测很少或没有科学依据。

MBTI 有什么合理用途吗？虽然绝对不应该仅仅凭借 MBTI 证据来支撑雇佣选择或职业决策，但它或许能在团队建设、职业探索或关系咨询等领域发挥一定作用。这个测试可以让人们思考人与人之间的差异。人格迥异的人看待世界的方式也不尽相同。如果这项测试能培养人们对这种多样性的理解，那么它可能还是有些作用的。如果这个测试能让人们思考人格与行为的关系，那么它也可能是有用的。如果明白我们如何对待他人和他人如何对待我们都在一定程度上受我们人格的影响，那么我们理解他人并建立良好关系的能力就会提升。例如，如果教师把 MBTI 作为"教师发展研讨会"的一部分，他们可能就会思考自己的教学风格，或者会意识到，并非所有学生与教师相处的方式都是一样的。在小组训练或团队建设中，该测试甚至可以作为培养团队精神的催化剂。例如，在一场"公司活动"中，一群经理可以先接受这种测试，然后探索如何在这些人格差异的基础上更好地作为一个团队一起工作。因此，尽管 MBTI 作为一种选拔的工具似乎并不合适，但它在让人们对人格产生思考方面确实有一定的作用。

## 商业选拔：霍根人格量表

由于前面提到的问题，MBTI 可能不应该用于员工选拔。那么哪种测试是比较好的替代呢？已出版的人格测试有成千上万种（Spies & Plake, 2005），数以百计的评测公司在使用人格测试来帮助其他企业选择员工。我们在此介绍其中一家公司的一种人格测试，主要是因为他们使用的程序有坚实的科学基础。该公司名为霍根评估系统（Hogan Assessment Systems），其主要的人格测试被称为《霍根人格量表》。

这家评测公司的创始人罗伯特·霍根曾在塔尔萨大学担任多年心理学教授。在 20 世纪 70 年代和 80 年代，他一直从事人格心理学的教学和研究，甚至曾成为最负盛名的人格心理学科学期刊《人格与社会心理学杂志》（*Journal of Personality and Social Psychology*）的主编。期间，霍根的研究关注的是如何识别在当代商业环境中起着重要作用的人格的各个方面。他从大五人格模型开始研究，聚焦于这些特质如何在商业世界发挥作用。他提出了一个对商业很重要的人格的社会层面的理论，并得出结论：社会生活的主导性主题是与他人融洽相处的动机和领先他人的动机。

在大多数商业环境中，人们以团队的形式工作，团体内都有地位层级之分。霍根的理论认为，在这样的团队中，人们想得到三样东西：接纳，包括尊重和认可；地位和资源控制；可预测性（Hogan, 2005）。霍根的一些研究显示，商业问题经常发生在团队的管理者妨碍了这些动机中的一个或多个之时。例如，不尊重员工；管理过于精细从而剥夺了员工的控制感；不交流或不提供反馈，致使职场变得不可预测。

霍根开发了一种人格问卷测量方法，称为**《霍根人格量表》**（Hogan Personality Inventory, HPI），用于测量大五特质中那些与上述三个在商业领域中比较重要的动机相关的特质。有关开发该量表的原因及方式的详细信息可查阅 2002 年的相关文献（Hogan & Hogan, 2002）。量表测量的特质见表 4.2。霍根和他的妻子乔伊丝·霍根（也是一名心理学学者）在研究不同行业员工的工作效率时开始使用这个量表。他们研究特定工作要求如何与人格特质的特定组合相匹配。之后又做了效度研究，探索人格测试能否预测人们如何融入特定的商业文化。他们还进行了工作成就的研究，考察该人格量表在多大程度上能够预测个体在各种工作中的职业表现。在大量的研究中，该测试都有高水平的信度，并且对预测一些重要的职业成就有令人满意的效度，包括组织契合度和绩效。乔伊丝·霍根等人对 28 项关于《霍根人格量表》效度的研究做了一个元分析，结果有力地支持了这一人格量表在预测几个重要的工作相关效标时的效度（Hogan & Holland, 2003）。

1987 年，霍根夫妇创办了自己的公司霍根评估系统，为那些希望用人格指标来选拔员工的企业提供咨询。不久之后，罗伯特·霍根辞去了塔尔萨大学的职位，全

表 4.2　**《霍根人格量表》包含 7 个基本量表和 6 个职业量表**

| 基本量表（Primary Scales） | 职业量表（Occupational Scales） |
|---|---|
| **调适**——自信，自尊，在压力下能够保持镇静。神经质的反面 | **服务导向**——对顾客贴心，友善，有礼貌 |
| **抱负**——主动，有竞争性，渴望担任领导角色 | **压力耐受性**——耐得住压力，在压力下能保持冷静 |
| **社交性**——外向，合群，需要社交互动 | **可靠性**——诚实，正直，积极的组织公民意识 |
| **人际敏感度**——热情，有魅力，能够维持良好关系 | **文书潜力**——听从指挥，注意细节，沟通清晰 |
| **审慎**——自律，负责，有尽责性 | **销售潜力**——精力充沛，有社交技巧，能解决顾客的问题 |
| **好奇**——想象力，好奇心，远见，创新潜力 | **管理潜力**——领导能力，计划能力，决策技巧 |
| **学习方式**——享受学习，掌握最新的商业和技术进展 | |

身心地投入于帮助企业在商业应用中成功使用人格测量。霍根公司一直在使用科学方法来改进和验证他们的人格量表在商业环境中的应用。最近有一篇关于人格预测职业成功的综述，其中有一些有趣的讨论，比如，一些特质如何预测找到工作，而另一些特质如何预测保住工作（Hogan & Chamorro-Premuzic, 2015）。

为什么在员工选拔中 HPI 是比 MBTI 更好的选择？首先，HPI 基于“大五”模型，并且针对职场的应用做了必要的修订。其次，HPI 的构建和开发遵循标准的统计程序，因此该量表具有高水平的测量信度（重测相关系数在 0.74 到 0.86 之间）。到目前为止，关于 HPI 效度的研究已有 400 多项，考察了该测验在大量的工作类别中预测各种重要商业结果的能力，包括员工离职、旷工、销售业绩改善、客户服务、员工满意度、客户满意度以及整体业务表现等。该测验能够预测各种工作类别中的职业成功，目前已拥有 200 多种不同工作类别的 HPI 人格轮廓描述，涵盖美国经济系统中的各种工作。该公司维护的数据库收集了 100 多万 HPI 测试者的信息。

HPI 由是非题组成，大约需要 20 分钟完成。没有隐私性或冒犯性的条目，也没有对性别、种族或族裔表现出不利影响的条目。该测验还有多种外语版本。霍根评估系统有一个研究档案和记录保存的惯例，严格遵循前面讨论的《选拔指南》中概述的程序。如果使用 HPI 的公司被求职者起诉，霍根评估系统将提供辩护所需的有关测试开发和效度的报告和记录。在法庭上，挑战 HPI 的选拔程序和效度研究的组织或个人从未成功过。该测验的作者是美国心理学协会、工业和组织心理学协会的成员，这两家协会对测试实践中的职业道德、法律和科学标准都有很高的专业要求。

由于包括研究基础和测试效度在内的这些优点，过去 20 年间 HPI 在商业和工业上的应用保持快速和大幅的增长。霍根评估系统曾为《财富》100 强企业中的 60% 提供过咨询，并为全球 1 000 多家客户提供过评估服务。目前，每个月都有 300~500 家公司使用他们的服务来选拔或培训员工。

尽管霍根评估系统还提供员工发展等其他服务，在此我们只介绍一个在员工选拔中使用 HPI 的案例。一家头部金融服务公司找到霍根评估系统，希望制定一套聘用前评估程序，以甄选金融顾问。霍根评估系统对工作要求进行了分析，并与已知的效度研究（相关工作中的表现）进行比较，确定了人格轮廓选择标准。在新员工入职数年后，公司通过比较使用甄选程序之前和之后入职的财务顾问的表现来评估其有效性。结果发现，那些根据人格特征聘用的金融顾问每年的佣金收入高出 20%，按美元计算的成交量高出 32%，交易单数高出 42%。显然，选择那些具有“正确特征”的求职者对这家公司是有益的。其他使用 HPI 选拔员工的商业案例可从霍根评估系统的官网上查到。

很明显，在预测特定就业环境中谁会表现良好上，人格因素可以发挥重要作用。当提到使用人格测验来为特定职位选拔员工时，我们应该意识到，并不是所有的人格测验都同样出色。显然，那些具有强大科学基础、基于公认的人格理论、具有令人满意的信度以及具备与公司需求相关的强效度证据的评估系统，将最有可能帮助商业使用者得到正向的结果。

## 总结与评论

本章叙述了各种特质理论共同涉及的一些重要问题与概念。特质视角的特点是强调人与人之间的差异。特质心理学集中于研究差异，划分差异，并且分析差异会带来怎样的影响。特质心理学家认为，由于所拥有的各种特质，人们的行为将具有跨时间的相对稳定性；特质心理学家还认为，特质具有某种程度的跨情境一致性。他们假定，人们的行为或多或少是一致的，这取决于研究的特定特质以及观察情境。但是，就对行为的影响而言，某些情境具有非常强的影响力，甚至能够压倒人格特质的影响。一个重要的认识是，当情境较弱或不明确，并且不强求所有人都一致时，特质更有可能影响一个人的行为。

大部分特质心理学家认为，人格特质分数主要是指行为的平均趋势。一个特质测量的得分代表的是在多数情境中一个人通常可能如何行事。特质心理学家更擅长预测行为的平均趋势，而不是特定情境下的特定行为。例如，人格心理学家无法根据一个人在敌意特质上得分高来预测他第二天是否会与人发生争执。然而，心理学家却可以信心十足地预测，与敌意特质得分低的人相比，这个人在今后的几年里会更多地与人发生争执。特质代表行为的平均趋势。

特质心理学家还对测量的准确性感兴趣。特质心理学比其他任何人格视角都更专注于改进特质的测量，特别是通过自我报告问卷的测量。设计问卷的心理学家努力使他们更少受到欺骗、作假和粗心的影响。

最后，对测量与预测的兴趣，会使特质心理学家将这些技术用于对求职申请者的选择和筛查，以及其他可能受人格影响的情境。在使用特质测量来做出重要的雇佣或晋升决策时，有一些法律问题雇主须谨记。例如，测验不能歧视或者不公平地对待受保护的群体，如女性和特定的少数群体。另外，必须表明所使用的测验与重要的现实生活变量比如工作绩效有关。我们提到了就业法规方面一些与人格测试有关的重要法律案例。我们还提到了两种在雇佣选择情境中比较流行的工具。其中之一是 MBTI，它使用广泛，但因其低测量信度和未经证实的效度而受到学术界的广泛批评。另一种工具是《霍根人格量表》，可以被视为在雇员选拔中应用人格测验的“最佳实践”案例。

## 关键术语

差异心理学
等级顺序稳定性
一致性
情境论
个体—情境交互 / 相互作用
聚合法
情境特异性
强情境
情境选择
唤起
操控
状态密度分布
低频率量表
欺骗
错误否定
错误肯定
巴纳姆式陈述
诚实性测试
人员选拔
直白的和隐蔽的诚信测试
雇佣失察
女性预测偏低效应
《1964 年民权法案》第七章
格里格斯诉杜克电力案
《员工选拔程序统一指南》
沃德湾包装公司诉安东尼奥案
普华永道诉霍普金斯案
差别性影响
种族或性别基准化
《美国残疾人法案》
隐私权
工作分析
《迈尔斯—布里格斯人格类型测验》
心理类型
《霍根人格量表》

5

# 人格特质跨时间的发展：稳定性、连贯性和变化

# 特质领域

尽管随着年龄的增长人们会变化和发展，但每个人仍然觉得自己是同一个人，年复一年，有着同样的“自我”。从本章对人格发展的介绍中，我们将看到，人格的一些方面会改变，一些方面则保持不变。

回想你的中学时代，你能记起那时的自己是什么样子吗？试着回忆你最感兴趣的事，你如何打发时间，什么东西对你最重要。如果你同大多数人一样，那么你可能会觉得在很多方面，你已不是中学时代的自己了。你的兴趣可能已经有所改变，你看重的事情已有所不同，你对学校、家庭和亲人的态度可能都至少发生了一些改变。也许现在的你更成熟，看待世界的眼光更加老到。

当你考虑自己曾经的样子和现在的样子时，你也许会觉得这么多年来“你”的核心本质还是相同的。如果你像大多数人一样，你会感到自己是连续的，感觉现在的自己和那时的自己“真的”还是同一个人。这些年来，你的某些内在品质是贯穿始终的。

在本章，我们将讨论心理的跨时间连续性与变化，它们是人格发展的主题。谈到人格，“有些方面会改变，有些方面保持不变”。在本章我们将讨论心理学家如何看待人格的发展，并将特别关注人格特质或特性。

## 概念问题：人格的发展、稳定性、连贯性和变化

本节的主要内容是界定人格的发展，考察几种理解人格跨时间稳定性的主要方式，并探索人格变化的含义。人格发展这一话题吸引了大量研究者的注意，有两种科学期刊曾用整期特刊的形式讨论这一话题，一种是《人格杂志》(Graziano, 2003)，另一种是《欧洲人格杂志》(*European Journal of Personality*)(Denissen, 2014; Specht et al., 2014)。

## 什么是人格发展

**人格发展**（personality development）可以被定义为人们的跨时间连续性、一致性、稳定性，以及人们如何随时间而变化。稳定性和变化这两个方面都需要界定。人格的稳定性有多种形式。与此相应，人格的变化也有多种形式。稳定性最重要的三种形式是等级顺序稳定性、均值水平稳定性和人格的连贯性，我们将依次加以讨论。之后，我们将考察人格的变化。

**练习**

为了说明"有些方面会改变，有些方面保持不变"这一表述，请回忆高中之前（初中）的你，并与高中之后（通常是大学时期）的你相比较。找出三个显著改变了的特征，这些特征可能是你的兴趣、态度、价值观，以及你打发时间的方式。然后列出三个未改变的特征，这些特征同样也可能反映你人格的特定方面，你的兴趣、价值观，甚至是你对各种话题的态度。请用下面的形式写出来：

| | 初中时的我 | 高中毕业后的我 |
|---|---|---|
| 改变了的特征 | 1. ____________ | 1. ____________ |
| | 2. ____________ | 2. ____________ |
| | 3. ____________ | 3. ____________ |

未改变的特征

1. ____________
2. ____________
3. ____________

## 等级顺序稳定性

**等级顺序稳定性**（rank order stability）是指个体保持在群体中的相对位置。从14岁至20岁，大部分人都会长高，但是身高的等级顺序却往往保持相对稳定，因为这种形式的发展对所有人的影响几乎相同，每个人都会长高几十公分。14岁时个子高的人，到了20岁，一般也会处于身高分布的顶端。这同样适用于人格特质。如果随着时间的推移，人们倾向于在支配性或外向性等方面维持自身相对于其他人的顺序位置，那么这些人格特质就有较高的等级顺序稳定性。反之，如果人们不能保持他们的等级顺序，如顺从的人在群体内排序上升，超过之前更具支配性的那些人，那么这个群体就表现出等级顺序的不稳定性或等级顺序的变化。

## 均值水平稳定性

另一种人格稳定性是水平的恒常性，或**均值水平稳定性**（mean level stability）。以政治倾向为例，如果随着时间的推移，一个群体的自由主义或保守主义的平均水平保持不变，那么这个群体就表现出较高的均值水平稳定性。如果政治倾向的平均水平发生改变，如随着年龄的增长，人们变得越来越保守，那说明这一群体出现了**均值水平的变化**（mean level change）。

“乖僻”的表现在一生的不同时期可能有所不同。婴儿时期可能表现为爱发脾气，成人时期则表现为爱争论、急性子。尽管不同时期的行为表现不同，但这些行为都体现了同样的内在特质。这种一致性被称为人格的连贯性。

## 人格的连贯性

人格发展的一种更复杂的形式涉及特质表现形式的改变。以支配性特质为例，假设 8 岁时具有支配性的人，到了 20 岁时同样具有支配性。然而，8 岁的男孩子们往往通过在打闹游戏中表现得强硬、把他们的对手叫作“胆小鬼”、独霸电脑游戏等方式来表现支配性。20 岁时，他们则通过在政治讨论中说服他人接受自己的看法、大胆地邀请他人外出约会、坚持要求团队去某餐馆用餐等形式来表现自己的支配性。

虽然相对于他人的等级顺序保持不变，但特质的表现形式发生了改变，这种形式的人格发展称为**人格的连贯性**（personality coherence）。注意，这种人格连贯性不需要某种特质的确切行为表现保持不变。事实上，行为表现是如此不同，以至于 8 岁时的表现与 20 岁时的表现几乎没有重叠的地方。行为表现完全变了，但关键的东西保持不变，即支配行为的总体水平。因此，人格的连贯性既包括连续的成分又包括变化的成分——内在的特质保持连续，但特质的外在表现发生了变化。

## 人格的变化

随时间的推移而变化这一人格发展的概念也需要详细阐述 。首先，并非所有的变化都是发展。例如，当你从一间教室走到另一间时，你与环境的关系改变了，但我们不能说你“发展”了，因为这种改变对你来说是外部的，且并不持久。

其次，并非所有的内在改变都能被视作发展。例如，生病时，你的身体发生了重要的改变，如体温升高、流鼻涕和头痛。但是这些改变并不构成发展，因为改变不是持久的：你很快就会恢复健康，停止流鼻涕，然后重新开始行动。同样，人格的暂时改变，如由酒精或药物导致的改变，并不构成人格的发展，除非它们能产生更为持久的人格改变。

然而，如果随着年龄增长，你变得越来越尽责或有责任感，那么这就是一种人格发展。如果随着年龄增长，你逐渐变得不再精力充沛，那这也是人格发展的一种形式。

## 阅读

### 人格稳定性的一个实例

莫罕达斯·卡拉姆昌德·甘地1869年出生于印度一个家境普通的家庭。他的母亲虔诚地信奉宗教，母亲的信仰和举动给小莫罕达斯留下了深刻印象。甘地一家人不仅信奉传统的印度教，还诵读佛经，读《古兰经》，甚至会唱传统的天主教圣歌。莫罕达斯发展出了一种独特的个人生活哲学，这种生活哲学让他放弃了所有的个人欲望，以全身心地为他的人类同胞服务。

在英格兰学完法律，并在南非执业几年后，甘地回到了印度。那时，印度正处于英国的统治之下，大部分印度人憎恶殖民统治者的压迫。甘地献身于实现印度自治并摆脱英国压迫的理想。例如，当英国人决定采集所有印度人的指纹时，甘地提出了“消极抵抗”的办法，鼓励所有的印度人拒绝参加指纹采集。在1919年至1922年，甘地在印度各地领导了广泛的非暴力罢工和抵制活动。他组织发起了在任何涉及英国的事物中不合作的和平运动：他号召印度人不要把自己的孩子送到英国人开办的学校，不要参加开庭，甚至不使用英语。恼羞成怒的英国士兵有时会攻击抵制或罢工的人群，许多印度人被杀害。印度人民非常爱戴甘地，成群结队地追随他，记录他所说和做的每一件事。他成为活着的传奇，人们称他为圣雄（Maha Atma）或卓越之魂（Great Soul）。我们今天称他是圣雄甘地。

1930年，甘地领导印度人民以非暴力的形式对抗英国禁止印度人自己制盐的法律。开始，他和几个追随者朝着印度海岸行进，打算从海水中制盐。当甘地到达海边时，已有数千人加入了他领导的公民不服从行动。此时，英国关押了6万多名违抗英国法律的印度人。印度的监狱里住满了因违反外国法律而被外国统治者关押的本地居民。英国统治者终于对此感到有些尴尬和羞愧。在世人眼中，这个瘦弱的男人以及他的非暴力追随者们动摇了大英帝国在印度的根基。

甘地不是印度政府的官员，然而，英国人与他开始了将印度从英国的统治下解放出来的谈判。在谈判过程中，英国人态度强硬，并把甘地关进了监狱。印度人民进行示威游行，有近千人被英国人杀害。此举再次令殖民统治者在全世界面前蒙羞。甘地最终被释放。几年后的1947年，英国将主权交还给印度。

甘地为印度人民实现了从英国统治到自治的基本和平的过渡。在他有生之年，他是世界上最有影响力的领导人之一。此后，他的思想影响了许多受压迫群体的斗争。

1948年，一个暗杀者近距离向甘地开了三枪。此人是一个印度教狂热分子，认为甘地应该利用他的地位在印度宣扬对穆斯林的仇恨。然而，甘地宣扬的是包容与信任，号召穆斯林与印度教徒共同加入新的印度。这个最包容且最不暴力的人却成为暴力的受害者。

尽管甘地成了“印度之父”，但在他的整个成年生活中，他基本上还是那个人。在生活中，他每天只用草木灰洗澡，从不使用昂贵的香皂；他用一把又旧又钝的剃刀刮脸，而不用更昂贵的刀片。他几乎每天都自己打扫房间，清扫庭院。每天下午，他手摇纺车纺线一两个小时。纺出的线被织成布料，然后制成他自己及其追随者的衣服。他践行着在早年生活中学到的克己和自足。尽管他是历史上最动荡的社会革命之一的中心人物，但他人格的大多数方面在其一生的时间里表现出了惊人的稳定性。

圣雄甘地生活在一个动荡的年代。他领导了人类历史上最大的社会革命之一。尽管他的生活环境不断变化，但他的人格表现出惊人的稳定性。例如，在整个成年生活中，他一直在践行克己和自足。他更喜欢简单的腰布和披巾，而不是世界上大多数国家的领导人穿着的西装和领带。

总之，人格变化的定义包含两个方面。第一，改变通常是个人“内在的”改变，而不是外部环境的改变，比如走进另一个房间。第二，改变是相对持久的，而不是暂时的。

## 人格的三个分析层面

我们可以从三个层面分析人格的跨时间性：总体人类层面；总体人类中的群体差异；群体中的个体差异。我们在考察人格发展的实证研究时，牢记这三个层面将会很有帮助。

### 总体人类层面

几位人格心理学家对每个人从婴儿到成人都会经历的变化从理论上进行了说明。例如，弗洛伊德的心理性欲发展理论中包含的人格发展概念被认为适用于地球上的每一个人。根据弗洛伊德的观点，所有的人都会经历一些固定的、相继出现的发展阶段，从口唇期开始，到性心理发展成熟的生殖器期结束（见第 9 章）。

这个层面的人格发展涉及的变化与稳定性或多或少适用于每个人。例如，几乎每个人在青春期都会有性冲动增强的趋向。类似地，当人们年长一些之后，冲动性与冒险行为都有下降的趋势。这就是为什么汽车保险费率会随着人们年龄的增长而下降，因为 30 岁的人通常不会像 16 岁的人那样以冒险的方式驾车。因此，这种冲动性的变化是总体人类层面人格变化的一部分，描述的可能是作为人类都会经历的一种一般趋势。

### 群体差异层面

有些随着时间的推移而发生的变化对不同群体的影响不同。性别差异是群体差异的一种类型。例如，在生理发展方面，平均来看女性比男性早两年进入青春期；在生命的另一头，美国男性平均比女性早七年死亡。这些就是发展的性别差异。

人格发展领域也会有类似的性别差异。在青少年期，男性群体与女性群体在平均冒险行为水平的发展上突然变得不同（男性变得更爱冒险）。男性与女性在对他人表现出同理心程度的发展上也有所不同（女性更能察觉和理解他人的感受）。这些人格发展的形式属于人格分析的群体差异层面。

其他群体差异包括文化和族裔群体差异。例如，在美国，欧裔美国女性与非裔美国女性对自己身体意象的满意度有很大差异。在群体水平上，欧裔美国女性对自己身体的满意度低于非裔女性。因此，欧裔美国女性与其他女性群体相比，更有可能患进食障碍，如厌食症或贪食症。这种群体差异主要是在青春期形成的，此时欧裔美国女性中有更多人会对自己的外貌产生不满意感。

### 个体差异层面

人格心理学家也关注人格发展的个体差异。例如，根据个体的人格特质，我们有些变化对不同群体的影响不同。例如，欧裔美国女性群体对自己身体的满意度低于非裔女性群体。因此，与其他女性群体相比，欧裔美国女性更有可能患进食障碍，如厌食症或贪食症。

能否预测哪一个人会经历中年危机？我们能否依据早期的人格测量，预测谁更有可能在日后的生活中出现心理障碍？我们能否预测哪些个体会随着时间的推移而改变，哪些个体又将保持不变？这些都属于人格分析的个体差异层面的问题。

## 人格的跨时间稳定性

本节将考察关于人格跨时间稳定性的研究与发现。我们首先考察婴儿期的稳定性，然后探讨儿童期的稳定性，最后来看看成年阶段的稳定性。

### 婴儿期的气质稳定性

许多有两个或更多孩子的父母会告诉你，他们的孩子从出生那天起就有着不同的人格。例如，诺贝尔奖得主“现代物理学之父”阿尔伯特·爱因斯坦与他的第一个妻子有两个儿子。他的这两个儿子彼此颇为不同。大一点的汉斯在还是孩子时就对拼图游戏感兴趣，拥有数学天赋。他后来成为一名杰出的水力学教授。小儿子爱德华在孩提时代喜爱音乐与文学。然而，他在很年轻时就被送进了瑞士精神病院，直到去世。尽管这是一个极端的例子，但是即使在自己的孩子还是婴儿时，许多父母就注意到了他们之间的差异。父母的直觉与科学证据一致吗？

到目前为止，最常被研究的婴儿与儿童的人格特征属于气质的范畴。虽然关于此术语的含义存在一些分歧，但大多数研究者将**气质**（temperament）界定为具有遗传基础（见第 6 章）并且在生命早期就出现的个体差异，它常常与情绪性和可唤起性等特征有关。

罗特巴特（Rothbart, 1981, 1986; Rothbart & Hwang, 2005）研究了婴儿在不同年龄的表现，从 3 个月大开始。她利用婴儿照料者完成的评分，考察了六种气质因素：

1. 活动水平：婴儿的整体运动性，包括胳膊与腿的运动。
2. 微笑与大笑：婴儿微笑或大笑的频率。
3. 恐惧：婴儿对接触新异刺激的恐惧和迟疑。

表 5.1　**气质量表的跨时间相关**

| 量表 | 月龄 | | | | | |
|---|---|---|---|---|---|---|
| | 3~6 | 3~9 | 3~12 | 6~9 | 6~12 | 9~12 |
| AL—活动水平 | 0.58 | 0.48 | 0.48 | 0.56 | 0.60 | 0.68 |
| SL—微笑与大笑 | 0.55 | 0.55 | 0.57 | 0.67 | 0.72 | 0.72 |
| FR—恐惧 | 0.27 | 0.15 | 0.06 | 0.43 | 0.37 | 0.61 |
| DL—受限制后的挫折感 | 0.23 | 0.18 | 0.25 | 0.57 | 0.61 | 0.65 |
| SO—可安抚性 | 0.30* | 0.37* | 0.41 | 0.50 | 0.39 | 0.29 |
| DO—注意的持续性 | 0.36* | 0.35* | 0.11 | 0.62 | 0.34 | 0.64 |

* 表示相关值只基于一个队列。
资料来源：Rothbart, 1981.

4. 受限制后的挫折感：婴儿在进食要求被拒绝、被迫穿衣服、行动受限制或者不能获得想要的东西时表现出的痛苦。
5. 可安抚性：在得到抚慰以后，婴儿压力减轻或平静下来的程度。
6. 注意的持续时间：在没有突然变化的情况下，婴儿对物体保持注意的程度。

婴儿的照料者——大部分是母亲——完成了旨在测量这六种气质因素的观察者评定量表。表 5.1 显示了这些因素在不同时间间隔下的跨时间相关。如果你仔细看表中的相关，就会注意到，首先，它们之间都是正相关。这意味着在某一阶段活动水平、微笑与大笑以及其他人格特质得高分的婴儿，在后面的时间段也往往会在这些特质上得高分。

其次，你会注意到表 5.1 最上面两行的相关比下面四行的相关要高。这意味着活动水平、微笑与大笑比其他人格特质表现出更高的稳定性。

最后请注意，表 5.1 中最右边两列的相关总体上比最左边几列的相关高。这说明与婴儿期早期（3 至 6 个月）相比，人格特质在婴儿期晚期（9 至 12 个月）变得越来越稳定。

与所有的研究一样，这项研究也有缺陷。最重要的一点或许在于，婴儿的照料者可能已经对自己的孩子形成了某种固有的观念，因此可能是照料者的观念而不是婴儿的实际行为表现出跨时间的稳定性。不过，这些发现揭示了四个重要的方面。第一，稳定的个体差异似乎在生命的早期就出现了，那时观察者就能对其进行评估。第二，对于大部分气质变量来说，出生后的第一年就表现出了中等水平的跨时间稳定性。第三，气质在短时间间隔内的稳定性高于长时间间隔内的稳定性（在成年人中也发现了这一结果）。第四，气质的稳定性水平随着婴儿的成熟有提高的趋势（Goldsmith & Rothbart, 1991; Rothbart & Hwang, 2005）。

## 儿童期的稳定性

**纵向研究**（longitudinal study）在不同的时间段考察同一组人，费用较高，难以实施。因此，可供借鉴的研究很少。但布拉克等人的纵向研究是一个例外。这项研究首先测量了加利福尼亚州伯克利—奥克兰地区的 100 多个儿童，当时这些孩子 3

岁（见 Block & Robbins, 1993）。从那时起，研究者开始追踪该样本，并分别在这些孩子 4 岁、5 岁、7 岁和 11 岁时对其进行了重复测量，直到他们成年。

基于这个项目的首批文章之一聚焦于活动水平的个体差异（Buss, Block & Block, 1980）。在孩子们 3 岁和 4 岁时，研究者以两种方式评估了他们的活动水平。第一种是使用**活动度测量计**（actometer），这是一种记录装置，在孩子们几次做游戏时戴在他们的手腕上。肌肉的运动会激活测量仪——实际上就是一种自动上发条的腕表。第二种是让孩子的老师独立完成对孩子的行为与人格的评定。活动水平的行为测量包括三个直接相关的条目："身体活跃""充满活力、精力充沛、活跃"以及"个人节奏快"。将这些条目加在一起，就形成了一个教师观察到的活动水平的总体测量值。在孩子们 3 岁、4 岁和 7 岁时实施了这种以观察为基础的测量。

表 5.2 显示了活动水平测量值之间的相关，包括相同年龄不同测量方式之间的相关以及不同年龄的活动水平测量值之间的相关，以评估儿童期活动水平的稳定性。在两个不同时间点获得的同种测量之间的相关叫作**稳定性系数**（stability coefficients），有时也称作重测信度系数。在同一时间对同一特质进行的不同测量之间的相关称为**效度系数**（validity coefficient）。

从这些发现中可以得出关于效度和稳定性的几个重要结论。第一，基于活动度测量计的活动水平测量值与基于观察者判断的活动水平测量值之间具有显著的正效度系数。儿童期的活动水平可以通过观察判断和测量仪的活动记录来有效地评估。在每一个年龄段，两种测量都呈中等程度的相关，这为双方提供了交叉效度。

第二，年龄较小时所测的活动水平与年龄较大时所测的活动水平之间都呈正相关。我们可以得出这样的结论，即活动水平在儿童期表现出中等程度的稳定性。3 岁时高度活跃的孩子在 4 岁、7 岁时有可能还是活跃的；那些 3 岁时不太活跃的孩子到了 4 岁、7 岁时仍然可能不太活跃。一项追踪芬兰男孩和女孩身体活动长达 21 年的研究发现，这种中等程度的稳定性贯穿整个童年至成年期（Telama et al., 2005）。

第三，相关系数的大小随着不同测试之间时间间隔的增加呈下降趋势。一般来说，测试之间的时间间隔越长，稳定性系数越低。换言之，早期的测量可以预测后期的人格，但预测力会随着时间间隔的增加而减弱。

表 5.2 **儿童活动水平测量值之间的相关**

| | 活动度测量计 | | 基于观察判断 | | |
|---|---|---|---|---|---|
| | 3 岁 | 4 岁 | 3 岁 | 4 岁 | 7 岁 |
| 活动度测量计： | | | | | |
| 3 岁 | | 0.44* | 0.61*** | 0.56*** | 0.19 |
| 4 岁 | 0.43** | ... | 0.66*** | 0.53*** | 0.38** |
| 基于观察判断： | | | | | |
| 3 岁 | 0.50*** | 0.36** | ... | 0.75*** | 0.48*** |
| 4 岁 | 0.34* | 0.48*** | 0.51*** | ... | 0.38** |
| 7 岁 | 0.35* | 0.28* | 0.33* | 0.50*** | ... |

* 表示 $p < 0.05$；** 表示 $p < 0.01$；*** 表示 $p < 0.001$（双侧检验）。省略号（...）上方的相关为男孩的数据，省略号下方的相关为女孩的数据 。

资料来源：Buss, Block, & Block, 1980.

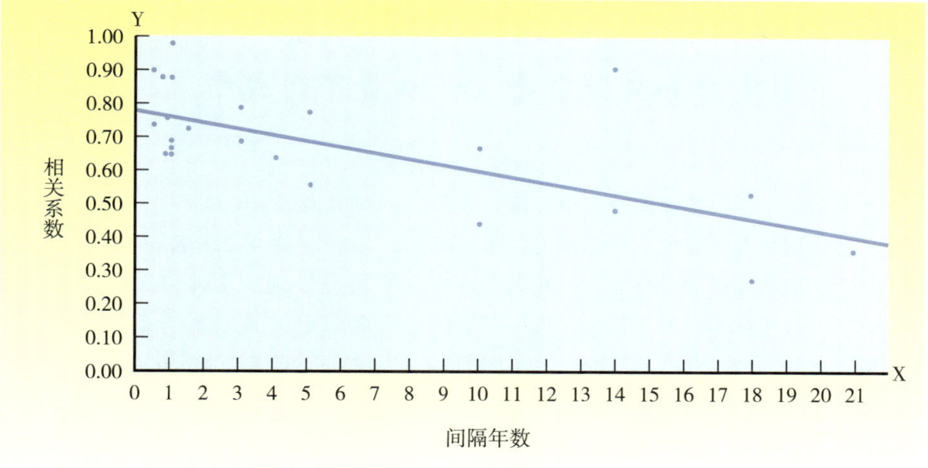


**图 5.1**

左图显示了在不同时间间隔下男性攻击性的稳定性。攻击性在短的时间间隔内表现出最高水平的稳定性，比如一年。然而，随着测量时间间隔的增加，相关系数在变小，说明与短的时间间隔相比，攻击性在长的时间间隔中变化更大。

资料来源：Olweus, 1979.

这些一般性结论也适用于其他人格特质。从校园枪击案到自杀式炸弹袭击，攻击与暴力长期以来一直是美国社会关注的一个主要问题。是什么导致有些孩子做出如此疯狂的攻击行为？

实际上，人格心理学家对儿童攻击性进行了大量研究。奥维斯（Olweus, 1979）回顾了 16 项关于儿童攻击行为的纵向研究。这些研究在许多方面大为不同，比如儿童首次被测量时的年龄（2~18 岁），初次测量与最后一次测量的时间间隔（从半年到 18 年不等），以及所采用的具体测量手段（教师评定、直接观察和同伴评定）。

图 5.1* 汇总了所有这些研究的结果。如图所示，攻击性的稳定性系数是第一次与最后一次测量的时间间隔的函数。明显的个体攻击性差异在生命早期就已出现，可以肯定是在 3 岁之前（Olweus, 1979）。在很长一段时间内，个体攻击性的等级顺序在很大程度上保持稳定。中等程度的等级顺序稳定性同样也存在于其他主要的人格特质，贯穿个体的童年早期至青少年期（Hampson et al., 2007）、童年中期至青少年期（Tackett et al., 2008）以及青少年期至成年早期（Blonigen et al., 2008）。后续关于攻击性的纵向研究继续支持中等程度稳定性的结论（Piquero et al., 2012）。而且，正如婴儿的气质和儿童活动水平一样，稳定性系数随着两次测量时间间隔的增加有下降的趋势。

总体而言，我们可以得出结论，人格的个体差异在生命早期就已出现，某些特质很有可能在婴儿期就表现出了差异，而另一些特质差异则出现在童年期，如攻击性。这些个体差异具有中等程度的跨时间稳定性，因此在某种特质上得分较高者，在该特质上得分往往会一直较高。事实上，3 岁时的人格能够很好地预测 26 岁时的人格（Caspi, Harrington, et al., 2003）。最后，稳定性系数随着测试时间间隔的增加而逐渐下降。

## 成年期的等级顺序稳定性

关于成人人格的稳定性已有许多研究，最长的纵向研究跨越了 40 年的时间。此外，研究还考察了许多年龄段，从 18 岁到 84 岁不等。

---

* 有些研究在不同时间间隔测量了多次，因此获得的相关值数目大于 16。——译者注

## 阅读 霸凌者和受欺负者——从童年到成年

生命早期出现的个体差异有时会对个体的生活和社会产生深远的影响。挪威心理学家奥维斯针对“霸凌者”和“受欺负者”进行了纵向研究（Olweus, 1978, 1979, 2001）。顾名思义，霸凌者是那些找碴和伤害其他孩子的人。他们在走廊上绊倒受害者，将他们推进储物柜，用肘攻击他们的肚子，向他们索要午餐钱，并辱骂他们。

尽管没有任何外在特征能让我们将受害者或“受欺负者”区分开来，但他们确实具有某些特定的心理特征。最常见的情况是，受害者往往焦虑、胆小、不自信且缺乏社交技巧。他们情感脆弱，可能体质也较差，这很容易使他们成为不会还击的攻击目标。受害者的自尊较低，对学校失去兴趣，而且通常很难建立和保持友谊关系。他们似乎缺少可以缓冲霸凌的社会支持。据估计，10% 的小学生在上学时害怕霸凌者，大部分孩子至少受过一次霸凌者的伤害（Brody, 1996）。

在一项纵向研究中，研究者采用教师提名的方法鉴别出六年级中的霸凌者和受害者。一年后，这些孩子从小学升入初中，进入了不同的学校。在七年级时，在不同的环境中由一组不同的老师将男孩分成霸凌者、受害者和两者都不是。结果如表 5.3 所示，从表 5.3 对角线上划圈的数字中，你能看到一年后多数男孩得到了同样的分类，即使环境不同、学校不同且做出分类的老师也不同。

然而，霸凌似乎并没有在儿童期结束。从小学到成年期，奥维斯追踪了数千名男孩，发现了明显的连续性。儿童期的霸凌者在青少年期更有可能成为少年犯，且更可能在成年期成为罪犯。令人吃惊的是，在六年级时被老师划分为霸凌者的男孩，到 24 岁时有 65% 的人被判重罪（Brody, 1996）。显然，许多霸凌者一生都是霸凌者。不幸的是，对于那些受害者，除了知道他们一般不会卷入犯罪活动之外，我们不知其命运如何。

一项对 228 名 6~16 岁孩子的研究发现，几种引人注目的人格和家庭关系因素与霸凌行为有关（Connolly & O’Moore, 2003）。根据自我评定以及至少两个同学将其划分为霸凌者这两个标准，总共有 115 名孩子被划分为霸凌者。然后将这些孩子与 113 名对照组的孩子进行对比，后者既没有自称是霸凌者，也没有被任何同学划分为霸凌者。霸凌者在艾森克量表的外向性、神经质和精神质（见第 3 章）上得分都更高。简言之，霸凌者往往更开朗、更好交际（外向性），情绪不稳定、焦虑（神经质），并且冲动、缺乏同情心（精神质）。此外，与对照组相比，霸凌者表现出更多的矛盾心理和与家庭成员的冲突，包括他们的兄弟姐妹和父母。简言之，家庭冲突似乎与这些孩子在学校里的冲突有联系，这表明了某种程度的跨情境一致性。

表 5.3 男孩攻击行为分类的纵向研究

| | 七年级 | | |
|---|---|---|---|
| 六年级 | 霸凌者 | 两者都不是 | 受害者 |
| 霸凌者 | (24) | 9 | 2 |
| 两者都不是 | 9 | (200) | 15 |
| 受害者 | 1 | 10 | (16) |

科斯塔与麦克雷（Costa & McCrae, 1994; McCrae & Costa, 2008）总结了这些研究数据，见表 5.4。这个表按照五因素特质模型（见第 3 章）对人格量表进行了分类。每个样本的第一次与最后一次人格评鉴的时间间隔短至 3 年，长至 30 年。最后得出了强有力的一般性结论：在不同的研究者凭借不同的自我报告测量工具以不同的时间间隔对成年人所进行的人格测量中，神经质、外向性、开放性、随和性与尽责性都显示了中等到较高水平的稳定性。这些通过不同量表测量的特质在不同时间间隔之间相关的平均值为 +0.65。

这些研究采用的都是自我报告法。如果使用其他数据来源，稳定性系数是多少？一项采用配偶评定来考察成人人格的纵向研究（时间跨度为 6 年）显示，神经质的稳定性系数为 +0.83，外向性为 +0.77，开放性为 +0.80（Costa & McCrae, 1988）。另一项研究采用同伴评定的方式研究人格的稳定性（时间跨度为 7 年），在人格的五因素分类上，稳定性系数的范围在 +0.63 至 +0.81 之间（Costa & McCrae, 1992）。总之，从个体差异的意义上说，无论数据来源是自我报告、配偶评定还是同伴评定，研究结果都显示了中等至较高水平的人格稳定性。

后续研究仍在不断证实成年后人格的等级顺序稳定性。在一项研究中，研究者（Robins et al., 2001）考察了 275 名大学生，分别在其大一和大四时施测，大学四年期间他们的人格等级顺序稳定性分别为：外向性 0.63；随和性 0.60；尽责性 0.59；神经质 0.53；开放性 0.70。另一项研究考察了 2 141 名德国学生，研究从他们上大学期间开始一直到他们工作，为期两年，结果显示他们的人格稳定系数分别为：外向性 0.70；随和性 0.65；尽责性 0.69；神经质 0.65；开放性 0.75（Ludtke, Trautwein, & Husemann, 2009）。总之，“大五”因素具有中等水平的等级顺序稳定性，这一点在不同的群体和研究者之间具有高度的可重复性。

在那些没有严格归入“大五”的人格特质上也发现了类似的结果。在一项对自尊（即人们对自己感觉良好的程度）稳定性的大规模元分析中，研究者（Trzesniewski, Donnellan, & Robins, 2003）发现了高水平的跨时间连续性。在汇总了 50 篇已发表的研究（包括 29 839 名个体），以及 4 个大型的全美范围的研究（包括 74 381 名个体）后，他们发现自尊稳定性系数的范围为 0.50~0.79。人们对自己感觉如何，即自信的水平，表现出了显著的跨时间一致性。对亲社会倾向和同理心的研究也获得了类似的发现（Eisenberg et al., 2002）。总之，人格特质，不管是“大五”特质还是其他特质，在成年期都表现出从中等至较高水平的等级顺序稳定性。

研究者从个体差异角度对人格的等级顺序稳定性提出了一个有趣的问题：什么时候人格的稳定性达到最高点？换言之，人的一生中是否有一个点，此时个体的人格特质会变得非常固定，相对于其他人的位置不会再改变太多？为了回答这个令人着迷的问题，有研究者（Roberts & DelVecchio, 2000）对 152 项纵向人格研究进行了元分析。他们考察的关键变量是“人格一致性”，用时间 1 和时间 2 所测得的人格之间的相关来表示（如 15 岁时与 18 岁时同一人格特质之间的相关）。

他们发现了两个重要结果。第一，人格一致性随年龄的增长而趋于增强。例如，十几岁时人格一致性的平均值是 +0.47，二十几岁时达到了 +0.57，三十几岁时达到 +0.62（类似结果见 Vaidya et al., 2008）。第二，人格一致性在五十几岁时达到顶峰，平均值为 +0.75。正如作者所总结的，“从婴儿期开始到中年期，特质的一致性程度以线性的方式增加，50 岁后达到顶峰”（p. 3）。显然，随着人们年龄的增长，人格表现得越来越“稳定”。

表 5.4 成人样本中部分人格量表的稳定性系数

| 因素 / 量表 | 时间间隔 | 相关系数（r） |
| --- | --- | --- |
| **神经质** | | |
| NEO-PI：神经质 | 6 | 0.83 |
| 16PF Q4：紧张性 | 10 | 0.67 |
| ACL 听话的孩子 | 16 | 0.66 |
| 神经质[a] | 18 | 0.46 |
| GZTS：情绪稳定性（低） | 24 | 0.62 |
| MMPI 因素：神经质[b] | 30 | 0.56 |
| | 中数： | 0.64 |
| **外向性** | | |
| NEO-PI：外向性 | 6 | 0.82 |
| 16PF H：敢为性 | 10 | 0.74 |
| ACL 自信 | 16 | 0.60 |
| 社交外向性[a] | 18 | 0.57 |
| GZTS 社会性 | 24 | 0.68 |
| MMPI 因素：社交外向性[b] | 30 | 0.56 |
| | 中数： | 0.64 |
| **开放性** | | |
| NEO-PI：开放性 | 6 | 0.83 |
| 16PF I：敏感性 | 10 | 0.54 |
| GZTS 思想性 | 24 | 0.66 |
| MMPI：智力兴趣[b] | 30 | 0.62 |
| | 中数： | 0.64 |
| **随和性** | | |
| NEO-PI：随和性 | 3 | 0.63 |
| 随和性[a] | 18 | 0.46 |
| GZTS 友善性 | 24 | 0.65 |
| MMPI：玩世不恭（低）[b] | 30 | 0.65 |
| | 中数： | 0.64 |
| **尽责性** | | |
| NEO-PI：尽责性 | 3 | 0.79 |
| 16PF G：有恒性 | 10 | 0.48 |
| ACL 耐力 | 16 | 0.67 |
| 冲动控制[a] | 18 | 0.46 |
| GZTS 约束性 | 24 | 0.64 |
| | 中数： | 0.64 |

注：时间间隔的单位为年。所有重测相关都在 $p < 0.01$ 水平显著。NEO-PI，《NEO 人格调查表》；16PF，《十六种人格因素问卷》；ACL，《形容词检核表》；GZTS，《吉尔福特—齐默尔曼气质调查表》；MMPI，《明尼苏达多相人格调查表》。

[a] 因素名——译者注。

[b] 非 MMPI 的正式分量表，而是从 MMPI 原题项中析出的因素——译者注。

资料来源：Costa & McCrae, 1994。这些稳定性系数与所有后续研究的稳定性系数相似。例如，一项芬兰的纵向研究发现，成人在这五个因素上的等级顺序稳定性为 0.65~0.97（Rantanen et al., 2007）。

## 成年期的均值水平稳定性与变化

如图 5.2 所示，人格的五因素模型还表现出相当程度的均值水平稳定性。开放性、外向性、神经质、尽责性与随和性的均值水平很少有变化，特别是在 50 岁后。

然而，少有变化并不意味着没有变化。事实上，这些人格特质有着很小但稳定的变化，特别是在二十几岁的时候。从图 5.2 中可以看出，开放性、外向性与神经质随着年龄的增长有逐渐下降的趋势，直到 50 岁左右。同时，尽责性与随和性表现出随着时间的推移而逐渐增加的趋势，在瑞士、德国和美国的样本中都发现了这一效应（Anusic, Lucas, & Donnellan, 2012; Specht, Egloff, & Schmukle, 2011）。不过，这一年龄效应并不大。

研究证实了人格特质的均值水平在成年期有着微小但重要的变化。到目前为止，最一致的变化是，随着年龄的增长，人们在神经质或消极情感上的得分变低，这些都是积极的变化。例如，从大学一年级到四年级，学生们在神经质上的得分大约下降半个标准差（$d = -0.49$）（Robins et al., 2001）。学生报告说，随着时间的推移，他们体验到更少的消极情感和更多的积极情感（Vaidya et al., 2002）。一项从青少年期追踪至中年期的纵向研究也得出了消极情感体验下降的结论，即个体步入中年后，更少感到焦虑、痛苦和愤怒（McCrae et al., 2002）。从成年中期（42~46 岁）到更为年长（60~64 岁）时，情绪稳定性甚至还会提高（Alleman, Zimprich, & Hertzog, 2007）。类似地，一项包括 2 804 名个体的大规模纵向研究（时间跨度 23 年）也发现，随着年龄的增长，参与者的消极情绪体验持续减少（Charles, Reynold, & Gatz, 2001）。

一项包含了 92 个不同样本的大规模元分析显示，无论男性还是女性，情绪稳定性都会随着年龄的增长而提高，其中变化最大的时期是在 22 岁到 40 岁之间（Roberts, Walton, & Viechtbauer, 2006）。在德国（Lehmann et al., 2013）和日本（Kawamoto, 2016）进行的研究也发现了这种情绪稳定性随年龄增长而提高（或神经质降低）的

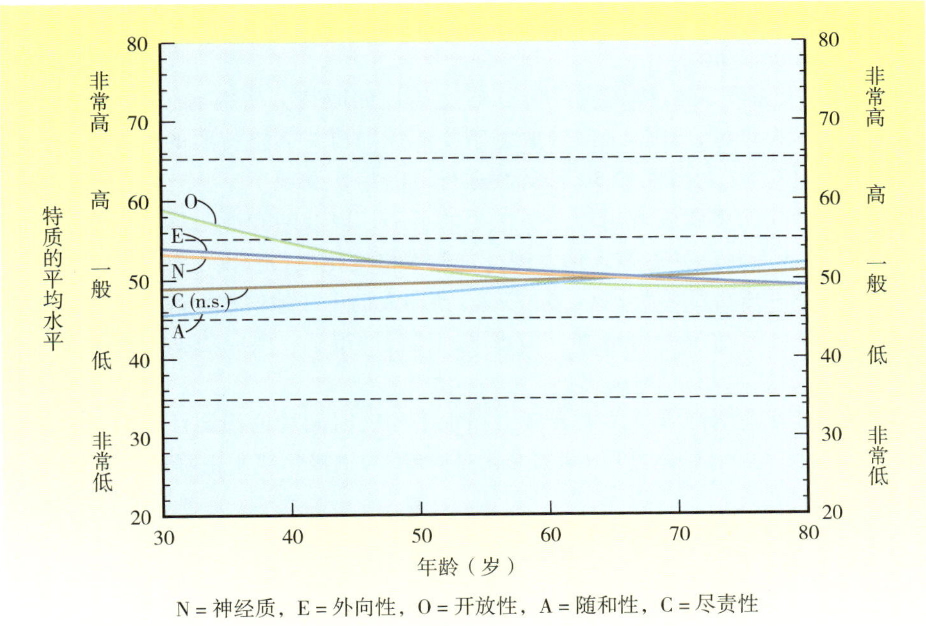


**图 5.2**
图中显示了五因素特质在一生中的均值水平。尽管这些特质的平均得分有着相当高的跨时间稳定性，但开放性、外向性和神经质在 30 岁至 50 岁期间表现出逐渐下降的趋势；与之相反，随和性特质表现出逐渐增加的趋势。
资料来源：Costa & McCrae, 1994.

趋势。一项以 1 600 名男性为样本的研究发现，相比于单身男性，已婚男性的情绪稳定性提高幅度更大，超过了平均水平( Mroczek & Spiro, 2003 )。总之，随着年龄的增长，大多数人的情绪波动变小，焦虑减轻，一般也不那么神经质——对于那些在当前生活中频繁经历情绪大起大落的人而言，这是一件值得期待的好事。

然而，有些人的改变程度会比其他人更大（Johnson et al., 2007; Neyer, 2006; Vaidya et al., 2008）。随着时间的推移，几乎没有经历过压力生活事件的人神经质水平下降幅度最大（Jeronimus et al., 2014），而那些经历了许多压力生活事件的人神经质水平往往会上升。同时，高神经质水平可能会导致人们将自己陷于压力生活事件中。所以，神经质与压力之间的关系似乎是双向的。进入一段稳定的恋爱关系、晋升为父母或尽心投身工作似乎都会提高尽责性水平（Bleidorn, 2012; Hudson & Roberts, 2016; van Scheppingen et al., 2016; Wagner et al., 2015）。

随着年龄的增长，人们的神经质和消极情绪得分会下降，但尽责性得分会有所提高。一项研究发现，随和性增加了几乎半个标准差（$d = +0.44$），而尽责性则增加了约四分之一个标准差（$d = +0.27$）（Robins et al., 2001）。在尽责性的子维度中增长最多的是勤奋（努力工作）、冲动控制和可靠性（Jackson et al., 2009）。其他研究者也发现了类似的结果：大学生在入学两年半后变得更随和、外向和尽责（Vaidya et al., 2002）；随和性和尽责性在整个成年早期到中期都在增长（Srivastava et al., 2003）；积极情绪从十八九岁开始一直到五十几岁都在增加（Charles et al., 2001）。德国和日本的研究结果都显示了个体的随和性会在成年期上升（Lehmann et al., 2013; Kawamoto, 2016）。一些研究还发现开放性也会随着年龄的增长而提高，尽管这种变化没有情绪稳定性的变化那么明显。一项研究发现，从青少年期至成年早期，个体的开放性呈上升趋势（Pullman, Raudsepp, & Allik, 2006）；另一项研究以年龄相似的群体为样本，但只在女性中发现了相同的趋势（Branje, van Lieshout, & Geris, 2006）。要想很好地概括人格均值水平的变化，也许可以直接引用纵向研究者们的总结：“从青少年期至成年期的人格变化反映出人们在向着更成熟的方向发展；许多青少年变得更能控制自己，在社交方面更自信，不再经常气呼呼和格格不入”（Roberts, Caspi, & Moffitt, 2001, p. 670）。事实上，这种人格改变曾被称为“*成熟原则*”（maturity principle）（Caspi, Roberts, & Shiner, 2005）。

最后，“大五”人格特质或许可以通过治疗而改变。研究者（Piedmont, 2001）以“大五”作为指标，评估了门诊成瘾康复治疗项目对人格特质的影响。研究者在六周的时间里对 82 名男性和 50 名女性进行了治疗，发现了一些有趣的结果。接受了整个疗程治疗的患者表现出神经质水平的下降，以及随和性与尽责性水平的上升（$d = 0.38$）。15 个月后的追踪评估发现，这些人格变化很大程度上被保留了下来，尽管效应量不如一开始那么大（$d = 0.28$）。帮助人们（在他们想要改变的时候）改变人格特质的项目，尤其是降低神经质水平，已经取得了一些成功（Hudson & Fraley, 2015）。

总之，尽管人格特质总体上表现出高水平的跨时间均值稳定性，但随着年龄的增长以及治疗，它们会发生可预期的变化：神经质与消极情绪水平降低，随和性提高，尽责性提高。

练习

在某些方面每个人的人格都具有跨时间的稳定性；然而，在另一些方面，它会随时间而改变。在本练习中，你可以通过"现在的你是什么样子"和"你认为自己将来会怎样"这两个角度来评估自己（Markus & Nurius, 1986）。下面列出了一系列条目。对每一条目，你只需用从 1 到 7 对其进行评级。1 表示"根本不能描述我",7 表示"高度准确地描述了我"。对每个条目进行两次等级评定：(1）是否描述了现在的我？（2）是否描述将来的我？

| 条　目 | 描述现在的我 | 描述将来的我 |
|---|---|---|
| 快乐的 | | |
| 有信心的 | | |
| 抑郁的 | | |
| 懒惰的 | | |
| 到处旅行 | | |
| 有许多朋友 | | |
| 贫穷的 | | |
| 性感的 | | |
| 身材好 | | |
| 在公共场合谈话得体 | | |
| 自己做决定 | | |
| 操控别人 | | |
| 强大的 | | |
| 不重要的 | | |

比较你对两个问题的回答。如果在某一条目上你给出了相同的回答，就表明你相信这个特质会随时间的推移保持稳定。然而，那些答案发生了变化的条目，则可能反映出你的人格将随时间发生这些方面的变化。

你可以用多种方式看待你的"可能自我",但是有两种特别重要。第一种是"期望自我",即你希望成为的人。一些人希望变得更快乐、更强大，或者有更好的身材。第二种属于"恐惧自我",即你不希望成为的那类人，比如穷人或呆板的人。你希望的可能自我是什么样子？你恐惧的可能自我是什么样子？

## 人格的变化

对人格特质的综合测量（比如五因素模型所涵盖的那特质）给了我们一些提示，即人格可随时间变化。但是把大部分精力放在人格稳定性上的研究者们，通常不会特别地设计研究来评估人格的变化。我们对人格的变化依然知之甚少，记住这一点很重要。

这方面的知识相对贫乏的原因在于，研究者们可能对寻找人格的变化这件事本身就抱有一种偏见（Helson & Stewart, 1994）。正如布洛克（Block, 1971）所言，就连用来描述稳定性和变化的术语都充满了评价的含义。描述没有变化的术语往往是积极的：一致性、稳定性、连续性以及恒定性，所有这些看上去似乎都是好的，值得拥有的。作为对比，不一致性、不稳定性、不连续性以及不恒定性似乎都是不受欢迎或不可预测的。

## 从青少年期到成年期自尊的变化

在一项独特的纵向研究中，布洛克等（Block & Robbins, 1993）考察了自尊以及与自尊变化相联系的人格特质。**自尊**（self-esteem）被界定为“就那些得到个体积极评价或消极评价的个人属性而言，一个人在多大程度上认为自己接近自己想要成为的人，以及 / 或远离自己不想成为的人”（Block & Robbins, 1993, p. 911）。在这项研究中，自尊是通过当前自我的描述与理想自我的描述之间的总体差异来衡量的。研究者假设，当前自我与理想自我之间的差异越小，自尊水平越高；反之，两者差异越大，自尊水平越低。

研究者在参与者 14 岁，即大约高中一年级的时候，用这种方法对他们的自尊进行了首次评估。然后在他们 23 岁时再评估一次，此时大约是高中毕业 5 年后。

将样本作为一个整体看，随着年龄的增长，自尊没有变化。然而，当分别考察男性与女性时，却出现了令人吃惊的趋势。随着时间的推移，两性的发展趋势彼此分离，男性的自尊有提高的趋势，而女性的自尊有降低的趋势。男性的自尊平均增加了大约五分之一个标准差，而女性的自尊平均下降了约一个标准差。这是人格在群体层面上变化的一个例子，即随着时间的推移，两个亚群体（男性与女性）朝着不同的方向发生了变化。

总之，女性从青少年早期向成年早期的过渡似乎比男性更困难，至少从自尊来看是这样。从整体上看，女性自尊有降低的趋势，当前自我与理想自我之间的差距在增加。然而，在同一时间段里，男性的实际自我与理想自我之间的差异往往较小。

## 自主性、支配性、领导动机与抱负

另一项纵向研究考察了美国电话电报公司的 266 名男性经理候选人（Howard & Bray, 1988）。在这些男性二十几岁时（20 世纪 50 年代末），研究者对他们进行了第一次测试，然后在之后 20 年的时间里对他们进行定期的追踪研究，直至他们四十几岁（20 世纪 70 年代末）。

研究者发现，作为一个整体，样本发生了几个显著的人格变化。最令人吃惊的变化是抱负得分的急剧下降。这种下降在前 8 年最急剧，但在随后的 12 年里仍然持续下降。上过大学的人下降最为急剧，没上过大学的人下降的程度小一些；但应该注意的是，一开始上过大学的人比没有上过大学的人抱负更高。后续的补充访谈资料表明，这些人对自己是否能在公司中晋升有了更加现实的认识。他们并没有对工作失去兴趣，或者工作效率下降。事实上，他们在自主性、领导动机、成就和支配性上的分数随时间的推移都有所提高（见图 5.3）。

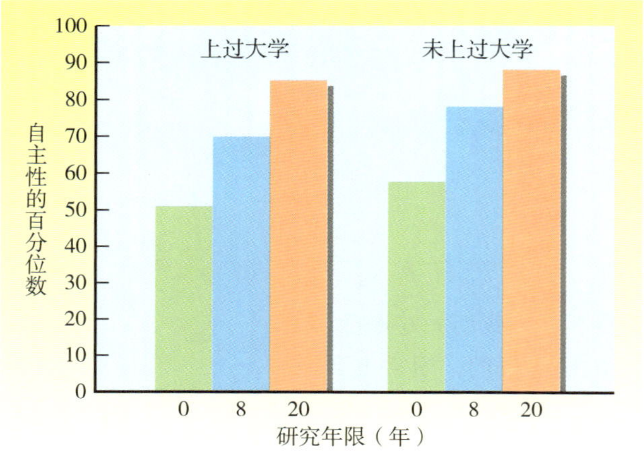


**图 5.3**

上图展示了在美国电话电报公司研究中男性自主性得分随时间的变化。随着年龄增长，上过大学与未上过大学的男性都变得更自主或者说独立。

## 感觉寻求

传统智慧认为，随着年龄的增长人们会变得更谨慎和保守，感觉寻求研究证实了这个观点。《感觉寻求量表》（Sensation-Seeking Scale, SSS）包括四个分量表，每一个分量表都包含一系列需在两个不同选项之间迫选的条目或短语。第一个分量表是刺激和冒险寻求，包括“我想尝试跳伞”与“我永远也不想尝试从飞机上往下跳，无论有没有降落伞”这样的条目。其他分量表分别是体验寻求（例如，“我对体验本身不感兴趣”与“我喜欢新的和有刺激性的体验或感觉，即使它们有一点吓人、违反传统甚至违法”）；去抑制（例如，“我喜欢狂欢的、不受限制的聚会”与“我偏好交谈愉快的安静聚会”）；以及对单调的敏感性（例如，“我讨厌看同一张老面孔”与“我喜欢老朋友那种令人舒适的熟悉感”）。

从儿童期到青少年期，感觉寻求倾向一直在增强，到青少年晚期达到顶峰（18~20 岁），之后随着年龄的增长或多或少有所下降（Zuckerman, 1974）。感觉寻求的这一年龄趋势在美国和多种其他文化背景中得到了重复验证（Chan et al., 2012; Steinberg et al., 2008）。跳伞和不受限制的狂欢聚会似乎对年长的人吸引力较小。

## 女性化

在一项对毕业于米尔斯学院（位于旧金山湾区）的女性进行的纵向研究中，研究者（Helson & Wink, 1992）考察了从四十出头到五十出头这段时间里的人格变化。两次测试都使用了《加利福尼亚心理调查表》。研究发现参与者在女性化分量表（现在称为女性化 / 男性化分量表）上发生了最明显的变化。女性化得分高者往往被观察者描述为依赖性强、情绪化、女子气、温和、易兴奋、温柔、紧张、敏感、感性、服从、有同情心和焦虑（Gough, 1996）。与之相比，得分低者（即那些得分偏向男性化的人）常常被描述为好斗、果敢、爱自夸、大胆、坚决、有魄力、独立、男子气、自信、强大和坚韧。在行为表现方面（请回忆第 3 章中的行为频率法），根据这些女性的配偶的报告，在女性化量表上得分高者往往会在节假日给朋友寄贺卡，记得熟人的生日，即使其他人不会这样做。相比之下，得分低者倾向于负责委员会会议，并且在性接触中比较主动（Gough, 1996）。

在这些受过教育的女性样本中发生了令人感兴趣的变化，即从四十岁出头向五十岁出头迈进的时候，她们在女性化方面表现出稳定的下降——这一人格变量表现出了群体层面的变化。选择不生孩子的女性在女性化量表上的得分低于已经有孩子的女性，然而这种区别更可能是由先前存在的人格维度决定的（Newton & Stewart, 2013）。

## 独立性与传统角色

对米尔斯学院女性的纵向研究（Helson & Picano, 1990）还得到了另一个引人关注的发现。参加研究的女性被分成四组：（1）有孩子、有完整婚姻的家庭主妇；（2）有孩子的在职母亲（新传统女性）；（3）离异的母亲；（4）非母亲（Helson & Picano, 1990）。图 5.4 显示了《加利福尼亚心理调查表》独立性分量表的结果。这个分量表测量了人格的两个相关方面：第一个方面是自信心、足智多谋与能力；第二个方

# 阅读 自尊的日常变化

大多数研究自尊的人格心理学家关注个体自尊的平均水平，即总体上是高、低还是中等。少量研究考察了人的一生中很长一段时间内自尊的变化，如从青少年期到成年期。然而，只要稍加思考，大多数人都会意识到，我们对自己的感觉通常是每天都在变化的。就自尊体验而言，有些日子就是比另一些日子要好。有时候我们感到自己没有能力，事情难以掌控，甚至觉得自己没有价值；有时候我们对自己感到满意，认为自己很强大或有能力，对自己当前是一个什么样的人以及未来能变成什么样的人都感到很满意。也就是说，自尊似乎会变化，不仅是一年一年地变，而且是一天一天地变。

心理学家科尼斯对人们的自尊在日常生活中如何变化感兴趣。自尊的变异性是指自尊短期变化的幅度（Kernis, Grannemann, & Mathis, 1991）。研究者通过要求人们连续几天（有时会是数周或数月）记录下他们的自我感受来测量自尊的变异性。根据这些每日记录，研究者可以确定每个人自尊的波动幅度，以及平均自尊水平。

研究者对自尊的水平和变异性进行了区分。这两个方面被证明彼此不相关，而研究者假设它们在预测重要的生活结果（如抑郁）方面存在交互作用（Kernis, Grannemann, & Barclay, 1992）。例如，自尊的变异性大表明自尊水平即使很高，个体也是脆弱的，也很容易受到压力的影响。因此，我们可以认为自尊水平与变异性是自尊的两个不同属性，如图所示。

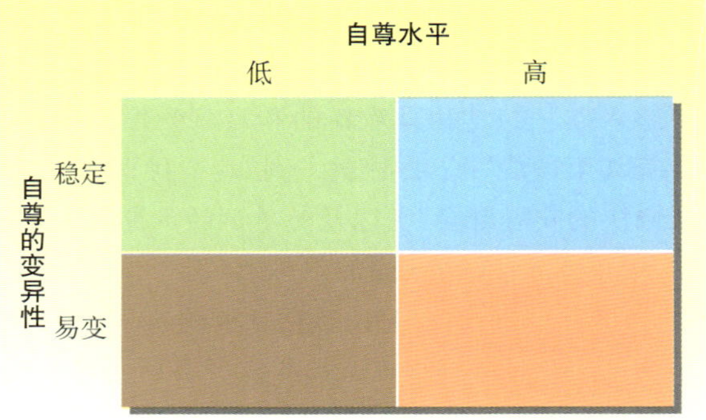


自尊的水平（无论是高还是低）与自尊的变异性（无论稳定还是每天变化）彼此不相关。因此，有可能找到不同组合的人，比如自尊水平高且易变的人。

科尼斯等人（Kernis et al., 1991, 1992）认为，自尊的变异性与一个人的自我看法在多大程度上受事件（特别是社会事件）影响有关。与其他人相比，有些人的自尊更易受生活中偶然事件的影响。例如，对一些人来说，受到恭维自尊会高涨，遇到怠慢自尊又会骤降；而另一些人则能更好地承受生活的冲击，自尊更稳定，生活中的得意之事或怠慢对他们的自我看法都没有大的影响。自尊的这种稳定性与可变性构成了一种心理特质，即自尊的变异性。

一些研究考察了自尊的变异性是否能对生活结果，如面对压力时的抑郁反应，做出不同于自尊水平的预测。一项研究（Kernis et al., 1991）发现，抑郁与自尊水平相关，但是这种相关在自尊变异性高的人中更强。换言之，在所有的自尊水平上，变异性低的受测者的自尊与抑郁的相关都小于变异性高的受测者。其他研究者（Butler, Hokanson, & Flynn, 1994）也得到了类似的结果，他们发现自尊的变异性是预测谁将在六个月后变得抑郁的良好指标，特别是在此期间出现生活压力时。这些研究者还得出结论，自尊的变异性大表明一个人的自我价值感可能很脆弱，在压力条件下，与自尊更稳定的人相比更容易陷入慢性抑郁。

基于这些研究发现，研究者开始将自尊的高变异性视为压力生活事件的易感因素（Roberts & Monroe, 1992）。也就是说，自尊的高变异性是由个人特别敏感的自我价值感导致的。研究者认为（Deci & Ryan, 2000），自尊易变者将自我价值感建立在他人的肯定之上。他们对社会反馈非常敏感，主要通过他人的眼睛来评价自己。自尊变异性高的人表现出：（1）对评价性事件高度敏感；（2）对自我概念高度关心；（3）对自我的评价过于依赖社会信息源；（4）当事情没有按照他们的想法发展时，会出现愤怒和敌意反应。

面是与他人保持距离，不屈服于社会的传统要求。与此量表相关的一些行为的频率反映了这些主题（Gough, 1996）。独立性分量表得分高的人倾向于为其所在的群体设定目标，在聚会上与许多人交谈，并在形势需要时负责管理群体。高分者还喜欢打断别人的谈话，而且并不总是听从领导者的指令（因此，以这些方式与他人保持距离）。

离异母亲、非母亲和在职母亲的独立性得分随着时间推移显著增加。只有传统家庭主妇的独立性没有表现出随时间的增加。当然，这些数据是相关性的，因此我们无法推论因果关系。有可能是某些角色因素影响了女性的独立程度；也有可能是那些不太可能提高独立性的女性更满足于继续扮演传统的家庭主妇角色。无论是哪种解释，这个研究都说明了考察总体中的亚群体的效用。

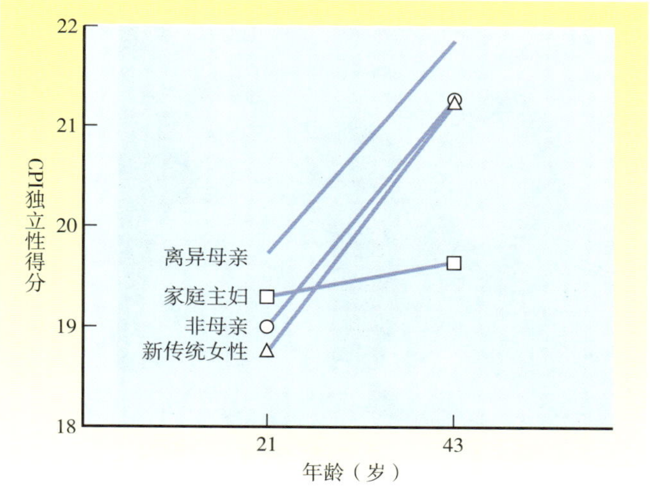


**图 5.4**

上图为四组女性 21 岁和 43 岁时在《加利福尼亚心理调查表》（CPI）独立性分量表上得到的平均分，包括家庭主妇组（$n = 17$）和三组非传统角色的女性：新传统女性（$n = 35$）；离异母亲（$n = 26$）；非母亲（$n = 26$）。

总之，尽管证据还很少，但有足够的实证线索表明，人格特质随着年龄的增长会出现一些可预测的变化。首先，随着年龄的增长，冲动性和感觉寻求会出现可预测的下降。其次，随着年龄的增长，男性的抱负往往会降低。男性和女性都有随着年龄的增长而变得更独立的迹象。最后，有线索表明独立性的变化与社会角色和所选取的生活方式有关，与离异的或更不传统的职业女性相比，传统家庭主妇在独立性上的变化更小。

## 人格变化的队列效应：果敢性和自恋

在探索人格的跨时间变化时，一个令人感兴趣的问题是确定所观察到的变化是所有人随着年龄的增长都会经历的真实人格改变，如前面介绍的纵向研究所确定的那样，还是只是**队列效应**（cohort effects）——人们生活的社会时代所造成的变化。琼·特文格（Twenge, 2000, 2001a, 2001b）在探索可能导致人格改变的队列效应方面一直走在最前沿。她认为在过去的 70 年里，美国社会发生了巨大的变化。最显著的变化之一集中在女性的社会地位和所扮演的角色上。例如，在 20 世纪 30 年代的大萧条时期，女性被期望能够自给自足，但到了五六十年代，女性被认为应扮演更具家庭色彩的角色。此后从 1968 年至 1993 年，大量女性涌入劳动力市场，美国社会逐渐接受了两性平等的规范。例如，从 1950 年至 1993 年，获得学士学位的女性数目翻了一番，大约从 25% 增加到 50%。而获得博士学位、医学学位与法学学位的女性数量则翻了三倍不止。这些巨大的社会变化是否影响了女性的人格？

特文格（Twenge, 2001a）发现，女性在果敢性（assertiveness）特质上的得分会随她们所处的队列出现明显的起伏。从 1931 年至 1945 年，女性的果敢性分数总体上提高了半个标准差；从 1951 年至 1967 年，大约下降了半个标准差；从 1968 年至 1993 年，果敢性得分再次提升。例如，从 1968 年至 1993 年，女性在《加利福尼亚心理调查表》支配性分量表上的得分提高了 0.31 个标准差。与之相比，男性在果敢性或支配性上没有表现出显著的队列差异。特文格（Twenge, 2001a, p. 142）认为，“社

从 1968 年至 1993 年，女性的果敢性得分提高了，表明存在队列效应。

会变化确实会被个体所内化……女性从周围的世界中吸收文化信息，这些信息进而塑造了她们的人格”。

年龄大些的人有时会抱怨年轻一代过于以自我为中心（“现在的孩子啊！”）。这些感叹有据可依吗？特文格及其同事（Twenge et al., 2008）通过分析被称为自恋（narcissism）的人格综合征来探讨这一问题，有这种人格综合征的人倾向于自我中心、自我炫耀、自我夸大、人际剥削、妄自尊大、缺乏同理心，并有过度的特权感（Buss & Chiodo, 1991）。特文格及其同事（Twenge et al., 2008）发现，在 1982 年至 2006 年间，自恋的得分增长了约三分之一个标准差。基于一项包含 30 073 名参与者的研究，前述分析的批评者认为，支持自恋明显队列变化的证据实际上相当薄弱（范围在 +0.02 到 +0.04），并且几乎没有证据表明“兴起了一股自恋风潮”（Donnallan, Trzesniewski, & Robins, 2009）。尽管关于自恋的争论还在继续，但谨慎的读者们可能不希望在进一步研究结果出现之前妄下定论说现在的年轻人真的比老一辈更自我中心。

## 人格的跨时间连贯性：对重要社会性结果的预测

我们将考察的人格发展的最后一种形式称作人格的连贯性，它被定义为人格因素的表现或结果随时间推移发生的可预测的变化，即使背后的特质保持稳定。我们将特别关注人格对一些社会性结果的影响，如婚姻稳定性和离婚；酗酒、药物使用和情绪困扰；以及后期的工作情况。

### 婚姻稳定性、婚姻满意度和离婚

在一项时间跨度空前的纵向研究中，研究者（Kelly & Conley, 1987）考察了 300 对伴侣，从 20 世纪 30 年代他们订婚开始，一直到 80 年代晚年生活的方方面面。最后一次施测时，参与者年龄的中数是 68 岁。在全部的 300 对伴侣中，有 22 对解除了婚约，没有结婚。剩下的 278 对结了婚，其中有 50 对最终在 1935 年至 1980 年间的某个时候离婚。

在 20 世纪 30 年代的第一次测试中，每一个参与者的熟人在多个维度上对参与者的人格进行了评定。结果发现人格的三个方面对婚姻满意度和离婚有很强的预测力：丈夫的神经质、丈夫缺乏冲动控制能力以及妻子的神经质。高水平的神经质被证明是最强的预测因子。在 20 世纪 30 年代的测试以及 1955 年和 1980 年的重测中，神经质都与男女双方对婚姻的不满相关。

此外，夫妻双方的神经质以及丈夫缺乏冲动控制能力都可以有力地预测离婚。这三个人格维度可解释夫妻是否分道扬镳的可预测变异量的一半以上。拥有稳固与满意婚姻关系的夫妇，在神经质上的得分比后来离婚的夫妇低大约半个标准差。

离婚的原因似乎与前期测量的人格特质有关。例如，第一次施测时表现出低冲动控制性的丈夫，在以后的生活中易出现婚外情——违背婚姻的誓言是尤为突出的

心理学家已识别出能够预测婚姻是否幸福满意或是否将以离异告终的人格特质。尽管人格不是某种注定的命运，但它确实与一些重要的生活结果有关，如婚姻不幸福和离婚。

离婚理由。冲动控制性强的男性似乎能够避免性放纵，后者对婚姻特别有害（Buss, 2003）。

从这个跨越 45 年、贯穿参与者大部分成年期生活的研究中，我们得出了关于人格连贯性的重要结论。人格也许不是某种注定的命运，但它能够导致一些可预测的生活结果，如不忠、婚姻不幸福和离婚。

有趣的是，神经质在另一个重要的生活结果中也起着重要作用，即失去配偶后的韧性。一项引人关注的纵向研究表明，成功应对配偶死亡的最好预测因子是情绪稳定性特质（Bonanno et al., 2002）。该研究共有 205 名参与者，这些参与者在配偶去世前几年接受了测试，然后在配偶去世后 18 个月的时候分别再次接受测试。那些在情绪稳定性上得分高的人感受到的悲痛较少，抑郁程度较轻，并且表现出最快的心理恢复。情绪稳定性低者（高神经质）在配偶去世一年半后仍然沉浸于悲痛之中。简言之，人格影响情感生活的许多方面：谁有可能获得成功的浪漫关系（Shiner, Masten, & Tellegen, 2002）；谁的婚姻能够保持稳定与高满意度（Kelly & Conley, 1987）；谁更有可能离婚（Kelly & Conley, 1987）；配偶去世后人们如何应对（Bonanno et al., 2002）。

## 酗酒、药物使用和情绪困扰

人格特征还能够预测之后的酗酒行为和情绪困扰情况（Conley & Angelides, 1984）。在一项纵向研究的 233 名男性参与者中，有 40 人被判断有严重的情绪问题或酗酒行为。这 40 名男性早些时候被他们的熟人评为神经质水平高。具体而言，他们的神经质得分比没有酗酒或严重情绪困扰的男性高出约四分之三个标准差。

此外，早期的人格特质对区分谁将成为酗酒者与谁会产生情绪困扰问题很有用，冲动性控制是其中的关键因素。与出现情绪困扰问题的男性相比，酗酒男性的冲动性控制得分整整低一个标准差。其他研究也发现，那些在感觉寻求与冲动性人格特质上得分高且在随和性与尽责性特质上得分低者，与他们的同龄人相比更倾向于饮酒和酗酒（Cooper et al., 2003; Hampson et al., 2001; Markey, Markey, & Tinsley, 2003; Ruchkin et al., 2002）。低水平的随和性和尽责性还与中年时期的物质滥用（处方药和非法药物）有关（Turiano et al., 2012）。总之，早期生活中的冲动性和神经质与后期生活中的重要社会性结果密切相关。

## 宗教性和精神性

另一种与人格相关的重要生活结果是精神性（spirituality），它指的是个体信仰宗教或者追求精神生活的程度。青少年期的人格特质能够预测老年期这些方面的情况。在青少年期时尽责性和随和性得分高的个体，在以后的生活中更有可能在宗教性上得分更高（Wink et al., 2007）。相反，开放性是青少年期时唯一能够预测个体以后精神性寻求的人格特质。简言之，青年人的人格特质会影响他们在以后生活中的宗教性和精神性，无论他们早年间的社会化经历如何。

## 教育、学业成就和辍学

冲动性在教育和学业成就中也扮演着重要的角色。有研究者（Kipnis, 1971）要求一组个体自我报告他们的冲动性水平，并收集了其 SAT 分数，该测试被普遍认为是对学业成就与潜能的测量。在 SAT 低分者中，冲动性与之后的平均绩点没有关系。但是，在 SAT 高分者中，冲动性高的个体平均绩点普遍低于冲动性低的个体。另外，冲动性高的个体与那些冲动性低的个体相比，更有可能因不及格而退学。另一位研究者也发现了类似的关系：进入大学之前由同伴评定的冲动性与后来的平均绩点之间表现出 –0.47 的相关（Smith, 1967）。冲动性（或缺少自控）会继续影响工作中的表现。一项纵向研究考察了参与者 18 岁时的人格特质和 26 岁时的工作结果（Roberts, Caspi, & Moffitt, 2003），发现那些 18 岁时自控能力高者，在 26 岁时有更高的职业成就，在工作中更投入，有更好的经济保障。反之，18 岁时冲动的个体在工作中取得进步的可能性较低，表现出的心理卷入更少，获得的经济保障也更低。

尽责性被证明是预测个体学业和工作成就的最佳单一因素。3 岁时表现出的高尽责性能够预测 9 年后的学业成绩（Abe, 2005）。观察者对 4 岁至 6 岁儿童的尽责性评估可预测其 9 年后的学业成绩（Asendorpf & Van Aken, 2003）。对 8 岁至 12 岁儿童的尽责性评估能够预测他们 20 年后的学历水平（Shiner, Masten, & Robert, 2003）。尽管也有其他人格特质可以预测学业成绩，如情绪稳定性（Chamorro-Premuzic & Furnham, 2003a, 2003b）、随和性和开放性（Hair & Graziano, 2003），但尽责性是学业和工作成就的最佳纵向预测因素。尽责性对教育结果的预测效力在其他国家得到了重复，如卢森堡（Spengler et al., 2013）。

据称可以预测受教育程度和成就的一种相对较新的、被大肆宣传的人格特质是“坚毅”（Grit），即个体对长程目标的毅力和热情（Duckworth et al., 2007）。一项对坚毅研究文献的大规模元分析显示，它与尽责性高度相关（Crede et al., 2016）。然而，即使在控制了尽责性之后，坚毅的毅力维度依然能够预测学业成就，尽管对长程目标的热情并不能预测这方面的成就。就成就而言，毅力似乎比单纯的热情更能带来回报。

有趣的是，工作经历也对人格变化有影响（Roberts et al., 2001）。那些在 26 岁时获得高职业地位的人，自 18 岁以来变得更快乐、更自信，焦虑程度减轻，自我挫败行为减少。那些有较高工作满意度的人在从青少年向成人转变的过程中也更少体验到焦虑，并且更不易受压力的影响。

最后，在工作中赚很多钱的人是怎样的呢？这些个体不仅变得不那么疏离，能更好地应对压力，而且社交亲密度也有所提高，例如他们变得更喜欢别人，愿意向

阅读

## 爱发脾气的孩子成年后的结局

在一项跨度为 40 年的纵向研究中，研究者（Caspi et al., 1987）探索了儿童期人格对成年期职业地位和工作成就的影响。他通过与孩子母亲的访谈，识别了一组暴躁的、控制力低的孩子。在孩子 8 岁、9 岁和 11 岁时，让母亲评定他们发脾气的频率与严重程度。严重的发脾气行为包括撕咬、踢打、撞击、扔东西、尖叫与大喊等。样本中 38% 的男孩与 29% 的女孩被界定为经常不受控制地乱发脾气。

这些孩子在以后的时间里一直被追踪研究。男孩的儿童期人格在成年期的表现方式特别令人吃惊。孩提时代经常大发脾气的男孩，成年后的受教育水平更低。他们第一份工作的职业地位也普遍低于那些性格冷静的同龄人。出身于中产阶层的暴躁儿童有社会地位下降的趋势。到了中年，他们的职业成就与那些工人阶层的同龄人没什么区别。此外，他们倾向于频繁更换工作，表现出频繁离职的不稳定工作模式，而且平均失业的时间更长。

由于样本中 70% 的男性曾在军队中服役，因此研究者也考察了他们在军队中的记录。小时候被评为脾气暴躁的男性获得的军衔显著低于同龄人。最后，这些男性中约一半（46%）的人到 40 岁时处于离异状态；与之相比，儿童期不乱发脾气的男性的离婚比例只有 22%。总之，早期的儿童人格与成年后的一些重要的社会性结果，如工作成就、更换工作的频率、失业、军旅成就以及离异等有着内在联系。

很容易想象为什么暴躁、控制力低的个体成就更低，离异的比例更高。生活中有很多挫折，人们以不同的方式应对这些挫折。例如，脾气暴躁、控制力低的人更可能发脾气、对老板大喊大叫，或一时冲动而辞职。同样，这样的人更可能拿他们的配偶出气，或者因冲动导致婚外情。所有这些事件都可能导致低水平的工作成就与较高的离婚率。

他人寻求安慰，并且喜欢与人相处。总之，正如 18 岁时的人格可以预测 26 岁时的工作成就（如自我控制预测收入），工作成就也可以预测人格随时间的变化。我们再一次看到，冲动性是一个关键的人格因素，它与之后的生活结果存在有意义的联系。

### 健康和长寿

寿命长短以及一生中的健康（或多病）程度，对人们而言是异常重要的发展结果。令人惊讶的是，人格特质竟然可以预测寿命。对长寿而言最有利的人格特质分别是：高尽责性、积极情绪性（外向性）、低敌意性、低神经质（Danner, Snowdon, & Friesen, 2001; Friedman et al., 1995; Miller et al., 1996; Mroczek et al., 2009）。这些人格特质通过几种路径影响长寿（Ozer & Benet-Martinez, 2006）。第一，高尽责的个体会更多地做一些对健康有益的活动，比如保持良好的饮食习惯和有规律地锻炼身体，同时他们会避免一些不健康的活动，比如抽烟或成为“沙发土豆”。例如，在小学阶段表现出高尽责性的孩子，在 40 年后的成年期会比其他人更少抽烟或喝酒（Hampson et al., 2006）。17 岁时表现出的尽责性能够预测 3 年后使用合法（尼古丁、酒精）或非法药物的情况（Elkins et al., 2006）。那些尽责性低的青少年更有可能对各类药物上瘾。此外，尽责性高的个体更可能遵循医嘱并按推荐方案进行治疗。在学前阶段尽责性低（冲动或自我控制能力差）可预测青少年期的高水平冒险行为（Honomichl & Donnellan, 2012）。童年时期的高冲动性（控制力低）可预测 40 年后更高的中风和高血压患病率（Chapman & Goldberg, 2011）。冲动性还可以预测个体成年后不健康的体重增长和波动（Sutin et al., 2011）。

第二，外向的人可能有更多朋友，这就使他们能够获得良好的社会支持网络，后者与积极的健康结果相关。第三，低水平的敌意（神经质的一个成分）给心脏和心血管系统带来的压力较小（详见第 18 章）。高神经质还与不健康行为有关，比如抽烟，尽管即使在统计上控制了抽烟之后，神经质依然能够预测死亡率（Mroczek et al., 2009）。智力也是一个影响因素。童年时期的高智商可以预测 40 年后更低的死亡风险（Wrulich et al., 2015）。总之，高尽责性、积极情绪性（外向性）和低敌意共同预测了个体的积极健康结果和长寿。

## 对人格变化的预测

我们能够预测谁的人格有可能改变，而谁的有可能不变吗？在一项引人注目的纵向研究中，卡斯皮与赫贝纳（Caspi & Herbener, 1990）对中年夫妇进行了长达 11 年的研究。这些夫妇被测试了两次：一次是在 1970 年，另一次在 1981 年。所有的参与者不是在 1920—1921 年出生就是在 1928—1929 年出生，而且此研究是一个更大的纵向研究项目的一部分。

引发卡斯皮和赫贝纳研究兴趣的问题是：婚姻伴侣的选择是造成人格稳定或变化的一个原因吗？具体来说，如果你和一个与你相似的人结婚，你的人格是否会比和一个与你不相似的人结婚保持更高的跨时间稳定性？研究者推断，配偶之间的相似性会加强人格的稳定性，因为夫妻双方会在态度上彼此强化，会寻求相似的外在刺激源，甚至可能共同加入相同的社会关系网。反之，和与自己人格不同的人结婚，会产生观念的碰撞，要面对独自生活时本来不会遇到的社会与环境事件，而且一般而言，会产生一种不太适合维持现状的环境。

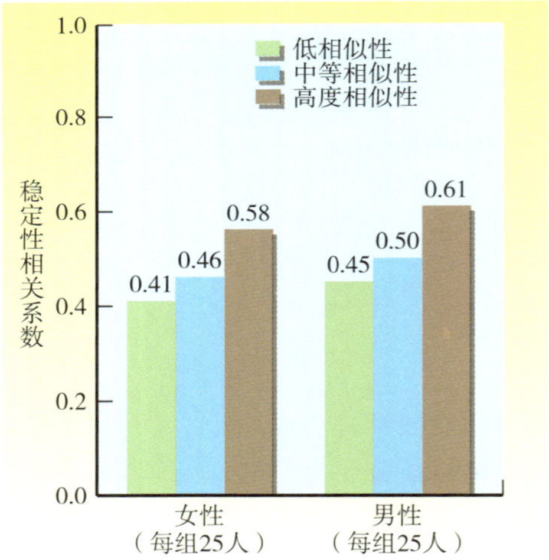


**图 5.5**

上图显示了跨时间的人格稳定性随夫妻人格相似性（低、中、高）的变化。那些和与自己人格（高度）相似的人结婚的男性和女性，表现出了最高水平的跨时间人格稳定性。

资料来源：Caspi & Herbener, 1990.

根据对丈夫和妻子的人格测量，卡斯皮和赫贝纳将所有的夫妇划分为三组：人格高度相似组、人格中等相似组和人格低相似组。然后他们考察了这些中年个体在接受测试的 11 年间，其人格所表现出的稳定性。结果如图 5.5 所示。

从图 5.5 中可见，和与自己高度相似的人结婚的个体表现出了最稳定的人格；与配偶相似性最低的人表现出了最大的人格变化；中等相似组处于二者之间。这个研究很重要，因为它指出了人格稳定性与变化的一个潜在来源：配偶的选择。看看未来的研究能否发现人格稳定性与变化的其他来源将非常有趣。例如，也许可以考察选择相似或不相似的朋友，或者选择与自己人格特质“匹配”或不匹配的学习或工作环境对人格稳定性的影响（Roberts & Robins, 2004）。

## 总结与评论

人格发展包括跨时间的人格连续性和变化两个方面。人格的稳定性有三种形式：（1）等级顺序稳定性，即随着时间的流逝依然保持一个人在群体中的相对位置；（2）均值水平稳定性，即一种特质或特征的平均水平能够跨时间保持;（3）人格的连贯性，即特质表现形式的可预测的变化。我们可以在人格分析的三个层面上考察人格发展：总体人类层面、群体差异层面和个体差异层面。

强有力的证据表明人格具有跨时间的等级顺序稳定性。气质，如活动水平和恐惧等在婴儿时期表现出中等到高水平的稳定性。活动水平和攻击性在儿童期表现出中等到高水平的稳定性。儿童期的霸凌者往往会在青少年期变成少年犯，在成年期成为罪犯。人格特质，如五因素模型中包括的特质，在成年期表现出中等到高水平的稳定性。一般而言，稳定性系数随着两次测试之间时间间隔的增加而下降。

随着时间的推移，人格也会发生可预测的变化。以“大五”人格为例，神经质一般会随着时间的推移而减弱，随着年龄的增长，人们的情绪会变得更稳定一些。此外，随和性与尽责性有随时间的推移而提高的趋势。所有这些变化都表明，随着有时动荡不安的青少年期逐渐进入成熟的成年期，人们的成熟度有所提高。开启一段亲密关系、为人父母、投身工作等进入成年人角色的事件会提高尽责性水平。从青少年早期到成年早期，男性的自尊有增加的趋向，而女性的自尊倾向于降低。可以预见的是，感觉寻求也会随着年龄的增长而下降。而且，对于女性来说，女性化有随时间的推移而下降的趋势，从四十出头到五十出头这个时期最显著。另一方面，一些研究表明自主性、独立性等人格特质随着年龄的增长有上升的趋势，这一点在女性身上尤为明显。

除了年龄导致的人格变化外，也有证据表明人格的均值水平会受个体成长于其间的社会队列的影响。琼·特文格证明了几种这样的影响，最显著的是对女性果敢性与支配性水平的影响。女性的果敢性水平在 20 世纪 30 年代以后一度很高，那时女性极为独立;到了 20 世纪 50 至 60 年代，当女性多为家庭主妇、很少有职业女性时，果敢性开始回落。然而，从 1967 年至 1993 年，随着女性社会角色的改变和更多地参与职业工作，她们的果敢性水平也相应地提高了。

人格也表现出了跨时间的连贯性。人格的早期测量可用来预测之后生活中的社会性结果。例如，夫妻双方的高神经质和男性的高冲动性可以预测婚姻不满和离婚。成年早期的神经质也是后来酗酒或出现情绪问题的良好预测因子。冲动性在形成酗酒习惯以及无法发挥学业潜能方面扮演着重要的角色。高冲动性的个体与低冲动性的同伴相比，学业分数更低，并且更可能辍学。脾气暴躁、爱发火的孩子成年后会表现出向下的工作流动；更频繁的工作变换；更低的军衔；更高的离婚率。18 岁时冲动性高的人在后来的工作中往往表现较差，例如他们获得的职业成就更少，且经济保障更低。反过来，工作经历似乎也会影响人格变化。那些获得职业成功的人往往会变得更快乐、更自信和更少焦虑。

尽管人们对哪些因素维持了人格的跨时间稳定性和连贯性知之甚少，但一种可能的因素是我们对婚姻伴侣的选择。有证据表明我们倾向于选择那些与自己人格相似的人，而且伴侣之间越相似，人格特质越能保持跨时间的稳定性。

我们发现人格具有很高的跨时间稳定性，但有证据表明人格也会发生重要的变化，我们如何才能最好地调和这两方面？第一，纵向研究肯定地表明，人格特质，如那些被归入“大五”的特质，表现出很强的跨时间的等级顺序稳定性。不仅如此，它们还表现出跨时间的连贯性。例如，中学时的霸凌者很可能在成年期变成罪犯。青少年期具有自控能力和尽责性的人在后来的生活中，倾向于表现出很高的学业和工作成就 。第二，在这个稳定性的粗略大背景之下，人们也明显地表现出了均值水平的变化——作为一个整体，随着年龄的增长，人们会表现出更低的神经质、更低的焦虑、更低的冲动性、更低的感觉寻求、更高的随和性和更高的尽责性。某些变化在女性身上更为明显——随着时间的推移，她们变得不再那么女性化，而是更有能力并且更加自主。另外，某些人格变化只影响某些个体，比如那些在工作中获得成功的人。简言之，尽管人格特质具有跨时间的稳定性，但在某些时候，在某些个体身上它们会发生某些变化，在这个意义上它们并非“一成不变”。

## 关键术语

| | | |
|---|---|---|
| 人格发展 | 人格的连贯性 | 稳定性系数 |
| 等级顺序稳定性 | 气质 | 效度系数 |
| 均值水平稳定性 | 纵向研究 | 自尊 |
| 均值水平的变化 | 活动度测量计 | 队列效应 |

第二编

# 生物学领域

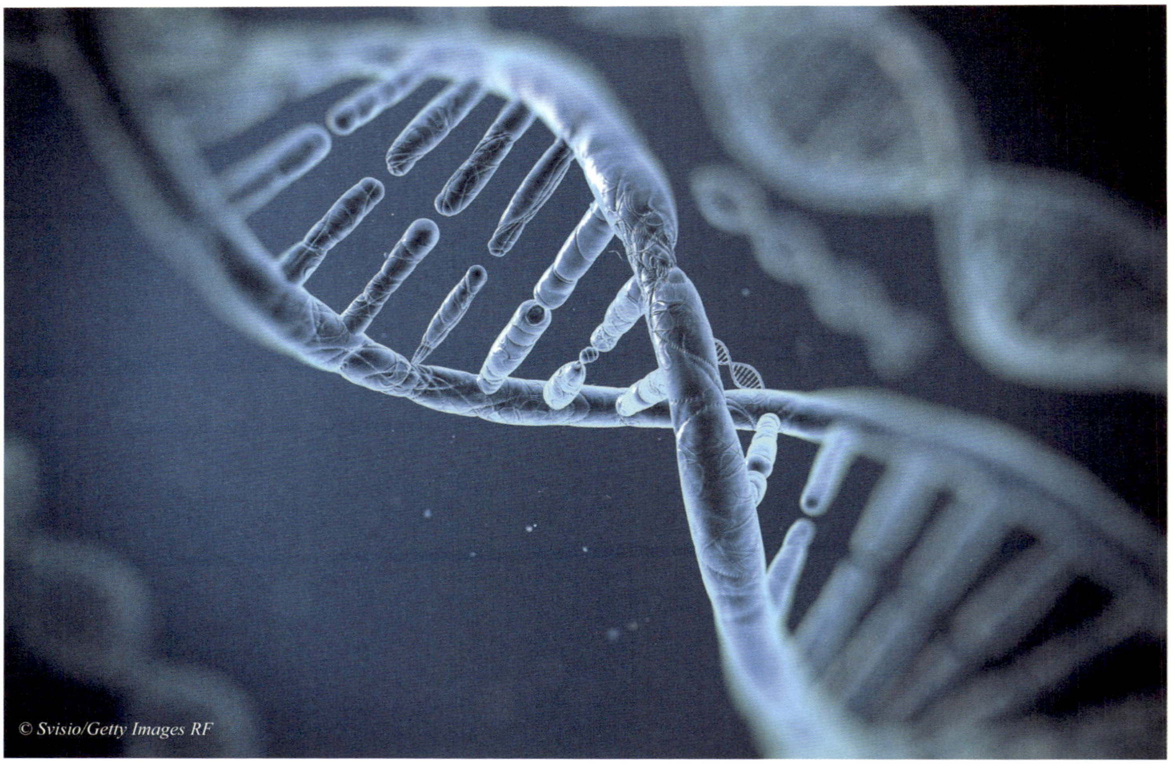


生物学领域关注人体中那些既影响人的行为、思想和情感，反过来又被其影响的身体因素和生物系统。例如，一种可以影响人格的身体因素是基因。正是基因构成决定了我们的头发是卷的还是直的，眼睛是蓝色的还是棕色的，体格是粗壮的还是纤细的。基因构成还影响我们的活动性，是否脾气暴躁、难以相处，是喜欢社交还是偏好独处。理解基因是否以及如何影响人格正好属于生物学领域的范畴。

生物学与人格交叉的另一个范畴是生理系统，如大脑。人与人之间大脑的微小差异就可能导致人格的不同。例如，一些人的大脑右半球活动性水平可能高于左半球，根据实证研究，我们知道这种半球活动的不平衡性与体验到更强的抑郁和其他消极情绪的倾向相关。在这个例子中，生理差异与不同的情绪类型联系在了一起。因为这些差异是持久而稳定的，所以这些生理特征代表了人格的某些方面（见第 7 章）。

人格心理学研究文献中有许多这样的例子，即生理测量的结果被认为与人格相关。例如，当陌生人在场时，与不害羞的孩子相比，害羞的孩子表现出心率加快（Kagan & Snidman, 1991）。那么，消除这种心率反应是否能让害羞的孩子变得不再害羞？恐怕不能。这是因为，生理反应只是与特质相关，而不是产生或促成人格特

II

质的底层基础。

但不能据此认为，研究与人格特质相关联的生理指标是徒劳无益的。相反，生理指标常常揭示出重要的人格后果。例如，A 型人格特质的人心血管的高反应性可能会对心脏病的发展产生严重后果。因此，确定与人格相关联的生理指标也是一项有用的、重要的科学任务。

另一方面，许多现代的人格理论强调，底层的生理因素在产生或形成特定的人格差异的基础方面有着更为重要的作用。在第 7 章，我们将详细考察其中一些理论。这些理论的共同点是，具体的人格特质以底层的生理差异为基础。每一种理论都认为，如果底层的生理基础发生了改变，与这一特质相关的行为方式也将随之改变。

我们将讨论的第三个生物学领域以达尔文的进化论为基础。那些帮助过物种成员生存和繁衍的适应器将作为进化的特征被代代相传。例如，能够直立行走的灵长类动物可以在开阔的原野上定居，其双手可以自由地使用工具。有关这类身体特征进化的证据是坚实可靠的。

心理学家正在寻找心理特征进化的依据。他们采纳了自然选择等进化原理，将其用于人格特质的分析。例如，自然选择可能使我们的祖先选择群体协作。那些能够在群体中进行协作的早期人类，更有可能得到生存和繁衍；而那些不喜欢合作的早期人类，更有可能灭亡，而不能成为我们的祖先。因而，现代人所具有的归属于某个合作性群体的需要，可能是一种进化而来的心理特征。人格的进化论观点将在第 8 章讨论。

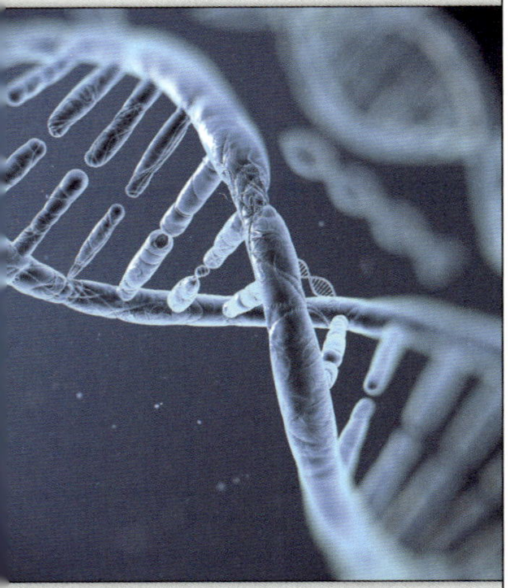

© Svisio/Getty Images RF

# 6 遗传学与人格

6

# 生物学领域

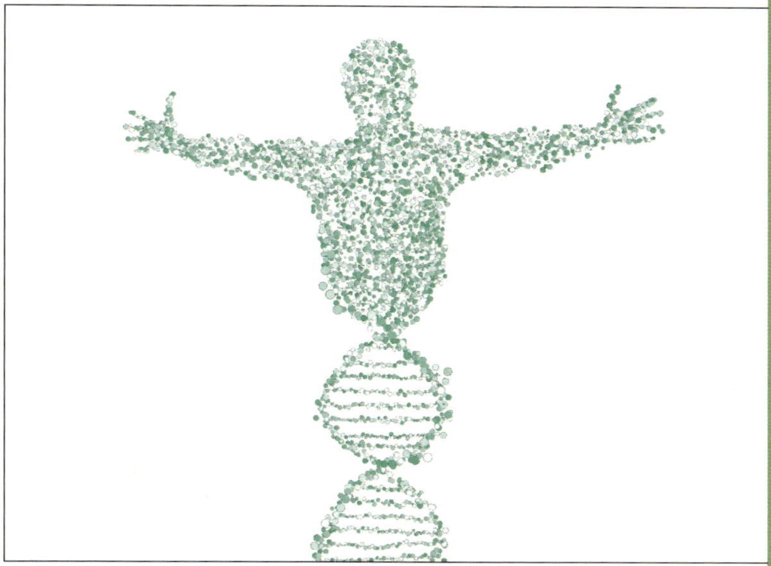

基因蓝图中记载着历史。

吉姆兄弟是一对同卵双生子，在出生时就被分开，被两个不同的家庭收养。他们一直处于分离状态，直到39岁才第一次见面。当施普林格得知自己还有一个住在中西部的孪生兄弟路易斯时，他于1979年2月9日打了第一个电话。他们一见如故，三周后，他成了兄弟婚礼上的伴郎。

初次见面，兄弟俩就发现彼此有着许多惊人的相似之处。他们身高均为1.83米，体重均为82千克；都结过两次婚，且他们的两任妻子的名字都相同，第一任妻子叫琳达，第二任妻子叫贝蒂；每个人都有一个儿子叫詹姆斯；他们的工作也相似，都是兼职的县郡治安官；都喜欢抽塞勒姆香烟，喝米勒清啤；都患有同样的头痛综合征，并且有咬手指甲的习惯；都喜欢把写给妻子的情书满屋子乱扔；在标准化的人格测验中他们的得分也惊人地相似（Segal, 1999）。

当然，吉姆兄弟并非在所有方面都完全一样。他们一个擅长写作，另一个擅长演说。他们的发型不同，一个梳向前，一个梳向后。但是从总体上来看，他们的相似之处是惊人的，特别是考虑到他们从婴儿时期开始就分别成长在两个完全不同的家庭中。当然这只是一对双胞胎，我们不能据此得出某种结论。但是，吉姆兄弟的例子引出了一个非常有趣的问题：遗传对人格有怎样的影响？

## 人类基因组

**基因组**（genome）是指有机体拥有的整套基因。人类基因组由20 000~25 000个基因构成，所有这些基因都位于23对染色体上 。每个人的每对染色体都是一条来自父亲，一条来自母亲。我们可以这样想象，人类基因组就像一本书，它共有23章，每一章是一对染色体，其中包含数千个基因。每一个基因由长长的DNA分子链组成。

令人惊讶的是，体内的每一个细胞核均含有两套完整的基因组，一套来自父亲，一套来自母亲。只有少数几个例外：红细胞核不包含任何基因；女性的卵细胞和男性的精子细胞只包含一套人类基因组复本。因为人体内约有 100 万亿个细胞，每一个还没有针尖大，所以，我们每个人体内都有大约 100 万亿套基因组复本。

“人类基因组计划”是一项耗资数十亿美元的研究，它致力于对整个人类基因组进行测序。也就是说，确定人类物种特殊的 DNA 分子序列。2000 年 6 月 26 日，科学家们宣布已经完成了完整人类基因组的首个草图，这成了头条新闻。但确定了 DNA 的分子序列并不意味着已经弄清楚了所有这些 DNA 分子的功能。科学家们现在已经手握“生命之书”，但他们还需弄清楚基因对人的身体、心理和行为有何具体的作用。

一些发现似乎彻底改变了关于人类基因组的标准假设，其中的两个发现特别值得一提。第一，虽然人类拥有的基因数量与小鼠和蠕虫的基因数量估计差不多，但就基因解码生成蛋白质的方式来说，人类远比其他物种要多样得多。这些多样化的解码形式能够生成数量繁多的蛋白质（大大超过小鼠和蠕虫），它们可以解释为什么人类和啮齿类动物之间存在着复杂的区别（Plomin, 2002）。第二，这些蛋白编码基因大约占人类基因组的 2%，它们只是整个故事的一部分。人类染色体中其他 98% 的 DNA 曾经被当作“**基因垃圾**”（genetic junk），因为科学家们认为它们只是一些无用的残留物。但基因研究者发现，“垃圾 DNA”并非垃圾，相反，它们之中的一部分对人类存在着影响——可能会影响从体形到人格的所有方面（Gibbs, 2003; Plomin, 2002）。人类基因组中隐藏的这些复杂层次——被称为“假基因”（pseudogenes）或“核糖开关”（riboswitches）——意味着要弄清楚基因与人类行为之间复杂而神秘的关系，我们还有很长的路要走。

地球上每个人基因组中的大多数基因是相同的，这就是为什么所有正常发育的人类都拥有许多共同的特征：两只眼睛、两条腿、32 颗牙齿、10 根手指、一颗心脏、一个肝脏、两叶肺，等等。然而，还是有少部分基因存在个体差异。因此，虽然都有两只眼睛，但有些人的眼睛是蓝色的，有些人的是棕色的，还有少数人的是紫色的。某些存在个体差异的基因影响了我们的身体特征，如眼睛的颜色、身高和骨骼宽度；另一些存在个体差异的基因则造成了定义人类人格的行为特征的差异。

## 关于基因与人格的争议

或许，人格心理学中没有其他任何领域像行为遗传学的研究那样充满争议。该领域的研究者们试图确定人格的个体差异在多大程度上是由遗传和环境差异分别导致的。行为遗传学的研究报告时常成为头条新闻和封面故事。例如，1996 年 1 月 2 日，《纽约时报》中一则有关行为遗传学研究取得突破性进展的报道引起了较大轰动，其标题是“不同的基因与寻求新异刺激的爱好相关”。文章报告发现了一个与新异寻求（即外向、冲动、放纵、急性子、易激动和喜欢探险的倾向）相关的特定基因。2012 年 11 月 5 日，有新闻报道称“是否成为完美主义者取决于你的基因”。一些大众传媒提出了“设计婴儿”的想法，父母亲可以从列出的基因表中选择他们喜欢的婴儿特征。这些想法颇具争议，因为它们意味着在塑造人类人格的核心特征方面，起作用的是基因差异，而非父母提供的社会化过程或个人的经验。

争论的部分原因来自意识形态领域。许多人担心，行为遗传学的这些发现会被用于（或误用于）支持某些政治议程。例如，如果个体在冒险寻求上的差异源自特定基因，那么，这是否意味着我们不应该让那些为了飙车而偷车的少年犯承担相关责任？如果科学家将行为模式或人格特质归因于基因的影响，一些人担心这类发现可能导致人们对改变的可能性持悲观态度。

另一方面的争论来自优生学。**优生学**（eugenics）的观点认为，我们可以通过鼓励具有某些特质的人生育后代，并限制不具有这些特质的人生育后代，从而实现对未来人种的优化设计。许多人担心遗传学的研究结果可能会被用于支持限制某些人生育的计划，更糟糕的是，会成为一些人鼓吹创造“优等民族”而消灭另一些人的借口。

然而，从事人格遗传学研究的现代心理学家们，在试图向他人介绍如何正确应用他们的研究成果以及如何避免误用方面，通常会格外小心（Plomin et al., 2013）。他们认为，有知识总比无知好。例如，如果人们相信孩子的多动症是父母的养育行为所导致的，而实际上多动症主要受基因的影响，那么试图通过改变养育行为来矫正孩子的多动症，只能让其父母遭受挫败并产生怨恨。此外，心理学家们指出，遗传学的发现不一定会导致有些人所担忧的恶果。例如，发现某种人格特征具有遗传基础，并不意味着环境对人格的塑造就没有作用。现在就让我们转到遗传学与人格的研究领域，看看这场纷乱的争论之下隐藏着什么。

## 行为遗传学的目标

为了理解行为遗传学研究的主要目标，让我们来看一个具体的例子——身高上的个体差异。有些人个子很高，比如篮球运动员勒布朗·詹姆斯身高超过 2 米；而有些人的个子较矮，比如演员丹尼·德维托身高只有约 1.52 米。遗传学家关心的关键问题是：什么原因导致有人高而有人矮？

在决定身高方面，遗传因素解释了 90% 的变异，而环境因素如饮食等，解释了 10% 的变异。演员丹尼·德维托比篮球运动员勒布朗·詹姆斯矮近 50 厘米。

原则上，有许多原因会导致个体身高的差异。例如，个体成长期间的饮食差异会造成身高差异，遗传也能部分解释身高差异。遗传学研究的主要目标之一是确定个体差异可归因于遗传差异和环境差异的百分比。

对身高来说，环境因素和遗传因素都很重要。显而易见，孩子的身高往往与父母相似，一般而言，较高的父母所生的孩子身高高于同龄孩子的平均值；而较矮的父母所生的孩子身高低于同龄孩子的平均值。遗传学研究已证实，个体在身高上的差异大约有 90% 源于遗传差异。环境因素的作用约占 10%，这绝不能说是微不足道的。拿美国来说，在过去的一个世纪，成年人的平均身高增长了约 6 厘米，最可能的原因是美国人饮食的营养价值提高了。这个例子提供了一个重要的启示：即使某种观测到的个体差异可能来自基因差异，也不意味着环境对改变这一特征毫无作用。

练习

你能想到人类的哪些特征最可能受遗传影响吗？例如，眼睛颜色的不同。你能想到其他受遗传影响不大的特征吗？例如，是用叉子还是用筷子吃饭。你将如何证明个体之间的差异是否受到遗传的影响？

本章讨论的行为遗传学的研究方法适用于任何个体差异的研究。它们能够被用来确定在身高、体重、智力、人格特质甚至态度（如是自由主义还是保守主义）等方面存在个体差异的原因。

行为遗传学家通常并不满足于简单计算出遗传和环境因素所导致的**变异量百分比**（percentage of variance）。变异量百分比是指个体之间存在变异，或说是彼此之间不同，而这种变异可以根据不同的因素分解为各自的百分比。他们还对遗传与环境相互作用的途径以及彼此的相关感兴趣，并且对确定这些效应具体在什么环境下产生作用饶有兴趣。例如，是父母对孩子的社会化训练，还是孩子遇到的老师，抑或甚至是同伴的影响（Harris, 2007）。我们将在本章最后讨论这些更为复杂的问题。在这之前，我们首先必须考察行为遗传学的基础：什么是遗传率？行为遗传学家使用什么方法来获得问题的答案？

## 什么是遗传率

**遗传率**（heritability，也译作“遗传力”“遗传度”）是一项统计指标，指从一组个体身上可观察到的变异中，遗传因素所能解释的比例（Plomin et al., 2001）。它描述了某种观察到的特性（如身高、外向性或者感觉寻求）的个体差异中，有多少是由遗传变异导致的。遗传率可能是心理学中最常被误解的概念之一。然而，如果定义准确，它能为我们确定遗传和环境对人格的决定作用提供有用的信息。

遗传率有一个正式的定义：表现型变异中可归因于基因型变异的比例。**表现型变异**（phenotypic variance）是指观察到的个体差异，如身高、体重、人格等。**基因型变异**（genotypic variance）是指每个个体拥有的所有基因中的个体差异。因此，遗传率为 0.50 意味着有 50% 的表现型变异可归因于基因型变异；遗传率为 0.20 意味着只有 20% 的表现型变异可归因于基因型变异。在这些例子中，不能归因于基因型变异的部分，可简单地认为是环境因素所导致的变异。也就是说，遗传率为 0.50 意味着环境因素占 50%，遗传率为 0.20 意味着环境因素占 80%。这是最简单的情况，它假定基因和环境之间不存在相关或交互作用。

对环境作用的界定是类似的。因此，一组个体的表现型变异中能够归因于环境因素（非遗传作用）的百分比被称为**环境解释力**（environmentality）。一般来说，遗传率越大，环境解释力越小。反之亦然。

练习

讨论以下陈述的意义："所有正常发展的人都拥有语言能力，但是，有人讲中文，有人讲法语，有人讲英语。"这种语言类型的差异在多大程度上可归因于基因差异，又在多大程度上可归因于个体成长环境的差异？

## 对遗传率的误解

对遗传率最普遍的一种误解是认为它能应用于单一个体，而事实上它不能被用于单一个体。我们说身高的个体差异有 90% 源于遗传是有意义的，但是说"麦雷迪斯身高的 90% 源于遗传"却毫无意义。例如，你不能说，麦雷迪斯身高的前 160 厘米源自遗传，另外的 18 厘米来自环境。对个体来说，遗传和环境的作用是不可分割的，它们都对身高起着作用，难以区分。因此，遗传率仅指一个样本或群体中的差异，而不是某一个体。

另一种常见的误解是认为遗传率恒定不变，而事实并不是这样的。遗传率是一个统计指标，它只适用于某个时期的特定环境中的人群。随着环境的变化，遗传率也会改变。例如，原则上，遗传率可以在某一人群（如瑞典人）中很高，而在另一人群（如尼日利亚人）中很低；它也可以在某个时间段高，而在另一个时间段低。遗传率总是取决于人群中的基因差异和环境差异。借用第 2 章的相关概念来说，遗传率并不总是能被推广到不同的人群和不同的环境中。

最后一种常见的误解是：遗传率是一个绝对准确的统计指标（Plomin et al., 2001）。事实远非如此。例如，测量的不稳定性或误差，都能够导致遗传率的偏差。而且，因为遗传率通常是用相关法计算出来的，而相关值在不同的样本之间存在波动，这也会导致进一步的不准确。总而言之，最好只把遗传率看作一种估计，即有多大百分比的表现型差异是由基因型差异引起的。它不是一个精确的指标，也不具有个体意义，更不是恒定不变的（对遗传率的含义及其局限性的详细讨论见 Johnson et al., 2011）。

## 天性与教养之争

澄清遗传率的意义，即它是什么和不是什么，有助于我们更加清楚地看待**天性与教养之争**（nature-nurture debate）——遗传和环境，哪一个对人格更具决定性。这个澄清来自对两个分析水平的清楚区分：个体水平和群体水平。

在个体水平上，不存在天性与教养的争论。每个个体都具有独一无二的基因组成。这些基因需要个体生存的环境来产生一个可识别的个体。从这个意义上说，阅读本书的每一位读者都是基因与环境相互作用的产物。“在解释萨莉的人格特征时，遗传和环境哪个更重要？”这样的问题毫无意义。在个体水平的分析中，不需要争论什么问题。打个比方，这就像烤一个蛋糕。每个蛋糕都是用面粉、糖、鸡蛋和水制成。若问在成品蛋糕中是面粉重要还是鸡蛋重要，就没有什么意义了。面粉和鸡蛋都是必需的原料，在成品蛋糕中二者混合在一起，是分不开的。遗传和环境对于个体来说，就像面粉和鸡蛋之于蛋糕，两者都是必需的。在逻辑上，我们不能把它们分开来看哪一个更重要。

然而，在群体水平上，我们能够将遗传和环境的作用分开，这是行为遗传学家的分析水平。在这一水平上提这样的问题相当有意义："在解释不同个体在某种特质上存在的差异时，遗传和环境哪一个更重要？”在群体水平上，我们能将个体之间的差异分为两种类型：基因差异和环境差异。对于某一时期的特定人群来说，我们能有理有据地指出，在解释个体差异时，遗传和环境哪一个更重要。再来看蛋糕的例子，如果你有 100 个蛋糕，那么问这些蛋糕的甜度差异更多地是由面粉还是糖的用量差异所致是有意义的。

现在来看看人的差异 。例如，身高差异大约表现出了 0.90 的遗传率；体重差异的遗传率大约是 0.50；择偶偏好差异（我们所喜欢的婚姻伴侣的品质）的遗传率则很低，大概只有 0.10（Waller, 1994）。因此，我们可以说：对身高来说，遗传差异比环境差异更重要；对体重来说，遗传和环境因素基本上同样重要；对择偶偏好而言，环境差异明显要重要得多。

因此，当你再次陷入天性与教养问题的争论时，你一定要问对方："你问的是个体水平还是群体水平上的个体差异？”只有明确了分析水平，答案才有意义。

## 行为遗传学的研究方法

为了将遗传和环境对个体差异造成的影响区分开，行为遗传学家发展出了一系列的方法。动物的选择性繁殖是其中的一种方法，第二种方法是家族研究，第三种或许也是最著名的一种方法是双生子研究，第四种方法是收养研究。我们简要讨论这些方法的逻辑，并解释遗传率估计的来源。

### 选择性繁殖——对人类最好的朋友的研究

只有当我们期望的特征受遗传影响时，我们才能进行人工选择，正如在选育特定属性的狗时所做的那样。**选择性繁殖**（selective breeding）首先是确定某种具有我们所期望的特征的狗，然后让它们只与具有该特征的狗交配。正是因为选育者期望的许多特征具有中度到高度的遗传性，所以他们才取得了成功。

狗的一些可遗传的特征是身体上的，我们能够明确地看到，比如体形大小、耳朵的长度、皮肤皱纹和皮毛等。另一些我们试图选育的特征更多地表现在行为上，可以被看作“个性特质”（Gosling, Kwan, & John, 2003）。例如，有些狗，如比特犬，整体来看比其他大多数狗更具攻击性。其他的品种，像拉布拉多犬，通常非常善于与人互动并且很友善。还有些狗，如切萨皮克海湾寻回犬，则非常渴望通过衔回物体来取悦主人。所有这些行为特征——攻击性、友善性、取悦主人的渴望——都是

拉布拉多寻回犬（左）和切萨皮克海湾寻回犬（右）是对特定特征进行选择性繁殖后的结果。例如，两种犬均有足蹼，这使它们成为游泳健将和出色的水中寻回犬。它们的个性特征也受到了选择性繁殖。拉布拉多寻回犬被选育成好交际的和友善的，而切萨皮克海湾寻回犬则被选育成仅忠于一个主人而不信任陌生人。其结果是，除了具有运动型犬的技能之外，切萨皮克海湾寻回犬也是一种很好的看门犬，而拉布拉多寻回犬则因其无限制的友好和开朗个性，成为美国最流行的家庭犬品种。

通过选择性繁殖选育出来的。

如果这些个性特征在狗的繁殖中遗传率接近零，那么为获得这些特征进行选择性繁殖的努力注定是要失败的。相反，如果这些特征的遗传率很高（如高于 80%），那么选择性繁殖将会很快见效并取得非常好的成果。对狗的选择性繁殖如此成功的事实告诉我们，那些被成功选择的个性特质，像攻击性、友善性和乐于讨好等肯定与遗传有关。显然，出于伦理上的原因，我们不能对人开展选择性繁殖实验。然而，幸运的是，还有其他的行为遗传学方法可以用于对人的研究。

## 家族研究

**家族研究**（family studies）将家庭成员之间的遗传关联程度与人格相似程度联系起来。这种方法利用这样一个事实，即家庭成员之间的遗传关联程度是已知的。通常情况是，父母之间遗传上不具有关联性，但是父母中的任何一方都与子女共享 50% 的基因。与此相似，兄弟姐妹之间平均共享 50% 的基因；祖辈与孙辈，叔伯姑舅一辈与侄子外甥一辈之间共享 25% 的基因；第一代堂亲、表亲之间只共享 12.5% 的基因。

如果某种人格特质是高度遗传的，那么在这一人格特质上，基因关联度高的成员之间应该比关联度低的成员之间更相似。如果某种人格特质根本没有遗传性，那么，即使基因关联度高的家族成员之间，比如父母与子女，也不会比基因关联度低的成员在这一人格特质上更相似。

具有共享基因的家庭成员常常也有共享的环境。也就是说，一个家庭的两个成员具有相似的人格特质可能不是因为遗传，而是源于共同的家庭环境。例如，

家族研究法的假设是，对于具有较高遗传性的特质来说，亲属之间的相似性与共享基因的数量或亲缘程度成正比。

某些兄弟姐妹都很腼腆，但这可能并不是因为有共享基因，而是有共同的父母教养方式。因此，单独的家族研究的结论不能被作为定论。还有一种更有说服力的行为遗传学方法——双生子研究。

## 双生子研究

**双生子研究**（twin studies）是通过测量同卵双生子是否比异卵双生子更相似来估算遗传率的一种研究方法。前者共享的基因是100%，而后者共享的基因只有50%。双生子研究，特别是对被分开抚养的双生子的研究，获得了媒体的大量关注。本章开篇提到的吉姆兄弟是自出生起就被分开抚养的一对同卵双生子。因为自小被收养在不同的家庭里，他们都不知道还有一个双胞胎兄弟。当他们第一次见面时，令所有人惊奇的是，他们在许多行为习惯上是相同的：喜欢同一个电视节目，使用同一个牌子的牙膏，都养着一只杰克罗素梗犬等。根据可靠的人格量表的测试，他们还有着许多相同的人格特质，如责任心强、情绪稳定。这是一种巧合吗？也许是。但这些巧合在双生子研究中出现的概率似乎异乎寻常地高（Segal, 1999）。

双生子研究利用了大自然的奇妙之处。几乎所有的个体都是由一个受精卵发育而来的，并且不同于其他哺乳动物（如小鼠），人类通常一次只能生一个孩子。可是偶尔也会生出双生子，这一概率仅有1/83（Plomin et al., 2003）。双生子有两种类型：同卵双生子和异卵双生子。

**同卵双生子**（monozygotic twins, MZ）通常也被称作单卵双生子。他们是由同一个受精卵［或称合子（zygote）］在孕期的某一时间分裂成两个而形成的。没有人知道受精卵为什么会偶然分裂，但它就是分裂了。同卵双生子的不同寻常之处在于他们在遗传上是相同的，就像克隆一样来自同一个来源，他们实实在在共享了100%的基因。

另一种双生子的基因并不完全相同，他们只共享50%的基因。因为他们由分开受精的两个卵细胞发育而成，所以被称为二卵双生子或**异卵双生子**（dizygotic twins, DZ；“di”意思是“二”，所以dizygotic的意思是“来自两个受精卵”）。异卵双生子可以是相同性别，也可以是不同性别。而同卵双生子的性别总是相同的，因为他们来自同一个受精卵。从基因关联度的角度来看，异卵双生子之间的相似性并不比其他兄弟姐妹之间更高。他们只是碰巧在同一时间生长在同一子宫内，并于同一天出生而已。在所有双生子中，1/3是同卵双生，2/3是异卵双生。

双生子有两种类型：同卵双生子和异卵双生子。你能判断出这两对双生子中，哪对更可能是同卵双生子，哪对绝对是异卵双生子吗？你是根据什么线索来判断的？

双生子研究正是利用了这样的事实：一些双生子在遗传上完全相同，共享着 100% 的基因，而另一些双生子只共享 50% 的基因。如果在某种人格特质上，异卵双生子之间的相似性与同卵双生子之间的相似性差不多，那么就可以推论这种人格特质不具有遗传性。同卵双生子之间更高的遗传相似性，并没有使他们在此人格特质上更相似。相反，如果在某种人格特质上，同卵双生子比异卵双生子有更高的相似性，那么就为此特质具有可遗传性这一解释提供了支持的证据。事实上，研究显示，在支配性、身高和指纹嵴数上，同卵双生子比异卵双生子更为相似（Plomin et al., 2008），这说明遗传是这些个体差异的因果性影响因素。例如，在支配性特征上，同卵双生子之间的相关是 +0.57，而异卵双生子之间的相关只有 +0.12（Loehlin & Nichols, 1976）。在身高特征上，同卵双生子之间的相关高达 +0.93，而异卵双生子之间的相关只有 +0.48（Mittler, 1971）。

通过双生子数据计算遗传率的公式有好几种，但每种都有其问题和局限性。然而，一种简单的计算方法是将同卵双生子的相关系数与异卵双生子的相关系数之间的差乘以 2：

$$\mathrm{h}^2 = 2\,(r_{mz} - r_{dz})$$

在此公式中，$\mathrm{h}^2$ 表示遗传率，$r_{mz}$ 指同卵双生子之间的相关系数，$r_{dz}$ 指异卵双生子之间的相关系数。以身高为例，代入相关系数得：身高遗传率 = 2（0.93 – 0.48）= 0.90。因此，按照这个公式，身高具有 90% 的遗传因素和 10% 的环境因素（环境因素与遗传因素之和必须为 100%）。这种方法的基本逻辑适用于任何类型的特征：人格特质、态度、宗教信仰、性取向和药物成瘾等。

我们必须指出双生子研究的一个重要假设，这就是所谓的**平等环境假设**（equal environments assumption），即假设同卵双生子经历的环境并不比异卵双生子经历的环境更相似。如果同卵双生子经历的环境更相似，那么他们之间更高的相似性可能是由相同的环境经历造成的，而不是因为他们拥有更多相同的基因。如果父母对待同卵双生子的方式比对待异卵双生子的方式更相似（例如，父母更喜欢给同卵双生子穿相同的衣服），那么同卵双生子之间更高的相似性可能是因为他们被给予了更多的相同对待。

行为遗传学家们一直担心平等环境假设的有效性问题，并设计了研究来对此进行检验。检验的途径之一是分析那些被误诊的同卵或异卵双生子（Scarr, 1968; Scarr & Carter-Saltzman, 1979）。也就是说，有些被父母认为是同卵双生子的其实是异卵双生子；而有些被认为是异卵双生子的却被证明是同卵双生子。这种错认使得研究者有机会考察那些被认为是同卵的异卵双生子实际上是否比正确标识的异卵双生子更相似。同样，研究者还能考察那些被认为是异卵的同卵双生子实际上是否比正确标识的同卵双生子差异更大。对这些双生子进行的大量认知和人格测验结果支持了平等环境假设的有效性——父母对双生子的信念和标识不会影响其认知和人格测验结果的相似性。这意味着，虽然双生子们被贴上同卵或异卵的标签，但同卵双生子经历的环境在功能上似乎并不比异卵双生子经历的环境更相似。

多年来的其他研究不断地支持了平等环境假设（如，Loehlin & Nichols, 1976; Lytton, Martin, & Eaves, 1977）。虽然同卵双生子比异卵双生子穿得更相像，待在一起的时间更长，有更多共同的朋友，但没有证据表明这些环境上的相似性使他们的人格比原来更相似（Plomin et al., 2008）。

## 收养研究

**收养研究**（adoption studies）是目前可利用的最有效的行为遗传学研究方法之一。通过收养研究可以考察被收养儿童与其养父母（他们之间没有共同基因）之间的相关性。如果在被收养儿童与其养父母之间发现了正相关，那么就有很强的证据说明环境对人格特质存在影响。

同样，我们也能分析被收养儿童与其生父母（对孩子的成长环境没有影响）之间的相关性。如果我们发现他们之间的相关系数为 0，则有力地说明遗传对人格特质没有影响。相反，如果我们发现他们之间存在正相关，那就能提供存在遗传性的证据，因为被收养儿童与其亲生父母之间是没有接触的。

收养研究特别有效力，因为它能使我们避开双生子研究必须满足的平等环境假设。在双生子研究中，因为父母同时为儿童提供基因和环境，并且可能给予同卵双生子较之异卵双生子更相似的环境，所以可能违反平等环境假设。在收养研究中，生父母对被收养儿童的成长环境没有影响，因此不会造成遗传与环境的混淆。

可是收养研究也有自身的问题。最重要的潜在问题是代表性假设。收养研究假定，被收养儿童及其生父母和养父母对总体人口来说具有代表性。例如，这类研究假设收养孩子的父母与没有收养孩子的父母之间没有差异。幸运的是，代表性假设能够被直接检验。在认知能力、人格、受教育水平甚至社会经济地位上，代表性假设已经得到了多项研究的证实（Plomin & DeFries, 1985; Plomin, DeFries, & Fulker, 1988）。

收养研究的另一个潜在问题是**选择性安置**（selective placement）。如果儿童被安置在与其生父母相似的养父母家庭中，那么，被收养儿童与其养父母之间的相关性就会被夸大。幸运的是，选择性安置似乎并不存在，所以这个潜在问题在实际研究中并不存在（Plomin et al., 2008）。

最有效力的行为遗传学研究设计是同时结合双生子研究和收养研究的长处，即研究分开抚养的双生子。实际上，分开抚养的同卵双生子之间的相关能直接作为遗传率的指标。如果他们在某个人格特质上的相关是 +0.65，这就意味着在此人格特质上个体差异的 65% 来自遗传。遗憾的是，出生后就被分开抚养的同卵双生子非常稀少。有研究者付出了艰苦的努力来寻找和研究这样的双生子（Segal, 1999）。这种努力是值得的，因为这类研究发现了很多有趣的结果——我们马上将要讨论。表 6.1 总结了传统行为遗传学的各种研究方法及其优点和缺点。

表 6.1 **传统行为遗传学研究方法总结**

| 方法 | 优点 | 缺点 |
|---|---|---|
| 选择性繁殖研究 | 如果选择性繁殖成功，可以推断存在可遗传性 | 用人类做实验有悖伦理 |
| 家族研究 | 能提供遗传率的估计 | 违反平等环境假设 |
| 双生子研究 | 可以同时提供遗传率和环境解释力的估计 | 有时候会违反平等环境假设 |
| 收养研究 | 可以同时提供遗传率和环境解释力的估计，避开了平等环境假设问题 | 被收养的儿童可能对总体人口没有代表性，可能存在选择性安置问题 |

# 行为遗传学研究的主要发现

本节总结了我们已知的关于人格遗传率的知识，结果可能会让你很吃惊。

## 人格特质

行为遗传学最常研究的人格特质是外向性和神经质。回想一下，外向性是这样一种人格维度：处于一端的人活泼开朗、善于言谈（外向），而处在另一端的人则表现为安静和退缩（内向）。在神经质方面，处于一端的人焦虑、紧张、情绪易波动，而另一端的人则镇静和情绪稳定。研究者（Henderson, 1982）对包含 25 000 多对双生子的研究文献进行了回顾，发现外向性和神经质都具有很高的遗传性。例如，瑞典的一项对 4 987 对双生子的研究发现，同卵双生子之间外向性的相关为 +0.51，而异卵双生子之间的相关是 +0.21（Floderus-Myrhed, Pedersen, & Rasmuson, 1980）。运用简单的公式，将两种相关之差乘以 2，得到的遗传率为 0.60。

关于神经质的研究结果也十分相似（Floderus-Myrhed et al., 1980）。同卵双生子在神经质上的相关为 +0.50，而异卵双生子的相关只有 +0.23。这意味着遗传率为 0.54。多项双生子研究得到了相似的结果，表明外向性和神经质这两种人格特质有近一半来自遗传。在澳大利亚进行的一项大规模双生子研究发现，神经质的遗传率为 47%（Birley et al., 2006）。而近期使用其他测量方法的研究者同样继续发现神经质和外向性具有中等程度的遗传性（Loehlin, 2012; Moore et al., 2010）。

通过收养研究得到的关于这两种特质的遗传率稍低。例如，有研究者（Pedersen, 1993）发现，在被收养者与其生父母之间，外向性的遗传率估计值是 0.40，神经质是 0.30；而他们与养父母的相关几乎为 0，这说明环境因素对这两种特质没有直接影响。

个体在*活动水平*上的差异也得到了行为遗传学的分析。你也许还记得第 5 章中曾提及活动水平的个体差异，这种差异在生命早期就已出现，并且在整个儿童期保持稳定，我们能够用一种称作活动度测量计的机械记录设备测量这一差异。一项研究评估了 300 对德国已成年的同卵双生子和异卵双生子的活动水平（Spinath et al., 2002）。研究者用一种类似自动上发条的腕表的活动记录装置，测量每一个体在身体活动中所消耗的能量。人的肢体活动能够激活该装置，从而记录身体活动的频率和强度。结果发现活动水平的遗传率为 0.40，说明运动能量上的个体差异可以部分地归因于遗传差异。

有几种气质特征表现出了中等程度的遗传性，活动水平只是其中一种。在波兰对 1 555 对双生子进行的研究发现，所有气质的平均遗传率为 50%，包括活动水平、情绪性、社交性、坚持性、恐惧和注意力分散性（Oniszczenko et al., 2003）。在荷兰对 3 岁、7 岁和 10 岁的双生子研究发现，攻击性的遗传率甚至更高，从 51% 到 72% 不等（Hudziak et al., 2003）。

活动水平特质，即一个人的活力和精力的旺盛程度，表现出中等程度的遗传性。

行为遗传学研究也考察了其他的人格维度。基于明尼苏达双生子库中 353 对男性双生子的数据，研究者考察了各种“冷血”人格特质的遗传率（Blonigen et al., 2003）。这些特质包括马基雅维利主义（以操控他人为乐）、无情（拥有冷酷无情的情感风格）、冲动的反世俗性（对社会规范漠不关心）、不知畏惧（冒险者；缺乏对伤害的预期性焦虑）、责备外化（把自己的问题归咎于他人）和压力免疫性（在面对生活中的压力事件时缺乏焦虑感）。所有这些“冷血”特质均表现出中等程度至较高的遗传率。例如，“无情”的 $r_{mz}$ 是 +0.34，$r_{dz}$ 是 –0.16；而“不知畏惧”的 $r_{mz}$ 是 +0.54，$r_{dz}$ 是 0.03。将 MZ 和 DZ 的相关之差乘以 2，计算结果表明所有这些与冷血有关的人格特质均具有很高的遗传率（Vernon et al., 2008; Niv et al., 2012）。瑞典一项超过 100 万人参与的大规模研究发现，暴力犯罪的遗传率约为 50%，冷血人格特质的遗传率可能是其关键原因，因为这类特质可能使个体更易犯罪（Frisell et al., 2012）。

有趣的是，人格（个性）的遗传性并非只限于人类。在一项以黑猩猩为被试的研究中，研究者（Weiss, King, & Enns, 2002）以训练有素的观察者的评价为指标，考察了黑猩猩在支配性（高外向性、低神经质）和幸福感（看起来高兴和满足）上的遗传率。结果发现黑猩猩的幸福感具有中等程度的遗传率（0.40），而支配性的遗传率高达 0.66。这些结果说明基因对人格（个性）的重要影响不仅限于人类，还可以扩展到其他的灵长类动物身上。

随着越来越多跨文化人格研究工作的开展，采用更全面的人格量表的行为遗传学研究已经扩展到了许多不同的国家。一项对 296 对日本双生子的研究揭示，克罗宁格的气质与品格七因素模型中所包含的特质（包括新异寻求、伤害回避、奖励依赖和坚持性等）具有中等程度的遗传性（Ando et al., 2002）。一项采用观察法对德国双生子进行的研究发现“大五”人格的遗传率为 0.40（Borkenau et al., 2001）。在加拿大和德国，采用自我报告法对“大五”人格特质的遗传率所做的研究也得到了类似的结果（Jang et al., 2002; Moore et al., 2010）。

最吸引人的人格特质研究之一是明尼苏达双生子研究（Bouchard & McGue, 1990; Tellegen et al., 1988）。该研究考察被分开抚养的 45 对同卵双生子和 26 对异卵双生子。表 6.2 展示了研究者所发现的分开抚养的同卵双生子之间的相关。这些发现令许多人震惊。例如，传统主义，即个体对既有做事方式的态度或偏好，为什么表现出如此高的遗传率？诸如自尊等我们凭直觉认为是环境决定的一些特质，居然具有中等程度的遗传率（Kamakura, Ando, & Ono, 2007）。甚至有时我们认为是由父母和教师灌输的一些品格特质，如同情、正直、勇气和宽容，也被证明与一些传统的人格特质紧密相关，并表现出中等程度的遗传率（Steger et al., 2007）。传统的观点认为，父母不一致的强化和不适宜的依恋关系造成了孩子的神经质，但为何竟然有如此高的遗传率？这些行为遗传学的发现使一些研究者开始质疑长久以来持有的关于个体差异起源的假设。在本章后面的“共享环境与非共享环境的影响：一个难解之谜”一节中，我们将继续讨论这一问题。

表 6.2 **分开抚养的同卵双生子之间的相关**

| 人格特质 | 相关系数 |
|---|---|
| 幸福感 | 0.49 |
| 社交支配力 | 0.57 |
| 成就取向 | 0.38 |
| 社交亲密性 | 0.15 |
| 神经质 | 0.70 |
| 孤立感 | 0.59 |
| 攻击性 | 0.67 |
| 抑制控制 | 0.56 |
| 低冒险性 | 0.45 |
| 传统主义 | 0.59 |
| 专注或幻想 | 0.74 |
| 平均相关系数 | 0.54 |

资料来源：Bouchard & McGue, 1990; Tellegen et al., 1988.

综合主要人格特质的行为遗传学数据，即外向性、随和性、尽责性、神经质和对经验的开放性，得出的遗传率估计约为 50%（Bouchard & Loehlin, 2001; Caspi, Roberts, & Shiner,

2005）。最近一项包含超过 10 万名参与者的人格特质元分析所得到的遗传率略低，为 40%（Vukasovic & Bratko, 2015）。然而，另一项元分析则显示神经质的遗传率为 48%，外向性的遗传率为 49%（van den Berg et al., 2014）。此外，很显然，人格的遗传性是人格特质具有相当程度的跨时间稳定性这一事实的主要原因（Blonigen et al., 2006; Briley & Tucker-Drob, 2014; Caspi et al., 2005; Johnson et al., 2005; Kamakura et al., 2007; Kandler et al., 2010; Van Beijsterveldt et al., 2003）。总体而言，主要的人格特质表现出中等程度的遗传性。然而，同样的研究也表明，人格特质的变异有很大一部分是源于环境。

## 态度和偏好

稳定的态度一般被视作人格的一部分：它们表现出广泛的个体差异，往往具有跨时间的稳定性，且至少在有些时候与实际行为相关。行为遗传学家也研究了态度的遗传率。明尼苏达双生子研究的结果显示，传统主义（对保守价值观的支持超过对现代价值观的支持）的遗传率为 0.59。

一项对来自科罗拉多收养项目的 654 名收养和非收养儿童进行的纵向研究表明，遗传对保守态度有显著的影响（Abrahamson, Baker, & Capsi, 2002）。保守态度的标志是受测者是否赞同特定的词或短语，如"死刑""同性恋的权利""审查制度""共和党人"等。该研究表明，遗传的影响早在 12 岁时就出现了。其他研究也证实了价值观具有中等程度的遗传性（Renner et al., 2012）。例如，在五个不同国家进行的双生子研究显示，19 项政治意识形态指标的遗传率在 30% 至 60% 之间（Hatemi, 2014）。

基因似乎还影响职业偏好。职业偏好并非一时之兴，它对个体一生的工作、财富以及最终获得的社会地位有着重要的影响。在一项调查中，研究者（Ellis & Bonin, 2003）要求居住在加拿大和美国的 435 名被收养子女和 10 880 名亲生子女从 14 个不同的方面评价一些未来可能从事的工作，评分范围为 1 到 100（1 为"完全不吸引人"，100 为"非常吸引人"）。这 14 个方面包括：高收入、竞争性、名声、令人羡慕、风险性、危险性、控制他人、被他人畏惧、无人监督、独立性、工作安全性、团队归属、职责明确和帮助他人。然后计算子女的这些职业偏好与 7 种父母的社会地位指标（包括父亲和母亲的受教育水平、职位和收入）之间的相关。结果发现，亲生子女中有 71% 的相关达到了统计学上的显著性；而收养子女中只有 3% 的相关具有统计学意义（说明抚养环境没有产生效应）。研究者认为："这项研究不仅说明基因影响到与职业相关的各种偏好，而且这些偏好也会对社会地位的获取产生影响"（p. 929）。简言之，诸如追求竞争和财富这类职业偏好会引导个体选择可以获得更高社会地位和收入的职业。我们为之付出大部分生命的工作以及随之而来的名望和收入，至少在一定程度上受到父母基因的影响。

然而，并非所有的态度和信仰都表现出中等程度的遗传性。一项关于 400 对双生子的研究发现，在对上帝的信仰、宗教事务的参与性以及对种族融合的态度上，遗传率基本上为 0（Loehlin & Nichols, 1976）。一项对收养和非收养儿童的研究也证实，没有证据表明遗传会对宗教态度产生影响（Abrahamson et al., 2002）。另一项研究通过测量诸如"参加宗教仪式的频率"等条目也发现，青少年期宗教信仰的遗传率极低（12%）（Koenig et al., 2005）。然而，在成年期（平均年龄 33 岁）宗教的遗传率增加到 44%。上述及其他研究结果表明，随着人们从青少年期进入成年期，基

## 阅读　性取向

性取向涉及一个人的性欲对象，即是被同性吸引还是被异性吸引。性取向的个体差异似乎具有跨时间的稳定性，而且还与重要的生活结果相联系，如个体所属的社会群体、追求的休闲活动和采取的生活方式等。按照第 1 章提出的人格定义，性取向明确地归属于人格的范畴。

同性恋是遗传的吗？心理学家迈克尔·贝利对此问题进行了广泛的研究。他和同事们对男同性恋的孪生样本和收养样本进行了研究，发现遗传率的估计值范围为 0.30 至 0.70。关于女同性恋的研究结果也是类似的（Bailey et al., 1993）。

这些遗传性研究发现紧随之前发表于《科学》杂志的另一个惊人发现（LeVay, 1991）。脑科学家西蒙·列维发现，同性恋和异性恋男性大脑的特定区域——下丘脑有所不同。下丘脑的内侧视前区似乎在一定程度上控制着男性典型的性行为（LeVay, 1993, 1996）。列维得到了死于艾滋病的男同性恋者的脑，他将其与死于艾滋病或其他原因的男异性恋者的脑进行比较，发现异性恋者下丘脑内侧视前区比同性恋者（这一区域被认为控制着男性典型的性行为）大 2~3 倍。遗憾的是，限于脑研究的巨大成本，这项研究的样本数量非常少。而且，没有人重复验证过这些发现。

行为遗传学家迪安·哈默公布了一些证据，证明男性性取向受到 X 染色体上一个基因的影响（Hamer & Copeland, 1994）。然而，这一发现也需要重复验证，并且一些研究者已对其有效性提出怀疑（例如，见 Bailey, Dunne, & Martin, 2000）。

显然，这一研究领域充满争议，研究发现引发了热烈的讨论。此外，同性恋的行为遗传学研究吸引了很多批评者。有的研究者从取样上提出了质疑，认为通过同性恋刊物上的广告招募的样本不具有代表性（Baron, 1993）。

最近一项控制良好的研究发现，同性恋取向的一致率约为 20%，远低于之前的预期。

已有研究的另一个缺陷是忽视了与性取向相关的其他因素。例如，儿童期性别不遵从（gender nonconformity）与成年后的性取向具有很强的相关。成年后的男同性恋者回忆起儿童期的自己是女性化的男孩，而成年后的女同性恋者则回忆起童年时的自己是男性化的女孩。这种相关很强，得到了许多数据来源的支持（例如，儿童期性别不遵从的同伴报告）。关于儿童期性别不遵从的重要性，一位著名的研究者指出："很难想象还有其他的个体差异能够如此可靠、如此强有力地预测个体一生中那些具有重要社会意义的人生结果，对男女两性来说都是如此"（Bem, 1996, p. 323）。

贝利和他的同事实施了一项迄今为止规模最大的成人双生子性取向研究，试图克服上述研究的缺陷，即取样不具有代表性和缺乏对儿童期性别不遵从的考虑（Bailey et al., 2000）。参与者来自澳大利亚的一个双生子样本库（包含约 25 000 对双生子），其中有约 1 000 对同卵双生子和 1 000 对异卵双生子参与了研究。他们参与研究时的平均年龄是 29 岁。参与者需要完成一份关于儿童期（12 岁之前）参加各类性别刻板活动和游戏的问卷。他们还需要完成一份关于成人性取向与性活动的详细问卷。例如，"当你开始性幻想时，你的性伙伴是男性的频率是多少？是女性的频率是多少？"

与男性相比，女性更可能有轻微的同性恋倾向而非纯粹的同性恋；男性则倾向于纯粹的异性恋或者纯粹的同性恋。在性吸引和性幻想方面主要或纯粹是同性恋的男性超过 3%，而女性只有 1%。

关于同性恋是否在家族中遗传的问题，该研究发现的比例要低于先前的研究：男性同卵双生子之间的一致率是 20%，而女性同卵双生子之间的一致率是 24%。一致率是指双生子中的一个是同性恋，另一个也是同性恋的概率。先前的研究发现双生子是同性恋的一致率一般为 40% 至 50%。贝利认为，先前的研究过高地估计了遗传的作用，因为在同性恋杂志上打广告的方式会产生选择效应。

在贝利、邓恩等人（Bailey, Dunne, & Martin, 2000）所做的研究中，参与者是从更大范围的双生子库中随机选择的，所以没有选择偏差。遗传对性取向的实际贡献率似乎比先前认为的要低。然而，儿童期的性别不遵从表现出了显著的遗传性，男性的遗传率为 0.50，女性的遗传率为 0.37。这个发现支持了贝姆（Bem, 1996）的理论：成人性取向的遗传成分可能是儿童期的性别不遵从。

总之，行为遗传学和脑科学研究的发现指向了一个有趣的可能性，即性取向（与个体所属的社会组织、追求的休闲活动和接受的生活方式有关的一种个体差异）可能具有一定程度的遗传性。

因在宗教信仰方面起到的作用越来越大（Button et al., 2011）。

没有人知道为什么某些态度具有一定程度的可遗传性。是特定的基因使人更保守，还是这些遗传性只是控制其他特征的基因的副产物？未来的行为遗传学研究将能够回答以上问题，并解开为什么某些态度似乎部分具有可遗传性的谜团。

## 饮酒和吸烟

吸烟和饮酒常被认为是某些人格特征的行为表现，如感觉寻求（Zuckerman & Kuhlman, 2000）、外向性（Eysenck, 1981）、神经质（Eysenck, 1981）等。吸烟和饮酒习惯存在很大的个体差异，虽然一些人有时能够永久性戒除，而另一些人戒断后又会重新开始，但这种个体差异往往具有跨时间的稳定性。吸烟和饮酒习惯的个体差异也表现出一定的遗传性。一项对澳大利亚双生子的研究发现，两个同卵双生子都吸烟的概率比仅有一个吸烟的概率高大约 16 倍（Hooper et al., 1992）。而在异卵双生子中，这一概率只差 7 倍左右。这证明了遗传性的存在。对荷兰的 1 300 对青少年双生子进行的研究也得出了相似的结果（Boomsma et al., 1994）。这些研究还同时指出了环境因素的重要作用（将在接下来的小节中介绍）。

关于饮酒遗传性的研究结论则没那么一致。一些研究发现饮酒的遗传性只见于男孩，不见于女孩（Hooper et al., 1992）；另一些研究则发现遗传性只见于女孩，而不见于男孩（Koopmans & Boomsma, 1993）。但是，大部分研究显示，饮酒行为对两性来说均具有中等程度的遗传率，其范围是 0.36~0.56（Rose, 1995）。

与日常饮酒习惯相比，对酗酒的研究表明，酗酒具有更高的遗传性。实际上，几乎所有研究都显示，酗酒的遗传率为 0.50 或者更高（Kendler et al., 1992）。其中一项研究发现，男性酗酒的遗传率为 0.71，女性为 0.67（Heath et al., 1994）。有趣的是，这个研究还发现酗酒与“品行障碍”（反社会行为）具有遗传学的联系，表明这两种行为的基因倾向于同时存在于一个人身上。

## 婚姻和生活满意度

一项有趣的研究表明，基因甚至可以影响一个人是步入婚姻还是保持单身的倾向（Johnson et al., 2004）。对结婚倾向遗传率的估计达到了惊人的 68%！一种因果路径是通过人格特质。与单身同龄人相比，已婚男性在社交支配力和成就方面得分更高，这些特质与向上流动、职业成功和经济成功有关。女性在选择婚姻伴侣时也高度重视这些特质（Buss, 2016）。因此，至少在部分程度上，结婚的遗传倾向是通过那些受潜在伴侣青睐的遗传性人格特质产生的。

基因在婚姻满意度方面也发挥着有趣的作用。首先，女性婚姻满意度的个体差异大约有 50% 的遗传性（Spotts et al., 2004）（这项研究不能评估丈夫婚姻满意度的遗传率）。其次，妻子的人格特征，尤其是乐观人格、温暖和低侵略性，能同时解释自己和丈夫的婚姻满意度（Spotts et al., 2005）。因此，女性和男性的婚姻满意度似乎都部分地取决于妻子所具有的一些中等遗传性的人格倾向。有趣的是，丈夫的人格并不能解释自身或妻子的婚姻满意度。总之，这些结果表明，在婚姻质量甚至是离婚与否方面（Jerskey et al., 2010），基因部分地通过遗传性人格特质起作用。

如果遗传性人格影响到婚姻满意度，那么生活的整体满意度又如何呢？遗传性人格特质对此也起着关键作用（Bartels, 2015）。四个具有中等程度遗传性的人格因素——具有目标感、个人成长定向、生活控制感以及拥有积极的社会关系——能够预测心理幸福感和对生活的整体满意度（Archontaki et al., 2012）。尽管如此，同样的研究表明，环境的影响也在生活满意度中起着关键作用（Hahn et al., 2013），接下来我们转向这一主题。

## 共享环境与非共享环境的影响：一个难解之谜

在发现如此多的人格特征具有中等程度遗传率的同时，我们也不能忽视另一个重要的事实：这些研究本身也为环境影响的重要性提供了最好的证据。如果许多人格特征的遗传率为 0.30~0.50，那么意味着环境对这些人格特征的最大解释力为 0.50~0.70。但是，做出这种结论时要谨慎。实际上，任何测量都存在测量误差。有些人格差异可能既不是环境造成的也不是遗传造成的，而是测量误差造成的。

行为遗传学家所做的一种重要区分是提出了**共享与非共享环境的影响**（shared/nonshared environmental influences）。想想同一家庭里的兄弟姐妹，他们共享某些环境特征，如家里书籍的数量；是否有电视机、DVD 和电脑；家里食物的数量和质量；父母的价值观和态度；父母送孩子上学的学校，送孩子去的教堂、犹太教会堂或清真寺等。这些都是共享环境。另一方面，同一家庭的兄弟姐妹并不共享所有的环境特征。一些孩子可能受到父母的特殊对待；可能有不同的朋友圈子；住在不同的房间；有的孩子去参加夏令营，而其他的孩子则每个夏天都待在家里。这些特征被称为非共享环境，因为不同的孩子对其体验不同。

练习

请写出五个你与兄弟姐妹分享的共享环境（如果你是独生子女，就想想假如你有兄弟姐妹，会受到什么样的共享环境的影响），然后再列出五个非共享环境的影响。在这些环境因素中，哪种因素对你的人格、态度或行为影响最大？

我们知道环境对人格有重要的影响。但是，究竟哪种环境因素的影响最大，是共享环境还是非共享环境？一些行为遗传学的研究设计让我们能够弄清楚环境影响主要来自共享环境还是非共享环境。这些设计的细节太技术化，我们无法在本书中陈述。如果你有兴趣，可以仔细阅读普罗明及其合作者（Plomin et al., 2003）的文章以知其详。

基本情况是这样的：对大多数人格变量来说，共享环境对它们几乎没有或根本没有影响。在收养研究中，被收养的兄弟姐妹之间有着大部分的共享环境，但他们没有共享基因，他们的人格变量之间的平均相关仅为 0.05。这说明尽管这些被收养子女生活在一起，即他们有着同样的父母、上同样的学校、接受同样的宗教训练等，但共享环境（如教养风格、养育方式、价值观教育）中发生的一切并没有导致他们在人格上变得相似。

相反，大多数环境的作用似乎源于兄弟姐妹们经历的不同环境。因此，起作用的环境因素不是家中书籍的数量，不是父母养育孩子的价值观和态度。事实并非如大多数心理学家长久以来所认为的那样。对人格来说，最关键的环境因素似乎是每个儿童的独特经历。

那么，哪种独特的经历才是重要的呢？这次我们似乎碰壁了。数十年来，大多数社会化理论无一例外地聚焦在共享环境上，如贫穷以及父母对养育孩子的态度。心理学家最近才开始研究非共享环境。

他们的研究可能得到两种发现。一种可能是取得重大突破——找到长期关注共享环境的心理学家们所忽视的重要环境变量。不同的同伴影响可能是一个很好的候选因素（Harris, 2007）。另一种可能则会令人不太满意。可以想象一下，有许多环境变量对人格存在影响，但每一种环境的独立影响都只能解释很小一部分变异（Willerman, 1979）。如果情况是这样，我们就只能发现许多微小的效应。

这是否意味着共享环境不起任何作用？把焦点放在共享环境的影响上，对心理学家而言是否完全是一种误导？当然不是。在某些领域，如态度、宗教信仰、政治立场、健康行为以及某种程度上的语言智力等方面，行为遗传学研究已经揭示了共享环境极为重要的影响（Segal, 1999）。例如，共同成长的养子女之间虽然没有基因联系，但他们在抽烟和饮酒行为上存在相关，男孩之间的相关是 0.46，女孩之间的相关是 0.41（Willerman, 1979）。因此，尽管吸烟和饮酒在很大一部分上是遗传的，但也存在着较大的共享环境的影响。

另一项研究发现，共享环境解释了“调适”领域内的许多人格特质（Loehlin, Neiderhiser, & Reiss, 2003），包括反社会行为（如表现出行为问题和破坏社会规则）、抑郁症状（如忧郁、离群）、自主机能（如能够照顾自己的基本需要和娱乐活动）。一项通过观察法（通过行为录像对参与者进行特质评价）对成年双生子进行的研究表明，共享环境在解释“大五”人格特质方面，可能比过去通常用自我报告法所揭示的更重要（Borkenau et al., 2001）。如果这项研究将来能被重复验证，那么它将对现在流行的认为共享环境几乎不会影响人格特质的观点带来深远的影响和挑战。

**练习**

讨论你认为哪些共享环境会影响吸烟的倾向。也就是说，环境中的什么因素会促使多数烟民开始吸烟，并保持吸烟的习惯？

总之，兄弟姐妹之间的共享环境在某些领域是很重要的。但对许多人格特质（如外向性和神经质）而言，共享环境似乎不起作用。事实上，是每一个兄弟姐妹所经历的独特环境在产生因果效应。

## 基因与环境

确定哪些环境和遗传因素会影响人格确实很重要，但这还不够，下一步我们需要确定基因与环境如何相互作用。更为复杂的行为遗传学分析涉及的概念包括基因型—环境的交互作用和基因型—环境的相关。

### 基因型—环境的交互作用

**基因型—环境的交互作用**（genotype-environment interaction）是指携带不同基因型的个体对相同的环境会有不同的反应。以内向和外向为例，内向者和外向者的基因型有所不同。当房间里没有其他刺激时，内向者能很好地完成认知任务；而当环境中有干扰时，如刺耳的音乐响起或有人在旁边走动，内向者的表现很糟糕。相反，在刺耳的音乐、电话铃声不断和有人进进出出的环境中，外向者能表现得很好；但在刺激较少时（任务单调或乏味），外向者会在认知任务上犯许多错误。

外向—内向是体现基因型—环境交互作用的一个极佳例子。不同基因型的个体（内向—外向）对同一环境（如房间里的噪声）会有不同的反应，个体差异与环境以交互作用的方式影响了行为表现。当你安排学习环境时，你可能会想要考虑到这一点。在播放音乐之前，请先确定你在特质维度的连续体上，是靠近内向端还是外向端。如果你是内向者，最好在一个干扰少的、安静的环境中学习。

有研究已经开始识别其他的基因型—环境交互作用。其中一项考察了虐待式养育对儿童是否会形成反社会人格的影响（Caspi, Sugden, et al., 2003）。携带脑神经递质单胺氧化酶 A（MAOA）低水平基因型的受虐待儿童常常会出现品行障碍、反社会人格和暴力倾向；相比之下，携带 MAOA 高水平基因型的受虐待儿童发展成攻击性反社会人格的可能性要小得多。该研究及其重复研究（Kim-Cohen et al., 2006）提供了基因型—环境交互作用的绝佳示例：由于基因型的差异，相同的环境（虐待式养育）对人格产生了不同的影响。有趣的是，这表明只有当孩子携带的是 MAOA 低水平基因型时，暴力父母才可能养育出暴力儿童。在预测未来的持续性抑郁方面，5-HTT（5- 羟色胺转运蛋白）基因与儿童期虐待之间也发现了类似的基因型—环境交互作用：只有携带两条短型 5-HTT 基因的人，才会在儿童期经历虐待后发展出持续性抑郁（Uher et al., 2011）。基因型—环境交互作用的实证研究是多个领域中最令人兴奋的进展之一，包括人格的行为遗传学（Jang et al., 2005; Moffitt, 2005）、心理障碍（McGue, 2010）、健康（Johnson, 2007）、与社会经济地位有关的女孩青春期早熟与抑郁的相关（Mendle et al., 2015），以及在满意与不满意的浪漫关系中人格的表达方式（South et al., 2016）。

## 基因型—环境的相关

同样有趣的是**基因型—环境的相关**（genotype-environment correlation），它是指拥有不同基因型的个体会接触到不同的环境。例如，假设一个女孩拥有高语言能力的基因型。她的父母注意到这种天赋，并给她买许多书来读，和她进行各种深入的讨论，让她玩词语游戏和填字游戏等。而对于那些可能不具有这种基因型、语言技能差的孩子，父母提供这些刺激的可能性要更小。这就是基因型—环境相关的一个例子，拥有不同基因型（高—低语言能力）的个体会面临不同的环境（高—低刺激）。又如，与不具有运动潜能的孩子相比，父母会更多地鼓励具有运动潜能的孩子参与体育活动。

研究者（Plomin, DeFries, & Loehlin, 1977）描述了三种不同类型的基因型—环境的相关：被动型、反应型和主动型。**被动型基因型—环境的相关**（passive genotype-environment correlation）是指，父母既给孩子提供了基因，又提供了相应的环境，而孩子不做任何努力就可以获得该环境。例如，拥有语言天赋的父母通过基因将这种天赋遗传给子女，并且由于自身语言能力较高的缘故，父母会买许多书放在家中。因此，孩子的语言能力（基因型）和家里的书籍数量（环境）之间便有了相关。但是，对于书的存在，孩子并未做任何事情，这是一种被动关联。

与之形成鲜明对比的是**反应型基因型—环境的相关**（reactive genotype-environment correlation），它是指父母（或其他人）会根据孩子的基因型做出不同的反应。一个贴切的例子是喜欢拥抱和不喜欢拥抱的孩子。有些孩子喜欢被抚摸，当被抚摸时，他们会咯咯笑、微笑或大笑，表现得很愉快。而另一些孩子则比较冷淡，不喜欢被抚摸。假设母亲开始时会经常抚摸和拥抱她的两个孩子。一个孩子喜欢这样，而另一个孩子讨厌这样。几个月后，母亲会给予喜欢拥抱的孩子更多拥抱和爱抚，而不再拥抱不喜欢拥抱的孩子。这个例子说明了反应型基因型—环境的相关：人们根据孩子的遗传特性，对其采取不同的反应方式。

**主动型基因型—环境的相关**（active genotype-environment correlation）是指拥有某种基因型的人主动去创造或寻求某种环境。例如，高感觉寻求者将自己暴露于危险的环境中，如跳伞、极限摩托车跳跃、吸毒等。才智高的人喜欢参加讲座、读书，热衷于和他人辩论。这种主动创造和选择环境的行为被称为“选窝”（niche picking）（Scarr & McCartney, 1983）。主动型基因型—环境的相关强调这样一个事实：我们不是环境的被动接受者，我们塑造、创造和选择我们所处的环境，其中的某些行为与基因型有关。

天性和教养之争的现代观点为人格的起源问题给出了更为复杂的答案。其中一种观点认为基因和环境的交互作用决定了人格。

基因型—环境的相关可以是正的也可以是负的，即环境既能促进也能阻碍基因的表达。具有积极情绪人格特征（例如，乐观、积极向上的心态）的青少年易于引起父母高度有益和肯定的关注，因此积极情绪的基因型与父母高度关注的环境正相关（Krueger et al., 2008）。简而言之，人格与教养方式之间的正相关是受基因中介的（South et al., 2008）。相反，活动性强的孩子的父母会试图让孩子安静地坐着、保持平静，活动性弱的孩子的父母总想让孩子活跃起来、多动一动。在这种情况下会产生基因型—环境的负相关，因为父母的行为与孩子的特质刚好相反（Buss, 1981）。一项元分析发现，儿童表现出反社会行为（具有中等程度的遗传性）的特征，往往会引起试图压制这类行为的父母的严厉管教（Avinun & Knafo, 2014）。另一个负相关的例子是，支配性水平极高或太傲慢的人容易引发他人的消极反应，别人会试图“挫其锐气”（Cattell, 1973）。关键在于，环境既能抑制个体的基因型，导致基因型—环境的负相关，也能促进个体的基因型，产生基因型—环境的正相关。

有人研究了 180 对分开抚养的双生子，发现了一种很有趣的基因型—环境相关的潜在模式（Krueger, Markon & Bouchard, 2003）。研究运用《多维人格问卷》（Multidimensional Personality Questionnaire, MPQ）评估人格特质，得到了三个主要的人格因子：积极情绪（幸福、满足），消极情绪（焦虑、紧张），约束性（抑制、尽责）。研究者评估了每个个体对自己所成长的家庭环境的感知，得到了两个主要因子：家庭内聚力（如父母温暖亲切，没有家庭冲突）和家庭地位（如父母提供了智力和文化刺激、积极的娱乐活动和经济资源）。有趣的结果是，人格与家庭环境感知之间的相关受到遗传的中介。也就是说，个体对自己成长的家庭环境的感知，很大程度上取决于遗传的人格特质。具体来说，遗传对约束性和消极情绪这两种人格特质的影响，可以解释为什么个体感知到家庭有内聚力。相反，积极情绪这一遗传性人格特质可以解释为什么个体知觉到家庭环境在文化和智力上占优势。

这些结果可能有多种解释。一种解释是，人格影响了个体对其早期环境的主观感受。或许安静、约束性强的个体更容易忘记童年时期发生的真实家庭冲突，所以回忆出的家庭内聚力比实际情况更高。另外，可以用基因型—环境的相关来解释：安静、约束性强的个体（高约束性、低消极情绪）实际上促进了家庭成员的内聚力，本质上就是他们创造出了能进一步培养其安静和高约束性人格特质的家庭环境。未来关于人格、教养方式和家庭环境感知的研究有希望揭示出基因与环境之间复杂的相关性和交互作用（Spinath & O’Connor, 2003）。

另一种探索基因型—环境相关的很有前景的研究途径是通过同伴（Burt, 2009; Loehlin, 2010）。有研究发现，通过同伴的差异化选择，青少年饮酒具有基因型—环境相关的特点，尤其是女性（Loehlin, 2010）。另一项研究发现了导致轻度破坏规则（例如，饮酒、吸烟、故意破坏）的冲动性与青少年期受欢迎程度之间的基因型—环境相关的证据（Burt, 2009）：基因使一些个体更有可能破坏规则，这反而导致他们在青少年期更受欢迎，这是反应型基因型—环境相关的一个例子。简而言之，冲动的基因与受欢迎的社交环境相关，而这种相关部分程度上是通过破坏规则的行动建立起来的。

## 分子遗传学

行为遗传学领域的最新发展是对**分子遗传学**（molecular genetics）的探索。分子遗传学方法旨在确定与人格特质相关的特定基因。这些方法的细节是高度技术化的，但采用最多的方法即关联法其实就是要确定拥有某个特定基因（或等位基因）的个体与不具有该基因的个体相比，是否在某种人格特质上得分更高或更低（Benjamin et al., 1996; Ebstein et al., 1996）。

被研究最多的基因是位于 11 号染色体短臂上的 **DRD4 基因**。这种基因编码的蛋白质是一种多巴胺受体。正如你所猜测的，其功能是对多巴胺（一种神经递质）做出反应。当多巴胺受体遇到来自大脑中其他神经元的多巴胺时，它就会释放电信号，激活其他神经元。

最常研究的与 DRD4 基因相关的人格特质是新异寻求，它表现为一种寻求新奇体验的倾向，特别是那些相当危险的体验，如吸毒、冒险的性活动、赌博和飙车（Zuckerman & Kuhlman, 2000）。在新异寻求的得分上，携带 DRD4 长重复等位基因的个体比携带短重复等位基因的个体要高（Benjamin et al., 1996）。研究者推测，这是因为携带长重复等位基因的个体对多巴胺不敏感，导致他们去寻求能够带来“多巴胺兴奋”的新奇体验。反之，携带短重复等位基因的个体对大脑内本已存在的多巴胺高度敏感，所以他们不需要寻求新奇体验，新奇体验会使多巴胺升高到让他们不舒服的水平。

尽管 DRD4 与新异寻求之间的关联已得到多次重复验证，但也有几次未能成功验证（Plomin & Crabbe, 2000）。例如，一项研究发现，新异寻求与 DRD4 之间没有任何关联（Burt et al., 2002）。另一项对学龄前儿童的研究发现，DRD4 与母亲报告的儿童的攻击行为（新异寻求的一个可能前兆）相关，但与观察到的攻击行为之间的相关不显著（Schmidt et al., 2002）。还有研究发现，高新异寻求与另一个基因（DRD2）的不同等位基因（A1）相关（Berman et al., 2002）。

问题的部分原因在于上述基因与人格的关联很小。最初的研究者（Benjamin et al., 1996）估计，DRD4 只能解释新异寻求变异量的 4%。有人曾推测可能还有另外 10 个基因（尚未发现）在解释新异寻求时与 DRD4 同等重要。另外，有研究者（Ridley, 1999）认为，有 500 个左右的基因与人格的其他方面有关。因此，可能的情况是，没有任何一个基因能单独地解释较大的人格变异。关于多巴胺 D4 受体（DRD4）基因的一项元分析发现，该基因与新异寻求和冲动性存在可靠联系（Munafo et al., 2008）。例如，一项实验发现，与缺乏 DRD4 长重复等位基因（7R，即 7 次重复）的男性相比，携带 7R 等位基因的男性更有可能去冒金融风险（Dreber et al., 2009），见图 6.1。

有趣的是，DRD4 基因的 7R 等位基因在不同地域出现的比率显著不同，在美洲的出现率高于亚洲。并且有假设指出，当人们迁移到新的环境或居住在资源丰富的环境中时，这一基因会受到进化选择（见第 8 章）的偏好（Chen et al., 1999; Penke, Denissen, & Miller, 2007）。该假设的实证证据源于一项对来自 39 个群体共计 2 320 人的迁移模式的研究（Chen et al., 1999）。迁移的人群携带 7R 等位基因的比例远高于定居的人群，这可能是由于携带这些基因的个体选择了迁移，或是新环境对这些基因的选择性偏好，或是两者兼而有之。关于定居和游牧人群的证据支持以下假设：DRD4 基因的 7R 等位基因在游牧人群中比在定居人群中更有优势（Eisenberg et al., 2008）。拥有 7R 等位基因的男性在竞争激烈的社会中也可能具有优势，包括资源竞争和为了获得配偶的直接竞争（Harpending & Cochran, 2002）。

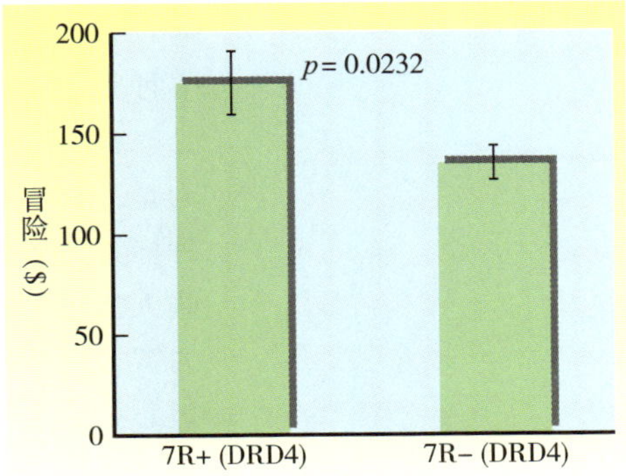


**图 6.1**

携带 DRD4 7R+ 等位基因的男性会在金融冒险游戏中投入更多的钱。

资料来源：Dreber et al., 2009.

虽然通过分子遗传学方法得到的研究结果令人振奋，但对这些结果的解释需持谨慎态度。例如，有研究者发现某些人格特质（如焦虑和注意缺陷障碍）与某种特定基因有关联，但后来的研究却没能重复验证这些发现，这样的情况发生了好几次（Plomin & Crabbe, 2000; McCue, 2010; Turkheimer et al., 2014）。此外，有些基因—人格的联系只在一种性别中发现，在另一性别中却没有。例如，有研究发现，在催产素受体基因（OXTR）单核苷酸多态性片段 rs2254298 上有一个 A 等位基因的女性，比有两个 G 等位基因的女性体验到更强的依恋焦虑（Chen & Johnson, 2012），但在男性中没有发现这种联系。然而，未来 10 年或 20 年的研究应该会揭示涉及特定人格特质的特定基因能够被发现的程度。全基因组关联研究（Genome-wide association studies, GWAS）是一种很有前景的方法，它可以快速考察整个基因组与人格特质的联系，从而产生更快的科学进步（Turkheimer et al., 2014）。GWAS 对外向性的研究创造了一个值得期待的范例（van den Berg et al., 2016）。但人格特质似乎可能与众多的基因有关，而每个基因都只有微小的影响，因此要理解人格的分子遗传学可能还需要未来的很多年。

最后，除了寻找单个基因与人格或行为之间的直接关联，该领域的现代研究也开始使用分子遗传学技术探索基因型—环境的交互作用（例如，Caspi et al., 2003; South & Krueger, 2008）。如前所述，压力性生活事件会导致抑郁症状，但仅限于携带短型 5-HTT 基因的人（Uher et al., 2011）。对于携带该基因其他变体的人来说，压力性生活事件不会导致抑郁症状。这证明了将分子遗传学技术与基因型—环境交互作用这一重要概念相结合的威力。

## 行为遗传学、科学、政治和价值观

行为遗传学研究经历了一些有趣而曲折的历史，值得在此一提（对这段历史的精彩总结见 Plomin et al., 2013）。在过去的一个世纪里，行为遗传学在美国的遭遇可以用“冷遇”一词来形容。一些关于人格特质具有中等遗传率的研究发现，似乎与占统治地位的研究范式即环境主义（尤其是行为主义）相悖。盛行的**环境主义观**（environmentalist view）认为，人格是由社会化的方式决定的，如父母的教养风格。而且，人们担心行为遗传学的研究结论可能会被误用，脑海中总会快速浮现鼓吹“优等种族”邪说的德国纳粹。

在人格的遗传学研究中，很大一部分争论是围绕着智力进行的。智力通常被认为是一种人格变量。许多人担心，行为遗传学的研究结论将被误用来给人们贴上某种标签，认为一些人天生比别人优越或低劣（参见 Herrnstein & Murray, 1994）。另一些人担心研究结论会使某些人在教育和工作安置上获得优先待遇。还有人担心标准的智力测验没有涵盖智力的多样性，如社交智力、情绪智力和创造力等。所有这些担心都是合情合理的。担心者建议，研究者必须从人的本性和社会的大局出发，谨慎看待行为遗传学的研究结果，并做出负责任的解读。

在过去的几十年里，心理学界的态度已发生转变，行为遗传学的研究发现日益成为心理学领域的主流。行为遗传学的研究不再像过去几十年那样引起激烈的争论。事实上，通过复杂精妙的行为遗传学研究对人格所做出的发现，现在被视为应对重要的个人和社会问题的关键，例如压力性生活事件对抑郁的影响。

科学与政治以及知识与价值观之间的联系是复杂的，但我们必须面对。因为科学研究可能因政治原因而被误用，所以科学家对认真、准确地呈现研究结果负有重大责任。科学能够与价值观分开。科学是为发现客观存在而建立的一系列方法，价值观反映的是人们希望存在的东西，它是人们渴望或想要追求的。虽然科学家当然会因自身的价值观而带有某种偏见，但科学方法的优点在于它能自我修正。方法是公开的，所以其他科学家能够检验研究发现，找出研究过程中的错误。因此，随着时间的推移，任何潜入科学中的偏见都会得以纠正。当然，这并不意味着科学家就没有偏见。事实上，科学史上有很多例子表明，价值观影响了所提问题的性质及某些发现或理论是被接受还是被拒绝。然而，无论如何，从长远来看，科学方法能够提供纠正这些偏见的体系。

## 总结与评论

人格的行为遗传学研究有一段精彩的历史。在早期，当行为遗传学方法被提出之时，心理学领域被行为主义范式所主导。在这种形势下，行为遗传学研究的成果并不受人们的青睐。社会科学家担心，行为遗传学的研究成果可能会因意识形态的原因而被误用。

在过去的 20 年里，关于遗传率的实证证据越来越有说服力，部分原因在于各种行为遗传学方法所得到的结果具有聚合性。传统的行为遗传学方法主要有四种：选择性繁殖研究、家族研究、双生子研究和收养研究。因为伦理问题，选择性繁殖不能用来研究人类；家族研究常常因难以将遗传和环境的作用分开而受到质疑；双生子研究存在潜在的问题，例如违背了平等环境假设（即同卵双生子并不比异卵双生子受到更多相同的对待）和代表性假设（即双生子和非双生子是一样的）；收养研究也有潜在的问题，例如没有把收养儿童随机分配到收养家庭。对这些假设进行实证检验后发现，这些假设没有受到严重违反，或者违反的程度似乎不足以对结果造成很大的影响。然而，对人格遗传率研究来说，最有力的证据来自不同研究方法的交叉应用，这些研究方法没有共同的方法论问题。因此，如果双生子研究和收养研究得到了相同的结论，那么就比单独使用任何一种方法得到的结论更有说服力。

一起抚养的双生子大样本研究，分开抚养的同卵双生子小样本研究，再加上坚实的收养研究，大大提高了行为遗传学研究的可信度。实证研究的结果清楚表明，人格变量，如外向性和神经质，以及“大五”人格的其他方面都具有中等程度的遗传性。或许，更令人惊讶的研究发现是，饮酒、吸烟、态度、职业偏好甚至性取向似乎也具有中等程度的遗传性。然而，同样重要的是，这些研究也为环境影响的重要性提供了最好的依据。总的说来，人格特质有 30%~50% 受遗传影响，50%~70% 受环境影响。

环境因素中起作用的似乎主要是非共享变量。非共享变量指的是即使兄弟姐妹成长在同样的家庭也会有不同的经历。这个发现令人震惊，因为几乎所有的环境影响理论（如重视父母的价值观和养育方式）均是共享变量论。因此，行为遗传学研究可能为教养的本质提供了一个最重要的洞见，即它指明了对人格影响最大的环境因素的所在方位。接下来的十年，人格研究将见证在具体识别这些非共享环境影响上的进步。区分感知到的环境与客观的环境将会是这个研究议题中的重要组成部分。

在解释研究结果时，牢记遗传率和环境解释力的概念很重要。遗传率是指，在特定的人口总体或样本中，能够观察到的差异中由遗传导致的差异所占的比例。遗传率不属于单一个体。在个体水平上，基因和环境的影响交织在一起，难以分开。可遗传性并不意味着环境对产生个体差异毫无作用。另外，遗传率不是固定不变的统计指标，它的高低可因群体而异，也会随时间而变化。环境解释力是指在可观察到的差异中，环境导致的差异所占的比例。同遗传率一样，环境解释力也不是一个固定的统计指标，它也可以随时间或情境而改变。例如，原则上，发现一个强有力的环境干预因素，能极大地增加环境解释力，降低遗传率。关键的一点是，遗传率和环境解释力在不同的时间和情境中是不固定的。

除了估算遗传率和环境解释力外，一些行为遗传学研究还考察了遗传与环境变量之间的交互作用和相关。基因型—环境的相关主要有三种：被动型、反应型和主动型。当父母既提供基因型，又提供恰好与之相关的环境时，就会出现*被动型*基因型—环境的相关。例如，父母把语言天赋的基因传递给孩子，并在家里堆满书籍。书和语言能力产生了相关，但是是以一种被动的方式，因为孩子并没有为相关的发生做什么。当父母、老师或其他人对一些孩子的反应与对另一些孩子的反应不同时，就会出现*反应型*基因型—环境的相关。与不爱笑的婴儿相比，父母总会更多地逗弄爱笑的婴儿，从而创造了爱笑的基因型与逗婴儿笑的社会环境之间的相关。这种相关是因为父母对婴儿的反应不同而产生的。*主动型*基因型—环境的相关之所以产生，是因为携带某种基因型的个体会自主寻求某些环境。例如，外向者会热衷于各种聚会，将自己更多地置身于与喜欢独处的内向者不同的社会环境中。这种相关是个体主动创造的。

这些更为复杂和有趣的行为遗传学概念，如基因型—环境的相关，一直以来都较少引起研究者的关注，但一项有趣的发现可能是个例外。那些消极情绪低、约束性高的个体更容易将早期的家庭环境回忆为高度内聚的。对于这一点，基因型—环境相关的一种解释是：安静、非神经质的个体可能实际上增强了家庭环境的静谧和内聚力，而这种成长环境又进一步培养了他们安静和控制性的人格特征。

分子遗传学代表了人格心理学领域的最新进展。这种研究技术的目的是确定特定基因与人格特质得分之间的关联。例如，DRD4 基因与新异寻求有关。最有希望的新进展之一是将分子遗传学与*基因型—环境交互作用*的研究相结合，即携带不同基因型的个体如何会对相同环境有不同的反应。例如，压力环境似乎会导致抑郁症状，但主要是在携带短型 5- 羟色胺转运蛋白（5-HTT）基因的个体中。

## 关键术语

基因组
基因垃圾
优生学
变异量百分比
遗传率
表现型变异
基因型变异
环境解释力
天性与教养之争
选择性繁殖
家族研究
双生子研究
同卵双生子
异卵双生子
平等环境假设
收养研究
选择性安置
共享环境的影响
非共享环境的影响
基因型—环境的交互作用
基因型—环境的相关
被动型基因型—环境的相关
反应型基因型—环境的相关
主动型基因型—环境的相关
分子遗传学
DRD4 基因
环境主义观

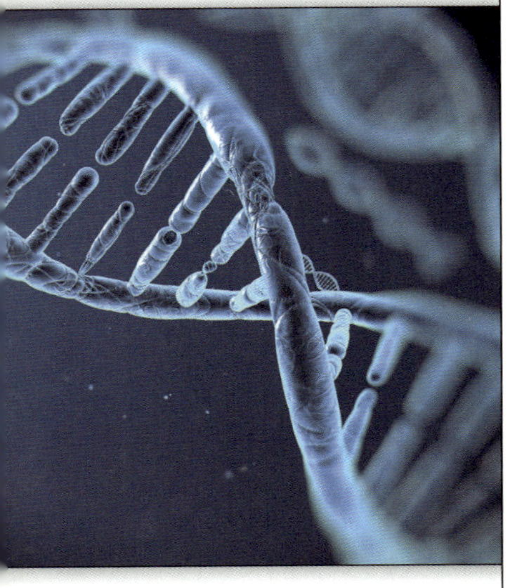

© Svisio/Getty Images RF

7

# 人格的生理学取向

# 生物学领域

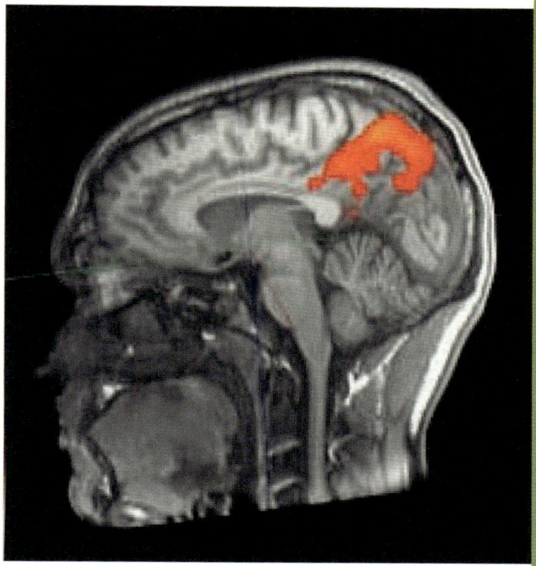

脑成像技术使研究者能够更多地了解人脑在行为和人格中的作用，达到前人无法想象的深度。

埃利奥特是一位成功的商人，一位令人骄傲的父亲，一个好丈夫。在公司，他是年轻同事的楷模；私下里，他是一个迷人而友善的人；他的社交能力很强，时常被请去解决工作上的争端；他受人尊敬。他在社区中的地位、他那令人满意的个人生活和成功的职业地位全都令人羡慕。

有一天埃利奥特突然开始出现严重的头痛。几天后，他去看医生，被怀疑患上了脑肿瘤。怀疑很快被证实了，的确有个正在生长的小肿瘤，但位置不在大脑，而是附着于脑部组织的内膜上，位置恰好在眼睛上方、前额后面。肿瘤已经压迫了他的脑组织，损坏了部分前脑组织，即一小块前额叶皮质，所以必须尽早动手术将肿瘤连同这部分皮质一起切除。

手术很成功，埃利奥特术后康复得也很快，没留下明显的后遗症，至少在做常规测试时没发现什么问题。术后埃利奥特接受了智力测验，发现他的智商和术前一样超常。他的记忆力完好无损，使用和理解语言的能力也未受影响。不仅如此，他的算术、记忆单词表、视觉化物体、判断和看地图的能力均未受到手术的影响。埃利奥特所有的认知功能均保持正常或高于正常水平，似乎没有受到切除一小部分前额叶皮质的任何影响。

可是，埃利奥特的家人却说他的性格变了。他在工作中的表现也和以前不同了，似乎没有了时间观念，早晨起床都要妻子多次催促。有一次，他甚至不能完成工作任务。如果工作受到干扰而中断，他便无法从中断处接着开始。他时常被工作的某部分吸引而数小时“不务正业”。例如，整理图书一般需要15分钟，而他常常停下来拿起其中的一本来读，几个小时后才重新回到工位。他知道自己的工作是什么，但却不能按正确的顺序将行为组织起来。

埃利奥特不久就失业了。他尝试了多个商业计划，最终拿出全部积蓄开办了一家投资管理公司。他不顾许多朋友和家人的反对，与一个名声不好的人合作。结果，生意失败，他所有的积蓄都打了水漂。在妻子和孩子们看来，他的行为完全是冲动性的，他们对他已经无能为力。随后埃利奥特离婚了，但很快又再婚，他的家人和朋友都不赞同他娶这个女人。不久第二次婚姻又以离婚而告终。没有了经济来源，也没有了家庭的支持，埃利奥特成了一个流浪汉。

埃利奥特的遭遇引起了艾奥瓦大学神经学家达马西奥博士的注意，他后来以埃利奥特的事例为原型写了一本书（Damasio, 1994）。达马西奥分析，被肿瘤破坏的那一小部分脑皮质实际上起着把情绪信息传递到大脑高级推理中心的作用。埃利奥特自己说，他注意到的仅有的改变是：手术后，他再也没有强烈的情绪波动，或者说，没有什么事情能让他情绪波动。

埃利奥特的案例提示我们，人的身心是紧密关联的。事实上，手术后，埃利奥特身上发生的最大改变是人格的变化，而不是记忆、推理能力或知识的变化。

许多研究显示，创伤性脑损伤能够引起人格的巨大变化（Edmundson et al., 2015）。通常的一种变化是个体抑制或者控制冲动的能力减弱。这一点在遭受脑创伤的儿童（Gerring & Vasa, 2016）、脑外伤的成人（Kim, 2002）以及因中风脑部受损的老人（Freshwater & Golden, 2002）身上均观察到过。这种冲动性的增强和自我控制的缺乏，很可能是具有执行控制功能的额叶与其他脑区的联系被切断的缘故。因而，严重的脑损伤者可能保持了大部分的认知能力，但却会丧失某种程度的自我控制（Lowenstein, 2002）。脑外伤后出现人格改变的人，常常会出现自发的情感爆发、突然的情绪改变、间歇的攻击行为，从而对家庭造成很大破坏（Beer & Lombardo, 2007）。事实上，上面列举的这些症状正是对最著名的脑损伤病人——盖奇的人格描述。19 世纪中期，盖奇在修筑铁路时，一根钢钎穿过了他的头颅（见阅读）。

生理学取向的一个研究优势是可以对生理特征进行可靠的机械测量。生理特征是指机体内各种器官系统的功能。**生理系统**（physiological systems）包括神经系统（包括脑和神经），心血管系统（包括心脏、动脉、静脉），肌肉骨骼系统（包括肌肉和骨骼等，使得各种运动和行为成为可能）等。至于这些生理系统的重要性，你可以想象一下去除其中任何一个将会是什么后果。没有大脑，人就不能思考和对环境做反应；没有肌肉骨骼系统，人就不能运动和对环境采取行动；没有心血管系统，后果显而易见。所有的生理系统对维持生命都很重要，对它们的研究导致了医学、解剖学和生理学的产生。

从人格心理学的角度来说，生理的重要性在于它的差异可以创造、促成或标示心理机能的差异。例如，人的神经系统对刺激的敏感性不同。置身于高噪声环境中，有人相当烦躁，有人却不会有半点不适。特别敏感的人可能更喜欢待在安静的环境中（如图书馆），避开人群（如不去参加热闹的聚会），并控制环境中刺激的数量（如从不听嘈杂的摇滚音乐）。生理学取向的人格心理学家会说这个人是内向的（一种心理特征），因为他有极度敏感的神经系统（一种生理特征）。因此，生理学取向假设：生理特征的差异与重要人格特征和行为模式的差异相关。

人格的生理学取向的另一个特征是简单明了或者说简约。生理学理论通常用几个概念来解释许多行为。这些理论通常做出如下表述：某一生理差异造成了某种人格或重要行为模式的不同。例如，为什么有些人喜欢跳伞、赛车和其他的高风险运动？一种生理学理论的解释是，这些人的神经系统中缺乏某种化学物质。尽管这些理论有着明显的简约性，但人性实际上更为复杂。例如，两个人的感觉寻求得分都很高，但其中一个人以社会认可的方式满足这种需要（如做一个急救医生）；而另一个人却

阅读

## 盖奇的脑损伤

盖奇是 19 世纪的一名铁路工人，是一个建筑队的工头，负责佛蒙特州拉特兰至柏林顿段铁路的修建工作。他的工作需要用炸药将大岩石炸碎。一天，他在一次严重的事故中受伤。事故发生之前，他工作勤奋、为人随和、有责任感，被雇主们视作能力最强、效率最高的工头之一。1848 年 9 月 13 日，在他用钢钎向岩石炮眼填塞火药时，火药被意外点燃。炸飞的钢钎就像一颗子弹一样从炮眼飞出。当时盖奇正俯身看着工作区。钢钎重量超过 6 千克，长度超过 1 米，直径超过 3 厘米，并且一端非常尖。沉重的钢钎从岩石洞中崩出，从盖奇左脸颊骨正下方钻入，穿过左眼后方，从颅顶穿出，最后落在 20 米开外。盖奇被击倒在地，但并没有丧失意识。钢钎损毁了盖奇的脑前部很大一部分区域，但他奇迹般地活了下来。经过 10 个星期的治疗，盖奇回到了新罕布什尔州的家里。更令人吃惊的是，他大部分的智力功能完好无损。不过，他的人格却明显地变了。他的医生约翰·哈洛将“新”盖奇描述为“倔强固执、变化无常、犹豫不决。刚刚为未来制订了很多计划，却又马上放弃。孩童般天真，却有着男子汉的激情”（Carter, 1999）。他缺乏自我指导能力，不能设计出实现目标的计划，冲动且具有攻击性。他开始使用污言秽语，不遵从社会风俗，对周围的人也不礼貌。人们告诫女性要躲着他。他再也不能当工头了，只能干些农活，干得最多的是喂马和打扫马厩。盖奇死于 1860 年 5 月 21 日，距离那次毁灭性的事故约 12 年。现在他的颅骨和那根钢钎一起被陈列在哈佛大学医学院图书馆中。想了解如何用现代视角解读这一著名案例可参阅麦克米伦的文章（Macmillan, 2000）。

上图为盖奇手持贯穿其头颅的钢钎。

热衷于社会所不能接受的行为方式（如从事许多有趣但非法的行为来获得刺激，像赌博、吸毒等）。大多数生理学取向的心理学家都不同意“生理决定命运”的说法，而是认为生理因素只是解释行为的众多原因之一。

应　用

**指长比的个体差异**　几个世纪以来，学者们一直在推测身体的特征与人格特质的联系。大多数简单的理论已经被证明是不可信的（Stelmack & Stalkas, 1991），如将头部隆起与人格联系起来的颅相学。然而，近年来比较受人们关注的一个身体差异是食指和无名指的长度比，通常称为“指长比”（digit ratio）指数。测量食指和无名指的长度（见图）后就可以很容易计算出这个比值，有大量研究关注与指长比相关的各种变量。

一个常见的可靠发现是，女性的指长比高于男性。女性的食指往往比无名指长，指长比大于 1.0，而男性的食指往往比无名指短，指长比小于 1.0。为什么会这样呢？对人类和动物（包括小鼠和猴子等可测量指长的动物）的研究证实，指长比在出生前就已确定，是

**如何测量你的手指长度**

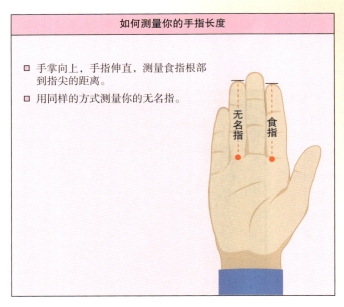

- 手掌向上，手指伸直，测量食指根部到指尖的距离。
- 用同样的方式测量你的无名指。

食指长度除以无名指长度就能得到指长比。

资料来源：Michael Hanlon, "What the Length of Your Index Finger Says about You," *Daily Mail*. December 3, 2010.

由胎儿在子宫内时的睾酮水平决定的。子宫内的睾酮还会影响性腺的发育和胎儿的性发育。因此，出生后的指长比被认为是代表胎儿产前睾酮接触量的一个终生指标。睾酮水平越高，食指相对无名指越短（指长比越小）。

男性胎儿产前接触的睾酮浓度高于女性胎儿，因此两性在指长比上存在终生差异。然而，即使在单一性别中，指长比的差异似乎也与某些同样被认为受睾酮影响的人格特质有关。这些人格特质被威尔逊等人描述为"年轻男性综合征"（Wilson & Daly, 1985），包括冒险、暴力倾向和竞争性。如果使用与人格心理学更直接相关的术语，与指长比相关的特质包括冲动性感觉寻求、外向 / 果敢 / 社会支配、攻击，其中一些会在本章讨论。虽然男性在这三种特质上的得分都比女性高，但将指长比与这些特质进行关联的研究并没有获得完全一致的结果。

最近的一项研究（Wacker, Mueller, & Stemmler, 2012）假设，可能一些与"年轻男性综合征"相关的更具体的特质与指长比有关，而且这种相关在男性中可能更强。在一项对 200 多名年轻成年男性的研究中，他们使用了许多与"年轻男性综合征"相关的人格量表，并使用因素分析提取出对这些特质相对更纯粹、更具体的测量指标。结果发现，指长比与冲动性感觉寻求有很强的相关（无名指比食指长，也就是指长比较低的男性在冲动性感觉寻求上得分较高）。该发现与多项其他研究的结果一致，这些研究发现较低的指长比与冒险有关，如参与风险更高的博彩活动（Garbarino, Slonim, & Sydnor, 2011）、有更多的交通违章行为（Schwerdtfeger, Heims, & Heer, 2010），以及选择风险更高的金融职业（Sapienza, Singales, & Maestripieri, 2009）。尽管有研究报告指出，女性中较低的指长比（类似于男性）与较高的冒险水平有关（Honekopp, 2011），但关于女性的结论尚不明确。对雌性恒河猴的研究发现，指长比较低的雌性在群体中有更高的支配地位（Nelson et al., 2010）。

互联网上有大量关于指长比的信息，在搜索引擎中输入关键词就会发现许多相关的报道和文章。然而，对这样的研究需要保持怀疑，注意评估所报道研究的质量。从最好的研究中我们得出的结论是，这一身体差异很可能是产前睾酮水平的终生指标，而且它确实与成年后的冒险、感觉寻求以及社会支配的一些形式有一定的关联。指长比有很大的性别差异，但在两性中与指长比相关的变量往往是相似的，尽管在女性中关系相对较弱。在第 16 章讲到人格心理学中的性和性别时，我们还会讨论到睾酮。

在第 1 章中，你已经了解到奥尔波特写了第一本关于人格的教科书。他在书中指出："（人格的）组织有赖于身心两方面的活动，二者密不可分，形成人的统一体"（Allport, 1937, p. 48）。因为人格由身心两个方面组成，所以对人格的研究也可从这两个视角展开。在本章，我们重点关注聚焦内在生理系统的一种人格研究取向。

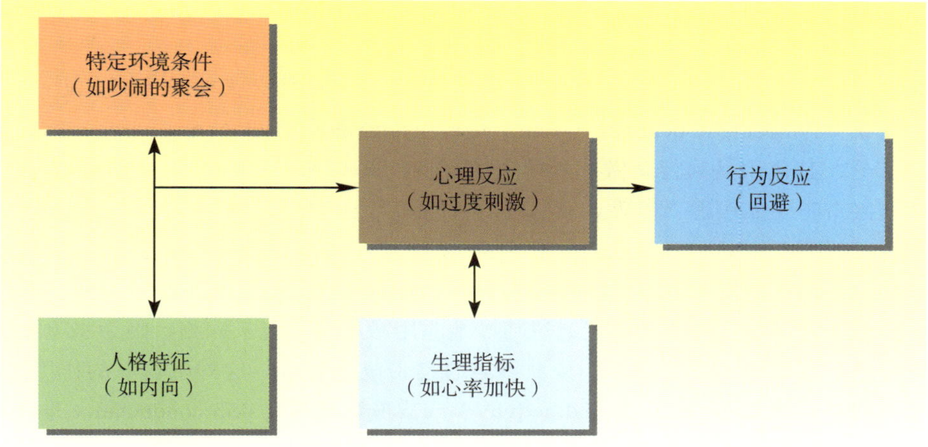


**图 7.1**
人格与生理之间的理论桥梁：环境条件、人格与反应方式之间的关联构成了一个理论桥梁，连接了人格、特定情境以及能用特定生理指标来识别和测量的心理反应。一个理论会详细说明哪些条件或刺激将与哪些人格特质相互作用，产生哪些可在生理层面上观察到的特定反应。

## 人格的生理学取向

如今，大多数生理学取向的人格心理学家聚焦于不同生理系统的测量，如心率或脑电波。当代人格心理学家研究的典型问题是：在特定条件下，一些人是否比另一些人表现出更多或更少的特定生理反应？例如，内向的人可能会避免参加吵闹的聚会，因为他们很容易被聚会上的社交和物理刺激搞得不堪重负。注意，这个陈述详细指出了一种特定的环境条件（吵闹的聚会），会影响一种特定的性格特征（内向），从而产生一种特定的生理反应（不堪重负，以心率加快为标志），最后导致一种特定的行为反应（回避）。这些联系如图 7.1 所示。

现在人格心理学家谈论生理的方式就是做出具体的陈述——何种特质在何种条件下与何种心理反应相联系，或者说会对何种刺激做出何种心理反应。为了应用生理学概念来帮助我们解释人格，研究者必须在感兴趣的人格维度和生理变量之间搭建一座**理论桥梁**（theoretical bridge）（Levenson, 1983; Yarkoni, 2015）。现在让我们简要地回顾一些生理变量，看看在人格研究中它们是如何被测量的。

## 人格研究中常用的生理测量法

大部分人格研究中常用的生理测量是通过在参与者皮肤表面放置**电极**（electrodes）或传感器来实现的。这些电极不会刺穿皮肤，因此是非侵入性的，几乎不会给参与者带来任何不适。但有一个缺点是需要用电线将参与者连接到记录仪（常称为多导生理记录仪），其活动会受到限制。然而，新一代的电极使用**遥测**（telemetry）克服了这个限制，遥测技术是指采用蓝牙、WiFi 或其他无线波的方式将电信号从参与者传到记录仪上。这种方法已经被用在了航天员身上，以便航天员在太空时的生理系统能被远在地球上的研究者持续检测。人格心理学家最感兴趣的三种生理测量是：皮肤电活动（皮肤电传导）、心血管系统的活动和脑的活动。受到关注的还有其他一些生理测量，如血液中的激素含量。下面我们将依次讨论这些生理测量。

## 皮肤电活动（皮肤电传导）

手掌和脚底的皮肤上集中了大量的汗腺，它们直接受交感神经系统支配。**交感神经系统**（sympathetic nervous system）是**自主神经系统**（autonomic nervous system）的一部分，其作用是为行动做好身体上的准备，即“战斗或逃跑”机制。当交感神经系统兴奋时（如焦虑、惊恐、愤怒等），汗腺开始充满汗液。如果兴奋的强度足够大或持续时间足够长，汗液便会溢出到手掌上，导致手心出汗。有趣的是，所有哺乳动物的手掌或爪的表面都有高密度的汗腺。

即使汗液肉眼不可见，也能通过巧妙地应用微小的电流来探测，因为水（汗液）可以导电。皮肤上的水分越多，皮肤就越容易带电或导电。这种生物电的作用过程被称为**皮肤电活动**（electrodermal activity）或**皮肤电传导**（skin conductance），它使研究者能够直接测量交感神经系统的活动。

在测量皮肤电活动时，把两个电极放在一个手掌中，让电压非常低的电流穿过其中一个电极传导到皮肤上，然后测量另一个电极上的电流量。两个电极的电流差可以向研究者表明皮肤导电的情况。交感神经越兴奋，汗腺分泌的汗液越多，皮肤的导电性就越好。因为电流很小，所以参与者根本感觉不到。

各种类型的刺激均可诱发皮肤电反应，如突然的噪声、情绪性图片、条件刺激、心理努力、疼痛以及焦虑、害怕、内疚等情绪反应（在所谓的测谎仪测验中也使用了皮肤电传导）。令人格心理学家感兴趣的一种现象是，有些人在没有任何外部刺激的情况下也会产生皮肤电反应。想象让一个人坐在静谧昏暗的房间里，告诉他尽量放松。大部分人在这种情况下交感神经系统的活动微乎其微；但是有些人会表现出自发的皮肤电反应，尽管没有客观的刺激导致这种反应。毫不奇怪，与非特异性皮肤电反应相关最稳定的人格特质是焦虑和神经质（Cruz & Larsen, 1995）。高焦虑或神经质的人的交感神经系统似乎长期处于激活状态。这仅仅是人格心理学家使用皮肤电测量来确定个体人格差异的一个例子。

## 心血管系统的活动

心血管系统由心脏及与其相连的血管组成，测量心血管系统活动的生理指标包括血压和心率。血压是血液在血管内流动时对动脉管壁产生的压力，常用两个数值来表示：舒张压和收缩压。收缩压是指当心肌收缩时，心血管系统产生的最大压力，数值较大；舒张压是心肌两次收缩之间系统放松时的内部压力，数值较小。许多情况都能导致血压升高。例如，当心脏加大收缩力度导致输出的血量增加或者动脉管变窄时，血压都会升高。在“战斗或逃跑”反应中，交感神经系统的兴奋会同时导致上述两种变化。血压对许多条件都很敏感，人格研究者对压力引起的血压改变尤其感兴趣。

另一个易于测量的心血管指标是心率，通常用每分钟搏动的次数（BPM）来表示。心率是不断变化的，所以准确的测量需要较为复杂的技术。方法之一是测量相邻两次搏动之间的时间间隔。如果间隔恰好为 1 秒，那么心率就是 60 BPM。如果间隔时间变短，心脏搏动就快，反之亦然。通过测量连续心跳之间的间隔，心理学家能够得到每次心跳的心率读数。心率很重要，因为当它增加时，说明人的身体在为某种行动做准备，如战斗或是逃跑。心率告诉我们一个人可能正在经历痛苦、焦虑、害怕，或是处于比正常水平更高的其他唤醒状态。在做认知努力时（如解决较难的数学问题），心率也会增加。人与人之间的心率反应存在差异，面对同样的刺激或任务，有的人心率增加很多，有的人增加很少。

研究者对一个人必须当众完成具有挑战性的任务时的心血管系统反应很感兴趣。一种引发暂时压力的技术是让参与者完成连续减法任务（例如，用 784 减 7，所得结果再减 7，如此继续，直至被告知停止）。被迫完成连续减法任务是一种压力，特别是当实验者就站在边上，一边记录答案，一边告诉参与者："快点，继续，我知道你能做得更好。"如你所料，在这种情境下，每个人的血压和心率都会上升，但有些人上升的幅度比另一些人更大。这种现象称为**心脏反应性**（cardiac reactivity），它与 **A 型人格**（Type A personality）有关。A 型人格的行为特征是急躁、好竞争、敌意。有证据表明，长期的心脏反应性会导致冠状动脉疾病。这就是为什么 A 型人格，特别是其中的敌意性与心脏病或心肌梗死的高发生率有关（见第 18 章）。心血管反应与 A 型人格的相关，为生理测量在人格研究中的应用提供了另一个范例。

## 脑活动

人脑会自发地产生少量电流，可以通过放置在头皮上的电极来测量，该测量被称为脑电图（electroencephalogram, EEG）。在参与者睡着、清醒放松或从事某种任务时，均可以记录不同脑区的 EEG。这种对区域性脑活动的测量能够提供关于不同脑区活动模式的有用信息，而这些活动模式可能与不同的认知任务有关（如加工的是听觉还是空间信息，是在听别人口头指路还是在看一张地图）。人格心理学家特别关注的是，对于不同的人（如内向—外向），不同的脑区域是否表现出不同的活动性。

另一种测量脑活动的技术是诱发电位技术。操作程序是给参与者一个刺激，如一个音调或一道闪光，然后记录 EEG，研究者以此评估参与者对刺激的脑反应。本章关于大脑不对称性的部分，介绍了几个脑活动测量帮助我们理解人格差异的研究实例。

人格研究中非常有用的另一类生理测量是目前正在使用的功能强大的脑成像技术。例如，正电子发射断层成像（positron emission tomography, PET）与功能性磁共振成像（fMRI），它们是非侵入性的成像技术，能用来绘制脑的结构和功能图像。事实上，2003 年的诺贝尔生理学或医学奖之所以授予保罗·劳特布尔和彼得·曼斯菲尔德，就是因为他们的发现促进了快速功能性磁共振成像的发展。这一功能强大的成像技术开始主要是因医学诊断的需要发展起来的，现在它能使医生和心理学家了解病人和参与者的脑在运行时的内部情况。它能准确显示出当人们正在从事某种任务时哪些脑区比较活跃。例如，我们若想知道记忆涉及了哪些脑区，就可以给参与者一项记忆任务（如记住一个电话号码并保持 5 分钟），同时用 fMRI 扫描他们的脑。传统的 fMRI 通过葡萄糖的消耗来测量不同脑区域的活动水平：一个区域消耗的葡萄糖越多，表明该区域的神经元越活跃。它提供了非常精确的空间分辨率，能够精确定位与特定认知或情感任务相关的特定激活区域。

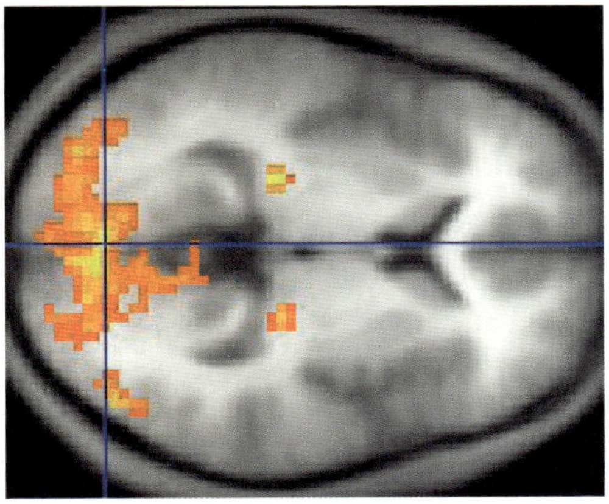

fMRI 通过监测脑中的葡萄糖代谢来追踪脑活动。当脑的某个区域被使用时，它会消耗以葡萄糖形式存在的能量（Beer & Lombardo, 2007）。

这些功能强大的脑成像技术现在也被用于人格研究

（Herrington et al., 2006），并产生了人格神经科学这一新的分支领域（DeYoung & Gray, 2009）。坎利及其同事（Canli et al., 2001）发表了此领域中的一项重要研究。在该研究中，他们给参与者呈现了20张能激发消极情绪的图片（如蜘蛛、哭泣的人）和20张能激发积极情绪的图片（如快乐的夫妻、可爱的小狗），同时通过fMRI扫描他们的脑。研究者发现，在观看不同的情绪图片时，脑的特定区域会发生变化。然而更重要的是，他们发现在面对积极、消极情绪图片时脑的激活程度与人格有关。具体而言，神经质与观看消极情绪图片时的前额叶活动增强相关，而外向性则与观看积极情绪图片时的前额叶活动增强相关。研究者还发现人格与其他脑结构的相关，这与脑对情绪刺激的反应性与人格相关的结论是一致的。在未来的几年里，脑成像技术很可能革命性地改变我们对脑与人格关系的认识，并成为一个特别令人兴奋的研究领域（Beer & Lombardo, 2007; Canli & Amin, 2002）。

成像技术比较新的一项应用是评估脑的结构而非功能，其目的是考察人格是否与脑的不同区域大小有关。因此，除了测量区域的活跃程度，fMRI还可以用来测量脑的不同区域的体积。在最近的一项研究中，德扬和他的同事（DeYoung et al., 2012）利用大五人格模型来预测脑的哪些区域可能负责产生与每个特质相关的行为或反应。然后，他们对116名参与神经科学研究的健康年轻成年人的脑结构进行了评估。他们做出的有关特定脑区体积与特定人格特质相关的预测，许多都得到了研究结果的支持。例如，外向性与内侧眶额皮质的体积有关，内侧眶额皮质涉及奖赏信息的加工。神经质与那些涉及威胁和惩罚的脑区的体积有关。总的来说，他们认为结果支持一种基于生物学的大五人格特质解释模型。然而，这篇文章在几个方面受到了广泛批评。例如，脑区的大小并不一定与该区域功能的增强有关。作者隐含地假设结构与功能是相关的，但没有证据支持这一点。就连大众媒体也批评这篇文章是现代版的颅相学——一个早已声名狼藉的学科，认为头上各种隆起部位的大小可以用来推断一个人的性格。尽管怀疑精神在科学领域是有益的，但至少我们可以说，这篇论文展示了一种人格神经科学领域的新方法。开创性的论文常常受到批评，但从长远来看，人们会认识到它们对学科领域潜在的指导意义。

一种更新的脑成像技术不是关注脑区域本身，而是关注特定区域间的联系。例如，大脑中有一个区域与情感有关，而另一个区域与决策有关，研究者现在能够描绘出连接这两个区域的通路，并测量区域之间连接的强度。连接的强度与这两个区域之间的通信或交互的数量有关。人格可能与脑区域之间的连接强度相关。例如，有些人的理性和情绪之间可能有更多的联系，而另一些人可能联系较少（在他们的决策过程中，情绪的影响微乎其微）。这一关注脑区之间功能连接的新方法是神经科学的一个重要发展，目前正扩展到人格心理学。在人格心理学中应用该方法的重点将是不同脑区之间连接强度的个体差异。

脑连接研究中发现的一个有趣例子是，大脑默认网络的差异——大脑多个区域之间完全自发的背景性的交流——与开放性特质有关（Beaty et al., 2016）。这一发现表明，比起开放性低的人，开放性高的人（他们往往富有想象力、创造力，喜欢抽象推理）大脑各区域之间有更强的总体连接。这一新的研究领域让理解人格特质的生物学基础充满希望（见阅读专栏——人类连接组计划）。

## 阅读

# 人类连接组计划

绘制人脑图谱是 21 世纪最大的科学挑战之一。人们已经做了很多工作来确定脑中与各种功能如记忆、知觉和情绪相关的关键区域。然而，对连接这些不同区域的神经通路的绘制才刚刚开始。打个比方，就像一栋房子的电气系统，你知道各种电气设备（如电灯、电视、电脑、冰箱等）的位置，但不知道如何将这些电器连接到电网的房间接线图。解码人脑复杂的接线图就像确定整个城市的接线图一样，是一项极具挑战性的任务。人类连接组计划正是一项试图解码人脑接线图的项目，由三所大学（华盛顿大学、明尼苏达大学和牛津大学）联合推动。其目标是全面绘制 1 200 名健康成年人的脑回路图，并在此过程中开发更好的成像工具。

人类连接组计划于 2010 年启动，该项目的所有数据以及提取大脑扫描数据信息的软件都是开放的。该项目还建立了一个开源的网络神经信息平台，允许其他人访问和处理该项目生成的大量数据。其目标不仅仅是为人类的脑绘制一个接线图（回路结构），还要弄清这些连接的功能。

这个项目有很大一部分是为了理解个体差异。也就是说，并不是每个人的脑连接都是相同的。人与人之间脑回路存在着差异，这种差异可能与人格差异有关，也可能与不同的健康问题有关。该项目早期发表的一些结果关注了这些个体差异。一篇重要的论文（Smith et al., 2015）在 460 名年龄在 22 岁 ~35 岁的参与者中，评估了积极生活结果与脑连接模式之间的联系。他们对积极生活结果的定义是将词汇量、智力、教育、生活满意度和经济收入等积极特征加总，然后减去吸烟、特质性愤怒、自陈的违法或违规行为等消极特征。每个参与者在这个单一的积极—消极生活结果维度上得到一个排名，排名越高，表示这个人的生活中有

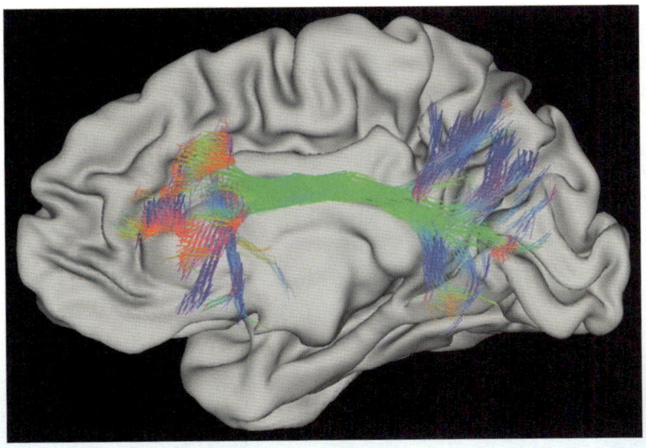

灰色部分为右侧皮层灰质的表面，可作为一个基本的空间位置参考，叠加在其上的彩色部分为从左侧额叶皮质的一个种子点发出的白质纤维的三维概率示踪图。方向向量是用颜色编码的（红色代表左右走形，绿色代表前后走形，蓝色代表头足走形），不透明度代表特定纤维方向的虚拟纤维束（streamlines）的数量。

资料来源：S. Sotiropoulos and T. E. J. Behrens for the WU-Minn HCP consortium.

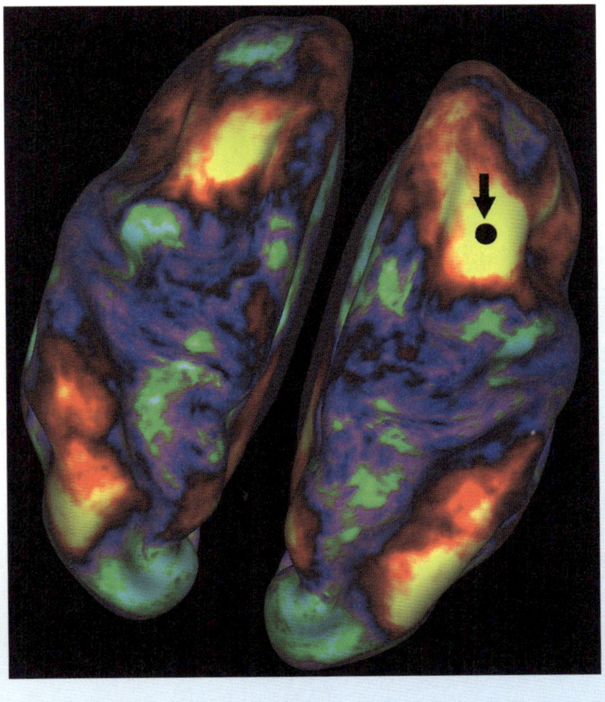

一名健康的参与者在 MRI 扫描仪中“休息”时其大脑皮质“功能连接”的平均图谱。黄色/红色区域与右侧额叶皮质的“种子”点（箭头所指的黑色圆点）存在功能连接，而绿色和蓝色区域与种子点连接较弱或根本没有连接。

资料来源：M. F. Glasser and S. M. Smith for the WU-Minn HCP consortium.

越多的积极结果。然后，计算不同脑区间的连接强度与整体的积极生活结果之间的相关。结果发现，超过30个脑回路的连接强度与较高的积极生活结果维度排名相关。一般来说，脑连接较强的人具有更积极的特征，如词汇量更大、记忆力更好、生活满意度更高、收入更高并且教育水平更高。相反，那些脑网络连接较弱的人有更多的消极特征，如愤怒、违反规则和滥用药物。

虽然这一初步的结果听起来很有希望，但我们需要提醒自己，通过相关不能建立因果关系。它不能证明脑连接更强"导致"一个人更聪明或词汇量更大等等，也可能是词汇量的增加导致了脑连接的发展。因此，对于脑连接和积极特征的发展以及两者之间如何发生联系，还有很多东西需要去探索。然而，这类研究表明了人格的生理学取向的前景，未来我们可能通过脑扫描来预测特定个体的技能、能力和人格。如果我们足够了解生物特征与环境之间的因果作用的本质，就可能设计出更好的学校或其他干预措施，帮助人们改变他们的行为（和他们的脑），朝着更积极的生活结果方向发展。

## 其他测量

虽然皮肤电、心率和脑活动是人格的生理学研究中最常用的测量，但其他的生理测量也是有用的（见表7.1）。其中一种重要的测量是对血液和唾液进行生化分析。例如，对唾液样本的生化分析可以提取反映免疫系统功能的一些指标（Miller & Cohen, 2001）。免疫系统的功能会随着情绪和压力的变化而上下波动，因此它可能与人格有关。与重要行为有关的激素，如睾酮，也能从唾液样本中提取。睾酮与去抑制、攻击和冒险行为有关（Dabbs & Dabbs, 2000）。皮质醇是去甲肾上腺素的代谢产物，也可以很容易地通过唾液样本来评估。有研究发现，羞怯的孩子皮质醇水平较高（Kagan & Snidman, 1991），说明他们可能比不羞怯的孩子体验到更多压力。单胺氧化酶（monoamine oxidase, MAO）是血液中的一种酶，可以调节在神经细胞之间传

表7.1　人格研究中常用的生理测量

| 生理测量 | 生理系统 | 心理反应系统 | 研究中使用的刺激的例子 |
|---|---|---|---|
| 皮肤电活动 | 受交感神经系统控制的汗腺活动 | 焦虑、惊愕、内疚、努力、疼痛 | 噪声、心理努力、情绪刺激、疼痛刺激 |
| 心血管系统的活动 | 受自主神经系统控制的血压和心率 | "战斗或逃跑"反应、心理努力、压力 | 压力、社交焦虑、努力、高认知负荷 |
| 脑电图（EEG） | 脑的自发电活动 | 大脑激活、警觉 | 闭眼休息、阅读 |
| 诱发电位技术 | 脑对特定刺激做出反应时的电活动 | 注意、识别、认知加工 | 轻微的感觉刺激、情绪刺激 |
| 神经成像（fMRI、PET） | 脑的能量代谢 | 负责认知控制、情绪、记忆、疼痛、决策和感觉加工的特定脑区域 | 各种能激活前述心理反应系统的任务 |
| 抗体 | 免疫系统 | 对感染或压力的免疫反应 | 病毒、细菌、压力 |
| 睾酮 | 激素系统（类固醇） | 攻击、竞争、心理驱力和力比多、肌肉膨大 | 涉及竞争、攻击和人际吸引的任务 |
| 皮质醇 | 激素系统（肾上腺） | 应激反应 | 生活事件、压力、焦虑刺激 |
| 5-羟色胺、多巴胺、单胺氧化酶 | 神经递质 | 传递特定的神经信号 | 奖赏刺激、情绪 |

递信息的神经递质。MAO 可能是感觉寻求特质的一个生理原因。其他的人格理论直接以神经系统内不同含量的神经递质为基础。多巴胺是一种特殊的神经递质，在多种神经功能中发挥作用，其中之一是对奖赏或愉悦刺激做出反应，与“喜欢”“想要”和“享受”等心理状态相关（Smillie & Wacker, 2014）。越来越多的证据表明，外向性特质与更强的多巴胺功能有关，外向性得分能显著预测人们对控制多巴胺水平的药物的反应（Wacker & Smillie, 2015）。研究者们早就知道，外向的人往往比内向的人拥有更多积极的情绪，也更快乐（见第 13 章情绪与人格），现在看来这可能部分是因为外向者与内向者的多巴胺功能不同。近期《人类神经科学前沿》（*Frontiers in Human Neurocience*, 2014, vol 8）的一期特刊发表了 16 篇关于多巴胺系统个体差异的论文，主要探讨了这些差异与外向性人格特质的关系。然而，关于外向性还有一些其他的生理学理论，现在我们来看看。

## 基于生理学的人格理论

我们已经介绍了人格研究中使用的基本生理测量，下面将转到令人格心理学家感兴趣或引起他们注意的一些理论。我们首先从可能是被研究最多的一个人格生理学理论开始——该理论对为什么有的人内向而有的人外向提出了一种生理学的解释。

### 外向性—内向性

在你认识的人中，一些人可能符合下面的描述：健谈、开朗，喜欢交新朋友、去新地方，精力充沛，有时冲动和喜欢冒险，容易厌烦，不喜欢老套和单调。这样的人在完成外向—内向人格量表时，在外向性上得分会很高。表 7.2 列出了流行的《艾森克人格问卷》（Eysenck Personality Inventory）中有关内向和外向的条目。

表 7.2　**《艾森克人格问卷》外向性量表的条目样例**

| 外向性条目样例 | | |
|---|---|---|
| 每个问题只能选择一个回答 | | |
| 你是一个健谈的人吗? | 是 | 否 |
| 你相当活泼吗? | 是 | 否 |
| 在热闹的聚会中，你通常能尽情享受吗? | 是 | 否 |
| 你喜欢结识新朋友吗? | 是 | 否 |
| 在社交场合你不愿引人注目吗？（反） | 是 | 否 |
| 你喜欢经常外出吗? | 是 | 否 |
| 你是那种更喜欢读书而非与人交谈的人吗？（反） | 是 | 否 |
| 你有许多朋友吗? | 是 | 否 |
| 你认为自己是随遇而安的吗? | 是 | 否 |

计分方法：将带有“（反）”的条目进行反向计分，然后统计回答“是”的数量。大学生在这个短问卷上的平均得分是 6 分。

资料来源：Eysenck, Eysenck, & Barrett, 1985.

你是一个健谈的人吗？你喜欢扎在人堆里吗？你喜欢热闹和刺激的环境吗？若对这些问题的回答是否定的，那表明你是一个内向的人。

你喜欢给朋友讲笑话或有趣的故事吗？你喜欢扎在人堆里吗？你能让聚会热闹起来吗？对这些问题回答“是”说明你是一个外向的人。有趣的是，艾森克的外向—内向理论不是基于与人相处的需要，而是对唤醒和刺激的需要。

也许你还认识一些人，他们可能恰恰相反：安静、退缩，喜欢独处或与少数几个朋友在一起而不是与一大群人共处，做事有规律、有计划，喜欢熟悉的事物而不喜欢出乎意料的东西。这样的人在完成外向—内向人格量表时，在内向性上得分会很高。如果你想知道为什么内向者和外向者如此不同，生理学取向的人格心理学家给出了一个令人很感兴趣的解释：艾森克的理论。

1967 年，艾森克在《人格的生物学基础》（Eysenck, 1967）一书中提出了生理学取向的人格理论的一个早期范例。艾森克认为，内向者的特点是大脑**上行网状激活系统**（ascending reticular activating system, ARAS）的活动水平比外向者高。ARAS 位于脑干，被认为控制着整个大脑皮质的唤醒水平。在 20 世纪 60 年代，ARAS 被认为是神经刺激进入大脑皮质的门户。如果这个门户的开放程度低，那么大脑皮质的静息**唤醒水平**（arousal level）就较低；如果其开放程度高，那么大脑皮质的静息唤醒水平就高。照此理论解释，内向者的大脑皮质有较高的静息唤醒水平，因为他们的 ARAS 允许很多的刺激进入。内向者之所以表现出内向行为（安静；寻求低刺激的环境，如图书馆），是因为他们需要使本已较高的大脑皮质唤醒水平得到控制。相反，外向者的外向行为是为了提高大脑皮质的唤醒水平（Claridge, Donald, & Birchall, 1981）。

艾森克还将赫布（Hebb, 1955）的“最佳唤醒水平”的观点整合进了自己的理论。赫布认为，最佳唤醒水平是指正好适于某项任务的唤醒水平。例如，试想你在一个低唤醒状态下（如瞌睡、疲惫）参加期末考试。对于考试表现来说，低唤醒的状态同过度唤醒的状态（如焦虑和激动）一样糟糕。参加考试需要一个最佳唤醒水平：注意力集中、适度紧张、专心，但不会紧张到产生焦虑。

如果内向者的基线唤醒水平（即静息状态下的唤醒水平）高于外向者，那么内向者比外向者更常体验到高于最佳唤醒水平的状态。根据艾森克的理论，经常处于过度唤醒状态使内向者采取更多的控制或压抑策略，他们回避积极的社会交往，因为这可能增强已经过高的刺激水平。与此相反，外向者需要提高唤醒水平，所以总是寻求刺激性的活动，做出更多不受约束的行为。典型的内向者安静、退缩，典型的外向者开朗、喜欢交际。他们的这些特性被理解为是在降低（内向者）或提高（外向者）唤醒水平，以维持最佳的唤醒水平。

在艾森克的理论发表后的数十年里，许多研究对此进行了验证（综述见 Eysenck, 1991; Matthews & Gilliland, 1999; Stelmack, 1990）。如果内向者的皮质唤醒水平真的比外向者高，那么，内向者应该表现出脑皮质活动反应的提高（如 EEG 的增强）以及自主神经系统活动的增加（如皮肤电反应）。检验这个假设的研究通常采取的形式是，比较内向者和外向者在不同的刺激条件下的生理指标（Gale, 1986）。结果显示，在无刺激或弱刺激条件下，内向者和外向者之间没有差异或差异很小。然而，在中等刺激条件下，内向者神经系统的反应比外向者更强烈或更快，这与艾森克理论所做的预测一致（Bullock & Gilliland, 1993; Gale, 1983）。

内向者和外向者在静息唤醒水平上没有不同，但在中等刺激条件下存在差异，这个事实促使艾森克修改了他的唤醒理论（Eysenck & Eysenck, 1985）。当艾森克在 1967 年首次提出他的理论时，他并没有区分静息（或基线）唤醒水平与对刺激的唤醒反应。现在有大量证据表明，内向者和外向者的真正不同在于**唤醒能力**（arousability）或者唤醒反应，而不是基线唤醒水平。例如，当睡着或闭着眼安静地躺在一个黑暗的房间里时，内向者和外向者的脑活动水平没有不同（Stelmack, 1990）。但是当给予中等程度的刺激时，内向者表现出了比外向者更强的生理反应（Gale, 1987）。

该理论的一个重要推论是，当可以自由选择时，外向者选择的刺激水平高于内向者。有间接的证据支持这个推论。例如，实验室研究表明，当按按钮能够引起视觉环境改变时（如换电视频道、切换幻灯片等），外向者按按钮的频率高于内向者（Brebner & Cooper, 1978）。在大学图书馆里进行的一项自然情境研究中，在吵闹的阅览室学习的人的外向分数高于在安静的阅览室学习的人（Campbell & Hawley, 1982）。这类研究表明，当能够自由选择时，相比内向者，外向者倾向于选择更高水平的刺激。

练习

**柠檬汁实验**　该实验是要表明内向者对刺激的反应性比外向者更强。尽管有些老师曾经尝试在课堂上做这个实验，但常常造成课堂有点混乱。所以，最好作为一个思想实验来说明个体在反应性上存在差异。实验程序如下：找一根双头棉签，在正中间系一根细线，使其在悬挂时能够保持完全平衡（即水平）。连续吞咽三次口水后，将棉签的一头放在你的舌头上停留 20 秒。拿开棉签，滴四滴柠檬汁在舌头下面。再把棉签的另一头放在舌头上保持 20 秒。拿开棉签后，提起中间的细线看它是否保持平衡。如果你是外向者，棉签很可能会保持水平，因为柠檬汁没有让你分泌较多的唾液，说明你对刺激的反应性较低。如果你是内向者，棉签很可能不再保持平衡，因为柠檬汁会让你分泌较多的唾液，使后放在舌头上的那一头棉签变重。艾森克（Eysenck & Eysenck, 1967）和科科伦（Corcoran, 1964）都做过相似的实验。

心理学家罗素·吉恩（Geen, 1984）设计了一项巧妙的研究，验证了这样一个假设：当允许外向者在学习任务中自行控制噪声水平时，他们会选择比内向者更大的音量。在这个实验中，参与者被告知他们将在嘈杂的环境中完成学习任务（比如开着电视学习），但允许他们控制噪声的音量（尽管不能关掉）。外向者确实比内向者选择了更高的噪声水平。在他们各自喜欢的噪声水平（即他们所选择的水平）下，外向者和内向者的表现没有差异。然而，在另一种情况下，当内向者接受外向者选择的噪声水平时，内向者的表现下降了。同样，当外向者接受内向者选择的噪声水平时，外向者的表现也会下降。这项研究不仅表明外向者比内向者偏好更高强度的刺激，而且在他们偏好水平之外的刺激（对内向者来说是更高，对外向者来说是更低）会导致表现变差，这支持了最佳刺激水平的设想：外向者和内向者的最佳刺激水平不同，前者较高，后者较低。

## 对奖赏与惩罚的敏感性

杰弗里·格雷提出了另一个有影响力的人格生理学理论（Gray, 1972, 1990），称为**强化敏感性理论**（reinforcement sensitivity theory）。基于动物脑功能的研究，格雷构建了一个人格模型，其基础是假设人脑内存在两个生理系统。一个是**行为激活系统**（behavioral activation system, BAS），它会对激励（如奖赏线索）做出反应，可能主要通过前文提及的多巴胺系统控制着趋近行为。当 BAS 意识到某个刺激可能带来奖赏时，就会启动趋近行为。例如，当你还是孩子时你可能已经知道，某种音乐响起就代表着冰激凌车正在附近送货。所以，当听到这个音乐时（奖赏线索），你的 BAS 就会产生一种冲动，让你想要冲到街上找那辆冰激凌车（趋近动机）。格雷（Gray, 1975）假设的另一个系统是**行为抑制系统**（behavioral inhibition system, BIS），它对惩罚、失败和不确定的线索做出反应，其作用是停止、抑制某种行为或产生回避行为。接着上面的例子，你可能曾经因为冲到街上寻找冰激凌车而受到母亲的批评或惩罚，此时街道变成了一个惩罚的线索，BIS 将抑制你冲上街道的行为。打个比方，BAS 就像油门，驱动着趋近行为；而 BIS 就像刹车，它会抑制行为或使当前的行为停止。

格雷认为，人们在 BAS 和 BIS 的相对敏感性上存在着差异。BIS 敏感者对惩罚、失败或新奇事物的线索反应强烈，容易陷入消极情绪，如焦虑、害怕和悲伤等。BIS 决定着**焦虑**（anxiety）这一人格维度。相比之下，BAS 敏感者对奖赏反应强烈，容易体验积极情绪，倾向于接近刺激。BAS 敏感的个体在趋近目标时，抑制行为的能力会降低。BAS 决定着**冲动性**（impulsivity，即不能抑制行为）这一人格维度。

BAS（冲动性）和 BIS（焦虑）究竟处在艾森克的外向性和神经质维度所界定的概念空间中的哪个位置还存在一些争议（见图 7.2）。事实上，本书的作者之一就此问题与格雷及其同事进行了一系列交流（Pickering, Corr, & Gray, 1999; Rusting & Larsen, 1997, 1999）。格雷的模型和艾森克的模型之间的关系似乎是直接的：BAS 相当于外向性，而 BIS 相当于神经质。实际上，前面提到过的坎利等人的研究（Canli et al., 2001）发现，同内向者相比，外向者的脑对引发愉悦和奖赏的图像反应更强烈。而且，与低神经质的人相比，高神经质者的脑对与消极情绪相关联的图像反应更强烈。许多研究者认为 BIS 和 BAS 与神经质和外向性是类似的，因为它们分别指的是避免惩罚或追求奖赏的性格倾向（如 Davidson, 2003; Kosslyn et al., 2002; Knutson & Bhanji, 2006; Sutton, 2002）。为此，格雷修正了他的模型，对 BIS 的定位更接近神经质，对 BAS 的定位更接近外向性（Pickering et al., 1999）。

格雷相信，对奖赏和惩罚敏感性的不同，导致了人们在焦虑 / 神经质和冲动 / 外向性相关行为上的差异。如果我们问，为什么有些人比其他人更容易焦虑、害怕、担忧、忧郁、恐惧，或出现强迫观念和强迫行为？格雷的回答是，他们具有过于敏

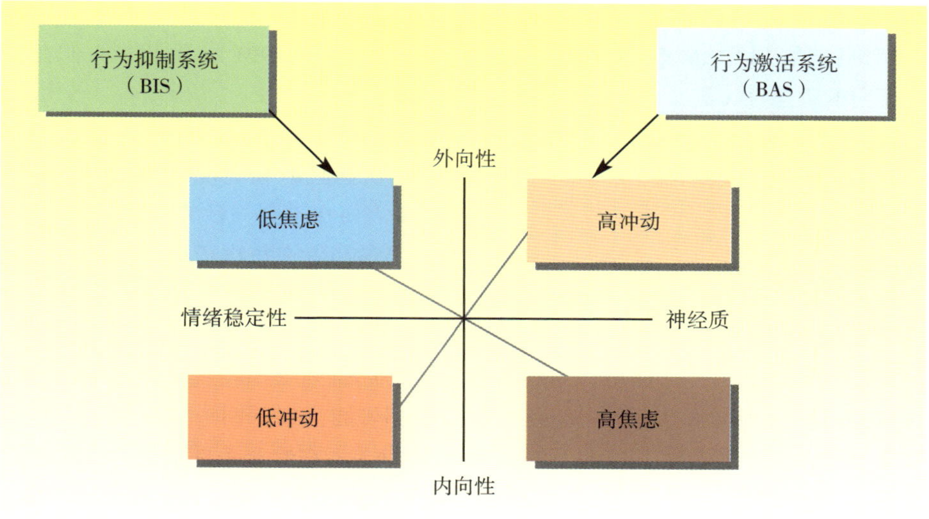


图 7.2
艾森克的外向性和神经质维度与格雷的冲动性和焦虑维度之间的关系。

感的行为抑制系统。这些人倾向于注意惩罚和失败，且对此非常敏感。此外，不确定性和新异性会使他们感到苦恼。那么，如果我们问，为什么有些人比其他人更易体验到积极情绪、有更多趋近行为、追求更多的社交？格雷会说这些人具有过于敏感的行为激活系统。

受到格雷理论的启发，一个研究团队构建了测量 BIS 敏感性的量表。BIS 的敏感性是指焦虑、恐惧、避免不确定性和避免冒险的倾向（MacAndrew & Steele, 1991）。研究者找到了低恐惧和高恐惧两组参与者，以确定哪些问题能把他们区分开。其中一些问题是："我很独立，不受家庭规矩的约束""我十分自信""有些人很容易被利用，我不会谴责那些利用者"。对于高 BIS 组，研究者选择了一些有焦虑和惊恐发作病史的女精神病患者；而低 BIS 组需要一些几乎从不顾及自身安危、爱冒险、不考虑危险后果的参与者。为了找到一个能代表低 BIS 特征的样本，研究者选择了一些有犯罪前科的妓女（经常从事非法活动、高风险的性行为和吸毒）。结果发现，问卷条目能明确区分这两组参与者，妓女的分数低于焦虑女患者的分数。该发现说明此问卷在测量对风险环境、危险的容忍性以及无畏特质上具有一定的效度。

另一个应用格雷理论的研究团队由心理学家查尔斯·卡弗及其同事组成（Carver, Sutton, & Scheier, 1999; Carver & White, 1994）。卡弗和怀特开发并验证了一个测量 BAS 和 BIS 个体差异的量表。此后，其他研究者为此量表提供了更多的效度证据。例如，有研究者（Zelenski & Larsen, 1999）发现这个量表是测量 BAS 和 BIS 的最佳工具之一。卡弗等人（Carver et al., 1999）对格雷的理论进行了综述，强调个体在趋近或激励动机（外向性或冲动性）以及退缩或厌恶动机（内向性或神经质）上的差异。他们展示了多个研究项目如何被整合成一个主题，即人类似乎拥有两个分离的系统分别对激励和威胁做出反应。这两个系统表现出稳定的个体差异，都与主要的情感特质相关，都能被定位于大脑皮质结构的某一侧，并且可以分别对应于奖赏学习和惩罚学习。卡弗和他的同事们将之称为"大二"人格维度。这篇综述显示了格雷人格理论非凡的整合能力。

格雷主要采用动物进行实验。对于动物，研究者可以使用药物或手术来去除某个脑区，然后观察此操作是否会影响它们的惩罚学习或奖赏学习能力。格雷的理论将焦虑和冲动性与两种学习原理联系起来：强化（包括正强化和负强化）和惩罚（以及取消强化）。有证据表明这两种学习受不同的神经通路控制。当人和动物通过奖赏或惩罚进行学习时，涉及的可能是不同的脑机制（Gray, 1991）。因此，人们在对奖赏和惩罚的敏感性（高、中或低）方面应该有个体差异。

在一项研究奖赏和惩罚的实验中，参与者被要求完成数百次困难的反应时任务（Larsen, Chen, & Zelenski, 2003），他们要尽可能快速且准确地说出电脑屏幕上弹出的词的颜色。这是一项困难的任务，因为参与者需要在不到一秒的时间内做出反应，所以只能正确地完成大概一半的任务。其中一组参与者在每次正确且快速的反应之后会获得奖赏，他们在 20 分钟的实验时间内能赚取 5 美元。另一组参与者在每次错误且缓慢的反应后会受到惩罚，尽管在实验开始之前他们曾得到 10 美元，但实验过后只剩下 5 美元。这样，两组参与者实际上最终都得到了 5 美元，但其中一组是每次反应都可能得到奖赏，而另一组是每次反应都可能受到惩罚。结果表明，BAS 的分数能够预测参与者在奖赏条件下的成绩。高 BAS 者在奖赏条件下变得越来越准确和迅速。与此相反，BIS 分数能够预测惩罚条件下的成绩。与低 BIS 者相比，高 BIS 者在惩罚条件下表现得更好。

对格雷理论进行验证的许多研究关注的都是冲动性（无法抑制反应）。监狱里到处是缺乏行为控制能力的人，特别是无法控制那些能产生即时奖赏的行为。例如，一个 17 岁的男孩看见一辆昂贵的跑车停在路上。他可能会想，要是能开开这辆车该多爽啊！他注意到车钥匙留在启动装置上，街道上没有人，车主也不在旁边。于是，他开始把手伸向车门。能否在这种可以得到即时奖赏的情况下停止趋近行为，是区分冲动者和一般人的关键所在。

冲动性个体的特征是趋近倾向强于回避倾向，他们很少能抑制趋近行为，特别是当期望的目标或奖赏就在眼前时。你可能认识这样的人，他们时常祸从口出或未经思索就伤害了他人的感情。虽然他们知道自己会伤害他人的感情，也觉得这很糟糕（即会受到自责的“惩罚”）。可是，他们就是不能控制自己的言行，这是为什么呢？

按照格雷的理论，冲动的人不太容易从惩罚中学习，因为他们的行为抑制系统较为薄弱。如果此理论成立，研究者应该可以证明，在从事包含惩罚的任务时，冲动者比非冲动者的表现要差。对冲动的大学生、少年犯、冷血精神病态者或在押犯人进行的研究（Newman, 1987; Newman, Widom, & Nathan, 1985）发现，这些人确实缺乏通过惩罚获得学习的能力。冲动的人从惩罚中学习的效果似乎不如从奖赏中学习的效果。

假设你有一个室友，你想让她养成打扫室内卫生的习惯。当她每一次收拾屋子时，你可以尝试用糖果或表扬来给予奖赏；或者当她每一次乱丢乱放时，你用尖叫或指责来给予惩罚。如果她是一个冲动的人，你最好采用奖赏策略，而不是惩罚策略；相反，如果她是一个焦虑的人，采用惩罚策略要比奖赏策略好。

**练习**

想象有这样一个情境，你打算教他人学习一些新东西。例如，也许你想让你的室友保持房间的整洁。举例讨论你会采取何种奖赏策略来教导这种行为，再接着讨论你会采取何种温和的惩罚策略来教导相同的行为。你觉得哪个策略更好？奖赏或惩罚的效果是否取决于室友的人格？

## 感觉寻求

另一个被认为存在生理基础的人格维度是**感觉寻求**（sensation seeking）。感觉寻求是指一种寻求刺激和兴奋，享受冒险，避免厌倦的倾向。对感觉输入需要的研究源于对**感觉剥夺**（sensory deprivation）的探索。所以，我们将从感觉剥夺的研究开始阐述。

感觉寻求理论的提出是为了解释为何尽管有些刺激体验会带来特定的风险，但有些人就是乐此不疲。

假设你自愿参加一项研究，研究中你被关进一个很小的房间。房间里没有灯光，没有声音，仅保留最少的触觉。假设你同意在里面待够 12 个小时，那么这将是一种怎样的体验？研究表明，一开始你会感到放松，接着觉得无聊，之后是焦虑——因为你开始出现幻觉和错觉。赫布（Hebb, 1955）的早期研究显示，在这种情境下，大学生会选择反复听一盘告诫 6 岁男孩不要喝酒的磁带。在其他早期的感觉剥夺实验中，参与者会得到一盘老式的股市报告录音，结果表明为了避免感觉剥夺造成的不愉快体验，他们会选择一遍遍地听这个录音。在感觉剥夺的环境中，参与者似乎愿意寻求任何形式的感觉输入，即使那些刺激在正常情况下是非常无聊的。

### 赫布的最佳唤醒水平理论

赫布提出了**最佳唤醒水平**（optimal level of arousal）理论，艾森克在其外向性理论中应用了这一理论。赫布的理论认为，个体有达到最佳唤醒水平的动机。如果当前低于最佳唤醒水平，唤醒水平的提升就是一种奖赏；反之，如果当前高于最佳唤醒水平，那么唤醒水平的降低就是一种奖赏。在赫布那个年代，其理论是充满争议的。因为大多数研究者认为缓解紧张是所有动机的目标。而赫布却指出，我们具有寻求紧张和刺激的动机。不然，我们该如何解释这样的事实：人们喜欢玩智力拼图；喜欢轻微的挫败感；偶尔冒险或做一些引起轻度恐惧的事情，如坐过山车。赫布相信个体需要刺激和感觉输入，这与感觉剥夺的结果一致。神经系统似乎至少需要一定的感觉输入。

### 朱克曼的研究

在早期的感觉剥夺研究中，朱克曼和哈伯（Zuckerman & Haber, 1965）注意到，有些人经历感觉剥夺后并不像其他人那么痛苦。一些人觉得感觉剥夺特别痛苦，整个实验期间，他们索要了大量的感觉材料（录音或阅读材料），并且退出实验的时间也相对较早。朱克曼认为，这些人对感觉剥夺的耐受性低，对感觉刺激的需求特别高。他称这样的人为感觉寻求者，因为他们不仅在感觉剥夺实验里，而且在日常生活中也总是倾向于寻求刺激。

朱克曼编制了一个量表，用来测量人们需要新奇或兴奋的经历以及享受与之相关的刺激或兴奋体验的程度。他称此量表为《感觉寻求量表》，表 7.3 列出了该量表的部分条目（Zuckerman & Aluja, 2015）。

表 7.3 《感觉寻求量表》的条目

| |
|---|
| 量表条目反映了感觉寻求的如下几个方面： |
| **刺激和冒险寻求**（thrill and adventure seeking）——包括一些询问是否喜欢户外运动或冒险活动（如飞行、水肺潜水、跳伞、骑摩托车和登山等）的条目。例如，“我有时喜欢做些有点可怕的事情”（高）与“一个明智的人应避免危险行为”（低）。 |
| **体验寻求**（experience seeking）——包括一些通过选择非常规、非世俗的生活方式来寻求新感觉或新生活体验的条目。例如，“我喜欢新的和有刺激性的体验或感觉，即使它们有点吓人、违反传统甚至违法”（高）与“我对体验本身不感兴趣”（低）。 |
| **去抑制**（disinhibition）——包括一些喜欢“失控”或疯狂聚会、赌博和乱交的条目。例如，“我喜欢的事情几乎都是不合法的或有悖道德的”（高）与“我最喜欢的事情是完全合法和道德的”（低）。 |
| **对单调的敏感性**（boredom susceptibility）——条目涉及的内容包括：不喜欢重复、一成不变的工作；不喜欢单调、墨守成规和乏味的人；当事情没有变化时，变得坐立不安。例如，“我讨厌看同一张老面孔”（高）与“我喜欢老朋友那种令人舒适的熟悉感”（低）。 |

注：量表的完整条目及计分方式可参见 Zuckerman, 1978。

结果表明，朱克曼编制的测量人们日常生活中刺激偏好的量表，可以很好地预测其忍受感觉剥夺的程度。高感觉寻求者认为感觉剥夺特别难受，而低感觉寻求者则能忍受更长时间的感觉剥夺。在 20 世纪 60 年代早期，朱克曼离开了感觉剥夺实验室，转而开始关注与感觉寻求人格维度有关的其他特征。注意，朱克曼对感觉寻求的理论诠释与艾森克对外向性的解释非常相似。事实上，感觉寻求和外向性之间具有中等程度的正相关。

朱克曼和他的同事以及其他致力于感觉寻求的研究者，在 40 多年的研究中得出了许多有趣的发现。在朱克曼的感觉寻求量表的得分上，自愿参加防暴行动的警察比不愿参加防暴行动的警察要高；跳伞运动员的得分比非跳伞运动员高。在自愿参加心理学实验的大学生中，感觉寻求得分较高者更喜欢非常规的研究（如超感官知觉、催眠或药物的研究），而不是普通研究（如学习、睡眠或社会互动研究）。在赌博行为的研究中，高感觉寻求者更喜欢下大赌注。根据自我报告，高感觉寻求者拥有更多的性伙伴，尝试过更多的性行为方式，并且更早发生性行为。与感觉寻求有关的变量还有很多，想要对此人格特质了解更多，你可以查阅各种综述（如 Zuckerman, 1978, 1984, 1991b）。

朱克曼认为感觉寻求行为具有生理基础。他更近期的研究（Zuckerman, 1991b, 2005, 2006）主要聚焦于神经递质在感觉寻求差异中的作用。**神经递质**（neurotransmitters）是神经元内的化学物质，其作用是在神经元之间传递神经冲动。你可能记得曾在心理学导论课上学到，相邻神经元之间有一个很小的间隙（称为突触），神经冲动要持续传递到达目的地，就必须穿过这个间隙。神经递质是神经元释放的化学成分，它使得神经冲动通过突触继续传递下去。

一旦神经冲动传导完成，神经递质将被分解。否则，就会导致过多的神经传导。就像剧院或地铁的旋转门，一次只允许一个人进入。如果把门打开，许多人都可以通过，就会使过多的人进入；如果门紧闭着，那么就没人能够进入。神经递质系统与此类似，突触内的化学平衡必须恰到好处，才能保证神经传递正常进行。

阅读

## 人格与问题行为：赌博

19 岁的格雷格·霍根是宾夕法尼亚州理海大学（Lehigh University）二年级的学生会主席，父亲是浸礼会牧师。霍根在理海管弦乐队演奏大提琴，是西格玛·菲·埃普斯隆兄弟会的成员，并担任大学牧师助理。2005 年 12 月 9 日，霍根走进位于宾夕法尼亚州艾伦敦的瓦乔维亚银行，把一张纸条递给出纳员，说自己带有武器，想要钱。他带走了 2 871 美元。然后他和两个朋友去看了电影《纳尼亚传奇》。当天晚些时候，当他准备去参加大学管弦乐队的排练时，七辆警车包围了他的兄弟会所在的房子。格雷格·霍根那天晚上没能去排练，他被逮捕并被指控抢劫银行。在审判中，他承认有罪，最终被判 10 年监禁。在服刑 22 个月后，他于 2008 年 6 月 16 日被缓刑释放。作为缓刑的一部分，在 2016 年缓刑期满之前，霍根不得进入赌场或投注。

格雷格·霍根欠下了 5 000 多美元的赌债，主要是在互联网赌博网站上。嗜赌成性让他陷入了绝望的境地，但这并非个例。PokerPlus 网站的一项研究估计，每月有 180 多万人在网上玩扑克，平均每天共下注 2 亿美元。据美国全国问题赌博委员会（National Council on Problem Gaming）估计，将各种形式的纸牌赌博都计算在内的话，每周有 300 多万学生为了钱而赌博。这项研究还估计，每 10 名经常打扑克的大学生中，就会有 2 人成瘾。在这些赌博成瘾者中，大约 80% 的人为了偿还赌债会去犯罪。一种常见观点认为，问题赌博是成瘾人格的一种表现。

对有些人来说，打牌是一种娱乐方式。然而，对另一些人来说它可能导致强迫性赌博。

有什么证据可以证明“成瘾人格”吗？是否某些人比其他人更容易对赌博上瘾？在回答这个问题之前，我们简要回顾一下“赌博问题”在美国指的是什么。病理性赌博障碍（pathological gambling disorder, PGD）的特征是长时间的持续赌博行为，并对个人生活造成重大问题，如与家人的关系、学校或工作等。当 10 项标准中至少满足 5 项时（American Psychiatric Association, 1994）就会被诊断为 PGD。这些标准包括：痴迷赌博或者无法控制或停止赌博，需要更频繁地赌博或下更大的赌注以获得一定程度的兴奋，不顾问题继续赌博，说谎以掩盖参与赌博，为获得赌金而做出非法行为，在不能赌博时表现出不安和易怒等“戒断”症状，以及通过赌博逃避负面情绪。这些标准看起来非常类似于毒品和酒精成瘾的标准。其他赌博的特异性标准包括“追赶损失”（为了挽回损失而继续赌博）和在赌博损失后依赖他人的经济帮助。

病理性赌博行为通常伴随其他成瘾行为，包括尼古丁依赖、大麻使用、毒瘾和酒精依赖（Slutske, Caspi, et al., 2005）。事实上，有病态或问题赌博行为的人产生酒精依赖的可能性是非赌博者的 2 到 4 倍。这是**共病**（comorbidity）的一个例子，即两种或两种以上的障碍同时发生在同一个人身上。

现在我们回到核心问题上：是否有特定的人格特质与问题赌博有关？几项使用相关法的研究发现，冲动和感觉寻求的测量结果与问题赌博相关（McDaniel & Zuckerman, 2003; Vitaro, Arsenault, & Tremblay, 1997）。根据相关数据我们无法确切知道是人格特质导致了赌博，还是赌博使人们变得更加冲动和更喜欢寻求刺激。然而，一项纵向研究（Slutske, Eisen, et al., 2005）发现，21 岁时的赌博问题与 18 岁时的冒险和冲动的人格特质有关。这项研究支持了这样的结论，即冲动和冒险（或感觉寻求）的人格特质会使一个人有产生问题赌博的风险。

遗传研究表明，出现问题赌博的风险和其他成瘾（如酒精）的风险，可以被很大程度上相互重叠的遗传风险因素所解释。这些遗传因素可能导致与低行为控制相关的特定人格特质（冲动和冒险），而这些特质反过来又可能导致病理性赌博和其他成瘾障碍的共病。

艾奥瓦赌博任务是一个实验室程序，用于研究冲动和对结果的不敏感性。在这个任务中，参与者面临着各种各样的纸牌供他们选择。有些牌有很高的初始奖励，但也有很高的惩罚，这样随着时间的推移，选择这些牌的人就会赔钱。另一些牌只有较低的初始奖励，但同样只有较低和较少的惩罚，因此如果选择了这些牌，玩家最终将赢钱。大多数人都能看出这种模式，并学会避开有风险的牌，从更安全的牌中进行选择（回报更低，但损失也更少）。但冲动性感觉寻求水平高的人（Crone, Vendel, & van der Molen, 2003）以及酗酒和吸毒成瘾的人（Bechara et al., 2001），经常坚持选择风险更高的牌，最终导致赔钱。有趣的是，大脑有特定损伤（前额皮质区域）的人也会坚持选择风险更高的牌，不能学会避免偶尔带来收益但频繁造成损失的情况（Bechara, Tranel, & Damasio, 2005）。关于年龄变化如何影响艾奥瓦赌博任务的研究表明，青少年时期任务表现会持续改善，这与前额皮质在整个青少年时期持续发育的发现一致。这也意味着，青少年期不应该尝试赌博，因为帮助人们理解后果的大脑中枢还在发育期。

总之，对某些人来说，即使是休闲或娱乐赌博也可能达到问题行为的程度。冲动和感觉寻求特质似乎会使人们面临赌博问题的风险（Zuckerman, 2012）。此外，这些特质也使人们处于发生其他成瘾的风险中，如酒精、尼古丁和毒品依赖。可能的情况是，这类人格特征和成瘾行为都是某种共同的遗传通路的表现。此外，这一通路还可能表现在大脑的某个特定区域——前额皮质，该区域与预测后果和自我调节的能力有关。

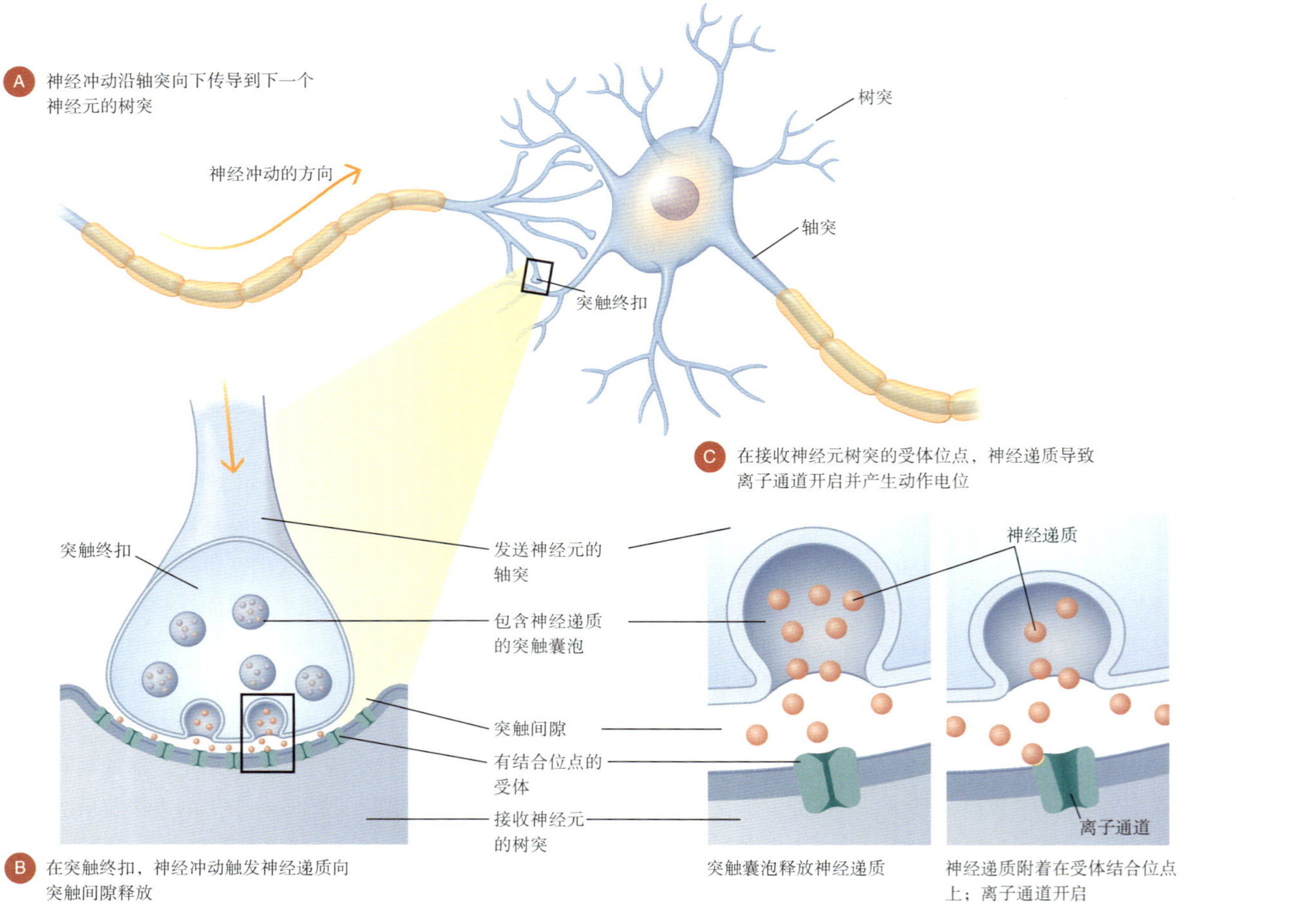
A 神经冲动沿轴突向下传导到下一个神经元的树突
神经冲动的方向
树突
轴突
突触终扣
C 在接收神经元树突的受体位点，神经递质导致离子通道开启并产生动作电位
突触终扣
发送神经元的轴突
包含神经递质的突触囊泡
突触间隙
有结合位点的受体
接收神经元的树突
神经递质
离子通道
B 在突触终扣，神经冲动触发神经递质向突触间隙释放
突触囊泡释放神经递质
神经递质附着在受体结合位点上；离子通道开启

以上为两个神经细胞之间的连接处即突触的图示。突触将电信号从一个神经细胞传递到另一个神经细胞。当电信号到达突触时，它会触发囊泡释放一种叫作神经递质的化学物质。囊泡穿透细胞膜，神经递质穿过一个叫作突触间隙的微小间隙，与受体神经细胞结合，从而引起电冲动的传导。

某些酶，特别是**单胺氧化酶**（monoamine oxidase, MAO）能够使神经递质维持在合适的水平。当一种神经冲动通过后，单胺氧化酶就会将多余的神经递质分解。如果单胺氧化酶过多，就会导致太多的神经递质被分解，神经传导将受阻；如果单胺氧化酶过少，就会使太多的神经递质堆积在突触内，以致发生过多的神经传导。假设你要用手指做一个精细的动作，如从平坦的地面上捡起一枚硬币。如果你体内的单胺氧化酶太少，你的手指就会颤抖，动作会不平稳（太多神经传导）；然而，如果单胺氧化酶太多，你的手指将会很笨拙，因为你感觉迟钝、运动控制不灵活。只有当单胺氧化酶适量，神经递质维持在恰当的水平时，神经系统才能正常地控制肌肉、思想和情绪。

与低感觉寻求者相比，高感觉寻求者血液里的单胺氧化酶水平往往较低。不同研究得到的相关值有的较低，有的中等，但均为负相关（Zuckerman, 1991b, 2005）。如果高感觉寻求者的单胺氧化酶水平通常较低，而单胺氧化酶低意味着神经元内有更多的神经递质，那么感觉寻求特质的产生和维持或许是神经系统内神经递质过多的缘故。单胺氧化酶就像神经系统的制动器，通过降解神经递质来抑制神经传导。由于单胺氧化酶水平较低，感觉寻求者神经系统的抑制性较弱，因而对行为、思想和情绪的控制程度也较低。依据朱克曼（Zuckerman, 1991a）的理论和研究，感觉寻求行为（如非法的性行为、吸毒和疯狂派对）之所以产生不是因为寻求最佳唤醒水平，而是因为神经突触内的生化“制动器”太少。

## 神经递质与人格

朱克曼的理论关注可以分解神经递质的单胺氧化酶的水平，而其他研究者假设，神经递质本身的水平决定了特定的个体差异（Depue, 2006）。神经递质作为人格差异的一种可能来源，受到了广泛关注。其中一种神经递质——**多巴胺**（dopamine）似乎与愉悦相关。例如，为了得到多巴胺，动物会像渴望得到食物那样努力。因此，多巴胺似乎起着奖赏的功能，甚至被称为快乐物质（Hamer, 1997）。成瘾物质，如可卡因，作用机理类似于神经系统中的多巴胺。这就是摄入可卡因会使人快乐的原因。但是，这些药物*降低了人体内自然分泌的多巴胺水平，当这些药物从神经系统内消失后，会使人产生不适的感觉，从而产生获取更多药物的驱力或冲动。

第二种重要的神经递质是**5- 羟色胺**（serotonin，也称“血清素”）。有研究者曾发现 5- 羟色胺在抑郁及其他心境障碍（如焦虑）中发挥着作用。有些药物，如百优解、佐洛复和帕罗西汀会阻碍 5- 羟色胺的再摄取，使它在突触内停留更长时间，从而缓解抑郁者的抑郁症状。在一项研究中，非抑郁的参与者被要求服用百优解。经过几周观察发现，与控制组参与者相比，这组参与者报告的消极情绪更少，外出和社交行为更多（Knutson et al., 1998）。一项对猴子的研究发现，支配地位较高、梳毛行为较多的猴子 5- 羟色胺水平也较高，而那些 5- 羟色胺水平低的猴子则更频繁地表现出害怕和攻击行为（Rogness & McClure, 1996）。迪皮尤在总结动物研究的结果时指出，低 5- 羟色胺水平与易怒行为相关（Depue, 1996）。

第三种重要的神经递质是**去甲肾上腺素**（norepinephrine），它涉及交感神经系统的“战斗或逃跑”机制的激活。毫不奇怪，人们提出了一些基于多巴胺、5- 羟色胺

* 这里的 drug（药物）是对所有具有生理效应的单一化学物质的统称。——译者注

和去甲肾上腺素等神经递质的人格理论。其中最全面的也许是克罗宁格的**三维人格模型**（tridimensional personality model）（Cloninger, 1986, 1987; Cloninger, Svrakic, & Przybeck, 1993）。该模型认为，有三种人格特质与这三种神经递质的水平有关。第一种特质是**新异寻求**（novelty seeking），以低水平多巴胺为基础。回想一下，低水平的多巴胺使个体迫切想要获取能够增加多巴胺的物质或经验，而新异性、刺激和兴奋可以补偿过低水平的多巴胺。因此，新异寻求行为被认为是多巴胺水平过低引起的。

克罗宁格模型中提到的第二种人格特质是**伤害回避**（harm avoidance），与5-羟色胺的代谢异常有关。虽然在该理论的不同描述版本中，有的说是5-羟色胺的增加与伤害回避有关，有的说是5-羟色胺的减少与伤害回避有关，但克罗宁格本人（与作者的个人交流，2003年10月）认为，伤害回避和5-羟色胺的绝对水平之间存在简单线性相关的说法是不明智的。脑脊液中5-羟色胺的主要代谢产物5-羟吲哚乙酸水平很低与严重抑郁有关，但在焦虑和压力状态下5-羟色胺的水平也可能升高。选择性5-羟色胺再摄取抑制剂（如抗抑郁药百优解、佐洛复或帕罗西汀）能引起突触间隙内5-羟色胺水平升高，这会使人在初期产生焦虑感，但之后能减少对压力的过度反应——可能是因为降低了对应激过程中释放的5-羟色胺的敏感性。因此，我们必须区分5-羟色胺的短期和长期作用：在急性应激状态下，它的水平会升高；在整个一生中，较低水平的5-羟色胺水平则与低水平的伤害回避有关。伤害回避水平较低的人常被描述为充满活力、开朗、乐观；而伤害回避水平较高者则被描述为谨慎、压抑、羞怯和不安。伤害回避水平高的人似乎总是预期伤害性的、不快乐的事情将发生在自己身上，所以他们总是在不停地寻找这种威胁事件的信号。

第三种人格特质是**奖赏依赖**（reward dependence），克罗宁格认为它与低水平的去甲肾上腺素有关。奖赏依赖水平高的人很执着，他们不断地以能带来奖赏的方式行事。他们会长时间工作，投入非常多的努力，即使其他人都放弃了，他们往往还在继续奋斗。

### 基因通过神经递质系统影响人格

虽然我们在第6章更详细地讨论了行为遗传学的内容，但这里值得一提的是，许多对基因和人格感兴趣的研究者把研究重点放在了基因对神经递质系统的调节上。例如，如果低水平的多巴胺与新异寻求相关，那么，负责多巴胺传导的基因可能是研究该人格特质遗传基础的好起点。芬兰的研究者们（Keltikangas-Järvinen et al., 2003）发现，多巴胺D4受体基因（DRD4）与高水平的新异寻求有关。一项新异寻求的早期元分析研究（Schinka, Letsch, & Crawford, 2002）发现，DRD4基因上一些特定类型的重复基因编码（即可变数目串联重复序列）与新异寻求有可靠的相关；之后的一项元分析（Munafo, Yalcin, Willis-Owen, & Flint, 2008）则发现，DRD4基因的特定变体（即单核苷酸多态性）与新异寻求和冲动性有可靠的相关，说明DRD4基因的变异与这种人格特质密切相关。这些发现意味着，任何一种人格特质的形成都可能涉及多种基因变异。因此，寻找一个基因作为人格特质的基础就像大海里捞一根针一样，现在的研究者正在做的是在大海里寻找多根针，也就是说，他们在寻找以交互作用的方式影响神经递质系统的多个基因。该领域的权威研究者迪安·哈默曾经评论道："非常明显，10年后，至少可以发现大部分人格特质与大量基因有关"（引自Azar, 2002）。随着新的基因序列分析技术的发展，此类搜索将变得更加容易。然而，将来的研究可能会发现：任何具有生理基础的人格特质的表达，都涉及基因之间复杂多样的交互作用，并且可能需要环境来引发。

很明显，克罗宁格的理论与格雷、艾森克和朱克曼的理论有许多共同点。例如，新异寻求与格雷理论中行为激活系统的奖赏敏感性相似。但是，这些理论对特质的生理基础有不同的解释（Depue & Collins, 1999）。例如，格雷认为，决定人格特质的重要生理基础是控制奖赏学习和惩罚学习的大脑系统。艾森克也强调脑和神经系统的作用。朱克曼聚焦于神经突触和在神经突触中发现的神经化学物质。克罗宁格则特别强调特定的神经递质。所有这些理论描述的或许是同一行为特质，只是从不同的生理水平（从突触到对不同刺激类型敏感的大脑）进行解释。

现在让我们来看看另外两种人格维度，它们的生理基础似乎与生理反应无关。这两种人格维度是早晨型—夜晚型和大脑的不对称性。

## 早晨型—夜晚型

你也许是个喜欢晚睡晚起的人，将重要的学习或工作任务放在午后或晚上来做，因为那时你精力最旺盛。或者你是个早晨型的人，生活很有规律，不用闹钟每天也能很早起床。你倾向于一大早做重要的工作，因为这个时候你感觉状态最好，并且晚上睡得也很早。早晨型和夜晚型似乎是一种稳定的个人特征。人格心理学家对这种稳定的差异很感兴趣，用**早晨型—夜晚型**（morningness-eveningness）来描述这一人格维度（Horne & Ostberg, 1976）。

早晨型—夜晚型的人格差异有时也被称为“百灵鸟型”和“猫头鹰型”。两者差异的根源似乎在于内在生物节律的不同。许多生理过程呈现出以 24~25 小时为周期的波动，这就是**昼夜节律**（circadian rhythms，circa 意思是“周期”，dia 意思是“一天”或“24 小时”）。研究者特别感兴趣的是体温和内分泌的昼夜节律。例如，一般而言，人的体温在晚上 8~9 点最高，而在早晨 6 点左右最低。图 7.3 显示了一天之中人体体温随时间变化的情况。

研究者采用时间隔离设计来研究昼夜节律。时间隔离设计是这样的：参与者自愿住进一个由实验者完全控制时间线索的环境里。房间内没有窗户，所以参与者无法知道是白天还是黑夜。没有固定的进餐时间，因此也不知道吃的是早饭、午饭还是晚饭，只要想吃东西就能得到食物。没有现场直播的电视或电台节目，但是参与者有大量的影碟或录音带可供娱乐。实验时间为几个星期或更长。多数时候，志愿者是一些学生，因为他们需要利用单独的时间准备一项重要的考试或撰写博士论文。

假设你是该实验的参与者。你可以想睡就睡，想睡多久就睡多久，想什么时候吃就什么时候吃，还可以按照你的愿意随时看电影或工作，等等。这被称为**自由运**

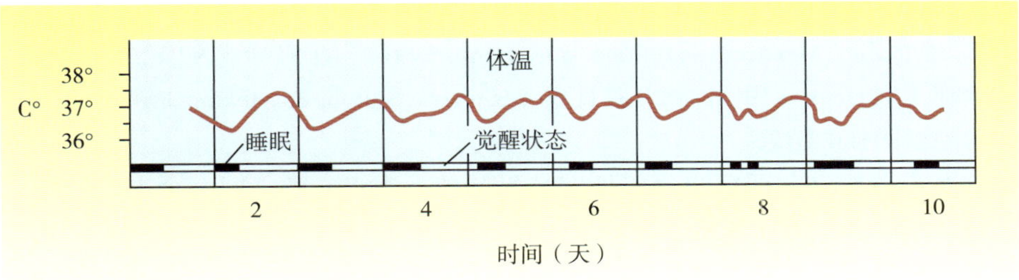


图 7.3　体温的昼夜节律

**转**（free running）时间，在此期间，没有任何时间线索影响你的行为或生理。在这样的环境下，你的体温每小时被测一次，如果你和大多数人一样，你就会发现你的体温遵循一个 24~25 小时的波动周期：醒来之前开始升高，睡觉之前开始下降（Aschoff, 1965; Finger, 1982; Wever, 1979）。

值得注意的是，24~25 小时的波动周期是平均值，人们在生理节律的实际值上有较大的差异（Kerkhof, 1985）。采用时间隔离研究得到的昼夜节律中，最短的只有 16 小时，最长的可达 50 小时（Wehr & Goodwin, 1981）。也就是说，在时间隔离实验的“自由运转”中，最短的人 16 小时就能完成一个睡眠—觉醒周期，而最长的人需要约 50 小时。

如此大的差异只有在时间隔离研究的实验情境下才会显现出来。在现实生活中，我们周围有许多在 24 小时左右波动的时间线索，其中最显著的当数昼夜交替。这些时间线索引导着我们，让我们适应一天 24 小时的周期。尽管生理节律高于或低于 24 小时的人都能较好地适应 24 小时的周期，但其生理节律的峰值与谷值出现的时间存在差异。假设一个人的昼夜节律稍长，为 26 小时，而另一个人的较短，为 22 小时。两个人可能都能同步到同一个 24 小时的周期，但是前者体温的峰值可能出现得相对较晚（可能是约晚上 10 点），后者体温的峰值出现得相对早些（可能是约下午 6 点）。

生理节律短的个体体温和警觉水平的峰值在一天之中出现得较早，因此，他们比那些生理节律长的人睡得早（Bailey & Heitkemper, 1991）。虽然时钟已经显示新的一天开始了，但生理节律为 26 小时的人很难在早晨 6 点起床，因为还差 2 小时才到他们的周期。生理节律为 22 小时的人很早就能起床，因为他们已经完成了一个 22 小时的生理节律，在 24 小时的时钟信号发出之前就已经开始了新的一天。

**练习**

你认识早晨型的人吗？有什么具体的依据使你断定他是早晨型的人？早晨型的人与夜晚型的人还有哪些不同？例如，早晨型的人还有哪些人格特质？本杰明·富兰克林说：“早睡早起可以使人健康、富有和聪明。”你认为早晨型的人确实更聪明，或是在生活中能够取得更好的结果吗？怎样设计一个研究来回答这个问题？

对昼夜节律个体差异的研究为理解为什么有些人是早晨型，而有些人是夜晚型奠定了基础。你已经知道，生理节律较短的人多是早晨型，而生理节律较长的人多是夜晚型。霍恩和厄斯特贝格（Horne & Ostberg, 1976, 1977）编制了一个包含 19 个条目的量表来测量早晨型—夜晚型（见表 7.4）。条目主要涉及个体喜欢在一天中什么时间活动。在一项研究中，研究者招募了 48 名参与者，连续数天里每隔一小时对其体温进行测量。结果发现，他们在此量表上的得分与每天体温达到最高点的时间之间的相关系数为 –0.51。虽然该研究是在瑞典进行的，但随后在美国（Monk et al., 1983）、意大利（Mecacci, Scaglione, & Vitrano, 1991）、西班牙（Adan, 1991, 1992）、克罗地亚（Vidacek et al., 1988）和日本（Ishihara, Saitoh, & Miyata, 1983）进行的研究也得到了同样的结果。

这些得到跨文化研究重复验证的结果与如下观点一致，即一个人偏好早晨还是夜晚活动以及一天中何时状态最佳，是一种具有生理基础的稳定倾向。运用霍恩和厄斯特贝格编制的量表测量的结果也具有跨时间的稳定性。克罗地亚的研究者用

表 7.4 《早晨型—夜晚型问卷》的部分条目

| 指导语 |
| --- |
| 回答之前请仔细阅读每一个问题，并对每个问题做出独立回答。请不要反复修改或检查您的答案。<br>每个问题都有可供选择的答案，且只能有一个答案。请在你选择的答案序号上划圈。请你尽可能如实地回答每一个问题。 |
| 1. 只从“感觉最好”的角度考虑，如果你能完全自主地安排白天的活动，您会选择何时起床？<br>① 上午 11:00~ 中午<br>② 上午 9:30~11:00<br>③ 上午 7:30~9:30<br>④ 上午 6:00~7:30<br>⑤ 上午 6:00 以前 |
| 2. 只从“感觉最好”的角度考虑，如果你能完全自主地安排晚上的活动，你会选择何时睡觉？<br>① 至少凌晨 1:30 以后<br>② 午夜 12:00~ 凌晨 1:30<br>③ 晚上 10:30~ 午夜 12:00<br>④ 晚上 9:00~ 晚上 10:30<br>⑤ 晚上 9:00 以前 |
| 3. 一般来说，你感觉早晨起床容易吗？<br>① 一点都不容易<br>② 不容易<br>③ 比较容易<br>④ 很容易 |
| 4. 早晨起床后的半小时内你的清醒程度如何？<br>① 一点都不清醒<br>② 不清醒<br>③ 比较清醒<br>④ 很清醒 |
| 5. 早晨起床后的半小时内你的食欲如何？<br>① 很糟糕<br>② 比较糟糕<br>③ 比较好<br>④ 很好 |

资料来源：Horne & Ostberg, 1976.

此量表测试了 90 名大学生，并在 7 年后（已经大学毕业）进行了重测（Sverko & Fabulic, 1985）。结果发现两次测量结果呈显著的正相关，说明早晨型—夜晚型特征具有跨时间的稳定性。然而，整个样本也表现出向早晨型转变的趋势。可能的原因在于，这个群体从大学生转变成了上班族。

许多人研究了该量表的效度。例如，在一项研究中，研究者（Larsen, 1985）要求大学生参与者完成连续 84 天的自我记录，记录内容包括：每天何时睡觉，何时起床，何时感觉状态最好。霍恩和厄斯特贝格的量表与参与者的平均作息时间以及每天感觉最好的时间高度正相关。平均而言，早晨型的人比夜晚型的人起得早、睡得早，最佳状态也出现得早。

如果早晨型和夜晚型的人不得不住在一起（如大学室友），结果会怎么样呢？有人喜欢晚睡晚起，有人则喜欢早睡早起，即使在周末亦如此。你认为他们住在一起会快乐吗？有研究者（Watts, 1982）以密歇根州立大学一年级的住校学生（都只有一个室友）为参与者对该问题进行了研究。他们除了完成《早晨型—夜晚型问卷》（Morningness-Eveningness Questionnaire, MEQ）之外，还对彼此的友谊进行了全面评价。结果发现，室友之间 MEQ 得分差距越大，友谊质量的评价越低。得分差距较大的室友们说，他们彼此相处得不太好，不喜欢他们之间的关系，彼此不是好朋友，并且未来可能不会继续住在一起。这似乎表明，早晨型—夜晚型的人格差异或作息类型的不一致，会给这些不得不住在一起的人造成压力。

毫不奇怪，在亲密关系中能够发现作息类型的一致性。对 84 对伴侣的研究（Randler & Kretz, 2011）发现，他们的 MEQ 得分之间存在相关性，这意味着他们的作息类型是配对的。这种相关性并没有随着关系的长短而改变，意味着早晨型—夜晚型的配对发生在关系的开始阶段。研究者推测，由于早晨型的人和夜晚型的人生活在不同的时间环境中，他们很可能会遇到和自己有相似时间偏好的人，并与之配对。例如，早晨型的人比夜晚型的人更早开始社交（Randler & Jankowski, 2014），那么在一天中的早些时候，他们可能会和什么人接触？很可能是其他早晨型的人。

早晨型或夜晚型的人偏好一天内的某些时段，这可能是有生理基础的。然而，有时候现实情况却会打乱这种偏好。想象一下：一个夜晚型的大学生，他需要选修的课程只安排在上午 8 点；一个在工厂上班的早晨型工人，被安排上“晚班”（下午 4 点到午夜 12 点）。违反一个人的自然生理节律是很难的，但并非不可能。人们可以适应倒班的工作或者睡眠—觉醒周期的改变。有些证据表明，夜晚型的人适应睡眠—觉醒周期干扰的能力强于早晨型的人（Ishihara et al., 1992）。对于跨时区飞行（产生飞行时差）或整晚上班不休息（通宵工作）这样的干扰，夜晚型的人比早晨型的人更耐受。

总之，人们在一天之中何时开始活跃、喜欢在何时做重要的或认知要求高的事，取决于内在昼夜生理节律的长短。这是人格生理学取向研究的一个典型例子，因为它强调了这样的观点：行为模式（对一天中不同时段的偏好）取决于内在的生理机制（昼夜节律）。

## 大脑不对称性与情感类型

你可能知道左脑和右脑是特化的，在控制各种心理机能方面具有不对称性。研究者关注的一种不对称性是左右脑半球额叶的相对活动量。大脑会持续地产生少量的电活动，可以通过装在头部的敏感装置对其进行测量，其中一种电活动的记录称为**脑电图**（electroencephalograph, EEG）。而且，这种电活动具有节律性，会根据脑内的神经活动呈现出或快或慢的波。有一种特殊的脑电波被称为 **α 波**（alpha wave），频率为每秒 8~12 次。某时段 α 波的数量是该时段脑活动的反向指标。α 波产生于个体安静、放松、有点犯困或不关注外部环境的状态下。在一个特定时段的脑电波记录中，α 波出现得越少，我们就越能推测脑内有一部分处于活跃状态。

在脑的任何区域都可以测得脑电波。在情绪研究中，研究者特别关注脑的额叶，比较它们在左右半球的活动性。研究结果表明，当人体验到愉快的情绪时，左半球比右半球的活动性更高；反之，当人体验到不愉快的情绪时，右半球比左半球的活动性更高。例如，戴维森及其同事（Davidson et al., 1990）让参与者观看一些能引起愉快或厌恶情绪的电影片段，同时记录他们的脑电波，并对他们看电影片段的过程进行录像。结果发现，当参与者观看搞笑电影并发笑时，他们的左额叶较右额叶显示出更多的脑活动；反之，当参与者表现出厌恶表情时（下唇下拉、伸出舌头、皱起鼻子），他们的右额叶比左额叶显示出更多的脑活动。

对婴儿的研究也得到了相似的结果。福克斯和戴维森（Fox & Davidson, 1986）没有使用电影片段，而是将甜或苦的汁液滴进 10 个月大的婴儿嘴里，引发其愉悦和不愉悦的情绪反应。结果，甜汁液诱发了更多的左脑活动，苦汁液则诱发了更多的右脑活动。在对 10 个月大的婴儿进行的另一项研究中，研究者让婴儿的母亲离开，把婴儿单独留在休息室，接着一个陌生人进入房间（Fox & Davidson, 1987）。在这个标准的焦虑诱发情境中，一些婴儿变得不安，一些婴儿开始哭闹和喊叫，另一些则不然。研究者据此将婴儿分为两组，哭喊组和不哭喊组。结果发现，同不哭喊组相比，哭喊组表现出了更多的右脑活动（相对于左脑）。这些研究结果揭示，分离时不安与否的倾向（及其相关的 EEG 不对称性）是婴儿的一种稳定特征。福克斯及其同事（Fox, Bell, & Jones, 1992）对婴儿额叶脑电的不对称性进行了重复测量（分别在 7 个月和 12 个月大时），两次测量结果之间高度相关，说明两侧额叶脑活动的不对称性具有跨时间的稳定性。在成人中也得出了类似的结果，各种研究中的 EEG 不对称性的重测相关在 0.66 至 0.73 之间（Davidson, 1993, 2003）。这些发现说明，**额叶不对称性**（frontal brain asymmetry）的个体差异是相当稳定和一致的，足以将它作为一种内在生理倾向或特质的指标。

其他研究也揭示出 EEG 的不对称性是愉快或不愉快易感性的指标。许多研究者（Tomarken, Davidson, & Henriques, 1990; Wheeler, Davidson, & Tomarken, 1993）都曾考察过正常参与者对情感性电影片段的反应与其额叶不对称性之间的关系。在这些研究中，实验者先在参与者休息状态下测出其 EEG 的不对称性，接着给他们播放好笑、欢乐的电影或恶心、恐怖的电影，最后要求他们回答电影带给他们的感受作为因变量。研究假设是，在休息状态下右脑活动性更高（看电影之前测量）的参与者对恶心、恐怖的电影会报告更强烈的消极情绪。与之相对，左脑活动性更高的参与者对好笑、欢乐的电影会报告更强烈的积极情绪。预测基本上得到了实验结果的支持：看电影之前测量的额叶不对称性，预测了接下来参与者自我报告的对电影的情绪反应。右脑优势的参与者对令人厌恶的电影报告了更多的痛苦；而左脑优势的参与者对令人快乐的电影有更快乐的反应。

在猴子身上也发现了相似的结果。因为猴子无法告知我们它的感受是积极的还是消极的，所以研究者通过检测**皮质醇**（cortisol）来评估猴子的情绪反应。皮质醇是一种应激激素，它能够让机体为“战斗或逃跑”反应做好准备。皮质醇含量的增加表明动物最近体验到了压力。戴维森及其同事（见 Kosslyn et al., 2002 的综述）发现，猴子的右脑越活跃，皮质醇水平越高。最近，在 6 个月大的婴儿中也发现了相同的结果。研究者安排一个陌生男人进入房间，慢慢靠近婴儿，盯着婴儿看两分钟，从而引发婴儿的惊恐。那些右脑基线活动水平更高的婴儿出现了皮质醇水平的增加。同时，与左脑更活跃的婴儿相比，右脑更活跃的婴儿表现出更多的哭喊行为、害怕的表情和试图逃跑的反应（Buss et al., 2003）。

应 用

**在不借助EEG的情况下评估脑的不对称性** EEG不是获取脑活动不对称性指标的唯一途径。研究表明，当人集中精力回答难题时，眼球偏向的方向也可以反映其通常的左右脑活动优势。例如，当要求一个人用“狂想曲”和“快乐”造一个句子时，思考过程中人的眼球会偏到左边或是右边（Davidson, 1991）。对右利手的人来说，偏向右边意味着左脑更活跃，偏向左边意味着右脑更活跃。问一个人几个难题（如“从你的住所走到最近的商店，需要转多少个弯？”），你就能看到这个人的眼睛通常向哪边偏。据此可以判断他的优势脑。当然，这种快速的判断并不如EEG可靠，但还是可以作为一种粗略的测量手段。

你可以找几个朋友或熟人试试这个方法。问他们几个较难的问题，观察他们思考问题时转动眼睛的方式。大多数人眼球偏向的方向不是每次都一致，所以多问几个问题很重要，这样可以观察最常见的方向（见图7.4）。你还需要确定他们的情绪通常是积极还是消极的。思考问题时频繁偏向右边的人更有可能是左脑优势，应该更容易体验积极情绪（如幸福、愉快、热情）；频繁偏向左边的人更有可能是右脑优势，应该更容易体验消极情绪（如痛苦、焦虑、悲伤）。

当然，影响人们感受和情绪的因素很多。这里回顾的研究结果表明，脑活动的特征模式是可能影响我们情感生活的一个因素，它会影响我们体验某种情绪的可能性。

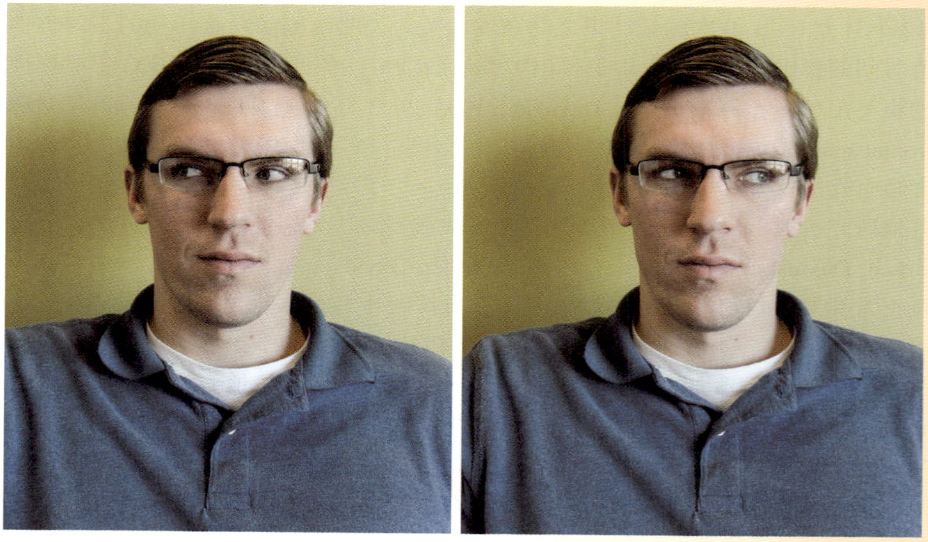

**图 7.4**

左图和右图分别展示了向右和向左凝视，分别与左半球和右半球的激活有关。可作为完成上文练习任务的参考。



迄今为止，已有超过100项关于额叶EEG不对称性的研究发表，其中大多数将不对称性视为个体差异变量，与积极和消极情境或刺激下的情绪反应差异有关。我们可以将额叶不对称性作为情绪刺激和情绪反应之间的一个调节因子（Coan & Allen, 2004）。积极的刺激应该产生积极的情绪反应，但这种影响对左额叶优势的人尤其强烈（产生更高的相关性）。例如，惠勒等人的研究（Wheeler et al., 1993）表明，在左额叶优势（相对于右额叶优势）的人群中，观看快乐和有趣的视频与自我报告的积极情绪有更强的相关。同样，消极的刺激也会产生消极的情绪反应，但这种影响对右额叶优势的人尤其强烈。例如，第一次离家上大学往往会导致思乡的消极情绪，而研究发现，在右额叶优势（相对于左额叶优势）程度较高的大学新生中，思乡情绪更为强烈（Steiner & Coan, 2011）。这一信息的重点在于，额叶不对称性是一种衡量大脑潜在生理机能的指标，在解释人们对生活中愉快和不愉快事件的情绪反应差异时，它的作用类似于传统的人格概念。

大脑不对称性研究的重要性在于，给予适当的情绪刺激，大脑的不同区域会产生快乐或不快乐的情绪反应。福克斯和卡尔金斯（Fox & Calkins, 1993）用反应阈限的观点来解释这个现象。反应阈限的概念意味着，左脑或右脑优势者只需很少的情感刺激就能诱发出相应的情绪反应。当不快乐事件发生时，右脑优势的人对消极情绪的反应阈限降低，只需很少的消极刺激就能唤起他们的消极感受。而左脑优势的人对积极情绪的反应阈限较低。脑功能的不对称性可能是情感类型的根源，或者说，至少可以预测人的情感类型。

## 总结与评论

我们可通过生理学途径来研究人格。探讨生理影响人格的理论具有悠久的历史。思考生理变量如何应用于人格理论和研究的方式有两种。第一种方式是将生理测量当作一种可能与人格特质相关的变量。例如，在大学生样本中，安静状态下的心率与神经质得分可能呈负相关（或许是由于与神经质有关的高水平的慢性焦虑）。在这里，生理变量是作为人格维度（神经质）的相关变量。那么，是较高的心率导致了神经质吗？很可能不是，高心率只是与神经质相伴随的现象，或称为相关。

第二种方式是认为生理变量导致了人格变量，或者说生理变量为人格的产生提供了物质基础。本章介绍了六个关于特定人格维度的生物学基础的例子，包括：外向性（神经兴奋性或唤醒能力）；对奖赏或惩罚线索的敏感性（基于 BIS 和 BAS 系统这两种脑回路）；感觉寻求（血液中的 MAO 和激素水平）；三维度人格理论（以神经递质为基础）；早晨型—夜晚型（体温的昼夜节律）；情感类型（大脑额叶的不对称性）。这些理论认为，生理变量不仅与人格相关，而且是那些界定特定人格特质的行为模式的生物学基础（见表 7.5）。

表 7.5 特定人格特质的生物学理论

| 与生理反应有关 | |
|---|---|
| **人格特质** | **生物学基础** |
| 外向性—内向性 | 脑的唤醒水平（早期理论） |
| | 神经系统的唤醒能力 |
| 对奖赏与惩罚的敏感性 | 行为激活系统（BAS）对激励和奖赏做出反应 |
| | 行为抑制系统（BIS）对威胁和惩罚做出反应 |
| 感觉寻求 | 最佳唤醒水平（早期理论） |
| | 单胺氧化酶（MAO）水平 |
| 三维人格模型 | |
| 新异寻求 | 多巴胺 |
| 伤害回避 | 5- 羟色胺 |
| 奖赏依赖 | 去甲肾上腺素 |
| **与生理反应无关** | |
| **人格特质** | **生物学基础** |
| 早晨型—夜晚型 | 昼夜节律的长度 |
| | 昼夜节律短代表早晨型 |
| | 昼夜节律长代表夜晚型 |
| 情感类型 | 大脑额叶活动的不对称性 |
| | 左脑优势代表容易体验积极情感 |
| | 右脑优势代表容易体验消极情感 |

## 关键术语

生理系统
理论桥梁
电极
遥测
交感神经系统
自主神经系统
皮肤电活动
皮肤电传导
心脏反应性
A 型人格
上行网状激活系统（ARAS）
唤醒水平
唤醒能力
强化敏感性理论
行为激活系统（BAS）
行为抑制系统（BIS）
焦虑
冲动性
感觉寻求
感觉剥夺
最佳唤醒水平
神经递质
共病
单胺氧化酶（MAO）
多巴胺
5- 羟色胺
去甲肾上腺素
三维人格模型
新异寻求
伤害回避
奖赏依赖
早晨型—夜晚型
昼夜节律
自由运转
脑电图（EEG）
α 波
额叶不对称性
皮质醇

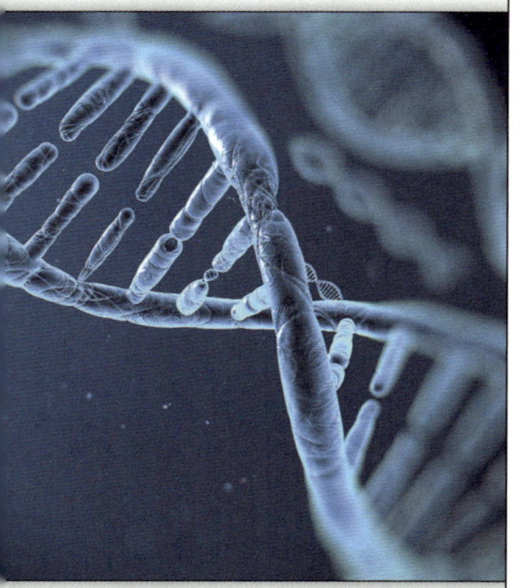

© Svisio/Getty Images RF

8

# 人格的进化观

# 生物学领域

今天的人性中有多少是我们的祖先在解决生存和繁衍问题时进化出来的行为模式的结果?

想象一下，假如你回到一百万年前过着与祖先一样的生活。你在黎明时分醒来，挣扎着抖落夜晚的寒意。火堆上还有余火闪烁，你把干木条放在上面重新拢起一把火，伙伴们围聚在火堆边取暖，看着太阳从地平线升起。这时，你的肚子开始咕咕叫，你想到了食物。于是，人们开始结成小团队出去采摘浆果和坚果，寻找小型猎物。

经过一整天的狩猎和采集，人们陆续回到临时居住地。夜幕降临，人们重新聚集在火堆旁。白天的觅食行动很成功，群体气氛温暖而活跃。人们品尝着采摘的浆果，谈论着狩猎的经历。吃饱之后，他们又开始讨论明天是迁移他处还是继续待在此地。一位狩猎英雄看着他的心上人，而她害羞地将目光移开。其他人也看到了这一幕，求偶行为总是很让人感兴趣。人们渐渐困了，孩子们也睡着了。恋爱中的年轻人悄悄地离开人群去享受他们的二人世界。他们温暖地依偎在一起，就像生命的轮回中曾数百万次发生的那样。

进化心理学是一个新兴的、快速发展的科学研究视角，它为人格研究提供了重要的洞见。在本章中，我们将从三个方面来讨论其中的一些洞见：人性、性别差异以及个体差异。我们将看到进化心理学的理论如何与人格心理学的发现相契合，并为人格心理学研究提供新的方向。现在，让我们首先来回顾一下进化理论的基本知识。

## 进化与自然选择

我们所有人的祖先在悠长而绵延的发展史中都完成了两大任务：生存和繁衍。假如你的某位祖先没能成功繁衍，那么你今天就不会在这儿思考他们的存在。从这个意义上说，每一个活着的人都是一个成功进化的故事。作为这些成功祖先的后代，我们携带着那些使他们得以成功的适应性基因。因此，人性——使我们之所以成为人的一整套适应机制——是进化过程的产物。

早在达尔文提出进化论之前，人们就知道有机体的结构会随时间的推移而发生改变。早已灭绝的恐龙的骨骼化石说明，并非所有过去存在的物种都能延续到今天。古生物学证据显示了动物身体形态的变化，意味着没有任何生物是固定不变的。而且，物种的结构似乎特别适合于它们的环境。长颈鹿的长脖子使其能够吃到高处的叶子；乌龟的硬壳似乎是为保护自己而设计的；鸟的喙似乎很适合啄破坚果的外壳以获取里面的果仁。那么，我们如何解释这种随时间推移而发生的变化以及对环境条件的明显适应呢?

## 自然选择

达尔文的贡献不在于观察到有机体随时间推移而发生改变，也不在于注意到有机体构造的适应性设计特征，而在于他提出了一个关于适应性特征出现过程的理论，他称之为**自然选择**（natural selection）。

达尔文注意到，物种繁殖的后代似乎总是比可能存活的后代多。他推测，那些能使有机体更好地生存和繁衍的变化或者说变异，将导致其留下更多的后代。这些后代又会继承这些使其祖先成功的变异。通过这个过程，成功的变异被选择，不成功的变异被淘汰。因此，随着成功的变异在群体中的分布频率升高（取代成功率较低的变异）并最终扩散到整个基因库，自然选择导致物种逐渐发生改变。长期下来，这些成功的变异开始成为整个物种的特征，而不成功的变异越来越少，直至最终消失。

这种自然选择（有时又被称为生存选择）过程促使达尔文关注那些妨碍物种生存的事件，他称之为**残酷自然之力**（hostile forces of nature），包括食物短缺、疾病、寄生虫、掠食者和恶劣天气等。能帮助有机体在这些自然之力下生存的变异将增加其成功繁衍的概率。例如，对富含脂肪、糖和蛋白质的食物的偏好，将有助于有机体克服食物短缺；充满抗体的免疫系统能够帮助有机体战胜疾病和寄生虫感染；包含厌恶等情绪的行为免疫系统，会帮助人们远离病人以及其他携带病菌的有机体（Schaller, 2016）；对蛇和蜘蛛的恐惧将帮助有机体避免毒性咬伤。这些通过长期、反复的自然选择过程形成的机制被称作**适应器**（adaptations），它们是应对残酷自然之力带来的生存和繁衍问题的遗传解决方案。

即使在达尔文提出了自然选择理论之后，还有很多未解之谜困扰着他。他注意到，许多机制似乎违背了生存原则。从生存的角度来看，漂亮的羽毛、硕大的鹿角以及许多雄性物种表现出的其他显著特征似乎代价高昂。他不明白，色彩斑斓的孔雀羽毛为何能够得以进化并变得普遍，这样的羽毛显然会威胁生存，对掠食者来说就像是显眼的霓虹灯广告牌。为了解决此类难题，达尔文又提出了第二个进化理论——性选择理论。

## 性选择

达尔文认为，诸如孔雀尾巴和鹿角的特征之所以得以进化，是因为它们有助于雄性个体求偶，在竞争理想配偶时获得优势。若某一特征的进化是出于求偶利益而非生存利益，这个过程就被称为**性选择**（sexual selection）。

根据达尔文的理论，性选择有两种形式。一种形式是，同性成员相互竞争，竞争优胜者获得更多接近异性的机会。两只雄鹿抵角相斗的情景构成了这种**同性竞争**

在同性内部竞争中取得胜利将导致求偶成功，有助于赢得这些竞争的特质会被更多地遗传给下一代，从而在种群中得到进化。

（intrasexual competition）的经典画面。有利于在争斗中获胜的那些特征（如强壮、聪明或能吸引盟友）得到了进化，因为胜利者获得了更多的交配机会，从而可以传递它们的基因。

另一种性选择形式是**异性选择**（intersexual selection），即某一性别的成员根据其对特定异性特征的偏好来选择配偶。这些特征得以进化，是因为拥有它们的个体会有更多的机会被异性择为配偶，从而繁衍自己的基因。缺乏这些特征的动物被异性排斥，它们的基因逐渐消失。

## 基因与广义适合度

**基因**（genes）是 DNA 的汇聚体，由子代从亲代处以独立组块的形式继承而来。基因是子代获得完整遗传信息的最小离散单元。现代的进化生物学家们认为，进化过程是通过**差异化基因复制**（differential gene reproduction）来实现的。差异化基因复制是指某些基因相对于其他基因得到更多复制的现象。与复制较少的基因相比，复制较多的基因在未来世代中出现的频率更高。因为生存对成功繁衍来说很重要，所以那些能提高存活率的特征会得到传递。成功求偶也是成功繁衍的关键，所以能在同性竞争中获胜或优先被选择为配偶的特征也会得到传递。因此，生存和竞偶成功是差异化基因复制的两条途径。那些能导致自身的编码基因得到更多复制的特征被选择，从而随时间不断进化。

建立在差异化基因复制基础上的现代进化理论被称为**广义适合度理论**（inclusive fitness theory）（Hamilton, 1964）。“广义”是指有助于基因复制的特征不只局限于对个体繁殖的影响，还可以包括对亲属的生存和繁衍的影响。例如，如果你冒着生命危险去保护妹妹或其他亲属，那么这或许能使他们更好地生存和繁衍。因为你和妹

助人的特质可以通过广义适合度的机制而得以进化。

妹有着共享基因（兄弟姐妹平均有 50% 的共享基因），帮助她生存和繁衍也就相当于成功地复制了自己的部分基因。

这类帮助行为能够进化的关键条件是：帮助行为导致的自身繁殖机会的损失必须小于与亲属共享的基因成功复制所带来的收益。以跳进湍急的河流中去救落水的妹妹为例，根据帮助行为的进化选择机制，你救起她的概率必须双倍于你被淹死的概率，这样你才会冒着生命危险跳水去救她。因此，广义适合度可以定义为个体的成功繁衍（粗略来说就是你的后代数量）加上个体影响血缘亲属的繁衍所带来的收益（根据血缘关系的远近程度进行加权）。广义适合度会产生一些适应器，让你愿意为血缘亲属的利益去冒险，但不至于过度冒险。广义适合度理论是对达尔文进化论的扩展和深入，代表了在理解人类特质（如某些形式的利他主义）上取得的重要进展。

## 进化过程的产物

每个人都是进化过程的产物，都是那些能成功生存、繁衍并帮助其血缘亲属的祖先的后代。进化过程就像一系列的过滤器，每一代都只有少量的基因能通过过滤器。反复的过滤后只允许三样事物通过——适应器、适应器的副产物以及进化噪声或随机变异。

### 适应器

适应器是选择过程的首要产物。适应器可以被界定为“在有机体中能够稳定发展起来的结构，因为它与反复出现的环境结构相吻合，故能解决适应问题”（Tooby & Cosmides, 1992, p. 104）。已知的人类适应器包括对甜食和油腻食物的味觉偏好、保护血缘亲属的动机以及对特定配偶（如健康的人）的偏好等。

让我们来逐一考察适应器的定义所涉及的要素。强调“能够稳定发展起来的结构”，意味着适应器能在个体生命过程中有规律地出现。例如，视觉机制就能在绝大部分个体中稳定地发展出来。但这并不意味着视觉的发展是一成不变的。眼睛的发展也可能因基因突变或环境创伤而遭到破坏。强调“稳定地发展”意味着进化取向不是一种“遗传决定论”。适应器的发展总是需要环境，环境事件总能干扰或促进发展过程。

强调“与反复出现的环境结构相吻合”，意味着适应器的出现或形成源于环境的选择。环境特征必须重复出现才能导致适应器的进化。毒蛇必须是经常出现的危险，成熟果子必须总是那么富有营养，封闭的洞穴必须总能提供安全保障，有机体才能对它们形成适应器。

最后，适应器必须有助于适应问题的解决。**适应问题**（adaptive problem）是指任何阻碍生存和繁衍的问题，或者是任何得到解决之后能够增加生存和繁衍概率的问题。更准确地说，所有的适应器都必须在进化的过程中对适合度有所贡献，可以是有利于个体生存、繁衍，也可以是帮助血缘亲属成功地繁衍。

适应器的标志是特殊设计。也就是说，适应器的特征被当作专门化的问题解决手段。解决特定适应问题的效率、准确性、可靠性是确认某一适应器作为一种特殊设计的关键标准。适应器就像钥匙，只适合特定的锁。钥匙的齿形（适应器）与锁（适应问题）内部特殊的镜像结构必须完全吻合。

在人类大部分的进化历史中，我们都生活在一个紧密联系的小群体中，通常不超过 150 人。在今天，这样的群体生活形式已经很少见了。

所有适应器都是历史选择的产物。就此意义而言，我们长着一颗远古的大脑生活在现代社会中，这个世界在某些方面与那个形塑我们的古老世界有所不同。例如，远古人类在只有 50~150 人的小群体中得到进化，靠狩猎与采集来获取食物（Dunbar, 1993）。而现在，许多人都生活在由成千上万人组成的大城市里。一些在远古的环境中可能具有适应性的特征，如**恐外症**（xenophobia）或对陌生人的恐惧，未必能适应现代环境。同时，现代人的一些人格特质，可能是已经不再存在的远古环境的适应器残余。

## 适应器的副产物

进化过程中也产生了一些不是适应器的东西，如**适应器的副产物**（byproducts of adaptations）。以电灯泡为例，设计电灯泡是用来发光的——这是它的功能，但电灯泡也能发热。发热不是该设计的目的，只是伴随发光而产生的副产物。同理，人类的适应器也会产生**进化副产物**（evolutionary byproducts），或者说不能被看作适应器的一些意外效应。例如，人的鼻子显然是为嗅觉而存在的，但实际上它也被用来支撑眼镜，支撑眼镜就是意外的副产物。鼻子是用来闻气味的，不是用来支撑眼镜的。注意，要假设某一功能是副产物（如支撑眼镜），需要指明它来自哪一个具体的适应器（如鼻子）。因此，两种进化假设，即适应器假设和副产物假设，都需要描述适应器的本质。

## 进化噪声或随机变异

进化过程的第三个产物是**进化噪声**（evolutionary noise），或称随机变异，它与选择无关。例如，在灯泡的设计中，灯泡表面的纹理会有一些微小的差异，但它不会影响灯泡的基本用途。无关变异通过突变进入基因池，如果它不妨碍适应，就会一代代遗传下去。

总之，进化过程有三种产物：适应器、适应器的副产物、进化噪声或随机变异。适应器是选择过程的首要产物，所以进化心理学主要聚焦于识别和描述人类的心理适应器。要假设某一特征是一种副产物，需要明确指出它对应的适应器，因此对副产物的分析也需要描述适应器。进化噪声是没有功能的变异的残留物，它与选择无关。

# 进化心理学

进化论的基本观点适用于地球上所有的生命，从黏菌到人类。下面我们将讨论这一理论在人类心理学中的具体应用。在心理学中，这一分支被称作进化心理学。

## 进化心理学的前提

进化心理学有三个关键的前提：领域特异性、丰富性、功能性。

### 领域特异性

适应器被假设是**领域特异性**（domain specific）的，一个理由是适应器的出现是为了解决进化过程中的特定问题。例如，考虑食物选择问题，我们需要从周围各种各样的物品中正确选择食物。如果采用一个一般决策规则，如“吃你碰到的第一个物品”，将会导致高度的适应不良。因为它不能引导你在各种物品中正确选择少数既可食用又富营养的东西，可能会让你吃进有毒植物、小树枝、泥土或粪便，这会妨碍生存。进化过程偏好的机制更具有特异性。以食物选择来说，领域特异性体现为我们偏好热量丰富的脂肪和甜美的食物，后一种偏好使我们选择糖分多的食物，如成熟果子或浆果。一般决策规则不会引导我们从大量的不适应解决策略中找到少量的成功策略。

适应器具有领域特异性的另一个理由是，不同的适应问题要求不同类型的解决方法。成功解决食物选择问题的味觉偏好，并不能帮助我们成功地选择配偶。如果我们用食物偏好作为一般原则来指导配偶选择，就会选择到奇怪的配偶。成功的择偶需要不同于食物选择的机制。领域特异性意味着，自然选择倾向于为每一种适应问题塑造出至少具有一定特异性的机制。

### 丰富性

在人类进化的历程中，我们的祖先面临着各种各样的适应问题，因而有了大量的适应机制。如果你翻看一本人体手册，将会发现许多解剖机制和生理机制。我们有心脏用于泵血，肝脏用于解毒，咽喉能防止窒息，汗腺能调节体温，等等。

进化心理学家认为，人类的心智，即我们进化而来的心理，也包含许多适应机制——心理适应器。以最常见的害怕和恐惧心理为例，我们倾向于害怕蛇、高处、黑暗、蜘蛛、悬崖和陌生人。仅在恐惧领域，我们就有大量的适应机制，因为自然界中有很多的危险。我们可能还有选择配偶、在社会交往中识别欺骗者、选择栖息地、养育子女以及形成战略联盟的心理机制。进化心理学家预期人类会有大量领域特异性的心理机制来应对各种反复出现的适应问题。

### 功能性

进化心理学的第三个关键前提是**功能性**（functionality），其基本观点是心理机制是为完成特定的适应目标而设计的。假如你是一个从事肝脏研究的医学工作者，如果不了解肝脏的功能（如解毒），那么你的研究只能是浅尝辄止。进化心理学家认为，对适应功能的理解也是探究我们进化而来的心理机制的关键。例如，不清楚择偶偏好的作用就不能理解这种选择偏好（例如，选择健康或繁殖力强的配偶）的意义。探究功能性就需要确定某种进化而来的机制要解决的特定适应问题是什么。

## 进化假设的实证检验

为了理解进化心理学家如何检验假设，我们需要先了解一下进化分析水平的层级（见图 8.1）。最上层是选择进化理论，这个理论已经得到许多事例的直接检验。通过应用该理论，可以在实验室中培育新物种。对狗进行选择性繁殖也是利用这一原理的一个例子。因为从来没有案例证明这个一般性理论是错误的，因此大多数科学家理所当然地接受它，进而提出更具体的假设来进行检验。

下一个层级是中层进化理论，如亲代投资与性选择理论。依照该理论，两性中能够为后代提供更多投资的一方，对伴侣的选择应该会更“挑剔”。为了获得与高投资的一方发生性关系的机会，两性中为后代投资较少的一方就需要面对更激烈的同性竞争。根据此假设，可以衍生出许多特定的预测，并通过实验来加以检验。以人类为例，女性承担了亲代投资的重担——体内受精和十月怀胎，属于高投资一方。因此，根据该理论，与只需要提供精子的男性相比，她们对配偶的选择应该更挑剔。从这个假设中可以得出两种具体预测：（1）女性会选择那些更愿意对自己及后代投资的男性做配偶；（2）女性会与不能继续给自己及后代投资的男性离婚。

从理论中衍生出可供检验的预测，通过这种方法研究者能够进行规范的科学实证研究。如果研究结果不支持预测和假设，那么作为其源头的中层理论就会引发质疑。如果研究结果支持预测和假设，那么中层理论的可信度就会增加。

由理论推动的实证研究属于**演绎推理法**（deductive reasoning approach），或称“自上而下法”，是科学研究的重要方法之一。另一种同样有效的方法是**归纳推理法**（inductive reasoning approach），或称“自下而上法”，是一种数据推动的实证研究。对于归纳推理法来说，首先是观察到某种现象，然后研究者才提出与之适应的某种理论。正如天文学家先发现宇宙中的星系在扩张而后提出理论来解释该现象，心理

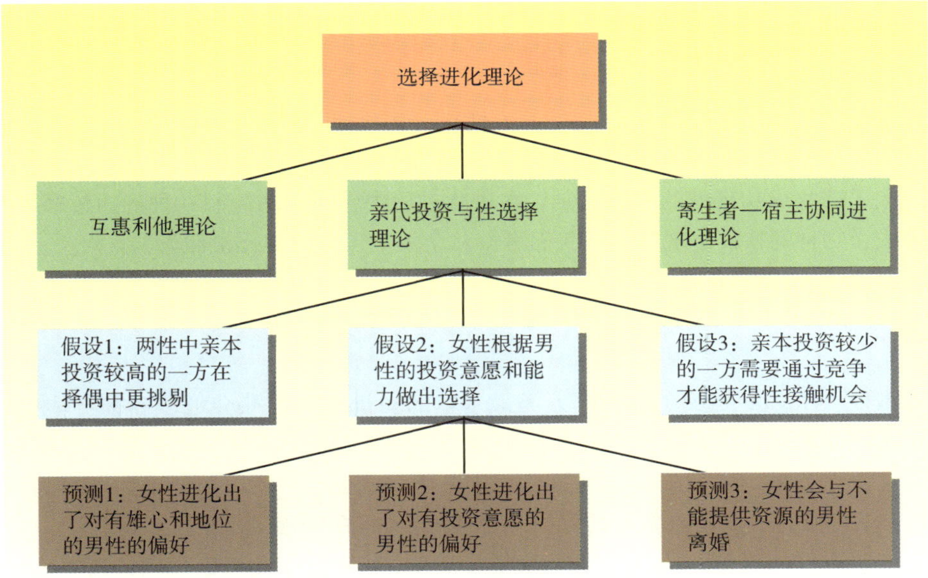


**图 8.1**
图中的层级结构描述了进化分析的概念层次。最上层是选择进化理论。其下是中间层次的进化理论，从中能够衍生出具体的假设和预测。通过检验那些衍生的预测，每个层级的理论的可信度都可以根据实证证据的累积权重进行评估。
资料来源：Buss, 1995a.

学家也常常在观察和记录了许多现象后才提出能够解释它们的理论。例如，在人格心理学领域，我们注意到男性比女性更有身体攻击性。尽管选择进化论不能预测到这种男女差异，但却很容易成为后续理论解释的基础。当然，演绎法和归纳法的结合不仅仅适用于进化论，也适用于人格心理学中的所有理论。

一旦提出某个理论来解释攻击性的性别差异，我们会问："如果这个理论是对的，那么我们还未观察到的进一步的预测是什么？"一个理论的价值和可行性正是体现在这些进一步的推论预测之中。如果理论能产生大量的新预测，并能被实证研究证实，我们就知道研究在沿着正确的方向进行。如果理论没有进一步产生可检验的预测，或预测没有被实证研究证实，那么该理论就有待商榷。例如，一个关于对女性性侵犯的理论指出，缺乏性接触机会的男性更可能采用攻击策略，这被称为配偶剥夺理论（Lalumiere et al., 1996）。但是，研究证据并不支持该假设，因为对女性没有吸引力的男性并不比那些非常有吸引力的男性更具性攻击性。简言之，配偶剥夺理论似乎是错误的。

进化论的假设有时被批评为只不过是一些含糊的、推测性的"假设故事"，意味着它们就像神话故事，缺乏科学价值。大多数进化论的假设都是以一种准确和可检验的方式提出的，因此，这些批评是无效的（Buss, 2005a; Confer et al., 2010; Kenrick & Luce, 2004）。每个研究者都有责任以尽可能准确的方式提出可检验的进化论假设。

理解这些理论背景之后，让我们来看看进化论对人格分析的三个关键水平即人性、性别差异和个体差异的意义。

## 人　性

在心理学的历史上曾提出过多个旨在解释人性一般内容的人格"大"理论。例如，弗洛伊德的精神分析理论认为，人类有性和攻击两大核心动机。阿德勒认为人的核心动机是追求卓越。罗伯特·霍根则主张，人会被追求地位和被群体接纳的动机驱使，简单地说就是出人头地和融入群体。即使是最激进的行为主义者斯金纳也提出了一种人性理论，认为人性由几个领域一般性的学习机制组成。因此，所有的人格理论都试图回答以下问题：如果人的本性不同于大猩猩、狗或者老鼠，那么，它是什么？我们如何找到它？

进化心理学的观点为探索人格的人性成分提供了一系列的工具。进化心理学认为，人性就是进化过程的首要产物。那些成功地帮助人类生存和繁衍的心理机制逐渐替代了那些成功率低的心理机制。在进化过程中，成功的机制在种群内传播开来，逐渐成为物种的特征。现在，让我们考察几个关于人性的进化论假设。

### 归属需要

霍根（Hogan, 1983）认为，人类最基本的动机是追求社会地位和被群体接纳。为了生存和繁衍，早期人类需要解决的最重要的社交问题是如何与群体内的其他成员建立协作关系，以及确立等级关系。获得社会地位与声望可能使个体获得大量与繁衍有关的资源，如得到较好的保护、更多的食物和更满意的配偶。

按照霍根的理论，被群体排斥会带来极大的伤害。因此可以预测，人类已经进化形成了防止被排斥的心理机制。鲍迈斯特和泰斯（Baumeister & Tice, 1990）提出，这就是**社交焦虑**（social anxiety）的根源和作用。社交焦虑是指个体担心或害怕在社会情境中受到他人的消极评价，是一种物种典型的适应器，以防止个体被社会排斥。漠视他人的排斥，可能导致个体因失去群体的保护而威胁生存，并可能因此找不到配偶。因此，与建立了群体归属机制（避免做一些会引起批评的事情）的人相比，他们繁殖成功的概率更低。

人类进化出了群居的生活方式。因此，被群体排斥的人会感到焦虑。

如果这个假设是正确的，我们将得出什么样的可检验的预测呢？一系列可检验的预测涉及能引发社交焦虑的事件（Buss, 1990）。群体应该会排斥那些会给群体内其他成员带来损失的人。面临危险时表现怯懦、攻击群体内的其他成员、引诱群体内他人的配偶、偷他人东西等行为都会给部分群体成员带来损失。

鲍迈斯特和利里（Baumeister & Leary, 1995）为归属需要是人性的主要动机之一这一理论提供了实证证据。他们认为，群体为成员提供了许多至关重要的适应功能：第一，群体能分享食物、信息和其他资源；第二，群体能抵御外来威胁，或抵御其他群体；第三，群体内有许多繁殖所需的配偶；第四，群体内通常有血缘亲属，这提供了接受利他帮助和投资亲属的机会。

多方面的实证研究支持了鲍迈斯特和利里关于归属需要的理论。首先，研究反复表明，外来威胁会增加群体凝聚力（Stein, 1976）。有一项研究考察了二战老兵社会联系的持久性（Elder & Clipp, 1988）。非常引人注目的是，战争结束 40 年后，与他们社会联结最强的是那些共同战斗过的战友。在有战友牺牲的队伍中，该效应更强。这说明外来的威胁越大，社会联结越强。

其次，获得资源的机会似乎也是触发社会凝聚力的有力情境。在一项研究中，参与者被随机分为两组（Rabbie & Horwitz, 1969）。分组本身没有增强群体凝聚力，但当根据抛硬币的结果对其中一组给予奖励（晶体管收音机）而另一组不给予奖励时，两组的凝聚力都增强了。当资源与群体身份相关联时，人们的群体关系会变得更加牢固。

最后，关于社会互动影响自尊的跨文化研究也支持了归属需要作为人类基本内在动机的重要性（Denissen et al., 2008）。研究表明，花大量时间与他人在一起的人普遍拥有较高的自尊水平，自尊水平的日常波动也与社会互动的频率及质量相关。即便是在整体社会层面上，与社交活动较少的社会相比，在亲朋好友之间来往频繁的社会中，居民的自尊水平也普遍较高。这些结果至少在一定程度上说明，自尊是监控个体社会融入程度的一个内在追踪器（Denissen et al., 2008）。

与归属需要相关的适应器似乎在人类的生命早期就已出现。一项巧妙的实验室研究将 5~6 岁的孩子分为两组，一组在团体电子游戏中遭到排斥，另一组则被很好地接纳（Watson-Jones et al., 2016）。结果表明遭受社会排斥的孩子表现出更多的焦虑、从众和模仿。研究者认为这些反应的功能是驱使人们在遭到排斥后融入群体。

有学者已经开始探究社会排斥使人感到痛苦的脑机制（MacDonald & Leary, 2005; Panksepp, 2005）。社会拒绝或排斥通常会被描述为一种真实的痛苦经历，脑研究表明生理疼痛系统（如前扣带皮质）的一些成分的确会参与社会排斥产生痛苦的过程。人们之所以会使用诸如受伤、伤害、损伤等词语来形容遭受社会排斥的感受，也许正是因为这种心理诱发的痛苦和生理疼痛具有某些共同的脑回路。

因为人类总是高度群居的，在远古环境中不生活在群体内几乎就意味着死亡，所以我们有强烈的归属需要，这一点并不奇怪，它是人性的一部分。

## 助人和利他

进化论为人类的助人和利他行为提供了一系列直接的预测（Burnstein, Crandall, & Kitayama, 1994）。伯恩斯坦及其同事提出，助人行为是受助者提升助人者广义适合度能力的直接函数。据此假设，随着助人者和受助者之间共享基因的减少，助人行为也应该减少。因此，比起帮助侄女和外甥，你更愿意帮助亲兄弟姐妹。因为侄女和外甥与你平均共享的基因是 25%，而亲兄弟姐妹是 50%。帮助第一代表兄妹或堂兄妹的概率会更低，因为他们与你共享的基因只有 12.5%。心理学中还没有其他的理论能做出如此精确的预测，将助人行为梯度作为基因关联度的函数，或者说是明确将血缘关系作为利他行为的一个潜在影响因素。

美国和日本的研究结果支持了这些预测。一项实验要求参与者想象不同的人睡在一栋火势快速蔓延的房子的不同房间里，告诉他们只有营救一个人的时间。然后要求参与者圈出他们最有可能营救的人。结果如图 8.2 所示，提供帮助的倾向是基因共享程度的直接函数。其他独立的研究者也证实，在生死存亡的紧要关头，这种倾向尤其明显（Fitzgerald & Colarelli, 2009）。

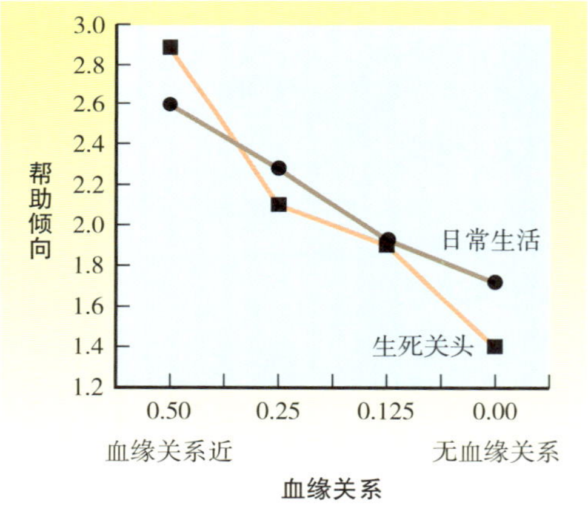


**图 8.2**

图为在日常生活和生死关头这两种情境下帮助亲人的倾向。基因的共享程度预测了帮助的倾向，特别是在生死关头。

资料来源：Burnstein, E., Crandall, C.S., & Kitayama, S. (1994). Some Neo-Darwinian Decision Rules for Altruism: Weighing Cues for Inclusive Fitness as a Function of the Biological Importance of the Decision. *Journal of Personality and Social Psychology*, 67, 773–789, Figure 2, p. 778. Copyright © 1994 by the American Psychological Association. Reprinted with permission.

基因相关性仅仅是对人类本性中的利他特征进行进化分析的开端，伯恩斯坦等人（Burnstein et al., 1994）预测，人们会更多地帮助年轻的亲属，而不是年老的亲属。因为就成功繁衍来说，对年老者的帮助不及对年轻人的帮助影响大。此外，繁殖价值较高（生孩子的能力）的个体比繁殖价值低的个体得到的帮助应该会更多。

一项研究发现，1 岁的孩子会比 10 岁的孩子得到更多的帮助，而 10 岁孩子得到的帮助又多于 45 岁的成年人，75 岁的老年人得到的帮助最少（Burnstein et al., 1994）。对日本人和美国人进行的跨文化研究也验证了这个结果。这些研究进一步支持了这样的假设：亲属的年龄越大，在生死关头得到帮助的可能性越小。有趣的是，这种现象在生死关头表现得最为明显，而在需要较小帮助的条件下，情况却恰恰相反。例如，对于在日常生活中帮助某个人跑跑腿之类的小差事，75 岁的人会比 45 岁的人得到更多帮助（见图 8.3）。

在关乎存亡的危急关头，年轻人更容易获得帮助，如饥荒（Burnstein et al., 1994）。研究要求参与者想象自己生活在一个撒哈拉沙漠以南的非洲国家，饥荒和疾病正在那里肆虐蔓延。结果显示年龄和帮助倾向之间存在曲线关系。在这种条件下，婴儿得到的帮助比 10 岁孩子得到的帮助要少得多，10 岁孩子得到的帮助最多。然后帮助曲线开始下降，75 岁的老年人得到的帮助最少。

另一项研究发现，亲属的血缘越近，人们就越愿意为其忍受更多的痛苦，比如尽可能长时间地保持一种别扭的姿势（Madsen et al., 2007）。还有研究证实了在有生命危险的现实情境中，有亲密亲属的人生存概率明显比没有的人要高（Grayson, 1993; Sear & Mace, 2008）。而且在立遗嘱的时候，人们通常会把自己的现金和其他财产留给与自身基因更为接近的亲属（Judge & Hrdy, 1992）。

这些研究说明，助人是人性的一个核心成分，但这种帮助是以一种高度特异性的方式进行的。助人行为会因帮助对象而不同，进化论的观点可以很好地预测人们帮助他人的模式。甚至在祖父母对孙辈的投资模式中，也发现了基因关联对帮助倾向的重要性（Laham, Gonsalkorale, & von Hippel, 2005）。

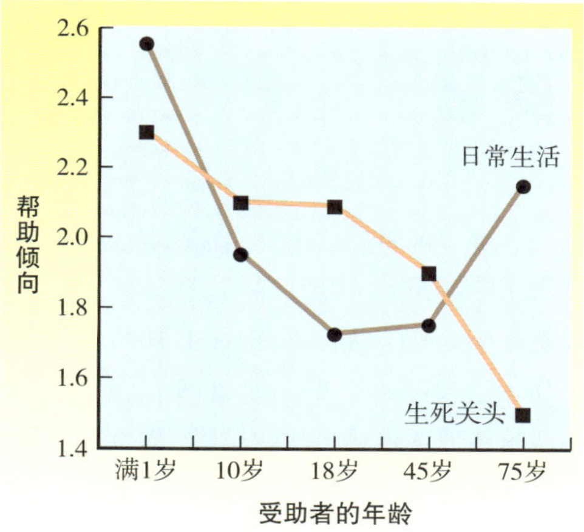


**图 8.3**

在日常生活和生死关头这两种情境下，受助者的年龄对帮助倾向的影响。当帮助行为相对微不足道时，人们倾向于帮助那些最需要帮助的人，如老年人和孩子。但当帮助成本较大时，年轻人比老年人得到的帮助要多。

资料来源：Burnstein, E., Crandall, C.S., & Kitayama, S. (1994). Some Neo-Darwinian Decision Rules for Altruism: Weighing Cues for Inclusive Fitness as a Function of the Biological Importance of the Decision. *Journal of Personality and Social Psychology*, 67, 773–789, Figure 3, p. 778. Copyright © 1994 by the American Psychological Association. Reprinted with permission.

## 人类共通的情绪

进化心理学家从三种独立的视角出发，对情绪（如恐惧、愤怒和嫉妒）展开研究。第一种视角考察了情绪的面部表达是否具有跨文化的一致性，它基于这样的假设：普遍性是适应器的关键指标之一（Ekman, 1973, 1992a, 1992b）。如果所有人都拥有某种适应器（如用微笑表达快乐），那么这种适应器就很可能是人性的核心成分之一。第二种视角认为，情绪是适应性的心理机制，其作用是提示社会环境中的各种“适合度机会”（fitness affordances）（Ketelaar, 1995）。根据这种观点，情绪指导人们趋向那些在祖先环境中能带来适应性的目标（例如，一个人在群体中的地位提升后会感到快乐），或者避免那些会阻碍适应的环境条件出现（如被打、被虐待或受到排挤）。第三种关于社会情绪的进化论视角是“操控假设”，认为情绪是为利用他人的心理机制而设计的。例如，用

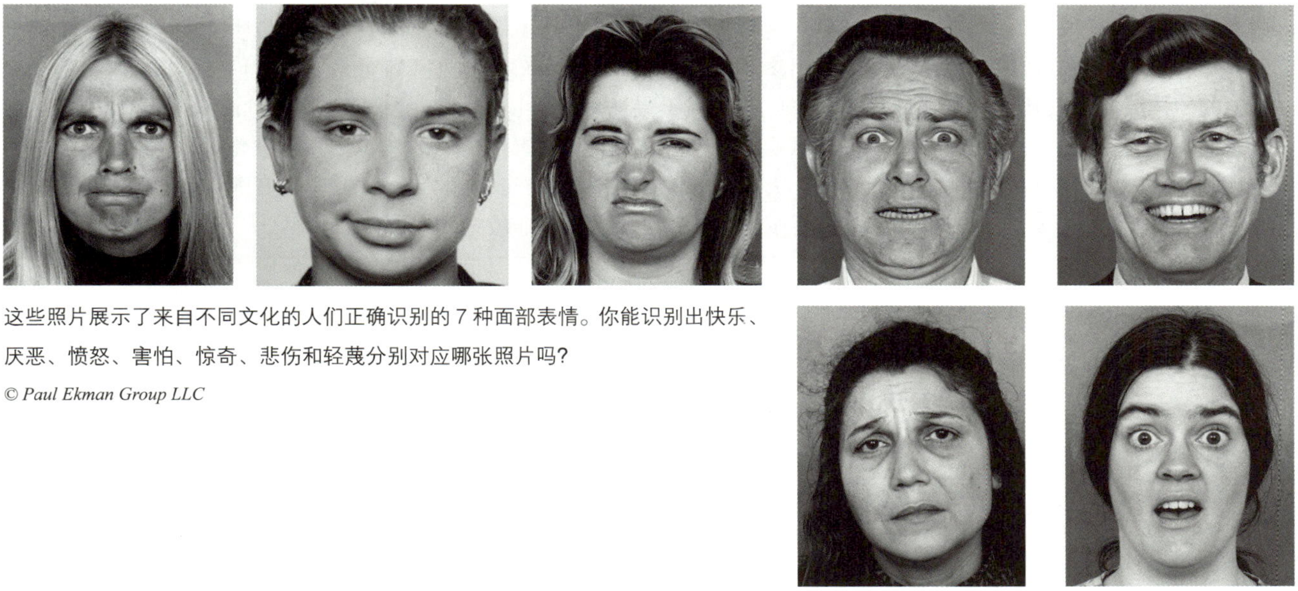

这些照片展示了来自不同文化的人们正确识别的 7 种面部表情。你能识别出快乐、厌恶、愤怒、害怕、惊奇、悲伤和轻蔑分别对应哪张照片吗?

*© Paul Ekman Group LLC*

## 阅读　厌恶情绪：疾病防御假说

有一种假说认为厌恶情绪是人类防御病菌的适应器，它可以保护人类免受疾病的风险（Curtis et al., 2004; Oaten, Stevenson, & Case, 2009）。厌恶情绪通常包括强烈的反感，甚至是恶心呕吐，它会促使人们尽量远离引发厌恶的刺激源。如果厌恶情绪真的是为了防御疾病进化出来的，那么将有以下几个预测。第一，携带病菌的物质将会引起人们最大的厌恶感。第二，在不同的文化背景下，这种厌恶情绪的诱因应该是共通的。实证研究也的确为这两种预测提供了支持（Curtis & Biran, 2001）。无论是在芬兰还是非洲西部，人们对可能感染寄生虫或加工不卫生的食物都感到特别恶心。例如，腐烂的肉、肮脏恶臭的食物、剩菜剩饭、发霉的食物、食物中有虫子尸体，或者是看到用脏手制作食品等都会引起人们的厌恶情绪。那些接触过蠕虫、蟑螂和粪便的食物引发的厌恶反应尤为强烈。第三，厌恶情绪会激活人体的免疫系统。一项研究向参与者呈现恶心的食物图片，发现他们的体温的确会升高，而体温正是疾病免疫反应的一个重要特征（Stevenson et al., 2012）。

一项跨文化研究以美国人和日本人为参与者，要求他们列出最厌恶的东西，结果有25%的参与者都提到了排泄物和其他人体废物，这也是研究中被提及最多的两项（Rozin, 1996），因为人们都知道排泄物中包含有害物质，包括寄生虫或者毒素等，对人类而言特别危险。在另外一项研究中，给参与者一个彻底清洗干净并且经过无菌处理的玻璃杯，当告诉他们这个杯子装过狗粪便时，他们拒绝用这个杯子喝水（Rozin & Nemeroff, 1990）。还有其他的研究也证实了厌恶情绪的共通性。例如，世界各地的人们都能够识别出厌恶的面部表情，即便是天生的盲人也能表达厌恶的表情，而天生的听障人士也能够准确理解这种表情（Oaten et al., 2009）。

另一个基于疾病防御假说的预测是关于性别差异的。因为女性通常要照料婴儿和孩子，所以她们需要保护自己和孩子免遭疾病的侵袭。研究结果的确表明，女性在看到携带病菌的物体图片时，会比男性表现出更多的厌恶，而且感知到的患病风险也要高于男性（Curtis et al., 2004）。作为一个潜在的重要人格变量，厌恶敏感性存在个体差异。研究发现那些对肮脏的东西更加敏感并容易产生厌恶情绪的人，得传染病的概率显著更低，这也证实了厌恶情绪的保护功能（Stevenson et al., 2009）。有趣的是，与那些在病原体厌恶性测量中得分低的人相比，得分高的人认为相对不好看的面孔尤其没有吸引力（Park et al., 2012）。

想象与那些可能传播疾病的人接触通常会引起厌恶感，包括不讲卫生的人、看起来患病的人、身体边界被破坏（如伤口外露）的人以及有肛交等行为的人（Tyber et al., 2009）。性传播的确是疾病传播的一个重要途径（Tyber et al., 2013）。嘴巴、皮肤、肛门以及生殖器是微生物在不同宿主之间传播的主要通道，而亲吻、触摸、口腔—生殖器接触、生殖器—生殖器接触以及其他各种性行为都存在疾病传播的潜在风险。近期的实证研究表明，性厌恶可能是一种特殊的适应器，用以避免接触潜在被感染的伴侣，这种适应器不同于对不卫生的食物以及传播疾病的动物和昆虫的厌恶（Tyber et al., 2013）。总而言之，大量实证研究支持厌恶情绪的疾病防御假说，人类之所以进化出厌恶的情绪，其目的正是避开那些可能危及生命的疾病传播媒介。

愤怒的情绪来表达口头威胁，可能比不愤怒情况下的表达更有效，这可能就是愤怒情绪的设计目的（Sell et al., 2009）。

所有这些关于情绪的进化论视角都依赖这样的假设：情绪是共通的，以同样的方式被所有人识别。埃克曼（Ekman, 1973, 1992a, 1992b）率先进行了情绪的跨文化研究。他收集了面部表情不同的几张照片，每张表现一种情绪：快乐、厌恶、愤怒、害怕、惊奇、悲伤和轻蔑。将这些照片分别展示给日本人、智利人、阿根廷人、巴西人和美国人，结果不同国家的人在面部表情识别上表现出了极大的一致性。接下来在意大利、苏格兰、爱沙尼亚、希腊、德国、苏门答腊以及土耳其所做的研究也支持了面部表情识别的共通性（Ekman et al., 1987）。

对新几内亚弗雷人（Fore）的研究更是令人印象深刻。这是一个与外界几乎没有任何交流的部落，他们不说英语，没有电视和电影，从未与白种人一起生活过。然而，这个部落的人也表现出了面部表情与情绪匹配的共通模式。随后的研究显示，轻蔑的面部表情也具有共通性（Ekman et al., 1987）。埃克曼的研究说明：情绪作为人格的核心内容之一，能够被普遍地表达和识别，因而满足了适应器的一个重要标准。情绪很可能是进化而来的人性的一部分。

我们仅仅回顾了进化论关于人性成分的几个假设：归属需要、害怕被排斥的社交焦虑、助人动机以及情绪的共通性。实际上，进化论的视角可以为人性的其他可能成分提供启示，例如：儿童害怕巨响、黑暗、蜘蛛和陌生人；愤怒、嫉妒、热情和爱等情绪；游戏行为在儿童中的普遍性；感到受侵害后的报复和复仇；追求地位的基本动机以及失去社会地位和名声后的心理痛苦等。但是，人性代表的只是人格分析的一个水平，现在我们来看第二个水平——性别差异。

## 性别差异

进化心理学预测：在两性面临相同或相似适应问题的领域中，男性和女性将是相同或相似的。男性和女性都有汗腺，因为他们都必须解决体温调节的适应问题。男性和女性都有相似的味觉偏好，如偏好脂肪、糖、盐，因为他们都面临相似的食物摄取问题。

在人类的进化史上，男性和女性也曾面临过一些相当不同的适应问题。例如，女性要面临生孩子的问题，而男性则不需要。因此女性进化出了男性所没有的特殊适应器，如通过向血液中释放催产素而产生分娩收缩的机制。

在某些适应领域，男性和女性也面临着不同的信息加工问题。例如，因为受精发生在女性体内，所以男性面临着亲子不确定的适应问题。没有解决这个问题的男性存在为别人孩子投资的风险。所有人都是一支漫长的男性祖先世代的后裔，他们的特征是以这样的方式行事：尽可能增加自己做父亲的概率并减少为他人后代（以为是自己的后代，基因却是其他男性的）投资的概率。

当然，这并不意味着男性会有意识地思考这个父亲身份不确定的适应问题。男性不会去想："哦，如果我的妻子与其他男性有染，那么这将危及我作为孩子亲生父亲的确定性，使我的基因复制面临风险。我真的很生气。"或者，如果一个男性的妻子服了避孕药，他也不会去想："哎呀，既然琼吃了避孕药，她是否与他人有染就不再是什么问题了。毕竟，我的父亲身份是确定无疑的。"相反，男性会表现出嫉妒，它是一种盲目的激情，就像我们对甜食的食欲、对不卫生食物的厌恶以及对友谊的渴望一样。嫉妒的"智慧"是在数百万年的进化过程中，由成功的祖先世代传下来的（Buss, 2000a）。

女性的问题是找到一个可靠的或持续的资源供应来源，从而使其安全度过怀孕期和哺乳期，特别是当食物匮乏的时候（如干旱和寒冷的冬天）。我们也都是一支漫长的、未曾中断的女性祖先世代的后代，她们都成功地解决了这种适应性挑战。例如，选择那些有能力积聚资源并且愿意为特定女性投入资源的配偶（Buss, 2003）。没有解决该问题的女性自身难于生存，其子女的生存机会也更渺茫，所以未能成为我们的祖先。

**进化预测的性别差异**（evolutionary-predicted sex differences）假设指出，在男性和女性面临不同适应问题的领域，两性之间存在差异（Buss, 2009a, 2009b）。在人类漫长的进化历程中，男性和女性在某些领域反复面临着不同的适应问题。进化心理学家认为，在这些领域，他们具有相同心理机制的可能性基本为零（Symons, 1992）。因此，关键问题不是“男性和女性在心理上是否有差异？”，而是从进化心理学的观点来看：

1. 男女在什么领域面临不同的适应问题？
2. 面对性别差异化的进化适应问题，男女形成的性别差异化的心理机制是什么？
3. 哪些社会、文化和情境因素影响了人们所表现出的性别差异的大小？

本节将回顾一些被预测存在性别差异的主要领域：攻击性、嫉妒、对性伴侣多样化的渴望和择偶偏好。

## 攻击性的性别差异

我们所知的最早死于他杀的是一名尼安德特人，他死于5万年前（Trinkaus & Zimmerman, 1982）。他被人从前面刺中左胸，说明行凶者是右利手。随着古生物学探查工作的逐渐成熟，有关我们史前祖先暴力的证据正在迅速增加（Buss, 2005b）。从古代人的骨骼残骸中发现头盖骨和肋骨上有骨折的痕迹，如果不是武器或棍棒打击所致，这些骨折很难解释。此外，人们偶尔也能在胸腔骨骼中发现卡住的武器碎片。人类的暴力显然有着很长的进化历史。

1965—1980年的芝加哥杀人案件样本中，86%的实施者都是男性（Daly & Wilson, 1988）。这些案件中80%的受害者也是男性。尽管这些确切的百分比可能存在文化差异，但对杀人案的跨文化统计研究显示了惊人的相似性。在各种文化的统计数据中，男性杀人犯占绝大多数，受害者也多为男性。任何合理完备的攻击性理论都必须能够解释这样两个事实：为什么男性比女性更多地采取暴力形式的攻击？为什么大多数暴力攻击的受害者是男性？

男性倾向于采取更冒险的竞争策略，如攻击和暴力。

同性竞争的进化模型为解释该现象奠定了基础。该模型以亲代投资与性选择理论作为出发点（Archer, 2009; Trivers, 1972）。在雌性对后代的投资高于雄性的物种中，对雄性来说，雌性是繁衍后代的稀有资源。限制男性繁衍的不是其自身的生存能力，而是其获得性接触的能力。也就是说，在一个雌性只能生育少量后代的物种（如人类）中，雌性会特别挑剔地选择雄性配偶，因此男性必须通过竞争才能获得女性青睐。

雌性哺乳动物要承担怀孕和哺乳的生理负担，因而在亲代投资的最低义务上，两性存在明显的性别差异。雄性能够比雌性拥有多得多的后代。换句话说，雄性繁殖的上限比雌性高得多。这种差异导致两性在繁殖差异上存在不同。因此，雄性之间的“贫富”差距大于雌性。在雄性中，有的多子多孙，有的却后继无人，这就是所谓的**一夫多妻效应**（effective polygyny）。

一般而言，繁殖差异越大，差异较大一方的内部竞争就越激烈。一个极端的例子是生活在加利福尼亚北部海岸附近的海象，在某个繁殖季节，5% 的雄海象繁育了 85% 的小海象（Le Boeuf & Reiter, 1988）。在同一性别内部表现出高度繁殖差异的物种具有较高的**性别二态性**（sexually dimorphic）倾向，即在大小和结构上出现较大的性别差异。一夫多妻效应越强，两性结构和大小的差异越大（Plavcan, 2012; Trivers, 1985）。海象体形的大小具有高度的性别二态性：雄海象相当于雌海象的 4 倍（Le Boeuf & Reiter, 1988）。黑猩猩的体形二态性稍小：雄性体形约是雌性的 2 倍。人类只有轻微的性别二态性，男性在体形上比女性大 12% 左右，虽然说上肢力量等一些身体特征会体现出更高的性别二态性（Lassek & Gaulin, 2009）。在灵长类物种里，一夫多妻效应越强，性别二态性越高，两性间的繁殖差异也越大（Alexander et al., 1979; Plavcan, 2012）。

一夫多妻效应意味着某些雄性可以得到超过其应得份额的交配机会，而另一些则完全没有交配机会，因而无法成为任何后代的祖先。这种机制引发了高繁殖差异性别内部的激烈竞争。本质上，一夫多妻制选择的是冒险策略，包括与对手的暴力争斗以及为获得吸引高投资的异性配偶所需的资源而采取更多的冒险行为。

男性之所以体形更高大，力量更强，还可能是因为在漫长的进化过程中，女性更倾向于选择具备这些特点的男性作为配偶（Buss, 2012; Plavcan, 2012）。研究发现，对犯罪行为感到恐惧的女性尤其倾向于选择具有攻击性且身体强壮的男性作为长期配偶（Snyder et al., 2011）。那些肌肉更加发达的男性有更多的性伴侣，初次性行为的时间也更早（Lassek & Gaulin, 2009）。而在青少年时期遭受过其他男性暴力欺凌的男性，其性伴侣的数量相对较少（Gallup et al., 2009）。

这种进化观点为跨文化谋杀研究中发现的两个事实提供了解释。一夫多妻效应的漫长历史导致暴力犯罪者多为男性。纵观人类进化的历程，男性采用的策略具有这样的特征：为了争夺女性或争夺吸引女性所需的社会地位和资源而进行高风险的同性竞争。男性的平均死亡年龄比女性年轻 5~7 岁，这是男性在同性竞争中采取攻击和冒险策略的众多标志之一（Promislow, 2003）。

与女性相比，男性更多成为暴力攻击的受害者，这是因为男性的主要竞争对手是其他男性。对任一男性来说，其他男性都有可能阻碍他接近女性，随着攻击性的增强，受伤或早死的概率就会增加。总之，同性竞争这一进化理论可以很好地预测攻击的模式（Buss & Duntley, 2006; Griskevicius et al., 2009）。即使那些坚持认为大多数心理和行为的性别差异源于社会角色的心理学家也不得不承认，导致两性之间攻击性差异的最大可能原因是，在漫长的进化过程中，男性和女性在求偶和竞偶方面面临着不同的适应问题（Archer, 2009）。

## 嫉妒的性别差异

另一个两性面临的适应问题的根本差异源于这样一个事实：受孕发生在女性体内，具有不可见性。这意味着，在整个进化历程中，男性始终存在为别人的孩子投资的风险。但是，女性几乎从来不用担心孩子是不是自己的。因此，从一个男性祖先的角度来看，配偶与其他男性性交而怀孕是一种对繁衍有害的行为，这将威胁他自身基因传递的确定性。

然而，从一个女性祖先的角度来看，配偶和其他女性有染将不会损害其作为孩子母亲的确定性。可是，这种不忠对女性的成功繁殖却是一种极大的威胁，她有可能因此失去配偶的资源、时间、承诺和投资，所有这些都可能转向其他女性。

为此，进化心理学家预测，对于引发性嫉妒的因素，男性和女性有着不同的着重点。具体来说，男性最嫉妒女性的性不忠；而女性则最嫉妒男性承诺的长期转移，如移情别恋。为了检验这些假设，参与者被置身于令人苦恼的两难困境——你也可以参与进来。具体请看下面的练习。

**练习**

想一想你曾拥有过或正在经历抑或将来会体验到的一段认真付出承诺的浪漫关系。假如你发现你真心爱恋的人变得对他人感兴趣，下面哪种情况使你更痛苦或沮丧？

1. 你的恋人在情感上深深依恋别人。
2. 你的恋人享受与别人发生性关系。

如图 8.4 所示，当想象恋人与别人发生性关系时，男性远比女性痛苦（Buss et al., 1992）。相反，当想象恋人感情出轨时，绝大多数的女性感到更痛苦。当然，这并不意味着男性对恋人的移情别恋，或女性对恋人的性不忠不在意，事实并非如此。无论是性不忠还是感情不忠，都会使男性和女性感到痛苦。然而，当被迫选择哪种情况更令人痛苦时，正如进化理论所预测的那样，结果出现了很大的性别差异。对痛苦进行生理测量也支持了这个结论（Buss et al., 1992; Pietrzak et al., 2002）。当想象恋人与别人有性关系时，男性的心率每分钟增加了 5 次，相当于一次喝了 3 杯咖啡。同时，他们的皮肤导电性升高了，而且眉头也皱了起来。与之相比，女性则在想象恋人移情别恋时，表现出更大的生理痛苦。

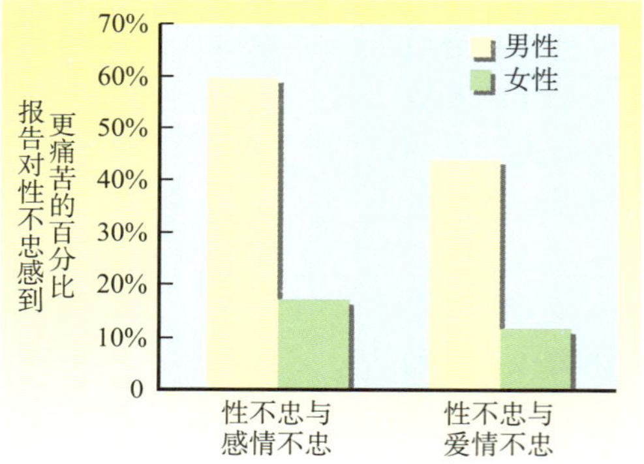


**图 8.4**

报告对性不忠比对感情或爱情不忠感到更痛苦的百分比。男性和女性有较大差异，对性不忠感到更痛苦的男性远多于女性，而绝大多数女性对感情或爱情不忠感到更痛苦。

资料来源：Buss, D.M., Larsen, R.J., Westen, D., & Semmelroth, J. (1992). Sex Differences in Jealousy: Evolution, Physiology, and Psychology. *Psychological Science*, 3, 251–256., Figure 1, top panel, p. 252. Copyright © 1992 Association for Psychological Science. Reprinted by permission of SAGE Publications, Inc.

跨文化研究中是否能发现这些性别差异？迄今为止，研究者已在德国、荷兰和韩国进行了重复验证（Buunk et al., 1996），结果见图 8.5。其他研究者在韩国和日本也得到了同样的结果（Buss et al., 1999）。嫉妒的性别差异在各种文化背景下似乎很稳定。

并非所有心理学家都同意进化论的解释。有研究者（DeSteno & Salovey, 1996）提出，男女的差异在于他们对性不忠和感情不忠有着不同的看法。例如，当男性想象他的女伴与其他男性有性关系时，他可能也会认为女伴同时有情感的投入，这就是所谓的双重不忠。这些研究者认为，男性对性不忠比对感情不忠感到更痛苦不是因为男性真的更嫉妒性不忠，而是因为男性“相信”性不忠将会造成双重不忠，其中包含了感情不忠。

这些研究者认为女性有着不同的看法，虽然他们无法解释原因。他们认为女性相信反向的双重不忠：如果她的伴侣与别的女人产生感情，那么也会有性关系。正是这种双重不忠的信念使女性更痛苦，而并不是女性真的对伴侣的感情不忠感到更痛苦。

进化论反对双重不忠的解释。进化心理学家认为，两性之间

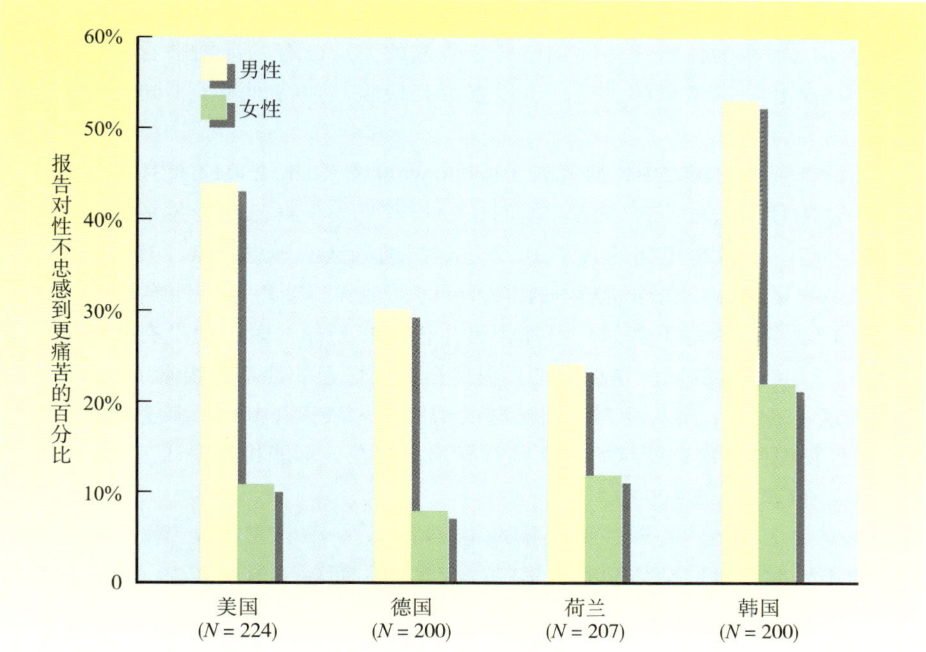


**图 8.5**

四种文化中嫉妒的性别差异。在所有四种文化背景中，均是更多男性对恋人的性不忠感到更痛苦，而大多数女性对恋人的感情不忠感到更痛苦。

资料来源：Buunk, B. P., Angleitner, A., Oubaid, V., & Buss, D. M. (1996). Sex differences in jealousy in evolutionary and cultural perspective: Tests from the Netherlands, Germany, and the United States. *Psychological science*, 7(6), 359–363, Figure 1, p. 361. Copyright © 1996 Association for Psychological Science. Reprinted by permission of SAGE Publications, Inc.

的巨大差异源于生殖生物学上的不同。因此，选择过程不太可能未能在这两种不忠形式中塑造出心理上的性别差异。然而，科学争端通常是由坚实可信的数据来解决的。巴斯等人在三种文化背景下进行了四个实证研究来比对进化论和双重不忠假设的预测（Buss et al., 1999）。其中一项研究包括 1 122 名来自美国东南部一所文理学院的参与者。研究者要求他们想象自己的恋人对其他人产生了兴趣，然后问下面哪件事情使你更痛苦或沮丧：（a）你的恋人与他人建立了深厚的感情关系，但没有性关系；（b）你的恋人与他人发生了性关系，但没有感情投入。结果男性和女性的反应约有 35% 的不同，并且差异模式符合进化论的预测。即使没有性不忠，女性仍然对男性的感情不忠感到更痛苦。反之，即使没有感情不忠，男性仍然对女性的性不忠感到更痛苦。如果双重不忠假设是正确的，那么在只有性不忠或只有感情不忠的情况下，两性的差异应该消失，但事实并不是这样的。

第二项研究包含 234 名男性和女性，研究者使用不同的策略考察了这两种对立的假设（Buss et al., 1999）。研究者要求参与者想象发生了最坏的事情，即他们的伴侣对自己双重不忠，与他人发生了性关系并产生了感情。然后要求参与者表态，双重不忠的哪一方面更令自己痛苦？结果很明确。研究者发现了较大的性别差异，正如进化理论所预测的那样：63% 的男性和 13% 的女性表示，性不忠使他们最痛苦；而 87% 的女性和 37% 的男性表示，感情不忠使他们最痛苦。无论问题如何表述，也无论使用什么方法，每一次检验中都出现了同样的性别差异。其他研究者采用稍有不同的研究方法，在不同的文化背景如瑞典（如 Wiederman & Kendall, 1999）中，证实了这些发现。他们在其研究报告中总结道：“与双重不忠的解释相反，参与者所做的选择与他们对性的认识（即另一半能否做到性与爱分开）无关”（p. 121）。

同样的或相似的性别差异在中国、德国、荷兰、韩国、日本、英国和罗马尼亚都得到了重复验证（Brase, Caprar, & Voracek, 2004）。无论是在瑞典和挪威这些性别更为平等的国家（如 Bendixen, 2015），还是在较为传统的纳米比亚辛巴族中（Scelza,

2014），这种性别差异都稳健存在。这些跨文化研究支持了性别差异普遍存在的理论，而双重不忠不能解释为什么这些性别差异是普遍的。从已有的证据来看，双重不忠既没有得到跨文化研究结果的支持，也没有得到检验其独特预测（不同于进化心理学的预测）的实验支持。

在一项设计精巧的研究中，研究者（Schutzwohl & Koch, 2004）使用了在过去的嫉妒研究中从未使用过的全新方法。他们让参与者听关于自己恋爱关系的故事，故事中发生了不忠。在故事里面插入了10个已经提前确认的不忠线索，其中5个能够高度暗示性不忠（例如，当你希望与伴侣做爱时，他突然变得难以性唤起），另外5个能够高度暗示感情不忠（例如，当你告诉伴侣“我爱你”时，他没有任何反应）。一周后突然测试参与者的回忆情况，结果男性自然回忆起的性不忠线索（42%）多于感情不忠线索（29%）；而女性自然回忆起的情感不忠线索（40%）多于性不忠线索（24%）。这些发现再一次证明嫉妒的性别差异确实存在，不能将其误认为是“实验假象”（Schutzwohl & Koch, 2004）。

还有研究发现了嫉妒心理性别差异的其他特征。一项研究发现当女性得知伴侣并没有感情不忠时，她们会体验到更多的心理宽慰；而对于男性来说，确认伴侣没有性不忠带来的心理宽慰更大（Schutzwohl, 2008）。比起男性，女性会更多地询问伴侣与第三者关系的情感性质，而男性则更加关心伴侣与第三者的关系是否涉及性（Kuhle, Smedley, & Schmitt, 2009）。这种对感情不忠和性不忠的嫉妒反应的性别差异，在那些本身嫉妒性就更强的人身上会更大（Miller & Maner, 2009）。这一结果也说明了将人格性别差异的进化理论与稳定的个体差异相结合的重要性（Miller & Maner, 2009）。

科学的黄金法则是独立的重复验证。依据这个标准，进化理论的解释表现良好。每一次进化理论面临挑战，都有独立的研究者不断发现支持嫉妒的性别差异及其进化论解释的证据（例如，Brase et al., 2004; Buss & Haselton, 2005; Cann, Mangum, & Wells, 2001; Dijkstra & Buunk, 2001; Fenigstein & Pelz, 2002; Geary et al., 2001; Maner & Shackelford, 2008; Murphy et al., 2006; Pietrzak et al., 2002; Sagarin, 2005; Sagarin et al., 2003, 2009; Schutzwohl & Koch, 2004; Shackelford, Buss, & Bennett, 2002; Shackelford et al., 2004; Strout et al., 2005）。一项基于47个独立样本的元分析，为进化理论预测的性别差异提供了跨研究方法的强有力支持，包括对真实不忠行为的反应进行评估的研究（Sagarin et al., 2012; Zengel, Edlund, & Sagarin, 2013）。

最后，库勒（Kuhle, 2011）使用一种内容编码的新方法，编码了浪漫关系双方关于嫉妒的谈话，发现男性倾向于询问伴侣关于性的问题（如“你和他发生过性行为吗？”），而女性则更多地询问关于情感的问题（如“你爱她吗？”）（见图8.6）。

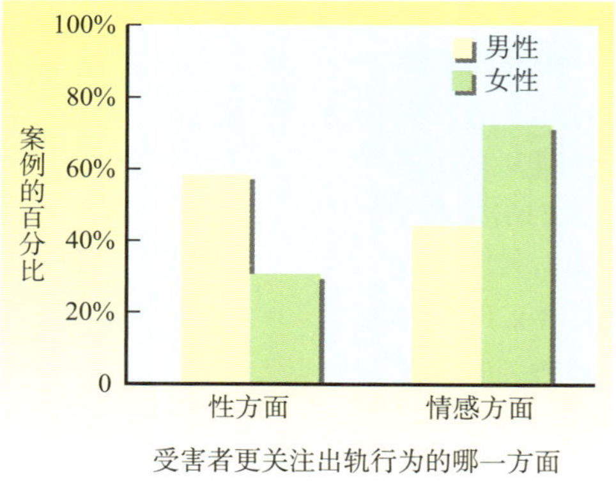


**图 8.6**

男女在更关注伴侣哪一方面的不忠上存在差异。

资料来源：Kuhle, 2011.

## 追求性伴侣多样化的性别差异

进化心理学理论预测的另一种性别差异是追求性伴侣多样化的差异（见图8.7）。该预测源于亲代投资与性选择理论。根据此理论，两性中对后代投资较少的一方，在选择性伴侣时更不那么挑剔，更倾向于追求多个性伴侣。在古代，男性可以通过与多个

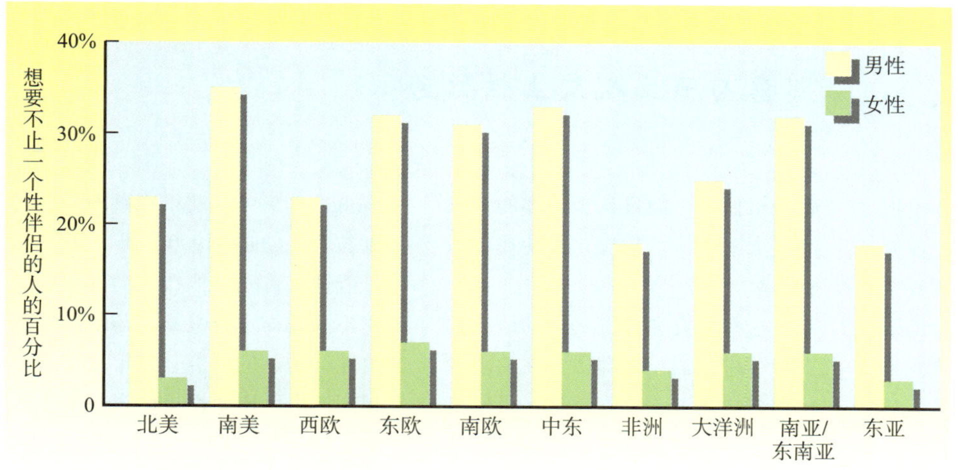


图 8.7
“理想情况下，你希望下个月能拥有几个不同的性伴侣？”
样本总量为 16 288。
资料来源：International Sexuality Description Project, courtesy of David P. Schmitt.

女性发生性接触来提高其繁殖成功的概率。

如果你的愿望能够得到满足，你希望在下个月有多少个性伴侣？明年呢？整个一生呢？未婚大学生被问到这些问题时，女生的回答是：下个月想要 1 个，一生想要 4~5 个（Buss & Schmitt, 1993）。而男生希望下个月是 2 个左右，接下来几年是 8 个以上，整个一生为 18 个左右。从他们表达的期望来看，男女差异正如进化论所预测的那样。

理想性伴侣数量的性别差异得到了一项大型的跨文化研究的验证。研究者们（Schmitt et al., 2003）调查了来自全球 10 个区域的 16 288 名个体，这些区域代表了从阿根廷到斯洛伐克再到津巴布韦的 52 个不同国家或地区。研究者使用图 8.7 中所用的研究工具，并将其翻译成适合每种文化的语言。在接下来的 30 年里，全球范围内的男性平均希望能有 13 个性伴侣，女性希望能有 2.5 个性伴侣（研究结果的示例见图 8.7）。简言之，追求多个性伴侣的性别差异很大、很普遍。男女之间的差异还包括两者想到性的频率。一项研究发现女性平均每周 9 次想到性，男性则是平均每周 37 次（Regan & Atkins, 2006）。

## 择偶偏好的性别差异

进化心理学家还预测，对于选择长期伴侣而言，男性和女性偏好的品质不同。因为女性要承担较重的亲代投资义务，所以她们在选择长期伴侣时，更强调潜在伴侣的经济资源，以及能获得这些资源的品质。相反，男性则更注重女性的外貌，因为它能提供很多关于繁殖能力的线索。在以大学生为样本的研究中，男性对外貌吸引力的重要性排序为 4.04，而女性的排序则较低，为 6.26（最高的可能排序为“1”，最低为“13”）。对赚钱能力的排序，男性为 9.92，女性为 8.04（Buss & Barnes, 1986）。因此，很明显，男性和女性都把许多其他特征放在外貌和资源之上。特别是，两性都更重视“友好和善解人意”（平均排序为 2.20）以及拥有“乐观积极的人格”（平均排序为 3.50）。有趣的是，在择偶中，只有当对方展示“友好”特质的对象是自己而非他人时，人们才会更加偏爱这一特质（Lukaszewski & Roney, 2010）。简言之，在选择婚姻伴侣时，人格起着关键作用。

## 阅读　同意与陌生人发生性行为

行为研究的数据表现出了追求性伴侣多样化的性别差异。在佛罗里达州的一所大学进行的调查中（Clark & Hatfield, 1989），实验助手主动接近一些异性，在一番自我介绍后，他们会对第一组说：“嗨，最近我一直在注意你，你很迷人。今晚你愿意跟我出去约会吗？”而对第二组说：“今晚你愿意跟我一起回公寓吗？”对第三组说的则是：“今晚你愿意跟我发生性行为吗？”

实验者简单记录了接受邀请的百分比。在被询问的女生中，55%同意约会，6%同意回公寓，但没有人同意发生性行为；在被询问的男生中，50%同意外出约会，69%同意回公寓，而75%同意发生性行为。

男女对性要求的反应有很大差异。许多被要求发生性行为的女性感到被侮辱，而且认为这样的要求简直太奇怪了。相反，男性通常深感荣幸。

这些研究和许多其他的研究都支持了进化假设，即男女在追求性伴侣多样化方面存在差异。男性不但比女性有更多的性幻想，而且其中更多地包含“变换性伴侣”的内容。也就是说，在一次性幻想中，男性往往会想象两个或更多的性伴侣（Buss, 2003）。事实上，有元分析发现，对随意性行为的态度的差异，是性领域中两个最大的性别差异之一。在这个问题上，男性一般态度更积极（Oliver & Hyde, 1993）。

记者安吉尔对这些结果表示质疑。她认为，女性在这些情境中可能和男性一样容易上床，但是出于对人身安全的担心打消了这一念头（Angier, 1999）。北得克萨斯大学的克拉克（Clark, 1990）研究了这种可能性。首先，他在不同的地区采用不同的样本重复了“与陌生人发生性行为”的研究，结果几乎完全相同：男性比女性更愿意与陌生人发生性行为；其次，克拉克注意到，每次研究中都有近半数女性非常愿意与陌生人出去约会，如果女性担心自己的安全，那这似乎令人费解；最后，当被问到拒绝的理由时（如果参与者拒绝了），男女的回答非常接近——要么是有男友或女友，要么是与对方不够熟悉。

重要的是，是否同意与陌生人发生性行为的性别差异在法国、德国和丹麦等其他国家也得到了重复验证（如 Hald et al., 2010; Guéguen, 2011）。

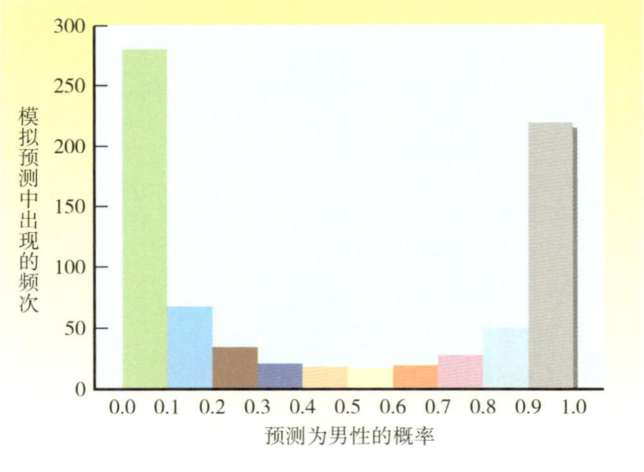


**图 8.8**

只要知道一个人对潜在伴侣的经济前景、美貌、贞洁、抱负和年龄的偏好，我们就能预测其生理性别，无论男女，准确率高达 92.4%。

资料来源：Daniel Conroy-Beam; 更多信息见 Conroy-Beam, Buss, Pham, & Shackelford, 2015.

尽管如此，在该研究中，男性和女性对外貌与资源的排序差异与预测方向一致。事实上，研究者已在 37 种文化中发现了这种性别差异（Buss, 1989; Kamble et al., 2014; Souza et al., 2016）。和美国一样，赞比亚、中国、印度尼西亚、巴西、印度和挪威的男性均比女性更看重外貌吸引力。同样，从世界范围来看，女性比男性更注重未来伴侣的经济前景。总的来看，这些心理上的性别差异是很大的，大致相当于身高和上肢肌肉力量等方面的性别差异（Conroy-Beam & Buss, 2015）（见图 8.8），而且根据过去十年的研究结果，这些性别差异在不同的文化背景中（包括巴西、中国、印度和伊朗）都稳定存在。或许更重要的是，能带来经济成功的人格特质，如雄心、勤奋和可靠等都受到女性的高度青睐。在选择长期伴侣时，男性优先考虑女性的外貌吸引力，女性则会将男性的社会地位优先视为“必需品”（Li et al., 2011）。

或许约会似乎比发生性行为更安全，如果能保证安全的话，女性确实会想和陌生男性上床。为了验证这种可能性，克拉克（Clark, 1990）做了另一个实验。参与者经亲密朋友介绍与陌生人接触，这些朋友可以证明陌生人的正直与品格。朋友向参与者保证陌生人是热情的、真诚的、可靠的和迷人的。然后问参与者其中的一个问题：“你愿意与其出去约会吗？”，或是“你愿意与其上床吗？”。等任务结束并向参与者解释清楚之后，要求他们说出之所以如此选择的理由。

两种性别中的绝大多数参与者都同意约会：男性为 96%，女性为 91%。可是，在上床的问题上，男女之间出现了很大差异：50% 的男性同意，而只有 5% 的女性同意。但没有一个女性提到对安全的顾虑。显然，创造安全的条件增加了女性同意与陌生人发生性行为的概率（从 0 到 5%）。因此，安全因素的确有影响，但性别差异依旧很大。虽然大多数女性都同意与朋友介绍的热情而正直的陌生人约会，但 95% 的女性还是不同意和他们上床。

这并不是说女性对性没有兴趣。然而，毋庸置疑，大多数女性确实会非常小心地选择性行为对象，并且大多数情况下会避免和完全陌生的异性上床。而男性则很乐意这样做，他们对性邀请的反应更多是说：“什么时间？”或者“为什么不呢？”接着便会索要邀请者的电话和住址。

这些结果目前也在一项涉及意大利、德国和美国样本的研究中得到了验证（Schutzwohl et al., 2009）。该研究的变动在于加入了邀请者的吸引力差异这一变量，无论是对男性还是女性，高吸引力的邀请者被接受的概率都会更高。对于那些“格外有魅力”的邀请者，83% 的男性接受了邀请，而女性则有 24% 愿意与对方上床。所以尽管在某些情境下，女性确实会同意与陌生人发生性行为，但是男性同意这么做的可能性要大得多。

这种差异也同样体现在对婚外情的渴望上。加州州立大学萨克拉门托分校的研究者（Johnson, 1970）发现，48% 的美国男性表示希望有婚外性行为，而女性只有 5%。特曼（Terman, 1938）所做的一项经典研究调查了美国的 769 名男性和 770 名女性，结果发现 72% 的男性承认有时希望有婚外性行为，而女性只有 27%。德国的一项研究结果与此类似，46% 的已婚男性和 6% 的已婚女性承认，如果有机会的话，他们会与别人发生性行为（Sigusch & Schmidt, 1971）。

当然，面对调查者，女性可能不好意思承认她们的性欲望。所以，上面的数据可能低估了女性的性冲动。然而，这一性别差异在各种研究和调查方法中都得到了验证，所以我们没有理由怀疑在追求多个性伴侣方面男性和女性存在差异。

总之，从全球范围来看，人格在择偶偏好中起着关键作用。不过，在人们希望自己的婚姻对象所具备的品质上，某些方面存在普遍的性别差异。虽然关于这一差异的进化论假设已经得到了跨文化研究的支持，但还是有些假设对此提出了挑战，目前已有研究检验了这些假设。

**练习**

下面列出的是你的潜在伴侣或结婚对象可能具有的一些特性，请按照你对它们的期望程度排序。1 代表第一期望，2 代表第二期望，以此类推。

| | | |
|---|---|---|
| ____友好和善解人意 | ____善于持家 | ____大学毕业 |
| ____虔诚 | ____聪明 | ____有外貌吸引力 |
| ____乐观积极的人格 | ____善于赚钱 | ____健康 |
| ____有创造力和艺术天赋 | ____想要孩子 | |
| ____随和 | ____良好的血统 | |

## 个体差异

对个体差异的研究是人格心理学的核心问题，也是进化心理学家面临的最大挑战和最困难的分析层面。不像性别差异领域，科学家们已经积累了较多的研究证据，关于适应性个体差异问题的研究证据还较少。因此，这一部分内容肯定比前面的内容更具推测性。

从进化心理学的视角来看，个体差异有几种不同的解释（Buss, 2009b; Buss & Hawley, 2011; Penke et al., 2007）。最普遍的解释是，个体差异是不同的环境作用于物种典型心理机制（人性）的结果。以人的手掌或脚掌上出现的老茧来做类比，老茧的个体差异可以解释为个体皮肤受到反复摩擦的次数不同。所有的个体基本都有相同的老茧生成机制，因此个体差异是环境差异的结果，是不同环境不同程度地激发了老茧的生成机制。进化心理学家引用了相似的解释来说明个体的心理差异。以嫉妒的个体差异为例，其原因可能是个体所处环境的嫉妒诱发性不同，比如某些人的生活中有伴侣不忠或有人"抢夺伴侣"的线索，另一些人则没有（Buss, 2012）。

第二，个体差异也可能源于*个体不同特质间的互倚性*（Bouchard & Loehlin, 2001）。例如，"爱发脾气"这一特质对于高大强壮的人来说是有利的，但是对于一个瘦小柔弱的人来说则不然（p. 250）。所以有些人格特质的表达并非取决于环境，而是取决于个人的其他特质，比如在这个例子中是一个人的体形和力量。

个体差异的第三个来源是*频率依赖性选择*，指的是某种特质的复制成功率（适合度）取决于它在群体中相对于其他特质的出现频率。比如说在一个普遍存在合作倾向的群体当中，只要倾向欺骗的人是少数，选择就会偏爱他们。但是随着欺骗者的增多，合作者会进化出惩罚他们的防御措施，欺骗成功的可能性就会降低。因此频率依赖性选择也会造成遗传的个体差异。

第四，*人格特质的最佳水平会随着时间和空间而变化*，这也是个体差异产生的一个原因。例如，在进化的不同时期（或空间）食物的丰富程度存在差异，原因可能是旱灾或者冰川期。在食物短缺时期，选择会更偏好冒险的人格特质，这种特质促使个体冒着遭遇捕食者的风险，广泛搜寻食物以避免饿死。但是在食物富足的时期，选择则更加偏好谨慎的人格特质，以减少在环境中四处搜寻带来的风险。特质的最佳水平随时间和空间而异，因此可遗传的个体差异得以在群体中保留下来。

总之，进化的理论框架指出了个体差异的几种来源：（1）个体普遍具有的适应器造成的差异，这类差异的表达取决于环境；（2）与个体其他特质互倚形成的差异；（3）由于频率依赖性选择产生的差异；（4）人格特质的最佳水平随着时间和空间变化而导致的差异。接下来我们将给出这些个体差异的例证。

### 环境诱发的个体差异

一种理论认为，家庭中有没有父亲这一早期的重要事件会引发个体特定的性策略（Belsky, Steinberg, & Draper, 1991）。依据该理论，出生后头 5 年成长在没有父亲的家庭中的孩子会产生这样的预期：父母提供的资源是不可靠的或不可预测的。这些孩子还会进一步预期成人的伴侣关系并不会持久。他们逐渐形成以性早熟、较早开始性行为和频繁更换性伴侣为特征的性策略，即一种旨在繁殖大量后代的性策略。外向和冲动的人格特质可能与这种性策略相伴随，并促进其形成。他们认为其他人是不可靠的，人与人的关系也只是暂时的。他们机会主义地从短暂的性关系中获得资源，并且会立即从中获益。

反之，依据此理论，5 岁之前拥有稳定父亲投资的孩子对他人的本性和可靠性有着一套不同的预期。他们认为他人是可靠的，人与人的关系也是长久的。这些早期的经历促使个体采取长期择偶策略，其特征是：性成熟较晚；初次性行为的年龄较大；寻求长期、稳定的成人依恋关系；不会要太多的孩子，但对孩子的投资较多。

一些实证研究支持了该理论。例如，离异家庭的孩子比完整家庭的孩子表现出更多的性乱交（Belsky et al., 1991）。此外，与在有父亲的家庭中成长的女孩相比，在没有父亲的家庭中成长的女孩月经初潮时间更早（Kim, Smith, & Palermiti, 1997）。然而，这些都是相关研究，因此不能推测因果关系。也可能是先天倾向于追求短期择偶策略的人更容易离婚，也更可能将此基因传递给后代（Bailey, Kirk et al., 2000）。尽管目前缺乏确凿的数据支持（Del Giudice & Belsky, 2011），但这个理论及其初步的支持证据还是很好地说明了一种关于稳定个体差异的进化论解释——不同环境作用于物种典型机制而产生的效应。

## 与其他特质互倚的可遗传个体差异

关于人格的另一种进化论分析涉及一个人对自身优缺点的评价。例如，假设在社会交往中，人们可能采取两种策略：以使用肢体暴力为特征的攻击性策略和旨在合作的非攻击性策略。然而，这些策略的成功取决于个体的体形、力量和搏斗能力。体形强健的人较之瘦弱者或肥胖者能更成功地实施攻击性策略。如果人类在进化过程中形成了对自己的身体威慑力进行评价的能力，他们便能确定采取哪种社交策略最有可能取得成功。因此，在攻击性和合作性维度上，适应性的自我评价能够产生稳定的个体差异。在本例中，攻击倾向并不是直接遗传而来的，而是属于**反应性遗传**（reactively heritable）：体形遗传特征的次级产物（Tooby & Cosmides, 1990）。有一些证据支持了这个观点，即对体形的自我评价会影响个体是否采取攻击性策略（Ishikawa et al., 2001）。体重是一个与力量紧密相关的特征，它可以预测职业冰球运动员和普通年轻人的攻击性（Archer & Thanzami, 2009; Deaner et al., 2012）。身体强健的男性更容易生气，并且更认可战争的作用（Sell et al., 2012）。这些身体特征与人格特质的关系则更为有趣，身体力量和外表吸引力的结合可以预测外向性、领导取向和社会交往中的谈判能力，这充分体现了人格特质与其他特质的互倚（Lukaszewski, 2013; Lukaszewski & Roney, 2011; von Rueden et al., 2015）。这些特质反过来预测了男性（但不能预测女性）采取短期择偶策略的倾向（Lukaszewski et al., 2014）。对遗传特征的自我评价这一概念为理解适应模式的个体差异开辟了一条令人激动的新途径，现在已经不仅仅局限于攻击性、外向性等人格特质，而是发展出了一系列更大范围的情境依赖

根据反应性遗传的观点，与健壮结实的男性相比，瘦弱纤细的男性做出攻击行为的可能性要低。

性人格模型（Lewis, 2015）。

## 频率依赖性策略的个体差异

选择进化的过程倾向于消除遗传变异。也就是说，成功的遗传变异倾向于取代不成功的变异，从而产生很少或根本没有遗传变异的物种典型适应器。例如，人类都有两只眼睛。

在某些情境下，一个群体内可以有两个或多个遗传变异得到进化。最典型的例子就是性别。在有性繁殖的物种中，由于**频率依赖性选择**（frequency–dependent selection）的作用，两种性别的个体数量大致相等。如果一种性别的个体相对变少了，进化机制将会增加这种性别的个体的数量。频率依赖性选择使得男性和女性的数量大致相等。

有研究者提出，女性择偶策略的个体差异就是频率依赖性选择造成的（Gangestad & Simpson, 1990; Gangestad & Thornhill, 2008）。研究者观察到，采取相同择偶策略的个体间的竞争往往最激烈（Maynard Smith, 1982），这为其他策略的进化奠定了基础。

根据甘格斯塔德及其同事的观点，女性的择偶策略应该主要围绕两个关键因素：男性能提供的亲代投资和他的基因品质。一个能够并愿意为女方和孩子投资的男性是极为珍贵的繁殖资产。同样，不考虑男性的投资能力，女性通过选择具有优秀基因的男性也可以从中获益，因为这种优秀基因可以传递给下一代。例如，携带健康、美貌或性感基因的男性能将这些基因传递给子女。

然而，有时候这两者不可兼得，需要权衡。例如，对许多女性都有吸引力的男性，可能不愿意对任何一个女性做出承诺。因此，追求优秀基因的女性将不得不接受没有亲代投资的短期性关系。

根据相关研究者的观点，这些不同的选择因素使女性产生两种择偶策略。一方面，追求高亲代投资的女性将会采取**约束型性策略**（restricted sexual strategy），即推迟发生性关系，延长求爱期。这将使她能够评估一个男性的责任心，考察这个男性是否对其他的女性或孩子有承诺，同时表明自己对该男性的忠诚程度，让男性确信未来的子女会是他亲生的。

另一方面，追求优秀基因的女性没有理由推迟发生性关系。对她而言，男性的责任心不太重要，所以无须花很长时间评估他是否与其他女性有关系。这就是**非约束型择偶策略**（unrestricted mating strategy）。

根据这个理论，女性的这两种策略是通过频率依赖性选择得以进化和保持的。当采取非约束型择偶策略的女性增加时，下一代中“性感儿子”（sexy son）的数量也会增加，他们之间的竞争会更加激烈。然而由于太多的“性感儿子”竞争数量有限的女性，他们的平均成功率就会下降。

再来看看当采取约束型性策略的女性增加时会发生什么。由于有如此多的女性追求高亲代投资的男性，她们只好彼此竞争。因此，随着寻求高亲代投资的女性数量的增加，该策略的平均成功率就下降了。简言之，频率依赖性选择的关键在于，任何一种策略的成功与否取决于采取该策略的人在总体人群中的数量。当采取某种策略的人增加时，其成功率就会下降；当采取某种策略的人减少时，其成功率就会上升。

有一些证据支持了这个理论（Thornhill & Gangestad, 2008）。女性择偶策略（约束型或非约束型）的个体差异已被证明具有遗传性。采取非约束型择偶策略的女性更加看重与优秀基因相关的男性品质，比如说外貌迷人和身体健康（Greiling & Buss, 2000; Thornhill & Gangestad, 2008）。同时也有证据显示，性策略在某种程度上会依据社交情境的不同而灵活变化。比如当人们开始一段新的关系时可能会在性社交欲望上向约束型转变，然而在浪漫关系破裂后又重新变得更偏向非约束型（Penke & Asendorpf, 2008a）。尽管如此，性社交欲望也反映出一定的内在倾向性。例如，有研究发现非约束型的个体倾向于更快地结束一段浪漫关系，并且更容易与新伴侣发生性行为，也更可能在一段关系中对伴侣不忠（Penke & Asendorpf, 2008a）。

另一种被认为源于频率依赖性选择的人格差异是**冷血精神病态**（psychopathy）。它包括这样一组人格特质：不负责任、行为变化无常、自我中心主义、冲动、缺乏形成持久人际关系的能力、表面上具有社交魅力以及缺乏社会情感（如爱、羞耻心、内疚感和同理心）（Cleckley, 1988; Lalumiere, Harris, & Rice, 2001）。冷血精神病态者在社交中会采取一种欺诈性的“骗子”策略。冷血精神病态在男性中更普遍，但是在两性中都会出现（Mealey, 1995）。冷血精神病态者习惯采取一种剥削他人合作倾向的策略。在开始假装合作之后，他们通常会背叛、说谎或违反协约关系。那些不太可能在主流或传统社会等级的竞争中获胜的人可能使用这种骗子策略（Mealey, 1995）。

按照一种进化论的解释，冷血精神病态策略可能因频率依赖性选择而得以保持。随着欺骗者数量的增加，合作者的平均损失会升高，于是他们就会进化出甄别和惩罚欺骗行为的适应器，从而降低欺骗的总体有效性（Price, Cosmides, & Tooby, 2002）。因为冷血精神病态者被甄别和惩罚，这种欺骗策略成功的平均概率就会下降。然而，只要冷血精神病态者的比例不是太大，合作者占多数的群体中总会有他们的一席之地。

有一些实证研究结果与这种进化理论一致。第一，行为遗传学研究表明，冷血精神病态具有中等程度的遗传力（Willerman, Loehlin, & Horn, 1992）。第二，冷血精神病态者通常追求一种剥削式的性策略，这是冷血精神病态基因得以增加或保持的主要途径（Rowe, 2001）。例如，与心理正常的男性相比，冷血精神病态的男性更容易性早熟、与更多的女性发生性关系、有更多私生子，并且结婚后更有可能离婚（Rowe, 2001）。这种短期的剥削式性策略在高流动人口中出现比率更高，因为在流动人口中，这一策略不用付出名声的代价（Buss, 2012）。这引发了一个令人担忧的想法：随着现代社会人口流动性的增加，我们会看到越来越多的冷血精神病态者。有研究支持频率依赖性理论对这一组个体差异的解释，即它是正常人格差异的一部分，而不是“病理症状”（Lalumiere et al., 2001）。总之，这一组人格特质的个体差异，包括不可靠、自我中心、冲动、表面上的社交魅力以及缺乏同理心和其他社会情感，可能是频率依赖性选择的结果（更多从进化角度对人格的探讨也可参见 Millon, 1990, 1999）。

近期从频率依赖性选择的视角理解个体差异的研究主要聚焦于生活史策略（Figueredo et al., 2005a, 2005b, 2012; Gladden, Figueredo, & Jacobs, 2009; Rushton, 1985; Rushton, Cons, & Hur, 2008）。该理论认为在生存、求偶、生育等与成功繁殖相关的问题上，不同个体的侧重点有所不同。核心观点是这几个问题之间必须有所权衡。如果个体在求偶上花费力气，那么养育后代所付出的精力就必然会减少。在连续体的一端是偏好使用 K 策略的个体，他们在生存和养育后代上付出更多，而不是努力寻找更多的配偶（van der Linden, 2012）。研究者预测，采取高 K 策略的个体会和父母建立亲密的依恋关系，避免那些可能危及生存的冒险，遵循长期的择偶策略并且会在后代的养育上做出极大的投资；与之相对，采取低 K 策略的个体与父母的依恋关系较弱，更喜欢冒险，偏好短期的择偶策略，并且在后代养育上投资极少。目前的实证研究证明了这些变量确实具有共变关系（Figueredo et al., 2005b; Gladden et al., 2009; Rushton et al., 2008; Templor, 2008）。不过也有其他人从概念层面批评了这一理论（如 Penke et al., 2007）。

总之，我们已经介绍了进化心理学家对可能具有适应性的个体差异进行研究的几种途径。第一，不同的环境能够导致个体采用不同的策略，如幼年没有父亲导致孩子形成短期的性策略。第二，人们会对一些遗传特质进行适应性的自我评价，如强壮的个体比瘦弱的个体更可能采取攻击性策略。第三，两种可遗传的策略能够得到频率依赖性选择的支持。

第四，进化选择的力量在不同的时间和空间可能有所不同。进化而来的个体差异可能是由于个体在不同的地区生态环境中面临不同的进化选择压力。例如，我们知道，血液中的“镰状细胞”是为了免受蚊媒疟疾的感染而产生的一种适应机制，造成这一性状差异的原因就是不同地区生态环境的选择压力不同。虽然还没有实证研究将某种人格的个体差异归结于这种进化来源，但在解释人格的各种进化论中，它仍是一种理论上可能的选项。

## 大五人格、动机与进化相关的适应性问题

进化心理学家试图在进化论的框架下理解“大五”人格特质的重要性（Buss, 1991b, 1996; Buss & Greiling, 1999; Denissen & Penke, 2008a; Ellis, Simpson, & Campbell, 2002; Nettle, 2006）。一种理论取向将“大五”模型中稳定的个体差异理解为个体对特定适应问题类型的“动机反应”或解决方式的差异（Buss, 2009a; Denissen & Penke, 2008a, 2008b; Ellis et al., 2002; Nettle, 2006）。因此，随和性反映的是，在争夺资源的冲突中人们倾向于合作还是利己；情绪稳定性反映的是对社会排斥这一适应问题的敏感性差异，比如高神经质的个体可能会对社会危险高度警觉并从中受益，但是也更容易受到压力和抑郁的困扰（Nettle, 2006; Tamir et al., 2006）；外向性反映了一个人是追求以短期择偶的成功为标志的冒险性社交策略，还是选择以长期择偶为标志的稳定家庭生活（Nettle, 2006）；尽责性则反映了一个人是倾向于延迟满足和坚持追求目标的长期策略，还是倾向于能带来即时回报的冲动性解决方式。

这些可遗传的个体差异之所以在人群中一直存在，是因为在不同的条件下，具有适应性的特质水平是不同的。随着时间和空间的变化，某一人格特质的最佳水平也会不同。用专业术语来讲，是**平衡选择**（balancing selection）维持了这些人格差异的存在（Penke et al., 2007），即因为一种特质的不同水平适应于不同的环境，所以这种基因的多样性在选择的过程中被保留了下来。

一种互补的进化取向则把主要的人格因素理解为他人的“适应性地形”* 中最重要特征的集群（Buss, 1991b, 2011）。按照此观点，人类已经进化出了“差异探测机制”，

---

* adaptive landscape，生态学术语，“地形”中的峰和谷分别代表高适应性和低适应性——译者注

以注意并记住那些与解决社会适应问题最为相关的个体差异。具体而言，大五人格的五种因素可以为如下问题提供重要答案：

- 谁有可能在社会等级中上升，从而获得较高的社会地位和职位？（外向性）
- 谁可能是好的合作者和互惠者，谁将成为你忠诚的朋友和浪漫的伴侣？（随和性）
- 在需要时，谁将是可靠的和可依赖的，谁能通过勤奋工作来提供资源？（尽责性）
- 谁将耗尽我的资源，用他们的问题来拖累我，占用我的时间，无法很好地应对逆境？（情绪稳定性）
- 我能从谁那里得到明智的忠告？（开放性）

在近期的一项研究中，埃利斯及其同事（Ellis et al., 2002）提出了一个整合大五人格与进化心理学的理论，并用具体的研究考察了大五因素是否和这些与适应性相关的个体差异有关。他们在研究中额外添加了两种与浪漫关系相关的个体差异：外貌吸引力（健康和繁殖能力的标志）和身体素质（在危险时保护朋友或爱侣能力的标志）。通过因素分析，他们发现大五因素确实与这些重要的适应问题密切相关。例如，在浪漫关系中，随和性高的人同时也会被认为合作性高、忠于配偶并且与配偶真心相爱。外向性高的人往往被认为在社会中处于上升状态，在群体中担任领导者角色，并且表现出在社会等级中不断提升自身地位的倾向。责任心和效率高的人（尽责性的标志）在关键的时候靠得住，做事有条理，有较好的赚钱潜力。

这些研究仅仅是用进化论的框架来解释五因素模型的开始。但是它们已经昭示了一个重要的观点：存在于社会环境中的个体差异具有重要的适应性影响。我们有理由假设，人类已经进化出了特殊的心理敏感性，能够注意、探测、命名并准确记忆那些与解决关键社会适应问题（最终都与生存和繁衍有关）密切相关的个体差异。

## 进化心理学的局限性

与人格的其他研究取向一样，进化心理学也有许多局限性。第一，适应器是在成千上万代甚至上百万代的漫长过程中形成的，我们根本无法回到过去并绝对肯定地判断究竟是何种选择力量作用于人类。科学家们只能对过去的环境和选择压力进行推论。然而，我们现在的行为机制为理解过去提供了一个窗口。例如，我们恐高、怕蛇，说明在过去的进化过程中我们曾经深受其害。人类似乎生来就很容易学会一些事情，如害怕蛇、蜘蛛、陌生人等（Seligman & Hager, 1972）。男性的强烈性嫉妒说明，在进化过程中，父子血缘不确定是一个适应问题。我们在被群体排斥时会特别痛苦，意味着在进化过程中，能够成为群体的一员对生存和繁衍至关重要。因此，了解越来越多的进化机制可以成为一种重要工具，帮助我们克服对祖先所处的环境知之甚少的限制。

第二，进化科学家对进化而来的心理机制的本质、细节以及设计特征的理解还仅仅停留在表面。以嫉妒为例，我们对如下问题还缺乏了解：引发嫉妒的线索有哪些？一个人嫉妒时体验到的想法和情绪的确切性质是什么？嫉妒的行为表现（如警惕和暴力等）有哪些？随着更多研究的实施，这种限制有望被克服。

第三，现在的条件与远古祖先的条件在许多方面是不同的。因此，过去的适应性特征在今天不一定适用。人类祖先生活在一般只有 50~150 人的小群体中，且多为近亲（Dunbar, 1993）。今天我们生活在大城市，和许许多多的陌生人居住在一起。所以，我们必须记住，选择压力已经改变了。就此意义而言，可以说人类是长着古老的大脑生活在现代社会。

第四，对于同样的现象，有时候很容易形成不同的甚至是互相竞争的进化假设。在很大程度上，这是所有科学都存在的问题，包括人格的其他理论在内。因此，存在相互竞争的理论并不是一件尴尬的事，反而是科学的本质特点之一。科学家的主要责任是以足够准确的方式阐述他们的假设，以便由此推导出具体的实证预测。这样，一些矛盾的理论可以相互竞争，并通过严格的实证研究证据来评估它们。

第五，进化论假说有时候被指责为不可检验，因此也无法证伪。本章提到的关于攻击性、嫉妒等的进化论假说已经表明，这种指责对其中一些假说肯定是错误的（详见 Buss, 2009a, 2012）。然而，毋庸置疑，某些进化论假说（如某些常见的“社会性”假说）实际上只是构建了一个模糊的框架，科学价值不大。这个问题的解决需要对所有相互竞争的理论设立相同的高科学标准。要具备科学上的有用性，理论、假说以及相应的预测应该以尽可能准确的方式表述，这样才能够通过实证研究来检验其价值。

## 总结与评论

选择是进化或者说生命形式随时间发生变化的关键途径。那些有利于生存、繁衍或血缘亲属成功繁殖的变异被保存下来，并在种群内传播。

进化心理学基于三个基本前提。其一，适应器应具有领域特异性，它们是被设计来解决特定适应问题的。对某个适应问题（如食物选择）有效的适应器，不能用于解决其他适应问题，如配偶选择。其二，适应器应是数量庞大的。在进化过程中人类面临多少问题，就有可能产生多少种适应器。其三，适应器是功能性的。只有明白适应器是为解决什么适应问题而设计的，我们才能理解它们。

对进化论假设的实证研究沿着两种途径进行。第一，通过自上而下的研究方法，从中层水平的进化理论（如亲代投资与性选择）中推导出特定的预测。第二，我们可以先观察到某种现象，然后提出一种关于其功能的理论，这是自下而上的研究方法。使用这种方法，我们可以从关于现象的理论中推导出尚未观察到的特定预测。

进化心理学的分析适用于人格的所有三个分析水平：人性、性别差异和个体差异。在人性水平上，有充分的证据表明人类进化出了群体归属的需要，帮助特定他人如亲属的动机，以及基本的情绪如快乐、厌恶、愤怒、害怕、惊奇、悲伤和轻蔑等。例如，有充分的证据表明厌恶是一种普遍的人类情绪，它的功能在于使人避开疾病的传播媒介，如不卫生的食物或者感染疾病的人。在性别差异水平上，男性和女性只在进化历史中反复面临不同适应问题的领域存在差异，包括暴力和攻击倾向、对性伴侣多样化的渴望、触发嫉妒的事件、具体的择偶偏好（如外貌或资源）等。

个体差异可以从进化的角度通过多种方式来理解。首先，个体差异可能是不同环境信息作用于物种典型适应机制产生的。其次，个体差异可能取决于其他特质。例如，体形高大强壮的人往往有较强的攻击性，而体形瘦小柔弱的人则往往攻击性较弱。再次，个体差异可能来自频率依赖性选择。最后，在不同的时间和空间，特质的最佳水平有所不同，这也会产生个体差异。

进化心理学也开始了对大五人格特质的研究。一种研究取向将个体差异视为人们对适应问题采取的不同解决策略。例如，随和性反映的是在资源冲突中，人们会选择合作还是利己的策略。情绪稳定性低的个体对环境中的威胁高度敏感，这在某些情况下是有利的，但是也会带来更多的压力和疲劳。这些适应性的个体差异会因平衡选择而得以保持，因为在不同的环境中，对某一特质维度而言具有适应性的水平是不同的，这种特性使得某些基因的多样性能够在选择过程中保存下来。

另一种取向则提出，用“大五”模型来评估他人可以为人们提供一些与适应性相关的信息，以便解决社会生活中的一些重要问题，例如：在合作、奉献和交换中我能信赖谁（随和性高的人）？谁可能在社会等级中上升（外向性高的人）？谁可能勤奋工作、值得依赖并逐渐积累资源（尽责性高的人）？未来的进化研究无疑将探索更多与解决群体生活中的重要社会适应问题有关的个体差异。

在科学发展的现阶段，进化心理学还存在一些局限。首先，我们对人类过去的进化环境以及祖先面临的选择压力的真实情况了解得还不够确切。其次，我们对各种进化机制的本质、细节和运作的了解也很有限，包括激发进化机制的特征，以及进化机制所产生的行为表现结果。尽管如此，进化视角为我们在人性、性别差异和个体差异三个水平上分析人格提供了一套非常有用的理论工具。

## 关键术语

自然选择
残酷自然之力
适应器
性选择
同性竞争
异性选择
基因
差异化基因复制
广义适合度理论
适应问题
恐外症
适应器的副产物
进化副产物
进化噪声
领域特异性
功能性
演绎推理法
归纳推理法
社交焦虑
进化预测的性别差异
一夫多妻效应
性别二态性
反应性遗传
频率依赖性选择
约束型性策略
非约束型择偶策略
冷血精神病态
平衡选择

第三编

# 心理动力领域

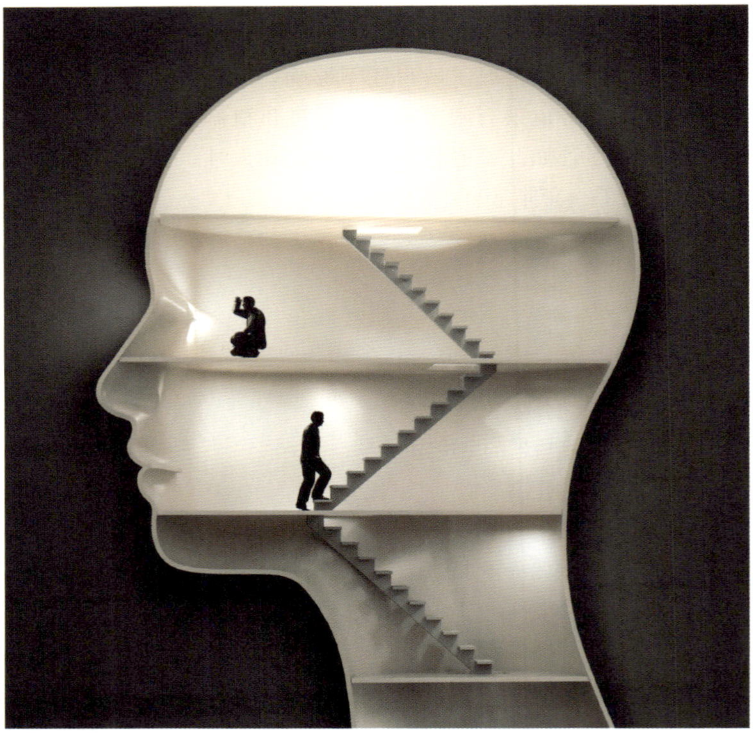

© Science Photo Library RF/Getty Images RF

现在我们把目光转向心理动力（intrapsychic domain）领域，主要探讨影响行为、思维和情感的内部心理因素。这一领域的先驱是西格蒙德·弗洛伊德。弗洛伊德是一位医生和神经病学家，深受生物学的影响。弗洛伊德经常用生物学术语来比喻人的心理。例如，弗洛伊德认为心理具有独立的“器官系统”，这些器官系统彼此独立地发生作用，同时也相互影响。他的目标是分析心理内部的这些成分，描述它们是如何协同运作的。他称这项工作为精神分析，这个术语既指他的心理动力人格理论，也指其帮助人们改变的技术。

在该领域中，我们将用两章来介绍精神分析理论。第 9 章我们将介绍经典精神分析的基础知识——主要是弗洛伊德的原创观点和表述。我们将介绍弗洛伊德最有影响力的观点。他把人类心理分为意识和无意识两部分。此外，他认为人类心理有三种力量——本我、自我和超我，在驯服性本能与攻击本能（或生本能与死本能）的过程中，这些力量之间不断发生相互作用。我们还将介绍弗洛伊德的人格发展观，以及他如何强调童年事件在决定成年人格中的重要性。

弗洛伊德的一些观点，如压抑、无意识过程和记忆的恢复等，经受住了时间的考验，至今仍是人格研究的主题。尽管如此，弗洛伊德的许多弟子对他的一些观点进行了修正。因此，

# III

第 10 章我们将讨论当代精神分析理论的一些观点。例如，人格的发展贯穿整个成年期，而不像弗洛伊德起初所提出的那样在儿童期就已结束。当代精神分析的另一个关键进展是，强调儿童与照料者的依恋对其后期人际关系发展的重要性。

心理动力领域与其他各个领域的区别在于，前者关注心理内部那些共同活动、相互影响并与环境相互作用的力量。在一定程度上，这一领域类似于生物学领域，因为生物学领域也强调个体内部的力量。只不过心理动力领域关注的是心理方面的机能。而生物学领域关注的是身体方面的机能，如脑、基因和血液中的化学成分等。

心理动力领域的心理学家持有的一个基本假设是，心灵中存在意识之外的领域。即在个体内部，有一些部分就连自己也无法了解，这就是无意识心理。不仅如此，根据经典精神分析理论，无意识心理有它们自己的存在方式，有自己的动机、自己的意志和自己的能量。

心理动力领域的另一个假设是，大多数事件的发生并非偶然。每一种行为、想法和体验都意味着或者展现了个体人格的某些方面。例如，口误的发生不是偶然的，而是由于内心冲突。忘记别人的名字也不是偶然的，而是某些事情导致你不能记起那个人的名字。梦到飞翔，也不是因为梦的随机性，而是因为无意识的愿望或欲望通过梦的形式得以表达。一个人所做、所说和所感受的一切都有其独特的意义，能够通过内在的心理成分和力量来分析。

我们还将考察弗洛伊德一个著名的女学生霍妮的生平和观点。弗洛伊德的观点曾因忽视女性而受到批评，霍妮是最早从精神分析视角认真对待女性问题的学者之一，她对弗洛伊德的观点做了女性主义的解读。

我们在第 11 章将介绍人格的动机方面。在这一方面，心理学家强调大多数人在不同程度上都拥有的共同动机。动机的个体差异有助于心理学家回答这样一个问题：“人们为何想要那些他们所渴望的东西？”在这一领域，心理学家研究最多的三种动机是：对成就的欲望、与他人形成亲密人际关系的需要以及获取权力和影响他人的欲望。我们将介绍一种用来评估这三种动机的投射技术，以及关于这三种动机的一些基本研究结果。我们还将介绍一种当代的观点，即动机可以是有意识的，也可以是无意识的，无意识的动机与有意识的动机影响不同的行为类型。

关于动机的大多数研究都强调匮乏性动机，即由于个体缺乏某些东西而产生的动机。但是，也有学者认为，有一种特殊的动机不是基于匮乏，而是基于成长和改变的需要。这种动机指的是更为抽象的需要，即实现自我、充分发挥个体真正潜能的需要。自我实现的需要也可以发生在意识之外，我们做出某种行为，可能不是因为我们考虑了方方面面，而是直觉告诉我们当下那样做是对的。

在本书第三编，我们将探讨人格心理动力领域的一些主要观点和研究成果。当你阅读时，请牢记心理动力领域与所有其他领域一样，只是影响人格的一部分因素。人格是由多种因素决定的，就像拼图一样由很多部分组成。现在就让我们来考察人类心灵的深层部分。

© Science Photo Library RF/
Getty Images RF

# 人格的精神分析取向

9

9

# 心理动力领域

在心理治疗的过程中，童年经历的事件往往是谈论的主题。

凯特博士是布朗大学的政治科学和国际与公共事务教授。1992 年，他姐姐给他打来电话，说他的外甥正像他小时候那样，参加了一个男童合唱团。听到这个消息，凯特并没有为外甥追随自己的脚步而高兴，而是莫名地感到不悦。在接下来的几个星期里，凯特变得越来越郁闷和焦躁，甚至与妻子的关系也开始出现不曾有过的困扰。但是，他并没有把这些麻烦与姐姐通电话的事联系在一起。

不久之后，凯特隐隐约约想起一名男性，这个人他已经 25 年没见面，或没想起过了。凯特记得这个人叫法墨，法墨当时是旧金山男童合唱团夏令营的一名管理员，凯特在 10~13 岁时曾参加过那个夏令营。如今凯特 38 岁了，在过去的 25 年里，他第一次回想起法墨如何在晚上进入他的睡棚，坐到他的床上，触摸他的胸部，然后是腹部，最后把手伸入他的睡衣里。

为了收集自己遭遇性骚扰的客观证据，凯特还雇了一名私家侦探。凯特当时参加的合唱团管理者是培根，如今已经 87 岁了，住在伯克利。当凯特找到她，与她第一次说起法墨这个名字时，她立即表示，由于法墨与合唱团的小男孩们“关系过于亲密”，她曾经差点不得不把他解雇了。凯特第一次感到自己被性骚扰的记忆是真实的。而且，在与培根谈过之后，凯特意识到自己可能不是唯一被法墨骚扰过的男孩。

通过查找合唱团通讯录，凯特教授找到了 25 年前和他一起参加合唱团的 118 名男孩中的几十个人的住址。与他们联系之后，凯特很快发现其他男孩也被法墨骚扰过，但他们都没有揭发他。一名密歇根大学的教授、一名美国中西部地区的图书管理员，还有一名旧金山流浪汉，都声称曾被法墨骚扰过。当时夏令营的一名护士回想自己曾经看见法墨和一个生病的男孩躺在医务室的床上。那个护士声明，当时自己把这件事报告给了培根，但培根并没有采取任何行动。凯特教授的调查资料表明，夏令营的管理者至少有 4 次被告知有男孩受到性骚扰，但都没有采取任何措施来解决这一问题。

至此，凯特教授比之前更加确信自己被骚扰的记忆是真实的，他决定直接找法墨谈谈。法墨住在俄勒冈州的赛欧小镇。凯特教授拨通了他的电话，法墨毫不费劲地想起了凯特，一下子就记起凯特是25年前参加夏令营的男孩。法墨说“我可以为你做点什么吗？”凯特教授平静地说：“你能否告诉我，你对我以及夏令营其他男孩所做的事情感到过自责吗？”凯特与法墨谈了将近一个小时，并进行了电话录音。法墨承认自己曾在晚上到他的睡棚里骚扰他，并承认当时夏令营的管理者知道这件事，但仍然让他继续留在夏令营。他也承认自己曾经因为骚扰儿童而丢过工作，并且知道对儿童性骚扰是犯罪。

凯特教授和他的父母于1993年8月19日正式对旧金山男童合唱团提起诉讼，控告合唱团忽视或放纵员工对参加合唱团的儿童进行性骚扰。合唱团的辩护律师起初否认这一控告。凯特教授要求合唱团答应3个条件：道歉并承认有罪；采取措施保护现在参加夏令营的儿童；向凯特教授支付45万美元赔偿金。在诉讼过程中，凯特教授提供了5名确凿的目击证人和法墨自己承认犯罪行为的录音记录。一年之后，这一诉讼才得以审理结束。合唱团同意向凯特教授道歉，并采取措施保护当前合唱团儿童免受可能的性骚扰，同时支付给凯特教授3.5万美元赔偿金。目前，凯特教授在布朗大学工作，担任罗德岛伦理委员会主席，并加入了布朗大学的陶布曼公共政策和美国机构中心。他撰写了若干关于儿童性侵犯（如 Cheit, Shavit, & Reiss-Davis, 2010）和动机性遗忘（如 DePrince et al., 2012）的重要论文以及图书。

凯特教授是幸运的，因为美国加利福尼亚州刚好对法律做了一些调整，改变了诉讼时效限制。对于虐待儿童的刑事指控，原告只要有独立的有效证据，就可以在回忆起这一事实的3年内任何时候控告对方。1994年7月12日，警方在得克萨斯州法墨的家中将他逮捕，然后引渡到加利福尼亚州普卢马斯县，即儿童合唱团夏令营所在的地区。根据该地区的法律，法墨被控告在1967年和1968年分别对包括凯特教授在内的3个男孩实施了至少6次性骚扰。法墨因25年前的罪行而受到控告，但他并不认罪。好几本书都提及了这一精彩个案中的细节（Chu, 1998; Schachter, 1997）。

一个人可能遗忘诸如性侵犯这类创伤性事件吗？沉寂多年的记忆，会因为偶然的事件，如一个电话，而再度浮现吗？个体一旦恢复了对往事的记忆，就会导致抑郁和焦躁不安等情绪，而且本人还不知道其中的原委吗？一些心理学家认为，人们有时意识不到自身问题行为的原因。在治疗个体心理问题时，有些治疗师认为问题隐藏在个体的无意识之中，即在直接的意识之外。他们认为，过去的创伤性事件可以在个体完全遗忘多年后仍导致心理问题（Bass & Davis, 1988）。这种推理使许多州（如加利福尼亚）将虐待儿童罪行的诉讼时效调整为个体回忆起童年期遭遇的3年之内。这些治疗师还认为，假如他们能够帮助患者将这些无意识记忆带入意识，即他们能够帮助病人回忆起被遗忘的创伤性记忆，那么就能够帮助病人走上康复之路（Baker, 1992）。

这种关于心理问题原因和治疗的观点源于弗洛伊德（1856—1939年）提出的人格理论，一般称为精神分析。在本章，我们会介绍经典精神分析理论的基本观点，探讨对该理论的某些方面进行检验的一些实证研究。我们会从科学证据的角度分析儿童期记忆的压抑、无意识动机等概念以及精神分析理论的其他内容。虽然弗洛伊德的很多观点未能经受住时间的考验，但某些观点至今仍得以保留，并成为当代研究的主题。因为该理论很大程度上源自个人的思考，所以我们首先来简要地回顾一下弗洛伊德的人生经历。

## 弗洛伊德简介

这是弗洛伊德 82 岁时的照片。他坚持拍侧面的原因，很可能是为了避免露出患癌的下颚和咽喉以及为治疗它们所做的一系列失败手术留下的难看疤痕。1939 年，在拍摄这张照片不到一年弗洛伊德就去世了。

*© Keystone/Archive Photos/Getty Images*

弗洛伊德于 1856 年出生在摩拉维亚的弗莱堡（现在是捷克共和国的一部分），4 岁时举家迁至维也纳，他之后的人生几乎都在维也纳度过。弗洛伊德在学校读书时成绩非常优秀，并且获得了维也纳大学的医学学位。起初，他是一位神经病学研究者，但是他后来意识到私人诊所的工作能挣更多的钱，可以养活妻子和不断壮大的家庭。在巴黎跟随沙可学习完催眠之后，弗洛伊德回到维也纳开设了一家私人诊所，治疗患有“神经紊乱”的病人。在此期间，弗洛伊德开始萌生了一个理念：人类的心理有不能被意识觉知的成分。无意识就是指个体没有意识到的那部分心理。弗洛伊德试图对无意识的含义进行实证研究，以便理解人们的生活以及生活中的问题。在与病人接触的早期，弗洛伊德就开始推测无意识心理是独立运行的系统，有其自身的动机和运作逻辑。在以后的职业生涯中，弗洛伊德孜孜不倦地探讨无意识心理的本质和规律。

弗洛伊德的第一部个人著作《梦的解析》（Freud, 1900/1913）于 1900 年出版。在这本书中，他描述了无意识心理如何在梦中得以表现，梦中如何潜藏揭示个体内心深处的秘密、欲望和动机的线索。梦的分析是其治疗方法的基础。最初，这本书卖得并不好，然而它却吸引了一些试图理解心理问题的医生的关注。到 1902 年，弗洛伊德已经有了一小批追随者（如阿德勒），他们每周三晚上与弗洛伊德会面。在会面时，弗洛伊德会讲述他的理论，分享他的洞察，讨论病人的进展。聚会期间，弗洛伊德必然会抽掉一支雪茄，他一天要抽大约 20 支雪茄。在这一时期，弗洛伊德发展了他的理论体系，并测试了那些知识渊博的同行们对其理论的接受情况。到 1908 年，星期三心理学小组的人数有了显著增加，这促使弗洛伊德成立了维也纳精神分析学会（Grosskurth, 1991）。

1909 年，弗洛伊德应时任克拉克大学校长的心理学家霍尔（G. Stanley Hall）之邀，前往美国做了一系列精神分析讲座，这是他生命中唯一的一次美国之旅。罗森茨魏希（Rosenzweig, 1994）以引人入胜的细节描述了弗洛伊德的美国之旅。1910 年，国际精神分析协会（International Psychoanalytic Association）成立。弗洛伊德的理论在世界范围内得到认可。

人们对弗洛伊德及其工作的评价毁誉参半。一些人接受他的观点，认为他的思想体现了对人性的杰出洞察；另一些人则以各种科学或意识形态理由来反对。对一些人来讲，他的治疗方法（所谓的谈话治疗）是荒谬的。弗洛伊德认为，个体在儿童期应对性本能和攻击本能的方式决定了其成年期的人格。依据维多利亚时代的道德标准，这一观点在政治上是不正确的。即便是维也纳精神分析学会的一些初创成员也逐渐对其理论的发展产生了分歧，但弗洛伊德仍旧不断改进并应用他的理论，终其一生，他完成了 20 本专著并撰写了大量文章。

1938 年，德国入侵奥地利，纳粹开始迫害那里的犹太人。这使作为犹太人的弗洛伊德有理由感到恐惧。纳粹分子烧毁了他以及其他一些现代知识分子的著作。在一些富裕患者的协助下，弗洛伊德夫妻及 6 个孩子逃到了伦敦。次年，弗洛伊德在与下颚和咽喉癌进行了令人形销骨毁的长期痛苦抗争后离开了人世。

弗洛伊德逝世后，女儿安娜（Anna Freud，也是一位卓越的精神分析学家）一直居住在他位于伦敦的房子里，直到 1982 年去世。这栋房子现在已经成为伦敦弗洛伊德博物馆的一部分。参观者可以信步走进弗洛伊德当年的图书室和工作室，这些地方基本上还保留着他在世时的陈设。工作室是当时弗洛伊德治疗病人的地方，目前仍然保存着他那著名的长沙发，上面盖着一张东方毛毯。那里还保存着许多古老的手工艺品、一些小雕塑和圣像，弗洛伊德似乎对此很着迷，这或许透露出了他不为人知的考古学热情。有趣的是，弗洛伊德曾被称为最早的人类心理考古学者。

## 精神分析理论的基本假设

弗洛伊德的人性模型基于**心理能量**（psychic energy）这一概念，正是它驱动了所有的人类活动。是什么驱使人们去做这件事而不是那件事，或者是什么驱使人们为其所为？弗洛伊德提出每个人内部都有一个能量来源，并用心理能量这一术语来指称这一动机源泉。弗洛伊德认为，心理能量按照能量守恒原理来工作：个体拥有的心理能量大小毕生都是恒定的。个体人格的改变意味着心理能量的作用方向发生了变化。

### 基本本能：性和攻击

心理能量的基本来源是什么？弗洛伊德认为，有某些天生的强大力量为心理系统提供所有的能量。弗洛伊德把这些力量称为**本能**（instincts）。弗洛伊德起初的本能理论深受达尔文进化论的影响。弗洛伊德出生后没几年，达尔文就出版了他的进化论著作。弗洛伊德起初的描述包括两类基本本能：自我保护本能和性本能。非常有意思的是，这一观点与达尔文自然选择理论的两种主要成分恰好一致，即生存的选择和繁衍的选择。因此弗洛伊德最初的本能分类可能借鉴了达尔文选择进化理论的两种形式（Ritvo, 1990）。

但是，弗洛伊德后来把自我保护本能和性本能合并，称为生本能。由于目睹了第一次世界大战的恐怖，他提出了死本能的观点。弗洛伊德假定人类有一种天生的破坏本能，这一本能经常表现于攻击他人的行为。他通常把生本能称为**力比多**（libido），把死本能称为**塔纳托斯**（thanatos）。虽然力比多普遍被视为性本能，但弗洛伊德也用该术语指代所有满足需要、维持生命和追求快乐的冲动。同样，塔纳托斯被视为死本能，但是弗洛伊德在很大程度上也用该术语来表示所有破坏、伤害和攻击他人或自己的冲动。在弗洛伊德的早期生涯中，他的著作更多地涉及力比多，因为那时这一问题可能与他自己的生活息息相关。在晚期生涯中，他更多关注死本能，此时他正在面对自己即将到来的死亡。

虽然，弗洛伊德最初认为生本能与死本能是相互对立的，但是后来他认为它们能以不同方式结合在一起。请思考进食行为，弗洛伊德认为，进食明显服务于生本能，能够使人获取生存所必需的营养。同时，进食也包括撕、咬和咀嚼等动作，可以视为死本能的攻击性表现。再举另一个例子，弗洛伊德把强奸视为死本能的极端表现，它以一种与性能量结合的方式指向另一个人。性本能与攻击本能合成的单一动机是一种特别不稳定的组合。

按照弗洛伊德的观点，每个人都有固定数量的心理能量，这一能量如果用来引导一种类型的行为，那么就不能用来驱动其他类型的行为。个体如果通过社会接受的渠道（如竞技运动）来释放自己的死本能，他就没有更多的能量来从事其他破坏性活动。每个人内部的心理能量大小是固定而有限的，它可以通过各种方式得到这样或那样的释放。

## 无意识动机：有时我们不知道自己为什么要那样做

在弗洛伊德看来，人类的心理由三部分构成。**意识**（conscious）部分包括人们当下能够意识到的所有思想、情感和知觉。不管你正在知觉或思考什么，它们都在你的意识之中。而这些想法仅仅代表了你所能提取的信息的一小部分。

如果你需要，还有大量的记忆、梦境与想法能轻易地进入你的头脑中。昨天你穿什么衣服？你最要好的中学朋友叫什么名字？你对母亲的最早记忆是什么？这些信息存储于**前意识**（preconscious）之中。任何你当前不在考虑，但能够轻易提取并进入意识的信息，都处于前意识层面。

根据弗洛伊德的观点，**无意识**（unconscious）是心理的第三部分，也是人类心理最大的部分。弗洛伊德经常用冰山来比喻心理的结构。冰山的水上部分代表意识，我们能够看见的刚好在水下的部分代表前意识，水下完全看不见的部分（也是最大的一部分）代表无意识。图 9.1 再现了弗洛伊德于 1932 年所绘的图，他以图片形式展现了意识的三个水平。最上面的部分是知觉和意识，他简写为“pcpt-cs”，中间部分是前意识，最下面的部分是无意识。无意识里包含一些不可接受的信息，它们完全隐藏在意识之外，以至于不能被视为前意识部分。无意识包含的记忆、情感、思想或冲动非常令人烦恼甚至厌恶，它们进入意识会使个体感到焦虑。许多精神分析个案都涉及令人烦恼的无意识主题，例如乱伦，对兄妹、父母或配偶的憎恨，儿童期创伤性记忆等。

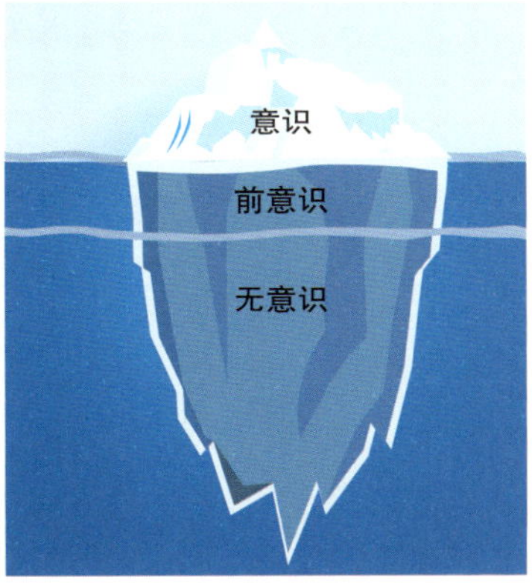


**图 9.1**
人类心理的冰山隐喻。意识在水面以上；前意识处于水下，但从上面仍然可以看到；无意识则是心理最大的部分，完全隐藏在水下。

社会不允许人们毫无顾虑地表现自己的各种性本能和攻击本能，所以，个体必须学会控制这些驱力。弗洛伊德认为，控制这些冲动的方式之一是一开始就不让它们进入意识层面。例如，一个对父母非常生气的儿童，可能一瞬间有希望父母死掉的想法。这种想法会使儿童非常苦恼，所以儿童可能阻止该想法进入意识层面，并把它们压抑在无意识中。无意识负责容纳个体意识不到的思想和记忆。在一个典型的儿童期，各种不被社会接受的与性和攻击有关的冲动、想法和感受可能会堆积在无意识之中。

**练习**

回想你孩提时代住的第一套房子。假如你与大多数人一样，那么你大概最早能够回忆起 4 岁或 5 岁时的情形。请尝试回想房子的结构、房间之间的相对位置，并画一幅楼层平面图。假如有地下室，可以从地下室开始，接着是第一层，然后是上面的房间（假如房子有两层）。请在你画的楼层中，标明每个房间。现在请回想每个房间，在每个房间里发生了什么事情。你很可能会想起一些 10 年甚至是更长的时间里都没有想起过的人和事。你也许会注意到，许多记忆都带有感情色彩，一些记忆是愉快的，而另一些则是不愉快的。能够进入意识层面的记忆都处于前意识之中。可能还有一些曾经发生的事情在你的记忆中，但没有在上述过程中被回忆起来，因为它们处于无意识之中。

## 心理决定论：没有什么事情是偶然发生的

弗洛伊德认为任何事情的发生都不是偶然的，每种行为、想法和感受的背后都有其原因。我们的所做、所想、所说和所感都是心理的表达，不是来自意识，就是来自前意识或无意识。弗洛伊德在他的著作《日常生活的精神病理学》(*The Psychopathology of Everyday Life*) 中谈到这样一个观点：日常生活中无关紧要的“偶然事件”，通常都是**动机性无意识**(motivated unconscious) 的表达。例如，叫错某人的名字，错过了某一次约会，摔坏他人的东西等。得克萨斯州的共和党人迪克·阿梅曾把公开“出柜”的马萨诸塞州国会议员“Frank”喊为“Fag”(Fag，俚语指同性恋者)。曾经有一位心理学教授把“Freud”喊成“Fraud”(Fraud 有骗子之意)。诸如此类的混淆经常会令人难堪，但弗洛伊德认为，它们恰恰代表了无意识推动的行为。每一次口误、迟到、忘记别人的名字和摔坏他人的东西都有特定的原因，假如能对无意识成分进行分析，我们就可以找出它们的原因。

弗洛伊德认为，大多数心理疾病的症状是无意识动机引起的。弗洛伊德不仅对几十个特殊病人进行了简短讨论，还给出了 12 个病人的详细病史。在这些个案中，他为自己的理论找到了支持，即心理问题是由无意识记忆或欲望引起的。例如，弗洛伊德写过一宗关于安娜·欧(Anna O, 化名)的个案。虽然弗洛伊德没有参与直接治疗，甚至没有见过安娜本人，但她的医生约瑟夫·布罗伊尔曾咨询过弗洛伊德。

那时的安娜是一名 21 岁的女性，在照顾她的父亲(最终死于肺结核)时患了病，一开始是剧烈的咳嗽，之后是右侧瘫痪、视觉和听觉障碍以及无法喝液体。布罗伊尔医生诊断安娜患有癔症，并采用了一种似乎能有效缓解症状的治疗方案。治疗内容包括布罗伊尔与安娜谈论她的症状，特别是关于她对症状出现前发生的事件的记忆。例如，在谈论安娜严重的咳嗽时，他们谈到了她对照顾父亲的记忆，以及父亲因为肺结核而出现严重咳嗽。当她探索这些记忆，尤其是对父亲和他的离世的感受时，她自己的咳嗽慢慢减轻，最后消失了。同样，当谈到自己无法喝液体(她一直用水果解渴)时，她突然想起自己看见一只狗从一个女人的杯子里喝水的情景，当时她对此非常反感，尽管后来忘记了这件事。描述完这段记忆后不久，她要了一杯水，立刻恢复了喝液体的能力。

对于布罗伊尔和弗洛伊德来说，癔症并不是偶然发生的。相反，它们是被压抑的创伤经历的身体表现。布罗伊尔从治疗安娜的经验中得出结论：治疗癔症的方法是帮助患者回忆最初导致症状的事件。通过让患者回忆创伤性事件(如她父亲的死亡)，让患者表达出与那段记忆有关的任何情感，可以达到情感宣泄或释放的目的。这就消除了症状的病因，症状因而消失了。

为实现“谈话治疗”，弗洛伊德采用并改进了布罗伊尔提出的这项技术。他相信要想治疗心理上的症状，首先必须了解症状的无意识原因。这种治疗过程通常涉及发掘早已被压抑或挤进无意识的那些令人不安、不悦甚至厌恶的隐藏记忆(Masson, 1984)。弗洛伊德始终承认安娜这个病例对其思想的重要性，并将其归功于布罗伊尔医生的仔细观察：

> 如果说精神分析学的诞生是功绩，那么这项功绩并不属于我。它最初的诞生并没有我的功劳。当维也纳的医生约瑟夫·布罗伊尔博士第一次对一名患有癔症的女孩使用这种治疗程序时，我还是学生，正在为期末考试做准备。(摘自 1909 年弗洛伊德在马萨诸塞州克拉克大学的演讲。)

弗洛伊德在以上引文中表现出了一反常态的谦虚。他改进了布罗伊尔的症状形成和谈话疗法等思想，并将它们与其他关于无意识、压抑、发展阶段等若干概念的观点结合在一起，创造了其他任何单一理论都无法匹敌的宏大人格理论。

## 阅读 无意识的例子：盲视和无意识思考

人们因受伤或中风导致大脑的初级视觉中枢损伤后，会失去部分或者全部的视力。在这类失明中，眼睛仍会将信息传输到大脑，只是负责物体识别的大脑中枢功能受损了。患有这种“皮质性”失明的人常常出现一种有趣的能力：能对他们实际看不见的物体做出判断。这种现象被称为**盲视**（blindsight）。自 20 世纪 60 年代首次被记录之后，这一现象就一直吸引着心理学家（Leopold, 2012）。

请想象一个皮质性失明的参与者，你可以拿一个红色的球放在她睁开的眼睛前，问她是否能看见。她会说看不见，这与她失明的事实一致。如果现在你让她指向那个红色的球（她刚刚说看不见），会发生什么？她恰好指向了那个球，即使她并没有看到它的能力！

盲视被视为无意识存在的证据。在这种情况下，大脑的一部分了解另一部分不知道的事情。盲视的例子很多。例如，当一个物体被放置在盲视者（不确定物体是否在那里的人）面前时，他猜对该物体颜色的概率高于随机水平。换句话说，这说明无意识信息（物体是否在面前）实际上会在大脑的某个地方得到加工（因为那个人知道所呈现物体的颜色）。

有人从眼睛到大脑的神经通路这一角度对这种无意识知觉进行解释。视神经将信息从眼睛传入大脑，其中大部分信息又传入纹状皮质的初级视觉中枢。然而，在到达视觉中枢之前，视神经通路会发生分叉，将一部分视觉信息传递到大脑其他部分。这些脑区可能参与运动识别、颜色识别甚至情感评估。如果视觉中枢被完全摧毁，个体就认不出这个物体是什么，但是可能知道它是否在移动或者产生对这个物体的情绪感受。

盲视最有趣和最有力的一个例子是人们对看不见的事物产生情绪感知。在一项研究中，盲视参与者接受了一个条件学习任务，在呈现视觉线索（圆形图片）时伴随着一个令人不快的电击，而其他的视觉线索（正方形、长方形等图片）则没有与电击匹配。经过一系列的条件学习之后，向参与者“显示”各种形状的刺激，结果发现他们会对圆形表现出恐惧，而对正方形或长方形则没有（Hamm et al., 2003）。研究者认为，情绪条件作用的形成并不需要个体对刺激形成有意识的表征。其他对皮质性失明患者的研究证明，在他们面前“显示”面部表情的照片时，即使他们看不到呈现的面孔，也可以“猜出”面孔表达的情绪。很明显，很多情绪加工都发生在不涉及初级视觉中枢的某个脑层次上。人们可能会对某些觉知不到的事物产生情绪感受（比如喜欢或厌恶）。

另一个无意识发挥作用的例子是**无意识思考**（deliberation-without-awareness）现象，或者称“让我睡一觉”效应。这里的意思是指，如果个体遇到了困难的决定，可以让它离开意识一段时间，无意识会在人的意识之外继续思考它，之后会帮助个体做出“突然”且经常是正确的决定。这有时被称作“无意识决策”。

荷兰的一个研究团队（Dijksterhuis et al., 2006）在著名期刊《科学》上发表了关于无意识决策现象的几项巧妙研究。他们假设，对于简单的决定，有意识的深思熟虑效果是最好的，但是当决策很复杂且涉及许多因素时，无意识思考效果最好。他们要求参与者在 4 辆不同的车中选出最好的车。在简单条件下，参与者只需要考虑汽车的 4 个属性，然而在复杂条件下，他们需要考虑汽车的 12 个属性。在两组条件下都是其中一辆车有 75% 的积极属性（最好的车），两辆有 50% 的积极属性，一辆有 25% 的积极属性。在阅读了所有汽车信息后，一半参与者被分配到有意识思考的条件，而另一半参与者被分配到无意识思考的条件。在有意识思考条件下，研究者要求参与者在决定最好的车之前思考 4 分钟。在无意识思考条件下，研究者要求参与者完成 4 分钟的字谜干扰任务，然后立即做决定。

如图 9.2 所示，在简单决策条件下，即每辆车只需要考虑 4 个属性时，有意识思考的参与者做出了最好的决策。但是，当决策条件很复杂，即涉及汽车 12 个属性时，无意识思考的参与者做出了最好的决策。作者在另三项研究中也证实了类似的效应。尽管这些研究只涉及消费品（如汽车），但我们有理由相信无意识思考效应可能适用于任何类型的决策（比如追求什么样的职业生涯、为谁投票、与谁结婚等）。研究者认为，对于任何决定，“用意识思考简单的事情而让无意识去思考更复杂的事情都对个体有益”（Dijksterhuis et al., 2006, p. 1007）。

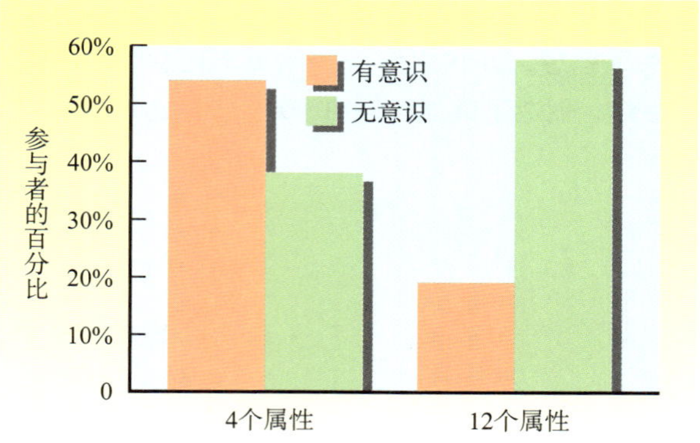


**图 9.2**

不同决策难度和思考模式下参与者选择最好的车的百分比。

资料来源：Dijksterhuis, A., Bos, M. W., Nordgren, L. F., and van Baaren, R. B. (2006). On making the right choice: The deliberation without attention effect. *Science*, 311, 1005–1007.

最近一篇关于无意识决策的综述（Newell, 2014）提醒人们解释结果时需谨慎，并给出了对这些结果的其他解释（除了无意识是聪明的决策者）。但是，这篇综述忽略了最近几项应用功能性脑成像来考察无意识决策的研究（Brooks & Stein, 2014）。例如，一项研究（Creswell, Bursley, & Satpute, 2013）对参与者使用脑成像技术，让一半参与者进行有意识的慎重决策，另一半参与者进行干扰任务且可能在无意识思考（因为他们知道在干扰任务结束后将做决策），而第三组只做了干扰任务。研究者将干扰任务 / 无意识思考组中发现的大脑激活模式减去干扰任务组的激活后，发现剩余的激活模式与有意识决策组是匹配的。换句话说，被干扰的无意识思考者尽管无法进行有意识的思考，但其大脑激活模式却符合这样的说法，即尽管干扰任务占据了他们的一部分大脑，但还有一部分仍在思考决策问题。

对无意识思考的研究并非没有批评。有人认为结果并不能证明参与者的“无意识”主动做出了正确的决定（Aczel et al., 2011）；还有人认为决策是基于记忆的，并据此对研究结果给出了不依赖“无意识”等概念的解释（Lassiter et al., 2009）。你在本章中会经常看到，很多与精神分析有关的内容都是有争议的。然而，精神分析的观点不断激发人们去研究新奇而有趣的现象。

## 人格的结构

精神分析的人格理论描述了在文明社会的种种限制下，人们如何处理性本能和攻击本能。这两种本能经常会引发一些与社会和现实冲突的驱力和冲动。心理的一部分产生这些冲动，另一部分知晓文明社会的各种期望，还有一部分则试图在现实和社会的界限内满足这些冲动。那么，心理为什么会有如此多的部分，这些部分又如何共同作用进而形成人格？

打个比喻或许有助于回答这个问题。我们可以把心理视为管道系统，里面有水，水会产生压力。我们把压力喻为心理能量，它包括性本能和攻击本能，而能量慢慢积累后需要释放。按照弗洛伊德的观点，对于这种内部的压力，有三种设置管道的方法：第一个管道工认为应该把所有阀门打开，将压力维持在最低水平；第二个管道工建议将压力引向其他方向，这样可以在缓解压力的同时不造成过多混乱；第三个管道工则想使所有的阀门都关闭。现在让我们用弗洛伊德的术语来详细讨论每一个“心理管道工”。

## 本我：心理能量的蓄水池

弗洛伊德认为本我是人类心理最原始的部分。人一出生便具有**本我**（id，德语为 it），本我是所有驱力和冲动的源泉。如果采用管道进行比喻，本我是稍有紧张迹象就想把所有压力都释放出来的那个“管道工”。本我像被宠坏的孩子：自私、冲动、追求享乐。按照弗洛伊德的观点，本我遵循**快乐原则**（pleasure principle），希望自己的需要立刻得到满足。在满足冲动方面，本我不能容忍任何延缓。在婴儿期，本我处于主导地位。当婴儿看见一个非常吸引人的玩具时，他就会伸手去拿，拿不到就会大哭大闹。有时婴儿的要求明显不合理，因为本我遵循快乐原则，所以它不讲道理，不遵循逻辑，没有价值观（除了即时的满足）和道德感，也几乎没有一点点耐心。

本我还遵循**初级过程思维**（primary process thinking），这种思维既不遵循有意识思考的逻辑原则，也不遵从现实。梦和幻想就是初级过程思维的经典例子。虽然它不遵循一般的现实性原则（如梦里人们会飞檐走壁），但弗洛伊德认为初级过程思维的运作是有章可循的，并且人们可以揭示其中的规律。假如来自本我的冲动需要得到外物或某个人却不可行，那么，本我可能会创造该物或该人的心理意象或者幻想以满足需要。在这种幻想中个体投入了心理能量，冲动也暂时得到满足。这个过程称为**愿望满足**（wish fulfillment），即个体幻想得到不能获得的事物，这种意象令人暂时得到满足。例如，某人非常生气，但生气的对象是如此强大以至于不能直接攻击他。在这种情况下，个体为了使愿望得到满足，可能对此人过去的错误产生一种复仇的幻想。愿望满足的策略只能暂时满足本我的需要，因为这种需要在现实生活中并没有得到满足。个体必须寻找其他途径来满足或者控制这些冲动。

## 自我：人格的执行者

自我是改变压力方向的管道工，它把本我的本能引向可接受或至少不会有太大问题的出口。**自我**（ego）是心理的一部分，它将本我限制在现实世界。弗洛伊德认为，自我在儿童两三岁时就开始出现了（在“可怕的 2 岁”之后）。自我遵循**现实原则**（reality principle）。也许你曾听过“现实检查”，这个词语源于以下观点：当本我尝试满足时，自我必须考虑现实处境，不能仅仅关注本我孩子般的冲动。自我知道本我的冲动常常与社会现实和物理现实存在冲突。举两个简单的例子：儿童不能随心所欲地从货架上抓糖果；哥哥不能妹妹一惹他

在精神分析人格理论看来，父母与子女的冲突是正常和必要的，并且是人格发展的重要组成部分。

生气就打她。虽然这些行为可能会缓解儿童当前的内心紧张，但这些行为与父母和社会既定的规则（不能偷东西、不能打妹妹）发生冲突。自我知道此类行为会产生问题，因此必须根据情境避免、转移或延迟本我冲动的直接表达。

自我的工作是延迟本我冲动的释放，直到遇到适当的情境。自我遵循**次级过程思维**（secondary process thinking），即想出解决问题和获得满足的策略。这一过程往往会考虑物理现实对表达欲望或冲动的时机和方式的限制。例如，相对于直接打妹妹而言，取笑妹妹是更能接受的方式，这同样可以满足本我的攻击冲动。然而，按照社会现实和传统的道德标准，有一些冲动无论在何种情境下都是不可接受的。心理的第三部分是超我，负责维持社会价值观和理想。

## 超我：社会价值观和理想的维护者

大约 5 岁左右，儿童开始发展出心理的第三部分，弗洛伊德称之为超我。**超我**（superego）负责将社会价值观、道德和理想内化。这些内容通常是通过社会中各种社会化的媒介，如父母、学校和宗教组织等，逐渐灌输给儿童的。弗洛伊德特别强调父母在儿童自我控制和良知发展中的重要作用，这表明超我的发展与儿童对父母的认同密不可分。

现在回到上述管道比喻，超我这名管道工，希望所有阀门在任何时候都关闭，甚至希望增加更多阀门来控制压力。超我是人格的一部分。当我们做了“错事”时，它使我们感到内疚、羞耻和尴尬；当我们做了“好事”时，它使我们感到骄傲和自豪。超我判定什么是对的、什么是错的：它设定道德目标和完美的理想，是我们判断好坏的凭据。超我就是一些人所说的良知，超我主要通过内疚感来执行善恶标准。

如同本我一样，超我也不受现实限制。它自由地设定美德和自我价值的标准，即使标准是完美主义的、不现实的和苛刻的。有些儿童形成了较低的道德标准，结果是当他们伤害了别人时也不会感到内疚。然而，由于超我要求完美，有些儿童发展出了非常强大的内在标准。超我使这些儿童为几乎不可能达到的超高道德标准所累。他们可能长期遭受羞愧的折磨，因为他们总是无法达到这些不现实的标准。

## 本我、自我和超我的相互作用

心理的三个部分（本我、自我和超我）处于无休止的相互作用之中。它们有着不同的目标，从而导致个体的内部冲突。因此，我们心理的某个部分想得到某物，而另一部分却希望得到其他事物。例如，设想一名年轻的女士正在快餐店排队买快餐，她排在队尾，前面站着的一名男士并未意识到自己的钱包掉了 20 美元。这名女士看见钱正好落在她前面的地上，此时她人格的三个部分便出现了冲突。本我说：“捡起钱赶快跑吧！伸手抓住就行，假如有必要可以把那个人推到一边。”超我说：“不许偷。”自我不仅要面对本我和超我的要求，还要面对现实情境，它说：“店员看到掉落的 20 美元了吗？其他顾客看见地上的 20 美元了吗？我可以在不被其他人看见的情况下，用脚踩着它吗？我是否应该把它拾起来还给那个人，或许他会给我一些酬谢。”在这种情境下，该女士必将体验到一些焦虑。焦虑是一种不愉快的状态，意味着有些事情不对劲，必须要做些什么。它是一种信号，代表着自我的控制正受到现实、来自本我的冲动或超我的严格控制的威胁。这样的焦虑可能会以某种身体症状表现出来，

# 阅读

## 自我损耗：自我控制是一种有限资源吗

在弗洛伊德描述的心理结构中，自我是必须通过解决内在与外在压力的冲突来处理现实的那个部分。例如，某个男子路过城市“红灯区”，他可能会感到本我驱使他走向妓女，同时他也可能感到超我驱使他去往教堂。然而，他真正前进的方向取决于自我。弗洛伊德还指出，心理是一个封闭的能量系统，某项需要自我控制的活动消耗的能量越多，用于其他自我控制活动的能量就越少。这意味着，用于解决现实、本我和超我之间冲突的心理能量越多，用于解决其他冲突的心理能量就越少。

心理学家罗伊·鲍迈斯特及其同事们进行了一系列实验来测试这个基本观点：自我控制的努力会消耗心理能量，因而削减了随后的自我控制情境中可用的能量。总的来说，这些研究结果支持弗洛伊德关于自我和心理能量的基本观点。让我们仔细看看这些研究。

在一项研究中，参与者报名参加一项关于味觉的研究，并被要求在实验开始前禁食一餐（以确保他们会很饿）。到达实验室后，参与者被单独留在一个房间里，桌子上放着一碗萝卜和一堆刚烤好的巧克力曲奇（Baumeister, Bratslavsky et al., 1998）。第一组参与者被要求“在等待实验开始期间吃两三块萝卜但不要吃饼干”。第二组被要求“吃两到三块饼干但不要吃萝卜”。第三组是控制组，在等待期间没有见到任何食物。在这段等待期间，可以假定吃萝卜组必须对吃饼干的即时满足进行自我控制。之后要求参与者尝试解决一个不可能解决的几何难题（他们对此并不知情）。参与者被告知他们可以在任何时候放弃解题。结果表明，吃萝卜组比吃饼干组和未进食组更早地放弃了解题。重要的是，吃饼干组与未进食的控制组在坚持解题上没有区别。吃萝卜组在完成解题任务后比吃饼干组和未进食组自我报告更累。这些研究结果与**自我损耗**（ego depletion）理论是一致的。吃萝卜组在面对吃饼干的诱惑时需要自我控制，这种努力导致可用于解决难题的心理能量减少，使得他们更早放弃，并在实验后报告更累。

迄今为止，已有数以百计的关于自我损耗的研究发表（Baumeister, 2014）。大多数采用将参与者分成两组的形式：一组做自我控制任务，另一组做类似的任务但不需要自我控制。接下来，所有参与者继续做第二个不相关的自我控制任务。如果自我控制会消耗有限的心理资源，那么做第一个自我控制任务就应该消耗了这种资源，导致用于第二个自我控制任务的心理资源变少，进而导致这个组在第二个任务中比不需要完成第一个自我控制任务的组表现更差（Baumeister, Vohs, & Tice, 2007）。很多研究着眼于认知努力方面的自我控制损耗效应，其他研究则关注自我损耗对本我控制任务的影响，如性冲动的自我控制（Gailliot & Baumeister, 2007）和攻击、暴力反应的自我控制（DeWall et al., 2007; Stucke & Baumeister, 2006）。例如，在一项关于攻击性的实验中，自我损耗组必须遏制想吃诱人美食的冲动，而控制组则可以随心所欲地吃。之后在第二个任务中，自我损耗组对侮辱的反应比控制组更有攻击性（Stucke & Baumeister, 2006）。在性约束的研究中，自我损耗组的参与者比无自我损耗组更不能遏制不合理的性幻想，而且更可能考虑与他们主要伴侣之外的人发生性行为（Gailliot & Baumeister, 2007）。

我们所有人都必须时刻抵制那些不可接受的冲动：在无聊的课上睡觉；吃被禁止的食物；该工作的时候玩耍；该锻炼的时候休息；说一些可能伤害伴侣的话；参与不当的攻击活动或者性行为；出现一长串问题行为清单中的任何一种行为（基于人们在日常生活中每天抵制诱惑的研究可获得这样的清单，见 Hoffman, Baumeister et al., 2012；或 Hoffman, Vohs, & Baumeister, 2012）。为了抵制这些行为，我们需要借助自我控制的力量，即弗洛伊德指出的自我的主要功能。弗洛伊德还指出，心理是封闭的能量系统，因此用来处理特定冲突的能量将无法用来处理时间上非常接近的另一个冲突。

大量自我损耗的实验结果表明，在一种情况下进行自我控制，往往会减少随后可以用于自我控制的力量。研究范围从首次尝试努力后进行第二次努力的运动员（Englert & Bertrams, 2014）到坚持一天道德行为后次日出现更多辱骂行为的商业领导。大多数研究都表明，自我损耗是由先前自我控制导致后续意志力下降的状态。它可以使人不那么拘束，但也会通过削弱自我控制导致不太好的表现。弗洛伊德应该能预见到这样的发现，因为他认为心理能量以固定的量存在于封闭的系统中，因此可能会被耗尽。最近一些有趣的研究方向包括，可以保护人们免受损耗的因素（比如乐观的特质，见 Den Bosch-Meevissen, Peter, & Alberts, 2014），或者帮助人们更快地从自我损耗中恢复的因素（比如置身于大自然，见 Chow & Lau, 2015）。

鉴于生活中会遇到一系列的诱惑，我们是否注定要与长期疲惫的自我相伴一生？鲍迈斯特对我们的自我控制能力持乐观态度，并用肌肉来比喻自我损耗（Baumeister et al., 2007）。在这个比喻中，自我控制就像肌肉。如果过度使用，它会暂时变得虚弱，无法对自我控制的挑战做出充分的反应。然而，即使轻度疲劳的运动员也能集中力量，在比赛的关键时刻做出致命一击。最近有证据表明，人们可以通过一些努力或者外部动机（如现金奖励），增强他们自我控制和克服多种诱惑的意愿。此外，就像训练肌肉一样，鲍迈斯特相信自我控制是可以训练的。在生活的某一领域（如节食）进行适度但规律的自我控制的人，在生活的其他领域（如有规律的运动）也会表现出更强的自我控制能力。此外，鲍迈斯特还发现一些可以抵消自我损耗影响的条件，包括保持积极情绪和幽默，在进入诱惑情境前制订如何行事的计划，以及利用强大的社会价值观的指引。在表 9.1 中，我们列出了自我损耗研究发现的几个关键变量。

表 9.1 自我损耗研究发现的几个关键变量

| |
|---|
| **需要自我控制的反应** |
| 控制思维 |
| 管理情绪 |
| 克服不合适的冲动 |
| 控制注意 |
| 指引行为 |
| 做多个选择 |
| **对自我损耗敏感的行为** |
| 节食者的进食行为 |
| 超支 |
| 被挑衅后的攻击行为 |
| 性冲动 |
| 逻辑和智力决策 |
| **需要自我控制的社会行为** |
| 为了印象管理而做的自我展示 |
| 以温和克制的方式应对无礼行为 |
| 应付苛刻和难相处的人 |
| 不同种族的互动 |
| **抵消自我损耗有害影响的方式** |
| 幽默和笑声 |
| 其他积极情绪 |
| 现金奖励 |
| 用特定的计划来实现应对诱惑的意图 |
| 追求社会价值观（比如想帮助别人、想成为良好的伴侣） |

如心跳加速、手心出汗、呼吸不规律等。陷入这种状态中的个体还可能感到自己正处在惊恐发作的边缘。无论表现出的症状如何，只要个人的欲望与现实或内化的道德存在冲突，在此类情况下个体就会显得更加焦虑不安。

强大的自我能使人心理平衡，远离焦虑。正是自我协调着本我一方与超我一方相互竞争的力量。假如这两种竞争力量中的任何一方超过了自我，就会导致焦虑。

## 人格的动力

由于焦虑使人感到不悦，因此人们试图消除它产生的条件。这些使个体免于焦虑的努力称为**防御机制**（defense mechanisms），它们被用来防御各种形式的焦虑。

### 焦虑的类型

弗洛伊德认为有三种类型的焦虑：实因性焦虑、神经性焦虑和道德性焦虑。

**实因性焦虑**（objective anxiety）即恐惧。这种焦虑发生在个体面对真实的外部威胁时。例如，对大多数人而言，抄近路穿过一条小巷子时遭遇面目凶狠的持刀壮汉会产生实因性焦虑。在这种情况下，自我的控制受到外部因素而非内在冲突的威胁。与实因性焦虑不同，其他两种焦虑的威胁来自内部的冲突。

**神经性焦虑**（neurotic anxiety）产生于本我与自我的直接冲突。具体来讲，危险在于自我可能失去对本我某种不可接受的欲望的控制。例如，如果一名女士感到被某人性吸引时就会感到紧张，甚至仅仅想到性唤醒也能使她惊恐发作。那么，我们可以说她正经历着神经性焦虑。再举一个例子，如果一名男性过分担心自己会公开脱口说出不可接受的想法或欲望，这也是神经性焦虑的表现。

**道德性焦虑**（moral anxiety）是自我和超我之间的冲突引起的。例如，个体由于没有达到某条“令人满意的”标准（即使是不可实现的标准）而长期感到羞愧或内疚，这就是一种道德性焦虑。一个患有贪食症（一种进食障碍）的年轻女性可能通过跑 5 公里并做 100 个仰卧起坐来抵消自己吃下的“禁食”。总是折磨自己、自尊低、感到没有价值和羞愧的人最可能出现道德性焦虑，这些症状的产生是由于超我过于强大，它总是提醒人们不要辜负那些越来越高的期望。

自我在试图平衡本我的冲动、超我的要求和外部世界的现实时，经常会遇到困难。就好像本我在说：“我现在就要它！”超我在说：“你永远都不能要它！”可怜的自我夹在中间说：“也许可以，如果我能解决问题的话。”大多数时候，三方的对话处于人的意识之外。有时，本我、自我和超我之间的冲突通过伪装的方式表现在各种思维、情感和行为之中。在大多数情况下，这样的冲突都伴随着焦虑，所以我们接下来讨论人们用来防御焦虑的各种机制。

### 防御机制

在这三种焦虑中，自我的功能都是应对威胁和防范危险，以达到减轻焦虑的目的。自我通过运用各种形式的防御机制来完成这一任务，防御机制使自我能够控制焦虑，甚至实因性焦虑。尽管内心冲突会频繁引起焦虑，但人们能成功防御它们且不必意识到焦虑的存在。例如，在转换反应中，内心冲突会转化成症状，内心冲突以身体症状的形式表现出来，即表现为身体某一部分的疾病或虚弱。奇怪的是，这些人对症状可能表现得很冷漠，他们对头痛难消或腿部失去知觉并不感到焦虑。这种症状并未给他们带来焦虑，反而能帮助他们逃避焦虑。防御机制有两种功能：(1) 保护自我；(2) 减少焦虑和痛苦。现在我们来讨论一下弗洛伊德曾广泛论述且得到人格心理学研究者分外关注的一种防御机制。

## 压　抑

在早期理论中，弗洛伊德使用术语**压抑**（repression）来指防止不可接受的思维、情感或冲动进入意识层面的过程。压抑是所有其他形式的防御机制的前身。压抑的防御性在于，一旦不可接受的内容变得有意识就可能产生焦虑，而通过压抑个体能避免这种焦虑。弗洛伊德在临床实践中发现，人们往往更容易记住事件的愉快方面，而忘记不愉快方面。他的结论是，不愉快的记忆通常是被压抑的。

在弗洛伊德最先提出的概念中，压抑是自我将被禁止的冲动保持在无意识层面的一种总体策略。人们今天仍然用这一术语来描述“被遗忘的”愿望、冲动或事件，正如本章开篇提及的那些“被压抑的”创伤性记忆。后来，弗洛伊德又阐述了几种更具体的防御机制。所有这些形式的防御机制均包含一定程度的压抑。因为个体为了缓解焦虑和保证自我对心理系统的控制，会否认或者扭曲现实的某些方面。

## 其他防御机制

弗洛伊德的女儿安娜（Anna Freud, 1895—1982）本身也是一位卓有成就的精神分析学家，她在厘清和描述其他防御机制方面做了很多贡献（A. Freud, 1936/1992）。她认为，为了防止自尊受到打击和心理存在受到威胁，自我能够使用一些极具创造性且非常有效的防御机制。下面将详细介绍其中的一些防御机制。

弗洛伊德的学生费尼切尔（Fenichel, 1945）对防御机制的思想进行了修正，他更关注这些防御机制在保护自尊方面的作用，即人们都对自己有一种偏爱的看法，他们会防御任何对这种看法不利的改变或打击。显然，认识到自己有不可接受的性欲望或攻击冲动可能会给自我观念带来沉重打击，尤其是在维多利亚时代。但是，在现代社会，威胁自尊的可能有其他事件，如失败、尴尬或在社交媒体上被“删除好友”等。大多数当代心理学家认为，人们会保护自我免遭这种自尊威胁（Baumeister & Vohs, 2004）。因此，当代许多关于自尊维持的研究都可以认为其根源于精神分析的防御机制概念（Baumeister, Dale, & Sommer, 1998）。有问卷可以用来测量防御机制（Cramer, 1991），并且积累了大量的实证研究。例如，在青少年时期，认同是一种普遍的防御机制（下一部分将讨论认同，它是心理性欲发展中性器期的解决方案），然而在之后的时期，否认（接下来会讨论）变成了最常见的防御机制（Cramer, 2012）。

**否　认**　当现实情境让人特别焦虑时，个体可能会求助于**否认**（denial）这种防御机制。与压抑（将某种经历排斥在记忆之外）不同，否认是指个体坚持事情不是它表面看起来的那样，使用否认机制的人拒绝接受事实。一名男子在被妻子抛弃之后，还坚持在晚餐桌上为妻子留位，并坚信她随时可能回来。相比于承认妻子已经离开这一事实，日复一日地上演这样一幕可能让他更能接受。否认也有不那么极端的表现形式，例如，某个人对唤起焦虑的情境进行重新评估，使它不再那么可怕。那名男子可能坚信他的妻子是由于某种原因而不得不离开他，这真的不是她的错，只要有可能她就会回来。也就是说，他否认妻子是自愿离开他的。

否认的常见形式是把令人不快的反馈视为错误的或不相关的。当人们受到管理者的糟糕评价时，有些人会拒绝此评价，而不是尝试改变对自己的看法。他们可能抱怨机会不好或环境有问题，但绝不接受个人有责任或必须改变对自我的看法。实际上，把失败归因于外部不可控因素而把成功归因于自己的现象太过普遍，以至于心理学家把这种现象称为**基本归因错误**（fundamental attribution error）。然而，我们可以把它视为一种特定的否认形式。

健康心理学家也对否认很感兴趣。为什么某个人可以一天抽两包烟却不担心自己的健康？一种解释是他否认自己对香烟危害有易感性，或者否认吸烟与疾病有关，或者否认自己想活得长久和健康。鲍迈斯特及其同事（Baumeister et al., 1998）回顾的证据表明，人们经常极度贬低各种不健康行为的风险。

否认还常常表现在白日梦和幻想中。白日梦常常围绕“事情本该如何”。在一定程度上，白日梦否认当前的事实，聚焦于臆想的事物。这样做可以缓解或防御当前情境可能唤起的焦虑。例如，一个人做了尴尬之事时，他可能想象自己没有做那么愚蠢难堪的事会如何。

**替　代**　在**替代**（displacement，*也译作“转移”“移置”*）中，带有威胁意义或不被接受的冲动从最初的源头转向没有威胁性的目标和对象。例如，一名女性与主管在工作中发生了争执，虽然她对主管非常生气，但因为主管毕竟是上司，能在工作中给自己制造麻烦，于是她的自我使她保持了克制。回到家中，她可能对丈夫大发脾气，向丈夫叫嚷和抱怨，或不断地对他挑剔和贬低。尽管这种做法可能会导致夫妻问题，但是它避免了对主管发脾气带来的麻烦。有时，替代有多米诺效应，配偶的一方痛斥另一方，另一方痛斥他们的孩子，孩子又去虐待家里的狗。此外，替代通常被视为一种转移攻击本能的防御机制，但它也可以把性本能从更不可接受的对象引向相对可接受的对象。例如，一名男性可能对工作中的一名女下属产生了强烈的性冲动，但是该女士并不喜欢他。他没有直接骚扰女下属，而是把这种性能量转向妻子，重新发现妻子还是很有吸引力的。弗洛伊德还提到，恐惧有时也可以通过替代而改变对象。他举了这样一个例子：一个男孩原本害怕他的父亲，但这种害怕转向了马。

虽然这些例子看上去涉及意识觉知和对如何表达不可接受的情感的计算决策，但替代过程实际上发生在意识之外。即使有人通过故意转移愤怒来控制情境，但这并非替代。真正的替代是无意识的，它让个体避免认识到自己对特定的人或物有不适当或不可接受的情感（如愤怒或性欲望）。然后，把那些情感转移到其他更合适或可接受的人或物上。

研究者已尝试考察攻击性冲动的替代。在一项研究中，实验者使实验组的学生经历挫折（控制组的学生没有经历挫折）。之后，所有参与者都有机会攻击实验者、实验者的助手或其他参与者。结果发现，受挫的参与者更有攻击性，不过他们对实验者、助手和其他参与者的攻击性是一样的（Hokanson, Burgess, & Cohen, 1963）。攻击对象是谁并不重要。其他一些研究也重复了这一研究结果。一项研究的参与者被另一名参与者激怒，然后他们有机会攻击该参与者及其朋友。结果表明，被激怒的参与者基本上变得更具攻击性，被攻击的那个人是谁似乎并不重要。

# 阅读

## 压抑的实证研究

尽管自从弗洛伊德提出压抑这一概念之后，精神分析学者们就对此非常感兴趣，但直到 20 世纪 90 年代之前，关于它的实证研究都非常少。也许这是因为，要想明确定义压抑，以精确测量的方式去满足研究目的是十分困难的。如今，研究者们已经编制问卷来识别那些通常会使用压抑来应对恐惧、紧张或焦虑情境的人。

弗洛伊德认为，压抑的本质是有目的地压制不悦、痛苦和不安的情绪（Bonanno, 1990）。他认为压抑是一个过程，以此排除不悦的情绪，使之“远离意识”（Freud, 1915/1957, p. 147）。大约 65 年之后，温伯格等人（Weinberger, Schwartz, & Davidson, 1979）率先指出，压抑作为一种应对不悦情绪的手段是可测量的，可以通过考察焦虑和防御量表分数的不同组合来测量。这些研究者让一组参与者完成一份焦虑量表和一份防御量表。焦虑量表考察参与者进行各种活动（如公开讲话）时，是否有强烈的焦虑症状（如心怦怦跳）。防御问卷包含一些考察常见小错的条目，如是否说过别人闲话，是否曾气得想砸东西，或者对某人请你帮忙感到反感。很明显，几乎每个人都或多或少犯过这些小错。因此，如果参与者倾向于否认自己有过此类行为，那么他防御量表的得分会很高。研究者把参与者的焦虑和防御量表得分进行组合，结果得到四种类型，见图 9.3。后续关于压抑的大多数研究一般都会比较压抑组与其他三组的因变量结果。

最初的研究是这样进行的，参与者完成问卷之后，温伯格等人让参与者做词语匹配任务，让参与者把一列中的词语与另一列中意义相似的词语匹配，其中一些词语隐含愤怒和性的意味。当参与者尝试匹配短语时，研究者测量了他们的生理反应。在参与者完成匹配任务之后，研究者立刻测量他们自我报告的痛苦水平。结果发现，压抑组参与者报告的主观痛苦水平最低，但是他们的生理唤醒水平最高（如心率、皮肤电等）。简言之，压抑组参与者口头上说他们不痛苦，但生理上却表现得非常痛苦。其他一些研究者获得了相似的结果（如 Asendorpf & Scherer, 1983; Davis & Schwartz, 1987）。这些实验结果与弗洛伊德的观点即压抑使痛苦的经历处于意识之外是一致的。而且，这些研究结果也与弗洛伊德的另一个观点一致，即压抑的痛苦经历仍然影响着个体，尽管它们处在意识之外（在这个例子中，虽然个体没有明显意识到焦虑情绪，但被压抑的经验已经影响了生理唤醒水平）。

考察压抑的另一种方法是让参与者回忆与愉快和痛苦情绪相关的童年经历。1987 年，心理学家戴维斯和施瓦茨（Davis & Schwartz, 1987）的研究就是这样做的。他们要求参与者回忆并描述与愉快、悲伤、生气、害怕和好奇等情绪有关的童年经历。研究结果表明，压抑组参与者（即高防御—低焦虑），比其他组的参与者回忆起的消极情绪经历更少，而且压抑组回忆起的消

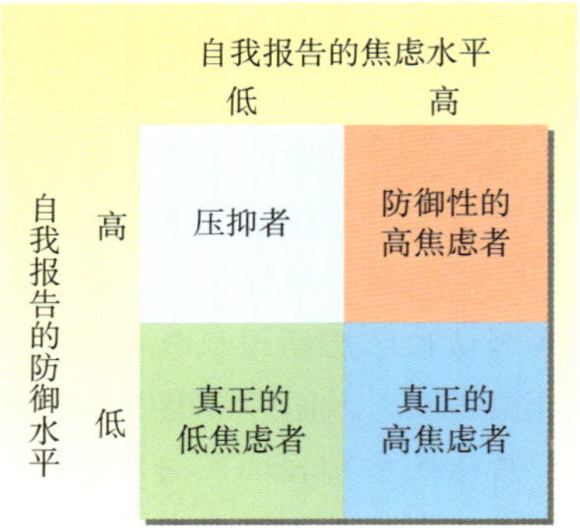


**图 9.3**

通过测量焦虑和防御来找出压抑者。否认自己焦虑但防御水平很高的人最可能是压抑者。

极情绪发生的最早年龄也更大一些。令研究者感到奇怪的是，压抑组参与者在积极事件的回忆上也受到了抑制。这一结果也许体现了压抑的某些代价：积极情绪会像消极情绪一样消减或无法被意识提取。

戴维斯（Davis, 1987）对压抑者情绪记忆受限这一基本观点进行了拓展。首先，她发现在有关自我的记忆上这种效应最强。在研究中，当压抑者回忆发生在别人（如兄妹）身上的坏事时并没有这种记忆受限。但是当他们回忆自己经历的不愉快事件时则会受限。其次，当涉及与害怕和自我意识有关的记忆时，压抑效果最强。尽管弗洛伊德（Freud, 1915/1957, p. 153）写道：“压抑的动机和目的无非避免痛苦之事”。但按照戴维斯的观点，与害怕和自我意识有关的记忆引起的压抑动机尤其强烈。为什么会这样？因为唤起这些情绪的情境通常是，注意的焦点以评价或威胁的方式倾注在自我

身上。例如，在人们感到害怕时，自我的存在受到了某种威胁。在自我意识状态下，他人的消极评价会被个体放大，从而导致其产生暴露感和脆弱感。

研究者（Hansen & Hansen, 1988）发现，压抑者的情绪记忆比非压抑者更简单。也就是说，压抑者对情绪事件的记忆更不完善、细致和丰富。研究者们提出了一个令人感兴趣的问题：为什么压抑者的情绪记忆如此瘠薄？一般有两种解释。其一，压抑者可能限制了自己对情绪经验的回忆。也就是说，压抑者可能有许多丰富的情绪经历，那些经历实际上还处在记忆之中，只是他们在回忆或提取这些经历时出现困难。其二，压抑者可能一开始就把某些情绪经历排除在了记忆之外，压抑的影响可能在编码时就已发生，而不是在回忆阶段。

尽管许多压抑研究考察的是对过去事件的记忆，但是也有一些研究（如 Hansen, Hansen, & Shantz, 1992）表明，压抑效应不仅表现在对消极事件的回忆上，而且还会影响对消极事件的实际反应。压抑者体验到的消极情绪确实没有非压抑者那么强烈，这是弗洛伊德应该能预测到的。因此我们可以发问：压抑者仅仅是不太能回忆坏事，还是当坏事发生时他们比非压抑者体验到更少的消极情绪，抑或两者兼有。

在卡特勒等人（Cutler, Larsen, & Bunce, 1996）的研究中，研究者要求压抑者和非压抑者连续 28 天坚持以日记的方式记下 40 种不同的情绪。在这些参与者连续一个月每天报告这些情绪体验后，要求他们回忆这一个月的情绪，并评定每种情绪平均出现了多少次。这样研究者不仅能测量回忆的情绪，而且还能对每天的实际情绪进行测量（记录时间点与参与者经历这些情绪的时间点相隔不久）。这一方法能让研究者们检验压抑者究竟报告了更少的消极情绪，还是回忆了更少的消极情绪，抑或两者兼有。结果表明，与非压抑者相比，压抑者实际报告的日常痛苦情绪体验更少且强度更低。然而，压抑者的痛苦情绪记忆的准确性只是稍逊于非压抑者。压抑似乎发生在经历痛苦事件之时，此时压抑者会以某种方式抑制他们对糟糕事件的情绪反应。

温伯格等人（Weinberg et al., 1979）提出压抑可以测量为高防御和低焦虑的组合，在此后近 40 年，研究者做了大量的实证研究（Myers, 2010），其中大部分集中在这种应对方式的消极结果。然而，稍后一些的研究已经在关注压抑的潜在益处。例如，一项针对以色列救援人员（经常要在恐怖袭击后处理人体遗骸）的研究发现，与那些没有采取压抑的救援人员相比，采取压抑的救援人员表现出了更强的韧性 和更少的应激症状（Solomon & Ginzburg, 2007）。其他研究证实了压抑的影响更多发生在经历的编码阶段而非回忆阶段（Derakshan, Eysenck, & Myers, 2007; Myers, 2015），表明与其说压抑是回忆的失败，不如说它在一开始就抑制了消极情绪的体验。最后，研究者已经开始揭示与压抑型应对风格这一特质相关的脑回路（Klucken et al., 2015）。

弗洛伊德认为压抑的功能是使不愉快的经历保持在意识之外。现在，我们可以更确切地说，压抑的钝化效应主要发生在对不良事件的反应阶段。压抑者的记忆并不是不好，他们只是一开始就以某种方式防止不愉快的事件进入记忆。

这些结果是否是替代的证据？鲍迈斯特及其同事（Baumeister et al., 1998）认为这些不是证据。他们认为，愤怒的人行事确实更具攻击性，但并不能证明这是一种心理防御。虽然替代是一个有趣的心理动力学概念，但很少有实证证据能支持这样的观点，即冲动像封闭系统中有压力的液体，能通过替代机制以这样或那样的方式引流释放。

**合理化**　另一种常见的防御机制是**合理化**（rationalization），该防御机制在受过教育的人群中使用尤为广泛，如大学生。合理化是指为本来可能不为社会接受的事情找出可以被大家接受的理由。合理化的目标是通过寻找易接受的解释来取代真实的原因，从而缓解焦虑。例如，一名学生的学期课程论文成绩不及格，为推卸责任他可能会坚持认为教师没有说清楚如何写论文。或者女子与男朋友分手了，她可能会对朋友说，她从一开始就没有那么喜欢他。这些理由在情感上比自己不太聪明或招人喜爱这类理由更容易接受得多。

**反向作用** 在试图压制一种不可接受的冲动的表达时，个体可能持续做出一连串与内在冲动相反的行为，这种策略被称为**反向作用**（reaction formation，也译作“反向形成”）。例如，设想一名女士对她的上司很生气，见上述替代策略。假如她没有采用替代来转移气愤，她的自我可能会无意识地使用反向作用策略，她可能会对上司过分友好，表现得特别谦恭和体贴。

研究者提供了一个非常有趣的反向作用例子，并讨论了“以过度的善意让别人难受”这一思想（Copper, 1998）。假设一个男子生女友的气，但他没有意识到这种情绪，没有意识到自己实际上有多生气。外边正下着雨，他把自己的伞给女朋友。女朋友不要，但他坚持给她。她坚持不拿，他也一直坚持让她拿。此时，他正在用显而易见的好意替代自己的敌意。但是，他的坚持和对女朋友意愿的忽视体现了他的攻击性。按照精神分析的观点，这一动力过程通常可以在人们使用防御机制时发现，人们可能会掩盖他们的愿望和目的，但在不经意之间还是会留下蛛丝马迹。

根据反向作用的防御机制，精神分析师能够做出以下预测：有时人们的所作所为会与你原本认为他们会做的完全相反。因此这也提醒我们，当某人过分卖力地做某件事时，我们应该对此敏感，例如，某人对我们过于友好而又没有明显的原因。在这种情况下，那个人真正的目的也许就是其行为的反面。

**投　射** 另一种防御机制**投射**（projection）是指我们有时会在别人身上看到令自己很苦恼的特质和欲望。把自己的一些不能接受的特质“投射”（归因）到其他人身上。这样我们便可以憎恶他们，而不用憎恶自己，因为他们有那些不可接受的特质和欲望。同时，我们可以遣责有问题的倾向或特性，却不承认自己拥有它们。他人非常不幸地成了靶子，因为他们身上有我们非常讨厌的特质。例如，一名小偷经常担心别人偷他的东西，并认为他人不值得信任。一名女性否认自己对性感兴趣，但是她坚信她认识的所有男性“心中只有性”。与其他已婚男性相比，那些有风流韵事的已婚男性更可能怀疑妻子的忠诚。如果他人身上的某些特性让某个人极度讨厌或烦躁不安，那么这些东西往往能反映出此人内心深处的不安和冲突。一个人如果经常用“蠢货”侮辱别人，那么这很可能说明他对自己的智力不太自信。

在投射中，我们从他人身上看到那些最令我们自身不安的特质或欲望。这样我们就可以因他人有这些不良特质而贬低他们，而不需要承认自己也有这些特质。

另一个例子是那些参加反同性恋运动的人。一些人在公开场合中对同性恋表现出道德上的愤怒，甚至主张采用暴力来反对同性恋者。1998 年 6 月，美国参议院多数党领袖特伦特·洛特在电视讲话中说，同性恋者患有一种类似酗酒或盗窃癖的疾病。与此同时，基督教激进主义者通过电视广告宣传同性恋是一种疾病，同性恋者应该接受治疗。帕特·罗伯森是基督教广播电台中的一位激进主义牧师，他说飓风可能会袭击佛罗里达州的奥兰多市，因为近期有一群同性恋者在那里聚会。恐同人士是否把投射作为一种防御机制来掩饰自己可疑的性取向？

现代心理学研究有一种类似投射的效应，称为**错误一致性效应**（false consensus effect，也译作“虚假共识效应”)。罗斯等人首次对该效应进行了描述(Ross, Greene, & House, 1977)。错误一致性效应是指很多人认为其他人与自己相似的一种倾向。也就是说，外向的人认为其他人也是外向的，有良知的人认为其他人也是有良知的。简言之，认为其他人具有与自己一样的喜好、动机或特质就是错误一致性效应的一种表现。

研究者(Baumeister et al., 1998)认为，相信他人也有自己身上那些不受欢迎的特质可能是一种自我防御。例如，如果只有自己一个人的信用卡消费超出信用额度，这意味着自己是唯一有这种道德瑕疵的人。但是如果此人认为许多人的信用卡消费也超出信用额度，那么这种错误一致性信念就可以保护其自我概念。一些青少年通常用“嘿，每个人都这样做”来开脱自己的不良行为，他们可能是在用错误一致性效应进行自我防御，本质上他们是在说：“我没有那么坏，因为每个人都很坏。”

**升　华**　在弗洛伊德看来，**升华**(sublimation)是最具适应性的防御机制。升华是把不可接受的性本能或攻击本能转化为社会期望的行为。一个常见例子是，当你十分气恼时就出去劈柴，而不是发脾气或采用不太有适应性的防御机制，如替代。观看足球赛或拳击赛比直接打人更合理。爬山或自愿参军打仗可能是死亡愿望的一种升华形式。据报道，弗洛伊德在他唯一一次访问美国时曾评论纽约摩天大楼的建造需要许多性能量的升华。个人的职业选择(如运动员、殡仪业者、急诊室护士)可以被解释为某些不可接受的冲动的升华。升华的优点是使本我的倾向在有限的范围内得以表达，因而自我不必再投入能量控制本我。弗洛伊德认为，文明的最高成就应归功于性本能和攻击本能的有效升华。

### 日常生活中的防御机制

生活会给我们每个人都带来许多心理上的磕磕碰碰：不能获得我们十分想要的工作，熟人说了一些伤感情的话，意识到自己有一些不太好的特质，等等。简言之，我们总要时刻准备着面对那些无法预料或令人失望的事实。在应对这些事件及其引起的情绪时，防御机制可能会起到一些作用(Larsen, 2000a, 2000b; Larsen & Prizmic, 2004)。我们都必须应对压力，如果防御机制有助于应对压力，那就再好不过了(有关防御机制的讨论和分类见 Valliant, 1994)。

但是，因防御机制使用不当而使事情变糟的情况也并不难想象(Cramer, 2000, 2002)。人们可能会回避具有过分投射倾向的人，经常采用替代策略的人可能也鲜有朋友。另外，防御机制的使用会耗费很大的心理能量，以至于人们不能有效地从事其他事情。你怎么知道何时防御机制的使用成为问题？答案要考虑两方面：如果某一行为使个人的生产能力受到抑制，或者维持关系的能力受到限制，则说明该行为成为问题。如果其中任一领域(工作或人际关系)受到负面影响，那么你可能就要考虑心理问题了。虽然有许多理由支持直面难题并采取行动解决问题，但有些问题根本就不能解决，或者个体没有直面它们的能量和资源。在这种棘手的情况下，使用防御机制可能是非常有用的权宜之计。一般而言，偶尔使用防御机制并不会影响我们的工作和社会生活。按照弗洛伊德的观点，成年人成熟的标志是有能力有效地工作，并且能够发展和维持满意的人际关系。然而，要成为一个成熟的成年人，必须经历人格发展的几个阶段。

## 人格发展的心理性欲阶段

弗洛伊德认为，所有人的人格发展都要经历一系列阶段。每个阶段都包含某种特定冲突，个体解决这一冲突的方式会塑造其人格的不同方面。因此在精神分析理论中，个体差异源于儿童在各个发展阶段解决冲突的不同方式。在经历所有阶段之后，个体的完整人格便最终形成。因为所有这些都发生在儿童期，因此可以用一句名言来形容弗洛伊德的核心思想，即“儿童是成人之父”。

在前三个阶段中，年幼的儿童必须面对和解决每个阶段特有的冲突。这些冲突的解决围绕获得某种类型的性满足。基于这一原因，弗洛伊德的发展理论被称为**心理性欲阶段理论**（psychosexual stage theory）。按照该理论，在每个阶段，儿童通过把力比多能量聚集到身体的特定部位来获得性满足。发展过程的每个阶段都以性能量聚集的身体部位来命名。

假如在某个发展阶段儿童不能彻底解决该阶段的冲突，那他就会停滞在此阶段，这种现象称为**固着**（fixation）。每个后续阶段代表着更成熟的获得性满足的模式。假如儿童固着在某个特定阶段，他就会表现出不成熟的获得性满足的方式。在发展的最后阶段，成熟的成年人可以从健康的亲密关系和工作中获得快乐。但是在通往最后阶段的路上，充斥着种种发展冲突和固着危险。接下来我们将考察各个阶段，探讨这些阶段出现的冲突，以及产生固着的结果。

弗洛伊德把第一个阶段称为**口唇期**（oral stage），从出生持续到第 18 个月。在这段时间里，快乐和缓解紧张的主要来源是嘴、唇和舌头。不用观察太多婴儿，你就会发现婴儿的嘴是多么地繁忙（无论他们拿到什么新东西，如拨浪鼓或玩具，他们总是先将其放进嘴里）。这一阶段的主要冲突是断奶，即离开乳头或奶瓶。此阶段的冲突同时包含生物和心理成分。从生物角度来看，本我想要口唇在摄取营养和获得快感过程中带来的即刻满足。从心理角度来看，这种冲突是过度快乐与依赖之间的冲突，在这个过程中，婴儿害怕被留下来自己照顾自己。有时婴儿在断奶的过程中会产生痛苦或创伤性的经验，从而导致一定程度的口唇期固着。那些仍然通过“摄入”（尤其是依赖口唇）来获得快乐的成年人，可能就固着在这个阶段（如无节制地吃东西或吸烟）。他们也可能会出现咬指甲、吸指头或咬铅笔这类问题。在心理水平上，固着在口唇期的人可能会过于依赖他人：他们希望自己像婴儿般得到溺爱、养育和照料，希望别人替自己做决定。一些精神分析师还认为药物依赖（因为它涉及通过“摄入”来获得快乐）也是口唇期固着的一种标志。

口唇期的另一冲突可能与咬东西有关，这一冲突发生在儿童长牙之后，他们发现可以通过咬或咀嚼来获得快乐。一般父母会劝阻儿童咬东西，特别是当孩子咬其他儿童或成年人时。因此，儿童咬东西的冲动与父母的限制产生了冲突。固着于此阶段的人会发展出敌意、好斗或讥讽的人格。他们继续通过心理上的“咬”或言语上的攻击来获得满足。

儿童发展的第二个阶段是**肛门期**（anal stage），此阶段通常发生在 18 个月到 3 岁之间。在此期间，肛门括约肌是性快感的来源。儿童先通过排便来获得快感，之后在如厕训练阶段是通过控制排便来获得快感。最初，只要直肠中有压力感，本我随时要求立刻缓解紧张。只要冲动产生，就通过随时随地排便来获得满足。但是，父母通过如厕训练使儿童发展出一定程度的自我控制。这样，在培养儿童自我控制的过程中就产生了许多冲突。有些儿童没有发展出良好的自我控制，他们长大之后会表现得懒散和肮脏。有些儿童则出现了相反的问题：他们过于自我控制，并从一些很琐碎的自我控制行为中获得快感。按照精神分析的观点，强迫、洁癖、呆板和极端井井有条的成年人很有可能固着在这一阶段。毕竟，如厕训练通常第一次给儿童提供了行使选择权和意志力的机会。当父母把儿童放到便盆上，并对儿童说“现在开始小便”时，儿童有机会说“不！”并且坚持决定。这也许是吝啬、隐瞒、过度任性和固执以及不愿给别人他们看重的事物等性格开始形成的信号。

第三个阶段发生于 3 到 5 岁之间，称为**性器期**（phallic stage），因为此时儿童发现他有阴茎（或她发现自己没有）。事实上，这一阶段主要的事件是儿童发现他们自己的生殖器，并认识到通过触摸自己的生殖器可以获得快感。这也是指向外部的性欲望的觉醒，在弗洛伊德看来，这种性欲望首先是指向异性的父母。小男孩爱上了母亲，小女孩爱上了父亲。根据弗洛伊德的理论，儿童感受到的不仅仅是父母与子女间的血缘感情。小男孩渴望他的母亲，想与母亲发生性关系。他认为父亲是竞争对手，因为父亲阻止儿子占有母亲和吸引母亲的所有注意力。对于小男孩来说，首要的冲突，即弗洛伊德所说的**俄狄浦斯冲突**（Oedipal conflict），是排除父亲从而独占母亲的无意识愿望。（俄狄浦斯是希腊神话中的一个人物，他在不知情的情况下弑父娶母。）父亲是获得母亲注意力的竞争者，应该殴打他、将他赶出家门甚至杀死他。但殴打、杀死父亲是错误的。

于是，俄狄浦斯冲突的部分内容是儿童既爱同性父母又要与其竞争。而且，小男孩变得害怕父亲，因为父亲的高大与强健会阻止所有这些事情的发生。实际上，弗洛伊德认为，小男孩开始认为父亲会先下手除掉此冲突的根源，即小男孩的阴茎。**阉割焦虑**（castration anxiety）是对失去阴茎的恐惧，它促使小男孩放弃对母亲的性欲望。男孩决定，自己能做的最好的事情就是变得像占有妈妈的人，即他的父亲。这种想成为像父亲一样的人的过程被称为**认同**（identification, *也译作“自居”*），这标志着男孩解决俄狄浦斯冲突的开始以及性器期心理性欲发展的成功解决。弗洛伊德认为，俄狄浦斯冲突的解决不仅是男性的性别角色发展的开始，也是超我和道德发展的开始。

对于小女孩来说，情况既相似又不同。相似之处在于冲突也集中于阴茎，或者说小女孩缺少阴茎。按照弗洛伊德的观点，小女孩会因为自己没有阴茎而责备母亲。她渴望父亲同时会妒忌他有阴茎。这被称为**阳具妒羡**（penis envy），它是阉割焦虑的反面。不同之处在于小女孩不一定害怕母亲，而小男孩却害怕父亲。因此对小女孩来说，放弃渴望父亲的动机并不强烈。

弗洛伊德的学生荣格把小女孩的这种冲突称为**厄勒克特拉情结**（Electra complex, 亦称为恋父情结）。厄勒克特拉也是古希腊神话中的人物，母亲谋杀了父亲后厄勒克特拉说服哥哥把母亲给杀死了。事实上，弗洛伊德不接受厄勒克特拉情结的观点，对于小女孩如何解决性器期冲突的问题，他含糊其词。他写道，对于女孩来说，这一阶段的问题可能遗留到后来的生活中，甚至永远得不到完全解决。因为该冲突的成功解决能够导致超我的发展，所以弗洛伊德认为女性在道德发展水平上必然不如男性。弗洛伊德发展理论的这一面如今并没有获得广泛接受，他对性别差异的看法受到了强烈的批评（如 Helson & Picano, 1990）。

心理性欲发展的下一个阶段称为**潜伏期**（latency stage）。这一阶段发生于 6 岁左右至青春期。此阶段的儿童在心理上发展很小，它是儿童进入学校学习成年人应具备的各种技能和能力的主要阶段。由于此阶段没有特殊的性冲突，弗洛伊德认为这一时期的心理处于静默或潜伏状态。但是，精神分析学家们后来认为在这一时期有很多发展。例如，学会为自己做决定，学会社交与交友，发展同一性，学习工作的意义和价值。由于这更多地涉及当代人对弗洛伊德理论所做的修正，我们会在第 10 章阐述。

青春期的性觉醒标志着潜伏期的结束。假如个体已经解决了俄狄浦斯或厄勒克特拉情结，那么他将进入下一个也是最后一个发展阶段，即**生殖期**（genital stage）。这一阶段大约始于青春期并一直延续至整个成年期。此阶段力比多主要集中于生殖器，但不像性器期那样通过自我触碰来获得快感。这一阶段不同于前面几个阶段，它没有特殊的冲突。人们只有在解决了前面几个阶段的冲突后，才能进入生殖期。因此，按照弗洛伊德的观点，人格的主要发展在 5 到 6 岁时就已经完成，成年人的人格主要取决于个体在婴儿阶段和早期童年阶段解决冲突的方式。

弗洛伊德的心理性欲阶段理论是一种关于人格发展（包括正常和异常）的理论。简言之，该理论认为我们生来就有一种获得性快感的驱力（本我），但文明社会的约束限制了我们满足这种驱力的方式。所有人都要经历一系列可预知的冲突和碰撞，一边是我们对快乐的渴望，另一边是父母和社会的要求。冲突的本质和我们要经历的阶段是普遍的，但具体的情况和结果却各不相同。在每个阶段我们解决冲突的特定方式塑造了我们的部分人格。例如，一个人如果在口唇期没有得到足够的满足（太早断奶）或得到的满足过多（断奶太晚），那么在接下来的人生中这个人可能会继续对口唇欲的满足有不恰当的要求（可能会形成依赖型人格，出现进食障碍、嗜酒或吸毒）。

弗洛伊德以军队的战斗来比喻各个心理性欲发展阶段。如果某个阶段的问题没有完全解决，那么一些士兵必然要留下来监管遗留的特殊冲突。就如同一些心理能量必须进行保卫工作，以免心理性欲的冲突再次爆发。问题解决得越差，留下来的心理士兵就越多。可用于完成后续成熟任务的心理能量就越小。进入生殖期的心理士兵越多，就意味着可用来建立成熟、亲密和富有成效的人际关系的心理能量越大，成年期的人格适应就越好。有意思的是，在弗洛伊德的成功人格发展概念中，无论是幸福还是生活满意度都不直接包含在其中。他把成功的人格发展定义为培养生产力以及能够维持成熟的成人两性关系的能力。

## 人格与精神分析

**精神分析**（psychoanalysis）不仅是一种人格理论，也是一种心理治疗的方法。作为一门技术，它能帮助那些正经历心理障碍，甚至仅仅是在生活中遇到小问题的人。精神分析可被视为一种刻意重塑人格的方法。精神分析人格理论与精神分析治疗的联系非常密切。精神分析治疗的原理直接以人格结构及其运行方式的精神分析理论为基础。弗洛伊德是在治疗病人的过程中发展出其人格理论的。同样，许多现代精神分析学家，甚至包括那些在学术机构中的人，也坚持为病人看病。大多数精神分析师自己也接受精神分析治疗，弗洛伊德认为，这是成为一名精神分析师所必需的。

## 揭示无意识的技术

精神分析的目标是使无意识层面的内容进入意识层面。心理疾病、生活中的困扰和原因不明的生理症状都可以视为无意识冲突的结果。有些思维、情感、冲动或记忆令人痛苦不堪，具有威胁性，所以它们被压抑到无意识之中。但由于人类心理的动力特性和动机性无意识的作用，这些冲突或受到限制的冲动可能从无意识层面溜出并造成麻烦，最终通过心理症状或生理症状的形式表现出来。

精神分析的首要目标是识别这些无意识的思维和情感。一旦病人认识到了这些问题，第二个目标就是引导病人采用现实和成熟的方法来处理这些无意识的冲动、记忆和思维。所以，精神分析师面临的主要挑战是如何揭示病人的无意识心理。根据定义，我们知道无意识心理是个体没有意识到的那部分。一个人（治疗师）如何知道另一个人（病人）的一些连他自己都不知道的事情？弗洛伊德和其他的精神分析师发展出了一套可以挖掘病人无意识心理内容的标准技术。

### 自由联想

请让自己处于放松状态，躺在舒适的椅子上，让思想随意漫游，说出任何进入你思维中的东西，此时你就在进行**自由联想**（free association）。在自由联想过程中，你很可能会说出一些甚至连自己都惊讶的话，你还可能对此感到难为情。如果在说话之前你能抵制审查思维的冲动，你就知道接受精神分析的病人大多数时间都在干什么了。一次典型的精神分析会谈约持续 50 分钟，一周可能谈几次，整个过程可能持续若干年。会谈的目标是使病人能够认识无意识中的内容，可能正是这些内容导致病症，同时治疗师还要帮助他们用成人的方式来处理这些内容。

通过解除个体对日常思维的监控和审查，自由联想技术得以使潜在的重要内容进入意识层面。这需要做一些练习。精神分析师会鼓励病人说出任何进入其思维的内容，不管多么荒唐、琐碎和污秽。这种技术有点像大海捞针，因为精神分析师在找到无意识冲突的重要线索之前可能会遇到海量的琐碎内容。

进行自由联想时，精神分析师要能极其敏锐地捕捉各种细微迹象，如语音微颤、话语踌躇、立即否认、错误开端、笑容紧张或持久停顿。这些迹象可能表示病人刚刚提到的内容正是要紧之处。厉害的精神分析师能够觉察出这些信号并及时介入，让病人继续谈论该主题，进行更深入的自由联想。用考古来比喻这一方法很恰当，因为精神分析师试图通过挖掘各种各样的寻常内容来寻找过去冲突和创伤的线索。

### 梦

思想家们一直在推测梦的意义，长期以来，人们认为梦是觉醒状态时不能意识到的深层心理信息。1900 年，弗洛伊德出版了《梦的解析》，在书中他对梦的意义和目的进行了解释。他认为梦的目的是满足冲动和实现无意识的愿望和欲望，所有这一切都在梦的保护下进行。但是，大多数梦难道不是荒唐和无意义的吗？它们与欲望和愿望又有什么关系？例如，某个人可能做这样的梦，他骑着一匹白色的马，然后马突然飞了起来。这个梦的意思难道是此人希望有一匹会飞的马？不，弗洛伊德认为，梦中包含的愿望和欲望是以伪装的形式出现的。弗洛伊德采用**梦的分析**（dream analysis）技术，通过解释梦来揭示梦中无意识的内容。弗洛伊德认为，我们必须区分梦的**显意**（manifest content，梦实际包含的内容）和梦的**隐意**（latent content，梦的成分所表征的内容）。他认为愿望和欲望的直接表达令人很不安，可能使做梦者惊醒。睡眠时，自我在一定程度上仍在工作，继续掩饰我们无意识内令人痛苦的内容。为了让人继续睡眠，同时也为了无意识愿望的满足，必须对那些不可接受的冲动和愿望进行伪装。例如，做杀死父亲的梦可能会人非常不安，使有俄狄浦斯固着的小男孩从梦中惊醒。但是，如果梦到一个国王有一座花园，花园里有喷泉，但喷泉被小动物弄坏了，不能再喷水了。这个梦可能有同样的心理意义，却可以让做梦者继续保持睡眠状态。

虽然我们的梦看起来荒谬可笑和难以理解，但对于精神分析师来说，梦可能包含重要的无意识线索。弗洛伊德把梦称为"通向无意识的康庄大道"。精神分析师通过解码不可接受的冲动和欲望如何被无意识转换成梦的**象征符号**（symbols）来解梦。梦里的国王和王后可能代表父母，小动物可能代表儿童。因此，梦里国王的喷泉被小动物损坏，可以解释为俄狄浦斯愿望的实现。

按照弗洛伊德的观点，梦有三个功能。第一，它能实现愿望和满足欲望，即使只以象征形式进行。第二，梦提供了安全阀门，使个体能通过表达深层的愿望（尽管表现为伪装形式）来缓解无意识的紧张。第三，梦是睡眠的守护神。即使梦里正发生着许多事情，比如愿望与欲望的表达，但个体仍然处于睡眠之中。尽管紧张得到了缓解，但没有唤起焦虑，个体的睡眠也没有受到干扰。

弗洛伊德的许多著作都对梦里常见的象征符号进行了解释或翻译。不出所料，大多数象征符号都有性的含义。这可能是由于弗洛伊德受到他所生活的维多利亚时代的影响。在那个时代，许多人在性问题上受到严重的禁锢。弗洛伊德认为，因为人们压抑了性感受和性欲望，这些被禁锢的冲动会以象征符号的形式闯入梦中。许多后来者批评了弗洛伊德对性的这种过分关注，他们把这归因于他当时所处的特定历史时期。

练习

请你连续几天在床头放上笔和纸。每天清晨醒来时，请立刻写下你能记起的任何晚上做梦的内容。几天之后，可以阅读这些梦的日记并寻找其主题。在这些梦里，你能发现一些重复性的主题或元素吗？你梦里常见的一些象征符号是什么，你认为它们代表什么？为了帮助你回答这些问题，请试着对梦的内容进行自由联想。也就是说，找个安静的地方放松，大声描述你的梦。不停地说，讲出进入你脑海的任何东西，不管多么愚蠢或琐碎。做完这一练习之后，你对自己的了解更深刻了吗？或者领悟到对你最重要的东西是什么了吗？

### 投射技术

你肯定看到过一些可以给出多种解释的图片（如花瓶与面孔的两可图形）。或者你可能玩过这样的儿童游戏，在一幅很大的图画中，隐藏着你可以找出的许多图像。请想象你给某人一张含义完全模糊的图片，如墨迹图，然后问看见了什么。从墨迹的形状此人可能看到许多事物：飞船、游动的鱼和小丑等。个体从两可图形（如墨迹）看到的事物反映了其人格，这种观点称为**投射假设**（projective hypothesis）。该观点认为，人们从模糊刺激里看到的内容投射了自己的人格。有敌意和攻击性的人在墨迹图上看到的可能是牙齿、爪子和血迹。口唇期固着的人可能看到食物或有人在吃东西。一些研究者经常批评墨迹投射技术和其他的投射方法，因为这类方法缺乏效度或信度方面的科学证据（Wood et al., 2003）。

另一种投射技术是让个体创造某种东西，如画一个人。个体所画的内容可能是对自己内心冲突的投射。设想让一名年轻的男性画一个人，他只画了一个头。让他再画另一个人，这次要求他画一名异性，他又只画了一个头。最后，让他画一张自己的图像，他还是只画了一个头。这时，我们可以据此推测此人可能有某种关于自我身体意象的无意识冲突。与释梦和自由联想一样，投射技术的目标是绕过病人的意识审查，揭示其无意识冲突和被压抑的冲动和愿望。

投射技术，如瑞士精神病学家罗夏发明的墨迹图，被广泛用来评估人格的无意识层面，如被压抑的欲望、愿望或冲突等。

## 精神分析的过程

借助自由联想、梦的分析和投射技术，精神分析师可以逐步理解病人问题的无意识根源。同时，病人也必须明白自身状况的无意识动力学过程。为此，精神分析师要给病人提供问题原因的心理动力**解释**（interpretation），并让病人相信，有问题的思维、梦、行为、症状或情感都有其独特的无意识根源，它们是无意识冲突或被压抑的冲动的表达。精神分析师可能会说："当你与男朋友一起出去时，你感觉非常疲倦，昏昏欲睡，是因为你害怕自己对他产生性吸引吗？"病人屡屡回避的事情通过解释直接呈现在其面前。通过多次解释，病人逐步理解自身问题的无意识根源，这是**顿悟**（insight，也译作"领悟"）的开始。在精神分析中，顿悟不仅仅是对个人问题的内部心理原因的简单认知理解。当然，简单的认知理解是顿悟的一部分。顿悟是指被压抑的内容释放后伴随而来的一种强烈情绪体验。当压抑的内容被重新整合到意识中，并且个体体验到与早先被压抑的内容相关的情绪时，我们就说这个人有了一定程度的顿悟。

正如你想象的一样，其中的每个过程都极其艰难。为了不感到焦虑，病人或者至少是病人的自我，耗费了很多能量来压抑问题的根源。当治疗师通过自由联想和梦的分析去戳穿无意识的内容并开始提供解释时，病人通常会感到威胁。曾经用以压抑痛苦的冲动或创伤的力量，现在则用来阻止精神分析的进程，这个阶段称为**阻抗**（resistance）。由于防御机制受到刨根问底的精神分析师的威胁，病人可能无意识地设置障碍来阻止精神分析的进行。病人可能使用各种聪明的方法来误导或阻挠精神分析师。病人可能忘记预约时间，不付报酬，或者迟到很久。有时在治疗过程中，处于阻抗阶段的病人可能把大部分时间耗费在琐碎无关的事情上，以此避免直面重要的问题。病人可能浪费很多时间回忆小学时每一个同学的名字和其他细节，这一过程可能会浪费掉几周的治疗时间。或者有些病人在面对治疗师的步步进逼和难以接受的解释时，会非常气愤，甚至可能侮辱对方。

如果分析师觉察到病人的阻抗，这通常是好的信号，意味着治疗已经取得了进展。阻抗意味着重要的无意识内容即将出现，阻抗本身会成为精神分析师提供给病人的解释的一部分。例如，分析师可能会说"你侮辱我也许是因为你想避免讨论你种种试图减少对男人的性吸引力的方式，现在我们再谈谈你试图通过与我发生争执而回避的问题。"

在大多数精神分析过程中，另一个重要阶段是**移情**（transference）。在移情阶段，病人对分析师的反应就像其是自己生活中的重要人物那样。病人把过去或现在对生活中某个人的情感转移到分析师身上。例如，病人也许会用对待父亲的感情和行动来对待分析师。病人转移到分析师身上的情感可能是积极的，也可能是消极的。例如，病人可能会表达对分析师聪明和智慧的钦佩，表现出多数儿童对父母的那种崇拜。在治疗过程中，尘封已久的冲突和反应方式得到了重演。

移情背后的理念是这样的：治疗期间病人会在治疗师身上重演与生活中重要他人的关系问题。弗洛伊德把这一现象称为**强迫性重复**（repetition compulsion），即个体在与陌生人（包括治疗师）的交往中重现已有的人际关系问题。移情可能是病人无意识冲突的一种线索来源，为治疗师提供解释病人行为的机会。

练习

移情不仅发生在精神分析的过程中，也发生在我们的日常生活中。过去的人际关系模式可能会影响日常生活中我们与他人互动的方式。例如，某个学生为了取悦自己喜爱的教授，可能会努力写论文，但很不幸，论文并没有获得优异成绩（如 B+），这可能使该学生很难过，可能在教授面前流泪或者大发脾气。感到奇怪的教授可能不知所措，他不知道该学生为什么会这样，因为事实上 B+ 是很好的分数。也许该学生是在重现不成熟的儿童反应模式，每当他极力想取悦的人（如苛求的父母）对他感到失望时这一反应模式就会出现。

请回想你或你认识的某个人对某件事情过度反应的情境。一旦你确定了这一情境，你能想起过去特别是童年时的某些很相似的情境吗？你有理由认为你或你所认识的那个人正在重复过去的冲突吗？

电影和其他一些现代媒体经常描绘精神分析会带来瞬间的顿悟，在这种情况下，病人立即就能获得永久性治愈，而现实情况并非如此简单。一段彻底的精神分析过程可能要持续几年，有时甚至十几年或者更长。精神分析师反复地提供一个又一个解释，向病人阐明问题的无意识根源。在精神分析过程中，病人可能会产生阻抗，同时移情也是此阶段的典型问题。通过病人和分析师双方持久而艰苦的努力，病人逐步获得了顿悟。成功完成该过程之后，病人自我的早先那些用来压抑冲突的心理能量便得以释放，并可直接用于两大目标——爱和工作，弗洛伊德认为这两大目标正是成年人格发展的标志。

## 精神分析为什么很重要

在 20 世纪的大部分时间里，弗洛伊德的观点对理解心理的运作方式一直有深刻的影响。在很多领域都能看到弗洛伊德的持续影响。第一，即使是在今天，心理治疗实践仍然受到精神分析观点的影响。精神分析分会是美国心理学协会的第二大分会。“谈话治疗”的基本构想可以追溯到弗洛伊德。即使在那些不做经典精神分析的治疗师中，许多人也会在治疗实践中借鉴精神分析的某些观点和方法，如自由联想（在治疗中让患者想到什么就说出什么），或者移情（病人在与治疗师的互动中重现自己的人际关系问题）。

第二个受弗洛伊德影响的领域是学术界，研究者对弗洛伊德的某些观点重新掀起了一股研究热潮，再次燃起了对无意识（如 Bornstein, 1999）、心理能量（Baumeister et al., 2007）和防御机制（Cramer & Davidson, 1998）等主题的兴趣。虽然这些研究者并不赞同弗洛伊德的所有理论观点，但他们为弗洛伊德的某些观点找到了实证支持，要么支持弗洛伊德原来的观点，要么支持他人修正后的观点。

第三个受弗洛伊德影响的领域是大众文化，弗洛伊德的很多观点都被整合到我们的日常语言之中，我们也经常依据弗洛伊德的许多观点来理解自己和他人的行为。例如，若某个人说“他不能与他的老师和睦相处，因为他与权威存在冲突”，该评论很明显是基于弗洛伊德的观点。又如某人把一个人当前的问题归因于父母教育不当，这也是弗洛伊德式的解释。再如一个人逃避约会，把她的所有时间都花在针线活上，若你认为这是因为她在性上存在冲突，你采用的无疑也是弗洛伊德的观点。日常行为解释和日常用语中已经广泛渗透了弗洛伊德的大量思想，所以我们对弗洛伊德理论的了解可能超出我们实际意识到的。

弗洛伊德理论之所以重要的最后一个原因是，他为许多至今仍在探讨的心理学主题和问题奠定了基础。他提出了人格成长的发展阶段模型，发明了解决心理内部冲突的办法，还提出了人格基本成分的结构模型并描述了可能存在于这些成分之间的主要动力关系。他指出心理的部分内容是我们本身无法意识到的。至今，当代心理学家们仍然在探讨这些问题。

弗洛伊德开创了一种充满趣味、极富影响甚至充满争议的理解人性的方法。因此，尽管该理论在当代人格研究中并没有起到很重要的作用，但每个学习人格心理学的人都不应该忽略它。弗洛伊德理论中的某些思想至今仍然影响着当代人格理论与研究的许多方面，因此无论是弗洛伊德的经典理论还是当代修正后的精神分析理论，都值得好好学习。

## 对弗洛伊德贡献的评价

对当代人格心理学家来说，弗洛伊德的人格理论仍然充满争议。一些人格心理学家（如 Eysenck, 1985; Kihlstrom, 2003b）认为应该摒弃精神分析理论。另一些人格心理学家则声称精神分析依然充满生命力（Westen, 1992, 1998; Weinberger, 2003）。对于精神分析理论的准确性、价值和重要性，人格心理学家之间仍然分歧极大，双方经常就精神分析的价值展开激烈的论战（Barron, Eagle, & Wolitsky, 1992）。

纽曼和拉森（Newman & Larsen, 2011）的《立场：人格心理学中的冲突观点》一书介绍了围绕精神分析的争议。事实上，这本书或者至少该书第 11 章，是本章很好的补充阅读材料。极端批评者认为精神分析是弗洛伊德设下的一个巨大骗局，完全没有价值；极端支持者则认为精神分析是近几个世纪出现的最完整的人性理论。当然，与大多数争议一样，事实可能介于这两种极端立场之间。

根据弗洛伊德的经典理论，人性受性和攻击两种动机驱动。当代大多数文学、电影、电子游戏和互联网内容都充斥着这两种动机。

精神分析的支持者认为弗洛伊德的理论对西方思想产生了重要影响。许多精神分析的术语（本我、自我、超我、俄狄浦斯冲突、阳具妒羡和肛门人格等）已经成为西方社会日常生活中的用语。

除了影响心理学，弗洛伊德的著作对其他学科也有重大影响，如社会学、文学、美术、历史、人类学和医学等。在心理学界，弗洛伊德的作品是被引用最多的文献之一。心理学学科的许多后续发展都借鉴了弗洛伊德的理论，或者建立在他的理论基础之上。弗洛伊德塑造了现代的人格心理学，并奠定了人格心理学近半个世纪的发展进程，他关于心理性欲的发展观在发展心理学的诞生中也起到了重要作用。人们把他关于焦虑、防御机制和无意识的观点加以修正后，广泛应用于现代临床心理学的众多领域。他开创的心理治疗技术被频繁地用于实践，尽管有时是修正后应用。虽然现在许多治疗师不再用长沙发，但他们仍然会询问病人的梦，让病人进行自由联想，识别和解释阻抗形式，克服移情等。而且，假如我们认为弗洛伊德过分强调了性和攻击，只要看看那些流行电影、暴力电子游戏和网络色情的泛滥。

当然，精神分析的批评者也有很强的论据（如 Kihlstrom, 2003b）。批评者们认为弗洛伊德的理论仅仅有历史价值，对当代的人格心理学研究并没有太大作用。如果你随便浏览一下主流人格心理学杂志上发表的研究文章，就会发现几乎没有研究与经典精神分析直接相关。批评者坚持认为，若精神分析不能经受外人的审视，它的价值就不能得到有科学根据的公正评价。在确定精神分析的有效性方面，弗洛伊德本人根本不相信假设检验和实验的价值（Rosenzweig, 1994）。科学的方法能够自我矫正，因为实验是用来反驳理论的。如果精神分析不能进行科学考察，不能经受反证的检验，那么它就完全得不到科学证据的支持。因此，一些心理学者认为，精神分析更像是信仰问题，而不是科学事实问题。

对精神分析的另一个批评指向精神分析所依据的证据的性质。弗洛伊德主要依赖个案研究方法，他研究的个案是病人。他的病人是谁？主要是那些富有、受过良好教育、比较健谈的女性，这些女性有很多自由时间与弗洛伊德频繁进行会谈治疗，她们也有丰厚的收入来付费。他的观察仅仅来自治疗时的会谈，这些观察只涉及一小部分有限的人。但是，以这些观察为基础，弗洛伊德建构了关于人性的普遍理论。而且，在他的著作中，他提供的证据并不是最初的观察，而是他对观察的解释。弗洛伊德不像科学家那样提供原始数据以便其他人检验和证明，他只是写下自己对病人行为的解释,而不是详细报告或描述行为本身。如果能够获得实际的原始观察资料，那么一个有趣的问题是，读者能否从资料中得到与弗洛伊德相同的结论？当今的精神分析师可以把治疗过程录制下来以作证据。但是，这么做的人非常少，因为分析师认为，知道正在录像的病人可能不会做出自然反应。

弗洛伊德理论还受到一些更具体的质疑。例如，许多人认为，弗洛伊德在儿童发展理论中过分强调性驱力是不恰当的，也许它更多反映的是弗洛伊德本人的困扰和当时的时代，而不是儿童期发展的真正主题。弗洛伊德认为个体在大约 5 岁时人格的发展就几乎已经完成，许多心理学家们反对这一观点。他们指出，在青少年乃至整个成年阶段，人格有时会有很大改变。在第 10 章，我们将介绍一些其他人格发展模型，它们建立在弗洛伊德理论的基础之上，但有很大的拓展。我们还会考察当代精神分析思想的其他问题，包括现代无意识观以及人际关系对于决定人格发展的重要性（Kihlstrom, Barnhardt, & Tataryn, 1992）。

弗洛伊德对人性基本上持消极态度，一些人格心理学家对此表示怀疑。在本质上，弗洛伊德的理论认为人性是暴力的、色欲的、自我中心的和冲动的。事实上，弗洛伊德认为，如果没有社会对个人的抑制作用（通过超我的中介），人类会自我毁灭。其他一些人格心理学家认为人性是中性的，甚至是积极的，我们将在第 11 章介绍。最后，弗洛伊德很少关注女性，即使他谈及女性时，也暗示女性逊于男性（Kofman, 1985）。他认为与男性相比，女性的超我发展不够完善（这使她们更原始、道德品质更差），女性的问题比男性的更难治疗，甚至女性普遍都有变为男性的无意识愿望（恋父情结中的阳具妒羡）。女性主义者批评弗洛伊德，认为他混淆了充满压迫和男性支配的社会赋予女性的角色与女性真正的能力和潜能，该观点我们将在第 10 章深入探讨。关于女性主义者对弗洛伊德的猛烈批评，请阅读《女性主义与精神分析理论》（Chodorow, 1989）。

## 总结与评论

弗洛伊德提出了有重要影响力的人性理论。该理论的独特之处在于强调心理分为意识和无意识两部分。弗洛伊德的理论认为，心理有三种主要的力量：本我、自我和超我。在驾驭性和攻击两种动机时，这三部分经常相互作用。这些动机可能产生唤起焦虑的冲动、思维和记忆，因此它们被压抑在无意识之中。把这些不可接受的思维、愿望和记忆排除在意识之外需要各种防御机制，比如压抑。一些防御机制在当代仍是学院派人格心理学家研究的主题。弗洛伊德也提出了发展阶段理论，他认为每个人都必然经历这些阶段，而每个发展阶段均包含某种性欲望表达的冲突。解决这些冲突的方式，以及学会在文明社会允许的范围内满足自己的愿望就是人格的发展。也就是说，成年人的差异源于他们在儿童期学会了不同的策略来处理各特定类型的冲突。

弗洛伊德还提出了一套心理治疗的理论和技术，也称为精神分析。精神分析取向治疗的目标是使病人的无意识转化为意识，并帮助病人理解问题的创伤性根源。有关精神分析的价值，不同心理学家有不同的看法，他们彼此的争论非常激烈。然而毫无疑问，当精神分析的观点受到更科学的考察，当研究者采用严格控制的实验室实验对精神分析的假设进行检验后，人们将对弗洛伊德理论的价值和有效性有更多的了解。

在所有关于人性的理论中，弗洛伊德提出的人格理论是最完整的理论之一。但是，许多当代人格心理学家并非不加批判地全盘接受弗洛伊德提出的理论。相反，许多心理学家只是接受了其理论的一部分，或者认同修正后的理论。例如，很多心理学家认同意识之外还存在无意识心理的观点，但许多人不同意无意识的激发方式如弗洛伊德所言。在第 10 章我们将讨论这种观点如何影响对被压抑的记忆的争论。

## 关键术语

心理能量
本能
力比多
塔纳托斯
意识
前意识
无意识
动机性无意识
盲视
无意识思考
本我
快乐原则
初级过程思维
愿望满足
自我
现实原则
次级过程思维
超我
自我损耗
防御机制
实因性焦虑
神经性焦虑
道德性焦虑
压抑
否认
基本归因错误
替代
合理化
反向作用
投射
错误一致性效应
升华
心理性欲阶段理论
固着
口唇期
肛门期
性器期
俄狄浦斯冲突
阉割焦虑
认同
阳具妒羡
厄勒克特拉情结
潜伏期
生殖期
精神分析
自由联想
梦的分析
显意
隐意
象征符号
投射假设
解释
顿悟
阻抗
移情
强迫性重复

© Science Photo Library RF/
Getty Images RF

# 10

# 精神分析取向：当代的议题

# 心理动力领域

上图为 1994 年 3 月 24 日加里·拉蒙纳（左）和他的律师正在走向纳帕县高等法院，他要指控心理医生使用不恰当的暗示和药物向他的女儿植入性骚扰记忆。



以下信息来自加利福尼亚州法院 1994 年的判决（*Ramona v. Isabella*, California Superior Court, Napa, C61898）。约翰斯顿对这个案件做了详细描述（Johnston, 1999）。

霍莉·拉蒙纳是一名 23 岁的女性，因患有贪食症而接受咨询和治疗。霍莉的咨询师之一伊莎贝拉承认，自己曾告诉过她绝大多数患贪食症的女性在童年时都受到过性骚扰。在治疗过程中——有几次咨询使用了催眠药物（阿米妥钠）——霍莉开始回忆起发生在童年时的性骚扰事件。更具体地说，在治疗师诱导性问题的指引下，霍莉开始"恢复"记忆，她想起 5 岁到 8 岁时父亲经常强暴她。治疗师承认曾告诉霍莉，因为阿米妥钠是一种"吐真剂"，假如在它的作用下能够回忆起性虐待，那么这种记忆就一定是真实的。

霍莉的父亲加里·拉蒙纳由于女儿的控诉受到了巨大打击。当霍莉把乱伦指控公开之后，妻子和他离了婚，其他家人也迅速离开了他，他失去了大型酒厂高管的高薪工作，社会名誉也完全被摧毁。拉蒙纳先生声称自己是清白的，并控告女儿的治疗师在她的头脑中植入了错误的乱伦记忆。

在这个史无前例的司法案件中，拉蒙纳决定控告治疗师给他和他的家庭带来的伤害。他控告女儿恢复的被他强暴的记忆实际上是由治疗师创造的。治疗师不停地暗示，性虐待是女儿贪食症的原因，只有回忆起曾经受到的性虐待，她才能完全康复。拉蒙纳认为，对女儿植入这些错误记忆是治疗师的工作过失，因此他控告治疗师渎职。

治疗师们则声称，拉蒙纳起诉他们渎职没有法律依据，因为他不是他们的病人。但是，审判法官认为，作为病人的家庭成员，特别是作为一个因治疗师的行为受到严重伤害的人，拉蒙纳先生的确有权控告被告的治疗不当，这是一个重要的里程碑式的决定。

审判过程持续了 7 周，拉蒙纳先生坚决否认侵犯过女儿，但是女儿重复声称童年时父亲多次强暴她。这是一个非常典型的双方陈述相互矛盾的案件。在这样的情况下，经常需要传唤专家证人来澄清问题。心理学家洛夫特斯是一位杰出的记忆研究者，她在庭审中作证称："没有证据能支持以下说法，你在遭受强暴数年之后……会完全忘记这一经历。"一位专门从事法律问题的精神病学者帕克·迪茨证实，尽管霍莉想起被强暴，但她并没有在第一时间记得强暴者是谁。只有在使用阿米妥钠进行治疗期间，治疗师曾暗示霍莉强暴者是她的父亲，在那之后她才"记起"强暴者是自己的父亲。精神病学者、心理学家和催眠专家马丁·奥恩也证实，使用阿米妥钠药物后的访谈"不值得信任也不可靠"，并且"霍莉的记忆扭曲得如此厉害，以至于她不可能再知道真相是什么。"最后，哈佛大学的精神病学家哈里森·波普教授认为，霍莉受到了"低劣而粗糙的治疗，导致了灾难性后果"。

陪审团最终裁决治疗师们犯了渎职罪，应该赔偿拉蒙纳先生 47.5 万美元损失费。据媒体报道，陪审团主席曾言，这一判决的目的是"传达对虚假儿童虐待记忆的立场"。拉蒙纳先生的律师说，该裁决对其他治疗师是一种警告，特别是那些认为成人心理问题源自被压抑的儿童期创伤的治疗师。作为被告之一，治疗师伊莎贝拉认为该判决是对心理健康行业的打击，并仍然坚信"被压抑的记忆是真实的"。

为什么此案件与第 9 章开头所述的凯特教授案件结果如此不同？这两个案件的主要区别在于，凯特提供了大量确凿的证据来支持他恢复的记忆。与霍莉不同，凯特的记忆碎片得到了许多其他人的共同证实，甚至包括侵犯者本人认罪的录音。

但是，这些案例对精神分析的动机性无意识观意味着什么？心中可以埋藏恐惧事件的记忆，并在几十年后精确地提取这些记忆？就其本身而言，单一的案例既不能支持也不能反对无意识驱动的压抑。人们会遗忘各种各样的事情。你能记起上周二晚餐吃了什么吗？如果有正确的线索，你能够准确地回忆吗？如果有其他线索，你会在其引导下错误地回忆上周二晚餐吃的食物吗？

一般的遗忘与动机性压抑有什么区别？证明动机性压抑的科学证据充分吗？人们可以被诱导而"记起"实际上没有发生过的事情吗，就像霍莉这个案例一样？为了回答这些问题，我们来考察当代学者对经典精神分析所做的修正和完善，这些工作被统称为新精神分析运动。

## 新精神分析运动

弗洛伊德提出的经典精神分析始于 20 世纪早期，是关于总体人性的详细而全面的理论。但弗洛伊德的许多观点已经过时，当代的精神分析学家韦斯滕认为它们就应该过时，毕竟弗洛伊德在 1939 年去世，并且"他生前就怠于修正自己的理论"（Westen, 1998, p. 333）。韦斯滕幽默地说道："像埃尔维斯一样，弗洛伊德已经去世多年，但是人们总是不断地引用他。"虽然弗洛伊德的许多观点没有经受住时间的检验，但一些观点已被整合到当代精神分析理论之中。现在，最好把精神分析视为包含各种受弗洛伊德启发但又经他人修正和拓展的理论。

韦斯滕（Westen, 1990, 1998）是当代精神分析最活跃的拥护者之一。在总结弗洛伊德的科学遗产时，韦斯滕提到，当代精神分析学家不再过多谈论本我、超我和被压抑的性冲动，也不再把治疗视为对被遗忘的记忆内容的"考古"。相反，大多数当代精神分析学家更关注儿童期的关系模式和成人的人际冲突，例如，难以建立亲密关系或容易与不适合自己的人建立亲密关系等（Greenberg & Mitchell, 1983）。韦斯滕（Westen, 1998）认为，当代精神分析基于以下五种假设。

1. 无意识的影响虽然不像弗洛伊德认为的那样无所不在，但它在生活中仍然起着很大的作用。
2. 行为通常反映了诸如情感、动机和思维等心理过程相互冲突的折中结果（Westen & Gabbard, 2002a）。
3. 儿童期在人格的发展中起着重要的作用，尤其会影响成年期人际关系风格的形成。
4. 自我和人际关系的心理表征引导着个体与他人的互动（Westen & Gabbard, 2002b）。
5. 人格的发展不仅仅包括管理性和攻击情绪，也包括从不成熟的个体蜕变为成熟的个体，人际风格从依赖型发展为独立型。

在某些方面，与弗洛伊德最初的观点相比，新精神分析的这些观点更为流行，且有更好的实证支持。现在我们开始介绍当代精神分析的研究主题，先从压抑和记忆开始。

## 压抑和当代的记忆研究

提到动机性压抑，很容易发现受人尊崇的心理学家之间也有颇多矛盾的观点。一篇关于动机性压抑的临床文献综述总结道，“压抑的证据是令人信服且显而易见的”（Erdelyi & Goldberg, 1979, p. 384）。然而，另一篇对同一主题所做的综述却认为“压抑概念没有得到实验研究的确认”（Holmes, 1990, p. 97）。

伊丽莎白·洛夫特斯教授在拉蒙纳的案件中作证，并且为压抑性记忆的争论提供了大量的科学证据。

*© Don Shrubshell, Pool/AP Images*

伊丽莎白·洛夫特斯是一位心理学教授，也是世界知名的记忆研究专家，她在考察恢复记忆的真实性方面所做的研究可能是最多的。洛夫特斯是与压抑记忆的争论联系最紧密的心理学家，她总结了性虐待记忆的“压抑”和“恢复”等概念的科学地位（Loftus, 2009）。在《压抑记忆的真实性》这篇文章中（Loftus, 1993），她讨论了许多当事人突然记起一些重大事件的案件：有些记忆是真实的，但另一些记忆则是错误或者不准确的，后来当事人都公开承认记忆错误。但是她认为，我们不能因为一些诸如霍莉的案例就断定所有恢复的记忆都是**错误记忆**（false memories）；同样，我们也不能仅仅因为像第 9 章凯特的例子就认为所有恢复的记忆都是正确的。洛夫特斯认为，关键是要认识可能导致不准确记忆或错误记忆产生的各种过程。洛夫特斯（Loftus, 1992, 1993, 2011）认为许多因素影响着错误记忆的形成。

影响人们产生错误记忆的一个因素可能是大众出版。许多图书主要为那些受到虐待的幸存者提供指导，毫无疑问，这很大程度上宽慰了那些有着痛苦受虐记忆的人。对于没有此类记忆的人来说，这些图书给予了他们很强的暗示，即使他们没有关于虐待的记忆，也可能觉得发生过这类事。如《康复的勇气》一书写道：

> 你可能认为你没有这些记忆……然而，你并不需要能呈上法庭的明确记忆才能说“我遭遇过虐待”。你被虐待的信息通常始于很细微的感受，一种直觉……假定

> 你的感受是正确的……假如你认为自己经历过虐待，并且在生活中表现出了一些症状，那么你就被虐待过。（Bass & Davis, 1988, p. 22）

《康复的勇气》认为能够证明某人可能受过虐待的症状有哪些？作者列出的症状包括低自尊、自毁想法、抑郁和性功能失调等。这本书以及其他类似的书表明，即使没有任何具体的记忆，很多人还是应该断定自己受过虐待。但是，导致低自尊、抑郁和性功能失调的原因很多。另外，这些症状还与其他心理障碍有关，如恐怖症和焦虑。毫无疑问，这些障碍在没有受虐经历的情况下也可能发生。

上述引文有很强的暗示性，可能导致某些人得出错误结论，认为自己受过虐待。一个人若开始有了这种观点，为了使受虐故事显得更可信或一致，可能会补充一些细节来充实这种暗示。假如治疗师以此方式更深入地引导和询问，错误记忆就可能变得越来越可信。洛夫特斯（Loftus, 1993）在实验室证明了这一现象，实验时参与者要看一段轿车事故的录像，然后诱导性地向参与者提问，结果在诱导下他们得出轿车闯红灯的结论，但录像里并没有红绿灯。而且，诱导问题越多，参与者越相信那辆轿车应负事故责任，因为它闯了红灯（Bernstein & Loftus, 2009）。

导致错误记忆产生的另一个因素是某些治疗师的行为。洛夫特斯曾提及一名女性，当治疗师确定她的抑郁症源于童年遭受的性虐待之后，她给洛夫特斯写了一封信。虽然病人一再声明自己没有任何关于性虐待的记忆，但治疗师坚持其诊断。该女性还说，她简直不能理解发生了这么糟糕的事情自己却毫无记忆。洛夫特斯还谈到另一个案例：一名男性因父亲自杀而悲痛欲绝，因而接受心理治疗。病人谈论他生活中的痛苦事件时，治疗师一直暗示一定有其他事情。病人因为不知道所谓的“其他事情”到底指什么，变得更加抑郁了。之后，在一次治疗中，治疗师终于说出了他想说的话“你表现出了与我过去一些病人相似的特征，他们都是……仪式虐待的受害者”（Loftus, 1993, p. 528）。

在治疗过程中，鼓励病人回忆童年经历的技术很多。催眠就是其一，它能让病人在放松、暗示引导和恍惚的状态下自由回忆童年经历。但是，大量科学证据表明，催眠并不能改善记忆（Nash, 1987, 1988）。所以，法庭不允许对目击证人进行催眠。与没有被催眠的证人相比，处于催眠状态的证人并不能提供更准确的事实（Kihlstrom, 2003c; Wagstaff, Vella, & Perfect, 1992）。事实上，催眠还可能增加记忆的歪曲（Spanos & McLean, 1986）。在一宗催眠案例中，一名受暗示性很强的男性在催眠师的诱导下，生成了事实上并未发生的犯罪“记忆”（Ofshe, 1992）。在催眠状态下，人们通常更有想象力，更率直，更情绪化，还经常报告一些异常的身体感觉（Nash, 2001）。某些人经催眠回到童年时代后，竟然记起自己被驾驶宇宙飞船的外星人绑架的“经历”（Loftus, 1993）。

洛夫特斯及其同事指出了心理治疗中可能导致错误记忆的特定技术（Loftus, 2000; Lynn et al., 2003）。这些技术包括催眠、暗示性访谈、把症状解释为过去创伤性事件的标志、在权威人物的压力下回忆创伤性事件、释梦等。此类技术可以促使人们“记起”现实并未发生过的事情（Tsai, Loftus, & Polage, 2000）。在实验室研究中，洛夫特斯及其同事发现，让参与者想象各种事件后，他们会认为对这些事件更熟悉；如果诱导参与者对想象的事件形成更精细的记忆表征，那么在评价这些事件时，他们会认为这些事件可能发生过（Thomas, Bulevich, & Loftus, 2003）。这一效应被称为**想象膨胀效应**（imagination inflation effect），即通过想象对一段记忆进行精细加工后，

# 阅读

## 所以，你想有错误的记忆吗

假设你参加一个心理学实验，实验者让你仔细听 15 个词，并告诉你听完之后将进行测试。这些词是床、休息、清醒、疲劳、梦、醒来、打盹、毛毯、小睡、熟睡、打鼾、午休、安静、打哈欠、昏昏欲睡。现在把这列词遮盖起来，请指出下面几个词是否在其中。

| 是否在之前那列词中？ | 在 | 不在 |
|---|---|---|
| 打盹 | ____ | ____ |
| 母亲 | ____ | ____ |
| 床 | ____ | ____ |
| 电视 | ____ | ____ |
| 睡觉 | ____ | ____ |
| 椅子 | ____ | ____ |

假如你像大多数人一样，你会认为自己听过睡觉一词。实际上，许多人都会非常确信听过这个词。当告诉他们事实上这个词没有出现时，他们还会与实验者争论。因此，当让你回忆这些词时，假如你认为听过睡觉一词，并且确实记得听过这个词，那么你刚刚产生了错误记忆。大约 80% 的普通参与者出现了这种错误记忆。也就是说，他们相信最初听到的那列词中有睡觉一词（Roediger, Balota, & Watson, 2001; Roediger, McDermott, & Robinson, 1998）。

你刚才完成的实验是由心理学家勒迪格和麦克德莫特（Roediger & McDermott, 1995）设计的。他们依据记忆的**激活扩散**（spreading activation）模型发明了这一技术。激活扩散模型认为，相互关联的心理成分（单词和表象）在记忆中被储存在一起。例如，在大多数人的记忆中，医生与护士相互联结，因为这两个概念有着紧密的联系或相似性。我们很容易说明两者的心理联结：事先呈现相关概念（nurse）后，参与者判断另一个字母串（doctor）是否为单词的速度快于事先呈现不相关的词（table）。对这种现象的解释是，护士一词的激活通过相互联系的网络扩散至其他相关概念，如医生，因此我们能更快识别它。

那么，如何解释上述实验中人们对睡觉一词发生的错误记忆？像其他概念一样，睡觉被储存在与其他词，如床、休息、清醒、疲劳、梦、醒来、打盹、毛毯和小睡等相联结的记忆网络中。这一联结网络见图 10.1。

一开始那列词中许多词语的激活扩展到或启动了个体记忆网络中那个出现在回忆词表里的关键概念（睡觉）。与睡觉一词相关的其他所有词语（如床、休息和疲劳）的激活累积在一起，使个体之后更容易回忆和识别睡觉这一概念，即使你一开始并没有听过睡觉这个词。

研究者们还证明，在该任务中错误记忆出现的概率取决于初始列表中与关键词（如睡觉）联结的词语数。也就是说，列表项目与关键项目联结强度的总和决定了对关键项目的错误回忆。联结强度取决于当要求人们说出从其他词（如床）联想到的第一个词语时，关键词（如睡觉）被提及的频率。事实上，心理学家已经确定了各种单词的常见联结词列表，联结词表中各项与关键项联结强度的总和决定了错误回忆的概率（Roediger et al., 2001）。

上述研究结果与精神分析的错误记忆的观点有何关联？首先，它突显了这样一个事实：大部分认知心理学家，即使是那些有着强烈科学价值取向的人，都认为错误记忆是可能发生的。人类具有**建构性记忆**（constructive memory），这是公认的事实；也就是说，记忆以各种形式（增加、减少等）促成或影响回忆的内容。人类的记忆并非对过去事实的客观和原始的回忆，它们容易出现错误和被篡改。此外，当彼此紧密联结的成分在经验中重复交汇时，记忆最可能出错。在这种情况下，个体可能会识别出或回忆起与这些成分相关的新内容，即便它们从未发生过。例如，在审讯过程中，假设被审讯人员在某件事情上受到各种不同引导方式的反复审问。一段时间之后，当这个人被问到一些与开始的信息相关的新信息时，就可能认为新事情发生过。事实上，这不是因为事情真的发生过，而是因为它与先前呈现的信息有关联。词表再认时出现的无心之错有助于我们理解某些法律案件（如霍莉）中更重大和更戏剧性的错误记忆。

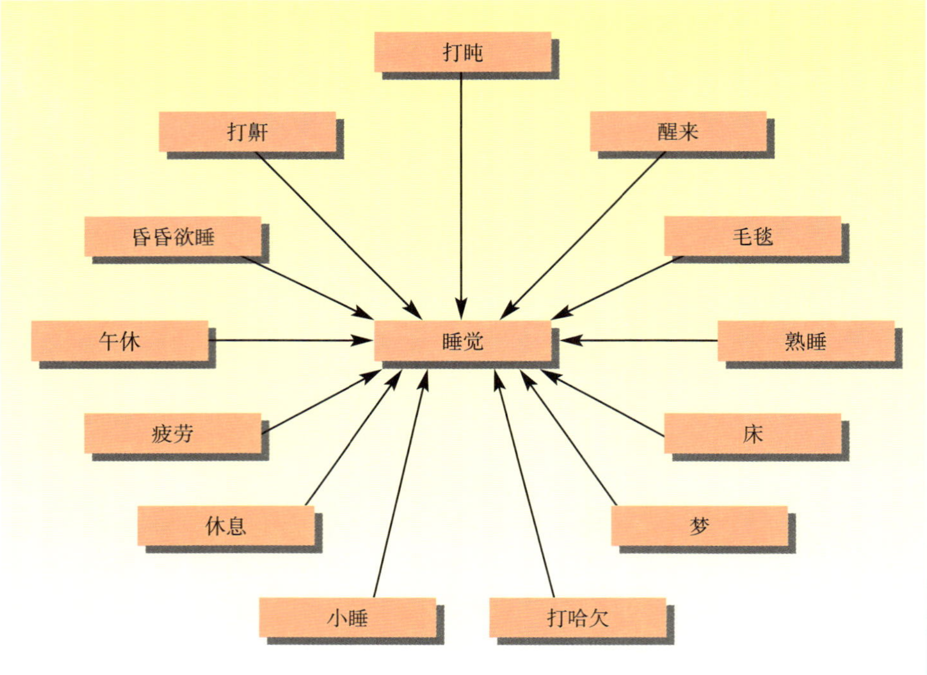


**图 10.1 与“睡觉”一词关联的概念的假设网络**

资料来源：Roediger, Balota, & Watson, 2001.

人们开始混淆想象的事件与实际发生的事件。例如，给人们展示一段广告，暗示他们在童年时与米老鼠握过手，结果那些人后来真的更相信自己小时候与米老鼠握过手。另一项研究让人们想象与兔八哥握过手，也得出了类似的结果（Braun, Ellis, & Loftus, 2002）。让人们想象某些事情，即便想象与兔八哥握手这类不寻常的事情，也会导致他们错误地认为想象的事情真的发生过。洛夫特斯等人指出了该研究对法庭采信所谓的“被压抑的记忆”的意义（Hyman & Loftus, 2002; Loftus, 2003）。洛夫特斯还开发了一种误导信息范式：在实验室环境中，围绕某些事件向参与者提问时呈现错误信息，从而给他们灌输错误的记忆。研究显示，这种方法甚至可以改变人们对个人重大应激事件的记忆（Morgan et al., 2012），并且追踪研究发现一年半之后这种错误记忆仍然存在（Zhu et al., 2012）。

为什么一些治疗师会给病人暗示错误的记忆？许多治疗师认为，有效的治疗必须使病人能够战胜被压抑的记忆，直面过去的创伤。与普通人一样，治疗师也会受到**确认偏误**（confirmatory bias）的影响。确认偏误是指这样一种倾向：仅仅寻找能够证实自己先前直觉的证据，而回避能够证伪先前信念的证据。假如治疗师认为童年创伤是大多数成年人出现问题的原因，那么他最可能去探究患者童年时的创伤记忆。因此，在治疗师的引导下，顺从和易受暗示的病人通常会耗费大量时间试图想象他们在儿童期一定发生了什么事情才导致目前的问题。同时，治疗师会讲述有着相似问题的病人的故事，这些病人在回忆和处理了童年时期的虐待记忆后，心理问题都得到了治疗。治疗师作为一位知道如何让病人变好的“权威人物”，随时准备好证实病人可能产生的任何创伤回忆。以上就是建构共享现实的理想条件，尽管双方都相信它的真实性，但并不真实。

阅读

## 儿童期性虐待是否会引发成年期问题？剖析一篇科学论文引发的争论

1998 年，心理学家林德等人（Rind et al., 1998）在《心理学公报》（*Psychological Bulletin*）发表了一篇科学论文，文章标题为“大学生样本中儿童性虐待假设特征的元分析检验”。此文目的是确定儿童性虐待（Childhood Sexual Abuse, CSA）是否会对男女两性都造成严重或长期的心理伤害。他们回顾了该主题下 59 项在大学生群体中开展的研究。元分析发现，有 CSA 经历的学生平均适应水平稍低于未经历过 CSA 的学生。然而，贫困的家庭环境也与 CSA 经历相关，因此，还不能说 CSA 本身导致适应问题（而与贫困的家庭环境无关）。总之，作者得出结论：CSA 似乎不会像人们认为的那样造成严重的或长期的心理伤害。

这篇文章引发了持续数年的激烈争论。大多数人认为儿童性虐待是有害的，因为这会对儿童造成长期的伤害。然而这项研究却说，目前很难证明儿童性虐待的长期实质性伤害。结果导致很多人加入了这场争论，因为他们主要是被儿童性虐待后果没那么糟糕这一结论激怒了。

还有其他群体因为别的原因对林德等人的文章感到愤怒。精神分析取向的心理学家有一个关键假设，即成年心理问题往往根源于童年受到的创伤。而林德等人的文章声称，成年适应困难与个体童年性虐待经历联系微弱，这违背了他们的这一关键假设。

支持恋童癖的组织在他们的网站上公开赞扬了林德的文章，称这篇文章支持了他们的道德立场，即儿童和成人之间的性关系是可以接受的。1999 年，《心理学公报》的出版方美国心理学协会（APA）发表声明，称他们并不支持恋童癖，“儿童性虐待是错误的，会给受害者带来伤害”。1999 年，美国众议院通过了一项决议，谴责林德等人的研究，宣称儿童与成人的性行为本质上是“虐待性和毁灭性的”。该决议在参议院获得一致通过。

鉴于这一争论，我们该如何评价林德等人的研究？作者挑战了 CSA 会造成伤害并导致长期问题这一普遍的假设。在世界上的大多数文化中，成人与儿童发生性接触都是错误的。然而林德等人认为，因为 CSA 的“危害性”存在争议，所以其“错误性”也可能有问题。换句话说，由于 CSA 可能未导致有害的后果，我们或许可以质疑该行为是否真的是错误的。此外，作者在解释结果时十分有挑衅意味。例如，他们声称对 CSA 的讨论不应该包含受害者、作恶者甚至虐待等词语，因为这些词语是道德术语而非科学术语。

对林德等人文章的反驳主要围绕方法学和解释两个方面。在方法学上有一个重要问题，那就是这些数据均来自大学生样本。大学生样本会将那些因创伤过于严重而无法进入大学的 CSA 受害者排除在样本外。还有一种可能，比如经历过 CSA 的人更可能从大学退学。林德等人的研究排除了未上大学的人，这可能严重低估 CSA 对成人适应水平的影响。另一个方法学问题是他们对 CSA 的定义过于广泛，包括从强迫性交到口头性邀约等诸多不同行为。由于林德等人的定义包括诸如口头性邀约（并没有性接触）这类“轻微”虐待行为，他们可能低估了真正的 CSA 对适应的影响。

方法学上的最后一个问题是，林德等人分析的大多数研究完全以大学生的回溯性自我报告作为唯一的数据来源。更好的方法（尽管困难得多）是前瞻性设计，追踪调查近期受到性虐待的儿童直至成年，然后评估其适应水平，并与未受虐待的控制组进行比较。

还有人不同意林德等人对结果的解释。一个问题是，他们认为贫困的家庭环境与 CSA 相关，所以不能确定是 CSA 导致了较差的适应结果。来自贫困家庭（可能有其他形式的虐待、忽视、强烈冲突和精神疾病等）的人，可能无论是否发生 CSA，都有出现不良适应结果的风险。然而，林德等人从未认真考虑过，CSA 是贫困家庭背景的原因还是结果。因为大多数的研究都基于参与者的回溯性自我报告，所以我们无法判断贫穷家庭背景与 CSA 关系的哪一种解释正确（Lilienfeld, 2002）。

另一个解释上的问题是，当作者描述 CSA 与焦虑、抑郁、自杀、离婚或偏执等适应结果的关系时，“小”究竟意味着什么。诚然，效应量符合统计学定义的小（如效应量小于0.30）。然而，即使是很小的效应也能反映非常重要的结果，并且影响很大一部分人。此外，个体身上的某种症状可能会很严重，但不同个体的症状可能有差异，因此即使个体本身遭受了巨大痛苦，但任何单一症状从CSA群体的整体来看可能都不是很严重。在某些方面，统计效应的大小并不能代表临床意义，因此可能会产生误导。

最后一个解释上的问题是，由于林德等人的研究数据表明CSA没有严重的伤害，他们进一步暗示CSA在道德上是良性的（Rind et al., 1998）。然而，这是一个滑坡谬误，即要证明某件事是错误的，就必须先证明它是有害的。这是用科学标准取代道德标准，然而科学只能用来记录关系，而不能决定对错。最终，问题归结到我们该如何决定一件事是错的？法律上，大多数错误的定义都源于社会规范，根据大部分人都会感到的错误或不宜。最终，我们需要依靠社会信念的智慧来帮助我们判断对错。而说到儿童，社会普遍认为他们无法做出理性和明智的生活决定。例如，美国社会不允许儿童签订经济合同，决定是否接受教育，签署医疗程序同意书，参加研究，抽烟或喝酒。此外，还有儿童不能同意发生性关系这一社会信念。将儿童性行为视为不正当的道德基础其实是基于这样的社会信念：儿童不能同意发生性行为，因为他们对于自己同意发生的行为知之甚少，而且当受到成年人强迫时他们没有接受或拒绝的绝对自由。1999年，时任美国心理学协会首席执行官的雷蒙德·福勒给国会议员迪莱写的一封公开信就很好地总结了这一立场。他写道“儿童无法同意与成人发生性行为”，并且这种行为“永远不应该被认为或者被贴上无害或可接受的标签”（American Psychological Association, 1999）。社会认为儿童还不够成熟，无法做出重大人生决定，所以需要保护他们，以免这种不成熟遭人利用。准此而论，林德等人文章中的数据与CSA是否错误无关。围绕这篇文章的巨大争议并不在于批判非主流的研究结果，尽管该研究存在方法学上的问题。许多争议都可以追溯到作者使用科学来代替道德的问题，他们混淆了“有害”和“错误”这两个概念。

然而，这一立场还必须结合一些已知的事实来考虑，如各种形式的儿童虐待的发生率。调查表明，儿童遭受了大量的创伤。例如，2006年，美国约有905 000名儿童成为虐待的受害者。其中64%的儿童疏于照管，16%的儿童遭受身体虐待，9%的儿童受到性虐待，约9%的儿童涉及心理虐待和医疗忽视。就在报告的这一年里，估计有1 530名儿童死于虐待和疏于照管，其中78%的儿童在4岁以下（U.S. Department of Health and Human Services, 2008）。

## 当代的无意识观

动机性无意识观是经典精神分析理论的核心。大多数当代心理学家仍然承认无意识，但是他们眼中的无意识与经典精神分析理论并不一样。让我们看看社会心理学家巴奇的观点，他对无意识过程的研究深刻地影响了心理学界，他说：“人们通常意识不到自身行为的理由和原因。事实上近期实验证据表明，意识觉知与产生行为的心理过程之间有着深刻且根本性的分离”（Bargh, 2005, p. 38）。以巴奇的一项研究为例，大学生参与者被告知参加一个有关语言的实验，并向他们展示了许多不同的单词。其中一半参与者看到的单词与“粗鲁”同义，另一半看到的则与“礼貌”同义。在完成语言实验后，参与者进入另一房间做另一个实验。这次他们面对的是舞台情境，在舞台上他们可以选择用粗鲁或者礼貌的方式行事。尽管参与者没有意识到语言实验可能影响他们，但他们后来的行为方式与前一个实验中接触的单词类型是一致的（Bargh, 2005）。大部分心理学家认为，无意识会影响人的行为，但并非所有人都支持弗洛伊德的观点，即无意识拥有自主的动机（Bargh, 2006, 2008）。

我们可以把无意识的两种不同看法分别称为**认知性无意识**（cognitive unconscious）和**动机性无意识**（motivated unconsious）。持认知性无意识观点的心理学家承认，在我们意识不到的情况下，某些信息也能进入记忆（Kihlstrom, 1999）。例如，**阈下知觉**（subliminal perception）现象。一些信息（如短语“买可口可乐”）在屏幕上呈现的速度非常快，以至于你根本无法辨认单词的字形，也就是说你可能报告看到了闪光，但是并不能辨认屏幕上的内容。与猜测未呈现的词（如“House”）相比，你猜“Coke”这个呈现过的词的概率并不比随机水平高。但是，如果以反应时为因变量（你做判断的速度）让你判断一串字母串是否是单词，一般来说，你判断“Coke”为词的速度比判断其他词（与可口可乐或其他饮料不相关的词）为单词的速度快得多。因此，阈下信息启动了记忆里的相关材料，**启动**（priming）使相关材料比无关材料更容易进入意识。使用阈下启动的类似研究结果清楚地表明，在没有意识体验的情况下，信息仍然能够进入头脑并产生影响。

假如给某人呈现阈下信息“买可口可乐”，他更可能不由自主地购买可口可乐吗？毕竟，这与精神分析的动机性无意识的观点是一致的：无意识中的某些内容能导致行为的发生。广告商能够采用阈下信息来无意识地激发顾客的购买动机吗？与此相似，那些在阈下引导自杀和暴力的摇滚音乐又会给人们带来怎样的影响？大多数关于阈下知觉的研究表明，无意识信息并不能影响人们的动机。也就是说，听隐含阈下暴力信息歌曲的大多数青少年，不太可能真的就去暴力犯罪。同样，人们在接触了阈下短语信息“买可口可乐”后，也不太可能真去买可口可乐。

认知性无意识观认为，无意识思维的运作方式与意识思维的并不一样。一些思维之所以是无意识的，不是因为它们受到压抑，或者它们代表了不可接受的冲动或愿望，而是因为它们处于意识知觉之外。例如，我们可以说“扣衬衣扣子”这一行为是无意识的，因为我们不需要任何注意就可以完成这一动作。对擅长打字的人来说，打字活动也是无意识的。信念和价值观等其他类型的心理内容也可能是无意识

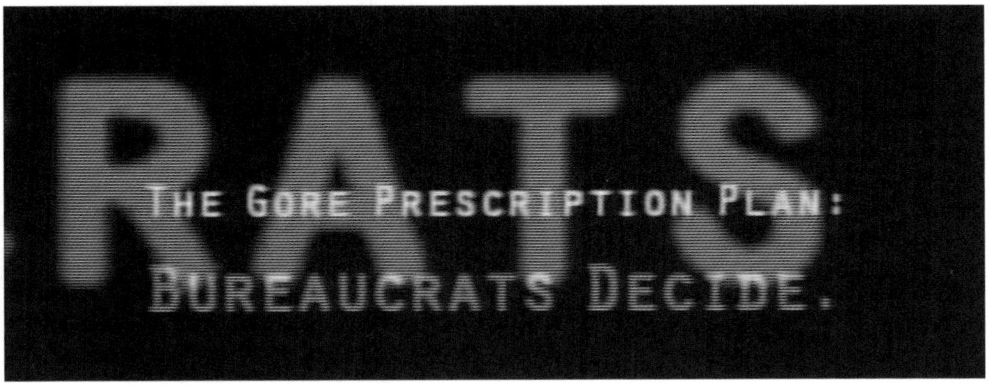


在 2000 年的美国总统大选中，共和党团队投放了一则电视广告，描述了竞争对手即民主党候选人艾伯特·戈尔的一些可疑募款活动。在该广告中，他们以阈下方式呈现英文单词“卑鄙小人”和关于戈尔的信息。戈尔的竞选团队发现后非常愤怒，并公开谴责布什团队采用阈下信息不正当地影响投票。布什团队立刻撤下了这一广告，布什否认他自己在该阈下宣传中扮演过任何角色。双方都认为这类阈下信息会对投票动机产生广泛影响，该事实表明许多人相信无意识动机的存在。对于阈下政治广告影响公众舆论的效力，研究者仍在相互争论（Weinberger & Westen, 2007）。

的。这些内容之所以处在无意识之中并不是因为它们有威胁性，进入无意识也不是为了影响我们的行为。虽然无意识内容能影响随后的思维或行为，比如启动的例子，但这些影响与经典精神分析理论的动机性无意识的影响并不一样（Kihlstrom, 2003b; Nash, 1999）。因此，当代心理学家们眼中的认知性无意识与弗洛伊德一百多年前提出的无意识观相去甚远。按弗洛伊德的说法，无意识是满载愤怒与性欲的浓烟滚滚的灼热大锅。他认为，无意识按其自身原始的和非理性的原则来运行，对我们有意识的行为、思维和情感有着广泛而深远的影响。在当代心理学家看来，无意识是平静和温和的，比弗洛伊德眼中的无意识要理性得多。此外，无意识仍然被认为会影响行为、情感和思维，但是与弗洛伊德的观点相比，这种影响更有其限定性、规则性和特殊性（Bargh & Morsella, 2008, 2010）。

## 自我心理学

对经典精神分析的另一个重大修正是研究焦点从本我转向了自我。弗洛伊德的精神分析关注本我，特别是性和攻击这对孪生本能，以及自我和超我对本我需要的反应。我们可以把弗洛伊德的精神分析描述为**本我心理学**（id psychology）。后来的精神分析学家感觉到自我值得更多的关注，因为自我起着诸多建设性功能。弗洛伊德的一名杰出学生埃里克森强调：自我是人格的一个有力且独立的部分。而且，埃里克森认为自我参与了对环境的掌控和个人目标的实现，因此也涉及个人同一性的建立。因此，人们把埃里克森开创的这一精神分析取向称为**自我心理学**（ego psychology）。

自我的首要功能是建立安全的同一性。同一性可以视为我们内心对我是谁、我的独特性是什么所具有的一种感受以及跨时间的连续感和整体感。你可能听说过**同一性危机**（identity crisis）这一术语。该术语来自埃里克森的著作，是指个体未能发展出一种强大的自我认同感时所体验到的绝望和困惑。甚至你可能都体验过这种感受，例如，你可能对自己有过不确定的时候，不确定自己是谁或不确定想要他人如何评价自己，不确定自己的人生价值观、目标和未来方向。个体青少年时期的同一性危机是一种普遍的经历。但是，对于某些人来说，这种危机可能发生在人生的后期，或者可能持续相当长的时间。第 11 章将进一步讨论的所谓“中年危机”往往是由同一性危机引起的（Sheldon & Kasser, 2001）。

埃里克森最持久的贡献之一就是提出了以下观点：同一性是每个人人格发展的重要成就。同一性可视为个体发展出的关于自我的故事（McAdams, 1999, 2008, 2010, 2011）。这个自我故事回答了以下问题：我是谁？在成人的世界中我处于什么位置？统一我生活的主题是什么？我存在的目的是什么？麦克亚当斯（McAdams, 2016; McAdams & Manczak, 2015）把同一性视为个体建构的叙事性故事。虽然个体可能会重新安排和重新建构生活故事的情节，但它作为个人的独特故事仍然很重要。麦克亚当斯认为，一旦故事有了连贯的主题，个体基本上不会再改变故事情节。但是，某些事件可能会导致同一性发生重大变化，个体会把这些事件整合到原来的故事中，类似事件包括毕业、结婚、孩子出生、迈入 40 岁或者退休等。不可预料的事件也可能成为故事的一部分，如配偶死亡、失业或者意外发财。一项研究表明（Cox & McAams, 2012），大学生即使是在春假期间参与帮助穷人的志愿活动也会改变他们的自我叙事同一性。下面的引文中，麦克亚当斯（McAams, 2008）描述了我们如何建构自己的人生故事，以及成为成年人的部分意义在于成为该故事的主人：

> 人们在青少年期和成年早期开始建构叙事同一性，并在整个成年生活中继续致力于此……我们为了理解人生而建构的故事从根本上讲是为了调和两种自我形象所做的努力，一边是我们在头脑和身体中想象的自我（我们过去是谁、现在是谁和未来是谁），一边是我们在各种社会背景（包括家庭、社区、工作场所、民族、宗教、性别、社会阶层和更广泛的文化环境等）中的现实自我。自我通过叙事同一性与社会达成妥协（pp. 242–243）。

## 埃里克森的八个发展阶段

弗洛伊德认为人格在 5 岁左右就已经形成了，埃里克森却不同意这种观点，他认为发展的关键期贯穿生命始终。例如，弗洛伊德把 6 岁到青春期这一阶段称为潜伏期，因为他认为在此阶段几乎没有心理上的发展。但是，该阶段儿童开始上学；他们学会努力，并从成功和成就中获得满足；他们学习社交，学习分享和与同伴协作；他们学着了解社会结构，如教师是负责人并代表权威这一事实。埃里克森（Erikson, 1963, 1968）指出，许多发展正好发生在弗洛伊德认为风平浪静的潜伏期中。他认为，人格的发展一直持续到成年，甚至到老年（Erikson, 1975），提出了每个人都将经历的**八个发展阶段**（eight stages of development）（见图 10.2）。

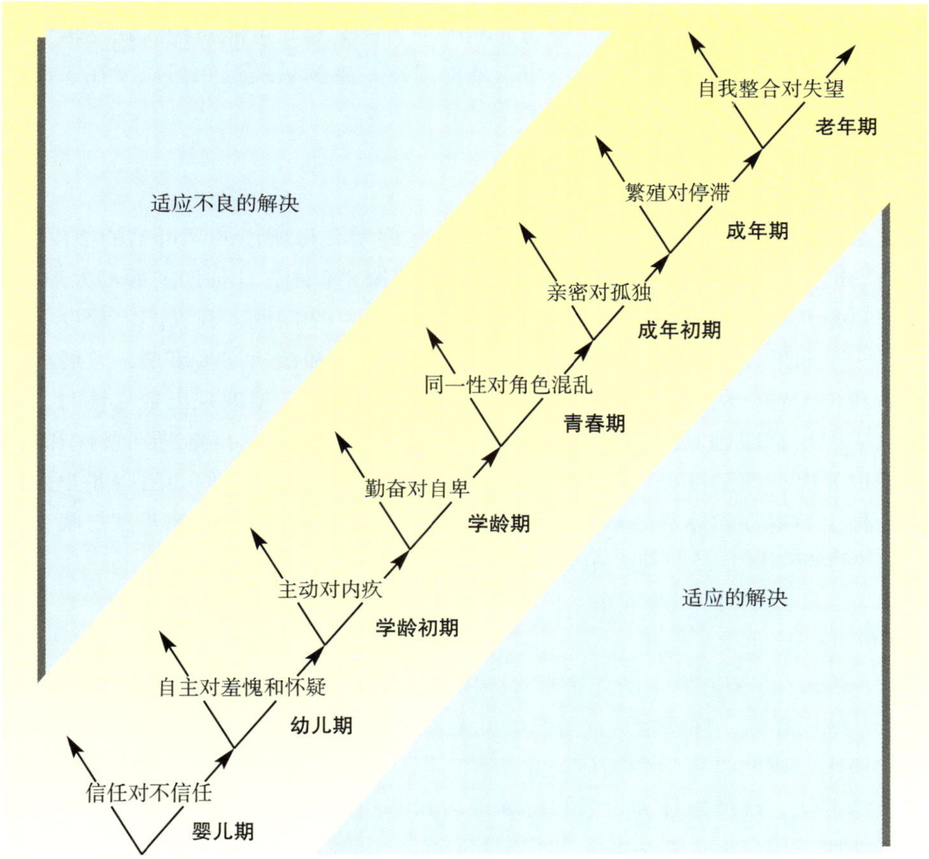


图 10.2　埃里克森的八个发展阶段

埃里克森既不同意弗洛伊德的发展时间跨度，也不同意弗洛伊德提出的每个阶段存在的冲突和危机。弗洛伊德认为危机的本质与性有关，但埃里克森却认为危机是社会性的。埃里克森认为，与父母的关系毕竟是我们建立的第一段社会关系。因此，在学着信任父母，学习从他们那里获得自主性以及按照成年人的方式行事的任何过程中，都有可能产生危机。与构成弗洛伊德发展阶段的心理性欲冲突不同，埃里克森把这些危机称为**心理社会冲突**（psychosocial conflicts）。

虽然埃里克森在这两个发展问题上不同意弗洛伊德的观点，但在其他几个方面，他认同弗洛伊德的观点。第一，像弗洛伊德一样，埃里克森也采用了**发展阶段模型**（stage model of development），即人们按照某种特定顺序经历这些阶段，每一个阶段都有代表性的特殊问题。第二，埃里克森认为每个阶段都代表一种需要解决的冲突或者**发展危机**（developmental crisis）。第三，埃里克森保留了固着这一概念，意思是假如个体未能成功和有效地解决危机，那么人格的发展可能会停滞，个体会一直被该发展危机束缚。现在我们简单描述一下每个发展阶段。

### 信任对不信任

儿童出生后完全依赖周围的人，他们面临的首要问题最可能是“谁会来照顾我，他们能做好吗？我能相信饥饿的时候他们会喂我，寒冷的时候他们会给我穿衣，哭泣的时候他们会安慰我，并且总体上他们能很好地照料我吗？”假如儿童受到周到而细心的照料，基本需要得到满足，那么他们将信任照护者。按照埃里克森的观点，这种信任将成为未来人际关系的基础。在这种环境中成长起来的儿童认为他人是可以亲近、值得信赖、友善和富有爱心的。但是由于各种原因，有些婴儿没有受到很好的照料，从来没有获得他们需要的爱和呵护。这类婴儿可能对他人缺乏信任，这种不信任的关系模式甚至会持续一生，他们多疑，感到被疏远和孤立，在人群中感到社交不适。

### 自主对羞愧和怀疑

大多数儿童在 2 岁时都能站立行走。这是许多父母所说的“可怕的 2 岁”。儿童开始尝试他们的新能力，父母叫他们行走却偏偏要奔跑，让他们安静却大声叫嚷。通常这只是儿童在检验自己的能力，试图回答这样一个问题“我在多大程度上能掌控世界？”如果发展得好，儿童会觉得自己能够控制和精通许多事情，发展出一种自信心和自主感，从而推动他们进一步探索和学习。当儿童展现出独立性时，如果父母过于严厉，限制甚至施加惩罚，那么儿童可能对心中的目标感到羞愧和怀疑。对孩子过分保护的父母也可能导致儿童出现这些问题，因为他们会阻碍儿童探索和经历各种生活事件和体验的本能冲动。例如，父母阻止孩子和其他儿童打闹，可能会使孩子逐渐怀疑自己与他人相处的能力。

### 主动对内疚

这一阶段（3 岁左右）的儿童常常会模仿成年人，穿成年人的衣服，扮演成年人的角色，像成年人一样做事。此阶段的儿童在游戏过程中初次尝试了成年人的角色。作为成年人，我们必须学会如何一起工作、服从领导、解决争端。在游戏中，儿童通过组织游戏、选择领导和设置目标来练习这些技能。之后，在学校活动中，他们也能主动地完成目标，并为心中的特定目标而付出努力。如果发展顺利，这一阶段的儿童会培育出主动感，继而转化成雄心壮志和远大目标；如果发展不顺利，那么儿童可能会向失败屈服，或者根本就不主动追寻目标。

### 勤奋对自卑

成功的经历当然令人感到非常舒适，但是每个人的能力有限，并且会遇到许多竞争对手。大约从 4 岁开始，儿童特别是同龄儿童之间会互相比较。许多儿童（并非所有）发展出了能力感和成就感。假如儿童有很多成功的经历，那么他们会对自己的力量和能力充满信心，并认为只要努力工作，就能够得偿所愿。这种勤奋感，即感觉自己能够通过努力获得自己想要的，为儿童成为有生产力的社会成员奠定了基础。但是，假如儿童经历很多失败，他们就可能产生自卑感，感到自己没有天赋或能力，无法在生活中获得成功。

### 同一性对角色混乱

在青少年时期，人们会经历一系列急剧的身体变化。在此期间不管人们是否准备好了，他们都将从儿童转变为成年人，这可能是人生特别困难的一个时期。埃里克森的著作特别关注这一时期，并把获得同一性视为最重要的发展目标之一。

在这个阶段，青少年开始问自己诸如此类的问题："我是谁？""其他人对我的认识与我对自己的认识一样吗？"许多人会进行大量的探索，尝试多种不同的同一性。在第一个学期，一名高中生可能尝试运动员的角色；在第二个学期，他可能尝试当朋克摇滚乐歌手；在第三个学期，他可能会当一个重生的基督徒；到第四个学期，他又开始喜欢哥特派摇滚乐。在这个阶段，同一性探索是非常普遍的，青少年可能采用各种方式到不同地方寻求同一性。一个学生说，他将到夏威夷去"发现自我"。事实上，不管你身处何地，你还是你，没有什么地方最适合获取同一性。许多人会参加社团，周游全美，致力于各种不同的事业或理想，参与政治或宗教，所有这些都是为了努力寻找真实的"我"。最终，大多数人能够解决什么是重要的，自己的价值观是什么，自己想要什么样的生活等问题，对"我是谁"有了清晰的感觉，在一定程度上形成稳定一致的自我理解。在这个阶段发展失败的人会出现角色混乱，他们会在没有明确认识自我和生活意义的情况下进入成年生活，经常往返于各种角色之间，他们通常没有稳定的人际关系、工作、目标和价值观。

价值观、职业、亲密关系和意识形态等的承诺上存在个体差异（Marcia, 2002）。许多人都会经历**同一性混乱**（identity confusion）的时期，即个体对自己到底是谁没有清晰的感知。在某些文化中，个体到一定年龄后（通常是在青少年期）会经历一个**成人仪式**（rite of passage），这是典型的从儿童过渡到成年人的仪式。例如，一些美洲西南部的原住民会把男性青少年单独扔到原始森林中进行斋戒，直到他们获得某种通灵体验。仪式结束后，有时他们会获得一个新名字，赋予他们全新的成人身份。虽然一些宗教会提供某些成人仪式，如罗马天主教的坚信礼或犹太教的成人礼，但美国世俗文化一般没有这类仪式。

在解决同一性危机的过程中，有些人发展出了**消极同一性**（negative identity），他们认同不受社会欢迎的角色，如街头帮派成员。不幸的是，现代文化提供了很多不良榜样。因为在青少年时期，年轻人正急于寻找同一性榜样，所以他们中的大多数人极易受环境的影响。这就是美国许多州把青少年法庭系统与成年人法庭系统分开的原因之一，这样青少年罪犯就不会与成人罪犯接触。

2002 年，李 · 马尔沃和约翰 · 穆罕默德因在华盛顿狙杀数人而被逮捕。马尔沃犯罪时只有 17 岁。他申诉自己当时受到年长的约翰 · 穆罕默德的极大影响，因此不应该为枪杀案负责。当时的马尔沃极可能处于同一性混乱阶段。

*左图 © Davis Turner-Pool/Getty Images News/Getty Images；右图 © Jahi Chikwendiu-Pool/Getty Images News/Getty Images*

人必须要获得同一性。假如一个人形成了某种同一性，但他并未为之付出努力或只是接受了别人赋予他的同一性，那么这种同一性可能很肤浅或者容易发生改变（Marcia, 1966）。玛西亚（Marcia, 2002）认为，成熟的同一性发展需要经历某种危机并对个人的价值观、亲密关系或职业生涯形成坚定的承诺。假如个体没有经历危机，或者在未经选择的情况下就形成了同一性，如不假思索地接受了父母的价值观，这种情况就被称为**同一性早闭**（identity foreclosure）。同一性早闭的人一般都有很强的道德感，并且非常保守，当要求他们为自己的信念和观点进行辩护时，他们通常不能给出合理的理由。

**延缓**（moratorium）是与同一性发展相关的最后一个概念，尤其是对大学生来说。该概念主要指个体在形成同一性承诺之前，花时间去探索各种可能的选择。在某种意义上，大学可以被视为社会赋予年轻人的一个特殊阶段，在此期间他们可以在正式进入社会之前探索各种角色和职责。在形成对某种观点和价值观的承诺之前，他们可以改变专业，加入不同的社会团体，探索不同的人际关系，结识不同背景的个体，到国外学习，了解各个研究领域。埃里克森（Erikson, 1968）本人强调，在对某一特殊的同一性做出承诺之前，可以探索各种选择。他认为，只有考虑了各种选择，花费时间“货比三家”之后，个体才可以做出承诺，并用余生来履行这些承诺。这就是“获得同一性需要努力”这句话的内涵（Newman & Newman, 1988）。

## 亲密对孤独

在青少年晚期，与人建立联系（包括普通友谊和亲密关系）成为人们关注的重点。此阶段的人似乎有发展出相互满意和亲密的人际关系的需要。在这种人际关系中，人们的情感得到成长，并成为有爱心、扶持性和乐于付出的成年人。对大多数人来说，这种需要的满足形式是通过婚姻对一个人做出承诺。但许多人在没有这种社会契约的情况下也能够获得亲密关系。当然，婚姻并不能保证亲密关系，因为没有亲密感情的婚姻的确可能存在。

孤独是缺乏亲密关系或者不能维持这一关系而引起的。美国结婚人口的百分比在下降，从 1970 年的 72% 下降到 2000 年的 59%。1970 年，美国离婚的数量是 430 万，但是到 2000 年已经飙升到 2 000 万。2006 年，18 岁及以上的未婚人数已达到 5 500 万。诚然，独身有其优点（DePaulo, 2006）；但是不管如何，大多数人还是渴望令人满意的亲密关系。不能建立亲密关系经常会严重损害个体的幸福感和生活满意度（Diener & Biswas-Diener, 2008）。

### 繁殖对停滞

这一阶段占据了大部分的成年期，此阶段的主要问题是个体是否在生活中创造出一些自己真正关心或在意的事物。它经常以个人看重的职业的形式表现出来。当然，有时为人父母者最在意的是生儿育女。个体有时在业余爱好和富有社会价值的志愿活动中实现了自己的这种需要。此阶段的危机是，当人们回顾自己的成年生活时，他们可能会感觉到仅仅是在原地踏步，像一个不断转动却停滞不前的轮子。换句话说，他们觉得生活并没有真正值得自己关心的事情，人生不值一提，仅仅是“得过且过”，对未来也漠不关心。不关心自己在做什么的人，做任何事情都只是走过场，很容易被视为骗子。例如，也许你有过这样一名老师，他从来不关心课程内容，而只是夹着教案走入教室，平淡地讲课，然后离开教室。你的另一些老师可能非常关心上课的内容，他们讲课时兴趣浓厚、富有激情、充满生气。显然，在教学过程中他们体验到了作为教师或者教授的满足感和意义。这就是繁殖和停滞的差异。

### 自我整合对失望

这是发展的最后一个阶段，发生在生命后期，然而个体即使到了此阶段也有需要面对的危机和问题。当我们卸下繁殖的角色时，这一阶段就开始了。也许是我们离开了曾经热爱的工作；也许是我们深爱并抚养长大的孩子离开家并开始他们自己的生活；也许是那些有意义的爱好和志愿活动已经不再适合我们。我们开始慢慢退出生活，从我们的成年角色抽离出来，并准备面对死亡。在这个阶段，我们会回顾和评价自己的人生：“这一切都值得吗？”“我完成了我想完成的大多数事情吗？”如果我们对自己的人生基本满意，我们就可以带着一定的整合感来面对不可避免的死亡。但是，如果我们对自己的人生不满意，希望拥有更多的时间去改变和修补我们的人际关系，纠正错误，那么我们将体验到失望。留有许多遗憾的个体在生命的后期会变成刻薄的老人，他们心中会滋生许多轻蔑和愤怒。然而，如果人们感到自己的一生是可以接受的，该做的基本上都做对了，没有什么遗憾，那么他们将以自我整合的方式面对死亡。

德国哲学家尼采在他的著作《查拉图斯特拉如是说》（Nietzsche, 1891/1969）中提到这样一个故事。一个在山中旅行的人被一个突然跳出来的巨人给杀了。但是，这个被杀的人立刻重新投胎到他原来的父母家里，并取了一个同样的名字，过着像以前一样的生活。一天，这个人又在山中旅行，又被一个突然跳出来的巨人给杀了。但是，这个被杀的人立刻重新投胎到他原来的父母家里，并被赋予一个同样的名字，过着像以前一样的生活。尼采说，这个故事的关键之处在于，一个人如何看待我们生命中这种永恒的轮回。假如你不想过重复的人生，也许你现在就应该对当前的生活做一些改变。如果有人说“是的，我不介意我的人生重来一遍，即使它完全一样”，那么这个人在埃里克森所说的最后阶段获得了自我整合。

在晚年人们仍然需要经历一个发展阶段，仍然要面对一些问题：“我的一生有价值吗？我完成大多数我想完成的事情了吗？”个体对这些问题的回答决定了其余生充满苦涩和失望，还是满意和整合。

## 霍妮与精神分析的女性主义解释

卡伦·霍妮（Karen Horney, Horney 的正确发音应该是“霍尔奈”）是另一位自我心理学的早期提倡者。她是医生兼精神分析师，而在当时大多数医生和几乎所有的精神分析师都是男性。她从 20 世纪 30 年代开始执业，一直持续到 1950 年。她质疑弗洛伊德精神分析中一些带有父权色彩的观念，修改了其中一些观点，并提出了更具女性主义视角的人格发展观。例如，她反对弗洛伊德提出的阳具妒羡。弗洛伊德在解释女性的性器期性冲突时，认为它始于小女孩意识到自己没有阴茎。霍妮认为，女性期望拥有的并非阴茎这一性器官，而是阴茎所象征的**社会权力**（social power）。霍妮认为，女孩很小就认识到，由于性别原因她们被剥夺了社会权力。她们并没有成为男孩的隐秘欲望，而只是期望拥有当时文化中男孩所拥有的社会权力和优待。**文化**（culture）是一套判断许多行为的共同标准。例如，个体是否应该为乱交感到羞耻，就是由文化标准决定的。而且，文化对男性和女性可能有不同的标准。如果女孩有乱交行为，她们应该感到羞耻；但是男孩则可能因此感到骄傲，对他们来说，文化接受这样的行为，甚至值得炫耀。

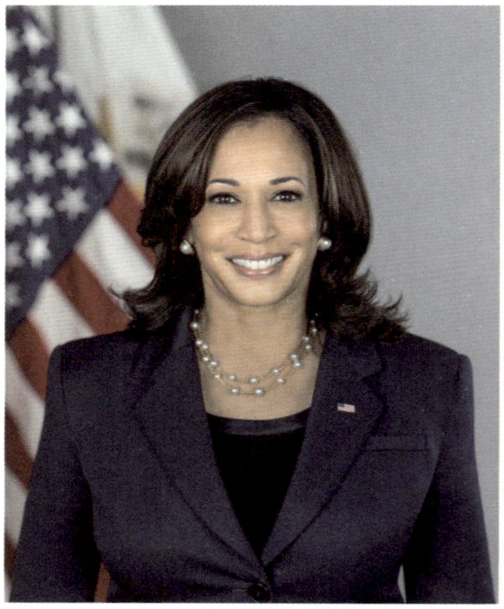

在众多精神分析师当中，卡伦·霍妮最先认识到文化力量而非生物因素限制了女性可以承担的社会角色。如今，这些文化力量有时被称为“玻璃天花板”，它们越来越多地被视为过去文化习俗所遗留的人为障碍。

霍妮是最早强调人格的文化和历史决定因素的精神分析师之一，这两个主题我们将在第 16 章和 17 章进一步探讨。霍妮认为许多性别角色都是由文化定义的。例如，她提出**成功恐惧**（fear of success）一词来强调在竞争和成就情境中两性行为反应的差异。她认为，许多女性感觉到，假如她们取得成功就将失去朋友。因此，许多女性对成功有着无意识恐惧。然而男性则认为，通过成功他们可以获得朋友，因此他们并不害怕奋斗和追求成就。这阐明了文化对行为的重要影响。

霍妮强调，虽然性别具有内在的生物学基础，但是文化标准决定了特定文化中不同性别的典型行为模式。部分受霍妮的影响，现在我们经常使用**男性化**（masculine）和**女性化**（feminine）来指特定文化中男性或女性的典型特征或角色，并把由文化决定的角色和特征差异称为**性别差异**（gender differences），而不是*性差异*（sex differences）。这个对现代女性主义如此重要的区分可以追溯到霍妮。不幸的是，霍妮于 1952 年逝世，未能看到女性运动所取得的进步，然而她可以真正被视为女性运动的一位早期领导者。

霍妮对当时压迫女性的社会和文化力量有非常切身的个人体验。在男性主导的精神分析领域，同事们反对她对经典精神分析观点的质疑。1941 年，纽约精神分析研究所的成员通过投票撤销了霍妮的讲师地位。霍妮立刻离开了该组织，并建立了自己的美国精神分析研究所，这个组织之后也非常成功。实际上她后来重新定义了精神分析的一些主要概念，强调社会影响超过生物因素的影响，并特别强调人际过程在形成和维持心理障碍和生活问题中的作用。在她一系列可读性极强的书籍中，我们可以看到她那些别具一格而又富有深意的理论观点（Horney, 1937, 1939, 1945, 1950）。

## 对自我和自恋概念的强调

自我心理学一般都强调同一性的作用，同一性被人体验为一种自我感。关于精神分析理论如何理解自我（self，也常译为“自体”）在正常人格机能和人格障碍中的作用，当代精神分析学家奥托·科恩伯格（Kernberg, 1975）和海因茨·科胡特（Kohut, 1977）做出了重要的贡献。在正常的人格机能中，大多数人发展出了稳定和较高水平的自尊，他们为自己目前获得的成就感到自豪，对未来有着现实的抱负，感觉到自己获得了应得的关注和情感。大多数人都有健康的自尊水平，认为自己有价值，喜欢自己，并且相信其他人也同样喜欢自己。不仅如此，大多数人都有**自我服务偏差**（self-serving biases），即把成功归因于自己但对失败推卸责任的一种普遍倾向。

然而，有些人太过于追求自尊，他们试图通过各种有问题的方式来提升自我价值。例如，他们经常试图表现得比别人更强，更有独立性，更招别人喜欢。这种膨胀的自赏以及不断试图吸引他人注意自己、使他人关注自己的行为风格被称为**自恋**（narcissism）。有时，自恋走向极端会发展成自恋型人格障碍（见第 19 章）。然而，自恋倾向也可以表现在正常范围内，其主要特征是过度的自我聚焦、独特感、特权感（即个人不需要努力就有权获得敬佩和注意），并且经常寻找一些可能崇拜自己的人。

然而，有一种悖论通常被称为**自恋悖论**（narcissistic paradox）：虽然自恋者表现出高自尊，但是实际上他们怀疑自己作为一个人的价值；虽然自恋者表现得很自信，但他们经常需要其他人的表扬、安慰和关注。自恋者常常表现出夸大的自我重要性，他们的自尊非常脆弱，经不起打击，不能很好地处理他人的批评。当代精神分析理论认为，自恋可视为一种自我感的紊乱，它对生活问题和人际关系问题有诸多影响。

与自恋有关的一个问题是，当自恋者受到批评或挑战时，他们可能表现得很有攻击性，并试图通过攻击或贬低批评者重新获得尊重。据《精神障碍诊断与统计手册》第 4 版（APA, 1994），具有自恋人格障碍的人在自尊受到打击时（如在工作中受到斥责或者被配偶抛弃）可能会表现出暴力行为。心理学家鲍迈斯特等人（Bushman & Baumeister, 1998）所做的实验室研究证明了这种倾向，即具有自恋人格障碍的人受到批评时会做出暴力反应。实验是这样进行的：首先，让参与者进入实验室，给他们一个写作主题，让他们写一篇短文。然后，让其他人对他们的短文进行评价，并对他们的观点进行猛烈的批评。之后，让他们与批评者玩电脑游戏，并允许他们在游戏过程中用很大的噪声“轰炸”对手，也就是说，在竞争中，他们可以用令人气愤的噪声来分散对手的注意力。结果表明，与非自恋者或没有受到批评的自恋者相比，受到批评的自恋者对批评者的噪声“轰炸”更有攻击性。该研究结果表明，自恋者在被激怒或遭受批评时，可能会做出攻击行为。但是，具有安全和正常的健康自尊的人在受到侮辱时，不会变得痛苦和有攻击性（Rhodenwalt & Morf, 1998）。

练习

对自恋的问卷调查。以下是摘自《自恋人格问卷》（Narcissistic Personality Inventory, NPI）中的一些条目（Raskin & Hall, 1979）。

1. 我认为我是一个特别的人。　　对　或　错
2. 我期望从他人那里获得很多。　　对　或　错
3. 我嫉妒他人的好运气。　　对　或　错
4. 直到获得我应该得到的一切我才满意。　　对　或　错
5. 我非常喜欢成为关注的焦点。　　对　或　错

在一项有趣的自恋研究中，研究者发现个体在论文中使用第一人称词的数量（I, mine, me）与其自恋分数正相关（Emmons, 1987）。另一项研究让参与者观看自己或者他人的录像，结果发现自恋者观察自己的时间更多（Robins & John, 1997）。该研究还表明，自恋者对录像里自我表现的评价比他人做出的评价更积极，这意味着他们会夸大自己的能力。

总的来说，自恋并不等同于拥有高自尊（Brown & Ziegler-Hill, 2004）。研究证实了这一观点，即自恋者专注于自我，对批评和自我价值受到的打击非常敏感，并且在面对此类挑战时会表现出愤怒和攻击性反应。尽管自恋者表现出高自尊，但其内部的自我表征却很脆弱，很容易受伤。显然，当代精神分析的一个重要观点是，个体的内部自我表征在个体与社会环境的互动以及对社会环境的反应中起着重要作用。在客体关系理论一节中你将看到当代精神分析学家还关注人们对他人的内部表征，以及这种表征对社会互动的影响。

## 客体关系理论

客体关系理论对弗洛伊德观点的改动很大，这种新理论取向彻底抛弃了“分析”这一术语。弗洛伊德强调人格发展中的性欲，他认为成年人格是个体解决身体各部分的性欲望与父母、社会组织和文明社会的限制之间不可避免的冲突的结果。最近的几代精神分析师彻底重新思考了弗洛伊德强调的性欲观。这种新取向，即**客体关系理论**（object relations theory），强调社会关系及其在儿童期的起源。

请回顾一下弗洛伊德的俄狄浦斯发展阶段。他强调异性父母对儿童的性吸引，以及随之而来的对同性父母的害怕、愤怒、生气和嫉妒。弗洛伊德之后的精神分析师也考察同一时期儿童的情况，但是他们看到的是社会关系的形成对人格发展的重要性。他们强调这个阶段的发展任务不是性欲的发展,而是有意义的社会关系的发展。毕竟，最先与我们建立有意义的关系的对象是父母。

虽然客体关系理论有几种不同的版本，各自强调的重点不同，但是，所有版本都有一套核心的共同基本假设。第一个假设是，儿童的内部愿望、欲求和冲动不如与外在重要他人关系的发展重要，特别是与父母的关系。第二个假设是，他人，特别是母亲，被儿童以心理客体的形式加以**内化**（internalized），形成关于母亲的无意识心理表征，即在心中有一个无意识的“母亲”，儿童可以与它建立关系。即使真实的母亲不在场，儿童仍然能够与内化的客体建立关系，这就是称此理论为客体关系理论的原因。

儿童与母亲形成的关系是其内化的关系客体的基础。假如母亲和婴儿之间的关系发展得很好，那么婴儿便会内化一个有爱心、善养育、值得信任的母亲客体。这种形象为儿童如何看待日后与自己形成关系的人奠定了基础。假如儿童内化的母亲形象不值得信任，可能是因为母亲现实中经常把儿童一个人留下来，或者喂养儿童时缺乏规律；那么在以后的生活中，他们可能难以学会信任他人。经历过依恋断裂（在童年时期遭受了与父母的创伤性分离）的儿童，在成年后常常会有明显的人格问题（Malone, Westen, & Levendosky, 2011）。婴儿发展出的第一段社会依恋关系会成为将来全部有意义的人际关系的模板。在儿童期的发展决定成年期的结果这一意义上，新精神分析与经典精神分析的“儿童是成人之父”的观点一致。不同的是，新精神分析强调依恋的作用，认为个体与早期的照护者，特别是主要照护者的依恋关系决定了成年期人格。

婴儿与主要照护者之间的紧密联系称为依恋，它对包括人类在内的所有灵长类动物的发展都至关重要。

## 早期的童年依恋

关于早期童年依恋的研究基于发展心理学的两个研究方向。第一个方向是哈洛和其他研究者对年幼猴子所做的研究。哈洛的著名实验是让小猴子离开亲生母亲，并由铁丝或绒布制作的猴子模型作为母亲来抚养它们。这些冒牌母亲不能像亲生母亲那样给小猴子理毛、拥抱，或者提供社会接触。由冒牌母亲抚养的小猴子在青少年期和成年期出现了一些问题。它们成年后缺乏社会安全感，一般都比较焦虑，不能像其他成年猴子那样发展正常的性关系（Harlow, 1958; Harlow & Suomi, 1971; Harlow & Zimmerman, 1959）。而且，当小猴子有机会选择时，它们选择亲生母亲而非冒牌母亲，选择绒布母亲而非铁丝母亲。哈洛认为，婴儿与主要照护者形成**依恋**（attachment）的过程，需要温暖的身体接触并且照护者必须有回应性，这对他们的心理发展非常重要。

出生后 6 个月内与母亲或照护者形成的依恋，对包括人类在内的所有灵长目动物来说都至关重要。当婴儿对人的偏好超过对物体的偏好时，依恋就发生了。例如，更喜欢看人的脸而不是玩具。然后，这一偏好开始缩小到熟悉的人。与陌生人相比，儿童喜欢以前见过的人。最终，这种偏好进一步缩小，儿童对母亲或主要照护者的喜欢程度超过了其他任何人。

因此，第二个研究方向是儿童与父母或照护者形成依恋的方式，这是英国心理学家鲍尔比（Bowlby, 1969a, 1969b, 1980, 1988）的主要研究课题。鲍尔比的研究重点是儿童与母亲的依恋关系，以及这种关系如何满足婴儿对保护、喂养和支持的需要。鲍尔比对依恋关系短暂破裂的后果感兴趣，即当母亲必须离开而让婴儿独自待一段时间会发生什么。他注意到，有些婴儿似乎相信母亲会回来再次照顾他——当母亲回来时，这些婴儿非常高兴。然而，有些婴儿对分离的反应非常消极，母亲离开时会变得愤怒和痛苦，一直到母亲回来后，他们才安静下来。鲍尔比认为，这些婴儿体验到了**分离焦虑**（separation anxiety）。鲍尔比还发现了第三种婴儿。当母亲离开时，这些婴儿变得特别沮丧，即使母亲回来后他们仍表现得对母亲比较冷漠或者生气。

心理学家安斯沃斯及其同事提出了研究分离焦虑的**陌生情境测验**（strange situation procedure），该程序共 20 分钟，可以测量与母亲分离时儿童的反应差异。在测验时，母亲与她的孩子进入一个看起来很舒服、类似于起居室的实验室中。进入房间之后，母亲坐下来，儿童可以在房里自由地玩各种玩具，探究房中的其他事物。几分钟之后，一位陌生但友善的成年人进入房间，然后母亲离开房间，儿童独自一人与不熟悉的成年人待在房间里。几分钟之后，母亲再回到房间，陌生人离开房间。母亲单独与儿童再待几分钟。在整个过程中，研究者对儿童的所有行为进行录像，以便之后对其反应进行分析。

通过许多研究，安斯沃斯及其同事（Ainsworth, 1979; Ainsworth, Bell, & Stayton,

1972）发现了与鲍尔比提出的三种依恋行为模式基本相同的行为类型。第一种类型是**安全型依恋**（securely attached），这类婴儿能容忍分离，会继续探索房间，安静地等待，甚至会接近陌生人，有时想要陌生人抱他们。当母亲回来时，婴儿看到母亲会非常高兴，通常会与母亲一起玩一会，然后再继续探究新的环境。他们似乎相信母亲会回来，因此使用“安全”这一术语。这类婴儿在三类婴儿中占比最高（66%）。

第二种类型是**回避型依恋**（avoidantly attached），这类婴儿在母亲回来时会回避母亲。他们的典型行为是，当母亲离开时，他们表现得毫不惊慌；当母亲回来时，也不注意母亲，好像不在乎母亲。大约20%的婴儿属于此类型。

安斯沃斯把第三类婴儿对分离的反应称为**矛盾型依恋**（ambivalently attached）。这类婴儿对母亲的离去感到非常焦虑，母亲还未走出房间，许多婴儿就开始哭泣，表现出强烈的反对。当母亲离开之后，他们很难安抚。但是当母亲回来后，这些婴儿表现出矛盾行为。他们一方面非常生气，另一方面又期望与母亲亲近，主动接近母亲，但母亲抱他们时又会扭来扭去地反抗。

这三种婴儿的母亲似乎有不同的行为方式。依据安斯沃斯和鲍尔比对后续研究所做的综述（Ainsworth & Bowlby, 1991），与其他两组婴儿的母亲相比，安全型依恋婴儿的母亲为婴儿提供了更多的情感和刺激，并对婴儿有更多的回应。这些研究提供的证据清楚地表明，照护者对婴儿的积极回应能使孩子与父母在后来的生活中形成更和谐的关系。例如，一项研究发现，在出生头几个月里，如果婴儿哭了，照护者马上给出回应，那么这些婴儿在1岁时哭的次数更少。虽然该研究结果开始时并没有得到认可，特别是不被那些学习论者承认，但最终还是影响了给父母提供的育儿实践建议（Bretherton & Main, 2000）。

矛盾型和回避型婴儿的母亲对孩子的关注较少，对孩子需要的回应也较迟缓。她们似乎与孩子不怎么默契，对自己的孩子也没那么全身心地投入。面对这种回应度较低的母亲，一些婴儿变得生气（矛盾型的婴儿），另一些婴儿则在情感上与母亲疏离（回避型的婴儿）。研究表明，孩子3岁时对母亲的不敏感性所做的评估与孩子15岁时较低的社会能力和学习能力相关（Fraley, Roisman, & Haltigan, 2013）。虽然这些研究结果可能有其他解释，但它仍然符合母亲回应性不足可能导致负面的童年结果这一观点。

婴儿的这些早期经历和对父母特别是母亲的反应，成为鲍尔比所说的未来成年人际关系的**工作模型**（working models）。这些工作模型以无意识的人际关系期望的形式内化到个体心中。假如儿童体验到没有人关心自己，或者母亲不值得他们依赖，那么他们的内化期望可能是没有人需要他们。相反，假如儿童的需要得到了满足，他们相信父母爱他们，那么他们将期望其他人也会认为他们很讨人喜欢（Bowlby, 1988）。个体在生命最初与照护者接触时形成的这些人际关系期望，被认为会成为无意识的一部分，并深刻影响我们成年后的人际关系。

我们也许认为“陌生情境”范式只适用于研究儿童在照护者暂时离去时会如何反应。然而，有人研究了与这种范式相似的成年人关系场景——因生活原因而不得不暂时分离的已婚夫妻（Cafferty et al., 1994）。研究者采用了纵向研究方法，参与者是美国国民警卫队和其他军事预备役单位的成员，在“沙漠风暴行动”中，他们为了执行海外任务而被迫与配偶分离。研究者发现，依恋风格可以预测分离时情绪反应的个体差异（安全型依恋的人表现得不那么难过），以及团聚时婚姻调适的个体差异（矛盾型依恋的人困难最大）。当成年人的婚姻关系暂时受到干扰时，他们可能采用类似于儿时应对分离的方式做出反应和调适，这两者都可能受到早期与主要照护者形成的依恋风格的影响。

## 成年人际关系

通过考察儿童期依恋类型与之后成年人际关系风格的相关，研究者检验了客体关系理论。2010 年，《社会与人际关系杂志》（*Journal of Social and Personal Relationships*）用了一整期专刊讨论儿童期依恋类型与青少年期和成年期人际关系的联系（Shaver, 2012）。哈赞和谢弗在开启了这一研究方向的研究中（Hazan & Shaver, 1987）指出，我们可以在成年人身上看到类似儿童的安全型、回避型和矛盾型依恋模式的人际关系模式。**安全型关系风格**（secure relationship style）的成年人在发展满意的友谊和人际关系方面很少遇到问题，他们信任他人，能与他人发展出良好的人际关系。**回避型关系风格**（avoidant relationship style）的典型特征是很难学会信任他人。回避型的成年人怀疑他人的动机，害怕做出承诺，不愿意依赖他人，因为他们预期自己将会失望，会遭人抛弃或被迫分离。最后，**矛盾型关系风格**（ambivalent relationship style）的成年人表现出对人际关系的敏感性和不确定性。他们过分依赖伴侣和朋友，要求苛刻，对人际关系表现出的需求很高。他们需要持续的关注和安抚，从这个意义上说他们很令人费心。

心理学家谢弗及其同事已经证明，婴儿与父母的依恋类型与其成年后的人际关系风格正相关。例如，在一项研究中，与安全型关系风格的成年人相比，回避型的成年人更多地报告父母婚姻不幸（Brennan & Shaver, 1993）。前者往往报告家庭充满信任和支持，父母婚姻幸福；而后者往往报告家人冷漠且疏远，互相之间没有太多信任和温暖。

你或许记得，在本书第 4 章我们提到过，人格维度很少表现为绝对的类型，人

练习

通过自我报告哪种风格最符合自己，可以确定你的成人依恋风格。请阅读以下叙述，并选择最适合描述你的项目。

1. 通常情况下与他人相处时我感到很舒服，很容易与人建立亲密的友谊。我可以很容易地依靠他人，当他人依靠我时，我也会感到高兴。我不担心被人抛弃，别人想要亲近我是件很容易的事情。
2. 有时，当我与他人距离太近时，我会紧张。我不喜欢太信任他人，我也不喜欢他人做某事时依靠我。当他人与我的关系比较亲近，或者要求我对他们做出情感上的承诺时，我会变得焦虑不安。人们经常希望我表现得更亲密一些。
3. 在人际关系中，我经常担心他人不想真正与我在一起，或者不是真正爱我。我经常希望我的朋友能够与我分享更多的东西，无所保留。也许是我迫切准备与他们建立亲密关系、让他们成为我生活中心的举动吓跑了他们。

第一种描述的是安全型关系风格，第二种描述的是回避型关系风格，第三种描述的是矛盾型关系风格。不排除这样的可能，即你会对不同的人表现出不同的风格，或者所列的项目中并没有特别适合你的描述。

也不应该按照类型来划分，而是最好表示为一个维度上的不同得分（通常是正态分布）。然而在依恋风格领域，个体被分为三种类型：安全型、回避型和矛盾型。那么依恋风格真的是类别或类型吗？近期研究表明，用潜在维度能更好地表示依恋风格，如安全程度、回避程度、矛盾程度（Fraley et al., 2015）。的确，基于依恋风格维度的测量比基于类型划分的测量更符合真实情况。这种将依恋风格作为维度来思考和测量的新取向，可能会对研究方法以及心理学家对依恋风格的思考和测量产生很大影响。

依恋理论的一个很重要的主题是，成年人的浪漫关系是对过去依恋模式的反映，尤其是对早期人际关系的反映（综述见 Fraley & Roisman, 2015）。早期人际关系的表征可作为后来人际关系的原型，并影响毕生的依恋行为。心理学家弗雷利对依恋类型的长期影响做了元分析（Fraley, 2002a, 2002b）。通过回顾大量的研究，评估变化和稳定的不同模型，他发现从婴儿期到成年期，依恋的安全性显示出中等程度的稳定性。对早期依恋安全性与之后任意时间点的依恋安全性的相关值的最佳估计大约是 0.39，这一相关系数显著大于零，但也只是中等程度的相关。在一项为期一年的追踪研究中，研究者评估了成人的依恋风格，结果发现，依恋风格在这段时期内相当稳定，几乎与大五人格特质一样（Fraley et al., 2012）。弗雷利发表了一个测试，人们可以据此测量自己的依恋风格与生活中其他人的相似性。

成年人的关系风格可能对理解浪漫关系最重要。在浪漫关系中，人们在寻找什么？人们期望从伴侣那里获得什么？真的或假设被伴侣抛弃或与伴侣分手时，人们会如何应对？研究表明，不同依恋风格的个体在回答这些问题时有很大差异（如 Hazan & Shaver, 1987）。回避型依恋的人倾向于回避浪漫关系，他们认为真爱罕见，而且也从来不会天长地久。他们害怕亲密，很少发展出深厚的情感承诺，对配偶的支持性也不足，至少在情感方面是如此。

矛盾型依恋的成年人有很多短暂的浪漫关系。他们很容易坠入爱河，也很容易失恋，很少对浪漫关系感到满意。他们害怕失去伴侣，同时又极度渴望成人的亲密

客体关系理论认为，成年期人际关系的特点和性质，部分是由儿童早期经历的人际关系决定的。

关系。他们总是关注取悦他人，因此他们容易妥协和屈服，会为了避免冲突而改变自己。可想而知，回避型的成年人认为与伴侣分离是非常痛苦的事情。

安全型依恋的成年人与伴侣分离时不会感到紧张，就像安全型依恋的儿童在母亲离开房间时仍能保持平静。与回避型或矛盾型的成年人相比，安全型成年人在浪漫关系中一般更体贴，更有支持性，其配偶对双方的关系也更满意（Hazan & Shaver, 1994）。如果配偶需要，安全型成年人会给配偶更多的情感支持。安全型成年人在自己需要支持时比另外两种依恋的成年人更可能向他人求助。一般来说，安全型成年人在通过浪漫关系这一危险水域时能航行自如。研究显示（Holland, Fraley, & Roisman, 2012），依恋类型对浪漫关系的作用在关系发展了一段时间后更为明显，在关系开始一年后观察到的作用要比在这段关系开始时观察到的作用更明显。真正了解一个人需要时间。

心理学家杰夫·辛普森做了一项有趣的研究，阐明了成年人际关系中依恋类型的作用（Simpson et al., 2002）。在该研究中，参与者为约会中的异性恋情侣。实验者告诉情侣双方，作为实验的一部分，男方将经历一种紧张且不愉快的体验。然后把男方带到一个房间，实验者一边记录他的脉搏，一边说：

> “在接下来的几分钟里，你将暴露在一种情境中，接受一套令大多数人都会感到很焦虑和痛苦的实验程序。由于这些程序的特殊性，现在我们还不能告诉你任何信息。当然，在实验结束之后，我将回答你提出的任何问题或疑虑。”（p. 603）

这一陈述的目的是使男参与者产生焦虑。不仅如此，男参与者被带入的是没有窗户的黑暗房间，里面装有一些测谎设备。实验者告诉参与者“设备还没有准备好”，在“紧张阶段”开始之前，他不得不再等一会儿。同时，实验者告诉女参与者，她的恋人将参加一个“让人紧张且要测试表现的任务”，这一任务将在 5 分钟或 10 分钟后开始。然后让这对情侣一起等待，期间采用隐蔽的录像机录下他们的表现，时间为 5 分钟。5 分钟过后，实验者进入房间，告诉参与者实验结束，并解释实验目的，然后告诉他们，如果他们希望删除录像，可以这样做（没有参与者要求删除录像）。

实验者对拍摄的行为进行了编码。他们最感兴趣的是女方对男方的支持程度和男方从女方那里寻求支持的程度。在实验开始之前，实验者采用访谈法评估了情侣双方对童年时与父母和其他依恋对象互动经历的回忆。通过访谈，实验者评估了每名参与者在童年早期与主要照护者形成回避型依恋或安全型依恋的程度。

结果表明，与父母有回避型依恋经历的女性参与者显著更少为男友提供支持和鼓励，即使男友向她们寻求帮助。安全型依恋的女友在男友向其提出要求时会提供支持；但是，如果男性不主动提出要求，她们提供的支持就较少。这是一种相机行事的支持模式，有些研究者认为这是理想的人际关系模式（George & Solomon, 1996）。在该研究中，没有哪一种依恋类型能够预测男性的求助行为。但是该研究使用的压力变量既不强烈也不持久。涉及强烈且持久的真实压力情境（如受到导弹的攻击、经历作战训练）的研究表明，依恋类型与求助行为其实是相关的（Mikulincer, Florian, & Weller, 1993; Mikulincer & Florian, 1995）。具体而言，安全型依恋的人遇到困难时，会从他人那里寻求支持；但是回避型依恋的人在压力条件下会试图远离他人，让自己独处，分散对压力源的注意力。也就是说，当压力很大或者持续时间很长时，个体的依恋类型与其寻求支持的模式相关。

依恋类型的个体差异还可能影响浪漫关系之外的其他领域。在任何涉及亲近他人、与他人保持良好关系、信任他人或探索不同人际关系的生活领域中，不同依恋类型的个体都可能有不同的表现（Elliot & Reis, 2003）。依恋理论曾被用于理解双胞胎之间的关系（Fraley & Tancredy, 2012），个体与宠物的关系（Zilcha-Mano, Mikulincer, & Shaver, 2012），甚或个体与上帝的关系（Granqvist et al., 2012）。特别有趣的是，个体自己被抚养长大的方式可能会影响到日后他如何抚养孩子。研究表明，这种作用在男性身上表现得尤为明显（Szepsenwol et al., 2015）。在儿童期形成不安全型依恋风格的男性，成为父亲后会出现更消极和缺乏支持的养育风格。其他一些研究将依恋风格理论的意义扩展到了成年子女成为年迈父母照护者的情形，这类似于角色互换，即孩子成为父母的“父母”（Karantzas & Simpson, 2015）。个体生命中经历的第一段关系会对任何涉及亲密和照护关系的生活领域产生影响。

我们想对下面这个问题的回答做一个充满希望的注解，并以此来结束这一章：假如一个人发展出了某种特定的儿童依恋类型，那么他成年后的生活注定也会表现出这种风格吗？这一重要疑问成为许多理论争论和实证研究的主题（Cassidy & Shaver, 1999; Simpson & Rholes, 1998）。依恋理论专家认为，即便人们在儿童期经历了最糟糕的人际关系，他们也依然可以克服。研究者认为，婴儿期的不幸抚养经历未必会使儿童遭受永久性伤害（Ainsworth & Bowlby, 1991）。他们认为，后期的积极经历可以弥补早期的负面人际关系。即便人生的开局比较糟糕，在充满关怀与爱的人际关系的滋养下，成年人依然可以改善其客体关系的工作模型。如果人际关系是积极和充满支持的，人们就可以内化全新的人际关系心理模板，该心理模板更安全、更信任他人，并且会对人与人之间的关系做出更积极的期望（Fraley, 2007）。

## 总结与评论

本章我们介绍了新精神分析的观点，它们是对弗洛伊德的一些原初观点的发展和修正。我们从被压抑的记忆的评价开始，分析了一个案例。在这个案例中，个体的记忆被证明是错误的，至少在法庭上被判定是错误的。当然，不能单凭该案例就说明不存在因虐待和创伤而导致记忆被遗忘或压抑的事实。事实上，这样的案例是存在的，而且与创伤经历可以被排除在意识之外的观点一致。但是，本章的内容旨在引导你更全面地看待被压抑的记忆。虽然记忆被压抑的情况确实存在，但并非所有的案例都真正有被遗忘的记忆。某些记忆是善意的治疗师和其他人在向当事人询问某一事件时植入其意识中的。我们还讨论了区分真实记忆与错误记忆的方法。其中的关键要素是佐证，即找到能为当事人重新回忆起的事件版本提供支持的人。

对被压抑的记忆的这种看法也突出了当代的无意识观。虽然许多当代认知心理学家都相信无意识的存在，但他们不赞成弗洛伊德提出的动机性无意识。的确，某些材料可以在缺乏意识参与的情况下进入个体的心理，如通过阈下知觉，但是这些材料并不具备弗洛伊德所说的广泛的动机效应。

对弗洛伊德理论的另一个重新建构是强调自我而非本我的作用，这与弗洛伊德所强调的把本我的攻击和性冲动作为心灵生活的双驱引擎形成鲜明对比。我们讨论了自我心理学的两位提倡者。第一位是埃里克森，他以不同于弗洛伊德的人格发展理论而著名。埃里克森的不同之处体现在几个重要方面，包括对社会任务的强调，以及将人格发展的时间扩展到整个一生。自我心理学的第二位重要提倡者是霍妮，她是最先将文化和社会角色视为个体人格发展核心特征的精神分析师之一。霍妮还开创了从女性主义的角度重新解读弗洛伊德理论的先河，这种传统一直延续至今。自我心理学还激发了对自我感发展以及各种自我保护策略的研究兴趣。

客体关系理论是这一领域另一个主要的新发展，该理论被视为弗洛伊德去世后精神分析最重要的理论发展。客体关系这一术语是指亲密关系中持久的行为模式以及产生这些行为模式的情感、认知和动机过程。客体关系理论涉及个体儿童期与照护者互动所产生的人际关系心理表征如何决定其未来的人际关系模式。该理论始于对儿童与其主要照护者（一般是母亲）依恋关系的研究。儿童与照护者的关系可能逐渐成为一种行为模式，并影响他们的成年生活。另外，儿童对父母关系的观察在儿童的发展中也非常关键，它们也会以心理表征（即人与人之间是如何相处的以及在一段关系中什么是适当行为）的形式被儿童内化。

弗洛伊德精神分析理论的一些观点和修正版本至今仍生机勃勃。但是，相比于本我冲动的无意识冲突这类主题，当代精神分析学家更关注人际行为模式及其所伴随的情感和动机。弗洛伊德认为，人格是儿童与父母的一系列性冲突的结果，而当代精神分析理论认为，人格是解决一系列社会危机以及随之而来的越来越成熟的人际关系形式导致的结果。最后，很多经典精神分析理论仅仅基于一人之见，然而许多当代精神分析理论涉及众多试图改进并拓展弗洛伊德某些真知灼见的研究者的实证研究和验证性观察。

## 关键术语

错误记忆
想象膨胀效应
激活扩散
建构性记忆
确认偏误
认知性无意识
动机性无意识
阈下知觉
启动
本我心理学
自我心理学
同一性危机
埃里克森的八个发展阶段
心理社会冲突
发展阶段模型
发展危机
同一性混乱
成人仪式
消极同一性
同一性早闭
延缓
社会权力
文化
成功恐惧
男性化
女性化
性别差异
自我服务偏差
自恋
自恋悖论
客体关系理论
内化
依恋
分离焦虑
陌生情境测验
安全型依恋
回避型依恋
矛盾型依恋
工作模型
安全型关系风格
回避型关系风格
矛盾型关系风格

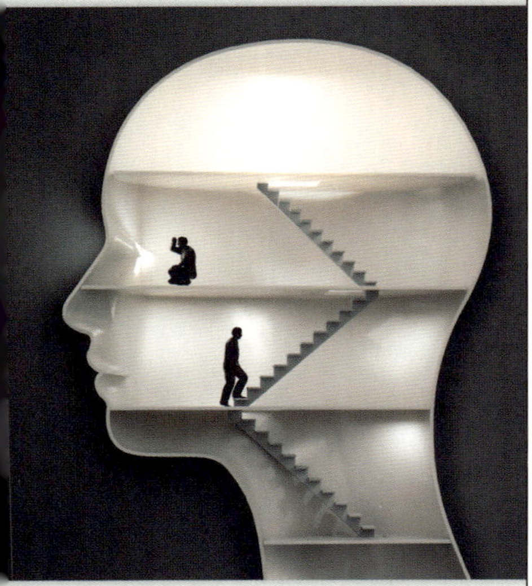

© Science Photo Library RF/ Getty Images RF

11

# 动机与人格

# 心理动力领域

奥运冠军迈克尔·约翰逊（右一）在 200 米和 400 米比赛前用不同的策略激励自己。

*© Mark Dadswell/Getty Images Sport/Getty Images*

1996 年 8 月，在亚特兰大一个炎热的夜晚，一声枪响，奥运会 200 米短跑决赛开始了，迈克尔·约翰逊冲出了起跑线。就在几天前，他刚刚获得了 400 米比赛的金牌，他能成为历史上第一个在奥运会上同时获得 200 米和 400 米金牌的运动员吗？比赛开始时他稍微有些踉跄，但很快便稳住了阵脚，开始采用他那别具特色的“仰头挺胸式”跑法。在跑过弯道时，他那标志性的金色运动鞋闪闪发光，观众们清楚地知道，他奔跑为的可不仅仅是那块金牌。当约翰逊远超所有竞争对手时，人们意识到他们正在见证一件盛事。约翰逊竟然领先第二名 5 米。当他越过终点线时，计时器显示 19.32 秒！知道这个时间意味着什么的人，包括约翰逊本人，难以置信地倒吸了一口气。他以差不多 0.3 秒的时间差打破了自己早先创下的世界纪录。在短跑中，这是一个奇迹。

约翰逊在获得 400 米金牌的同时，为何还能创造 200 米的世界纪录？按照运动员们的看法，400 米和 200 米的比赛差别很大。在 400 米比赛中，运动员可以使用一定的策略，可以花一定的时间计划战术；而 200 米比赛运动员则需要全力以赴地冲刺。

据报道，在 400 米比赛之前，他会用耳机听爵士音乐；在 200 米比赛之前，他则听“匪帮”说唱。在跑 200 米之前，他试着使自己感受攻击性，试着进入他所说的“危险区”。在亚特兰大奥运会 200 米比赛的热身过程中，约翰逊穿了一件印有“危险区”的 T 恤衫。“现在我必须专注 200 米，”他说，“我必须进入危险区，必须更有攻击性。”他以一种战斗的本能来准备 200 米比赛，把跑步视为一种攻击，打败对手还不够，更要把他们打得惨败。当约翰逊接近 200 米比赛的终点时，从他的脸上你可以看到攻击性，这是一种看起来好像要袭击对手的表情。不过，“受害者”仅仅是世界纪录而已。他刚刚激励了自己跑得比世界上任何人都更快。*

* 在 2000 年的悉尼奥运会中，约翰逊又一次获得了 400 米比赛的金牌，但他不得不退出 200 米的比赛。约翰逊随后选择了退役，但他至今仍然是历史上唯一在同一届奥运会中获得 200 米和 400 米金牌的男运动员。

我们在第 1 章了解到，人格心理学家会问："为什么人们会做他们所做的事情？"动机心理学家的问法稍有不同："人们想要什么？"所有的人格心理学家都试图解释行为。然而，对行为的动机感兴趣的人格心理学家则专门寻找那些驱动人们行为的欲望和动力（Cantor, 1990）。

本章我们将介绍有关人类动机的一些主要理论，并考察基于这些理论的一些研究结果。某些理论彼此差异很大，如默里的理论和马斯洛的理论。事实上，大多数人格心理学教材都将这两种理论列入不同的章节。然而，我们介绍的所有理论都有两个共同特征。第一，所有理论都认为人格由若干基本的动机组成，所有人都或多或少有这些动机。第二，这些动机主要通过心理过程发生作用（可能存在于意识层面也可能游离于意识之外），它们是影响行为的内部心理因素（King, 1995）。

## 基本概念

**动机**（motives）是唤醒和指导行为朝特定事物或目标前进的一些内部状态。动机经常是由某种事物的缺乏引起的。例如，倘若一个人连续好几个小时都没吃东西，这时他会被饥饿所驱动。不同动机之间存在类型和强度的差异。例如，饥饿异于口渴，同时两者又异于成就和卓越动机。动机也有强度的差异，取决于个体和他所处的环境。例如，饥饿动机的强度起伏很大，取决于你是一顿没吃饭还是几天没吃饭。此外，动机也经常以**需要**（needs）为基础，需要是个体内部的紧张状态。当需要得到满足时，个体的紧张状态就得以解除。进食的需要产生饥饿的动机。饥饿的动机驱使人们去寻找食物，让他们总是想着食物，甚至会把平常不是食物的东西看成食物。例如，一个饥饿的人可能会注视着天空喊："哦，云彩看起来像汉堡包！"动机促使人们以满足需要的特殊方式来知觉、思考和行动。图 11.1 描述了需要与动机的关系。在本章的"自我实现"部分，你将了解到某些动机并不是基于匮乏的需要，而是基于成长的需要。

动机归入心理动力领域的原因如下。第一，研究动机的学者强调内部心理需要和冲动的重要性，正是它们促使人们以某种可预见的方式思考、知觉和行动。第二，动机可以是无意识的，即人们并不明确地知道自己想要什么。就像人们也许不能完

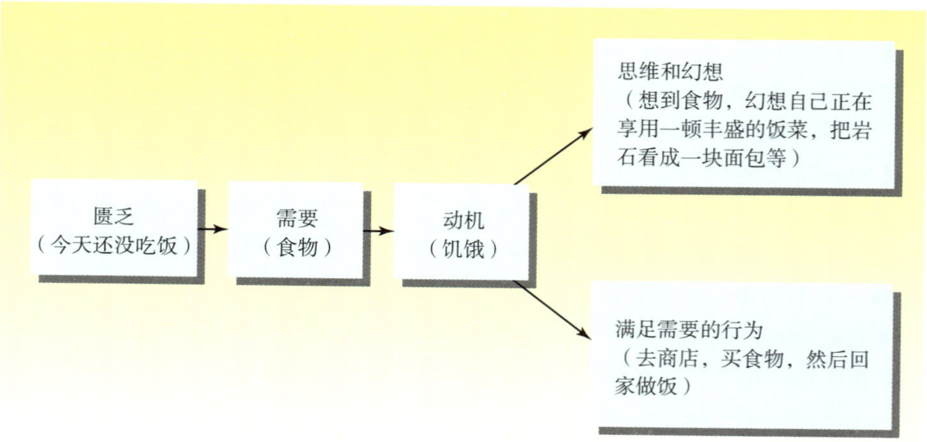


**图 11.1**
匮乏导致需要，需要导致动机的产生。动机要么通过激发人们现实中的特定行为来满足需要，要么通过想象来满足需要。

全意识到自己为什么会有特殊的幻想一样，他们可能也不清楚是什么促使自己以某些特定方式行动。第三，这种相似性导致心理学家对投射技术的依赖，这是对动机和其他心理动力概念感兴趣的心理学家的另一个共同特点。像精神分析师一样，动机心理学家认为，幻想、自由联想和对投射技术的反应透露了许多想法、情感和行为背后的无意识动机（Barenbaum & Winter, 2003）。

我们在本书第一编已经介绍过特质心理学家的工作，动机心理学家也赞同他们的一些核心观点。像特质心理学家一样，动机心理学家也强调：（1）动机的类型和强度存在个体差异；（2）这些差异是可以测量的；（3）这些差异与重要的生活结果相关或者导致了这些结果，如事业成功或婚姻美满；（4）不同动机相对强度的个体差异具有跨时间的稳定性；（5）动机可以解释“为什么人们会做他们所做的事情”。我们可以认为，动机是心理动力领域和特质领域的结合点（Winter et al., 1998）。我们之所以在“心理动力领域”一编中讨论动机，是因为我们认为动机存在于心理内部，并且可以在意识之外影响我们日常的行为、思维和情感。

亨利·默里是最早提出现代动机理论的研究者之一，他于 20 世纪 30 年代开始从事心理学研究，一直活跃到 20 世纪 60 年代。最终把默里引向心理学生涯的是一条与众不同的道路。他先在医学院学习，后来成为一名医生，在外科实习。再后来，默里开始从事胚胎学研究，并在剑桥大学获得了生物化学博士学位。在英国学习期间，他于 1925 年的春假前往苏黎世拜访著名的精神分析师荣格。连续 3 周，他每天都去见荣格，这使他“获得新生”（默里语，转载于 Shneidman, 1981, p. 54）。与精神分析的邂逅深刻地影响了默里，导致他放弃了医学工作和研究，把精力完全投入了心理学。默里之后接受了精神分析的培训，并在哈佛大学任职，他在哈佛一直工作到退休（Murray, 1967）。

## 需　要

默里的研究从对术语*需要*的定义开始，他认为这个概念类似于精神分析的驱力（drive）。简言之，根据默里的观点，需要是“在特定环境下，以某种方式进行反应的潜能或准备……它是一个名词，代表某种趋势容易重复发生”（Murray, 1938, p. 124）。需要会组织知觉，引导我们看见我们想要（或需要）看见的事物。例如，假如某人对权力有很强的需要，即一种想影响他人的需要，那么他甚至可能把日常的社交情境都视为指挥他人的机会。

个体为满足需要会强迫自己做一些必要之事，也就是说，需要可以组织行动。例如，有成就需要的个体往往会在自己想有出色表现的任务中努力工作或做出某种牺牲。默里认为，需要是一种紧张状态，需要的满足会缓解紧张。但是默里认为，让人们产生满足感的是缓解紧张的过程，而非不紧张状态本身。默里还认为，人们实际上可能主动寻求紧张感（如玩过山车或看恐怖电影），以便体验紧张缓解所带来的快感（如坐过山车或看恐怖电影结束后）。

默里依据他与美国战略服务办公室（美国中央情报局前身之一）所做的研究，提出了一系列人类的基本需要，其中的一些已列在表 11.1 中。每一种需要都涉及：（1）一种特定的欲望或意图；（2）一组特殊的情感；（3）特定的行为倾向。不仅如此，每一种需要都可以用特质名称来描述。例如，亲和（affiliation）需要涉及的欲望是想要与他人建立和维持关系；与这种需要相关的一组基本情感是人际间的温情、愉悦和合作；相关的行为倾向则是接受他人，花时间与他人相处，努力保持联系。具有强烈亲和需要的人一般可以用以下特质来形容：随和、友好、忠诚和善意。

默里认为，每个人都有一个独特的**需要层次**（hierarchy of needs）。个体的不同需要可以视为存在不同的强度。例如，一个人可能具有高支配需要、中等的亲和需要和低成就需要。在个体内部，每一种需要与其他各种需要相互作用。正是这种相互作用让动机有了**动力**（dynamic）特性。动力这一术语被用来描述个人内部力量之间的相互影响——在这里指的是个体内部各种动机的相互作用。我们再以高支配需要为例，支配需要高的人，其亲和需要的高低将对他的整体行为表现产生非常大的影响。如果高支配需要伴随高亲和需要（如对发展和维持人际关系有很强的欲望），那么个体极可能发展社交和领导技能，以便他的支配行为能使人感到舒适。相比之下，如果高支配需要伴随低亲和需要，那么个体可能仅仅是对他人施以号令，而不会顾及他人的感受。这时他给别人留下的印象可能是好争论、爱争吵、难以相处和专横。

表 11.1 **默里需要理论的简单描述，这些需要可以概括为四种更高的类别**

| 抱负的需要 |
|---|
| • **成就**：掌控、操纵或组织他人、事物或观点。尽可能快速和独立地完成困难的任务。克服障碍并表现卓越。发挥自己的才能来超越对手。<br>• **展示**：使自己成为注意的焦点，让别人看到或听到自己。给别人留下深刻的印象。使他人激动、好奇、高兴、着迷、惊奇，或者诱惑和逗乐他人。<br>• **秩序**：把事情安排得有条不紊，期望干净、井井有条、平衡、整洁和准确。 |
| **维护地位的需要** |
| • **支配**：通过劝说、命令、暗示或诱惑来影响或指导他人的行为。控制个人的环境，特别是社会环境。限制或阻止其他人。 |
| **与社会权力相关的需要** |
| • **谦卑**：接受伤害、批评和责备。消极地承受外部的压力，服从命运。承认比别人差，承认自己的错误或不道德行为。忏悔，赎罪，寻求痛苦和不幸。<br>• **攻击性**：有力地战胜对手。报复伤害自己的人。攻击、伤害或杀死另一个人。强烈地反对或惩罚其他人。<br>• **自主**：打破束缚，突破限制。获得自由，反抗压迫和限制。避免被他人欺压。按照自己的意愿自由地行动，保持独立性。<br>• **避免责备**：不惜一切代价来避免被人羞辱。避免那些可能使自己难堪或贬低自己的情境。由于害怕失败或担心其他人的藐视、嘲笑或冷漠而不采取行动。 |
| **社会情感需要** |
| • **亲和**：享受与相似之人的互惠式互动或合作。接近他人。取悦或赢得喜欢之人的情感。忠于朋友。<br>• **关怀**：照顾有需要的人。同情无助的人并满足他们的需要，如儿童或那些虚弱、残疾、没有经验、体弱多病、受到羞辱、孤独、灰心丧气或困惑的人。帮助、支持、安抚、保护、宽慰、照顾、喂养和治疗他人。<br>• **求助**：从他人那里获得帮助。从他人那里满足自己的需要，被照顾、支持、保护、指导、纵容、爱和安慰等。总有一个支持者或忠实的保护者。 |

资料来源：*Explorations in personality*, by J. H. Murray, New York, Oxford University Press.

## 压　力

默里对人格心理学的另一大贡献是其对环境的独特思考方式。按照默里的观点，环境元素会影响一个人的需要。例如，亲和需要高的人可能对所处环境的社会因素比较敏感，如在场人数、相互之间是否有互动以及他们看起来是否容易亲近或者是否开朗和外向。默里使用**压力**（press）这一术语指称环境里那些与需要有关的方面。例如，如果没有适当的环境压力（如友善者的在场），那么个体的亲和需要将不会影响其行为。与亲和需要低的人相比，亲和需要高的人更可能注意他人，并看到更多与他人互动的机会。

默里还提出一个观点，即环境可分为所谓的真实环境［他称之为 **α 压力**（alpha press），或客观现实］和知觉到的环境［他称之为 **β 压力**（beta press），或知觉到的现实］。在任何给定的情境中，一个人看到的事物可能不同于另一个人。假设两个人正在大街上行走，这时第三个人向他们走来，并朝他们微笑，这种情况下可能会发生什么？亲和需要高的那个人可能把微笑视为友善的信号以及对方想要交流的非言语邀请，然而亲和需要低的另一个人则可能把同样的微笑视为假笑，并怀疑对方在嘲笑他们。从客观上（α 压力）来看，两个人面对的是相同的微笑。但从主观上（β 压力）来看，这两个人感知到的却是截然不同的事件，因为他们在亲和需要上存在差异。

## 统觉与主题统觉测验

默里认为，个体的需要影响其对环境的知觉，尤其在面对意义模糊的环境时（如上述陌生人微笑的例子）。解释环境以及知觉情境中事件的意义的心理过程被称为**统觉**（apperception）（Murray, 1933）。由于需要和动机影响着统觉，因此如果想了解个体的基本动机，我们或许可以让其解释各种情境（尤其是模糊情境），描述情境中正发生着什么。

基于需要和动机会影响人们对世界的知觉这一简单洞见，默里和他的研究助理摩根编制了**主题统觉测验**（Thematic Apperception Test, TAT），用来测量需要和动机这两个构念（Morgan & Murray, 1935）。TAT 由一系列意义模糊的黑白图片构成，参与者要根据图片内容编一个故事。例如，图片中的人站在窗沿上，此人可能正准备进入房间（实施抢劫？），也可能准备出去（跳楼自杀？）。有些图片甚至根本没有人，如一只小船停泊在小河边。这类图片的含义可能最模糊：谁把小船停在那儿？他们刚刚来还是快走了？他们为什么没有出现在图片中？根据这类图片编故事很容易，因为它提供的情境十分模糊。

这张图片来自美国政府的档案室，被摩根和默里选入主题统觉测验（TAT）图片，你能依据图片里的小孩编写一个故事吗？你感觉他在想什么？你认为接下来会发生什么？

资料来源：Farm Security Administration–Office of War Information Photograph Collection, Library of Congress, LC-USF34-055829-D.

在施测 TAT 时，给参与者呈现每张图片，让他创造性地编一则简短故事来解释每张图片正在发生什么，并鼓励他编完整的故事，包括故事的发生、发展和结局。然后，心理学家对故事进行编码，记录与特定动机有关的各种不同意象类型出现的情况。例如，关于停在岸边的小船的 TAT 图片，某个参与者可能会这样写："这艘小船是一个小男孩的，他用这艘船把农产品运到集市上去卖。他把船停在那里是为了采一些野生草莓，以便与其他农产品一起运到市场。这个男孩非常努力，后来他长大了，读完大学，成为一位著名的科学家。他专门研究植物，主要是农作物。"这个故事充满了成功的意象，因此写故事的人可能有很高的成就需要。

摩根和默里于 1935 年出版了 TAT。此后，许多研究者对它的施测做了一些变动（如使用更少的图片；选择另外的图片；为了让更多人同时接受测验，使用投影仪或电脑呈现图片）。由于原始版本的 TAT 图片已经过时（如衣服和发型还停留在 20 世纪 30 年代），研究者设计了新版 TAT 图片，并且发现新版图片在获取心理需要相关的主题方面与原始图片功能相似（Schultheiss & Brunstein, 2001）。TAT 和类似的投射技术的关键特征是：（1）给参与者呈现意义模糊的刺激，一般是图片；（2）要求参与者描述和解释正在发生的事情。

以成就需要为例，你可以统计个体所编故事提及以下方面的次数来记分：希望更出色地完成任务、预料取得成功、有信心取得成功和战胜困难等（Schultheiss & Brunstein, 2001; Schultheiss & Pang, 2007）。有关 TAT 的研究表明，人们对图片主题的反应是有差异的。例如，成就需要高的人与成就需要低的人对成就图片的反应有很大差异（Kwon, Campbell, & Williams, 2001; Tuerlinckz, De Boeck, & Lens, 2002）。

有些人格研究者认为，整体来看投射测验（特别是 TAT）的可靠性低于问卷和知情者报告等其他形式的人格测量。有人甚至认为测验这个术语就不应该用在投射方法上（McGrath & Carroll, 2012）。尽管如此，TAT 一直在使用，尤其是用于评估精神分析的一些概念，如防御机制（Hibbard et al., 2010）、依恋风格（Berant, 2009）、心理性欲发展阶段（Huprich, 2008）以及各种需要和动机。研究表明，对于个体动机差异的测量，当使用明确的评分标准来识别成就、权力和亲密主题时，TAT（McAdams et al., 1996）和其他的图片故事完成测验（Schultheiss & Schultheiss, 2014）是有信度和效度的。

在使用 TAT 对需要进行评估时，可以分为状态水平的需要和特质水平的需要。需要的**状态水平**（state levels）是指个体特定需要的瞬时值，这个值在不同环境下会发生波动。例如，在某一任务中处于失败情形的人（如棒球选手在第 9 局中以 4:5 落后）可能体验到成就动机的急剧上升。研究已经证明 TAT 对多种动机状态水平的变动敏感，特别是成就、权力和亲密的需要（Moretti & Rossini, 2004）。评估需要的**特质水平**（trait levels）是指测量个体在某一特质上的平均趋势或者设定点。这个观点认为，对某一需要而言，不同人的典型水平或平均水平并不一样。使用此类测验的人格心理学家最常见的目标就是评估人们特质水平的需要（Schultheiss, Liening, & Schad, 2008）。

**多动机网格技术**（Multi-Motive Grid）是评估动机的新方法，它结合了 TAT 与自我报告问卷的特点（Schmalt, 1999）。该技术一共选用了 14 张图片以唤醒三大动机（成就、权力或亲密）。与图片同时呈现的还有关于动机状态的问题，参与者要回答这些问题。这一设计的逻辑是：图片唤起某种动机后将影响人们对问题的回答。尽管这是一种较新颖的技术，但初步结果却表现出了值得期待的信度（Langens & Schmalt, 2008; Sokolowski et al., 2000）。初步的效度数据也非常鼓舞人。例如，成就需要的动机网格测验有效地预测了实验室任务中个体的坚持性和成绩（Schmalt, 1999）。

如今 TAT 仍是一种非常受欢迎的人格评鉴技术，尽管有研究者认为 TAT 的重测信度不高（不同观点见 Smith & Atkinson, 1992）。另外，多个研究者报告，同一需要的 TAT 测量与问卷测量相关极低，他们因此质疑 TAT 的有效性。这也正是本节专栏的主题。

阅读

## 动机的 TAT 与问卷测量：它们测量的是动机的不同方面吗

心理学家麦克莱兰及其同事主要关注的就是 TAT。而批评者认为，TAT 的重测信度很低，并且参与者对一张图片的反应可能与另一张无关，也就是说，TAT 的内部信度很低（Entwisle, 1972）。而且用 TAT 来预测与动机相关的实际行为时（如用成就需要的 TAT 分数预测个体整个大学期间的平均绩点或某次成就测验中的表现），相关系数往往很低且不一致（Fineman, 1977）。史密斯和阿特金森（Smith & Atkinson, 1992）回顾了针对 TAT 的主要批评以及支持者对这些批评的回应。

由于 TAT 的这些缺点，一些研究者开发了动机的问卷测量（Jackson, 1967）。这些问卷直接询问人们的动机和期望，以及他们是否会做那些代表高动机水平的行为。这些量表有令人满意的测量指标，如足够高的重测信度和预测效度（Scott & Johnson, 1972）。但问题在于，测量同一动机时，TAT 的测量结果与问卷测量的结果往往不相关（Fineman, 1977；例外情况见 Thrash & Elliot, 2002）。因此，许多研究者认为，应该抛弃 TAT 和其他的投射测量。

麦克莱兰及其同事并没有默默接受这些批评（McClelland, 1985; Weinberger & McClelland, 1990; Winter, 1999）。在反驳这些批评时，麦克莱兰认为，假如能恰当地施测和记分，TAT 动机分数的重测信度其实还能接受。另外，他认为 TAT 比问卷测量能更好地预测长期的现实生活结果，如事业上的成功。他认为，问卷测量在预测短期行为上更有效。例如，在一个心理学实验室游戏中，问卷测量可以更好地预测个体将表现出多强的竞争性。麦克莱兰认为，TAT 与问卷测量之所以不相关，是因为它们测量的是两种不同类型的动机。现在我们就依次讨论这两种动机。

一种动机被称为**内隐动机**（implicit motivation）。这些动机以需要为基础，如成就需要、权力需要、亲密需要，它们的测量采用的是基于想象的方法（如 TAT）。当用 TAT 对它们进行测量时，测量到的就是内隐动机，因为编故事的人没有明确把自己的动机告诉心理学家。相反，他们诉说的是其他人的故事。研究者认为这些故事反映了编故事者的内隐动机——他们无意识的欲望、抱负以及未说出口的需要和愿望（Schüler, Sheldon, & Fröhlich, 2010)。人们做 TAT 时写下来的故事被假定反映了他们真实的动机，尽管这些动机是无意识的（Hofer, Bond, & Li, 2010）。

另一种动机是外显动机，或称为**自我觉察的动机**（self-attributed motivation）。麦克莱兰认为它主要反映了个体能够自己意识到的动机，或者“涉及期望目标和行为方式的规范性信念”（McClelland, Koestner, & Weinberger, 1989, p. 690）。这些自我觉察的动机反映了人们意识到的生活中对自己重要的事物。因此，它们代表了个体有意识的自我理解的一部分。

麦克莱兰认为，内隐动机和自我觉察的动机根本上代表了动机的不同方面，它们应该预测不同的生活结果。内隐动机能够预测长期和自发的行为倾向。例如，与问卷测量相比，评估成就需要的 TAT 对长远的事业成功的预测更准确，评估权力需要的 TAT 对公司管理者的长远成功的预测更准确（Chen, Su, & Wu, 2012; McAdams, 1990）。与之相反，自我觉察的动机对即时的、具体情境的反应以及行为和态度选择，有着更准确的预测（因为它测量的是个体意识到的欲望和需求）。例如，问卷评估能更准确地预测个体在心理实验中为获得奖赏会付出多大努力及其自我报告的对社会不平等的态度（Koestner & McClelland, 1990; Woike, 1995）。

研究文献支持内隐动机和外显动机的区分，至少对于成就动机而言是如此（Spangler, 1992; Thrash & Elliot, 2002）。斯潘格勒考察了100多项有关成就需要的研究，并对这些研究进行了元分析，其中一半研究使用了TAT（内隐动机），另一半使用了问卷测量（自我觉察的动机）。然后，斯潘格勒仔细地分析了成就动机预测的各种变量。他把这些研究分成两类，一类考察个体对具体任务的短期反应（如大学课程中的成绩、能力测验中的表现、实验室成就测验中的表现），另一类考察长期的成就（如一生的收入、在组织中获得的工作级别、著作的多少、参与社团组织的情况）。斯潘格勒发现，以TAT为基础的测量对长期事件的预测更准确；问卷测量则对短期反应的预测更准确。如何理解内隐与外显动机测量的相容性，这个问题正在受到人格心理学家的大量关注（如Thrash, Elliot, & Schultheiss, 2007）。

一个有前景的研究方向是考察与特定内隐动机有关的激素（综述见Schultheiss, 2014）。多项研究发现性腺类固醇激素与权力需要相关，特别是男性的睾酮激素和女性的雌二醇激素；而亲密需要与黄体酮激素相关；少量证据表明成就需要与血管升压素相关。这些较新的研究结果表明，个体下丘脑功能的差异可能导致内隐动机的强度不同（或者至少与其相关）。此外，应激的人也会释放一些激素（特别是皮质醇），它们也与内隐动机有关。例如，权力需要高的个体在发现自己的支配地位受到挑战时，会感受到很大的压力，并且他们不能很好地忍受社会挫败（social defeat）。在这些情况下，他们会比那些权力需要低的人释放更多的皮质醇（Schultheiss, 2014）。在一对一的竞争中，内隐成就需要高的人不像成就需要低的人那么有压力（表现为释放更少的皮质醇；Schultheiss, Wiemers, & Wolf, 2014）。总而言之，激素是行为有力的生物调节因素，并且被证明以一种有意义的方式与内隐动机的个体差异有关。

斯潘格勒的元分析表明，TAT和问卷测量在帮助心理学家理解短期和长期动机效应方面都起着重要作用。假如你想知道某人今天或明天会对成就要求有怎样的反应，那么最好的建议就是使用问卷或者直接询问他的成就需要；假如你想预测群体中谁将获得最多的收入或谁将在组织中升到最高的位置，那么你最好使用评估成就需要的TAT来测量。

## 三大动机：成就、权力和亲密

虽然默里提出了几十种动机，但研究者们却将大部分注意力集中于少数几种动机。这些动机都是基于成就、权力或亲密需要。现在我们回顾一下对人类这些基本动机的认识。

### 成就需要

一直以来，心理学家都对成就需要激发的行为很感兴趣。因为成就需要受到的研究关注最多，所以我们就从它开始。

#### 把事情做得更好

继默里之后，心理学家麦克莱兰在哈佛大学继续进行动机研究。麦克莱兰以**成就需要**（need for achievement）的研究而闻名。成就需要是一种想做得更好，获得成功和感到胜任的渴望。与所有动机一样，我们认为成就需要在某种情境（与成就相关）下将激活行为。富有挑战性和多样性的刺激会引发个体的成就动机行为，同时还伴发兴奋和惊讶的体验，以及好奇与探索的主观状态（McClelland, 1985）。成就需要高的个体从完成任务的预期或过程中获得满足感，他们珍惜参与挑战性活动的过程。

从特质水平来看，成就需要高的个体偏好中等难度的挑战，不喜欢难度太高或太低的挑战。这一偏好是可以理解的，因为成就需要高的个体渴望比他人做得更好。一项几乎不可能完成的任务对他们并没什么吸引力，因为此类任务任何人都做不好，也没有比别人表现更好的机会。同样，一项太容易的任务任何人都能做得很好，所以成就需要高的人也没有机会比别人表现更好。理论上，我们预测成就需要高的人偏好中等难度的任务。数十项研究的结果支持了这一观点。一项研究考察了儿童在多种不同游戏中（如套圈游戏，儿童游戏时要投圈套住距离不等的棍子）对挑战的偏好。成就需要高的儿童偏好中等难度的挑战（如套中间距离的棍子）；然而，成就需要低的儿童要么尝试非常容易的任务，要么尝试几乎不可能成功的任务（McClelland, 1958）。在实验室之外也证实了这种关系。研究发现，成就需要高的年轻人倾向于选择中等难度的大学专业，并追求中等难度的职业（综述见 Koestner & McClelland, 1990）。

作为苹果和皮克斯动画两家成功企业的领导人，已故的乔布斯一直在努力把事情做得更好。他就是高成就动机者的典型例子。

总的来说，成就需要高的个体有如下特征：（1）他们喜欢有一定挑战难度但不太难的活动；（2）他们喜欢从事自己对结果负责的任务；（3）他们喜欢对他们的表现有反馈的任务。

**练习**

请看一下上文的 TAT 图片，根据这张图片写一个小故事。但是，请不要写脑海中自发浮现的那个故事，而是试着写一个成就需要得分高的故事。在这个故事中，你会加入什么主题？什么样的行为和结果可能被解释为成就需要高？你有意识地编写的故事的主题和行为，正是心理学家试图揭示自然状态下人们所写故事的主题和行为。有些人会很自然地在故事中加入这样的主题和行为，对他们而言，似乎到处都能看到与成就相关的行为。而另一些人写的故事主人公则既不努力，也不追求成功。当人们根据含义模糊的情境编写故事时，这些故事在他们自己看来是很自然的。

## 提高成就需要

研究成就动机的典型方法是寻找 TAT 成就需要分数与其他成就变量测量的相关。证明成就需要与创业成功之间关系的研究就是这样一个例子。对于成就需要高的个体来说，创建并管理一个小公司似乎可以带来很强的满足感。它让人们有机会投身有挑战性的事业，承担决策和行动的责任，并快速而客观地获得关于个人表现的反馈。来自多个国家和地区的研究发现，成就需要高的男性比成就需要低的同龄人更容易被经营性职业所吸引（McClelland, 1965）。一项对农场主（本质上就是小型企业经营者）的研究表明，成就需要高的人比成就需要低的人更可能采用创新的农业技术，并且长期来看前者农产品的生产率更高（Singh, 1978）。研究者对比了个体经营者和大型企业的雇员，发现个体经营者的成就需要显著更高（Lee-Ross, 2015）。

对创业才能的研究不仅限于商业活动中，某些研究考察了大学生的学习习惯。成就需要高的学生似乎会更认真地追求优异的学业成绩：他们更可能在选课前调查课程要求，考试前与教师交流，并且在考试结束后联系教师以获得有关他们表现的反馈（Andrews, 1967）。在一个非常不同的参与者样本中发现，那些成就需要高的蓝领工人在被解雇之后，比成就需要低的人有着更多的问题解决行为：他们更快开始寻找新工作，并在求职中使用更多的策略（Koestner & McClelland, 1990）。

近期对创业取向的一些研究考察了一组小型企业管理专业的学生（被认为创业潜力较高）的成就动机，并把他们与一组经济学专业的学生（被认为创业潜力较低）进行比较。结果表明，前者比后者有更高的成就动机（Sagie & Elizur, 1999）。其他研究（Langens, 2001）也支持了高成就需要的训练有助于商业成功的观点。这似乎表明，成就动机高的个体更倾向于选择有潜在风险和不确定性的事业。在这种工作中，成功由个体负责，解决突发事件也是家常便饭。

成就需要的表达也有文化差异。在美国，大多数高成就的高中生努力想要取得好成绩。很多学生和家长竭尽全力以达到目的。作弊可能很普遍，一些学生不认为作弊是错误的。心理学家德梅拉思（Demerath, 2001）甚至报告，一些高成就学生的家长想把自己的孩子归入特殊教育类考生，这样他们就有更多时间来做标准化考试。而在巴布亚新几内亚，德梅拉思发现那里的学生有截然不同的规范：学校被视为非竞争性的场所，重要的是每个人都要表现很好。只是个人表现良好，特别是以牺牲他人为代价，是不受欢迎的。事实上，新几内亚人把这种现象称为“出风头”，是一种虚荣心的表现。鉴于新几内亚与美国的文化差异，成就需要表达上的这种差异是可以理解的。巴布亚新几内亚的人以种地和捕鱼为生，他们需要知道如果他们因为生病或者其他原因不能种地或捕鱼，那其他人将施以援手。在集体主义文化中，与帮助个体所在的群体取得成就相比，个人的成就没那么重要了。

### 确定性别差异

许多有关成就需要的研究，特别是 20 世纪 50 年代和 60 年代的研究，仅仅选取了男性参与者。这也许是因为当时哈佛大学（默里和麦克莱兰的大多数研究都在此地完成）的学生基本上都是男性。或者是当时的一种偏见，即成就仅仅在男性的生活中才重要。不管出于什么原因，直到 20 世纪 70 年代和 80 年代，学界才开始做一些关于女性成就动机的研究。从此，人们开始发现男性和女性在成就需要上的一些异同。成就需要高的男性和女性都偏好中等难度的挑战以及个人能对结果负责和能够提供反馈的任务。成就需要的性别差异主要表现在两方面：成就需要能够预测的生活结果和儿童期经历。现在我们依次进行讨论。

有关男性的研究基本上集中于事业上的成就，将之视为成就需要所预测的典型生活结果。然而，有关女性的研究则根据女性的关注焦点确定了不同的“成就轨迹”，即女性本人只看重家庭还是兼顾家庭和工作目标。与职业和家庭的成就需要都低的女性相比，那些兼顾两者的女性更可能取得好成绩、完成大学学业、结婚，并且更晚组建家庭。对于只专注于家庭的女性，成就需要表现在约会和择偶相关活动上花的时间更多，如更注重外貌或者更频繁地与朋友们谈论自己的男朋友（Koestner & McClelland, 1990）。这些研究结果给研究者的启示是：要更好地预测参与者能否在某个领域获得成功，我们有必要先了解他们的目标。

第二个主要的性别差异是与成就需要有关的童年经历。女性的成就需要与充满压力和困难的早期家庭生活相关。研究表明，成就需要高的女孩经常受到母亲的批评，并且母亲经常向她们表达攻击性和竞争性（Kagan & Moss, 1962）。与成就需要低的女孩的母亲相比，成就需要高的女孩的母亲对女儿倾注的情感和关爱更少（Crandall et al., 1964）。相比之下，成就需要高的男性比较幸运，他们在早年生活中得到了父母的支持和关心。一项非常有趣的研究调查了离婚家庭或分居家庭中儿童的成就需要水平。这项美国代表性样本的研究发现，与那些父母一直生活在一起的女性相比，儿童时期父母离婚或分居的女性成就需要得分更高。而男性的结果恰恰相反（Veroff et al., 1960）。对年幼的女孩来说，单身母亲的生活经历可能提供了某种关于成就的角色榜样；但是对男孩来说，单身母亲可能意味着家庭生活中男性是无足轻重的，甚至是令人讨厌的。

康多莉扎·赖斯在读小学时是一名全优生，她 10 岁开始学习古典钢琴，并且还是一名很有竞争力的滑冰运动员，每天凌晨 4:30 起床，在上学前练习两个小时。38 岁时，她成为斯坦福大学教务长，然后成为美国国家安全顾问，最后在 2005 年至 2009 年期间担任美国国务卿。

近期的几项研究考察了在竞争性成就情境中的性别差异。其中一项研究要求 40 名男性和 40 名女性尽可能快地完成简单的加法问题，每答对一道题就给他们 50 美分的报酬（Niederle & Vesterlund, 2005）。在一种实验条件下，参与者只需要与时间竞争，尽可能解答出更多的问题；在另一种条件下，游戏变成了比赛形式，参与者两男两女为一组，在组内相互竞争。胜者每答对一题可以获得两美元，而败者则没有报酬 。研究者发现男性和女性在两种条件下表现相当，不管是比赛情境还是个人情境。接着，实验增加了第三轮，每个人可以自由选择进入个人情境还是比赛情境。有趣的是，只有 35% 的女性选择了比赛情境，而 75% 的男性选择了比赛情境。作者得出结论，即使是在男女表现相当的情境中，女性也更不想参加与他人的直接竞争。女性对成就渴望的表达更有选择性，特别是当自己赢意味着他人输时。

### 提高儿童的成就动机

尽管成就动机的儿童期前因变量存在性别差异，但麦克莱兰认为，某些育儿行为能提高儿童的成就动机。其中一种育儿做法是强调**独立性训练**（independence training）。父母可以采取各种方式来培养孩子的自主和独立。例如，如果训练儿童自己吃饭，那么他在餐桌上就会变得独立；较早接受如厕训练的儿童可以独立上厕所。一项纵向研究表明，如果儿童在童年早期接受了严格的如厕训练，26 年后他们可能有较高的成就需要（McClelland & Pilon, 1983）。训练儿童独立完成各种生活任务，可以提升儿童的控制感和自信心，这也是父母能够提高孩子成就需要的一种方法。

第二种与成就需要有关的育儿做法是给儿童设置有挑战性的标准（Heckhausen, 1982）。父母要让儿童知道他们期望什么样的行为，但这些期望不能超过儿童的能力，否则儿童可能总是不能成功，因而放弃尝试。这个理念是这样的：父母给儿童提供有挑战性的目标，并支持儿童朝着这些目标努力，当儿童实现了目标时，给予儿童奖励（见表 11.2）。频繁且正向的成功经历似乎是提升成就需要的部分“药方”。例如，对 4 岁的儿童来说，学习字母表是一项有挑战性的任务，父母可以鼓励年幼的儿童进行学习，热心地与儿童一起唱字母歌，当孩子能第一次独立地背出字母时，采用表扬和拥抱的方式来奖励儿童。

心理学家德韦克（Dweck, 2002）提出了一种成就动机的发展理论。该理论强调

表 11.2 培养高成就需要的孩子

- 设定困难但现实的标准。
- 为孩子的成功鼓掌，为孩子的成就庆贺。
- 承认但不纠结于失败，强调失败是成功的一部分。
- 避免灌输对失败的恐惧，要强调追求成功的动机。
- 强调努力而不是能力：要说“如果你真的努力，你就能成功”而不是“因为你很聪明，所以你能成功”。

人们对自己能力和竞争力的信念。简单来说，该理论认为，最有适应性的信念系统是：能力不是固定不变的而是可塑的，通过努力可以得到发展。德韦克（Dweck, 2002）认为，即使“聪明”人有时也会屈服于这样的信念：自己的能力是固定不变的，是天生的或者是基因决定的，现在的表现反映了长期的潜力，真正的天才不需要努力就能成功。她认为这套信念是“愚蠢”的，因为持有这种信念的人成就需要会降低。德韦克认为，更有适应性的信念是：能力是可以改变的，个体的表现只是反映了暂时的情况而不是最终状态，真正的潜能只有通过持续的努力才能实现。这种新理论影响了学校和其他的教育情境（Elliot & Dweck, 2005）。德韦克还写了一本畅销书，讲述这种新理论与体育、商业和人际成就的关系（Dweck, 2006）。

在一项大规模研究中，德韦克与同事（Paunesku et al., 2015）发现，训练学生把智力视为一种可塑和可变的品质，而不是固定不变和遗传的，会带来可观的成绩提高。第 12 章探讨认知与人格时，我们会更深入地讨论德韦克的理论。现在我们只简单地说一点，那就是相信通过努力可以变聪明，似乎是一个人真正变聪明（或者至少获得更好的成绩）的必要条件。

## 权力需要

心理学家对权力需要也很感兴趣，这是一种希望对他人施加影响的需要。

### 影响他人

虽然麦克莱兰主要以成就动机的研究而闻名于心理学界，但他和他的几个学生还研究了其他动机。他的学生温特便致力于**权力需要**（need for power）的研究。温特（Winter, 1973）把权力需要定义为对他人施加影响的意愿或偏好。福多尔（Fodor, 2009）提出了更具体的定义：权力需要高的人有压制、影响或者控制他人，并且希望其权力导向行为能够被他人认可的需要。他们会通过很多方式来实现对他人的影响，但最常见的方式是对他人实施暴力行为、费尽心机地控制他人或炫耀有价值的财产来摆阔。他们想得到他人的反应，无论是钦佩、惊讶还是害怕。一项研究验证了一个假设，即权力需要高的个体能更快地识别他人的面部表情（Donhauser, Rosch, & Schultheiss, 2015）。因为他们想影响其他人，而这种影响经常会在周围人的脸上表现出来，所以权力需要高的人会通过察言观色来衡量自己的控制力。研究证明，权力需要与更快识别他人的面部表情是相关的。这很可能解释了高权力需要的人怎样监测自己是否具有影响力——通过解读周围人的情绪 。与成就需要一样，权力需要也能在适合其发挥作用的情境中激发并指引行为。TAT 同样是评估权力需要的主要工具。研究者会计算参与者编写的故事中出现了多少与权力主题有关的意象。与权力主题有关的意象包括：强烈或有力的行动、能引起他人强烈反应的行为、对人物地位或名誉的强调。

### 研究结果

许多研究考察了与权力需要的个体差异相关的一些变量（如 Kuhl & Kazén, 2008）。权力需要与以下行为正相关：喜欢与他人争论、被选为大学里的学生干部、下赌时冒更大的风险、在小团体中表现得果断和积极，以及获得更多温特所说的“声望财产”，如跑车、信用卡和宿舍门铭牌等（Winter, 1973）。

权力需要高的个体似乎对控制很感兴趣，包括控制环境和他人（Assor, 1989）。权力需要高的男性眼中的“理想妻子”受丈夫控制和依赖丈夫，或许因为这种关系能够为他们提供优越感（Winter, 1973）。权力需要高的男性也更可能虐待配偶（Mason & Blankenship, 1987）。这类人喜欢与那些不出名或不受欢迎的人交朋友，因为这些人不会威胁他们的威望或地位（Winter, 1973）。

### 性别差异

对权力动机的研究发现，男性和女性在权力需要的平均水平上并无差异，在权力动机的唤醒情境上也没有差异。另外，两性在与权力需要相关的生活结果上也没有差异，如拥有正式的社会权力（如当官），拥有与权力相关的职位（如作为管理者），或者拥有声望财产（如跑车）。

研究发现最大和最一致的性别差异是，权力需要高的男性表现出了各种各样的冲动性和攻击性行为，而女性却没有。权力需要高的男性与权力需要低的男性相比，更易陷入不愉快的约会，更易与别人争吵，离婚率也更高。不仅如此，权力需要高的男性更可能对女性进行性剥削，他们会频繁地更换伴侣，且性行为开始的时间也较早。同时，权力需要高的男性也更可能酗酒（在酒精的影响下，权力感经常会增强）。而在女性中却没有发现这些相关。

研究表明，假如对个体进行了**责任训练**（responsibility training），“不检点的冲动”行为（如酗酒、攻击和性剥削）出现的概率就会减少（Winter & Barenbaum, 1985）。照看年龄小的弟弟妹妹就是一种责任训练。生养自己的孩子，是让人们学会自我负责的另一个机会。研究表明，经历过这些责任训练的人，高权力需要并不会伴发不检点的冲动行为（Winter, 1988）。这些研究结果使温特和其他学者（如 Jenkins, 1994）断言，社会化的经历，而非生物学因素本身，决定了权力需要是否会以这些不良的方式表现出来。

### 健康状态与权力需要

正如你可能想到的那样，权力需要高的人不能很好地处理挫折和冲突。当这类人没有达到自己的目的，或者权力受到挑战或阻碍时，他们更可能表现出强烈的应激反应。麦克莱兰（McClelland, 1982）称这类阻碍为**权力压力**（power stress），并提出假设：由于这些与权力受阻相关的压力，权力需要高的人更易受各种疾病的侵袭。一项对大学生的研究发现，当限制或抑制参与者的权力动机时，他们的免疫功能会下降，会更多地报告生病，如感冒和流感等（McClelland & Jemmott, 1980）。后来对男性犯人的研究也得到了类似结果，权力需要最高的犯人最容易生病且免疫抗体水平最低（McClelland, Alexander, & Marks, 1982）。其他研究表明，权力需要高的人权力动机受抑制与高血压有关。在一项纵向研究中也发现了这种关系，该研究表明，男性在 30 岁出头时权力动机受抑制能显著地预测他们在 20 年后的血压升高和高血压症状（McClelland, 1979）。

在一项有趣的实验室研究中，研究者让参与者组织一个小组进行讨论，并事先交代小组其他成员要反对组织者的意见，并且要表现出许多冲突。参与者并不知道研究者事先做了这些安排，以此来诱导权力压力（Fodor, 1985）。之后研究者评估了组织者的肌肉紧张程度。与麦克莱兰的理论一致，在小组发生冲突的情境下，权力需要高的组织者表现出了最强的紧张反应。

## 战争、和平与权力

在一系列有趣的研究中，心理学家温特（Winter, 1993, 2002）考察了国家水平的权力需要，并把它与战争与和平这样的宏大主题关联起来。传统上，研究者以参与者根据 TAT 图片编写的故事来测量权力需要。但是，我们也可以对任意文本进行评估来确定权力需要（以及任何其他动机），文本范围从童话故事到总统演讲。温特分析了 300 年来英国首相们所有议会演讲的内容。首先，他评定了所有演讲出现的权力意象。其次，他用这些结果来预测英国这三个世纪历史中的战争情况。温特发现，如果首相议会演讲的权力意象得分很高，那么战争就会发生。战端开启后，只有当首相议会演讲中的权力意象减少时，战争才会结束。温特用类似方法分析了 20 世纪 60 年代古巴导弹危机期间美国与苏联的交流，以及第一次世界大战中英国与德国的对话（Winter, 1993）。在这些例子中，权力意象的增加先于军事行动，权力意象的减少先于军事威胁的降低。

在对该研究的一项拓展中，温特和他的学生探讨了沟通中的权力意象如何导致冲突逐步升级（Peterson, Winter, & Doty, 1994）。研究中，他们让参与者回复来自真实冲突情境的信件。这些有待参与者回复的信件经过改动后有两种版本：一种权力意象水平较高，另一种权力意象水平较低。但这些信件的内容在其他方面仍然是相同的。然后，研究者分析了参与者回信的权力主题。参与者会对高权力意象的信件做出同样高权力意象的回应。假设另一方回信同样使用更多的权力意象，我们就很容易发现冲突如何升级为暴力。

我们可以分析国家领导人或总统候选人演讲内容中的权力主题。温特（Winter, 2002）发现，言语背后常常跟随着行动，国家演讲如包含很多权力意象，往往预示着战争即将开启。政治家们使用的语言可以透露他们的动机，动机又可以进一步预测他们未来的行动。

一些研究对陷入危机的政府之间的交涉进行了考察，结果揭示了相似的动机模式（Langner & Winter, 2001）。通过分析四次国际危机中的官方文件，研究者发现，妥协与沟通中表现出的亲和动机相关，但权力意象则与更少的妥协相关。在一项实验室研究中，他们发现，通过让参与者阅读谈判对手的不同沟通信息可以启动他们的权力动机或亲和动机，这些启动的动机能够预测他们后续谈判妥协的可能性。这类人格研究可能对我们理解政府之间如何通过恰当的互动方式来避免危机有着重大意义。

总之，权力需要是指影响他人的一种渴望。我们可以通过 TAT 和其他言语文件（如演说和其他形式的沟通信息）来测量权力需要。追求社会地位，关注名誉，试图使别人按照自己的意愿行事，这些都是与权力需要相关的主题。我们可以从文本内容中寻找它们的蛛丝马迹。例如，温特（Winter, 1988）从成就需要、权力需要和亲密需要的角度，对尼克松的讲话进行了有趣的分析。温特（Winter, 1998）还采用相似的方法对美国前总统克林顿的讲话内容进行了分析，把克林顿的动机与他的人气以及其他一些问题联系起来。其他研究者（Krasno, 2015）也分析了克林顿总统的动机，发现他的成就需要和亲密需要都特别高。

## 亲密需要

三大动机的最后一种是以渴望与他人建立令人温暖和满意的关系为基础的，即亲密需要。

### 亲　密

第三种得到大量研究关注的动机是亲密需要。麦克莱兰的另一个学生麦克亚当斯对该动机做了最多的研究。他把**亲密需要**（need for intimacy）定义为个体“对温情、亲近和交流性人际互动的持续偏好或意愿”（McAdams, 1990, p. 198）。与那些亲密需要低的人相比，亲密需要高的人希望在日常生活中有更多亲密和有意义的人际接触。

### 研究结果

为了确定亲密需要高者与低者间的差异，多年来麦克亚当斯和其他研究者一直致力于亲密需要的研究。与其他动机一样，人们经常采用 TAT 来测量亲密动机的强度。研究发现，与亲密需要低的人相比，亲密需要高的人有以下特点：（1）每天花更多时间考虑人际关系；（2）当身边有其他人时，他们报告出更多的愉快情绪；（3）有更多的微笑、大笑以及目光接触；（4）更频繁地发起交谈和写更多的信件。我们可能认为亲密需要高的人其实就是外向的人，但研究结果并不支持这一解释。亲密需要高的人一般只拥有少数几个极其要好的朋友，他们更喜欢真诚而有意义的对话而不是狂欢派对，他们并不是那种外向、喧嚣、开朗的派对灵魂人物。如果让人们描述自己与朋友待在一起的典型情形，亲密需要高的人倾向于报告一对一的互动，而不是群体互动。与朋友在一起时，他们更可能仔细聆听朋友的讲话，和朋友分享一些亲密或私人的话题，如自己的情感、希望、信念和欲望等。也许这就是为什么亲密需要高的人总被同伴评价为特别“真诚”“友爱”“不支配别人”和“不自我中心”（McAdams, 1990）。

一些研究考察了亲密需要与幸福感的关系。一项纵向研究以哈佛大学的男毕业生为样本，测量他们 30 岁时的亲密需要。结果表明，他们的亲密需要与他们 17 年后的总体适应性（如有满意的工作和家庭生活，能很好地应对生活中的压力，远离酗酒问题等）显著相关（McAdams & Vaillant, 1982）。其他研究表明，对男性和女性来说，亲密需要都与某些收益或积极的生活结果相关。对于女性来说，亲密需要与幸福感和生活满意度相关。对于男性来说，亲密需要与低生活压力相关。与权力动机和成就动机（还未发现它们在需要水平上有性别差异）不同，在亲密需要上确实存在一致的性别差异：平均而言，女性的亲密需要高于男性（McAdams, 1990; McAdams & Bryant, 1987）。

总之，亲密需要是对温情和亲密人际关系的需要。与亲密需要低的人相比，亲密需要高的个体喜欢他人的陪伴，喜欢表达和交流。亲密动机与外向不同，因为亲密需要高的人更喜欢拥有少数几个关系密切的朋友，而不愿成为吵闹群体的成员。在成就需要和权力需要上，男性和女性的需要水平相当，然而女性的亲密需要通常高于男性。

到目前为止，我们探讨的动机包括：成就需要、权力需要和亲密需要。它们都在学院派人格心理学的传统研究范围之内。但是，还有另一种动机研究传统，它源于临床心理学。这一传统也影响了人格心理学专业,其中一些概念出现在（或暗含于）多个当代研究领域中。现在我们就转向人格心理学的人本主义传统 。

## 人本主义传统：自我实现动机

1995 年，美国一个传奇人物逝世了——杰瑞 · 加西亚，他是“感恩而死”乐队的首席吉他手，据说死于心脏病，享年 53 岁。很多新闻故事回顾了他的生活和时代，不少记者认为按照加西亚的生活方式，他的寿命超过了人们的预期。连续三十年来，加西亚的乐队马不停蹄地到处演出，他经常滥用多种物质，包括可卡因、海洛因和酒精等。

过去一些因滥用毒品和酒精而致死的娱乐明星的寿命都比加西亚短得多，如约翰·贝鲁西（享年 33 岁）、科特·柯本（享年 27 岁）、吉米·亨德里克斯（享年 27 岁）、詹妮斯·乔普林（享年 27 岁）、吉姆·莫里森（享年 27 岁）、凯瑟·穆恩（享年 31 岁）和猫王埃尔维斯 · 普雷斯利（享年 42 岁）。每当发生这类事件，公众就会短暂地卷入一场关于艺术家个人责任和自我毁灭行为的古老争论。某些人认为，这些艺术家是他们所处的时代和文化的受害者。例如，人们认为加西亚和他的乐队代表了 20 世纪 60 年代反主流文化的最好（和最坏）方面，他们通常被认为是那个时代的时间胶囊。

1995 年，“感恩而死”乐队的成员杰瑞 · 加西亚死于某戒毒康复中心。一些人认为，他是那个时代和他所承担的使命（保持 20 世纪 60 年代反主流文化愿景）的受害者。另一些人则认为他是音乐天才，但选择了非常有毁灭性的生活方式。在人本主义取向的动机中，个人责任是一个很重要的议题。

然而，另一种观点认为加西亚自己杀死了自己，他故意缓慢地进行自我毁灭。这暗示加西亚对自己的死亡负有责任。在加西亚逝世那一周的电视访谈中，时任总统克林顿指出：“尽管他是个天才，但他有一个很可怕的问题（海洛因成瘾）……成为天才并不意味着一定要过毁灭性的生活方式。”这暗示加西亚的天赋和他的自我毁灭倾向是其人格中两个分离的部分，并不一定是一部分创造了另一部分。按照克林顿总统的观点，加西亚用自己的自由意志杀死了自己，由于多年来选择的生活方式，他对自己的死亡有着不可推卸的责任。

加西亚是他代表的那套文化的牺牲品吗？或者，他应该对自己的自我毁灭行为负责吗？这涉及我们如何看待动机与自由意志的关系。在之前的专栏部分，我们讨论了无意识（内隐）动机。人们通常意识不到自己有这类动机，但它们却指导着人们的行为、生活选择以及对 TAT 等投射测验的反应。以无意识动机为基础的选择，在大部分情况下是没有自由意志的。因此，加西亚的真正问题变成了他是否意识到自己的动机，当他做出许多自我毁灭的生活选择时，他是否知道自己正在做什么。

在动机的研究中，**人本主义传统**（humanistic tradition）的特征之一是强调人们对需要、选择和个人责任的有意识觉知。人本主义心理学家强调选择在人类生活中的作用，以及责任对于创造有意义且令人满意的生活的影响。按照人本主义的观点，任何人生活的意义，都来自他所做的选择以及为这种选择承担的责任。例如，在中年期，有些人认为日常生活中并没有许多选择，他们要么是职业生活陷入了固定模式，要么是人际关系千篇一律，抑或两者兼而有之。例如，2000 年的奥斯卡最佳电影《美国丽人》描述了一个绝望的男人，他意识到自己正过着一种不是自己选择的生活，于是他竭尽全力试图找回自己的生活，并为自己的生活负责。在意识到这点后，有些人会付出极大的努力来重新承担创造自己生活的责任。职业变动、离婚、四处迁居和其他极端选择常常是这一中年危机（即未能对自己的生活负责）的征兆，有时也是解决危机的一种方式。

人本主义传统的另一个主要特征是强调人的成长和实现全部潜能的需要。根据这个观点，人性是积极和向上的。这与精神分析的观点形成鲜明对比，精神分析看待人性的观点相当悲观，它把人性视为充满原始和破坏本能的沸腾大锅。人本主义的观点正好相反，它强调朝着期望甚或理想的人类潜能积极发展的过程。这些人类潜能可以被概括为自我实现动机。

我们现在简单地定义一下自我实现。我们必须指出人本主义传统不同于其他动机理论取向的第三个特征。人本主义传统认为许多动机都建立在成长需要的基础之上，即成为自己真正应该成为的人。其他一些取向，包括弗洛伊德、默里和麦克莱兰所代表的传统，认为动机来自一种特殊的匮乏或缺失。这是一种非常微妙却又至关重要的区分，它代表了动机理论和研究的历史性突破。前述所有动机（成就、权力和亲密）都是匮乏性动机。在人本主义中，人类所有动机中最具人的属性的是自我实现，它并非基于匮乏。它是一种基于成长的动机，一种发展、丰盛以及成为自己真正应该成为的那种人的动机 。马斯洛于 20 世纪 60 年代提出自我实现这一术语，用他的话说，自我实现就是“越来越接近那个独一无二的自我，成为自己能够成为的一切”的过程（Maslow, 1970, p. 46）。

## 马斯洛的贡献

对自我实现动机的任何讨论一定要从马斯洛的贡献（见 Maslow & Hoffman, 1996）开始讲起。他的多个观点构成了该领域理论和研究的基础。

### 需要层次

马斯洛（1908—1970）从需要概念开始阐述他的理论，但基本上是按照需要的目标来定义需要的。马斯洛认为，需要是按层次结构组织的，更基础的需要位于层次结构的底部，而自我实现的需要位于顶部（见图 11.2）。他把需要的层次分为五个层级。

需要层次的底部是**生理需要**（physiological needs）。这些需要不仅对个体的直接生存非常重要（如食物、水、空气和睡眠的需要），而且对物种的长期生存也非常重要（如性的需要）。紧接着的是**安全需要**（safety needs）。它涉及安全和庇护所，如拥有生活的居所，远离危险的威胁。马斯洛认为，建立有秩序、有组织和可预测的

图 11.2
马斯洛动机理论中的需要层次。这些需要被划分成不同的水平。与较高水平的需要相比，较低水平的需要的满足更为迫切（采用更大的字体表示）。

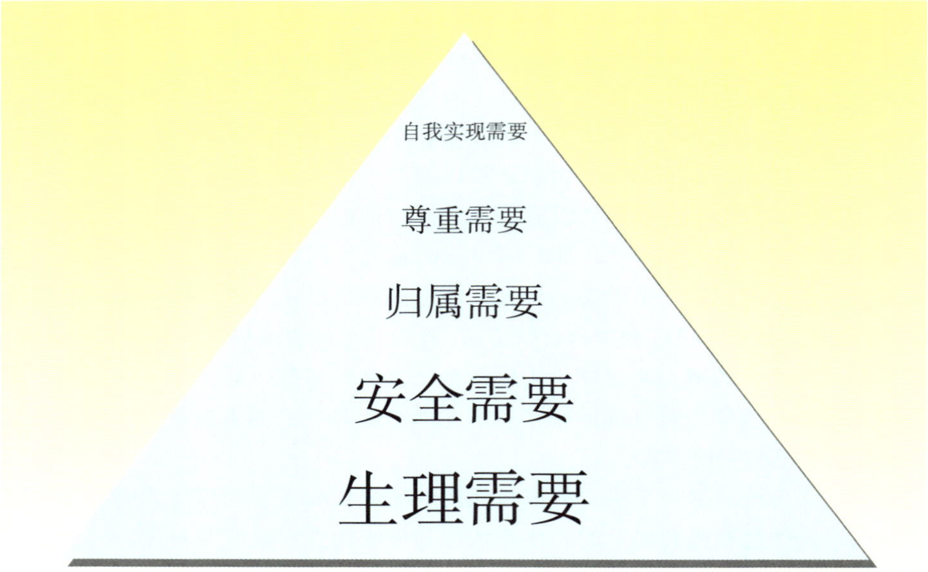


生活也属于安全需要。在长途旅行之前检查汽车可以视为安全需要的一种表现。

尽管目前只提及其中两个层级的需要，我们仍然可以得出一些重要的结论。第一，在满足较高层次的需要之前，我们通常必须先满足较低层次的需要。马斯洛的持久贡献之一就是他将不同的需要按顺序组织起来，为理解这些需要的相互关系提供了思路。显然，在我们考虑从同伴那里获得尊重之前，我们必须有足够的食物和水。当然，我们也可以找到不遵循需要层次的例子（如饥饿的艺术家经常在食不果腹的情况下继续创作以表达自我）。像许多人格理论一样，马斯洛的理论意在描述一般的人性或者适合普通人的情况。虽然总有一些例外，但平均来看，人们的需要似乎符合马斯洛所划分的需要层次，从最低的层次向最高的层次发展。马斯洛还认为，需要层次是在人类的发展过程中出现的，与较高水平的需要相比，较低水平的需要在生命中出现得更早。

第二，与较高水平的需要相比，较低水平的需要在未得到满足时驱力更强、更迫切。较高水平的需要与生存的关系并不太大，因此，当它们得不到满足时，不如低级需要那么急迫。换句话说，当人们致力于满足较高水平的需要时，他们的动机强度较弱，易受干扰。马斯洛写道："这种内部倾向（追求自我实现）不像动物的本能那样强大、有力和明显。它如此微小、脆弱和微妙，以至于很容易被习惯、文化压力和错误态度压倒"（Maslow, 1968, p. 191）。

人们通常会设法同时满足多种需要。在某一特定时间段内，我们很容易发现人们会从事各种活动以满足不同的需要（如吃饭，在前门安装一把新锁，参加家庭聚会，以及为考试取得好成绩而学习）。但是，在任何一个时间点，我们都可以确定个体把自己大部分能量投入哪种水平的需要上。关键的一点是，即使我们主要致力于自我实现需要，还是必须完成一些事情（如购买食品）以保证较低层次的需要不断得到满足。

很多电影（特别是探险电影）涉及迫使人们关注较低层次需要的情节——这些环境把人的注意力突然拉向低级的安全需要，甚至是生理需要。《异形》（*Alien*）和《虎胆龙威》（*Die Hard*）系列电影很好地说明这一现象。在影片《势不两立》（*The*

*Edge*）中，演员霍普金斯和鲍德温驾驶飞机在原始森林中失事，他们受到一头身躯庞大的饥饿灰熊的持续威胁，这时他们不得不降低需要的层次。

上图来自电影《势不两立》，两个高自尊的男人在一只大灰熊的持续威胁下，需要层次瞬间下降了好几个等级。

*© Moviestore collection Ltd/Alamy Stock Photo*

马斯洛需要层次的第三个层级是**归属需要**（belongingness needs）。人类是社会性很强的物种，大多数人有归属于某个群体（如家庭、姐妹会 / 兄弟会、教会、俱乐部、比赛团队等）的强烈需要（Baumeister & Leary, 1995）。与生理需要和安全需要相比，被他人接纳或受到某个团体欢迎代表了一种更有心理属性的需要。一些研究者认为，在以往的社会中存在天然的群体，人们能自动成为其中一员（如几代人组成的大家族和小城镇等，几乎所有置身其中的人都感到自己是群体的一员）。而现代社会却没有这么多机会来满足我们的归属需要。孤独感和疏离感是归属需要没有得到满足的两种表现。在美国，街头帮派非常受欢迎，它是人们强烈的归属需要的一种体现，那些被主流文化排斥的人和感到被遗弃的人可以在这里寻找到一种群体成员身份。

认为归属需要非常基础的一个理由来自进化理论。在人类进化史中，归属于某个大的社会群体对于个体生存是必不可少的。人们在群体中打猎、生活和四处迁徙。归属于某个群体可以让个体成员分担工作、互相保护、照料彼此的孩子和分享重要的资源。归属于某个群体有生存价值，不仅个体成员可以确保自身的存活，而且由于个体在群体中的重要作用，所有成员都为彼此的存活做了贡献。尽管今天群体生活对于个体生存不是必不可少的，但是现代人还是有一种强烈归属于某个群体的愿望，如加入教会群体、工作群体、俱乐部、兄弟会、姐妹会和各种各样的兴趣小组。

马斯洛需要层次中的第四个层级是**尊重需要**（esteem needs）。尊重分为两种类型，即来自他人的尊重和自尊，后者往往依赖于前者。我们希望他人认为我们有能力、强大，并且能够获得成功；我们希望因成就和才华而获得他人的尊重，并把这种尊重转化为自尊；我们希望对自己感到满意，感到自己有价值和有能力。成人日常生活中的许多活动都是为了从他人那里得到认同和尊重，以及增强自己的自信。

马斯洛需要层次的最顶端是**自我实现需要**（self-actualization needs），即发展个人潜能，使自己成为自己真正应该成为的那种人的需要。你可能认为这非常困难，因为它假设一个人必须首先弄清楚自己真正是个什么样的人。然而，自我实现者似乎恰好知道自己是谁，并且有坚定不移的人生方向。他们的总体幸福感分数往往更高（Bauer, Schwab, & McAdams, 2011）。

### 研究结果

马斯洛的理论基于他对动机独特的观点和思想之上，而不是基于实证研究。例如，他从来没有提出过自我实现的测量方法。不过，其他研究者完成了该项工作（Flett, Blankstein, & Hewitt, 1991; Jones & Crandall, 1986）。在研究者的考验中，他的理论表现如何？虽然并非所有研究都支持马斯洛的理论（如 Wahba & Bridwell, 1973），但一些研究支持了他的主要观点（如 Hagerty, 1999）。例如，一组研究者检验了如下观点：当需要被剥夺时，较低层次的需要比较高层次的需要更强烈（Wicker et al., 1993）。在该研究中，研究者给参与者呈现各种各样的目标，这些目标对应马斯洛的不同需

## 阅读　对马斯洛需要层次的再诠释：基于进化的模型

心理学家道格·肯里克及其同事（Kenrick et al., 2010）对马斯洛的人类基本需要层次模型提出了一种新的诠释。这是对马斯洛主要贡献的首次重大修正，所以我们将它作为专栏来介绍。尽管该修正融合了马斯洛的理论与进化心理学的基本概念（见第8章），但只有时间能证明它能否对研究人类需要和动机提供更有用的框架。

马斯洛于1943年发表了他的需要层次理论，它对包括人格和发展心理学在内的很多心理学分支都有重要影响。但如今许多人认为这是马斯洛坐在扶手椅上想出来的古怪理论，尽管它很有趣，但与当代的所有理论都严重脱节。肯里克等人认为，如果需要层次理论可以通过纳入进化心理学的理论和实证发展来革新，它就可以焕发新的生机。他们提出了一个新模型，保留了马斯洛的主要观点（例如，保留了层次模型的形式和一些原来的需要，并且假定这些需要有发展顺序），增加了对每种需要的理论解释（基于其进化功能）。图11.3呈现了这一模型。

马斯洛需要模型的一个新颖且持久的部分是层次的观点，即某些动机优先于其他动机。因此，动机是以特定的顺序排列的。同时，金字塔中层级较低的需要在得不到满足时，会比那些较高层级的需要更强烈和持久，大概是因为它们对生存更重要。除此之外，需要也与发展相关，因此随着个体成熟，需要也从低级转向高级。

肯里克等人在2010年的再诠释中保留了以上元素。与生理、安全或自我保护、亲和、尊重动机相关的基本需要也被保留下来，因为它们对生存这一主要的进化目标很重要。但是，正如第8章所述，生存只是进化过程的一部分。更重要的是繁衍，如果没有繁衍，即使生存下来也是死路一条。所以肯里克等人增加的重要需要包括找到并留住伴侣，以及成功养育子女，使其可以继续繁衍子孙，从而确保自己的基因传递到未来的后代身上。

肯里克等人通过功能性解释了

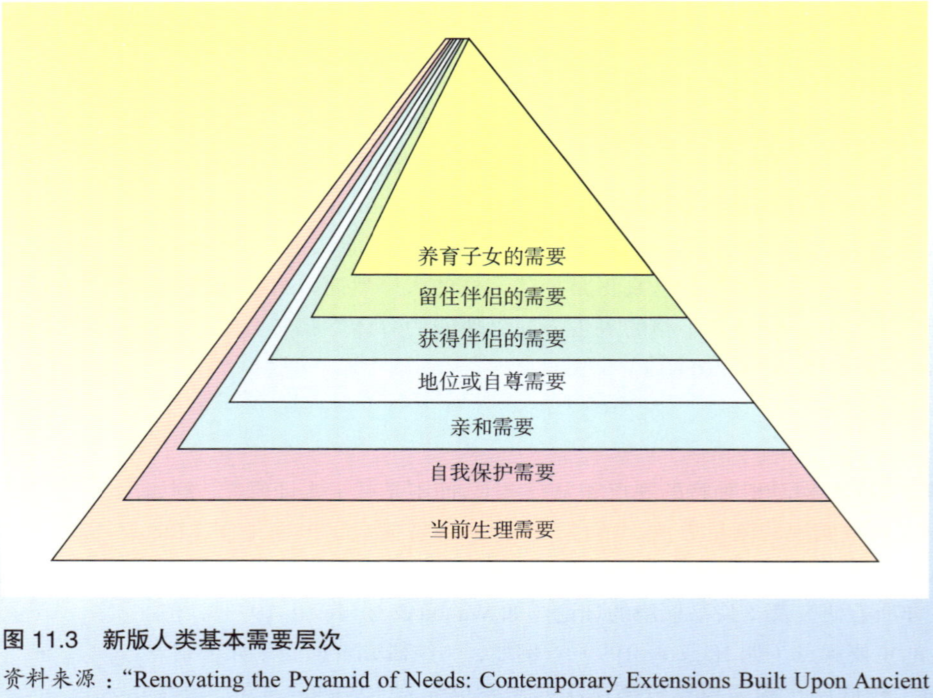


**图 11.3　新版人类基本需要层次**

资料来源："Renovating the Pyramid of Needs: Contemporary Extensions Built Upon Ancient Foundations," by D. T. Kenrick et al., *Perspectives on Psychological Science*, 5, 292–314.

层次模型中的每种需要，即它们都能满足一种与进化相关的特定功能。马斯洛模型的终极需要——自我实现需要——因为对生存和繁衍没有明显的功用，所以被肯里克等人剔除了。

发表肯里克等人的修订模型的杂志还发表了 4 篇批判该新模型的文章。批评者提出，人类需要的理论应该以人为中心，而不是以动物为中心（Kesebir, Graham & Oishi, 2010）。毕竟，肯里克等人的模型既适用于人类也适用于老鼠和蜥蜴，但忽视了人类独有的人性。也有人认为自我实现在进化上也可以被视为重要的，不应该从人类的基本需要中剔除（Peterson & Park, 2010）。还有人指出，除了确保基因的传递，其他人生目的都从肯里克等人的模型中消失了（Ackerman & Bargh, 2010）。肯里克及其同事对这些批评给出了深思熟虑的回复，阐明了进化为何以及如何与理解独特的人类需要和动机有关（Schaller et al., 2010）。

肯里克等人的人类需要模型的确建立在统一的理论基础上，而这是马斯洛的理论所缺乏的。并且，这一理论根据有很多实证支持，且已得到科学家们的广泛接受。至于它是否是最终结论，以及能否或者怎样推动人格的需要和动机领域的发展，让我们拭目以待。

要层次。例如，有充足的食物和水；感到安全和不害怕；从属于某个团体；被认为是一名优秀的学生；心理健康并充分发挥了自己的才能。然后，针对每个目标，要求参与者回答几个问题，包括“假如你实现了这个目标，你感觉有多好？”和“假如你实现不了这个目标，你感觉有多糟糕？”研究者发现，当参与者想象没有达到较低的目标时，他们的消极反应最强烈。与无法满足自我实现的需要相比，当安全需要没有得到满足时，参与者更难过。对积极反应的评价则恰恰相反，达到的目标层次越高，他们的积极情感就越强烈。例如，与有充足的食物和水相比，从其他人那里获得尊重会使个人感觉更好。该研究支持了马斯洛对动机的层级排序，同时凸显了人们在各个需要层级上得到满足或遭遇挫折时的反应差异。马斯洛还认为低级需要是“占优势的”，是生存必需的，因此当这些需要没有得到满足时，它们比高级需要更强烈。另外，马斯洛认为人们更看重高级需要的满足，而非低级需要的满足，这也得到该研究的支持：高级目标的实现比低级目标的实现更让人满足。

另一项研究依据马斯洛的需要层次将参与者划分为不同的组，然后比较不同组之间的总体幸福感（Diener, Horowitz, & Emmons, 1985）。每个参与者都会被问及：“是什么使你感到最幸福？”研究者假设，对这个问题的回答能确定参与者处于哪种需要水平。例如，假设一个参与者说“能够好好享受一顿美餐”，研究者就可以将其分到生理需要组。结果表明，总体幸福感（研究已使用问卷法进行了测量）与人们的需要水平之间不存在相关。幸福感与人们正在致力于满足何种等级的需要无关。也就是说，正在寻求自我实现的人并不比寻求满足其他需要的人更幸福。马斯洛在书中也谈到，追求自我实现的需要并不必然伴随幸福感。

鉴于这些研究结果，我们可能会问：“究竟是什么特征区分了自我实现者与非自我实现者？”现在我们来讨论马斯洛的研究，他的研究很好地描述了自我实现者的具体特征。

### 自我实现者的特征

为了更深入地了解自我实现，马斯洛对许多他认为的自我实现者做了个案研究。马斯洛估计约 1% 的人有成长动机，他们努力地成为自己能成为的人。马斯洛调查的自我实现者名单包括几位当时还活着的人，但他没有公布他们的真实姓名。通过本人作品和其他传记信息，他还研究了一些历史人物，包括爱因斯坦、罗斯福夫人和托马斯·杰斐逊。然后，马斯洛在这一组人中寻找他们具有的共同特征。在该研究中，他总共列举了 15 种特征，认为这些是能在自我实现者身上找到的常见特征（见表 11.3）。马斯洛所研究的大多数人都非常有名，其中许多人都对科学、政治或人文学科做出了重大贡献。在阅读表 11.3 所列的特征时，要记住该理论并不是说"你必须做出重大贡献"才能成为自我实现者。因为马斯洛研究的个体都是有杰出贡献的人，所以人格心理学的学生很容易产生这种误解。不仅杰出的人，普通人也可以自我实现。

一个与自我实现相关的概念是**心流**（flow），这个概念是由心理学家米哈伊·契克森米哈伊提出的（如 Csikszentmihalyi, Abuhamdeh, & Nakamura, 2005），定义是当人们完全投入某件事情以至于忘记时间、疲劳和所有除此之外的事情时所报告的一种主观状态。处于心流状态的人机能达到了最大化。

虽然心流体验很罕见，但会在特定情形下发生：人的能力与情境的挑战匹配、有清晰的目标、所做的事情有即时的反馈。心流体验本身就可以作为一种强大的动机力量，并且意味着至少在那个瞬间一个人正在经历自我实现。

表 11.3 **马斯洛个案研究中自我实现者的特征**

| |
|---|
| 1. 能有效感知现实。他们不会让愿望和欲望蒙蔽自己的知觉。因此，他们能够识别出虚假和欺骗。 |
| 2. 接受自己、他人、自然或命运。他们认识到，包括自己在内，所有人都会犯错且都有弱点，并接受这一事实。他们把自然事件甚至是灾难视为生活的一部分。 |
| 3. 率真。他们的行为单纯和自然。他们不矫揉造作，也不刻意制造效果。他们相信自己内心的冲动。 |
| 4. 以问题为中心。他们对所处时代的宏大哲学和道德问题感兴趣，不怎么关心鸡毛蒜皮的小问题。 |
| 5. 喜欢独处。他们在独处时感到很舒服。 |
| 6. 独立于文化和环境。他们不随波逐流。他们更喜欢追随自己选择的兴趣。 |
| 7. 对欣赏世界保有持续的新鲜感。他们对任何事情都有一种"初学者的心态"，不管事件多么平常，都如同第一次体验那样。他们欣赏寻常的事物，能在世俗中发现快乐和敬畏。 |
| 8. 有更频繁的巅峰体验。巅峰体验是一种极度奇妙、敬畏和通透的瞬间感受，有时也被称为"万能感"。对拥有巅峰体验的人来说，这是充满意义的特殊经历。 |
| 9. 有帮助人类的真诚意愿。所有自我实现者都发自内心地、真诚地关心人类同胞。 |
| 10. 与少数几个人保持深厚的联系。虽然他们非常关心其他人，但他们只有少数极好的朋友。他们往往喜欢独处，仅让少数的几个人真正了解他们。 |
| 11. 拥有民主价值观。他们尊重所有人，并认为他们都有价值，不会因为人们的表面特征，如种族、宗教、性别和年龄而对他们持有偏见。他们视他人为个体，而不是群体成员。 |
| 12. 能够区别目的与手段。他们喜欢做一些本身就是目的的行为，而不是把行为当作实现其他目的的手段。 |
| 13. 具有哲学式幽默感。许多幽默是为了取笑人们眼中的劣等人或群体。自我实现者并不认为这类笑话好笑。相反，让他们觉得好笑的事是那些人性共有的愚蠢。 |
| 14. 有创造力。创造力可视为在事物之间发现他人看不到的联系的能力。他们更可能有创造性，因为他们即使对最普通的事物也能保有新鲜感。 |
| 15. 不愿意适应文化。文化告诉我们该如何行动、如何着装、甚至如何与他人互动。自我实现者游离在文化规则之外，他们经常表现得与大众格格不入。 |

资料来源：Maslow, 1954/1987.

练习

回想一个你认识或者见过的让你印象深刻的人。试着去鉴别一下这个人是否可能是一位自我实现者。对照马斯洛所列举的自我实现者的 15 种特征（见表 11.3），找出你选择的人具备其中哪些特征。尽力根据这个人生活中的具体例子来阐述这 15 种特征。

## 罗杰斯的贡献

马斯洛关注自我实现者的特征，心理学家罗杰斯（1902—1987 年）则聚焦于促进和获得自我实现的方法。在他四十多年高产的职业生涯中，罗杰斯提出了自己的人格理论和心理治疗方法（来访者中心疗法）。像马斯洛一样，罗杰斯认为人性基本上是好的、善良的和积极的。他认为人类的自然状态应该是完全发挥自己的机能，但是在某些情境下，人们在自我实现的道路上会变得停滞不前。他的理论解释了人们如何失去自己的方向。不仅如此，为了帮助人们回到实现自我潜能的轨道上来，他还发明了一些技术。其自我实现的一般方法（以人为中心）已经被广泛应用于教育、团体、企业组织，乃至政府部门（见他去世后出版的自传 Rogers, 2002）。

罗杰斯理论的核心概念是**机能充分发挥者**（fully functioning person, 也译作“功能完善者”），是指那些正通向自我实现路途中的人。机能充分发挥者实际上或许还未自我实现，但他们在朝向这一目标前进的过程中并未受到阻碍或发生偏离。有几个特征能够描述这种人：善于接受新经验，在日常生活中喜欢多样性和新奇性；关注当下，既不纠缠于过去或者遗憾，也不生活在将来；相信自己，相信自己的感觉和判断，当面临选择时，不会自动地看向周围的人（如“怎么样才能使我的父母高兴？”），而是相信自己能够做正确的事；不墨守成规，而是自己设定目标，然后自己负责。

人们如何才能成为机能充分发挥者？罗杰斯的自我发展理论回答了这个问题。本书用整整一章（第 14 章）来专门探讨自我，并且其中涉及的许多研究都可以追溯到罗杰斯。罗杰斯坚信，生活中的首要动机就是自我实现的动机，它使人们向着本真自我发展。

### 自我发现之旅：积极关注与价值条件

在罗杰斯看来，所有的儿童天生就渴望父母和他人疼爱和接纳。他把这种天生的需要称为得到**积极关注**（positive regard）的愿望。父母经常需要孩子满足特定条件才给予积极关注。例如，“向我展示你是一个好孩子，所有考试都要得 A”或者“如果你在校园剧担任明星角色，我将非常开心”。另一个例子是，父母经常让孩子参加各种运动，而孩子之所以参加并不是因为他们喜欢这些运动，只是为了获得父母的爱和积极关注。当然，父母对孩子抱有某种期望，这无可厚非，但不应该让父母的爱和关注取决于孩子是否符合这些期望。

**价值条件**（conditions of worth）是父母或重要他人设定的获得积极关注的条件。儿童可能总是想着如何去满足这些条件，而不是去发现那些令自己真正快乐的事。在生活中，他们通过一些特定的方法来赢得父母和重要他人的爱、尊重和积极关注。只有在满足了一定条件时才获得的积极关注被称为**有条件的积极关注**（conditional positive regard）。

经历许多价值条件的儿童可能会丧失自己的愿望和想法。他们开始过一种努力取悦他人的生活，变成他人所期望的人，他们的自我理解仅仅包含他人允许拥有的一些特性。他们不断地远离机能充分发挥者的标准，对他们而言，最重要的事情是使他人高兴，时刻萦绕他们心头的是“别人会怎么想”，而不是“在这种情况下，我真正想要什么？”

长大成人后，对他人评价的担忧依然占据着他们的内心。其行为基本上是为了得到他人的赞许，而不是源于自我导向。他们依赖他人的积极关注，并经常寻找那些一定要被满足的价值条件。他们隐藏自己的弱点，扭曲自己的缺点，甚至否认自己的错误，并采用各种各样的方式来取悦除自己之外的其他人。长期以来，他们一直努力取悦他人，以至于忘记了自己所希望的生活。他们已经失去了自我指导的能力，不再朝着自我实现的方向前进。

一个人如何避免这样的结局？罗杰斯认为，父母和重要他人的积极关注应该是没有附加条件的，任何时候都应该无条件地充分给予儿童积极关注。罗杰斯把这样的关注称为**无条件积极关注**（unconditional positive regard），即父母和重要他人无条件地接纳儿童，表达他们对儿童的爱和价值的肯定，因为儿童本来就是有价值的。即使是在对孩子进行管教和指导时，父母也要对其展示无条件的接纳。例如，如果儿童做错事情，父母可以在纠正儿童的同时给予无条件的积极关注：“你做了错事，但你并不坏，我仍然爱你，错的只是你做的事情，我希望你不要再那样做了。”

在充分的无条件积极关注下，儿童学会接纳所有的体验，而不是否认自己的体验。他们不必为了迎合他人而扭曲自己，或者为了迎合他人设定的模型或榜样而改变自己的行为或体验。这样的人可以自由地接受自己，甚至自己的弱点和缺点，因为他

**应 用**

保罗·高更因其南太平洋岛民画而闻名于世。在这些画作中，他使用了绚丽的色彩，拒绝采用透视法而采用平面的两维形式。他那富有表现力、质朴却又独具风格的绘画艺术奠定了现代艺术的基础。但是，高更一开始并不是画家。1872 年，高更在巴黎开启了他成功的股票经纪人生涯。他和他的丹麦籍妻子梅特生了 5 个孩子，一家人在巴黎过着惬意的中上阶层生活。可是，高更一直想画画。他感觉自己可以成为一位伟大的画家，但是股票经纪人的工作占据了他所有的时间（Hollmann, 2001）。

1874 年，高更参观了在巴黎举行的首次印象派画展。他被这种风格的画迷住了。他有一种成为画家的强烈愿望，但他却把所有精力都投入股票经纪人的工作中，并用收入购买了莫奈、毕沙罗和雷诺阿的一些画作。他认为，这是他能够做的最接近实现自己艺术家潜能的方式了。

幸运或者不幸的是，1884 年，高更工作的银行开始出现困难。高更便从工作中抽出一些时间来画画。他的收入在下降，一家人不得不从高消费的巴黎搬到鲁昂小镇，那里的生活成本比巴黎低很多。当高更把更多的工作时间花在绘画上时，他的收入变得更少了，婚姻也开始出现危机。高更和妻子都对当前的处境不满意，但是他们不满的理由各不相同：高更更希望过有绘画的新生活；而妻子则更想回到过去那种富足的生活，她希望返回巴黎，希望丈夫继续做银行或股票经纪人的工作。

在经过一段时间的婚姻不和谐之后，高更离开了妻子和 5 个孩子，带着绝对的真诚和明确的目的，开始实现自己作为艺术家的潜能。他与凡·高、德加和毕沙罗等人过从甚密，

他们教他印象派绘画。1891 年，他决定逃离世俗文明去寻找一种新的生活、一种更适合他绘画风格（即原始、大胆和真诚）的生活。他航行到塔希提岛和其他南太平洋的岛屿，除了一次短暂返程之旅，他在那里一直待到 1903 年逝世（Gauguin, 1985）。在塔希提岛，他那些有关土著人的绘画作品越来越有力度和个性，作为现代世界最伟大的艺术家之一，他很大程度上实现了自己的潜能。

高更生活中的伦理问题涉及很明显的不同责任的相互竞争。他曾是一位有责任心的银行家和股票经纪人，有爱他的妻子和 5 个需要照顾的孩子。然而，高更感觉到（这种感觉是正确的）自己有成为一名真正杰出的艺术家的潜能。他应该追寻内心的呼唤，成为艺术家，还是应该履行作为丈夫、父亲和家庭供养者的责任？对于他抛家弃子去追求自我实现的决定，我们该如何评价？他作为艺术家所获得的成功对我们的评价有何影响？假如他抛弃了家庭，但在艺术追求上又惨遭失败，我们又会如何评价他？在生活中，当个人当前担负的责任与内心想要成为其他人的呼唤发生冲突时，哪边应该获得优先？当人们在朝着自我实现的方向前进时，有时会面临类似的选择与责任的伦理难题。

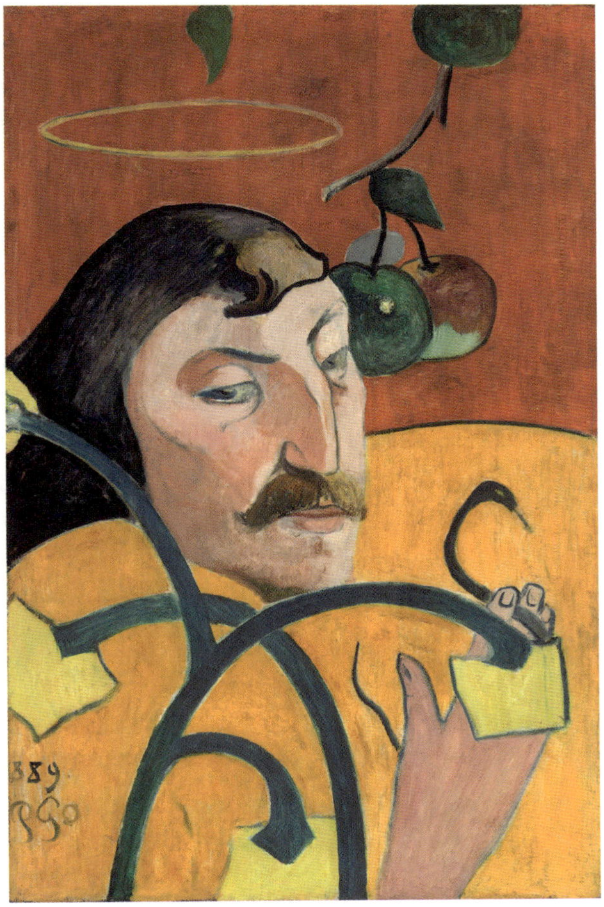

上图为高更的《头悬光环的自画像》（1889），来自私人收藏。高更的生活向人们提出了一些关于责任、选择与自我实现的复杂问题。

资料来源：National Gallery of Art, Washington.

们已经体验到无条件的**积极自我关注**（positive self-regard）。他们能够给予自己无条件的积极关注，接受自己本来的样子。他们相信自己，追随自己的兴趣，依靠自己的感受来指导自己做正确的事情。简言之，他们开始表现出机能充分发挥者的特征，并且开始实现本真的自我。

## 促进自己和他人的自我实现

没有沿着自我实现的方向前进的人会经常感到焦虑。罗杰斯认为，**焦虑**（anxiety）源自与个人自我概念不匹配的经历。我们可以想象，一名年轻的女性，她从小学到中学一直都非常勤奋，努力获取好成绩，以此取悦父母。其自我概念的一部分是"我是聪明的，能取得优秀成绩"。后来，她上了大学，在一些课程上并没有取得优异成绩。这种经历是陌生的，与其"聪明和成绩优异"的自我概念不匹配，因此导致她焦虑。她对自己说，"当父母知道我成绩的时候，他们会怎么想？"这种新经历威胁到了她的自我形象，而这种自我形象对她非常重要，因为过去它给她带来父母的积极关注。罗杰斯认为，人们需要保护自己免受焦虑的侵袭，缓解自我概念与经历的不一致。机能充分发挥者能够改变自我概念去适应自己的经历（如"也许我根本就没那么聪明，或者我不需要总是取得完美的成绩"）。

对焦虑不那么理想的反应是采用防御机制来改变经历。罗杰斯强调了**歪曲**（distortion）的防御机制。采用歪曲防御机制的人，为了减少威胁，通常会去矫饰或更改他们的经历，而不是去改变他们的自我形象。例如，上面提到的学生可能会说"这门课的教授不公平"或"那个成绩不能真实反映我的水平"，或者采用其他方式来歪曲经验。此外，她还可能只选择那些"容易的"课程，因为这样她可以获得好成绩。她选修哪门课程，取决于该课程是否更可能带来好成绩，以便取悦父母（价值条件的原因），而不是基于自己的兴趣和愿望（自我实现的原因）。然而选修较易得高分的课程与聪明这一自我概念是不相称的，事实上，她会因为如此多的经历与她对自己的看法不匹配而感到焦虑。

一项研究发现，自我实现倾向与情绪智力相关（Bar-On, 2001）。**情绪智力**（emotional intelligence）是一个较新的概念，它包括五种成分：觉知自己情绪的能力、调控自己情绪的能力、激励自己的能力、觉知他人感受的能力和影响他人感受的能力。这也许是特别有适应性的一种智力形式，我们将在第12章认知取向部分更详细地描述。在这个研究中，自我实现倾向被定义为努力发挥自己天赋和技能的倾向，研究发现它与情绪智力相关。研究者认为，就自我实现而言，情绪智力可能比IQ或者认知智力更重要。人们之所以偏离自我实现的轨道，也许不是因为他们缺乏IQ或教育，而是因为他们不再能感知到自己的情绪。

罗杰斯的治疗取向旨在使个体回到自我实现的道路，这种治疗方法有时也被称为**来访者中心疗法**（client-centered therapy），它与弗洛伊德的精神分析疗法大相径庭。在来访者中心疗法中，治疗师从来不对来访者（罗杰斯更喜欢这个叫法而不是病人）的问题做出解释，也不指导来访者应采用何种行为方式来解决问题。治疗师不会试图直接改变来访者，而是尽量创造一种合适的环境，使来访者在这种环境中自发地改变自己。

来访者中心疗法有三个**核心条件**（core conditions）（Rogers, 1957），治疗过程必须满足这些条件，治疗才能顺利地进行。罗杰斯治疗"格洛丽亚"的一次访谈被制作成了影片，该影片得到了广泛流传，有时还被用于治疗师的培训。在这部影片中，罗杰斯在他与格洛丽亚的对话中熟练地创设了这三种条件（这部影片的赏析见 Wickman & Campbell, 2003）。第一个核心条件是治疗师要创造一种*真诚接纳*（genuine acceptance）的氛围，治疗师必须能够真诚地接纳来访者。第二个条件是治疗师必须对来访者表现出*无条件积极关注*。意思是治疗师在不对来访者做任何评价的基础上接受来访者所讲的任何事情。来访者相信即便他们说出“错误的”事情，或者在治疗过程中出现一些不太好的事情，治疗师都不会排斥他们。这种安全氛围使来访者可以开始探讨自身问题。

治疗过程的第三个条件是*共情理解*（empathic understanding）。来访者必须感受到治疗师理解自己。来访者中心疗法的治疗师试图像理解自己的思想和情感那样理解来访者的思想和情感。**同理心**（empathy，*也译作“共情”或“同感”*）是从对方的立场出发来理解对方（Rogers, 1975）。治疗师通过重述来访者所说的内容和情感来表达同理心。以来访者为中心的治疗师只是倾听来访者所说的话，并把它们“反射”回去，而不是解释话语背后的意义（如“你有一个严苛的超我，这个超我因为你的本我行为而惩罚你”）。这类似于照镜子，一名优秀的罗杰斯式的治疗师会把来访者的思想和情感“反射”回去，以使来访者全面且毫不歪曲地审视它们。通过让治疗师理解他们，来访者能够越来越理解自己。治疗师通过重叙内容（“我听见你说的是……”）和“反射”来访者的感受（“你好像觉得……”）来表达这种理解。虽然这听起来似乎很简单，但是它对帮助人们理解自己和帮助人们改变对自己的看法非常有效。

**练习**

共情倾听是一种很容易就能掌握的对话技术，你可以与朋友进行练习。找某个人与你进行角色扮演，让他描述生活中的一个小问题，你来扮演来访者中心疗法的治疗师。也就是说，你要尝试做出“反射”技术涉及的两种活动：第一，试着只重复朋友所说的话，也就是确切地按照你的理解重复他说过的话（如“我听见你说的是……”）；第二，重叙朋友的感受，即确切地把他提到的任何感受按照你的理解叙述给他听（如“在这种状况下你的感受似乎是……”）。对方将纠正你或者进一步详细地描述那种状况或感受。几分钟过后，转换角色，让对方扮演共情倾听者，你来描述一个小问题。假如这一切能够顺利进行，你应该感受到对方真正地理解了你，并且鼓励你去探讨问题情境以及你在该情境中的感受。

自从罗杰斯在其经典文章中将同理心描述为治疗转变所必备的条件之后（Rogers, 1957），许多心理学家试图理解同理心的本质。同理心是与生俱来的，还是一项可以通过培训来获得和提高的技能？一项对 839 对双胞胎的研究发现，遗传对理解他人能力的影响并不大（Davis, Luce, & Kraus, 1994）。该结果表明，人并非天生就善于共情地理解他人的观点。其他研究也表明同理心是可以有效教学的。例如，在一项研究中，研究者在人们参与同伴咨询培训之前和之后测量了他们的共情能力（Hacher et al., 1994），结果发现，强调倾听技术（见专栏“练习”与“应用”部分）的培训程序使他们总的同理心得分有了显著提高。这种培训尤其有助于提高大学生和中学生设身处地为他人着想的能力。有趣的是，这些研究者还发现，虽然女大学生开始时有更强的共情能力，但男生和女生在这方面都能通过教育获益。

另一项研究发现，共情能力可以随着练习而提高（Marangoni et al., 1995）。该研究让大学生观看三段关于个人问题（如“最近的离婚”或同时扮演妻子与职业女性

**应 用**

镜子的比喻非常有用，它能帮助我们理解来访者中心疗法是如何操作的。假设你想改变你的外观，那么你会通过照镜子来审视自己，以确定改变的效果。与此类似，假如你想改变内在自我，那么你可以利用来访者中心的治疗师所提供的积极氛围和共情理解来审视自己并考虑做出改变。下面的例子展示了这种“反射”技术：

来访者：我不知道下个学期该选修哪些课程，我希望有人能替我做出选择。

治疗师：你正在寻找一个能告诉你怎么做的人。

来访者：是的，但是我知道这是不可能的。(唉！）假如连我自己都没有一点头绪，谁还能为我做出正确的决定呢？

治疗师：你发现你在选课上有非常大的困难，这令你很恼火。

来访者：是的，在做这样的决定时，我的朋友没有一个人会这么困难。

治疗师：你感觉到你的状况是不正常的，与朋友们的体验不同。

来访者：是的，它让我很抓狂。我应该能很简单地选出 4 门或 5 门课程，并坚持我的决定，但我似乎不能。我知道这是愚蠢的。

治疗师：你认为它是一件很小的事情，但是你因不能做出决定而非常生气。

来访者：是的，你知道，它确实是非常小的事情，难道不是吗？我知道假如这些课程不合适，我可以随时变换课程。我想我只需要试一试就知道了。

治疗师：你看到了一些选择的空间，假如有些课程不适合你，你可以不选它。

治疗师从来不会指导来访者或为问题提供解释。这就是为什么罗杰斯式治疗有时也被称为非指导性治疗，其焦点是来访者对情境的理解，而不是治疗师的解释。来访者努力澄清治疗师的理解，在这样做的过程中也增加了对自己的理解。来访者可能逐渐开始接受自己一直在否认或歪曲经验。例如，上课仅仅是为了取得好成绩，而不是为了内心的兴趣。在上述对话中，来访者在帮助治疗师理解自己为什么在选课上遇到如此多的困难时，逐渐认识到她选择课程基本上是为了取悦父母。在这样一种被接纳的氛围中，她可能意识到不那么美好的现实，并可能进一步探索自己应该如何改变自我概念，以便接受这一新的理解。

角色的困难）的访谈记录。研究结果支持了研究者的假设：首先，与同理心弱的人相比，同理心强的参与者能更准确地猜测录像中的人正在想什么和感受到什么，也就是说他们的直觉更准；其次，参与者练习得越多，他们识别他人感受和想法的能力就越强；最后，某些参与者在共情理解上就是比其他人做得更好。虽然每个人的表现都可以通过练习提高，但有些参与者总是比其他人做得更好。理解擅长共情理解的个体具有什么特征，是将来研究的一个重要主题。

罗杰斯的理论对人格心理学很重要，原因有很多（Bohart, 2013）。首先，他的理论关注自我毕生的发展，以及会打断或促进这种发展的特殊过程。其次，他对早期经验的重要性提出了新见解，类似于安全依恋，但是他称为无条件积极关注。再次，像精神分析一样，他赋予焦虑重要的作用，把焦虑视为心理系统遇到麻烦的信号。最后，与经典精神分析一样，他还提出了一套心理治疗系统，帮助人们战胜在实现全部潜能的过程中遇到的障碍。在过去的半个世纪里，他的工作对心理治疗的实践产生了重大影响（见 Patterson, 2000）。

## 总结与评论

我们可以用动机来解释人们为什么做他们所做的事情。动机的解释是非常独特的，因为它们暗示有一个目标在推动人们以某些方式思考、行动和感受。许多动机产生于匮乏。例如，一个有成就动机的人，肯定是感觉到自己在生活中没有达到足够的成就。本章我们详细介绍的三种动机，即成就、权力和亲密都是匮乏性动机。我们还讨论了第四种重要的动机：自我实现。它不是匮乏性动机，而是一种成长动机，因为它是指个体期望成为自己真正应该成为的那个人。

默里是首先对人类的各种需要进行分类的学者之一。他认为，这些需要的强度存在个体差异，并且会随着时间和情境的不同而变化。默里重点关注如下问题：对于基本需要而言，人们彼此之间存在怎样的个体差异？例如，为什么一些人的成就需要更强烈而持久？

研究者已经对成就需要的个体差异做了系统的理论探讨和实证研究。成就需要是指把事情做得更好并且在达成个人目标的过程中努力战胜困难的需要。成就需要高的个体与成就需要低的个体在许多重要方面都有差异。例如，前者偏好中等挑战水平的任务；在自己可以控制和需要自己负责的情境中，他们通常做得更好；他们希望自己的表现和行为得到反馈，等等。

另一种匮乏性动机是权力需要，它也受到了研究者的重视。权力需要是指一种影响他人、让他人做出回应以及控制他人的欲望。权力需要高的人追求的是这样一种地位：可以影响他人并且能获得所有象征权力的财物（如跑车和昂贵的立体声音响设备等）。他们更喜欢那些影响力不那么大和不那么受欢迎的朋友。为了达到自己的目的，权力需要高的男性有时可能会采用一种不负责甚至不道德的社会影响策略。

亲密需要是一种获得温情和沟通良好的人际关系的动机。亲密需要高的个体往往会更多地想到他人，并与他人共度更多的时间。沟通和自我表露是他们互动的特征，他们更喜欢一对一的互动，而不太喜欢大规模的团体活动。

TAT 是评估人们动机水平的一种投射技术。该技术基于以下观点：人们能够看到什么会受到他们内心需要的影响。例如，一个孤独的人可能把所有的情境都视为与别人在一起的机会。TAT 的有效性得到了这样的证明：个体被唤起的需要会影响他所编写的 TAT 故事，而这些故事恰好与这种唤醒的需要一致。近期文献综述表明，TAT 评估的是内隐动机，它能够更准确地预测动机的长期结果，而非短期行为。我们还介绍了更新的动机测量工具，如多动机网格技术。

自我实现需要代表了动机心理研究中的独特传统，它与强调匮乏性动机的传统有本质的区别。这种人本主义取向强调人们要对自己做出的决定负责任，并且努力地朝着积极的方向发展和成长。人本主义取向假设人性是积极和向上的，假如让人们自由发展，大多数人将成为机能充分发挥者。

马斯洛提出了动机的层次理论，最高层次是自我实现，从较低层次的需要（生理需要和安全需要）向较高层次的需要（尊重需要和自我实现需要）发展。马斯洛还研究了自我实现者的特征，总结了这一小部分人（即那些正在努力变成自己真正应该成为的人）普遍具有的某些特质和行为模式。

心理学家罗杰斯把自我实现过程中遇到的障碍进行了理论化，并提出了帮助人们战胜这些障碍的治疗技术。来访者中心疗法旨在帮助人们重新获得成长和积极改变的潜能。治疗师通过创造一种无条件积极关注的氛围并向来访者传达自己的共情理解来促进治疗效果。研究清晰表明，同理心是一种可以学习的技能，这一点支持了罗杰斯的理论。

## 关键术语

动机
需要
需要层次
动力
压力
α 压力
β 压力
统觉
主题统觉测验
状态水平
特质水平
多动机网格技术
内隐动机
自我觉察的动机
成就需要
独立性训练
权力需要
责任训练
权力压力
亲密需要
人本主义传统
生理需要
安全需要
归属需要
尊重需要
自我实现需要
心流
机能充分发挥者
积极关注
价值条件
有条件的积极关注
无条件积极关注
积极自我关注
焦虑
歪曲
情绪智力
来访者中心疗法
核心条件
同理心

第四编

# 认知 / 经验领域

© Corbis/SuperStock RF

第四编涉及认知 / 经验领域，强调对人的知觉、思维、情感、欲望以及其他意识经验的理解。在这一编，我们关注的是理解经验，尤其是从个人的视角来理解经验。然而，个体的经验可以划分为不同的种类。

一种是认知经验：个体知觉到和注意到什么；个体如何解释生活中的事件；为了在未来获得自己想要的东西，个体有什么目标、策略和计划。

不同个体对生活事件的认知解释或理解存在差异。我们会介绍一个理论，该理论基于这样的观点，即个体通过将个人构念应用于自己的感觉来构建自己的经验。一个相关的理论关注个体如何确定生活事件的原因。个体经常通过对事件进行责任归因来解释事件，换言之，“为什么会发生这样的事？”“这是谁的错？”人格心理学家广泛地研究了个体如何进行责任归因，以及在对糟糕事件的自责倾向上为何会存在稳定的个体差异。

我们还可以通过研究个体形成的计划、目标以及实现目标的策略来研究认知经验。个体预期到不同的未来并为不同的目标而奋斗。理解个体的目标，以及这些目标如何反映人格和社会标准，也构成了人性的认知 / 经验领域的一部分。

本编涉及的另一个与认知经验有关的主题是智力。当前，关于智力的概念有一些争议。例如，智力的最佳定义是个体所学知识的积累，还是

# IV

获取新信息的能力？智力只有一种类型，还是有几种不同的类别？

第二种广泛且重要的经验类型是情绪，它与认知相关但又不同于认知。在过去的几十年里，心理学中的情绪研究剧增。我们可以直截了当地问一些关于情绪生活风格的问题：一个人总体上是快乐的还是忧伤的？是什么让人感到焦虑或恐惧？为什么一些人很容易变得热情洋溢？是什么让人变得愤怒？为什么一些人能很好地控制自己的愤怒，而另一些人却不能？

情绪经验常被视为一些起伏不定的状态：你时而焦虑，时而放松；你时而愤怒，时而又复归平静。然而，情绪也可以被视为一种特质，体现为对某些特殊状态的频繁体验。例如，某些人可能会经常焦虑，或者说他们体验焦虑的阈限较低。因此，我们可以把焦虑易感性当作一种人格特质，即容易且经常陷入焦虑的倾向。

当把情绪看作特质时，我们可以根据情绪生活的内容和风格将其划分为不同的变量。当谈及情绪内容时，我们指的是个体可能体验到的情绪种类。情绪体验的内容可以分为愉快和不愉快两类，就愉快情绪而言，典型的人格相关特质是幸福感。近些年，心理学家对幸福感的研究很感兴趣。

不愉快的情绪特质主要可以分为三种类型：愤怒、焦虑、抑郁。抑郁是一种很多人都会经历的综合征，从公众心理健康的视角来看，它具有重要意义。在关于人格的文献中，特质性焦虑有不同的名称，包括神经质、消极情绪性和情绪不稳定性。易怒性也类似于一种特质，指的是容易或经常陷入愤怒的倾向，是一种心理学家非常感兴趣的人格特征。

个体的情绪生活风格也存在差异。情绪风格指个体通常是如何体验情绪的。例如，一些人的情绪体验比他人更强烈。对这些情绪强度高的人而言，积极的事件会让他们非常开心，而消极的事件则会让他们极度伤心。所以这种人每天甚至在一天内，情绪波动都很大。

经验的第三种主要类型有别于认知和情绪，对每个人都很重要，这就是关于自我的经验。这类经验是非常独特的，因为人们把自己当作客体，关注自身，了解自己。关于自我的经验与其他任何经验都不同，因为在这类经验中，认知者和被认知者都是同一个人。心理学家尤其重视人类的这一独特经验，有关自我的研究和理论在人格心理学中有着悠久的历史和丰硕的研究成果。

自我经验的类型之间存在一些有益的区别。首先是自我的描述层面：我是谁？我们对过去的自我形成的重要意象是什么？未来可能的自我意象是什么？自我经验的第二个主要层面是评价：我们喜欢还是不喜欢自己现在的样子？这被称为自尊，它在我们的许多行为中具有核心的组织力量。自我经验的第三个层面是我们扮演的社会角色，即展现给他人的社会自我，被称为同一性（identity，也译作“身份”）。例如，很多学生在父母面前是一种样子，而在学校同伴面前则是另一种样子。个体有时会经历同一性危机，尤其是在面临生活转变的时候，如上大学、结婚或者开始新工作。

© Corbis/SuperStock RF

# 12 人格领域的认知主题

# 认知 / 经验领域

阿马杜·迪亚罗被枪击后纽约城里的哀悼者。这位手无寸铁的非洲男性被警察射杀后引发了抗议。法庭表示，阿马杜·迪亚罗那晚被射杀是因为一系列可怕的意外，警察的知觉和认知错误导致了这场悲剧的发生。

*© Doug Kanter/AFP/GettyImages*

1999 年 2 月 4 日，刚过午夜，22 岁的西非移民阿马杜·迪亚罗结束一天的工作后，站在其位于布朗克斯的家门前的台阶上。一辆没有标志的车载着 4 名纽约警局街头犯罪调查小组的便衣警察巡逻经过此地。他们正在调查滋扰该地区的犯罪案件，包括一系列的持枪强奸案。南布朗克斯的街区是纽约最危险的地区之一。当巡逻车从迪亚罗身边经过时，他退进了阴暗的门口。这一行为引起了便衣警察的注意，开车的警察把巡逻车倒回去，停在了迪亚罗的正前方。

当便衣警察走出巡逻车时，迪亚罗正站在门口，两个警察走近迪亚罗说：“我们是警察局的，想问你几个问题。”这时迪亚罗开始退回到门廊，于是两个警察命令道：“待在原地，把双手放在我们能看到的地方。”

迪亚罗把右手放进衣服前面的口袋里，转身的同时拿出了一个黑色物体，双手并拢并做出蹲伏姿势。一个警察喊道：“枪！”另外两名警察对迪亚罗开了枪。最靠近迪亚罗的警察试图远离迪亚罗，结果后退时摔下了台阶，其他警察以为他中枪了。

在接下来的 4 秒内，警察们总共发射了 41 发子弹，其中有 19 发击中了迪亚罗，他几乎在一瞬间就被击毙了。当警察靠近迪亚罗的尸体时才发现他拿的不是枪，而是自己的钱包。

随后在对这几位警察的审判中，这个颇有争议的悲剧案件的细节被公之于众。陪审团认为，那天晚上发生的是一系列可怕的意外事件，知觉和认知错误导致了灾难性的后果。警察们“看到”了枪，他们“以为”其中一位警察中枪，他们还“以为”

迪亚罗在开枪还击（然而，实际上只是他们自己的子弹在反弹）。警察们随后的行为是这些错误的认知所致。现在许多警官学校在培训新警察时，都会分析迪亚罗案件，让他们理解是什么因素导致了这样的错误，从而避免以后再发生类似的错误。最终，这个案件在2004年1月结案，当时纽约市以赔偿迪亚罗家人300万美元并做出道歉解决了这起民权诉讼。

迪亚罗案件说明了认知因素与行为之间的关系。个体首先知觉事物，然后思考，接着做出行动。有时这个过程瞬间就完成了，有时我们会再三思量。我们每时每刻都在处理信息，并且用这些信息来指导我们的行为。大多数情况下，我们的信息加工过程是相当准确的，据此做出的行为也是恰当的。但有时信息加工过程会出现失误，因而做出了错误行为。心理学家对人类的信息加工过程十分感兴趣，而人格心理学家的兴趣则在此基础上更进一步，他们是对个体在信息加工上的差异感兴趣，也就是说，他们对人的知觉和思维风格以及问题解决策略的差异感兴趣。

接下来的案例阐明了不同个体之间的知觉差异。这个案例不像迪亚罗案件那样具有戏剧性，但它却说明了在面对同一个物体时，两个人可以看到不同的东西。

大学的姐妹会收养了一条狗，教授知道这件事后感到很好奇，恰好这个班上有几个女生是姐妹会成员，于是教授就问其中一个女生那条狗的样子。女生说："它的块头很大，很友好，喜欢散步，喜欢跳起来舔我的脸，我很喜欢它。"第二天，教授恰好碰到姐妹会的另一个成员，他问了她同样的问题。该女生回答说："它是一只3岁大的雄性金毛猎犬，体重大约40公斤，在这个品种中算是高大的，毛是锈红色的。"这件事很有意思，同样的问题引发了两种不同的回答。第一个学生没有提到狗的品种信息，但却讲述了她对狗的情感。第二个学生详细地描述了这条狗，但没有提到她对这条狗的看法。当被问及这条狗时，两个女生明显地加工了不同的信息。在日常生活中，这两个女生对许多事情的思考很可能也是不同的。人格的**认知取向**（cognitive approaches）关注的就是人们在思维上的这些差异。

许多年前，一项研究调查了人们在面对情绪诱发性刺激时的想法（Larsen, Diener, & Cropanzano, 1987）。研究者向参与者播放能激发情绪的幻灯片，然后询问他们看到每张幻灯片时的想法（这项技术叫作思维抽样）。例如，一张图片显示的是一位母亲抱着一个头部严重受伤、正在流血的儿童。在该研究中，研究者感兴趣的不是参与者在面对这些情绪场景时的感受，而是他们的想法（头脑中处理的信息）。一位参与者谈道："有一次，我弟弟的头也受了同样的重伤。我记得到处都是血，妈妈当时很沮丧。弟弟尖叫着，妈妈试图给他止血。我当时感到无助和不知所措。"另一位参与者看着同样的图片说道："头部伤口流血是因为头部皮肤表面下的血管很集中。我一看到图片就想起了头部的主要动脉群。"第一个参与者看到图片后的思维被称为**个人化认知**（personalizing cognition），即图片促使他想起了生活中类似的事情。第二个参与者看到同样的图片所产生的思维是**客观化认知**（objectifying cognition），即图片使其想起了人类头部的血管分布。这两位参与者之间的差异便是一种认知差异。

**认知**（cognition）是一个一般性概念，它涉及意识与思想，以及具体的心理活动，譬如知觉、注意、解释、记忆、信念、判断、决策和预期。所有这些心理活动被统称为**信息加工**（information processing），即将感觉刺激转换成心理表象，并操控这些心理表象的过程。如果你曾经想知道他人思考事物的方式是否与你相同，那么你已是一个初级的认知人格心理学家了。也许你曾疑惑过他人看到的颜色是否与你看到的相同，例如，每个人对绿色的知觉是否都相同？

在本章中，我们将要揭示人格心理学家感兴趣的三个认知水平。第一个水平是**知觉**（perception），或者说为感官摄入的信息进行组织的过程。你也许认为不同个体间的知觉没什么不同，因为我们的感觉和知觉系统是相同的，我们知觉到的就是外物的准确表征。但事实并非如此，两个人看同样的事物，却可能看到完全不同的东西。

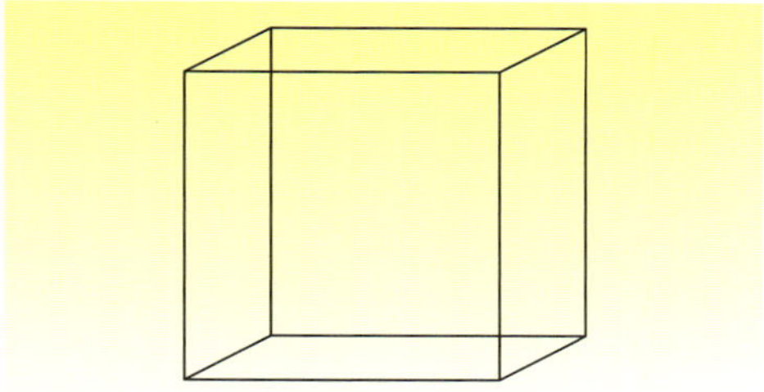
图 12.1　内克尔立方体

以图 12.1 为例，在看这张图时，你可以看到一个三维空间。也就是说，你看到的不是一个二维的平面图形，而是一个跃然纸上的具有深度的图形，这是因为你的知觉系统将深度线索当作三维物体的标志。然而，对于这个图形（被称为内克尔立方体），你看到的立方体可能是从背景朝右上方向外延伸的，而其他人则认为该立方体是从背景朝左下方向外延伸的。因此，尽管该图形在客观上是相同的，但并非所有人都看到了相同的物体。内克尔立方体一个非常有趣的特征是，大部分人可以看到它的反转。如果你盯着图形看足够长的时间，就会看到两个不同的三维立方体，而且你会看到这两个立方体来回翻转，从朝上朝右倾斜变成朝下朝左倾斜。

想象一下，在面临更为复杂的社会情境时，我们的感知将会有多么大的差异。即使是在知觉水平上，我们看到的世界也可能有很大的不同，而且，这些不同可能与我们的人格有关。这就是诸如罗夏墨迹之类的投射性测验的理论基础。我们在第 2 章和第 9 章中已经讨论过，个体在墨迹中所见的东西可能是其人格的产物。在看同一幅墨迹时，一个人看到的可能是一群蝴蝶落在花园的花丛上；而另一个人看到的则是一辆车撞上了一只狗，鲜血溅得满街都是。难道你不认为这两个人的人格存在显著差异吗？

人格心理学家感兴趣的第二个认知水平是**解释**（interpretation），即理解生活中的各种事件，它涉及的是为事件赋予意义。当你遇到一件事后思索“这意味着什么？”，或者“这件事是如何发生的，将会产生什么后果？”时，你就开始做解释了。举个例子，假设你在开车时遇到一点小意外，撞在护栏上刮花了挡板。有人可能问你：“为什么会撞车？”你会立即自动地做出一种解释，并将其当作事实来回答提问者：“路况不太好。路太窄，并且弯道太急，许多人还在横穿马路。这是公路部门的责任。”然而，你也可能会有另一种解释，并同样将其视为事实：“我是一个笨手笨脚的司机，不太会开车。也许我今后不应该再开车了。”

上述只是许多可能解释中的两种，每一种解释都可能揭示了个体人格的某些方面。不同的解释代表着不同的人格，这就是诸如主题统觉等投射性测验的理论基础（第 11 章曾讨论过）。

人格心理学家感兴趣的第三个认知水平是个体的**有意识目标**（conscious goals），即人们用来评估自己和他人的标准。个体在成长过程中会形成一些特定的信念，比如生命中什么是重要的，哪些目标是适合去追求的。这些目标可能会受年龄和文化背景所限，比如在西方文化中，个体在成年早期会建立起相对于家庭的独立性。认知取向的最后一个话题是智力。因为它是心理学领域中一个充满争议的大话题，所以人格心理学的学生应该掌握该领域的一些基本概念和观点。

## 从知觉看人格

大多数人认为现实是客观存在的，我们对它的心理表征是一种精确的复制，是对事实完美无瑕的知觉。这种看法是错误的。感知者对心理表征亦有贡献，即使在知觉过程中，不同的人在看相同的事物时看到的东西也会不同。在本章中，我们将详细阐述这种观点，并从两个主题来探索知觉的个体差异。这两个主题表明知觉差异可以是稳定的、一致的，并与生活的其他方面息息相关。

### 场依存性

你听说过“只见树木，不见森林”这句谚语吗？它指的是一个人不能超越细节去把握全局，不能使自己的知觉脱离特殊的细节而掌握事情的整体要旨。心理学家赫尔曼·威特金用了大约 30 年的时间来研究个体在知觉类型上的这种差异。他称该研究主题为*场依存性—场独立性*。威特金的第一本书是《透过知觉看人格》( Witkin et al., 1954 )。该书名体现了这样的观点，即个体对环境的感知差异能揭示人格。

威特金一开始对个体在空间朝向判断中使用的线索感兴趣。如果看见一个倾斜的物体，你如何判断倾斜的是物体，而不是你的身体？为了做出判断，有些人会依赖物体周围的环境线索（其他的物体也是倾斜的吗？）；而另一些人更多依赖自己的身体线索，这些线索告诉他们*身体*是垂直的，所以倾斜的一定是物体。为了研究这种个体差异，威特金设计了一种称为**棒框测验**（Rod and Frame Test, RFT）的装置。使用该装置时，参与者坐在一个漆黑的房间里，注视由一个发光的方框包围的发光直棒。实验者可以调节直棒、方框和参与者椅子的倾斜度。参与者的任务是通过转动一个刻度盘来调整直棒，直到直棒竖直。为了准确完成任务，参与者必须忽略视野内与直棒有关的线索（比如直棒周围因实验者的操控而变得倾斜的方框）。如果参与者将直棒调节到与方框的倾斜方向一致，那么这个人就是依赖视野线索的，或者说具有**场依存性**（field dependent）。相反，其他参与者忽视外部线索，使用身体作为线索来调节直棒，使其竖直，这部分人则被认为独立于场，或者说具有**场独立性**（field independent）。具有场独立性的人似乎依靠自己的感觉，而不是依赖对场的知觉来做判断。

用棒框测验测量场依存性—场独立性是一种困难且耗时的方式。因此，威特金试图寻求新方式来测量这种知觉差异（Witkin et al., 1962）。一种精巧的方式是制作一张复杂的、包含许多简单图形或形状的图。就像儿童的拼图玩具一样，乍一看是一张较大的图画，但其中隐藏着一些小的图形。拼图测验的目标是尽可能多地找出大图形中嵌入的小图形。如图 12.2 就是一个隐藏图形测验。威特金设计了一个类似的测验，称为镶嵌图形测验（Embedded Figures Test, EFT），有了它就可以不必用烦琐的棒框测验来测量场依存性—场独立性了。有些参与者在做镶嵌图形测验的时候，很难从复杂的图形中找出嵌入其中的简单图形，明显表现出被“森林”所困而不见“树木”的现象，这种人被认为具有场依存性。另一些参与者则能迅速发现很多或全部的嵌入图形，这意味着能从背景中分离出物体，他们被认为具有场独立性。EFT 分数与 RFT 分数的相关很高（Witkin, 1973）。

图 12.2
本图为镶嵌图形测验的一个例子，被测者需要尽可能地发现隐藏在大图形中的小图形。

## 场依存性—场独立性与生活选择

知觉差异与人格功能的其他差异有关吗？就在 1979 年去世之前，威特金写了几篇文章来总结他在可能受场依存性—场独立性影响的两大领域——教育和人际关系——所做的研究。一项大型的研究追踪了 1 548 名大学生，从他们大学入学一直到毕业后若干年。结果发现，大学生的专业选择与场依存性—场独立性有关：场独立的学生往往偏爱自然科学、数学和工程学；而场依存的学生则多偏爱社会科学和教育学（Witkin, 1977; Witkin et al., 1977）。

威特金和另一位研究者（Witkin & Goodenough, 1977）回顾的另一个主要领域关注的是与场依存性—场独立性有关的人际关系变量。正如你可能预见的那样，场依存的个体具有如下特点：依赖社会信息，经常询问他人的看法；关注社会线索，总体上是他人导向的；表现出对他人的强烈兴趣，喜欢与他人走得很近；受社交情境的吸引，与其他人相处得很好。与此相对，场独立的个体行事更加自主，对他人表现出一种更超然或冷淡的倾向。他们对别人的意见不怎么感兴趣，往往与他人保持一定距离，偏爱非社交的情境。

## 场依存性—场独立性的研究现状

威特金去世之后，有关场依存性—场独立性的研究停滞了大约 10 年之久。然而，到 20 世纪 90 年代，文献中又出现了新的研究（Messick, 1994）。其中一个新研究领域关注个体在感官刺激丰富的环境中如何做出反应，场独立的个体能否将注意集中于一项任务并屏蔽场中的干扰信息。例如，一项研究考察了 100 名警察在模拟自然情境的射击任务中抵御噪声和其他干扰刺激的能力。该研究与本章开头描述的迪亚罗案例有相似之处。在布朗克斯的那个夜晚，警察们试图将注意力集中在迪亚罗身上。但是，当时光线昏暗，周围还有其他人，4 名警察需要关注彼此的情况，注意发出的命令，等等。简言之，他们身处刺激丰富的环境。场独立的个体被预测会在忽视干扰刺激的影响以及关注重要细节方面做得更好。在那项用模拟的丰富刺激情境考察 100 名警察的研究中（Vrij, van der Steen, & Koppelaar, 1995），研究者做出的预测正是这样的，即场独立性更高的人注意到的细节更精确，更少受噪声和其他活动的干扰，对开枪时机的把握更准确。结果表明，在丰富的刺激条件下执行射击任务时，场独立的警察比场依存的警察表现得更好，并能更好地描述目击事件。这可能是因为场独立的警察较少受周围场域中的噪声和活动干扰，能更好地将注意力集中于目标。另一项研究显示，与场依存的个体相比，场独立的个体能更好地注意和编码复杂照片中人物的面部表情（Bastone & Wood, 1997）。

研究表明，在拆弹部队服役的士兵在场独立性上的得分要高于其他反恐部队的士兵。在充满干扰的环境中保持专注的能力对拆弹技术人员来说非常有价值。

另一种刺激丰富的环境是基于超媒体和多媒体的计算机教学。例如，互联网中提供影音信息的教育资源。场依存性与对网络教学的不同偏好有关（Clewley, Chen, & Liu, 2011）。这种教育方式以多媒体的形式（电脑屏幕上的文本、图形、影像、声音）展示信息，学生则需要在这种迷宫般的感官信息中选择自己所需的信息。

在一项针对八年级学生开展的研究中，研究者发现，

虚拟现实为教育、科学和其他领域的应用提供了刺激丰富的环境。场独立的人在刺激丰富的虚拟现实中效率可能更高。

在多媒体教育环境下，场独立的学生比场依存的学生能更有效地学习课程，这或许是因为场独立的学生能更好地发现贯穿于各种媒体信息中的主线。研究者得出结论，较之场依存的学生，场独立的学生能更快地抓住各种媒体资源的要点，并能更快地在教育媒体和感觉模式之间切换（Weller et al., 1995）。许多研究表明，知觉类型的差异导致了学习类型的差异。例如，场独立的人在刺激丰富的环境中擅长选择性注意（在处理特定信息的同时屏蔽不重要的信息）；而场依存的人倾向于以组块的形式处理信息，并擅长领会不同信息类别间的关联（Nicolaou & Xistouri, 2011; Oughton & Reed, 1999; Richardson & Turner, 2000）。

还有一些有趣的研究探索了场依存性与“阅读”或解码面部表情能力的关系。一方面，场依存的人往往更倾向于社交导向，所以我们会认为他们应该尤其善于理解面部情绪表达；另一方面，如果我们把面部表情看成复杂的信息阵列，那么场独立的人应该能更好地分析和解释这些模式。在一项研究中（Bastone & Wood, 1997），参与者需要识别 72 张不同面孔上的表情，但为了增加难度，有些表情只显示眼睛或嘴巴。结果表明，只有在困难的任务中，场独立的参与者对面部表情的理解才会显著优于场依存的参与者。该结果支持了这样的观点，即场独立的人擅长那些需要找出和解释模式并进行概括的任务。

另一个需要这些技能（发现模式、组织信息和进行概括）的领域是第二语言的学习。对第二语言习得感兴趣的心理学家考察了人格的作用，多项研究发现，在学习第二语言时，场独立者比场依存者进步得更快，其中有一项研究关注的是美国大学生的学习。

场独立性好还是场依存性好？就像大部分的人格维度一样，每一种倾向都有正反两面（请记住，我们描述的是连续体上的点，而非两类人）。场独立的人擅长分析复杂的情境，并能从杂乱的背景中抽取有用的信息。场独立的人往往也更有创造力（Miller, 2007）。然而，他们多少缺乏一些社交技能，总喜欢与他人保持距离。场依存的人则拥有较强的社交技能，更喜欢与他人交往，且比场独立的人更能注意到社交背景（Tamir & Nadler, 2007）。这样看来，这两种认知类型在特定环境下都具有适应性，很难说哪种倾向更好（Collins, 1994; Mathes et al., 2011）。

## 疼痛耐受性与感觉缩小 / 放大

个体知觉周围环境和搜索信息的方式（是倾向于知觉整体还是知觉部分）就是一种知觉风格。在知觉方面还有没有其他的个体差异？一种经常受到关注的个体差异是**疼痛耐受性**（pain tolerance），是指个体在经受同样的物理刺激（例如，不得不接受医生打针）时，报告的痛感程度却大不相同。疼痛耐受性的个体差异引起了心理学家皮特里的兴趣。在《疼痛的个体差异》（Petrie, 1967）一书中，皮特里描述了她对感觉刺激耐受性差异所做的研究以及提出的理论。

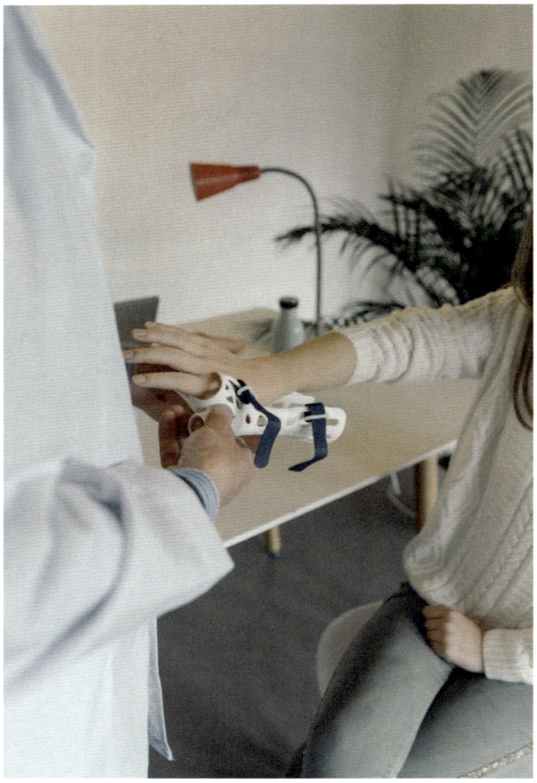

由于了解到对医疗程序的疼痛耐受性存在个体差异，心理学家皮特里提出了感觉缩小 / 放大理论。

## 皮特里的研究

皮特里研究了在医院里经历过手术疼痛的病人，以及人为诱发疼痛的正常参与者（通过加热或在手指的中间关节施加压力产生疼痛）。通过这些研究，皮特里可以量化每位参与者忍受疼痛的程度。她提出了这样的理论：疼痛耐受性低的参与者，其神经系统会放大对感觉线索的主观感受；相反，疼痛耐受性高的参与者，其神经系统会缩小对感觉刺激的主观感受。所以，皮特里的理论也被称为**缩小者 / 放大者理论**（reducer/augmenter theory），该理论可以描述个体受到刺激后的不同反应程度：有的人似乎会缩小感觉刺激，而有的人似乎会放大感觉刺激。

皮特里认为个体在疼痛耐受性上的差异源于神经系统。一些研究检验了与感觉缩小 / 放大有直接关系的神经系统的反应性。例如，有研究者报告，与感觉放大者相比，感觉缩小者的大脑对闪光的反应较小（Spilker & Callaway, 1969），对突发噪声的反应也较小（Schwerdtfeger & Baltissen, 1999）。后一项研究是在德国进行的，这项研究还发现，即使所有参与者听到的噪声完全相同，感觉缩小者报告的声音强度也小于感觉放大者。

研究发现随着刺激强度的增加，大脑的反应程度也在增加，但变化率存在个体差异，感觉放大者对刺激强度增加的反应曲线更加陡峭（Schwerdtfeger & Baltissen, 2002）。此外，与其他人格特质一样，感觉缩小 / 放大的大脑诱发电位测量也显示出很高的重测信度（Beauducel et al., 2000）。在猫和大鼠等其他动物身上，研究者也考察了感觉缩小 / 放大脑反应的个体差异（Siegel, 1997）。事实上，感觉寻求或感觉逃避的老鼠（通过选择性繁殖培育而成）分别表现出了标志着缩小或放大效应的诱发脑反应（Siegel & Driscoll, 1996）。既然在其他哺乳动物中也观察到了这种感觉反应上的个体差异，那么有的研究表明这种个体差异出现在人类的婴儿期也就不足为奇了（Evans, Nelson, & Porter, 2012; Fox & Polak, 2004）。

联系第 6 章讨论的最佳唤醒水平，感觉缩小者应该会寻求更强的刺激来补偿其较低的感觉反应性。有证据支持了这个假设：与感觉放大者相比，感觉缩小者会喝更多的咖啡，抽更多的烟，且更容易感到无聊（Clapper, 1990, 1992; Larsen & Zarate, 1991）；感觉缩小者还被发现更频繁地服用精神活性药物，听音乐时会把声音放得更大（Schwerdtfeger, 2007）。

练习

研究者开发了问卷来评估个体在缩小 / 放大维度上所处的位置。其中的一个例子是由万多（Vando, 1974）编制、后经克拉珀（Clapper, 1992）修订的问卷，称为《缩小者 / 放大者量表》修订版（Revised Reducer Augmenter Scale, RRAS）。该量表基于这样一种理念，即如果感觉缩小者缩小了刺激的强度，那么与感觉放大者相比，他们对刺激就有较大的需求。RRAS 的测验条目要求受测者依据自己的偏好在刺激体验和非刺激体验之间进行选择。选择更多刺激体验条目的受测者就是感觉缩小者。下面是该测验的一些条目示例。

对于下列每一对活动或事件，请圈出一个最符合你喜好的数字。

| | | | | | | | |
|---|---|---|---|---|---|---|---|
| 重摇滚乐 | 1 | 2 | 3 | 4 | 5 | 6 | 轻流行音乐 |
| 动作片 | 1 | 2 | 3 | 4 | 5 | 6 | 喜剧片 |
| 有身体接触的运动项目 | 1 | 2 | 3 | 4 | 5 | 6 | 无身体接触的运动项目 |
| 鼓独奏 | 1 | 2 | 3 | 4 | 5 | 6 | 长笛独奏 |
| 运动过多 | 1 | 2 | 3 | 4 | 5 | 6 | 运动过少 |

许多研究者发现，缩小 / 放大概念与其他涉及刺激反应性的人格概念有很大的相似性，如第 6 章所述的感觉寻求理论，以及第 3 章和第 6 章论及的艾森克的外向性理论。我们在本章中旨在表明，关于缩小 / 放大的研究揭示了人格心理学家如何研究人们在知觉这种最基本的认知形式上的个体差异。现在，我们将讨论个体在更高的认知层次即解释上的个体差异。

## 从解释看人格

出庭辩护的律师都很熟悉这样的情况，即目睹了同一事件的两个或更多的人，对该事件提供的解释却完全不同。庭审的结果通常取决于陪审团对事实做出的特定解释。例如，嫌疑人是否故意伤人；是否事先计划了作案行为；在实施犯罪行为时是否具有理解行为后果的能力。许多辩护律师不否认其当事人犯下恶行，而是辩护当事人缺乏定罪所需的主观故意要素。例如，梅内德斯兄弟承认用手枪射杀了自己的父母。在法庭上，律师认为兄弟俩是出于自卫才这样做的，所以没有犯谋杀罪，因为在法律上认定谋杀需要主观意图。陪审团最后解释，兄弟两人的确并非有意谋杀父母，而是出于自卫。

当然，日常生活并不像在法庭上审理的案件一样富有戏剧性。然而，我们却经常发现自己在对日常事件进行解释：为什么我考得这么差？我真的能采取行动减肥吗？我似乎不能与恋人和谐相处，这到底是谁的错？这些解释经常涉及责任或归咎，比如某人成绩不好是谁的过错？有时解释涉及对未来的预期，比如某人是否能成功减肥。对这两种解释，即责任和对未来的预期，人格心理学家已经做了研究。但是，在开始讨论这些内容之前，我们先看看凯利的工作，他的理论掀起了人格心理学的认知革命。

### 凯利的个人构念理论

心理学家乔治·凯利（George Kelly, 1905—1967）的大部分职业生涯是在俄亥俄州立大学度过的。在人格心理学领域兴起认知研究的过程中，凯利发挥了重要的作用。尽管是一名临床心理学家，凯利却认为所有人都有一种理解周围环境并预测最近将发生什么的动机。他认为精神分析是有效的，因为它为个体提供了一种解释心理问题的体系（例如，“你抑郁是因为你有一个充满敌意和残酷的超我，而这又可能是你没有恰当解决肛门期问题的结果。”)。凯利认为，解释的内容并不重要，重要的是个体相信这种解释，并能用它来理解自己的处境。凯利认为所有人的主要动机之一就是在自己的日常生活处境中寻求意义，并用这种意义去预测个人的未来，以及接下来可能发生的事件（Fransella & Neimeyer, 2003）。

凯利的人性观把人看作科学家。他觉得普通人也像科学家一样，努力去理解、预测和控制生活中的事件。当人们不能理解某件事为什么会发生时（如“为什么我的女朋友和我分手？”），他们会比知道原因时更苦恼。因此，人们会为生活事件寻求解释，就像科学家为实验室中的现象寻找解释一样。

科学家用**构念**（constructs，*也译作“建构”*）来解释观察到的现象。构念本身并非一种真实的存在，而是概括一系列的观察并传递这些观察的意义的词语。例如，重力就是一种科学构念。我们不能把重力直接呈现给你看，但可以通过观察其他现象来说明重力的效果，如苹果从树上掉落。有许多构念可以用于描述人：聪明、外向、傲慢、羞怯、异常等。正如科学家解释物质世界一样，我们也一直在运用构念来解释社会世界，或者说为其赋予意义。

个体通常用于解释和预测事件的构念被凯利称为**个人构念**（personal constructs）。凯利认为，个体有少数几个经常用来解释周围世界特别是社会世界的关键构念。没有哪两个人具有完全相同的个人构念系统。因此，个体对世界的解释是独一无二的，凯利认为，人格是由人们理解世界特别是社会世界的不同方式构成的，这种差异是由个体常用的不同个人构念系统造成的。当第一次见到一个人时，你倾向于注意什么？对你而言，可能一个人是否善于运动很重要，这构成了你对他人第一印象的很大一部分内容。而对另一个人来说，他采用的可能是聪明—不聪明的构念。因此，这个人与你看待目标个体的方式完全不一样，因为每个人都是透过独特的有色眼镜——个人偏爱的构念系统——来看这个世界的（Hua & Epley, 2012）。

凯利认为所有的构念都是两极的，也就是说，它们包含着相对的，或个体认为相对的两个方面的特征。因此，一些典型的构念包括聪明—不聪明、合作—不合作、高—矮、乏味—有趣等。人们发展出一套具有个人特色的常用构念来解释世界。例如，一个人可能用“聪明—不聪明”这一标准来看待其遇到的大多数人，并用此构念把社会中的人分成不同的群体。然后，采取不同的方法来对待聪明和不聪明的人。然而，将人分为不同类别的正是人们自己的构念，个人构念被用于创造不同的社会群体。

凯利在很多方面都领先于其所处的时代。后现代主义开始流行之前，他就已经是后现代主义者了。**后现代主义**（postmodernism）是一种思想立场，它基于这样一种理念：现实是建构的，每个人、每种文化都有一种独一无二的现实版本。没有任何一种版本的现实比其他的版本更优越（Gergen, 1992）。凯利强调个人的构念系统如何被用来创造每个人的心理现实，这使他加入了后现代主义的阵营（Raskin, 2001）。

凯利提出了一套非常复杂但又系统的理论，该理论描述了人格和个人构念的关系。感兴趣的同学可以从凯利的著作（Kelly, 1955）以及后续的文献综述（Fransella, 2003）中获得详细的信息。在这里，我们只是简单地阐述一些基本的理论观点。凯利最基本的观点是其*基本假设*，即一个人的心理过程是由其对事件的预期所引导的（Kelly, 1955, p. 46）。凯利在这一基本假设之上加入了一系列的推论，例如，如果两个人有相似的构念系统，那么他们在心理上是相似的（即共同性推论）。有些夫妻可能在很多方面都不太一样，但如果他们的个人构念系统是相似的，那么他们就可能会相处得不错，因为他们对世界的理解是相似的。

像许多人格理论家一样，凯利在其理论中专门为“焦虑”这个概念留了一席之地。凯利认为，焦虑是无法理解和预期生活事件的结果。用他的话来说，焦虑是个体的构念系统不能解释自身处境的结果。当无法理解发生在自己身上的事件时，当感到事件无法预测、超出了自己的控制时，个体就会感到焦虑。构念系统为什么会失败？有时对于新经验，个人构念过于刻板了，不够灵活。有些事情的出现就是不能被理解。例如，一位母亲把孩子养育成人，孩子升入大学后，她决定要出去参加工作。这时她的丈夫就不能理解这件事情，因为他对美满婚姻的理解是“妻子不用工作”，也就是说，他关于婚姻幸福与否的构念不能理解妻子找工作的渴望。失败的另一种情况是构念被运用得过于宽泛了，没有限制。如果一个人将其遇到的每个人都归为聪明或不聪明的，而且一旦分类之后，即使出现完全相反的信息，也不会改变其观点。那么，此人对“聪明—不聪明”这一构念的运用就过于宽泛了。当个体不能理解一些新经验（“我就是不能理解你为什么离开”），或者不能做出预测（“这件事真是让我吃惊”）时，他们就知道自己的构念系统出了问题。

凯利关于个体根据贯穿于生活的个人构念系统来建构经验的观点是人格心理学中认知革命的一部分。有几种自我报告的方法可以评估一个人的个人构念系统（Caputi, 2012; Hardison & Neimeyer, 2012）。另一个强调认知的例子可以在学习理论的发展中看到，它在时间上几乎与凯利的理论同步。现在，我们将转向人格的认知取向的另一重要的发展内容。

## 控制点

**控制点**（locus of control）这一概念描述的是个体对生活事件的责任的知觉。具体来说，控制点是指个体将责任归因于内部自身因素还是外部因素，如命运、运气或偶然性。例如，一个人取得好成绩，你认为仅仅是因为其运气好，还是因为其努力？当一个人的健康状况很差时，你认为这是命中注定，还是其没有照顾好自己？对这些问题的回答，将揭示你在控制点（认为事件受还是不受个体控制的倾向）这一人格维度上所处的位置。

有关控制点的研究始于 20 世纪 50 年代中期，当时心理学家罗特正在发展自己的社会学习理论。罗特最初研究的是传统的学习理论，该理论认为学习源于强化。罗特扩展了这些概念，认为学习还取决于个体对特定强化物的预期程度，也就是得到奖赏在他们的控制之中。有些人预期特定的行为能带来强化，换言之，他们认为自己可以控制生活的结果；而有些人则看不到他们的行为与强化物之间的联系。这就是罗特的学习行为的“期望模型”。有趣的是，这种预期涉及个体在每种情境中都会表现出来的个人特征。也就是说，对强化的预期是可以区分具体个人的特征。例如，假设一名女性预期，以果敢直率和积极求取的方式行事可以得到自己想要的东西，当她希望得到升迁时，她会预期只要自己果敢直率地向老板提出要求，就能得到升迁。另一个人可能正好有相反的预期，认为这样的行事风格恰恰会起反作用，因此他认为果敢直率不能带来职位上的升迁。这两个人对同样的行为模式（果敢直率）有着不同的结果预期。一个人认为她可以做点什么来达到目的；而另一个人则认为只能等着老板做决定。两个人在以后工作中表现出来的差异——一个人是积极求取型的，另一个人是服从型的——可能正是由于他们对特定行为（果敢直率）是否会带来强化（想要的升迁）有不同的预期。

表 12.1 《控制点量表》的一些条目样例

| 是 | 否 | |
|---|---|---|
| ____ | ____ | 1. 你是否认为就算你不去管，大部分问题也会自行解决？ |
| ____ | ____ | 2. 你是否认为你能防止自己感冒？ |
| ____ | ____ | 3. 是否有些人生来就是幸运的？ |
| ____ | ____ | 4. 你是否在大多数时候认为取得好成绩对你来说意义重大？ |
| ____ | ____ | 5. 你是否经常因为一些并非你的过错所致的事情而受到指责？ |
| ____ | ____ | 6. 你是否相信只要足够努力，就能通过考试？ |
| ____ | ____ | 7. 你是否认为大多数时候努力都没有回报，因为事情永远都不会变好？ |
| ____ | ____ | 8. 你是否认为只要早晨有个好的开始，这一天不管做什么都会顺利？ |
| ____ | ____ | 9. 你是否感到大多数时候父母都会倾听孩子们要说的话？ |
| ____ | ____ | 10. 你是否相信许愿真的会带来好运？ |

1966 年，罗特编制了测量内—外控制点的问卷。表 12.1 呈现了该问卷的一些条目样例。

罗特强调，个体在不同的情境中都对强化持有相同的预期，他称之为**泛化预期**（generalized expectancies）（Rotter, 1971, 1990）。当身处新环境时，个体以泛化预期为基础预期将会发生什么，自己是否能对事件施加影响。例如，如果一位年轻人通常认为自己很少能影响事件的发展，那么在新环境中，比如上大学后，他仍然可能持有事情都不受自己掌控的泛化预期。他可能认为成绩缘于运气、偶然性或命运，而不是任何他能够控制的事。

这种认为事件不受自己控制的泛化预期，被称为**外控**（external locus of control）；而**内控**（internal locus of control）是指强化事件受自己控制的泛化预期，认为每个人应该为自己的主要生活结果负责。高内控者会认为，事情的结果主要依赖于自己的努力。相反，高外控者则认为，事情的结果主要取决于个人无法控制的外在力量。尽管内控的人在面临真正不受其控制的事情时可能会出现问题（Heidemeier & Göritz, 2013），但总的来说，内控对幸福是有利的。

研究发现内控可以预测各种现实世界的结果。例如，在 10 岁时表现出内控的人在 30 岁时的肥胖风险要低于外控的人（Gale, Batty, & Deary, 2008）；在一项针对大学生开展的研究中，内控的人比外控的人更准时地完成了学业（Hall, Smith, & Chia, 2008）；另一项有趣的研究表明，内控的成年人的信用评级高于外控的人（Perry, 2008）。在很多方面，内控与更多地掌控自己生活的倾向有关，例如，从更好地控制体重到更好地控制消费习惯以控制自己的信用评级。

在一项有趣的个案研究中，一名 29 岁的男子独自环球航行了 260 天（Kjaergaard, Leone, & Venables, 2015），你可能已经猜到了，控制点测量的分数表明他非常内控，毫不夸张地说他是自己命运的主宰者。另一种有时会威胁人们对结果的控制感的活动是舞台表演，一项对专业演员的研究发现，更外控的演员比更内控的演员更容易怯场（Goodman, 2014）。

研究者对控制点的普遍发现是，内控的人由于认为可以控制自己的命运，因此更具有适应性。但是，面对那些需要放弃控制的情境又会如何呢？例如，想要使用

练习

你能想象在哪些情境下内控倾向是不利的吗？在哪些情境下，内控者比外控者觉得更有压力？什么情境或特征会符合外控者的预期？在什么情况下，外控倾向更健康？

有的情境真的超乎我们的控制，不管我们做什么都无济于事。例如，我们深爱的人正经受绝症的折磨，将要死去。这不是任何人的过错，我们也不能做任何事来阻止这件事情。然而，即使在这种情况下，有些人，尤其是亲人，总觉得自己应该负有一些责任。在这种情况下，内控者的做法反倒会成为其应对事件的障碍。

另外一种情况是“幸存者综合征”。当个体从诸如恐怖炸弹袭击或大规模枪击事件这样的灾难中幸免于难，而其他人大多受重伤或遇难时，他们总会说“要是”他们当时做些什么就可以使更多的人幸免于难。尽管这样可怕的事情并不是他们能控制的，他们也总觉得自己应该为后果负责。

自动驾驶汽车，就需要个体放弃对驾驶的控制，把自己的命运交给机器，交给电脑。有些人可能不愿意尝试自动驾驶汽车。最近的一项研究表明，与外控的人相比，内控的人更不愿意尝试自动驾驶（Choi & Ji, 2015）。正如其他人格特质一样，我们不能说维度的一端是完全好或坏的；每种特质的高分或低分端都有其优势和劣势。随着电脑和机器的功能越来越多，放弃对生活某些方面的控制可能更具适应性，而外控的人可能更愿意或更有能力这样做。

## 习得性无助

现在，我们来看看人们解释世界过程中的另一种个体差异——**习得性无助**（learned helplessness）。与罗特的研究类似，关于这一主题的研究最早也是从学习理论开始的。习得性无助的研究始于心理学家研究狗的逃避学习：在狗不能逃避的情况下，对它的足部施以电击。在最初几次被电击足部时，狗会拉绳子、跳跃、扭动身体，并试图逃跑。渐渐地，在经历了若干次失败之后，它们似乎接受了电击，不再试图逃跑。它们显然明白了所有的努力都无济于事，只能被动地接受电击。

之后，这些狗被放进另一个笼子里。在这个笼子内，狗只要轻轻一跳，越过一个小小的障碍物，到笼子的另一侧就可以躲避电击。然而，此前经受过电击的狗在新的环境中却不再尝试逃避，它们好似已经习得了“它们的处境是毫无希望的”，因而放弃了逃离痛苦环境的努力。而此前未被电击过的狗则很快学会了越过障碍物以避免电击。令研究者大感吃惊的是，那些习得性无助的狗根本不尝试逃跑，所以 1 分钟后研究者停止了电击。

接下来，研究者尝试帮助那些习得性无助的狗越过障碍物，到达笼子的安全区。经过这个过程后，那些狗很快学会了跳跃障碍来避免电击。然而，如果没有经过这种训练，习得性无助的狗只是接受其痛苦的命运，丝毫不打算逃离这种境地。

大量的研究也报告了人类的习得性无助现象（Seligman, 1992, 1994）。用尖锐刺耳的噪声取代电击，研究者设置了这样的习得性无助情境：告知参与者去解决一些问题（例如，以正确的顺序按下按钮），如果问题得到解决，他们就可以避免或关掉刺耳的噪声（Garber & Seligman, 1980; Hiroto & Seligman, 1975）。有些参与者（习得性无助组）的问题事先设定为无法解决。因此，对这些参与者来说，噪声是不可避免的，即不管他们怎么做也不能控制令人厌恶的噪声。但是，这些参与者是否会将无助感泛化到新环境中？

随后，参与者被带入新环境，接受一系列待解决的新问题，但这次没有刺耳的噪声。研究者告诉参与者，他们只是对参与者如何解决这些新问题感兴趣。结果表明，那些先前身处习得性无助情境下的参与者在接下来的问题解决中表现得很糟糕。他们似乎在说："尝试解决这些问题有什么用呢？它们太难了。"这些参与者似乎将其无助体验从一种问题解决情境泛化到了其他的情境中。

在现实生活中，习得性无助会在个体陷入明显不受控制的不愉快情境时产生。想象一下，一位妻子想尽各种办法来阻止丈夫虐待她。她尽力对他好，这种方法会起一段时间的作用，但很快丈夫又恢复旧习；她威胁要离开他，这招也暂时管用，但很快又会再次遭受虐待。不管她如何做，也不能解决这个问题。在这种情况下，她很容易产生习得性无助。她甚至可能会放弃做任何努力："有什么用呢？怎么做都不管用，或许我只能接受。"

然而，习得性无助的个体不一定只能"接受现实"。他们需要外部视角，就像训练习得性无助的狗跳跃障碍物来逃避电击一样，他们需要有人帮助他们客观地分析当前的情境，并提出可行的解决问题的策略。每当问题看起来无法解决或不可避免时，就意味着是时候向他人寻求帮助，寻找一种外部视角了（Seligman & Csikszentmihalyi, 2000）。

通过实验研究，最初对狗做的习得性无助实验模式也可以拓展到人类身上。人类比狗要复杂得多，至少在思考生活中的事件、分析情境以及形成行为的结果期望等方面是这样的。是什么因素决定了在一种情境下的无助感是否会拓展至其他情境？在什么情况下，个体有动力去努力控制自己的生活？又是什么因素决定了个体认为自己有能力或者没能力控制情境？为了寻求这些问题的答案，心理学家开始研究那些经历过习得性无助的个体头脑中的想法（Peterson, Maier, & Seligman, 1993）。近些年的研究考察了人类（Hammack, Cooper, & Lezak, 2012）和动物（Bredemann, 2012）习得性无助的神经生物学基础。

## 从目标看人格

到目前为止，我们考察了人格中与个体对世界的感知和解释有关的方面。接下来，我们谈一谈认知的第三个方面，即个体的目标及其与人格的关系。这些目标可以是很小的事情，如准备一周的日用杂货；也可以是崇高的大事，如缓解世界范围内的饥饿问题。该人格研究取向关注意图，即个体希望发生什么，希望在生活中实现什么。目标因人而异，这些差异是人格的一部分，可以揭示个体的人格。

不同的心理学家提出了不同的术语，例如，个人奋斗（Emmons, 1989）、当前关注点（Klinger, 1977a, 1977b）、个人计划（Little, 1999）和生活任务（Cantor, 1990）等。所有这些术语都强调个体认为值得在生活中追求的东西，以及为了实现这些欲望的各类目标定向行为。这一节的其他人格理论则强调人们的自我导向或试图达到的标准（Higgins, 1996），对自身能力和动机的了解（Dweck, Chiu, & Hong, 1995），或者与目标相关的内在能力，包括人们的期望、信念、计划和策略（Mischel, 2004）。

阅读

## 新版的习得性无助：解释风格

新版的习得性无助理论关注那些可能引起无助感的认知或思维。具体来说，关注个体对生活事件，尤其是不开心事件的解释（Peterson et al., 1993）。假设你提交了一篇论文，结果这篇论文得了超乎想象的低分。你通常会问自己："是什么导致了论文得低分？"对此问题的回答可能揭示了你的解释风格。当事情出现问题时，被归咎的通常是什么人或什么因素？心理学家喜欢用术语**因果归因**（causal attribution）来指称个体对事件原因的解释。你会把论文得分低归因于什么因素？是因为你碰巧太忙草草写完就上交了，还是你本就不擅长写作，抑或是教授的评分标准过于严格？还有一种可能，你的小狗咬碎了你已写好的论文，因此你不得不迅速重写一篇，而这一篇不如被小狗咬碎的那篇好？所有这些解释都是关于事件的因果归因。

心理学家用术语**解释风格**（explanatory style）来描述个体经常采用某种方式解释事件原因的倾向。对事件原因的解释可以按三大维度进行区分。第一个维度，事件发生的原因是内在的还是外在的。成绩差可能是你自身的原因（内在的，比如缺乏技能），也可能是环境的原因（外在的，比如老师的标准过于严苛）。有些人无论发生什么问题都指责自己，经常为自己无法控制的事情道歉。解释风格越内倾，你就越容易因不愉快的事情而责备自己，即使那些事情你很难控制或根本就无法控制。

第二个维度，事件发生的原因是稳定的还是不稳定的。例如，假如是因为狗咬碎了论文而导致低分，那么这就是不稳定的原因（假定狗不会咬碎你所有的论文）。然而，如果是因为你缺乏写作技巧，那么这或多或少是持久的或者说稳定的特征。当坏事发生的时候，有人倾向于将事件的原因视作稳定的、长期存在的。

第三个维度，事件发生的原因是特殊的还是一般的。特殊原因是指那些仅影响特定事件（如写论文）的原因；而一般原因则影响生活中的很多事情（如所有涉及智力的领域）。例如，你可能这样解释论文得了低分："我写不了论文，我几乎不能把名词和动词放在一起组成句子。"这就是一般性原因，意味着在需要写作的任何工作中你都会做得很糟糕。

个体提供的任何一种解释，都可以从这三个维度进行分析：内在—外在、稳定—不稳定、一般—特殊。大多数人会采取不同的解释组合：有时埋怨自己，有时抱怨外界，有时又归咎特殊的原因等。然而，有些人发展出了相对稳定的解释风格。例如，有人面对发生的任何坏事总是责备自己。一位女性乘坐的飞机晚点了，到达目的地后，她会对前来接她的朋友道歉："实在对不起，我迟到了。"实际上，她对此毫无责任。她可以这样说："对不起，我乘坐的飞机晚点了，给你带来了不便。我下次会换一家航空公司。"这应该是对晚点问题的比较合适的外在解释。

最容易让人感觉无助和适应不良的解释风格是，对坏事做内在的、稳定的和一般的归因，被称为**悲观解释风格**（pessimistic explanatory style），它与**乐观解释风格**（optimistic explanatory style）相对，后者强调导致事件发生的外在的、暂时的和特殊的原因。例如，《归因风格问卷》（Peterson, 1991）中有一个场景，让你想象自己有一次不愉快的约会，无论是你还是你的约会伙伴都觉得很糟糕。然后要求你回答出现这种情况的原因。如果你解释为外在的、不稳定的和特殊的因素（例如，我碰巧选择了一部我们都不喜欢的电影，然后去了一家服务极差的餐馆，最后我的车又陷在了泥里），那么你比那些归因为内在的、稳定的和一般因素的人（例如，我不擅长与人相处，不能很好地让聊天进行下去，我面对异性时非常羞怯"）会更乐观（见图 12.3）。

解释风格是一种稳定的特征吗？一项研究考察了生命全程的解释风格（Burns & Seligman, 1989）。一组平均年龄为 72 岁的参与者在完成解释风格的问卷后，向研究者提供了年轻时（平均 52 年前）写的日记和信件。然后，研究者对这些日记和信件的解释风格进行内容分析。结果发现，两份相距 50 多年的关于消极事件解释风格的测量，其相关系数达到 0.54，这表明解释风格具有相当大的稳定性。

由于乐观的解释风格与生活中许多领域的积极结果相关，包括在

| | 内在—外在 | 稳定—不稳定 | 一般—特殊 |
|---|---|---|---|
| 乐 观 | 外在：<br>“我女朋友之所以和我分手是因为她的父母给她施加压力。” | 不稳定：<br>“我女朋友和我分手是因为她目前要将她所有的精力都放在慈善事业上，而这仅需要一个月而已。” | 特殊：<br>“我女朋友和我分手是因为她发现我上周末和朱莉约会了。” |
| 悲 观 | 内在：<br>“我女朋友和我分手是因为我家庭条件不好，将来不会去上大学，也没有什么事业心。” | 稳定：<br>“我女朋友和我分手是因为我比她矮，她想找个子高的男朋友。” | 一般：<br>“我女朋友和我分手是因为我是个不体贴、不专一、不忠诚的家伙，不能为她提供可靠长久的关系。” |

图 12.3 解释风格的三个维度及悲观与乐观两种版本

大学取得更好的成绩（Maleva et al., 2014），因此，有人已经开发出相关项目来训练人们拥有更乐观的解释风格。例如，一个针对大学生的项目（Gerson & Fernandez, 2013）是用三节课教学生采用乐观的解释风格，结果显示，该项目增加了大学期间学生报告的乐观心态、心理韧性和积极发展。大多数关于解释风格的研究关注人们如何适应创伤性事件，普遍的发现是乐观的风格与更好的应对有关。例如，对 2004 年海啸（这次海啸摧毁了斯里兰卡三分之二的海岸）幸存者的调查发现，悲观的解释风格与更多的创伤后应激障碍症状相关（Levy, Slade, & Ranasinghe, 2009）。

对解释风格这一概念的有趣延伸是，将其从个人水平扩展到群体水平。例如，近些年的研究考察了运动队的解释风格（Carron, Shapcott, & Martin, 2014）和商业组织的解释风格（Smith, Caputi, & Crittenden, 2013）。研究结果通常与对个人水平的研究相似，团队的乐观与更好的结果（更高的胜率或商业成功）相关。

我们将在第 13 章中讨论解释风格对抑郁的影响；更多关于健康问题与解释风格的关系会在第 18 章中详细讨论。

## 个人计划分析

**个人计划**（personal project）是旨在实现个体选定目标的一系列相关行为。心理学家布赖恩·利特尔（Little, 2007, 2011）认为，个人计划是理解人格运行的自然单元，因为它反映了个体如何应对日常生活这一重要课题。如果被问起，大部分人都能够列出他们日常生活中的重要计划，如减肥、做作业、结识新朋友、开始并坚持一项体育锻炼项目、提交研究生入学申请、形成更深的宗教信仰、找到几条生活准则。个体拥有很多每天都会变的短暂目标（某项计划今天很重要，明天可能就不重要了），也有一些更持久的计划。

利特尔提出了个人计划分析法来评估个人计划。首先，要求参与者列出一系列个人计划，数量的多少由他们认为合适为宜。大多数参与者平均列出了 15 种当前生活中的重要计划。其次，参与者从几个方面对每份计划进行评定。例如，计划的重要性、计划的难易程度、施行计划带来的享受程度、计划的进度，以及计划给生活带来的积极和消极影响（Little & Gee, 2007）。

个人计划分析对理解人格有许多有趣的启示。研究者考察了“大五”人格特质（第 3 章曾介绍过）与个人计划的关系。利特尔（Little, 1999）就曾报告过两者之间的一些有趣关系。例如，神经质得分高者将个人计划评定为压力大、困难、很可能以失败告终、超出个人控制力，并且表示他们在实现个人目标的过程中进步很小。很明显，高神经质者的一个关键特征是，在完成个人计划时感到困难重重和不满意（Little, Lecci, & Watkinson, 1992）。

研究者还对个人计划的哪些具体方面与总体生活满意度和幸福感相关感兴趣。利特尔（Little, 1999, 2007）的总结表明，总体幸福感与个人对计划的控制感、实现计划的无压力感，以及坚信计划一定会实现的乐观主义相关最高。个人计划的这些方面也被发现可以预测老年人的幸福水平（Lawton et al., 2002）。个人计划分析的这些方面（低压力、高控制、高乐观）的确能够预测幸福感和生活满意度的总体水平（Palys & Little, 1983）。这一系列的发现使得利特尔（Little, 1999, p. 25）总结道：“是否能成功完成我们的个人计划……似乎是使我们的生活积极向上或悄然绝望的关键因素。”关于个人计划的另一些研究在利特尔等人合编的作品中做了介绍（Little, Salmela-Aro, & Phillips, 2007）。

## 认知社会学习理论

许多现代人格理论都衍生自这样的观点：人格体现在目标以及人们看待自己与目标关系的方式中。这些理论共同组成了人格的**认知社会学习取向**（cognitive social learning approach），这种取向强调那些使人们学会看重特定目标（而不是其他目标）并为之奋斗的认知和社会过程。

**班杜拉与自我效能感概念** 班杜拉接受了经典行为主义心理学的训练，这一取向在 20 世纪 40 年代非常流行。经典行为主义认为，人类和所有的有机体都是外部环境的被动反应者，行为完全由外部强化决定。通过强调人类行为的主动性，班杜拉帮助人们改变了这一观点。他认为人有意图和预谋，善于反思，并且能预测未来事件，能监控自己的行为并评估自己的进步，还能通过观察别人来学习。在经典学习理论的基础之上，他加入了认知和社会两个变量，所以他开启的研究方向被称为认知社会学习理论。班杜拉将这些人类特有的认知和社会行为纳入自我系统的范畴下，而自我系统则是为了在追求目标的过程中对行为进行自我调节而存在的（Bandura, 1997）。

在班杜拉的理论中，**自我效能感**（self-efficacy）是最重要的概念之一，它指的是一个人认为自己可以通过特定行为来实现目标的信念。例如，若一个学打棒球的孩子相信自己能击中投给她的大多数球，我们就可以说她对击球的自我效能感高；而另一个怀疑自己击球能力的孩子在这方面的自我效能感就低。事实证明，与低自我效能感的人相比，高自我效能感的人面对任务时往往会更加努力和坚持，并设定更高的目标（Bandura, 1989）。另一个例子是，自我效能感较高的大学生比自我效能感低的大学生在学业上更执着，在课堂上表现得也更好（Multon, Brown, & Lent, 1991）。

自我效能感与行为表现是相互影响的：高自我效能感能带来更好的行为表现，更好的行为表现反过来又会进一步提高自我效能感。因此，在开始特定任务时，高自我效能感是最重要的。如果任务很复杂，可以将其分解为多个可以完成的部分或子目标。完成子目标的过程能提高人们整体的自我效能感。自我效能感也会受到**榜样**（modeling）的影响，即看到他人行为的积极结果而影响自我效能感。

**德韦克与掌握取向理论** 我们在第 11 章中介绍过心理学家德韦克的研究。她早期的研究关注学生的无助和掌握取向行为（Deiner & Dweck, 1978, 1980）。她注意到一些学生在面对失败时选择坚持，而另一些学生在遇到困难或第一次失败时就选择放弃。于是她开始研究认知信念，尤其是上述行为模式背后那些关于能力的信念。例如，她发现学生持有的关于智力本质的内隐信念对他们处理挑战性智力任务的方式有显著影响：那些认为智力是固定不变的内部特征（德韦克称之为智力的“实体观”）的学生往往回避学业挑战，而相信智力可以通过努力和坚持而提高（德韦克称之为智力的“增长观”）的学生则会迎接挑战（Dweck, 1999a, 2002; Dweck, Chiu, & Hong, 1995）。

这听起来像是一件小事——仅仅认为智力是一种固定不变的特质——然而，这种信念却与学生在学校投入更少的努力、在学业挑战中更早放弃和更低的学业成功有关。德韦克对在校儿童和大学生的许多研究证明了这种信念的效力（Dweck, 2009, 2012）。相反的心理定势，即认为智力可塑、可通过努力改变的信念，与学生更好的学习动机和更高的成绩有关（Romero et al., 2014）。德韦克及其同事还设计并测试了一些基于学校的干预项目，这些项目旨在改变学生对自身智力的信念。结果表明，那些被训练将智力视为可塑的学生随后会在学业上更加努力，并取得更好的成绩（Rattan, Savani, & Dweck, 2015）。

德韦克理论的意义还在于，老师和家长的一些表扬方式可能会在不知不觉中让孩子形成一种智力实体观。表扬孩子的智力可能会强化这种“成功和失败取决于孩子无法控制的东西”的观念。例如，“我很高兴你在生物考试中取得“优”的成绩，玛丽，你可真聪明！”这样的评论可能会让孩子理解为，“如果好成绩意味着我很聪明，那么差成绩一定意味着我很笨”。或者在试图安慰学生时，老师可能会说：“没关系，不是每个人都擅长数学。”这会强化学生对数学能力的实体观，导致他们对数学成绩的动机和期望降低（Rattan, Good, & Dweck, 2012）。持有智力实体观的学生在表现良好时会有很高的自尊，然而一旦遇到阻碍其学业的挑战时，其自尊就会降低。那些因努力而受到赞赏的孩子更有可能认为智力是可变的，而且无论要为成功付出多少努力，他们的自尊都是稳定的。根据德韦克的观点，赞扬孩子的努力（“祝贺你，你的努力真的得到了回报”）比赞扬其能力（“祝贺你，你真的很聪明！”）更可取。那些因努力而受到表扬的孩子学会了将成功与努力而非能力联系起来，因此他们会变得更加自信，认为可以通过刻苦努力来面对挑战（Gunderson et al., 2013）。那些认为智力和能力可变的孩子更有可能克服挫折，并充分发挥他们的学业

德韦克的研究清楚地表明，表扬孩子努力比表扬孩子聪明更有效。相关解释见正文。

潜力（Dweck, 1999a, 2002）。

**希金斯与调节定向理论**　心理学家希金斯提出了一种关于目标的动机理论，称为调节定向理论（Higgins, 2012）。他认为，人们通过两种不同的方式来调节他们的目标导向行为，以此来满足两种不同的需要。一种是**提升定向**（promotion focus），这种取向关注进步、成长和成就，其行为特征是热切、主动和“追求极致”；另一种是**预防定向**（prevention focus），关注保护、安全以及预防负面结果和失败，其行为特征是警惕、谨慎和试图防止负面结果。

从特质的角度来看，提升定向与外向性、行为激活（在第 7 章中有所讨论）等特质相关；预防定向与神经质、伤害回避等特质呈正相关，与冲动呈负相关（Grant & Higgins, 2003）。然而，预防定向和提升定向等概念更多关注的是与之相关的动机和目标行为，而非标准的人格特质。

**米歇尔与认知—情感人格系统**　正如第 4 章所讨论的，心理学家米歇尔于 1968 年所著的《人格及其评估》一书对人格心理学产生了巨大的影响，该书对人格特质的相关证据进行了严厉批判。回想一下，他认为人们的行为更多的是受所处情境而非所拥有的人格特质的影响。近些年来，米歇尔与其学生正田佑一提出了一种理论，认为人格变量（虽然不一定是特质）确实对行为有影响，主要是通过与情境的心理意义相互作用并对其进行改变。

米歇尔与正田佑一的认知—情感人格系统（cognitive-affective personality system, CAPS）不再将人格定义为特质的集合，而是一种认知和情感活动的组织，会影响人们对特定情境的反应（Mischel, 2000, 2004; Shoda et al., 2013, 2015; Smith & Shoda, 2009）。他们强调人格是动态过程，而不是静态特质。这些认知和情感过程包括如下心理活动：建构（看待情境的方式）、目标、期望、信念和情感，以及自我调节标准、能力、计划和策略等。根据这一理论，每个人都有一个相对稳定的心理活动网络。个体通过个人学习经历、特定文化和亚文化、遗传禀赋以及生物史来获得特定的心理能力。

CAPS 理论认为，人与人之间的差异在于他们独特的对认知和情感过程的组织。当人们在生活中经历不同的情境时，不同的认知和情感过程会被激活，并调节特定情境的影响。例如，如果一种情境会引起挫折（如实现目标的过程受阻），一个人有特定的认知—情感系统（例如，对成功抱有很高的期望，相信为了得到自己想要的可以表现出攻击性），那么他可能会做出有敌意的反应。所以，并不是说好斗的人在所有情境下都是好斗的（特质观），而是说好斗的人对某些情境（如挫折）很敏感，只有在这种情境中，他们才会表现出攻击性。

米歇尔和正田佑一提出了一种语境化的人格观，通过**“如果……那么……”命题**（“if ... then ...” propositions）的形式来表达：如果情境是 A，那么这个人会做出 X；但如果情境是 B，那么这个人会做出 Y。米歇尔认为，人格的印记在于特定情境要素会稳定地引发个人的行为。米歇尔（Mischel, 2004）通过从一个接收失足儿童的夏令营收集的数据来说明其方法。这些儿童都存在冲动控制问题，并且过去一直很有攻击性。研究者在夏令营的不同情境中，对这些儿童进行了很多天的观察。研究者对言语攻击很感兴趣，他们将情境分成五类：“被同龄人取笑”“被大人警告”“被大人惩罚”“被大人表扬”和“被同龄人接近”。在这些不同的情境下，儿童表现出了不同的语言攻击特征。例如，一些孩子只有在被大人警告后才会表现出攻击性，也有些孩子只有在被同龄人接近时才会表现出攻击性。米歇尔指出，五种情境下的言语攻击并不一致，但每个孩子身上都可以识别出特定的“如果……那么……”特征。被大人警告后表现出攻击性的孩子在相同情境中会反复表现出这类行为，这些特征在这个意义上具有一致性（Mischel, Shoda, & Mendoza-Denton, 2002）。

CAPS 理论提供了一种思考人格的重要新方法，以“如果……那么……”命题的形式强调认知和情感过程对个体在特定情境中行为的影响（另一个例子参见 Smith et al., 2009）。我们在认知取向这一章中介绍这个理论，是因为它强调了参与自身行为调节的内部过程。有趣的是，米歇尔仍然认为情境对人们的行为施加了最大的控制，但现在他认为组织行为的是心理情境，即从个人角度理解的情境意义（Mischel, 2004, 2010）。

## 智　力

讨论认知和信息加工方面的个体差异必须提及智力才算完整。关于智力，有多种界定方式，抑或许存在多种不同的智力。其中一种界定与教育成就有关，即与同龄人相比，一个人学到了多少知识，这是**智力的成就观**（achievement view of intelligence）。其他定义并不把智力视作教育的产物，而是更多地将其看成接受教育的能力，即学习的能力或天赋，这是**智力的潜能观**（aptitude view of intelligence）。传统的智力测量方法，即所谓的 IQ 测试，经常被用作或解读为天赋测试。在 20 世纪的大部分时间里，IQ 测试被用来预测一个人的学业表现以及选拔人才接受教育。今天，IQ 测试仍在以这种方式被使用。例如，一项针对大学生的研究表明，一般智力能预测 16% 的成绩变异，也就是说，IQ 和成绩之间有 0.40 的相关。有趣的是，我们在第 11 章中讨论过的成就需要解释了另外 11% 的变异（Lounsbury et al., 2003）。

在智力的早期研究中，大多数心理学家将这种特征当作一种类似于特质的个体属性，认为个体的智力差异在于量的不同，即个体拥有智力的多少。此外，智力被视为一个宽泛的单一因素，通常被称为 g 因素，即**一般智力**（general intelligence）。然而，随着测验的发展，研究者开始识别出不同的能力，如言语能力、记忆能力、知觉能力和算术能力。学术能力倾向测验（Scholastic Aptitude Test, SAT，*即老版* SAT）是许多大学生都很熟悉的测验，因为很多学生都曾参加过该测验。SAT 会给出两个分数：言语分数和数学分数，这是两类不同的智力。顾名思义，许多人认为 SAT 是一项能力倾向测验，它用来测量个体学习和获得新信息的能力。然而，SAT 也包括一些只有受过教育的个体才能回答的问题。因此，很多人也认为 SAT 实际上是一种成就测验。不管怎样，SAT 能够很好地预测大学时的平均绩点。就选拔可能在高等教育中有良好表现的人来说，SAT 是个不错的工具。

其他智力测验甚至提供了两个以上的分数。例如，《韦氏儿童智力测验》修订版（1949 年由韦克斯勒编制，于 1991 年修订）就有 11 个子测验分数，其中 6 个要求或取决于言语能力，另外 5 个基于非言语能力，例如，从一幅图中找到缺失的部分，或者组装拼图。该测验还会产生 2 个综合分数，分别表示言语能力和操作能力。心理学家运用这种多维的分数来评估个人的优势和不足，以及理解个人独特的解决问题的方法。

加德纳提出了一个被广为接受的智力定义（Gardner, 1983）。他认为智力是指应用认知技能和知识来解决问题、学习以及实现个体和文化所看重的目标的能力。在如此宽泛的定义下，很明显存在多种智力，智力的种类可能远多于传统的言语、数学和操作能力的分类。加德纳提出了**多元智力**（multiple intelligences）理论，认为智力有七种形式，如人际智力（社交技能、交流能力以及与人相处的能力）、自省智力（洞察自己、自己的情绪和动机）。加德纳的多元智力理论还包括动觉智力，这是一种涉及运动、舞蹈、杂技的能力，后来又增加了音乐智力（Gardner, 1999）。其他研究者为智力形式的清单不断添加着新内容，如两位心理学家（Salovey & Mayer, 1990）提出了情绪智力，戈尔曼（Goleman, 1995）将之推广普及。由此开始，情绪智力受到了研究者的极大关注（综述见 Zeidner et al., 2003）。

练习

人们用情绪智力来解释为什么一些人拥有很高的学业智力，但似乎缺乏实践智力和人际技能（或称街头智慧）。戈尔曼（Goleman, 1995）在其可读性很强的著作《情绪智力》中提供了许多实例。这些人具有较高的传统智力，但在其他生活方面却很失败，如人际交往领域。戈尔曼还回顾了一些心理学文献，并得出了这样的结论：传统的智力测验尽管可以很好地预测学业成就，但却不能预测后来的生活结果，如职业成就、薪水、职业地位及婚姻质量（Vaillant, 1977）。戈尔曼认为，情绪智力对这些生活事件有更强的预测力。

情绪智力被认为包括以下五方面的能力：

- 能够意识自己的感受和身体信号；能确定自己的情绪并进行区分（如意识到隐藏在愤怒背后的恐惧）。
- 管理和调控情绪的能力，特别是消极情绪；能进行压力管理。
- 克制冲动的能力——引导注意和努力，专注于目标任务，延迟满足。
- 能够解码他人的社交和情绪信号；能够聆听；能站在他人的立场看问题（同理心）。
- 具有领导力，即在不触怒他人的情况下影响和引导他人的能力；激发合作的能力；谈判和解决冲突的能力。

我们很容易就能发现这些技能和能力为何与积极的生活结果有关，以及它们与传统的智力概念有多大的差异，如学术成就和学术能力。你认识的人中有没有学术能力很高，但在情绪智力上却存在一个或多个方面缺失的人？这样的人在学校很成功，但在生活的其他方面却面临重重困难，如难以交到朋友，或者脱离家庭。相应地，你能在自己认识的人中找出情绪智力相当高但学术智力却不佳的人吗？

加德纳的多元智力理论颇具争议。一些智力研究者认为，这些智力的不同因素之间存在很高的相关（这意味着在同一个人身上它们往往会同时出现），这种相关足以支持将智力视作一般因素（g）的做法（Herrnstein & Murray, 1994; Petrill, 2002; Rammsayer & Brandler, 2002）。有些研究者承认存在几个大的智力因素，如言语智力和数学智力，美国的学校系统在很大程度上就是以此为基础的。还有一些研究者，包括许多教育界人士，则继续探讨多元智力的意义。除传统的 SAT 分数外，一些大学正在考虑使用“非认知的”人格特征的测量，如毅力、主动性和责任心，来确定学生是否被录取（Hoover, 2013）。一些学校进行了课程改革，以发展和加强学生智力的不同方面。例如，有些学校设置了情绪智力课程；有些学校为那些非言语智力较高的学生开设了专门的课程；还有些学校推动品格教育（可视为公民能力的一种形式）。这些在现代教育领域做出的努力，是人格心理学家研究智力的本质所带来的直接结果。

我们不能抛开**智力的文化背景**（cultural context of intelligence）来讨论智力概念。显然，所谓的“聪明行为”在不同的文化中是不同的。例如，生活在密克罗尼西亚岛的人认为，拥有航海以及其他海上技能体现了高级的智力；对乘坐独木舟沿着海岸捕猎的因纽特人来说，能建立复杂的阿拉斯加海岸的认知地图是一种珍贵的智力。许多心理学家部分地将文化定义为一套共享观念，这些观念界定了何为有效的问题解决（Wertsch & Kanner, 1992）。这些技能又成为该文化中成功人士思考问题的方法，例如，西方文化强调在科技发达的文化中必不可少的口头和书面的言语能力，以及数学和空间能力。然而，其他文化可能引导其成员发展出完全不同的问题解决技能，如方向感和对动物行为的理解，等等。

出于这些考虑，我们应当始终把智力看成一组受特定文化重视的技能。然而，西方文化伴随其经济、社会和政治体系，已在世界各地迅速蔓延。世界会变成单一的文化吗？如果是这样，会产生一种被普遍认同的智力形式吗？或者不同文化仍会保持其独立的身份，因而对聪明行为有不同的界定？例如，最近大多数欧洲人不只会说一种语言，许多人说三种或以上的语言，因为在欧洲会多种语言的人在解决问题方面很占优势。很多欧洲人认为，美国将面临语言方面的挑战，或者更直白地说，美国人的语言智力不够好，因为多数美国人只会一种语言。

有趣的是，在过去的几十年里，人们的平均 IQ 分数稳步上升，总体 IQ 水平大约每 4 年或 5 年提高 1 分（Flynn, 2007, 2012）。这种总体 IQ 分数的上升被称为*弗林效应*，以首次记录这一现象的人而命名（Flynn, 1984）。人们对总体 IQ 分数的增长提出了各种各样的解释，比如世界各地的营养水平都越来越好。弗林（Flynn, 2007, 2012）自己的解释聚焦于几十年间教育的普及和教育质量的提升。尽管在二十世纪后半叶，人们的平均 IQ 是稳步增加的，然而从 1998 年开始，心理学家在一些国家（Teasdale & Owen, 2008）或全球范围内（Lynn & Harvey, 2008）观察到，过去十年总体 IQ 分数在下降，这种现象被称为*反弗林效应*。

总体 IQ 的下降让智力研究人员感到担忧，因为一个国家或地区的平均 IQ 与其繁荣的许多指标相关，包括人均生产总值（Gelade, 2008; Hunt & Wittmann, 2008）、教育成就和技术进步（Rindermann, 2008）。较低的总体 IQ 还与青少年犯罪、成人犯罪、单亲家庭和贫困的发生率有关（Gordon, 1997）。IQ 每下降 1 分，年收入就会减少 425 美元（Zagorsky, 2007）。IQ 与生育率呈负相关（即 IQ 低的人往往会比 IQ 高的人生育更多的后代）是被多次观察到的现象，有学者（Lynn & Harvey, 2008）据此把 IQ 的下降趋势归咎于生育率的提高（Shatz, 2008; Vining, 1982）。

智力研究中的一个新变量是**检测时**（inspection time），指个体对两个事物进行简单分辨所需的时间。例如，在电脑屏幕上呈现两条线，要求参与者指出哪一条更长。参与者比较两条线段所需的时间以毫秒（千分之一秒）计，做出判断之前的时间就是检测时。检测时与一般智力的标准测量之间存在较高的相关（Osmon & Jackson, 2002）。检测时与其他知觉速度的测量值和做出决策的反应时相关（Jensen, 2011），而这些快速心理能力都有助于取得更高的 IQ 分数（Johnson & Deary, 2011）。检测时还是一个能够预测随年龄增长而出现的认知退化的敏感指标（Gregory et al., 2008）。另外类似的测量是分辨听觉间隔（差异仅在毫秒之间）的能力，该能力也与一般智力有关（Rammsayer & Brandler, 2002）。最近一篇综述回顾了 172 项考察 IQ 与信息处理速度之间关系的研究（Sheppard & Vernon, 2008），其结论是智力测量值与心理加工速度相关，更聪明的人通常在解决各种心理任务时都更快。此类结果表明，智力测试得分较高的人，信息处理相关的大脑机制更高效。

关于智力问题，仍然还存在很多争论，不过这并不是一本人格心理学导论教材能够介绍完的。如果你感兴趣，可以更深入地看一些资料，比如《智力》（*Intelligence*）期刊，或者一些书籍，比如奈塞尔的书（Neisser, 1998），赫恩斯坦和默里（Herrnstein & Murray, 1994）那本颇具争议的《钟形曲线》，以及直接回应对《钟形曲线》的争议的著作（Fraser, 1995; Jacoby & Glauberman, 1995; Lynn, 2008）。其他不同于赫恩斯坦和默里的观点，还可在斯腾伯格（Sternberg, 1985）、加德纳（Gardner, 1983）或西蒙顿（Simonton, 1991）的著作中找到。总之，你应该清楚如今仍存在一些关于智力的争论，具体包括：智力是否能被准确地测量；智力的测量是否存在偏差，即更有利于文化中多数群体的成员；智力的遗传程度如何，以及遗传力的意义是什么；不同种族是否在智力上有所不同，以及这种差异能否解释为社会阶层的差异等。这些问题被政治化了，并对社会和政府政策产生了很多影响，因此导致了越来越激烈的争论。人格心理学家正发挥着重要的作用，他们通过开展必要的研究，为探讨和解决这些争议问题提供了科学的方法。

## 总结与评论

人格心理学中的认知主题是一个涵盖范围极广的主题类别。个体在思维、知觉、解释、记忆、需要、预期生活事件等很多方面均存在差异。在本章中，我们讨论了四个方面：知觉、解释、目标和智力。

在本章的开始部分，我们考察了一些与人格相关的个体知觉差异。场依存性—场独立性涉及的是“在森林中看见树木”的能力。这种知觉方式的个体差异与个体在复杂情境中关注细节的能力有关。它可能会对学习方式和职业选择有重要意义。

我们讨论的第二种知觉差异是感觉缩小 / 放大。它最初是指个体放大或缩小疼痛刺激的倾向，与疼痛耐受性的个体差异有关。现在则一般用来指个体对感觉刺激的敏感性差异，有些人（放大者）比其他人（缩小者）更敏感。这方面的个体差异可能与寻求刺激的相关问题行为有关，如吸烟、药物滥用等。

认知的另一个方面是个体如何解释生活事件。这类人格研究始于凯利，他的个人构念理论强调个体如何运用个人构念来解释世界，从而建构个人经验。个体之间的另一种普遍差异是控制点的差异。控制点是指个体将事件解释为受个人控制或不受个人控制的一种倾向。现在许多研究者将控制点概念用于特定的生活领域，如健康的控制点、人际关系的控制点等。

习得性无助是个体经历无法逃避的恶劣情境时产生的一种无助心理状态。无助感也可能泛化到新情境中，因此，个体会继续表现得无助，并放弃寻找解决问题的方法。习得性无助理论后来被重述，整合了个体看待生活中的事件，特别是不愉快事件的方式。心理学家关注个体解释事件的特定维度，例如，事件发生原因是内在的还是外在的，是稳定的还是不稳定的，是一般的还是特殊的。悲观主义的解释风格认为事件的原因是内在的、稳定的和一般的。

我们也可以从个体如何选择生活计划和任务来揭示人格。如果我们知道一个人真正想从生活中得到什么，那么我们可能已经相当了解这个人了。目标定义了我们，为满足这些欲望所采取的策略体现了日常生活中人格的积极作用。

本章还介绍了认知社会学习理论以及该理论的一些具体示例。这些示例理论包含目标概念和相关的认知活动，如期望、策略和对个人能力的信念。这些理论强调了心理情境是个体人格特征（如自我效能感）的函数，所以它们是对人格心理学的重要补充。

最后，我们还讨论了智力以及不同的智力观（学业成就观与学习潜能观）。我们回顾了智力理论的历史发展：最初智力被当作单维的一般特征，而目前的趋势是多元智力观。我们还指出，文化会影响哪些技能和成就能为智力做出贡献，并提供了一些对智力进行生物学解释的研究结果。除此之外，我们还简要介绍了当今智力领域的一些重要争论。

## 关键术语

认知取向
个人化认知
客观化认知
认知
信息加工
知觉
解释
有意识目标
棒框测验
场依存性
场独立性
疼痛耐受性
缩小者 / 放大者理论
构念
个人构念
后现代主义
控制点
泛化预期
外控
内控
习得性无助
因果归因
解释风格
悲观解释风格
乐观解释风格
个人计划
认知社会学习取向
自我效能感
榜样
提升定向
预防定向
“如果……那么……”命题
智力的成就观
智力的潜能观
一般智力
多元智力
智力的文化背景
检测时

© Corbis/SuperStock RF

# 13 情绪与人格

## 认知 / 经验领域

恐惧有着鲜明的面部表情和令人不愉快的主观体验。恐惧还伴随着生理方面的变化，如心率加快、四肢大肌肉群血流量增加等。这些变化使处于惊恐中的个体为相关的剧烈行为做好准备，如战斗或逃跑。

想象一下，你到一个陌生的城市去拜访一位朋友。你是坐火车去的，正在从车站步行到朋友的公寓。由于火车晚点，当你走在陌生的街区时，天已经黑了。你有些分辨不清方向，走了 20 分钟后，你开始想自己是不是走错路了。天已经很晚了，街上的行人不多。你确定自己走错了方向，你想抄近道，穿过一条小巷，返回火车站。小巷里面很黑，但是路程很短，便于你更快地回到车站，所以你沿着巷子走了进去。你非常警惕，也有点紧张，因为你不熟悉这里的环境。你回头时注意到有人跟着你拐进了小巷，你的心怦怦直跳。你转过头，看到前方也有人走进了巷子。你突然感到自己落入了陷阱，于是浑身僵硬。两头的路被堵，你的的确确落入了险境。你呼吸加速，头脑一片混乱且头皮发麻。你在心里盘算着该怎么办，可当两个人从两头向你逼近时，你还是不知所措。你的掌心渗出汗水，脖子和喉咙都感到发紧，似乎随时都会尖叫起来。两个人离你越来越近，你看看前面，再看看后面，胃也开始变得非常紧张。你很想跑，但不知道该往哪边跑。恐惧让你动弹不得，你惊颤地站在原地，不知道自己是该逃跑还是该为了活命而战斗。突然，其中一个人喊出了你的名字。你慌乱中认出那人竟是你的朋友。原来，他和室友沿着从车站到公寓的路一直在找你。你长长地舒了一口气，你的恐惧状态立刻平息了，身体平静下来，思维也清晰了。你热情地向你的朋友打招呼：“见到你真高兴！”

在这个例子里，你体验到了恐惧的情绪，也体验到了解脱的情绪，或许在看到朋友的那一刻，甚至还有欣喜若狂的情绪。**情绪**（emotion）可以通过它的三种成分来加以界定。首先，情绪有与之相伴的明显的主观感受或情感。其次，情绪伴随着生理的变化，最主要的是神经系统的变化，以及由该变化导致的呼吸、心率、肌张力、血液化学指标以及身体和面部表情的相应变化。最后，情绪伴有不同的**行动倾向**（action tendencies），即特定行为的可能性增加。伴随恐惧情绪的有焦虑、慌乱、恐慌等主观感受，以及相关身体机能的改变，如心跳加速、消化系统的血流量减少（会导致胃部不适）、腿和手臂的大肌肉群血流量增多。这些变化为你做出战斗或逃跑等剧烈活动做好了准备。

为什么人格心理学家会对情绪感兴趣？因为即使面对同样的事件，人们的情绪反应也各不相同，所以情绪可用于区分不同的人。例如，想象一下，你丢了一个钱包，里面除了一大笔钱，还有信用卡，以及包括驾照在内的所有证件。你认为你会感受到什么样的情绪？是愤怒、窘迫、绝望、沮丧、恐慌、害怕、羞愧还是内疚？不同的人对这一生活事件的反应可能会不同，理解人们如何以及为何在情绪反应上会不同，这是理解人格的一个重要方面。

其他情绪理论强调情绪的功能，比如产生有助于生存的短期适应行为。例如，厌恶情绪具有使我们迅速吐出有害食物的适应价值。有趣的是，即使厌恶情绪仅仅是由一个念头或者心理反感所致，也会使人皱起鼻子、张开嘴巴、伸出舌头，就好像真的要呕吐一样。

1872 年，达尔文在其《人类与动物的表情》（Darwin, 1872）一书中对情绪和表情进行了**功能分析**（functional analysis）。其分析集中在为什么会有情绪和表情，特别是它们是否增加了个体的适合度（见本书第 8 章）。在书中，达尔文描述了他对动物、自己的孩子以及其他人的观察，并将特定的表情与情绪联系在一起。他意识到，自然选择所致的进化不仅适用于生理结构，还适用于“心理”，包括情绪和表情。情绪是如何提高进化适合度的？达尔文的总结是，表情使动物就将要发生的事情进行迅速的信息交流。例如，狗龇牙咧嘴、背毛竖立，这是在宣布它可能要发起攻击了。如果识别了这一信息，对方可能会选择后退，避免被攻击。许多现代情绪理论家都认同这种对情绪功能性的强调，但是大部分人格心理学家则对人们的情绪差异感兴趣。

## 情绪研究的基本问题

几个主要问题将情绪的研究分为不同的阵营（Davidson, Scherer, & Goldsmith, 2003）。在每个问题上，心理学家通常会持有自己的立场。我们将讨论其中两个问题，首先看一下情绪状态与情绪特质的区别。

### 情绪状态与情绪特质

我们通常把情绪看作起伏的状态（类似于第 11 章讨论的动机）。一个人陷入愤怒，然后平息；一个人变得悲伤，然后重新振作起来。**情绪状态**（emotional states）是短暂的，而且，情绪状态更多地取决于人所处的情境而非特定的个体。一个男人愤怒，是因为他受到了不公平的待遇；一个女人悲伤，是因为她的自行车被偷了，大部分人在这些情境中会变得愤怒或悲伤。作为状态的情绪是短暂的，它们有特定的原因，这些原因一般来自个体之外（环境中发生的某些事件）。

我们也可以把情绪视作性格或特质。例如，我们经常通过描述个体频繁体验或表达的情绪来概括其特点：“玛丽是快乐的、充满激情的”，或者“约翰经常愤怒、发脾气”。在这里，我们用情绪描述个体的性格，即特有的情绪特质。在个体的情绪生活中，情绪特质具有一致性。正如在第 3 章中所提到的，特质是指个体的行为或经验模式，它们至少具有一定的跨情境一致性和跨时间稳定性。因此，**情绪特质**（emotional traits）是指个体在不同情境中持续体验到的情绪反应模式。

## 情绪类型取向与情绪维度取向

看待情绪的最佳方式是什么？根据情绪研究者对此问题的回答，他们被分为两大阵营。有些研究者认为，最好把情绪看成少数几种基本的不同情绪（愤怒、喜悦、焦虑、悲伤）；另一些研究者则认为，最好把情绪视为宽泛的体验维度（比如从快乐到不快乐的维度）。那些认为只有基本情绪才重要的人属于**类型取向**（categorical approach）。描述情绪类型的词很多，例如，有研究者（Averill, 1975）曾列出 550 个描述不同情绪状态的词，这有点类似于基本特质词的情形。心理学家从数以千计的特质形容词出发，寻找它们潜在的基本因素，最后得出结论，在大量的特质形容词背后可能存在五种主要的人格特质。

采取类型取向的情绪研究者，试图通过寻找众多情绪词背后的基本情绪来减少情绪的复杂性（Levenson, 2003）。然而，他们并没有像人格特质研究领域那样达成一致，因为研究者用来界定基本情绪的标准各不相同。例如，埃克曼（Ekman, 1992a）认为，基本情绪应当具有在不同文化中都可以辨认的独特面部表情。悲伤的体验伴随着蹙额与皱眉，这些面部表情被普遍视为对悲伤情绪的表达。相似地，咬牙切齿与愤怒有关，也被普遍认为是在表达愤怒。事实上，即使是天生的盲人，悲伤时也会蹙眉，愤怒时也会咬牙切齿，高兴时也会微笑。因为天生的盲人从未见过悲伤、愤怒、高兴等面部表情，所以他们的这些表情不可能是习得的，相反，表情似乎是人类本性的一部分。基于这些独特的和普遍的面部表情，埃克曼列出的基本情绪包括厌恶、悲伤、快乐、惊讶、愤怒和恐惧。

其他研究者在判定基本情绪时持不同标准。例如，伊泽德（Izard, 1977）指出，应按照其独特的动机属性来区分基本情绪，也就是说，情绪被理解为某种能指导行为（促使人们采取特定的适应性行动）的东西。恐惧就包含在伊泽德的基本情绪之列，因为它使人避免危险并寻求安全。与此类似，兴趣也是一种基本情绪，因为它促使人们去学习并获得新技能。伊泽德根据自己的标准提出了 10 种基本情绪。表 13.1 列出了基于不同标准的基本情绪列表。

另一种理解情绪复杂性的取向是以实证研究而非理论标准为基础。在**维度取向**（dimensional approach）中，研究者让参与者在一系列情绪上评价自己，然后采用统

快乐可以被视为一种状态或特质。快乐特质水平高的人会经常体验到快乐状态，或者说体验到快乐的阈限比较低。在全世界范围内，通过笑表达的快乐都能被识别。所有文化中的人在快乐时都会笑。

表 13.1 提供基本情绪列表的理论家代表

| 理论家 | 基本情绪 | 标准 |
|---|---|---|
| 埃克曼、弗里森、埃尔斯沃思（Ekman, Friesen & Ellsworth, 1972） | 愤怒、厌恶、恐惧、快乐、悲伤、惊讶 | 共通的面部表情 |
| 弗里达（Frijda, 1986） | 渴望、幸福、兴趣、惊讶、疑惑、悲痛 | 采取特定行动的动机 |
| 格雷（Gray, 1982） | 愤怒、恐惧、焦虑、快乐 | 大脑回路 |
| 伊泽德（Izard, 1977） | 愤怒、轻蔑、厌恶、痛苦、恐惧、内疚、兴趣、快乐、羞愧、惊讶 | 采取特定行动的动机 |
| 詹姆斯（James, 1884） | 恐惧、悲伤、爱、愤怒 | 身体的卷入 |
| 莫厄尔（Mower, 1960） | 痛苦、快乐 | 非习得的情绪状态 |
| 奥特利和约翰逊 – 莱尔德（Oatley & Johnson-Laird, 1987） | 愤怒、厌恶、焦虑、幸福、悲伤 | 认知卷入极少 |
| 普拉奇克（Plutchik, 1980） | 愤怒、赞同、高兴、期待、恐惧、厌恶、悲伤、惊讶 | 进化而来的生理过程 |
| 汤姆金斯（Tomkins, 2008） | 愤怒、兴趣、轻蔑、厌恶、恐惧、快乐、羞愧、惊讶 | 神经放电密度 |

资料来源：Ortony & Turner, 1990.

计技术（通常是因素分析）来确定这些评分中蕴含的基本维度。

研究者在自我情绪评估的基本维度上达成了显著的共识（Judge & Larsen, 2001; Larsen & Diener, 1992; Watson, 2000）。大多数研究表明，人们在区分情绪时仅使用两个基本维度：情绪是愉快还是不愉快；情绪的唤醒水平是高还是低。如果这两个维度用一个二维的坐标系统表示，那么描述情绪的形容词就落在围绕两个维度的环形里，如图 13.1 所示。

这种情绪模型认为，每种情绪状态都可以被描述为愉快 / 不愉快与唤醒水平的组合。例如，个体体验到的不愉快情绪可以发生在高唤醒水平上（紧张、焦虑、恐惧），也可以发生在低唤醒水平上（无聊、疲乏、厌倦）。同样，个体体验到的愉快情绪可以发生在高唤醒水平上（兴奋、热情、兴高采烈），也可以发生在低唤醒水平上（平静、放松）。这样愉快和唤醒水平就被看成情绪的两个基本维度。

情绪的维度观建立在一些实证研究基础之上，在这些研究中，参与者对自身情绪体验进行评价。同时发生的情绪在体验上彼此相似，可以被认为界定了同一个维度。例如，痛苦、焦虑、恼怒、敌意在体验上非常相似，因此可以被看成落在了高唤醒的消极情感一端。情绪的维度取向更多地是指人们如何体验情绪，而非如何看待情绪。相比之下，类型取向更多地依靠情绪的概念性区分。维度取向指出，我们体验到的是不同程度的愉快和唤醒，因此每一种情绪体验都可以被描述为愉快与唤醒的特定组合（Larsen & Fredrickson, 1999; Larsen & Prizmic, 2006）。

一些研究者偏爱类型取向，发现类型取向比维度取向更有用。例如，尽管愤怒和焦虑都是高唤醒的消极情绪，但却与不同的面部表情、感受和行为倾向相联系。持类型取向的人格心理学家对人们在基本情绪（如焦虑和愤怒）上的差异感兴趣。也有人格心理学家对人们在情绪基本维度上的差异感兴趣，例如，哪些人在生活中

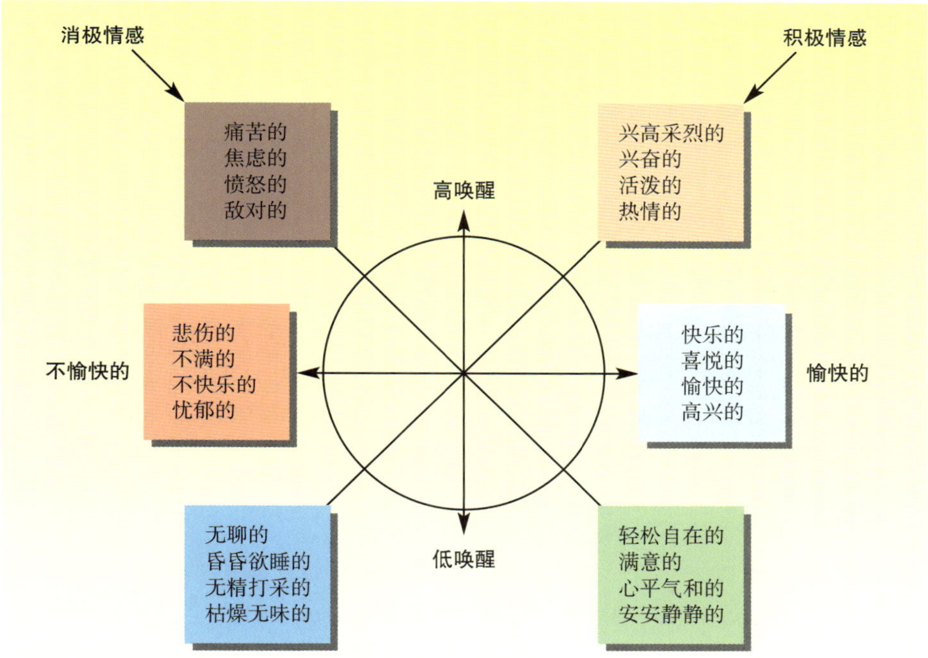


**图 13.1 情绪的维度取向**
图中展示了两个基本的情绪维度：高唤醒—低唤醒，愉快的—不愉快的。不同的情绪围成一个环形，有时也被称为情绪环状模型。

拥有更多的愉快情绪？哪些人会频繁地体验到高唤醒的不愉快情绪？在本章中，我们会述及这两种观点下的研究和发现。

## 情绪生活的内容与风格

对人格心理学家而言，另一个有用的区别是，个人情绪生活的内容与个人体验和表达情绪的风格之间的区别。**内容**（content）是个体体验到的特定情绪种类，而**风格**（style）是指体验情绪的方式。例如，说某人很快乐是就其情绪生活的内容而言的，因为它指的是个体频繁体验到的特定情绪。然而，说某人情绪变异性高则是在描述其情绪生活的风格，也就是说其情绪变化频繁。情绪的这两个方面（内容和风格）都表现出了类似特质的属性（具有跨时间与跨情境的稳定性，可用来区分个体）。内容和风格为讨论人格和情绪提供了组织框架。我们先讨论情绪生活的内容，关注各种愉快和不愉快的情绪；然后再考察情绪风格，关注个体在情绪生活的强度和变异性上的差异。

### 情绪生活的内容

情绪生活的内容是指个体常常体验到的典型情绪。例如，一个易怒的、脾气火爆的人，其情绪生活的内容可能包含大量愤怒、烦躁和敌意。而情绪生活的内容包含大量愉快情绪的人可能会被视为快乐的、开朗的和热情的。因此，情绪内容的提法有助于我们考虑个体在不同生活时间和情境中体验到的情绪种类。接下来，我们先来讨论愉快的情绪特质。

威廉·詹姆士将幸福定义为成就与抱负的高比值。

### 愉快的情绪

在基本情绪的清单里，幸福或快乐是唯一被提到的愉快情绪（尽管有一些研究者将兴趣也视为愉快情绪）。在情绪的特质研究取向中，幸福以及与此相关的对生活的满意度被视为主要的愉快特质。我们首先来认识这些概念。

**对幸福和生活满意度的界定**　早在 2 000 多年前，古希腊哲学家亚里士多德就指出，幸福乃至高之善，生活的目的就是获取幸福。而且，他还教导人们通过有德性的生活和做一个好人来获得幸福。一些现代研究者同样强调这种德性论（eudaimonia），将创造有意义和有目的的生活看作通向幸福的道路（King & Hicks, 2012）。另一些学者和哲学家则提出了其他关于人类幸福来源的理论。例如，与亚里士多德不同，18 世纪的法国哲学家卢梭推测，幸福源于欲望的满足以及对快乐的追求。19 世纪后期，美国心理学之父威廉·詹姆士认为，幸福是个体的成就与抱负的比值。他指出，人们可以经由两种途径获得幸福：获取更大的成就或者降低抱负水平。

尽管几个世纪以来，哲学家和心理学家对幸福的来源有诸多推测，但对幸福感进行科学研究却是近十几年的事情（综述见 Eid & Larsen, 2012）。心理学家认真地对幸福［也称主观幸福感（subjective well-being）］进行研究始于 20 世纪 70 年代中期。从那以后，对幸福感的研究突飞猛进。每年都有数百篇关于幸福感的科学论文在心理学杂志上发表（Diener & Seligman, 2002）。2000 年创办的新期刊《幸福研究杂志》（*Journal of Happiness Research*）每年会出版 6 期关于幸福的科学研究论文。另一份期刊《积极心理学杂志》（*Journal of Positive Psychology*）也发表了许多关于幸福的科学研究。

界定**幸福感**（happiness）的一种方式是考察研究者如何测量它。在调查和其他研究中有几种问卷得到了广泛使用。因为幸福感具有主观属性，即它依赖个体对自己生活的主观评判，所以研究者也不得不依赖调查问卷。有些问卷关注个体对自己生活的评判："这些天来你对自己的整体生活状况满意吗？"还有些问卷关注情绪，特别是个体生活中愉快情绪与不愉快情绪之间的平衡。可以看看其中一位研究者（Fordyce, 1978）的问卷示例，被测者需要回答以下问题：

你有百分之几的时间是快乐的？　______
你有百分之几的时间情绪为中性？　______
你有百分之几的时间是不快乐的？　______
保证三者之和是 100%。

从大学生中收集的数据显示，每个人平均 65% 的时间是快乐的，15% 的时间情绪是中性的，20% 的时间是不快乐的（Larsen & Diener, 1985）。在诸多测量幸福的工具中，百分比量表是具有较好结构效度的量表之一（见第 2 章）。例如，它能预测许多其他与幸福感有关的人格特质，诸如每天的心境、同伴报告的总体幸福感（Larsen, Diener, & Lucas, 2002）。

研究者认为幸福感有两个互补的成分：一个更偏向认知，涉及自己的生活是否有目的或有意义这类判断，被称为生活满意度成分；另一个成分偏向情感，是由个体一段时间内生活中的积极情绪与消极情绪的平均比值构成，被称为快乐成分，实际上指的就是积极情绪与消极情绪的平衡。生活满意度与快乐比值这两个维度往往是高度相关的。虽然可以举出在一个维度得高分而在另一维度得低分的例子（例如，一个饥寒交迫的艺术家，觉得自己的生活很有目标和意义，但为了艺术创作每天都需要承受巨大的痛苦），但大多数感到生活有目的和意义的人通常在生活中积极情绪都多于消极情绪。因此，大多数心理学家倾向于用一般的幸福概念来谈论这种特征。

有没有可能幸福的人只是在自我欺骗，大部分人事实上是悲惨的，所谓幸福的人只是不知道或者否认了这一点？人们在做问卷时很容易撒谎，或者把自己描述成幸福和满意的。这就是我们在第 4 章中讨论过的社会称许性。事实表明，幸福感的测量值的确与社会称许性相关。也就是说，社会称许性得分高的人，在幸福感量表中自我报告的得分也高。而且社会称许性测量也与非自我报告的幸福感分数相关，如同伴评定的幸福感分数。这些发现表明，幸福的人通常有积极的自我观。换言之，幸福在一定程度上取决于对自我的**积极错觉**（positive illusions），即夸大自己的品质，认为自己善良、有能力、有魅力，因为这些品质似乎是情绪幸福的一部分（Taylor, 1989; Taylor et al., 2000）。

尽管幸福感的自我报告测量与社会称许性相关，但也有其他研究表明，幸福感的测量是有效的（Diener, Oishi, & Lucas, 2003）。这些研究发现，自我报告与非自我报告的幸福感测量之间存在相关。那些自我报告感到幸福的人，其家人和朋友也会对此持赞同态度（Sandvik, Diener, & Seidlitz, 1993）。另外，对个人日记的研究发现，幸福者比不幸福者报告了更多的愉快体验（Larsen & Diener, 1985）。当不同的临床心理学家访谈同一组人时，他们能非常一致地评判哪些人是幸福的和满足的、哪些人是不幸福和不满足的（Diener, 2000）。在一项十分有趣的实验研究中，研究者（Seidlitz & Diener, 1993）先给参与者五分钟的时间，让他们尽可能多地回忆生活中的开心事件，然后再让他们花五分钟的时间尽可能多地回忆不开心的事件。结果发现，与不幸福的人相比，幸福的人回忆起更多的开心事件、更少的不开心事件。

幸福感的问卷测量还可以预测生活中我们可能想到的与幸福感有关的其他方面（Diener, Lucas, & Larsen, 2003）。例如，与不幸福的人相比，幸福的人较少表现出虐待和敌意行为，较少自我中心，较少报告疾病困扰。此外，他们还更喜欢助人与合作，拥有更多的社交技能、创造性和活力，并且更宽容和信任他人（Myers, 1993, 2000; Myers & Diener, 1995; Veenhoven, 1988）。总之，幸福感的自我报告是有效的、可信的（Larsen & Prizmic, 2006）。毕竟，个体主观幸福感的最佳评判者除了自己还能有谁？表 13.2 列出了《生活满意度量表》的条目样例。

表 13.2 **《生活满意度量表》条目样例**

| 下面有 5 句表述，你可能赞同，也可能不赞同。请仔细阅读并用合适的数字标出你对每句表述的赞同程度，请坦率、诚实地回答。 | | | | | |
|---|---|---|---|---|---|
| **非常不赞同** | **一般不赞同** | **有点不赞同** | **有点赞同** | **一般赞同** | **非常赞同** |
| 1 | 2 | 3 | 4 | 5 | 6 |
| 1. ______在大多数方面，我的生活接近理想状态。 | | | | | |
| 2. ______如果生活能重来一遍，我将不会做出改变。 | | | | | |
| 3. ______我对生活很满意。 | | | | | |
| 4. ______到目前为止，我已经得到了生命中我想要的重要东西。 | | | | | |
| 5. ______我的生活条件非常优越。 | | | | | |

资料来源：Diener et al., 1985.

**幸福感有何好处**　众所周知，幸福感与生活中的许多积极结果有关，如婚姻、长寿、自尊和对工作的满意度（Diener et al., 1999）。良好的生活结果与幸福感的这种相关，经常被解释为生活中某些方面的成功（如美满的婚姻）将带来幸福。与之相似，个人财富与幸福感之间较小的相关通常被解释为有钱可以让人（稍微）更幸福。这一领域的大多数研究者都假设，成功的结果促进幸福感，两者间因果关系的方向就是成功导致更高的幸福感。

然而，一些研究者（Lyubomirsky, King, & Diener, 2005）对成功导致幸福感的因果关系假设提出了质疑。他们认为，在生活的某些领域，可能存在相反的因果关系，即感到幸福才导致成功。例如，可能是幸福感促使一个人结婚，或者婚姻更美满，而不是美满的婚姻让一个人变得幸福。

研究者（Lyubornirsky et al., 2005）对幸福感的文献进行了大规模的元分析，回顾了许多可以解开幸福感与几种不同成功结果之间的因果关系的研究。在评估因果关系时有两种类型的研究最有用。一种是纵向研究，对参与者至少进行两次有一定时间间隔的测量。如果幸福感先于生活中的成功，那就有证据证明，因果关系的方向可能是从幸福感到积极的结果。另一种是实验研究，对一半的参与者（另一半为控制组）进行幸福感的操纵（使其处于良好的情绪中），然后测量一些积极结果。如果幸福感操纵组的结果高于控制组，那就有证据证明，因果关系的方向可能是从幸福感到积极的结果。

是美满的婚姻使人幸福，还是幸福让人有美满的婚姻?

元分析的结果发现，纵向研究的证据表明，幸福感会给生活的许多领域带来积极的结果（或者至少幸福感出现在积极的结果之前），包括充实高效的工作、满意的人际关系，以及更好的身心健康和长寿。实验研究也提供了幸福感会带来积极结果的证据，包括更乐于助人和利他、更愿意与他人共处、更高的自尊、对他人更多的好感、更好的免疫系统功能、更有效的冲突解决技能，以及更有创造力或开创性思维。

虽然幸福感已被证明会导致生活中许多积极的结果，但有些结果的情况可能更复杂，涉及**双向因果关系**（reciprocal causality），即因果关系可以是双向的。例如，我们知道幸福者更有可能帮助那些需要帮助的人；而根据实验研究文献，我们了解到帮助有需要的人可以提高幸福感。这种双向的因果关系可能适用于生活中的许多领域，包括拥有美满的婚姻或亲密关系，拥有一份充实的工作或者持有高自尊。

**幸福的人是什么样子的**　在一篇题为“谁是幸福的？”的早期文章中，迈尔斯和迪纳（Myers & Diener, 1995）总结了人们对“幸福的人”的理解。例如，是女性更幸福，还是男性更幸福？在美国，女性抑郁患者是男性的两倍。这似乎表明男性比女性更幸福。然而，男性嗜酒的可能性至少是女性的两倍。饮酒可能是男性“治疗”抑郁的一种方式。因此，男性和女性抑郁的真实比率可能是相近的。研究者只有通过实际的研究才能解答幸福感的性别差异问题。幸运的是，关于性别与幸福感研究，已经有一篇出色而全面的综述。研究者（Haring, Stock, & Okun, 1984）分析了 146 项关于总体幸福感的研究，发现性别只能解释不到 1% 的幸福感变异量。男女之间在幸福感上几乎不存在差异的结论，似乎适用于不同的文化和国家。迈克洛斯（Michalos, 1991）收集了来自 39 个国家或地区的共 18 032 名大学生的数据，发现有差不多相同比率的男性和女性评价自己对生活是满意的。迪纳（Diener, 2000）也报告男女在总体幸福感上不存在差异。

幸福感更有可能出现在年轻人、中年人还是老年人群体中？我们通常会认为某一年龄段感受到的压力可能比其他年龄段更大，比如中年危机或青少年期压力。这可能会让我们相信人生的某个年龄段会比其他时间更幸福。英格尔哈特（Inglehart, 1990）选取了 16 个国家或地区的 169 776 名参与者对该问题进行了研究。结果发现，能使人感到幸福的环境因素会随年龄而改变。例如，对老年人而言，有经济保障和身体健康对幸福感非常重要；对青年而言，学业和工作顺利、拥有满意的亲密关系对幸福感非常重要。然而，英格尔哈特指出，就总体幸福感而言，没有明显的证据表明，人生中的某一段时间比另一段时间更幸福。

族裔是否与幸福感有关？某些族裔的人是否比其他族裔的人更幸福？许多研究都包含族裔认同问题，因此在这方面积累了大量的资料。总结了这方面的许多研究以后，迈尔斯和迪纳（Myers & Diener, 1995）指出，族裔身份与主观幸福感无关。例如，非裔美国人和欧裔美国人报告的幸福感大体相同，事实上，前者报告的抑郁水平还稍低（Diener et al., 1993）。另有研究者（Crocker & Major, 1989）指出，来自弱势社会群体的人通过抬高自己擅长的活动的价值、与自己群体的其他成员比较，以及将问题归因于不受自己控制的外部事件等手段来维持幸福感。

幸福感存在国家或地区差异吗？某些国家或地区的人会比其他国家或地区的人更快乐吗？答案似乎是肯定的。迪纳等人（Diener, Diener, & Diener, 1995）开展了一项令人印象深刻的研究，通过概率抽样调查的方法获得了 50 多个国家或地区的幸福感分数。这些国家或地区代表了地球上 75% 的人口。研究结果见表 13.3，按幸福感分数对这些国家或地区进行了排名。看着这些排名，你认为是哪些因素导致了高幸福感和低幸福感国家或地区之间的差异？

研究者收集了大量关于这些国家或地区的环境、社会和经济方面的信息，然后检验这些变量是否与国家或地区的平均幸福感有关。结果发现，在国家或地区水平上，贫穷国家或地区的幸福感水平和生活满意度似乎比富有国家或地区低。不同国家或地区还在提供给本地公民的权利方面有所不同。研究者发现，与公民权利和个体自由受法律保护的国家或地区相比，在提供较少公民权利和政治权利的国家或地区，公民的幸福感相对较低。其他国家或地区变量，如人口密度和文化同质性仅与幸福感呈微弱相关。迪纳及其同事（Diener et al., 1995）认为，国家或地区经济发展水平的差异是主观幸福感差异的主要根源。有研究者开展了类似但规模较小的调查，得到的也是相似的结果（Easterlin, 1974; Veenhoven, 1991a, 1991b）。

这些发现可能会让人以为金钱或收入可以使人幸福。人们经常认为，如果再多挣一些钱或者再多拥有一些物品，他们就会更幸福。有些人相信，如果能中彩票就可以安享余生。研究者发现，关于金钱能否让人幸福这一问题，并没有一个简单的答案（Diener & Biswas-Diener, 2002, 2008）。

对一些客观条件（如年龄、性别、族裔、收入等）的研究表明，这些因素与总体幸福感的相关十分微弱。然而我们知道，人与人之间的差异很大，有些人即使生命中充满了坎坷与失望，依然会比其他人更幸福。科斯塔等人（Costa, McCrae, &

表 13.3 部分国家或地区主观幸福感的平均分排名

| 国家或地区 | 主观幸福感的平均分排名 | 国家或地区 | 主观幸福感的平均分排名 |
|---|---|---|---|
| 冰岛 | 1 | 以色列 | 27 |
| 瑞典 | 2 | 墨西哥 | 28 |
| 澳大利亚 | 3 | 孟加拉国 | 29 |
| 丹麦 | 4 | 法国 | 30 |
| 加拿大 | 5 | 西班牙 | 31 |
| 瑞士 | 6 | 葡萄牙 | 32 |
| 美国 | 7 | 意大利 | 33 |
| 哥伦比亚 | 8 | 匈牙利 | 34 |
| 卢森堡 | 9 | 波多黎各 | 35 |
| 新西兰 | 10 | 泰国 | 36 |
| 北爱尔兰 | 11 | 南非 | 37 |
| 挪威 | 12 | 约旦 | 38 |
| 芬兰 | 13 | 埃及 | 39 |
| 英国 | 14 | 南斯拉夫 | 40 |
| 荷兰 | 15 | 日本 | 41 |
| 爱尔兰 | 16 | 希腊 | 42 |
| 巴西 | 17 | 波兰 | 43 |
| 坦桑尼亚 | 18 | 肯尼亚 | 44 |
| 比利时 | 19 | 土耳其 | 45 |
| 新加坡 | 20 | 印度 | 46 |
| 巴林 | 21 | 韩国 | 47 |
| 奥地利 | 22 | 尼日利亚 | 48 |
| 智利 | 23 | 巴拿马 | 49 |
| 菲律宾 | 24 | 喀麦隆 | 50 |
| 马来西亚 | 25 | 多米尼加共和国 | 51 |
| 古巴 | 26 | | |

以上排名仅代表该研究中的 50 多个国家或地区的相对排名，不是世界排名。——译者注

资料来源：Diener, Diener, & Diener, 1995.

Zonderman, 1987）对 5 000 名成人所做的研究发现，尽管他们的生活已经发生了很多变化，但在 1973 年报告感到幸福的参与者在 10 年后依然幸福。那么，还有什么其他因素可以解释有些人始终比其他人更幸福呢？

**人格与幸福感** 1980 年，心理学家科斯塔和麦克雷（Costa & McCrae, 1980）得出结论，诸如性别、年龄、族裔和收入等人口学变量，只能解释幸福感变异量的 10%~15%，这一估计得到了他人研究的证实（Lyubomirski, 2007; Myers & Diener, 1995）。主观幸福感的许多变异仍未得到解释。他们（Costa & McCrae, 1980）提出，人格或许对特定个体的幸福倾向具有一定的影响，并开始考虑这方面的研究。当时

仅有的一些研究表明，幸福的人往往是开朗、好交际的（Smith, 1979），而且情绪稳定、低神经质（Wessman & Ricks, 1966）。

练习

回忆并写下你最近一次为别人买东西的经历。写完后，想象你花同样的钱为自己买东西。现在，思考这两件事中哪一件会让你更快乐？如果你与邓恩等人（Dunn, Aknin, & Norton, 2008）在《科学》杂志上发表的研究中的参与者一样，你会发现把钱花在别人身上比花在自己身上对幸福感的影响更大。你认为为什么会这样？这种效应非常稳定，以至于作者们甚至发现，被随机分配为别人花钱的参与者，比随机分配为自己花钱的参与者体验到了更大的幸福感。

科斯塔和麦克雷根据这些信息提出，影响幸福感的人格特质可能有两种：外向性和神经质。不仅如此，他们还就这两种特质如何影响幸福感做出了具体的预测。他们的观点简洁而精辟：幸福就是个体在生活中有较多的积极情绪和较少的消极情绪。他们认为，外向性会影响个体的积极情绪，而神经质决定了个体的消极情绪。

科斯塔和麦克雷（Costa & McCrae, 1980; McCrae & Costa, 1991）发现，他们的模型得到了进一步研究的支持。外向性和神经质能预测人们生活中积极和消极情绪的数量，因此与主观幸福感相关。事实上，在解释幸福感的变异时，外向性和神经质的解释力最高可达所有人口学变量（如年龄、收入、性别、教育、族裔、宗教）解释力之和的 3 倍。拥有恰当的人格特质组合（高外向性和低神经质），似乎比性别、族裔、年龄以及其他人口学变量更能使人产生幸福感。图 13.2 描绘了该幸福感模型。

自从 1980 年科斯塔和麦克雷的研究之后，又有数十项研究重复验证了外向性、神经质与幸福感的高相关（总结见 Rusting & Larsen, 1998b）。然而，所有这些研究都是相关研究，通常是让参与者做人格问卷和幸福感问卷，然后检验两者的相关（Lucas & Dyrenforth, 2008）。

相关研究并不能确定人格与幸福感之间是否存在直接的因果关系，或者人格是否会导致个体以某种方式生活，而这种生活方式反过来又让个体感到幸福。例如，神经质会让个体成为担忧者和抱怨者，而人们并不喜欢过分担忧或总是抱怨的人在身边，所以可能会避开他。因此，这个人可能是孤独和不开心的。这种不开心可能是其终日抱怨导致他人远离自己这一事实所致。这个人的神经质导致其创造出特定的生活情境，例如使他人感到不适，而这些情境反过来又使其不幸福（Hotard et al., 1989）。

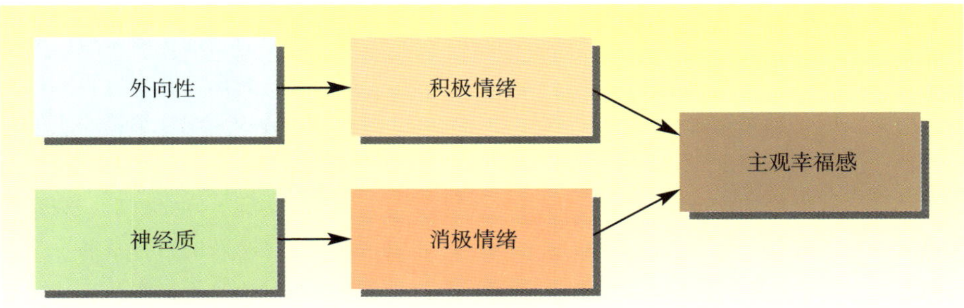


**图 13.2**
外向性和神经质使个体容易体验到积极情绪或消极情绪，从而对主观幸福感产生影响。
资料来源：Costa and McCrae, 1980.

## 阅读

# 金钱可以让人幸福吗

被称为“物质女孩”的流行歌手麦当娜，曾为物质主义高唱赞歌。美国人经常被认为是物质主义的。事实上，根据调查，变得十分富有往往是美国大一学生的首要目标，超过了助人、实现个人潜能、养家等其他目标（Myers, 2000）。一辆昂贵的轿车拖着一艘大船，其保险杠上贴着贴纸，上面写着“当游戏结束时，钱最多的人才是赢家”，这可以说是对上述态度的很好写照。拥有更多会让一个人成为赢家吗？金钱会带来幸福吗？

根据国家或地区水平的数据，在平均生活满意度上，富有国家或地区的分数的确高于贫穷国家或地区。迈尔斯和迪纳（Myers & Diener, 1995）发现，国家或地区幸福感分数与人均生产总值的相关系数为 0.67。然而，国家或地区财富会与影响幸福感的其他变量混淆在一起，如医疗保健服务、公民权利、女性权利、养老和教育等。这是潜在的第三变量可能解释两个变量间相关的典型例子（参见第 2 章对该问题的讨论）。例如，富有国家或地区的居民之所以拥有更高的幸福感，是因为他们有更好的医疗保健体系。

为了解决这一问题，我们必须在特定国家或地区内考察收入与幸福感之间的关系。研究者（Diener & Diener, 1995）报告，在一些贫穷的国家或地区，如孟加拉国和印度，经济状况对幸福感起到中等程度的预测作用。然而，一旦人们可以负担得起基本的生活必需品时，财富的继续增加似乎就与幸福感的关系不大了。在一些生活水平较高的国家或地区，大部分人的基本生活需要都得到了满足（如欧洲和美国），收入“对幸福感的影响微弱得令人吃惊（实际上低到可以忽略）”（Inglehart, 1990, p. 242）。

如果我们只选择在一个国家内考察经济体中财富的变化，那么国家变得越富裕，人们是否也会变得越幸福呢？例如，美国的国家财富、居民收入和富裕程度在过去的半个多世纪里有了巨大的提升。从 1957 年到 1990 年代末，人们的平均税后收入增长了两倍多（以 1995 年的美元计），从年收入 8 000 美元增长到 20 000 美元。当时的美国人比 1957 年时的美国人更幸福吗？迈尔斯（Myers, 2000）的报告认为，那时的美国人并没有感到更幸福。图 13.3 表明，在过去的几十年间，认为自己很幸福的美国人的比率保持稳定，在 30% 上下波动。这一相对稳定的比率与这些年间陡升的国家财富形成对比。

当然，图 13.3 中的国家财富在美国人口中并不是均匀分布的。美国是世界上财富不平等程度最高的国家之一，在 2016 年的总统竞选中，候选人伯尼·桑德斯就曾揭露过这个问题。有心理学家（Oishi & Kesebir, 2016）认为，在美国，近几十年来财富与幸福感不相关的原因是国家财富分配的不平等。他们推测，如果经济增长在美国人口中能更平均地分配，每个人都能从经济增长中获益，或许国家的幸福水平会随着财富的增加而提高。然而，这还有待观察，而且目前的数据显示，财富增加对国民幸福感的影响微乎其微。

收入与幸福感之间缺少相关这一发现似乎与很多政治家、经济学家和政策制定者的观点相悖。此外，它还与我们的常识，以及关于贫穷与糟糕生活结果的研究相矛盾。例如，经济水平处在最底层的人患抑郁症的比率最高（McLoyd, 1998）。经济困难会让人付出很大代价，如面临高压力和生活中的各种冲突（Kushlev, Dunn, & Lucas, 2015）。贫穷与各种消极的生活结果相关，从婴儿死亡率到暴力犯罪率（包括谋杀）的增加（Belle et al., 2000）。为什么贫穷与这些不幸的处境有关，而收入提高却与幸福无关呢？部分原因可以用收入阈值这一概念来解释。当收入低于阈值时，人们很难幸福，至少在美国是如此（Csikszentmihalyi, 2000）。一旦人们的收入超过阈值，钱越多越幸福的说法似乎就站不住脚了（Diener & Biswas-Diener, 2002）。

迈尔斯和迪纳（Myers & Diener, 1995）在财富与健康之间做了类比：无论是财富还是健康，缺任何一方都会带给人痛苦，但其存在却不能保证一定会产生幸福。可以通过一个有趣的实验来检验关于财富的这一论断。找到一群人，随机将他们分成两组：给第一组的每个成员一百万美元，给第二组的每个成员一美元。六个月后，观察第一组的成员（新的百万富翁）是否比第二组的成员更加幸福。这个实

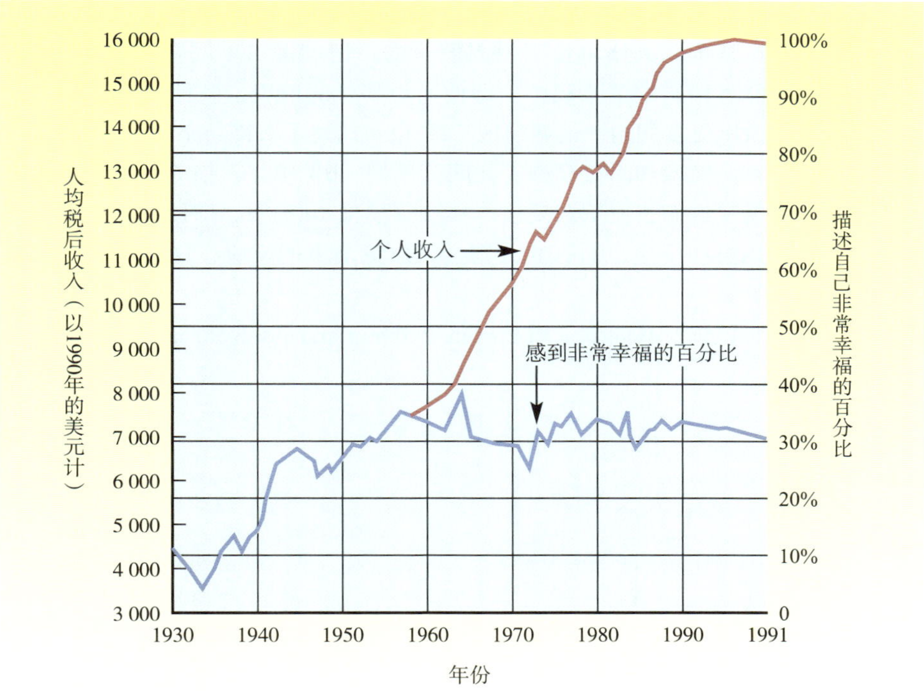


**图 13.3**

平均收入的大幅增长是否伴随着美国居民平均幸福感的增加？注意，这里的收入是平均值，我们知道美国人之间存在很大的收入不平等。

资料来源："The Funds, Friends, and Faith of Happy People," by D. G. Myers, 2000, *American Psychologist*, 55, pp. 56–67, Figure 5. Copyright © 2000 by the American Psychological Association. Reprinted with permission.

验是不可能实施的，是吗？当然不是！随着国家彩票的出现，美国的很多彩民一夜之间就摇身变为百万富翁。有研究者（Brickman, Coates, & Janoff-Bulman, 1978）对彩票中奖者做了一项研究，将他们的幸福水平与背景相似但没有中大奖的人进行比较。在中奖的六个月内，这些新的百万富翁就不再比控制组的人更幸福了。显然，赢得彩票并没有那么美好，至少它并不能带给人们持久的幸福感。外在的生活环境对快乐和主观幸福感的影响小得惊人（Lucas, 2007）。

那么，关于金钱与幸福的关系，我们可以得出什么结论？最合理的推断是，当收入在某一最低水平之下时，人们很难感到幸福。满足生活的基本需要（例如，第 8 章中讨论过的马斯洛需要层次中的一些基本需要，包括食物、住所和安全等）是至关重要的。然而，一旦这些需要被满足，更多的财富就不一定会带来更多的幸福。有一项几乎可以代表所有人类的大样本研究（Diener, Ng, Harter, & Arora, 2010）支持了这一观点。迪纳等人（Diener et al., 1995）发现，在美国，个人收入与幸福感之间的相关为 0.12。在一个德国样本中，两者的相关为 0.20（Lucas & Schimmack, 2009）。菲舍尔通过考察美国 1972 年到 2004 年的数据发现，中位数时薪与幸福感的相关为 0.19（Fischer, 2008）。尽管呈正相关，但相关值并没有大到足以让人认为巨额财富本身会让人快乐。富翁们选择用这些钱来做什么比拥有大量钱财本身更可能影响其幸福感。例如，有研究（Dunn, Aknin, & Norton, 2008）表明，相同的钱花在别人身上比花在自己身上对幸福感有更大的正向作用。也有研究者（Aknin et al., 2013）通过三个研究共计 136 个国家或地区的数据发现，用自己的钱帮助他人（被称为亲社会支出）可能是一种对个人幸福感普遍有益的经历。

我们可以将该观点与另一观点相对照，即人格与幸福感存在直接因果关系。此观点认为，人格直接引发人们对同一情境做出不同强度的积极或消极的情绪反应，因此直接影响了幸福感。即使面对同样的情境，高神经质的人也可能比低神经质的人做出更多的消极情绪反应。图 13.4 描述了人格与幸福感之间的两种不同关系模式，即直接模型和间接模型。在间接模型（b）中，人格导致个体形成某种生活模式，生活模式进而引发情绪反应。在直接模型（a）中，即使处于同一情境，有些人会做出更积极的反应，而有些人则会做出更消极的反应，这取决于他们的外向性和神经质水平。

拉森及其同事（如 Larsen, 2000a; Larsen & Ketelaar, 1989, 1991; Rusting & Larsen,

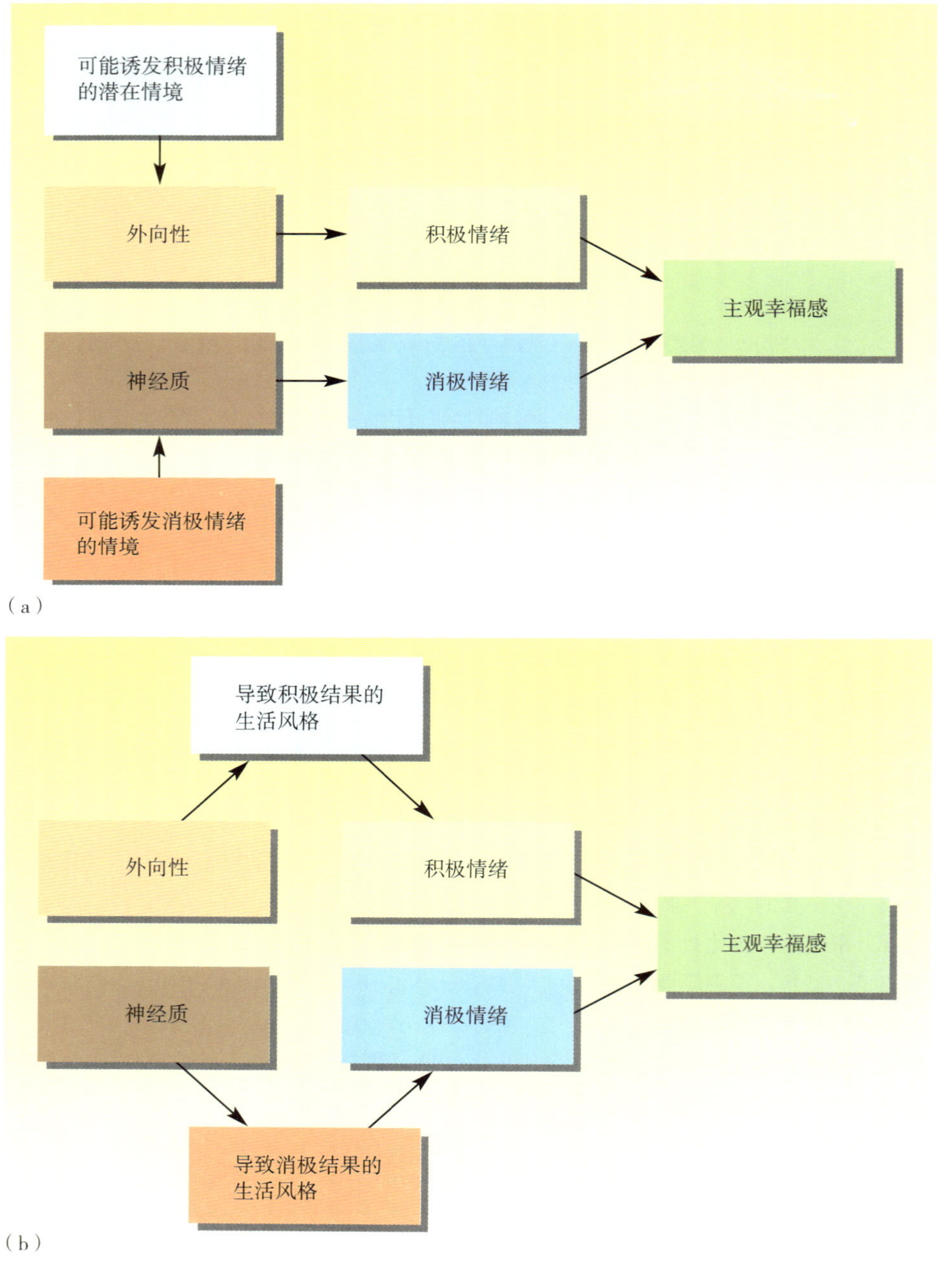


图 13.4
人格变量与主观幸福感之间关系的两个模型。模型（a）展现了人格对情绪生活的直接影响。生活事件被人格特质放大，导致高外向性或高神经质的个体分别产生更强的积极或消极情绪。模型（b）代表了人格与情绪生活关系的间接模型。人格导致个体形成某种生活风格，这种生活风格又分别促成了高外向者或高神经质者的某种积极或消极的情绪。

1998b; Zelenski & Larsen, 1999）开展了多项探索外向性和神经质等人格特质是否会对情绪反应有直接影响的研究。在这些研究中，参与者需要经历实验室的**情绪诱导**（mood induction）。其中一项研究让参与者听一些诱导性场景描述，有的是愉快的（如在海滩漫步），有的则是不愉快的（如听到朋友死于不治之症）；而其他研究则通过让参与者观看愉快或不愉快的图片来操控参与者的情绪。实验室研究开始之前，通过问卷获得参与者的外向性和神经质分数，并且在情绪操控前后分别测量他们的情绪，这样研究者就可以考察外向性和神经质是否能预测参与者对实验室情绪诱导的反应。在多项研究中，预测积极情绪诱导反应的最佳人格变量是外向性，预测消极情绪诱导反应的最佳人格变量是神经质，似乎外向者很容易产生好情绪，而高神经质者很容易产生坏情绪。而且，这些实验室的研究表明，人格的作用就像生活事件的放大器，外向者对积极事件会表现出放大的积极情绪，高神经质者则会对糟糕事件表现出放大的消极情绪。这些发现是非常重要的，因为它们表明人格对情绪有直接的影响，并且，即使是在控制条件下，人们也会根据自己的人格对生活中的情绪事件做出不同反应。

外向者会从引发情绪的“震荡”（或事件）中获得更积极的情绪“爆炸”这一研究发现，在其他实验室也得到了重复（如 Gomez, Cooper, & Gomez, 2000; Gross et al., 1998）。但也有研究者未能发现外向性对积极情绪反应的影响。例如，有研究者（Lucas & Baird, 2004）使用单口喜剧的片段来诱导积极情绪，并没有发现外向性得分对更积极反应的预测作用（在四项研究中有至少两项没有，但第四项研究确实发现了外向性效应）。斯迈利等人（Smillie et al., 2012）认为，积极情绪的诱导必须包括奖赏刺激，如中奖或找到钱。他们通过五个实验证明，外向者对奖赏（金钱）以及涉及期望结果（成功反馈）或食欲刺激（美味食物）的情境有更强的反应。让参与者做一些仅仅是令其愉快但不涉及奖赏或食欲刺激的事情（比如想象他们正在海滩上放松，或者看一段“感觉良好”的电影片段），并不能让外向者比内向者产生更多的积极情绪反应。

应用

**一个提高幸福感的方案** 心理学家了解许多与幸福相关的变量，但是当一个普通人想维持或提高其幸福特质水平时，心理学家可以给出什么样的建议？巴斯（Buss, 2000b）提出了几条提高个体幸福概率的策略。另外，一些研究者（Fordyce, 1988; Swanbrow, 1989）开发了一个实践方案，帮助人们在日常生活中应用有关幸福的知识；而另一些研究者（Larsen, 2000a; Larsen & Prizmic, 2004）则提出了一组应对和改善情绪生活的策略。大部分心理学家认为，幸福需要人们去争取（Csikszentmihalyi, 1999, 2000）。以下是对这些心理学家提供的大部分建议的总结：

1. **与他人共度时光，特别是朋友、家人和爱人。**大部分幸福者的一个共同特点是爱社交，能够在与他人的交往中获得满足感。培养对他人的兴趣，与朋友和爱人共度时光，尽量去了解你身边的人。
2. **在工作中寻找挑战和意义。**如果令人满意的关系是第一位的，那么排在第二位的就是找一份能从中获得乐趣的工作。幸福的人喜欢他们的工作，并且在工作中很努力。如果你发现当前的工作（或专业）不能带给你满足感，那么可以考虑转向能够给你带来更多价值感的事情。那些富有挑战性但又在你能力水平之内的工作通常是最令人满意的。

3. **寻找各种能够助人的途径**。帮助他人能让你自我感觉良好，还会让你觉得自己的生活是有意义的。因此，帮助他人会提升你的自尊。助人还有另一个好处，它可以引导你把注意力从自身问题上转移开，或者通过比较，让你觉得自己的问题没什么大不了。现在，有很多有价值的事情可以去尝试，而且许多组织都很欢迎志愿者。
4. **为自己留出时间，享受能带给你快乐的活动**。不要等有空闲了才去参加你最喜爱的活动，要主动规划你的个人爱好时间。许多人在大学里就学会了用日程表来安排工作和其他职责。那么，我们也用它来规划有趣的事情吧。安排时间去读书、看电影、定期锻炼身体，或者做任何其他你喜欢的事情。想一想什么事情能带给你快乐，在繁忙的日程表中，安排上这些活动。
5. **保持身材**。运动与幸福感存在正相关。运动会对你的情绪有益，并且运动并非一定要高强度和高频率。以轻松的强度完成集体运动、跳舞、骑自行车、游泳、园艺劳动或者散步，这就已经足够了。活动的内容无关紧要，只要有足够的运动，能让你保持身材即可。
6. **制订一份计划，但对新经验持开放性态度**。有计划的生活会使人更成功。然而，有时候，生活中最有趣的一刻是计划之外的。以开放的心态去尝试不同的事情，或感受不同的体验，例如尝试去一些你从未去过的地方，尝试用略微不同的方式去做常规的事情，或者尝试做一些一时冲动才会做的事情。要保持灵活性，不要刻板，尽量避免墨守成规。
7. **保持乐观**。面带微笑，吹一曲快乐的小调，在每一朵乌云中寻找光亮。当然，这听起来太过美好而显得不真实，但是假装快乐、努力看到事情闪光的一面，也会让你走向幸福。尽量避免消极思维，不要做悲观的陈述，即使是对你自己。让自己相信，杯子真的是半满的而不是只剩半杯。
8. **不要夸大事情的严重性**。有时候当某些糟糕的事情发生时，就感觉好像到了世界末日。幸福的人具有退一步海阔天空的胸怀和全面看事情的能力：他们会考虑自己的选择以及生活中进展顺利的其他方面；思考怎样做才能解决问题，或者将来如何避免这些问题；他们并不认为这就是世界末日。经常问问自己："最糟糕的情况会是什么？"这将有助于你正确看待问题。

仅凭期待并不能将幸福变为现实。心理学家认为，人们必须努力去争取幸福，必须去解决生活中的不愉快事件，克服每个人都会经历的失去和失败。上面列举的策略可视为一种获取幸福的个人方案。

### 不愉快的情绪

与愉快的情绪不同，不愉快的情绪可分为几种截然不同的种类。我们将讨论三种重要的不愉快情绪：焦虑、抑郁和愤怒，它们被心理学家认为具有特质属性。

**特质焦虑与神经质** 回想一下，神经质的人往往易于产生负面情绪。**神经质**（neuroticism）是大五人格的一个维度，它几乎以某种形式出现在每一种主要的人格理论中。

不同的研究者用不同的术语来表述神经质，如情绪不稳定性、焦虑易感性和消极情绪性（Watson & Clark, 1984）。可用于描述高神经质的形容词有喜怒无常、敏感、易怒、焦虑、反复无常、悲观、怨天尤人等。艾森克等人（Eysenck, 1967, 1990; Eysenck & Eysenck, 1985）指出，高神经质的人容易对不愉快的事件（如挫折或问题等）做出过度反应，并且要花较长的时间才能从低落的情绪中平复。他们很容易发怒，会担心很多事情，而且似乎总是怨天尤人。你也许听过“担忧才会使她幸福”这句话，然而，担忧当然不可能让人幸福。但有些人总是担忧这一事实说明，担忧或许是他们的一种需要。一些人担心身体健康（“这些恼人的咳嗽是不是我患肺炎的征兆？我的头痛不会是因为得了脑瘤吧？”）；一些人担心社会关系，每次对话后都会不停反思；也有些人会担心工作。

除了担忧和焦虑，高神经质的人还会经常愤怒。可以通过一种有趣的方式来证明这一点：让人们列出在过去的一周里让他们感到愤怒的所有事情。或许看到有人在公共场合吐痰会使很多人感到愤怒；或许看到有人在鼻子和眼睑上穿孔会使人愤怒；或许看到恋人在公共场合接吻也会令人生气。如果让人们列出所有激怒他们的事件，你会发现，高神经质的人所列的表单远远长于低神经质的人。

高神经质的人会经常忧虑。他们可能会担心自己的健康、社会关系、工作、未来或任何其他事情。担忧与抱怨占据了他们的大部分时间。

**艾森克的生物学理论**　我们在第 3 章中曾简短地讨论过，艾森克（Eysenck, 1967, 1990）提出神经质具有生物学基础。在他的人格理论中，神经质主要取决于脑的**边缘系统**（limbic system）易被激活的倾向。边缘系统是脑中负责情绪和“战斗或逃跑”反应机制的部分。如果某人的边缘系统容易被激活，那么就会有比较频繁的情绪反应，特别是与逃跑（如焦虑、恐惧和担忧）和战斗（如愤怒、恼火和恼怒）相关的情绪。根据他的理论，高神经质的人之所以经常焦虑、愤怒和不安，正是因为他们的边缘系统更容易被激活。

边缘系统处于脑的深层，因此，其活动不易被置于头皮表面的 EEG 电极直接探测到。诸如 MRI 或 PET 等新的脑成像技术，让人格研究者能够直接验证该理论（DeYoung, 2010）。尽管如此，艾森克（Eysenck, 1990）还是做了一些逻辑论证来支持神经质具有生物学基础的说法。第一，许多研究表明神经质具有很高的稳定性。例如，有研究者（Conley, 1984a, 1984b, 1985）发现，在 45 年的时间间隔里，神经质表现出了较高的重测相关。尽管这并不能证明神经质具有生物学基础，但至少与生物学解释是相符的。第二，神经质是不同研究者从来自不同文化和环境的不同数据类型（例如，自我报告和同伴报告）中发现的主要人格维度。尽管这种普遍性也不能证明神经质具有生物学基础，但神经质在不同文化和数据来源中被广泛地发现这一事实与生物学解释是相符的。支持生物学解释的第三个论点是，许多遗传学研究发现，神经质表现出了较高的遗传率。消极情绪特质表现出相当高的遗传率，积极情绪特质则表现出很大的共享环境成分（Goldsmith, Aksan, & Essex, 2001）。也就是说，神经质的倾向在某种程度上是遗传的。大部分行为遗传学家认为，情绪特质中可遗传的部分是神经递质功能的个体差异，如多巴胺转运或 5- 羟色胺再摄取（Canli, 2008）。

其他关注情绪特质的生物学基础的研究，考察的是加工情绪信息时，比如看到悲伤的图片或者想到令人焦虑和愤怒的信息，大脑的哪一部分会被激活（Sutton, 2002）。大部分研究显示，情绪与前扣带皮质激活的增加有关（Bush, Luu, & Posner, 2000; Whalen, Bush & McNally, 1998）。**前扣带回**（anterior cingulate）是一个位于脑中央深层的结构，很可能在神经系统进化早期就已出现。德扬等人（DeYoung et al., 2010）测量了不同区域脑组织的体积，其中某些脑区的体积与神经质相关，这些脑区涉及威胁和惩罚评估以及消极情绪的产生等功能。其他关于神经质与脑结构的研究发现，神经质与前额皮质区域较大（Kapogiannis et al., 2013）和较厚（Wright et al., 2006）有关，该区域涉及消极情绪和冲动的调节。一项关于脑成像研究和神经质的元分析（Servaas et al., 2013）发现，神经质与习得恐惧、预测厌恶事件（如电击）和处理不愉快信息（如图像）时的“异常”脑活动有关。

其他研究者关注消极情绪自我调控的生物学基础。例如，研究者（Levesque, Fanny, & Joanette, 2003）让参与者看一场悲伤的电影，要求一半的参与者尽其所能地停止或者避免悲伤情绪，不要在看电影时做出任何情绪反应。成功做到这一点的参与者右脑腹内侧**前额叶皮质**（prefrontal cortex）有更强的激活，该区域是大脑执行控制中枢的一部分。其他研究也发现该区域在控制情绪时有很强的激活（Beauregard, Levesque, & Bourgouin, 2001）。当要求参与者尽可能抑制对不愉快图像的情绪反应时，前额叶区域的激活强度与神经质呈正相关。这说明高神经质的人在付出额外的努力来管理自己的消极情绪（Harenski, Kim, & Hamann, 2009）。有研究（Schuyler et al., 2014）考察了人们在观看令人不快的图像之后杏仁核活动的恢复时间，发现高神经质的人恢复得更慢，这说明至少在杏仁核活动水平上，高神经质个体的消极情绪持续时间更长。

**认知理论**　另一种理解神经质的方式是将其看作一种认知现象。某些人格心理学家认为，神经质并非源于脑的边缘系统，而是人的总体认知系统。这些理论家认为，神经质是特定的信息加工（如注意、思维、记忆）风格导致的。例如，有研究者（Lishman, 1972）发现，与低神经质的人相比，高神经质的人更容易回忆起不愉快的事情。神经质与快乐信息的回忆之间不相关。在学习完一个含有愉快和不愉快词汇的列表后，高神经质的人对不愉快词汇的回忆快于愉快词汇。另有一些研究者（Martin, Ward, & Clark, 1983）曾让参与者学习关于自己和他人的信息。当要求回忆所学信息时，高神经质的人回忆起更多关于自身的消极信息，却并没有回忆出更多关于他人的消极信息。神经质似乎与非常具体的信息加工特点有关，即偏好加工关于自我（而非他人）的消极（而非积极）信息。马丁等人（Martin et al., 1983, p. 500）指出，“高神经质者比低神经质者回忆起更多的消极自我词汇，是因为他们对消极自我词汇有更深的记忆痕迹”。

对于神经质与不愉快信息的选择性记忆之间的关系，研究者采用我们在第 10 章中提到的激活扩散概念的一种版本来解释。激活扩散是指储存在记忆中的信息与其他相似的信息相联结。许多心理学家认为，情绪体验也储存于记忆之中。而且，一些个体，即那些高神经质的人，有着更丰富的与消极情绪相关的记忆网络。所以，对他们而言，不愉快的信息更容易获取，从而使他们更容易回忆起不愉快的信息。

有一类不愉快的信息是对疾病、伤害和身体症状的记忆。如果高神经质者的记忆中有更丰富的不愉快信息的网络联结，那么他们也很可能会回忆起更多的疾病和身体不适问题。试着询问高神经质的人：“近几个月你的身体如何？”你得做好准备去倾听一个很长的答案，有冗长的病诉和关于具体症状的描述。研究反复证明，神经质与自我报告的病诉相关。例如，有研究者（Smith et al., 1989）要求参与者回忆在刚刚过去的 3 周里是否经历了列出的 90 项症状。神经质与自我报告的症状频率正相关，相关系数通常为 0.4~0.5。这意味着，大概有 15%~25% 的健康变异可以归因于神经质这一人格变量。

拉森（Larsen, 1992）考察了神经质者在身体疾病报告中的偏差来源。他要求参与者每天报告是否体验到了某些身体症状，如流鼻涕、咳嗽、喉咙痛、背痛、胃痛、肌肉酸疼、头疼、胃口不佳等。参与者连续两个月做每日报告，为研究者提供关于身体症状的连续数据。这一阶段结束后，研究者要求参与者尽可能准确地回忆，在过去两个月的每日报告中各项症状大概报告了多少次。通过这个特殊的研究设计，研究者既可以计算参与者"真正"的症状总数（以每日报告的数据为基础），又可以计算记忆中的症状总数。研究结果证明，这两种数据都与神经质有关。也就是说，与稳定的低神经质参与者相比，高神经质参与者报告了更多的日常症状，并且回忆起了更多的症状。而且，即使控制了每天报告的症状数量，神经质仍然与更多的症状回忆数量相关。

高神经质的人会回忆和报告更多的症状，但他们是不是真的比稳定的低神经质者有更多的身体疾病？这是一个很难回答的问题。因为即使是医生，也得依据病人的自我报告来确定其是否患有身体疾病。要回答这个问题，我们需要考虑疾病的客观指标，看它们是否与神经质相关。一些主要的疾病类型，如冠心病、癌症或过早死亡，与神经质几乎没有任何关系（Watson & Pennebaker, 1989）。科斯塔和麦克雷（Costa & McCrae, 1985, p. 24）回顾了相关文献后指出："神经质影响的是对健康的知觉，而不是健康本身。"其他研究者（Holroyd & Coyne, 1987, p. 372）也得出了相似的结论，认为神经质反映了"一种对生理体验的知觉偏差"。

然而，关于免疫系统的研究表明，在压力环境下，神经质与较弱的免疫功能有关（Herbert & Cohen, 1993）。在一项有趣的研究中（Marsland et al., 2001），研究者要求参与者注射乙型肝炎疫苗，然后测量他们对疫苗产生的抗体反应（测量免疫系统对疫苗抗原的反应程度）。结果发现，低神经质的人产生并保持了最强的免疫反应。该发现说明，高神经质的人确实更容易患免疫介导性疾病。

免疫系统在许多疾病中扮演着重要角色，神经质可能通过损害身体抵抗外来细胞的能力进而影响健康。一项关于神经质与肺癌的研究（Augustine et al., 2008）发现，肺癌的发病年龄与神经质呈负相关。即使在统计上控制了参与者开始吸烟的年龄和患肺癌前每天吸烟的数量后，这一结果仍然成立。吸烟史和吸烟量与更早的肺癌发病密切相关，但神经质是诱发肺癌更早发病的另一个独立风险因素。对神经质水平高于和低于平均值一个标准差的两个群体进行的差异分析表明，高神经质组比低神经质组患肺癌平均早 4.33 年。作者推测，由于对免疫系统的影响，神经质与癌症的发展速度有关。与神经质相关的慢性应激会导致免疫系统衰竭（Irwin, 2002），而这又会降低个体对抗癌症发展的能力。

有心理学家曾提出一个理论，即高神经质的人会更加注意环境中的危险信息和不愉快信息（如 Dalgleish, 1995; Matthews, 2000; Matthews, Derryberry, & Siegle, 2000）。与低神经质的人相比，高神经质者拥有更强的行为抑制系统，这使他们对惩罚和挫折线索特别敏感，并促使他们警惕危险信号。这些研究者指出，高神经质者会一直关注环境中带有威胁性的信息，不断地探测任何可能有害、有危险或负面的东西。

研究者曾借用一种版本的 Stroop 效应来探究注意偏差与神经质的关系。Stroop 效应是指当词语的印刷颜色与词语的意义相冲突时，参与者判断印刷颜色的反应时变长（相较于印刷颜色与词义匹配或只看简单色块）的一种现象（Stroop, 1935）。例如，如果单词“蓝”用红色印刷，那么参与者在命名印刷颜色（红色）时，耗时要长于用红色印刷单词“红”时所需的时间。研究者认为，在注意系统内，相关维度（印刷色）和无关维度（词义）之间产生了冲突。如果个体的注意系统能有效抑制无关维度的信息，那么他就能更快地说出印刷色。

上述的 Stroop 任务经修改后，被用于研究个体对情绪单词注意的差异。在情绪 Stroop 任务中，词的内容通常与焦虑和威胁有关，如恐惧、疾病、癌症、死亡、失败、悲伤、悲惨（Larsen, Mercer, & Balota, 2006）。单词被印刷成彩色，要求参与者忽略词意，只说出印刷色。如果命名威胁词颜色的时间超过辨别中性词颜色的时间，那么就可以推定发生了情绪干扰（Algom, Chajut, & Lev, 2004）。应用于神经质领域就是，高神经质者对特定刺激（如威胁性单词）有一种注意偏好，这些单词对他们来说更突显、更吸引注意力。在命名颜色时，他们很难忽略威胁性单词。因此，当单词涉及威胁内容时，如疾病、失败，命名单词颜色的反应时应当与神经质相关。

有研究者对该领域的研究做了全面的综述（Williams, Mathews, & MacLeod, 1996）。他们回顾了 50 多个采用情绪 Stroop 任务的实验。许多研究表明，高神经质者（或焦虑症患者）命名焦虑、威胁性词语颜色比命名中性、非情绪词语颜色的时间长。这一效应被解释为情绪词语吸引了高神经质者的注意，而对低神经质者却无影响。

总之，神经质是与许多消极情绪相关的一种特质，如焦虑、恐惧、担忧、生气、愤怒和忧伤。高神经质的人情绪不稳定、容易沮丧，且情绪不容易恢复。关于神经质者消极情绪的成因，既有生物学的解释，也有认知理论的解释，而且两者都有科学证据支持。其中一项著名的发现是高神经质的人总会抱怨健康问题。另外，与情绪比较稳定的人相比，高神经质的人总是不停地关注威胁性的信息、生活中的消极事件和线索，不管它们有多么微小。

**抑郁** **抑郁**（depression）是另一个类似特质的维度。在本章里，我们只涉及抑郁很小一部分的内容。关于抑郁主题的文献非常多，这符合它的波及广度，据估计，20% 的美国人在生活中的某段时间经历过这种心理障碍（American Psychiatric Association, 1994）。有许多关于抑郁的专著，有关于抑郁专题的研究生课程，也有专门治疗抑郁的临床医生。研究者认为抑郁有很多种类（如 Rusting & Larsen, 1998a），并尝试对抑郁进行归类，寻找方法帮助那些受抑郁折磨的人（表 13.4 列举了定义抑郁的症状清单）。

表 13.4 **抑郁的征兆**

抑郁的征兆是在连续两周内具有下面的 5 种或 5 种以上症状。

- 一天中大部分时间情绪很低落，而且几乎每天都如此。
- 对大多数活动失去兴趣或乐趣。
- 体重的变化：体重显著增加或在没有节食的情况下体重显著减轻。
- 睡眠模式的变化：失眠或比平常明显睡得更多。
- 行动的变化：坐立不安和躁动，或感到自己变得迟钝了。
- 几乎每天都感到疲乏或缺少活力。
- 几乎每天都感到活着毫无意义或心存愧疚。
- 几乎每天都无法集中注意力或做出决策。
- 自杀或死亡的念头不断闪现。

资料来源：American Psychiatric Association, 2013.

**素质—压力模型** **素质—压力模型**（diathesis-stress model）是看待抑郁的一种视角。这一模型指出，那些在之后的生活中患抑郁症的人有一种先天的抑郁易感性或素质。除此之外，压力事件也是诱发抑郁不可或缺的因素，比如失去爱人、职业挫折或其他重大消极生活事件。这两种因素在单独情况下都不足以诱发抑郁，它们必须同时发生，也就是说，一些糟糕的或压力性事件必须发生在一个抑郁易感的人身上才会诱发抑郁。

**贝克的认知理论** 许多研究者强调，某种认知风格是使人容易陷入抑郁的一种先决条件（Larsen & Cowan, 1988），其中一位研究者是亚伦·贝克（Beck, 1967），他对抑郁的认知理论进行了大量著述。他认为，抑郁的易感性在于某种特定的**认知图式**（cognitive schema），或者说看待世界的方式。图式是加工输入的信息，以及组织和解释日常生活事件的方式。在贝克看来，涉及抑郁的认知图式是用消极的方式扭曲输入信息，这种消极图式会导致个体抑郁。

贝克认为，三个重要的生活领域受抑郁认知图式的影响最大。这一**认知三联征**（cognitive triad）包括有关自我、世界和未来的信息。有关这些方面的信息被抑郁认知图式以特定的方式歪曲了。例如，当某次模拟考试不及格时，抑郁的人可能会对自己说："我是一个彻底的失败者。"这是对自我进行*过度泛化*的歪曲。过度泛化是指个体将一个例子推广到许多或所有方面。用日常的话来说就是"小题大做"。一个人或许在一次考试中失败了，但这并不意味着他就是个完全失败的人。同样的过度泛化模式也可以用于对世界（"凡是可能出错的事情一定会出错"）和未来（"既然注定要失败，我为什么还要努力"）的认识。贝克（Beck, 1976）的理论中还提到了许多其他的认知歪曲方式，比如*武断推论*（即使证据不支持也直接跳到消极结论）、*个人化*（认为所有的事情都是自己的错）、*灾难化*（认为最坏的结果总会出现）。图 13.5 描述了这些认知元素。

| | 关于自我的信息加工 | 关于世界的信息加工 | 关于未来的信息加工 |
|---|---|---|---|
| 过度泛化 | "这篇论文，我得到了一个很差的分数……看来我是什么事都做不好了。" | "如果这个项目有任何可能出问题的地方，那么就一定会出。" | "有尝试的必要吗？我做的任何事情注定都是失败的。" |
| 武断推论 | "今天老师没有时间见我，她可能不喜欢我。" | "这个老师一点都不关爱学生……可能没有一个老师是关爱学生的。" | "今后教我的老师，肯定会和这个老师一样糟。" |
| 个人化 | "今天，我们队在垒球比赛中输了……这完全是我的错。" | "这让我想起小学时的所有团体比赛失利经历。" | "我所在的队伍可能永远都不会赢。" |
| 灾难化 | "这次考试的失败意味着我没有能力学习。" | "这次考试的失败意味着我将不能进入医学院校……" | "既然我今后进不了医学院校，那么我应该马上放弃上大学。" |

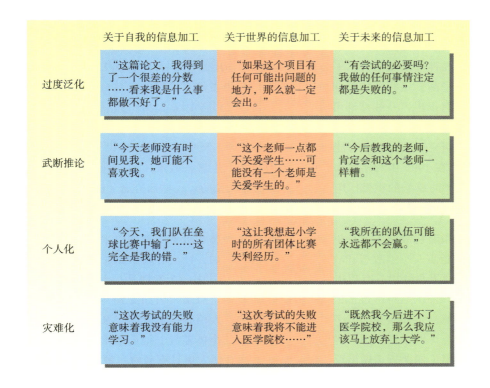

**图 13.5**
贝克的抑郁认知模型。展示了关于自我、世界和未来的信息是如何被歪曲加工的。这些认知歪曲促生了抑郁。

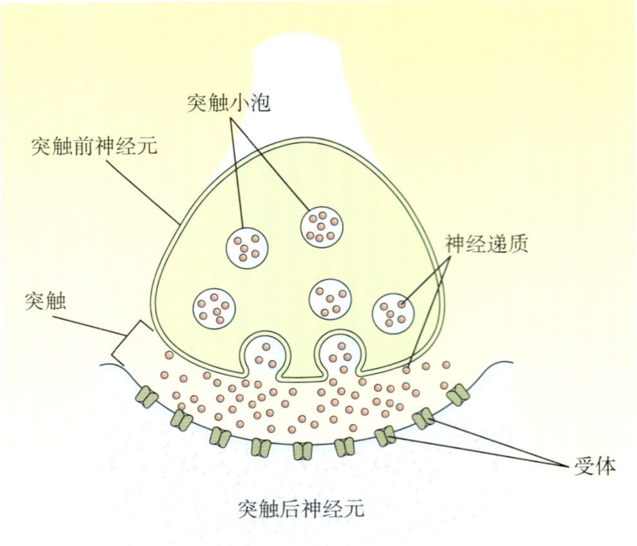


**图 13.6**

两个神经元之间的突触示意图。神经递质必须从突触小泡获得释放，然后穿过突触并与突触后神经元的受体结合，才能完成神经冲动的传导。

根据贝克颇有影响力的理论（Beck, 1976），抑郁是将这些认知歪曲用于日常信息加工的结果。这些歪曲加工速度很快且处于意识之外，导致一连串自动的消极思维，深深地影响着个体的感受和行为方式（“我不优秀；这个世界与我为敌；我的未来黯淡无光”）。认为自己是彻底失败者的人通常表现得也像一个彻头彻尾的失败者，甚至放弃去尝试做得更好，创造了一种**自我实现预言**（self-fulfilling prophecy）。而且，抑郁情感会导致更多歪曲，反过来又会产生更多的消极情感，陷入一种自我延续的循环。贝克发明了一种改变认知歪曲的治疗形式。简言之，就是通过提问来挑战人们的认知歪曲。例如，“仅仅一次不及格，就意味着你是个彻底的失败者吗？”

**抑郁的生物学基础** 大脑中的神经元通过化学信使（即神经递质，参见第 7 章）相互传递信息。神经递质被释放后通过突触在神经元与神经元之间传递（见图 13.6）。前一个神经元叫作突触前神经元，后一个叫作突触后神经元。如果有足够量的神经递质到达突触后神经元，那么神经信号就会以能够完成目标行为（比如用遥控器变换频道，阅读书本里的另一句话，与喜欢的人眉目传情等）的方式向下传递。当个体陷入抑郁时，人们会认为是其大脑中的神经递质水平出现了失衡。抑郁者描述自己经常会有一种迟钝感，就好像没有力气做自己想做的事。**抑郁的神经递质理论**（neurotransmitter theory of depression）认为，这一情绪问题是神经系统中突触间神经递质失衡造成的。被认为与抑郁关系最密切的神经递质包括去甲肾上腺素、5- 羟色胺、多巴胺（相关程度稍低）。许多治疗抑郁的药物所针对就是这些神经递质。例如，百优解、佐洛夫和帕罗西汀会抑制突触中 5- 羟色胺的再摄取，以提高该递质在神经系统中的水平。盐酸丙咪嗪的作用是让 5- 羟色胺和去甲肾上腺素保持更好的平衡。这些药物并非对所有的抑郁症患者都有良好的疗效，这说明抑郁的种类可能有很多，一些抑郁可能更多的是源于生物学因素，另一些则更多的是对压力的反应或源于认知。

有研究表明，锻炼可能有助于治疗抑郁症，至少对某些人来说是如此（Dubbert, 2002）。在 1996 年的年度报告中，美国公共卫生署长戴维·萨彻列举了锻炼对促进健康和预防疾病的积极作用，包括对抑郁症的预防。一些研究者（Dixon, Mauzey, & Hall, 2003）也描述了在抑郁症患者咨询过程中推荐锻炼的做法。

**易怒性和潜在敌意** 另一重要的消极情绪是愤怒和敌意。长期以来，心理学家一直对什么能使人产生敌意和攻击性很感兴趣。例如，社会心理学家考察了在哪些情况下，普通人会变得具有攻击性（Baron, 1977），其中一个发现是，大多数人都愿意攻击那些不公正地对待过他们的人。这里强调的重点是，诸如受到不公正待遇这样的特定情境，是如何唤起大多数人的攻击性的。人格心理学家同意某些情况会使大多数人愤怒，但他们更感兴趣的是在易怒性上的个体差异。他们的出发点是，对同类型的情境（如挫折）做出反应时，某些人比其他人更具有敌意。**敌意**（hostility）是指这样一种倾向：个体以愤怒和攻击来应对日常挫折，容易生气，经常感到愤愤不平，在日常的互动中以粗暴、挑剔、敌对和不合作的方式行事（Dembrowski & Costa, 1987）。

人格心理学家的科学目标是：（1）理解人为何会变得有敌意，又是什么使他们保持敌意，他们与没有敌意的人在其他方面有何不同；（2）考察敌意对重要生活结果的影响。

敌意的后果之一是罹患冠心病的风险。在第 18 章关于 A 型行为与健康的部分，我们将对此做更详细的讨论。事实证明，长期的敌意是 A 型行为模式导致心脏病的最主要成分。作为一种人格特征，敌意可以通过问卷来测量，包括询问愤怒发作的频率和持续时间、是否由小事件引发（例如不得不排队），或是在日常生活中容易被惹恼或激怒的程度（Siegel, 1986）。对大多数人来说，即使是那些敌意得分高的人，这种特质产生的主要是不舒服的感觉和冲动，以及一种消极和愁闷的看法；而对另一些人来说，这种冲动会演变成攻击行为。

生气是一种会令人失控的情绪。监狱里的大多数暴力罪犯都对这种强烈情绪有自我调节困难。长久以来，研究者推测暴力和非暴力的人可能存在生物学上的差异，特别是在脑功能方面。心理学家雷恩花费多年时间考察了社会中最暴力和最好斗的人（如 Raine, 2002; Brennan & Raine, 1997）。他专注于研究关于暴力和攻击性个体差异的大脑结构，并开创了一个被称为“神经犯罪学”的领域（Glenn & Raine, 2014）。在一项专门针对暴力谋杀者的研究中，雷恩及其同事（Raine, Meloy, & Bihrle, 1998）发现，这些人的前额叶激活水平较低，先前曾提到该脑区与正常的情绪调节有关。另一位心理学家乔纳森·平卡斯也专门研究了暴力犯罪。在一篇回顾自己工作的综述中，平卡斯（Pincus, 2001）呈现了许多关于连环杀人犯的生活信息，其中几乎所有案例中杀人犯的大脑都遭受过某种损伤，要么是暴力或意外伤害造成的，要么是过度吸毒或酗酒造成的。此外，这些杀人犯几乎都出身于存在严重暴力倾向的家庭。平卡斯给出了这样的资料：暴力犯罪者的脑损伤多发生在前额叶皮质。这些脑区与自我控制相关（Densen et al., 2009）。有趣的是，这是第 7 章讨论的案例中盖奇严重受损的大脑区域。

在大型研究中，并不是所有暴力或虐待狂都存在大脑异常。然而，与没有暴力史的人相比，暴力者大脑的异常率要高得多。例如，日本一项对 62 名罪犯的研究中，罪犯被分为两组：一组犯有谋杀罪，另一组犯有非暴力罪。谋杀组的大脑异常率要比非暴力组高得多（Sakuta & Fukushima, 1998）。奥地利的一项研究对比了高暴力罪犯与低暴力罪犯：在高暴力组中，66% 的人有大脑异常；而在低暴力组中，只有 17% 的人有相同的大脑异常（Aigner et al., 2000）。在一项针对性犯罪者的研究中，罪犯被分为两类：一类是对受害者造成身体伤害（如实施了谋杀或暴力虐待行为），另一类是未对受害者造成身体伤害（如罪犯仅暴露身体器官）。在暴力性罪犯中，41% 的人有大脑异常，这一比例显著高于非暴力性罪犯（Langevin et al., 1988）。一项特别有力的纵向研究中，研究者评估了 110 名多动症男孩和 76 名正常男孩在儿童期（6~12 岁）的大脑活动，之后追踪了他们在青少年期（14~20 岁）的一些

一个有长期极端暴力史的人，能完全转变成一个温柔慈爱的父亲和社区支柱吗？

发展情况，尤其是他们的被捕记录。结果显示，与青少年期没有违法记录的男孩相比，这一时期有违法记录的男孩在儿童期有着异常的大脑活动模式（Satterfield & Schell, 1984）。

更近期的研究（如 Hawes et al., 2016）记录了个体从儿童期愤怒管理不良到成年后更高的暴力和攻击率的发展轨迹。这些发现强调了发展出愤怒控制策略的重要性，对大多数人来说，这是在儿童期自然形成的。常在暴力成年人身上出现的大脑异常，是否是涉及负责自我控制和情绪管理（尤其是愤怒）的脑区？

具有攻击性的人最常见的脑损伤位于额叶，有时也涉及颞叶，但相对少见。这些脑区在冲动调节（特别是攻击性冲动）和恐惧条件学习方面的作用很重要。损伤可能是由发育或者外伤引起的。例如，嗅胶或吸入丁烷气体，可以引起类似酒精中毒的反应，导致与反社会行为相关的脑损伤（Jung, Le, & Cho, 2004）。另一个例子是一位大脑中长有囊肿的男性的病例报告。在此之前，他并不是一个暴力的人。然而，囊肿长大后可能对其大脑造成了损害，有一次，他因妻子抓伤了他的脸而勒死了她（Paradis et al., 1994）。其他研究者（Glenn & Raine, 2014）也报告过类似的案例，一名没有前科的 40 岁男性突然在性方面变得很具有侵犯性并因此被逮捕，扫描其脑部发现，该男子的前额叶皮质有一个很大的肿瘤。切除肿瘤后，他的行为恢复正常，再没有因任何不当的性行为而被捕。在暴力和攻击性的人身上发现的这种脑异常，似乎与抑制或控制攻击冲动的能力下降有关。

## 情绪生活的风格

到目前为止，我们已经从情绪内容的角度，或者说从能够界定个体差异的各种特征性情绪方面，讨论了人们的情绪生活。我们探讨了四种情绪特质：幸福、焦虑、抑郁和愤怒。现在我们开始讨论情绪风格。作为简明的区分，我们可以说内容是指个体在情绪生活中体验到了什么，风格则是指个体是如何体验的。

### 作为一种情绪风格的情绪强度

当我们思考情绪如何被体验时，主要的风格差异之一可能就是强度。从你自己的情绪反应体验中你已了解到，情绪强度有极大的不同。情绪可能是微弱的和温和的，也可能是强烈的和几乎难以控制的。为了刻画个体的情绪风格，我们必须考察其情绪体验的典型强度。为了说明情绪强度概念对人格理论有用，我们必须确定情绪强度描述的是一种有助于在人与人之间做出区分的稳定特征。

**情绪强度**（affect intensity）可以通过描述个体在该维度上处于高分端或低分端来界定。拉森（Larsen, 2009）把高情绪强度的个体描述为：通常会强烈地体验情绪，情绪反应强烈，情绪变化大。高情绪强度者通常高兴时特别高兴，沮丧时也特别沮丧。与低情绪强度者相比，他们更频繁、更迅速地在这两种极端体验间切换。与此相反，低情绪强度者的典型表现是，情绪体验温和，情绪波动缓慢，情绪反应较弱。这些人的情绪稳定、平和，通常不受消极情绪低潮所困扰。然而，他们往往也无法体验到极致的激情、愉悦以及其他强烈的积极情绪。

注意，对高、低情绪强度者的描述使用了典型或通常之类的限定词。这是因为某些生活事件可能会使那些即便是情绪强度最低的人也体验到相对强烈的情绪。例如，被自己的首选的学校录取几乎会使每个人体验到高昂的情绪。类似地，丧失心爱的宠物几乎会使每个人体验到强烈的悲伤情绪。然而，因为这些事件毕竟相当少，所以我们想要了解人们通常是什么样的或其典型反应是什么：他们对日常的情绪诱发性事件有怎样的反应特征。

图 13.7 呈现了某项研究（Larsen & Diener, 1985）中两个参与者的日常情绪资料。这两个人连续 84 天记录了自己每日的情绪。注意，参与者 A 的情绪相当稳定，在近 3 个月的报告期间，其情绪水平与基线水平没有太大的差距。事实上，在新学期开始时，她曾有过一周糟糕的情绪体验，从图（a）左边的几个低点可以看出这一点。除此之外，该参与者的情况相当稳定。

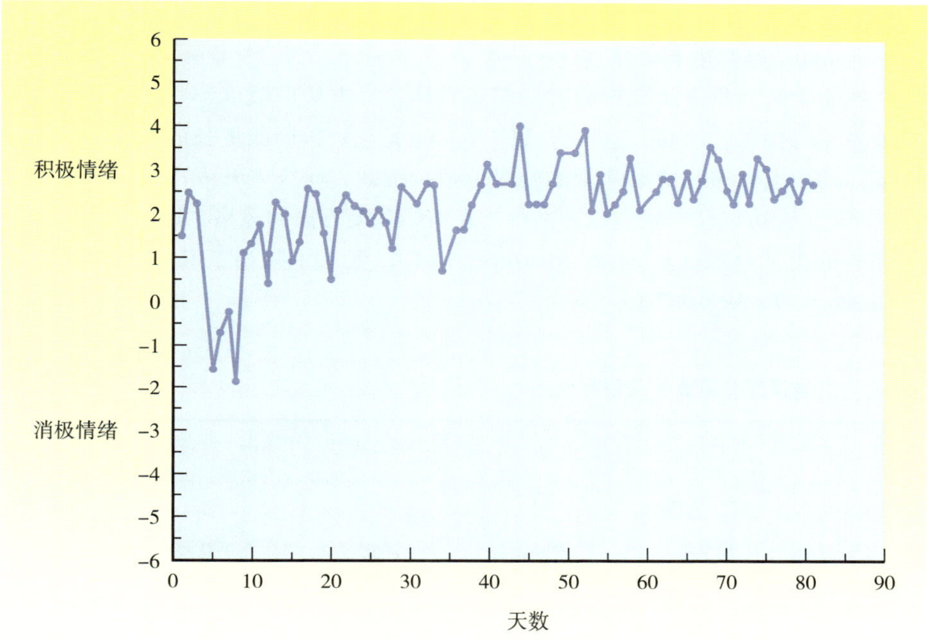


（a）

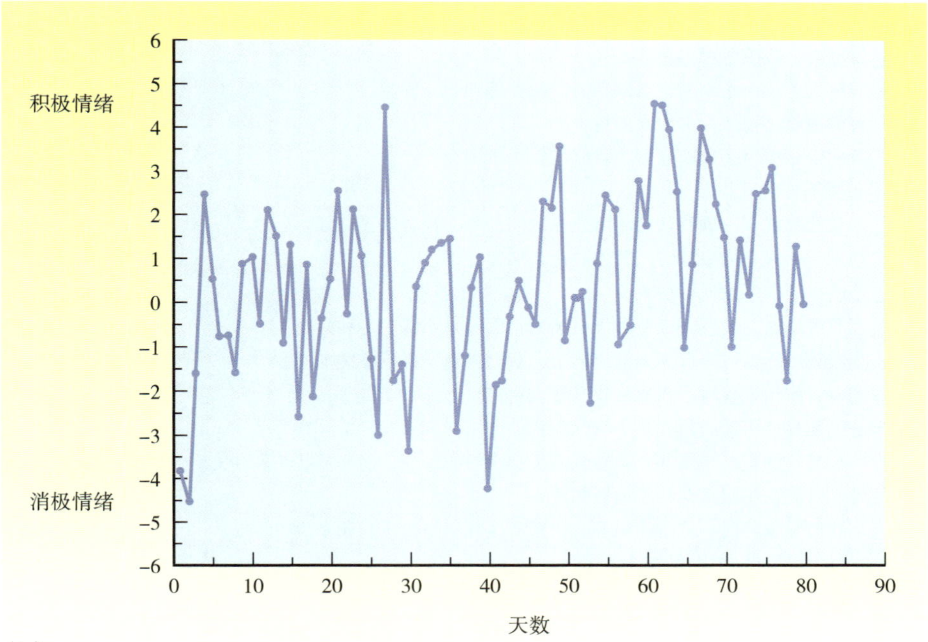


（b）

**图 13.7**

个体连续 3 个月记录自己每天情绪状态的数据资料。图（a）为参与者 A 的数据，图（b）为参与者 B 的数据。参与者 B 比参与者 A 有更强烈的情绪和更大的情绪波动。

资料来源：Larsen, 1991.

与此相反，参与者 B 展现了极端不稳定的情绪模式。该参与者几乎从未接近过其情绪基线水平。相反，他会频繁体验到强烈的积极情绪和强烈的消极情绪，并且极频繁且快速地在这两种极端情绪之间切换。换言之，这个情绪强度高的人日常情绪表现出了极大的变异性，每天在积极情绪和消极情绪之间来回波动。有意思的是，参与者 B 在那个学期曾去过三次校医院，一次是因为感冒，另两次是因为感到萎靡不振。

### 对情绪强度和情绪变异性的评估

在早期的情绪强度研究中（如 Diener, Larsen, et al., 1985），这种情绪特征是通过日常经验抽样的方法来评估的。也就是说，收集到的资料类似于图 13.7 中的图（a）和图（b）所呈现的那样。然后，研究者会计算每个参与者的总分，以代表该参与者在这段时间的情绪强度和情绪变化。

这种纵向的测量情绪强度的方法简单直接，具有表面效度，它相当好地代表了对情绪强度的构想。然而，这种方法需要参与者花费数周或更长的时间来报告每天的情绪，以产生可靠的情绪强度的合成分数。因此，研究者开发出了关于情绪强度的测量问卷，它可以相对快速地评估个体在情绪强度方面的风格。该问卷被称为《情绪强度测量表》（Affect Intensity Measure, AIM），表 13.5 列出了其中的 20 个条目样例（Larsen & Diener, 1987）。

表 13.5 《情绪强度测量表》条目样例

**指导语：**下列陈述是对典型生活事件的情绪反应。请从下面评分标准中选出一个数字填在每个条目前的空白处，以表示你对这些事件的反应情况。作答时，请以你自己的反应为依据，而不要以你认为别人会如何反应或应该如何反应为依据。

| 从不 | 几乎不 | 偶尔 | 通常 | 几乎总是 | 总是 |
|---|---|---|---|---|---|
| 1 | 2 | 3 | 4 | 5 | 6 |

1. ____当我完成了某件很难的事情时，我感到高兴或得意。
2. ____当我感到快乐时，这种情绪是强烈的、充沛的。
3. ____我非常喜欢与他人在一起。
4. ____说谎时，我感觉相当糟糕。
5. ____当解决了一个小小的个人问题时，我会感到十分愉悦。
6. ____我的情绪往往比大多数人的更强烈。
7. ____我的快乐情绪是如此强烈，就好像在天堂一样。
8. ____我过于热情了。
9. ____如果我完成了一项我认为不可能完成的任务，我会欣喜若狂。
10. ____想到令人兴奋的事件时，我的心跳会加速。
11. ____悲剧电影会深深地触动我。
12. ____当我开心时，我感到满足和没有烦恼，而不是热情十足和兴奋。
13. ____当我第一次在一个群体面前讲话时，我会声音发抖，心跳加速。
14. ____当有好事情发生时，我通常比其他人更高兴。
15. ____我的朋友们可能会说我是个情绪化的人。
16. ____我最喜欢的记忆是那些令我感到满足和宁静的时刻，而非那些热烈和充满激情的时刻。
17. ____看到有人伤得很重会严重地影响我。
18. ____当我感觉良好时，从普通的好心情转变为真正的快乐对我来说很容易。
19. ____“平静和冷淡”可以很好地描述我。
20. ____当我快乐时，我感到自己浑身上下都充满了喜悦。

情绪强度的一个重要特点是，我们真的无法说在该特质上的得分低或高究竟是好还是不好。高分或低分都会涉及积极或消极的后果。例如，一方面，得高分的人会从生活中获得许多乐趣，享受到极致的热情、欢乐以及积极情绪卷入等体验；另一方面，当事情进展不怎么顺利时，得高分的人容易产生强烈的消极情绪反应，如悲伤、内疚和焦虑。此外，因为得高分的人经常体验到极端情绪（包括积极情绪和消极情绪），所以他们通常会遭受这种情绪卷入带来的身体后果。情绪激活了交感神经系统，使个体处于唤起状态。即使是强烈的积极情绪也会激活交感神经系统，从而对神经系统产生损耗。高分者身上往往会出现这种长期情绪生活风格导致的症状，如肌肉紧张、胃痛、头痛、疲惫。一个有趣的发现是，高分者即使报告了更多的身体症状，也不会对此感到特别不开心或沮丧（Larsen, Billings, & Cutler, 1996）。对高分者的访谈通常表明，他们没有改变情绪强度水平的愿望。他们似乎偏爱与这种情绪风格相关的情绪卷入、起起落落的感觉及高生理唤起（Larsen & Diener, 1987）。

与之相反，低情绪强度的个体是稳定的，通常不容易沮丧。甚至当消极事件发生时，他们仍保持一种平和的情绪状态，避免陷入消极情绪的低谷。然而，这类人为情绪稳定付出的代价就是他们无法强烈地体验到积极情绪。他们缺少极致的热情、激情、情感投入和快乐体验，而这些会使高情绪强度的个体精力十足；但是，低情绪强度的个体可以避免与高情绪强度相伴随的心身症状。

### 关于情绪强度的研究发现

在一项关于日常情绪的研究中，研究者（Larsen, Diener, & Emmons, 1986）让参与者记录其日常生活事件。62 位参与者连续 56 天记录了每天发生的最好与最坏的事件，最后总共获得了对近 6 000 个事件的描述。参与者每天还评定了事件的主观好坏程度。之后由一个评定团队对这些事件描述做出客观评定，他们需要评定这些事件会使普通大学生感到多好或多坏。结果表明，与低情绪强度的参与者相比，高情绪强度的参与者对生活事件的评定级别明显更高。也就是说，被客观评定者评为“一般好”的事件（如受到一位教授的赞赏），会被高情绪强度的参与者评为“非常好”。同样地，被客观评定者评为“一般糟糕”的事件（如丢失一支喜爱的钢笔），会被高情绪强度的参与者评为“非常糟糕”。因此，无论是好事还是坏事，与低情绪强度的参与者相比，高情绪强度的参与者对生活事件的情绪影响力会做出更高的评定。因此，高情绪强度的个体对生活中能引起情绪波动的好事、坏事都表现出了更大的情绪反应。

这些发现中值得强调的一个方面是，高情绪强度的个体对其生活中的积极与消极事件均有更强的反应。换言之，高情绪强度的个体会展现出更多的**情绪变异性**（mood variability），或者说他们的情绪会更频繁地波动。有研究（Larsen, 1987）发现，在情绪强度这个维度上处于高分端的个体确实会表现出更频繁的情绪变化，而且这些变化比低情绪强度的个体的变化幅度更大。

情绪强度的概念包含了情绪变异性的含义，是情绪生活中广泛的一般特征。研究者已经发现，情绪强度与各种标准人格变量有关。例如，拉森和迪纳（Larsen & Diener, 1987）报告，情绪强度与高活动水平、社交性、唤起性等人格维度相关。高情绪强度者的生活风格往往充满活力、开朗，享受与他人在一起的感觉，喜欢在日常生活中寻求刺激和唤起性的事情。在一个访谈中，某个高情绪强度的参与者报告说，对她而言，生活中最糟糕的事就是无聊。她说，她常常做些可以使生活充满活力的事情，如对她的室友搞些恶作剧。尽管这样的行为有时会给她带来麻烦，但她觉得为了获得刺激，这些都是值得的。另一个高情绪强度的参与者把自己描述为“强度上瘾者”，沉迷于对情绪刺激性生活方式的追求。关于情绪强度个体差异的近期综述可以查阅拉森的文献（Larsen, 2009）。

## 情绪生活的内容与风格的交互作用

人们在积极情绪与消极情绪内容的相对量，以及情绪体验风格的强度方面存在个体差异。在试图把情绪当作人格的一个方面来理解的过程中，快乐比值（个体在生活中的愉快程度）似乎代表了情绪的内容。例如，研究者（Larsen, 2000b）曾报告，大学生平均每 10 天中有 7 天快乐比值为正向，即每 10 天中有 7 天时间是积极情绪占主导，3 天时间是消极情绪占主导。然而，这也存在广泛的个体差异。有些人的积极日子低至 20%，而另一些人的积极日子却多达 95%。这种积极情绪与消极情绪之间的比值，以及生活中好日子与坏日子的比值，最好地代表了情绪生活的内容（Zelenski & Larsen, 2000）。

情绪强度代表情绪的风格，涉及个体典型的情绪反应强度。内容与风格两种特征一起对情绪生活提供了大量的描述和解释力。然而有趣的是，快乐比值与情绪强度这两个维度之间并不相关（Larsen & Diener, 1985）。这意味着，存在频繁体验到积极情绪的低情绪强度个体和频繁体验到积极情绪的高情绪强度个体。相似地，也存在频繁体验到消极情绪的低情绪强度个体和频繁体验到消极情绪的高情绪强度个体。换言之，快乐比值与情绪强度的交互作用产生了情绪生活的独特风格，而这些情绪的独特风格可以描述不同的人格特征。图 13.8 阐明了快乐比值与情绪强度的交互作用在产生情绪中的作用。

从图 13.8 中可以看到，高、低情绪强度的个体通常以极为不同的方式体验情绪生活的内容。一个低情绪强度的人拥有一种持久、平和、缺少波动的情绪生活。如果这样的个体碰巧是一个快乐的人（生活中的积极情绪比消极情绪多），那么他 / 她会把这种快乐体验为一种宁静的持久满足。如果这样的个体碰巧是一个不快乐的人（生活中消极情绪比积极情绪多），那么他 / 她就会长期被一种有点令人生气或恼怒的消极情绪困扰。相反，一个高情绪强度的人会拥有突发的、变化的和波动的情绪生活。如果这种类型的人碰巧也是一个快乐的人，那么他 / 她会把这种快乐体验为极致的激情和狂喜。如果这个高情绪强度的人是一个不快乐的人，那么他 / 她会体验到各种极端的消极情绪，如焦虑、内疚、抑郁和孤独。

**图 13.8**
情绪生活的质量是内容（快乐比值）与风格（情绪强度）的函数。

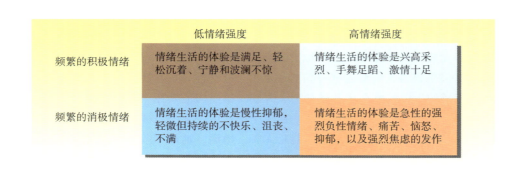

| | 低情绪强度 | 高情绪强度 |
|---|---|---|
| 频繁的积极情绪 | 情绪生活的体验是满足、轻松沉着、宁静和波澜不惊 | 情绪生活的体验是兴高采烈、手舞足蹈、激情十足 |
| 频繁的消极情绪 | 情绪生活的体验是慢性抑郁，轻微但持续的不快乐、沮丧、不满 | 情绪生活的体验是急性的强烈负性情绪、痛苦、恼怒、抑郁，以及强烈焦虑的发作 |

## 总结与评论

情绪既可被看作状态，也可被看作特质，这两者描述的都是体验、生理变化以及行为变化或行动倾向的模式。情绪状态是短暂的，一般是由环境中的事件引发的。然而，作为特质的情绪则是个体生活中一贯的、稳定的体验模式，这些模式主要由个体的人格所决定。在本章中，我们考察作为特质的情绪。例如，人们在生气、快乐或抑郁的频率上存在差异，这些差异对描述人格是有用的。

情绪内容是个体可能拥有的情绪体验的类型。例如，如果知道个体情绪生活的典型内容，我们就会知道该个体长期可能体验到的情绪种类。

情绪内容可被大致分为愉快情绪与不愉快情绪。愉快情绪包括幸福感以及与之相关的生活满意度评价。在大多数人的基本情绪清单中只有一种主要的愉快情绪，而不愉快的情绪却有许多种。从特质的视角出发，在愉快情绪方面，我们讨论了作为特质的幸福感，有些人比另一些人更幸福。心理学家正致力于提出相关理论并收集资料来解释人们为何在幸福感上存在差异，以及人们如何才能提高幸福感。

关于不愉快情绪的内容，我们讨论了三种倾向：焦虑、抑郁和愤怒。在关于人格的文献中，特质焦虑有许多名称，包括神经质和消极情感。特质焦虑似乎有独特的认知成分，而且与持续的健康状况，尤其是自我报告的健康状况有关。抑郁也被界定为一种涉及相关体验和行为的综合征。我们考察了几种抑郁的认知理论。我们还把易怒性和敌意作为一种情绪特质来加以讨论，考察了这种倾向对健康和幸福感的影响。当前，神经科学家对焦虑、抑郁和愤怒有着强烈的兴趣；而且，他们正在积累这些体验及其调节所涉及的脑区的数据。

情绪风格是个体体验情绪的典型方式。我们集中讲述了情绪强度的风格，或者说人们体验情绪的一般强度。在情绪强度这个维度上得高分的人对其生活事件会做出更大的反应，包括对愉快事件和不愉快事件的反应；而且，他们的日常情绪体验也表现出更大的变异性。情绪内容与情绪风格的交互作用，产生了各种独特的情绪生活。

## 关键术语

情绪
行动倾向
功能分析
情绪状态
情绪特质
类型取向
维度取向
内容
风格
幸福感
积极错觉
双向因果关系
情绪诱导
神经质
边缘系统
前扣带回
前额叶皮质
抑郁
素质—压力模型
认知图式
认知三联征
自我实现预言
抑郁的神经递质理论
敌意
情绪强度
情绪变异性

© Corbis/SuperStock RF

14

# 走近自我

## 认知 / 经验领域

自我有很多方面：我们看待和界定自我的方式，或者说我们的自我概念；我们对自我概念的评价，也就是所谓的自尊；我们在其他人面前表现的特征，即我们的社会同一性。

“认识你自己！”这是希腊德尔斐神庙的神谕。你了解自己吗？你是谁？你会如何回答这个问题？你会首先把自己界定为一名学生、父母的儿子或女儿、他人的配偶或恋人吗？你会通过列出自己的各种特质来定义自己吗？比如“我很聪明、乐观和自信”。还是你会描述自己的身体特征？比如“我是一名男性，身高 1.98 m，体重约 90 kg，有红色的头发，面色红润”。不管如何回答这个问题，你的答案都是**自我概念**（self-concept）（即你对自己的理解）的一个重要方面。此外，一些人对自己是谁感到很满意，而另一些人并不满意自己的自我概念。你对自己的这种感受便是自尊。除此之外，你还有一个呈现给他人的**社会同一性**（social identity，也译作“社会身份”）。有些时候，社会同一性与自我概念并不匹配，我们呈现在他人面前的自我与自己所了解的自我并不一样，这会导致有些人在人际关系中感到虚伪和虚假。

本章将探究心理学家如何研究自我，我们从自我的三个主要方面展开讨论：自我概念、自尊和社会同一性。

为什么我们想了解自己？对很多人来说，自我理解是他们的锚点，是他们解释周围发生的每件事的出发点。举个例子，当你看到朋友在社交媒体上发布的合影照片时，你会最先看里面的哪个人？如果你和大多数人一样，你会说最先看自己，而且，当看到照片上的自己时，你会立刻做出评价。你也许会想，照片没有照好，没有把你最好的一面展示出来；你也许会想，自己的笑容比照片上的更灿烂，实际上，你比照片上的更幸福；或者你也许会想，那时自己多长了几斤肉，所以看起来比照片上的其他人要胖些；或许你不喜欢长胖的事实，所以看这些照片对你的自尊是一个小小的打击；或许你想知道某些人对照片上的你有什么看法，例如，父母是否会喜欢你照片上的样子？他们是否认可你在这张大学朋友合影中所呈现的自我？

我们的自我理解会随时间而不断变化。在婴儿期，我们首次将自我与周围的世界区分开来，从此之后，在毕生的发展过程中我们不断建构自我、评价自我，并将这种自我理解展现给他人。在这个过程中，我们不断地经历挑战并改变自我概念。例如，一位高中生可能试图参加篮球队的选拔赛，但却表现得很差。这种失败经历挑战了他把自己看作一名运动员的那种自我理解，所以他不得不寻找其他途径来定义自己。或许他会把头发染成紫色，穿着风衣去学校，开始以“非主流”年轻人的生活方式定义自己。高中和大学的几年是许多人努力形成自我概念的时期，在此期间，他们对挑战自我理解的事件尤其敏感。

一旦人们形成了相当稳定的自我理解，就会开始用这种理解去评价其他事件和客体。例如，当一个年轻女孩和男朋友分手后，她会从自我概念的角度评价这件事，判断这件事是有利于还是有损于她对自我的定义。如果男朋友在女孩的自我概念中占据了很重要的一部分（“没有他，我什么都不是”），那么分手对她来说就是毁灭性的（Aron et al., 2004）；反之，如果这个年轻女孩的自我很大程度上与这段关系无关，而是根植于自己的生活（如学业、友情、运动），那么分手对她来说就没有那么糟糕。

我们的自我理解使我们用某种特定的方式来评价生活中的事件。只有当事件对我们的自我很重要时，它们才会产生很好或很坏的影响。例如，如果取得良好的学业成绩不是你自我概念的一部分（也许你上大学是出于其他原因），那么某次作业成绩差就不会对你产生太大影响。通过观察什么能唤起一个人的情绪，你可以快速了解对这个人的自我概念来说什么是重要的。我们的自我概念（即“我是谁”）决定了我们如何评价世界上的事件以及如何做出反应。

当人们转向内心，开始评价自己的自我概念时，他们并不总是喜欢或诊视自己所看到的。这种喜欢或珍视便是自尊。例如，有两个人都喜欢存钱而不愿意花钱，就餐时不会给小费，总是买便宜的东西。其中一个认为自己俭朴且传统，这是优点，所以她有积极的自尊，至少在这些方面如此。另一个人可能觉得自己很小气、吝啬且没有同情心，他认为这些特性不好，所以他的自尊水平很低，至少在这些方面如此。虽然他们有同样的自我概念——节俭、爱存钱，但是两个人对这些品质的评价却不同，因此他们的自尊也就不同。

最后，社会同一性是指展现在他人面前的自我。这是自我中相对持久的一部分，我们通过它们来创造一种印象，让他人知道我们是谁，可以对我们产生怎样的期待。举个例子，驾照经常被当作社会身份的证明，它包含了社会同一性的信息：你的姓氏和名字、你的性别和种族身份、出生日期、家庭住址，以及一些身体特征的描述，如身高、体重、眼睛的颜色等。这些特征把你和其他人区分开来，是你同一性中比较明显的、他人能够看到的方面。然而，同一性中还有很多其他不容易被看到的方面，包括你喜欢被他人看成怎样的人，你希望他人对你的人格有什么印象。也许你希望自己得到认真对待，那么在他人面前表现得很专业对你而言就很重要；也许你希望被大多数人喜欢，那么你将会争取表现得友好、随和。

自我的三个组成部分，即自我概念、自尊和社会同一性，对我们的日常生活都极其重要。人格心理学家已经对它们进行了研究，并获得了大量关于自我的知识。我们将从自我的描述性成分（即自我概念）开始本章的内容。

## 自我的描述层面：自我概念

关于自我的知识并不是一下子形成的，而是逐年发展的，它始于婴儿期，在青少年期快速发展，在老年期得以完成。自我概念是自我理解的基础，它回答了“我是谁？”这个问题。

## 自我概念的发展

自我概念最初萌生于婴儿期，婴儿开始认识到某些事物会一直存在（比如自己的身体），而某些事物只会在某些时候出现（比如母亲的乳房）。婴儿开始区分自己的身体与其他事物：发现“我”与“非我”的事物之间有明显的界限。渐渐地，婴儿开始明白自己与外界的其他事物是有区别的。这些区别形成了初步的自我感觉，即对身体的知觉。

你见过一条狗对着镜子里的自己狂叫吗？狗叫是因为它没有意识到这个镜像是其自身的反射。狗很快就会对镜子感到厌烦，并忽略自己的镜像。然而，人类和一些灵长类动物能够认识到镜像是一种自身的反射。心理学家发明了一种聪明的技术来研究猴子或人类是否能识别自己的反射：在脸上留下一个只能通过镜子才会看到的小标记，然后观察猴子或人类儿童在面对镜子时是否能利用镜像来触摸自己脸上的标记。黑猩猩和红毛猩猩会表现出对镜像的自我识别，会在大约两三天后通过镜子找到标记（Gallup, 1977a）。而对诸如猕猴等低等灵长类动物的研究发现，即使待在镜子前超过 2 400 小时，它们也没有表现出自我识别（Gallup, 1977b）。已经通过自我识别镜像测试的动物包括所有的类人猿（倭黑猩猩、黑猩猩、大猩猩、红毛猩猩和人类）、大象、宽吻海豚、逆戟鲸和一种喜鹊（Prior, Schwarz, & Güntürkün, 2008）。

在正常儿童中，通过镜子自我识别的平均年龄为 18 个月（Lewis & Ramsay, 2004），但自我识别开始的年龄也存在一些差异，有记录的案例中最早的是 15 个月，到 24 个月时几乎所有儿童都能表现出自我识别。有趣的是，扮演类游戏似乎需要自我识别（Lewis & Ramsay, 2004）。儿童在假装喂布娃娃假想食物或者从杯子里喝假想液体时，必须知道自己正在做的事不是真的。假装行为要求儿童能够区分“这是我假装在做的”和“这是我实际上在做的”。通过研究 15~21 个月大的儿童发现，只有那些表现出镜像自我识别的儿童才能玩扮演游戏（Lewis & Ramsay, 2004）。此外，儿童只有在获得镜子测试中的自我识别能力后，才开始使用人称代词（我、我的）。因此，自我识别是一项重要的认知发展成就，它让儿童得以进一步表现出更复杂的自我意识，比如玩扮演类游戏，在语言中用人称代词表达自己。

尽管很小的孩子就对自己的镜像感兴趣，但是他们还需要一段时间才能从合影中认出自己。到 2 岁左右，儿童才能在一群人的合影中辨认出自己（Baumeister, 1991）。大约在这个时候，即生命的第二个年头，儿童才开始理解他人对自己是有所期望的。例如，这正是儿童可以遵守父母制定的规则的时候。他们开始知道有些行为是好的，有些行为是不好的，并根据这些标准评价自己的行为。当他们做对事的时候，他们会笑；当他们做错事的时候，他们会皱眉。很明显，他们开始对照某些标准形成自我感，这就是自尊的开始。

在镜子测试中能否自我识别，是确定某物种是否具有自我意识的标准。

在与自我有关的诸多方面中，人们最早认同并与自己联系起来的是性别和年龄。这通常发生在 2~3 岁，儿童开始称自己是男孩或是女孩，并且可以分辨其他同伴的性别。对年龄的初步认知也开始发展，儿童通常会掰着手指来数年龄。这个年龄的孩子也开始通过家庭关系来扩充自我概念。一个男孩可能会说“我是萨拉的弟弟”，这表明其自我概念包含了“与萨拉属于同一个家庭”。

在 3~12 岁，儿童的自我概念主要建立在智力和技能发展的基础之上。儿童从能做或不能做某件事的角度来界定自己，比如背诵字母表、自己系鞋带、阅读、自己步行上学、看时间或者写连笔字。这个阶段的自我概念主要包括性别、年龄、出生家庭，以及哪些事情自己能做、哪些不能做。

从入学开始（5~6 岁以后），儿童越来越多地将自己的技能和能力与他人进行比较。此时，他们要么觉得自己比其他同伴好，要么觉得自己比其他同伴差。这就是**社会比较**（social comparison）的开始，大多数人或多或少都会在之后的生活中进行社会比较（Baumeister, 1997）。社会比较是指通过与参照组比较来评价自己或自己的表现。“我是否比我的朋友跑得更快、更聪明、更受欢迎或更有吸引力？”这些都是该发展阶段的儿童会反复问自己的问题。

这个阶段的儿童认识到自己还能够撒谎和保守秘密。其基础是他们意识到自我具有可隐藏的一面，包括各种私人的属性，如思想、情感、欲望等。儿童意识到“妈妈并不了解我的一切”是其发展的一大进步。内在的**私人自我概念**（private self-concept）的发展，是自我概念成长过程中的重要一步，但通常也很困难。一开始，儿童可能会想象出一个朋友，只有他们才能看到或听到这个朋友。这个想象中的朋友实际上可能是儿童首次试图让父母知道：我知道我对自我的理解有一个隐蔽的、内在的部分。然后，儿童才会逐渐充分认识到，只有他们自己才能完全知晓自己的想法、感受和欲望。不会有其他人能够了解这些，除非他们选择告诉他人，这是自我概念发展中的一大步。

随着从儿童期成长到青少年期，自我概念从基于外表和物质占有等具体特征转变为基于更为抽象的心理特征。我们用来自蒙特马约尔和艾森（Montemayor & Eisen, 1977）的例子来说明这一点。这些陈述来自不同年龄的孩子对“我是谁？”这个问题的回答。

以下文字来自一个四年级的 9 岁男孩。请注意，他的描述是多么具体，他使用的大多是有形的概念，比如年龄、性别、姓名、住址以及身体的其他方面：

> 我的名字叫布鲁斯。我有棕色的眼睛和棕色的头发，还有棕色的眉毛。我今年 9 岁。我非常热爱运动。我家有七口人。我的视力很好，我有很多朋友。到九月份我就满 10 岁了。我住在潘克雷斯特街区 1923 号。我是一个男孩。我有一个 2 米多高的叔叔。我的学校是潘克雷斯特小学，我的老师是 V 夫人。我会打曲棍球。

下面的陈述来自一名 11 岁半的六年级女孩。请注意，她经常提到自己的喜好，也强调更抽象的人格和社会特征：

> 我的名字叫爱丽丝。我是一个人。我是一个女孩。我是一个诚实的人。我不漂亮。我的学习成绩一般。我非常擅长演奏大提琴和钢琴。就我的年龄而言，我有点高。我喜欢几个男孩和女孩。我有点老派。我打网球，游泳也游得很好。我尽量让自己有助于他人。我随时准备和任何人交朋友。大多数时候我脾气都很好，但是我也会发脾气。有些女孩不喜欢我。我不知道男孩是否喜欢我。

最后一个例子来自一名十二年级的 17 岁女孩。请注意，她在自我描述中是如何强调人际关系特征、典型情绪状态，以及几种意识形态和信仰参照体系的：

> 我是一个人。我是一个女孩。我是一个个体。我不知道我是谁。我是双鱼座的。我是一个喜怒无常的人。我是一个优柔寡断的人。我是一个有野心的人。我是一个好奇心强的人。我不是一个个体。我是一个孤独的人。我是一个美国人（上帝保佑我）。我是一个民主党支持者。我是一个自由主义者。我是一个激进分子。我是一个保守主义者。我是一个伪自由主义者。我是一个无神论者。我不是一个可以分类的人（也就是说我不想被归类）。

在自我发展的过程中，儿童学会了将自己与他人比较。“我跑得比你快”是儿童聚在一起时常说的一句话。这是社会比较的开始，即人们通过与他人比较来界定和评价自己。

在青少年阶段，自我概念发展中最后展现出的一项能力是**观点采择**（perspective taking）：一种站在他人的视角看问题的能力，或者是像其他人那样看自己，走出自我的角度，想象自己在其他人面前是什么样子的。这就是为什么十几岁的孩子会有一段时间表现出非常强烈的自我意识，十分关注自己在他人面前的样子。你或许可以生动地回忆起自己在那段时间的生活经历，回忆起**客体自我意识**（objective self-awareness）爆发阶段体验到的强烈情感，所谓客体自我意识就是把自己看作他人注意的对象。你是否记得上体育课时穿着滑稽的运动服，或者穿上新泳装第一次去海滩玩耍的情形？通常，客体自我意识会以羞怯的方式被体验到，对一些人来说，这是一个长期困扰他们的问题。

羞怯是一个普遍的问题，尤其是在青少年时期，所以我们增加了一个关于这一主题的专栏。在这里只提及一点，即羞怯的人对与他人的互动感到焦虑，因此，他们通常会避免社交的机会。避免面对面互动的方法之一是在线社交，在线社交的互动更可控，进展更慢，而且提供交换的信息有限（如没有非言语信息等）。另外，当和他人在一起时，避免互动的方法之一是拿出手机，把所有的注意力都放在手机上。研究发现，有社交焦虑（羞怯）的年轻人更有可能过度使用互联网（Weinstein et al., 2015）。事实上，对于羞怯的人来说，网络使用可能会达到问题程度，以至于他们对智能手机“上瘾”（Bian & Leung, 2015）：对手机全神贯注、无法控制手机的使用、工作效率下降、失去手机就会感到焦虑或“迷失”等。针对年轻人过度使用社交媒体（以至于影响学业）的研究发现，社交焦虑与社交媒体的过度使用相关（Lee-Won, Herzog, & Park, 2015）。其他研究者调查了玩网络游戏过量的问题，再次发现，与没有社交焦虑的人相比，社交焦虑高的人每周花在游戏上的时间更多（Lee & Leeson, 2015）。近些年的几项研究表明，在人格特征中羞怯或社交焦虑对问题性网络使用的预测效力最高（如 Carli & Durkee, 2016; Huan et al., 2014）。虽然互联网确实存在有利于社交的方面（如用于交流、保持联系、收集信息），但我们在社交中都有过被专注于智能手机的人忽视的经历。羞怯的人在这方面更有风险，大概是因为这为他们提供了一种避免面对面社交的方式，但这其实是他们应该努力增加的行为。

一些人避免社交互动的方式之一，就是把所有的注意力都集中在智能手机上。多项研究发现，羞怯与智能手机“成瘾”相关。

## 阅读 羞怯：当客体自我意识变成习惯

盖瑞森·凯勒是广播节目《牧场之家好做伴》的热门主持人，他极为羞怯，在其文章和访谈节目中曾公开谈论过这个问题。他说，当羞怯的人不得不与他人交往时，他们恨不得变成隐形人。他们不愿意交流，因为他们缺少社交自信，在人际互动中感到非常焦虑，也不会推销自己。由于这些感受的存在，羞怯的人总是逃避社交。

很多成功人士都很羞怯，其中包括歌手芭芭拉·史翠珊、鲍勃·迪伦以及作家塞林格（Stocker, 1997）。羞怯者的共同点是，他们都渴望友谊和社会交往，但却因为自己的不安全感和恐惧而止步。因此，他们避免被公众注意，避免面对面的交流，并且会在交谈后过度反思，担心自己的表达是否恰当、是否给人留下好印象，或者是否听起来很愚蠢。在同样的交往中，羞怯者的内在体验与不羞怯的人完全不一样。

羞怯的人未必都是内向的（Cheek, 1989），内向的人偏爱独处，他们喜欢平静和悠然的独居。然而，羞怯的人却希望与他人接触、融入社会，希望有朋友，渴望成为群体中的一员，但羞怯者的自我怀疑和自我意识促使他们放弃了参加社交活动的机会（Henderson & Zimbardo, 2001a, 2001b）。他们自我设障，不加入团体，不与陌生的人说话，不去接触他人；他们拒绝能够学习和实践社交技巧的机会，而这种技巧正是他们想要克服羞怯所需要的（见表 14.1）。

心理学家卡根花了几十年的时间研究羞怯（Kagan, 1981, 1994, 1999）。在对 4 个月大的婴儿进行的研究中，他发现大约有 20% 的婴儿表现出了羞怯的迹象：当面前出现陌生的人和物体时，他们就会手脚乱动并哭闹。在接下来的几年跟踪研究中，卡根发现，这些婴儿中的大部分人在儿童期表现出羞怯的迹象。例如，他们在外面玩耍时通常不会离父母太远。当有陌生儿童在周围时，有些甚至会黏着父母，寸步不离。又过了几年，卡根发现约半数的羞怯儿童发生了改变，他们在儿童期晚期不再羞怯。通过考察父母的教养实践，卡根发现，这些曾经羞怯的儿童的父母会鼓励孩子参加社交活动。也就是说，父母经常督促孩子参加群体活动，与其他儿童交流，并对孩子参加社交活动给予许多表扬。这通常是一种“严厉的爱”，因为父母不得不“逼迫”这些毫不情愿、充满抱怨的孩子与同伴玩耍。然而，几年后，这些儿童便不再那么羞怯了。仍旧羞怯的儿童的父母往往是在孩子不情愿加入群体时做出了让步。也就是说，当儿童抱怨或拒绝加入群体时，父母通常会屈服，而不是把孩子推出去。因此，这些孩子显然从来没有认识到自己能够克服自我怀疑和社交自信不足的问题（Kagan, 1999）。其他研究表明，假如父母过度管制或保护，那么孩子往往会羞怯和焦虑（Wood et al., 2003）。

研究羞怯的心理学家有时更偏好用社交焦虑（social anxiety）一词，意指社交不适感，甚至是对预期社交的不适感（Chavira, Stein, & Malcarne, 2002）。有社交焦虑的成人报告，他们在与其他人交谈时会感到紧张或尴尬，尤其是面对陌生人的时候（Cheek & Buss, 1981）。社交焦虑者似乎过于关注他人会怎么想。交谈过后，他们经常会认为自己说错了话，听起来或看起来很愚蠢（Ritts & Patterson, 1996）。有时，社交焦虑是如此强烈，以至于会伴随各种外部迹象，如颤抖的声音或发抖的动作。与社交焦虑者接触的人，通常会将其行为理解为不友好，而非羞怯（Cheek & Buss, 1981）。有时，羞怯的人会完全被焦虑压倒，以致阻碍了延续一段交谈的能力。也许他们会长时间看着自己的鞋子而不说话，因为他们想不到要说什么。对羞怯的人来说，谈话中的暂时沉默令其非常难受。

在一项有趣的研究中，研究者要求参与者完成一项特别的任务。如果不向他人求助，就不可能完成这项任务（DePaulo et al., 1989）。研究者故意设计该项任务，以便研究羞怯者在需要帮助时是否会向他人求助。他们发现，有社交焦虑的参与者并不情愿寻求他人的帮助，大概是因他们担心求助会遭到拒绝。

羞怯的人还倾向于对社交互动做出消极的解释，并且更可能把他人的评论当作批评而非有帮助的建议。例如，有研究者（DePaulo et al., 1987）让学生以小组为单位工作，然后互相为对方的表现写汇报。随后研究者与学生单独会谈，询问他们认为其他人会怎么评价自己。结

表 14.1 《亨德森—津巴多羞怯问卷》条目示例

指导语：用下面的数字来评价问卷中每个条目与你相符的程度。

| 完全不符合 | 有点符合 | 一般符合 | 非常符合 | 完全符合 |
|---|---|---|---|---|
| 1 | 2 | 3 | 4 | 5 |

1. 我担心自己在社交场合中会显得很愚蠢。
2. 在社交情境中我经常有不安全感。
3. 在社会交往中，其他人似乎比我更开心。
4. 如果有人拒绝我，我会认为是自己做错了什么。
5. 我很难上前去与正在交谈的人搭话。
6. 大部分时间里，我都感到孤独。
7. 我对别人的批评实际上比我表现出来的要多。
8. 我很难拒绝他人的不合理要求。
9. 由于不会拒绝，我在项目中承担了超出份额的工作。
10. 向他人寻求我想要的东西是件很容易的事情。

资料来源："The Henderson Zimbardo Shyness Questionnaire: A New Scale to Measure Chronic Shyness," by L. Henderson and P. Zimbardo, 2000, The Shyness Institute, 644 Cragmont Ave., Berkeley, CA 94708. 

果显示，羞怯者认为其他人可能不太喜欢自己，认为自己缺乏竞争力。这样看来，羞怯的人不但不愿参与社会交往，而且还预期其他人不喜欢自己。这些预期可能会导致他们避免交谈或缩短交谈时间，从而失去了克服羞怯的机会。

是什么导致了羞怯者的社交焦虑？卡根认为这部分来源于遗传。毕竟对一些婴儿来说羞怯在生命早期就出现了。然而，也有一些社交焦虑是习得的。很多研究者认为羞怯者过于看重他人对自己的评价，这被称为评价恐惧，即羞怯的人害怕被他人评价。例如，羞怯者认为正在与他们谈话的人会认为自己呆板、愚蠢和幼稚。他们害怕他人对自己做出消极评价。因此，仅仅想到上台表演或者领导小组会议这样的事，都会使他们充满恐惧。所以，他们会避免这样的情境。如果不得不进行社交，他们会努力去限制或缩短这一过程。他们避免接触他人的目光，这是向别人暗示他们希望结束交谈；如果不得不进行交谈，他们会努力地保持非个人性和无威胁性。他们会不断点头表示赞同，不在谈话中卷入太深。他们尽量不表达内心的观点或给出个人信息，因为这会引起他人对自己的评价。总之，研究者认为，羞怯的根源是对消极评价的恐惧（Leary & Kowalski, 1995），这会转化成社交中的自信心不足，感到自己缺乏驾驭社交情境所需的技巧（Cheek & Melchior, 1990）。

调查显示，在西方国家中，7%~13% 的人会在其一生中经历社交恐惧症或极端的羞怯（Furmark, 2002）。这表明，羞怯现象在普通大众中并不罕见。有研究者（Schmidt & Fox, 2002）对羞怯的发展过程和种类进行了综述。例如，一种类型的羞怯者可能具有较高的社交欲，但却充满焦虑和恐惧；另一种类型的羞怯者的社交欲比较低，他们只是因为自己过度的自我意识而回避他人（Cheek & Krasnoperova, 1999）。然而，由于性格特征的重叠，在实证研究中很难对羞怯者做出区分。羞怯者的自我报告与其同伴报告的结果显著相关，说明该特征可以通过问卷得到很好的测量（Zarevski et al., 2002）。

从事脑研究的心理学家指出，羞怯者的**杏仁核**（amygdala）反应性较强，而杏仁核是大脑边缘系统或者说情感系统的一部分，主要负责恐惧情绪。卡根及其同事追踪研究了一组成人，他们在两岁时被评估为羞怯者。研究发现，与儿童期不羞怯的人相比，儿童期羞怯的成人在面对新面孔时，其杏仁核的 fMRI 反应强度大于面对熟悉面孔时的反应强度（Schwartz et al., 2003）。在另一项有趣的研究中，研究者在入学第一天和第五天分别检测了 35 名一年级学生的皮质醇（一种应激激素，第 7 章曾提到过）水平（Bruce,

Davis, & Gunnar, 2002）。他们发现大多数儿童在入学首日皮质醇反应都会增强。但是，羞怯的儿童在入学第五天仍然表现出较强的、持续的皮质醇反应。

不管是什么原因，羞怯都会给羞怯者带来社交问题。一些研究考察了羞怯者如何利用网络来避免面对面的交流（如 Caplan, 2002）。一项研究发现，羞怯的人更喜欢用互联网来消遣时光，而不喜欢在面对面的娱乐情境中与他人互动（Scealy, Phillips, & Stevenson, 2002）。

斯托克（Stocker, 1997）在回顾了大量关于如何帮助羞怯者克服困难的研究之后，提供了七个切实可行的步骤：

1. *抛头露面*。羞怯者想回避带给他们焦虑的情境。然而，如果你真的想克服羞怯，就必须进入这些会令你不舒服的情境：参加聚会或者与陌生人攀谈。羞怯者经常会高估自己可能体验到的不适感；然而一旦交流开始，他们就会发现事实并不像自己想象的那样糟糕。
2. *给自己打气*。停止对自己吹毛求疵。羞怯者通常对自己要求很苛刻，总是在事后蔑视和嘲笑自己的社交行为。如果表现出些许的社交失礼，他们往往会将之过分夸大，而忽略掉这次互动中 99% 的部分都表现良好这一事实。
3. *循序渐进*。把一个大目标分解为一些小步骤是很有用的。不要试图一下子“成为一个魅力无限的交谈大师”，而是尝试设置一些较小的目标，比如参加一次你一直心仪的社团会议。第一次，你不必说什么，只要参与并倾听就可以了；第二次，你的目标可以是开始说话，不必在会议中讲话，而是在会后与某人交谈；第三次，努力在会议中提出一个问题。关键是制定一系列的小目标，不断体验到小的成功。
4. *转向他人*。羞怯者非常紧张，因此在整个谈话中关注的是自己。把注意力转向他人，注视谈话者，仔细倾听他们说了什么，努力去发现有趣的东西并尽力问一些问题，给予他人一些赞扬或者言语上的支持。把注意力转向外部、转向他人，可以减少你对自我及自身紧张感的关注。
5. *散发出亲切感*。羞怯者的紧张往往会被他人理解为不友好或者紧张。通过微笑、目光接触、保持放松，努力营造出积极的非言语印象。
6. *预期失败*。克服羞怯是一个学习的过程，这需要实践，小的失败是不可避免的。如果你在一次交谈中说错了什么，请把它看作学习过程的一部分，并继续更多的实践练习。
7. *融入人群*。没有人在任何时候都是完美的，许多人都不是完美的健谈者。此外，你可能认为闲聊是一件重要的事情。然而，当你听到他人闲聊时你会意识到，闲聊就是闲聊，别无其他。

总之，自我概念是由许多元素组成的独特的知识结构，它储存在我们的记忆中，就像储存家乡的认知地图一样。发展自我意识部分依赖于通过他人的视角来看待自己的能力，尽管这可能是一种宝贵的技能，但有时也会让人感到不舒服并产生羞怯。

## 自我图式：可能自我、应然自我和非期望自我

至此，我们已经介绍了自我概念发展的一些主要阶段。自我概念一经形成，便能为人们提供一种连续感，以及用于理解过去和现在并指导未来行为的框架。

自我概念是记忆中的一个信息网，它组织并提供了个体自我体验方式的连贯性（Markus, 1983）。自我概念还指导着个体加工关于自我的信息（Markus & Nurius, 1986）。例如，人们更容易加工与自我概念一致的信息。如果你认为自己很有男子汉气概，那么你会很快就同意“我是自信的”“我是强壮的”这样的说法。

**自我图式**（self-schema）是指自我概念的具体知识结构或认知表征。例如，某人可能会拥有关于男性化意味着什么的图式，这一图式包含了果断、强壮和独立等品质。

因此，自我图式是一些认知结构，它以过去的经验为基础，指导着有关自我的信息加工，特别是在社会交往过程中。

自我图式通常是指自我的过去和现在的某些方面，然而，也有些图式是关于人们能够想象的将来的自我。术语**可能自我**（possible self）就描述了这一点，它指的是人们对自己将来可能变成什么样、希望变成什么样或害怕变成什么样等方面所持有的各种观念（Markus & Nurius, 1987）。对于将来的自我，人们总是持有特定的欲望、焦虑、幻想、恐惧、希望和期待（Oyserman, Destin, & Novin, 2015）。尽管可能自我并不以实际的过去经验为基础，但它们也是总体自我概念的一部分。也就是说，可能自我也是总体自我概念的一个建构单元。例如，你是那种能想象自己成为一名科学家的人吗？即这是你的一种可能自我吗？有研究（Buday, Stake, & Petersen, 2012）发现，个体在高中时期是否有一个成为科学家的可能自我，可以预测其十年后是否真的从事科学事业。其他研究表明，大学时期的未来职业自我可以预测个体的主动求职行为，例如，到校园就业中心咨询、提前报名参加招聘会等（Strauss, Griffin, & Parker, 2012）。一个人未来的职业自我可以成为一种强大的动力，推动其为从事特定职业做好准备。即使是退休的老年人也可以有可能自我，比如他们的未来自我更健康、更苗条等（Bolkan, Hooker, & Coehlo, 2015）。

因为在界定自我概念方面可能自我起到了一定作用，所以它们可能会以某些方式影响个体的行为。例如，一个女高中生可能不知道成为宇航员会是什么样子，但由于这是她的一种可能自我，她就会对自己作为宇航员的形象有很多的想法和情感。关于宇航员的许多信息，如航天机构、航空科学等，对她而言就具有特别的意义，她会抓住一切可能的机会来了解这些知识。因此，这个可能自我会影响她当前的决定（如额外选修数学）。可能自我是现在和将来的桥梁，它们是未来自我的工作模型（Oyserman & Markus, 1990）。然而，当这个可能自我是个糟糕的榜样时，该工作模型也许会导致问题行为。研究者（Oyserman & Saltz, 1993）对一组青少年犯罪者的研究发现，其中很大一部分人的可能自我是罪犯，只有相对较少的人拥有传统的可能自我，比如找份工作或在学校好好表现。一项针对八年级学生的研究发现，那些把自己想象成问题饮酒者的学生，即有一个作为“问题饮酒者”的可能自我，在九年级时更可能经历问题性饮酒（Lee et al., 2015）。

可能自我会让我们遵照计划，朝着自我提升的方向努力。源于可能自我（无论是希望的还是不希望的）的行为可以激发强烈的情绪和情感。例如，对于一个不具有“会患冠心病”这一可能自我的人而言，错过几天的锻炼给其带来的痛苦，并不像有这种可能自我的人那么严重。

心理学家希金斯（Higgins, 1987, 1997, 1999）详细阐述了可能自我的概念，并区分了理想自我和应然自我。**理想自我**（ideal self）是人们想要变成的自我；**应然自我**（ought self）是人们对他人想要其变成的样子的理解。应然自我建立在个体对他人承担的责任和义务之上，是个体应该做的，它与第 11 章提到的罗杰斯的“价值条件”的观点相关。理想自我则建立在个体自己的欲望和目标之上，是个体想要实现的。希金斯把理想自我和应然自我称为**自我导向**（self-guides），是个体用来组织信息和激发适宜行为的标准。自我导向通过情绪获得动机属性。希金斯指出，两种类型的可能自我分别以不同的情绪为基础：如果个体的真实自我与理想自我不符，那么个体会感到悲伤、沮丧和失望；如果个体的真实自我与应然自我不符，那么个体会感到内疚、痛苦和焦虑。

总的来说，自我图式是关于自我概念的认知结构，由过去、现在和将来自我等方面组成。自我概念是人们的自我图式的总和，是他们所知道和认为的自我。自我概念的一个重要部分是可能自我，它可以是人们希望的理想自我或是想努力避免的非期望自我。过去的我是怎样的？现在的我是什么样子的？以后的我想要成为什么样的人？自我概念就是对这些问题的回答。

## 自我的评价层面：自尊

当儿童发现了行为的标准或期望，并努力达到这些标准的时候，就萌发了最初的自尊。例如，父母对如厕训练有特定的期望。当儿童最终实现了这些期望后，它们便成了儿童骄傲和自尊的来源，至少在遇到更大的挑战之前是如此。在儿童期晚期，当儿童开始热衷于社会比较的时候，自尊的来源便开始发生转变。儿童将自己和他人比较，如果自己做得比他人出色，他们就会感觉自己很好。后来，人们发展出一套内在的标准，这些标准构成了对他们的自我概念十分重要的东西。与这些内部标准不一致的行为和经验将会导致人们自尊降低。总的来说，自尊是个体自我评价的结果。

### 自我评价

自尊是依据好—坏或喜欢—厌恶维度对自我概念做出的总体评价：你是否总体上喜欢自己，认为自己有价值并且是一个出色的人？你是否感到他人很尊重你？你是否觉得自己基本上是一个正派、公平的人？你是否对你所做的事、所扮演的角色以及想要成为的人感到骄傲并满意？自尊就是个体对自我概念所有方面的积极反应和消极反应的总和。

大部分人对自己的反应都是喜忧参半的。不管是好的、坏的，我们都必须承受；承认自己既有优点，也有缺点。我们对自己的感受每天甚至每小时都会发生改变。当我们做的事情与自我概念不一致时，比如伤害了他人的感情，我们的自尊就会下降。然而，这样的波动是围绕着我们自尊的平均水平发生的。很多人格心理学家感兴趣的是自尊的平均水平，即个体在自尊维度上所处的典型位置。在人的一生中，自尊的平均水平会产生可预测的波动：低谷通常在青少年期，随后大多数人的自尊在中年期会逐渐上升（Donnellan et al., 2012; Wagner et al., 2013）。自尊随时间的增长往往伴随着其他积极的生活事件，如建立亲密关系和职业成功（Wagner et al., 2013）。

人格研究者已经承认，人们会在生活的不同领域对自己做出正面或负面的评价。例如，你也许对自己的智力颇为得意，但可能在异性面前却非常害羞。因此，你可能在学业上有较高的自尊；但在约会或涉及个人魅力时，自尊却较低。总体自尊是自我在不同领域中的自我评价的综合。这些不同的领域能够被独立评估，研究者能够考察不同生活领域方面的自尊。例如，有一个量表测量了三个方面的自尊：能力自尊、相貌自尊和社会自尊（Heatherton & Polivy, 1991）。

尽管人们在这些生活领域（如友谊、学业和相貌）可能有不同的自信程度，但是这些不同领域的测量结果显示，它们之间具有中等程度的相关。也就是说，人们在某一方面有高自尊，那么在其他方面也往往会拥有高自尊。研究者发现，有时考

表 14.2 《总体自尊问卷》条目示例

| | | | |
|---|---|---|---|
| 1. | 是 | 否 | 我对自己感觉良好。 |
| 2. | 是 | 否 | 我觉得我是一个有价值的人，并不低人一等。 |
| 3. | 是 | 否 | 我能把事情做得像大多数人一样好。 |
| 4. | 是 | 否 | 总体来说，我对自己感到满意。 |
| 5. | 是 | 否 | 有时我确实觉得自己很没用。 |
| 6. | 是 | 否 | 有时我觉得自己一点都不好。 |
| 7. | 是 | 否 | 我觉得自己没有什么值得骄傲的。 |

资料来源：Marsh, 1996.

察具体领域的自尊很有用，比如进食障碍风险者的相貌自尊。然而，大部分研究者认为，将自尊视为人们对自我概念的总体评价或平均评价更有用。表 14.2 展示了一个被研究者广为应用的总体自尊问卷。该问卷测量的是总体自尊，通过阅读和回答这些条目，你会对该问卷测量的自尊的含义有所了解。如果对条目 1~4 回答“是”，对条目 5~7 回答“否”，那么说明你的自尊很高。

## 自尊研究

很多关于自尊的研究关心人们如何对他人的评价做出反应。被评价是一件很常见的事情，尤其是在上学期间。家庭作业被评价，考试也是一种评价，儿童还会定期收到成绩报告。即使在校外，很多儿童游戏也涉及评价，比如一些竞争性的游戏。在成年期，游戏虽发生了改变，但评价还在继续。大多数工作通常会进行某种形式的常规性评价，劳动者至少会以不同幅度年度加薪的方式收到对其工作表现的反馈。在成年生活的许多其他方面也存在竞争和评价，比如在经济、婚姻和子女方面，人们经常拿自己的情况与邻居比较。因为自尊与评价相关，所以很多关于该主题的研究都会关注人们如何对批评和消极反馈做出反应。

### 对批评和失败反馈的反应

很多实验室研究探索了高自尊者和低自尊者如何对失败反馈与批评做出反应。一般来说，研究者会让参与者到实验室完成一项重要任务。比如，让他们参加智力测验，然后告知他们，现在正在制定一个常模，他们需要全力以赴。通常，这会使参与者非常投入，并能激发他们想要表现出色的动机。答题结束后，研究者对测验进行评分，并故意表现出对参与者的不满，说他们做得非常差。研究的问题是：“高自尊者和低自尊者对批评和失败反馈是如何反应的？”该研究主要考察消极反馈会如何影响参与者在随后相似任务中的表现，以及失败是否会对高自尊者和低自尊者产生不同影响（Brown & Dutton, 1995; Stake, Huff, & Zand, 1995）。研究发现，失败后，低自尊者会表现得更差，并更早放弃任务；相反，高自尊者却似乎受到了失败反馈的鞭策，他们很少会放弃任务，并且与完成第一项任务时同样努力（Brown & Dutton, 1995）。

## 阅读 “但你真正感觉如何？”——内隐自尊测量

在第 11 章的阅读材料中，我们介绍了内隐动机以及对比外显与内隐动机的研究。内隐动机是指人的无意识欲望，以及未说出口的需要和渴望。研究者用 TAT 测试测量参与者的内隐动机，然后与对应的外显动机水平进行比较，并特别关注了两者存在差异的参与者。例如，自我报告有高水平的动机，但在 TAT 中显示了低水平的动机。有关自尊的文献中也有类似的情况，研究者开发了内隐自尊的测量方法，以了解人对自我价值的无意识看法，并将其与自尊问卷中报告的外显水平进行对比。

格林沃尔德和法纳姆在 2000 年开发了一种测量内隐自尊的方法。测量时该任务在电脑上完成，不依赖关于人们如何积极看待自己的自我报告。这项被称为“自尊内隐联想测试”的任务测量的是人们能够多快、多一致地将积极词汇与自己联系起来（相对于将消极词汇与自己联系起来而言）。关于这项任务的详细描述参见相关文献（Greenwald & Farnham, 2000）。

在实际执行任务之前，参与者要给出 18 个“自我相关类”条目和 18 个“非自我相关类”条目。自我相关类条目包括姓名、电话号码、出生年月和居住地邮政编码。非自我相关类条目则包括自己没有居住过的州、街道名称等。研究者也有两份单词列表，分别包含积极的词汇（例如，聪明、善良、快乐、幸运等）和不愉快的词汇（例如，愚蠢、鄙视、污秽、毒药等）。

任务开始后，电脑屏幕上呈现成对的单词，每对单词中都有一个自我相关类或非自我相关类的条目，以及一个积极或消极的单词。要求参与者尽可能快地根据一些规则对每一对进行归类，比如“如果一个自我相关类条目与一个积极的单词配对，请按左键；如果一个非自我相关类条目与一个积极的单词配对，请按右键”。参与者会看到许多对单词，他们需要根据规则尽可能快地将其分类。计算机以毫秒为单位记录参与者分类所需的时间。

内隐自尊得分的计算方法是：用“自我—积极”词对分类的平均时间减去“自我—消极”词对分类的平均时间。得分低的人能快速给“自我—积极”词对分类，而对“自我—消极”词对分类则相对较慢，这样我们就会说该参与者有很高的内隐自尊。这样的人很容易把积极的品质与自己联系起来。之所以说这个测量是“内隐的”，是因为它不依赖人们的有意识理解或口头表达来确定他们看待自己有多积极；相反它依赖的是，相对消极概念而言，积极概念与自我概念在认知系统中有多强的关联。

研究者比较了内隐自尊和外显自尊。外显的测量是通过问卷来报告人们对自我的感觉如何，如表 14.2 呈现的问卷。内隐自尊的测量方法开发于 2000 年，因此已经有大量考察内隐与外显自尊水平不一致的研究。一类特别有趣的研究考察了外显自尊高（参与者报告自我感觉良好），但内隐自尊较低（自我—消极词汇的联结快于自我—积极词汇的联结）的人，这种与“真实”自我感受的不一致与自恋有关（Jordan et al., 2003）。也就是说，从外表看，自恋者似乎有很高的自尊，但从内心看，他们的自尊是不安全的。其他研究人员重复了外显自尊与内隐自尊之间存在差异这一发现，并表明，那些外显自尊高而内隐自尊低的人有一种脆弱的自我概念，对他人的观点和其他威胁自尊的因素过于敏感（Gregg & Sedikides, 2012）。

还有研究者考察了另一种差异类型，即外显自尊低（参与者报告自我感觉不太好），但内隐自尊高（参与者无意识中的自我评价是积极的）。这种差异与情绪问题有关，如抑郁和无价值感（Leeuwis et al., 2015）。这些研究者还发现，遭受霸凌会导致个体的外显自尊下降，但内隐自尊水平不受影响。另一项研究发现，心理治疗（25 次认知治疗或精神分析）能够同时提高内隐自尊和外显自尊（Ritrer et al., 2013）。

随着关于内隐自尊、外显自尊以及两者不一致的研究越来越多，我们将会更好地理解自尊的内在和外在表现之间的动态关系。从测量一些新概念开始，然后进一步提出关于这个新概念的问题，这正是科学在人格心理学中获得进步的方式。

为什么失败会使低自尊者感到无力却让高自尊者重新振作？研究者认为，人们容易接受与自我概念一致的反馈。对低自尊者来说，最初任务中的消极反馈与他们的自我概念一致，证实了他们的观点，即自己是一个失败多于成功的人。因此，当面对第二项任务时，低自尊者（第一项任务使他们确认了消极的自我看法）会认为接下来的任务也一定会失败，所以他们不愿努力去完成或者干脆放弃。然而，对高自尊者来说，失败与他们的自我概念不一致，所以他们更可能不接受这一反馈。另外，他们可能不相信这一反馈，认为第一次的失败源于某种意外或者根本就是一个错误。因此，在接下来的任务中他们会和第一次一样努力并且不放弃，因为在他们的自我概念中自己并不是一个失败的人。心理学家鲍迈斯特及其同事（如 Baumeister, Tice, & Hutton, 1989）主张，高自尊者努力构造一个成功、向上、蓬勃的自我形象；相反，低自尊者更多地关心避免失败。这两类人的关注重点不同：高自尊的人担心不成功，低自尊的人害怕失败。

### 自尊与对消极事件的应对

其他关于高自尊人群的研究考察了他们应对生活事件的策略。每个人都会碰到不愉快的事情。在日常生活的起起落落中，高自尊的人似乎能够保持对自己的积极评价。这是因为高自尊者懂得如何更有效地应对生活中的挑战吗？高自尊者如何克服人们通常会遭遇的失望、缺点、损失和失败呢？

布朗和斯马特（Brown & Smart, 1991）发现，高自尊者使用的一种策略是，在生活中的某一方面遭遇失败后，他们通常会转向关注生活中其他如意的方面。拉森（Larsen, 2000a; Larsen & Prizmic, 2004）发现，这是一种最有效却最少被用于克服失败感的策略。例如，假设你是一位心理学研究者，评价你工作的标准是每年发表的论文数量。你的某篇文章被出版机构拒稿了，这代表了你生活中的一个小失败。如果你是个低自尊的人，这次失败将对你产生很大影响。你会更坚信自己在大部分事情上都是个失败者，这件事情不过是再一次证明了你是多么无能和无价值。相反，如果你是个高自尊的人，也许你更有可能提醒自己，“我仍旧是一个好老师、学校的好职工、好伴侣和好家长，仍旧可以在壁球游戏中表现出色，我的狗仍旧喜欢我”。研究者（Larsen & Prizmic, 2004）建议，为了应对这类失败，人们应该列出自己生活中所有好的事情，并把清单存在手机里。然后，如果在生活的某个方面遭遇失败，比如在工作中，他们就可以把清单拿出来看一遍，就像高自尊的人自然会做的那样。这有助于人们应对生活中不可避免的打击、挫折和失败。

这种划分自我的观念与心理学家林维尔（Linville, 1987）所开启的**自我复杂性**（self-complexity）研究是一致的。林维尔指出，我们的自我概念有很多角色和方面。然而，对有些人而言，其自我概念相当简单，仅由少数几个大的方面构成。例如，当某人说“没有她，我什么都不是”时，这意味着他的整个自我概念只包含这一种关系。其他人可能会有一个更复杂或分化的自我概念，他们会说自己的自我概念有很多方面：恋爱关系、家庭、工作、兴趣、朋友和运动等。对于自我复杂性较高的人而言，自我的任何一个方面的失败（如分手）都可以得到缓冲，因为其自我的许多其他方面并没有被该事件影响。然而，如果一个人的自我复杂性比较低，那么同样的失败有可能会变成灾难，因为此人只通过一个方面来界定自己。许多研究者已经重复验证了复杂的自我概念与消极生活事件中的良好表现的关系（如 Martins & Calheiros, 2012; McConnell et al., 2009）。有研究者提出了扩大自我概念的干预方案，

# 阅读

## 关于自尊的六个错误观念

大多数人都相信自尊对心理健康很重要，从而会自然地想要增强和保护自尊。在过去的几十年里，美国人越来越关注自尊的发展，认为自尊与所有生活中美好的事情都有关。例如，加利福尼亚州成立了一个关于自尊的特别工作组，最终发布了一个报告，名为“自尊的社会价值”。在该报告中，该工作组认为，“许多甚至大部分困扰社会的主要问题都根源于社会中许多人的低自尊”，因此，美国各地从小学到高中都开设了自尊课程，培养一种“感觉良好”型自尊（例如，对自己感觉良好）。

美国心理科学协会（APS）成立了一个特别小组，负责评估有关自尊的科学文献，特别是关于客观行为和结果的文献，该报告发表于2003年（Baumeister et al., 2003）。我们从这份报告中提炼出了一系列未获得科学研究支持的关于自尊的错误观念。

**错误观念一：**高自尊与所有的积极特征相关，比如外表迷人、聪明、善良、慷慨等。的确，当自尊和身体吸引力都通过自我报告（例如，评价你有多吸引人，评价你的自尊）来评估时，通常会发现很强的相关性。然而，当使用客观的吸引力衡量标准时（比如，让评价者根据吸引力给他人的照片打分），自我报告的自尊与他人评价的外表吸引力之间的相关性就降为零。高自尊的人在自己眼中可能是极其吸引人的，但在别人眼中未必如此。在各种其他的积极特征中，也发现了类似的结果。例如，高自尊的人可能认为自己很聪明、善良或慷慨，但其他人不一定这么认为。从某种意义上说，高自尊的人可能对自己的积极特征有一种夸大或不切实际的看法，而了解他们的人不一定支持这种看法。

**错误观念二：**高自尊能促进学业成功。这里的问题是因果关系和因果方向：是自尊导致成功还是成功带来自尊？许多教育运动强调，如果我们能提高孩子的自尊，就能帮助他们在生活中取得成功。因此，老师常被教导即使学生不成功也要一直表扬他们。然而，很少有实证科学支持自尊导致学业成功这一观点。例如，鲍迈斯特等人（Baumeister et al., 2003）回顾了一项测试了23 000多名高中生的研究：第一次是在十年级，第二次是在十二年级。他们发现，十年级时的自尊对十二年级时的学业成绩只有微弱的预测作用，而十年级的学业成绩与十二年级的自尊水平有较高的相关性。因此，这些结果表明，是成功导致自尊提高，而不是相反。许多研究结果与此类似，没有研究表明提高自尊对学生有多大好处。事实上，一些研究表明，人为地提升自尊（例如，通过无条件的表扬）可能会降低个体随后的表现（Baumeister et al., 2003）。

**错误观念三：**高自尊促进工作成功。这里也是关于因果关系的相同的基本问题：是自尊促进工作的成功，还是相反？当工作表现由自己评价时，工作业绩通常与自尊中等相关，但是当客观地评估工作业绩时（例如，由主管评价），它们之间的相关会趋近于零。

**错误观念四：**高自尊使人受欢迎。同样地，如果我们使用自我报告的受欢迎程度（例如，其他人有多喜欢你？），那么它确实与自尊相关，例如，高自尊的人认为自己很受欢迎，并且有很多朋友。然而，这些自我认知并不能反映现实。鲍迈斯特等人（Baumeister et al., 2003）报告，一项对高中生进行的研究要求参与者提名自己最喜欢的同伴。班上得票最多的人被评为最受欢迎的，得票第二多的人被评为第二受欢迎的，以此类推。自尊得分与客观的受欢迎程度相关几乎为零。大学生中也有类似的发现，在鲍迈斯特等人（Baumeister et al., 2003）报告的另一项研究中，大学生自我报告了他们在几个领域的人际交往能力（例如，建立人际关系、自我表露、在必要时能表现得果敢坚毅、给朋友提供情感支持、处理人际冲突）。研究人员还让参与者的室友报告参与者在上述人际技能领域的情况。尽管参与者的自尊得分与所有自我报告的人际技能相关，但在上述五项人际技能中，有四项的室友评分与自尊的相关几乎为零。室友们注意到的唯一与自尊相关的人际技能领域是开始新的社交和友谊的能力。在这个领域，与自尊相关的自信看起来的确很重要，认为自己有魅力的人应该是善于与陌生人搭讪的。

低自尊的人可能因害怕被拒绝而羞于结交新朋友。然而，在人际技能的其他大部分领域，个体的自尊与比他人优秀无关。

**错误观念五：**低自尊会带来吸毒、酗酒和过早性行为的风险。在鲍迈斯特等人（Baumeister et al., 2003）回顾的科学研究中，并没有发现低自尊会使年轻人更容易或更早发生性行为的证据。如果两者有关系的话，也应该是高自尊的人因为不那么拘束，会更愿意无视风险并更容易发生性关系。但有证据表明，不愉快的性经历和意外怀孕似乎会降低自尊。至于酒精和非法药物的使用，尽管预防这些行为已经成为呼吁开展自尊提升项目的主要理由，然而数据并没有一致显示低自尊导致了非法药物或酒精滥用，两者甚至都不一定相关。例如，一项纵向研究发现，13 岁时的自尊与 15 岁时的酗酒或吸毒没有相关性。有几项研究发现，低自尊与饮酒之间有较小的相关，但其他研究结果与之相反。总之，研究结果并不支持自尊能保护人们免受毒品、酒精或危险性行为的伤害。

**错误观念六：**只有低自尊的人才会有攻击性。几十年来，许多心理学家认为，低自尊是导致攻击行为的一个重要因素。在坚强的外表下，好斗的人被认为存在缺乏安全感和自我怀疑等问题。然而，最近的研究表明，好斗的人往往对自己有相当好的看法。事实上，极度的高自尊会与自恋融合，当自恋者没有达到自己的目的时，就会出现愤怒和攻击。如果自尊受到某人或某事的威胁或争议，他们可能会做出敌意或暴力的反应，高自尊者尤其如此。优越感高度膨胀（也就是有自恋倾向）的人，可能最容易做出暴力反应。在自尊受到挑战（如在比赛中被打败）时，人们可能会通过发泄愤怒或攻击胜利者来保护自己的自我概念。鲍迈斯特等人（Baumeister et al., 2003）回顾了关于霸凌的文献后得出结论，霸凌者往往非常自信，而且社交焦虑程度低于平均水平。这些研究以及针对成年人的研究发现的普遍模式是，即使是高自尊也可能与人际攻击有关，尤其是当融合了自恋时。几项实证研究发现，当自尊受到威胁时，自恋的人更有可能报复或攻击威胁的来源（Baumeister, Bushman, & Campbell, 2000; Bushman & Baumeister, 1998）。一项对监狱中的男性进行的研究（Bushman & Baumeister, 2002）发现，有暴力犯罪史的囚犯自恋程度显著高于没有暴力史的囚犯。所有这些发现都与低自尊会导致攻击性的观点背道而驰；相反，它们指向了一个与直觉相悖的观点，即自我中心主义受到威胁很可能是导致攻击性和暴力的原因。

在粉碎了这些关于自尊的错误观念之后，我们可以问这样一个问题：那么，自尊有什么好处？正如本章其他部分所述，自尊提高了人们面对失败时的坚持性。高自尊的人在群体中比低自尊的人表现得更好。此外，糟糕的自我意象是导致某些进食障碍的风险因素，尤其是贪食症。低自尊还与抑郁有关，有证据表明低自尊会导致抑郁而不是抑郁导致低自尊（Sowislo & Orth, 2013）。高自尊还与社交自信和主动结交新朋友有关。最有可能的情况是，在学术、人际关系或职业上的成功，同时导致了幸福感和自尊。因此，人为地提高儿童自尊的努力（如通过无条件的表扬）可能会失败；相反，我们应该在儿童努力学习或获取那些能够在各种生活领域中取得成功的技能时给予鼓励和赞扬。

目的是改善个体在自尊受到威胁时（如失败或损失）的功能（Walton, Paunesku, & Dweck, 2012）。谚语“不要把所有的鸡蛋放到一个篮子里”似乎也适用于自我概念。关于自我复杂性研究的元分析和综述（Rafaeli-Mor & Steinberg, 2002）得出结论，在客观可识别的压力条件下，较高的自我复杂性与幸福感存在微弱但显著的关联。这表明，除了自我复杂性，其他因素也会影响人们对压力和消极生活事件的反应。

## 保护自我与抬升自我

假如你是一名即将毕业的大四学生，专业是计算机科学，具备良好的 Web 编程知识。一家热门的互联网创业公司将聘请你管理信息技术部门。你知道自己在这家公司会有很大的发展空间。事实上，如果公司上市，几年之内你可能会变成百万富翁。

然而，你也清楚这将是一份非常辛苦的工作，几年之内你必须投入大量的时间，几乎是全身心地为公司卖命。你还知道，你需要有好的运气来组建一个好的团队，并且成功地做好最初的几个项目。这是一个高收益和高风险并存的职位。你知道自己有着丰富的技能，但也知道自己很可能会一败涂地。你会怎样做？你会选择这份工作吗？

有些人可能会放弃这个可能带来巨大成功的机遇，因为他们的动机是保护自己的自我概念。也就是说，他们关心的是不失败。当失败的可能性很大时，他们宁愿不去冒险。换言之，对有些人而言，不失败远比巨大的成功更重要。事实证明，低自尊的人往往如此，他们通过避免失败来保护自我概念，而不是通过成功来抬升自我概念（Tice, 1991, 1993）。

该观点得到了几项不同研究的支持。例如，在一项研究中（Taylor et al., 2000），参与者参加一项智力测验，然后被告知自己的测验分数和其他参与者的分数。研究者引导参与者相信自己做得比他人好（虚假成功反馈）或者比他人差（虚假失败反馈）。之后，参与者有机会获知更多与他人相比较的反馈，这些反馈有可能与之前的测验分数结果一致。低自尊的参与者只有在确定是好消息，即自己在平均水平之上时，才会寻求更多反馈；而当他们认为自己处在平均水平之下时，便不再想要任何反馈。这与认为低自尊的人具有保护自我概念的动机的观点一致：只有当他们确定是积极反馈信息时，才会要求更多反馈；与之相反，高自尊的人即使获知自己处在平均水平之下，也不回避更多的反馈。

低自尊的人有时会花很多能量来回避任何关于自己的消极新信息。一种策略是直接预期失败，于是，当失败来临时，它就不再是新信息了。**防御性悲观主义**（defensive pessimism）是指面临挑战时，如即将到来的考试，个体预期自己的表现会很糟糕的一种策略。防御性悲观主义者受害怕失败的动机驱使，但他们之所以采取这种悲观的态度，是因为如果失败已经被事先预期，那么它带来的影响将会减弱。例如，如果一个小男孩事先预期打棒球时会三振出局，那么当他真正被三振出局时便不会很沮丧。关于防御性悲观主义的大部分研究是心理学家朱莉·诺勒姆做的，她看到了这种性格的积极方面。防御性悲观主义者可以建设性地应用他们的担忧和悲观，促使其做好让自己感到悲观的事情。诺勒姆举了一个某男士必须做公开演讲的例子（Norem, 1995）。尽管他已经做了很多次公开演讲，且每次演讲都很成功，但他仍然十分焦虑并认为这次自己一定会出丑。因此，他决定做更多额外练习，他一遍遍演练、一遍遍准备。到了真正演讲的时候，他像往常一样成功。通过想象最差的后果，防御性悲观主义者通过各种方式来避免最坏的结果发生。防御性悲观主义的弊端在于，其消极性会让人恼火（Norem, 1998, 2001）。

有些时候，人们不遗余力地制造失败，这被称作自我设障（如 Tice & Baumeister, 1990）。**自我设障**（self-handicapping）是指个体故意做一些会增加失败可能性的事情（Tice & Bratslavsky, 2000）。例如，一位年轻女士可能对即将到来的考试持悲观态度，所以她将此作为不学习的借口。然而，不学习对考试而言就是一个障碍，也是失败的借口。不学习增加了她失败的概率，同时也为她的失败提供了借口。失败后，她可以说自己只是没有准备，而不是不够聪明或者没有能力做好。对低自尊的人而言，失败是一件坏事，但没有借口的失败则是更糟糕的事。

### 自尊的变异性

大部分关于自尊的研究关注自尊的平均水平，或者说一般情况下人们的自我评价是怎样的。但是通过第 5 章我们也知道，人的自尊每天甚至每小时都在发生波动。**自尊的变异性**（self-esteem variability，也译作“自尊的变动性”）是一种个体差异，它是指自尊在短期内波动的程度（Kernis, Grannemann, & Mathis, 1991）。在这里，我们只强调主要的两点。首先，研究者就自尊的水平和变异性做了区分，自尊的这两个方面并不相关。而且我们假定，自尊的水平和变异性以两种不同的心理机制为基础，它们在预测一些重要的生活结果方面往往会表现出交互作用（Kernis, Grannemann, & Barclay, 1992）。

其次，自尊的变异性与个体自我评价的可变程度有关。也就是说，一些人的自尊比其他人的自尊更容易被生活事件所影响。多项研究表明，自尊依赖于他人反馈的人表现出更高的自尊变异性（Leitner et al., 2014）。正如罗杰斯所说（见第 11 章），试图让他人快乐，可能会妨碍个人的自我发展。心理学家迈克尔·科尼斯曾对此特征做过很多论述，他认为在某些人身上自尊的变异性之所以非常高，是因为他们：

- 对社会评价事件有过高的敏感性；
- 对自我看法有过高的关注；
- 过分依赖来自社会的评价；
- 对评价会做出愤怒和敌意反应。

多项研究考察了自尊的变异性是否调节了自尊水平与其他变量（如抑郁等）的关系（Gable & Nezlak, 1998）。在一项研究中（Kernis et al., 1991），自尊水平与抑郁相关，但这种相关对自尊变异性高的人来说要强很多。基于这样的发现，研究者将自尊的变异性视为抑郁的易感因素（Roberts & Monroe, 1992）。女性的自尊变异性往往比男性更高，抑郁率也高于男性（第 13 章对此做过讨论）（Wagner, Ludtke, & Trautwein, 2015）。

其他研究致力于探索自尊变异性与健康的长期关系，发现这一特征与各种健康风险因素有关（Ross et al., 2013）。总而言之，自尊变异性和自尊水平一样重要。

## 自我的社会层面：社会同一性

社会同一性是指在他人面前展现的自我。我们通过这部分自我来制造一种印象，让他人知道我们是谁，可以对我们有哪些预期。社会同一性与自我概念不同，同一性包含了可被他人观察的元素，是公众可了解的外显的自我表达。性别和族裔便是社会同一性的组成部分，可以归入也可以不归入个体的自我概念，但它们却是社会自我的一部分，是可以为他人所了解的同一性。

社会同一性具有连续性，因为它的很多方面是不变的，如性别和族裔。日复一日、年复一年，人们都会认为你是同一个人。如果有人要你的“身份证明”，你可以拿出护照或驾照，这些证件上有一些社会可获得的关于你的事实信息，如你的身高、体重、年龄、眼睛颜色以及你的姓名、住址等。所有这些信息都是你同一性的组成部分，它们向其他人提供了你的简单轮廓。

## 同一性的本质

同一性具有两个重要特征：连续性和对照性。**连续性**（continuity）是指人们能够把今天的你和明天的你看作同一个人。显然，人们在以各种方式发生着改变，但是社会同一性的许多重要方面却保持着相对的稳定性，比如性别、姓氏（尽管有些女性结婚后选择改姓）、语言、族裔和社会经济地位。

同一性的其他方面可能会发生变化，但是变化非常缓慢，从而给人一种连续感，如教育、职业和婚姻状况。同一性的有些方面涉及公开的行为模式，比如是一名运动员、一个违纪者、一个“派对达人”，它们也有助于产生连续感（Baumeister & Muraven, 1996）。

**对照性**（contrast）是指你的社会同一性把你与其他人区别开来。同一性使你在他人眼中变得独特。构成同一性的各种特征的组合将你与其他所有人区分开来。例如，可能有其他学生的讲话方式与你相同，你们在同一个地方工作，但你是在那些与你有相同族裔背景和眼睛颜色的人中唯一喜欢某种风格音乐的人。某些特征对一些人的社会同一性而言比对其他人更加重要。我们现在将讨论，人们如何通过选择强调自我的某些方面来发展他们的社会同一性。

## 同一性的发展

尽管任何能够提供同一感的东西都有可能成为同一性的一部分，但是人们总是有一定的自由度来选择那些想要（或者不想要）他人了解的内容。例如，一个学生可能会努力加入游泳队，选择成为运动员；另一个可能总是违纪，成为一个违纪者。一个人可能会选择“出柜”，将同性恋性取向变成其公开的社会同一性的一部分；而另一个同性恋者可能会选择“待在柜子里”，不让性取向成为其公开的社会同一性的一部分。人们也在同一性的强度上存在差异。有些人非常重视声誉，有些人在社会关系中漫无目的，不知道自己该是什么样子。事实上，大部分人都会有一段尝试各种同一性的时期（通常在高中或者大学）。对很多人而言，这是一段令人不舒服的时期，他们在发展自己社会同一性时可能在社交上有不安全感或过于敏感。

正如我们在第 10 章中提到的，同一性这一术语在 20 世纪 60 年代因精神分析学家埃里克森（Erikson, 1968）而流行起来。他认为同一性是个体努力脱离父母的结果，个体不再依赖父母来决定应该持什么样的价值观和追求什么样的生活目标。埃里克森认为，同一性的获得需要付出努力，而且总是存在同一性获取失败的风险，从而导致角色混乱。埃里克森指出，人们需要持续努力去获取并维持自己的同一性。

埃里克森（Erikson, 1968）指出了获取同一性的几种方式。在获取同一性方面大多数人都会经历挣扎，特别是在青少年期晚期和成年早期。尝试各种不同的同一性，就如同试戴不同的帽子看看哪个最合适。在尝试各种同一性的过程中，一个年轻人可能在第一学期当运动员，而在下个学期加入辩论协会和国际象棋协会；接下来的一个学期，他做了文身，并在身体的某些部位打了小洞，开始同一群同样打了洞和文身的人一起混。人们主动努力去获取一个适合自己、令自己感到舒适的社会同一性。通常，经过一段时间的尝试，大部分人会找到合适的社会同一性，并保持一定的稳定性。

对有些人而言，获取同一性的方式并不是通过尝试各种同一性，而是接受和采

应 用

马丁·盖尔归来的真实故事非常有趣，有好几部电影拍摄了这个故事。故事发生在中世纪晚期的法国，在故事中，农民马丁·盖尔丢下妻子去参加“百年战争”。妻子耐心地等他归来，但9年过去了，他却杳无音信，妻子猜想马丁已经死了。但令妻子吃惊的是，当她深信自己已经是一个寡妇的时候，马丁突然回来了。尽管邻居们为马丁的归来举行了一场盛大的庆祝活动，但也有邻居怀疑他是一个冒名顶替者，认为他并不是真的马丁，而是一个非常了解马丁的人在盗用其身份。然而，对孤独的妻子而言，他的样子和声音都很像马丁，而且他知道许多他们以前的亲密细节。不仅如此，现在的这个男人比多年前去参战的那个男人更优秀、更绅士、更钟情、更贴心。因此，她非常希望这个男人就是马丁。

随着时间的推移，这个男人伪造身份的迹象逐渐浮出水面，围绕马丁社会自我的巧妙伪装被揭穿了，邻居们告知了当地的法官。妻子竭力辩护说现在的马丁就是她的丈夫，即使不是，她也希望他留下来。然而，法官判决他是一个冒名者，此马丁并不是真正的马丁·盖尔。人们认为是他强迫真马丁说出了其自我概念和社会同一性的细节，然后用这些知识创造了一个与马丁非常相似的社会同一性，以至于连马丁的妻子都相信他真的是自己的丈夫。法官确信他并不是真的马丁，判其通奸，罪当处死。但马丁的妻子并未获罪，因为她坚信这就是她的丈夫。

1993 年，根据这个故事改编并由热拉尔·德帕尔迪厄主演的法国电影《马丁·盖尔归来》获得了三项法国电影凯撒奖。这是一部令人惊叹的描述自我和社会同一性的电影。从故事中我们看到，许多细节一起形成了社会同一性。这部电影展示了人们如何在同一性的基础上形成对他人社会行为的预期，以及对这些预期的微小背离如何会导致猜疑。

热拉尔·德帕尔迪厄主演的法国电影《马丁·盖尔归来》描述了一个个人身份被盗的中世纪真实故事。图中是“新”马丁在离家 9 年后归来时的场景，他拥抱着“旧”马丁的妻子。该片获得了三项法国电影凯撒奖。

*© Jacky Coolen/Gamma-Rapho via Getty Images*

纳一个现成的社会角色。一般而言，这些人接受父母或者重要他人实践或提供的同一性。例如，接管家族生意；在家乡买一套房子；去父母所去的教堂。这些人在同一性中表现出稳定性和成熟性，甚至在十几岁的时候，他们就拥有了成熟的价值观、计划和目标。另一个获取同一性的例子是包办婚姻，即父母决定孩子和谁结婚，而孩子欣然接受，这种情况在今天的印度依然常见。

然而，这种“速食”式同一性获取方式是有风险的，因为它可能伴随一定程度的刻板和僵化，使个体不再接受新观念和新生活方式。这些人对自己的社会角色可能比较固执并且缺乏灵活性，特别是面对压力的时候。尽管如此，对大多数人而言，这种获取同一性的途径是可以接受的，也是一种合理的选择，是为生活提供同一性的一种方式。

## 同一性危机

个体的同一性时不时地会受到挑战。对“他人认为我是一个什么样的人”的回答是会发生改变的。例如，一个女人离婚后，其社会同一性从“我结婚了”转变为“我离婚了，重新恢复单身”；一个男人放弃了经理人的职位到一个小农场工作，他的同一性从“我是一个经理”转变为“我是一个农夫”。同一性面临的其他挑战还可以是改变个体声誉、家庭生活或经济地位的事件。

埃里克森（Erikson, 1968）创造了“同一性危机”这一术语，意指个体在努力定义或重新定义个人特征和社会声誉时产生的焦虑感。对大部分人而言，经历同一性危机是重要且难忘的生活阶段。有时它发生得比较早，在青少年期；有时它发生得比较晚，在中年期。有些人在一生中会出现多次同一性危机。心理学家鲍迈斯特指出，存在两种不同类型的同一性危机：同一性缺失和同一性冲突（Baumeister, 1986, 1997）。

### 同一性缺失

**同一性缺失**（identity deficit）是指个体没有形成充分的同一性，难以做出重要的决定。例如，应不应该去上大学？如果上大学，该选什么专业？要不要去服兵役？要不要结婚？没有安全的、确定的同一性的人在做这些决定时会出现问题，因为他们缺乏一个内在的基础。当面对艰难的决定时，人们往往转向内心寻找答案。通过这种方式，许多人立刻就能获得行动方案，因为他们对自己的价值观和偏好非常了解，知道“像我这样的人”在这样的情形下会怎样做。然而，当同一性缺失的人转向内心世界时，他们很难找到做出此类生活选择的基础。

同一性缺失往往发生在个体抛弃旧的价值观和目标的时候。例如，大学生经常会抛弃旧观点，拥抱他们在大学中接受的新观点和新价值。事实上，一些大学课程的目标就是鼓励学生怀疑和挑战他们先前关于自身和世界的假设。大学校园里经常可见的车贴标语是“质疑权威”。但是拒绝旧的观念和假设会导致一段真空期或同一性缺失，并伴随一种空虚感和不确定感。这种感受促使人们寻找新的信仰、价值观和目标。努力填补同一性缺失的人会尝试新的信仰体系，探索新的关系，寻找新的观念和价值。他们可能有时在某段时间陷入抑郁和困惑，有时又为生活中的各种可能性感到欣喜。

同一性缺失的人很容易受到各种组织宣传的影响。他们经常对其他的信仰体系感到好奇，因此很容易受到他人的影响。由于他们的空虚感以及对新价值和新观念的渴求，这个时期的他们很容易被说服。正如研究者（Baumeister, 1997）所指出的，邪教组织在征募信徒时，往往最容易从正在经历同一性缺失危机的人身上取得成功。

### 同一性冲突

**同一性冲突**（identity conflict）是指同一性的两个或多个方面不相容的现象。当强迫个体去做一个重要而又艰难的人生决定时往往就会发生这种危机。例如，一个美国移民可能既想同化到美国的主流文化中，又想维持其族裔身份，这时就会产生同一性冲突。同样的同一性冲突也会发生在想拥有家庭的劳动者身上。如果一名有着强烈家庭承诺的男性获得了工作升迁机会，为此需要工作更长时间或经常去外地出差，此时他就会经受同一性冲突。只要同一性的两个或多个方面发生分歧（比如，同时成为事业有成的职业女性和尽心尽力的多孩母亲），就有可能发生同一性冲突。

同一性冲突是“双趋冲突”，即人们想达成两个相互冲突的目标。尽管这些冲突涉及两种理想的同一性，但在同一性冲突中却没有多少快乐可言。同一性冲突经常涉及因知觉到辜负了同一性的某个重要方面而产生的强烈负罪感或自责感。处于同一性冲突中的人会感到自己让自己和他人都很失望。

克服同一性冲突往往是一个艰难和痛苦的过程。一种方法是先抛开同一性的某一部分，放弃自我中先前非常重要的一个方面。有些人能够在他们的生活中获得一种平衡。例如，一个大学教授可以只接受较轻的教学任务，以便腾出更多的时间陪孩子；一个企业主管可以每周远程办公两天，从而有更多的时间陪孩子。有些人能将他们的生活加以划分，以避免这种冲突的出现，例如，有些人将工作和生活完全分开。

### 同一性危机的解决

同一性危机（包括缺失和冲突两种类型）经常发生在青少年期，但并不是所有的青少年都会经历同一性危机。研究者发现，解决同一性危机通常需要两个步骤（Baumeister, 1997）：首先，决定哪种价值观对自己而言是最重要的；其次，将这些

应 用

凯文·斯佩西在奥斯卡获奖影片《美国丽人》中饰演的角色莱斯特经历了严重的中年同一性危机。事实上，这部电影描述的是莱斯特在经历同一性危机期间，给家人、邻居和同事造成巨大混乱的故事。莱斯特从一个安于现状的丈夫、有些疏忽但“足够好”的父亲、顺从的员工，变成了一个无论是在家里还是在工作中都想按照自己的方式行事的人。一天，莱斯特发现不再喜欢过去的自己，决定做出彻底改变。在整个转变过程中，莱斯特毁了自己的婚姻，迫使女儿考虑离家出走，丢掉了工作，尝试吸食毒品，将一个情绪不稳的邻居推向崩溃边缘，并促使两个未成年人走上犯罪道路。显然，在电影的大部分时间里，莱斯特重新界定自己的尝试都是不成熟的，而且是机能失调的。然而在电影结尾，莱斯特似乎走上了正轨，他最终发现了某种整合，朝向一个积极的方向前进。在莱斯特决定不再与女儿的女性朋友发生性关系的片段中，他意识到在新的同一性里自己至少应该是一个成熟的男人。

在奥斯卡获奖影片《美国丽人》中，凯文·斯佩西饰演了莱斯特，一个经历严重中年危机的人。在改变自己社会同一性的努力中，莱斯特改变了自己与妻子、老板、孩子甚至邻居的交往方式。尽管在这一过程中做出了一些草率的决定，但在电影结尾，我们发现莱斯特最终形成了积极的新同一性。

抽象的价值观转化为欲望和实际行动。例如，某人可能会得出这样的结论，对他而言最重要的是有一个家庭。然后，便是把这些价值观转化为行动，诸如去找到一个也想建立家庭的合适伴侣，努力维持关系，准备一份可以养家的职业等。当这个人开始朝着这些目标努力时，他便拥有了安全的同一性，因此不大可能体验到同一性危机，至少在其生活的这一早期阶段是这样的。

第二个通常会发生同一性危机的阶段是中年期。对某些人而言，他们在这个时期开始不满于现有的同一性，可能是对工作不满，也可能是对婚姻不满。不管什么理由，出现中年同一性危机后人们会觉得事情并没有像自己所希望的那样发展，他们或许会感到自己的生活不真实。经历中年同一性危机的人开始怀疑自己早年是否做出了正确的选择，并开始重新考虑这些承诺。“如果当初我……”是他们经常挂在嘴边的抱怨。这是一段懊悔自己花时间追求了一些不能让自己满意或不可能实现的目标的时期。许多处于这种状态的人决定放弃目标，会体验到同一性的缺失，因为他们放弃了先前指导他们生活的原则。

经历中年危机的人就像又一次经历了青少年期。也就是说，不管发生在青少年期还是中年期，同一性危机似乎是一样的：当事人尝试不同的生活方式，形成新的关系，抛弃旧的关系、旧的理想和责任。在中年危机中，人们经常更换职业、配偶、宗教信仰或居住地，甚至是同时改变上述的几个方面。有时候，他们仅仅是改变了一些优先顺序。例如，一位女士可能维持原有的工作和配偶，但是决定在配偶身上花更多的时间，而在工作中花较少的时间。中年危机同青少年期危机一样，会经历情绪过山车。

总而言之，社会同一性由社会性的或公开的自我构成，是你给他人留下的印象。你的许多可观察的特征，如性别、族裔和职业，构成了你的同一性。其他的一些特点，比如构成声誉的那些特点，也是同一性的一部分。你的同一性可以带给自己和他人一种连续感，使得今天的你和明天的你仍然是同一个人；同一性还可以使你在他人眼中独一无二。

## 总结与评论

本章概述了人格心理学家所了解的自我。这些知识被整齐地划分为三个领域：自我概念、自尊和社会同一性，它们对理解人格非常重要。在我们的日常生活和经验中，自我这一概念是有意义的。我们经常在日常生活中使用诸如自私、自我崇拜、忘我、自我意识和自尊之类的词语。在语言的进化中，我们发展出了丰富的词汇来描述自我。这反映了人们对自身的关注。心理学家对自我感兴趣的另一个重要原因是，它在个体组织关于世界的经验方面具有重要作用。例如，个体认为重要的事情是与其自我概念相关的事情。而且，当个体自我卷入的时候，其行为是非常不同的。因此，自我概念对理解人们如何解释自己的世界、行为和经验是非常有用的。自我是个体内部的主要组织力量。

自我概念就是个体的自我理解，是关于自己的故事。自我概念始于婴儿期，那时婴儿第一次区分了自己的身体和外物。通过反复的自我意识体验，自我概念的这一萌芽继续发展，形成儿童用于自我界定的特征的集合，如性别、年龄和特定的家庭成员身份。儿童慢慢获取了各种技能和才能，开始与他人做比较并重新界定自我概念。他们还发展出隐私感和保守自己秘密的能力感，因而开始产生了私人自我概念，即一些自己知道而他人不知道的关于自我的事情。然后，人们会围绕自我的各个方面产生认知图式，这些知识结构是与自我概念相关的特征的集合。人们还形成了对未来自我的看法，他们的可能自我包括希望的（理想自我）和不希望的特征。总的来说，自我概念就是个体对这些问题的回答："我曾经是谁？""我现在是什么样的？""我将来想变成什么样子？"

自尊是个体在好—坏维度上对自我概念做出的评价。人们在是否认为自己有价值方面存在差异。自尊的研究重点是人们如何对失败做出反应，研究发现，高自尊的人面临失败时会继续坚持，而低自尊的人在失败时往往会放弃。高自尊的人似乎能很好地免疫生活中的挫折与失败。他们经常采用的策略是，当生活中某些方面的事情变得很糟糕时，提醒自己生活中的其他方面进展顺利。这让他们能够正确看待消极事件并帮助他们做出应对。自尊过高者往往会有自恋倾向，有时会对威胁其自尊的对象做出攻击反应。研究发现，自恋型的人经常对消极反馈采取报复行为。另一个与自尊相关的临床问题是极端羞怯。羞怯的确具有某种生物学基础，但它也与过分控制的教养模式相关。羞怯通常可以通过治疗来改变。另一个研究领域表明，高自尊的人经常关注抬升自我概念，而低自尊的人则关注保护原有的自尊免于受损。最后，本章还讨论了自尊的变异性，变异性高的人似乎对具有评价性的生活事件格外敏感，如社会怠慢和公共场合的失败。

本章讨论的自我的最后一个方面是社会同一性，即个体的外在表现或留给他人的印象。同一性是通过与他人的长期交往发展起来的。对很多人而言，同一性的发展需要一段时期去尝试；而另一些人通过接纳现成的社会角色而使整个过程变得更容易。人们会在生活的某些阶段经历同一性危机，不得不重新界定自己的社会同一性。形成同一性是一项终身的任务，因为同一性会随年龄增长所带来的社会角色的改变而改变。

埃里克森创造了术语*同一性危机*，它指的是由于不得不重新定义个体的社会声誉而产生的焦虑感。危机的类型有两种：同一性缺失，即没有形成充分的同一性；同一性冲突，即同一性的两个或多个方面陷入冲突。尽管存在危机和挑战，但大部分人都形成了牢固的同一性，并且因为这些独特性而为他人所熟悉。

## 关键术语

| | | |
|---|---|---|
| 自我概念 | 自我图式 | 自我设障 |
| 社会同一性 | 可能自我 | 自尊的变异性 |
| 社会比较 | 理想自我 | 连续性 |
| 私人自我概念 | 应然自我 | 对照性 |
| 观点采择 | 自我导向 | 同一性缺失 |
| 客体自我意识 | 自我复杂性 | 同一性冲突 |
| 杏仁核 | 防御性悲观主义 | |

第五编

# 社会与文化领域

© Arthimedes/Shutterstock RF

社会与文化领域强调的是，在我们的生活中，人格通过社会情境、社会角色和社会预期以及与他人的交流来表达，并被这些因素影响。

在第 3 章中，我们已经了解到，很多特质分类强调人际特质，如支配与服从、爱与恨。实际上，我们的语言中大多数重要的特质形容词都是对人际行为的描述。人际特质对我们生活的影响是长期的。例如，个体控制欲强还是性格随和，将会影响到他与配偶、同事之间的冲突以及达成目标的策略等不同方面。一个人倾向于紧张不安还是乐观愉快，可能导致不同的社会结果，如离婚或在销售事业上取得成功。许多最重要的个体差异和人格特质都体现在我们的人际关系之中。

我们将介绍人格影响社会交往的三种基本方式。第一种方式是选择，人们会基于自己的人格来选择特定的社会环境。第二种方式是唤起，我们将考察人们如何唤起他人的痛苦和积极情感。人格影响社会交往的最后一种方式是通过操控来影响他人，即人们采用什么策略从他人那里获得自己想要的东西。

人际交往的一个重要方面是男性与女性的关系。社会认同的一个根本方面是我们的性别。长期以来，人格心理学家一直对男性与女性的人格差异有着浓厚的兴趣。有些学者倾向于弱化男女之间的差异，强调性别差

V

异很小，性别内的变异远远大于性别间的变异。而另一些学者关注性别间的差异，强调某些差异非常大，而且在不同的文化中都发现了这些性别差异。男性在攻击性上的得分往往高于女性，而女性在信任、关怀上的得分高于男性。这些差异从何而来？

许多我们称之为性别的东西可能源自文化，也就是说，社会为男性和女性设定了不同的规则与期望。

另一些理论强调性别差异可能与激素有关。例如，男性和女性体内的睾酮水平有较大差异，而睾酮已被确认与支配性、攻击性和性欲等人格特质相关。

还有一种理论是进化的观点，认为男性和女性因为面临不同的挑战，所以进化出了不同的应对模式。无论性别差异的起源如何，人格心理学家一直都对它们很感兴趣。性别差异显然是社会与文化领域的内容之一，因为它们涉及人际关系且体现在人际关系中。

个体间的另一种具有社会意义的重要差异来自他们所属的文化，即由社会规则、预期以及个体成长于其中的习俗构成的一整套系统。例如，在一种文化下，父母总是会将哭闹的婴儿抱起来安抚；而在另一种文化下，父母对哭闹的婴儿会听之任之。成长于这两种不同的文化是否可能导致成人的人格差异？不同文化中的人确实有不同的人格吗？

人格心理学的一个重要目标是理解文化如何影响人格的形成，以及不同文化之间有哪些相似性和差异。除了识别不同文化背景的人的差异，文化人格心理学家也在寻求文化间的共性。文化共性的一个典型例子是特定情绪的表达。另一个表现文化共性的是人格特质的五因素模型。

在本书的该部分内容中，我们将关注人格的社会—人际层面以及性别和文化等广阔的领域。

# 人格与社会交往



15

# 社会与文化领域

在线交友网站上的个人资料中，人们通常会提到期望对方拥有的人格特征，如体贴、幽默、深情等。人格在社交互动中扮演着重要的角色。

休和琼一边喝咖啡一边谈论着各自在前一天晚上的约会经历。“迈克尔看起来像是个不错的人，至少刚开始是这样的，”休说道，“他很有礼貌，问我喜欢吃哪种食物，似乎真的很有兴趣了解我。但是他对服务员很粗鲁，这有点令人讨厌。他还坚持为我挑选食物，点了一盘我不喜欢吃的猪肉。整个晚饭期间，他一直在讲自己的事。晚上告别的时候，他很想去我家，但我告诉他我很累了，今天就到此为止。”“你吻他了吗？”琼问道，“是的，我向他吻别道晚安，可是他却想要得寸进尺，我只好推开他。这时他所有的礼貌都不见了，怒气冲冲地走了。我想他根本就不是个好男人。对了，你的约会怎样？”

在这番对话里，休透露了其约会对象迈克尔的大量重要信息，这些信息在我们做出社交决策时起着非常重要的作用。无论是对服务员，还是对道晚安的休，迈克尔都表现出了攻击性。他以自我为中心，整个晚餐过程中只关注自己。他还缺乏同理心，这从他漠不关心服务员的感受，以及对休唐突的越界行为中就可以看出来。他表面上的一点礼貌在那晚很快就消失得无影无踪，显露出令休感到厌烦的粗鲁人际特性。

上述片段说明了人格影响社会交往的几种基本方式。人格与情境的相互作用通过三种方式实现：选择、唤起和操控情境。这三种机制可以用来理解人格对人际情境的影响。第一，他人的人格特征影响我们是否选择其作为约会对象、朋友，甚至是婚姻伴侣。在这个故事中，迈克尔的攻击性和以自我为中心的人格特征让休感到厌烦。人格特征也会影响我们选择进入和停留其中的人际情境类型。例如，一个和休不同的人可能会被迈克尔这类人吸引，能够容忍迈克尔的自我中心倾向。

第二，他人的人格会唤起我们的特定反应。迈克尔的攻击性引起了休的反感，如果他表现得更温和、更体贴一点就不会令休有这种感受了。与人格相关的行为可引发他人各种各样的反应，从攻击到社会支持，以及从对婚姻满意到对婚姻不忠。

第三，人格与我们试图影响或操控他人的方式有关。在上面的故事中，迈克尔先是采用了魅力策略，然后使出自夸策略，最后用上了强迫策略，试图强迫休。一个有着不同人格特征的男性可能会使用不同的社会影响策略，如劝说或奖赏。

选择、唤起和操控是人格与社会环境相互作用的三种重要方式。在日常生活中，一个人不可能接触到所有可能的社会情境，人们会有选择地寻求或者避开某些社会情境。人格还影响我们如何唤起他人的不同反应，以及他人反过来如何唤起我们的不同反应，这一过程有时候是无意的。最后，人格还影响我们如何有意识地影响、改变、利用和操控那些我们选择与之交往的人。

## 选　择

在日常生活中，人们会选择进入某些情境而避开另一些情境，这类情境选择取决于我们的人格特征和我们如何看待自己。下面的故事就说明了选择的过程。在这个例子中，一对夫妇无意间涉足了一个情境，然后很快退出了。

> 奇普和普丽西拉是一对来自芝加哥的雅皮士夫妇。他们刚刚搬到达拉斯，正在南格林维尔大道体验一些时髦的夜总会。当他们推开旋转门，进入一个看起来像电视剧《荒野镖客》中出现的古雅型西部小酒馆时，迎面碰见六个大块头摩托党转过高脚凳盯着他俩。他们每个人平均有两个以上的刺青，还掉了三颗以上的牙齿，身上散发着火药味。其中两个人挑衅地望着奇普，一个人不怀好意地向普丽西拉抛媚眼。奇普对普丽西拉说："这里不像是我们会来的地方。"随即，他俩匆匆离去了。（Ickes, Snyder, & Garcia, 1997, p. 165）

我们的日常生活中充满了社交选择。这些选择的重要性不同，从琐碎的小事（我要不要参加今晚的聚会？）到意义深远的事（我应该选择这个人作为婚姻对象吗？）。社交选择是指导我们选择一条道路并避开另一条的决策节点。这些选择通常是基于选择者的人格特征做出的，它们决定了我们所处的社会环境和社会世界的本质。外向者选择在社交场合花更多时间，而高尽责性的人会选择更多与工作相关的活动，这类选择从青少年期持续到成年早期（Wrzus, 2016）。随和性高的人选择花更多时间观看描绘积极形象的照片和媒体，随和性低的人则更常浏览消极的照片和媒体影像（Bresin & Robinson, 2014）。

配偶选择是该机制的一个生动范例。选择一个长期的配偶，就意味着你会与某个特定个体进行密切的长期交往。这将改变你接触并生活于其中的社会环境。在选择一个配偶的同时，你还选择了可能会经历的社交行为以及朋友和家人网络。

人们会选择什么人格特征的人作为伴侣？是否存在一些每一个人都非常看重的普遍人格特征？我们会寻找一个与自己人格相似的人还是不同的人？配偶的选择与婚姻的稳定性有什么相关？

### 对配偶人格特征的期望

一项跨文化研究调查了人们对长期配偶有什么样的期望。该研究的 10 047 名参与者分别来自世界的六个大洲和五个岛屿（Buss et al., 1990）。全部的 37 个样本来自 33 个国家和地区，代表了所有主要的种族、宗教和政体。样本范围从澳大利亚沿海居民到南非的祖鲁人；经济地位从中产或中上阶层的大学生一直到社会经济地位较低的群体，如印度古吉拉特人和爱沙尼亚人。50 名研究者参与了数据的收集过程。标准化的问卷被翻译成了各种文化的本土语言，并由与参与者同一文化的主试施测。关于人们期望什么样的长期配偶这个问题，该研究是迄今为止规模最大的，它发现人格在配偶的选择中扮演了重要角色。在下面的练习中，你也可以完成这份问卷，并将你的选择偏好与全球样本做一番比较。

练习

指导语：评价以下因素在选择恋爱对象或配偶时的重要性，如果你认为这个因素是：

必不可少的，请打 3 分；
重要的，但并不是必不可少的，请打 2 分；
你所希望的，但并不是很重要的，请打 1 分；
无关紧要的，或根本不重要的，请打 0 分。

因素描述：

____1. 擅长烹调和料理家务。
____2. 性格宜人。
____3. 善于交际。
____4. 有相似的教育背景。
____5. 精致，整洁。
____6. 有较好的经济前景。
____7. 贞洁（未发生过性行为）。
____8. 可靠。
____9. 情绪稳定、成熟。
____10. 希望有家庭和孩子。
____11. 有良好的社会地位或等级。
____12. 貌美或英俊。
____13. 有相似的宗教背景。
____14. 有抱负，勤奋。
____15. 有相似的政治背景。
____16. 彼此吸引或爱慕。
____17. 身体健康。
____18. 接受过良好的教育，聪明。

现在将你的评价与 10 047 名来自世界各地的男性和女性样本做一个比较吧，见表 15.1。

正如你在表 15.1 中所见，彼此吸引或爱慕是最重要的特征，世界上的大多数人都认为它是不可或缺的。在彼此吸引或爱慕之后，人格特质在配偶选择偏好上显得非常突出，如可靠、情绪稳定、性格宜人等。你可以回忆一下，这与人格“大五”模型中的三个因素非常接近（见第 3 章）。可靠接近于尽责性，情绪稳定与大五模型中的第四个因素相同，性格宜人与第二个因素随和性十分接近。其他一些得到参与者高度评价的人格因素包括：善于社交、精致和整洁、有抱负和勤奋。

注意，在参与者的回答中，除了彼此爱慕，排名靠前的均是人格特质。因此，全世界的人寻求长期配偶时，人格因素都扮演了重要的角色，这些发现在过往数十年的研究中已经被反复证实（例如，Fletcher et al., 2004; Kamble et al., 2014; Lei et al., 2011; Souza et al., 2016）。此外，无论性取向如何，人们都会优先考虑随和性、尽责性和情绪稳定等人格特质；这些特质对非异性恋者的重要性与异性恋者同样高（Valentova et al., 2016）。在这些人格特质上得低分往往会成为恋爱关系的“雷点”（Jonason et al., 2015）。

表 15.1 跨文化样本中两性的评价结果

| 价值排序 | 男性的评价结果 | | | 女性的评价结果 | | |
|---|---|---|---|---|---|---|
| | 变量名 | 平均分 | 标准差 | 变量名 | 平均分 | 标准差 |
| 1 | 彼此吸引或爱慕 | 2.81 | 0.16 | 彼此吸引或爱慕 | 2.87 | 0.12 |
| 2 | 可靠 | 2.50 | 0.46 | 可靠 | 2.69 | 0.31 |
| 3 | 情绪稳定、成熟 | 2.47 | 0.20 | 情绪稳定、成熟 | 2.68 | 0.20 |
| 4 | 性格宜人 | 2.44 | 0.29 | 性格宜人 | 2.52 | 0.30 |
| 5 | 身体健康 | 2.31 | 0.33 | 接受过良好的教育，聪明 | 2.45 | 0.25 |
| 6 | 接受过良好的教育，聪明 | 2.27 | 0.19 | 善于交际 | 2.30 | 0.28 |
| 7 | 善于交际 | 2.15 | 0.28 | 身体健康 | 2.28 | 0.30 |
| 8 | 希望有家庭和孩子 | 2.09 | 0.50 | 希望有家庭和孩子 | 2.21 | 0.44 |
| 9 | 精致，整洁 | 2.03 | 0.48 | 有抱负，勤奋 | 2.15 | 0.35 |
| 10 | 貌美或英俊 | 1.91 | 0.26 | 精致，整洁 | 1.98 | 0.49 |
| 11 | 有抱负，勤奋 | 1.85 | 0.35 | 有相似的教育背景 | 1.84 | 0.47 |
| 12 | 擅长烹调和料理家务 | 1.80 | 0.48 | 有较好的经济前景 | 1.76 | 0.38 |
| 13 | 有较好的经济前景 | 1.51 | 0.42 | 貌美或英俊 | 1.46 | 0.28 |
| 14 | 有相似的教育背景 | 1.50 | 0.37 | 有良好的社会地位或等级 | 1.46 | 0.39 |
| 15 | 有良好的社会地位或等级 | 1.16 | 0.28 | 擅长烹调和料理家务 | 1.28 | 0.27 |
| 16 | 贞洁（未发生过性行为） | 1.06 | 0.69 | 有相似的宗教背景 | 1.21 | 0.56 |
| 17 | 有相似的宗教背景 | 0.98 | 0.48 | 有相似的政治背景 | 1.03 | 0.35 |
| 18 | 有相似的政治背景 | 0.92 | 0.36 | 贞洁（未发生过性行为） | 0.75 | 0.63 |

资料来源：Buss et al. (1990), p. 19, Table 4.

## 人格的同征择偶：寻求相似之人

在 20 世纪，对于什么样的人会相互吸引这个问题有两种从根本上彼此对立的理论。**需求互补理论**（complementary needs theory）假定人们会被那些与自己有着不同人格特征的人吸引（Murstein, 1976; Winch, 1954）。例如，一个高支配性的人需要一个可以受其支配、控制的人。根据需求互补理论，一个顺从的人则需要选择一个可以支配他、控制他的人。俗语“相异相吸”就是对该理论的一种简单解释。

相反，**相似吸引理论**（attraction similarity theory）假定人们会被那些与自己有着相似人格特征的人吸引。一个高支配性的人可能会喜欢一个同样具有支配性的人，因为他们喜欢能够“顶回来”的人。再比如，一个外向的人也会喜欢一个同样外向的配偶，这样他们可以一起去参加各种聚会。记住相似吸引理论的一个简单方法是想想成语“物以类聚”。尽管在过去的一个世纪里这两种理论都不乏支持者，但现在的研究结果已经很明确——大量的证据支持相似吸引理论，而没有证据支持需求互补理论（Buss, 2016）。实际上，“相异相吸”似乎只体现在生物学的性别方面：男性易被女性吸引，女性易被男性吸引。当然，尽管总是可能有个体差异，但研究显示人们通常会被那些与自己人格相似的人吸引。

配偶选择研究有一个共同的发现：人们通常会跟那些与自己相似的人结婚，这种现象被称为**同征择偶**（assortative mating）。在研究者考察过的几乎所有变量上，从个人行为到族裔身份，人们都会选择与自己相似的人婚配。即使是身高、体重甚至鼻梁的宽度、耳垂的长度等身体特征，夫妻之间都存在正相关。同征择偶甚至体现在基于面孔的人格感知上，即完全根据照片进行的人格特质评估（Little, Burt, & Perrett, 2006）。相处时间最长的伴侣在人格上表现得最相似，或许最初的选择过程以及性格相异的伴侣更可能分开这两个因素导致了这种结果（如 Humbad et al., 2010）。

人们常常会被与自己相似的人吸引，这就是所谓的同征择偶。

但是这些正相关是源于对相似配偶的主动选择吗？或者只是其他因果过程的副产品？例如，从原则上来说，纯粹接近性也能解释这种正相关。众所周知，人们通常会跟自己周围的人结婚。抛开浪漫爱情的观念不谈，你的“唯一”通常住在驱车可至的范围，尽管互联网约会网站已经在某种程度上削弱了这一效应。邻近的人之间本身就可能具有某些共同特征，因此，配偶间的正相关也许只是临近的人相互结合的副产品，而不是源于对相似伴侣的主动选择。一些文化机构（如高等院校）设定了一定的录取要求，使其成员在某些变量（如智力、动机以及社会技能）方面具有相似性，因此可能促进了同征择偶。

为了检验这两种对立的预测，鲍特温及其同事研究了两个样本：恋爱情侣与新婚夫妇（Botwin, Buss, & Shackelford, 1997）。在研究中，参与者先表达了自己对理想配偶人格特征的偏好。第一步，参与者在一个包含 40 个条目的量表上进行评定，通过这些条目得出五个人格维度（外向性、随和性、尽责性、情绪稳定性、智力—开放性）的分数。第二步，用同样的量表评定参与者自己的人格特征。这一步有三个数据源：自我报告、伴侣报告以及访谈者的独立报告。然后分别计算两组数据与配偶偏好的相关：一组数据是参与者的评分（自我报告），另一组数据是伴侣与访谈者评分的平均数（整合分数）。

如表 15.2 所示，数据之间显示出了一致的正相关。在外向性上得分较高的人想要一个同样外向的配偶，尽责性得分高的人也希望有一个尽责的配偶。当然，此研究的结论还需要考虑这样一个重要因素的限制：也许人们对理想配偶的描述受到了其现有配偶的影响。假如一个情绪稳定的人已经有了一个情绪同样稳定的配偶，也许声称确实被配偶吸引能够合理化自己的选择。这可能导致个体的人格特征与其理想配偶的人格特征之间的正相关。然而，对没有伴侣的单身个体所做的研究也得到了同样的结果：人们喜欢与自己相似的人（如 Buss, 2012）。这支持了相似吸引理论。

这些数据表明，夫妻之间人格变量的正相关有部分直接源于选择者基于自身人格特征的社会偏好。后续的研究证实，人们偏好在外向性、随和性、尽责性、情绪稳定性和智力—开放性上与自己相似的恋人。然而，大多数人认为“理想”的恋人是在外向性、尽责性、随和性和情绪稳定性上高于自己的人（Figueredo, Sefcek, & Jones, 2006）。总之，在社会选择机制中，人格特征似乎起着重要的作用。

表 15.2 择偶偏好与个体的人格特质相关

| | 恋爱情侣 | | | | 新婚夫妇 | | | |
|---|---|---|---|---|---|---|---|---|
| | 男性 | | 女性 | | 男性 | | 女性 | |
| 特质 | 自我报告 | 整合分数 | 自我报告 | 整合分数 | 自我报告 | 整合分数 | 自我报告 | 整合分数 |
| 外向性 | 0.33* | 0.42** | 0.59*** | 0.35** | 0.20* | 0.15 | 0.30** | 0.25** |
| 随和性 | 0.37* | 0.17 | 0.44*** | 0.46*** | 0.30** | 0.12 | 0.44*** | 0.31** |
| 尽责性 | 0.34** | 0.45*** | 0.59*** | 0.53*** | 0.53*** | 0.49*** | 0.61*** | 0.53*** |
| 情绪稳定性 | 0.29* | 0.36** | 0.52*** | 0.30* | 0.27** | 0.21* | 0.32*** | 0.27** |
| 智力—开放性 | 0.56*** | 0.54*** | 0.63*** | 0.50*** | 0.24* | 0.31** | 0.48*** | 0.52**** |

* $p < 0.05$

** $p < 0.01$

*** $p < 0.001$

注：表中每一个相关系数指的是个体的人格特质与其理想配偶人格特质之间的相关。例如，左边男性自我报告这一栏中的 0.33 表示高度外向的人也喜欢同样外向的配偶。表中所有的相关系数都是正的，许多都达到了统计显著性，这表明人们大都希望配偶与自己具有相似的人格特质。

资料来源：Botwin, Buss, & Shackelford (1997).

## 人们能否找到理想的伴侣，找到后他们幸福吗

人生的一个基本现实是，我们常常不能得偿所愿，对配偶的选择也是如此。你可能想找一个温和、善解人意、可以依靠、情绪稳定和聪明的配偶，但是，与找寻他们的人相比，这种理想配偶往往“供不应求”。因此，很多人最终找到的配偶常常不是很理想。我们可以做出这样的预测：与找到理想配偶的人相比，没有找到理想配偶的人满意度较低。

表 15.3 显示了人们理想的配偶人格特质与实际的配偶人格特质之间的相关

表 15.3 偏好的配偶人格与实际的配偶人格之间的相关

| | 恋爱情侣 | | | | 新婚夫妇 | | | |
|---|---|---|---|---|---|---|---|---|
| | 女性的偏好 | | 男性的偏好 | | 女性的偏好 | | 男性的偏好 | |
| 配偶的人格特质 | 自我报告 | 整合分数 | 自我报告 | 整合分数 | 自我报告 | 整合分数 | 自我报告 | 整合分数 |
| 外向性 | 0.25 | 0.39** | 0.28* | 0.24 | 0.39*** | 0.49*** | 0.31*** | 0.32** |
| 随和性 | 0.28* | 0.32 | 0.24 | 0.02 | 0.20* | 0.40*** | 0.03 | 0.25 |
| 尽责性 | 0.28* | 0.29* | 0.24 | 0.26 | 0.36*** | 0.46*** | 0.13 | 0.24 |
| 情绪稳定性 | 0.36** | 0.12 | 0.40** | 0.10 | 0.27** | 0.37** | 0.07 | 0.12 |
| 智力—开放性 | 0.33** | 0.41** | 0.40** | 0.11 | 0.24** | 0.39*** | 0.14 | 0.39**** |

* $p < 0.05$

** $p < 0.01$

*** $p < 0.001$

资料来源：Botwin, Buss, & Shackelford (1997).

（Botwin, Buss, & Shackelford, 1997, p. 127）。在四个子样本群体中，有三个群体（恋爱中的女性、已婚女性和已婚男性）的理想配偶特质与实际的配偶特质具有中等程度的正相关。其中，在外向性和智力—开放性这两个维度上的相关尤其高。简言之，就人格特质来说，人们通常找到了自己想要的配偶。

找到理想配偶的人是否比没有找到的人婚姻更幸福？为了考察这一问题，鲍特温及其同事（Botwin, Buss, & Shackelford, 1997）计算了个体理想的配偶特质与实际的配偶特质之间的分数差异。在控制了配偶人格特质的主效应以后，用分数差异来预测婚姻满意度。研究得出了一致的结果，配偶的人格特质对婚姻满意度有实质性的影响。具体来说，假如一个人与随和性、情绪稳定性和智力—开放性都很高的配偶结婚，那么这个人会对自己的婚姻尤其满意。但理想的配偶特质与实际的配偶特质之间的差异并不能预测婚姻满意度。换言之，婚姻幸福的关键在于拥有一个随和、情绪稳定、聪明且开放的配偶，而对方是否在某些方面偏离自己的理想并不重要（Luo et al., 2008）。

表 15.4 列出了参与者的婚姻满意度与其配偶人格特质（通过其配偶的自我报告获得）的相关。无论是对男性还是女性来说，有一个高随和性的配偶能最好地预测其婚姻幸福。配偶随和性高的个体对他们性生活的满意度较高，觉得自己的配偶更深情、更充满爱意，并将配偶视为共同快乐的源泉和启发性交流的对象。与随和性

表 15.4　**婚姻满意度与配偶自我报告的人格特质之间的相关**

| | 配偶自我报告的人格特质 | | | | |
|---|---|---|---|---|---|
| 婚姻满意度 | E | A | C | ES | I–O |
| 丈夫的婚姻满意度 | | | | | |
| 总体 | 0.12 | 0.32*** | 0.06 | 0.27** | 0.29** |
| 配偶是可以倾诉的对象 | –0.05 | 0.27** | 0.07 | 0.11 | 0.05 |
| 性生活 | –0.08 | 0.31** | 0.32*** | 0.25** | 0.04 |
| 配偶是鼓励和支持的源头 | 0.03 | 0.29** | 0.11 | 0.26** | 0.18 |
| 爱与情感表达 | 0.07 | 0.31** | 0.14 | 0.21* | 0.26** |
| 享受与配偶在一起的时光 | 0.11 | 0.30** | 0.13 | 0.28** | 0.08 |
| 与配偶一起欢笑的频率 | 0.19* | 0.23* | 0.19 | 0.11 | 0.24** |
| 配偶是启发性交流的对象 | 0.06 | 0.12 | –0.04 | 0.21* | 0.17 |
| 妻子的婚姻满意度 | | | | | |
| 总体 | 0.07 | 0.37*** | 0.20* | 0.23* | 0.31*** |
| 配偶是可以倾诉的对象 | 0.06 | 0.25** | 0.15 | 0.24** | 0.27** |
| 性生活 | 0.08 | 0.19* | 0.14 | 0.09 | 0.13 |
| 配偶是鼓励和支持的源头 | 0.04 | 0.47*** | 0.06 | 0.20* | 0.31*** |
| 爱与情感表达 | –0.04 | 0.29** | 0.14 | 0.28** | 0.33*** |
| 享受与配偶在一起的时光 | 0.06 | 0.27** | 0.06 | 0.33*** | 0.18 |
| 与配偶一起欢笑的频率 | –0.02 | 0.27** | –0.02 | 0.10 | 0.08 |
| 配偶是启发性交流的对象 | 0.23* | 0.24** | 0.25** | 0.18 | 0.45*** |

注：E = 外向性，A = 随和性，C = 尽责性，ES = 情绪稳定性，I–O = 智力—开放性

* $p < 0.05$

** $p < 0.01$

*** $p < 0.001$

资料来源：Botwin, Buss, & Shackelford (1997).

较低的配偶结婚的人婚姻最不幸福，离婚的风险也最高。

另一些与婚姻满意度稳定相关的人格因素是尽责性、情绪稳定性和智力—开放性。与其他男性相比，妻子尽责性得分较高的男性对婚姻中性生活的满意度更高。丈夫尽责性高的妻子对婚姻的总体满意度较高，同时更乐意将配偶视作启发性交流的对象——一项 125 对长婚龄夫妻参与的研究重复验证了这一结果（Claxton et al., 2011）。无论是男性还是女性，当配偶的情绪稳定性较高时，他们对婚姻的总体满意度较高，同时更多地将配偶视为鼓励和支持的源头，并享受与配偶在一起的时光。无论是约会中的大学生还是一段承诺关系中的老年人，低情绪稳定性都与对关系的不满有关（Slatcher & Vazire, 2009）。事实上，对 19 个样本的元分析发现，情绪稳定性和随和性是浪漫关系满意度的最强预测因子（Malouff et al., 2010）。夫妻中的一人或两人具有高神经质会导致对关系的不满（Schaffjuser et al., 2014）。对于那些配偶情绪稳定性低的人而言，一个好消息是一项研究发现，频繁的性生活似乎可以保护夫妻免受神经质的负面后果（Russell & McNulty, 2011）。

新婚后的几年里，人格与婚姻满意度之间的另一种联系会逐渐显现。通常在新婚的第一年里，人们对配偶的随和性、尽责性、外向性和智力—开放性的评价会很高（Watson & Humrichouse, 2000）。然而，在随后的两年中，人们对配偶人格的评分变得越来越消极，这说明了“蜜月效应”。那些随着时间的推移而对配偶的人格做出最多负面评价的人，其婚姻幸福感也下降最多。有一种推测是，在那些越来越不幸福的婚姻中，配偶会逐步表现出更多令人不快的人格特征，如较低的随和性，但这仅会在婚姻情境中表现出来。相反，那些对伴侣的人格保持积极错觉的人能保持高水平的满意度（Barelds & Dijkstra, 2011）。婚姻满意度的另一个关键预测因素是配偶价值，即一个人是否成功选择了具有大众所期望的人格特质的配偶。找到高价值配偶的个体在亲密关系中往往比找到低价值配偶的个体更快乐（Conroy-Beam et al., 2016）。

简言之，配偶的人格特质对婚姻满意度有重要的影响。那些选择了高随和性、高尽责性、高情绪稳定性和高智力—开放性配偶的人有更高的婚姻满意度。这些特质是大多数人渴望的，因此它们对应着高配偶价值。而那些选择了在以上人格特质上得分较低的配偶的人，婚姻往往更不幸福。不过，实际配偶特质与理想配偶特质之间的差距似乎并不会影响婚姻满意度。

## 人格与伴侣关系的破裂

我们已经探讨了人格影响配偶选择的两种方式。第一，人们在择偶时有普遍的选择偏好——每个人都渴望的配偶人格特质，如希望自己的配偶可信赖、情绪稳定。第二，除了每个人都渴望的特质，人们喜欢那些与自己有相似人格特质的人。例如，高支配的人喜欢高支配的配偶，高尽责的人喜欢同样高尽责的配偶等。但是在选择配偶方面，人格还有第三种影响方式：婚姻的选择性破裂。

根据一种两性冲突理论，当一个人的愿望没有得到满足时，关系更可能破裂（Buss, 2016）。基于这种**愿望违背**（violation of desire）理论，我们可以预测，假如一个人的配偶不具备其理想配偶的人格特质，如可信赖、情绪稳定，则其婚姻更可能解体。根据人们偏好那些与自己人格相似的人，我们还可以预测，与彼此相似的伴侣（满足了寻求相似伴侣的愿望）相比，人格差异大的伴侣更可能分开。以上预测结果是否得到了研究证实呢?

大量的研究显示，情绪不稳定性能更好地预测婚姻不稳定与离婚，几乎在所有涉及该变量的研究中，它的预测效应都很显著（Kelly & Conley, 1987; Solomon & Jackson, 2014）。原因之一是情绪不稳定的个体会表现出高水平的嫉妒——他们更担心伴侣不忠，试图阻止伴侣与他人的社交接触，并且当伴侣实际上与他人发生性关系时，他们的反应更剧烈（Dijkstra & Barelds, 2008）。高神经质的人还会制造更多冲突和分歧，并且在冲突之后其烦恼情绪会持续更长时间（Solomon & Jackson, 2014）。冲动控制能力较差或尽责性低（即冲动、不可靠）也能很好地预测婚姻的破裂，尤其是当这些特质出现在丈夫身上时（Bentler & Newcomb, 1978; Kelly & Conley, 1987）。最后，低随和性也可能预测婚姻不满意和离婚。不过与情绪不稳定和低尽责性相比，随和性的预测一致性和效力较低（Burgess & Wallin, 1953; Kelly & Conley, 1987）。导致这些关系破裂的原因之一可能在于人格与社会行为之间的另一种联系。一项涉及 52 个国家和地区的研究发现，低随和性和低尽责性（高冲动性）的人格特质与浪漫关系中更高概率的性不忠有关（Schmitt, 2004）。有趣的是，尽管外向性和支配性与婚姻满意度或关系破裂无关，但却与较高水平的性滥交有关（Markey & Markey, 2007; Schmitt, 2004）。最近一项对 8 206 人进行的研究发现，高开放性也预测了关系破裂（Solomon & Jackson, 2014）。研究者认为，高开放性可能导致在亲密关系中“目光游离不定”，对他人持更开放的性态度，并且可能更容易对一段关系感到厌烦。

如果某人的结婚对象缺乏大多数人都渴望的人格特质（可信赖、情绪稳定、性格宜人），那么他将面临最大的婚姻破裂风险。人们都在主动寻求那些可信赖的、情绪稳定的配偶，如果没能找到这样的配偶，那么婚姻破裂的风险就会较大。

另一项研究考察了 203 对恋人两年内的关系变化（Hill, Rubin, & Peplau, 1976）。在这段时间里，大概一半情侣的关系破裂，一半持续了下来。在人格和价值观方面的相似性预测了恋爱关系的保持。那些最不相似的恋人更有可能分手。

总之，人格在配偶选择中有两方面的关键作用。首先，在最初的选择过程中，人格决定了我们会被谁吸引以及渴望什么样的配偶。其次，人格会影响我们对配偶的满意度，并因而决定婚姻是否会破裂。那些没能选择与自己相似、随和、尽责和情绪稳定的配偶的人，往往比那些成功地得到这种配偶的人更可能出现关系破裂。

## 羞怯与冒险情境的选择

人格心理学家还探索了其他选择领域。其中之一是关于羞怯这种人格倾向的影响。**羞怯**（shyness）是指在社交过程中甚至仅仅想到社交就感到紧张、担忧和焦虑的一种倾向（Addison & Schmidt, 1999）。羞怯是一种很普遍的现象，超过 90% 的人在生活中的某个时刻都曾有过羞怯体验（Zimbardo, 1977）。然而，有些人似乎具有特质性的羞怯，即在大多数社交情境中他们都会感到尴尬，因此他们会避开那些不得不与他人打交道的情境。

已有很多研究探讨过羞怯对情境选择的影响。在高中阶段和成年早期，羞怯的人倾向于逃避社交情境，这可能导致某种形式的孤立（Schmidt & Fox, 1995）。羞怯的女性更可能逃避医院的妇科检查，因而让自身面临更大的健康风险（Kowalski & Brown, 1994）。她们不太可能在性交前与配偶谈论难以启齿的避孕问题，因而可能让自己处于危险的境地（Bruch & Hynes, 1987）。

害羞的人在社交场合经常会感到紧张或焦虑，因此他们会避免进入不得不与他人互动的情境。

羞怯还会影响一个人是否愿意在赌博中选择风险情境（Addison & Schmidt, 1999）。在一项实验研究中，研究者先用奇克（Cheek, 1983）的羞怯量表识别出羞怯的参与者。量表包括“我觉得与陌生人交谈很困难”“在社交场合我觉得很拘束”等条目。进入实验室以后，每一个参与者都听到这样的指导语：“在实验中，你将看到一个盒子，里面装有100个扑克筹码，分别标以数字1~100。你有机会从中抽取筹码来赢钱……”参与者可以选择一个成功可能性较大的赌博情境（成功概率为95%），但是得到的钱很少（如25美分）；也可以选择一个风险较大的赌博情境（成功概率只有5%），但是一旦获胜就可以得到4.75美元。在参与者选择赌博情境的时候，实验者会记录下他们的心率。

结果表明，羞怯的女性与不羞怯的女性的选择行为有较大差异，前者更多选择成功概率大但赌注小的目标；相反，不羞怯的女性更多选择成功概率较低但有较大回报的目标。在选择的过程中，羞怯女性的心率增加更多，这表明可能是恐惧情绪导致她们回避具有风险的赌博情境。

这些研究表明了羞怯特质对人们选择或者回避某些情境的重要性。羞怯的女性可能回避与他人接触，陷入社会孤立，并且会在赌博中避免冒险。也许有点悖论的是，羞怯的女性不愿意去医院进行妇科检查，避免使用避孕工具，因此，与不羞怯的女性相比她们会面临更大的健康危险。简言之，羞怯对一个人选择或回避某种情境有实质性的影响。

## 其他的人格特质与情境选择

其他的人格特质也被证明会影响人们对特定情境的选择或回避（Ickes et al., 1997）。例如，富有同情心的人更可能成为社区活动的志愿者（Davis et al., 1999）。高精神质倾向的人更可能选择非计划的、不稳定的情境，而不是正式的、稳定的情境（Furnham, 1982）。高**马基雅维利主义**（Machiavellianism）的人更加喜欢面对面的情境，或许是因为这种情境提供了更好的机会，让他们能够使用社交操控技巧来利用他人（Geis & Moon, 1981）。高外向性的人倾向于结交更多的朋友，而高随和性的个体则往往更容易被他人选择为朋友（Selfhout et al., 2010）。

高感觉寻求者更可能自愿参与新奇的实验，如涉及药物或性行为的研究（Zuckerman, 1978）。高感觉寻求者还会更频繁地涉足冒险情境（Donohew et al., 2000）。与低感觉寻求的同伴相比，高感觉寻求的高中生更可能参加提供酒类、大麻等物品的聚会，并且醉酒之后更可能发生非期然的性行为。此外，高感觉寻求者往往会选择可能发生高风险性行为的社会环境（McCoul & Haslam, 2001）。一项对112名异性恋者的研究显示，与低感觉寻求者相比，高感觉寻求者更有可能频繁地进行无防护的性行为。更令人吃惊的是，高感觉寻求者与更多的人发生过性关系（$r = 0.45$，$p < 0.001$）。高感觉寻求者会被冒险的赌博和危险的性行为情境吸引（Webster & Crysel, 2012）。总之，通过选择性参与或回避特定活动，人格影响着个体接触到的情境。

## 唤　起

一旦选择了特定他人构成我们的社会环境，人格与社会行为的第二种相互作用方式就开始起作用：唤起他人的反应。**唤起**（evocation）可定义为由人格特征引发的他人的反应。回忆一下第 3 章中有关高活动性儿童的研究。与低活动性儿童相比，高活动性儿童容易引发他人更多的敌意和竞争。家长和老师都会陷入与高活动性儿童的权力争夺中，而低活动性儿童的社会交往则更平静和谐。这是一个说明唤起过程如何起作用的绝佳例子，即一种人格特征（本例中是活动性水平）激发了他人可预测的社会反应（敌意和权力争夺）。另一个例子是诚实谦逊的人唤起他人的信任和合作（Thielmann & Hilbig, 2014），这也许是因为该特质上的高分者倾向于信任他人，从而唤起了他人的守信预期。

### 攻击性与敌意的唤起

众所周知，有攻击性的人常常引发他人的敌意（Dodge & Coie, 1987）。具有攻击性的人总是预期他人对自己有敌意。一项研究显示，有攻击性的人经常把意义模糊的行为（如被撞了一下）解释为故意的、敌意的（Dill et al., 1999）。这被称作**敌意归因偏差**（hostile attributional bias），即在面对他人意义模糊的行为时，倾向于将其解释为故意的、敌意的。

由于认为他人对自己有敌意，高攻击性的人会采用攻击性的方式对待他人，而受到如此对待的人通常会以同样的方式还击。在这种情况下，他人的攻击性反应验证了高攻击性者一直以来的假设，即他人对自己有敌意。但是他们没有认识到，他人的敌意只是自己行为的产物：他们攻击性地对待他人的方式唤起了他人的敌意。

### 配偶间愤怒和苦恼情绪的唤起

在亲密关系中，人格至少可以通过两种方式唤起冲突。第一，一个人的行为可能引发配偶的情绪反应。例如，支配性强的人会以居高临下的方式行事，习惯性地唤起配偶的苦恼情绪；尽责任性低的丈夫可能不注意个人仪表，并且总是把衣服乱扔在地上，这会让妻子感到苦恼。简言之，人格可能通过行为表现唤起他人的情绪反应。

第二，当一个人引发了他人的行为后，他人的行为又会反过来令引发者心烦。例如，一位具有攻击性的男性可能引发妻子的冷战，反过来冷战又会使他很沮丧，因为妻子不想和他讲话。一个居高临下的妻子可能伤害丈夫的自尊，然后又会因丈夫缺乏自信而生气。总之，个体的人格会使他人感到苦恼，要么通过对待他人的方式产生直接影响，要么通过引发他人的苦恼行为产生间接影响。

这类唤起方式的研究需要同时评估双方的人格特征。有研究通过三种数据来源评估了丈夫和妻子的人格特征：自我报告、配偶报告和两名访谈者的独立报告（Buss, 1991a）。有一种量表可以评估亲密关系中愤怒和苦恼情绪的来源（Buss, 1989）。此量表的简版见下面的练习。

研究者通过统计分析确定了哪些人格特质能够预测配偶的苦恼情绪。男性和女性的结果十分相似，因此我们用男性引发女性苦恼的人格特质来介绍这一结果。

练习

**指导语**：我们都可能时不时做出一些让他人生气、苦恼的事。请想象你的亲密恋人或一个好友，下面列出了此人可能让你感到愤怒或苦恼的表现。阅读以下内容，标出在过去的一年里，你的伴侣或好友做出的让你生气、愤怒、苦恼或心烦的行为。

____ 1. 对待我的方式就像是我很愚蠢或低人一等。
____ 2. 需要我大部分时间都陪伴其左右。
____ 3. 忽视我的感受。
____ 4. 他打了我。
____ 5. 与他人关系亲密。
____ 6. 不帮忙打扫卫生。
____ 7. 太在意自己的外表。
____ 8. 太喜怒无常。
____ 9. 不愿意和我发生性行为。
____ 10. 谈论异性时就像他们只是性客体。
____ 11. 醉酒。
____ 12. 在社交场合衣冠不整，或穿得不合时宜。
____ 13. 说我很丑。
____ 14. 试图利用我满足其性目的。
____ 15. 行事自私。

这些条目代表了可能使异性苦恼或生气的147种行为中的一部分。它们分别对应以下因素：(1) 居高临下；(2) 占有 / 嫉妒；(3) 忽视 / 拒绝；(4) 虐待；(5) 不忠诚；(6) 不体贴；(7) 外貌自恋；(8) 喜怒无常；(9) 性克扣；(10) 将他人性客体化；(11) 酗酒；(12) 衣冠不整；(13) 贬低配偶的外貌；(14) 在性方面攻击性太强；(15) 自我中心。结果表明，与我们关系亲近之人的人格可以很好地预测他们是否会做出这些令人苦恼的行为。

资料来源：Buss(1991a).

高支配性的丈夫居高临下的行为——认为妻子的想法愚蠢而低劣，更看重自己的想法——通常会使配偶恼怒。低尽责性的丈夫则可能因婚外情而伤害妻子，如与他人关系暧昧或发生性关系。而低开放性的丈夫可能因拒绝（忽略妻子的感受）、虐待（打妻子）、外貌自恋（过分关注自己的外貌和发型）、性克扣（拒绝妻子的性信号）或酗酒（喝醉酒）而使妻子恼怒。

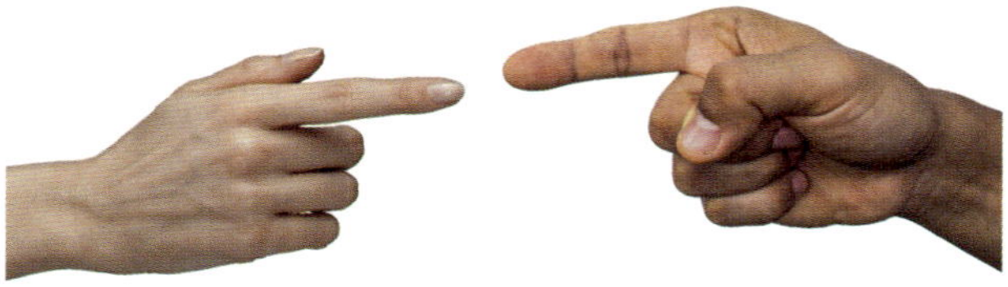

丈夫的低随和性和情绪不稳定性最能预测妻子的愤怒和对婚姻的不满。

就目前所知，唤起愤怒和苦恼情绪的最强预测因素是低随和性和情绪稳定性。低随和性的丈夫可能因以下几种方式激怒妻子：居高临下，如认为妻子愚蠢、低人一等；忽略和拒绝妻子，如没有足够的时间陪伴妻子，忽视对方的感受；虐待妻子，如掌掴妻子，踢打妻子或朝妻子吐唾沫；不忠；酗酒；侮辱妻子的容貌，如说她丑；自我中心。事实上，在该研究中，丈夫的低随和性比其他任何人格特征都能更好地预测妻子恼怒情绪的唤起。另一项研究发现，由于低随和性个体的愤怒、嫉妒和反社会行为，他们可能唤起高水平的关系冲突（Lemay & Dobush, 2014）。

情绪不稳定的丈夫也会唤起妻子的愤怒和苦恼情绪。除了居高临下、虐待、不忠、不体贴和酗酒，丈夫的喜怒无常、嫉妒和占有欲也会让妻子愤怒和不满。例如，情绪不稳定的男性可能因需要过多的关注、占用妻子的时间、太依赖妻子或太容易嫉妒而使妻子不爽。

多项其他研究证实了随和性和情绪稳定性在引发或缓解人际冲突方面的重要作用。一项研究通过假设情境和日记的方式评估了人际冲突，发现高随和性的人引发的人际冲突较少（Jensen-Campbell & Graziano, 2001）。其中一个原因可能是高随和性的人倾向于用“妥协”的办法来处理人际冲突；而低随和性的人不愿意妥协，更多采用言语侮辱或身体暴力等方式来解决冲突。妻子随和性高的夫妇，性行为频率往往更高，这也许是因为她们更容易接受和唤起更多的性暗示（Meltzer & McNulty, 2016）。低随和性可能会在不同的人际交往领域引发冲突，如工作场合（Bono et al., 2002）。

人格与冲突之间的这种联系至少在青少年早期就已经显现。例如，低随和性的高中生不仅会引发更多冲突，而且更容易受到同伴侵犯（Jensen-Campbell et al., 2002）。随和的人也通常会使用有效的冲突解决策略，进而实现融洽的社会互动（Jensen-Campbell et al., 2003）。在实验室的经济游戏中，随和的人往往能唤起信任和合作（Zhao & Smillie, 2015）。消极情绪得分较高的人（高神经质）在所有的人际关系中都会经历较多的冲突；而积极情绪得分较高的人（与随和性关系密切）在所有的人际关系中体验到的冲突均较少（Robins, Caspi, & Moffitt, 2002）。事实上，在美国、澳大利亚、荷兰和德国开展的研究均表明，随和性和情绪稳定性是最能始终如一地在人际关系中引发满足感的特质（Barelds, 2005; Donnellan, Larsen-Rife, & Conger, 2005; Heaven et al., 2003; Neyer & Voigt, 2004; White, Hendrick, & Hendrick, 2004）。

简言之，人格对唤起过程有重要的影响——此处的例子是愤怒与苦恼情绪的唤起。到目前为止，预测苦恼情绪的最有力人格特征是低随和性和情绪不稳定性。然而，现在就断言不应选择这类人结婚或交朋友（换句话说，就是避开情绪不稳定和不随和的人）还为时过早。但这确实表明，如果你与具有这些人格特质的人结婚或做朋友，他们很可能会以让人愤怒的方式行事。

**应用**

心理学家戈特曼对已婚人士进行了 30 年的研究。他关注的主要问题是“幸福婚姻与不幸福婚姻的区别是什么？”在研究了数千对夫妻后（有的拥有幸福婚姻，而有的正在申请离婚），他发现幸福夫妻和不幸福夫妻在很多方面有所不同。他将研究结果加以提炼，撰写了一本实用的图书，专门探讨了如何经营婚姻（Gottman & Silver, 1999）。下面是他提出的维持婚姻中积极关系的七大原则。其中多项原则涉及与唤起配偶反应有关的行为。

1. 对配偶发展出一种共情的理解（见第 11 章对同理心的讨论）。去了解对方的“世界”、对方的喜好以及对方生活中的重要事件。例如，试着每天发现一件对配偶来说意义重大的事：他 / 她想要什么，或者在他 / 她身上发生了什么重要的事情。虽然听起来微不足道，但是可以试着每天都问一句：“今天过得怎么样？”
2. 保持对彼此的喜爱，努力培养与配偶的感情。别忘了你是因何而喜欢这个人的，并且要告诉对方。例如，共用一个影集并时不时翻阅一下，回忆你们共度的美好时光，想想你是多么喜欢和对方在一起。

3. 危难时，共同面对而不是转身离开。美好时光也要共同分享。换言之，不要想当然地对待配偶，即使在日常生活中也不要忽视对方。关注对方，保持联系，彼此保持身体的接触，经常谈心。
4. 权力共享，即使你认为自己更在行。让你的配偶影响你，偶尔向对方求助。询问对方的想法，让对方知道他/她的想法对你很重要。
5. 无疑，你们会有争执。但是，只争论那些可以解决的问题。在争论时，请做到以下几点：
   - 平和地开始
   - 保持尊重
   - 如果情感受到了伤害，则停止争吵，修复受到伤害的情感
   - 愿意妥协
6. 要认识到有些问题是永远无法解决的。例如，也许你们中的一个人信奉宗教，另一个人不信奉，而双方都不想改变。避免僵持于这类无解的问题，不要让它们总是成为争吵的话题。在某些问题上要求同存异。
7. 用"我们"取代"我"。让你们的关系变得重要，把它与自己的需要和欲望放在一起考虑，想想什么对"我们"最好，而不是只考虑对"我"最好。

资料来源：Gottman & Silver, 1999.

## 喜爱、愉悦和痛苦的唤起

喜爱的唤起是个体在社会环境中最重要的影响之一。被他人喜爱与更高的适应水平、心理健康甚至学业成绩有关（Wortman & Wood, 2011）。与随和、社交外向以及诚实谦逊有关的人格特质总能唤起他人的喜爱（Wortman & Wood, 2011）。拥有这些特质的人会唤起他人的愉悦感，从而得到喜爱（Saucier, 2010）。即使在社交网站上，外向性也能增加喜爱度（Stopfer et al., 2013）。相反，随和性低和不诚实谦逊的人会唤起他人的痛苦，让他人感到被冒犯、恼怒、生气，甚至害怕和胆怯。简言之，人格会通过唤起他人的喜爱、愉悦或痛苦而在个体的社会环境中留下印记。

## 期望证实引发的唤起

**期望证实**（expectancy confirmation）是指人们对他人人格的某种信念导致从他人那里唤起与这种信念一致的行为反应的现象。这种现象也被称作自我实现预言。仅仅信念本身就能有如此强大的唤起他人行为的作用吗？

在一项关于期望证实的研究中，研究者（Snyder & Swann, 1978）让参与者相信自己将与一个有敌意、有攻击性的人打交道，然后将其介绍给那个人认识。结果，预先持有的信念使参与者采用了攻击性的方式对待那个并不知情的对象。然后研究者考察了不知情者的行为。结果非常有意思，具有攻击性预期的参与者真的引发了不知情者更加充满敌意的行为。在这个例子中，对他人人格的信念确实引发了证实这些初始信念的行为（Snyder & Cantor, 1998）。

对他人人格的期望在日常生活中有着广泛的影响，毕竟我们经常会在接触他人

之前（或之后）听到与其名声有关的信息。我们可能会听说某人聪明、善于社交、自我中心、爱玩弄感情或者是善于操控他人。这些关于他人人格特征的看法，对引发他人的确证行为有着深远的影响。有时候人们会说，为了改变人格，你得搬到一个没有人认识你的地方。在期望证实的过程中，那些认识你的人可能无意中诱使你做出符合他们预期信念的行为，因而可能会制约你的改变。

## 操控：社会影响策略

操控，或说是社会影响，包括了人们试图改变他人行为的一切方式。操控一词并不必然意味着恶意，尽管有时并不排除有恶意的成分。父母也许想要影响孩子，让其不要在停放的汽车之间穿来穿去，我们不能说这种行为是恶意的。实际上，社会生活的一个部分就是我们每时每刻都在影响他人。因此，这里的操控一词只是描述性的，并无贬义。

从进化的角度来看（见第 8 章），自然选择青睐那些能够成功操控其环境中客体的人。有些被操控客体是无生命的，如用来建造房舍和制作工具、衣服及武器的原材料。另一些被操控客体则是有生命的，包括不同物种的捕食者和被捕食者，以及相同物种的配偶、父母、孩子、敌人和同盟者。对他人的操控可以概括为影响他人心理和行为的各种手段。

在人格心理学中，我们可以从两个角度来考察操控过程。第一，我们可以这样问，“是否一些人总是比另一些人更有操控欲？”第二，我们可以问，“假如每个人都试图影响他人，那么稳定的人格特征是否能够预测不同的操控策略？”例如，外向者是否更多使用魅力策略，而内向者则更多使用冷处理策略？

### 十一因素操控策略分类法

**分类法**（taxonomy）是一种划分的框架，用于在特定领域内对群体进行区分和命名。例如，植物和动物的分类法是用来区分和命名所有主要植物和动物群体的。元素周期表则是对已知元素的分类法。我们在第 3 章讨论过的大五人格特质是对主要人格维度的一种分类法。在本小节，我们来看看操控策略分类法的发展，即对人们在社会环境中试图影响他人的几种主要方式进行区分和命名。

可以通过两个步骤对操控策略进行分类：（1）提名社会影响行为；（2）对这些通过自我报告法和观察者报告法提名的行为进行因素分析（Buss, 1992; Buss et al., 1987）。行为提名（见第 3 章）的指导程序如下：“我们想知道人们如何通过影响他人来得到自己所需要的东西。请想想你的伴侣、亲密朋友、母亲、父亲等，你是如何让他们做某些事的？你是怎么做到的？请写下当你想要他们做某些事情时，你的具体行为或做法，尽可能多地列出不同的行为。”

得到行为列表后，研究者将其转换成可以通过自我报告或观察者报告法施测的问卷。想要具体了解这种方法，你可以做一做下面练习中的测试，看看自己会采用哪些社会影响策略。

## 练习

**指导语：**当你希望伴侣为你做某事的时候，你可能会怎样做？看看下面的条目，**评价在试图让伴侣做某事时，你有多大可能会做出每一个条目所描述的行为。**没有哪一个条目适用于所有试图影响配偶的情境，因此请你从总体上评价下面的描述。如果你极有可能这么做，请在条目前的横线上写“7”；如果你根本不可能这样做，请写“1”；如果你有时会这样做，写“4”；对中等可能性的行为表现给予中等的评定。

____ 1. 我会恭维他 / 她，这样他 / 她就会去做。
____ 2. 我展现自己的魅力，这样他 / 她就会去做。
____ 3. 当我提出要求时，我会努力表现得浪漫、充满爱意。
____ 4. 我在要求他 / 她做某事之前，会先送上一份小礼物或一张小卡片。
____ 5. 我会不理睬他 / 她，直到他 / 她做了为止。
____ 6. 我会忽视他 / 她，直到他 / 她做了为止。
____ 7. 我会保持沉默，直到他 / 她做了为止。
____ 8. 我会拒绝做他 / 她喜欢的事，直到他 / 她做了为止。
____ 9. 我会要求他 / 她为我做。
____ 10. 我会冲他 / 她叫喊，直到他 / 她做了为止。
____ 11. 如果他 / 她没做，我会批评他 / 她。
____ 12. 如果他 / 她不做，我会用某事威胁他 / 她。
____ 13. 我会告诉他 / 她，他 / 她应该这样做的理由。
____ 14. 我会向他 / 她指出这样做会带来哪些好处。
____ 15. 我会向他 / 她解释为什么想要他 / 她做这件事。
____ 16. 我会向他 / 她表明，我很愿意为他 / 她做这件事。
____ 17. 我会面露不悦，直到他 / 她做了为止。
____ 18. 我会愠怒，直到他 / 她做了为止。
____ 19. 我会向他 / 她抱怨，直到他 / 她做了为止。
____ 20. 我会哭泣，直到他 / 她做了为止。
____ 21. 我会贬低自己，这样他 / 她就会去做。
____ 22. 我会放低姿态，这样他 / 她就会去做。
____ 23. 我会表现得很谦卑，这样他 / 她就会去做。
____ 24. 我会表现得很顺从，这样他 / 她就会去做。

以四个为一组将分数相加，就能得到你的分数。条目 1~4= 魅力策略；条目 5~8= 冷处理策略；条目 9~12= 胁迫策略；条目 13~16= 理性说服策略；条目 17~20= 退行策略；条目 21~24= 自我屈尊策略。分数最高的那一组就是你最常用的策略，分数最低的那一组就是你用得最少的策略。这是巴斯（Buss, 1992）所用的研究工具的简化版。

大量参与者完成了扩充版的问卷，该问卷由 83 种社会影响行为或策略组成。研究者对数据进行因素分析以识别不同的影响方式或策略，共发现了 11 种策略，见表 15.5。尽管这种分类法识别了跨越多种情境的操控策略，但要记住，有些策略是取决于目标的。例如，父母在试图操控子女择偶时，会使用适合这种背景的特定策略，如“陪护”等，即当子女与潜在配偶共处时故意陪在旁边（Apostalou, 2014）。

表 15.5　十一因素操控策略分类法

| 策略名称 | 行为示例 |
|---|---|
| 魅力策略 | 当我要求他 / 她做某事时，我会表现出自己的爱 |
| 胁迫策略 | 我会冲他 / 她叫喊，直到他 / 她做了为止 |
| 冷处理策略 | 我会不理睬他 / 她，直到他 / 她做了为止 |
| 理性说服策略 | 我会解释为什么想要他 / 她做这个 |
| 退行策略 | 我会向他抱怨，直到他 / 她做了为止 |
| 自我屈尊策略 | 我会表现得很顺从，这样他 / 她就会去做 |
| 责任引发策略 | 我会让他 / 她许下承诺 |
| 强硬策略 | 我会打他 / 她，这样他 / 她就会去做了 |
| 快乐诱导策略 | 我会让他 / 她看到这样做会多有趣 |
| 社会比较策略 | 我会告诉他 / 她别人都是这样做的 |
| 金钱奖励策略 | 我会给他 / 她钱，这样他 / 她就会去做了 |

注：这些策略是后续分析的基础，如操控策略的使用有无性别差异以及是否与人格特质有关。

## 操控策略的性别差异

男性和女性在操控策略的使用上存在性别差异吗？巴斯（Buss, 1992）发现，总的来说，答案是没有。男性和女性对几乎所有社会影响策略的使用都大致相同，只有一个小例外：退行策略。在未婚情侣和已婚夫妇的样本中，女性比男性报告了更多的退行策略，包括通过哭泣、抱怨、面露不悦、愠怒等来达到目的，但是差异较小，支持了男性和女性在操控策略的使用上相似这一总体结论。父母在子女择偶问题上所使用的操控策略也存在差异，对女儿更有可能进行监控、着装控制，以及直接阻止女儿与父母不喜欢的潜在配偶见面（Apostalou & Papageorgi, 2014; Perilloux et al., 2008）。

## 能够预测操控策略的人格变量

下一个有趣的议题是，是否具有特定人格特质的人更可能使用某种操控策略。在一项研究中，200 多名参与者评定了他们在四种人际关系（配偶、朋友、母子、父子）中使用每种操控行为的程度（Buss, 1992）。然后，研究者计算了参与者的人格特质与其操控策略之间的相关。

那些在支配性方面（外向性）得分较高的人可能使用胁迫策略，如通过强烈要求、威胁、咒骂、批评来达到自己的目的。高支配者还可能用责任引发策略，让他人做出承诺，然后声称这是他们的责任。

那些在支配性特质上得分较低的人（相对顺从的个体）则可能使用自我屈尊的策略影响他人。例如，他们会放低自己或装出很可怜的样子来达到自己的目的。有趣的是，顺从的人比支配性高的人更多使用强硬策略，即他们会采用欺骗、说谎、侮辱甚至暴力等手段让他人按其意愿行事。

高随和性的人采用的两种主要策略是快乐诱导和理性说服。即高随和性的人会告诉他人做这件事有很多乐趣，给出需要他人做出某种行为的理由，并指出这样做

# 阅读　马基雅维利人格

“马基雅维利主义者”（Machiavellian）一词源于意大利外交官尼科洛·马基雅维利之名，他于1513年写了经典论著《君主论》（Machiavelli, 1513/1966）。由于他的外交官身份，马基雅维利看遍了权力的风云变幻和统治者的浮浮沉沉。《君主论》对如何获取和保持权力提出了建议。此书是马基雅维利在他曾经效力的君主被推翻之后，为了迎合新的统治者而写的。书中的建议完全抛弃了信任、荣誉、正派等传统价值观，以操控他人的策略为基础。例如，书中写道：“人是如此地简单，如此地热衷于满足眼前的需要，以至于骗子从不会缺少受害者。”（p. 63）马基雅维利主义最终与社会交往中的操控性策略和为达自身目的不惜将他人作为工具的人格类型联系起来。

心理学家克里斯蒂和盖斯设计了一份自我报告量表来测量马基雅维利主义特质的个体差异（Christie & Geis, 1970）。以下是该量表的部分条目示例，括号中的答案表示马基雅维利主义者的倾向。

- 与他人相处最好的办法就是说他们想听的。（是）
- 任何完全相信他人的人都是自找麻烦。（是）
- 在任何时候诚实都是最好的策略。（否）
- 决不要把你做事的真实原因告诉任何人，除非这样做有利。（是）
- 世界上大多数顶尖人物都过着清白、道德的生活。（否）
- 罪犯与其他人最大的差异在于罪犯过于愚笨而被擒。（是）
- 奉承重要人物是明智的。（是）

从这些条目中你可以看到，在马基雅维利主义量表上得分高的人（被称为高马基雅维利主义者）善于操控他人，具有愤世嫉俗的世界观，将他人视作达到个人目标的工具，不信任他人且缺乏同情心。而在此量表上得分较低的人（被称为低马基雅维利主义者）信任他人，有同情心，相信事情有明确的对错，认为人性基本是善的。

高分者和低分者分别代表了两种不同的社交行为策略（Wilson, Near, & Miller, 1996）。高分者代表一种剥削型社交策略：背叛友谊，机会主义地利用他人。从理论上说，与那些受到规则严格制约的社会情境相比，当社会情境有较大的创新空间时，使用这种策略效果比较好。例如，政治咨询或独立企业家所处的领域受到的制约相对较少，高马基雅维利主义者有较大的操作空间；而在结构化程度较高的大学中，高马基雅维利主义者的机会就比较少。

相反，低马基雅维利主义者代表着一种合作型社交策略，有时也被称为“投桃报李”策略。这种策略以互利互惠为基础，即你帮我，我也帮你，结果是大家都更好了。这是一种长期的社交策略。与之相对，高马基雅维利主义者采用的是短期的社交策略。

高马基雅维利主义者的成功很大程度上应该依赖情境。一项研究在真实世界的情境中考察了这一预测，即员工在两种不同组织情境中的销售业绩（Shultz, 1983）。第一种是高度组织化的情境。例如，纽约纽英伦电话公司（NYNEX），一家高度结构化的公司，受规则制约，销售员没有多大的操作空间。雇员需要遵守两卷本手册上的规则。第二种情境，组织结构较松散，如美林证券（Merrill Lynch）等股票经纪公司，其职员都有较多的机会玩弄手段。

研究通过两种组织情境下个人佣金的多少来评定销售业绩。在结构松散的组织情境下，如美林证券，高马基雅维利主义者有更多的客户，他们获得的佣金是低马基雅维利主义者的两倍。基于这项令人吃惊的发现，也许有人会得出结论，高马基雅维利主义总体上是一种更加成功的社会影响策略。但是，在高度

尼科洛·马基雅维利写了一本讲述操控策略的书，马基雅维利人格正是以他的名字命名。

结构化的组织情境中，低马基雅维利主义者所得到的佣金数量是高马基雅维利主义者的两倍。此研究表明，作为一种社会影响策略，马基雅维利主义的成功极大地依赖情境。因此，马基雅维利主义并非在任何时候都有效。规则完善的社会情境不允许马基雅维利主义者欺骗、说谎和背叛信任他们的人而不受惩罚。在这种情境下，高马基雅维利主义者可能会被拆穿，名誉会受损，并且经常会被解雇。而在灵活性大的职业情境中，高马基雅维利主义者比较成功，因为他们可以应用各种手段，闪转腾挪，在这种规则较少的情境中尽量利用可得的机会。

马基雅维利主义是一种迅速背叛他人的社交策略（Wilson et al., 1996）。在一项实验研究中，参与者有机会在一种工人—督工组成的情境中偷钱（Harrell & Hartnagel, 1976）。参与者扮演工人，他们接受另一个人的监督。督工表现得非常信任他们，而且明确说不需要密切监督他们。研究结果显示，81% 的高马基雅维利主义者偷了钱，而偷钱的低马基雅维利主义者只有 24%。而且，高马基雅维利主义者偷钱的数量大于低马基雅维利主义者。他们会隐瞒事实，当督工询问偷窃事件时，他们通常更可能撒谎。

高马基雅维利主义者不仅更会撒谎、更可能背叛他人的信任，而且有证据显示他们还编造了更多可信的谎言（Exline et al., 1970; Geis & Moon, 1981）。一项研究要求高马基雅维利主义者和低马基雅维利主义者在任务中作弊，并对实验者说谎（Exline et al., 1970）。实验者会变得越来越怀疑，并询问参与者他们是否撒了谎。高马基雅维利主义者能够更长时间保持与实验者目光接触。坦白真相的高马基雅维利主义者少于低马基雅维利主义者。最后，与低马基雅维利主义者相比，高马基雅维利主义者被评价为更擅于说谎。

高马基雅维利主义者的操控策略也会延伸到恋爱和性领域。为了与对方发生性行为，高马基雅维利主义者更可能做出爱对方的假象（如“当我希望与某人发生性关系时，我会说‘我爱你’，实际上这不是真心话”），或者将对方灌醉，甚至在对方不情愿时不惜使用武力（McHoskey, 2001）。他们还更有可能性骚扰（Zeigler-Hill et al., 2016），恶意传播情敌的谣言（Gconcalves & Campbell, 2014; Lyons & Hughs, 2015）以及欺骗伴侣和性不忠（Jones & Weiser, 2014）。有趣的是，所有这些马基雅维利主义特质与特定操控策略的相关，都是男性高于女性。

马基雅维利主义者可以获得很多的利益，但是也要付出代价。由于他们背叛、欺骗、说谎，高马基雅维利主义者可能遭到被利用者的报复。此外，高马基雅维利主义者更可能损害自己的名誉。一旦一个人背上喜欢利用他人的名声，别人就会回避他，拒绝与他接触。

这里对马基雅维利主义策略的探讨也展现了人格影响社会互动的三个基本过程。第一，高马基雅维利主义者会选择那些结构松散、没有足够的规则可以制约他们使用剥削策略的情境。第二，高马基雅维利主义者会唤起他人的特定反应，如因被利用而产生的愤怒和复仇心理。第三，高马基雅维利主义者会以可预期的方式操控他人，具体而言就是使用剥削、自私自利和欺骗的策略。

可能带来的好处。一项关于在配偶选择中孩子如何操控父母的研究表明，高随和性的孩子会使用理性策略，并且也说服了父母信任他们（Apostalou et al., 2015）。

相反，低随和性的人更多使用胁迫和冷处理策略，克罗地亚的一项研究也发现了类似的结果（Butkovic & Bratko, 2007）。他们不仅会使用威胁、批评、吼叫、尖叫等方式达到自己的目的，也可能表情冷漠或拒绝同对方讲话，直到对方屈服。不仅如此，他们更可能在感知到他人冤枉了自己之后对其进行报复，更愿意使用“制造损失”而不是“施以好处”的操控策略（McCullough et al., 2001）。当集体资源短缺或面临威胁时，低随和性的个体在集体资源使用中表现得更加自私，而高随和性的个体则会更加自我约束（Koole et al., 2001）。

尽责性这一人格特质仅仅与一种社会影响策略相关：理性说服。高尽责性的个体会解释为什么希望他人做某事，他们会提供合乎逻辑的理由，解释这样做的潜在合理性。一项研究发现，低尽责性的人会更多使用违法的方式获得资源，这可以从

冷处理是低随和性的人经常使用的一种策略。

犯罪和累犯记录中得到证实（Clower & Bothwell, 2001）。

情绪不稳定的人使用的操控策略较多，如强硬、胁迫、理性说服和金钱奖励。但是他们使用最多的是退行策略。他们会通过不高兴、生气、发牢骚、哭泣等来达到目的（见 Butkovic & Bratko, 2007）。从某种意义上说，这些表现与情绪不稳定的核心定义十分接近，即情绪反复无常，时而积极，时而消极。这些研究结果的有趣之处在于，情绪波动是出于策略性的动机，即为了影响他人来得到自己想要的东西。

高智力—开放性的个体会使用什么样的策略呢？毫不奇怪，这些聪慧的、有洞察力的人优先使用的策略是理性说服。当然，他们也会使用快乐诱导和责任引发策略，尽管这在直觉上并不显而易见。你能猜到那些低智力—开放性的人使用什么策略吗？是社会比较，即将配偶与他人相比较，指出他人是这样做的，如果配偶不这样做就会显得很愚蠢。

一项研究考察了“黑暗三角”人格特质（自恋、冷血精神病态和马基雅维利主义）与社会影响策略之间的关系（Jonason & Webster, 2012）。黑暗特质得分高的人倾向于通过各种策略来操控他人——胁迫、强硬、互惠、社会比较、金钱奖励，甚至是魅力。高黑暗三角属性者尤其喜欢使用强硬策略，典型的例子是他们常常欺负那些与他们有社交关系的人（Baughman et al., 2012）。

总之，这些研究表明，人格特征并不是被动地存在于头脑中的静态实体。人格对社会交往有深远的影响——就本节的讨论而言，它会影响人们在社会环境中用来操控他人的策略。

## 回顾：人格与社会交往概观

本章最重要的信息是：人格并非被动地存在于个体内部，而是会深刻地影响每一个人的社会环境。这种影响通过三种方式实现：选择、唤起和操控（详见表 15.6）。

表 15.6 人格与环境发生关联的因果机制：来自物理环境和社会环境的例子

| 机制 | 物理环境 | 社会环境 |
|---|---|---|
| 选择 | 内向者选择居住在乡村 | 外向者选择外向的配偶 |
| | 回避寒冷气候 | 情绪稳定者选择同样情绪稳定的室友 |
| 唤起 | 步伐沉重的人引发雪崩 | 不随和的人唤起关系冲突 |
| | 笨拙的人制造更多的噪声 | 自恋者唤起追随者的崇拜 |
| 操控 | 高尽责的人打造干净整洁的房间 | 不随和的人使用“冷处理”策略 |
| | 高开放性的人布置出时尚、丰富多彩的房间，拥有各种书籍和唱片 | 自恋者将过失归咎于他人 |

阅读

## 自恋与社会交往

自恋是一种人格维度，高分端的人高度地自我陶醉、自我欣赏，将自己的愿望和需要置于他人之上，表现出非同寻常的自大，有强烈的特权感，对他人的感受、需要和愿望缺乏同理心（见第 10 章和第 14 章；Raskin & Terry, 1988）。自恋水平高的人往往有如下特点：喜欢卖弄自我（如为了给他人留下深刻印象而炫富），自大（如不断谈论自己有多棒），自我中心（如为自己挑选最好的那部分食物），人际剥削（如出于自私的目的利用他人）（Buss & Chiodo, 1991）。有趣的是，女性名人（如参加真人秀节目的女明星）往往比普通人更自恋（Young & Pinsky, 2006）。自恋者确实认为自己漂亮性感，但实际证据表明他们的吸引力只比普通人略高一点（Bleske-Rechek, Remicker, & Baker, 2008; Holtzman & Strube, 2010）。人格心理学家研究了自恋对社会交往的影响，为人格在社会选择、唤起和操控中的作用提供了一个有趣的例证。

在选择方面，自恋者往往选择那些崇拜他们的人，这样可以印证他们对自己持有的过分积极的看法。他们不希望周围有人认为他们不卓越、不漂亮或不聪明（Buss & Chiodo, 1991）。事实上，由于自恋者认为自己是“能做出非凡表现的人”，因此他们会选择那些自认为有更多“闪耀机会”的情境，而回避别人无法注意到他们所谓的光彩的情境（Wallace & Baumeister, 2002）。虽然他们喜欢给自己安排拥有权力的职位（Buss & Chiodo, 1991），但会竭力回避无法展现自身光彩的情境（Wallace & Baumeister, 2002）。但是，生活常常不如人意，自恋者有时会被拒绝。遭到拒绝的时候，自恋者会对其认为伤害了自己的人表现出极大的愤怒（Carpenter, 2012; Horton & Sedikides, 2009; Jones & Paulhus, 2010），这或许是因为他们的自尊在面对失败时有些脆弱（Zeigler-Hill et al., 2010）。有趣的是，自恋者的社会知觉有较高的选择性，即与非自恋者相比，他们更常认为自己是人际“违约”（interpersonal transgression）中的受害者（McCullough et al., 2003）。

在配偶选择方面，自恋者的选择更不稳定。因为他们对配偶的承诺水平较低，或许因为他们总是觉得自己比对方“更好”或“更抢手”（Campbell & Foster, 2002; Campbell, Rudich, & Sedikedes, 2002）。自恋者不会怀疑伴侣的承诺（Foster & Campbell, 2005）。在一项实验中，当要求参与者列出导致现任恋人对关系的承诺不如自己高的可能原因时，自恋者甚至很难完成这项任务！任务结束后，自恋者对伴侣的承诺明显低于自恋程度较低的人，并且更愿意接受他人的约会邀请。自恋者的特权感还与无法原谅他人有关，这同样会损害恋爱关系（Exline et al., 2004）。

自恋者会在社会环境中从他人那里唤起可预测的反应。由于他们总是爱表现自己，使自己成为焦点，自恋者可能引发两种完全不同的反应：一些人认为他们聪明、有趣，不会让人感到乏味；而另一些人则认为他们很自私、粗鲁（Campbell et al., 2002）。有时候自恋者的自大行为（如利用自己的地位来说明某一观点）会让人感到愤怒。自恋者通过行为和穿着唤起他人的反应。他们的社交媒体主页常常是自我推销式的（Buffardi & Campbell, 2008; Ong et al., 2011），包括发布自己的性感照片（DeWall et al., 2011）。自恋者会发布更多的自拍照，更频繁地更新头像，以及花更多时间在分享图片和视频的社交软件上（Marshall et al., 2015; Moon et al., 2016; Sorokowski et al., 2015; Weiser, 2015）。他们更可能衣着奢华浮夸，女性自恋者还会化更浓的妆，穿着更加暴露——这可能唤起他人的性暗示（Vazire et al., 2008）。

自恋者还有一套可预测的操控策略。他们很会利用他人，人们往往将其描述为“利用他人的人”。他们利用朋友获得财富和社会关系。一旦拥有了权力，他们会利用职位盘剥下属，毫不迟疑地在他人面前仗势羞辱地位低的人。在面临失败时，他们会不顾情面地贬损他人，可能是试图把过失归于他人（Park & Colvin, 2014; South, Oltmanns, & Turkheimer, 2003）。在择偶方面，他们惯于玩弄操控对方的把戏，也更有可能使用胁迫和侵略性的性策略（Blinkhorn et al., 2015; Haslam & Montrose, 2015）。而在面对自己的失败时，自恋者会对他人发火，猛烈地攻击他人。自恋的特权感和剥削成分能很好地预测攻击性（Reidy et al., 2008）。总之，自恋这一人格维度与人们所做的社会选择、从他人那里唤起的反应以及为达到自我中心的目的而使用的操控策略等存在多方面的联系。

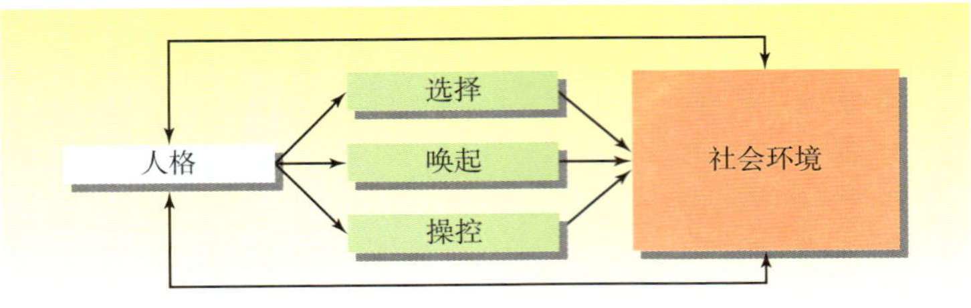


图 15.1 人格与社会交往

这些基本的机制在社会环境和物理环境中都起作用。让我们先来看看选择。在物理环境方面，内向的人更可能选择生活在乡村，而外向的人更可能选择城市生活，因为城市生活有更多的社交机会。在社会环境方面，外向的人更可能选择同样外向的配偶，而内向的人更可能选择同样内向的配偶，这样他们就可以一起安静地阅读。

在唤起方面，爬雪山的时候，一个说话声音很大、步伐沉重的人更可能引发雪崩。在社会环境领域，自恋者可能会唤起追随者的崇拜和不喜欢他们过分自我中心的人的轻蔑。在操控方面，人格能够影响人们整理房间的方式( Gosling et al., 2002 )。例如，高尽责的人会保持自己的房间干净整洁、不凌乱；而低尽责者的房间则更脏、更乱。高智力—开放性的人多用时尚、别具一格的物品来装饰房间，拥有类型多样的书籍和唱片；而那些智力—开放性低的人的房间饰物较少且更传统，书籍和唱片的类型也较少。在社会环境领域，低随和性的人更可能使用“冷处理”的操控策略；高智力—开放性的人更多使用理性说服的方式达到目的；而自恋者常常将过失归咎于他人。

简言之，人格决定了人们选择什么样的恋人和朋友，进入或回避什么样的情境（选择），决定了人们唤起他人和物理世界的何种反应（唤起），并且还会影响人们改变其物理环境和社会环境的方式（操控）。这三种方式如图 15.1 所示。

人格与社会环境是否互为因果还需进一步的研究来确认。例如，选择一个与自己人格相似的配偶是否会创造一种进一步强化这种人格相似性的社会环境，从而使相似性表现出跨时间的稳定性（ Neyer & Lehnart, 2007 ）？不随和的人是否唤起了冲突，致使他们处于一个得到太多消极反馈的环境，因而使其保持了不随和的人格特征？情绪不稳定的个体所使用的大量操控策略（从强硬策略、恐吓到生闷气、发牢骚、不高兴）是否实际上导致了更加混乱的社会环境，因此使其继续保持神经质的特征？以上问题毫无疑问将在下一个十年得到解答。

## 总结与评论

人格特征影响着我们与周围社会世界中他人互动的方式。人格与社会交往的相互作用使人格心理学与社会心理学两个领域更加紧密相关（ Swann & Selye, 2005 ）。

本章描述了人格影响社会交往的三种方式。第一，我们会选择他人和环境，选择我们面对的社会情境。例如，在择偶时，全世界的人都会寻找可信赖、情绪稳定和性格宜人的人。另外，我们倾向于寻找那些与我们人格相似的配偶，这叫同征择偶。需求互补理论认为具有不同特征的人会彼此吸引，但它没有得到实证支持。与得偿所愿的人相比，那些没能得到理想配偶的人（例如，找了一个情绪不稳定、不随和的配偶）的婚姻更可能不幸福且更可能离婚。

选择的过程并不限于婚恋对象的选择。例如，羞怯特质与某些行为倾向相关，包括回避妇科检查、因羞于提出避孕话题而陷入风险性行为以及在赌博中避免冒险。与此相似，在异性恋男性中，与低感觉寻求者相比，高感觉寻求者更可能选择有风险的性情境，如发生未采取保护措施的性行为以及拥有更多性伙伴。

第二，我们会唤起他人的情绪与行为。这些唤起部分是基于我们的人格特征。一项研究考察了男性和女性让其恋人感到愤怒和苦恼的因素。结果，最能预测愤怒和苦恼情绪唤起的因素是低随和性和低情绪稳定性。例如，随和性较低的人在其社交情境中通常会制造大量的冲突（包括与朋友和恋人），并且他们在高中期间更可能成为社交方面的受害者。另外，有一种现象被称为期望证实，即我们对他人人格特征所持有的观念，有时会激发他人表现出与我们的预期恰好一致的行为。例如，相信某人有敌意，可能会真的激发其敌对行为。

第三，操控，是指人们有意影响和利用他人的方式。人们会使用各种各样的策略影响他人，如魅力策略、冷处理策略、胁迫策略、理性说服策略、退行策略以及自我屈尊策略。在策略的使用上，男性和女性基本相同，只有在退行策略上略有差异，女性用得稍多一点。然而，人格在我们使用何种策略影响他人方面扮演了相当重要的角色。例如，情绪稳定性差的人更可能使用退行和冷处理策略。但他们也会使用理性说服和金钱奖励策略，这说明了人格与操控策略之间的一些非直觉性联系。高智力—开放性的个体可能使用理性说服策略，而低智力—开放性的个体则可能使用社会比较策略。

与操控策略有关的一种人格特征是马基雅维利主义。高马基雅维利主义者可能会向人献媚、奉承他人以达到自己的目的，他们高度依赖谎言和欺骗等手段。例如，在择偶方面，高马基雅维利主义者可能假装爱对方以期和对方发生性关系，或者使用药物和酒精迫使对方就范，甚至还表示愿意通过武力来满足性愿望。高马基雅维利主义者可能背弃他人的信任，在欺骗之前假装与他人合作。与低马基雅维利主义者相比，高马基雅维利主义者更可能偷窃，而且在事情败露之后更可能撒谎。高马基雅维利主义者的得逞似乎高度依赖社会情境。在结构松散的社会情境或工作组织中，他们可能通过灵活使用各种操控策略而获益。但是在结构紧密、有完善规则约束的情境中，低马基雅维利主义者更加成功。

在自恋人格特质中，上述三种影响方式都得到了研究。自恋者会选择崇拜他们的人，回避对其“伟大”表示怀疑的人。他们会选择有机会彰显其光彩的情境，回避无法表现其光彩的情境。对于追随者，自恋者会唤起他们的钦佩和尊重；而对于那些受其轻视和自负所害的人，自恋者则会唤起他们的厌恶和愤怒。在操控方面，自恋者具有高度的人际剥削倾向，他们会利用朋友来获取财富与社会关系，当事情变得糟糕时他们会将过失归咎于他人。所有这些对自恋者的考察，为我们生动地描绘了人格如何与我们所创造的社会交往以及生活于其中的社会环境紧密相关。

总之，通过影响我们对配偶、对社会环境的选择，影响我们从自己选择的他人那里唤起的反应，以及影响我们为了达到自身目的去操控他人的策略，人格与我们的社会交往有着可预测的系统性联系。

## 关键术语

需求互补理论
相似吸引理论
同征择偶
愿望违背
羞怯
马基雅维利主义
唤起
敌意归因偏差
期望证实
分类法

© Arthimedes/Shutterstock RF

# 16 性、性别与人格

# 社会与文化领域

成年男性和女性之间的部分人格差异，被认为是由青少年期发生的一些环境事件造成的。

“尽管女性主义已经取得了一些成绩，但是小学阶段不断上升的性别主义与暴力（从智力低估到性骚扰）导致女孩压抑了她们的创造性和自然冲动，这最终会极大地破坏她们的自尊”（Pipher, 1994，书封）。这段话引自《拯救奥菲莉娅》，该书在畅销书排行榜上停留了惊人的 135 周（Kling et al., 1999）。这段话阐述了这样一种广泛的观点：女性的自尊水平比男性低，成年男女的这一人格差异源于发展过程中的破坏性事件。

尽管我们无法确切了解为什么《拯救奥菲莉娅》一书会如此长期地受欢迎，但有几种可能性值得考虑。首先，人们对心理方面的**性别差异**（sex difference），即男性与女性在人格与行为上的平均差异非常感兴趣。其次，许多人关心这些性别差异研究结果的政治意义。这些发现会被用来强化性别刻板印象吗？这些发现会被用来压迫女性吗？最后，人们关心这些性别差异对其日常生活所具有的实际意义。性别差异的知识是否可以帮助人们更好地相互理解和沟通，并减少两性之间的冲突？

本章主要关注科学问题，但也会讨论与这些科学发现相关的广泛争论。就人格而言，男性和女性本质上是相同的还是不同的？这些差异是否因为人们的刻板印象（男性应该是什么样的，女性应该是什么样的）而被放大了？什么理论可以很好地解释人格中那些与性别有关的特征？在本书中，性别差异一词仅指男性和女性在特定特征上的平均差异，如身高、体内脂肪的分布或者人格特征，并未预先判断这些差异的来源。

在本章开头，我们会简要概括人格领域中关于性别差异的研究历史。这些背景知识将向你展示性别差异是多么复杂：我们将了解到，**性别**（gender）一词的定义，或者说在一个社会中作为一名男性或女性意味着什么，本身就是随时间而变化的。随后，我们介绍心理学家从研究数据中发现性别差异的一些技术。接下来，我们考察某些特质上的性别差异，如果敢、犯罪行为和性，并用这些差异来探讨一个有趣的话题，**性别刻板印象**（gender stereotypes）：对男女差异或应该存在的差异持有的各种与实际差异不符的信念。最后，我们将探讨那些试图解释性别差异起源的理论。

## 性与性别研究的科学和政治

很少有主题像性别差异这样引起如此多的争议，“对男女两性本质的公开讨论总是那么引人注目，无论是媒体对最新研究成果的报道，还是高度曝光的法律案件（如涉及单一性别教育机构或性骚扰的案件）”（Deaux & LaFrance, 1998, p. 788）。例如，有人担心性别差异的研究结果会被用来支持某些政治议程，如将女性排除在领导或工作角色之外。有人认为，这些研究发现只是性别刻板印象的反映，而不是真实的差异。此外，还有一些心理学家认为，任何有关性别差异的发现都只是科学家自己的偏见而已，并非对现实的客观描述。事实上，一些心理学家（如罗伊·鲍迈斯特）曾提倡停止研究性别差异,因为这些研究结果可能有悖于平等主义的理想( Baumeister, 1988），尽管后来他也改变了自己的观点，并在此研究领域发表了论文（个人通信，2006 年 5 月 17 日）。

但是，有一些人认为，如果不接受真实存在的性别差异，那么科学心理学和社会变革都是不可能实现的。例如，女性主义心理学家艾丽斯·伊格利（Eagly, 1995）认为，性别差异确实存在，且已经在很多研究中得到了证实。不能仅仅因为它们与某些政治议程相矛盾就忽视它们。实际上，伊格利认为，那些试图淡化这些差异或者装作这些差异根本不存在的女性主义者，由于提出了一个与现实脱节的教条，反而会妨碍女性主义的议程。而另外一些人（如珍妮特·海德）则认为，性别差异被夸大了，在大多数人格特质上男女两性都有很大的重叠，性别差异非常小（Hyde, 2005; Hyde & Plant, 1995）。下面我们将详细地讨论这些相互对立的观点。

### 性别差异的研究历史

1973 年以前，很少有人关注性别差异。事实上，心理学的研究通常都只使用同一性别的参与者，而且大多是男性。即使研究中既有男性也有女性，也很少有文章分析和报告是否存在性别差异。

到了 20 世纪 70 年代早期，情况才开始有了变化（Eagly, 1995; Hoyenga & Hoyenga, 1993）。1974 年，埃莉诺·麦科比和卡萝尔·杰奎琳（Maccoby & Jacklyn, 1974）出版了一部经典著作《性别差异心理学》。她们在书中回顾了数百项心理学研究，得出了有关性别差异的几个基本结论。她们认为，女性在言语方面略优于男性，而男性则在数学能力（如几何与代数）和空间能力（如想象一个三维图形旋转 90° 后的样子）上略胜一筹。在人格特征方面，她们认为男性和女性只存在一种差异：男性比女性更富有攻击性。在其他的人格与社会行为方面，她们认为没有足够的证据支持男性和女性存在什么不同。总的来说,她们认为存在性别差异的维度很少,而且不太重要。

《性别差异心理学》引发了大量对这一主题的研究，而这本书本身也受到来自各方面的批评。有人认为性别差异比麦科比和杰奎琳所描述的要多得多（Block, 1983）；有人则对男性更富有攻击性的结论提出了挑战（Frodi, Macauley, & Thome,

1977）。此外，尽管她们得出结论所采用的方法是当时的标准程序，但以今天的标准来看却很粗糙。

自《性别差异心理学》出版以后，心理学刊物改变了原来的报告惯例，开始要求作者统计并报告性别差异。另外，有人抗议心理学的研究结论主要来自男性参与者，呼吁在研究中更多地增加女性参与者的数量。于是，大量的性别差异研究井喷式爆发，数以千计的研究都在考察两性的差异。实际上，到 1992 年，美国联邦政府资助的所有研究项目，都要求包括两种性别的参与者（当然，除非有正当的理由只研究单一性别，如关于卵巢癌或前列腺癌的研究）。

继麦科比和杰奎琳早期的工作之后，研究者们发展出了一种更加精确的量化研究程序来得出跨研究的结论（从而能够确定性别差异），此种研究程序被称为元分析。之前讲过，元分析是对大量研究进行整合的一种统计方法。直至 20 世纪 80 年代中期，元分析的方法才开始得到普遍使用。它可以让研究者更客观、更精确地评估某种差异（如性别差异）在不同研究中是否一致。而且，研究者还能评估该差异究竟有多大，即**效应量**（effect size）。

## 效应量的计算：性别差异有多大

一种最常用的元分析统计指标是效应量，或 *d* 值。*d* 值用来表示以标准差（见第 2 章）为单位的差异。*d* 值为 0.50 表示组间差异是 0.5 个标准差；*d* 值为 1.00 表示组间差异是 1 个标准差；*d* 值为 0.25 表示组间差异是 1/4 个标准差。对每一项研究中的性别差异都可以计算出效应量，然后将不同研究中得到的数据平均，就可以对是否存在性别差异，以及如果存在的话差异到底有多大进行更准确、更客观的评估。

大多数元分析法都采用了如下解释效应量的惯例（Cohen, 1977）：

| *d* 值 | 意义 |
| --- | --- |
| 0.20 或 –0.20 | 差异较小 |
| 0.50 或 –0.50 | 中等差异 |
| 0.80 或 –0.80 | 差异较大 |

当我们将男性与女性进行比较时，*d* 值为正（如 0.20 或 0.50）代表男性的分数高于女性，而 *d* 值为负（如 –0.20 或 –0.50）代表女性的分数高于男性。举例来说，*d* 值为 –0.85 代表的就是女性在某项特质上的分数远远高于男性。

为了对各种不同的效应量有一个直观的感受，让我们先来看看人格领域之外的一些研究。男性和女性谁能够将球抛得更远？尽管每一种性别内部都有很大的个体差异，但是很明显，一般而言男性抛得更远，*d* 值接近 2.00（Ashmore, 1990）。这意味着性别差异相当大，达到了 2 个标准差。在大学里，男性和女性谁的平均绩点更高？绩点的 *d* 值是 –0.04，非常接近零，这说明男性和女性的学业成绩基本相同。

男性和女性谁的言语能力更强？研究结果表明女性稍强，不过 *d* 值只有 –0.11。男性的数学能力比女性强吗？*d* 值也很小，只有 0.15。这些结果与大多数研究结果一致，即在大部分认知能力上男性和女性是大致相当的（或差异不大）（Hyde, 2005, 2014）。得到证明的唯一例外是空间旋转能力。例如，将长矛或足球准确地投向运动着的物体，如动物或接球手。这种空间能力的 *d* 值为 0.73，接近“差异较大”的标准（Ashmore, 1990）。

图 16.1
平均数有差异的情况下，男性和女性的分布重叠。就某种能力而言，即使一种性别的人大大超过了另一种性别，他们之间仍然有很大的重叠。图中阴影部分的女性在投掷能力上超过了男性的平均水平 。

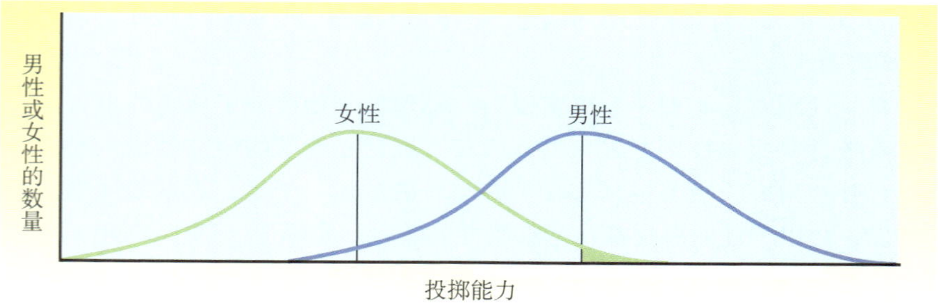

在投掷方面，男女差异的效应量是 2.00，男性投得更远。尽管就平均能力而言，这是很大的差异，但仍然会有一些女性比大多数男性都投得远，因为男女的分布曲线仍然有重叠。

重要的是，即使是很大的性别差异，对某一特定个体而言也并不一定具有意义。即使是 $d$ 值为 2.00 的投掷领域，也有一些女性远比普通男性投得远，而有些男性不如普通女性投得远。当我们评价效应量的时候，需要谨记两性在分布上的重叠（见图 16.1）。

### “极小派”与“极大派”

性别差异的一个主要争论集中在对效应量的考虑上：性别差异很小、相对不重要，还是不仅不小而且有重要意义。那些认为性别差异非常微小且不重要的人属于**极小派**（minimalist），并且提出了两点论据。第一，从实证研究结果来看，大多数性别差异的效应都是很小的（Deaux, 1984; Hyde, 2005, 2014; Hyde & Plant, 1995）。极小派往往强调，男性和女性在任何一个人格变量上的分布都有大量的重叠部分，这说明性别差异的效应非常小。第二，无论性别差异是否真实存在，它们对日常生活中的行为并无特别重要的实际意义。如果性别差异本来就很小，且对人们的生活没有影响，那么也许我们应该关注其他更加重要的心理学话题。

相反，**极大派**（maximalist）则通常认为，性别差异的大小和许多其他的心理学效应相当，不应该被忽视（Eagly, 1995）。根据这种观点，有些性别差异确实很小，有些却很大，还有许多是中等水平。不仅如此，伊格利指出，即使是很小的性别差异也可能有重要的实际价值。例如，助人行为上的性别差异或许很小，但从长远来看，受男性和女性帮助的人数却可能有很大的差异。当你阅读本章时，请记住心理学家对性别差异所持的立场范围——从极小到极大。

## 人格的性别差异

我们从儿童气质的性别差异开始讲起。接着介绍五因素模型，它可以提供一个便利的框架，帮助我们组织大量关于人格性别差异的结果（见表 16.1）。然后我们探讨其他人格领域的性别差异，如性、犯罪行为、身体攻击性、抑郁和冷血精神病态，以及两性在群体中的互动模式。

## 儿童的气质

在一项元分析中，研究者非常恰当地总结了气质性别差异的重要性："在人格与社会行为领域的性别差异研究中，气质的性别差异问题可以说是最根本的问题之一。气质反映了在生命早期就出现的具有生物基础的情绪和行为特征，它通常可以与其他因素结合起来预测众多其他方面的模式和结果，如精神病理学和人格"（Else-Quest et al., 2006, p. 33）。研究者对 3~13 岁的儿童进行了规模空前的关于气质性别差异的元分析研究。

他们发现的性别差异大小不同，既有微不足道的也有非常明显的。其中，**抑制控制**（inhibitory control）方面的性别差异最大（$d = -0.41$），它被认为是中等程度的差异。抑制控制是指控制不恰当的反应或行为的能力。一项研究发现，在冲动性上，性别差异也非常大，男孩控制冲动的能力不如女孩（$d = -0.72$）（Olino et al., 2013）。正如研究者所总结的："这些结果可能表明，女孩管理和分配注意力的整体能力更强"，也更能压制社会不期许的行为（Else-Quest et al., 2006, p. 61）。**感知敏感性**（perceptual sensitivity），即检测环境中微小刺激的能力，也存在性别差异，女孩优于男孩（$d = -0.38$）。平均而言，女孩对外部世界微弱和低强度信号的感知比男孩更敏感。抑制控制与后期尽责性特质的发展有关。有趣的是，这方面的性别差异似乎会逐渐消失，因为成年男性和女性在尽责性方面差异不大。

**活泼性**（surgency），包括趋近行为、高活动性和冲动性等特性，显示出了男孩高于女孩的性别差异（$d = 0.38$）。高活泼性和低抑制控制的组合，也许能够解释为什么男孩小时候在学校里会有更多的纪律问题。活泼性的部分子维度性别差异稍小一些，如活动水平（$d = 0.33$）和高强度快感（$d = 0.30$），这与男孩比女孩更愿意参与打闹游戏的发现是一致的。

低抑制控制和高活泼性的组合或许还可以解释另一种可靠的性别差异——身体攻击性。对实际行为进行编码的行为频率测量发现，男孩比女孩（约 13 岁）具有更高的身体攻击性（$d = 0.60$）（Zakriski, Wright, & Underwood, 2005）。

与抑制控制和活泼性不同，男孩和女孩在总体的**消极情感**（negative affectivity）上几乎没有差异，它包括愤怒、不安、痛苦和悲伤等子成分。但进一步分析发现，女孩在恐惧上得分更高（$d = -0.32$），而男孩在愤怒表达上得分更高（$d = 0.34$）（Olino et al., 2013）。

总而言之，针对 3~13 岁儿童气质的元分析研究发现了一些中等程度的性别差异。女孩表现出更高水平的抑制控制和恐惧。男孩表现出更高水平的活泼性、活动性、冲动性和愤怒。但这些性别差异都只是就平均水平而言，这也意味着男孩和女孩的分布会有相当的重叠。

## 五因素模型

五因素模型为我们提供了一组可以考察男性和女性是否存在差异的宽泛人格特质。

### 外向性

研究者考察了外向性的三个子维度上的性别差异：乐群性、果敢性和活动性。女性的乐群性略高于男性，不过差异很小。同样，男性的活动性略高于女性。一项在 50 种不同文化中进行的人格研究发现，外向性有相对较小的（$d = 0.15$）性别差异（McCrae et al., 2005b）。对外向性子维度的分析得到了更有趣的结果（De Bolle et al., 2015）：女性在热情（$d = -0.29$）和乐群性（$d = -0.26$）上得分更高，而男性在果敢（$d = 0.24$）和刺激寻求（$d = 0.25$）上得分更高。与此相关的一项研究（来自 70 个国家或地区的 127 个样本，$N = 77\ 528$）发现，男性比女性更看重权力的价值（Schwartz & Rubel, 2005），也就是说，相比于女性，男性更加看重社会地位和对他人的支配。

果敢维度上中等程度的性别差异，可能会在群体背景的社交行为中表现出来。大量研究显示，在一个两性混合的群体中，男性比女性更常在对话中打断他人（Hoyenga & Hoyenga, 1993）。两性冲突的一个重要来源——不礼貌地打断对话，可能源于果敢维度上的这种性别差异。

### 随和性

一项包含 50 种文化的研究发现，随和性存在中小程度的性别差异（$d = -0.32$），女性得分高于男性（McCrae et al., 2005b; Schmitt et al., 2008）。65~98 岁的老年参与者在随和性上也表现出性别差异（$d = -0.35$），女性得分高于男性（Chapman et al., 2007; Wood, Nye, & Saucier, 2010）。随和性的两个子维度得到了考察：信任和仁慈。**信任**（trust）是指这样一种倾向：愿意与他人合作，愿意相信他人，认为他人本质上都是好的。**仁慈**（tender-mindedness）是一种悲悯倾向，即有同情心，对那些受压迫的人表示同情。从表 16.1 中可以看到，在信任倾向上女性的得分高于男性。在仁慈倾向（如关怀、给予）上女性的得分也远高于男性，效应量 $d = -0.97$。显然，这是很大的差异了。随和性还有一个子维度是谦虚，总体而言，女性比男性更谦虚（$d = -0.26$）（De Bolle et al., 2015）。近些年的研究开始聚焦这些性别差异的情境特异性：在混合性别的社会互动中，女性比男性更加合作（Balliet et al., 2011）；相反，在同性别的社会互动中，男性比女性更加合作（Balliet et al., 2011）。

另一个与随和性相关的发现涉及微笑。对微笑的元分析结果显示，女性比男性笑得更多，$d$ 值为 $-0.60$（Hall, 1984）。如果把微笑视为随和性的反映，我们可以得出结论，女性比男性更随和。但是一些研究者将微笑视为顺从的标志而不是随和性的反映（Eagly, 1995）。还有人认为地位较低的人笑得更多。也许微笑在某些情境中反映的是随和性，而在另一些情境中反映的则是顺从。

研究显示，女性比男性有更多的自发微笑。但是研究者对这一差异的意义有不同的理解。一些人认为微笑是随和的表现，而另一些人认为这是顺从的表现，或是在社交情境中缓解紧张感的一种方式。

**攻击性** 攻击性与随和性刚好相反。得知男性比女性更有身体攻击性并不会让你觉得奇怪。这在人格测试、攻击幻想以及实际行为的测量中都有所体现（Hyde, 1986）。一般而言，在投射测验中攻击性的效应量最大，如主题统觉测验的 $d = 0.86$。其次是同伴评价的攻击性（$d = 0.63$）。自我报告的攻击性效应量最小

表 16.1　**部分大五人格子维度中性别差异的效应量**

| 维度 | 效应量 |
|---|---|
| **外向性** | |
| 乐群性 | −0.26 |
| 热情 | −0.29 |
| 果敢性 | 0.24 |
| 活动性 | 0.09 |
| 刺激寻求 | 0.25 |
| **随和性** | |
| 信任 | −0.25 |
| 仁慈 | −0.97 |
| 谦虚 | −0.26 |
| 攻击幻想 | 0.84 |
| **尽责性** | |
| 条理性 | −0.24 |
| **情绪稳定性** | |
| 焦虑 | −0.54 |
| 恐惧 | −1.04 |
| **智力—开放性** | |
| 观念开放性 | 0.03 |
| 想象力 | −0.31 |
| 感受 | −0.42 |

注：正数表示男性比女性得分高，负数表示女性比男性得分高。

（$d$ = 0.40）。攻击幻想测量的是人们想象攻击他人的频次，这方面发现了较大的性别差异，效应量为 0.84。

这些性别差异对日常生活有着深远的影响。在暴力犯罪行为上的效应量尤为惊人：全世界 90% 的杀人犯都是男性，而且大部分被杀者也是男性（Buss, 2005b; Daly & Wilson, 1988）。此外，在从简单的攻击到帮派战争的所有暴力犯罪种类中，男性罪犯的数量都多于女性。图 16.2 显示了美国不同年龄和性别的人因暴力犯罪而被抓捕的情况。你可以看到，男性的犯罪率远高于女性。有趣的是，最大的性别差异出现在青春发育期以后，在青少年期和二十几岁时达到顶峰。50 岁以后，暴力犯罪的发生率均开始下降，在暴力犯罪方面男性和女性变得十分相似。

这些发现并不仅限于美国。在其他所有有数据可查的文化中，大多数杀人和暴力犯罪都是年轻男性所为（Daly & Wilson, 1988; Pinker, 2011）。从心理学角度来说，这种性别差异的关键原因在于，女性对惩罚的敏感性比男性高（$d$ = −0.33），而男性似乎更偏好冒险，对可能受到的惩罚浑然不觉（Cross, Copping, & Campbell, 2011）。这些具有跨文化普遍性的发现，为那些从进化观点来解释性别差异的理论（见第 8 章）提供了证据。值得注意的是，上述暴力形式指的是肢体的暴力。其他形式的暴力——尤其是“关系暴力”，比如对他人口头侮辱和造谣——通常并未显示出性别差异，或

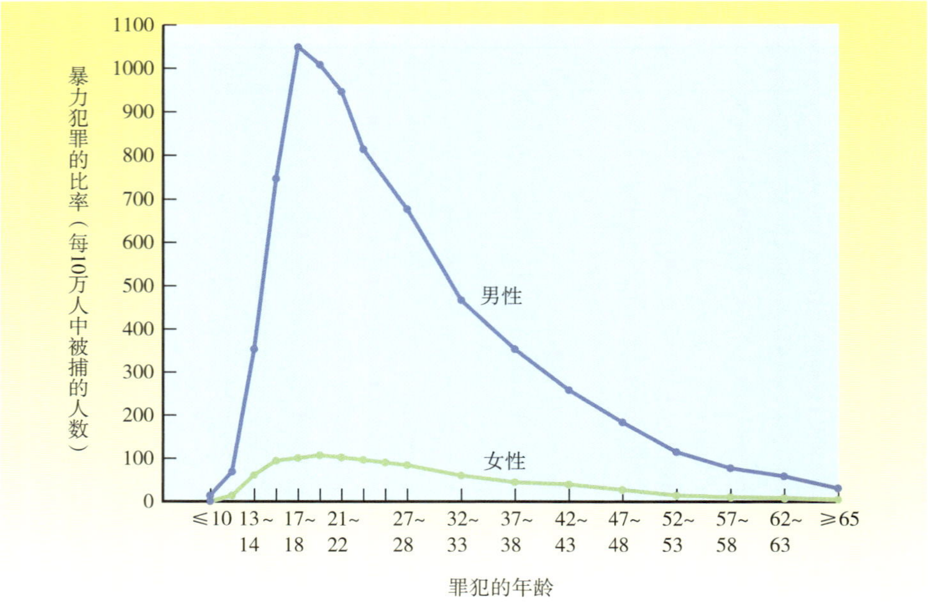


图 16.2　美国不同年龄的男性和女性因暴力犯罪被逮捕的情况

者女性得分有略高于男性的趋势（如 Hess et al., 2010; Ostrov & Godleski, 2010）。

### 尽责性

那项涵盖了 50 种文化的研究发现，总体的尽责性只存在小到可以忽略的性别差异（$d$ = –0.14）（McCrae et al., 2005b）。在尽责性的子成分中，研究者只考察了条理性。女性在这方面的分数稍高于男性，效应量为 -0.13。更大规模的跨文化研究发现了稍大一些的性别差异（$d$ = –0.24）（De Bolle et al., 2015），这足以说明男性和女性在该维度上的表现基本相同。但是，即使是很小的差异，久而久之也可能产生大的累积效应。例如，夫妻之间在条理性上的细小差异，在一年之中可能导致大量关于房屋清洁的争吵。

### 情绪稳定性

情绪稳定性可以说是五因素模型里面价值承载最多的一个维度。你可以回忆一下第 3 章的内容，此维度的一端是那些沉稳、冷静、稳重的人，我们可以称之为“情绪稳定型”。相反一端的特点是情绪的波动性和多变性。尽管很多人称之为“情绪不稳定型”或“神经质”，但是我们也可以将其命名为“情绪表达型”。重要的是记住此维度的心理学意义，即它所包含的特质，而不是每一端的标签。

涵盖了 50 种文化的研究发现，在五因素模型中，情绪稳定性的性别差异最大（$d$ = 0.49），女性的得分低于男性，表现出中等程度的差异（McCrae et al., 2005b; 也见 Schmitt et al., 2008）。一项在 10 个阿拉伯国家［科威特、沙特阿拉伯、阿联酋、阿曼、埃及、叙利亚、黎巴嫩、巴勒斯坦（纳布卢斯和加沙地带）、约旦和伊拉克］测量焦虑的研究，也发现了相似的性别差异（Abdel-Khalek & Alansari, 2004）。65~98 岁的老年人在情绪稳定性上也存在性别差异（$d$ = 0.52），女性的得分低于男性（Chapman et al., 2007）。在跨文化研究中，情绪稳定性的焦虑子维度显示出了最大的性别差异，女性的焦虑得分更高（$d$ = –0.54）（De Bolle et al., 2015）。更精细的测量则发现，女性在恐惧上的得分尤其高（$d$ = −1.04）（Campbell et al., 2016）。

### 对经验的智力—开放性

那项涵盖了 50 种文化的研究发现，对经验的智力—开放性不存在实质性的性别差异（$d$ = −0.07）（McCrae et al., 2005b），该结果与另一项以 55 种文化为背景的研究结论类似（$d$ = −0.05）（Schmitt et al., 2008）。博特温及其同事（Botwin et al., 1997）用三种来源的数据检验了智力—开放性的性别差异，即自我报告、配偶报告和访谈者报告（包括一个男性访谈者和一个女性访谈者）。分别对三种来源的数据进行分析，结果都未发现性别差异。一项包含青少年、大学生和成年人的大规模跨文化研究发现，智力—开放性特质的总体水平不存在实质性的性别差异。尽管如此，对子维度的分析显示，女性在两个因素上得分更高，分别是想象力和观念开放性（De Bolle et al., 2015）。表 16.1 总结了大五人格模型的关键子维度中关于性别差异的重要发现。

## 基本情绪：频率和强度

情绪是人格的重要内容，因此我们用了一整章来讨论它（见第 13 章）。跨文化研究能够揭示男性和女性在情绪体验上的异同。规模最大的一项研究包括 2 199 名澳大利亚人以及 6 868 名来自 41 个国家或地区的跨文化样本（Brebner, 2003）。研究者考察了八种基本情绪，包括四种积极情绪（喜爱、高兴、满足、自豪）与四种消极情绪（恐惧、愤怒、悲伤、内疚）。研究者让参与者在评定量表上指出：（1）他们体验到这些情绪的频率；（2）他们体验到这些情绪的强度。表 16.2 总结了这项研究的结果。

在这个跨文化样本中，情绪体验存在一些效应量较小但达到统计学显著水平的性别差异。女性情绪体验（无论是积极情绪还是消极情绪）的频率和强度都高于男性。在积极情绪体验范畴内，喜爱和高兴的性别差异最大，但是自豪的频率和强度都不存在性别差异。在消极情绪体验范畴内，女性对恐惧和悲伤两种情绪的体验频率和强度均高于男性，尤其是在强度方面。不过，两性在内疚的体验强度上显示出了较小的性别差异，而在体验频率上则没有差异——这与女性更容易内疚的刻板印象多少有些矛盾。这些结论必须从两大方面加以限定。第一，总体而言，性别差异的效应量都较小。第二，有其他研究更具体地探讨了这些情绪，并得到了一些相反的性别差异，比如在对配偶的性不忠上，男性体验到更加强烈的嫉妒情绪（见第 8 章）。

女性常常抱怨男性的一点是情绪表达不充分（Buss, 2016）。相反，男性常常抱怨女性太情绪化。上述研究结果为这些抱怨提供了一种可能的解释：男性不表达情绪是因为他们确实没有体验到像女性那么多、那么强烈的情绪。

表 16.2　情绪体验的性别差异

| 情绪 | 频率 | 强度 |
|---|---|---|
| 积极情绪 | 0.20 | 0.23 |
| 喜爱 | 0.30 | 0.25 |
| 高兴 | 0.16 | 0.26 |
| 满足 | 0.13 | 0.18 |
| 自豪 | ns | ns |
| 消极情绪 | 0.14 | 0.25 |
| 恐惧 | 0.17 | 0.26 |
| 愤怒 | 0.05 | 0.14 |
| 悲伤 | 0.16 | 0.28 |
| 内疚 | ns | 0.07 |

注：表中数字代表效应量 $d$，ns 代表性别差异不显著，正值代表女性在该情绪上的体验频率或强度高于男性。

资料来源：Brebner (2003).

## 人格的其他维度

还有一些人格维度与五因素模型中的人格特质有关，但是并不直接包含于其中。我们将探讨其中三个维度：自尊、性与择偶、人—物维度。

## 自尊

有关男性和女性的一个备受关注的话题就是自尊，即我们觉得自己有多好。许多畅销书反映了这一点，如《建立自尊的 10 种简单方法》( Schiraldi, 2007 )。尽管研究者也探讨了自尊的许多层面，如关于自我运动能力的自尊、社交技能的自尊，但到目前为止被研究最多的还是**总体自尊**（global self-esteem），即“一个人对自己的总体评价”( Harter, 1993, p. 88 )。总体自尊的范围可以从高度积极到高度消极，它反映了一个人对自己的总体评价（Kling et al., 1999）。

总体自尊与许多机能特征有关，是心理健康的核心元素。那些高自尊的人似乎能够更好地应对生活中的压力与紧张。在实验室研究中，在得到消极的成绩反馈后，高自尊的个体在认知任务中的表现好于低自尊的个体。高自尊的人往往愿意笑纳成功的功劳，但却拒绝承担失败的责任（Kling et al., 1999）。

元分析结果揭示了一个有趣的性别差异模式（Feingold, 1994; Kling et al., 1999）。自尊的总体效应相对较小（$d = 0.21$），男性的自尊略高于女性（Kling et al., 1999），但是当研究者根据年龄分析自尊的性别差异时，发现了有趣的现象。儿童（7~10 岁）之间的性别差异很小（$d = 0.16$），但是随着孩子进入青少年期，性别差异逐渐增大。在 11~14 岁时，$d = 0.23$；到 15~18 岁时，性别差异达到峰值（$d = 0.33$）。与男性相比，女性在青少年期中后期的自尊水平似乎较低。令人欣慰的是，自尊的差异在成年期开始减小。在 19~22 岁时，效应量减至 0.18；在 23~59 岁的成年人中，两性的自尊水平更加接近，$d$ 值为 0.10。在 60 岁以后的老年期，$d$ 值仅为 −0.03，这意味着男性和女性在自尊水平上几乎相同。

所有这些效应量都相对较小，即使是在性别差异最大的年龄段——青少年期也是如此。从上面的结果来看，广泛存在的对女性自尊永久受损的担心某种程度上是一种夸大。但是，即便是很小的性别差异也能对日常生活的幸福感产生重要影响，因此这种性别差异是不能被忽视的。对研究者而言，一项有趣的任务是探索女性的自尊为什么会在青少年期下降，并评估那些尝试提高自尊水平的项目是否成功。

## 性、情感投入与婚姻

正如第 3 章所言，性方面的个体差异与五因素人格模型有一定的重叠，但不是完全重叠（Schmitt & Buss, 2000）。两篇综述总结到，在追求多个性伴侣的倾向上存在巨大的性别差异（Schmitt et al., 2012; Petersen & Hyde, 2010）。男性对随意的性行为有着更开放的态度（$d = 0.45$），也更经常看色情内容（$d = 0.63$）。男性比女性有更多的性幻想、渴望拥有更多的性伴侣，而且更乐意接受陌生人的性邀请（Hald & Hogh-Olesen, 2010）。

就随意性行为而言，男性对女性的兴趣一般比女性对男性的兴趣更大。

男性和女性可以“只做朋友”吗？在与异性建立朋友关系方面，男性比女性有更大的困难。男性更可能因为性吸引而与异性发展友谊，更可能对异性朋友产生“性趣”，也更可能因为无法与对方发生性关系而放弃友谊（Bleske-Rechek & Buss, 2001）。

男性比女性在性方面更有侵犯性，即当女性表示不愿意发生性关系时，男性更可能试图强迫对方（Buss, 2016）。但是并非所有的男性在性方面都具有侵犯性。一些研究表明，表现出“敌意男性气质”（对女性持专横和蔑视的态度）且在人格特质上缺乏同理心的男性，更可能报告会使用性强迫策略（Wheeler, George, & Dahl, 2002）。另外，自恋的男性更可能表现出支持强暴行为的态度，并且对被强暴者缺乏同情（Bushman et al., 2003）。因此，尽管可以说两性在性的侵犯性方面存在差异，但是它仅限于部分男性，即那些自恋、缺乏同情心和表现出敌意男性气质的人。

男性在渴望多个性伴侣上得分更高，女性则通常在“情感投入”上得分更高。“情感投入”包括钟情、讨人喜欢的、浪漫、深情、可爱的、有同情心和热情等一系列特征（Schmitt & Buss, 2000）。一项涵盖 48 个国家或地区的研究发现，这一差异的平均效应量是 −0.39（Schmitt et al., 2009）。作者认为这种差异源于依恋进化的性别差异——女性对孩子和伴侣都有更高水平的情感依恋（Schmitt et al., 2009）。18~39 岁的女性也报告了对家庭和伴侣有更强烈的渴望或向往（Kotter-Gruhn et al., 2009）。

### 人—物维度

另一个人格维度被称为**人—物维度**（people-things dimension）（Lippa, 1998; Little, 1972a, 1972b）。此维度涉及职业兴趣。得分靠向“物”这一端的个体，喜欢从事那些工作对象不是人（如机器、工具、物质材料等）的职业，如木匠、汽车修理工、建筑承包商、工具制造者以及农场主。而那些得分靠向“人”这一端的个体喜欢从事社会性的职业，如高中教师、社工、护士以及宗教顾问，这些职业需要考虑他人、照顾他人或指导他人。

你可能已经想到，在职业兴趣方面有着很大的性别差异。性别与人—物维度的相关为 0.56，$d$ 值约为 1.35，男性的得分更接近“物”这一端，女性的分数更接近“人”这一端（Lippa, 1998）。一项涉及超过 50 万参与者的研究得到的 $d$ 值是 0.93，这个值可以说相当大（Su, Rounds, & Armstrong, 2009）。当要求女孩即兴描述自己时，她们比男孩更多提到自己与他人的亲密关系。她们更加看重与群体和睦有关的个人特征，如对他人的敏感性。她们更可能将人际关系视为个人自我同一性的重要部分（Gabriel & Gardner, 1999）。人—物维度的区别与共情—系统化的区别很相似。**共情**（empathizing）是指理解他人的想法或感受，**系统化**（systemizing）是指试图理解事物如何运转、系统如何构建以及输入如何产生输出（Baron-Cohen, 2003）。女性在共情上的得分更高，男性在系统化上的得分更高，这也许可以部分解释职业偏好的性别差异——女性更偏好教育或助人型的职业，男性更偏好建造或工程性的职业（Wright et al., 2015）。

这些结果毫不奇怪，因为它们符合我们对男性和女性的刻板印象，有趣的是这种现象在一个多世纪以前就被发现了：“（研究者）发现男性和女性之间最大的差异在于男性对事物及其机制更感兴趣，而女性对人及其情感更感兴趣”（Thorndike, 1911, p. 31）。

这些喜好很可能对男性和女性的职业选择和娱乐爱好有着重要的影响。男性多以“物”为取向，他们在业余时间更喜欢摆弄发动机或做木工活儿。女性多以“人”为取向，她们可能更喜欢与周围人一起筹划周末活动。

# 阅读

## 抑郁的性别差异

抑郁有以下特征：低自尊、悲观主义（预期最坏的事情会发生）和缺少生活控制感。这是现代人最常见的心理疾病之一，有证据表明抑郁的发病率在升高。五项共包含 39 000 名生活在世界五个地区的参与者的研究显示，年轻人比年长者更可能经历过至少一次抑郁症发作（Nesse & Williams, 1994）。另外，在经济发达的文化中，抑郁的发生率似乎更高（Nesse & Williams, 1994）。

成年男女的抑郁发病率是不同的，其抑郁症状也不同，但两性在一开始并没有这种差异——儿童期不存在抑郁的性别差异。然而，在青春期，女性的抑郁发生率大约是男性的 2 倍（Hoyenga & Hoyenga, 1993）。约有 25% 的女性在其一生中至少有一次抑郁发作，但是，只有 10% 的男性会经历抑郁发作。抑郁的性别差异在 18~44 岁这个年龄段最大，44 岁以后，两性开始逐渐接近。

下面列出了抑郁症状上的一些关键的性别差异（Hoyenga & Hoyenga, 1993）：

1. 抑郁的女性比抑郁的男性更多地报告了贪食和体重增加的症状（尽管两性都有缺乏食欲这种最常见的抑郁症状）。
2. 女性抑郁时更可能哭泣，直面自己的情感；而男性抑郁时更可能表现出攻击性。
3. 抑郁的女性比男性更可能寻求治疗；而抑郁的男性更可能仅仅表现为缺勤。
4. 抑郁的女性更可能表现出紧张行为（如坐立不安）；而抑郁的男性更可能表现为不想动。
5. 在抑郁的大学生中，男生更可能出现社会性退缩，更可能使用毒品，更可能体验到疼痛感；而女生更可能体验到情感受伤，自尊水平下降。
6. 抑郁的男性更可能“成功”自杀，也许是因为男性更可能使用枪支；女性更可能做出非致命性自杀尝试，因为她们采用的自杀方式往往是非致命的，如吞食过量药片。

一项由 1 100 名社区成人参加的大型研究发现了抑郁的性质和发生率方面的性别差异（Nolen-Hoeksema, Larson, & Grayson, 1999）。研究者推断，女性更容易出现抑郁症状可能源于如下因素：她们在工作中权力更低、对生活中的重要方面相对缺少控制、工作负荷过重以及在与异性的关系中处于较低的地位。为了寻求能够掌控生活的方式，她们开始思维反刍。**思维反刍**（rumination）包括反复关注自己的症状或痛苦（如“为什么我总是感觉自己这么糟糕？”或“为什么我的老板不喜欢我？”）。根据这一理论，由于思维反刍并不能帮助她们找到有效的解决办法，她们会继续思维反刍，这种思维循环最终成为导致更多女性体验到抑郁症状的一个关键因素。女性比男性更多地进行思维反刍，而思维反刍又导致她们抑郁症状的持续。尽管如此，思维反刍的性别差异很小（$d = -0.24$），因此无法作为全部的解释（Johnson & Whisman, 2013）。

另一种理论认为，女性更容易陷入抑郁困境是因为现代人生活在一个个彼此隔离的小家庭里，缺乏传统社会中拥有的亲人支持和其他社会支持（Buss, 2000b）。

还有一种理论认为，女性的抑郁与她们进入配偶竞争市场有关，是由对自己的外貌不满所导致的（Hankin & Abramson, 2001）。实际上，女性的抑郁及抑郁的性别差异最早出现在 13 岁左右，这也正是异性交往开始增多的时候。有大量证据表明，在各种文化中，男性选择配偶时都非常看重对方的外貌，因此女性在吸引配偶方面需要面对很大的压力（Buss, 2016）。不仅如此，女性的身体不满意、进食障碍（如暴食和催吐等）和体重不满意等，都是自青春期开始增多的（Hankin & Abramson, 2001）。最后，女性对自己身材和外貌的不满与抑郁的增加有关。如果女性的自我价值感部分地与外貌相关——因为男性择偶时很看重女性的外貌——那么女性从青春期开始出现抑郁，可能部分源于进入青春期后配偶竞争的激烈程度。

无论起源是什么，抑郁的性别差异是最大和最重要的人格差异之一。

## 男性化、女性化、双性化与性别角色

男性和女性在某些维度上是不同的，包括果敢、仁慈、焦虑、攻击性、抑郁和性方面。但这些差异是否意味着存在男性化和女性化的人格呢？本部分我们将讨论男性化和女性化的概念，以及这些主题随时间推移而出现的变化。

20 世纪 30 年代，人格研究者开始注意到，在一些大型的人格调查中，男性和女性对很多测量条目的反应是不一样的。例如，当被问及喜欢泡浴还是淋浴时，女性表示更喜欢泡浴，而男性表示更喜欢淋浴。基于此，研究者提出，可以用一个简单的人格维度描述这些性别差异：一端是*男性化*，另一端是*女性化*。一个人如果在男性化上得分高，那么在女性化上得分就低，反之亦然。研究者假设每个人都处于男性化—女性化维度的某一个位置。然后用表现出很大性别差异的条目，如“我喜欢阅读《大众机械》”（男性得分较高）和“我应该会喜欢图书管理员的工作”（女性得分较高）构建出一个单一维度的男性化—女性化量表。但是，一端是男性化、另一端是女性化的单一维度是否真的抓住了这些重要个体差异的本质呢？有没有可能某些人既是男性化的，*又是*女性化的呢？这个问题引出了一个与性别相关的人格差异的新概念：双性化。

### 寻求双性化

20 世纪 70 年代初期，随着女性运动的兴起，有研究者开始对单一维度的男性化—女性化假设提出挑战。这些新的研究者先是提出了不同的假设，即男性化和女性化是彼此独立的两个维度。因此，一个人可以在这两个维度上都得高分，或者都得低分；或是典型的男性化，即在男性化上得分高，而在女性化上得分低；抑或典型的女性化，即在女性化上得分高，而在男性化上得分低。这种转变代表着人们对男性化、女性化和性别角色的理解所发生的根本性改变。

1974 年发表了两个根据这种新的性别角色概念来评定人的重要人格测量工具（Bem, 1974; Spence, Helmreich, & Stapp, 1974）。**男性化**（masculinity）维度包含的条目主要反映果敢、大胆、支配、自足和工具性。如果某人赞同描述这些品质的人格特质词，那么他在男性化维度上得分就比较高。**女性化**（femininity）维度包含的条目主要反映关怀、情绪表达、同理心。赞同相关人格特质词的人则在女性化维度上得分较高。在两个维度上得分均较高的人被认为是**双性化**（androgynous）的，指一个人同时具有男性化和女性化两个方面的特征。表 16.3 给出了这种测量工具可能产生的四种分数组合。

编制这些问卷的研究者认为双性化的人是发展得最成熟的人。双性化的人被认为综合了两种性别中各自最有价值的元素，如在工作中勇于采取主动行为的果敢品

表 16.3　20 世纪 70 年代提出的性别角色概念

| | 低男性化 | 高男性化 |
|---|---|---|
| 低女性化 | 未分化型 | 男性化 |
| 高女性化 | 女性化 | 双性化 |

性和在交往中能知觉他人情感的人际敏感性。不仅如此，双性化的个体被认为摆脱了传统性别角色概念的桎梏。然而在对此深入分析之前，不妨先看看你在这个测量中处于什么位置。要想知道自己的位置，请完成下面的练习。

练习

**指导语：**下面有 40 个条目。每个条目都包含一对完全相反的特征描述。也就是说，你不可能同时拥有这两种特性，如非常有艺术气质和完全没有艺术气质。中间的字母代表了两种极端描述之间的评分等级，请选择一个最能描述你情况的字母。例如，如果你觉得自己完全没有攻击性，可以选择 A；如果你认为自己很有攻击性，可以选择 E；如果你介于两者之间，可以选 C，也可以是 B 或 D。请确保为每个条目都选择一个答案。在你选择的字母上画一个 X 作为标记。

| | | |
|---|---|---|
| 1. 完全没有攻击性 | A.....B.....C.....D.....E | 非常具有攻击性 |
| 2. 很爱发牢骚 | A.....B.....C.....D.....E | 从不发牢骚 |
| 3. 非常依赖 | A.....B.....C.....D.....E | 非常独立 |
| 4. 完全不自大 | A.....B.....C.....D.....E | 非常自大 |
| 5. 一点也不情绪化 | A.....B.....C.....D.....E | 非常情绪化 |
| 6. 非常顺从 | A.....B.....C.....D.....E | 非常具有支配性 |
| 7. 很喜欢自夸 | A.....B.....C.....D.....E | 从不自夸 |
| 8. 在重大危机中从不慌乱 | A.....B.....C.....D.....E | 在重大危机中非常慌乱 |
| 9. 非常被动 | A.....B.....C.....D.....E | 非常主动 |
| 10. 从不以自我为中心 | A.....B.....C.....D.....E | 总以自我为中心 |
| 11. 无法将自己完全奉献给他人 | A.....B.....C.....D.....E | 可以将自己完全奉献给他人 |
| 12. 完全不怯懦 | A.....B.....C.....D.....E | 非常怯懦 |
| 13. 很粗鲁 | A.....B.....C.....D.....E | 很温柔 |
| 14. 从不抱怨 | A.....B.....C.....D.....E | 经常抱怨 |
| 15. 从不帮助他人 | A.....B.....C.....D.....E | 乐于帮助他人 |
| 16. 不喜欢竞争 | A.....B.....C.....D.....E | 喜欢竞争 |
| 17. 服从他人 | A.....B.....C.....D.....E | 从不服从他人 |
| 18. 非常注重家庭 | A.....B.....C.....D.....E | 非常注重外在成功 |
| 19. 很贪心 | A.....B.....C.....D.....E | 从不贪心 |
| 20. 很不和善 | A.....B.....C.....D.....E | 非常和善 |
| 21. 对他人的赞许漠不关心 | A.....B.....C.....D.....E | 非常需要他人的赞许 |
| 22. 非常专制 | A.....B.....C.....D.....E | 从不专制 |
| 23. 不容易被伤害 | A.....B.....C.....D.....E | 很容易被伤害 |
| 24. 从不唠叨 | A.....B.....C.....D.....E | 经常唠叨 |
| 25. 从不注意他人的感受 | A.....B.....C.....D.....E | 非常关注他人的感受 |
| 26. 很善于做决定 | A.....B.....C.....D.....E | 很难做决定 |
| 27. 非常挑剔 | A.....B.....C.....D.....E | 一点也不挑剔 |
| 28. 很容易放弃 | A.....B.....C.....D.....E | 从不轻易放弃 |
| 29. 非常愤世嫉俗 | A.....B.....C.....D.....E | 一点也不愤世嫉俗 |
| 30. 从不哭泣 | A.....B.....C.....D.....E | 很容易哭泣 |

| | | |
|---|---|---|
| 31. 一点也不自信 | A.....B.....C.....D.....E | 很自信 |
| 32. 从不只顾自己，有原则性 | A.....B.....C.....D.....E | 只顾自己，毫无原则性 |
| 33. 感觉很自卑 | A.....B.....C.....D.....E | 觉得自己很优越 |
| 34. 没有任何敌意 | A.....B.....C.....D.....E | 很有敌意 |
| 35. 从不理解他人 | A.....B.....C.....D.....E | 非常理解他人 |
| 36. 对他人很冷漠 | A.....B.....C.....D.....E | 对他人很热情 |
| 37. 经常卑躬屈膝 | A.....B.....C.....D.....E | 从不卑躬屈膝 |
| 38. 不太需要安全感 | A.....B.....C.....D.....E | 对安全感有强烈的需要 |
| 39. 从不会受骗 | A.....B.....C.....D.....E | 很容易受骗 |
| 40. 面对压力很容易崩溃 | A.....B.....C.....D.....E | 能够很好地应对压力 |

资料来源：Spence et al.（1974）.

这种性别角色概念的流行证明了女性运动对美国的影响。随着女性运动的兴起，关于男性和女性角色的传统观念逐步被抛弃。开始进入工作场合的女性数量创造了历史新高，而一些男性则担负起了更多照顾家庭的角色。例如，前“甲壳虫”乐队的成员列侬就决定留在家里照顾儿子，而他的妻子小野洋子则出去工作，掌管着一个庞大的财富帝国（Coleman, 1992）。很多人对列侬选择了具有解放性的新角色大加赞赏。这场政治运动强化了这样的观念，即男性可以变得更顾家、更会照顾人、更有同情心。同时，当女性进入那些传统上只属于男性的职业时，她们也应该变得更加自信。心理学中改变性别角色概念及其测量方法的趋势，就是这场更大的政治运动的反映。

但是，双性化的概念也受到了批评。一种批评指向量表的条目及条目之间的相关。研究者似乎假定了男性化和女性化都是单一的维度。然而，另一些研究者则认为这两个概念都是多维度的，有多个层面。

另一种批评则直指双性化概念的核心。多项研究发现，男性化和女性化实际上由一个单一的、两极化的特质构成。例如，在男性化上得分高的人在女性化上往往得分较低；而在女性化上得分高的人在男性化上一般得分较低（例如，Deaux & Lewis, 1984）。

部分是作为对这些批评的回应，新性别角色概念的提出者修正了自己的观点。作为其中一个流行的双性化量表的编制者，珍妮特·斯彭斯不再认为自己的问卷评估的是性别角色（Swann, Langlois, & Gilbert, 1999），而是测量人格特质“工具性”和“表达性”。**工具性**（instrumentality）包含了这样一些人格特点：喜欢与物打交道，倾向于以直接的方式完成工作任务，表现出独立性和自足性。与之相反，**表达性**（expressiveness）指的是个体能轻松地表达情绪，如哭泣、对困境中的人表示同情、照顾那些需要帮助的人。

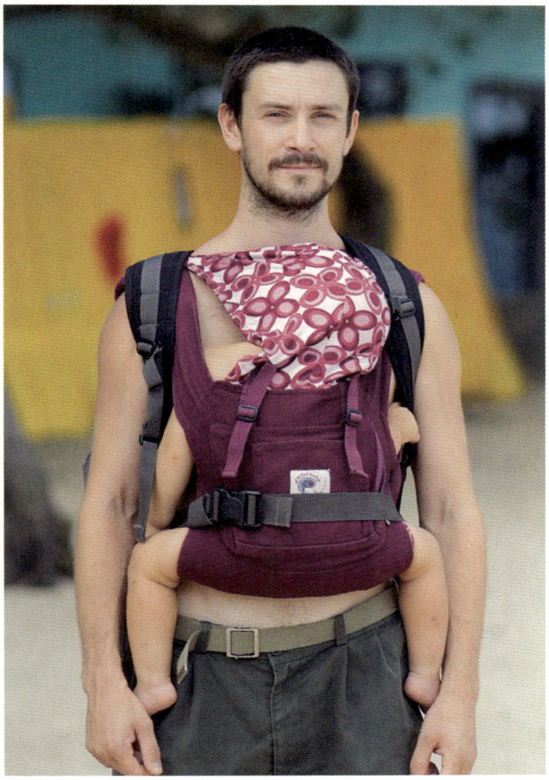

在过去的几十年里，美国文化对男性和女性社会角色的规定（即什么样的行为适合男性以及什么样的行为适合女性）发生了巨大的变化。

桑德拉·贝姆也改变了她对性别角色的看法，认为其性别角色量表（即《贝姆性别角色量表》）（Bem, 1974）测量的是**性别图式**（gender schamata）或认知取向，这些取向会导致个体根据性别相关的认知联结来处理社会信息（Hoyenga & Hoyenga, 1993）。根据这种新的理解，最理想的状态并非双性化，而是*去性别图式化*，即不用性别图式来处理社会信息。

尽管大多数研究者认为，男性化、女性化、性别图式是由社会化过程、父母、媒体或文化等因素塑造的人格特征，但是有一些研究对此提出了挑战。克利夫兰等人（Cleveland et al., 2001）发现，性别类型化的行为和态度本身具有中等的遗传率。例如，对女性而言，在做出性别典型行为（哭泣、情绪表达、对他人的情绪敏感、冒险甚至打架）的倾向方面，38% 的方差可以用基因差异来解释。另一项测量男孩和女孩“性别非典型性”（女孩表现出男性化，男孩表现出女性化）的研究，也发现了中等（大约 50%）的遗传率（Knafo, Iervolino, & Plomin, 2005）。这些发现虽然为环境影响性别角色留下了较大的空间，但也表明，即便是在同一性别内，基因也会影响人们接受特定性别角色的程度。

总之，这场导致了新性别角色概念的运动被证明是有问题的，测量的外部效度值得怀疑。关于男性化和女性化是两个单一维度且相互独立的假设，看起来站不住脚。

如今，对男性化和女性化的研究已经超越了这些问题，开始探讨它们对现实生活的影响。例如，一项研究发现这些维度会影响性行为和亲密关系（Udry & Chantala, 2004）。在青少年情侣中，如果男性是高度男性化而女性是高度女性化的，那他们就会更早发生性行为；而如果两个人的性别角色得分都处于平均水平，则会更容易关系破裂。未来的研究应当可以发现男性化和女性化在现实生活中产生的更有意思的影响。

## 性别刻板印象

到目前为止，本章主要关注的是男性与女性的差异。另一个重要的相关主题是我们所持有的关于性别差异的信念，无论这些信念是否准确反映了真实存在的性别差异。我们对男性和女性所持有的这些信念有时被叫作性别刻板印象。

性别刻板印象有三个成分（Hoyenga & Hoyenga, 1993）。第一个成分是*认知*，它涉及我们如何建构**社会类别**（social categories）。例如，我们可能把所有的男性归为两类，“浪子”和“好爸爸”，前者指那些到处玩弄感情、不愿意承诺的男性，后者指可以信赖的、愿意大量为子女投资的男性。第二个成分是*情感*，你会仅仅因为将某人归于某一社会类别就对其产生敌意或感到温暖。第三个成分是*行为*。例如，你可能仅仅因为某人属于某一社会类别，如“男性”，就对其区别对待。为了说明社会类别化如何在日常生活中体现，后面部分我们将分别讨论性别刻板印象的这三个成分——认知、情感和行为。

### 性别刻板印象的内容

尽管不同的文化之间存在差异，但值得注意的是，性别刻板印象的内容（即我们认为男性和女性分别有什么特征）有着跨文化的高度相似性。在目前为止最全面的研究中（Williams & Best, 1982, 1990），研究者考察了世界上 30 个国家或地区的性别刻板印象。在所有这些研究中，男性都被认为比女性更有攻击性、更自主、更加成就取向、更有支配性、更喜欢出风头和更加坚毅。与男性相比，女性则被认为更亲和、乐于付出、更倾向于异性恋、更会照顾他人、更可能自我贬低。这些性别刻板印象有着共同的主题。这 30 个国家或地区的文化都认为，女性更有*社群性*，即集体取向；相反，男性则更有*工具性*，强调独立于群体。这些性别刻板印象在很多方面与已发现的实际性别差异是一致的。但是也有证据显示，人们高估了人格的性别差异，夸大了性别差异的实际大小（Krueger, Hasman et al., 2003; Wood & Eagly, 2010）。

## 男性和女性刻板印象的子类型

除了总体的性别刻板印象之外，研究显示，大部分人对两种性别都会有区分更精细的刻板认识。在一项研究中，研究者（Six & Eckes, 1991）考察了参与者对男性和女性的认知分类，然后归纳出几种子类型，如图 16.3 所示。男性被划分为五种子类型。例如，“花花公子型”的男性包括潮男、“随便”先生、硬汉、“孔雀男”和“万人迷”。女性刻板印象的子类型数量较少，其中之一被称为“传统女性型”，包括家庭主妇、秘书和母职型女性。在现代社会中，这类女性可能是“足球妈妈”*，她们全身心照顾自己的丈夫和子女。第二种子类型被定义为追求短期关系或在性方面比较轻佻的女性，包括性感尤物、荡妇和“吸血”女郎。以上两种子类型大体对应“圣女—妓女”的二分法，这是日常生活中一种非常普遍的对女性的分类（Buss, 2016）。亦即，这两种类型的女性分别对应好母亲和看起来在追求随意性关系的女性。

然而，在相对较近的一个时期（也许是在过去二三十年），美国社会出现了关于女性的第三种子类型，即自信、知性、获得解放的职业女性。该类别中还包括女性主义者和左翼生态环保人士，这似乎意味着这些政治取向往往与独立、自信的职业

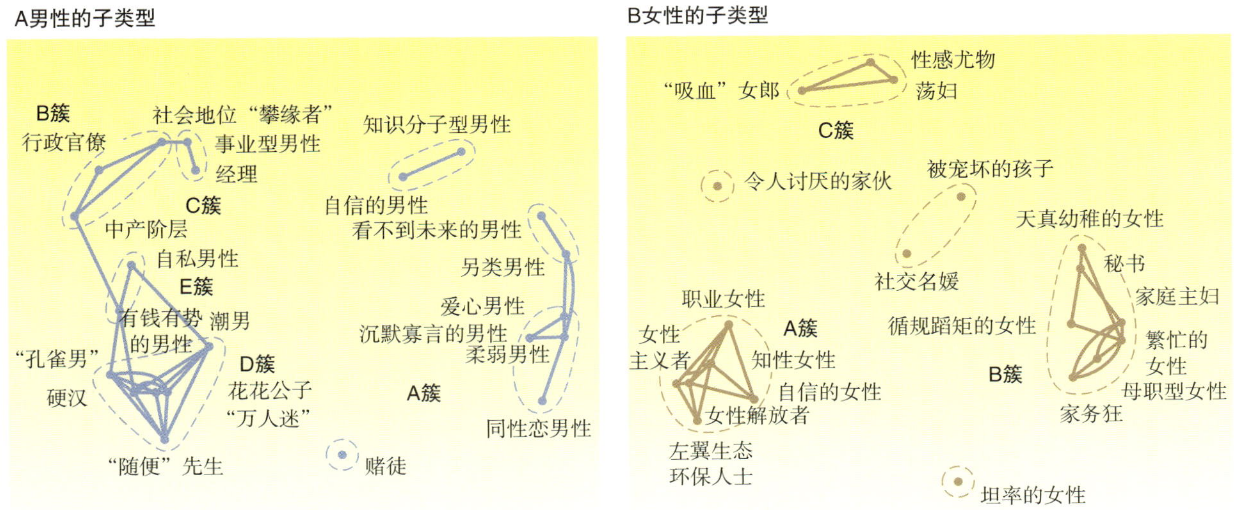


**图 16.3**

性别认知类型的结构。各种男性和女性认知子类型的结构，图中子类型之间的距离被认为对应着它们在人们性别刻板印象中的认知“距离”。有一些子类型彼此之间非常接近，已被虚线圈起形成不同的簇。

---

* 指那些家住市郊，每天开车接送孩子们参加各种体育活动的妈妈。——译者注

女性相关联。

关键点在于，从认知方面来看，大多数人并非只简单地持有一种性别刻板印象，而是将认知类型细分成了许多男性和女性的子类型。这些刻板印象的子类型是否有实证基础尚待证实。即“花花公子型”的男性是否真的比其他男性更酷、更“随便”和更有男子气？家庭主妇是否比其他女性更天真幼稚、更忙碌、更循规蹈矩？这些问题的答案需要在将来的研究中探寻。

### 性别刻板印象与偏见

对性别的分类以及与之相联系的刻板印象，并不仅仅是在人们头脑中回响的认知构念，它们对真实世界也有影响。偏见行为就是性别刻板印象的弊端之一。在很多重要活动中都能发现偏见的不良后果，如法律裁决、医疗、购车、支票兑现以及求职等（Wood & Eagly, 2010）。

例如，在过失致人死亡的诉讼中，如果受害者是男性，那么其家庭得到的赔款要比受害者是女性时多（Goodman et al., 1991）。在医疗中，男性病人比女性病人更多地被推荐冠状动脉搭桥手术，即使他们的心脏受损情况是一样的（Khan et al., 1990）。一项研究考察了男性和女性向汽车代理商咨询汽车价格的行为。结果发现，对于同样的汽车，代理商对女性的报价比对男性的高（Larrance et al., 1979）。在职场中，女性比男性更容易受到性骚扰，这是性别歧视的另一种形式（Buss, 2016）。

当然，并非所有性别歧视都有益于男性。一项对《当代心理学》（*Contemporary Psychology*）期刊的“书评”栏目所做的研究发现，男性作者得到了更多负面的评价（Moore, 1978）。有趣的是，无论评论者是男性还是女性，男性作者都比女性作者受到更多的消极评价。一项研究考察了同行评审期刊稿件收到的评审意见，结果发现，女性审稿人对女性作者的手稿给予了更加积极的评价（Lloyd, 1990），男性审稿人则没有表现出这种偏差。

总之，性别刻板印象对男性和女性都有重要的影响，这种影响可能危害人们最关键的一些生活领域，如健康、工作、晋升机会和社会声望。

## 性别差异的理论

至此，我们已经了解到两性在人格上存在一些差异，但也有很多相似之处。我们还了解到人们对性别差异持有一些可能远远超过实际差异的刻板印象，它们可能对人们的日常生活有长期的影响。本节将考察那些试图解释性别差异起源的主要理论，包括传统的社会化理论、更复杂的社会角色理论，以及“性别环境”理论、激素理论和以进化心理学为基础的理论。

### 社会化与社会角色

**社会化理论**（socialization theory）认为，男孩和女孩之所以不同，是因为父母、教师和媒体会强化男孩的“男子气”和女孩的“女子气”。在人格的性别差异方面，这可能是最广为接受的一种理论。该理论可概述如下：给男孩买棒球棍和卡车玩具，给女孩买布娃娃；男孩会因为参与打闹游戏而被表扬，女孩则会因为可爱和听话而被夸奖；男孩哭泣会受罚，女孩哭泣则会被安抚。根据社会化理论，在这样的对待方式下，久而久之儿童便学会了符合其性别的行为。

根据班杜拉（Bandura, 1977）的**社会学习理论**（social learning theory）（社会化理论的一种变式），男孩和女孩还通过观察同性别的人即榜样的行为来学习。男孩观察父亲、男老师和男性同伴；女孩观察母亲、女老师和女性同伴。男孩看见父亲工作，女孩看见母亲做饭。时间长了，即使没有受到直接强化，榜样也会为男性化行为和女性化行为提供指导。

社会化和社会学习理论都认为，性别角色的根源在于早期的性别差异化学习经验。简言之，男孩子被鼓励朝一个方向发展，而女孩子被鼓励朝另一个方向发展。

现有的一些实证研究支持了性别差异的社会化理论和社会学习理论。对社会化的研究发现，无论是母亲还是父亲都更加鼓励女孩依赖他人（Block, 1983）。父母通常会鼓励女孩留在家里，却允许甚至鼓励男孩外出。另一些研究显示，父亲会更多地陪儿子玩肢体游戏（Fagot & Leinbach, 1987）。最后，父母会为孩子提供“性别化的玩具”。一般而言，男孩比女孩得到的玩具种类更多，他们有更多的汽车和卡车玩具、更多的运动器材和工具（Rheingold & Cook, 1975）。女孩得到更多的布娃娃、粉红色的衣服和家居用品、婴儿车、秋千以及家用电器等玩具。这项实证研究支持了社会化理论和社会学习理论的观点。

跨文化的证据也表明，父母对男孩和女孩的教养方式确实存在差异。在很多文化中，父亲与儿子互动的时间比与女儿多（Whiting & Edwards, 1988）。在大多数文化中，分配给女孩的家务活比男孩多，并且允许男孩离家更远（Hoyenga & Hoyenga, 1993）。最后，在大多数文化中，社会化过程把男孩塑造得更具竞争性（Low, 1989）。一项关于社会化过程的大型跨文化研究（Low, 1989）发现，在 82% 的文化中，女孩都被训练得更善于照顾他人。在大多数文化中，女孩在性的社会化过程中受到了更多约束——父母教育女儿要尽量推迟发生性行为的时间（Perilloux et al., 2011），但男孩却被鼓励发生性行为（Low, 1989）。在现代大学生中也发现了这种模式（Perilloux et al., 2008），“女儿护卫假说”解释了这一现象。

然而，一个潜在的问题在于很难确定两者之间关系的方向：是父母用性别化的教养方式对孩子进行社会化，还是孩子本来就有的性别相关偏好诱使父母做出符合这种偏好的行为（例如 Scarr & McCartney, 1983）？或许是孩子的兴趣驱使着父母的行为，而不是父母的行为引导孩子的兴趣。开始，父母可能会给孩子提供各种各样的玩具。但是，如果男孩对布娃娃不感兴趣，而女孩对卡车不感兴趣，那么以后父母便不再会为男孩购买女性化的玩具，或为女孩提供男性化的玩具。目前为止，社会化理论的单向（从父母到孩子）因果关系说还不是定论。

传统的社会化理论的另一个问题是，它没有告诉我们不同的教养方式源自何处。为什么父母希望男孩和女孩长大后不一样？理想的情况是，一个完整的关于性别差异起源的理论应该考虑到性别社会化的起源问题。总之，父母对待男孩和女孩的方式确实不同，这支持了性别化的人格社会化理论，但是这些不同的社会化实践的起源仍然是一个谜。

与传统社会化理论很接近的一个理论是**社会角色理论**（social role theory）（Eagly, 1987; Eagly & Wood, 1999; Wood & Eagly, 2010）。根据社会角色理论，性别差异源于男性和女性被分配到不同的职业和家庭角色中。例如，人们期望男性承担养家糊口的角色，女性承担操持家务的角色。久而久之，孩子们大概也就学会了与其性别角色相符的行为。女孩学会了照料他人，给予他人情感支持，因为这些品质与母职角色相联系；男孩则学会了强硬和有攻击性，因为这是养家糊口者应有的品质。

有一些证据支持社会角色理论（Eagly, 1987, 1995）。在美国，男性和女性承担着不同的职业和家庭角色，女性更多负责家务和照顾孩子，男性则更多在职场工作。一项研究采用事件取样法调查了男性和女性的行为如何受分配给他们的角色（管理者、合作者或被管理者）的影响。结果显示，社会角色分配对支配行为的表现有重要的影响。担任管理者的男性和女性明显表现出更多的支配行为，作为被管理者的男性和女性则表现出更多的服从行为（Moskowitz, Suh, & Desaulniers, 1994）。调换角色后行为发生了反转：先前表现出支配行为的人在变成被管理者后表现出了服从行为，而先前表现出服从行为的人在变为管理者后也做出了支配行为。

但是，和社会化理论一样，社会角色理论也没能告诉我们性别角色的起源（Gangestad et al., 2006）。是谁在分配不同的角色？为什么男性和女性会被动地接受分配给自己的角色？为什么儿童不愿意接受安静地坐在飞机座位上或吃菠菜的角色？为什么女性比男性更多地承担做家务的角色？在所有文化中都能找到这样的角色分配吗？

随着家庭和职业角色的变化，社会角色理论越来越变得可验证。女性比过去更多地承担起养家的角色，而男性则比以往承担了更多家务。基于这些改变，如果社会角色理论是正确的，那么性别差异将会变小。有趣的是，对这一预测所做的规模最大的一项研究（包括来自 55 种不同文化的 17 637 名参与者）恰好得到了相反的结果（Schmitt et al., 2008）。在性别最平等的国家（有着最平等的受教育和获取知识的机会以及最高水平的经济财富），人格的性别差异最大而不是最小。这个出乎意料的结果，似乎与人格性别差异的社会角色理论相矛盾。

## 激素理论

性别差异的**激素理论**（hormonal theories）认为，男性和女性之所以不同，不是因为外部社会环境的不同，而是在于两性有不同的内在激素。生理差异而非社会环境差异导致男孩和女孩发展得越来越不同。因此，一些研究者开始致力于寻找激素，如睾酮（男性的分泌水平远远高于女性）与性别化行为之间的联系。

有证据显示，激素对性别差异的影响在子宫中就开始了。例如，胎儿在发育过程中接触的激素水平可能会影响其大脑结构，进而影响其性别化的兴趣和活动。先天性肾上腺皮质增生症（congenital adrenal hyperplasia, CAH）的案例可以很好地说明这一点。这类女性胎儿的肾上腺过分活跃，导致其激素水平男性化。患这种疾病的女孩喜欢“男性化”的玩具，如“林肯圆木”和卡车（Berenbaum & Beltz, 2011; Berenbaum & Snyder, 1995; Cohen-Bendahan et al., 2005）。成年后，患这种疾病的女性在传统的男性化认知技能上表现突出，如空间旋转能力和投掷准确性等，并且喜欢从事传统的男性化职业（Kimura, 2002）。这些发现表明，胎儿发育过程中接触的激素水平对性别化的兴趣和能力有长期的影响。

男性和女性的血液激素水平不同。在一个月经周期内，女性的血液睾酮水平最低为 200~400 pg/ml，最高为 285~440 pg/ml（排卵期之前）（Hoyenga & Hoyenga, 1993）。作为对比，男性血液中的睾酮含量为 5 140~6 460 pg/ml。青春期以后，两性体内的睾酮水平完全不再有重叠，男性体内的睾酮水平通常比女性高 10 倍以上。

睾酮水平与支配性、攻击性和肌肉发达程度有关。上图为美国奥运会举重冠军麦克雷在成功抓举 145 公斤，创造了新的美国记录后展露的喜悦之情。可能永远没有一个与他重量级别相同的女性选手能够取得这样的成绩。检测机构通常会检测奥运选手体内的睾酮水平，以确保他们处在其性别群体的正常范围以内。



体内睾酮水平的这种性别差异与在行为领域发现的一些传统性别差异有关，如攻击性、支配性和职业选择。例如，对女性而言，具有高水平的睾酮与追求男性化的职业以及在所选择的职业中获得更大的成功有关。在女同性恋中，睾酮水平与其性角色的自我认同有关：与“女性化”的女同性恋者相比，“男性化”的女同性恋者有较高的睾酮水平（Singh et al., 1999）。无论哪种性别，高水平睾酮都与高支配性、高攻击性相关。在押女性犯人中，经常违纪的人睾酮水平也较高（Dabbs & Hargrove, 1997）。研究者（Dabbs, Hargrove, & Heusel, 1996）发现，在大学学生会成员中，行为粗暴的人比行为良好的人有更高的睾酮水平。

血液睾酮水平还与性欲有关，但这只存在于女性中（van Anders, 2012）。在排卵期即将来临之前，女性的睾酮水平达到最高值。女性报告的性欲最高值也是在该时间段。女性报告在此高峰期有更多的主动性行为和对性行为的渴望（Sherwin, 1988）。一项研究发现，只是想到与性有关的内容就会提高女性体内的睾酮水平，而男性则不会（Goldey & van Anders, 2012）。所以激素与性之间的关系远比科学家一开始设想的要复杂得多（van Anders, 2012）。

这些发现并不能证明两性在支配性、攻击性、职业选择和性方面的差异源于激素水平的差异，相关并不意味着因果。实际上，在灵长类动物的研究中，有证据表明是激素水平随着个体在群体中地位与支配性的提升而提高，而不是反过来（Sapolsky, 1987）。此外，性唤起本身也可以导致激素水平的提高（Hoyenga & Hoyenga, 1993）。一项研究显示，刚获胜球队球迷的激素水平高于失利球队球迷的激素水平（Bernhardt et al, 1998）。这些结果表明激素与行为之间的关系是双向的（Edwards, Wetzel, & Wyner, 2006）。高的激素水平可能源于行为变化，也可能导致行为的变化。

激素理论的另一个局限与社会化理论相同，即都没能解释性别差异*从何而来*。男性和女性的激素水平为什么会有如此巨大的差异？这种差异只是随机的，还是说因为激素水平差异导致了支配行为和性行为的差异，所以有一个系统的过程导致了两性之间的这种激素水平差异？进化心理学探讨了这些问题。

## 进化心理学理论

根据进化心理学的视角（见第 8 章），男性和女性只是在人格的某些领域存在差异，而在大多数领域有着很大的相似性。对于两性在人类进化史中曾面临相似*适应性问题*的所有领域，我们都可以预测他们会表现得很相似。我们也可以预测，男性和女性的差异只会出现在那些他们曾在进化史中面临不同适应性挑战的领域（Buss & Schmitt, 2011）。

适应性问题是指个体为了生存和繁衍必须解决的问题，或者说是提高整体繁殖成功率需要解决的问题。例如，两性对糖、盐、脂肪和蛋白质有着相似的偏好，这也是快餐店如此受欢迎的原因，快餐食品中富含男女都喜欢的脂肪和糖。饮食偏好反映了人类对一个重要的适应性问题——获取生存所需的热量和营养的解决方案。

根据进化心理学家的观点，在择偶和性方面，男性和女性面临不同的适应性问题（Buss, 1995b）。为了繁衍后代，女性必须用 9 个多月的时间来孕育一个胎儿。相反，男性可以仅通过一次性行为就达到繁衍的目的。因而，女性面临的历史性的适应性问题是寻求能够确保她们度过寒冬和干旱的资源。因为寒冬和干旱时期资源可能极为匮乏，并且女性的行动会因怀孕而极大地受到限制。根据这个逻辑，如果在择偶问题上做出错误选择，女性可能会比男性受到更大的伤害。因为女性繁衍需要充足的资源投资，所以她们应该进化出了一种严格的择偶偏好，即喜欢那些有能力且愿意为她们和孩子投资的男性。

按照这一推理我们可以预测，男性在性方面可能更不挑三拣四，并且在争夺接近异性的机会时，男性之间有更强的攻击性。由于女性对后代的巨大投资，她们成为非常有价值的繁衍资源，男性必须通过互相竞争来获得此资源。我们可以预测女性在选择性伴侣时更挑剔：对她们愿意与之发生性关系的人更为审慎。草率择偶，或者选择了一个不够好的配偶的女性，可能面临在没有丈夫帮助的情况下生养后代的问题。简言之，从繁殖的角度来看，发生随意性行为的动机对远古男性比对远古女性更有益。

一些关于性别差异的实证研究结果确实与这些预测一致。男性追求多位性伴侣的欲望明显高于女性（Buss & Schmitt, 1993, 2011; Symons, 1979）。男性希望拥有更多的性伴侣，在与对方简短接触后就希望发生性关系，并且对随意性行为有更多的幻想（Schmitt et al., 2012）。此外，男性更愿意为获得资源和地位而冒险，而资源和地位是女性在选择婚姻伴侣时所看重的（例如 Byrnes, Miller, & Schafer, 1999; Wilson & Daly, 2004）。因此，男性更具有攻击性、更喜欢冒险、对随意的性行为更感兴趣等研究结果，正是进化心理学所预测的（Archer, 2009）。

虽然有这些证据的支持，但进化心理学和其他理论一样，仍然留下了一些未能回答的问题：每种性别内的个体差异从何而来？为什么有些女性也很渴望随意性行为？为什么有些男性温和、依赖、乐于照顾他人，而另一些男性却冷漠、富有攻击性？有些问题已经开始得到解答。例如，事实证明，一些女性可以从短期的性策略中得到巨大收益。短期的性策略可以使她们获得更多、更好的资源，找到一个比其固定配偶更好的伴侣，而且有可能为其后代提供更好的基因（Buss, 2016; Gangestad & Cousins, 2002; Gangestad & Thornhill, 2008）。总而言之，一个完整的性别差异理论除了解释性别间的平均差异外，还必须能够解释每种性别内的这些差异。

## 一种整合的理论视野

我们所考察的这些理论解释似乎非常不同，但它们并非必然不能相容。实际上，在某种程度上，它们代表的是不同的分析水平。进化心理学指出两性之间*为什么*不同，但是没有明确告诉我们他们是*如何*变得不同的。激素理论和社会化理论告诉我们两性之间是*如何*变得不同的，却没有涉及他们*为什么*会不同。

性别差异的整合理论应该考虑到所有不同的分析水平，因为它们无疑是彼此相容的。例如，父母显然希望对男孩和女孩进行不同的社会化，这些社会化的差异在某种程度上具有普遍性（Low, 1989; Periloux et al., 2008）。并且，有证据显示，男性和女性会因为所承担的角色而改变自己的行为。当处于管理者的地位时，男女都会更具支配性；而当处于被管理的地位时，他们也都会表现得更加服从。简言之，社会化在性别差异的整合理论中必须有一席之地，尽管有一些证据与社会角色理论相矛盾。

显然，男性和女性的睾酮水平是不同的。这些差异与两性在攻击性、支配性、职业兴趣和性方面的差异有关（Edwards et al., 2006; Hoyenga & Hoyenga, 1993）。但是，我们也不能忽视这样一种可能的因果关系：有证据显示，处于支配性地位会导致睾酮水平升高。因此，社会角色与激素可能密切相关，这种联系可能对性别差异的整合理论是必不可少的。

这些近因机制，如社会化与激素，可能回答了两性如何不同的问题，而进化心理学则回答了两性为什么会有差异。是否有进化的原因促使父母鼓励男孩更具攻击性和支配性，而鼓励女孩更具照顾他人的品质？当一个人的支配地位上升时其激素水平也会升高，这背后是否也有进化的理由？到目前为止，在性别差异研究中，这些问题都还没有得到回答。但是，可以肯定的是，若要全面理解性别和人格，社会因素、激素和其他生理影响以及进化过程这三个分析水平都是必要的。

## 总结与评论

在过去的几十年里，对性、性别与人格的研究引起了很多激烈的争议。在人格心理学中，也许没有任何一个其他领域存在政治、价值观与科学如此紧密交织的情况了。一些被称为“极小派”的研究者强调不同性别间极大的相似性。他们指出，性别差异很小，两性的分布有很大的重叠。另一些研究者被称为“极大派”，他们强调性别差异是真实存在的，并且可以得到重复验证，强调差异的效应量而不是分布的重叠。

退一步思考可能有利于我们更加准确地理解性、性别和人格。在过去的几十年里，我们见证了性别差异研究的激增和元分析统计方法的发展，这让我们能够从实证研究数据中得出更坚实的结论。

某些性别差异是真实存在的，并非由某些特定研究方法或研究者人为制造。一些性别差异在不同文化、不同代际间表现出了相对的稳定性。但在不同领域性别差异的大小有很大的不同。因此，当我们提出有关性别差异的问题时，必须指出“是什么方面的性别差异”。

哪些领域的性别差异较大，哪些领域的性别差异较小，现在已经很清楚了。在果敢、攻击性（尤其是身体攻击）、随意性行为倾向等人格特征方面，男性的得分总是比女性高；而在焦虑、信任、仁慈（照顾他人）方面，女性的得分总是比男性高。女性比男性更易体验到积极情绪（如喜爱、快乐）和消极情绪（如恐惧、悲伤），但这些差异并不大。男性在性方面更可能表现出侵犯性，强迫女性与之发生性关系，但这种现象只出现在部分男性身上，即那些自恋、缺乏同情心和有敌意男性化气质的男性。女性往往在情感投入上得分更高，这一点具有跨文化普遍性，可能与浪漫关系和其他社会关系中的依恋及感情联结有关。尽管在青春期之前没有显示出抑郁发生率的性别差异，但从 13 岁起女性的抑郁发生率便高于男性。有理论认为这种性别差异与女性思维反刍更多有关，也有理论认为这是因为在配偶竞争中，外貌的重要性给女性造成了极大压力。在人—物维度上，男性的得分偏向于“物”一端，女性的得分偏向于“人”一端。但是在任何一个人格领域中，男性和女性的分布都有重叠。某些女性比大多数男性更加果敢、更有攻击性、更加以“物”为取向；而某些男性比大多数女性更焦虑、更仁慈或更加以“人”为取向。

在 20 世纪 70 年代，研究者的很多注意力都集中在双性化上。但是，随着更多实证研究证据的积累，事实并不像双性化论者所主张的那样，男性化和女性化并不是彼此独立的。在男性化或工具性上得分高的人，在女性化或表达性上的得分往往就比较低，反之亦然。并且，很多最初的双性化论者现在都开始相信，这些维度抓住了性别差异的本质，即男性通常更具工具性，女性通常更具表达性。尽管如此，其中存在很多重叠，许多女性是高工具性的，许多男性也富于表达性。

另一个重要话题围绕的是性别刻板印象或者说人们对性别所持的信念——不管它们是否准确。跨文化研究发现性别刻板印象具有一定的普遍性。在所有的文化下，人们都认为男性更有攻击性、更自主、更有支配性、更加成就取向、更喜欢出风头，而女性则更加亲和、更乐于付出、更愿意照顾他人、更可能自我贬低。在很多方面，这些性别刻板印象与已经发现的实际性别差异是一致的。在每种性别内部也存在刻板印象的子类型，男性被划分为花花公子、事业型和失败者等，女性被划分为女性主义者、家庭主妇和性感尤物等。

传统的性别差异理论强调社会因素：父母施加的社会化过程、对社会榜样的观察学习以及社会角色。有一些证据支持社会环境的重要性。跨文化研究揭示，在社会化过程中，男孩更多被塑造为成就取向，而女孩则被塑造得较为拘谨，尤其是在性方面。

对激素（如睾酮）的研究表明，社会因素并不能解释所有的性别差异。例如，睾酮关系到人格的支配性、攻击性和性方面。因为男性和女性的睾酮水平有着很大的不同，所以某些人格差异可能是激素差异引起的。

根据进化心理学家的观点，男性和女性会在那些他们在进化历史中面临不同适应性问题的领域出现性别差异。在其他领域，两性之间是相同或高度相似的。根据该理论，两性在攻击性和随意性行为倾向方面应该有所不同，实证证据也支持了这些预测结果。最后，关于性、性别与人格，我们需要的是一种包含着社会、生理和进化等所有因素的整合理论。

## 关键术语

性别差异
性别
性别刻板印象
效应量
极小派
极大派
抑制控制
感知敏感性
活泼性
消极情感
信任
仁慈
总体自尊
人—物维度
共情
系统化
思维反刍
男性化
女性化
双性化
工具性
表达性
性别图式
社会类别
社会化理论
社会学习理论
社会角色理论
激素理论

© Arthimedes/Shutterstock RF

17

# 文化与人格

17

# 社会与文化领域

雅诺马莫原始部落是地球上最后幸存的最传统的社会之一。他们在与世隔绝的委内瑞拉丛林里以采集狩猎为生。

委内瑞拉的雅诺马莫人会搭建临时居所，并以此为据点去搜集食物和狩猎。当这些居所周围的食物消耗完后，他们就会搬到下一个定居点。某个清晨，男人们集合在一起，准备偷袭一个邻近的村落。男人们很紧张，因为他们有可能在袭击的过程中受伤。胆小的男人可能会逃回来，告诉别人自己的脚被刺扎伤了，以此来为自己开脱。经常这样做的男人可能会名声扫地（Chagnon, 1983）。

并非所有的雅诺马莫人都是一样的。至少有两个可辨别的部落在性格上完全不同。在低地居住的雅诺马莫人具有高度的攻击性，即使只是上茶太慢这样轻微的“触犯”行为，也会让他们毫不犹豫地对妻子棍棒相加。他们经常会挑战其他男人，约他们进行长棍或斧头对决*。他们有时会向邻近的部落宣战，试图杀死敌方男人，抢夺他们的妻子。雅诺马莫人会削光头顶的头发，露出在长棍对决中留下的伤疤，有时还会将伤疤涂成红色，作为勇气的象征。事实上，只有在杀死了另一个男人以后，一个男性才会被当作真正的男人——获得被称作“unokai”的荣誉。成为 unokai 的人拥有最多的妻子（Chagnon, 1988）。

在高地居住着一群不同的雅诺马莫人。他们喜欢和平，不喜欢战争。在他们的脸上可以看到高度的随和性。这些雅诺马莫人不会袭击邻近的村落，不会进行斧头对决，就连长棍对决也极少，他们强调合作的价值。然而不幸的是，具有攻击性的雅诺马莫人统治的低地食物资源更加充沛。

对于高地和低地雅诺马莫人在人格上的这种文化差异，我们要如何理解？是不是那些攻击性气质更强的人迫使随和性高的人移居到高地，从而远离食物资源？或者两个群体本来是一样的，后来一个群体的文化价值观与另一个群体产生了差异？这些就是我们本章要讨论的问题。文化对人格有什么影响？人格对文化又有何影响？

* 两人轮流用长棍或斧头钝面击打对方，哪边先坚持不住便算输——译者注

以及我们如何在普遍人性之中理解文化差异？

人格心理学家们进行跨文化的人格探索有几个重要的原因（Allik & Realo, 2009; Church, 2000; Paunonen & Ashton, 1998）。第一，检验一种文化（如美国文化）中的人格概念是否也适用于其他文化。第二，确定在某个特定的人格特质上，不同文化的平均水平是否有差异。例如，日本人是否比美国人更随和，还是这只是一种刻板印象？第三，确定人格特质的因素结构是普遍的，还是存在文化差异。例如，从美国样本中得到的五因素模型是否可以在荷兰、德国、菲律宾被重复验证？第四，确定人格的某些特征是否具有普遍性，这对应的是人类本性层面上的人格分析（见第1章）。

在本章，我们将考察：哪些人格特征是所有人共有的，但只在某些文化中才会表现出来；哪些人格特征由于文化传播而成为某些群体的独特特征；哪些人格特征是所有文化中的人共有的。首先我们来看看各种文化之间能有多大的不同。

## 文化违例：一个例证

请思考下面的事件：

1. 你的一个家人经常吃牛肉。（吃牛肉的家人）
2. 一个年轻的已婚女性没有告诉丈夫就独自去看电影。回家后，丈夫说："如果你再这样做，我会把你打得鼻青脸肿。"她又一次这样做了，丈夫真的把她打得鼻青脸肿。（殴打妻子的丈夫）
3. 一个在事故中受重伤的穷人来到医院，医院拒绝为其治疗，因为他无法支付医疗费用。（拒绝治疗的医院）

现在请你仔细考虑一下，你认为括号中的人或机构的行为是不道德的吗？如果你认为这样的行为不道德，那么它属于严重违例还是轻微违例；又或者根本算不上违例？

如果你是一个婆罗门印度教徒，可能会认为第一件事，即吃牛肉，是严重的违例行为；但是第二件事，丈夫因妻子违背他的意愿而殴打妻子，就不是违例行为（Shweder, Mahapatra, & Miller, 1990）。但如果你是一个美国人，你的看法很可能是相反的，除非你是一个素食主义者。你会觉得吃牛肉没什么不对，但是丈夫殴打妻子是非常不应该的。然而，婆罗门印度教徒和美国人都认为医院拒绝治疗病人是很严重的违例行为。

该例子凸显了一个让人格心理学家非常感兴趣的问题。人格的某些方面（如态度、价值观和自我概念）在不同文化之间差异很大。但是人格的另一些方面是普遍的，即有些特征是世界各地的人所共有的。本章的中心问题是："不同文化背景的人，其人格有什么不同之处和相同之处？"

## 什么是文化人格心理学

在进一步讨论之前，我们先简要对文化进行界定。让我们从一项观察开始："不管在什么地方，同一群体内部，人们的行为和思维方式有着惊人的相似性，而群体之间却有着巨大的差异”（Tooby & Cosmides, 1992, p. 6）。群体内的相似性和群体间的差异可以是任何形式的：生理、心理、行为或态度。这些现象被称作**文化差异**（cultural variations）。

再来看前面提到的吃牛肉的例子。对美国人而言，吃牛肉是很普遍的事，但这在印度教徒中很罕见，而且会被认为是令人憎恶的行为。在印度的印度教徒中，大部分人共享这些价值观和行为方式。这与大多数美国人对吃牛肉的态度截然不同。这种差异，即群体内的相似性和群体间的差异性，就是文化差异的一个例证。

如果要为这类现象贴上“文化”或“文化差异”的标签，那么最好是把它作为一种描述而不是解释。为吃牛肉的态度贴上“文化”的标签当然是对这一现象的描述，它说明我们是在探讨群体内的相似性和群体间的差异性。但是贴标签并不能解释是什么造成了文化差异，以及为什么群体之间存在差异。**文化人格心理学**（cultural personality psychology）有三个主要目标：（1）揭示文化多样性背后的规律；（2）探索人类的心理如何塑造文化；（3）探索对文化的理解如何反过来塑造我们的心理（Fiske et al., 1997）。

## 文化的三种主要研究取向

某些特质是人类所共有的，但另一些特质却在不同群体间表现出显著的差异性。人格的文化差异，其实就是群体间人格特征的差异。心理学家发展了三种主要的研究取向来探讨和解释不同文化下的人格：唤起性文化、传播性文化和普适性文化。

### 唤起性文化

**唤起性文化**（evoked culture）被界定为由不同环境条件激发出的一系列可预期反应所导致的文化差异。我们来看两个生理的例子：皮肤上的茧和出汗量。无疑，人体皮肤上茧的厚度与分布情况，以及出汗量都存在文化差异。例如，与大多数美国人相比，博茨瓦纳的传统昆桑人有更厚的脚茧，因为他们赤脚走路。这种差异就属于唤起性文化：不同的环境作用于人类的长茧机制，产生了不同的效果。再如，生活在赤道附近的扎伊尔人（Zaire）比生活在北方的加拿大人更容易受到高温天气的影响。观察发现扎伊尔人比加拿大人出汗更多，这是环境因素作用于全人类共有的汗腺所引发的不同。

注意，在解释这类文化差异时，有两个要素是必不可少的：（1）一种普遍的基本机制（本例中是所有人都有的汗腺）；（2）激活基本机制的环境的差异程度（本例中是气温的差异）。任何一个因素都不能单独给出完整的解释。

同样的解释逻辑也适用于其他由环境引发的、某一群体成员共有而其他群体成员没有的现象。干旱、丰富的猎物和毒蛇等都是对某些群体的影响大过另一些群体的环境因素。这些因素在某些群体中激活了在其他群体中“休眠”的应对机制。在下文中，我们将讨论几个唤起性文化的心理实例，看一看唤起性文化可能如何导致群体间的人格特质差异。

雅诺马莫人正在分割一只巨大的食蚁兽。在他们的文化中，狩猎成功的猎人会与整个部落一起分享他的猎物。在他们所处的环境中，这种合作性的食物分享有很大的益处。



### 唤起的合作

某人是合作的还是自私的，这是人格的核心内容之一，但这种倾向在不同的文化之间可能不一样。唤起性文化的一个具体例子，来自不同的采集狩猎部落中发现的合作性食物分享模式（Cosmides & Tooby, 1992）。不同类别的食物，其分布的变动性不同。变动性高的食物每天的可得性差别很大。例如，在巴拉圭的阿齐部落，猎物的肉就是一种变动性很高的资源。在任何一天里，猎人能够带回肉食的可能性只有 60%。因此，在某一天，一个猎人可能满载而归，而另一个猎人可能两手空空。作为对比，采摘而得的食物是一种变动性较低的食物资源。采摘食物的获得更多地依赖技能和一个人付出的努力，而不是运气。在**高变动条件**（high-variance conditions）下，分享食物会带来很大的益处。今天，你和一个运气不好的猎人分享了你的猎物，下次他也会和你分享他的猎物。在高变动的情况下，进行合作性食物分享的收益更高。在这个例子中，分享行为还有一个额外的收益，即当捕获大型猎物时，一个人甚至一个家庭根本无法消耗那么多肉，如果不与他人分享，部分肉就会腐烂。

事实上，有研究者（Kaplan & Hill, 1985）发现，在阿齐部落里，肉食是被共同分享的。猎人们会将猎物交给一个“分配者”，然后这个人根据家庭人数将肉分配给不同的家庭。但是，同样是这个部落，采摘得来的食物并不与家庭以外的其他人分享。简言之，合作分享似乎是食物变动性高这一环境条件引起的。

在地球的另一边，研究者（Cashden, 1980）发现在卡拉哈里沙漠，一些桑人*（San）群体比其他桑人群体更看重平均主义。**平均主义**（egalitarianism）的程度与食物供给的变动性密切相关。昆桑人（!Kung San）的食物来源很不稳定，因此他们共享食物，表达出强烈的平均主义信念。在这个族群内被称为“吝啬鬼”是一种最大的羞辱，人们会对吝啬行为施以严厉的社会制裁，对分享食物给予极大的社会认可。相反，在加纳桑人（Gana San）中，食物的变动性较低，因此他们展现出巨大的经济不平等。加纳桑人往往会把食物囤积起来，几乎不与亲属之外的人分享。

环境条件会引发某些行为，如合作与分享。每个人都有分享与合作的能力，但不同群体在合作和分享倾向上的文化差异一定程度上取决于外在环境条件，如食物供给的变动性。

### 早期经历和唤起的择偶策略

唤起性文化的另一个实例源于贝尔斯基及其同事的研究工作（Belsky, 2000; Belsky et al., 2012）。这些研究者提出，苛刻、拒绝和不一致的儿童教养方式，无规律的资源供给，以及父母不和会导致儿童冲动的人格和早育的择偶策略。相反，敏感、支持和积极回应的儿童教养方式，加上可信赖的资源供给以及父母之间和谐的关系，会使儿童形成尽责的人格特征和高度承诺的择偶策略，这些儿童一般会晚育且婚姻稳定。简言之，在不确定、不可预测的环境中长大的孩子，似乎学会了不能只依赖

* 又称 Bushmen，南部非洲的原始采集狩猎者，包含很多不同语言的部落。——译者注

一个配偶，因此往往很早就开始性生活，而且倾向于寻找多个伴侣。相反，对成长于稳定家庭中的孩子而言，父母对他们的投入和关爱是可靠的，因此他们长大后会选择长期择偶策略，因为他们预期能够吸引一个稳定的、高投入的配偶。有关离异家庭孩子的研究支持了这一理论。这些孩子比完整家庭中的孩子更加冲动，更早进入青春期，更早发生性关系，并且比同龄人有更多的性伴侣。

人格和择偶策略对早期经历的敏感性或许有助于解释不同文化对贞洁的重视程度。例如，在中国，婚姻是长期的，很少有人离婚，父母在相当长的时期里给予孩子大量的投资（Lei et al., 2011）；而在瑞典，有很多孩子是非婚生育的，离婚现象非常普遍，很少有父亲会一直抚养孩子。这些文化经历可能在两个群体中激发不同的择偶策略：瑞典人比中国人更倾向于短期择偶，并且会更加频繁地更换伴侣（Buss, 2016）。

尽管该理论还需要更多证据证实，但上面的例子说明了不同的文化如何引发稳定的个体差异模式，产生群体内的相似性和群体间的差异性。或许所有人的工具箱中都有两种择偶策略：一种是短期策略，其特征是频繁地更换伴侣；另一种是长期策略，其特征是长期的承诺与爱（Buss, 2016）。这两种择偶策略在不同的文化中会得到不同的激发，从而导致择偶策略上持久的文化差异。

## 荣誉、侮辱和唤起的攻击

为什么在某些文化中，人们对哪怕是很小的挑衅也倾向于诉诸武力；而在另一些文化中，人们只有在忍无可忍的情况下，才会表现出攻击性？为什么在某些文化中，杀人的发生率较高，而在另一些文化中却极低？尼斯比特（Nisbett, 1993）提出了一种以唤起性文化为基础的理论来解释这些文化差异。

尼斯比特提出，一种文化的经济生活方式会影响该群体发展出**荣誉文化**（culture of honor）的程度。在荣誉文化中，侮辱被视为极具攻击性的公开挑战，必须以直接对峙和身体攻击的方式加以回应。尼斯比特的理论认为，荣誉感在一种文化中有多重要，最终是由经济状况决定的。具体来说，即食物的获得方式。在畜牧经济中，一个人的所有牲畜可能会一夜间被偷盗一空。树立一种愿意用武力来维护自身利益的名声，如在受到侮辱时做出攻击行为，可以吓阻小偷和其他可能抢占财产的人。在较稳定的农业社会中，树立攻击好斗的名声就没那么重要，因为一个人的谋生来源不可能被迅速地破坏掉。

为了检验自己的理论，尼斯比特收集了美国不同地区的凶杀统计数据，并用实验法研究了美国南方和北方参与者在受到侮辱时的不同表现。有趣的是，南方人（历史上以畜牧业为生）对使用武力的总体态度并不比北方人（历史上以农业为生）积极。然而，如果是为了保护自己或受到了侮辱，那么南方人确实比北方人更可能赞同诉诸武力。不仅如此，南方的杀人案件发生率远远高于北方，尤其是为了维护名誉而引发的谋杀事件。

在实验室里，尼斯比特让一位实验者分别侮辱南方人和北方人，结果发现了一种相似的模式。在研究中，实验者故意撞向参与者，随后对参与者说“混蛋”。接下来让参与者完成一系列残词补全任务，如“h_____”。被侮辱的南方人比被侮辱的北方人写下了更多含有攻击意义的单词，如 hate。这表明对南方人来说，侮辱激发了其更高水平的攻击性。在面临威胁性实验情境时，南方参与者的睾酮水平上升更多，表现出更高的攻击性反应（Nisbett & Cohen, 1996）。

大概所有人都能够发展出这样的能力，即对当众受辱高度敏感并愿意以武力做出回应。但是这种能力只在某些文化中才会被激发出来，而在其他文化中则处于潜伏状态。

### 从众性的文化差异

遵守社会规范的压力是普遍存在的。一方面，个体有时会因偏离群体而付出高昂的社会代价。孩子们被期望服从父母，有时还会因反抗而受到惩罚。另一方面，独特性和新奇性可能也会被颂扬，而那些抵制文化专制的人有时会被视为英雄。从众性的文化差异是否是唤起性文化的一个例子？

一个源于进化心理学的假设认为，致病性病原体的流行导致了从众的文化压力（Murray et al., 2011）。其逻辑是，传染病在历史上对人类生存构成了巨大威胁，因此，人类已经进化出防御系统来抵御引起疾病的病原体，既包括生理防御如免疫系统，也包括防止个体与致病因子接触的“行为免疫系统”。后者可能涉及避开有开放性溃疡、咳嗽或有其他疾病迹象的人。当病原体感染的威胁凸显时，人们会变得更加内向，避免与其他人接触（Murray et al., 2011）。

同样，遵守群体规范也可能有助于避免疾病。例如，偏离食物制备的文化规范，可能会增加食源性疾病的风险。有一组创新性的研究（Murray et al., 2011）发现，在病原体盛行的文化中，人们往往比那些病原体传播较少的文化中的人更从众；而在病原体传播较少的文化中，人们对不从众的人更加包容。如果进一步的研究证实了这些结果，就说明从众的群体差异可能是唤起性文化的重要例证：一种进化而来的普遍心理机制，在病原体流行程度不同的环境中得到不同的激活。

唤起性文化这一概念，为理解和解释人格特质的文化差异（如从众性、合作性或攻击性等）提供了一个模型。它建立在所有人都具有相同潜力或能力的假设之上。哪些潜能被唤起则取决于社会或物理环境的特征。

## 传播性文化

**传播性文化**（transmitted culture）是指那些最初只存在于某个个体的头脑中，然后通过交流传递给其他人的观念、价值观、态度和信念等（Tooby & Cosmides, 1992）。例如，吃牛肉是错误的这种观点就是传播性文化的一个例子。最初大概只是某个人有这种价值观，这个人随后将其传递给其他人。随着时间推移，认为吃牛肉是严重的违例行为就成了印度教徒的特征。尽管我们并不很清楚文化究竟是如何被传播的，以及为什么有些观念被传播而另一些却没有，但在一些看似任意选择的价值观上显示出的巨大文化差异为传播性文化的存在提供了间接证据。在某些文化中人们认为吃牛肉是错误的，而另一些文化中人们认为吃猪肉是不对的。有些人觉得无论是吃牛肉还是吃猪肉都没什么错，有些人则不吃肉，还有一些人根本不吃任何肉类和奶制品。

### 道德观的文化差异

人们的道德信念存在文化差异。例如，想想你是否同意以下说法：“对成年人来说，违背父母是不道德的”（Rozin, 2003, p. 275）。假如你是一个印度教徒，你很可能会同意这种说法（80% 的女性印度教徒和 72% 的男性印度教徒同意）；但假如你

练习

请阅读下面每一个条目，考虑每种行为是否是错误的。用以下的四点量尺标明过错的严重程度（括号中为潜在的过错者）。

a：不是违例行为
b：有一点违例
c：较严重的违例
d：非常严重的违例

____ 1. 在父亲去世的第二天，长子就去理发、吃鸡肉。
____ 2. 你的一个家人经常吃牛肉。
____ 3. 你的一个家人经常吃狗肉。
____ 4. 你生活的社区里有一名寡妇一周吃两三次鱼。
____ 5. 在丈夫去世半年后，寡妇佩戴了珠宝首饰，穿了颜色鲜艳的衣服。
____ 6. 一名妇女为其丈夫和丈夫的兄长做饭，然后和他们一起吃。（这名妇女）
____ 7. 一名妇女为家人准备食物，并在月经期间与丈夫睡在一张床上。（这名妇女）
____ 8. 一个男人的妻子不能生育。他想要两个妻子，于是征询第一个妻子的意见，妻子说她并不介意。于是他娶了第二个妻子，三人在一起幸福地生活。（这个男人）
____ 9. 兄妹二人决定结婚生子。
____10. 在第一个孩子出生的第二天，男人走进教堂 / 寺庙，向上帝 / 神祈祷。
____11. 妻子在家与朋友玩扑克牌，丈夫为他们做饭。（这位丈夫）
____12. 晚上，妻子要求丈夫为她做腿部按摩。（这位妻子）

研究者们就以上问题对婆罗门印度教徒和美国人进行了访谈（Shweder et al, 1990）。为了举例说明文化差异，下面来看看一个婆罗门印度教徒对第 4 条的回答：一周吃两三次鱼的寡妇（节选自 Shweder et al., 1990, p. 168）：

**访谈者：** 寡妇的行为是错误的吗？
**婆罗门印度教徒：** 是的，寡妇不应该吃鱼、肉、洋葱或大蒜，以及任何“热性”的食物。她应该限制自己的饮食，只吃“凉性”的食物，如米饭、木豆、酥油和蔬菜。
**访谈者：** 这种过错有多严重？
**婆罗门印度教徒：** 非常严重。如果她吃了鱼，她将遭受很大的痛苦。
**访谈者：** 这是罪恶的事吗？
**婆罗门印度教徒：** 是的，是非常罪恶的事。
**访谈者：** 如果其他人不知道这件事呢？
**婆罗门印度教徒：** 那（也）是错误的。一个寡妇应该花时间寻求救赎，寻求与其丈夫的灵魂再次结合。热性食物会扰乱她，激发她的性欲，她会失去圣洁。她会想要性，就像个妓女一样……如果她吃鱼，就会冒犯丈夫的灵魂。

现在来看看美国人的回答（Shweder et al., 1990, p. 168）：

**访谈者：** 寡妇的行为是错误的吗？

美国人：不，她想吃就可以吃。
访谈者：这种过错有多严重？
美国人：这根本不是过错。
访谈者：这是罪恶的事吗？
美国人：不是。
访谈者：如果其他人不知道这件事呢？
美国人：这没什么错，不管是偷偷的还是公开的。

不仅是在吃鱼的问题上，在其他许多行为方面，美国人和婆罗门印度教徒的态度也非常不同。以下是一些婆罗门印度教徒认为有错而美国人认为没错的行为：妻子与丈夫的兄长一起吃饭；吃牛肉；妻子要求丈夫为其按摩足部；直呼父亲的名字；在父亲死后理发和吃鸡肉；寡妇穿颜色鲜艳的衣服；寡妇再嫁。相反，以下是美国人认为有错而婆罗门印度教徒认为没错的行为：男性后代比女性后代继承更多遗产；殴打不服从丈夫而独自外出看电影的妻子；用棍子抽打不听话的小孩。

资料来源：Shweder et al., 1990. 最早出自 Shweder, R. A., Mahapatra, M., and Miller, J. G. (1987). Culture and moral development. *In The emergence of morality in young children*, Jerome Kagan and Sharon Lamb (Eds.), pp. 40–41, 43, 44. © 1987 by The University of Chicago. Reprinted by permission of University of Chicago Press.

是一个美国人，你很可能不会同意这种说法（只有 13% 的美国女性和 19% 的美国男性同意）。为了更具体地体会这种差异，请完成下面的练习。

很明显，具有文化差异的道德观念是在生命早期传递给孩子的。以美国的 5 岁儿童为例，他们的对错判断与印度儿童几乎完全相同，两组之间的相关系数为 0.89（Shweder et al., 1990），而在成年人中，两个群体之间存在巨大差异。

道德行为观，即什么是对的和什么是错的，是指导行为的重要心理原则，也是人格的核心内容。是非观明显存在文化差异，有时看起来是武断的。例如，对马来西亚的塞孟人（Semang）来说，以下这些行为都被认为是罪孽深重的：在打雷的时候梳头，看狗交配，戏弄一只无助的动物，杀死神圣的黄蜂，白天发生性行为，从烧黑的容器中取水，随意或不正式地对待岳母（Murdock, 1980）。

关于是非对错的道德观可能也存在某些普遍性。例如，无论是婆罗门印度教徒还是美国人都认为以下行为是错误的：对事故受害者坐视不管，违背诺言，踢一只不会伤害人的动物，兄妹之间乱伦，以及偷摘花草（Shweder et al., 1990）。大多数文化都认为乱伦和无缘由的杀戮是错误的（Lieberman & Lobel, 2012）。但即使是这些似乎普遍存在的观念，在某些文化中仍有所不同。例如，在一些亚文化环境中，如果一个人当众受辱，那么其杀戮行为就是正当的（Nisbett, 1993）。另一个例子是，在某些王室中，为了维护家族的财富和权力，兄妹之间的乱伦行为是受到鼓励的。我们谈到的文化普遍性只是相对的，因为总有某些文化或亚文化存在例外情况。

关键在于，许多道德观只是某些文化的特殊现象，这很可能是传播性文化的例证。这些道德观似乎是一代一代传承下来的，不是通过基因遗传，而是通过父母和老师的教导或观察群体中其他人的行为。现在让我们来考察传播性文化的另外一个潜在例子：自我概念。

## 阅读

# 跨越鸿沟：跨文化婚姻心理学

来自不同文化的人相遇或相爱会发生什么？我们可能会认为，文化之间的差异越大，婚姻的潜在困难就越大。巨大的文化差异，如语言、宗教、种族、政治与阶层，可能引发重大分歧，进而可能导致跨文化伴侣分手。

社会心理学家罗斯马里·布雷杰和罗莎娜·希尔（Breger & Hill, 1998）的著作对跨文化婚姻做了详细的阐述。整本书的关注重点是文化差异如何为跨文化婚姻带来挑战。例如，许多文化仪式是围绕着食物和饮食展开的。在某些文化中，丈夫会先上桌，在妻子之前进餐。而来自其他不同文化的男性可能会礼貌地等待妻子，在妻子进餐之前根本不会去碰自己的食物。假如妻子来自丈夫应先进餐的文化，那么当妻子看到丈夫没有在她之前进餐时，她可能会猜测丈夫对她准备的食物不满。一种文化中的礼貌行为，在另一种文化中可能被视为不满的信号。

在某些文化中，大家庭成为夫妻生活的重要组成部分，有时甚至会要求夫妻与其大家庭成员分享卧室的睡眠空间。在这些文化中，你不仅是与某一个人结婚，也是与他的大家庭结婚。

根据拉森等人（Larsen & Prizmic-Larsen, 1999）的研究，跨文化婚姻最大的一个挑战来自母语的差异。他们报告了这样一个案例，来自东欧的妻子对丈夫说："你好烦人（boring）啊！"其实她的本意是："你是不是很烦闷（bored）？"良好的交流对任何婚姻来说都是相当重要的。但当一个人必须用另一种语言经营婚姻时，配偶间就很可能会有误解的雷区。不仅如此，即便是在交流内容非常准确的情况下，口音太重也会导致误解。用另一种语言交流需要心智努力，在很疲劳或愤怒的状态下，一个人可能无法很好地用第二语言进行交流。

跨文化婚姻至少在两个方面引起了人格心理学家的兴趣。一个问题是：什么样的人最有可能与本文化以外的人结婚？是否有些人格变量与个体容易被不同文化的人吸引有关？另一个问题关注过程，即跨文化婚姻中的哪些因素会使它与同文化的婚姻有所不同？有文化差异的两个人是如何互相妥协和适应的？是否有某种方式可以让人们摆脱文化束缚，从而在跨文化婚姻中更加自如？人们如何做到即使生活在国外，用外语经营婚姻，也能保持自己的文化认同和自我感？

历史上一直存在着跨文化婚姻。但是，跨文化婚姻所面临的问题却一直在变。在过去，更多的困难可能与社会阶层差

跨越两种文化的婚姻关系不仅为配偶们提供了独特的机会，同时也提出了不一样的挑战。

异（如罗密欧与朱丽叶），不被某一方的家庭接受以及宗教或种族有关。在20世纪的大部分时间里，按照美国大多数地区的法律规定，不同种族间通婚是不合法的。但是现在这已经被普遍地视为一种个人选择并被广泛接受。

在很多方面，文化间的界限已经越来越模糊，尤其是在欧洲共同体内。然而，仍然有许多战争和种族冲突是由文化差异引起的仇恨造成的。这些仇恨会减少跨文化结合的机会，甚至使其完全不可接受。

出生于加纳的联合国前秘书长安南，在联合国难民事务高级专员公署工作时认识了瑞典律师娜内·拉格尔格伦，两人于1984年结为伉俪。

## 自我概念的文化差异

我们界定自己的方式，即自我概念，是人格的核心部分。自我概念会影响行为。例如，如果一位女性认为自己是尽责的，那么她会努力按时上课，会回朋友的所有电话，会记得检查学期论文的拼写错误。如果一位男性将自己界定为一个随和的人，那么他在决定在哪儿吃饭时会考虑他人的想法，会为慈善事业捐献很多财物，在吃自助餐时会等其他人享用完美食后自己才去拿。简言之，自我概念影响我们在他人面前的表现，以及在日常生活中的行为。研究显示，不同文化间自我概念有很大的区别。

马库斯和北山忍（Markus & Kitayama, 1991, 1994, 1998）提出，每个人都必须面对两个基本的“文化任务”。第一个是联合性、集体主义或**互倚性**（interdependence）。这种文化任务涉及你如何加入某个群体，依附于群体并投身于其中。互倚性包括你与群体内其他成员的关系，以及你对群体的嵌入性。第二个是主体性、个体主义或**独立性**（independence），意指你如何区别于你所在的群体。独立性包含你的独特能力、个人内在动机和人格倾向，以及你与群体相区别的方式。

不同文化中的人在平衡这两个任务方面有很大差异。根据这一理论，西方文化以独立性为特征，对话中强调个人选择（如“今晚你想去哪里吃饭？”）。薪酬体系重视个体的价值，即你的薪水与你的个人表现挂钩。

相反，许多非西方文化是以互倚性为特征的，如日本和中国。这些文化强调群体内成员间的相互联系。根据这一观点，自我只有在与所属的更大群体相联系时才有意义。在这些文化里，成员主要的任务是融入群体，促进群体团结与和谐。个人的愿望应受到约束，而不是以一种自私的方式表达出来（例如，人们一般会说“今晚我们去哪里吃饭？”）。人与人的对话强调同情、顺从和友善。薪酬常常取决于资历，而不是个体的表现。

为了更好地理解独立性和互倚性这两种相对的取向，我们来看看下面的描述。第一个描述来自一名美国学生，第二个描述来自一名日本学生。这是两人对指导语“请简要描述你自己”做出的回应：

> 我喜欢积极地生活。我感觉有许多事情要做、要看、要体验。但是，我也了解放松的价值。我喜欢小众的东西。我喜欢玩极限飞盘、杂耍、独轮车，偶尔吹竖笛和拉六角形手风琴。我喜欢独特的东西。我对人非常友好，而且在大多数情境下是很自信的。（Markus & Kitayama, 1998, p. 63）

> 我不能快速决定该做什么，常常会被他人的意见左右。我不能反对那些因其年龄或地位而应受到尊敬的人的观点。即使我很不愉快，也会忍着这种不快向周围的人妥协。我也很关心别人对我的看法。（p. 64）

我们可以注意到，这两个人的自我描述中贯穿着不同的主题。美国学生倾向于使用总体的、与情境无关的特质性描述，如友好、自信和快乐。日本学生的自我描述往往嵌入在社会情境中，如对长者或地位较高者的回应，甚至将社会群体作为让自己冷静的方式。它们分别体现了独立性和互倚性这两个主题。独立性的自我观，其特征是自主、稳定、一致，不受他人的影响。互倚性的自我观，其特征是关系、人际灵活性以及与他人密切联系（Markus & Kitayama, 1998）。

是否有实证研究支持这一观点，即我们定义自己的方式（人格中最为基本的内容）取决于我们所处的文化？研究者通过“二十条陈述测验”发现，来自北美的参与者倾向于使用抽象的内部特征描述自己，如聪明的、稳定的、可靠的、思想开明的（Rhee et al., 1995）。相反，中国参与者喜欢用社会角色来描述自己，如“我是一个女儿”或“我是简的朋友”（Ip & Bond, 1995）。

另一项研究分别对来自韩国首尔的亚洲人、纽约市的亚裔美国人和欧裔美国人实施了“二十条陈述测验”（Rhee et al., 1995）。这项研究旨在考察自我概念的文化差异，但变换了一个有趣的考察点：生活在纽约的亚裔中，认同自己亚裔身份的人，与不认同自己亚裔身份的人，自我概念是否有所不同？换言之，是否有些人会改变自我概念，使其与所处文化内的其他成员相似？适应新文化中的生活方式的过程称为**文化适应**（acculturation）。

结果很明确，不认同自己亚裔身份的亚裔美国人在描述自己时使用高度抽象化的、自主的语言，与欧裔美国人的回答相似。他们的自我描述中，特质类词语占

一个来自索马里的难民家庭正在体验亚利桑那州博览会。文化适应就是指，在进入一种新的文化后，适应此文化中普遍的生活方式与观念的过程。

*© Christophe Calais/Corbis via Getty Images*

45%，比欧裔美国人（35%）还要多。

相反，在该研究中，那些生活在纽约但认同自己亚裔身份的人更多地使用社会性的描述来定义自我。他们常常通过自己的社会角色（如学生）和家庭角色（如儿子）来描述自己。而且他们更可能用情境信息来限定自己的自我概念。他们对自己的描述是"在家里我是值得信赖的"，而不是"我是一个值得信赖的人"。

另一项研究要求日本和美国大学生在四种情境下完成"二十条陈述测验"：单独一人，和朋友一起，和其他学生一起在教室里，在教授的办公室里（Cross et al., 1995）。在这四种情境下，日本大学生均更倾向于用偏好（如我喜欢喝冰冻的酸奶）和依赖情境的活动（如周末我喜欢听摇滚乐）来描述自己。就像前面的其他研究一样，美国大学生倾向于使用抽象的、与情境无关的特质如友好、果敢等描述自己。日本学生在不同情境下对自己的描述有所不同，美国学生则不然。例如，在教授的办公室里，日本学生提到自己是"一个好学生"，但在其他三种情境下他们并未提及此角色。美国学生在不同情境下的反应更加一致。

另有研究考察了日本学生和欧裔美国学生认为各种品质词适用于自己的比例（Markus & Kitayama, 1998）。84% 的日本学生会使用"普通的"来形容自己，而只有18% 的美国学生用这个词形容自己。相反，有 96% 的美国学生形容自己是"特别的"，而只有 55% 的日本学生用这个词形容自己（见表 17.1）。

在美国和日本的民间俗语中，我们可以分别看到杰出、独特与相处融洽、融入群体这两个主题。在美国文化中人们常说："吱吱叫的轮子有油加。"这表明一个人想要获得利益就要表现得突出，作为个人为自己说话。在日本，人们常说："突出的钉子易受敲打。"这说明在日本使用美国人的社交策略可能会失败。这些主题甚至出现在语言的用法中。那些互倚性 / 集体主义取向的人倾向于使用"我们"，而那些独立性 / 个体主义取向的人倾向于使用"我"（Na & Choi, 2009）。

表 17.1 **最常被评价为"适用于我"的品质**

| 欧裔美国人 | | 日本人 | |
|---|---|---|---|
| **品质** | **认同比例** | **品质** | **认同比例** |
| 尽责的 | 100% | 快乐的 | 94% |
| 有恒心的 | 100% | 爱玩乐的 | 94% |
| 合作的 | 98% | 放松的 | 92% |
| 特别的 | 96% | 直率的 | 92% |
| 快乐的 | 95% | 自信的 | 90% |
| 独特的 | 95% | 淡然的 | 86% |
| 爱玩乐的 | 93% | 平静的 | 86% |
| 有同情心的 | 93% | 精神自由的 | 86% |
| 努力的 | 93% | 散漫的 | 84% |
| 有抱负的 | 93% | 普通的 | 84% |
| 可靠的 | 93% | | |
| 独立的 | 93% | | |

资料来源：Markus & Kitayama (1998), p. 79, Table 1.

这些文化差异可能与人们的信息处理方式有关。与美国人相比，日本人倾向于对事件做出**整体性**（holistically）的解释：关注关系、背景以及对象与整体情境的关系（Nisbett et al., 2001）。相反，美国人倾向于**分析性**（analytically）地解释事件：将对象从情境中分离出来，根据物和人的特征进行分类，然后依据“类”的规律来解释行为。例如，在看鱼在水中游的动画时，日本人比美国人更多地关注背景信息，将鱼的行为与周围的环境联系起来（Masuda & Nisbett, 2001）。因此，独立性—互倚性这一人格特质维度上的文化差异，可能与个体注意以及解释周围世界的底层认知倾向有关。

总之，有证据表明不同文化的人有不同的自我概念。这些不同的自我概念可能是由家长和教师传递给孩子的。

### 对互倚性—独立性和集体主义—个体主义概念的批评

一些研究者从理论基础和实证研究两方面，对马库斯和北山忍提出的西方人的独立自我观和亚洲人的互倚自我观提出了批评。有研究者（Matsumoto, 1999; Church, 2009）指出，马库斯和北山忍理论的证据几乎完全源于北美和东亚（尤其是日本），并不能推广到其他文化。此外，不同文化的自我概念有较大的相似性，而并非像马库斯等人所说的那样。例如，许多集体主义文化中的人在描述自己时也使用总体性的特质（如随和的、爱玩乐的）；而许多个体主义文化中的人也会使用关系性的描述（如我是某某的女儿）。文化差异只是程度上的区别而已。

在理论层面上，有研究者（Church, 2000, p. 688）提出：“试图用如此宽泛的文化二分法来描述个人的文化特征可能过于简单化了”。所有文化中的自我观都混合了独立性和互倚性两方面的特征，在所有文化中，自我概念都会因社会情境而有所不同。

对数十项研究所做的元分析显示，在概化个体主义、集体主义的文化差异时应更加谨慎（Oyserman, Coon, & Kemmelmeier, 2002a）。研究发现，尽管欧裔美国人往往比某些文化的个体有更强的个体主义倾向（重视独立）和更弱的集体主义倾向（重视依赖），但是效应量很小，并且有很多重要的例外。例如，欧裔美国人并不比非裔美国人和拉丁美洲人更加个体主义。欧裔美国人的集体主义倾向也并不比日本人或韩国人（这两种文化被认为处于互倚性的一端）弱。实际上，自我概念中有强烈集体主义和非个体主义倾向的是中国人，而非日本人或韩国人。还有一些研究发现，几乎没有证据支持传播性文化对自我概念的影响。一项研究比较了两个被认为代表个体主义的文化（美国、澳大利亚）和两个代表集体主义的文化（墨西哥、菲律宾），结果发现：四种文化中的人以特征词汇描述自己的频率都很高；四种文化中的人都认为个人认同比社会或集体认同对他们的自我感更重要（del Prado et al., 2007）。

诸如独立性—互倚性之类的特征还被人批评过于笼统（Chen & West, 2008），将不同类型的社会关系混合在一起，忽视其表达语境的特异性（Fiske, 2002）。例如，美国人在玩电脑游戏时可能是个体主义和独立的，但与家人在一起或在教堂时则是互倚的。

尽管存在这些批评，但是不同文化之间确实存在差异，并且这些差异必须得到解释。大部分研究者认为，在独立性—互倚性维度上的文化差异是传播性文化的一个例子：在一种文化中，观念、态度以及自我概念由一个人传播给另一个人，然后代代相传。另一些研究者根据进化心理学和唤起性文化对此做了不同的解释（Oyserman, Coon, & Kemmelmeier, 2002b）。他们假设，人类已经进化出了两种自我概念的心理机

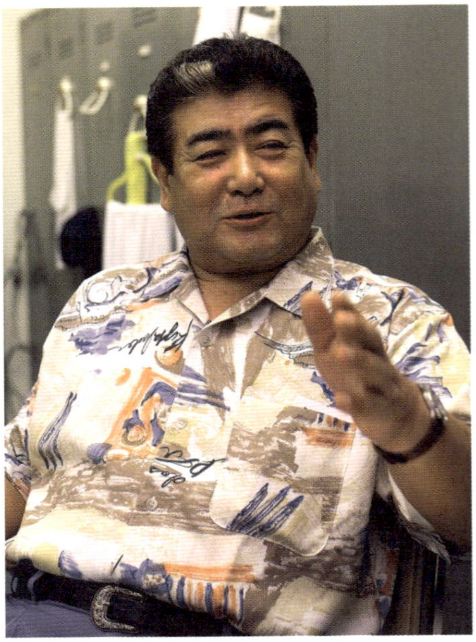

图中为日本棒球联盟的裁判员田中利幸正在接受访谈。他所处的文化很看重和谐而不喜欢冲突。为了使激烈的比赛保持平和，田中经常起着调解者的作用。比赛中，他很少处罚球队，或是将球员或教练驱逐出场，而这在美国棒球比赛里是相当平常的事。而且，田中有时会承认自己做出了错误判罚，这在美国裁判员中是闻所未闻的。



制，可以根据适应性优势从一种转换为另一种。具体来说，假如一个人所属的群体流动性很小，资源有限，附近有许多亲属，那么高度集体主义、彼此依赖就能带来生存的优势。一个人的血缘亲属通常会从他的集体主义倾向中获益。与此相反，当群体流动性高，人们频繁地从一个地方迁移到另一个地方，且资源较充沛，邻近的地方没有亲属时，更加个体主义的、独立的倾向能够为个体带来更大的好处。正如他们所说，对这一假设的最好总结是："因此，进化的视角既表明独立性加工与互倚性加工具有'基础性'，也支持这样一种可能性，即所有社会系统都是由能使用这两种加工方式的人组成，具体动用其中哪一种则取决于个体周围的情境"（Oyserman et al., 2002b, p. 116）。越来越多的研究正在探索这种进化心理学和文化心理学的有趣融合（如 Henrich, 2015）。

## 自我抬升的文化差异

**自我抬升**（self-enhancement，也译作"自我提升"）是指个体使用积极的或社会所看重的品质，如友善、善解人意、聪明和勤勉，来描述或呈现自己的倾向。自我抬升倾向具有跨时间的稳定性（Baumeister, 1997）。许多研究表明，北美人对自己有较积极的总体评价（Fiske et al., 1997）。一项研究显示，美国人的自我概念中积极品质数量是消极品质的 4 倍以上（Herzog et al., 1995）。日本人很少用积极的语言描述自己。日本人在翻译版自尊量表上的得分低于美国人（Fiske et al., 1997）。此外，日本人对自己的描述中包含更多消极内容，如"我想得太多了"以及"我是个有点自私的人"（Yeh, 1995）。即便是积极的描述也往往以否定的形式表达出来，如"我不算懒惰"。美国人可能会这样表达相似的意思："我是一个很勤奋的人。"

在韩国人和美国人之间也发现了同样的文化差异（Ryff, Lee, & Na, 1995）。韩国人更可能同意关于自己的消极陈述，美国人则更可能同意关于自己的积极陈述。父母在描述自己对子女的教养质量时也表现出了自我抬升倾向上的差异（Schmutte, Lee, & Ryff, 1995）。美国家长多用自豪的口吻描述自己对子女的教育实践，而韩国家长给出的评价大部分是消极的。

自我抬升的文化差异还表现在内群体和外群体的评价中。研究者（Heine & Lehman, 1995）让日本学生和加拿大学生分别将自己的大学与本文化中另一所"对手"大学做比较。结果，加拿大学生有很强的内群体抬升倾向，在比较中给"对手"大学以消极的评价。而日本学生并未在比较中表现出对自己所在大学的偏向性评价。日本人和亚裔加拿大人也比欧裔加拿大人更倾向于自我批评（Falk et al., 2009），这再次表明了自我抬升方面的文化差异。

心理学家对自我抬升的文化差异提出了两种解释。第一种解释是，亚洲人在做印象管理（见第 4 章），可能在内心深处，他们对自己的评价实际上是积极的，但是如果公开表达这些评价就可能损害自己的名声。第二种解释是，这种文化差异准确地反映了人们深层次的主观体验。根据这一观点，由于价值观上的深层文化差异，亚洲人对自己的评价确实比北美人对自己的评价更加消极。只有一个实证研究曾对这两种互相矛盾的解释加以检验（Fiske et al., 1997）。当参与者在完全匿名的情境下进行自我评价时，研究者发现在美国人中常见的自我抬升并未出现在亚洲人中。此研究支持了这一理论，即自我抬升的文化差异反映了个体内心实际的主观体验，而不仅仅是亚洲人印象管理所导致的表面差异。

文化差异只是程度上的，因为所有文化中的人在某种程度上都会表现出自我抬升的倾向（Kurman, 2001）。在一项涉及三种文化（新加坡人、以色列德鲁兹人和以色列犹太人）的研究中，研究者（Kurman, 2001）让参与者从智力、健康、社交性（能动性特质）以及合作、诚实和慷慨（共生性特质）六个方面评价自己在所属性别和年龄群体里的相对位置（是高于还是低于平均水平）。尽管新加坡人的自我抬升倾向稍低于另两种文化中的个体，但仅限于能动性特质。所有文化中的个体都表现出自我抬升的倾向。在共生性特质方面，三种文化中都有 85% 的参与者认为自己高于所属性别与年龄群体的平均水平。在能动性特质方面，以色列德鲁兹人和以色列犹太人的自我抬升水平分别为 90% 和 87%，新加坡人的自我抬升水平也接近 80%。因此，各种文化中的人都有自我抬升倾向。所以文化差异必须在整体相似性这个大背景下进行解释。

## 不同文化是否有独特的人格形象

长期以来，人们一直着迷于不同文化是否具有独特的人格形象这一问题。来自欧洲地中海地区的人真的更善于表达情感吗，还是这只是一种不正确的刻板印象？斯堪的纳维亚人真的更冷静、更坚忍吗，还是这也只是一种不正确的刻板印象？大多数研究表明，对民族性格的刻板印象很少与实际评估的平均人格水平相符（Allik, 2012）。

麦克雷和来自世界各地的 79 名研究者共同研究了 51 种不同文化的人格形象，涉及 12 156 名参与者（McCrae et al., 2005a）。他们将《NEO 人格调查表》修订版（NEO-PI-R）翻译成每种文化相应的语言，然后计算每种文化的大五人格总体得分。结果发现，不同文化之间最大的差异集中在外向性上：美国人和欧洲人的得分高于亚洲人和非洲人。可以通过几个例子来说明这些差异。如果将各种文化的平均水平设定为 50，美国人的外向性平均得分为 52.3，澳大利亚人为 53.8，英国人为 53.7，比利时人为 52.2；相比之下，乌干达人的平均外向性得分为 46.5，埃塞俄比亚人为 47.0，中国人为 46.6。有人质疑这些发现的有效性，因为它们完全依赖自我报告（Ashton, 2007; Perugini & Richetin, 2007）。

最近的研究证实了部分领域的人格刻板印象，但其他领域则不然。例如，不同文化中关于性别差异的刻板印象似乎相当准确（Lockenhoff et al., 2014）。在一项包含 26 种文化的研究中，对女性的刻板印象都是更随和、更尽责、更焦虑，自我报告和观察者报告的研究结果也证实了这一点。然而，许多关于民族性格的刻板印象似乎是不准确的（McCrae et al., 2013）。一些人对马来人的刻板印象是“友好但懒惰”，但实证结果并不支持这一观点。这项包含 26 种文化的研究几乎没有发现支持民族性格刻板印象的证据（McCrae et al., 2013）。重要的是要记住，即使在人格上发现了文化差异，这些差异也相对较小，大多数人格差异发生在文化*内部*，而不是文化之间。事实上，前述研究中最令人惊讶的发现是，51 种文化在五因素模型上的总体得分是多么相似。

## 文化内的人格差异

传播性文化的另一个维度是**文化内差异**（within-culture variations），尽管它并没有得到像文化间差异那样多的关注。文化内差异有几种来源，包括成长于不同的社会经济阶层导致的差异、不同历史时期的差异以及当地的唤起性和传播性文化导致的差异。

例如，有证据表明，一种文化内部的**社会阶层**（social class）会影响人格（Kohn et al., 1990）。社会阶层较低的父母更强调服从权威的重要性，而阶层较高的父母则强调自我导向和不听命于他人。根据这位研究者的看法，这种社会化源自父母对子女未来职业类型的预期。高阶层的工作（如管理者、公司创始人、医生、律师）常常需要较强的自我导向，而低阶层的工作（如工厂工人、加油站职员）则更需要服从规则，不允许个人有太大的创新空间。一项对美国人、日本人和波兰人所做的研究显示，在所有文化中，与社会阶层较低的男性相比，社会阶层较高的男性往往自我导向水平更高、服从水平更低且思维更灵活。有趣的是，来自较低阶层的人往往比来自较高阶层的人更慷慨和乐善好施，尽管拥有的更少，但他们给予的反而更多（Piff et al., 2010）。

当然，这些结果只是相关，所以还不能确定因果关系的方向。也许自我导向和思维灵活的个体更可能汇集在较高的社会阶层中；也许高社会阶层父母的社会化方式，使他们孩子的人格不同于低社会阶层的孩子。无论是哪一种情况，这个例子都凸显了文化内差异的重要性。图 17.1 描绘了两种文化中个体主义—集体主义的分布情况。图中阴影部分便是两种文化重叠的地方。因此，即使某一人格特质的平均水平存在文化差异，一种文化的部分个体还是可能比另一种文化的很多个体水平更高（或更低）。

另一种类型的文化内差异涉及**历史时期**（historical era）对人格的影响。例如，成长于 20 世纪 30 年代大萧条时期的人，可能会更担心就业保障，因此采取较保守的消费方式；成长于 20 世纪 60 年代和 70 年代性解放运动时期的人，可能表现出更

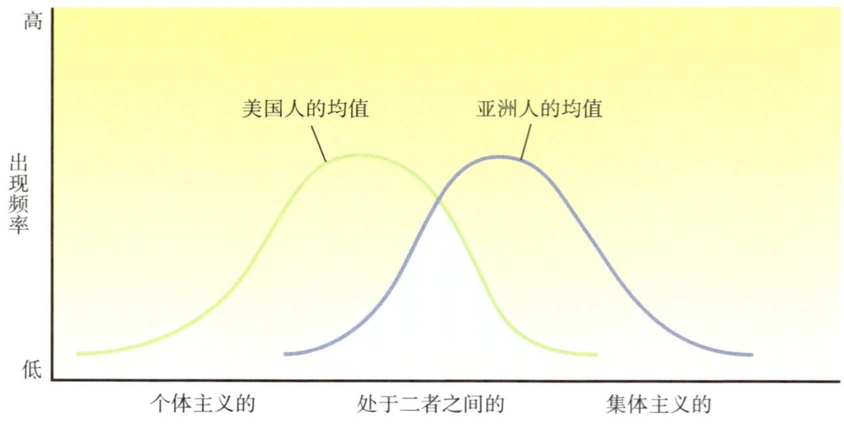


**图 17.1**

美国文化与亚洲文化中的个体主义与集体主义。两个群体的分布在均值上有显著差异，但也有相当多的重叠部分。这意味着尽管一个群体的均值低于（或高于）另一个群体，但该群体里有很多个体可能比另一个群体的很多个体得分更高（或更低）。亚洲人的集体主义均值高于美国人，但是总会有部分美国人的集体主义得分高于部分亚洲人（即图中阴影部分）。

高的开放性；而成长于网络时代的人可能会把更多的时间用来与远方的人联系，社交范围的扩展可能会影响其人格。很多现代人通过在线交友网站寻找伴侣，这一现象在这一代人之前几乎是不存在的（Buss, 2016）。分离出不同历史时期对人格的影响是一项极其困难的任务，因为目前使用的大多数人格测量工具并未用于早期的研究。最近有一个例外，有研究调查了荷兰 25 年间平均人格分数的变化（Smits et al., 2011），结果发现，外向性、随和性和尽责性有小幅持续增长，神经质则有小幅下降。

## 普适性文化

文化与人格研究的第三种取向是试图识别普遍的，或在大多数文化中都存在的人格特征。正如我们在第 1 章里所描述的，这些普适性特征构成了人格的人性水平的分析。

在文化与人格的研究史上，对**文化普适性**（cultural universals）的研究曾经长期受到冷落。在 20 世纪的大部分时间里，人们主要关注文化差异。人类学家推动了这种潮流，他们报告了很多看起来比较奇异的文化。例如，米德声称发现了一种完全没有性嫉妒的文化，在这种文化下性别角色倒置，也没有青少年期的压力与混乱（Mead, 1928, 1935）。关于性别角色，米德称发现了“与我们的文化完全不同的性别态度。女性是支配、冷淡和控制的一方，而男性的责任较少，是情感上的依赖者”（Mead, 1935, p. 279）。人性被认为具有无限的差异性和灵活性，并不受限于一种普遍的本性，“我们不得不得出这样的结论，即人性具有令人难以置信的可塑性，能对不同文化环境做出准确的、相应的反应”（p. 280）。

在过去的几十年里，有关文化差异的观点正在向更加折中的方向发展。人类学家再次考察了米德曾经到过的小岛，但并未证实米德的发现（如 Freeman, 1983）。在这个被认为完全没有性嫉妒的文化里，性嫉妒是导致家庭暴力和家庭谋杀的首要原因。再如，过去认为在尚布里人（Chambri）的文化中性别角色是完全相反的，然而人类学家却发现男性处于统治地位（Brown, 1991; Gewertz, 1981）。此外，尚布里人认为男性比女性更有攻击性，女性比男性更顺从。对尚布里人社会交往行为的观察证实了这些观念（Gewertz, 1981）。1850 年以来的所有证据，包括米德的观察记录（与她所做的推论相矛盾）都显示，尚布里人的性别角色实际上与西方文化有着惊人的相似性。表 17.2 中显示了布朗（Brown, 1991）和平克（Pinker, 1997）列出的一些很可能具有文化普适性的行为和态度。

在本部分，我们将考虑三个普适性文化的例子，即关于男性和女性人格特征的信念、情绪的表达以及可能具有普适性的人格五因素模型。

### 关于男性和女性人格特征的信念

人们对男性和女性的人格特征持有怎样的看法？在有关此问题的规模最大的研究中，研究者（Williams & Best, 1990）在长达 15 年的时间里调查了 30 个国家或地区。其中包括西欧（如德国、荷兰和意大利），亚洲（如日本和印度），南美（如委内瑞拉）以及非洲地区（如尼日利亚）。在每一个地区，研究者让大学生考察 300 个描述特质的形容词（如*攻击性的、情绪化的、支配的*），指出每一个特质更多是与男性有关还是与女性有关，或者与两者都有关。然后汇总每种文化中参与者的反应。结果让人大吃一惊：很多特质形容词都与某一种性别联系紧密，且在不同的文化中有极大相

表 17.2 具有文化普适性的行为和态度

| |
|---|
| 避免乱伦 |
| 基本情绪的面部表情 |
| 对内群体成员的偏爱 |
| 对亲属的偏爱 |
| 集体认同 |
| 基于性别的劳动分工 |
| 报复和复仇 |
| 区分自我与他人 |
| 制裁那些对抗集体的罪行 |
| 关系中的互惠 |
| 嫉妒、性嫉妒和爱 |

资料来源：Brown, 1991; Pinker, 1997.

似性。表 17.3 列出了在不同文化中与男性和女性联系最紧密的特质形容词。

我们应该如何归纳与解释这些差异呢？研究者（Williams & Best, 1994）从以下几个维度对每一个形容词进行了评分：*好感度*（特质被期望的程度）、*强度*（特质所代表的力量）、*活动性*（特质所表征的能量大小）。这几个维度源自该领域中已发现的三个普遍的语义维度：*评价*（好的—坏的）、*力量*（强的—弱的）、*活动性*（主动的—被动的）（Osgood, Suci, & Tannenbaum, 1957）。总体上，归给男性和女性的特质在好感度上是相同的。一些男性化的特质，如*严肃的*、*创新的*是受人欢迎的，而*傲慢的*、*专横的*则不受欢迎。某些女性化的特质，如*迷人的*、*有眼光的*是受人欢迎的，而*胆小的*、*做作的*则不受欢迎。

我们应该如何解释这些信念的文化普适性呢？一种解释是，这些信念代表了以

表 17.3 与男性和女性联系密切的泛文化特质

| 与男性相关的特质 | | 与女性相关的特质 | |
|---|---|---|---|
| 好动的 | 吵闹的 | 做作的 | 谦虚的 |
| 冒险的 | 令人讨厌的 | 深情的 | 紧张的 |
| 攻击的 | 固执己见的 | 有眼光的 | 耐心的 |
| 傲慢的 | 机会主义的 | 谨慎的 | 令人愉快的 |
| 专制的 | 寻求享乐的 | 多变的 | 一本正经的 |
| 专横的 | 严格的 | 迷人的 | 敏感的 |
| 粗鲁的 | 敏捷的 | 依赖的 | 多愁善感的 |
| 自负的 | 不计后果的 | 情绪化的 | 心地善良的 |
| 进取的 | 爱炫耀的 | 胆小的 | 羞怯的 |
| 不感情用事的 | 坚韧的 | 宽容的 | 热情的 |

资料来源：Williams & Best, 1994. Cross-cultural views of women and men. In Walter J. Lonner and Roy S. Malpass (Eds.), *Psychology and culture*, 1st edition, p. 193, © 1994. Reprinted by permission of Pearson Education, Inc., Upper Saddle River, New Jersey.

普适的性别角色为基础的刻板印象。研究者（Williams & Best, 1994）认为，由于社会认为男性比女性强壮，因此常由男性担任士兵、建筑工人等角色。

另一种可能性是，在全部的 30 种文化中，归给男性和女性的特质反映了两性之间真实存在的人格差异。例如，五因素模型的研究发现，女性在情绪稳定性上的得分低于男性，这表明她们更胆小、更情绪化。没有人会怀疑，男性普遍比女性有更强的身体攻击性或暴力倾向（见第 16 章）。简言之，关于男女人格差异的普遍信念反映了人格的真实差异。

### 情绪表达

人们大多相信，处于不同文化中的个体，其情绪体验也不同。因此，人格心理学家认为，不同的文化中有着不同的描述情绪体验的词语。有人指出，塔希提人没有体验过悲伤、渴望和孤独，因此在他们的语言里没有描述这些情绪的词语。例如，根据人类学家报告的故事，当一个塔希提男孩在战斗中死亡时，他的父母仍然微笑，不会悲伤。这与现代西方世界中经历相似事件的父母的那种悲痛感觉完全不同。语言中存在或不存在特定情绪词的文化差异，被一些人格心理学家解读为情绪体验本身存在或不存在的文化差异。

但是，情绪真的存在如此大的文化差异吗？情绪体验是否存在文化普适性？心理学家平克这样总结道："不同文化成员在表现、言说和体验各种情绪的频率方面确实不一样。但这与人们究竟有什么样的感受无关。有证据表明，所有正常个体的情绪都有相同的基础机制"（Pinker, 1999, p. 365）。

情绪普遍性的最早证据来自达尔文。在为他的《人类与动物的表情》一书搜集证据时，达尔文请那些与五大洲的不同人种接触过的人类学家、旅行家详细讲述当地人如何表达情绪，如悲伤、蔑视、厌恶、恐惧和嫉妒。他做出如下总结："世界各地的人在表达同一心理状态时有显著的一致性，作为各种族的人在身体结构和心理特征上极其相似的证据，该现象本身就很有趣"（Darwin, 1872/1965, pp. 15, 17）。

当然，用今天的科学研究标准来看，达尔文的方法太粗糙了，但是后来的研究证实了他的基本结论。心理学家保罗·埃克曼将人们表达六种基本情绪的表情制成一系列照片，之后将照片给不同文化中的人看（Ekman, 1973）。在他的研究中，某些文化中的人，如新几内亚的弗雷部落（Fore），几乎从未接触过西方人。他们不会说英语，没有看过电视和电影，也从未与白种人一起生活过。他还对日本人、巴西人、智利人、阿根廷人和美国人也进行了同样的测试。埃克曼要求参与者给每张照片表达的情绪贴标签，并就此人当时的体验编一个故事。这六种情绪，即快乐、悲伤、愤怒、恐惧、厌恶与惊奇，能够被各种文化中的人普遍地辨认出来。后来在其他文化中的研究也验证了以上发现，包括在意大利、苏格兰、爱沙尼亚、希腊、德国、苏门答腊和土耳其（Ekman et al., 1987）。埃克曼和同事进一步的研究扩展了人类共通情绪的列表，新增了蔑视、尴尬和羞耻（Ekman, 1999）。

除了发现各文化中的人都能毫不费力地辨认照片上的情绪以外，埃克曼还反转了研究的程序：他让弗雷部落的人表演各种场景，如"你的孩子夭折了""你很生气，打算动手打人"，然后将他们的表情拍下来。照片上的弗雷人表达的情绪很容易从面部表情上辨认出来，而且它们与照片中白种人表达相同情绪时的表情极其相似。进一步的证据也支持这些基本情绪具有普遍性且可能源于进化，证据来自这一发现：先天失明儿童表达情绪的面部表情与正常人完全一样（Lazarus, 1991）。

厌恶似乎是一种人类能够普遍体验到的情绪。

平克指出，如果要问人们是否以同样的方式体验情绪，那么一种语言中是否有描述该情绪的词语并不重要。前面提到塔希提人的语言里没有“悲伤”一词。但是，“当一个塔希提妇女说‘我丈夫死了，我感觉很不舒服’时，她的情绪并不难以理解，很明显她不是在抱怨胃酸过多”（Pinker, 1977, p. 367）。

另一个例子是德语词“幸灾乐祸”（schadenfreude）：“当说英语的人第一次听到这个词时，他们的反应并不是‘让我想想……以他人的不幸为乐……这可能是什么感受呢？我不明白，在我的语言和文化里没有这个概念’。而是‘你是说你们有这样一个词，真酷！’”（Pinker, 1997, p. 367）。在敌人遇到不幸时，人们可能普遍会以同样的方式体验高兴，即使所有的语言中都没有一个专门的词来形容这种情绪。

语言并非人们体验情绪所必需，这一观点与**语言相对性的沃尔夫假说**（Whorfian hypothesis of linguistic relativity）相对立。这种假说主张语言创造了思维和体验。沃尔夫假说的极端版本认为，人们的语言和文化中碰巧存在的词语，限定了他们所能思考的观点和体验的情绪（Whorf, 1956）。

解决该争端的关键在于区分情绪体验与情绪的公开表达。埃克曼（Ekman, 1973）实施了一项巧妙的实验研究，以探究这两者的区别。他给日本和美国学生放映一部关于原始部落成年礼的影片，其中包括割阴的片段，并秘密拍摄了他们的面部表情。在一种实验条件下，放映厅有一名穿着白大褂的实验者；而在另一种实验条件下，放映厅只有参与者。在有实验者在场的情况下（公开情境），日本学生一直保持礼貌的微笑，而美国学生则表现出惊恐和厌恶。假如只有这一种实验条件，我们可能得出这样的结论：日本学生和美国学生对厌恶情绪的体验不同。但是当学生们独自在房间里看电影时，日本学生和美国学生表现出了同样的惊恐表情。这表明，日本学生和美国学生在以同样的方式体验这种情绪，即便他们在公开情境下的表达可能不同。最近的跨文化研究证实了某些基本情绪表达形式的普遍性。一项研究比较了纳米比亚和西方国家的参与者在体验到愤怒、厌恶、恐惧、喜悦、悲伤、惊讶等“基本情绪”时的非言语情绪发声（如“yuck”“huh”）（Sauter et al., 2010）。这些声音表达能互相直接识别：纳米比亚人正确地识别出了西方人的非言语发声所对应的情绪，反之亦然。这些发现进一步支持了某些情绪具有跨文化普遍性的说法。

## 人格的五因素模型

一个有趣的问题是，世界上存在一种普遍的人格结构，如五因素模型，还是说不同的文化中有不同的因素模型？为了考察这个问题，有必要概括一下现有的理论观点。

根据某些心理学家的说法，甚至连人格概念本身都缺乏普适性。例如，有研究者提出：“人格概念是西方个体主义观念的表达”（Hsu, 1985, p. 24）。著名的文化心理学家施韦德认为：“来自……人格问卷的数据错误地支持了这样的信念，即个体差异可以用与情境无关的总体特质、因素或维度来描述”（Shweder, 1991, pp. 275–276）。

马库斯等人进一步阐述了这些观点：“普遍的（人格）结构本身并不意味着在欧美框架下所理解的‘人格’就是人类行为的一个普遍层面……也不意味着个体差异

作为人类生活中一个显著特征，产生于一套被称为‘人格’的内部属性”（Markus & Kitayama, 1998, p. 67）。最后，文化人类学家劳伦斯·赫希菲尔德曾谈道：“在很多，也许是大部分文化中，显著缺乏像“特质”和“性情”那样用跨情境稳定的动机（或意图）特征来解释人类行为的话语”（Hirschfeld, 1995, p. 315）。

所有这些引述反映了对人格心理学的一个基本挑战：特质这一核心概念是普遍的，还是仅适用于西方文化？其中最极端的说法是，作为一套内部心理特征的人格概念本身只是西方文化的武断建构（Church, 2000）。假如这种极端说法是正确的，那么所有在非西方文化中识别与测量人格特质的努力都注定会失败（Church, 2000）。在另一个极端，人们认为人格特质是普适的，在各种文化中将发现完全相同的人格结构。正如两位人格研究者所指出的：“人格评价中最重要的维度……就是那些最没有差异和最具普遍性的维度”（Saucier & Goldberg, 2001, p. 851）。

这场争论的首要证据来源是其他文化中的特质语词。事实上，很多非西方心理学家描述了一些在其本土文化中类似于特质的概念，它们与西方文化中的特质非常相似。来看下面的例子：菲律宾语中的 pakikiramdam（敏感、同情）和 pakikisama（与他人和睦相处）；韩语中的 chong（人类情感）；日语中的 amae（对依赖的纵容）；中国有“人情”概念（关系取向）；墨西哥语中的 simpatico（和谐，避免冲突）（Church, 2000）。总之，许多非西方语言中也有类似于美国文化和英语中描述特质的概念。

这场争论的第二个证据来源涉及不同文化中的人格特质是否具有相同的因素结构。也就是说，不同的文化对特质的分类是否大致相同？当然，人格的特质论并不要求各种文化中都有完全一样的特质。事实上，即使不同文化中使用的特质维度完全不同，特质视角也是非常有用的。但是，如果能发现各文化中人格特质的结构相同，那么特质论就得到了最有力的支持（Church, 2000）。

为了探索这个问题，研究者采用了两种研究方法。第一种方法可以被称为“搬运与测验”策略。心理学家将现有的问卷翻译成其他语言，然后对不同文化的当地人施测。采用这种方法得到了一些支持五因素模型的结果。五因素模型（外向性、随和性、尽责性、情绪稳定性和智力—开放性）已在许多文化中得到重复验证，如法国、荷兰、菲律宾等，而且在许多完全不同语系的语言中也得到了验证，如汉藏语系、闪含语系、乌拉尔语系以及马来—玻利尼西亚语系等（McCrae et al., 1998）。五因素模型在西班牙（Salgado, Moscoso, & Lado, 2003）和克罗地亚（Mlacic & Ostendorf, 2005）也得到了验证。一项对 13 个不同文化的研究（从日本到斯洛伐克）也支持了五因素模型（Hendriks et al., 2003）。

也许最令人印象深刻的是一项对 50 种不同文化进行的大规模研究（McCrae et al., 2005b）。这项研究包含 11 985 名处于大学年龄段的参与者，要求他们使用五因素人格量表（NEO-PI-R）来评价一个很熟悉的人。对这些评分的因素分析得出了五因素模型，在不同文化之间，因素结构只有很小的差异。这表明，五因素模型的跨文化证据不仅限于自我报告的数据，还可以扩展到观察者报告的数据。若采用“搬运与测验”策略，五因素模型结构在不同文化中似乎是普遍存在的。例如，表 17.4 显示了从菲律宾样本得到的因素结构。

但是，检验普遍性的更有力的方式应是首先采用本土的人格维度，然后检验是否仍会出现大五结构。这种方法已在荷兰、德国、匈牙利、意大利、捷克和波兰使用过（De Raad et al., 1998）。在以上每种文化中，研究者都识别出了其语言中的特质词。尽管不同语言中特质词的绝对数量不同（荷兰语中有 8 690 个特质词，意大利语中有 1 337 个），但在各种语言中，特质词所占的比例惊人地一致，大约为词典总条目数的 4.4%。你可以回忆第 3 章中的词汇学假设，该假设认为大多数重要的个体差异已编码在自然语言之中。

该研究的下一步是将每种文化中识别出的本土特质词减少到可操作的规模（几

表 17.4 菲律宾样本五因素人格量表（NEO-PI-R）的因素分析

| NEO-PI-R | N | E | O | A | C |
|---|---|---|---|---|---|
| N1：焦虑 | **76** | −08 | 00 | 00 | 06 |
| N2：愤怒敌意 | **67** | −19 | 01 | −44 | −10 |
| N3：抑郁 | **73** | −23 | 03 | −02 | −25 |
| N4：自我意识 | **68** | −14 | −15 | 22 | −04 |
| N5：冲动性 | **40** | 20 | 04 | −37 | −47 |
| N6：脆弱 | **70** | −22 | −23 | 04 | −30 |
| E1：热情 | −21 | **69** | 17 | 28 | 08 |
| E2：乐群性 | −29 | **65** | −02 | 07 | 04 |
| E3：果敢性 | −28 | **42** | 23 | −29 | 35 |
| E4：活动性 | −15 | **51** | 10 | −24 | 25 |
| E5：刺激寻求 | −08 | **51** | 26 | −29 | −12 |
| E6：积极情绪 | −16 | **66** | 14 | 15 | 01 |
| O1：幻想 | 16 | 27 | **47** | −06 | −27 |
| O2：审美 | 14 | 20 | **65** | 14 | 22 |
| O3：情感 | 30 | 32 | **53** | 03 | 12 |
| O4：行动 | −39 | −03 | **46** | 01 | 04 |
| O5：观念 | −04 | −01 | **69** | 01 | 30 |
| O6：价值 | −13 | −06 | **62** | −05 | −16 |
| A1：信任 | −20 | 41 | 09 | **52** | −10 |
| A2：坦率 | −03 | −22 | −02 | **57** | 10 |
| A3：利他 | −12 | 27 | 13 | **65** | 31 |
| A4：顺从 | −20 | −10 | −09 | **75** | 12 |
| A5：谦虚 | 18 | −27 | −03 | **55** | −13 |
| A6：仁慈 | 22 | 27 | 09 | **49** | 20 |
| C1：能力 | −38 | 22 | 16 | −10 | **69** |
| C2：条理性 | −04 | −15 | −08 | 10 | **73** |
| C3：尽责 | −08 | 12 | 07 | 21 | **69** |
| C4：追求成功 | −12 | 06 | 01 | 11 | **83** |
| C5：自律 | −24 | 02 | 00 | 07 | **81** |
| C6：审慎 | −27 | −20 | 03 | 24 | **65** |

注：N = 696。所有数值都省略了小数点，负荷大于 40 的数字用黑体表示。N = 神经质；E = 外向性；O = 开放性；A = 随和性；C = 尽责性。

资料来源：McCrae, Costa, del Pilar, et al., 1998.

百个），然后在每种文化下施测。对每一种文化的样本做因素分析，结果发现在各种文化下，五因素模型中有四个因素有极大的可重复性：外向性（健谈、善交际对羞涩、内向），随和性（有同情心、热情对缺乏同情心、冷漠），尽责性（有条理、有责任心对无原则、粗心）以及情绪稳定性（轻松、沉着对喜怒无常、情绪化）。

虽然在这四个因素上具有跨文化的一致性，但该研究还发现在第五个因素上存在一些差异，这在第 3 章中曾提及过。在某些文化中，如波兰和德国，第五个因素类似于美国的“智力—开放性”，一端为聪明的、有想象力的，另一端是无趣的、缺乏想象力的。一项对菲律宾人的研究也发现，尽管有些本土概念（如社交好奇心、服从、理解他人的能力）不能很好地归入大五模型，但是总体上依然验证了五因素模型，其中包括类似于智力—开放性的第五个因素（Katigbak et al., 2002）。然而，在其他语言中第五个因素完全不同。例如，在荷兰，第五个因素似乎更像是政治取向的维度，一端为保守，另一端为进步；在匈牙利，第五个因素似乎是诚实，一端为公正、诚实和人道，另一端为贪婪、伪善和虚情假意（De Raad et al, 1998）。总之，在不同的文化中第五个因素似乎有些不同。

你可能还记得在第 3 章讲过，使用词汇法的跨文化研究发现强有力的证据支持六个因素而非五个因素的模型（Ashton et al., 2004; Saucier et al., 2005）。第六个新的因素，诚实谦逊，代表了跨文化的一个重大发现（Ashton & Lee, 2010）。通过从每种文化的自然语言入手，这些研究者捕捉到了一个可能被“搬运与测验”研究策略所忽略的重要人格维度。

显然，要确定人格结构的五因素模型是否具有文化普适性，还需要更多的本土化研究。但是，在已有研究的基础上，我们可以得出这样的结论：真理存在于本章开头我们提到的两种极端观点之间，但更偏向于普遍性一端。各种语言中似乎都有描述特质的词语。以美国开发的测量工具为基础的因素结构，经翻译并搬运到其他文化后，发现了很大的跨文化相似性。在使用了更加严格的本土化研究工具后，发现其中的四个因素有跨文化的一致性。第五个因素有一定的跨文化差异，因此可能反映了人格特质结构中缺乏普遍性的一个重要维度。第六个因素，诚实谦逊，至少已经被一些使用本土化策略的研究所证实。

## 总结与评论

不同文化中的人在重要的人格特质上是不同的，包括自我概念、攻击性水平以及所持有的道德观等。这些差异被称为文化差异，即具有群体内相似性和群体间差异性的行为模式。

考察文化差异的方法主要有两种。第一，唤起性文化，即所有人都具备潜力但仅在某些文化背景中才会被激发出来的特征。唤起的合作就是一个例子：当获得食物的成功率具有较高变动性时，人们倾向于与他人分享自己获得的食物。理论上，所有人都有合作和分享的能力，但是这些倾向只会在特定的文化背景中被激发出来。唤起的攻击是唤起性文化的第二个例子。每个人都有在某一时刻表现出攻击性的能力，但是在看重荣誉的文化下长大的人更可能在受到公开羞辱时做出攻击性的回应。

第二，传播性文化：最初仅存在于某个人或某些人头脑中的观念被传播给其他人。有三个文化差异的例子可能代表了传播性文化，它们分别是道德价值观、自我概念和自我抬升水平。特定的道德模式，如违背父母意愿、吃牛肉以及妻子独自去看电影等行为是否恰当的评判标准，只适用于特定文化。这些道德观似乎是在文化内互相传递。自我概念的文化差异是传播性文化的另一个例子。例如，许多亚洲文化培养的是一种高度依赖和情境化的自我概念，强调个体在群体中的嵌入性。相反，欧美文化提倡独立的自我概念，强调个体与群体的分离。

关于互倚性—独立性的跨文化研究受到了几个方面的批评。第一，差异的效应量有时很小。第二，这样的二分法似乎过于简单化，忽略了这些倾向的情境特异性（如美国人在工作时是独立的,而在家里可能是互倚的）和同一文化内的个体差异（如一部分韩国人是个体主义倾向的，另一部分是集体主义倾向的）。但是，有些文化差异是真实存在的，并且必须得到解释。大部分研究者认为，这些差异是传播性文化的例子。另一种解释认为，所有人都进化出了能够以个体主义和集体主义模式行事的心理机制，同时还进化出了一种让人根据适应性优势在两种模式之间进行切换的机制。进化心理学与文化心理学的这种有趣融合是一个大有前景的方向。

我们成长于其中的文化似乎会影响我们的自我概念。研究者通过“二十条陈述测验”发现：北美人倾向于使用抽象的内部特征描述自己，如“我很聪明”“我是可靠的”和“我是友善的”。而亚洲人更多地使用社会角色来定义自己，如“我是……的儿子”“我是……的朋友”。自我概念的这些差异似乎也是传播性文化的例子，它们被一代代地传递下去。重要的是要记住文化差异只是程度的不同。集体主义文化中的人会用一些总体性的特质来描述自己，而个体主义文化中的人也会用关系性的词语来描述自己。

另一种稳定的文化差异涉及自我抬升，即个体用积极的、社会所看重的品质看待自己的倾向。与美国参与者相比，韩国和日本参与者更可能同意关于自己的消极描述，如“我很懒惰”或“我是一个有点自私的人”。而美国参与者往往更可能同意关于自己的积极描述，如“我工作很努力”或“我很有创造性”。这些自我抬升倾向的差异看起来也是传播性文化的例子。

除了文化差异，人格的某些成分似乎有跨文化的普适性。其中的一个例子是人们对男性和女性性格特征所持有的观念。在世界各地，人们往往都认为男性更加好动、吵闹、爱冒险、令人讨厌、有攻击性、固执己见、傲慢、粗鲁和自负，而女性则更加深情、谦虚、紧张、有眼光、耐心、多变、迷人、胆小和宽容。有证据表明，这些跨文化的性别刻板印象是准确的。

另一种文化普适性是对特定情绪状态（如恐惧、愤怒、快乐、悲伤、厌恶和惊奇）的体验与辨认。从意大利人到苏门答腊人都能从他人的照片上识别和描述这些情绪，即使照片上的人来自另一种文化。还有证据表明，愤怒、厌恶和快乐等情绪的非言语声音表达能被跨文化识别。

最后，有证据显示，以人格的五因素模型为代表的人格特质结构，可能也具有文化普适性，至少在五因素中的四个特质上是如此，即外向性、随和性、尽责性和情绪稳定性。通过“搬运和测验”策略，来自 50 种文化的基于观察者的数据为五因素模型提供了证据。尽管如此，基于各种文化的自然语言，通过词汇策略确定重要特质词的研究发现了一个六因素结构。除了先前的五个主要因素外，新的诚实谦逊因素也被认为是一个重要的基本人格因素。这一发现证明了跨文化研究的重要性，特别是从每种文化内部开始的那类研究。

## 关键术语

| | | |
|---|---|---|
| 文化差异 | 传播性文化 | 自我抬升 |
| 文化人格心理学 | 互倚性 | 文化内差异 |
| 唤起性文化 | 独立性 | 社会阶层 |
| 高变动条件 | 文化适应 | 历史时期 |
| 平均主义 | 整体性 | 文化普适性 |
| 荣誉文化 | 分析性 | 语言相对性的沃尔夫假说 |

第六编

# 调适领域

© Colin Anderson/Blend Images LLC RF

调适领域有别于本书前面所提到的其他领域。前五个领域各自都对人格做出了一套特定的解释。也就是说，每一部分都就人格成因及个体差异提供了一个视角和一套知识。在最后一个部分——调适领域，我们将考察人格所带来的后果。我们之所以关注调适，是因为，人格的功能在很多方面帮助我们适应生活的挑战和要求，尽管每个人的适应方式都是独特的。在该领域，我们着重介绍两个重要方面：生理健康和心理健康。

日复一日，我们每个人都在适应生活的要求并对生活事件做出反应。有些人会认为生活中有太多的压力。然而，压力并不是“摆在那儿”的事，很多时候它涉及我们如何对生活事件做出反应。我们如何解释事件决定了该事件是否会带来压力。有些人有一种以容易唤起应激反应的方式去解释事件的倾向，这种倾向受到人格的影响。人格对我们如何评价和解释事件，如何去应对、适应和调节日常生活中的起起伏伏起着关键作用。此外，有些人所表现出的行为、情绪和人际关系模式，给他们自己以及周围的人带来了麻烦。对这些问题人格的描述构成了人格障碍领域。压力应对和人格障碍这两个方面界定了调适领域，因为它们关系到人们如何有效地与环境互动以及应对来自环境的挑战。

不断积累的大量证据显示，人格与一些重要的健康结果有联系，比如

# VI

心脏病。心理学家提出了一些理论来解释这些关系如何存在以及为什么存在，并且提供了一些方法来改变危害健康的行为模式。人格还与各种健康相关行为有联系，比如吸烟、喝酒以及冒险。甚至有些研究表明人格与人的生命长短相关联（Peterson, 1995, 2000）。

关于健康的部分我们还介绍了两个重要的新概念，调节和中介，这两个概念描述了多个变量共同作用来产生影响的两种形式。调节是指，两个变量之间的相关（比如压力与疾病）受到第三个变量（比如人格）的影响（在某些人中压力与疾病的关联更强）。中介是指，一个变量对另一个变量的影响（比如人格对长寿）是通过第三个变量（比如健康行为）发生的（人格能够预测长寿是因为人格与锻炼和适当饮食等延长寿命的行为有关系）。除了人格与健康领域，调节和中介在人格心理学的其他领域也是很普遍的。

除了保持健康和应对压力，生活中其他很多重要问题也与人格有关。在调适领域有一个“障碍”的概念，意指有些人格特征是如此反常或成问题，以至于给个体的生活，尤其是工作和社会交往带来明显的困扰。与适应不良和不良生活结果有关的特定人格特征被称为人格障碍。我们将用整章的内容来描述人格障碍，比如反社会人格和自恋人格。我们相信，通过考察问题人格，我们可以增加对“正常”人格功能的理解。这与医学有相似之处：对正常生理功能的理解通常建立在对异常和疾病的研究之上。我们先从压力、应对、调适和健康这四个主题来讨论调适领域。

© Colin Anderson/Blend Images LLC RF

# 18 压力、应对、调适与健康

18

# 调适领域

图中为一位艾滋病晚期患者。尽管艾滋病是由病毒引起的，但却是通过特定行为在人与人之间传播的。

在历史的大部分时间里，人类都在和病菌做斗争，努力战胜疾病。由病菌导致的疾病非常多，并且很多都曾成为流行病。例如，1520 年，西班牙征服者带着古巴殖民地的一些奴隶登陆墨西哥，其中一个奴隶得了天花。当地人对此病没有免疫力，天花迅速在当地的阿兹特克部落蔓延开来。很快该部落就有一半的人死于天花，包括他们的国王奎特拉瓦克（Cuitlahuac）。靠着天花病毒的帮助，西班牙人不费吹灰之力地占领了整个墨西哥。可以想象，这些当地人当时是多么无助，这种神秘的疾病只会杀死他们，却伤害不了对它有免疫力的西班牙人。阿兹特克人肯定认为西班牙人是不可战胜的。当西班牙人登陆墨西哥时，当地人口有 2 000 万，但在随后不到 100 年的时间里，墨西哥人口跌至 160 万（Diamond, 1999）。

最近世界经历了另一种传染性疾病的威胁：HIV 病毒导致的艾滋病。导致艾滋病的病毒存在于体液中，当带有病毒的体液相互交换时，病毒会由一人传至另一人。尽管医学已经可以通过治疗继发症状来延长患者的生命，但到目前为止，我们还没有找到治愈艾滋病的方法。当这种传染病在 20 世纪 80 年代第一次出现时，它的爆发性传播让医学研究者都感到震惊。

艾滋病的流行说明了一个重要的区别：尽管它是由病毒引起的，但却是通过特定行为传播的。例如，不安全的性行为（如不用安全套）大大增加了艾滋病传染的可能性。另一种高危行为是吸毒者共用静脉注射针头。当医学研究者致力于寻找艾滋病疫苗和治疗方法时，心理学家也在寻求改变人们高危行为的最好方法。

这只是说明行为对理解疾病非常重要的一个例子。在先前的几个世纪里，大多数使人类痛苦不堪的疾病都是微生物感染造成的，包括肺结核、流感、麻风病、小儿麻痹症、黑死病、霍乱、天花、痢疾、麻疹、狂犬病以及白喉。由于现代医学研制出了有效的疫苗，这些微生物疾病几乎不再是主要的致死原因（至少在美国如此）。如今，导致死亡和疾病的主要原因大多不是微生物感染，而是与生活方式有关，比如吸烟、不良饮食、缺乏锻炼和压力过大。换句话说，鉴于我们不断攻克微生物感染，行为因素逐渐成为导致疾病发展的一个重要因素。

由于意识到心理和行为因素对健康有着重要影响，**健康心理学**（health psychology）应运而生。该领域研究身体与心理的关系，以及两者如何对外部环境的挑战（如压力事件、细菌）做出反应，从而导致健康或是疾病。许多令人感兴趣的心理变量都与稳定的行为模式有关，这些行为模式包括：能够很好地应对压力，经常锻炼，每晚睡 7~8 小时，饮酒有节制，习惯性系安全带，把体重控制在理想水平，不使用毒品，性生活安全健康以及避免不必要的冒险行为等。研究者发现这些健康行为与人的预期寿命相关。事实上研究者指出，在美国半数以上的早亡，也就是在 65 岁前死亡，是缺乏健康行为导致的（Taylor, 1991）。

人格影响健康的方式有很多种，人格心理学家正在发展新的方法来研究人格与健康的关系。当前的研究是以这种关系背后的具体机制模型为基础的（Smith & Spiro, 2002; Smith, Williams, & Segerstrom, 2015）。对生命全程的研究显示人格对健康有着毕生的影响，尽管这些影响因所考察的特质（Aldwin et al, 2001）或特定的健康结果而有所不同，如以不自信和情绪压抑为特征的癌症易感人格，或者以敌意和攻击性为特征的冠心病易感人格（Eysenck, 2000）。

在本章，我们将把重点放在与人格和个体差异有关的健康心理学部分。该领域的一些主要研究问题是："是否有些人比其他人更容易生病？""是否有些人能更快地从疾病中痊愈？""是否有些人比其他人更能承受压力？"本章的重点是了解这些个体差异的本质及后果。我们先来讨论对人格如何影响健康的不同思考方式。

## 有关人格—疾病关联的几种模型

研究者提出了几种模型来理解人格与健康的关联，可以用图解的形式来表示这些模型，用箭头描述变量间的因果关系。模型可以有效地指导研究者思考特定变量及其相互关系（Smith, 2006; Wiebe & Smith, 1997）。在我们要讨论的大多数模型中，都有一个重要变量——压力。**压力**（stress）是指由难以控制或具有威胁性的事件所导致的主观感受。压力是在某些情境下对知觉到的要求的一种反应，认识到这一点非常重要。压力并不存在于情境之中，它指的是人们如何对特殊情境做出反应。

一个关于人格与健康关系的早期模型被称为**交互作用模型**（interactional model），如图 18.1（a）所示。该模型指出，客观事件发生在个体身上，但人格因素可以通过影响个体的应对能力来决定这些事件的影响力。在此模型中，人格会影响应对方式，也就是说，人格影响人们如何对事件做出反应。该模型之所以被称为交互作用模型，是因为它假定人格调节（影响）着压力与疾病的关系。接触致病微生物或慢性压力等事件都会导致疾病，但是人格因素会使有些人更容易受这些事件的影响。例如，如果一个人感染了感冒病毒，但性格强硬、好胜，以至于不愿意休息、请假或采取一些必要措施来快速治愈自己的感冒，那么他可能会病得越来越重，也许会由感冒转为肺炎，因为人格影响了他应对病毒感染的能力。

交互作用模型对我们理解人格可能如何影响特定疾病的风险很有用。然而，它的局限之一是没有明确解释交互作用的机制（Lazarus, 1991）。因此，研究者建立了第二种模型：**相互作用模型**（transactional model），如图 18.1（b）所示。在该模型中，

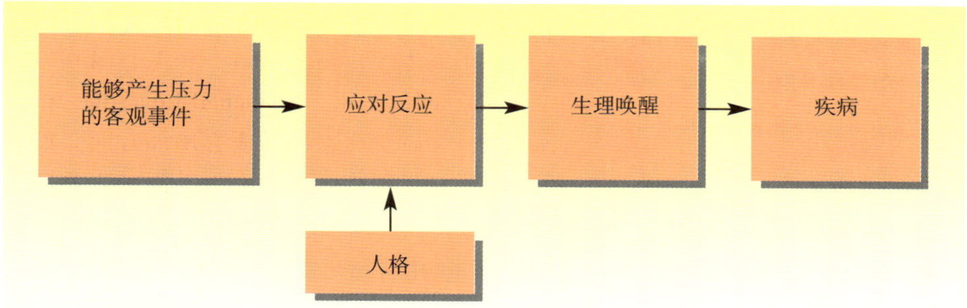


（a）交互作用模型

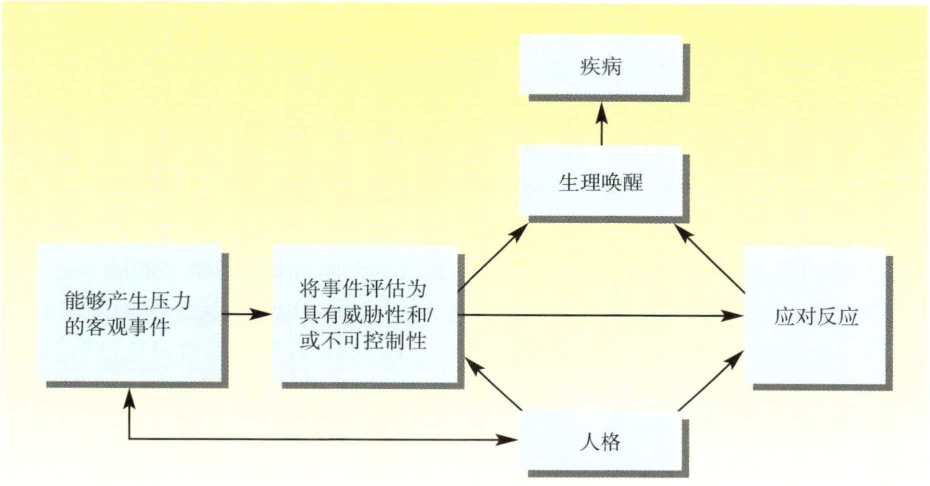


（b）相互作用模型

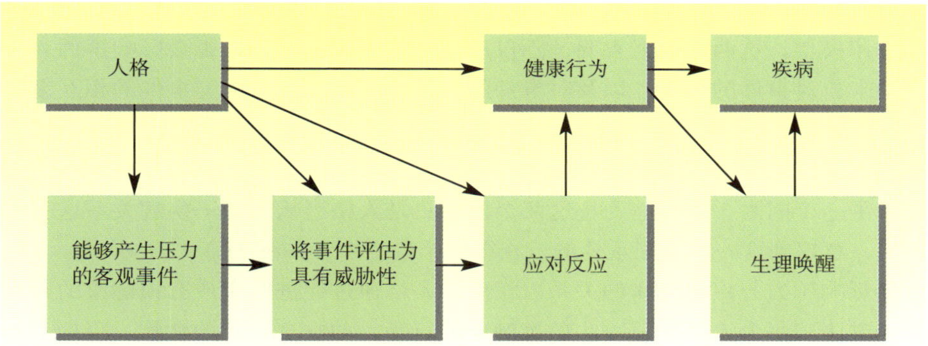


（c）健康行为模型

**图 18.1**
说明人格在压力影响疾病中的调节作用的三个模型：（a）交互作用模型，指出人格会影响人们的应对方式；（b）相互作用模型，指出人格不仅会影响人们的应对方式，还会影响人们如何评价和影响情境；（c）健康行为模型，指出人格除了影响人们如何应对、评价以及影响情境外，还会影响人们可能实施的健康行为。

人格有三种潜在的作用：（1）影响应对方式，这和交互作用模型所描述的一样；（2）影响人们如何评价和解释事件；（3）影响事件本身。最后两点尤其值得注意。

在上文中我们提到"假定人格调节（影响）着压力与疾病的关系"。调节是一个重要的概念，因此我们想花点时间解释这个术语的含义。如果一个变量可以调节另外两个变量之间关系的方向或程度，那么它就叫作**调节变量**（moderator）。例如，如果压力与疾病存在相关，然而对某些人（如高神经质个体）来说相关比其他人更强，那么我们可以说神经质特质是压力与疾病关系的调节变量。人格与健康的交互作用模型实质上是将人格作为调节变量。调节效应的例子在人格与健康领域很常见。例如，通过一个人是否有吸毒的朋友，通常可以有效预测他是否会吸毒（自己吸毒与同伴吸毒之间存在相关）。然而，在低感觉寻求的人中没有发现这一相关，因此可以说感觉寻求特质可以调节自己吸毒与同伴吸毒之间的关系（Marschall-Levesque et al., 2014）。调节变量有时候也被看作风险放大器，高感觉寻求的特质会增加有同伴吸毒的个体自己吸毒的风险。尽管我们是在健康心理学领域将人格作为一种调节变量来介绍，但调节的概念是普遍的，在其他人格心理学领域也能见到。例如，有研究者（Senf & Liau, 2013）假设感恩会让人更快乐，并据此开发了一个增强感恩的程序。训练程序起了作用，感恩训练后人们总体上更快乐，但该训练对外向的人尤其有效。在这个例子中，外向特质调节了感恩训练与快乐之间的关系：与内向者相比，外向者在感恩训练之后更快乐。

在相互作用模型中，不是事件本身，而是人们评价和解释事件的方式导致了压力。在第 12 章我们曾提到，解释对行为是非常重要的。同一件事（如在去面试的路上发生了交通堵塞）发生在两个人身上，但他们对事件的解释可能不同，因而体验也会不同。一个人可能认为交通堵塞是一种重大的挫败，因此会感受到大量担心、压力和焦虑；而另一个人则可能认为交通堵塞是一个放松的机会，可以听听收音机里的音乐，并用手机重新约了面试时间，这样这个人就不会体验到同等水平的压力。

相互作用模型的第三点提到人格可以影响事件本身，也就是说，人们不仅对情境做出反应，也通过自己的选择和行为创造情境，正如我们在第 4 章曾讨论过的那样。人们选择进入特定类型的情境、唤起这些情境的特定反应（尤其是情境中人的特定反应）或操控情境中的人，所有这些方面都可能体现他们的人格。比如一个总是抱怨的高神经质的人，可能会创造出他人总是回避自己的情境；一个不随和的人会经常使自己陷入争论不休的人际情境。

正是因为相互作用模型的这两个部分（个体会评价和影响事件），该模型才被称为相互作用模型。这两个要素表明，不仅压力事件影响着人，人也会影响事件。而这种影响来自对事件的评估，以及对事件的选择和改变。加入人与事件的相互影响虽然使模型更为复杂，但可能更符合整个过程的实际运作情况。

第三个模型是**健康行为模型**（health behavior model），它在相互作用模型的基础上又增加了一个因素。到目前为止这两个模型只是人格影响压力—疾病关系这一主题的扩展，意识到这一点是很重要的。在第三个模型中，如图 18.1（c）所示，人格并非直接影响压力与疾病之间的关系。相反，人格通过促进健康或有损健康的行为间接影响健康。每个人都知道一些危害健康的行为，如吃高脂肪的食物、吸烟、不安全的性行为，会增加患特定疾病的风险。健康行为模型指出，人格会影响个体做出各种促进健康或有损健康的行为的数量。例如，尽责性低的个体会做出各种有害健康的行为，包括吸烟、不健康的饮食习惯、危险驾驶和缺乏锻炼（Bogg & Roberts, 2004）。

这就引出了中介的概念。**中介**（mediation）和调节相似，它们都描述了三个变量相互关联的特定方式。不同的是，中介是指一个变量对另一个变量的影响要“经过”第三个变量。例如，尽责性对寿命的影响是通过（或者源于）特定的健康行为。中介是一种方法，通过明确中介变量（例如，健康行为）反映的潜在机制或过程，来理解所观察到的变量关系（例如，尽责性与寿命的相关）。这不是一个虚构的例子。图里亚诺等人（Turiano et al., 2015）在 14 年的时间里，对 6 000 多人组成的美国全国性样本进行了研究，发现尽责性可以预测在这期间的死亡率（高尽责性的人低 13%）。此外，当把健康行为作为中介变量进行检验时，他们发现严重的酗酒、吸烟和腰围增大（都和尽责性负相关）对尽责性与死亡率之间的关系有显著的中介作用。诸如此类的发现表明，中介可以有力地解释人格效应是如何发挥作用的。和调节一样，中介经常被应用于人格与健康的研究，但作为一种思考人格如何发挥作用的方式，其应用范围延伸到了人格心理学的许多其他领域。例如，在小学阶段，越外向的儿童越受欢迎，外向性与受欢迎程度是相关的，但外向性对受欢迎程度的影响是以口语流利性为中介的（Ilmarinen et al., 2015）。因此，并不是外向性直接影响受欢迎程度，而是外向性通过言语技能间接产生影响：外向的人更善于言辞（至少在这个年龄段是如此），所以他们在同伴中更受欢迎。

尽责性通过其与健康行为（有规律地刷牙和使用牙线）的关联对健康产生影响。

回到人格与健康，尽责性是一种与健康稳定相关的人格特质（如 Hill & Roberts, 2011）。作为一种人格特质，尽责性表现在购物前列清单，用日历制定活动日程，保持工作区域整洁，使用待办事项清单，为特殊场合精心打扮等行为上。杰克逊等人（Jackson et al., 2010）的研究中列出了几百种关于尽责性的行为指标。为什么尽责性能够预测健康和长寿呢？研究者得出的结论是，高尽责的人对自己的健康行为也很负责。他们会有规律地刷牙和使用牙线、有规律地锻炼、注意饮食以及坚持其他有益健康的行为。因此，尽责性似乎主要通过健康行为模型所描述的中介机制影响健康。

第四个关于人格与健康关系的模型是**内在倾向模型**（predisposition model），如图 18.2（a）所示。前三个模型都是同一主题的不同变式，即人格直接影响（交互作用模型和相互作用模型），或间接影响（健康行为模型）压力与疾病的关系。第四个模型则完全不同，它认为人格和疾病都是内在倾向的表达。该模型的概念非常简单，它指出人格和疾病之间的关联是由第三个变量导致的。例如，交感神经系统的高反应性既可能是导致后续疾病的原因，同时也可能引发了使个体被称为神经质的特定行为和情绪。尽管内在倾向模型还未得到太多系统研究，但它似乎能指导对疾病的遗传基础感兴趣的研究者。研究者很可能发现这样的结果：一些遗传倾向既会以稳定的个体差异表现出来，也会表现为对特定疾病的易感性（Bouchard et al., 1990）。例如，有些研究者推测新异寻求（一种与感觉寻求相似的人格特质）可能存在遗传的原因，同时该基因序列会导致个体更容易毒品成瘾（Cloninger, 1999）。因此，新异寻求特质与毒品成瘾（如可卡因、冰毒和海洛因）之所以相关，也许是因为两者都是由第三个变量——基因导致的。随着人类基因组计划从绘制基因组图谱发展到理解基因的具体控制功能，这个简单的模型可能会很有用。

我们要考虑的最后一个模型被称为**疾病行为模型**（illness behavior model），本质上它不是一个关于疾病的模型，而是一个关于疾病行为的模型。疾病被界定为出现一种可客观测量的异常生理过程，比如发烧、高血压或肿瘤；而疾病行为则是当人们认为自己生病时所采取的行为，比如向他人抱怨自己的症状、去看医生、请假在家休息或者吃药。疾病行为与真实的疾病有联系但并不完全相关。有些人会忍受疾病，坚忍地不表现出疾病行为（比如生病时坚持工作）；另一些人则即便没有生病也会表现出各种疾病行为。

图 18.2（b）描述了疾病行为模型。它指出人格会影响个体知觉和关注自己身体

图 18.2
有关人格与健康关系的另外两个模型：(a) 内在倾向模型，认为人格与健康通过一个共同的内在倾向相关联；(b) 疾病行为模型，强调人格如何影响个体寻求医疗帮助或报告疾病的倾向。

(a) 内在倾向模型

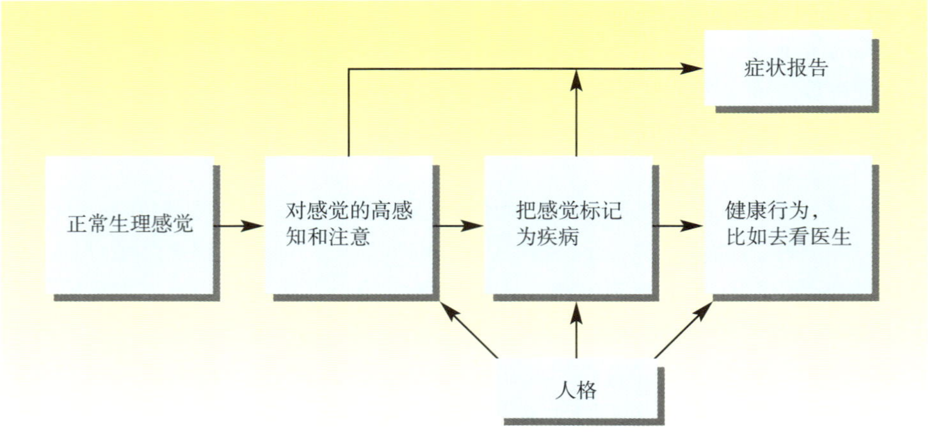


(b) 疾病行为模型

感觉的程度，以及将这些感觉解释和标记为疾病的程度。个体对身体感觉的知觉及标记会影响其疾病行为，比如报告症状和去看医生。正如第 13 章所讨论的，神经质特质与抱怨生理症状的倾向相关。然而，生理症状的自我报告和疾病行为可能受真实疾病之外的其他因素的影响，具体而言，这些症状报告和疾病行为取决于个体如何知觉和标记身体感觉。

值得注意的是，这些将人格与健康联系起来的模型并不互相排斥。也就是说，它们也许都适用，这取决于具体考虑的人格和疾病。例如，敌意可能和心脏疾病有关，因为它们都是相同潜在过程的体现（内在倾向模型）；尽责性可能通过特定的行为方式与疾病相关（健康行为模型）；神经质与不健康的相关可能是通过它对压力评估和压力暴露的影响（相互作用模型）（Roberts et al., 2007）。人格可能通过所有这些不同的机制影响健康，而人格与健康关系的各种模型为研究者提供了工具，让他们可以清晰地思考各种可能性。

大部分关于人格与疾病的模型都包含一个重要的变量——压力。压力是一种重要但却经常被严重误解的现象。

## 压力的概念

假设马上将有一场很重要的化学考试，而你一直等到考试前两个晚上才开始复习。当你终于下决心开始复习并寻找课堂笔记时，才发现上周末回父母家时将笔记

考试复习是否有压力，主要取决于是情境控制你还是你控制情境。当事件看起来无法控制且有威胁性时就会产生压力。按时做作业、计划好每一天和及时备考等手段可以让你有效掌控学习进程，从而减轻压力。

忘在那里了。你很慌张，然后打电话给父母，你的父亲答应你，明早扫描成 PDF 然后用电子邮箱发给你。你非常焦虑以至于上床后好几个小时也不能入睡。第二天你因睡眠不足而感到十分疲惫。课堂笔记终于拿到了，但你白天还有其他的课，所以只好等到晚上回到住处再复习。而到了晚上当你准备学习时，室友提醒说他今晚要举办聚会，而你却忘了这回事。现在你必须到别的你不太熟悉的地方学习，比如图书馆。你冲到图书馆找了一个安静的角落，然后开始学习。尽管图书馆很安静，但你由于太累、太焦虑而无法集中注意力。午夜，图书馆关门了，你只好回到住处。聚会还在继续，一直持续到凌晨两点。期间你试图学习，但周围的人和音乐干扰了你。最后，你感到已经超负荷了，只好放弃复习并在人们走后上床睡觉，但即便是现在你也无法入睡。你感到焦虑和挫败，感到对明天早上的重要考试毫无准备。事实上，你发现考试在几小时后就会开始。事情超出了你的控制。你注意到自己开始头疼，虽然躺在床上，但你的心却在怦怦直跳，手心也在出汗。你不知该怎么办。你想学习，但也知道睡几小时会比较好。但你好像两样都做不到。

这就是压力，一种被看起来无法控制的事击溃的感觉。产生压力的事件被称为**压力源**（stressor，也译作“应激源”），它们表现出几个共同特征：

1. 压力源能产生一种让人无法继续承受的被击溃感或超负荷感，在这个意义上它们是极端的。
2. 压力源经常产生对立的倾向，比如想要和不想要某种活动或事物的愿望同时存在——想学习但又想尽可能拖延。
3. 压力源是无法控制的，是我们影响力之外的，比如我们不能逃避考试。

## 压力反应或应激

当一个压力源出现时，人们通常会体验到一种情绪和生理反应模式。例如，当你走在一辆汽车前面时，有人想按喇叭吓你一跳。你受了惊吓后，心跳会加快，血压会上升，手掌脚掌开始冒汗。这种反应模式通常被称为“战斗或逃跑”反应，这种生理反应受交感神经系统活动性增强所控制（更多神经系统反应的细节见第 7 章）。心跳加快和血压升高使个体为反抗行动或逃跑反应做好准备。手脚出汗或许也是一种反抗或逃跑前的准备。这种生理反应通常比较短暂，而且，如果压力源是像有人按喇叭吓你一跳这类小事，你也许不到一分钟就能恢复正常状态。

然而，如果一个人日复一日地处在一个特定的压力源之下，那么在压力研究领域的先驱塞里（Selye, 1976）眼里，这种“战斗或逃跑”的生理反应就只是他称为**一般适应性综合征**（general adaptation syndrome, GAS）的一连串事件的第一步。塞里提出，GAS 遵循一个阶段模型，如图 18.3 所示。第一阶段被称为**警报期**（alarm

图 18.3 塞里提出的一般适应性综合征的三个阶段

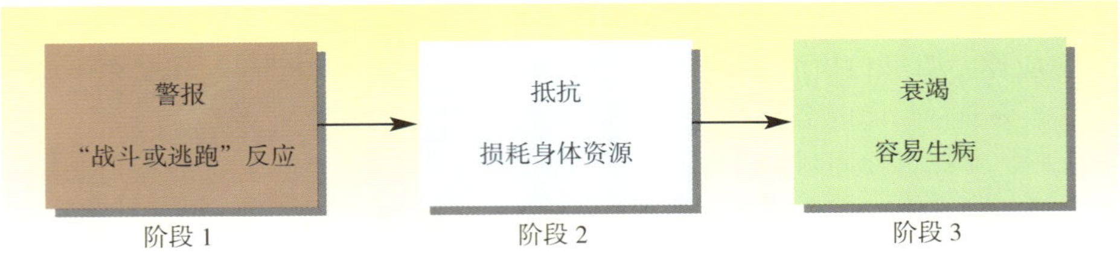


stage），由交感神经系统的“战斗或逃跑”反应和与之相伴的外周神经系统反应组成。这些反应包括身体为迎接挑战而释放激素。如果压力源继续存在，就会进入下一个阶段，**抵抗期**（resistance stage）。即便“战斗或逃跑”反应已经平息，身体的消耗也会超出正常水平。在这一阶段，虽然抵抗了压力，但却消耗了大量的力气和精力。如果压力源仍然继续存在，最终就会进入第三阶段，**衰竭期**（exhaustion stage）。塞里认为这是个体最容易生病的阶段，因为其生理资源已经被耗尽。

## 重大生活事件

什么事件是唤起多数人压力感的常见压力源呢？霍尔姆斯和拉赫（Holmes & Rahe, 1967）研究了各种**重大生活事件**（major life events），即需要人们做出重大调整的生活事件。在他们的研究中，霍尔姆斯和拉赫期望评估各种生活事件的潜在压力值。他们首先列出一长串的事件，如家庭成员死亡、失业或者是坐牢。然后让大量参与者评定每个事件会产生多大压力。每一事件都会有一个平均的压力值，统计个体所经历的事件，将所有事件的压力值相加，就可以很好地估计出个体体验到的压力值。

表 18.1 展示的是以霍尔姆斯和拉赫的研究为基础的学生版压力事件调查表。出于教学目的，它被修改成了适用于大学生的版本，可以作为压力水平的粗略指标。在这个调查表里，事件后的数字代表该事件的压力值。你可以看到，亲密家庭成员死亡、好友死亡、父母离异是能引起最大压力的事件。有趣的是，一些“积极”的事件，如结婚、上大学或者是取得一些重大成就也可能导致压力。这凸显了这样一个事实：压力是对事件的主观反应，即使事件是积极的，它也会带有与压力源相关的三个特征：强度、冲突和不可控性。

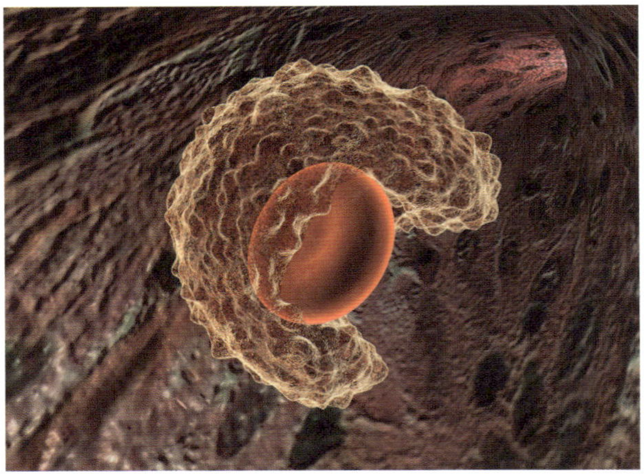

巨噬细胞吞噬某个粒子（可能是白血病相关的病原体）的详细图解。



如果你完成了表 18.1 的学生压力测验后发现压力总分较高，那么你可以做以下几件事：第一，监测早期的应激迹象，比如反复的胃疼或头疼；第二，避免消极思想、悲观主义或灾难化思维；第三，通过营养饮食、充足睡眠和锻炼来强身健体；第四，定期进行放松练习；第五，需要时向朋友和亲属寻求支持。

在最初的研究中，霍尔姆斯和拉赫计算了每个参与者在前一年里的累积压力值。他们发现，压力值最高的参与者最有可能在当年得重病。该研究是最早系统地证明高压力（心理现象）与多种疾病患病风险增加相关联的研究之一。这些发现让医学研究者开始认真考虑这

表 18.1 **学生压力测验**

指导语：在下表中，勾选出过去一年内曾发生在你身上的每一件事。把在过去一年内所经历事件的相应分数相加就是你的压力总分。如果你的总分达到 300 或更高，你就有因压力而产生健康问题的风险；如果分数在 150~300 之间，而且接下来几年里压力继续存在，那么你就有 50% 的可能性患病；如果分数低于 150，那么你因压力而出现严重健康问题的风险就比较低（DeMeuse, 1985; Insel & Roth, 1985）。

**学生压力调查表**

| | | |
|---|---|---|
| 1. 亲密家庭成员的死亡 | ______ | 100 |
| 2. 好友的死亡 | ______ | 73 |
| 3. 父母离异 | ______ | 65 |
| 4. 坐牢 | ______ | 63 |
| 5. 严重受伤或患重大疾病 | ______ | 63 |
| 6. 结婚 | ______ | 58 |
| 7. 失业 | ______ | 50 |
| 8. 重要课程考试失败 | ______ | 47 |
| 9. 家庭成员的健康问题 | ______ | 45 |
| 10. 怀孕 | ______ | 45 |
| 11. 性功能问题 | ______ | 44 |
| 12. 与好友发生严重争执 | ______ | 40 |
| 13. 经济状况发生改变 | ______ | 39 |
| 14. 大学专业发生改变 | ______ | 39 |
| 15. 与父母有矛盾 | ______ | 39 |
| 16. 结交新恋爱对象 | ______ | 38 |
| 17. 工作负担加重 | ______ | 37 |
| 18. 取得显著的个人成就 | ______ | 36 |
| 19. 初次进入大学（第一季度 / 学期） | ______ | 35 |
| 20. 生活条件改变 | ______ | 31 |
| 21. 与老师发生严重争执 | ______ | 30 |
| 22. 成绩低于预期 | ______ | 29 |
| 23. 睡眠习惯发生改变 | ______ | 29 |
| 24. 社交活动发生改变 | ______ | 29 |
| 25. 饮食习惯发生改变 | ______ | 28 |
| 26. 汽车经常发生故障 | ______ | 26 |
| 27. 生活在一起的家人数量发生变化 | ______ | 26 |
| 28. 缺课太多 | ______ | 25 |
| 29. 转学 | ______ | 24 |
| 30. 放弃不止一门课程 | ______ | 24 |
| 31. 轻微的交通违规 | ______ | 20 |
| | 总计______ | |

资料来源："The Social Adjustment Rating Scale," by T. H. Holmes and R. H. Rahe, 1967, *Journal of Psychosomatic Research*, vol. 11, pp. 213–217.

样的观点，即除了微生物和器官病变之外，其他因素也会引起疾病。之后的研究者也一致发现，重大生活事件与疾病之间存在联系（综述见 Schwarzer & Luszczynska, 2013）。

其他研究者则通过实验方法来研究压力是否与疾病的易感性有关。例如，有研究者（Cohen, Tyrrell, & Smith, 1997）获得了一组志愿者报告的生活压力事件，并按照霍尔姆斯和拉赫的各种事件压力值标准为每位参与者打分。在获得同意的前提下，研究者给一半的参与者提供带有感冒病毒的滴鼻液，让他们得感冒；而另一半参与者作为控制组，得到的是普通滴鼻液。结果如何呢？在使用了带有感冒病毒的滴鼻液后，那些在前一年遭遇过更多消极生活事件，因此生活压力更大的参与者，要比生活中压力源较少的参与者更容易感染感冒病毒，即后者对感冒病毒的抵抗力更强。研究者认为这一发现符合一般适应综合征的观点：持续的压力最终会使人耗尽身体资源，变得易被微生物感染。

压力增加与对病毒和细菌感染的抵抗力降低有关，这一点已经被反复证明（如 Cohen et al., 1995）。目前，大多数研究者将这些发现作为压力影响免疫系统的例证。也就是说，压力会降低免疫系统对微生物做出有效反应的能力，从而导致对感染的免疫能力下降，进而导致疾病（Marsland et al., 2001; Miller & Cohen, 2001）。

## 日常琐事

尽管对重大生活事件的研究结果十分有趣，但很多压力研究者已经开始探讨新的问题。一条新的研究路线始于这样的观察，即重大生活事件并不经常发生（谢天谢地！）。在大多数人的生活中，压力的主要来源似乎是**日常琐事**（daily hassles）（Delongis, Folkman, & Lazarus, 1988; Lazarus, 1991）。尽管只是小事，但日常琐事可能长期存在且重复发生。比如总是有太多的事要做，购物时要和一大群人挤来挤去，经常遇到严重的交通堵塞，总是要排队，老板令人讨厌，上下班路程很远，不得不担心钱的问题等。尽管这些日常琐事并不会像重大生活事件那样唤起一般适应综合征，但可能长期让人心烦不安。对日常琐事的研究结果表明，与重大生活事件相似，生活中有太多小压力的人也会出现更多的身体和心理症状。表 18.2 列出了最普遍的 10 件日常琐事。

表 18.2 **10 件最常见的日常琐事**

| 琐事 | 百分比 * |
|---|---|
| 担心体重 | 52% |
| 家人的健康 | 48% |
| 日用品价格上涨 | 43% |
| 家居维护 | 43% |
| 太多事要做 | 39% |
| 东西丢了或放错地方 | 38% |
| 打理庭院或房屋外墙维护 | 38% |
| 财产、投资、税收 | 37% |
| 社会犯罪 | 37% |
| 外貌 | 36% |

* 这些百分比代表了在 9 个月的时间中，认为对应的琐事是一个重要压力来源的被调查者平均百分比。

资料来源：Kanner et al., 1991.

## 应激的种类

压力反应或应激*是对知觉到的要求和压力的一种生理和心理反应。在应激中，人们调动身体和情绪资源来应对要求和压力。心理学家区分了四种应激类型：

- **急性应激**（acute stress），大多数人想到应激一词时指的就是它。急性应激是突发需求导致的结果，会使人体验到紧张性头疼、情绪低落、肠胃消化不良、焦虑不安和压力。2001 年 9 月 11 日对许多人而言都是急性应激的一天。即便对那些没有直接卷入这一可怕事件的人来说，由于感知到事件不可控，许多人也产生了应激（Peterson & Seligman, 2003）。
- **间歇性急性应激**（episodic acute stress）更加严重，因为它指的是反复出现的急性应激，比如一份压力很大的周末兼职工作或者每月不得不面临的最后期限。间歇性急性应激会导致偏头痛、高血压、中风、焦虑、抑郁或严重的肠胃不适。
- **创伤性应激**（traumatic stress）指的是一种极其严重的急性应激情况，其影响能持续多年甚至是一生（如 Bunce, Larsen, & Peterson, 1995）。创伤性应激和急性应激的主要区别在于应激反应的症状不同。这些症状的集合被称为**创伤后应激障碍**（posttraumatic stress disorder, PTSD），是一种综合征，可能在个体经历或目击了威胁生命的事件（如战争、自然灾害、恐怖袭击事件、重大意外或强奸之类的暴力人身攻击）后出现。“9・11”恐怖主义事件后，许多美国人都出现了创伤后应激障碍。一项对科索沃战争难民的研究发现，超过 60% 的人表现出了创伤后应激障碍的症状（Ai, Peterson, & Ubelhor, 2002）。遭遇创伤后应激障碍的人经常会以噩梦或强烈闪回的形式重温当时的经历，他们难以入睡，身体不适，情绪迟钝，感到与他人疏远或产生隔阂。这些症状可能非常严重且持续很长时间，以至于严重影响人们的日常生活，比如处理不好人际关系或难以保住工作。
- **慢性应激**（chronic stress）是另外一种严重的应激形式。它指的是那种无休止的应激。日复一日，慢性应激一直折磨着我们，直到我们再也无法抵抗。慢性应激可能导致许多严重的系统疾病，比如与免疫系统功能下降有关的疾病或心血管疾病。

2001 年 9 月 11 日，许多在纽约世贸大厦里面或附近的人都经历了创伤性应激，后来许多人出现了创伤后应激障碍。

健康心理学家认为，应激具有**叠加效应**（additive effects）。也就是说，应激会在个体身上随时间推移而叠加或积聚。应激对每个人的影响不同，因为每个人对要求和压力的知觉不同，所拥有的应对压力的资源或技能也不同。应激过程中的这些个体差异构成了研究人格与健康的心理学家所关注的核心问题。

* stress 的翻译颇为混乱，有人译作“压力”，也有人译作“应激”，混乱的根源在于 stress 本身通常有两种含义，有时指个体对环境挑战产生的压力感，有时指由这种挑战引发的一般性生理和心理反应，本书的处理是前一种情况译为“压力”，后一种情况译为“应激”。——译者注

### 初级评估与次级评估

并非所有人对压力源的反应方式都一样。两个人经历相同的事件，可能其中一个人被击垮或完全崩溃，而另一个人却把这件事当作一种挑战并采取积极行动。人们对相同事件的反应可能有所不同，因为压力并非“存在”于环境中。相反，压力是个体对潜在压力源的*主观反应*（Lazarus & Folkman, 1984）。这一点值得强调，因为许多人会说某事件很有压力，就好似压力是事件的一个特征。但是，压力实际上是对事件的反应。例如，两个人都在主修有机化学课，他们参加了相同的考试，并且都没有及格。其中一个人会因不及格产生很大压力，而另一个却从容应对，完全没有因失败而感到有压力。同样的事件发生在两个人身上，为何一个人有压力并产生应激反应而另一个人却没有呢？

按照心理学家拉扎勒斯（Lazarus, 1991）的观点，要唤起个体的压力感，必须经过两个认知过程。第一个认知过程被称为**初级评估**（primary appraisal），是指个体知觉到事件会威胁其个人目标。第二个认知过程是**次级评估**（secondary appraisal），指个体得出结论，自己没有资源去应对该威胁性事件。如果缺少这两种评估中的任何一个，即如果个体不认为事件有威胁性，或者认为自己有足够的资源去应对威胁，那么就不会产生压力。例如，如果有一个事件（如即将到来的考试）被感知为对个人目标有威胁，但个体感到自己有足够的资源应对它（即这个人一直在努力学习或者已经为考试做好了准备），他 / 她就会把考试当作一种挑战而不是压力。或者，这个人可能感到没有足够的资源应对这件事（次级评估），但认为这件事对自己的长远目标并不重要（初级评估），这种情况下也不会产生压力。

是什么导致某些个体总是能够免于压力？人们用来克服压力及相伴的焦虑和崩溃感的策略是什么？接下来我们将考察几种与对抗压力相关的人格变量。

## 应对策略和风格

每个人的生活中都会发生不愉快的事情。在日常生活中，我们都会经历暂时的挫败、失落和沮丧。然而，有些人似乎能更好地应对或克服压力事件，或将那些事件看作挑战而不是压力源。有一个与压力有关的人格变量受到研究者关注，它就是归因风格。

### 归因风格

归因风格是指解释坏事原因的一种特征性倾向。考察归因风格的一种方法是提出以下问题：“当事情出错时，这个人通常将责任归咎于何方？”在第 12 章提到过，归因的三个重要维度是内在—外在、稳定—不稳定、一般—特殊。有多种测量工具可以评估人的典型归因风格。其中一种测量工具是由心理学家克里斯 · 彼得森* 及其同

---

* 在本书第 5 版将要完成之际，彼得森在密歇根州的安娜堡突然去世。彼得森是我们两人的好朋友，我们会想念他的。更重要的是，人格心理学领域从此失去了一位富有创造性的稳定贡献者，一位对人之所以为人的独特性感兴趣的贡献者。

事（Peterson et al., 1982）开发的《归因风格问卷》（Attributional Style Questionnaire, ASQ）。然而，还有一种很有用的归因风格评分方法，即分析人们的口头或书面解释的内容。人们经常会自然地在日常交谈或写作中对事件做出解释，如社交媒体的帖子、博客等。我们可以从这些语料中找出人们的解释，并从内在性、稳定性以及一般性等方面评价这些解释。这种测量归因风格的技术也是由彼得森及其同事提出的（Peterson et al., 1992），他们称之为"言语解释内容分析法"（Content Analysis of Verbatim Explanations, CAVE）。

练习

找一篇关于某人解释某事件的网络文章或博客帖子，可以是关于事故、自然灾害或体育赛事的故事。分析这个故事，重点关注其中对不同人的话语的引述，找出解释风格的三个维度的例子：

- 内在—外在
- 稳定—不稳定
- 一般—特殊

从归因风格的角度分析人们对此事件的看法。

言语解释内容分析法有助于研究者考察那些不能或不愿参加研究的人，只要这些人公开了某些包含因果解释的资料（Peterson, Seligman, & Vaillant, 1988）。比如总统讲话，尤其是美国国情咨文演讲，其中经常包含对许多事件的解释。此外，接受采访的明星也经常会对其生活中的一些事件做出解释。心理治疗的录音带也可以采用言语解释内容分析法，因为其中往往包含个体对发生在自己身上的事情的归因。同样，歌词、儿童故事、对体育赛事的描述，以及一些神话和宗教文本中都包含对事件的解释，我们可以从内在性、稳定性和一般性上对它们进行评估。

2001 年"9・11"事件之后，当时的纽约市长鲁道夫・朱利亚尼表现出一种面对公众的应对风格，把这些事件归因于外在的、暂时的和特殊的因素。

彼得森对归因风格进行了大量的研究。现在他更倾向于用乐观主义一词来谈论归因的个体差异（Peterson, 2000）。那些把坏事归因于稳定的、一般的和内在的因素的人被视为悲观主义者；而那些把坏事归因于不稳定的、特殊的和外在的因素的人则被视为乐观主义者。乐观主义—悲观主义被看成一个类似特质的维度，人们在这一维度上存在差异。乐观主义者认为生活事件是不稳定和特殊的，他们所做的事能够影响生活的结果。相反，悲观主义者认为当出现不好的事情时，他们几乎无能为力，坏事情有稳定的原因，并且会对生活的各个方面产生负面影响（即他们过分夸大事件的影响）。因此，悲观主义者认为他们的行为和生活结果之间没有关系。

# 阅读

## 积极情绪在应对压力时的作用

关于人格与健康的研究主要集中在消极情绪，以及它们如何导致压力和疾病上。然而，近年来，一些研究者开始对积极情绪、积极评价以及它们如何产生保护作用感兴趣（综述见 Tedeschi, Park, & Calhoun, 1998）。一般认为，积极情绪和积极评价会降低压力对健康的影响（Lyubomirsky, 2001）。

几十年前，拉扎勒斯等人（Lazarus, Kanner, & Folkman, 1980）就曾推测，积极情绪在压力产生过程中发挥着三个重要作用：（1）维持应对的努力；（2）从压力下获得喘息；（3）给人们时间和机会恢复耗尽的资源，包括重建社会关系。然而，在将近 20 年的时间里，健康心理学领域一直没有人真正重视这些观点。

心理学家芭芭拉·弗雷德里克森引领了关于积极情绪如何影响压力和疾病的研究。她提出了积极情绪的“拓宽和建设理论”，指出积极情绪拓宽了注意、认知和行为的范围。这有助于人们在压力情境中看到更多的选择，思考替代方案，并尝试用不同的方法来应对压力。其模型中的“建设”部分则提出积极情绪能帮助人们增加能量储备并构筑社会资源，特别是帮助人们建立一个社会支持网络。她提出积极情绪对促进适应性应对和调节压力很重要（Fredrickson, 1998, 2000）。在一项实验研究中，她和另一位研究者（Fredrickson & Levenson, 1998）发现，在一段急性应激期后体验积极情绪能帮助人们恢复。具体来说，两人考察了人们对焦虑和威胁操控*的心血管反应，发现在压力情境后能体验到积极情绪的参与者，其心率和血压要比那些没有得到积极情绪引导的参与者恢复得快。

心理学家福尔克曼等人（Folkman & Moskowitz, 2000）在弗雷德里克森观点的基础上提出，有几种重要机制决定着人们在严重的压力状态下是否会体验到积极情绪。他们举出了一些积极应对机制的例子，这些例子来自他们对一群男同性恋者的研究，这些男同性恋者因看护其患有艾滋病的濒死伴侣而承受了巨大压力。看护慢性衰弱疾病（如艾滋病或阿尔茨海默病）的患者，会让看护者产生极大的压力，使看护者因压力和紧张而损害健康。通过对这些看护者的研究，福尔克曼等人识别了三种能够在压力下产生积极情绪的应对机制，这与主要减轻消极情绪的应对策略形成对比。

第一种积极情绪应对策略称为**积极重评**（positive reappraisal），即关注正在发生或已经发生的事情好的一面。这种积极应对策略包括看到个人成长的机遇和个人的努力如何有益于他人。通过改变对正在发生的事情的解释，人们改变了对情境的认识，逆境实际上给了他们力量。福尔克曼等人通过对艾滋病人看护者的研究发现，那些能够对情况进行积极重评（例如，“我会在这个挑战中取胜，成为一个更强大、更优秀的人”）的看护者，在看护病人的过程中以及伴侣死后都表现出了更好的调适能力（Moskowitz et al., 1996）。

福尔克曼等人（Folkman et al., 1997）识别的第二种积极应对策略是**以问题为中心的应对**（problem-focused coping），即运用思想和行动来管理或解决引发压力的根本原因。通常的假设是，这种策略在人们对事情的结果有一定掌控力的情况下才有效。但是，福尔克曼等人指出，当事情从表面上看起来不可控时这种策略也可能有效。在对艾滋病人看护者的研究中，很多看护者照料的是濒死的伴侣，这种情况无法阻止、无法逆转，甚至也不能延缓。然而，即使是在这样看似不可控的情况下，一些看护者还是能够去关注他们所能控制的事情。例如，许多人列出了一些小事的“待办清单”，如取药、喂药和为伴侣更换床上用品。按照这些清单，划掉已完成的条目，让看护者有机会在这种本来绝望的情境中感受到自己是有用的，并且能够掌控局面。简言之，专注于解决问题，即便是很小的问题，也能带给人一种积极的控制感，甚至在压力最大和最无法控制的情况下也会如此。

第三种积极应对策略叫**创造积极事件**（creating positive events），也就是创造逃离压力的积极休息时间。这可以通过许多方式来完成。通常，你需要做的就是停下来，想些积极的事情。比如曾得到的称赞、美好有趣的回忆或日落。这些

* 指在实验条件下模拟引起焦虑或威胁的情境或刺激。——编者注

“暂停”能让人从长期的压力中得到暂时的缓解。很多艾滋病人的看护者都会花时间来回忆积极的事情或者计划一些积极的事情，比如带伴侣去兜风赏景。有些人报告自己通过幽默来获取积极的放松。长久以来，幽默都被认为是缓解紧张的途径，对心理和身体健康都有益处（Menninger, 1963）。

这种对积极情绪及其在健康和疾病中作用的关注是全新的，该领域的研究尚处于初级阶段。很多早期的发现非常令人感兴趣，不过也为研究带来了新的问题。例如，不同的积极情绪，如兴奋、快乐或满足，是否会在压力应对过程中发挥不同的作用？在应对某种特定压力方面，积极情绪是否是最有效的？最后，人格研究者特别感兴趣的问题是人们在应对压力时产生积极情绪的能力差异（Affleck & Tennen, 1996）。例如，在应对压力期间，哪些人能够制造幽默？特定的人格特征，比如外向和乐观，是否与积极情绪的应对风格有关？心理学家能否开发简单精准的干预措施，帮助正在遭遇严重生活压力的人提高积极情感？初步的研究发现，积极情感干预是可行的，或许可以帮助人们应对压力（Moskowitz, 2011）。这些重要问题为人格研究者指明了未来的研究方向，他们将采取必要的研究来弄清，为什么有的人在灾难、困苦以及不幸中仍能保有一定的积极性。

乐观主义有几种不同的界定角度，它们的差异在于底层概念的不同（Peterson & Chang, 2003）。例如，彼得森及其同事所使用的乐观主义概念（Peterson & Steen, 2002），指的是那种将坏事归因于暂时的、特殊的和外在原因的解释风格。然而，其他的研究者提出了略有不同的定义（Carver & Scheier, 1985, 2000）。他们强调**气质性乐观主义**（dispositional optimism），即期望未来充满好事而少有坏事。例如，乐观主义者往往认为自己未来会在大部分生活领域有所成就。因此，该定义强调的不是归因风格，而是对未来的期望。

另一个与乐观主义相关的概念是自我效能感，由班杜拉（Bandura, 1986）提出。在第 12 章提过，自我效能感指的是对自己能采取必要的行动来达到预期结果的信念，亦指对自己能力的信心。例如，有些人有能够攀登珠穆朗玛峰的信念和信心——这种主观感觉，即对完成攀登那座山峰所需行为的积极预期，就叫作自我效能感。

最后，第四个与乐观主义相关的概念涉及风险感知。想象一下，要你评估各种事件发生在你身上的可能性，用 0 到 100 之间的数字表示其可能性：0 表示“永远都不会发生在我身上”，100 表示“肯定会发生在我身上”。你需要评估的事件包括：死于飞机失事，被诊断为患有癌症，得心脏病，在恐怖袭击中遇难，被雷电击中等。乐观主义者认为这些消极事件发生在自己身上的概率低于普通人的平均水平。然而，真正有趣的是大部分人都普遍低估自己可能面临的危险，平均估计值比真正的可能性还要低。这就是**乐观主义偏差**（optimistic bias），它可能真的会让人们忽视或最小化生活中的危险或让他们冒更大的风险。然而，人们对日常生活的风险感知差异非常大，与乐观主义者相比，悲观主义者会高估风险。

## 乐观主义与身体健康

许多理论家使用不同的乐观概念研究了乐观的个体差异与身体健康和幸福的关系。彼得森及其同事详细回顾了有关乐观与健康关系的研究（Peterson & Bossio, 1991; Peterson & Seligman, 1987）。他们总结到，乐观通常可以预测更好的健康状况，测量指标包括自我报告、医生对参与者健康状况的评定、看医生的次数、心梗后存活的时间、免疫系统的功能、乳腺癌手术后的恢复速度以及寿命（Carver et al., 1993; Scheier & Carver, 1992; Scheier et al., 1999）。而且，乐观还与一系列积极的健康行为有关，如定期锻炼、不吃高脂肪食物、饮酒有节制或根本不饮酒，以及对感冒采取适当的应对措施（例如，休息和吃流质食物）等。

与大多数人格研究一样，乐观与健康或健康行为的相关通常在 0.20 到 0.30 之间。另外，因为它们都是相关研究，所以我们无法真正获知健康—乐观关系的因果机制。例如，乐观可能与患病概率更低、病情恶化程度较轻、康复速度更快以及旧病复发可能性更低等有关。

让我们来看看彼得森及其同事对乐观与健康关系所做的一项深入研究（Peterson et al., 1998）。此研究在近 50 年的时间里调查了 1 000 多个个体。他们发现悲观的参与者要比乐观的参与者更早去世。由于研究样本很大，他们可以通过不同的死因来考察乐观主义者和悲观主义者的最大区别。他们认为最大的区别应该是癌症和心脏病造成的死亡，并推测悲观主义者更容易患上这些致命的疾病。然而，事实并非如此。研究者发现，在死因方面，乐观主义者和悲观主义者的真正不同在于意外事故死亡和暴力导致的死亡。悲观主义者中有更多意外死亡和暴力导致的死亡，导致他们的平均寿命比乐观主义者更短。这一效应在男性样本中尤为明显。

悲观主义者，尤其是男性悲观主义者似乎习惯在错误的时间出现在错误的地点。该研究并没有真正告诉我们参与者遭遇不测或暴力事件时具体在做什么。然而，似乎他们都处在一个错误的情境中。而且悲观主义者，特别是男性悲观主义者，似乎频繁地选择了错误的情境。彼得森等人（Peterson & Bossio, 2001）曾提到一桩轶事：一个人说，“我曾在两个地方摔伤鼻子”；另一个人回答说，“如果我是你，我就不会待在这两个地方”。悲观主义者似乎会更频繁地出现在一些错误的场合。

上述结论得到了验证，悲观的归因风格与事故发生率相关（Peterson & Bossio, 2001）。悲观主义与更大的灾祸概率有关，可能是因为悲观主义者偏好具有潜在危险性的情境和活动。也许，悲观主义者更喜欢选择令人兴奋但危险的情境和活动来逃避其悲伤的情绪。

由于乐观主义明显地有益于健康，心理学家塞利格曼和他的同事尝试研发治疗方案以期提高人们的乐观水平（Seligman, 2002; Seligman & Peterson, 2003）。具体而言，塞利格曼开发了一个供小学使用的名为“预防悲观主义”的项目。关于这个项目的详细介绍见塞利格曼等人（Weissberg, Kumpfer, & Seligman, 2003）的文章，以及他在宾夕法尼亚大学的“真实幸福网站”（Authentic Happiness）。它以乐观主义的原则为基础，教授认知和解决社交问题的技巧。其他研究还发现，此项目能有效预防来自低收入少数族裔家庭的中学生（Cardemil, Reivich, & Seligman, 2002）和中国成年人（Yu & Seligman, 2002）的抑郁症状。

## 情绪管理

有时我们控制情绪，有时情绪控制我们。情绪，尤其是消极情绪，有时特别难以控制。然而，我们可以试着抑制消极情绪的表达，特别是在某些特定的环境下。试想你的校队刚刚输了一场很重要的夺冠比赛。你真的非常不开心、很沮丧，可能会一触即怒，对裁判很生气，对自己的队伍很失望。然而，明天你有个重要的考试，所以你必须抑制住这些令你分心的不良情绪，全心投入学习。你可以想一些类似的

**情绪抑制**（emotional inhibition）的例子，比如控制焦虑或隐藏你的失望。例如，你曾收到过不喜欢的礼物吗？也许你当时会抑制自己的失望而代之以虚假的积极情绪，微笑着对对方说："多谢，我一直非常想要这个。"

我们都曾有过这样掩饰自己失望情绪的时候。但是如果一个人经常掩饰情绪，把所有的事情都藏在心中将会怎样？如果长期抑制个人情绪，结果会怎样？有些理论家认为，情绪抑制会导致不良的结果。例如，弗洛伊德（见第 9 章）认为，大部分的心理问题都是因抑制消极情绪和动机而引发的。也就是说，压抑以及其他防御机制的功能是预防不可接受的情绪"浮出水面"或被直接体验和表达。早期精神分析学家把情绪的抑制以及将不可接受的愿望和冲动压抑到潜意识中的做法，看作心理问题的根源。精神分析疗法（或谈话疗法）就是将潜意识的情绪带到意识之中，以便以一种成熟的方式体验和表达它们。另外，治疗关系被视为一个能够体验并表达长期被压抑的情绪的"空间"。其他还有些疗法也可以被称作"表达性治疗"，因为其目标是让人们释放被压抑的情绪。

其他一些理论家对情绪抑制的看法则比较积极。从发展的观点来看，抑制情绪的能力是个体在很小的时候获得的，大概 3 岁左右，并且被认为是一个主要的发展成就。也就是说，这时的儿童在悲伤时能够忍住不哭，或者在生气时可以忍住不去回击（Kopp, 1989; Thompson, 1991）。抑制消极情绪的能力被认为是儿童时期需要学习的一种非常有用的技能。孩子们需要学习控制情绪，比如控制想打那个拿走自己玩具的人的冲动。我们都看到过一些不能很好地控制失望情绪或挫败感的成年人，他们的行为（例如，乱发脾气）通常被认为是幼稚的。然而，有些人很擅长控制消极情绪，即使是很强烈的消极情绪。

长期抑制情绪有什么后果呢？令人吃惊的是，只有少数几个高质量的研究直接关注了这一问题。例如，心理学家格罗斯等人（Gross & Levenson, 1993, 1997; Gross, 2002）设计了一个研究，要求部分参与者在观看唤起快乐（一场喜剧表演）和悲伤（一个孩子的葬礼场景，展示了一位悲痛欲绝、情绪失控的母亲）的视频片段时，控制住他们所感受到的任何情绪。一半参与者被随机安排到抑制条件组，要求他们"在观看视频时尽最大努力不要流露出任何感受。换句话说，你要表现得让观察你的人压根不知道你有情绪感受。"而另一半参与者被安排到非抑制条件组。他们只是观看视频，没有得到任何要求抑制情绪的指导语。

研究者录下了参与者观看视频的整个过程，以考察他们观看视频时情绪表达的程度。研究者还收集了一些生理测量指标，比如我们在第 7 章里所讨论的那些。研究者也要求参与者在看完每个视频片段后讲述他们的感受。

结果表明，相比那些没有被要求抑制情绪的参与者，被要求抑制情绪的参与者表现出了生理唤起水平的增加，甚至在视频开始播放之前就是如此。这种普遍的生理唤起反应被解读为参与者正在准备通过必要的努力来抑制情绪。在观看视频的过程中，与无情绪抑制的参与者相比，抑制情绪的参与者也表现出了更强的生理活动，意味着他们有更强的交感神经唤起。研究者认为，情绪的抑制需要付出努力，产生的生理消耗超过了情绪唤起。正如你所想象的，与控制组相比，情绪抑制组参与者表现出了更少的外部情绪表达。例如，抑制者的面部表情几乎不流露情绪，说明他们确实是按照要求在抑制情绪的外露。根据自我报告，与控制组相比，抑制组参与者

哪个女性是真正开心的？左边的女性是来自北卡罗来纳州的凯莉・布拉德肖，图为她听到自己在 1998 年美国小姐选美比赛中获得亚军时的反应。右边的女性是来自弗吉尼亚州的妮科尔・约翰逊，此时她意识到自己才是接下来要宣布的美国小姐。

对快乐视频的积极感受稍少，但对悲伤视频的伤感却并不少。

在一系列对情绪的有趣研究中，研究者（Ochsner et al., 2002）试图定位大脑中的情绪控制中心。当参与者尝试用没有感情色彩的词语重新解释能引起强烈消极感受的场景时，研究者用 fMRI 扫描他们的大脑。结果发现有几个脑区与成功的消极情绪调节有关，这些区域主要分布在大脑的前额叶皮质。额叶部分还与计划和执行控制有关，在人们控制情绪的时候该区域似乎很活跃。有趣的是，该区域也是第 7 章讨论的盖奇案例中，其大脑受损的区域。在事故发生后，盖奇变得很难控制自己的消极情绪，开始在公共场合骂人，变得易怒，并且经常侮辱人。

抑制情绪有时候是必要的。也许你不想伤害他人的感情，不想与某个位高权重的人对抗，或者不愿激怒某个已经表现得咄咄逼人的人（Larsen & Prizmic, 2004）。例如，你的老板可能因为错误的原因朝你发脾气，你对她很生气。然而，你不能表现出你的愤怒，因为她是老板，能决定你的加薪、工作负荷和工作条件。很简单，生活中有些时候选择掩饰情绪是明智的。

然而，如果抑制情绪变成一种长期的行为，如果某个人习惯性地掩饰情绪，就可能出问题。那些喜欢掩饰情绪，不让其自然流露的人，可能会承受交感神经系统长期唤起所带来的影响。例如，有研究者（Levy et al., 1985）表明，那些把消极情绪都隐藏于心的人比善于表达的人死亡率更高，癌症治疗后复发率更高，并且免疫系统功能也更差。那些表达出消极情绪，在与疾病的斗争中流露情绪的癌症患者，有时会比那些接受事实、抑制情绪并安静地接受治疗的患者活得更久（Levy, 1990; Levy & Heiden, 1990）。

一项关于恋爱中情绪表达的研究充分说明了情绪表达的重要性。研究者（Noller, 1984）发现，对伴侣表达的感受越多，两人关系中的问题就越少。了解对方的感受会让你相应地调节自己的行为。如果伴侣从不表达自己的感受，那么你就很难知道什么会让对方开心，什么会让其伤心或愤怒。

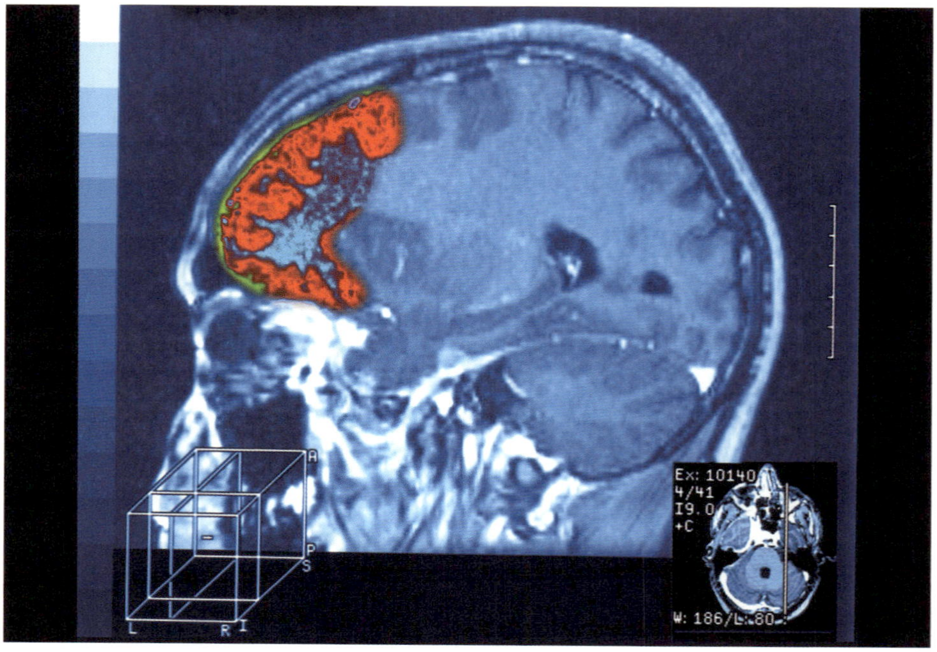


fMRI 脑部扫描的例子。较亮的颜色，如红色，表示代谢活动增加的区域。这张扫描图显示额叶区域活动增加，额叶是调节情绪的重要脑区。

© *James Cavallini/Science Source*

其他研究也表明情绪表达对心理健康和总体调适水平有好处。研究者（King & Emmons, 1990）要求参与者在连续三周的时间里，每天记录下当天的感受。同时完成一份情绪表达的问卷调查。研究者发现，情绪表达与过去三周里更高的快乐水平相关，也与更低的焦虑和罪恶感水平相关。另一项类似的研究（Katz & Campbell, 1994）发现，情绪表达与更高的自尊水平相关。

## 表　露

与情绪表达有关的主题是**表露**（disclosure），即告诉他人自己的隐私。很多理论家认为，不对他人敞开心扉，把什么都闷在心里，可能是压力的一种来源，最终会导致心理痛苦和身体疾病。他们还进一步论述，对他人敞开心扉可能有治疗的效果：谈话治疗能起作用，部分原因可能就在于治疗过程中我们揭开了秘密，揭示了一直以来对自己隐瞒的东西。

心理学家詹姆斯·彭尼贝克（James Pennebaker）是研究表露作用的一位先驱。在一个经典研究中，他要求参与者回忆发生在自己身上的苦恼或伤心事，并且这件事是他们从没有和任何人说起过的。他要求参与者写下这些秘密。人们写下了各种不开心的事，如各种尴尬时刻、轻率的性行为、非法或不道德的行为、耻辱等。有趣的是，所有参与者都能迅速记起一件他们所保守的秘密。这说明也许每个人都有一些小秘密。

彭尼贝克认为，对创伤、消极或郁闷事件避而不谈可能会引发问题。他认为，抑制与这些事件有关的想法和感受需要消耗身体能量。换句话说，保守秘密是不容易的。如果这个秘密是很大的创伤体验，保守秘密更是一件烦人的事，需要消耗大量精力。这种压力会随着时间推移而累积，并像所有的压力一样，增加个体遭遇压力相关问题的可能性，如睡眠问题、易怒、身体症状（如胃疼和头痛），甚至因免疫功能下降而导致疾病。按照彭尼贝克所说，说出秘密会减轻压力。将秘密告诉他人或写下来，从而直面创伤记忆，可以让人从保守秘密的工作中得到解脱。

彭尼贝克及其同事围绕表露主题进行了很多研究。在其中一项研究中（Pennebaker & O'Heeron, 1984），他们联系了配偶死于意外或自杀的参与者。很明显，在毫无准备的情况下突然地、彻底地失去所爱的人，对生者有着巨大的影响（前面提到过，配偶死亡是霍尔姆斯和拉赫所列清单中最具压力的一种生活事件）。询问生者被问及他们与朋友、家人或者其他专业助人者（如神父、拉比、牧师或治疗师）谈论这一悲剧的程度。研究者还彻底评估了参与者自配偶死后的健康状况。他们发现，参与者越多与他人谈及这一悲剧，随后的健康状况就越好。换言之，那些把伤痛留给自己的人比把感受表露给他人的人更容易遭遇健康问题。当然，这只是一个相关研究，所以我们不能确定是谈论伤痛导致了健康状况的好转。为了确定这一点，研究者还需要对表露做随机分配的实验。下面我们回顾一下其中一些实验。

由心理学家彭尼贝克开创的研究一再表明，与他人分享自己的困难和创伤比把问题藏在心底要好。

在关于此主题的一项实验研究中（Pennebaker, 1990），大学生参与者被随机分配到两个组中。要求其中一组回忆并写下他们的一次痛苦经历；另一组写下一件琐碎的小事，比如早餐通常吃什么。学生们连续四个晚上，每晚花 15 分钟时间写下分派给他们的话题。写下创伤事件的学生表示，在写的过程中感到更多压力和不适。在写作时进行的血压测量也显示，他们比记录琐事的参与者有更多压力。六个月后，研究者再次联系参与者，获取他们的相关健康记录。与记录琐事的学生相比，那些在四天中写下创伤事件的人在接下来的六个月中更少生病。此外，从健康中心获得的记录显示，写下创伤事件的学生确实要比记录琐碎事件的学生去校园健康中心的次数少。有趣的是，即使从来没人看过这些记录，只是写下不愉快的事情，也会对个体健康有益。

在彭尼贝克及其同事的另一项研究中（Pennebaker, Colder, & Sharp, 1990），参与者是刚刚开始大学生活的新生。在连续三晚的时间里，研究者要求一部分人写下他们在离开家和朋友，开始独立的大学生活时所面临的困难和感受；另一些人（控制组）则记录琐碎的话题。在学生们入学至少一个学期后，研究者获取了关于他们健康状况的测量指标。记录感受和问题的学生，在这一个学期中比记录琐事的学生更少去健康中心。

其他研究也显示，把一些不高兴的事情埋在心里的人比把事情告诉别人的人更容易产生焦虑和抑郁（Larson & Chastain, 1990）。心理治疗师通常会要求来访者，特别是那些经历了创伤或其他极端事件的人，讲出或写下创伤事件。有些心理学家甚至建议通过写日记的方式，记录生活中的事件以及对这些事件的感受。这种日常的自我表露会帮助个体更全面地看待自己的感受，并从这些生活事件中获得某种意义。该过程会让人们更深刻地理解自我和生活中的事件。

**练习**

尝试通过一个小实验检验彭尼贝克关于表露秘密甚至是写下秘密会让人更健康的假设。记录你在两周内每天的健康状况，如是否胃痛、头痛、肌肉痛、喉咙痛或者流鼻涕。在这个记录健康的基线期过后，尝试坚持每天写日记，持续两周。写下并描述你每天经历的压力，反思这些压力带给你怎样的感受。注意记录每一个困难、压力或是那些令人尴尬或厌烦的时刻。两周过后，停止写日记，重新开始记录每天的健康状况。尽管这不是一个真的实验（你既是参与者又是实验者，在真正的实验中不能这样），但你可以感受一下关于这个主题的研究是怎样进行的。不仅如此，你也许还会体验到，写日记让你变得更健康。

表露是怎样促进健康调适的呢？彭尼贝克的第一个理论关注因说出秘密而获得的解脱感。换句话说，把事情藏在心里需要付出努力，并且有压力感。表露则可以消除努力、缓解压力（Niederhoffer & Pennebaker, 2002）。从根本上说，该理论认为表露减少了抑制这些信息所消耗的精力。不久之后，彭尼贝克（Pennebaker, 2003a）对表露如何促进健康提出了第二个解释。该解释关注记录事件如何让个体重新理解和建构事件的意义。换句话说，写下或说出过去的创伤事件可以让人试着更好地理解该事件，寻找其中的积极意义（前文的“阅读”专栏讨论了积极重评过程），并将之整合到当前的情境中。从压抑的消耗中解脱和重构事件的意义这两个过程可能都会发生，因此两种解释都可能是正确的。事实上，彭尼贝克（Pennebaker, 2003b）推测，这两者可能是大多数谈话疗法能够成功的最基本因素。

总之，关于表露的研究表明，将创伤事件和对这些事情的感受憋在心里对我们来说是一种压力。事实上，用语言表达感受会产生缓解压力的效果。此外，我们凭借何种方式来表达自己的感受似乎无关紧要：跟值得信赖的朋友或亲戚诉说，找一个贴心的心理治疗师，去教堂忏悔或与牧师、拉比交谈，与自己的丈夫或妻子讨论，或写日记等都可以。有研究考察了最少需要多少表露才能达到有益健康的目的，结果发现，连续两天进行两分钟的写作，就可以在之后的四到六周产生可测量的健康益处（Burton & King, 2008）。不管采取何种形式，表露创伤事件以及我们对事件的反应，比将其藏在心里更有益健康。

## A 型人格与心血管疾病

心血管疾病是美国最常见的引起死亡和残疾的原因之一。健康专家一直在寻找使人容易患上此病的风险因素。目前已经知道的因素有高血压、肥胖、吸烟、家族心脏病史、缺乏运动的生活方式和高胆固醇。在 20 世纪 70 年代，医生开始考虑一个新的风险因素，即一种特定的人格特征。第 13 章中曾提及，医生通过观察发现，发生过心梗的人，其行为通常很不一样，他们似乎有着与其他病人不一样的人格。这些心脏病患者通常更具竞争性、更好斗，言行更有活力，精力更充沛，更有野心和驱动力（Friedman & Rosenman, 1974）。研究者把这一整套行为称为 A 型人格。

在考察一些有关 A 型人格的研究结果之前，让我们先看看几种误解。尽管研究者经常提到 A 型人和 B 型人，但并不是说人们就属于这两个不同的类别。我们在第 4 章说过，只有少数人格变量是真正的类别变量，即人可以依据此变量被划分为不同的种类。生理性别是类别变量的一个例子，血型是另一个例子。然而，很少有人格特质是类别变量，它们大多数都是维度变量，从一个极端到另一个极端，大部分人处于中间位置。A 型和 B 型的区分就是这样的。A 型人处于一端，B 型人处于另一端，中间有很大一部分人既不是明显的 A 型也不是明显的 B 型。因此，A 型人格变量是一种特质或特性，正如在第 3 章中提到的那样。如图 18.4（a）所示，它是正态分布的，而不是一个类别变量。心理学家以其中一端（如 A 型）为参照来描述这种正态分布的人格特质，然而这样做的同时，便暗示着另外一端的人（所谓的 B 型）有着相反的性格。

另一种误解认为 A 型人格是一种单一的特质。但事实上，A 型人格是多种特质的症候群。更确切地说，它是三个子特质的集合，它们一起构成了 A 型人格。这三个子特质之一是**竞争性成就动机**（competitive achievement motivation）。A 型人勤奋工作，喜欢完成各种目标。他们喜欢被认可、掌握权力和战胜困难。当与他人竞争时，他们的自我感觉最好。例如，一个人只是参加一场慈善自行车马拉松，却把自己装备得像要参加环法自行车赛，这就是在展现他的竞争性成就动机。A 型人格的第二个子特质是**时间紧迫感**（time urgency）。A 型人讨厌浪费时间。他们通常很匆

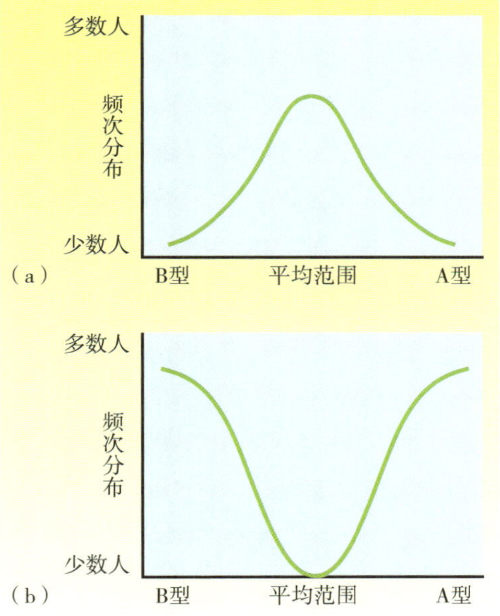


**图 18.4**

A 型和 B 型并不是真正的类型变量，并不是指人的类别。A 型人格指的是人们的一种正态分布，处于一端的人表现出大量的 A 型行为，而另一端的人则很少表现出这些行为，如图（a）所示。然而，大部分人都处于中间或平均水平。几乎所有人格特质都是这样的。一个真正的类型或类别变量，其分布应当如图（b）所示，大部分人处在两端，只有很少一部分人居于中间，A 型人格并不属于此列。

经常同时做两件事情是 A 型人格的一个特征，然而这种时间紧迫感并不是 A 型人格中与心脏病联系最密切的一个因素。

忙，感觉有一种压力让他们要在最少的时间里完成最多的事情。通常，他们会同时做两件事，比如一边吃饭一边看书。红灯是他们的敌人，他们讨厌为任何事排队。A 型人格的第三个子特质是**敌意**（hostility）。当目标受阻时他们会变得充满敌意和攻击性，而目标受阻恰恰就是**挫折**（frustration）的定义。他们很容易受挫，受挫会使他们表现得很不友好甚至是恶毒。当你看到一个人对着自动售卖机叫喊咒骂时，这体现的可能正是其 A 型人格的敌意成分。

关于 A 型人格的早期研究表明，它是心血管疾病的一个独立风险因素。独立风险因素的作用并不依赖其他已知的风险因素，如超重或抽烟。因此，并不是说 A 型人就一定吸烟多，因吸烟而引发心血管疾病。而是说，A 型人格与吸烟是相互独立的因素。吸烟的 A 型人比只吸烟或只有 A 型人格的人患心脏病的风险更大。事实上，一项研究发现，尽管高胆固醇和吸烟也对心脏病有独立的影响，但 A 型人格比吸烟史或胆固醇水平能更好地预测心脏病（Jenkins, Zyzanski, & Rosenman, 1976）。

大部分关于 A 型人格的早期研究是医生做的。为了测量该人格变量，他们开发了一种结构化访谈。访谈者提出标准化的问题，并记录参与者的回答以及他们对问题的反应。然而，访谈者对参与者的行为表现同样很感兴趣。例如，他们说话的节奏怎样？他们是否经常打断访谈者或替访谈者说话？访谈过程中他们会烦躁不安吗？他们是否经常在说话时使用有力的手势或头部动作？访谈中有一个特意设计的部分，访谈者会试图通过缓慢地说话来激怒参与者。在谈话速度放慢后 A 型人明显被激怒了，他们打断谈话，不按顺序发言，或是为了加快速度帮他人把话说完。

随着 A 型人格的研究在 20 世纪 80 年代获得蓬勃发展，研究者试图设计一种更有效的测量方式。因为访谈的速度很慢，一次只能测量一个人，而且测量每个参与者都需要一个访谈者。简言之，对任何一个人格变量的测量而言，访谈法的花费都相对较高，并且比较费时。问卷调查则要便宜得多，因为它的施测一般较快。问卷可以发给所有的参与者，并且可以在线施测和自动计分。因此，研究者努力开发问卷来测量 A 型人格。后来，一个广为使用的 A 型人格问卷是《詹金斯活动性调查表》（Jenkins Activity Survey, JAS）。它包含的问题体现了 A 型人格的三个成分，如“在最后期限临近时，我的工作效率提高了”“有人说我吃饭太快了”“我喜欢激烈的竞争”。

使用结构化访谈的早期研究者通常发现，A 型人格与患心脏病和心血管疾病的风险相关。而之后大部分使用詹金斯问卷的研究，通常不能重复验证该结果。这令研究者困惑了很多年。有些心理学家怀疑，是否 A 型人格曾经是患心脏病的风险因素，但后来情况发生了变化，它已不再是一个风险因素。另一些心理学家开始仔细审视这些研究，希望找到研究结果不一致的原因。他们很快就发现，使用问卷测量法的研究比使用结构化访谈的研究更少在 A 型人格与心脏病之间找到联系（Suls & Wan, 1989; Suls, Wan, & Costa, 1996）。研究者认为，与结构化访谈相比，问卷测量的是 A 型行为的不同方面。很明显，结构化访谈捕捉了更多 A 型人格的致命成分。但是，A 型行为的哪个成分更致命，或者说与心脏病关系更密切呢？

## 敌意：A 型行为模式中的致命成分

当医生提出 A 型人格的访谈测量法时，他们更强调对敌意和攻击性的评估。例如，他们会评估当谈话变慢时参与者是否感到受挫，在访谈中是否会咒骂，是否会有很多手势或拍打桌子。后来，当问卷测量法出现后，测量重点更多放在了时间紧迫感和成就动机方面。例如，参与者是否说自己总是很急，是否说自己在最后期限来临时工作表现更好，或者是否说自己比同龄人更有成就。

随着研究者越来越多地使用问卷调查（因为问卷调查比访谈更快、更便宜、更简单），越来越多的证据表明总体 A 型人格并不能预测心脏病。在将访谈法与问卷法进行比较之后，研究者发现访谈法比问卷测量法包含了更多的敌意成分。因此，研究者开始检验这样一个假设：实际上是更具体的敌意特质，而不是 A 型人格的总体症候，更能预测心脏病？

研究者所说的敌意特质是什么意思呢？有很强敌意的人并不一定表现出暴力或攻击行为，也不一定很自信或者对他人要求很高，而是可能会在面对失望、挫折和麻烦时做出不友善的反应。挫折可以理解为你在不能达到一个重要目标时的一种主观感受。例如，你要从自动售货机中买冷饮，它吞了你的钱却没有给你想要的东西，这就是挫折。一个具有敌意特质的人会用不友好的行为来处理这种挫折，他会拍打机器、咒骂、踢垃圾桶，然后愤怒地离开。具有敌意特质的人易怒，即使一点小挫折，如车钥匙放错位置或不得不在杂货店排队，也会激怒他们。在这种情况下，有敌意倾向的人会明显地变得不高兴，有时会变得粗鲁、不合作甚至敌对。

现在已经有多项研究证实，敌意是心血管疾病的一个强有力的预测因素（元分析见 Chida & Steptoe, 2009）。事实上，有研究者（Dembrowski & Costa, 1987）证明，专门测量敌意特质的问卷比 A 型人格问卷更能预测动脉疾病。一些研究表明，敌意与全身性炎症——以血液中**白细胞**（leukocyte）计数升高为标志——相关（Surtees et al., 2003）。医生们早就知道慢性炎症与冠心病有联系，因此建议有患病危险的人每天吃一片阿司匹林，因为阿司匹林可以减少炎症。慢性炎症可能是敌意与心血管疾病发生关联的一个途径。

关于这个主题的研究也有一些好消息，那就是并非 A 型人格的所有方面都对心脏和动脉不利。鉴于致命成分显然是敌意，那么我们能否勾画出一种“健康”版本的 A 型人格呢？努力获得成功和成就似乎是好的，但在奋斗过程中不要充满敌意和攻击性；努力完成目标甚至成为工作狂也可以，但不要为日常生活中不可避免的小挫折而感到挫败；喜欢急匆匆，尽可能多做事也可以，但不要因为不能做好每件事而沮丧、愤怒；喜欢竞争也可以，只要竞争是友好的，不是充满敌意的。有时候在商店排长队也是一种很好的治疗方式。在这些情境下，保持放松，不要充满敌意或愤怒（Wright, 1988）。戴维森及其同事（Davidson et al., 2007）估计，短期敌意管理疗法就可以减少与冠状动脉护理相关的住院费用，进而为医院节省成本。

## 敌意的 A 型行为是如何损伤动脉的

A 型行为，尤其是其中的敌意成分，是如何对心脏和动脉产生损害的呢？强烈的敌意和攻击性能够引发“战斗或逃跑”反应。这种反应包括血压升高，并伴随着动脉的收缩、心跳加速和每次心跳泵血量增加。简言之，人的身体突然通过更窄的

# 阅读

## D 型人格与心脏病

A 型人格特质，尤其是其敌意成分，与患冠状动脉疾病的风险有一定的相关性。除此之外，研究者还一直在考察其他可能与心脏病相关的人格因素，尤其是可能涉及病情发展速度和心梗后存活率的因素。很多人有心脏病的早期指标，如高血压、小动脉阻塞，甚至是进行性心力衰竭。这其中有部分人，会发展成严重的心梗，或者因为心脏病去世。研究人员想知道，除了 A 型人格外，是否有其他特定的人格因素能预测心脏病的发展。

目前，**D 型人格**（Type D personality），或称苦恼（distressed）人格，受到了广泛关注（如 Denollet, 2000）。就像 A 型人格一样，D 型人格并不是一种真正的人格类型；相反，它是个体差异的一个维度。D 型人格包括两种基本特质，第一种是消极情绪倾向，即在不同时间和情境中频繁经历消极情绪的倾向，包括紧张、忧虑、易怒和焦虑等不愉快的情绪。这和神经质的特征非常相似，除了频繁的负面情绪之外，还包括消极的自我认知、抱怨的倾向，不由自主地对压力环境反应过大。D 型人格中的第二种基本特质是社交抑制，即在社会交往中抑制情绪、思想和行为表达的倾向。高社交抑制的人在与他人相处时会感到不安，担心社会评价或者遭到别人的反对。因此，当周围有人时他们抑制自己，并且与他人保持距离。当遇到困难时，他们不太可能寻求社会支持。

德诺勒（Denollet, 2005）发表了一个简短的 D 型人格问卷，包括 14 个自我报告的条目。其中评估消极情感的条目包括“我经常为了不重要的事情过分忧虑”“我经常心情不好”“我经常不由自主地担忧一些事情”；评估社交抑制的条目包括“我发现自己很难开始一段对话”“我经常在社交中感到拘束”“社交时，我找不到合适的话题来讨论”。该量表篇幅短且使用方便，它的发表促进了对 D 型人格维度的研究。

对 D 型人格的研究表明，消极情感和社交抑制这两种特质协同作用，会给心脏病患者造成进一步发生心脏事件的风险（Denollet et al., 2006）。这意味着如果一个人的这两种特质水平都高，他会有心脏病加重的风险。例如，德诺勒和他的同事（Denollet et al., 2003）研究了 400 名（31 岁到 79 岁）有一定程度冠状动脉阻塞的心内科门诊患者，对这些患者进行了 6 到 10 年的随访，以确定其生存状态。在这期间有 38 名患者死亡，大部分死于心脏病。在随访期间，D 型人格特质水平高的心脏病患者死亡的可能性是 D 型人格特质水平低的患者的 4 倍。

对德诺勒及其同事的几项研究进行的回顾（Kupper & Denollet, 2007）发现，在患有冠状动脉疾病的人中，D 型人格与较差的结果，如死亡率增加和疾病进程加快相关。对 15 项研究的元分析得出的结论是，D 型人格和严重心脏事件之间存在虽小但可靠的关联（O’Dell et al., 2011）。其他研究者也发现了类似的结果。例如，佩莱及其同事（Pelle et al., 2008）调查了 368 名冠状动脉疾病患者，他们正在参与心脏康复计划（例如，医生规定的锻炼、压力管理技术、改善饮食、减肥和戒烟）。大多数患者在完成心脏康复计划后，健康状况有所改善。然而，D 型人格维度得分高的患者在康复后的健康状况比得分低的患者要差。

既然 D 型人格维度得分高的心脏病患者出现不良后果的风险大于得分低的患者，那么有一个重要问题便是关于这一效应背后的机制：这种人格特征是如何增加不良后果风险的？一直有研究试图回答这个问题，目前来看似乎有两种可能的机制。第一种机制涉及大脑应激反应的紊乱，D 型人格分数高的人应激反应更剧烈，其证据是血液中的皮质醇水平更高。皮质醇是在应激反应中释放的一种激素，如果它长时间处于高水平，就会增加动脉炎症，导致动脉阻塞（Whitehead et al., 2007）。炎症负荷在 D 型人格与身体健康之间起中介作用（Mommersteeg et al., 2012）。第二种机制可能是通过生活方式因素，包括与健康相关的行为和社会支持。例如，威廉斯及其同事（Williams et al., 2008）发现，与 D 型量表得分低的人相比，D 型人格的参与者做到合理膳食的可能性更低、在户外的时间更少、受生活琐事困扰更多，并且接受医疗检查的可能性更低。同样重要的是，与非 D 型人格的人相比，D 型人格的人报告他们感知到的社会支持水平更低。其他研究表明，D 型人格特质可能通过缺乏健康行为和较低的社会支持影响健康（Gilmour & Williams, 2012）。了解性格是否会（以及如何）影响心脏健康，是一个热门且令人兴奋的研究领域。

动脉输送了更多的血液。这些变化会对动脉的内壁造成损坏，引发微小的撕裂和磨损。磨损处会变成胆固醇和脂肪堆积的地方。除了在动脉壁上产生的机械磨损外，“战斗或逃跑”反应中释放到血液里的应激激素，可能会引起动脉损坏和之后在动脉壁上的脂肪堆积。随着脂肪分子在动脉内部的不断堆积，动脉变得越来越窄，就会形成**动脉硬化**（arteriosclerosis），或称为动脉阻塞。当为心肌供血的动脉阻塞时，由此导致的心脏供血不足就被称为心肌梗死。

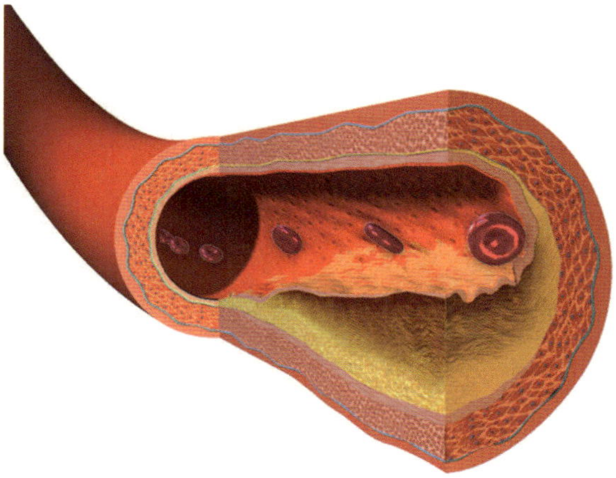
人类冠状动脉的剖面。为心肌供血的动脉本身表现出了严重的动脉硬化。由于动脉内壁斑块的堆积，这条动脉的直径变得极为狭窄。

总的来说，关于 A 型人格的研究经历了一些有趣的转折。起初，一些心脏病专家注意到心梗患者和其他病人在人格上存在一些不同。由此，他们认为 A 型人格由以下三种特质组成：竞争性成就动机、时间紧迫感和敌意。经过几十年的研究后，心理学家发现敌意是 A 型人格中最有害的成分。现在大部分关于心血管疾病和人格的研究，都关注这一具体特质。理解敌意如何形成和保持、如何破坏动脉、如何被特定情境唤起以及如何被克服与管理，都是将来的人格研究者需要解决的重要问题。

## 总结与评论

本章主要关注人格心理学中与生理调适和健康有关的部分。我们先引入了人格—疾病关联的几种模型，并穿插介绍了调节和中介这两个重要概念，它们描述了人格对健康和其他变量产生影响的具体方式。然后，我们考察了压力的概念，压力是对极端事件产生的主观反应，通常伴随着冲突情感，对此人们少有或没有控制能力。压力反应或应激有四种不同的类别：急性应激、间歇性急性应激、慢性应激和创伤性应激。创伤性应激有可能发展成一种障碍，被称作创伤后应激障碍。其症状包括做噩梦或记忆闪回，难以入睡并伴有其他的身体问题，感到与现实隔离或与他人关系疏远。压力并不存在于事件本身，而在于人们怎样去评估事件，认识到这一点很重要。初级评估指的是评价事件对个体的目标和欲望有怎样的威胁；次级评估指人们在遇到威胁性事件的挑战时，对个体的应对资源所进行的评估。这两种评估都对理解事件如何引起应激反应非常重要。现在的有关研究正在探索积极情绪在应对慢性压力时的作用。

关于人格与压力的大部分研究都始于对重大生活事件的关注，如失去所爱的人或被解雇。尽管很严重，但这些事毕竟相对少见。更多的潜在危害源于日常琐事，即那些相对较小但却在日常生活中频繁发生的挫折和失望。压力研究者已经开始关注这些日常压力对健康的影响。

人格心理学家一直试图理解为什么有的人好像更能抵抗压力。也就是说，有的人似乎能更从容地应对挫折和失望，而不会遭受慢性压力带来的健康损害。与此相关的一种人格维度是乐观主义。很多研究结果表明抗压能力、良好的健康、强大的免疫系统功能和长寿都与这种特质有关。心理学家正在开发小学训练项目，希望通过训练使人变得更乐观。其他与更好的健康预后有关的人格特征包括情绪表达和个人表露。

本章也关注了一种具体的疾病，即心血管疾病，这是美国最普遍且最严重的疾病之一。有一个人格维度可能是心脏病的风险因素，我们介绍了研究者对它进行探究的历史。A 型人格提供了一个研究如何不断取得进步的有趣例子，即关于某个主题的研究结论越来越完善，直到整个领域对该效应越来越肯定。在 A 型人格的研究中，现在大部分研究者都同意敌意是与心脏病发病倾向联系最密切的因素。幸运的是，只要人们不具有 A 型人格症候群中的敌意倾向，即便成为好胜的工作狂或总是努力在更少的时间里完成更多的事情也没有问题。

## 关键术语

健康心理学
压力
交互作用模型
相互作用模型
调节变量
健康行为模型
中介
内在倾向模型
疾病行为模型
压力源 / 应激源
一般适应综合征
警报期
抵抗期
衰竭期
重大生活事件
日常琐事
急性应激
间歇性急性应激
创伤性应激
创伤后应激障碍
慢性应激
叠加效应
初级评估
次级评估
积极重评
以问题为中心的应对
创造积极事件
气质性乐观主义
乐观主义偏差
情绪抑制
表露
竞争性成就动机
时间紧迫感
敌意
挫折
白细胞
D 型人格
动脉硬化

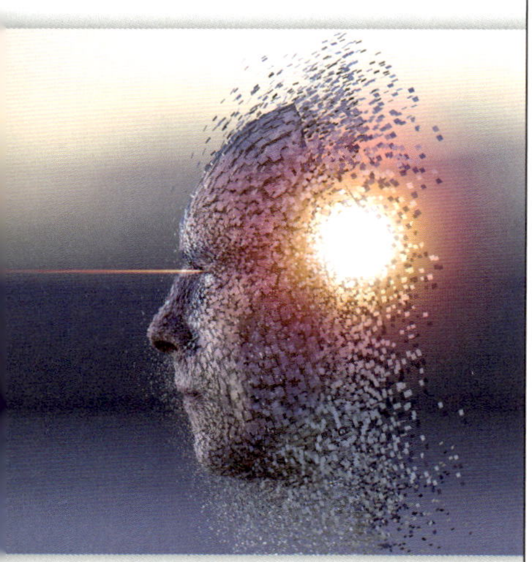

© Colin Anderson/Blend Images LLC RF

# 19 人格障碍

# 调适领域

科迪·斯科特，又名“恶魔”，1993 年拍摄于鹈鹕湾监狱。照片是隔着有机玻璃拍摄的。他在禁闭期间所写的自传真实地描述了一个反社会型人格障碍者的内心生活。



斯科特从小在南洛杉矶长大。12 岁时他就加入了一个叫“83 街土匪瘸子帮”的街道团伙。加入的当天晚上他就开枪射击了第一个受害者。由于打人极度凶残，他逐渐赢得了“恶魔”的外号。在青少年时，他曾野蛮地殴打过一名反抗他抢劫的人。他的暴行远远超过了使对方屈服所需的程度。事实上，他似乎很享受从伤害他人中获得的乐趣。

斯科特的生父是一名职业橄榄球运动员，只与他母亲有过一段短暂的露水情缘。后来，斯科特的母亲嫁给了他的继父，这段婚姻充满了暴力，而且很不稳定。在斯科特 6 岁时，继父离家出走，之后再也没有回来。他的家位于各种黑帮经常出没的贫民区，家里只有两张床，母亲就是在这样的环境中把 6 个孩子拉扯大的。

斯科特从小就是一个聪明健壮的男孩，喜欢惊险和刺激。他原本可以成为一名职业运动员，或者成功地从事某个涉及冒险和大量行动的职业，比如成为一名警察、士兵甚至宇航员。然而，他最终却变成了恶魔，一个无所顾忌、不知悔改、渴望刺激的暴力狂。

斯科特曾是南洛杉矶青少年犯罪团伙中最臭名昭著的人物。小时候他就立志要成为“瘸子帮”团伙里最令人惧怕的角色。1993 年，他因开枪射中一名毒贩的膝盖而被捕入狱，被判七年徒刑。在狱中，他被列为最具威胁性的犯人，与其他犯人隔离。被羁押在圣昆廷监狱期间，他用桑尼卡·沙库尔这个假名（他的脸书主页也用了这个名字）写下了《恶魔：一名洛杉矶黑帮成员的自传》(Shakur, 1994)。即使在图书销量超过 10 万册，本人成为名人后，他依旧无法摆脱帮派文化或者自身的暴力人格。2007 年，已经因违反假释条例而被洛杉矶警方通缉的斯科特再次被捕，这次是由于袭击了一个熟人并拿着被害人的汽车钥匙驾车逃离。2008 年 5 月，斯科特的劫车和抢劫罪名成立，44 岁的他被判在鹈鹕湾州立监狱再服刑 6 年。2012 年，他提前两年获释，2013 年出版了一本散文集。

我们以斯科特的例子开启本章，因为他充分体现了一种人格障碍：反社会型人格障碍。实际上，他的《恶魔》一书是对反社会者的思想和内心活动的一次清晰观察。

## 人格障碍的基本模块

我们在前面章节中讨论过的许多主题都有助于描述和理解不同的人格障碍。人格障碍的症状，可以看作是我们讨论过的很多领域中的一些适应不良的变体，这些领域包括特质、情绪、认知、动机、人际交往行为和自我概念等。本章所介绍的 10 种人格障碍都建立在这些更为宽泛的概念之上，因此，我们将简明扼要地讨论它们各自与本章内容的关系。

正如第 4 章所述，人格特质描述的是个体在行为、思想或行动上的一致性，代表了有意义的个体差异。人格障碍可以被视作正常人格特质的不良变体或者组合。维迪格等人描述了特定特质维度的两个极端如何与人格障碍相联系（Widiger, Costa, & McCrae, 2002a; Widiger et al., 2002b）。例如，一个信任水平极低而敌意极高的人可能容易患偏执型人格障碍。一个社交性极低同时又极度焦虑的人很可能发展出回避型人格障碍。具有相反组合的人，即社交性极高、焦虑水平极低的人则可能出现表演型人格障碍。因此，特质概念，比如五因素特质模型，对描述人格障碍极有帮助（Trull & MaCrae, 2002）。

动机是有助于理解人格障碍的另一个基本人格模块。动机描述的是人们想要什么以及为什么以特定的方式行事。在第 9 章至第 11 章心理动力领域中，我们讨论了几种不同的动机，从弗洛伊德理论的性和攻击动机，到现代研究关注的亲密、成就和权力动机。有几种人格障碍共同涉及了这些常见动机的不良变体，尤其是对亲密和权力的需要。其中一个重要的变体是亲密动机的极度缺失，它会表现在某些人格障碍中；另一个变体是超强的权力欲，当权力欲达到极高的水平时，就会导致另一种适应不良的人格障碍。人格障碍也涉及其他动机。例如，自恋型人格障碍患者对优越性和他人的赞扬有着极高的需求，而强迫型人格障碍患者则可被视为过度需要条理和细节。

认知也为我们理解人格障碍提供了一个基本模块。正如第 12 章所述，认知指的是知觉、解释和计划过程中涉及的心理活动。这些认知过程都有可能在人格障碍中被扭曲，如某些障碍与经常、一致地曲解他人意图有关。人格障碍通常涉及社会判断力受损。例如，偏执型人格障碍患者会认为他人都意图谋害自己；表演型人格障碍患者则认为所有人都喜欢和他们在一起；边缘型人格障碍患者会把无心的评论视作抛弃、批评或拒绝的信号。总之，每一种人格障碍都涉及对他人的知觉扭曲或社会认知的改变。

情绪也是理解人格障碍的一个重要领域。我们在第 13 章中谈到了个体间正常的情绪差异，但在许多人格障碍中存在极端化的情绪体验。有些人格障碍表现为情绪的极端波动（如边缘型人格障碍），另一些则表现为焦虑（如回避型人格障碍）、恐惧（如偏执型人格障碍）或愤怒（如自恋型人格障碍）等特定情绪的极端化。大多数人格障碍都包含某种有助于理解该障碍的核心情绪。

自我概念是人格障碍的另一重要基本模块。正如第 14 章所述，自我概念是一个人自我知识（即对自我的理解）的集合。大多数的人格障碍都涉及一定的自我概念扭曲。我们中的大多数人都能建立并维持一种稳定且现实的自我意象：我们了解自己的观点，了解自己的价值观，知道自己想要的生活。然而很多人格障碍患者的自我概念缺乏稳定性，他们可能会觉得自己没有一个“内核”，做决定时有困难，或者需要不断得到他人的肯定。自尊也是自我的一个重要部分，某些人格障碍与过高（如自恋型人格障碍）或过低（如依赖型人格障碍）的自尊有关。总之，自我为我们理解人格障碍提供了一个重要的视角。

人格障碍经常涉及社会关系异常或适应不良。第 15 章至第 17 章所讲述的社会和文化领域的内容，对理解和描述人格障碍也很重要。例如，成功的、亲密的性关系要求个体知道何时发生性行为是合理的、被接受的，何时是不合理、不受欢迎的。亲密感问题，不论是与他人过于疏远，还是太快变得过于亲近，都是某些人格障碍的常见特征。人际交往技巧中有一个重要的成分是同理心，即了解他人的内心感受，大多数人格障碍都涉及同理心的缺失，他们要么曲解他人，要么完全不在意他人的感受。很多人格障碍患者的社交技巧都很差，如分裂样人格障碍患者常常盯着对方看却不开口说话，表演型人格障碍患者则往往举止轻浮。

生理因素也可能导致某些人格障碍。因此，第 6 章至第 8 章中有关生理因素的讨论也与本章内容相关。有些人格障碍已经被发现存在遗传成分；另一些人格障碍则从生理成分的角度受到了考察，如研究反社会型人格障碍患者的大脑功能。甚至，有研究者提出了一种进化理论来解释人格障碍为什么存在（Millon, 2000a）。

大多数的人格教科书都不涉及人格障碍。然而，我们认为，研究某事物的失常状态有助于理解它的正常功能。此外，我们相信，人格障碍概念真正把人格的各个要素和领域联系在了一起。因此，以该话题来结束本书是非常恰当的，因为它应用了很多本书前面章节的内容来理解人格是如何产生障碍的。

## 障碍的概念

今天，心理学意义上的**障碍**（disorder）指的是使个体产生烦恼和痛苦的行为模式或体验，它会导致个体在重要的生活领域中失能或功能受损（如难以工作，在婚姻、人际关系等方面遇到问题），并且与痛苦加剧、功能丧失、死亡、监禁等的风险增加有关（American Psychiatric Association, 1994）。人类很早就认识到人格会出现问题。早期的一些医学精神病学文献中就有关于人格障碍和心理障碍的分类和描述（如Kraeplin, 1913; Kretschmer, 1925）。“不伴妄想的躁狂症”（manie sans delire），即未丧失理性能力的疯狂，是由法国精神病学家菲利普·皮内尔提出的一个较早的概念。它适用于那些表现出行为或情绪障碍但并未与现实脱节的人（Morey, 1997）。在 20 世纪初流行的另一个相关概念叫作“悖德病”（moral insanity），它强调个体没有任何智力损伤，但在情感、气质或习惯上出现了异常。一位颇有影响力的精神病学家施奈德（Schneider, 1958）提出了“病态人格”（psychopathic personality）这一术语，用来表示导致个体或群体遭受痛苦的行为模式。除了关注行为对个体和个体周围的群体产生不利影响外，施奈德也强调统计上的罕见性。此定义强调，所有的人格障碍都涉及社会关系的受损，他人因此受到的痛苦一点不比人格障碍患者小，甚至更大。

人格障碍这一概念虽然抽象，却很有用。它有助于指导我们区分什么是正常的人格，什么是变态或病态的人格。**变态心理学**（abnormal psychology，也译为“异常心理学”）就是研究各种心理障碍的学科，包括思维障碍、情感障碍和人格障碍。本章我们将关注人格障碍以及它如何影响人的正常功能。

## 什么是变态

**变态**（abnormal）的定义有很多种。一种简单的界定是指任何异于常态的状态，这是一个统计上的定义，因为研究者可以通过统计计算某事件出现的频率，如果极为少见，就称之为变态。从这个角度讲，色盲和多指都被视作变态。变态的另一种定义是基于社会容忍度的社会定义（Shoben, 1957）。如果在此意义上界定变态，那么任何不被社会接受的行为都是变态。因此，乱伦和虐待儿童都是变态行为。不论是统计意义上还是社会意义上的变态，其含义都会随时代、社会规范或文化规范的变迁而改变（Millon, 2000a, 2000b）。20 年前被认为具有冒犯性或被社会视作不恰当的行为，今天可能被认为是合理的。例如，二三十年前，同性恋是极其罕见且不被社会认可的现象，被人们视为一种变态行为甚至是精神疾病。如今，同性恋在美国已不再被认为是变态（American Psychiatric Association, 1994），并且还受到民权法的保护。因此，对变态的统计和社会定义在一定程度上总是暂时的，因为社会在不断改变。

心理学家因此期望找到其他识别变态行为和体验的途径。他们曾求诸人的内心，询问人的主观感受，如焦虑、沮丧、不满、孤独等。他们还考察了人们如何思考和体验自己和所在的世界。心理学家发现，有些人思维混乱、知觉扭曲，并且持有与环境不相符的异常观念和态度。心理学家找到了为什么有人无法与人融洽相处，无法在社会中和谐生活的种种原因。他们分析了代表无效应对或可能将人置于更大困境的行为模式，这些行为通常会给人们带来伤害而非帮助。从心理学的角度看，它们都是变态行为。

结合所有这些关于变态的研究取向（统计学、社会标准和心理学），心理学家和精神病学家建立了一个被称为**心理病理学**（psychopathology，也译作“精神病理学”）的领域。心理障碍的诊断既是一门科学，也是许多精神病学家和心理学家临床工作的一个重要部分。知道如何定义与识别某种障碍是制订治疗方案和设计相关研究的第一步。

## 精神障碍诊断与统计手册

美国精神医学学会（American Psychiatric Association, APA）出版的《精神障碍诊断与统计手册》（*Diagnostic and Statistical Manual of Mental Disorders, DSM*）是使用最为广泛的精神障碍（包括人格障碍）诊断系统，目前通行的是第五版（*DSM-5*）。*DSM-5* 设定了诊断的标准，几乎所有精神病学和心理学博士训练项目都会教授这一系统，该系统会出现在医院档案系统中，并且它还是大多数保险公司赔付时要求使用的系统。

由于社会标准会随时间的推移而改变，并且新的研究在不断积累，因此 *DSM* 会不断进行修订，当前的 *DSM-5* 版本出版于 2013 年。美国精神医学学会早在 *DSM-5*

出版的 10 年前就开始着手修订工作，并委派了多个专家工作组参与到精神障碍的各个领域。人格障碍工作组由活跃的人格心理学家和精神病学家组成。在进行 *DSM-5* 修订工作的 10 年间，人格障碍工作组考虑了几个可被纳入 *DSM-5* 的重大改变。

在诊断中弱化类别而突出维度是他们考虑做出的改变之一。之前的版本（*DSM-IV*）是基于人格障碍的**类别观**（categorical view）制定的，即一个人要么有障碍要么没有障碍。例如，类别观认为，反社会型人格者和其他人之间存在着质的区别。所有的人格障碍都采用这一概念，认为它们与每种人格特质典型的极端值有着质的不同。

与类别观相对的是**维度观**（dimensional view），这种观点认为每一种障碍都是一个连续体，其一端是正常，另一端是严重缺陷或失调。因此，有无障碍只是程度上的差异而已。例如，反社会的表现之一是对他人权利的漠然，而这种漠然是有程度差异的。有些人只是表现为冷漠，不考虑他人的感受；发展下去，可能变成毫无帮助他人的意愿，既冷漠又无情；继续发展下去，可能会有意伤害或利用他人；最终发展到极端，变成本章开头提到的“恶魔”斯科特那样，以伤害或恐吓他人为乐。

维度观意味着每种人格障碍由程度不同的特定行为模式构成。只有在维度最末端的行为才会成为自身或他人的问题。此外，不同人格特质极端值的结合可以创造出独特的障碍形式。例如，有强迫症的人在大五因素特质中的尽责性和神经质上得分极高。现代人格理论学家（如 Costa & Widiger, 1994; Widiger, 2000）认为，维度观提供了一个更加可靠和有意义的方法来描述人格障碍。

2012 年，在 *DSM-5* 出版的前一年，著名的《人格杂志》出版了一期特刊，考察了有关人格障碍的维度观是否科学有效和适用于临床的最新研究。该期的每篇文章都为维度观提供了强有力的支持。例如，有研究者（Mullins-Sweatt, 2012）讨论了五因素模型对于人格障碍的临床可用性，得出的结论是这种方法使用更有效，交流更方便，并为治疗提供了更加具体的指导。同样，米勒（Miller, 2012）指出，与仅仅判断一个人是否有障碍相反，使用五因素模型描述人格障碍的程度有许多好处。在 2012 年的特刊上发表的其他文章，用各种不同的数据和理论从不同角度指出了将维度观应用于人格障碍的优势（尤其是 Trull, 2012; Widiger & Costa, 2012）。

随着 *DSM-5* 修订工作的开展，人格障碍工作组考虑了上述维度观，以及其他一些关于改变人格障碍定义和诊断方式的意见。顶尖的人格心理学家和精神病学家参与其中，其间举行了许多会议，收集了数据，征求并获得了公众的意见，形成并考虑了许多提案。然而，长话短说，修订工作的最终结果是美国精神医学学会理事会决定不改变人格障碍的定义方式。因此，*DSM-5* 维持了人格障碍的类别模型，并保留了之前版本中描述的 10 种特定人格障碍的标准。*DSM-5* 新增了一个“第三部分”（Section III），这部分描述了哪些问题需要进一步研究。这个部分（实质上是 *DSM-5* 的附录）详细描述了人格障碍的维度模型，并呼吁进一步研究将人格障碍视为维度而非不同类型的实用性。本章后面我们将介绍 *DSM-5* 中的 10 种人格障碍，但首先看一下“人格障碍”的一般概念。

## 什么是人格障碍

**人格障碍**（personality disorder）是指与个体所在文化的预期相去甚远的一种持久的体验和行为模式（*DSM-5*）。如第 3 章所述，特质是个体体验、思考以及与自身

表 19.1 **人格障碍的一般标准**

| |
|---|
| 1. 明显偏离文化预期的持久的内心体验和行为模式，该模式可体现在以下两个（或更多）方面：<br>• 认知（即对自我、他人和事件的感知和解释方式）<br>• 情感（即情绪反应的范围、强度、不稳定性和适宜性）<br>• 人际功能<br>• 冲动控制 |
| 2. 这种持久的模式是缺乏弹性和泛化的，涉及个人和社会情境的诸多方面。 |
| 3. 这种持久的模式引起有临床意义的痛苦，或导致社会、职业或其他重要领域功能受损。 |
| 4. 该模式在长时间内稳定不变，发生可追溯到青少年期或成年早期。 |
| 5. 这种持久的模式不能用其他精神障碍的表现或结果来更好地解释。 |
| 6. 这种持久的模式不能归因于某种物质（如药物或滥用的成瘾品）的生理效应或其他躯体疾病（如头部外伤）。 |

资料来源：American Psychiatric Association, 2013.

或外界互动的模式，可在广泛的社会和个人情境中观察到。例如，尽责性高的个体是勤奋的、坚定不移的。如果一种特质变得适应不良，缺乏弹性，并导致明显的功能损害和心理痛苦，那么它就被视为一种人格障碍。例如，一个人如果过于尽责，以至于每晚都要检查门锁 10 次以上，并且在早晨离家前查看家用电器 5 遍以上，我们就会考虑此人可能有人格障碍。

依据 *DSM-5* 的观点，我们将人格障碍的基本特征列在了表 19.1 中。人格障碍通常表现在以下一个或多个方面：思维方式、感受方式、与他人交往的方式，或控制自己行为的能力。障碍行为模式比较刻板，且会在多种情境下表现出来，会引发痛苦或导致工作、人际交往等重要生活领域出现问题。例如，一个过于尽责的人会因为不停地检查家用电器而使妻子忍无可忍。人格障碍的行为模式通常在个体的生活中有较长的历史，可以追溯到个体在青少年期甚至是儿童期的表现。另外，要想将某种行为模式划归为人格障碍，必须满足一个条件，即它们不是物质滥用、药物或疾病（如头部外伤）等引起的。

## 文化、年龄和性别：背景的影响

处理人格障碍问题的时候，必须综合考虑个体的社会、文化和族裔背景。例如，移民通常会在适应一种新文化的过程中出现问题。个体原有文化中的风俗习惯、表达方式、价值观往往会和新文化发生冲突，或带来社会问题。例如，美国文化推崇个体主义，看重并奖励在群体中脱颖而出的个体；而在强调融入群体的集体主义社会中，想要从集体中脱颖而出的努力可能被解读为自我中心和个体主义，是不可取的。事实上美国文化曾被称为自恋型文化，因此，努力吸引他人关注在美国并不被社会视为变态或异常。

在判断某种行为是否为一种人格障碍的症状时，我们必须首先熟悉个体的文化背景，尤其是当它与主流文化不同的时候。一项对挪威的第三世界移民的研究（Sam, 1994）发现，很多人显现出的适应性问题可能看起来像人格障碍。例如，许多年轻男性移民表现出反社会行为，但当这些移民逐渐适应了新文化后，这些行为特征就逐渐消失了。

年龄也是判定人格障碍的一个相关因素。例如，青少年通常会经历一个不稳定期，其中可能涉及同一性危机（见第 14 章），这种症状通常与某些人格障碍有关。不过，大多数经历多重同一性的青少年并没有人格障碍。因此，美国精神医学学会（American Psychiatric Association, 1994）不建议对 18 岁以下的人做出人格障碍的诊断。同样，一个成年人经历丧偶或失业等重创时，也可能表现出一段时期的情绪不稳定或冲动行为，这些症状看起来很像某种人格障碍。例如，一个曾经历过这类创伤性事件的人可能会变得暴力或轻率地发生性关系。为了排除个体仅仅是处于某个发展期，或只是对灾难性事件做出反应的情况，应该考虑其年龄和生活境遇。

最后，性别也是理解人格障碍的一个背景因素。某些障碍，如反社会型人格障碍，多见于男性，而另一些人格障碍则多见于女性。这些性别差异可能反映了人们应对方式的差异。例如，一项对 2 000 多人的调查研究（Huselid & Cooper, 1994）发现，男性更多地表现出外化问题，如打架和故意破坏等；而女性相对表现出更多的内化问题，如抑郁和自我伤害。另一项研究（Kavanagh & Hops, 1994）也获得了类似的结果。男性和女性应对问题时的这种差异，很可能导致了与人格障碍有关的行为差异。心理学家必须小心，不要仅仅因为一个人的性别就去寻找其患有某种人格障碍的证据。

练习

在本章，你将了解到一些具体的人格障碍。对于书中介绍的每一种障碍，请考虑文化、性别、年龄等因素如何影响对个体行为是否构成障碍的判断。例如，来自较低社会经济阶层的人是否更可能被认为有某种障碍？这与刻板印象和偏见的话题有什么关系？这与警方及其他执法机构使用的“犯罪画像”是否相符？

## 人格障碍的类型

以下部分将描述一些具体的人格障碍，以及判定某人是否患有某种人格障碍的诊断标准。我们将描述每种人格障碍的特征并给出具体的例子。

### 多变类：反复无常、暴力或情绪化的障碍

被诊断为多变类人格障碍的人通常难以控制情绪，在与人相处方面存在特定困难。这类人通常很戏剧性并且比较情绪化，反复无常，难以预测。其中包括四种障碍类型：反社会型人格障碍、边缘型人格障碍、表演型人格障碍和自恋型人格障碍。

#### 反社会型人格障碍

反社会的人通常漠视他人，几乎不关心他人的权利、感受和幸福。反社会者也被称作“社交冷血者”（sociopath）或“冷血精神病态”（psychopath）（Zuckerman, 1991a）。具有这种障碍的成人在儿童期就有各种不端行为问题。这些早期行为问题常表现为侵犯他人权利（如小偷小摸），违反该年龄应遵循的社会规范（如很早开始抽烟或与其他孩子打架）。其他常见的问题行为还包括暴力或残忍地对待动物，威胁恐吓其他年幼的儿童，破坏财物，撒谎，违反规章等。这些早期的行为问题往往被

学校老师最先发现，但有时也会引起警察或训导人员的注意。有些儿童即使年龄很小，也会在与其他孩子发生争执时使用能够严重伤害身体的武器，诸如棒球棍或小刀等。

一旦儿童期的问题行为形成了稳定的模式，发展成**反社会型人格障碍**（antisocial personality disorder）的可能性就会变高（American Psychiatric Association, 1994）。随着问题儿童的体力和认知能力的发展以及性成熟的到来，情况往往会恶化。撒谎、打架、入店偷窃等小问题会演变为入室抢劫、故意破坏财物等较为严重的问题。强奸、残酷伤害被盗者等更严重的侵犯行为也可能随之而来。有些存在此类行为问题的儿童，甚至会很快发展成一种极其危险甚至虐待成性的人格。例如，我们有时会在新闻里听到这样的消息，还未进入青春期的儿童（通常是男孩）非常残忍地杀害其他儿童，而且毫无悔意。一项研究表明，从幼儿园老师对 5 岁儿童冲动性和反社会行为的评价中，就能够识别出哪些人会发展成犯严重罪错的青少年（Tremblay et al., 1994）。一项对 6~13 岁儿童的研究也发现，有些儿童会表现出反社会行为综合征，如冲动、行为问题、社会态度冷漠、对他人缺乏感情等（Frick et al., 1994）。

如果一个孩子在 16 岁前未表现出任何品行问题的迹象，那么成年后就不太可能发展成反社会型人格。而且，即使存在品行问题的儿童，大部分也能在成年早期摆脱该问题的困扰（American Psychiatric Association, 1994）。然而，有些儿童成年后却会发展成为完全意义上的反社会型人格障碍。童年早期（如 6 岁或 7 岁时）就出现品行问题的儿童，比在高中时才有少量品行问题的孩子更有可能在长大后发展成反社会型人格障碍（Laub & Lauritsen, 1994）。

反社会的成年人延续着始于儿童期的品行问题，但程度比儿童期更为严重。反社会这一术语意味着不考虑社会规范。反社会型人格者无视法律，反复做出骚扰他人、打架、破坏财物、盗窃等违法行为。“冷血”是对他们与他人互动的最好描述。为了获得奖赏和快乐（如金钱、权力、社会利益、性等），反社会型人格者会操控或欺骗他人。

反复撒谎是反社会型人格的另一个特征。说谎的模式从早期很小的哄骗开始，逐渐发展成欺诈。在反社会型人格者的社会交往中，撒谎是一个常见部分。有些人靠欺骗他人钱财为生。通过欺骗“战胜”别人，尤其是权威人士，甚至可能是一种享受。

反社会型人格的另一个普遍特征是易冲动，通常表现为缺乏事先的计划。反社会者会做出一连串毫无规划的行为，更不会思考其后果。例如，进入加油站后一时兴起决定抢劫服务人员，即使并未想好如何撤退。具有反社会型人格的犯人常抱怨，由于事先没有计划好而导致自己被捕，然而他们更后悔的是被捕这一事实而非自己的犯罪行为。

更为常见的一种易冲动的表现是，不加思索地做一些日常决定，完全不计后果。例如，一位具有反社会型人格的人可能会不向妻儿做任何交代便离家出走好几天。这通常会导致关系危机，并给工作带来麻烦。他们经常更换工作、更换伴侣、迁移住所。

反社会型人格者也常表现出易激惹倾向，面对极小的挫折也会以攻击的方式做出反应。被售货机吞掉几枚硬币就足以令其暴怒。他们往往有暴力倾向，尤其对配偶或孩子等最亲近的人。打架或身体攻击是他们的家常便饭。鲁莽也是反社会型人格者的典型特征之一。他们毫不在意自己或他人的安全。醉酒驾车、超速行驶、不采用任何保护措施就和多名异性发生关系等正是这种鲁莽性的典型表现。

不负责任是反社会型人格的另一关键特征。反社会型人格者很容易产生厌倦情绪，单调或枯燥的生活会让他们倍感压力。例如，他们会一时头脑发热而辞去工作，对再找一份工作毫无计划。频繁地无故旷工是反社会型人格的常见特征。在经济上不负责任也很常见，他们经常欠下无法偿还的债务，或借新债还旧债以免收账人找上门来。他们会大肆挥霍赖以养家的钱，或把日常开销的钱用于赌博。

**应　用**

肯尼思·莱是安然公司的创始人和前任首席执行官。安然公司是一家大型能源公司，其 2001 年的破产造成了 600 亿美元的投资损失和成千上万名员工共计约 21 亿美元的养老金损失。莱被控欺诈、内幕交易、证券欺诈和欺骗审计人员等 11 项罪名。检察官指控称，莱知道自己的公司陷入了严重的困境，也清楚做假账的行为，但在公司倒闭之前，他一直向投资者隐瞒损失。在此期间，莱开始抛售自己的股票，甚至鼓励公司员工等其他人购买更多的股票。在审判中，莱声称对做假账的行为毫不知情，并将自己描绘成一个轻信的人，受到了腐败职员的蒙蔽，尤其是前财务总监安德鲁·法斯托。由于在安然公司倒闭案中的罪行，法斯托在监狱服刑了 5 年多。在审判时，莱变得好斗并充满敌意，坚持认为应该由他人对此负责。在其他时候，他坚称安然的倒闭是他一生中最痛苦的经历，甚至等同于爱人的去世。2006 年，他被判有罪，如果不是在判决前突然死于心梗，他最高可能会被判 45 年监禁。

莱表现出多个与反社会型人格和冷血精神病态一致的特征。他是一个很有魅力的人，能够说服别人购买公司的股票，即使他已经知道公司陷入了严重的困境，并且正在秘密出售自己的股票；他自信满满，利用自己的魅力骗取了他人数十亿美元；他一再试图把公司失败的责任归咎到别人身上；当面对证明他自身责任的证据时，他变得好斗和充满敌意，在证人席上时很容易被激怒；他对毁掉成千上万名安然员工的毕生积蓄毫无悔意；最后，他试图打出“可怜”牌，通过展示自己遭受的一切痛苦和折磨来得到陪审团的同情。

不知悔改、缺乏愧疚感，对他人的疾苦态度冷漠是反社会型人格的标志。反社会型人格的人可能残忍无情，缺乏正常的同情心、仁慈或社会关怀。请参见后面的阅读专栏，了解当前关于反社会型人格如何形成和维持的理论与研究。表 19.2 总结了反社会型人格障碍的主要特征和此类人格障碍者的常见观念或想法。

与反社会型人格障碍相关的一个概念是冷血精神病态，这个术语于 20 世纪中叶被提出（Cleckley, 1941），用来描述这样一种人：表面看起来风度翩翩、聪明，但具有欺骗性，不会痛悔自责或不关心他人，冲动，不知羞耻、内疚和畏惧。冷血精神病态与反社会型人格是相似但有重要区别的两个概念，不能替换使用。反社会型人格的定义强调可观察到的行为，如长期撒谎、反复的犯罪行为和与权威的冲突。冷血精神病态的定义则强调了更多的主观特征，如缺乏负罪感、表面看起来风度翩翩以及冷漠的社会态度。由于 *DSM-5* 在反社会型人格障碍的定义中也包含了一个主观标准“不知悔改”，因此这种区别可能变得模糊。然而，冷血精神病态主要是一个由心理学家罗伯特·黑尔（Robert Hare）通过其科学工作提出的研究构念。他为此开发了一种名为《冷血精神病态检核表》（Psychopathy Checklist）的测量工具，其中包含了两组主要症状。一组涉及情感和人际特质，如不知畏惧、表面看起来风度翩翩、对他人缺乏同理心和关心、以自我为中心、社会态度冷漠和情感淡漠；另一组评估

表 19.2 反社会型人格障碍的特征

| |
|---|
| 不遵守社会规范，如违法 |
| 重复撒谎或通过骗人获取快乐或利益 |
| 易冲动 |
| 易激惹且具有攻击性，如经常打架 |
| 鲁莽，不顾自己和他人的安危 |
| 不负责任，例如，旷课逃学，不能保住一份工作 |
| 不知悔改，如对他人痛苦漠不关心，为伤害或虐待他人找借口 |
| **反社会人格者的典型想法** |
| “法律不适用于我” |
| “只要能够获得我想要的，让我说什么都行” |
| “我想我今天要翘班去赛马场” |
| “被我揍的那个家伙就是活该” |
| “是她自找的” |
| “我才是那个你该同情的人” |

与反社会生活方式相关的社会越轨行为，如冲动、自控力差、对刺激有强烈需求以及具有早发和长期的行为问题。冷血精神病态和反社会型人格障碍的主要区别在于定义冷血精神病态的第一组情感和人际特质。因此，大多数极端的冷血精神病态者都满足反社会型人格障碍的诊断标准，但并不是所有的反社会型人格障碍者都是冷血精神病态（如果他们没有自我中心、缺乏同情心、情感淡漠或表面看起来风度翩翩等主观特征）。

一个有趣的概念是“成功型”冷血精神病态（Smith, Watts, & Lillenfeld, 2014）。冷血精神病态的某些特征在某些情况下确实可能是适应性的，比如人际魅力和个人魅力、无所畏惧，以及愿意承担经过计算的风险。一些心理学家推测，冷血精神病态的这些特征可能在某些职业中有利于成功，比如财务咨询、政治和肢体对抗性运动。最近一项关于“成功型”冷血精神病态的研究综述（Lillenfeld, Watts, & Smith, 2015）得出的结论是，这是一个有争议和模糊的概念，有多种可能的解释，还需要更多的研究来确定冷血精神病态的积极方面是否可以单独存在，而不包含适应不良和消极的部分。

**练习**

接下来的一周，请你每天至少阅读一份在线新闻杂志，寻找可以作为反社会型人格障碍案例的人物报道，如谋杀者、白领罪犯或诈骗高手。把这些报道摘抄下来，然后和其他人讨论。从该人物的生活和实际行为中寻找与表 19.2 中所列举的反社会型人格障碍特征相符的证据。

当我们判断反社会型人格时，最好考虑到个体所生活的社会和环境背景。心理学家对这样一种现象表达了担忧：人们有时给那些生活在某些环境中的人贴上反社会的标签，然而在这种环境中，不良行为（如打架）被视为一种自我保护的策略。例如，在某些犯罪高发区，反社会的态度会保护个体免于受害。因此，反社会这一

## 阅读

## 关于冷血精神病态心理的理论

我们将比较两个有关冷血精神病态起源的理论：生物学的解释和社会学习的解释。许多心理学家认为，冷血精神病态是由生理缺陷或异常引起的（如 Cleckley, 1988; Fowles, 1980; Gray, 1987a, 1987b）。这类研究强调，冷血精神病态者体验恐惧的能力有缺陷（Lykken, 1982）。缺乏恐惧体验有助于解释为什么此类人无法像从奖励中学习那样从惩罚中学习（Newman, 1987）。他们追求罪恶和无法无天的生活，部分原因在于他们根本不害怕惩罚，因为他们对恐惧不敏感。

格雷（Gray, 1990）的理论影响了许多致力于探求冷血精神病态的生物学解释的研究者。请回顾第 7 章内容，格雷提出人的大脑中有一个负责抑制行为的系统。这个行为抑制系统扮演着心理刹车的作用，当惩罚信号出现时，该系统负责抑制正在发生的行为。格雷认为，行为抑制系统是对外界惩罚信号格外敏感的一个脑结构。意识到惩罚危险的人通常会立即停止当前所做的事，寻找逃避惩罚的方法。

研究者开始考察冷血精神病态者的情感生活，尤其是与焦虑和其他负面情绪有关的体验。精神病学家克里斯·帕特里克和他的同事做了一系列有趣的研究。其中一项研究考察了一群犯有性侵罪的罪犯（Patrick, Bradley, & Lang, 1993）。用黑尔的《冷血精神病态检核表》（Hare, Hart, & Harpur, 1991）进行测量后发现，即使在这群重案犯里，某些个体的冷血精神病态倾向也比另一些人更严重。帕特里克及其同事让这些犯人观看一些令人不愉快的图片（如受伤的人、吓人的动物等），试图引发他们的焦虑情绪。在他们看图片时，研究者会用突然爆发出的随机巨大声响来吓他们一跳。人们在受到巨大噪声惊吓时，通常会眨眼睛。此外，处于极度焦虑和恐惧情绪中的人，其眨眼的频率和力度会高于情绪正常的人。这说明，人受到惊吓后眨眼的速度可作为一个测量其内心焦虑或恐惧程度的客观生理标准。也就是说，借助**惊吓眨眼法**（eye-blink startle method），研究者可以直接测量人的焦虑程度，而无须询问他们。

对犯人的测试结果显示，冷血精神病态程度更严重的罪犯在受到惊吓后眨眼的次数更少，表明他们面对同样的不愉快图片时体验到的焦虑感更少。然而，当问及这些图片是否令人恐惧时，冷血精神病态者和非冷血精神病态者都说他们感到恐惧。这表明，冷血精神病态者虽声称感到焦虑或恐惧，但神经系统的直接测量结果却表明，在相同情境下他们实际体验到的恐惧感比正常人要少。

在另一项研究中，帕特里克等人（Patrick, Cuthbert, & Lang, 1994）再次找到一组具有不同程度反社会行为的犯人作为参与者。这次，他们要求参与者想象恐怖场景（如不得不做手术）。结果显示，反社会倾向程度不同的人在其自我报告中并未表现出差异，都说自己在这些恐怖画面中体验到的焦虑感大于普通画面（如在院子里散步）。然而，对这些恐怖画面的生理反应却呈现出巨大差异，反社会倾向程度较轻者在想象恐怖画面时的唤醒水平更高。也就是说，用生理方法测量时，反社会型的罪犯表现出恐惧反应的缺失，而生理测量的优点在于它不像自我报告那样容易弄虚作假。这些结果与冷血精神病态者不太能体验到恐惧和焦虑情绪的说法一致。在一篇文献综述中，帕特里克（Patrick, 1994）指出，冷血精神病态者的核心问题是缺乏恐惧反应。结果是，冷血精神病态者不会为避免惩罚或不利后果而中断自己的行为。

另一些研究者并不强调生物学因素，而是认为冷血精神病

这是心理学家帕特里克在研究中所使用的图片。他发现冷血精神病态者在面对这些恐怖刺激时并未表现出正常的恐惧反应。

态者在情绪反应上的迟钝是习得的（Levenson, Kiehl, & Fitzpatrick, 1995）。在他们身上观察到的无所畏惧可能是系统性脱敏的结果。如果一个人长期面对暴力或其他反社会行为（如儿童期虐待或帮派活动），那么他对这些行为就会变得不敏感。也就是说，他们对他人的冷酷无情（冷血精神病态的标志）是脱敏这一众所周知的学习形式的结果。一项对 400 多名受虐儿童的前瞻性研究表明，受虐儿童在 20 年后发展成冷血精神病态者的比例显著高于控制组（Luntz & Widom, 1994）。习得论认为，作为虐待的受害者，他们习得了虐待他人是掌握权力、控制他人以及得到自己想要的东西的方式和途径。很多冷血精神病态者都有人际支配的动机，并且似乎能从控制他人的权力中获得乐趣。有时我们可以从公司董事会、政界、警察局以及任何一个存在霸凌可能的场所看到这一现象。该研究的要点在于，那些成为恶霸的人小时候也常常被欺凌和虐待。

利文森（Levenson, 1992）用这些结果来支持冷血精神病态的社会学习模型，认为人们会在某一时刻决定做出反社会行为，因为他们通过观察他人得知这是得到自己想要的东西的一种方式。

心理学家目前还在争论这两种理论的优劣。不管形成冷血精神病态的原因是什么，反社会行为的频次和严重性通常会随年龄的增长而降低。据说对这类人的最佳治疗方法是把他们关进监狱里一直到老。个体在 40 岁以后，这种行为出现的频率会大大减少（*DSM-5*）。一个关于罪犯的广为人知的事实是，相比那些 20 岁或 30 岁的人，年过 40 的人因反社会行为而再次被捕的可能性要小得多。例如，一项对 809 名 16~69 岁的男性罪犯的研究发现，社会越轨行为、冲动和反社会行为在年长罪犯中的发生率要低得多（Harpur & Hare, 1994）。反社会的信念和冷漠的社会态度并不会随个体年龄的增长而下降。因此，虽然年长的冷血精神病态者仍不太会顾及他人及他人的感受，不过他们不太可能冲动地将这些信念付诸实践或真的去实施反社会行为。

术语应该只用于指那些意味着功能性障碍的行为模式，而不包括仅仅是对周围社会环境做出反应的行为。例如，那些来自被战争蹂躏的国家，视攻击为生存之道的年轻移民，不应该被看作具有反社会型人格。在判断某些不良行为是否为功能性障碍的标志时，一定要考虑到个体的社会和经济背景。

## 边缘型人格障碍

**边缘型人格障碍**（borderline personality disorder）患者的生活以不稳定为特征。他们的人际关系不稳定，行为模式不稳定，情绪不稳定，甚至连自我意象也不稳定。下面我们从人际关系开始逐一展开。

边缘型人格障碍者的人际关系通常很紧张、比较情绪化，甚至可能存在暴力，他们非常害怕被抛弃。如果这类人感觉到自己在重要的关系中被孤立或排斥，就会导致他们的自我意象和行为模式发生巨大变化，如对他人充满愤怒。他们有明显的人际关系困难。当他人离开时，他们会产生强烈的被抛弃的恐惧感，变得易怒，甚至带有攻击性。为了挽回人际关系，他们有时会做出自残行为（如烫伤或割伤自己），甚至企图自杀。一项对 84 名边缘型人格障碍住院患者的研究发现，72% 的人有尝试自杀的历史（Soloff et al., 1994）。事实上，这个样本中每个人平均至少 3 次尝试自杀。他们的人际关系紧张而多变。他们可以很快地从仰慕一个人过渡到嘲弄此人；他们对人际关系的看法也多变，时而充满关爱，时而严苛无情；对于以前受过的委屈，他们时而顺从接受，时而要愤怒复仇。影片《致命诱惑》的主角就有边缘型人格障碍的多个特征。下文“阅读”专栏讨论了这部 1987 年奥斯卡提名影片如何栩栩如生地刻画了这种人格障碍。

表 19.3　**边缘型人格障碍的特征**

| |
|---|
| 人际关系、情绪和自我意象不稳定 |
| 害怕被抛弃 |
| 有攻击性 |
| 有自我伤害倾向 |
| 情绪强烈 |
| **边缘型人格障碍者的典型想法或信念** |
| “没有你我什么都不是” |
| “如果你离开我，我就会死” |
| “如果你离开，我就自杀” |
| “我恨你！我恨你！！我恨死你了！！！” |
| “我太爱你了，我愿为你做任何事或为你成为任何人” |
| “我内心感到空虚，好像不知道自己是谁” |

边缘型人格障碍者对自我的认识也时常变换。他们目标短浅，价值观多变，观点也会发生突然转变。他们会尝试结交各种类型的朋友，或尝试不同的性取向。在内心深处他们通常认为自己很邪恶。他们经常自我伤害，当他人威胁要离开或要求他们承担新责任时，这种行为会增加。

边缘型人格障碍者身上很常见的另一个特点是情绪强烈，如惊恐、愤怒、绝望。这些情绪多由人际事件引发，尤其是遭抛弃或被忽视。面对他人的压力时，边缘型人格障碍者会猛力回击，变得刻薄、好讽刺或具有攻击性。愤怒期过后他们常会因此而深感愧疚，有负罪感，感觉自己很邪恶。他们常抱怨感到空虚，也会自我破坏，使努力前功尽弃。例如，在一项训练计划结束前夕放弃，或在一段温暖的关系刚走向正轨时抽身而出。

心境以及对自己和他人的感受剧烈摇摆，是边缘型人格的特征之一。边缘型人格障碍者可以很快对同一个人由爱转为恨；他们对朋友、亲属、爱人和治疗师都十分苛刻，也很擅长操纵他人。例如，当不能得偿所愿时，他们可能会威胁甚至尝试自杀。

表 19.3 列举了边缘型人格障碍的主要特征，以及有这种障碍的人可能持有的普遍观点和想法。这类人在童年时遭受过肢体虐待或性虐待、照管不良或很早就失去父母的比例比常人更高。很多研究者认为，边缘型人格障碍是个体早年丧失父母的关爱引起的，如父母早逝、被虐待、严重照管不良以及父母吸毒或酗酒等（Millon et al., 2000）。这种早期关爱的缺失会影响他们建立人际关系的能力，在这种环境下，儿童会认为没有人值得信任。虽然边缘型人格障碍者有人际关系方面的困难，但如果得到足够的帮助和支持，他们依然有可能建立稳固的社会关系。如果他们找到这样一个人，随和友善、稳定有耐心、符合他们对承诺关系的期待、能照顾人并化解问题，那么他们就能建立满意的亲密关系。

## 表演型人格障碍

**表演型人格障碍**（histrionic personality disorder）的标志性特点是过度寻求关注和情绪化。通常，这类人过于戏剧化，喜欢成为被关注的焦点。他们通常看起来有

## 阅读

### 致命诱惑

惊悚片《致命诱惑》由迈克尔·道格拉斯和格伦·克洛斯主演。道格拉斯在剧中扮演丹，一位富有且有实力的律师，他娶了一位漂亮的妻子。他们有一个出色的女儿，两个人都深爱自己的女儿。在一次商务晚宴中，丹遇见了克洛斯所扮演的亚历克斯，一位妖娆迷人的单身女郎，并为之深深吸引。因为当时妻子在场，丹与亚历克斯之间什么也没发生。几个星期后的一个周末，丹在一次没有妻子伴随的商务旅行中，再次遇见了亚历克斯，他们相互调情，互相为对方所吸引。丹当时并未意识到这是一场致命的诱惑。他们发生了几次性关系，两人都为之销魂。其中有一个场景，两人做爱后躺在床上，摄像机对准炉子上烧开的咖啡壶，这是对他们的通奸关系即将引发危险后果的一个微妙视觉暗示。

在这次不忠的行为之后，丹回到了妻子身边。亚历克斯对丹企图就这样遗忘她感到很伤心。她既爱他，又为他的离开而怨恨他。在接下来的几个星期里，她给丹的家里打电话，甚至暗中跟踪了他数次。最后，她终于见到丹并告之已经怀了他的孩子，要求他离开妻子，来到她身边。然而，丹却叫她去堕胎，并让她放弃让自己离开妻子的想法。丹明确表达了不想和她有什么未来。之后，亚历克斯在极度的爱与恨中来回摇摆。她想要独占丹，认为得到他就必须除掉挡在他们之间的障碍——丹的妻子和孩子。亚历克斯开始不断威胁和骚扰丹和他的家庭，该片变得越来越惊悚。

影片刚开始上映时，很多评论者把亚历克斯这一角色错误地称为“精神变态的情人”或“疯子”。然而实际上，她显露出多个边缘型人格障碍的特征。她有极为严重的人际关系问题，这是边缘型人格障碍的标志性特征。她徘徊于占有欲和破坏欲之间，游弋在摧毁自己和毁灭他人的边缘。在影片中她因愤怒而越来越具有攻击性，观众不知道她最终是会摧毁自己还是毁灭他人。所有这些都是由被抛弃感引起的，这是边缘型人格障碍的另一个标志性特征。被遗忘、孤立或抛弃对患有这一障碍的人来说是一个极为重大的问题，因为他们往往通过人际关系来界定自己（如“没有你，我什么都不是”），他们害怕失去这些关系。然而，因为他们的情绪强烈而多变，他们的人际关系通常不稳定、不如人意并且经常夭折。他们自己造成了自己害怕的后果。

在影片《致命诱惑》中，格伦·克洛斯扮演的亚历克斯这个角色身上有很多边缘型人格障碍的特征。



个人魅力，甚至举止轻浮，许多行为带有不恰当的挑逗和诱惑意味。他们的这些性挑逗举动通常不分对象也不分场合，如可能在职场环境中表现出来。他们通常非常注重外表，想要竭力吸引他人，博得他人的恭维。然而，他们也常常因表现过头而显得华而不实或浮夸。

表演型人格障碍者会频繁地表达自己的观点并且喜欢夸张，然而他们的观点很肤浅，容易变来变去。例如，他们会说某政治家或官员是一位伟大而出色的领导人，但又举不出任何支持该说法的理由或具体事例。这类人重感觉，轻事实，通常靠直觉行事（Millon et al., 2000）。他们可能在公众场合表现出激烈的情绪，有时甚至使周围的朋友和家人备感尴尬。他们会因某个小挫折而大发脾气，或因某件微不足道的伤感事件而放声痛哭。在他人看来，他们的情绪虚假且夸张，仿佛演戏一般。他们也很容易受暗示的影响，因为他们的观点不是基于事实，所以常常摇摆不定。

由于表演型人格障碍者总爱出风头，他们通常很难与他人相处。他们常常因为没有受到自认为应有的重视而情绪低落或行为冲动。为得到他人的注意，获得关爱，他们会摆出自杀姿态或发出自杀威胁来操纵他人。他们的轻佻举动使他们更容易受到性侵犯。表演型人格障碍者肤浅的情绪风格也会给他们带来其他社交问题。换言之，他们热衷于激情和新异性，虽然他们可能在开始一个项目或一段关系时充满激情，但其兴趣无法持久，他们会为了暂时的刺激而放弃长期的目标。表演型特质是适应不良的，因为它会阻碍关系的发展并导致个体很难成为对社会有贡献的人。

表 19.4 列举了表演型人格障碍的主要特征和可能具有的典型信念和思维。与所有其他人格障碍的标准一样，举止得当的标准可能随文化、时代和性别的不同而有巨大差异。因此，我们在判断某些行为是否为表演型人格障碍时，必须考虑这些行

应 用

**一个表演型人格障碍的案例** 罗克珊是一名学生，晚上在一家成人俱乐部担任舞者。她会告诉人们这只是暂时的工作，她与在那里工作的其他舞者不同。但她也承认此工作满足了自己的两大需要：金钱和人们的关注。“离开这两样东西，我无法生活。”这是她的心声。罗克珊决定参加一些自我提升的心理课程。她衣着华丽，在班上的同龄人中她显得格格不入。一次她去教授的办公室，却似乎没有任何问题想谈。她只是想炫耀一下自己和自己的兼职工作。在这之后，便有人听她说她和教授能直呼彼此的名字，是私交很好的朋友。课堂上她总是设法吸引他人的注意，如在教授发表一个观点后大声叹息，或不合时宜地随口回答教授的修辞性问句。在临近课程结束时，她却不再去上课，也没参加最终的考试。她发邮件告诉教授，她得了一种让身体非常虚弱的病症，要经常躺着才不会晕倒。她说她看了几位医生，但没人能说出她得了什么病。从此，教授再也没有收到她的消息。

表 19.4 **表演型人格障碍的特征**

| |
|---|
| 过度寻求关注 |
| 情绪过激、过强 |
| 富有性挑逗特征 |
| 观点肤浅 |
| 易受暗示 |
| 强烈需要他人的注意 |
| **表演型人格的典型想法或信念** |
| “嘿，看着我” |
| “成为关注的焦点时我感觉最幸福” |
| “枯燥是最糟糕的” |
| “我通常跟着直觉走，不必深思熟虑” |
| “我能逗乐、取悦任何人或让他们记住我，这主要是因为我很风趣幽默” |
| “只要感觉想做什么，我就会去做” |

为是否造成了社交危害或痛苦。例如，在一种文化中被认为具有挑逗性的举动，在另一种文化里可能是被接受的。一位来自意大利南部海岸的女性可能被美国人认为是轻佻的，然而事实上这只是由于她所处的文化更友善，人与人之间相处更随便，在那里挑逗调情是一种常见的交往方式。再来看看性别。表演型人格障碍者的表现可能取决于性别刻板印象。有这种障碍的男性通常过于“大男子气概”，企图靠吹嘘自己勾引异性的能力或在职场中拥有的权力来赢得他人注意；而有这种障碍的女性则往往表现得过于女性化，企图靠绚丽性感的服饰或装扮来博得他人的注意。

### 自恋型人格障碍

**自恋型人格障碍**（narcissistic personality disorder）最突出的特征是强烈需要得到赞美，妄自尊大，缺乏洞察他人感受的能力。自恋者自视甚高，夸大自己的成就，贬低他人的功劳。自恋者常白日做梦，幻想自己发达、成功、有影响力、受人崇拜并且掌握权力。他们总想得到他人的赞美，总认为他人对自己不够崇拜。他们表现出一种特权感，认为自己应该受到特别的尊重和待遇，尽管他们并没有做出什么贡献来获得这种特殊待遇。

自恋者身上弥漫着一种优越感。他们总觉得自己非同一般，只有那些同样出类拔萃的人才有资格和自己交往，由于他们只和这些特别的人交往，因此会越发觉得自己了不起。这样的人会坚持请最好的律师，上最好的大学，认为自己与众不同，高人一等。

具有此人格者对周围人的要求很高，他们希望频繁得到他人的赞美，以及身边人的忠实仰慕。许多自恋者喜欢和社交方面比较弱势或不受欢迎的人交朋友，因为他们不会和自恋者争夺他人的关注。自恋的悖论是指，虽然自恋者的自尊很高，但他们膨胀的自尊事实上很脆弱。也就是说，虽然他们看起来很自信，但需要他人的赞美和关注来支持自己。你可能会想，一个真正自信的人不应该有这种希望他人不断赞誉和仰慕的不合理需要。当自恋者出现在聚会上时，他们希望得到隆重的欢迎；当他们去餐馆和商店时，他们希望店员和服务生能一下就注意到自己，冲过来为自己服务。因此，自恋者依赖他人的反应来证实自己的重要性。

自恋者的自尊脆弱并不是说他们在掩饰自己的低自尊，而是说他们对批评格外敏感。当他们认为自己没有得到应有的重视时，会勃然大怒。他们的高自尊是真实的，即使没有任何证据支持，他们也完全真诚地期望别人会承认他们非常突出、独特和优越。他们的脆弱表现为一种神经过敏和易怒的敏感性，类似于小孩子发脾气、噘嘴。

使自恋者产生社交困难的另一个原因在于，他们意识不到他人的需要和欲望。在谈话中，他们总是在说自己：“我”这样，“我”那样。在日常对话中，他们比一般人更频繁地使用第一人称（我，我的）（Raskin & Shaw, 1987）。心理学家（Robins & John, 1997）发现，在自恋心理测试中得分高的人对自己表现的评价比他人的评价高，这说明自恋中存在自我抬升的成分。和自恋者交往的人总是抱怨自恋者以自我为中心，不愿接受相互付出的交往模式。

自恋者与人交往时还有一大障碍，就是容易对人心生嫉妒。当听到熟人的成功或成就时，自恋者可能会诋毁其成功，认为自己比那个人更值得成功。自恋者可能会对他人的成就表现出蔑视，尤其是在公众场合。表面的不屑可能是在隐藏他们对他人成功的嫉妒和愤怒。

表 19.5 **自恋型人格障碍的特征**

| |
|---|
| 希望被仰慕 |
| 妄自尊大 |
| 缺乏洞察他人心理感受和需要的能力 |
| 特权感 |
| 优越感 |
| 自尊很高但很脆弱 |
| 嫉妒他人 |
| **自恋型人格者的典型想法或信念** |
| “我就是与众不同，我应该得到特别待遇” |
| “通常的规范对我不适用” |
| “如果他人不给我应得的赞美和肯定，那就应该受到惩罚” |
| “他人应该按我的吩咐去做” |
| “你是谁呀，凭什么来批评我？” |
| “我完全有理由期望得到最好的生活” |

表 19.5 列举了自恋型人格障碍者的主要特征及其典型的信念和思维。由于其自信和抱负，自恋者有时会取得较高的成就。然而，他们的人际交往常充满问题，因为他们过分需要表扬和认可，意识不到他人的需要并且有一种特权感。他们很难维持亲密关系。

练习

每个人或许都认识一些有自恋倾向的人。想想你认识的最自恋的人，列举你认为体现其自恋人格倾向的五种性格特征或行为。看看你所列举的这些特征与表 19.5 中列举的症状是否吻合。

## 古怪类：各种怪异的人格障碍

第二类人格障碍是那种使人在社交中感到不自在且非常古怪的类型。大部分障碍的古怪之处都在于与人交往的方式。有的对交往毫无兴趣，有的在与人交往时感觉极不自在，有的则对他人充满怀疑。发展到极端时，这些人际交往方式便会形成三种人格障碍，分别为分裂样人格障碍、分裂型人格障碍和偏执型人格障碍。

**分裂样人格障碍**（schizoid personality disorder）和**分裂型人格障碍**（schizotypal personality disorder）都源于精神分裂症，因此与这一诊断类别的历史密切相关。精神分裂（schizophrenia），字面意思是切断心灵自身以及与现实的连接，这是一种严重的精神疾病，涉及幻觉、妄想或知觉失常等症状。上面两种人格障碍都表现出一些精神分裂症的非精神病性症状，但程度较轻。例如，分裂型人格障碍表现为性情古怪，对怪异的思想感兴趣，而分裂样人格障碍则表现为社交冷漠。精神分裂症除包含这两类特征外，还包括幻觉、妄想等。因此，这些人格障碍与精神分裂症这种严重的精神疾病有颇多相同点。例如，分裂型人格障碍者可能携带易患精神分裂症的基因型。精神分裂症患者的大部分家庭成员举止古怪，这些古怪行为可能导致他们被诊断为分裂型人格障碍。

### 分裂样人格障碍

分裂样人格障碍者孤立或游离于正常社会关系之外。这种人似乎没有与人维持亲密关系或友谊的需要或欲望。家庭生活对他们来说没有太大意义，他们也不会从群体中得到满足。他们很少或根本没有亲密朋友，宁愿自己待着也不愿与人为伴。他们通常会选择能够独自完成和欣赏的爱好，如集邮。择业时通常选择那些能独立完成的工作，经常涉及机械类的或者抽象的任务，如机械师或计算机编程人员。通常，分裂样人格障碍者极少从吃喝或性交等感官体验中获得乐趣，他们的感情生活非常匮乏。

应　用

**患有分裂样人格障碍的研究助手罗杰的案例**　罗杰是一名大学生，自愿在实验室里帮一位心理学教授工作。他工作负责，按时上班，完成交代给他的任务。虽然他已经自愿工作了几个学期，但他似乎对工作很冷淡，从不过于兴奋，甚至看起来对工作并不感兴趣。他经常在晚上工作。有好几次，几个研究生向教授告状，说罗杰盯着他们看。被问及细节时，这些学生说，当他们让办公室的门开着时，有时一转身就会发现罗杰站在门口看着他们。几个女学生抱怨说，他就像“幽灵”一样诡异，所以她们总是锁着办公室的门。

罗杰的弟弟与他读同一所大学，他们住在一起。弟弟负责处理一切日常事务，如与房东打交道、购买日常用品、交水电费等。因此，罗杰过着受人照顾的生活，一心学习、读书和上网。在课堂上，他从不发言，也不参与讨论。在课下，他既没有朋友，也从不参加课外活动。那位教授以为他在服用药物，但经过询问发现并非如此。获得心理学文凭后，他回去与父母住在一起。他重新布置了父母的车库，一直在那里住了 15 年。每隔几年，他都会给教授发一封电子邮件，介绍自己相当稳定的生活的最新状况，但教授回复的邮件都由于“邮箱地址不存在”而被退回。很明显，罗杰找到了一种方法来隐藏他的邮箱地址。

在最好的情况下，分裂样人格障碍者对他人表现得漠不关心，既不受他人批评的干扰也不因他人的赞美而欢欣鼓舞。可以用“寡淡”来描述他们的情感世界。通常他们对社交暗示毫无反应，看起来不合时宜或社交笨拙。例如，他们可能会走进一个房间，盯着本来在房间里的那个人看，但毫无与之交谈的意图。有时，分裂样人格障碍者面对令其讨厌的情境时会比较被动，对重大事件缺乏有效的回应。这样的人似乎毫无方向性。

在有些文化中，人们应对压力的方式就像分裂样人格障碍者。换言之，一些人并没有这种人格障碍，但他们在感到压力时会表现出社交麻木和被动。例如，从十分偏僻的乡下搬到大城市居住的一些人，会连续几个星期或几个月表现出类似分裂样人格障碍的症状。噪声、光线和过度拥挤可能令他们不堪重负，致使他们更喜欢独处、抑制情绪，并表现出其他社交技能缺陷。同样，移民有时也被认为比较冷漠、疏远或保守。例如，20 世纪 70 到 80 年代从东南亚移居美国的人，在美国都市主流文化的人看来往往冷漠而充满敌意。这都是一些文化差异，不应该被看作人格障碍。

## 分裂型人格障碍

分裂样人格障碍者表现为社交冷漠，分裂型人格障碍者则在社交中感到极不自在。他们在社交场合中很焦虑，尤其是有陌生人在场时。分裂型人格障碍者总觉得自己与他人格格不入或不合群。有趣的是，当他们不得不与一群人打交道时，他们未必会因为越来越熟悉而减少焦虑感。例如，当加入一个群体集会时，他们不会越来越放松，反而会越来越紧张。这是因为他们对他人怀有戒心，不信任他人，因而无法放松自己。

著名的超现实主义画家达利表现出了很多分裂型人格障碍的特征。

分裂型人格障碍者的另一特征是行为反常和古怪。他们常常有很多迷信思想，如相信超感官知觉和其文化规范之外的许多其他通灵或超自然现象。他们可能相信魔法或认为自己有超常的法力，如用自己的思想控制他人或动物。他们可能有不寻常的知觉能力，接近幻觉的程度，如觉得其他人在注视自己，或听到有人在低声呼唤自己的名字。

由于他们怀疑他人，在社交中感到不适，总是举止古怪，分裂型人格障碍者在社会交往中存在困难。他们常常违背一些社交常规，如不与人进行眼神交流，衣着不干净或胡乱搭配。在许多方面，他们很难融入社交群体。

由于分裂样人格障碍与分裂型人格障碍在回避社交关系方面具有某些相似性，因此我们把两者的主要特征一起列在了表 19.6 中。同时，表中还列举了能刻画这两类人格障碍者的典型信念和思维。

表 19.6 **分裂样人格障碍和分裂型人格障碍的特征**

| |
|---|
| **分裂样人格障碍** |
| 游离于正常的人际关系之外 |
| 生活毫无乐趣 |
| 不合时宜，社交笨拙 |
| 消极应对不愉快事件 |
| **分裂型人格障碍** |
| 社会交往中感到焦虑，避免与人相处 |
| 不寻常，不服从 |
| 对他人疑神疑鬼 |
| 想法怪异，如相信超感官知觉或魔法 |
| 异常的知觉或体验 |
| 思想和表达混乱 |
| **分裂样人格和分裂型人格的典型想法或信念** |
| “我讨厌与他人有瓜葛” |
| “和与人交往相比，我觉得隐私更重要” |
| “最好不要向他人透露太多秘密” |
| “人际关系总是一团乱麻” |
| “我最擅长自己管理自己，设定自己的标准” |
| “亲密关系对我不重要” |

# 阅读

## “校航炸弹客”：多种人格障碍共病的例子

1996 年，西奥多·卡钦斯基因长期邮寄炸弹谋杀他人而被捕。在长达 17 年的时间里，他不断向一些毫不知情的大学教授和科学家邮寄炸弹［因此他的美国联邦调查局代号名为 Unabomber（“校航炸弹客”），university and airline bomber 的缩写］。他的主要目标是计算机科学家，但他邮递的炸弹也伤害了一位心理学教授，即密歇根大学的詹姆斯·麦康奈尔教授。警察虽然知道所有的炸弹都来自同一个人，但却不清楚他这样做的动机是什么，为何把目标瞄准大学教授。在长达 17 年的远距离匿名谋杀、伤害他人之后，卡钦斯基决定明目张胆地表达自己的不满。他给美国联邦调查局寄去了几封嘲笑信，还给《华盛顿邮报》和《纽约时报》写了一篇漫长而不着边际的宣言，猛烈抨击科技和现代社会。这导致了他的毁灭，他的弟弟从这篇宣言中认出了他，并通知了警方。警察在蒙大拿州一个不足 12 平方米的偏僻棚屋里逮捕了他。

记者玛吉·斯卡夫在《新共和》（New Republic）杂志（1996 年 6 月 10 日，p. 20）刊登了一篇报道，她认为卡钦斯基可能患有自恋型人格障碍。斯卡夫用 *DSM-IV* 中自恋型人格障碍的描述来解释卡钦斯基的行为。例如，在哈佛大学读本科时，他是如此封闭，以至于没有同学记得关于他的任何事。他认为自己是一个不被理解的天才，相信总有一天世界会承认自己。在密歇根大学攻读数学研究生时，他比以前更加封闭自己。在其封闭的世界里，他可能形成了一种自己有名望和权力的幻想，并报复那些拒绝赞扬他的人。作为加州大学伯克利分校的一位颇有前途的年轻数学教授，1969 年他突然离职，因为很明显没有人看出他的卓越，没有人像他那样认识到他有着非凡的智力和超人一等的洞察力。他认为同事们都是笨蛋，因为他们没有看到他显而易见的超常之处。学生们却对他的教学方式怨声载道，在教学评估里，学生们指责他的课既枯燥又无用，并且对学生提出的问题置之不理。或许卡钦斯基认为学生们也是笨蛋。

斯卡夫在她的文章里论述说，当卡钦斯基离弃社会时，他实际上是在说：“我很特别，我应该受到你们的尊敬。”当他开始嘲笑试图抓获他的警察时，实际上是在说：“我如此出众，以至于犯罪也能逃脱法网，你们在 17 年里都没有抓到我，你们将永远抓不到我。”最后，当他向全世界发布宣言时，他实际上是在说：“你们最好意识到你们正在与史无前例的天才交锋。我是如此地聪明、强大和机智，我会告诉你们这个世界存在的所有问题及其解决办法。如果你们对我的指令置之不理，你们就会陷入危险之中。”在互联网的搜索引擎上输入“Unabomber”你就能找到他的狂妄宣言。

斯卡夫只是一名记者而非心理学家，因此她的诊断只是基于猜测。卡钦斯基的确有自恋型人格障碍的某些特征，但大多数自恋者并不是连环杀手。对于他的异常行为，我们还可能找到什么其他线索吗？法庭指定的精神病专家对卡钦斯基所做的全部报告都可以在网上找到。该报告由官方指定的精神病专家萨莉·约翰逊（Sally Johnson）出具，从另外的角度分析了卡钦斯基的行为。在哈佛大学读书时，卡钦斯基参加过亨利·默里（我们在第 11 章讨论过他）的一项研究。心理测验结果显示，他在那时候就极端内向，且有点抑郁。30 年后的心理评估发现，他主要患有偏执型精神分裂症（一种严重的心理疾病）。然而他的智商高达 136，属于人群中智商最高的那 1%。在人格障碍方面，精神病专家总结说，卡钦斯基患有偏执

加州大学伯克利分校前数学教授西奥多·卡钦斯基因在 17 年的时间里实施了多起炸弹袭击而被定罪。卡钦斯基身上表现出了多种人格障碍的特征。

型人格障碍，并具有回避型人格障碍和反社会型人格障碍的许多特征。下面引用的是约翰逊发布的正式报告：

卡钦斯基先生还被诊断患有偏执型人格障碍，并具有回避型人格障碍和反社会型人格障碍的一些特征。回顾其成长史、青年期及成年早期生活可以发现，其形象符合这种人格障碍的症状。他一贯不信任他人，总是恶意解读他人的动机，这符合这种人格障碍的特征。卡钦斯基身上存在的其他偏执型人格障碍症状还包括：毫无根据地怀疑他人在利用、危害或欺骗自己；容易从善意的交谈和事件中解读出不尊重和威胁自己的信息；总是心怀怨恨，从来不会饶恕侮辱、伤害或轻视过他的人；他会把在别人看来是中性的事理解为在贬损他的人格或名誉，并马上发怒或进行反击。

除了达到偏执型人格障碍的诊断标准外，卡钦斯基还有另外两种人格障碍的特征。回避型人格障碍的特征表现为，他很早就表现出社交抑制、自卑感和对负面评价过度敏感。与此一致，由于害怕被羞辱或讥笑，他在亲密关系中表现得很克制。他过分在意在社交场合会受到批评或拒绝。由于自卑感，他在新的人际情境中很拘谨。反社会型人格障碍的特征表现为普遍地忽视或侵犯他人的权利。这包括他不遵守社会法律准则，不断地做出违法的行为。这些描述以他自己的作品和访谈为依据。与反社会型人格障碍特征相符的还有他的欺诈性，一直以来他都精心地掩盖自己的罪行。他完全无视他人的安全。在他的作品中还可以发现，他对伤害、虐待以及偷窃行为没有丝毫悔恨之意。卡钦斯基不能被诊断为具有反社会型人格障碍，因为他在 15 岁之前并没有出现品行障碍。（摘自北卡罗来纳州巴特纳市联邦监狱健康服务副监狱长、首席精神病医师萨莉·约翰逊博士 1996 年 1 月的报告。）

卡钦斯基至少表现出了四种不同人格障碍的特征，其中最为显著的是偏执型人格障碍。这种障碍伴随着偏执型精神分裂，其症状包括幻想和复杂的信念系统。这种在一个人身上同时表现出两种或多种障碍的现象被称为共病。当一个人同时具有两种或多种人格障碍或其他障碍时，此个体就具有共病。共病现象十分普遍，它使障碍的诊断变得更加困难（Krueger & Markon, 2006）。

有研究者（Mason, Claridge, & Jackson, 1995）发表了一份测量分裂型人格特征的问卷，并在一些英国样本中得到了验证。其中一个分量表包含测量异常体验的条目，如“你的想法是否有时会强烈到你可以听见它们？”“当有人看着你或触摸你时，你是否有时有一种力量倍增或突然虚脱的感觉？”“你是不是很擅长控制他人，以至于连你自己有时都感到害怕？”另一个分量表包含测量认知混乱的一些条目，如“你是否感到有时自己措辞混乱，说话毫无头绪，没有意义？”“你是不是常常觉得很难开始做一件事？”另一组条目测量的是社交逃避倾向，如“你是否过于独立，无法真正与人交往？”“你是否经常在聚会上远离他人，独自寻找乐趣？”最后一个分量表是关于不服从性的测量，如“你是否经常喜欢反其道而行之，即使知道他人的建议是正确的？”“你会服用那些具有奇怪或危险后果的药物吗？”

**练习**

很多名人举止怪异，不少艺术家（如达利）、作家（如田纳西·威廉斯）、音乐家、影星甚至政治家都表现出一些非常怪异的行为。你可以举出最近表现出奇怪想法和行为的公众人物吗？想想他们的行为是否还符合分裂型人格障碍的其他特征？

### 偏执型人格障碍

分裂型人格障碍表现为与人相处时极不自在，偏执型人格障碍则表现为极度不

表 19.7 **偏执型人格障碍的特征**

| |
|---|
| 不信任他人 |
| 将社会事件误解为带有威胁性 |
| 对他人心怀怨恨 |
| 病态嫉妒心理 |
| 爱与人争执，有敌意 |
| **偏执型人格的典型想法或信念** |
| “在他人制服你之前先制服他们” |
| “他人都有不可告人的动机” |
| “人们总是说一套，做一套” |
| “任何事都不能让他们得逞” |
| “我必须随时保持警惕” |
| “他人要是对你好，那很可能是因为他们对你另有所图，要当心！” |

信任他人，视他人为持续的威胁。他们总是毫无根据地认为他人想要利用和欺骗自己。偏执型人格障碍者认为自己受到了他人的伤害，因此总是怀疑他人的动机。

这类人通常不向他人透露个人隐私，害怕他人借此对付自己。他们对他人的反应是“不要多管闲事”。他们常常曲解周围的社会事件。例如，他们会把他人随意的评论理解为一种恶意或带有威胁的言论（如心想“他那样说的用意是什么？”）。他们总是寻求他人评论和行为背后的含义及动机。

具有**偏执型人格障碍**（paranoid personality disorder）的人经常因为一点小事或自认为的侮辱就对人心怀怨恨。即使是小的争执，他们也不会原谅或忘记。他们经常把微不足道的小事诉诸法庭。有时这类人为了维护自己的利益会恳请当权者进行干预，如给议员写信，或不厌其烦地骚扰当地警长。

病态的嫉妒是偏执型人格障碍的常见表现。例如，一个病态嫉妒的女性，哪怕并没有任何证据，也会怀疑丈夫或伴侣对自己不忠。她会为了验证自己的猜测而竭尽全力寻找证据，并限制伴侣的行动或反复盘问其行踪。她不会轻易相信伴侣的解释或忠诚的誓言。

偏执型人格障碍患者有可能去伤害那些威胁其信念系统的人。他们爱争论和充满敌意的天性会激起他人的好斗反应，这种好斗的反应反过来又会验证偏执者最初的猜测：别人都想与自己作对。极度猜疑和无端信念使他们难以与人相处。表 19.7 列举了偏执型人格障碍的主要特征，以及此类人格障碍者的典型信念和思维。

## 焦虑类：紧张、恐惧或痛苦的障碍

最后一类障碍的人格特质由回避焦虑的行为模式构成。同其他人格障碍一样，这类人格障碍也体现了**神经症悖论**（neurotic paradox）：一种行为模式在成功解决一个问题的同时，会产生另一个同样严重或更严重的问题。

### 回避型人格障碍

**回避型人格障碍**（avoidant personality disorder）的主要特征是普遍的自卑感和对他人的批评过度敏感。显然，没有人喜欢被批评。但是，回避型人格障碍者会极力避免他人有可能批评其表现或品格的场合，如学校、单位或其他聚众场合。这种表现焦虑的主要原因是对他人批评与拒绝的极度恐惧。由于害怕被批评或反对，他们可能拒绝交新朋友或在新场合露面。为了劝他们参与新活动，朋友们可能不得不恳请他们并承诺提供很多鼓励和支持。

应　用

**回避型大学生埃伦的例子**　埃伦今年 21 岁，因为总是在社会交往中感到不适，她去学校心理诊所寻求帮助。她非常害羞和紧张，所以把自己的社会交往限制在最小范围内。她害怕下学期开始一门新的课程，因为那样她就必须与一拨新同学相处。她尤其害怕上心理课，因为“这样其他同学就会发现我是一个怪人”。她补充说：“他们会发现我是一个机能障碍的笨蛋，因为我太害羞，一想到要在一群陌生人面前发言就陷入了恐慌。”她还说她正在考虑从心理学专业转到计算机科学专业。虽然她对人很感兴趣，也喜欢心理学，但在他人面前还是不免感到尴尬。她认为计算机对她来说要容易许多。

埃伦说，她小时候在学校里受到过其他孩子的无情嘲笑。她记得大概从那时候起她开始回避他人。她说在小学时她会尽量使自己显得渺小、不显眼，以便不引起别人的注意。十几岁时，她曾经试过做保姆，但她从未拥有一份真正的工作。读大学时她没有朋友，至少说不出任何一位朋友的名字。因为担心别人知道她的真实情况后会不喜欢她，所以她尽量避免任何社会交往。事实上，她说话时甚至从来不敢迎视咨询师的目光。

在大学里，她习惯把功课积攒到一起，然后一次性把它们做完。她尽量每天都找点事情做，把宿舍收拾得很整洁，每月去食品店两次。她形容自己的生活“不是很开心，但至少有规律”。她喜欢在宿舍里上网，她说她喜欢网上聊天室，但是当进一步询问时，她坦白说她只是看别人聊天，从没有真正参与过。她喜欢待在一边，看其他人交流。她说：“只有当别人根本不知道我也在，我才能确定他们不会嘲笑我。”

回避型人格障碍者害怕受到批评，所以他们会限制自己的活动，以避免可能的尴尬。例如，一位回避型的男性会因找不到合适的衣服而在最后时刻取消一次相亲。回避型个体通过逃避日常社交生活的风险来应对焦虑。虽然这种做法能回避焦虑，但同时也会创造一些新问题，如机会的丧失。另外，回避型人格障碍者会给人一种温顺、安静、羞涩和孤独的印象。

回避型人格障碍者对他人怎么看待自己很敏感。他们很容易受到伤害，在社会交往中看起来很脆弱和拘谨，因为害怕被嘲笑，也不愿发表自己的观点或表露自己的情感。他们的自尊水平通常很低，对日常生活中的许多挑战感到无力。由于社交孤立，他们通常没有太多社会支持资源。他们虽在内心也愿意与人交往，甚至幻想与他人建立亲密关系，但由于害怕被拒绝或受到批评，往往会刻意避免与他人的亲密接触。悖论之处在于，通过回避来应对社交焦虑，使他们丧失了与他人建立良好关系，以帮助自己重塑自尊的机会。表 19.8 列举了回避型人格障碍的主要特征以及他们的典型信念和思维。

表 19.8　**回避型人格障碍的特征**

| |
|---|
| 自卑感 |
| 对批评敏感 |
| 为避免尴尬而限制自己的行为 |
| 低自尊 |
| **回避型人格的典型想法或信念** |
| “我不擅长社交，不受欢迎” |
| “我希望你能喜欢我，但我想你一定会讨厌我” |
| “我不能忍受批评，它让我感觉很不舒服” |
| “我会不惜一切代价去避免不愉快的处境” |
| “我不想自己被他人注意” |
| “如果我忽视某个问题，它就会消失” |

## 依赖型人格障碍

回避型人格障碍者尽量避免与人相处，而依赖型人格障碍者则处处依赖他人。**依赖型人格障碍**（dependent personality disorder）的主要标志是过分需要他人的照顾、呵护、溺爱以及指挥。他们以顺从的方式行事，以便获得他人更好的呵护，让他人控制情境。他们需要大量的鼓励和建议，甚至宁愿把做决定的责任也推给他人。应该住在哪里、上哪所学校、修哪门课程以及与哪些人交往？这些决定对他们来说都很困难，他们需要寻求他人的肯定。甚至对于很小的决定，如今天出门是否带伞、穿什么颜色的衣服、在餐馆里点什么菜等也需要他人的建议，他们很少采取主动。

由于依赖型的人害怕失去他人的帮助和建议，他们会尽量避免与被依赖者发生分歧。由于极度需要支持，依赖型人格障碍者甚至会屈从于本不赞同的建议或观点，以避免惹被依赖者生气。

他们缺乏自信，需要他人不断地肯定自己，因而他们可能无法很好地独立工作。他们会等待他人开启一个项目，在工作中总是需要他人指点。他们可能表现出非常无能的样子，以便得到其他人的帮助。他们会避免让自己表现得很能干，以免他人不再帮助自己。一个总是依赖他人解决问题的人可能永远学不会独立生活和工作的技能，这太糟糕了。

依赖型人格障碍者为得到他人的支持和帮助可能会忍受各种极端的处境。他们会屈从于一些无理要求，忍受虐待或与他人保持扭曲的关系。他们认为自己无力照顾自己，所以为了维系与被依赖者的关系可能忍受大量屈辱。他们的悲哀在于，由于放弃承担责任和过于依赖他人，他们永远也发现不了自己有照顾自己的能力。表 19.9 列举了依赖型人格障碍者的主要特征以及典型信念和思维。

表 19.9　**依赖型人格障碍的特征**

| |
|---|
| 过于依赖他人的呵护 |
| 顺从 |
| 寻求他人的肯定 |
| 很少采取主动行为，很少发表不同意见 |
| 无法独立工作 |
| 为获得支持，不惜忍受虐待 |
| **依赖型人格的典型想法或信念** |
| “我很弱，我需要帮助” |
| “最糟糕的事情是被他人抛弃，独自一人” |
| “我一定不能得罪那些我依赖的人” |
| “为得到别人的帮助我必须顺从” |
| “我需要别人帮我做决定” |
| “我希望有人告诉我该做什么” |

**应　用**

**依赖型人格爱德华的案例**　爱德华是一位大学教授，在自己的领域小有成就。一天，一位心理学家朋友到他的办公室来邀请爱德华夫妇共进晚餐。爱德华说他必须打电话给妻子来决定是否能去，他的妻子同意了，并告诉爱德华要请他的朋友在晚饭前到他们家喝一杯。那天晚上，这位朋友在爱德华准备好之前就到了他家，并注意到他问妻子对着装的建议，那是一个雨夜，爱德华问妻子他应该穿夹克还是雨衣。吃饭时，朋友注意到，爱德华问妻子他应该喝什么，看菜单时也问妻子他应该点什么。爱德华甚至问妻子："我喜欢什么食物？"此时，这位心理学家朋友意识到，爱德华表现出了依赖型人格障碍的迹象。

## 强迫型人格障碍

**强迫型人格障碍**（obsessive-compulsive personality disorder）者满脑子关注事物的秩序，极力追求完美。对秩序的高要求可以体现在对细节的关注以及对规则、仪式、时间表和程序的痴迷上。例如，他们会提前计划好每天上班要穿的衣服，或者每周六和周三下午 5~7 点定时大扫除。强迫型人格障碍者对自己的要求很高。然而，他们过分努力地追求完美，以至于永远不会对自己的工作满意。例如，强迫型的学生可能从不交论文，因为他总觉得写得不够完美。对完美的追求实际上会影响他们做事的效率。

强迫型人格障碍者的另一特点是为了工作有时会*牺牲业余时间和友谊*。他们往往对工作过于认真，会占用夜晚和周末的休息时间去工作，很少休息。在一本关于成人人格发展的书中，乔治·瓦利恩特（Vaillant, 1977）提到，成人每年至少休假一周是积极心理调适的征兆。强迫型人格障碍者通常达不到这一标准。当他们真有时间放松娱乐时，他们也更愿做些严肃的事，如集邮或下棋。对于业余爱好，他们愿意选择一些要求较高、需关注细节的活动，如绣十字绣、电脑编程等。可以看到，他们甚至连娱乐也很像工作。

强迫型人格障碍者在伦理和道德问题上也很*不灵活*。他们的自律性很强，往往严格遵守法律条文。他们的责任心很强，对别人也如此要求。通常，他们认为只有一种正确的做事方式，即他们自己的方式。他们不放心把工作分派给他人，所以常常很难和他人一起工作。他们常常抱怨“什么事都要自己亲自动手才做得好”。如果他人不像自己那样认真对待工作，他们就会很生气。

强迫型人格障碍者也表现出其他一些古怪行为，其中之一是不愿丢弃废弃物。另外，很多这类人都*小气吝啬*，喜欢囤积金钱和财物。最后，他们不仅做事不灵活，还极端*顽固*。例如，他们会坚持说，由于别人的工作不到位，导致他们无法完成工作。你可以想象，他们经常在工作中给其他人找麻烦。表 19.10 列出了强迫型人格障碍的基本特征以及此类人格障碍者的典型信念和思维。

另一种障碍，强迫症（obsessive-compulsive disorder, OCD），常与强迫型人格障碍混淆。强迫症是一种焦虑障碍，在某些方面比强迫型人格障碍更严重，也更消耗人。强迫症患者会被一些不想要的、侵入性的想法反复困扰，比如不断想到自己可能伤害他人。此外，强迫症有一个特征是仪式化行为，如频繁洗手或将某个动作重复一定次数（例如，离开房间前必须触摸某个物体三次，或将某些语词重复对自己说三遍）。作为对比，强迫型人格障碍实际上包括一系列特质，比如对秩序的过度需求或极高的尽责性。然而，强迫型人格障碍患者有发展出强迫症和其他焦虑障碍的风险（Oltmanns & Emery, 2004）。

**表 19.10 强迫型人格障碍的特征**

| |
|---|
| 满脑子专注于秩序 |
| 完美主义 |
| 献身于工作，很少关注闲暇或友谊 |
| 往往比较小气吝啬 |
| 刻板、顽固 |
| **强迫型人格障碍者的典型信念和思维** |
| “我相信秩序、规则和高标准” |
| “别人都是不负责任、随意和自我放纵的” |
| “细节很重要，瑕疵和错误是不可容忍的” |
| “我做事的方式是唯一正确的方式” |
| “要么就做得完美，要么就干脆别做” |
| “我只能依靠自己” |

强迫型人格障碍的许多特征在某些方面是具有适应性的。例如，尽可能追求完美，从某种角度来看是可取的，是受奖励的；坚持自己的意见有时也是可取的，能够彰显品质；讲求干净整洁有时也是好习惯。那么，怎样才能判断这些行为和特征是否已构成强迫型人格障碍呢？我们如何才能区分高尽责性和强迫型人格障碍？要想知道执着什么时候开始变成一种障碍，最简单的标准就是，这种行为模式开始妨碍一个人保持生产力或维持良好关系的能力。在下面介绍的丽塔的例子中，你会发现她的强迫型人格障碍导致的行为方式严重干扰了生活的这两个方面。

应 用

**强迫型人格障碍患者丽塔的例子** 丽塔今年39岁，是一名电脑程序员，已结婚18年。她总是井井有条，把家布置得很整洁，整洁到能发现书架上的书放错了位置或哪个小摆设被移动了位置。不管有无需要，她每天都用吸尘器打扫房间，以致她每年都要更换新的吸尘器。丈夫认为她古怪，说她对脏的忍受度太低，而她却常常因为丈夫不像自己那样事事要求整洁而絮叨，甚至发火。他们没有小孩，因为丽塔认为小孩会给她增加太多的额外工作。她确信在照顾小孩和收拾房间方面不能指望丈夫做好任何事。此外，孩子也会打破他们的生活秩序，把一切搞得乱糟糟。

这些年来，丽塔不断在自己的每日事务清单上添加新内容，却从没划去其中任何一项。除吸尘外，她还加上了每天都要清扫房间。此外，她还每天用强效清洁剂擦洗水池。她早上必须很早起床，才能在上班前完成所有这些事情。

老板总抱怨她速度慢、效率低。老板并不知道她在上交任务前会一遍一遍地检查。丽塔也不善于和团队中的其他人合作，她总嫌别人做事达不到她的标准，认为他们浮皮潦草、粗枝大叶，没有好好检查自己的工作。最后老板不得不把她独立出来，让她单独工作。

每天离家前，丽塔都要检查门窗、煤气、水龙头和所有灯具的开关。几个月后，检查一遍都不够了，她开始检查两遍。丈夫为此总是抱怨，所以她干脆让丈夫先到车里等，她来检查一切，包括水槽、灯、门、窗等。刚开始丈夫每天尽职尽责地等她，然而几个月后，等待的时间越来越长。他现在每天要在车里等上一个小时，等待丽塔把房间的每一样东西都检查好。一天早上，她检查完一切后，发现丈夫已经一个人先走了。当天下午，她收到丈夫发的电邮，说再也受不了她了，要求离婚。

## 人格障碍的患病率

图19.1给出了10种人格障碍的患病率。**患病率**（prevalence）一词指的是在特定时期内某特定人群中出现的病例总数。图19.1中的数据是通过汇总几个群体的样本得出的（Mattia & Zimmerman, 2001），代表的是取样时的人格障碍患病率（例如，在任何一个时间点，有多少人被诊断为偏执型人格障碍）。结果显示，强迫型人格障碍最普遍，患病率超过4%；其次是分裂型人格障碍、表演型人格障碍和依赖型人格障碍，患病率均为2%左右；最不常见的是自恋型人格障碍，只占人口总数的0.2%。不过，这些诊断都是基于访谈做出的，出现这一结果也可能是因为自恋者最不愿意承认自身存在的更严重的障碍症状。事实上，研究者发现，自恋特质的自我报告与同伴报告之间只有微弱的相关，而其他人格特质的自我报告与同伴报告之间

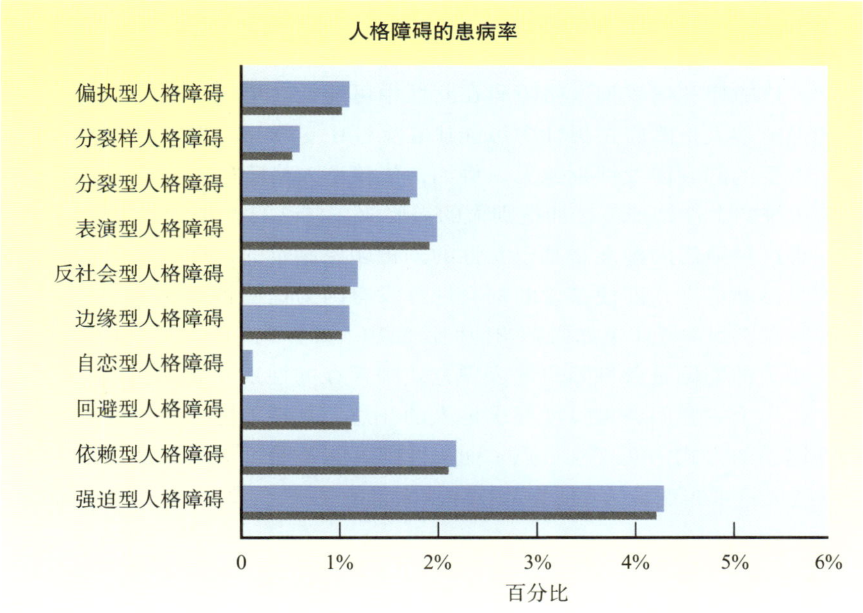


**图 19.1 各种人格障碍的患病率估计值**

资料来源：Mattia, J. I., & Zimmerman, M. (2001). Epidemiology. In W. J. Livesley (Ed.), *Handbook of personality disorders: Theory, research, and treatment* (pp. 107–123). The Guilford Press.

有中等甚至较高的相关（Clifton, Turkheimer, & Oltmanns, 2004; Klonsky, Oltmanns & Turkheimer, 2002; Oltmanns et al., 2004）。这些发现表明，由于图 19.1 中的数据都是根据受访者在结构化访谈中的自我报告得出的，所以有可能低估了某些人格障碍的患病率，尤其是自恋型人格障碍。

人格障碍的总患病率是 13%，也就是说，在任何特定的时间点，大约有 13% 的人被诊断为患有至少一种人格障碍。这就引出了我们在阅读材料“校航炸弹客”中提到的共病问题。很大一部分（25%~50%）符合某种人格障碍诊断标准的人同时也达到了另一种人格障碍的诊断标准（Oltmanns & Emery, 2004）。许多人格障碍包含相同的特征。例如，好几种人格障碍都含有社交隔离的特点，包括分裂型人格障碍、分裂样人格障碍和回避型人格障碍等，很多强迫型人格障碍案例也具有此特点。无约束和不负责任的行为是诊断边缘型人格障碍、表演型人格障碍和反社会型人格障碍的标准之一。因此，人格障碍的鉴别诊断很有挑战性。**鉴别诊断**（differential diagnosis）指的是在面对两种或两种以上的可能诊断时，临床医生尽量寻找证据来支持其中一种诊断。

## 人格障碍的性别差异

人格障碍的总体患病率在男性和女性中大致相等。然而，一些特定的障碍在男性和女性中患病率差异较大。其中性别分布最不均衡的是反社会型人格障碍，男性患病率约为 4.5%，女性患病率仅为 0.8%。因此，大约每 20 名成年男性中就有 1 人患有反社会型人格障碍，而在每 100 名女性中只有不到 1 人（Oltmanns & Emery, 2004）。一项研究关注了 48 名冷血精神病态得分很高的女性囚犯，每个人都接受了情感惊吓范式（见阅读“关于冷血精神病态心理的理论”）的测试。结果发现，她们对不愉快画面的惊吓反应很少，尤其是对有人受害的画面。这项研究证实，在恐惧和同理心缺失方面，女性冷血精神病态者与男性冷血精神病态者相似。所以，虽然女性中冷血精神病态者要比男性少很多，但他们之间有很强的心理相似性。

还有其他一些人格障碍在男性或女性中存在患病率差异。尽管证据还不够充分，但边缘型人格障碍和依赖型人格障碍在女性中可能比在男性中更为常见；偏执型人格障碍和强迫型人格障碍在男性中可能比在女性中更常见，但差别并不大。在诊断中有一个重要的问题涉及性别偏见。例如，依赖型人格障碍中有一些区分性特质可能被视为传统的女性特征，比如把别人的需要放在自己的需要之前，或者表现顺从。因此，如果这种障碍的标准是基于女性的刻板印象制定的，那么女性就可能比男性更容易满足诊断标准，即使被诊断的女性并没有因为这些特质而遭受重大损害。临床医生需要意识到刻板印象如何影响他们诊断病人的方式。

一个相关的问题是各种障碍的表现方式中存在的性别差异。例如，在表演型人格障碍中，一个主要问题是过度寻求他人的注意。女性可能通过极度女性化，甚至可能是性诱惑的方式来实现这一点；而男性则可能是通过极度男性化，或许是展示力量和吹嘘成就来实现目的。他们都在寻求大量的关注，但却是以性别刻板化的方式。

## 人格障碍的维度模型

正如本章开头所讨论的，现代理论家们正在致力于建立一种与类型观相对的人格障碍的维度观。根据人格维度模型的观点，人格障碍与正常人格特质之间的唯一区别在于其极端性、刻板性和不适应性。例如，维迪格（Widiger, 1997）曾指出，人格障碍只是正常人格特质的适应不良的变体和组合。关于人格障碍的特质根源问题，研究者们关注最多的是我们在第 3 章中提到的五因素模型中的五大特质。科斯塔等人（Costa & Widiger, 1994）编写了一本很有影响的书来论证大五特质提供了理解人格障碍的有效框架。例如，维迪格（Widiger, 1997）试图通过提供研究数据来论证：边缘型人格障碍是一种极端的自恋；分裂样人格障碍是一种伴随低神经质（情绪稳定性）的极端内向；极端内向和高神经质的组合则构成了回避型人格障碍；表演型人格障碍被描述为一种极端的外向；强迫型人格障碍是一种适应不良的极端尽责性；分裂型人格障碍是内向、高神经质、低随和性和极端开放性的复杂组合。

维度观有点类似于化学：加一点这种特质，加一点那种特质，然后推到极高或极低的水平，就会形成某种人格障碍。维度模型有其特有的优点，比如它能解释为什么具有同种人格障碍的人表现出的症状有时相去甚远。此外，维度模型允许同一个人有多种人格障碍。最后，维度模型明确表示，正常与非正常之间更多只是程度上的差异，并非质变。目前正在进行的一个研究方向是开发在分布的尾部（极高值和极低值两端）有更高精度的五因素模型量表（Miller & Lynam, 2015; Samuels & Gore, 2012）。原有的五因素模型量表在测量分布的中间位置时最为精确，这也是大多数人所处的位置（想象一个呈钟形分布的正态曲线）。然而，如果有人对这些人格特质的极端值感兴趣，就需要开发对处于分布尾部的极端值有足够分辨力和精确性的新量表。目前这是一个活跃的研究领域。

正如前文提到的，美国精神医学学会决定在人格障碍的定义和诊断中继续使用类别观。将 *DSM-IV* 修订为 *DSM-5* 的十年工作，基本上“没有改变”我们理解人格障碍的方式。不过，人格障碍工作组的报告出现在了 *DSM-5* 中的第三部分。此外，美国精神医学学会将 *DSM* 的编号由罗马数字改为普通数字，这样可以通过小数点更频繁地进行类似于软件的小规模更新，如 *DSM-5.1*, *DSM-5.2* 等。也许未来的一次小更新会把人格障碍理解为维度而非类别。

## 人格障碍的成因

到目前为止，本章的内容大多是描述性的，主要就 *DSM-5* 里提出的诊断标准展开阐述。变态心理学是一门描述性很强的科学，主要致力于发展分类系统和障碍的分类学，但这并不意味着该学科不研究障碍的发生机制或者说形成特定障碍的原因。研究者一般会考察那些导致人格障碍的生理和环境因素（Nigg & Goldsmith, 1994）。例如，具有边缘型人格障碍的人在儿童期的依恋关系很糟糕（Kernberg, 1975, 1984; Nigg & Goldsmith, 1994），并且其中许多人在儿童期还受过性虐待（Westen et al., 1990）。有充分的证据表明，大多数的边缘型人格障碍患者是在混乱无序的家庭氛围中长大的，目睹了大量成人的冲动行为（Millon, 2000b）。

遗传因素在边缘型人格障碍中似乎并没有起到什么作用，大多数的证据都表明早年失去父母或被忽视是关键原因（Guzder et al., 1996）。

对于分裂型人格障碍，更多证据指向了遗传因素。许多家庭研究、双生子研究和收养研究表明，分裂型人格障碍在遗传上与精神分裂症很类似（Nigg & Goldsmith, 1994）。此外，一级亲属中有精神分裂症患者的人出现分裂型人格障碍特征的可能性要比普通人大得多。不过，精神分裂症患者的亲属患偏执型人格障碍和回避型人格障碍的比例同样更高，这表明这些人格障碍可能也与精神分裂症有遗传上的相关（Kendler et al., 1993）。

关于反社会型人格障碍也有一些解释性理论。例如，许多反社会者在幼年时也曾受到虐待和伤害（Pollock et al., 1990），因此可以从社会学习和精神分析理论的角度来解释它的成因。反社会者中有很大比例的人同时是吸毒和酗酒者，因此有研究者认为，由物质滥用产生的生理变化导致了反社会型人格。此外，反社会型人格障碍有明显的家族化趋势，这说明该障碍也有遗传方面的原因（Lykken, 1995）。另一些研究者提出了反社会型人格障碍的学习理论，因为有研究表明这些人难以从惩罚中学习（如 Newman, 1987）。

反社会型人格和冷血精神病态的神经基础也正在研究中。有一个很实用的三元模型用三种不同的成分来描述冷血精神病态：冒失、抑制缺失和卑鄙（Patrick, Drislane, & Strickland, 2012）。有一种新的测量方法比以往的量表更好地覆盖了这三种成分（Drislane, Patrick, & Arsal, 2014）。此外，这种新的测量方法能够很好地对应于神经科学的一些研究结果。例如，"冒失"与大脑防御动机系统的反应不足相关；"抑制缺失"与参与自我调控、认知控制和道德推理的额叶皮质区域的缺陷相关；冒失和抑制缺失这两种成分，都与处理奖赏的大脑回路相关（Seara-Cardoso & Viding, 2015）；而"卑鄙"被认为与涉及共情和观点采择的大脑系统功能紊乱有关，甚至可能与较低的催产素水平以及其他涉及社会连接的神经化学物质的水平有关。

对其他障碍的解释也遵循此模式：既有生物学的解释、学习理论的解释、心理动力学的解释，又强调文化因素的作用。每种解释都有其合理性，像其他正常人格一样，人格障碍也有多种成因。此外，我们很难把生理因素和社会习得因素截然分开，把先天因素和后天因素完全分离。例如，个体的早期经历（如父母有施虐倾向）可能导致特定脑区发生神经变化（如下丘脑和垂体功能异常）（如 Mason et al., 1994）。因此，当早年受虐的经历会导致生理变化时，仍将其严格当作一种经验或学习因素是不恰当的。

大多数人格障碍的研究是描述性的或者说是相关性的。将人们随机分配到障碍组或无障碍组进行真正的实验研究是不可能的。因为研究大多是相关的，所以无法给出因果方向的定论。例如，假设在患有某种障碍的人体内发现某种神经递质水平很高。从这些结果中我们知道了一些描述性的信息，但不知道究竟是高水平的神经递质导致这种障碍，还是有这种障碍会导致神经递质水平变高（或者可能有第三个未知变量同时导致神经递质的改变和这种障碍）。因此，当你阅读有关人格障碍"成因"的文献时，大部分证据都必须谨慎地解读，因为相关数据很少能够证明因果关系（正如第 2 章中所讨论的）。

显然，生理因素和后天经验是紧密联系在一起的，很难说某一障碍是单纯由哪一种因素导致的。那种把障碍成因归结为单一因素（如基因）的做法很可能过于简单化了，因此，我们应该接受这样一种观点，即像人格或人格障碍这样复杂的事物往往有多种成因。表 19.11 描述了各种人格障碍者的自我概念、情绪特征、行为特点和社会关系特征。

表 19.11 **各种人格障碍者的自我概念、情绪特征、行为特点及社会关系特征**

| 障碍类别 | 自我概念 | 情绪特征 | 行为特点 | 社会关系特征 |
|---|---|---|---|---|
| 反社会型人格 | 认为自我是不受社会规则约束的 | 缺乏负疚感、脾气急躁、易怒、好斗 | 不计后果、冲动、不负责任 | 冷酷无情、对他人的权利漠不关心 |
| 边缘型人格 | 认为自我是模糊、弥散、多变和不稳定的，没有强烈的自我同一性 | 不稳定、紧张、易怒、害羞、常有负疚感 | 行为无常、可能伤害自己或他人 | 紧张、多变、不稳定、害怕被抛弃 |
| 表演型人格 | 认为自我是有魅力、受欢迎的 | 喜欢在公共场合炫耀 | 吸引他人注意、放肆 | 寻求关注 |
| 自恋型人格 | 认为自我是独一无二、受人倾慕的 | 有自我特权感，当不被认可时报复心强 | 爱自我炫耀、寻求赞誉 | 嫉妒心强、缺乏同情心 |
| 分裂样人格 | 认为自我是不合群、无抱负的 | 乏味、生活了无生趣 | 被动 | 孤僻、不善社交、朋友很少或没有朋友 |
| 分裂型人格 | 认为自我是与众不同的 | 不自在、疑神疑鬼 | 行为古怪、思想离奇 | 社交焦虑、回避他人 |
| 偏执型人格 | 认为自我是受害者 | 易受威胁、好辩、善妒 | 不信任他人、自我保护意识强、爱报复 | 敏感、易误解他人意图、树敌多 |
| 回避型人格 | 认为自我是无能的 | 常感到窘迫，害怕被指责或拒绝 | 安静、害羞、独来独往 | 退缩、对批评敏感 |
| 依赖型人格 | 认为自我依赖性强，缺乏自我导向 | 温顺、优柔寡断 | 寻求他人肯定、极少采取主动 | 顺从、需要照顾、避免冲突 |
| 强迫型人格 | 认为自我是刻板的，有很高的自我标准和期望 | 易怒、固执、缺少乐趣 | 工作狂、喜欢重复、重视细节 | 无暇交友，他人很难满足他们的要求 |

## 总结与评论

本章从讨论人格障碍与前面介绍的几乎所有其他主题的关系入手。障碍的概念建立在区分正常和变态的基础上。变态的定义有几种。一种定义是统计意义上的，取决于某一现象在总人口中出现的频率。另一种定义是社会意义上的，涉及社会对某一行为的容忍度。心理学意义上的定义则强调特定行为模式给自己或他人造成痛苦的程度。例如，该行为是否与个体思想、情绪或是社会关系的混乱有关？心理学定义变态的标志是，是否妨碍个体达成满意的社会关系或有效完成工作。大多数人格障碍会导致社会交往问题，因为它们削弱了个体与他人相处的能力。许多障碍也会削弱个体有效工作的能力。我们发现所有的人格障碍都涉及引起人际关系问题或工作问题的症状，或者两者兼有。

变态心理学（亦称“心理病理学”）已成为心理学和精神病学领域内的一门独立学科。该学科的一个主要目标是找到可靠的精神障碍分类系统。最广为使用的变态心理分类系统（至少在美国）是《精神障碍诊断与统计手册》。该书于 2013 年发布了第 5 版，即 *DSM-5*。然而在如何定义或诊断人格障碍上与前一版没有太大的变化。

人格障碍是指个体持久的异常体验和行为模式，这些反常的行为和体验完全背离个体所在群体的规范和预期。障碍通常在人的思维、情感、人际交往方式或控制自己行为的能力中表现出来。这些模式通常在各种情境中都会有所表现，在重要的生活领域给自己或他人带来痛苦，如在工作中或与他人的关系中。人格障碍在个体的生活中一般有较长的历史，通常可追溯到青少年，甚至童年时期。

本章中我们讨论了 *DSM-5* 中涉及的 10 种人格障碍。我们把这些障碍分为三类：多变类（与各种反复无常或暴力行为有关的障碍）、古怪类（与各种怪异行为有关的障碍）和焦虑类（与各种紧张和痛苦有关的障碍）。每种障碍都是一种思维、体验和行为的独特组合。未来研究可能会强调人格障碍的维度观，将障碍视为正常人格特质的极端水平，或是多种特质极端水平的结合。

## 关键术语

障碍
变态心理学
变态
心理病理学
类别观
维度观
人格障碍
反社会型人格障碍
惊吓眨眼法
边缘型人格障碍
表演型人格障碍
自恋型人格障碍
分裂样人格障碍
分裂型人格障碍
偏执型人格障碍
神经症悖论
回避型人格障碍
依赖型人格障碍
强迫型人格障碍
患病率
鉴别诊断

© Colin Anderson/Blend Images LLC RF

# 总结和展望

# 20

# 总　结

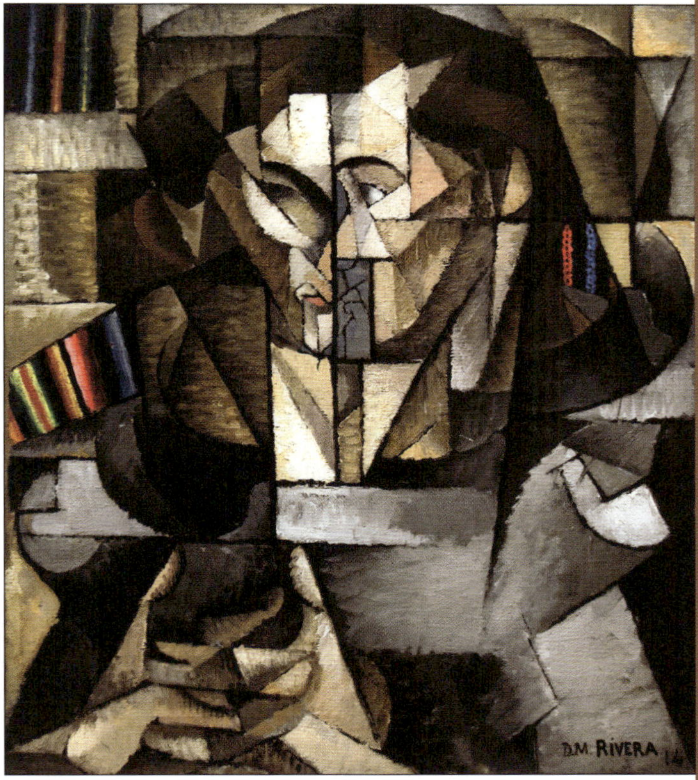


理解局部背后的整体是人格心理学的终极目标。

*© Peter Horree/Alamy Stock Photo*

在阅读了本书前 19 章的内容后，下次如果有人再问你“那个人为什么会有那样的行为表现？”时，你应该能够给出答案了。为什么有时候人们做的事情看起来像一个谜？人格心理学正试图用科学调查的方法来解开这个谜。如果你着迷于人类行为的多样性、我们的聪明或愚蠢之处、我们如何解决问题或自找麻烦以及关于这些行为的各种可能解释，那么你便与人格心理学家有些相似之处了，即都对人性有着深深的好奇心。

完全理解所有人性似乎是一项不可能完成的任务，但这是人格心理学的终极目标。然而，理解人格的全部是一个相当大的挑战。心理学家查尔斯·卡弗（Carver, 1996, p. 330）曾说过：“人格是个太大的话题，不可能一次性把握。”当我们面对一个巨大而困难的任务时，把它分解成更小、更容易处理的领域有时候是有益的。这就是当代医学所采用的方法。医学研究者是专科化的，比如皮肤科专家、心脏病专家、肺病专家等等。本书采用的正是这种方法，我们相信，通过关注人格主要领域的不同机能，我们可以在理解人类的人格方面取得进展。很显然，这些机能领域是彼此联系的，就像心脏和皮肤之间有重要关联一样（如心脏供血滋养皮肤细胞）。对人类人格的完整理解不仅需要了解每个领域的机能，还需要知道各领域之间以什么样的方式联系在一起，进而整合成一个活生生的完整的人。我们在书中强调了一些这样的联系（当然前提是学界有这方面的知识），如文化与进化生物学之间的有趣关联（见第 17 章）。

## 人格心理学领域的现状

对人格心理学领域来说这是一个令人兴奋的时代。在人格的本质、结构和发展方面，研究已经达成了一些共识，这导致了几十年的持续发展。该领域正在蓬勃发展。一个研究领域正在大踏步前进的一个标志是看它是否拥有手册。人格心理学已拥有数本手册（如 Buss & Hawley, 2011; Cooper & Larsen, 2014），还有几本人格障碍方面的手册。一个领域繁荣发展的另一个标志在于，是否存在致力于推动该领域发展的专业协会。人格心理学有许多学会或协会，包括美国人格与社会心理学会（The Society for Personality and Social Psychology）、欧洲人格心理学会（The European Society of Personality Psychology）和人格研究协会（The Association for Research in Personality）。人格研究协会成立于 2001 年，主要致力于人格的跨学科研究。此学会主要通过年会和官方科学期刊《人格研究杂志》（*Journal of Research in Personality*）来促进人格的科学研究。

如今，研究人格的心理学家主要聚焦于人格的特定成分（如自尊）、具体特质（如外向性或随和性）或特定的过程（如对信息的无意识加工）。这是在过去 100 年里人格心理学领域所发生的方向性变化。早期的人格理论家（如弗洛伊德）建构了关于整体人格的理论。这些宏大理论主要关注人性的普遍属性，如弗洛伊德的理论认为，所有的行为都是受性或攻击本能驱动的。

大约 50 年前，人格心理学家开始将其注意力从人格大理论转移，他们开始构建人格具体领域的小理论。研究者们开始关注整体人格中的不同成分，这使心理学家得以将自己的研究放在具体问题上。例如，人们是怎样发展和维护自尊的？自尊高的人和自尊低的人在哪些方面不一样？为什么女性在青春期后不久自尊水平会下降？低自尊的人该如何提高其自尊水平？当然，自尊只是人格的一部分，但是了解自尊有助于理解整体的人。

完整的人格由各个组成部分以及它们之间的联系构成，要理解整体就需要理解部分。就像“盲人摸象”的典故中所说的，当今的大部分人格研究，只研究特定部分。当这些部分——从特质到生物学、心理动力、认知 / 经验、社会和文化再到调适领域——拼在一起形成整体时，我们才具备了理解完整人格的基础。

只有了解大象的各个部分，才能真正理解整头大象。因此，若盲人们能够共同合作，他们就能逐步对大象的全貌形成一个比较合理的理解。他们可以相互交流，共同致力于理解完整的大象。盲人们可以系统地探索自己摸索的领域，采用多种不同的研究方法，然后彼此清晰地交流他们对大象的看法。人格心理学家们就像这些盲人一样，因为他们通常一次只关注人格的某一领域。然而，人格心理学家在合作方面做得很好，很多致力于某一人格领域的心理学家都知道其他人格领域的进展。因此，我们可以通过了解人性知识的不同领域来了解人格整体。

所有当代的研究和理论似乎可被归入六大主要的知识领域。它们组成了本书的基本结构，让我们先来简要回顾一下每个领域。

## 六大知识领域：过去和未来

六大知识领域中的每一个领域都代表了人格心理学研究的专门领域。当某一知识领域变得更广阔和复杂时，该领域的工作者就不得不变得专业化。例如，之前的医学领域就比现在简单和有限得多，所有的医生都是全科医生。那时的医学知识较少，每个从业者都可以全部掌握。今天的医学领域是如此广阔和复杂，没有人能无所不知，因此现在的大部分医生只能是某方面的专家。人格心理学亦如此，即研究者在本书所列的六大知识领域上有专门化的倾向。在本章接下来的部分，我们将回顾每个知识领域的主要特征，最后预测每个领域可能的发展方向。

### 特质领域

特质领域关注人格中那些使人们彼此不同的稳定方面。例如，有的人外向、健谈；有的人则内向、害羞。有的人情绪化、喜怒无常；有的人则冷静沉稳。有的人尽责、值得信赖；有的人却很不可靠。人和人之间有很多不同，其中的很多差异可以用人格特质来描述。

该领域的心理学家主要研究：存在多少种人格特质？我们如何才能发现和测量这些特质？人格特质是如何发展的？这些特质是如何与环境相互作用而产生行为的？

特质心理学家将会继续关注人与环境的交互作用。心理学家们已经意识到，行为总是在某种情境中发生的。对此，有心理学家（Shoda & Mischel, 1996）提出了一个构想，即“如果……那么……”条件关系，认为人格就是一种特定的“如果……那么……”关系模式。例如，如果一个少年具有攻击性，那么就意味着特定的行为（如言语侮辱）很可能在特定的场合（如被同伴取笑）出现。可以通过不同的“如果……那么……”关系模式特征来表征个体。特定个体在什么情况下会变得压抑、愤怒或烦躁？在具体的“如果……那么……”关系模式方面，每个人都有其独特的心理特征：当情况 Z 发生时，个体可能会表现出行为 A；当情况 Z 没发生时，则表现出行为 B。两个人可能同样好斗，但引发他们攻击性的情境可能不一样。这是构想个体—情境交互作用的一种方式。

特质领域的一个关注重点是对特质和能力的精确测量。特质领域强调人格测量的量化技术。这种趋势很可能会继续下去，特质心理学家将不断开发测量人格特质的新方法以及评价人格研究的新统计技术。测量理论的未来发展很可能会对人格特质测量的开发与评估产生重要影响。例如，人们正在努力让施测者能够对人格测验中每个条目的精确性和有效性进行评估。其他统计方法的发展使得人格研究者即使在不采用实验的情况下，也能够考察变量间的因果关系。统计方法、测量技术和测验手段的不断进步将构成未来特质领域的一个重要部分。

人格心理学家们未来可能会细化他们对情境—特质交互作用的理解，例如什么样的条件或情境会唤起具有某种特质（敌意）的人的特定行为（如争吵）。

不同的特质理论使用不同的程序来识别最重要的个体差异。有的使用词汇学策略，即从自然语言中数以千计的特质语词开始研究；有的则用统计技术来识别重要的个体差异。将来，我们会看到研究者们共同合作，检验不同的识别程序是否能得到相同的特质结构。事实上，研究者们还将继续寻找尚未被这些策略识别的特质。例如，在词汇学策略中，早期的研究者们删除了与性或性别有关（只适用于某一性别而不适用于另一性别）的形容词。这样做的结果是，研究者们可能错过了与性或性别差异有关的一个或多个特质。最近在大规模跨文化研究中发现的第六个因素，诚实谦逊，代表了特质领域一个激动人心的新发现。

## 生物学领域

人格的生物学取向的核心假设是：人类属于生物系统。该领域关注影响人格或与人格有关的内在身体机制以及形成这些身体机制的进化过程。这一领域对人格的研究并不比其他领域更基础，这一领域的知识也并不更接近人格的实质。生物学领域只不过是关注了影响行为、思想、感觉和欲望（或是反过来被它们影响）的身体因素和生物系统。生物过程可能导致了可观察的个体差异，也可能只是与这些个体差异相关。另外，人的生物学方面的差异也许是人格差异的原因（如外向性的生物学理论），也可能是人格差异的结果（如心脏病是 A 型人格敌意成分的结果）。

未来可能变得非常活跃的一个领域是关于接近与回避的心理研究。当前，很多关注行为的生物学基础的研究者们认识到，人类的行为和情绪背后有两种基本倾向：（1）感受积极情绪和做出接近行为的倾向；（2）感受消极情绪和做出回避和退缩行为的倾向。第 7 章中回顾的很多研究就是这个主题的例证，包括区分积极和消极情绪相关脑区的研究、格雷的行为激活和行为抑制理论及其对奖惩敏感性的研究。这些研究很可能会进一步聚合，最终接近和回避动机将会成为人格心理学研究中的一个重要主题。

影响人格的另一个主要的生理因素是基因，基因组成决定了我们是高是矮，是蓝眼睛还是褐色眼睛，是瘦还是胖。基因组成似乎还影响与人格有关的行为方式，如我们有多活跃，是否好斗，是喜欢与人相处还是喜欢独处。理解基因如何影响人格正是生物学领域的内容。

行为遗传学的研究在先天与后天问题上取得了很大进展。现在我们已经知道，大部分的重要人格特质都显示出中等的遗传率（范围在 0.30~0.50）。这些特质的总变异中有 30%~50% 可归因于遗传基因的差异，这意味着还有 50%~70% 可归因于测量误差或环境因素。环境可分为共享与非共享两种。共享环境是兄弟姐妹所共同拥有的，如相同的父母、（大概）相同的教养方式以及相同的学校和宗教信仰等。非共享的环境因素包括不同的朋友或同伴、不同的老师、父母不同的对待方式以及事故或疾病等偶然因素。研究者正在试图分离出看起来比较重要的共享与非共享环境因素，因此，我们会看到反直觉的一幕：遗传学研究者将专注于识别环境的影响。

另一些研究者将在分子水平上考察遗传。“人类基因组计划”始于 20 世纪 90 年代，是人类有史以来实施的规模最大和最昂贵的科学计划之一。这个计划的目标是绘制整个人类基因组图谱，用分子技术来了解每条 DNA 链的作用。双生子研究和收养研究是行为遗传学的主要研究方法，它只不过是通过评估亲属间的相似性来间接估计特质的遗传成分。与之相反，分子遗传学研究可以直接识别关于个体遗传差异的具体 DNA 标记。研究者们已经开始用分子遗传学技术来探索与酗酒、某些认知能力、犯罪和冲动控制有关的基因，他们很可能会找到合成特定神经递质的基因，而这些神经递质又与特定特质有关。人格心理学家与分子遗传学家一起合作来寻找与人格维度有关的特定基因，特别是与人格有关的基因之间的交互作用和基因与环境之间的交互作用（Plomin & Davis, 2009）。尽管如此，人格的遗传比最初设想的要复杂得多。数以百计的基因对解释每一个人格维度做出少量的贡献，不存在简单的单基因解释。也许我们不应该对人性如此迷人的复杂性感到惊讶。

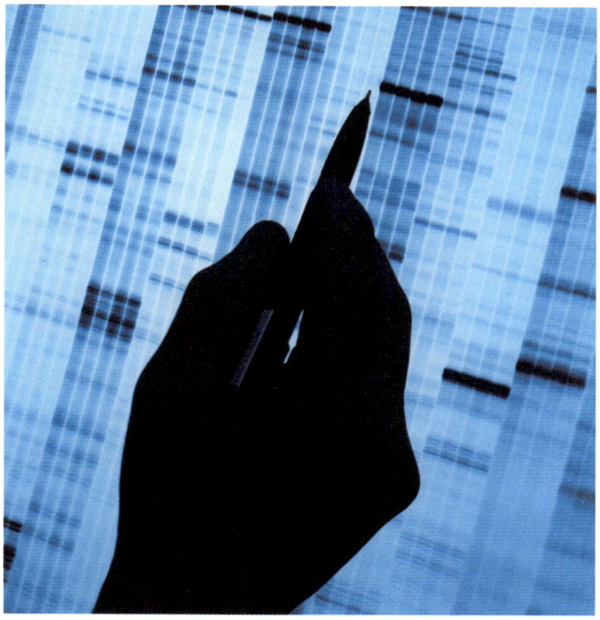

一名技术人员正在处理 DNA 序列的信息。

*© Don Farrall/Getty Images RF*

生物学领域还包括关于人格的进化论视角。从进化心理学的角度看，可以在三个水平上对人格进行分析：人性、性别差异和个体差异。在每个水平上，进化论都提出了两个相关问题：在漫长的进化历程中，人类面临过哪些适应性问题？为了解决这些适应性问题，我们进化出了哪些心理应对策略？

适应性问题往往都很具体，如食物选择问题和择偶问题就很不同，因此其心理解决方法一般也比较具体。因此，进化论观点使我们预期到人格将会相当复杂，是大量进化而来的心理机制的集合，每一种机制对应一个具体的适应性问题。从进化角度看，特定的择偶偏好、嫉妒、恐惧和恐惧症、亲缘利他倾向等，也许都是进化心理机制的组成部分。

然而上述观点并没有宣称人类对现代生活条件处于最佳的适应状态，或者说适应得较好。由于进化过程步伐缓慢，我们拥有石器时代的大脑，却生活在一个网络遍布、全球旅行便捷和现代医疗展现奇迹的新世纪。因此，当塑造我们适应机制的远古世界与我们创造的新世界存在很大差异时，就可能出现问题。

尽管进化论观点不会取代其他观点，但是它将会继续保持其重要性（Buss & Hawley, 2011）。然而，进化心理学将会提出一套新问题，因此，当从实证的角度回答这些问题时，必然会带来新的洞察。最关键的也许是，进化论会提出这样的问题：“每种心理机制的适应功能是什么？”提出关于适应功能的问题将会让我们发现：人类的人格比我们预想的更加复杂，包括更多我们目前还没意识到的心理机制。人类并不像弗洛伊德所想象的那样，仅仅受性与攻击本能的驱使，而是受十多种甚至更多动机的驱使。但是我们不应当对人类人格会如此复杂感到惊奇。毕竟，如果人格真的很简单，只包含少量容易理解的心理机制，那么本书就应该比现在要薄得多。

## 心理动力领域

心理动力领域关注那些影响行为、思想和情感的内部心理因素。该领域的先驱是弗洛伊德，尽管新的观点已经远远超越了他最初的观点。心理动力领域主要关注人格的基本心理机制，其中很多机制都是在意识之外运作的。该领域的理论通常始于对动机系统的基本假设。例如，弗洛伊德假设驱动大部分人类行为的是性与攻击冲动。研究表明动机是强有力的，即使有些动机处于意识之外，也可以通过其对真实行为的影响进行验证。心理动力领域还包括对防御机制的研究，如压抑、否认、投射，其中一些已在实验室研究中进行了考察。

本书将精神分析的观点和贡献分为了两部分：弗洛伊德及其追随者们提出的经典精神分析理论；对他们的基本观点做出扩充和改进的当代精神分析理论。例如，新观点强调人格发展的任务是社会性危机，而不是性冲突；精神分析的现代观点也强调重要人际关系内化表征的重要性。现代精神分析理论保留了童年是理解成人人格的关键因素这一观点，但它更强调的是关系，如婴儿与主要照料者之间的依恋关系。

心理动力领域的一个基本假设是：存在很多意识之外的心理领域。每个人的内心都有一部分连自己都不知道的心理，即无意识。在经典精神分析中，无意识心理被认为有自己的生命，它拥有自己的动机、意志和能量，能干涉心理其他部分的功能。实际上，它被认为是所有心理问题的根源。现代关于动机的研究（例如，权力动机、成就动机、亲密动机）也借鉴了动机能在意识之外起作用的观点。

心理学家将继续对人类无意识的心理过程感兴趣。很多心理学家把无意识看作能够影响意识的自动信息加工机制。他们还开发了研究无意识的巧妙方法，如启动和阈下暴露。我们将深入了解有多少认知活动发生在意识之外，以及无意识思想对行为有多大程度的影响。

## 认知 / 经验领域

认知 / 经验领域关注主观经验和其他心理过程，如对自己和他人的想法、感受、信念和欲望。这一领域的一个核心概念是自我。自我的某些方面涉及我们如何看待自己：对自己的认识、关于过去自我和将来可能自我的意象。我们认为自己是善的还是恶的？在自我观念中，过去的成功或失败很重要吗？我们是否积极地设想未来的自己？心理学家将会继续关注自我概念和同一性。此外，心理学家将吸纳“同一性就如同一个故事”的观点，我们可以通过叙事或个案史研究来理解同一性，这样的理解方式将继续成为人格心理学的一部分。

启发人格心理学的一个现代隐喻是信息加工或者说计算机隐喻。人类接收感觉信息；通过复杂的认知系统加工这些信息，该系统对获得的大量信息做出选择和改变；然后将信息储存到记忆之中，储存下来的信息与原始事件并不存在一一对应的关系。这个过程中的每一步，从注意和感知到记忆和回忆，都有可能受人格影响。心理学家将继续认真对待人们建构自己的经验这个观点。理解这一过程如何运作以及对人格有什么启示将是该领域的一个目标。

在认知 / 经验领域中，一个稍有不同的方面是人们的奋斗目标。该传统领域通过研究个体试图完成的个人计划来研究人格。目标概念将继续成为人格心理学的重要主题。目标含有认知、情感和行为成分，通常是社会或制度规范和标准的个人表达，因此目标概念可能成为心理学家研究个体与复杂社会系统关系的一个途径。

主观经验的另一个方面是情绪。个体通常是开心的还是伤心的？是什么让一个人愤怒或恐惧？快乐、悲伤、胜利的感觉和失望的感觉都是我们主观经验的基本元素，这些都包含在认知 / 经验领域之中。如果你想知道对一个人来说什么是真正重要的，那就问问他的情绪。他上次生气是什么时候？什么让他感到伤心？什么让他感到恐惧？情绪将继续作为人格研究中的一个重要概念。

## 社会文化领域

本书的一个新特点是重视人格的社会层面和文化层面。人格不仅是存在于个体的大脑、神经系统和基因中的某种东西，它也受个体生活中重要他人的影响，并反过来影响着他人。

人并不是其所处环境的被动接受者，人格在社会交往中发挥着关键作用。我们有选择地进入或回避一些人际环境，我们会主动地选择自己的配偶和朋友，我们会唤起他人的反应（有时是无意的）。我们主动地影响或操控那些进入我们生活世界的人。人格影响着这些选择、唤起和操控的过程。例如，情绪不稳定的个体喜欢选择情绪同样不稳定的人作为伴侣；他们的喜怒无常会唤起伴侣可预期的愤怒；他们更常用“冷处理”的策略来影响他们的伴侣。简言之，人格会在我们的社会选择、唤起和操控等行为中体现出来。

与来自不同文化背景的人相互交流是世界各地日常生活中的一个事实。理解来自不同文化的人的不同之处和相似之处，将继续成为人格心理学的一个重要部分。

其中一个重要的社会领域涉及男性与女性之间的关系。在某些方面，人格对男性和女性的影响会有所不同。自我同一性的一个基本方面是性别。我们所说的性别有很大一部分其实来自文化：社会如何为男性和女性建构不同的准则、角色和预期。性别的另一部分可能涉及进化而来的不同行为模式，代表了男性和女性在过去所面临的不同压力下的适应方式。人格心理学家将继续热切关注性别差异。为了更好地理解性别差异，心理学家很可能将向其他学科的专家如人类学家、动物行为学家、社会学家和生物心理学家寻求帮助。

在文化层面，很显然不同的群体之间各不相同。有的文化是个体主义的：人们更喜欢自己做决定，主要对自己负责。有的文化是集体主义的或者是互倚的：人们更喜欢把自己看作是社会群体的一部分，并认为个人的需要没有集体的需要重要。这些群体间的人格差异，也许正是传播性文化或唤起性文化的例证。一些心理学家认为这些差异是文化传播的结果——父母或其他人将其文化中的观点、价值观和表征传递给下一代。但是，另一些心理学家指出这些都是唤起性文化的例子。据此观点，每个人可能都进化出了实践个体主义的潜能，即只专注于自己；同时每个人也有发展出集体主义的能力，即更在乎集体的利益。个体具体表现出哪一种能力，主要取决于他是生活在高度流动、周围亲属很少的文化中（唤起个体主义倾向），还是生活在高度稳定、周围有很多亲属的文化中（唤起集体主义倾向）。甚至病原体流行率这样的环境变量，也可能影响唤起性文化，如从众。这个充满魅力的新方向体现了文化心理学和进化心理学的理论融合。

对文化和跨文化异同的研究将继续在人格心理学中发展。我们的世界正在逐渐成为一个全球共同体，多元化在很多地方已经成为日常生活的一个事实。我们中的很多人经常会在学校、工作场所和社区遇到来自不同文化背景的人。来自不同文化背景的人正在逐渐互相依赖。理解文化如何塑造人格，以及具体文化之间的差异性和相似性，将继续成为人格心理学研究的一个主要部分。

### 调适领域

在我们对日常生活的起起落落做出应对、适应和调整的过程中，人格发挥着重要作用。人格与一些重要的健康问题（如心脏病）相关，还与抽烟、饮酒和冒险等各种健康相关行为有关，甚至与我们的寿命也有关联。弄清人格对健康和幸福的作用将是人格心理学家研究的重要内容。学界发生了一个转变，那就是开始关注积极情绪的作用，这种对心理的积极方面的强调将很可能成为人格心理学研究的一个重要部分。另外，从几十年前开始，研究者在美国各地的社区开展了一些纵向研究，这些研究中的参与者现在已经成年，研究者开始逐渐了解生活方式和人格对寿命和健康的长期影响。

一些关于应对和调适的重要问题可以追溯到人格障碍。通过研究人格障碍，我们可以加深对“正常”人格功能的理解，反之亦然。心理学家运用特质取向来理解人格障碍。这可能会继续帮助我们加深对人格障碍本质的认识。

## 整合：21 世纪的人格心理学

各知识领域应该被视为互补的，而不是冲突的。人有多面性，我们可以从不同的视角来观察和研究。我们说人类有为解决社交问题进化而来的心理机制，并不意味着精神分析的原理就是错误的。同样，说人格特质的一部分变异是由基因造成的，在任何意义上都并不意味着个体的人格在成年期不会再有发展或变化。

令人兴奋的人格研究将发生于各领域的交叉之处。例如，用功能性磁共振成像技术进行脑部扫描的脑研究者与研究人际特质的心理学家之间的合作；研究文化差异的本质和起源的文化心理学家与进化心理学家的合作；研究稳定的个体差异背后的信息加工机制的特质研究者与认知心理学家的合作。当研究者们拓展每个领域的理论，并试图在各个领域之间或人格心理学与其他科学领域之间找到联系时，他们将取得最激动人心的进展。

在这个新千年里，人格心理学的发展将取决于研究者们跨领域研究的意愿和能力。当研究者们（也许是通过组成跨学科的团队）综合不同的分析水平和研究方法来探究最重要的核心问题时，人格心理学领域将取得最令人兴奋的进步。以新的、有趣的方式建立连接各知识领域的桥梁，将对我们理解人性产生最重要的影响。

环顾今天的人格心理学领域，我们就会发现在某些领域之间已经建立起了桥梁。例如，就接近和回避动机而言，心理学家们正在通过大脑活动、与心理障碍的关联、发展过程以及可预测的环境因素唤起的文化差异等角度对其开展研究。各种研究中心将成为进步的典范，不同的科学家们（如特质心理学家、生物心理学家、文化心理学家和健康心理学家）汇集在一起，共同致力于人格心理学领域的重要问题。不难想象这样一种有趣的可能性，即也许在不久的将来，对压抑记忆感兴趣的心理学家会使用功能性磁共振成像的方法来研究此问题，而对自尊感兴趣的心理学家则开始从神经化学与文化和进化的影响两方面着手探索。随着 21 世纪的推进，我们将不断增进对人性的了解，这个前景非常令人振奋。

# 专业术语表

## a

变态（p. 512）
**abnormal** Broadly defined, the term *abnormal* is based on current levels of societal tolerance. In this sense, behaviors that society deems unacceptable would be labeled as abnormal (e.g., incest and child abuse). Because tolerance levels (e.g., toward homosexuality) can change over time, psychologists have started directing their attention toward people's subjective views and experiences. Anxiety, depression, and feelings of loneliness may be linked to disorganized thought patterns, disruptive perceptions, or unusual beliefs. These may inhibit a person's ability to work or socialize, and may all be considered abnormal.

变态心理学（p. 512）
**abnormal psychology** The study of the various mental disorders, including thought disorders (such as schizophrenia), emotional disorders (such as depression), and personality disorders (such as the antisocial personality).

文化适应（p. 463）
**acculturation** The process of, after arriving in a new culture, adapting to the ways of life and beliefs common in that new culture.

智力的成就观（p. 340）
**achievement view of intelligence** The achievement view of intelligence is associated with educational attainment—how much knowledge a person has acquired relative to others in his or her age cohort.

默认（p. 35）
**acquiescence** (also known as yea saying) A response set that refers to the tendency to agree with questionnaire items regardless of the content of those items.

行动倾向（p. 347）
**action tendencies** Increases in the probabilities of certain behaviors that accompany emotions. The activity, or action tendency, associated with fear, for example, is to flee or to fight.

主动型基因型—环境的相关（p. 157）
**active genotype–environment correlation** Occurs when a person with a particular genotype creates or seeks out a particular environment.

活动度测量计（p. 116）
**actometer** A mechanical motion-recording device, often in the form of a watch attached to the wrist. It has been used, for example, in research on the activity level of children during several play periods. Motoric movement activates the recording device.

急性应激（p. 491）
**acute stress** Results from the sudden onset of demands or events that seem to be beyond the control of the individual. This type of stress is often experienced as tension headaches, emotional upsets, gastrointestinal disturbances, and feelings of agitation and pressure.

适应器（p. 198）
**adaptations** Inherited solutions to the survival and reproductive problems posed by the hostile forces of nature. Adaptations are the primary product of the selective process. An adaptation is a "reliably developing structure in the organism, which, because it meshes with the recurrent structure of the world, causes the solution to an adaptive problem" (Tooby & Cosmides, 1992, p. 104).

适应问题（p. 200）
**adaptive problem** Anything that impedes survival or reproduction. All adaptations must contribute to fitness during the period of time in which they evolve by helping an organism survive, reproduce, or facilitate the reproductive success of genetic relatives. Adaptations emerge from and interact with recurrent structures of the world in a manner that solves adaptive problems and hence aids in reproductive success.

叠加效应（p. 491）
**additive effects** The effects of different kinds of stress that add up and accumulate in a person over time.

接近性（p. 65）
**adjacency** In Wiggins circumplex model, adjacency indicates how close the traits are to each other on the circumference of the circumplex. Those variables that are adjacent or next to each other within the model are positively correlated.

调适领域（p. 15）
**adjustment domain** Personality plays a key role in how we cope, adapt, and adjust to the ebb and flow of events in our day-to-day lives. In addition to health consequences of adjusting to stress, certain personality features are related to poor social or emotional adjustment and have been designated as personality disorders.

收养研究（p. 148）
**adoption studies** Studies that examine the correlations between adopted children and their adoptive parents, with whom they share no genes. These correlations are then compared to the correlations between the adopted children and their genetic parents, who had no influence on the environments of the children. Differences in these correlations can indicate the relative magnitude of genetic and environment contributions to personality traits.

情绪强度（p. 370）
**affect intensity** Larsen and Diener (1987) describe high affect intensity individuals as people who typically experience their emotions strongly and are emotionally reactive and variable. Low affect intensity individuals typically experience their emotions only mildly and with only gradual fluctuations and minor reactions.

聚合法（p. 83）
**aggregation** Adding up or averaging several single observations, resulting in a better (i.e., more reliable) measure of a personality trait than a single observation of behavior. This approach implies that personality traits refer to average tendencies in behavior, how people behave on average.

随和性（p. 71）
**Agreeableness** Agreeableness is the second of the personality traits in the five-factor model, a model which has proven to be replicable in studies using English-language trait words as items. Some of the key adjective markers for Agreeableness are "good natured," "cooperative," "mild/gentle," "not jealous."

警报期（p. 487）
**alarm stage** The first stage in Selye's general adaptation syndrome (GAS). The alarm stage consists of the flight-or-fight response of the sympathetic nervous system and the associated peripheral nervous system reactions. These include the release of hormones, which prepare our bodies for challenge.

α压力和β压力（p. 291）
**alpha and beta press** Murray introduced the notion that there is a real environment (what he called alpha press or objective reality) and a perceived environment (called beta press or reality as it is perceived). In any situation, what one person "sees" may be different from what another "sees." If two people walk down a street and a third person smiles at each of them, one person might "see" the smile as a sign of friendliness while the other person might "see" the smile as a smirk. Objectively (alpha press), it is the same smile; subjectively (beta press), it may be a different event for the two people.

α波（p. 190）
**alpha wave** A particular type of brain wave that oscillates 8 to 12 times a second. The amount of alpha wave present in a given time period is an inverse indicator of brain activity during that time period. The alpha wave is given off when the person is calm and relaxed. In a given time period of brain wave recording, the more alpha wave activity present the more we can assume that part of the brain was less active.

矛盾型依恋（p. 280）
**ambivalently attached** Ambivalently attached infants, as determined by Ainsworth's strange situation paradigm, are very anxious about the mother leaving. They often start crying and protesting vigorously before the mother even gets out of the room. While the mother is gone, these infants are difficult to calm. Upon her return, however, these infants behave ambivalently. Their behavior shows both anger and the desire to be close to the mother; they approach her but then resist by squirming and fighting against being held.

矛盾型关系风格（p. 281）
**ambivalent relationship style** In Hazan and Shaver's ambivalent relationship style, adults are vulnerable and uncertain about relationships. Ambivalent adults become overly dependant and demanding on their partners and friends. They display high levels of neediness in their relationships. They are high maintenance partners in the sense that they need constant reassurance and attention.

《美国残疾人法案》（p. 99）
**Americans with Disability Act (ADA)** The ADA states that an employer cannot conduct a medical examination, or even make inquiries as to whether an applicant has a disability, during the selection process. Moreover, even if a disability is obvious, the employer cannot ask about the nature or severity of that disability.

杏仁核（p. 383）
**amygdala** A section of the limbic or emotional system of the brain that is responsible for fear.

肛门期（p. 248）
**anal stage** The second stage in Freud's psychosexual stages of development. The anal stage typically occurs between the ages of 18 months and three years. At this stage, the anal sphincter is the source of sexual pleasure, and the child obtains pleasure from first expelling feces and then, during toilet training, from retaining feces. Adults who are compulsive, overly neat, rigid, and never messy are, according to psychoanalytic theory, likely to be fixated at the anal stage.

分析性（p. 465）
**analytic** To describe something analytically is to explain the event with the object detached from its context, attributes of objects or people assigned to categories, and a reliance on rules about the categories to explain behavior.

双性化（p. 439）
**androgynous** In certain personality instruments, the masculinity dimension contains items reflecting assertiveness, boldness, dominance, self-sufficiency, and instrumentality. The femininity dimension contains items that reflect nurturance, expression of emotions, and empathy. Those persons who scored high on both dimensions are labeled androgynous, to reflect the notion that a single person can possess both masculine and feminine characteristics.

前扣带回（p. 363）
**anterior cingulate** Located deep toward the center of the brain, the anterior cingulate cortex most likely evolved early in the evolution of the nervous system. In experiments utilizing fMRI to trace increased activation of parts of the brain, the anterior cingulate cortex seems to be an area of the brain associated with affect, including social rejection.

反社会型人格障碍（p. 516）
**antisocial personality disorder** A person suffering from antisocial personality disorder has a general disregard for others and cares very little about the rights, feelings, or happiness of other people. Also referred to as a sociopath or psychopath, a person suffering from antisocial personality disorder is easily irritated, assaultive, reckless, irresponsible, glib or superficially charming, impulsive, callous, and indifferent to the suffering of others.

焦虑（p. 312）
**anxiety** An unpleasant, high-arousal emotional state associated with perceived threat. In the psychoanalytic tradition, anxiety is seen as a signal that the control of the ego is being threatened by reality, impulses from the id, or harsh controls exerted by the superego. Freud identified three different types of anxiety: neurotic anxiety, moral anxiety, and objective anxiety. According to Rogers, the unpleasant emotional state of anxiety is the result of having an experience that does not fit with one's self-conception.

统觉（p. 291）
**apperception** The notion that a person's needs influence how he or she perceives the environment, especially when the environment is ambiguous. The act of interpreting the environment and perceiving the meaning of what is going on in a situation.

智力的潜能观（p. 340）
**aptitude view of intelligence** The aptitude view of intelligence sees intelligence less as the product of education and more as an ability to become educated, as the ability or aptitude to learn.

唤醒水平与唤醒能力（p. 176–177）
**arousal level and arousability** In Eysenck's original theory of extraversion, he held that extraverts had lower levels of cortical or brain arousal than introverts. More recent research suggests that the difference between introverts and extraverts lies more in the arousability of their nervous systems, with extraverts showing less arousability or reactivity than introverts to the same levels of sensory stimulation.

动脉硬化（p. 505）
**arteriosclerosis** Hardening or blocking of the arteries. When the arteries that feed the heart muscle itself become blocked, the subsequent shortage of blood to the heart is called a heart attack.

上行网状激活系统（ARAS）（p. 176）
**ascending reticular activating system (ARAS)** A structure in the brain stem thought to control overall cortical arousal; the structure Eysenck originally thought was responsible for differences between introverts and extraverts.

同征择偶（p. 407）
**assortative mating** The phenomenon whereby people marry people similar to themselves. In addition to personality, people also show assortative mating on a number of physical characteristics, such as height and weight.

依恋（p. 279）
**attachment** Begins in the human infant when he or she develops a preference for people over objects. Then the preference begins to narrow to familiar persons so that the child prefers to see people he or she has seen before, compared to strangers. Finally the preference narrows even further so that the child prefers the mother or primary caretaker over anyone else.

相似吸引理论（p. 406）
**attraction similarity theory** States that individuals are attracted to those whose personalities are similar to their own. In other words, "birds of a feather flock together" or "like attracts like." As of 2003, attraction similarity has been proven to be the dominant attraction theory except in biological sex choices (i.e., women tend to be attracted to men and vice versa).

自主神经系统（p. 170）
**autonomic nervous system (ANS)** That part of the peripheral nervous system that connects to vital bodily structures associated with maintaining life and responding to emergencies (e.g., storing and releasing energy), such as the beating of the heart, respiration, and controlling blood pressure. There are two divisions of the ANS: the sympathetic and parasympathetic branches.

平均倾向（p. 5）
**average tendencies** Tendency to display a certain psychological trait with regularity. For example, on average, a high-talkative person will start more conversations than a low-talkative person. This idea explains why the principle of aggregation works when measuring personality.

回避型依恋（p. 280）
**avoidantly attached** Avoidantly attached infants in Ainsworth's strange situation avoided the mother when she returned. Infants in this group typically seemed unfazed when the mother left and did not give her much attention when she returned. Avoidant children seem to be aloof from their mothers. Approximately 20 percent of infants fall into this category.

回避型人格障碍（p. 530）
**avoidant personality disorder** The major feature is a pervasive feeling of inadequacy and sensitivity to criticism from others. The avoidant personality will go to great lengths to avoid situations in which others may have opportunities to criticize his or her performance or character, such as school or work or other group settings. Such a person may avoid making new friends or going to new places because of fear of criticism or disapproval.

回避型关系风格（p. 281）
**avoidant relationship style** In Hazan and Shaver's avoidant relationship style, the adult has difficulty learning to trust others. Avoidant adults remain suspicious of the motives of others, and they are afraid of making commitments. They are afraid of depending on others because they anticipate being disappointed, let down, abandoned, or separated.

# b

平衡选择（p. 222）
**Balancing selection** When genetic variation is maintained by selection because different levels of a personality trait are adaptive in different environments.

巴纳姆式陈述（p. 93）
**Barnum statements** Generalities or statements that could apply to anyone. A good example is the astrology column published in daily newspapers.

行为激活系统（BAS）（p. 178）
**behavioral activation system (BAS)** In Gray's reinforcement sensitivity theory, the system that is responsive to incentives, such as cues for reward, and regulates approach behavior. When some stimulus is recognized as potentially rewarding, the BAS triggers approach behavior. This system is highly correlated with the trait of extraversion.

行为抑制系统（BIS）（p. 178）
**behavioral inhibition system (BIS)** In Gray's reinforcement sensitivity theory, the system responsive to cues for punishment, frustration, and uncertainty. The effect of BIS activation is to cease or inhibit behavior or to bring about avoidance behavior. This system is highly correlated with the trait of neuroticism.

信念（p. 16）
**Beliefs** See Theories and Beliefs.

归属需要（p. 305）
**belongingness needs** The third level of Maslow's motivation hierarchy. Humans are a very social species, and most people possess a strong need to belong to groups. Being accepted by others and welcomed into a group represents a somewhat more psychological need than the physiological needs or the need for safety.

β 压力（p. 291）
**beta press** See *alpha and beta press.*

生物学领域（p. 13）
**biological domain** The core assumption of biological approaches to personality is that humans are, first and foremost, collections of biological systems, and these systems provide the building blocks (e.g., brain, nervous system) for behavior, thought, and emotion. Biological approaches typically refers to three areas of research within this general domain: the genetics of personality, the psychophysiology of personality, and the evolution of personality.

两极性（p. 65）
**bipolarity** In Wiggins circumplex model, traits located at opposite sides of the circle and negatively correlated with each other. Specifying this bipolarity is useful because nearly every interpersonal trait within the personality sphere has another trait that is its opposite.

盲视（p. 235）
**blindsight** Following an injury or stroke that damages the primary vision center in the brain, a person may lose some or all of his or her ability to see. In this blindness the eyes still bring information into the brain, but the brain center responsible for object recognition fails. People who suffer this "cortical" blindness often display an interesting capacity to make judgments about objects that they truly cannot see.

边缘型人格障碍（p. 520）
**borderline personality disorder** The life of the borderline personality is marked by instability. Their relationships are unstable, their emotions are unstable, their behavior is unstable, and even their image of themselves is unstable. Persons with borderline personality disorder, compared to those without, have a higher incidence rate of childhood physical or sexual abuse, neglect, or early parental loss.

适应器的副产物（p. 201）
**byproducts of adaptations** Evolutionary mechanisms that are not adaptations, but rather are byproducts of other adaptations. Our nose, for example, is clearly an adaptation designed for smelling. But the fact that we use our nose to hold up our eyeglasses is an incidental byproduct.

# C

心脏反应性（p. 171）
**cardiac reactivity** The increase in blood pressure and heart rate during times of stress. Evidence suggests that chronic cardiac reactivity contributes to coronary artery disease.

个案研究法（p. 44）
**case study method** Examining the life of one person in particular depth, which can give researchers insights into personality that can then be used to formulate a more general theory that is tested in a larger population. They can also provide in-depth knowledge of a particularly outstanding individual. Case studies are useful when studying rare phenomena, such as a person with a photographic memory or a person with multiple personalities—cases for which large samples would be difficult or impossible to obtain.

阉割焦虑（p. 249）
**castration anxiety** Freud argued that little boys come to believe that their fathers might make a preemptive Oedipal strike and take away what is at the root of the Oedipal conflict: the boy's penis. This fear of losing his penis is called castration anxiety; it drives the little boy into giving up his sexual desire for his mother.

类型取向（p. 349）
**categorical approach** Researchers who suggest emotions are best thought of as a small number of primary and distinct emotions (anger, joy, anxiety, sadness) are said to take the categorical approach. Emotion researchers who take the categorical approach have tried to reduce the complexity of emotions by searching for the primary emotions that underlie the great variety of emotion terms. An example of a categorical approach to emotion is that of Paul Ekman, who applies criteria of distinct and universal facial expressions, and whose list of primary emotions contains disgust, sadness, joy, surprise, anger, and fear.

类别观（p. 513）
**categorical view** In psychiatry and clinical psychology today, the dominant approach to viewing personality disorders in distinct categories. There is a qualitative distinction made in which people who have a disorder are in one category, whereas people who do not have the disorder are in another category.

因果归因（p. 335）
**causal attribution** A person's explanation of the cause of some event.

慢性应激（p. 491）
**chronic stress** Stress that does not end, like an abusive relationship that grinds the individual down until his or her resistance is eroded. Chronic stress can result in serious systemic diseases such as diabetes, decreased immune system functioning, or cardiovascular disease.

昼夜节律（p. 187）
**circadian rhythm** Many biological processes fluctuate around an approximate 24- to 25-hour cycle. These are called circadian rhythms (circa = around; dia = day). Circadian rhythms in temporal isolation studies have been found to be as short as 16 hours in one person, and as long as 50 hours in another person (Wehr & Goodwin, 1981).

来访者中心疗法（p. 312）
**client-centered therapy** In Rogers's client-centered therapy, clients are never given interpretations of their problem. Nor are clients given any direction about what course of action to take to solve their problem. The therapist makes no attempts to change the client directly. Instead, the therapist tries to create an atmosphere in which the client may change him- or herself.

认知（p. 322）
**cognition** A general term referring to awareness and thinking as well as to specific mental acts such as perceiving, interpreting, remembering, believing, and anticipating.

认知取向（p. 322）
**cognitive approaches** Differences in how people think form the focus of cognitive approaches to personality. Psychologists working in this approach focus on the components of cognition, such as how people perceive, interpret, remember, and plan, in their efforts to understand how and why people are different from each other.

认知/经验领域（p. 14）
**cognitive-experiential domain** This domain focuses on cognition and subjective experience, such as conscious thoughts, feelings, beliefs, and desires about oneself and others. This domain includes our feelings of self, identity, self-esteem, our goals and plans, and our emotions.

认知图式（p. 367）
**cognitive schema** A schema is a way of processing incoming information and of organizing and interpreting the facts of daily life. The cognitive schema involved in depression, according to Beck, distorts the incoming information in a negative way that makes the person depressed.

认知社会学习取向（p. 337）
**cognitive social learning approach** A number of modern personality theories have expanded on the notion that personality is expressed in goals and in how people think about themselves relative to their goals. Collectively these theories form an approach that emphasizes the cognitive and social processes whereby people learn to value and strive for certain goals over others.

认知三联征（p. 367）
**cognitive triad** According to Beck, there are three important areas of life that are most influenced by the depressive cognitive schema. This cognitive triad refers to information about the self, about the world, and about the future.

认知性无意识（p. 269）
**cognitive unconscious** In the cognitive view of the unconscious, the content of the unconscious mind is assumed to operate just like thoughts in consciousness. Thoughts are unconscious because they are not in conscious awareness, not because they have been repressed or because they represent unacceptable urges or wishes.

队列效应（p. 127）
**cohort effects** Personality change over time as a reflection of the social times in which an individual or group of individuals live. For example, American women's trait scores on assertiveness have risen and fallen depending on the social and historical cohort in which they have lived. Jean Twenge has posited that individuals internalize social change and absorb the cultural messages they receive from their culture, all of which, in turn, can affect their personalities.

大五变量的组合（p. 73）
**combinations of Big Five variables** "Traits" are often examined in combinations. For example, two people high in extraversion would be very different if one was an extraverted neurotic and the other was extraverted but emotionally stable.

共病（p. 183）
**comorbidity** The presence of two or more disorders of any type in one person.

跨领域和水平的相容性和整合性（p. 17）
**compatibility and integration across domains and levels** A theory that takes into account the principles and laws of other scientific domains that may affect the study's main subject. For example, a theory of biology that violated known principles of chemistry would be judged fatally flawed.

竞争性成就动机（p. 501）
**competitive achievement motivation** Also referred to as the need for achievement, it is a subtrait in the Type A behavior pattern. Type A people like to work hard and achieve goals. They like recognition and overcoming obstacles and feel they are at their best when competing with others.

需求互补理论（p. 406）
**complementary needs theory** Theory of attraction that postulates that people are attracted to people whose personality dispositions differ from theirs. In other words, "opposites attract." This is especially true in biological sex choices (i.e., women tend to be attracted to men and vice versa). Other than biological sex choices, the complementary needs theory of attraction has not received any empirical support.

综合性（p. 17）
**comprehensiveness** One of the five scientific standards used in evaluating personality theories. Theories that explain more empirical data within a domain are generally superior to those that explain fewer findings.

有条件的积极关注（p. 310）
**conditional positive regard** According to Rogers, people behave in specific ways to earn the love and respect and positive regard of parents and other significant people in their lives. Positive regard, when it must be earned by meeting certain conditions, is called conditional positive regard.

价值条件（p. 309）
**conditions of worth** According to Rogers, the requirements set forth by parents or significant others for earning their positive regard are called conditions of worth. Children may become preoccupied with living up to these conditions of worth rather than discovering what makes them happy.

确认偏误（p. 266）
**confirmatory bias** The tendency to look only for evidence that confirms a previous hunch, and not to look for evidence that might disconfirm a belief.

尽责性（p. 71）
**Conscientiousness** The third of the personality traits in the five-factor model, which has proven to be replicable in studies using English- language trait words as items. Some of the key adjective markers for Conscientiousness are "responsible," "scrupulous," "persevering," "fussy/tidy."

意识（p. 233）
**conscious** That part of the mind that contains all the thoughts, feelings, and images that a person is presently aware of. Whatever a person is currently thinking about is in his or her conscious mind.

有意识目标（p. 323）
**conscious goals** A person's awareness of what he or she desires and believes is valuable and worth pursuing.

一致性（p. 82）
**consistency** Trait theories assume there is some degree of consistency in personality over time. If someone is highly extraverted during one period of observation, trait psychologists tend to assume that she will be extraverted tomorrow, next week, a year from now, or even decades from now.

构念（p. 330）
**construct** A concept or provable hypothesis that summarizes a set of observations and conveys the meaning of those observations (e.g., gravity).

结构效度（p. 38）
**construct validity** A test that measures what it claims to measure, correlates with what it is supposed to correlate with, and does not correlate with what it is not supposed to correlate with.

建构性记忆（p. 265）
**constructive memory** It is accepted as fact that humans have a constructive memory; that is, memory contributes to or influences in various ways (adds to, subtracts from, etc.) what is recalled. Recalled memories are rarely distortion-free, mirror images of the facts.

内容（p. 351）
**content** The content of emotional life refers to the characteristic or typical emotions a person is likely to experience over time. Someone whose emotional life contains a lot of pleasant emotions is someone who might be characterized as happy, cheerful, and enthusiastic. Thus the notion of content leads us to consider the *kinds* of emotions that people are likely to experience over time and across situations in their lives.

连续性（p. 394）
**continuity** Identity has an element of continuity because many of its aspects, such as gender, ethnicity, socioeconomic status, educational level, and occupation, are constant. Having an identity means that others can count on you to be reliable in who you are and how you act.

对照性（p. 394）
**contrast** Identity contrast means that a person's social identity differentiates that person from other people. An identity is the combination of characteristics that makes a person unique in the eyes of others.

聚合效度（p. 38）
**convergent validity** Whether a test correlates with other measures that it should correlate with.

核心条件（p. 312）
**core conditions**　According to Carl Rogers, in client-centered therapy three core conditions must be present in order for progress to occur: (1) an atmosphere of genuine acceptance on the part of the therapist; (2) the therapist must express unconditional positive regard for the client; and (3) the client must feel that the therapist understands him or her (empathic understanding).

相关系数（p. 41）
**correlation coefficient**　Researchers are interested in the direction (positive or negative) and the magnitude (size) of the correlation coefficient. Correlations around .10 are considered small; those around .30 are considered medium; and those around .50 or greater are considered large (Cohen & Cohen, 1975).

相关法（p. 41）
**correlational method**　A statistical procedure for determining whether there is a relationship between two variables. In correlational research designs, the researcher is attempting to directly identify the relationships between two or more variables, without imposing the sorts of manipulations seen in experimental designs.

皮质醇（p. 191）
**cortisol**　A stress hormone that prepares the body to flee or fight. Increases in cortisol in the blood indicate that the animal has recently experienced stress.

平衡（p. 39）
**counterbalancing**　In some experiments, manipulation is within a single group. For example, participants might get a drug and have their memory tested, then later take a sugar pill and have their memory tested again. In this kind of experiment, equivalence is obtained by counterbalancing the order of the conditions, with half the participants getting the drug first and sugar pill second, and the other half getting the sugar pill first and the drug second.

创造积极事件（p. 494）
**creating positive events**　Creating a positive time-out from stress. Folkman and Moskowitz note that humor can have the added benefit of generating positive emotional moments even during the darkest periods of stress.

效标效度（p. 37）
**criterion validity**　Whether a test predicts criteria external to the test.

跨文化普遍性（p. 56）
**cross-cultural universality**　In the lexical approach, cross-cultural universality states that if a trait is sufficiently important in all cultures so that its members have codified terms within their own languages to describe the trait, then the trait must be universally important in human affairs. In contrast, if a trait term exists in only one or a few languages but is entirely missing from most, then it may be of only local relevance.

智力的文化背景（p. 342）
**cultural context of intelligence**　Looks at how the definition of intelligent behavior varies across different cultures. Because of these considerations, intelligence can be viewed as referring to those skills valued in a particular culture.

文化人格心理学（p. 455）
**cultural personality psychology**　Cultural personality psychology generally has three key goals: (1) to discover the principles underlying the cultural diversity; (2) to discover how human psychology shapes culture; and (3) to discover how cultural understandings in turn shape our psychology (Fiske et al., 1997).

文化普适性（p. 469）
**cultural universals**　Features of personality that are common to everyone in all cultures. These universals constitute the human nature level of analyzing personality and define the elements of personality we share with all or most other people.

文化差异（p. 455）
**cultural variations**　Within-group similarities and between-group differences can be of any sort—physical, psychological, behavioral, or attitudinal. These phenomena are often referred to as cultural variations. Two ingredients are necessary to explain cultural variations: (1) a universal underlying mechanism and (2) environmental differences in the degree to which the underlying mechanism is activated.

文化（p. 276）
**culture**　A set of shared standards for many behaviors. It might contain different standards for males and females, such that girls should be ashamed if they engage in promiscuous sex, whereas boys might be proud of such behavior, with it being culturally acceptable for them to even brag about such behavior.

荣誉文化（p. 457）
**culture of honor**　Nisbett proposed that the economic means of subsistence of a culture affects the degree to which the group develops what he calls "a culture of honor." In cultures of honor, insults are viewed as highly offensive public challenges that must be met with direct confrontation and physical aggression. The theory is that differences in the degree to which honor becomes a central part of the culture rests ultimately with economics, and specifically with the manner in which food is obtained.

# d

日常琐事（p. 490）
**daily hassles**　The major sources of stress in most people's lives. Although minor, daily hassles can be chronic and repetitive, such as having too much to do all the time, having to fight the crowds while shopping, or having to worry over money. Such daily hassles can be chronically irritating though they do not initiate the same general adaptation syndrome evoked by some major life events.

演绎推理法（p. 203）
**deductive reasoning approach**　The top-down, theory-driven method of empirical research.

防御机制（p. 241）
**defense mechanisms**　Strategies for coping with anxiety and threats to self-esteem.

防御性悲观主义（p. 392）
**defensive pessimism**　Individuals who use a defensive pessimism strategy have usually done well on important tasks but lack self-confidence in their ability to handle new challenges. A defensive pessimist controls anxiety by preparing for failure ahead of time; they set low expectations for their performance and often focus on worse-case outcomes. This strategy overcomes anticipatory anxiety and transforms it into motivation.

无意识思考（p. 235）
**deliberation-without-awareness**　The notion that, when confronted with a decision, if a person can put it out of their conscious mind for a period of time, then the "unconscious

mind" will continue to deliberate on it, helping the person to arrive at a "sudden" and often correct decision some time later.

否认（p. 242）
**denial** When the reality of a particular situation is extremely anxiety provoking, a person may resort to the defense mechanism of denial. A person in denial insists that things are not the way they seem. Denial can also be less extreme, as when someone reappraises an anxiety-provoking situation so that it seems less daunting. Denial often shows up in people's daydreams and fantasies.

状态密度分布（p. 90）
**density distribution of states** Refers to the idea that traits are distributions of states in a person's life over time, and the mean of that distribution is the person's level of the trait.

依赖型人格障碍（p. 532）
**dependent personality disorder** The dependent personality seeks out others to an extreme. The hallmark of the dependent personality is an excessive need to be taken care of, to be nurtured, coddled, and told what to do. Dependent persons act in submissive ways so as to encourage others to take care of them or take charge of the situation. Such individuals need lots of encouragement and advice from others and would much rather turn over responsibility for their decisions to someone else.

抑郁（p. 366）
**depression** A psychological disorder whose symptoms include a depressed mood most of the day; diminished interest in activities; change in weight, sleep patterns, and movement; fatigue or loss of energy; feelings of worthlessness; inability to concentrate; and recurrent thoughts of death and suicide. It is estimated that 20 percent of Americans are afflicted with depression at some time in their lives (American Psychiatric Association, 1994).

发展危机（p. 272）
**developmental crisis** Erikson believed that each stage in personality development represented a conflict, or a developmental crisis, that needed to be resolved before the person advanced to the next stage of development.

素质—压力模型（p. 367）
**diathesis-stress model of depression** Suggests that a preexisting vulnerability, or diathesis, is present among people who become depressed. In addition to this vulnerability, a stressful life event must occur in order to trigger the depression, such as the loss of a loved one or some other major negative life event. The events must occur together—something bad or stressful has to happen to a person who has a particular vulnerability to depression—in order for depression to occur.

群体差异（p. 10）
**differences among groups** See *group differences.*

鉴别诊断（p. 535）
**differential diagnosis** A differential diagnosis is arrived at when, out of two or more possible diagnoses, the clinician searches for evidence in support of one diagnostic category over all the others.

差异化基因复制（p. 199）
**differential gene reproduction** Reproductive success relative to others. The genes of organisms who reproduce more than others get passed down to future generations at a relatively greater frequency than the genes of those who reproduce less. Because survival is usually critical for reproductive success, characteristics that lead to greater survival get passed along. Because success in mate competition is also critical for reproductive success, qualities that lead to success in same-sex competition or to success at being chosen as a mate get passed along. Successful survival and successful mate competition, therefore, are both part of differential gene reproduction.

差异心理学（p. 81）
**differential psychology** Due to its emphasis on the study of differences between people, trait psychology has sometimes been called differential psychology in the interest of distinguishing this subfield from other branches of personality psychology (Anastasi, 1976). Differential psychology includes the study of other forms of individual differences in addition to personality traits, such as abilities, aptitudes, and intelligence.

维度取向（p. 349）
**dimensional approach** Researchers gather data by having subjects rate themselves on a wide variety of emotions, then apply statistical techniques (mostly factor analysis) to identify the basic dimensions underlying the ratings. Almost all the studies suggest that subjects categorize emotions using just two primary dimensions: how pleasant or unpleasant the emotion is, and how high or low on arousal the emotion is.

维度观（p. 513）
**dimensional view** The dimensional view approaches a personality disorder as a continuum that ranges from normality at one end to severe disability and disturbance at the other end. According to this view, people with and without the disorder differ in degree only.

方向性问题（p. 43）
**directionality problem** One reason correlations can never prove causality. If A and B are correlated, we do not know if A is the cause of B, or if B is the cause of A, or if some third, unknown variable is causing both B and A.

表露（p. 499）
**disclosure** Telling someone about some private aspect of ourselves. Many theorists have suggested that keeping things to ourselves may be a source of stress and ultimately may lead to psychological distress and physical disease.

区分效度（p. 38）
**discriminant validity,** What a measure should not correlate with.

障碍（p. 511）
**disorder** A pattern of behavior or experience that is distressing and painful to the person, leads to some disability or impairment in important life domains (e.g., work, marriage, or relationship difficulties), and is associated with increased risk for further suffering, loss of function, death, or confinement.

差别性影响（p. 99）
**disparate impact** Any employment practice that disadvantages people from a protected group. The Supreme Court has not defined the size of the disparity necessary to prove disparate impact. Most courts define disparity as a difference that is sufficiently large that it is unlikely to have occurred by chance. Some courts, however, prefer the 80 percent rule contained in the Uniform Guidelines on Employee Selection Procedures. Under this rule, adverse impact is established if the selection rate for any race, sex, or ethnic group is less than four-fifths (or 80 percent) of the rate for the group with the highest selection rate.

替代（p. 243）
**displacement** An unconscious defense mechanism that involves avoiding the recognition that one has certain inappropriate urges or unacceptable feelings (e.g., anger, sexual attraction) toward a specific other. Those feelings then get displaced onto another person or object that is more appropriate or acceptable.

特质领域（p. 13）
**dispositional domain** Deals centrally with the ways in which individuals differ from one another. As such, the dispositional domain connects with all the other domains. In the dispositional domain, psychologists are primarily interested in the number and nature of fundamental dispositions, taxonomies of traits, measurement issues, and questions of stability over time and consistency over situations.

气质性乐观主义（p. 495）
**dispositional optimism** The expectation that in the future good events will be plentiful and bad events will be rare.

歪曲（p. 312）
**distortion** A defense mechanism in Roger's theory of personality; distortion refers to modifying the meaning of experiences to make them less threatening to the self-image.

异卵双生子（p. 146）
**dizygotic twins** (also called fraternal twins) Twins who are not genetically identical. They come from two eggs that were separately fertilized ("di" means two; so dizygotic means "coming from two fertilized eggs"). Such twins share only 50 percent of their genes with their co-twin, the same amount as ordinary brothers and sisters. Fraternal twins can be of the same sex or of the opposite sex.

知识领域（p. 12）
**domain of knowledge** A specialty area of science and scholarship, where psychologists have focused on learning about some specific and limited aspect of human nature, often with preferred tools of investigation.

领域特异性（p. 202）
**domain specific** Adaptations are presumed to be domain specific in the sense that they are "designed" by the evolutionary process to solve a specialized adaptive problem. Domain specificity implies that selection tends to fashion specific mechanisms for each specific adaptive problem.

多巴胺（p. 185）
**dopamine** A neurotransmitter that appears to be associated with pleasure. Dopamine appears to function something like the "reward system" and has even been called the "feeling good" chemical (Hamer, 1997).

DRD4基因（p. 159）
**DRD4 gene** A gene located on the short arm of chromosome 11 that codes for a protein called a dopamine receptor. The function of this dopamine receptor is to respond to the presence of dopamine, which is a neurotransmitter. When the dopamine receptor encounters dopamine from other neurons in the brain, it discharges an electrical signal, activating other neurons.

梦的分析（p. 251）
**dream analysis** A technique Freud taught for uncovering the unconscious material in a dream by interpreting the content of a dream. Freud called dreams "the royal road to the unconscious."

动力（p. 290）
**dynamic** The interaction of forces within a person.

# e

效应量（p. 429）
**effect size** How large a particular difference is, or how strong a particular correlation is, as averaged over several experiments or studies.

一夫多妻效应（p. 211）
**effective polygyny** Because female mammals bear the physical burden of gestation and lactation, there is a considerable sex difference in minimum obligatory parental investment. This difference leads to differences in the variances in reproduction between the sexes: most females will have some offspring, whereas a few males will sire many offspring, and some will have none at all. This is known as effective polygyny.

平均主义（p. 456）
**egalitarianism** How much a particular group displays equal treatment of all individuals within that group.

自我（p. 237）
**ego** The part of the mind that constrains the id to reality. According to Freud, it develops within the first two or three years of life. The ego operates according to the reality principle. The ego understands that the urges of the id are often in conflict with social and physical reality, and that direct expression of id impulses must therefore be redirected or postponed.

自我损耗（p. 239）
**ego depletion** When exertion of self-control results in a decrease of psychic energy.

自我心理学（p. 270）
**ego psychology** Post-Freudian psychoanalysts felt that the ego deserved more attention and that it performed many constructive functions. Erikson emphasized the ego as a powerful and independent part of personality, involved in mastering the environment, achieving one's goals, and hence in establishing one's identity. The approach to psychoanalysis started by Erikson was called ego psychology.

厄勒克特拉情结（p. 249）
**Electra complex** Within the psychoanalytic theory of personality development, the female counterpart to the Oedipal complex; both refer to the phallic stage of development.

电极（p. 169）
**electrode** A sensor usually placed on the surface of the skin and linked to a physiological recording machine (often called a polygraph) to measure physiological variables.

皮肤电活动（皮肤电传导）（p. 170）
**electrodermal activity** (also known as galvanic skin response or skin conductance) Electricity will flow across the skin with less resistance if that skin is made damp with sweat. Sweating on the palms of the hands is activated by the sympathetic nervous system, and so electrodermal activity is a way to directly measure changes in the sympathetic nervous system.

脑电图（EEG）（p. 190）
**electroencephalograph (EEG)** The brain spontaneously produces small amounts of electricity, which can be measured by electrodes placed on the scalp. EEGs can provide useful information about patterns of activation in different regions of the brain that may be associated with different types of information processing tasks.

情绪（p. 347）
**emotions** Emotions can be defined by their three components: (1) emotions have distinct subjective feelings or affects associated with them; (2) emotions are accompanied by bodily changes, mostly in the nervous system, and these produce associated changes in breathing, heart rate, muscle tension, blood chemistry, and facial and bodily expressions; (3) emotions are accompanied by distinct action tendencies or increases in the probabilities of certain behaviors.

情绪抑制（p. 497）
**emotional inhibition** Suppression of emotional expressions; often thought of as a trait (e.g., some people chronically suppress their emotions).

情绪智力（p. 312）
**emotional intelligence** An adaptive form of intelligence consisting of the ability to (1) know one's own emotions; (2) regulate those emotions; (3) motivate oneself; (4) know how others are feeling; and (5) influence how others are feeling. Goleman posited that emotional intelligence is more strongly predictive of professional status, marital quality, and salary than traditional measures of intelligence and aptitude.

情绪稳定性（p. 72）
**emotional stability** The fourth of the personality traits in the five-factor model, which has proven to be replicable in studies using English- language trait words as items. Some of the key adjective markers for Emotional Stability are "calm," "composed," "not hypochondriacal," "poised."

情绪状态（p. 348）
**emotional states** Transitory states that depend more on the situation or circumstances a person is in than on the specific person. Emotions as states have a specific cause, and that cause is typically outside of the person (something happens in the environment).

情绪特质（p. 348）
**emotional traits** Stable personality traits that are primarily characterized by specific emotions. For example, the trait of neuroticism is primarily characterized by the emotions of anxiety and worry.

共情（p. 437）
**empathizing** Tuning in to other people's thoughts and feelings.

同理心（p. 313）
**empathy** In Rogers's client-centered therapy, empathy is understanding the person from his or her point of view. Instead of interpreting the meaning behind what the client says (e.g., "You have a harsh superego that is punishing you for the actions of your id."), the client-centered therapist simply listens to what the client says and reflects it back.

持久性（p. 6）
**enduring** When psychological traits are stable over time.

环境（p. 8）
**environment** Environments can be physical, social, and intrapsychic (within the mind). Which aspect of the environment is important at any moment in time is frequently determined by the personality of the person in that environment.

环境主义观（p. 160）
**environmentalist view** Environmentalists believe that personality is determined by socialization practices, such as parenting style and other agents of society.

环境解释力（p. 143）
**environmentality** The percentage of observed variance in a *group* of individuals that can be attributed to environmental (nongenetic) differences. Generally speaking, the larger the heritability, the smaller the environmentality. And vice versa, the smaller the heritability, the larger the environmentality.

间歇性急性应激（p. 491）
**episodic acute stress** Repeated episodes of acute stress, such as having to work at more than one job every day, having to spend time with a difficult in-law, or needing to meet a recurring monthly deadline.

平等环境假设（p. 147）
**equal environments assumption** The assumption that the environments experienced by identical twins are no more similar to each other than are the environments experienced by fraternal twins. If they are more similar, then the greater similarity of the identical twins could plausibly be due to the fact that they experience more similar environments rather than the fact that they have more genes in common.

埃里克森的八个发展阶段（p. 271）
**Erikson's eight stages of development** According to Erikson, there are eight stages of development: trust versus mistrust, autonomy versus shame and doubt, initiative versus guilt, industry versus inferiority, identity versus role confusion, intimacy versus isolation, generativity versus stagnation, and integrity versus despair.

尊重需要（p. 305）
**esteem needs** The fourth level of Maslow's motivation hierarchy. There are two types of esteem: esteem from others and self-esteem, the latter often depending on the former. People want to be seen by others as competent, as strong, and as able to achieve. They want to be respected by others for their achievements or abilities. People also want to feel good about themselves. Much of the activity of adult daily life is geared toward achieving recognition and esteem from others and bolstering one's own self-confidence.

优生学（p. 141）
**eugenics** The notion that the future of the human race can be influenced by fostering the reproduction of persons with certain traits, and discouraging reproduction among persons without those traits or who have undesirable traits.

唤起（p. 413）
**evocation** A form of person–situation interaction discussed by Buss. It is based on the idea that certain personality traits may evoke consistent responses from the environment, particularly the social environment.

唤起性文化（p. 455）
**evoked culture** A way of considering culture that concentrates on phenomena that are triggered in different ways by different environmental conditions.

进化副产物（p. 201）
**evolutionary byproduct** Incidental effects evolved changes that are not properly considered adaptations. For example, our noses hold up glasses, but that is not what the nose evolved for.

进化噪声（p. 201）
**evolutionary noise** Random variations that are neutral with respect to selection.

进化预测的性别差异（p. 210）
**evolutionary-predicted sex differences** Evolutionary psychology predicts that males and females will be the same or similar in all those domains where the sexes have faced the same or similar adaptive problems (e.g., both sexes have sweat glands because both sexes have faced the adaptive problem of thermal regulation) and different when men and women have faced substantially different adaptive problems (e.g., in the physical realm, women have faced the problem of childbirth and have therefore evolved adaptations that are lacking in men, such as mechanisms for producing labor contractions through the release of oxytocin into the bloodstream).

衰竭期（p. 488）
**exhaustion stage** The third stage in Selye's general adaptation syndrome (GAS). Selye felt that this was the stage where we are most susceptible to illness and disease, as our physiological resources are depleted.

期望证实（p. 416）
**expectancy confirmation** A phenomenon whereby people's beliefs about the personality characteristics of others cause them to evoke in others actions that are consistent with the initial beliefs. The phenomenon of expectancy confirmation has also been called self-fulfilling prophecy and behavioral confirmation.

经验取样（p. 24）
**experience sampling** People answer some questions, for example, about their mood or physical symptoms, every day for several weeks or longer. People are usually contacted electronically ("beeped") one or more times a day at random intervals to complete the measures. Although experience sampling uses self-report as the data source, it differs from more traditional self-report methods in being able to detect patterns of behavior over time.

实验法（p. 39）
**experimental methods** Typically used to determine causality—to find out whether one variable influences another variable. Experiments involve the manipulation of one variable (the independent variable) and random assignment of subjects to conditions defined by the independent variable.

解释风格（p. 335）
**explanatory style** Whenever someone offers a cause for some event, that cause can be analyzed in terms of the three categories of attributions: internal–external, stable–unstable, and global–specific. The tendency a person has to employ certain combinations of attributions in explaining events (e.g., internal, stable, and global causes) is called their explanatory style.

表达性（p. 441）
**expressiveness** The ease with which one can express emotions, such as crying, showing empathy for the troubles of others, and showing nurturance to those in need.

外控（p. 332）
**external locus of control** Generalized expectancies that events are outside of one's control.

外向性（p. 70）
**extraversion** The first fundamental personality trait in the five-factor model, a taxonomy which has proven to be replicable in studies using English-language trait words as items. Some of the key adjective markers for Extraversion are "talkative," "extraverted" or "extraverted," "gregarious," "assertive," "adventurous," "open," "sociable," "forward," and "outspoken."

极端反应（p. 35）
**extreme responding** A response set that refers to the tendency to give endpoint responses, such as "strongly agree" or "strongly disagree" and avoid the middle part of response scales, such as "slightly agree," "slightly disagree," or "am indifferent."

惊吓眨眼法（p. 519）
**eye-blink startle method** People typically blink their eyes when they are startled by a loud noise. Moreover, a person who is in an anxious or fearful state will blink faster and harder when startled than a person in a normal emotional state. This means that eye-blink speed when startled may be an objective physiological measure of how anxious or fearful a person is feeling. The eye-blink startle method may allow researchers to measure how anxious persons are without actually having to ask them.

# f

表面效度（p. 37）
**face validity** Whether the test, on the surface, measures what it appears to measure.

因素分析（p. 57）
**factor analysis** A commonly used statistical procedure for identifying underlying structure in personality ratings or items. Factor analysis essentially identifies groups of items that covary (i.e., go together or correlate) with each other, but tend not to covary with other groups of items. This provides a means for determining which personality variables share some common underlying property or belong together within the same group.

因素负荷（p. 58）
**factor loadings** Indexes of how much of the variation in an item is "explained" by the factor. Factor loadings indicate the degree to which the item correlates with or "loads on" the underlying factor.

欺骗（p. 92）
**faking** The motivated distortion of answers on a questionnaire. Some people may be motivated to "fake good" in order to appear to be better off or better adjusted than they really are. Others may be motivated to "fake bad" in order to appear to be worse off or more maladjusted than they really are.

错误一致性效应（p. 246）
**false consensus effect** The tendency many people have to assume that others are similar to them (i.e., extraverts think that many other people are as extraverted as they are). Thinking that many other people share your own traits, preferences, or motivations.

错误记忆（p. 263）
**false memories** Memories that have been "implanted" by well-meaning therapists or others interrogating a subject about some event.

错误否定与错误肯定（p. 92）
**false negative and false positive** There are two ways for psychologists to make a mistake when making decisions about persons based on personality tests (e.g., when deciding whether or not to hire a person, to parole a person, or that the person was lying). When trying to decide whether a person's answers are genuine or faked, the psychologist might decide that a person who was faking was actually telling the truth (called a false positive). Or they might conclude that a truthful person was faking. This is called a false negative.

家族研究（p. 145）
**family studies** Family studies correlate the degree of genetic overlap among family members with the degree of personality similarity. They capitalize on the fact that there are known degrees of genetic overlap between different members of a family in terms of degree of relationship.

成功恐惧（p. 276）
**fear of success** Horney coined this phrase to highlight a gender difference in response to competition and achievement situations. Many women, she argued, feel that if they succeed, they will lose their friends. Consequently, many women, she thought, harbor an unconscious fear of success. She held that men, on the other hand, feel that they will actually gain friends by being successful and hence are not at all afraid to strive and pursue achievement.

女性预测偏低效应（p. 97）
**female underprediction effect** On average, college entrance exam scores underpredict grade point average for women relative to men. Women tend to do better in college than one would predict from their entrance exam scores.

女性化（p. 276）
**feminine** Traits or roles typically associated with being female in a particular culture.

女性化（p. 439）
**femininity** A psychological dimension containing traits such as nurturance, empathy, and expression of emotions (e.g., crying when sad). Femininity traits refer to gender roles, as distinct from biological sex.

场依存性与场独立性（p. 324）
**field dependent and field independent** In Witkin's rod and frame test, if a participant adjusts the rod so that it is leaning in the direction of the tilted frame, that person is said to be dependent of the visual field, or field dependent. If a participant disregards the external cues and instead uses information from his body in adjusting the rod to upright, he is said to be independent of the field, or field independent; appearing to rely on his own sensations, not the perception of the field, to make the judgment. This individual difference may have implications in situations where people must extract information from complex sensory fields, such as in multimedia education.

五因素模型（p. 67）
**five-factor model** A trait taxonomy that has its roots in the lexical hypothesis. The first psychologist to use the terms "five-factor model" and "Big Five" was Warren Norman, based on his replications of the factor structure suggesting the following five traits: Surgency (or extraversion), Neuroticism (or emotional instability), Agreeableness, Conscientiousness, and Intellect-Openness to Experience (or intellect). The model has been criticized by some for not being comprehensive and for failing to provide a theoretical understanding of the underlying psychological processes that generate the five traits. Nonetheless, it remains heavily endorsed by many personality psychologists and continues to be used in a variety of research studies and applied settings.

固着（p. 248）
**fixation** According to Erikson, if a developmental crisis is not successfully and adaptively resolved, personality development could become arrested and the person would continue to have a fixation on that crisis in development. According to Freud, if a child fails to fully resolve a conflict at a particular stage of development, he or she may get stuck in that stage. If a child is fixated at a particular stage, he or she exhibits a less mature approach to obtaining sexual gratification.

心流（p. 308）
**flow** A subjective state that people report when they are completely involved in an activity to the point of forgetting time, fatigue, and everything else but the activity itself. While flow experiences are somewhat rare, they occur under specific conditions; there is a balance between the person's skills and the challenges of the situation, there is a clear goal, and there is immediate feedback on how one is doing.

迫选式问卷（p. 36）
**forced-choice questionnaire** Test takers are confronted with pairs of statements and are asked to indicate which statement in the pair is more true of them. Each statement in the pair is selected to be similar to the other in social desirability, forcing participants to choose between statements that are equivalently socially desirable (or undesirable), and differ in content.

自由联想（p. 251）
**free association** Patients relax, let their minds wander, and say whatever comes into their minds. Patients often say things that surprise or embarrass them. By relaxing the censor that screens everyday thoughts, free association allows potentially important material into conscious awareness.

自由运转（p. 187）
**free running** A condition in studies of circadian rhythms in which participants are deprived from knowing what time it is (e.g., meals are served when the participant asks for them, not at prescheduled times). When a person is free running in time, there are no time cues to influence behavior or biology.

频率依赖性选择（p. 220）
**frequency–dependent selection** In some contexts, two or more heritable variants can evolve within a population. The most obvious example is biological sex itself. Within sexually reproducing species, the two sexes exist in roughly equal numbers because of frequency–dependent selection. If one sex becomes rare relative to the other, evolution will produce an increase in the numbers of the rarer sex. Frequency–dependent selection, in this example, causes the frequency of men and women to remain roughly equal. Different personality extremes (e.g., introversion and extraversion) may be the result of frequency dependent selection.

额叶不对称性（p. 191）
**frontal brain asymmetry** Asymmetry in the amount of activity in the left and right part of the frontal hemispheres of the brain. Studies using EEG measures have linked more relative left brain activity with pleasant emotions and more relative right brain activity with negative emotions.

挫折（p. 502）
**frustration** The high-arousal unpleasant subjective feeling that comes when a person is blocked from attaining an important goal. For example, a thirsty person who just lost his last bit of money in a malfunctioning soda machine would most likely feel frustration.

机能充分发挥者（p. 309）
**fully functioning person** According to Rogers, a fully functioning person is on his or her way toward self-actualization. Fully functioning persons may not actually be self-actualized yet, but they are not blocked or sidetracked in moving toward this goal. Such persons are open to new experiences and are not afraid of new ideas. They embrace life to its fullest. Fully functioning individuals are also centered in the present. They do not dwell on the past or their regrets. Fully functioning individuals also trust themselves, their feelings, and their own judgments.

功能分析（p. 348）
**functional analysis** In *The Expression of the Emotions in Man and Animals,* Charles Darwin proposed a functional analysis of emotions and emotional expressions focusing on the "why" of emotions and expressions. Darwin concluded that emotional expressions communicate information from one animal to another about what is likely to happen. For instance, a dog baring its teeth, growling, and bristling the fur on its back is communicating to others that he is likely to attack. If others recognize the dog's communication, they may choose to back away to safety.

功能性磁共振成像（fMRI）（p. 30）
**functional magnetic resonance imaging (fMRI)** A noninvasive imaging technique used to identify specific areas of brain activity. As parts of the brain are stimulated, oxygenated blood rushes to the activated area, resulting in increased iron concentrations in the blood. The fMRI detects these elevated concentrations of iron and prints out colorful images indicating which part of the brain is used to perform certain tasks.

功能性（p. 202）
**functionality** The notion that our psychological mechanisms are designed to accomplish particular adaptive goals.

基本归因错误（p. 243）
**fundamental attribution error** When bad events happen to others, people have a tendency to attribute blame to some characteristic of the person, whereas when bad events happen to oneself, people have the tendency to blame the situation.

# g

性别（p. 427）
**gender** Social interpretations of what it means to be a man or a woman.

性别差异（p. 276）
**gender differences** The distinction between gender and sex can be traced back to Horney. Horney stressed the point that, while biology determines sex, cultural norms determine what is acceptable for typical males and females in that culture. Today we use the terms *masculine* and *feminine* to refer to traits or roles typically associated with being male or female in a particular culture, and we refer to differences in such culturally ascribed roles and traits as gender differences. Differences that are ascribed to being a man or a woman per se are, however, called sex differences.

性别图式（p. 442）
**gender schemata** Cognitive orientations that lead individuals to process social information on the basis of sex-linked associations (Hoyenga & Hoyenga, 1993).

性别刻板印象（p. 428）
**gender stereotypes** Beliefs that we hold about how men and women differ or are supposed to differ, which are not necessarily based on reality. Gender stereotypes can have important real-life consequences for men and women. These consequences can damage people where it most counts—in their health, their jobs, their odds of advancement, and their social reputations.

一般适应综合征（p. 487）
**general adaptation syndrome (GAS)** GAS has three stages: When a stressor first appears, people experience the alarm stage. If the stressor continues, the stage of resistance begins. If the stressor remains constant, the person eventually enters the third stage, the stage of exhaustion.

一般智力（p. 340）
**general intelligence** Early on in the study of intelligence, many psychologists thought of intelligence in traitlike terms, as a property of the individual. Individuals were thought to differ from each other in how much intelligence they possessed. Moreover, intelligence was thought of as a single broad factor, often called "g" for general intelligence. This stands in contrast to those views of intelligence as consisting of many discrete factors, such as social intelligence, emotional intelligence, and academic intelligence.

可外推性（p. 38）
**generalizability** The degree to which a measure retains its validity across different contexts.

泛化预期（p. 332）
**generalized expectancies** A person's expectations for reinforcement that hold across a variety of situations (Rotter, 1971, 1990). When people encounter a new situation, they base their expectancies about what will happen on their generalized expectancies about whether they have the abilities to influence events.

基因（p. 199）
**genes** Packets of DNA that are inherited by children from their parents in distinct chunks. They are the smallest discrete unit that is inherited by offspring intact, without being broken up.

基因垃圾（p. 140）
**genetic junk** The 98 percent of the DNA in human chromosomes that are not protein-coding genes; scientists believed that these parts were functionless residue. Recent studies have shown that these portions of DNA may affect everything from a person's physical size to personality, thus adding to the complexity of the human genome.

生殖期（p. 250）
**genital stage** The final stage in Freud's psychosexual stage theory of development. This stage begins around age 12 and lasts through one's adult life. Here the libido is focused on the genitals, but not in the manner of self-manipulation associated with the phallic stage. People reach the genital stage with full psychic energy if they have resolved the conflicts at the prior stages.

基因组（p. 139）
**genome** The complete set of genes an organism possesses. The human genome contains somewhere between 20 000 and 30 000 genes.

基因型—环境的相关（p. 157）
**genotype–environment correlation** The differential exposure of individuals with different genotypes to different environments.

基因型—环境的交互作用（p. 156）
**genotype–environment interaction** The differential response of individuals with different genotypes to the same environments.

基因型变异（p. 142）
**genotypic variance** Genetic variance that is responsible for individual differences in the phenotypic expression of specific traits.

总体自尊（p. 436）
**global self-esteem** By far the most frequently measured component of self-esteem; defined as "the level of global regard that one has for the self as a person" (Harter, 1993, p. 88). Global self-esteem can range from highly positive to highly negative, and reflects an overall evaluation of the self at the broadest level (Kling et al., 1999). Global self-esteem is linked with many aspects of functioning and is commonly thought to be central to mental health.

好理论（p. 16）
**good theory** A theory that serves as a useful guide for researchers, organizes known facts, and makes predictions about future observations.

格里格斯诉杜克电力案（p. 97）
***Griggs v. Duke Power*** Prior to 1964, Duke Power Company had used discriminatory practices in hiring and work assignment, including barring blacks from certain jobs. After passage of the Civil Rights Act of 1964, Duke Power instituted various requirements for such jobs, including passing certain aptitude tests. The effect was to perpetuate discrimination. In 1971 the Supreme Court ruled that the seemingly neutral testing practices used by Duke Power were unacceptable because they operated to maintain discrimination. This was the first legal case where the Supreme Court ruled that any selection procedure could not produce disparate impact for a group protected by the Act (e.g., racial groups, women).

# h

幸福感（p. 352）
**happiness** Researchers conceive of happiness in two complementary ways: in terms of a judgment that life is satisfying, as well as in terms of the predominance of positive compared to negative, emotions in one's life (Diener, 2000). It turns out, however, that people's emotional lives and their judgments of how satisfied they are with their lives are highly correlated. People who have a lot of pleasant emotions relative to unpleasant emotions in their lives tend also to judge their lives as satisfying, and vice versa.

伤害回避（p. 186）
**harm avoidance** In Cloninger's tridimensional personality model, the personality trait of harm avoidance is associated with low levels of serotonin. People low in serotonin are sensitive to unpleasant stimuli or to stimuli or events that have been associated with punishment or pain. Consequently, people low in serotonin seem to expect that harmful and unpleasant events will happen to them, and they are constantly vigilant for signs of such threatening events.

健康行为模型（p. 484）
**health behavior model** Personality does not directly influence the relation between stress and illness. Instead, personality affects health indirectly, through health-promoting or health-degrading behaviors. This model suggests that personality influences the degree to which a person engages in various health-promoting or health-demoting behaviors.

健康心理学（p. 482）
**health psychology** Researchers in the area of health psychology study relations between the mind and the body, and how these two components respond to challenges from the environment (e.g., stressful events, germs) to produce illness or health.

遗传率（p. 142）
**heritability** A statistic that refers to the proportion of observed variance in a group of individuals that can be explained or "accounted for" by genetic variance (Plomin, DeFries, & McClearn, 1990). It describes the degree to which genetic differences between individuals cause differences in some observed property, such as height, extraversion, or sensation seeking. The formal definition of heritability is the proportion of phenotypic variance that is attributable to genotypic variance.

启发价值（p. 17）
**heuristic value** An evaluative scientific standard for assessing personality theories. Theories that steer scientists to important new discoveries about personality are superior to those that fail to provide this guidance.

需要层次（p. 290）
**hierarchy of needs** Murray believed that each person has a unique combination of needs. An individual's various needs can be thought of as existing at a different level of strength. A person might have a high need for dominance, an average need for intimacy, and a low need for achievement. High levels of some needs interact with the amounts of various other needs within each person.

高变动条件（p. 456）
**high-variance conditions** One key variable triggering communal food sharing is the degree of variability in food resources. Specifically, under high-variance conditions, there are substantial benefits to sharing.

历史时期（p. 468）
**historical era** One type of intracultural variation pertains to the effects of historical era on personality. (People who grew up during the great economic depression of the 1930s, for example, might be more anxious about job security or adopt a more conservative spending style.) Disentangling the effects of historical era on personality is an extremely difficult endeavor because most current personality measures were not in use in earlier eras.

表演型人格障碍（p. 521）
**histrionic personality disorder** The hallmark of the histrionic personality is excessive attention seeking and emotionality. Often such persons are overly dramatic and draw attention to themselves, preferring to be the center of attention or the life of the party. They may appear charming or even flirtatious. Often they can be inappropriately seductive or provocative.

《霍根人格量表》（p. 105）
**Hogan Personality Inventory (HPI)** A questionnaire measure of personality based on the Big Five model but modified to emphasize the assessment of traits important in the business world, including the motive to get along with others and the motive to get ahead of others.

整体性（p. 465）
**holistic** A way of processing information that involves attention to relationships, contexts, and links between the focal objects and the field as a whole.

激素理论（p. 446）
**hormonal theories** Hormonal theories of sex differences argue that men and women differ not because of the external social environment but because the sexes have different amounts of specific hormones. It is these physiological differences, not differential social treatment, that causes boys and girls to diverge over development.

敌意归因偏差（p. 413）
**hostile attributional bias** The tendency to infer hostile intent on the part of others in the face of uncertain or unclear behavior from others. Essentially, people who are aggressive expect that others will be hostile toward them.

残酷自然之力（p. 198）
**hostile forces of nature** Hostile forces of nature are what Darwin called any event that impedes survival. Hostile forces of nature include food shortages, diseases, parasites, predators, and extremes of weather.

敌意（p. 502）
**hostility** A tendency to respond to everyday frustrations with anger and aggression, to become irritable easily, to feel frequent resentment, and to act in a rude, critical, antagonistic, and uncooperative manner in everyday interactions (Dembrowski & Costa, 1987). Hostility is a subtrait in the Type A behavior pattern.

人类本性（p. 10）
**human nature** The traits and mechanisms of personality that are typical of our species and are possessed by everyone or nearly everyone.

人本主义传统（p. 303）
**humanistic tradition** Humanistic psychologists emphasize the role of choice in human life, and the influence of responsibility on creating a meaningful and satisfying life. The meaning of any person's life, according to the humanistic approach, is found in the choices that people make and the responsibility they take for those choices. The humanistic tradition also emphasizes the human need for growth and realizing one's full potential. In the humanistic tradition it is assumed that, if left to their own devices, humans will grow and develop in positive and satisfying directions.

# i

本我（p. 237）
**id** The most primitive part of the human mind. Freud saw the id as something we are born with and as the source of all drives and urges. The id is like a spoiled child: selfish, impulsive, and pleasure loving. According to Freud, the id operates strictly according to the pleasure principle, which is the desire for immediate gratification.

本我心理学（p. 270）
**id psychology** Freud's version of psychoanalysis focused on the id, especially the twin instincts of sex and aggression, and how the ego and superego respond to the demands of the id. Freudian psychoanalysis can thus be called id psychology, to distinguish it from later developments that focused on the functions of the ego.

理想自我（p. 385）
**ideal self** The self that a person wants to be.

认同（p. 249）
**identification** A developmental process in children. It consists of wanting to become like the same-sex parent. In classic psychoanalysis, it marks the beginning of the resolution of the Oedipal or Electra conflicts and the successful resolution of the phallic stage of psychosexual development. Freud believed that the resolution of the phallic stage was both the beginning of the superego and morality and the start of the adult gender role.

同一性冲突（p. 396）
**identity conflict** According to Baumeister, an identity conflict involves an incompatibility between two or more aspects of identity. This kind of crisis often occurs when a person is forced to make an important and difficult life decision. Identity conflicts are "approach–approach" conflicts, in that the person wants to reach two mutually contradictory goals. Although these conflicts involve wanting two desirable identities, identity conflicts usually involve intense feelings of guilt or remorse over perceived unfaithfulness to an important aspect of the person's identity.

同一性混乱（p. 273）
**identity confusion** A period when a person does not have a strong sense of who she or he really is in terms of values, careers, relationships, and ideologies.

同一性危机（p. 270）
**identity crisis** Erikson's term refers to the desperation, anxiety, and confusion a person feels when he or she has not developed a strong sense of identity. A period of identity crisis is a common experience during adolescence, but for some people it occurs later in life, or lasts for a longer period. Baumeister suggests that there are two distinct types of identity crises, which he terms identity deficit and identity conflict.

同一性缺失（p. 396）
**identity deficit** According to Baumeister, an identity deficit arises when a person has not formed an adequate identity and thus has trouble making major decisions. When people who have an identity deficit look toward their social identity for guidance in making decisions (e.g., "What would a person like me do in this situation?"), they find little in the way of a foundation upon which to base such life choices. Identity deficits often occur when a person discards old values or goals.

同一性早闭（p. 274）
**identity foreclosure** A person does not emerge from a crisis with a firm sense of commitment to values, relationships, or career but forms an identity without exploring alternatives. An example would be young people who accept the values of their parents or their cultural or religious group without question.

特殊规律（p. 11）
**idiographic** The study of single individuals, with an effort to observe general principles as they are manifest in a single life over time.

"如果……那么……"命题（p. 339）
**"if . . . then . . ." propositions** A component of Walter Mischel's theory referring to the notion that, if situation A, the person does X, but if situation B, then the person does Y. Personality leaves its signature, Mischel argues, in terms of the specific situational ingredients that prompt behavior from the person.

疾病行为模型（p. 485）
**illness behavior model** Personality influences the degree to which a person perceives and pays attention to bodily sensations, and the degree to which a person will interpret and label those sensations as an illness.

想象膨胀效应（p. 264）
**imagination inflation effect** A memory is elaborated upon in the imagination, leading the person to confuse the imagined event with events that actually happened.

内隐动机（p. 293）
**implicit motivation** Motives as they are measured in fantasy-based (i.e., TAT) techniques, as opposed to direct self-report measures. The implied motives of persons scored, for example, from TAT stories, is thought to reveal their unconscious desires and aspirations, their unspoken needs and wants. McClelland has argued that implicit motives predict long-term behavioral trends over time, such as implicit need for achievement predicting long-term business success.

冲动性（p. 178）
**impulsivity** A personality trait that refers to lowered self-control, especially in the presence of potentially rewarding activities, the tendency to act before one thinks, and a lowered ability to anticipate the consequences of one's behavior.

广义适合度理论（p. 199）
**inclusive fitness theory** Modern evolutionary theory based on differential gene reproduction (Hamilton, 1964). The "inclusive" part refers to the fact that the characteristics that affect reproduction need not affect the personal production of offspring; they can affect the survival and reproduction of genetic relatives as well.

独立性（p. 462）
**independence** Markus and Kitayama propose that each person has two fundamental "cultural tasks" that have to be confronted. One such task, agency or independence, involves how you differentiate yourself from the larger group. Independence includes your unique abilities, your personal internal motives and personality dispositions, and the ways in which you separate yourself from the larger group.

独立性训练（p. 297）
**independence training** McClelland believes that certain parental behaviors can promote high achievement motivation, autonomy, and independence in their children. One of these parenting practices is placing an emphasis on independence training. Training a child to be independent in different tasks promotes a sense of mastery and confidence in the child.

个体差异（p. 10）
**individual differences** Every individual has personal and unique qualities that make him or her different from others. The study of all the ways in which individuals can differ from others,

the number, origin, and meaning of such differences, is the study of individual differences.

归纳推理法（p. 203）
**inductive reasoning approach** The bottom-up, data-driven method of empirical research.

影响力（p. 7）
**influential forces** Personality traits and mechanisms are influential forces in people's lives in that they influence our actions, how we view ourselves, how we think about the world, how we interact with others, how we feel, our selection of environments (particularly our social environment), what goals and desires we pursue in life, and how we react to our circumstances. Other influential forces include sociological and economic influences, as well as physical and biological forces.

信息加工（p. 322）
**information processing** The transformation of sensory input into mental representations and the manipulation of such representations.

低频率量表（p. 91）
**infrequency scale** A common method for detecting measurement technique problems within a set of questionnaire items. The infrequency scale contains items that most or all people would answer in a particular way. If a participant answered more than one or two of these unlike the rest of the majority of the participants, a researcher could begin to suspect that the participant's answers do not represent valid information. Such a participant may be answering randomly, may have difficulty reading, or may be marking his or her answer sheet incorrectly.

抑制控制（p. 431）
**inhibitory control** The ability to control inappropriate responses or behaviors.

顿悟（p. 253）
**insight** In psychoanalysis, through many interpretations, a patient is gradually led to an understanding of the unconscious source of his or her problems. This understanding is called insight.

检测时（p. 342）
**inspection time** A variable in intelligence research; the time it takes a person to make a simple discrimination between two displayed objects or two auditory intervals that differ by only a few milliseconds. This variable suggests that brain mechanisms specifically involved in discriminations of extremely brief time intervals represent a sensitive indicator of general intelligence.

本能（p. 232）
**instincts** Freud believed that strong innate forces provided all the energy in the psychic system. He called these forces instincts. In Freud's initial formulation there were two fundamental categories of instincts: self-preservation instincts and sexual instincts. In his later formulations, Freud collapsed the self-preservation and sexual instincts into one, which he called the life instinct.

工具性（p. 441）
**instrumentality** Personality traits that involve working with objects, getting tasks completed in a direct fashion, showing independence from others, and displaying self-sufficiency.

诚实性测试（p. 95）
**integrity tests** Because the private sector cannot legally use polygraphs to screen employees, some companies have developed and promoted questionnaire measures to use in place of the polygraph. These questionnaires, called integrity tests, are designed to assess whether a person is generally honest or dishonest.

智力—开放性（p. 73）
**Intellect–Openness** The fifth personality trait in the five-factor model, which has proven to be replicable in studies using English-language trait words as items. Some of the key adjective markers for Openness are "creative," "imaginative," "intellectual." Those who rate high on Openness tend to remember their dreams more and have vivid, prophetic, or problem-solving dreams.

交互作用模型（p. 482）
**interactional model** Objective events happen to a person, but personality factors determine the impact of those events by influencing the person's ability to cope. This is called the interactional model because personality is assumed to moderate (that is, influence) the relation between stress and illness.

互倚性（p. 462）
**interdependence** Markus and Kitayama propose that each person has two fundamental "cultural tasks" that have to be confronted. The first is communion or interdependence. This cultural task involves how you are affiliated with, attached to, or engaged in the larger group of which you are a member. Interdependence includes your relationships with other members of the group and your embeddedness within the group.

内控（p. 332）
**internal locus of control** The generalized expectancy that reinforcing events are under one's control, and that one is responsible for the major outcomes in life.

内化（p. 278）
**internalized** In object relations theory, a child will create an unconscious mental representation of his or her mother. This allows the child to have a relationship with this internalized "object" even in the absence of the "real" mother. The relationship object internalized by the child is based on his or her developing relationship with the mother. This image then forms the fundamentals for how children come to view others with whom they develop subsequent relationships.

人际特质（p. 65）
**interpersonal traits** What people do to and with each other. They include *temperament* traits, such as nervous, gloomy, sluggish, and excitable; *character* traits, such as moral, principled, and dishonest; *material* traits, such as miserly or stingy; *attitude* traits, such as pious or spiritual; *mental* traits, such as clever, logical, and perceptive; and *physical* traits, such as healthy and tough.

解释（p. 323）
**interpretation** One of the three levels of cognition that are of interest to personality psychologists. Interpretation is the making sense of, or explaining, various events in the world. Psychoanalysts offer patients interpretations of the psychodynamic causes of their problems. Through many interpretations, patients are gradually led to an understanding of the unconscious source of their problems.

评分者间信度（p. 25）
**inter-rater reliability** Multiple observers gather information about a person's personality, then investigators evaluate the degree of consensus among the observers. When different observers agree with one another, the degree of inter-rater reliability increases. When different raters fail to agree, the measure is said to have low inter-rater reliability.

异性选择（p. 199）
**intersexual selection** In Darwin's intersexual selection, members of one sex choose a mate based on their preferences for particular qualities in that mate. These characteristics evolve

because animals that possess them are chosen more often as mates, and their genes thrive. Animals that lack the desired characteristics are excluded from mating, and their genes perish.

心理动力领域（p. 14）
**intrapsychic domain** This domain deals with mental mechanisms of personality, many of which operate outside the realm of conscious awareness. The predominant theory in this domain is Freud's theory of psychoanalysis. This theory begins with fundamental assumptions about the instinctual system—the sexual and aggressive forces that are presumed to drive and energize much of human activity. The intrapsychic domain also includes defense mechanisms such as repression, denial, and projection.

同性竞争（p. 198）
**intrasexual competition** In Darwin's intrasexual competition, members of the same sex compete with each other, and the outcome of their contest gives the winner greater sexual access to members of the opposite sex. Two stags locking horns in combat is the prototypical image of this. The characteristics that lead to success in contests of this kind, such as greater strength, intelligence, or attractiveness to allies, evolve because the victors are able to mate more often and hence pass on more genes.

# j

工作分析（p. 100）
**job analysis** When assisting a business in hiring for a particular job, a psychologist typically starts by analyzing the requirements of the job. The psychologist might interview employees who work in the job or supervisors who are involved in managing the particular job. The psychologist might observe workers in the job, noting any particular oral, written, performance, or social skills needed. He or she may also take into account both the physical and social aspects of the work environment in an effort to identify any special pressures or responsibilities associated with the job. Based on this job analysis, the psychologist develops some hypotheses about the kinds of abilities and personality traits that might best equip a person to perform well in that job.

# l

潜伏期（p. 249）
**latency stage** The fourth stage in Freud's psychosexual stages of development. This stage occurs from around the age of six until puberty. Freud believed few specific sexual conflicts existed during this time, and was thus a period of psychological rest or latency. Subsequent psychoanalysts have argued that much development occurs during this time, such as learning to make decisions for oneself, interacting and making friends with others, developing an identity, and learning the meaning of work. The latency period ends with the sexual awakening brought about by puberty.

隐意（p. 251）
**latent content** The latent content of a dream is, according to Freud, what the elements of the dream actually represent.

习得性无助（p. 333）
**learned helplessness** Animals (including humans), when subjected to unpleasant and inescapable circumstances, often become passive and accepting of their situation, in effect learning to be helpless. Researchers surmised that if people were in an unpleasant or painful situation, they would attempt to change the situation. However, if repeated attempts to change the situation failed, they would resign themselves to being helpless. Then, even if the situation did improve so that they could escape the discomfort, they would continue to act helpless.

白细胞（p. 503）
**leukocyte** A white blood cell. When there is an infection or injury to the body, or a systematic inflammation of the body occurs, there is an elevation in white blood cell counts. Surtees et al., in a 2003 study, established a direct link between hostility and elevated white blood cell counts.

词汇学取向（p. 56）
**lexical approach** The approach to determining the fundamental personality traits by analyzing language. For example, a trait adjective that has many synonyms probably represents a more fundamental trait than a trait adjective with few synonyms.

词汇学假设（p. 56）
**lexical hypothesis** The lexical hypothesis—on which the lexical approach is based—states that important individual differences have become encoded within the natural language. Over ancestral time, the differences between people that were important were noticed and words were invented to communicate about those differences.

力比多（p. 232）
**libido** Freud postulated that humans have a fundamental instinct toward destruction and that this instinct is often manifest in aggression toward others. The two instincts were usually referred to as libido, for the life instinct, and thanatos, for the death instinct. While the libido was generally considered sexual in nature, Freud also used this term to refer to any need-satisfying, life-sustaining, or pleasure-oriented urge.

生活史数据（p. 31）
**life-outcome data (L-data)** Information that can be gleaned from the events, activities, and outcomes in a person's life that are available to public scrutiny. For example, marriages and divorces are a matter of public record. Personality psychologists can sometimes secure information about the clubs, if any, a person joins; how many speeding tickets a person has received in the last few years; whether the person owns a handgun. These can all serve as sources of information about personality.

利克特评价量表（p. 22）
**Likert rating scale** A common rating scale that provides numbers that are attached to descriptive phrases, such as 0 = disagree strongly, 1 = disagree slightly, 2 = neither agree nor disagree, 3 = agree slightly, 4 = strongly agree.

边缘系统（p. 363）
**limbic system** The part of the brain responsible for emotion and the "flight-fight" reaction. If individuals have a limbic system that is easily activated, we might expect them to have frequent episodes of emotion, particularly those emotions associated with flight (such as anxiety, fear, worry) and those associated with fight (such as anger, irritation, annoyance). Eysenck postulated that the limbic system was the source of the trait of neuroticism.

控制点（p. 331）
**locus of control** A person's perception of responsibility for the events in his or her life. It refers to whether people tend to locate that responsibility internally, within themselves, or externally, in fate, luck, or chance. Locus of control research started in the mid-1950s when Rotter was developing his social learning theory.

纵向研究（p. 115）
**longitudinal study** Examines individuals over time. Longitudinal studies have been conducted that have spanned as many as four and five decades of life and have examined many different age brackets. These studies are costly and difficult to conduct, but the information gained about personality development is valuable.

# m

马基雅维利主义（p. 412）
**Machiavellianism** A manipulative strategy of social interaction referring to the tendency to use other people as tools for personal gain. "High Mach" persons tend to tell people what they want to hear, use flattery to get what they want, and rely heavily on lying and deception to achieve their own ends.

重大生活事件（p. 488）
**major life events** According to Holmes and Rahe, major life events require that people make major adjustments in their lives. Death or loss of a spouse through divorce or separation are the most stressful events, followed closely by being jailed, losing a close family member in death, or being severely injured.

显意（p. 251）
**manifest content** The manifest content of a dream is, according to Freud, what the dream actually contains.

操控（个人—情境相互作用的一种形式）（p. 88）
**Manipulation in Person-Situation Interaction** A form of person-situation interaction in which the person intentionally behaves in ways to influence those around them. Common tactics of manipulation include coercion, the silent treatment, and charm or flattery.

操纵（p. 39）
**manipulation** Researchers conducting experiments use manipulation in order to evaluate the influence of one variable (the manipulated or independent variable) on another (the dependent variable).

男性化（p. 276）
**masculine** Traits or roles typically associated with being male in a particular culture.

男性化（p. 439）
**masculinity** Traits that define the cultural roles associated with being male. Two major personality instruments were published in 1974 to assess people using this new conception of gender roles (Bem, 1974; Spence, Helmreich, & Stapp, 1974). The masculinity scales contain items reflecting assertiveness, boldness, dominance, self-sufficiency, and instrumentality. Masculinity traits refer to gender roles, as distinct from biological sex.

极大派（p. 430）
**maximalist** Those who describe sex differences as comparable in magnitude to effect sizes in other areas of psychology, important to consider, and recommend that they should not be trivialized.

均值水平的变化（p. 110）
**mean level change** Within a single group that has been tested on two separate occasions, any difference in group averages across the two occasions is considered a mean level change.

均值水平稳定性（p. 110）
**mean level stability** A population that maintains a consistent average level of a trait or characteristic over time. If the average level of liberalism or conservatism in a population remains the same with increasing age, we say that the population exhibits high mean level stability on that characteristic. If the average degree of political orientation changes, then we say that the population is displaying mean level change.

中介（p. 484）
**mediation** Describes a situation whereby the effects of one variable on another "go through" a third variable (the mediator). For example, we know that conscientiousness in correlated with longevity. However, it is not conscientiousness in itself that causes a longer life. Instead, researchers have determined that, in this relation to longevity, the effects of conscientiousness go through (are mediated by) various health behaviors such as exercising regularly and eating a sensible diet.

极小派（p. 430）
**minimalist** Those who describe sex differences as small and inconsequential.

榜样（p. 338）
**modeling** By seeing another person engage in a particular behavior with positive results, the observer is more likely to imitate that behavior. It is a form of learning whereby the consequences for a particular behavior are observed, and thus the new behavior is learned.

调节变量（p. 483）
**moderation** Describes a situation whereby one variable (the moderator) influences the degree or correlation between two other variables. For example, if people high in neuroticism showed a strong correlation between stress and illness, and people low in neuroticism showed a weak or no correlation between stress and illness, then we would say that neuroticism is a moderator of the stress-illness relationship.

分子遗传学（p. 158）
**molecular genetics** Techniques designed to identify the specific genes associated with specific traits, such as personality traits. The most common method, called the association method, identifies whether individuals with a particular gene (or allele) have higher or lower scores on a particular trait measure.

单胺氧化酶（MAO）（p. 185）
**monoamine oxidase (MAO)** An enzyme found in the blood that is known to regulate neurotransmitters, those chemicals that carry messages between nerve cells. MAO may be a causal factor in the personality trait of sensation seeking.

同卵双生子（p. 146）
**monozygotic twins** Identical twins that come from a single fertilized egg (or zygote, hence monozygotic) that divides into two at some point during gestation. Identical twins are always the same sex because they are genetically identical.

情绪诱导（p. 361）
**mood induction** In experimental studies of mood, mood inductions are employed as manipulations in order to determine whether the mood differences (e.g., pleasant versus unpleasant) effect some dependent variable. In studies of personality, mood effects might interact with personality variables. For example, positive mood effects might be stronger for persons high on extraversion, and negative mood effects might be stronger for persons high on neuroticism.

情绪变异性（p. 373）
**mood variability** Frequent fluctuations in a person's emotional life over time.

道德性焦虑（p. 241）
**moral anxiety** Caused by a conflict between the id or the ego and the superego. For example, a person who suffers from chronic shame or feelings of guilt over not living up to "proper" standards, even though such standards might not be attainable, is experiencing moral anxiety.

延缓（p. 274）
**moratorium** The time taken to explore options before making a commitment to an identity. College can be considered a "time out" from life, in which students may explore a variety of roles, relationships, and responsibilities before having to commit to any single life path.

早晨型—夜晚型（p. 187）
**morningness–eveningness** The stable differences between persons in preferences for being active at different times of the day. The term was coined to refer to this dimension (Horne & Osterberg, 1976). Differences between morning- and evening-types of persons appear to be due to differences in the length of their underlying circadian biological rhythms.

动机性无意识（p. 234）
**motivated unconscious** The psychoanalytic idea that information that is unconscious (e.g., a repressed wish) can actually motivate or influence subsequent behavior. This notion was promoted by Freud and formed the basis for his ideas about the unconscious sources of mental disorders and other problems with living. Many psychologists agree with the idea of the unconscious, but there is less agreement today about whether information that is unconscious can have much of an influence on actual behavior.

动机（p. 288）
**motives** Internal states that arouse and direct behavior toward specific objects or goals. A motive is often caused by a deficit, by the lack of something. Motives differ from each other in type, amount, and intensity, depending on the person and his or her circumstances. Motives are based on needs and propel people to perceive, think, and act in specific ways that serve to satisfy those needs.

多动机网格技术（p. 292）
**multi-motive grid** Designed to assess motives, it uses 14 pictures representing achievement, power, or intimacy and a series of questions about important motivational states to elicit answers from test subjects. In theory, the motives elicited from the photographs would influence how the subject answers the test questions.

多元智力（p. 341）
**multiple intelligences** Howard Gardner's theory of multiple intelligences includes several forms: interpersonal intelligence (social skills, ability to communicate and get along with others), intrapersonal intelligence (insight into oneself, one's emotions and motives), kinesthetic intelligence (the abilities of athletes, dancers, and acrobats), and musical intelligence. There are several other theories proposing multiple forms of intelligence. This position is in contrast to the theory of "g," or general intelligence, which holds that there is only one form of intelligence.

多重社会人格（p. 26）
**multiple social personalities** Each of us displays different sides of ourselves to different people—we may be kind to our friends, ruthless to our enemies, loving toward a spouse, and conflicted toward our parents. Our social personalities vary from one setting to another, depending on the nature of relationships we have with other individuals.

《迈尔斯—布里格斯人格类型测验》（p. 101）
**Myers-Briggs Type Indicator (MBTI)** One of the most widely used personality tests in the business world. It was developed by a mother-daughter team, Katherine Briggs and Isabel Myers, based on Jungian concepts. The test provides information about personality types by testing for eight fundamental preferences using questions in a "forced-choice" or either/or format. Individuals must respond in one way or another, even if their preferences might be somewhere in the middle. Although the test is not without criticism, it has great intuitive appeal.

# n

自恋（p. 277）
**narcissism** A style of inflated self-admiration and the constant attempt to draw attention to the self and to keep others focused on oneself. Although narcissism can be carried to extremes, narcissistic tendencies can be found in normal range levels.

自恋悖论（p. 277）
**narcissistic paradox** The fact that, although narcissistic people appear to have high self-esteem, they actually have doubts about their self-worth. While they appear to have a grandiose sense of self-importance, narcissists are nevertheless very fragile and vulnerable to blows to their self-esteem and cannot handle criticism well. They need constant praise, reassurance, and attention from others, whereas a person with truly high self-esteem would not need such constant praise and attention from others.

自恋型人格障碍（p. 524）
**narcissistic personality disorder** The calling card of the narcissistic personality is a strong need to be admired, a strong sense of self-importance, and a lack of insight into other people's feelings. Narcissists see themselves in a very favorable light, inflating their accomplishments and undervaluing the work of others. Narcissists daydream about prosperity, victory, influence, adoration from others, and power. They routinely expect adulation from others, believing that homage is generally long overdue. They exhibit feelings of entitlement, even though they have done nothing in particular to earn that special treatment.

自然选择（p. 198）
**natural selection** Darwin reasoned that variants that better enabled an organism to survive and reproduce would lead to more descendants. The descendants, therefore, would inherit the variants that led to their ancestors' survival and reproduction. Through this process, the successful variants were selected, and unsuccessful variants weeded out. Natural selection, therefore, results in gradual changes in a species over time, as successful variants increase in frequency and eventually spread throughout the gene pool, replacing the less successful variants.

自然情境观察（p. 26）
**naturalistic observation** Observers witness and record events that occur in the normal course of the lives of their participants. For example, a child might be followed throughout an entire day, or an observer may record behavior in the home of the participant. Naturalistic observation offers researchers the advantage of being able to secure information in the realistic context of a person's everyday life, but at the cost of not being able to control the events and behavioral samples witnessed.

天性与教养之争（p. 143）
**nature-nurture debate** The ongoing debate as to whether genes or environment are more important determinants of personality.

成就需要（p. 294）
**need for achievement** According to McClelland, the desire to do better, to be successful, and to feel competent. People with a high need for achievement obtains satisfaction from accomplishing a task or from the anticipation of accomplishing a task. They cherish the process of being engaged in a challenging task.

亲密需要（p. 301）
**need for intimacy** McAdams defines the need for intimacy as the "recurrent preference or readiness for warm, close, and communicative interaction with others" (1990, p. 198). People with a high need for intimacy want more intimacy and meaningful human contact in their day-to-day lives than do those with a low need for intimacy.

权力需要（p. 298）
**need for power** A preference for having an impact on other people. Individuals with a high need for power are interested in controlling situations and other people.

需要（p. 288）
**needs** States of tension within a person; as a need is satisfied, the state of tension is reduced. Usually the state of tension is caused by the lack of something (e.g., a lack of food causes a need to eat).

消极情感（p. 431）
**negative affectivity** Includes components such as anger, sadness, difficulty, and amount of distress.

消极同一性（p. 273）
**negative identity** Identities founded on undesirable social roles, such as "gangstas," girlfriends of street toughs, or members of street gangs.

雇佣失察（p. 96）
**negligent hiring** A charge sometimes brought against an employer for hiring someone who is unstable or prone to violence. Employers are defending themselves against such suits, which often seek compensation for crimes committed by their employees. Such cases hinge on whether the employer should have discovered dangerous traits ahead of time, before hiring such a person into a position where he or she posed a threat to others. Personality testing may provide evidence that the employer did in fact try to reasonably investigate an applicant's fitness for the workplace.

神经性焦虑（p. 241）
**neurotic anxiety** Occurs when there is a direct conflict between the id and the ego. The danger is that the ego may lose control over some unacceptable desire of the id. For example, a man who worries excessively that he might blurt out some unacceptable thought or desire in public is beset by neurotic anxiety.

神经症悖论（p. 530）
**neurotic paradox** The fact that people with disorders or other problems with living often exhibit behaviors that exacerbate, rather than lessen, their problems. For example, borderline personality disordered persons, who are generally concerned with being abandoned by friends and intimate others, may throw temper tantrums or otherwise express anger and rage in a manner that drives people away. The paradox refers to doing behaviors that make their situation worse.

神经质（p. 362）
**neuroticism** A dimension of personality present, in some form, in every major trait theory of personality. Different researchers have used different terms for neuroticism, such as emotional instability, anxiety-proneness, and negative affectivity. Adjectives useful for describing persons high on the trait of neuroticism include moody, touchy, irritable, anxious, unstable, pessimistic, and complaining.

神经递质（p. 182）
**neurotransmitters** Chemicals in the nerve cells that are responsible for the transmission of a nerve impulse from one cell to another. Some theories of personality are based directly on different amounts of neurotransmitters found in the nervous system.

抑郁的神经递质理论（p. 368）
**neurotransmitter theory of depression** According to this theory, an imbalance of the neurotransmitters at the synapses of the nervous system causes depression. Some medications used to treat depression target these specific neurotransmitters. Not all people with depression are treated successfully with drugs. That suggests that there may be varieties of depression; some are biologically based, while others are more reactive to stress, physical exercise, or cognitive therapy.

一般规律（p. 10）
**nomothetic** The study of general characters of people as they are distributed in the population, typically involving statistical comparisons between individuals or groups.

与内容无关的反应（p. 35）
**noncontent responding** (also referred to as the concept of response sets) The tendency of some people to respond to the questions on some basis that is unrelated to the question content. One example is the response set of acquiescence or yea saying. This is the tendency to simply agree with the questionnaire items, regardless of the content of those items.

非共享环境的影响（p. 154）
**nonshared environmental influences**
Features of the environment that siblings do not share. Some children might get special or different treatment from their parents, they might have different groups of friends, they might be sent to different schools, or one might go to summer camp while the other stays home each summer. These features are called "nonshared" because they are experienced differently by different siblings.

去甲肾上腺素（p. 185）
**norepinephrine** A neurotransmitter involved in activating the sympathetic nervous system for flight or fight.

新异寻求（p. 186）
**novelty seeking** In Cloninger's tridimensional personality model, the personality trait of novelty seeking is based on low levels of dopamine. Low levels of dopamine create a drive state to obtain substances or experiences that increase dopamine. Novelty and thrills and excitement can make up for low levels of dopamine, and so novelty-seeking behavior is thought to result from low levels of this neurotransmitter.

# O

客观化认知（p. 322）
**objectifying cognition** Processing information by relating it to objective facts. This style of thinking stands in contrast to personalizing cognitions.

实因性焦虑（p. 241）
**objective anxiety** Fear occurs in response to some real, external threat to the person. For example, being confronted by a large, aggressive-looking man with a knife while taking a shortcut through an alley would elicit objective anxiety (fear) in most people.

客体自我意识（p. 381）
**objective self-awareness** Seeing oneself as an object of others' attention. Often, objective self-awareness is experienced as shyness, and for some people this is a chronic problem. Although objective self-awareness can lead to periods of social sensitivity, this ability to consider oneself from an outside perspective is the beginning of a social identity.

客体关系理论（p. 278）
**object relations theory** Places an emphasis on early childhood relationships. While this theory has several versions that differ from each other in emphasis, all the versions have at their core a set of basic assumptions: that the internal wishes, desires, and urges of the child are not as important as his or her developing relationships with significant external others, particularly parents, and that the others, particularly the mother, become internalized by the child in the form of mental objects.

观察者报告数据（p. 25）
**observer-report data (O-data)** The impressions and evaluations others make of a person whom they come into contact with. For every individual, there are dozens of observers who form such impressions. Observer-report methods capitalize on these sources and provide tools for gathering information about a person's personality. Observers may have access to information not attainable through other sources, and multiple observers can be used to assess each individual. Typically, a more valid and reliable assessment of personality can be achieved when multiple observers are used.

强迫型人格障碍（p. 532）
**obsessive-compulsive personality disorder** The obsessive-compulsive personality is preoccupied with order and strives to be perfect. The high need for order can manifest itself in the person's attention to details, however trivial, and fondness for rules, rituals, schedules, and procedures. Another characteristic is a devotion to work at the expense of leisure and friendships. Obsessive-compulsive persons tend to work harder than they need to.

俄狄浦斯冲突（p. 249）
**oedipal conflict** For boys, the main conflict in Freud's phallic stage. It is a boy's unconscious wish to have his mother all to himself by eliminating the father. (Oedipus is a character in a Greek myth who unknowingly kills his father and marries his mother.)

最佳唤醒水平（p. 181）
**optimal level of arousal** Hebb believed that people are motivated to reach an optimal level of arousal. If they are underaroused relative to this level, an increase in arousal is rewarding; conversely, if they are overaroused, a decrease in arousal is rewarding. By optimal level of arousal, Hebb meant a level that is "just right" for any given task.

乐观主义偏差（p. 495）
**optimistic bias** Most people generally underestimate their risks, with the average person rating his or her risk as below what is the true average. This has been referred to as the optimistic bias, and it may actually lead people in general to ignore or minimize the risks inherent in life or to take more risks than they should.

乐观解释风格（p. 335）
**optimistic explanatory style** A style that emphasizes external, temporary, and specific causes of events.

口唇期（p. 248）
**oral stage** The first stage in Freud's psychosexual stages of development. This stage occurs during the initial 18 months after birth. During this time, the main sources of pleasure and tension reduction are the mouth, lips, and tongue. Adults who still obtain pleasure from "taking in," especially through the mouth (e.g., people who overeat or smoke or talk too much) might be fixated at this stage.

组织性和持久性（p. 6）
**organized and enduring** "Organized" means that the psychological traits and mechanisms for a given person are not simply a random collection of elements. Rather, personality is coherent because the mechanisms and traits are linked to one another in an organized fashion. "Enduring" means that the psychological traits are generally consistent over time, particularly in adulthood, and over situations.

正交性（p. 66）
**orthogonality** Discussed in terms of circumplex models, orthogonality specifies that traits that are perpendicular to each other on the model (at 90 degrees of separation, or at right angles to each other) are unrelated to each other. In general, the term "orthogonal" is used to describe a zero correlation between traits.

应然自我（p. 385）
**ought self** A person's understanding of what others want them to be.

直白的和隐蔽的诚信测试（p. 96）
**overt and covert integrity tests** Both are self-report measures of integrity used in business and industry. Overt measures include questions directly related to past violations of workplace integrity, such as excessive absenteeism or theft. Covert measures include questions that are indirectly related to integrity, such as questions about personality traits that are correlated with workplace integrity, such as conscientiousness.

# p

疼痛耐受性（p. 327）
**pain tolerance** The degree to which people can tolerate pain, which shows wide differences between persons. Petrie believed that individual differences in pain tolerance originated in the nervous system. She developed a theory that people with low pain tolerance had a nervous system that amplified or augmented the subjective impact of sensory input. In contrast, people who could tolerate pain well were thought to have a nervous system that dampened or reduced the effects of sensory stimulation.

偏执型人格障碍（p. 530）
**paranoid personality disorder** The paranoid personality is extremely distrustful of others and sees others as a constant threat. Such a person assumes that others are out to exploit and deceive them, even though there is no good evidence to support this assumption. Paranoid personalities feel that they have been injured by other persons and are preoccupied with doubts about the motivations of others. The paranoid personality often misinterprets social events and holds resentments toward others for slights or perceived insults.

简约性（p. 17）
**parsimony** The fewer premises and assumptions a theory contains, the greater its parsimony. This does not mean that simple theories are always better than complex ones. Due to the complexity of the human personality, a complex theory—that is, one containing many premises—may ultimately be necessary for adequate personality theories.

被动型基因型—环境的相关（p. 157）
**passive genotype–environment correlation** Occurs when parents provide both genes and environment to children, yet the children do nothing to obtain that environment.

阳具妒羡（p. 249）
**penis envy** The female counterpart of castration anxiety, which occurs during the phallic stage of psychosexual development for girls around 3 to 5 years of age.

人—物维度（p. 437）
**people–things dimension** Brian Little's people–things dimension of personality refers to the nature of vocational

interests. Those at the "things" end of the dimension like vocations that deal with impersonal tasks—machines, tools, or materials. Examples include carpenter, auto mechanic, building contractor, tool maker, or farmer. Those scoring toward the "people" end of the dimension prefer social occupations that involve thinking about others, caring for others, or directing others. Examples include high school teacher, social worker, or religious counselor.

变异量百分比（p. 142）
**percentage of variance** Individuals vary or are different from each other, and this variability can be partitioned into percentages that are related to separate causes or separate variables. An example is the percentages of variance in some trait that are related to genetics, the shared environment, and the unshared environment. Another example would be the percentage of variance in happiness scores that are related to various demographic variables, such as income, gender, and age.

知觉（p. 323）
**perception** One of the three levels of cognition that are of interest to personality psychologists. Perception is the process of imposing order on the information our sense organs take in. Even at the level of perception, what we "see" in the world can be quite different from person to person.

感知敏感性（p. 431）
**perceptual sensitivity** The ability to detect subtle stimuli from the environment.

个体—环境交互/相互作用（p. 7）
**person–environment interaction** A person's interactions with situations include perceptions, selections, evocations, and manipulations. *Perceptions* refer to how we "see" or interpret an environment. *Selection* describes the manner in which we choose situations—such as our friends, our hobbies, our college classes, and our careers. *Evocations* refer to the reactions we produce in others, often quite unintentionally. *Manipulations* refer to the ways in which we attempt to influence others.

个体—情境交互/相互作用（p. 83）
**person–situation interaction** The person–situation interaction trait theory states that one has to take into account both particular situations (e.g., frustration) and personality traits (e.g., hot temper) when understanding a behavior.

个人构念（p. 330）
**personal construct** A belief or concept that summarizes a set of observations or version of reality, unique to an individual, which that person routinely uses to interpret and predict events.

个人计划（p. 336）
**personal project** A set of relevant actions intended to achieve a goal that a person has selected. Psychologist Brian Little believes that personal projects make natural units for understanding the working of personality, because they reflect how people face up to the serious business of navigating through daily life.

人格（p. 4）
**personality** The set of psychological traits and mechanisms within the individual that are organized and relatively enduring and that influence his or her interactions with, and adaptations to, the environment (including the intrapsychic, physical, and social environment).

人格的连贯性（p. 111）
**personality coherence** Changes in the manifestations of personality variables over time, even as the underlying characteristics remain stable. The notion of personality coherence includes both elements of continuity and elements of change: continuity in the underlying trait but change in the outward manifestation of that trait. For example, an emotionally unstable child might frequently cry and throw temper tantrums, whereas as an adult such a person might frequently worry and complain. The manifestation might change, even though the trait stays stable.

人格描述性名词（p. 75）
**personality-descriptive nouns** As described by Saucier, personality-descriptive nouns differ in their content emphases from personality taxonomies based on adjectives and may be more precise. In Saucier's 2003 work on personality nouns, he discovered eight factors, including "Dumbbell," "Babe/Cutie," "Philosopher," "Lawbreaker," "Joker," and "Jock."

人格发展（p. 110）
**personality development** The continuities, consistencies, and stabilities in people over time, and the ways in which people change over time.

人格障碍（p. 513）
**personality disorder** An enduring pattern of experience and behavior that differs greatly from the expectations of the individual's culture. The disorder is usually manifest in more than one of the following areas: the way a person thinks, feels, gets along with others, or controls personal behavior. To be classed as a personality disorder, the pattern must *not* result from drug abuse, medication, or a medical condition such as head trauma.

个人化认知（p. 322）
**personalizing cognition** Processing information by relating it to a similar event in your own life. This style of processing information occurs when people interpret a new event in a personally relevant manner. For example, they might see a car accident and start thinking about the time they were in a car accident.

人员选拔（p. 96）
**personnel selection** Employers sometimes use personality tests to select people especially suitable for a specific job. Alternatively, the employer may want to use personality assessments to deselect, or screen out, people with specific traits. In both cases an employer is concerned with selecting the right person for a specific position from among a pool of applicants.

观点采择（p. 381）
**perspective taking** A final unfolding of the self-concept during the teen years; the ability to take the perspectives of others, or to see oneself as others do, to step outside of one's self and imagine how one appears to other people. This is why many teenagers go through a period of extreme self-consciousness during this time, focusing much of their energy on how they appear to others.

悲观解释风格（p. 335）
**pessimistic explanatory style** Puts a person at risk for feelings of helplessness and poor adjustment, and emphasizes internal, stable, and global causes for bad events. It is the opposite of optimistic explanatory style.

性器期（p. 349）
**phallic stage** The third stage in Freud's psychosexual stages of development. It occurs between three and five years of age, during which time the child discovers that he has (or she discovers that she does not have) a penis. This stage also includes the awakening of sexual desire directed, according to Freud, toward the parent of the opposite sex.

表现型变异（p. 142）
**phenotypic variance** Observed individual differences, such as in height, weight, or personality.

生理需要（p. 303）
**physiological needs** The base of Maslow's need hierarchy. These include those needs that are of prime importance to the immediate survival of the individual (the need for food, water, air, sleep) as well as to the long-term survival of the species (the need for sex).

生理系统（p. 166）
**physiological systems** Organ systems within the body; for example, the nervous system (including the brain and nerves), the cardiac system (including the heart, arteries, and veins), and the musculoskeletal system (including the muscles and bones which make all movements and behaviors possible).

快乐原则（p. 237）
**pleasure principle** The desire for immediate gratification. The id operates according to the pleasure principle; therefore, it does not listen to reason, does not follow logic, has no values or morals (other than immediate gratification), and has very little patience.

积极错觉（p. 353）
**positive illusions** Some researchers believe that part of being happy is to have positive illusions about the self—an inflated view of one's own characteristics as a good, able, and desirable person—as this characteristic appears to be part of emotional well-being (Taylor, 1989; Taylor et al., 2000).

积极重评（p. 494）
**positive reappraisal** A cognitive process whereby a person focuses on the good in what is happening or has happened to them. Folkman and Moskowitz note that forms of this positive coping strategy include seeing opportunities for personal growth or seeing how one's own efforts can benefit other people.

积极关注（p. 309）
**positive regard** According to Rogers, all children are born wanting to be loved and accepted by their parents and others. He called this inborn need the desire for positive regard.

积极自我关注（p. 312）
**positive self-regard** According to Rogers, people who have received positive regard from others develop a sense of positive self-regard; they accept themselves, even their own weaknesses and shortcomings. People with high positive self-regard trust themselves, follow their own interests, and rely on their feelings to guide them to do the right thing.

可能自我（p. 385）
**possible selves** The notion of possible selves can be viewed in a number of ways, but two are especially important. The first pertains to the desired self—the person we wish to become. The second pertains to our feared self—the sort of person we do not wish to become.

后现代主义（p. 330）
**postmodernism** In personality psychology, the notion that reality is a construct, that every person and culture has its own unique version of reality, and that no single version of reality is more valid or more privileged than another.

创伤后应激障碍（p. 491）
**posttraumatic stress disorder (PTSD)** A syndrome that occurs in some individuals after experiencing or witnessing life-threatening events, such as military combat, natural disasters, terrorist attacks, serious accidents, or violent personal assaults (e.g., rape). Those who suffer from PTSD often relive the trigger experience for years through nightmares or intense flashbacks; have difficulty sleeping; report physical complaints; have flattened emotions; and feel detached or estranged from others. These symptoms can be severe and last long enough to significantly impair the individual's daily life, health, relationships, and career.

权力压力（p. 299）
**power stress** According to David McClelland, when people do not get their way, or when their power is challenged or blocked, they are likely to show strong stress responses. This stress has been linked to diminished immune function and increased illness in longitudinal studies.

前意识（p. 233）
**preconscious** Any information that a person is not presently aware of, but that could easily be retrieved and made conscious, is found in the preconscious mind.

预测效度（p. 37）
**predictive validity** Whether a test predicts criteria external to the test (also referred to as criterion validity).

内在倾向模型（p. 485）
**predisposition model** In health psychology, the predisposition model suggests that associations may exist between personality and illness because a third variable is causing them both.

前额叶皮质（p. 364）
**prefrontal cortex** Area of the brain found to be highly active in the control of emotions. Many people who have committed violent acts exhibit a neurological deficit in the frontal areas, portions of the brain assumed to be responsible for regulating negative emotions.

压力（p. 291）
**press** Need-relevant aspects of the environment. A person's need for intimacy, for example, won't affect that person's behavior without an appropriate environmental press (such as the presence of friendly people).

患病率（p. 534）
**prevalence** The total number of cases that are present within a given population during a particular period of time.

预防定向（p. 339）
**prevention focus** One focus of self-regulation where the person is concerned with protection, safety, and the prevention of negative outcomes and failures. Behaviors with a prevention focus are characterized by vigilance, caution, and attempts to prevent negative outcomes.

普华永道诉霍普金斯案（p. 98）
***Price Waterhouse v. Hopkins*** A Supreme Court case in which Ann Hopkins sued her employer, Price Waterhouse, claiming that they had discriminated against her on the basis of sex in violation of Title VII of the Civil Rights Act, on the theory that her promotion denial had been based on sexual stereotyping. The Supreme Court accepted the argument that gender stereotyping does exist and that it can create a bias against women in the workplace that is not permissible under Title VII of the Civil Rights Act. By court order Ann Hopkins was made a full partner in her accounting firm.

初级评估（p. 492）
**primary appraisal** According to Lazarus, in order for stress to be evoked for a person, two cognitive events must occur. The first cognitive event, called the primary appraisal, is for the person to perceive that the event is a threat to his or her personal goals. See also *secondary appraisal*.

初级过程思维（p. 237）
**primary process thinking** Thinking without the logical rules of conscious thought or an anchor in reality. Dreams and fantasies are examples of primary process thinking. Although primary process thought does not follow the normal rules of

reality (e.g., in dreams people might fly or walk through walls), Freud believed there were principles at work in primary process thought and that these principles could be discovered.

启动（p. 269）
**priming** Technique to make associated material more accessible to conscious awareness than material that is not primed. Research using subliminal primes demonstrates that information can get into the mind, and have some influence on it, without going through conscious experience.

私人自我概念（p. 380）
**private self-concept** The development of an inner, private self-concept is a major but often difficult development in the growth of the self-concept. It may start out with children developing an imaginary friend, someone only they can see or hear. This imaginary friend may actually be children's first attempt to communicate to their parents that they know there is a secret part, an inner part, to their understanding of their self. Later, children develop the full realization that only they have access to their own thoughts, feelings, and desires, and that no one else can know this part of them unless they choose to tell them.

以问题为中心的应对（p. 494）
**problem-focused coping** Thoughts and behaviors that manage or solve the underlying cause of stress. Folkman and Moskowitz note that focusing on solving problems, even little ones, can give a person a positive sense of control even in the most stressful and uncontrollable circumstances.

投射（p. 246）
**projection** A defense mechanism based on the notion that sometimes we see in others those traits and desires that we find most upsetting in ourselves. We literally "project" (i.e., attribute) our own unacceptable qualities onto others.

投射假设（p. 252）
**projective hypothesis** The idea that what a person "sees" in an ambiguous figure, such as an inkblot, reflects his or her personality. People are thought to project their own personalities into what they report seeing in such an ambiguous stimulus.

投射技术（p. 31）
**projective techniques** A person is presented with an ambiguous stimulus and is then asked to impose some order on the stimulus, such as asking what the person sees in an inkblot. What the person sees is interpreted to reveal something about his or her personality. The person presumably "projects" his or her concerns, conflicts, traits, and ways of seeing or dealing with the world onto the ambiguous stimulus. The most famous projective technique for assessing personality is the Rorschach inkblot test.

提升定向（p. 339）
**promotion focus** One focus of self-regulation whereby the person is concerned with advancement, growth, and accomplishments. Behaviors with a promotion focus are characterized by eagerness, approach, and "going for the gold."

心理能量（p. 232）
**psychic energy** According to Sigmund Freud, a source of energy within each person that motivates him or her to do one thing and not another. In Freud's view, it is this energy that motivates all human activity.

精神分析（p. 250）
**psychoanalysis** A theory of personality and a method of psychotherapy (a technique for helping individuals who are experiencing some mental disorder or even relatively minor problems with living). Psychoanalysis can be thought of as a theory about the major components and mechanisms of personality, as well as a method for deliberately restructuring personality.

心理机制（p. 5）
**psychological mechanisms** Similar to traits, except that mechanisms refer more to the *processes* of personality. For example, most personality mechanisms involve some information-processing activity. A psychological mechanism may make people more sensitive to certain kinds of information from the environment (input), may make them more likely to think about specific options (decision rules), or may guide their behavior toward certain categories of action (outputs).

心理特质（p. 4）
**psychological traits** Characteristics that describe ways in which people are unique or different from or similar to each other. Psychological traits include all sorts of aspects of persons that are psychologically meaningful and are stable and consistent aspects of personality.

心理类型（p. 102）
**psychological types** A term growing out of Carl Jung's theory implying that people come in types or distinct categories of personality, such as "extraverted types." This view is not widely endorsed by academic or research-oriented psychologists because most personality traits are normally distributed in the population and are best conceived as dimensions of difference, not categories.

心理病理学（p. 512）
**psychopathology** The study of mental disorders that combines statistical, social, and psychological approaches to diagnosing individual abnormality.

冷血精神病态（p. 221）
**psychopathy** A term often used synonymously with the antisocial personality disorder. It is used to refer to individual differences in antisocial characteristics.

心理性欲阶段理论（p. 248）
**psychosexual stage theory** According to Freud, all persons pass through a set series of stages in personality development. At each of the first three stages, young children must face and resolve specific conflicts, which revolve around ways of obtaining a type of sexual gratification. Children seek sexual gratification at each stage by investing libidinal energy in a specific body part. Each stage in the developmental process is named after the body part in which sexual energy is invested.

心理社会冲突（p. 272）
**psychosocial conflicts** As posited by Erik Erikson, psychosocial conflicts occur throughout a person's lifetime and contribute to the ongoing development of personality. He defined psychosocial conflicts as the crises of learning to trust our parents, learning to be autonomous from them, and learning from them how to act as an adult.

# r

种族或性别基准化（p. 99）
**race or gender norming** The Civil Rights Act of 1991 forbids employers from using different norms or cutoff scores for different groups of people. For example, it would be illegal for a company to set a higher threshold for women than men on their selection test.

随机分配（p. 39）
**random assignment** Assignment in an experiment that is conducted randomly. If an experiment has manipulation between groups, random assignment of participants to experimental groups helps ensure that each group is equivalent.

等级顺序稳定性（p. 110）
**rank order stability** Maintaining one's relative position within a group over time. Between ages 14 and 20, for example, most people become taller. But the rank order of heights tends to remain fairly stable because this form of development affects all people pretty much the same. The tall people at 14 fall generally toward the tall end of the distribution at age 20. The same can apply to personality traits. If people tend to maintain their position on dominance or extraversion relative to the other members of the group over time, then we say that there is high rank order stability to the personality characteristic. Conversely, if people fail to maintain their rank order, we say that the group has displayed rank order instability or rank order change.

合理化（p. 245）
**rationalization** A defense mechanism that involves generating acceptable reasons for outcomes that might otherwise be unacceptable. The goal is to reduce anxiety by coming up with an explanation for some event that is easier to accept than the "real" reason.

反向作用（p. 246）
**reaction formation** A defense mechanism that refers to an attempt to stifle the expression of an unacceptable urge; a person may continually display a flurry of behavior that indicates the opposite impulse. Reaction formation makes it possible for psychoanalysts to predict that sometimes people will do exactly the opposite of what you might otherwise think they would do. It also alerts us to be sensitive to instances when a person is doing something in excess. One of the hallmarks of reaction formation is excessive behavior.

反应型基因型—环境的相关（p. 157）
**reactive genotype–environment correlation** Occurs when parents (or others) respond to children differently depending on their genotype.

反应性遗传（p. 219）
**reactively heritable** Traits that are secondary consequences of heritable traits.

现实原则（p. 237）
**reality principle** In psychoanalysis, it is the counterpart of the pleasure principle. It refers to guiding behavior according to the demands of reality and relies on the strengths of the ego to provide such guidance.

双向因果关系（p. 354）
**reciprocal causality** The notion that causality can move in two directions; for example, helping others can lead to happiness, and happiness can lead one to be more helpful to others.

缩小者/放大者理论（p. 328）
**reducer/augmenter theory** Petrie's reducer/augmenter theory refers to the dimension along which people differ in their reaction to sensory stimulation; some appear to reduce sensory stimulation, some appear to augment stimulation.

强化敏感性理论（p. 178）
**reinforcement sensitivity theory** Gray's biological theory of personality. Based on recent brain function research with animals, Gray constructed a model of human personality based on two hypothesized biological systems in the brain: the behavioral activation system (which is responsive to incentives, such as cues for reward, and regulates approach behavior) and the behavioral inhibition system (which is responsive to cues for punishment, frustration, and uncertainty).

信度（p. 34）
**reliability** The degree to which an obtained measure represents the "true" level of the trait being measured. For example, if a person has a "true" IQ of 115, then a perfectly reliable measure of IQ will yield a score of 115 for that person. Moreover, a truly reliable measure of IQ would yield the same score of 115 each time it was administered to the person. Personality psychologists prefer reliable measures so that the scores accurately reflect each person's true level of the personality characteristic being measured.

重复测量（p. 34）
**repeated measurement** A way to estimate the reliability of a measure. There are different forms of repeated measurement, and hence different versions of reliability. A common procedure is to repeat the same measurement over time, say at an interval of a month apart, for the same sample of persons. If the two tests are highly correlated between the first and second testing, yielding similar scores for most people, then the resulting measure is said to have high test-retest reliability.

强迫性重复（p. 254）
**Repetition Compulsion** The idea that people recreate or repeat their interpersonal problems over and over with different people in their lives. This notion underlies the psychoanalytic transference, wherein the patient recreates the interpersonal difficulties they have in their everyday life with the analyst during the course of their treatment.

压抑（p. 242）
**repression** One of the first defense mechanisms discussed by Freud; refers to the process of preventing unacceptable thoughts, feelings, or urges from reaching conscious awareness.

阻抗（p. 253）
**resistance** When a patient's defenses are threatened by a probing psychoanalyst, the patient may unconsciously set up obstacles to progress. This stage of psychoanalysis is called resistance. Resistance signifies that important unconscious material is coming to the fore. The resistance itself becomes an integral part of the interpretations the analyst offers to the patient.

抵抗期（p. 488）
**resistance stage** The second stage in Selye's general adaptation syndrome (GAS). Here the body is using its resources at an above-average rate, even though the immediate fight-or-flight response has subsided. Stress is being resisted, but the effort is making demands on the person's resources and energy.

反应定势（p. 35）
**response sets** The tendency of some people to respond to the questions on some basis that is unrelated to the question content. Sometimes this is referred to as noncontent responding. One example is the response set of acquiescence or yea saying. This is the tendency to simply agree with the questionnaire items, regardless of the content of those items.

责任训练（p. 299）
**responsibility training** Life experiences that provide opportunities to learn to behave responsibly, such as having younger siblings to take care of while growing up. Moderates the gender difference in impulsive behaviors associated with need for power.

约束型性策略（p. 220）
**restricted sexual strategy** According to Gangestad and Simpson (1990), a woman seeking a high-investing mate would adopt a restricted sexual strategy marked by delayed intercourse and prolonged courtship. This would enable her to assess the man's level of commitment, detect the existence of prior commitments to other women and/or children, and simultaneously signal to the man the woman's sexual fidelity and, hence, assure him of his paternity of future offspring.

奖赏依赖（p. 186）
**reward dependence** In Cloninger's tridimensional personality model, the personality trait of reward dependence is associated with low levels of norepinephrine. People high on this trait are persistent; they continue to act in ways that produced reward. They work long hours, put a lot of effort into their work, and will often continue striving after others have given up.

隐私权（p. 100）
**right to privacy** Perhaps the largest issue of legal concern for employers using personality testing is privacy. The right to privacy in employment settings grows out of the broader concept of the right to privacy. Cases that charge an invasion-of-privacy claim against an employer can be based on the federal constitution, state constitutions and statutes, and common law.

成人仪式（p. 273）
**rite of passage** Some cultures and religions institute a rite of passage ritual, usually around adolescence, which typically is a ceremony that initiates a child into adulthood. After such ceremonies, the adolescent is sometimes given a new name, bestowing a new adult identity.

棒框测验（p. 324）
**Rod and Frame Test (RFT)** An apparatus to research the cues that people use in judging orientation in space. The participant sits in a darkened room and is instructed to watch a glowing rod surrounded by a glowing square frame. The experimenter can adjust the tilt of the rod, the frame, and the participant's chair. The participant's task is to adjust the rod by turning a dial so that the rod is perfectly upright. To do this accurately, the participant has to ignore cues in the visual field in which the rod appears. This test measures the personality dimension of field dependence–independence.

思维反刍（p. 438）
**rumination** Repeatedly focusing on one's symptoms or distress (e.g., "Why do I continue to feel so bad about myself?" or "Why doesn't my boss like me?"). Rumination is a key contributor to women's greater experience of depressive symptoms.

# S

安全需要（p. 303）
**safety needs** The second to lowest level of Maslow's need hierarchy. These needs have to do with shelter and security, such as having a place to live and being free from the threat of danger. Maslow believed that building a life that was orderly, structured, and predictable also fell under safety needs.

分裂样人格障碍（p. 525）
**schizoid personality disorder** The schizoid personality is split off (schism) or detached from normal social relations. The schizoid person simply appears to have no need or desire for intimate relationships or even friendships. Family life usually does not mean much to such people, and they do not obtain satisfaction from being part of a group. They have few or no close friends, and they would rather spend time by themselves than with others.

分裂型人格障碍（p. 525）
**schizotypal personality disorder** Whereas the schizoid person is indifferent to social interaction, the schizotypal personality is acutely uncomfortable in social relationships. Schizotypes are anxious in social situations, especially if those situations involve strangers. Schizotypal persons also feel that they are different from others, or that they do not fit in with the group. They tend to be suspicious of others and are seen as odd and eccentric.

评价人格理论的科学标准（p. 17）
**scientific standards for evaluating personality theories** The five key standards are comprehensiveness, heuristic value, testability, parsimony, and compatibility and integration across domains and levels.

次级评估（p. 492）
**secondary appraisal** According to Lazarus, in order for stress to be evoked for a person, two cognitive events must occur. The second necessary cognitive event, called the secondary appraisal, is when the person concludes that he or she does not have the resources to cope with the demands of the threatening event. See *primary appraisal*.

次级过程思维（p. 238）
**secondary process thinking** The ego engages in secondary process thinking, which refers to the development and devising of strategies for problem solving and obtaining satisfaction. Often this process involves taking into account the constraints of physical reality, about when and how to express some desire or urge. See *primary process thinking*.

安全型关系风格（p. 281）
**secure relationship style** In Hazan and Shaver's secure relationship style, the adult has few problems developing satisfying friendships and relationships. Secure people trust others and develop bonds with others.

安全型依恋（p. 280）
**securely attached** Securely attached infants in Ainsworth's strange situation stoically endured the separation and went about exploring the room, waiting patiently, or even approaching the stranger and sometimes wanting to be held by the stranger. When the mother returned, these infants were glad to see her, typically interacted with her for a while, then went back to exploring the new environment. They seemed confident the mother would return. Approximately 66 percent of infants fall into this category.

选择性繁殖（p. 144）
**selective breeding** One method of doing behavior genetic research. Researchers might identify a trait and then see if they can selectively breed animals to possess that trait. This can occur only if the trait has a genetic basis. For example, dogs that possess certain desired characteristics, such as a sociable disposition, might be selectively bred to see if this disposition can be increased in frequency among offspring. Traits that are based on learning cannot be selectively bred for.

选择性安置（p. 148）
**selective placement** If adopted children are placed with adoptive parents who are similar to their birth parents, this may inflate the correlations between the adopted children and their adoptive parents. In this case, the resulting inflated correlations would artificially inflate estimates of environmental influence because the correlation would appear to be due to the environment provided by the adoptive parent. There does not seem to be selective placement, and so this potential problem is not a problem in actual studies (Plomin et al., 1990).

自我实现需要（p. 305）
**self-actualization need** Maslow defines self-actualization as becoming "more and more what one idiosyncratically is, to become everything that one is capable of becoming" (1970, p. 46). The pinnacle of Maslow's need hierarchy is the need for self-actualization. Maslow was concerned with describing self-

actualization; the work of Carl Rogers was focused on how people achieve self-actualization.

自我觉察的动机（p. 293）
**self-attributed motivation** McClelland argued that self-attributed motivation is primarily a person's self-awareness of his or her own conscious motives. These self-attributed motives reflect a person's conscious awareness about what is important to him or her. As such, they represent part of the individual's conscious self-understanding. McClelland has argued that self-attributed motives predict responses to immediate and specific situations and to choice behaviors and attitudes. See *implicit motivation*.

自我复杂性（p. 389）
**self-complexity** The view that each of us has many roles and many aspects to our self-concepts. However, for some of us, our self-concepts are rather simple, being made up of just a few large categories. Other people may have a more complex or differentiated self-concept. For people with high self-complexity, a failure in any one aspect of the self (such as a relationship that breaks apart) is buffered because there are many other aspects of the self that are unaffected by that event. However, for persons low in self-complexity, the same event might be seen as devastating because they define themselves mainly in terms of this one aspect.

自我概念（p. 377）
**self-concept** The way a person sees, understands, and defines himself or herself.

自我效能感（p. 337）
**self-efficacy** A concept related to optimism and developed by Bandura. The belief that one can behave in ways necessary to achieve some desired outcome. Self-efficacy also refers to the confidence one has in one's ability to perform the actions needed to achieve some specific outcome.

自我抬升（p. 466）
**self-enhancement** The tendency to describe and present oneself using positive or socially valued attributes, such as kind, understanding, intelligent, and industrious. Tendencies toward self-enhancement tend to be stable over time, and hence are enduring features of personality (Baumeister, 1997).

自尊（p. 124）
**self-esteem** "The extent to which one perceives oneself as relatively close to being the person one wants to be and/or as relatively distant from being the kind of person one does not want to be, with respect to person-qualities one positively and negatively values" (Block & Robbins, 1993, p. 911).

自尊的变异性（p. 393）
**self-esteem variability** An individual difference characteristic referring to how much a person's self-esteem fluctuates or changes over time. It is uncorrelated with mean level of self-esteem.

自我实现预言（p. 368）
**self-fulfilling prophecy** The tendency for a belief to become reality. For example, a person who thinks he or she is a "total failure" will often act like a total failure and may even give up trying to do better, thus creating a self-fulfilling prophecy.

自我导向（p. 385）
**self-guides** The ideal self and the ought self act as self-guides, providing the standards that one uses to organize self-relevant information and motivate appropriate behaviors to bring the self in line with these self-guides.

自我设障（p. 392）
**self-handicapping** Situations in which people deliberately do things that increase the probability that they will fail.

自我报告数据（p. 22）
**self-report data (S-data)** Information a person verbally reveals about themselves, often based on questionnaire or interview. Self-report data can be obtained through a variety of means, including interviews that pose questions to a person, periodic reports by a person to record the events as they happen, and questionnaires of various sorts.

自我图式（p. 384）
**self-schema** (schemata is plural, schema is singular) The specific knowledge structure, or cognitive representation, of the self-concept. Self-schemas are the network of associated building blocks of the self-concept.

自我服务偏差（p. 277）
**self-serving bias** The common tendency for people to take credit for success yet to deny responsibility for failure.

感觉寻求（p. 181）
**sensation seeking** A dimension of personality postulated to have a physiological basis. It refers to the tendency to seek out thrilling and exciting activities, to take risks, and to avoid boredom.

感觉剥夺（p. 181）
**sensory deprivation** Often done in a sound-proof chamber containing water in which a person floats, in total darkness, such that sensory input is reduced to a minimum. Researchers use sensory deprivation chambers to see what happens when a person is deprived of sensory input.

分离焦虑（p. 279）
**separation anxiety** Children experiencing separation anxiety react negatively to separation from their mother (or primary caretaker), becoming agitated and distressed when their mothers leave. Most primates exhibit separation anxiety.

5-羟色胺（p. 185）
**serotonin** A neurotransmitter that plays a role in depression and other mood disorders. Drugs such as Prozac, Zoloft, and Paxil block the reuptake of serotonin, leaving it in the synapse longer, leading depressed persons to feel less depressed.

性别差异（p. 427）
**sex differences** An average difference between women and men on certain characteristics such as height, body fat distribution, or personality characteristics, with no prejudgment about the cause of the difference.

性选择（p. 198）
**sexual selection** The evolution of characteristics because of their mating benefits rather than because of their survival benefits. According to Darwin, sexual selection takes two forms: intrasexual competition and intersexual selection.

性别二态性（p. 211）
**sexually dimorphic** Species that show high variance in reproduction within one sex tend to be highly sexually dimorphic, or highly different in size and structure. The more intense the effective polygyny, the more dimorphic the sexes are in size and form (Trivers, 1985).

共享环境的影响（p. 154）
**shared environmental influences** Features of the environment that siblings share; for example, the number of books in the home, the presence or absence of a TV and VCR, quality and quantity of the food in the home, the values and attitudes of the parent, and the schools, church, synagogue, or temple the parents send the children to.

羞怯（p. 411）
**shyness** A tendency to feel tense, worried, or anxious during social interactions, or even when anticipating a social interaction (Addison & Schmidt, 1999). Shyness is a common phenomenon, and more than 90 percent of the population reports experiencing shyness at some point during their lives (Zimbardo, 1977). Some people, however, seem to be dispositionally shy—they tend to feel awkward in most social situations and so tend to avoid situations in which they will be forced to interact with people.

情境选择（p. 87）
**situational selection** A form of interactionism that refers to the tendency to choose or select the situations in which one finds oneself. In other words, people typically do not find themselves in random situations in their natural lives. Instead, they select or choose the situations in which they will spend their time.

情境特异性（p. 85）
**situational specificity** The view that behavior is determined by aspects of the situation, such as reward contingencies.

情境论（p. 83）
**situationism** A theoretical position in personality psychology that states that situational differences, rather than underlying personality traits, determine behavior. For example, how friendly a person will behave or how much need for achievement a person displays will depend on the situation, not the traits a person possesses.

皮肤电传导（p. 170）
**skin conductance** The degree to which the skin carries (or conducts) electricity, which locate depends on the amount of water present in the skin.

社会与文化领域（p. 15）
**social and cultural domain** Personality affects, and is affected by, the social and cultural context in which it is found. Different cultures may bring out different facets of our personalities in manifest behavior. The capacities we display may depend to a large extent on what is acceptable in and encouraged by our culture. At the level of individual differences within cultures, personality plays itself out in the social sphere. One important social sphere concerns relations between men and women.

社交焦虑（p. 205）
**social anxiety** Discomfort related to social interactions, or even to the anticipation of social interactions. Socially anxious persons appear to be overly concerned about what others will think. Baumeister and Tice propose that social anxiety is a species-typical adaptation that functions to prevent social exclusion.

社会关注（p. 70）
**social attention** The goal and payback for surgent or extraverted behavior. By being the center of attention, the extravert seeks to gain the approval of others and, in many cases, through tacit approval controls or directs others.

社会类别（p. 442）
**social categories** The cognitive component that describes the ways individuals classify other people into groups, such as "cads" and "dads." This cognitive component is one aspect of stereotyping.

社会阶层（p. 468）
**social class** Variability between people based primarily on economic, educational, and employment variables. In terms of within-culture variation, social class can have an effect on personality (Kohn et al., 1990). For example, lower-class parents tend to emphasize the importance of obedience to authority, whereas higher-status parents tend to emphasize the importance of self-direction and not conforming to the dictates of others.

社会比较（p. 380）
**social comparison** When people compare their skills and abilities with others

社会称许性（p. 35）
**social desirability** Socially desirable responding refers to the tendency to answer items in such a way as to come across as socially attractive or likable. People responding in this manner want to make a good impression, to appear to be well adjusted, to be a "good citizen."

社会同一性（p. 377）
**social identity** Identity refers to the social aspects of the self, that part of ourselves we use to create an impression, to let other people know who we are and what can be expected from us. Identity is different from the self-concept because identity refers mainly to aspects of the self that are socially observable or publicly available outward, such as ethnicity or gender or age. Nevertheless, the social aspects of identity can become important aspects of the self-concept.

社会学习理论（p. 445）
**social learning theory** A general theoretical view emphasizing the ways in which the presence of others influence people's behavior, thoughts, or feelings. Often combined with learning principles, the emphasis is on how people acquire beliefs, values, skills, attitudes, and patterns of behavior through social experiences.

社会权力（p. 276）
**social power** Horney, in reinterpreting Freud's concept of penis envy, taught that the penis was a symbol of social power rather than some organ that women actually desired. Horney wrote that girls realize, at an early age, that they are being denied social power because of their gender. She argued that girls did not really have a secret desire to become boys. Rather, she taught, girls desire the social power and preferences given to boys in the culture at that time.

社会角色理论（p. 446）
**social role theory** According to social role theory, sex differences originate because men and women are distributed differentially into occupational and family roles. Men, for example, are expected to assume the breadwinning role. Women are expected to assume the housewife role. Over time, children presumably learn the behaviors that are linked to these roles.

社会化理论（p. 444）
**socialization theory** The notion that boys and girls become different because boys are reinforced by parents, teachers, and the media for being "masculine," and girls for being "feminine." This is probably the most widely held theory of sex differences in personality.

社会性性取向（p. 59）
**sociosexual orientation** According to Gangestad and Simpson's theory of sociosexual orientation, men and women will pursue one of two alternative sexual relationship strategies. The first mating strategy entails seeking a single committed relationship characterized by monogamy and tremendous investment in children. The second sexual strategy is characterized by a greater degree of promiscuity, more partner switching, and less investment in children.

激活扩散（p. 265）
**spreading activation** Roediger and McDermott applied the spreading activation model of memory to account for false memories. This model holds that mental elements (like words or images) are stored in memory along with associations to other elements in memory. For example, *doctor* is associated with *nurse* in most people's memories because of the close

connection or similarity between these concepts. Consequently, a person recalling some medical event might falsely recall a nurse rather than a doctor doing something.

稳定性系数（p. 116）
**stability coefficients** The correlations between the same measures obtained at two different points in time. Stability coefficients are also called test-retest reliability coefficients.

发展阶段模型（p. 272）
**stage model of development** Implies that people go through stages in a certain order, and that a specific issue characterizes each stage.

状态水平（p. 292）
**state levels** A concept that can be applied to motives and emotions, state levels refer to a person's momentary amount of a specific need or emotion, which can fluctuate with specific circumstances.

统计学取向（p. 56）
**statistical approach** Having a large number of people rate themselves on certain items, and then employing a statistical procedure to identify groups or clusters of items that go together. The goal of the statistical approach is to identify the major dimensions or "coordinates" of the personality map.

统计显著性（p. 41）
**statistically significant** Refers to the probability of finding the results of a research study by chance alone. The generally accepted level of statistical significance is 5 percent, meaning that, if a study were repeated 100 times, the particular result reported would be found by chance only 5 times.

陌生情境测验（p. 279）
**strange situation procedure** Developed by Ainsworth and her colleagues for studying separation anxiety and for identifying differences between children in how they react to separation from their mothers. In this procedure, a mother and her baby come into a laboratory room. The mother sits down and the child is free to explore the room. After a few minutes an unfamiliar though friendly adult enters the room. The mother gets up and leaves the baby alone with this adult. After a few minutes, the mother comes back into the room and the stranger leaves. The mother is alone with the baby for several more minutes. All the while, the infant is being videotaped so that his or her reactions can later be analyzed.

压力（p. 482）
**stress** The subjective feeling that is produced by uncontrollable and threatening events. Events that cause stress are called stressors.

压力源/应激源（p. 487）
**stressors** Events that cause stress. They appear to have several common attributes: (1) stressors are extreme in some manner, in the sense that they produce a state of feeling overwhelmed or overloaded, that one just cannot take it much longer; (2) stressors often produce opposing tendencies in us, such as wanting and not wanting some activity or object, as in wanting to study but also wanting to put it off as long as possible; and (3) stressors are uncontrollable, outside of our power to influence, such as the exam that we cannot avoid.

强情境（p. 86）
**strong situation** Certain situations that prompt similar behavior from everyone.

结构化与非结构化（p. 22）
**structured and unstructured** Self-report can take a variety of forms, ranging from open-ended questions to forced-choice true or false questions. Sometimes these are referred to as *unstructured* (open-ended, such as "Tell me about the parties you like the most") and *structured* ("I like loud and crowded parties"; answer true or false) personality tests.

情绪生活的风格（p. 351）
**style of emotional life** How emotions are experienced. For example, saying that someone is high on mood variability is to say something about the style of his or her emotional life, that his or her emotions change frequently. Compare to the content of emotional life.

升华（p. 247）
**sublimation** A defense mechanism that refers to the channeling of unacceptable sexual or aggressive instincts into socially desired activities. For Freud, sublimation is the most adaptive defense mechanism. A common example is going out to chop wood when you are angry rather than acting on that anger or even engaging in other less adaptive defense mechanisms such as displacement.

阈下知觉（p. 269）
**subliminal perception** Perception that bypasses conscious awareness, usually achieved through very brief exposure times, typically less than 30 milliseconds.

超我（p. 238）
**superego** That part of personality that internalizes the values, morals, and ideals of society. The superego makes us feel guilty, ashamed, or embarrassed when we do something wrong, and makes us feel pride when we do something right. The superego sets moral goals and ideals of perfection and is the source of our judgments that something is good or bad. It is what some people refer to as conscience. The main tool of the superego in enforcing right and wrong is the emotion of guilt.

活泼性（p. 431）
**surgency** A cluster of behaviors including approach behavior, high activity, and impulsivity.

象征符号（p. 252）
**symbols** Psychoanalysts interpret dreams by deciphering how unacceptable impulses and urges are transformed by the unconscious into symbols in the dream. (For example, parents may be represented as a king and queen; children may be represented as small animals.)

交感神经系统（p. 170）
**Sympathetic Nervous System** That branch of the autonomic nervous system that supports the fight-or-flight response. The sympathetic nervous system is activated when a person feels threatened or experiences strong emotions such as anxiety, guilt, or anger.

同义词频（p. 56）
**synonym frequency** In the lexical approach, synonym frequency means that if an attribute has not merely one or two trait adjectives to describe it, but rather six, eight, or ten words, then it is a more important dimension of individual difference.

系统化（p. 437）
**Systemizing** The drive to comprehend how things work, how systems are built, and how inputs into systems produce outputs.

# t

分类法（p. 417）
**taxonomy** A technical name given to a classification scheme—the identification and naming of groups within a particular subject field.

遥测（p. 169）
**telemetry** The process by which electrical signals are sent from electrodes to a polygraph using radio waves instead of wires.

气质（p. 114）
**temperament** Individual differences that emerge very early in life, are likely to have a heritable basis, and are often involved in behaviors linked with emotionality or arousability.

仁慈（p. 432）
**tender-mindedness** A nurturant proclivity, having empathy for others, and being sympathetic with those who are downtrodden.

测验数据（p. 27）
**test data (T-data)** A common source of personality-relevant information comes from standardized tests (T-data). In these measures, participants are placed in a standardized testing situation to see if different people react or behave differently to an identical situation. Taking an exam, like the Scholastic Aptitude Test, would be one example of T-data as a measure used to predict success in school.

可检验性（p. 17）
**testability** The capacity to render precise predictions that scientists can test empirically. Generally, the testability of a theory is dependent upon the precision of its predictions. If it is impossible to test a theory empirically, the theory is generally discarded.

塔纳托斯（p. 232）
**thanatos** Freud postulated that humans have a fundamental instinct toward destruction and that this instinct is often manifest in aggression toward others. The two instincts were usually referred to as libido, for the life instinct, and thanatos, for the death instinct. While thanatos was considered to be the death instinct, Freud also used this term to refer to any urge to destroy, harm, or aggress against others or oneself.

主题统觉测验（p. 291）
**thematic apperception test** Developed by Murray and Morgan, this is a projective assessment technique that consists of a set of black and white ambiguous pictures. The person is shown each picture and is told to write a short story interpreting what is happening in each picture. The psychologist then codes the stories for the presence of imagery associated with particular motives. The TAT remains a popular personality assessment technique today.

理论取向（p. 56）
**theoretical approach** The theoretical approach to identifying important dimensions of individual differences starts with a theory, which then determines which variables are important. The theoretical strategy dictates in a specific manner which variables are important to measure.

理论桥梁（p. 169）
**theoretical bridge** The connection between two different variables (for instance, dimensions of personality and physiological variables).

理论结构（p. 38）
**theoretical constructs** Hypothetical internal entities useful in describing and explaining differences between people

理论与信念（p. 16）
**theories and beliefs** Beliefs are often personally useful and crucially important to some people, but they are based on leaps of faith, not on reliable facts and systematic observations. Theories, on the other hand, are based on systematic observations that can be repeated by others and that yield similar conclusions.

第三变量问题（p. 43）
**third variable problem** One reason correlations can never prove casuality. It could be that two variables are correlated because some third, unknown variable is causing both.

时间紧迫感（p. 501）
**time urgency** A subtrait in the Type A personality. Type A persons hate wasting time. They are always in a hurry and feel under pressure to get the most done in the least amount of time. Often they do two things at once, such as eat while reading a book. Waiting is stressful for them.

《1964年民权法案》第七章（p. 97）
**Title VII of the Civil Rights Act of 1964** A specific section of the Civil Rights Act of 1964 that requires employers to provide equal employment opportunities to all persons, regardless of sex, race, color, religion, or national origin.

特质描述性形容词（p. 3）
**trait-descriptive adjectives** Words that describe traits, attributes of a person that are reasonably characteristic of the individual and perhaps even enduring over time.

特质水平（p. 292）
**trait levels** A concept that can be applied to motives and emotions, trait levels refer to a person's average tendency, or his or her set point, on the specific motive or emotion. The idea is that people differ from each other in their typical or average amount of specific motives or emotions.

相互作用模型（p. 482）
**transactional model** In the transactional model of personality and health, personality has three potential effects: (1) it can influence coping, as in the interactional model; (2) it can influence how the person appraises or interprets the events; and (3) it can influence exposure to the events themselves.

移情（p. 253）
**transference** A term from psychoanalytic therapy. It refers to the patient reacting to the analyst as if he or she were an important figure from the patient's own life. The patient displaces past or present (negative and positive) feelings toward someone from his or her own life onto the analyst. The idea behind transference is that the interpersonal problems between a patient and the important people in his or her life will be reenacted in the therapy session with the analyst. This is a specific form of the mechanism of evocation, as described in the material on person-situation interaction.

传播性文化（p. 458）
**transmitted culture** Representations originally in the mind of one or more persons that are transmitted to the minds of other people. Three examples of cultural variants that appear to be forms of transmitted culture are differences in moral values, self-concept, and levels of self-enhancement. Specific patterns of morality, such as whether it is considered appropriate to eat beef or wrong for a wife to go to the movies without her husband, are specific to certain cultures. These moral values appear to be transmitted from person to person within the culture.

创伤性应激（p. 491）
**traumatic stress** A massive instance of acute stress, the effects of which can reverberate within an individual for years or even a lifetime. It differs from acute stress mainly in terms of its potential to lead to posttraumatic stress disorder.

三维人格模型（p. 186）
**tridimensional personality model** Cloninger's tridimensional personality model ties three specific personality traits to levels

of the three neurotransmitters. The first trait is called novelty seeking and is based on low levels of dopamine. The second personality trait is harm avoidance, which he associates with low levels of serotonin. The third trait is reward dependence, which Cloninger sees as related to low levels of norepinephrine.

信任（p. 432）
**trust** The proclivity to cooperate with others, giving others the benefit of the doubt, and viewing one's fellow human beings as basically good at heart.

双生子研究（p. 146）
**twin studies** Twin studies estimate heritability by gauging whether identical twins, who share 100 percent of their genes, are more similar to each other than fraternal twins, who share only 50 percent of their genes. Twin studies, and especially studies of twins reared apart, have received tremendous media attention.

A型人格（p. 171）
**type A personality** In the 1960s, cardiologists Friedman and Rosenman began to notice that many of their coronary heart disease patients had similar personality traits—they were competitive, aggressive workaholics, were ambitious overachievers, were often hostile, were almost always in a hurry, and rarely relaxed or took it easy. Friedman and Rosenman referred to this as the Type A personality, formally defined as "an action-emotion complex that can be observed in any person who is aggressively involved in a chronic, incessant struggle to achieve more and more in less and less time, and if required to do so, against the opposing efforts of other things or other persons" (1974, p. 37). As assessed by personality psychologists, Type A refers to a syndrome of several traits: (1) achievement motivation and competitiveness; (2) time urgency; and (3) hostility and aggressiveness.

D型人格（p. 504）
**Type D personality** A dimension along which individuals differ on two underlying traits: (1) negative affectivity, or the tendency to frequently experience negative emotions across time and situations (e.g., tension, worry, irritability, and anxiety); and (2) social inhibition, or the tendency to inhibit the expression of emotions, thoughts, and behaviors in social interactions. People high on both of these traits are said to have the Type D personality, which places them at risk for poor outcomes once they develop cardiac disease.

# U

无条件积极关注（p. 310）
**unconditional positive regard** The receipt of affection, love, or respect without having done anything to earn it. For example, a parent's love for a child should be unconditional.

无意识（p. 233）
**unconscious** The unconscious mind is that part of the mind about which the conscious mind has no awareness.

《员工选拔程序统一指南》（p. 98）
**Uniform Guidelines on Employee Selection Procedures** The purpose of the guidelines is to provide a set of principles for employee selection that meet the requirements of all federal laws, especially those that prohibit discrimination on the basis of race, color, religion, sex, or national origin. They provide details on the proper use of personality tests and other selection procedures in employment settings.

非约束型择偶策略（p. 220）
**unrestricted mating strategy** According to Gangestad and Simpson (1990), a woman seeking a man for the quality of his genes is not interested in his level of commitment to her. If the man is pursuing a short-term sexual strategy, any delay on the woman's part may deter him from seeking sexual intercourse with her, thus defeating the main adaptive reason for her mating strategy.

# V

效度（p. 37）
**validity** The extent to which a test measures what it claims to measure.

效度系数（p. 116）
**validity coefficients** The correlations between a trait measure and measures of different criteria that should relate to the trait. An example might be the correlation between a self-report measure of agreeableness, and the person's roommate reports of how agreeable they are.

愿望违背（p. 410）
**violation of desire** According to the violation of desire theory of conflict between the sexes, breakups should occur more frequently when one's desires are violated than when they are fulfilled (Buss, 2003). Following this theory, we would predict that people married to others who lack desired characteristics, such as dependability and emotional stability, will more frequently dissolve the marriage.

# W

沃德湾包装公司诉安东尼奥案（p. 98）
***Ward's Cove Packing Co. v. Atonio*** Ward's Cove Packing Co. was a salmon cannery operating in Alaska. In 1974 the non-White cannery workers started legal action against the company, alleging that a variety of the company's hiring and promotion practices were responsible for racial stratification in the workplace. The claim was advanced under the disparate impact portion of Title VII of the Civil Rights Act. In 1989 the Supreme Court decided on the case in favor of Ward's Cove. The court decided that, even if employees can prove discrimination, the hiring practices may still be considered legal if they serve "legitimate employment goals of the employer." This decision allowed disparate impact if it was in the service of the company. This case prompted Congress to pass the Civil Rights Act of 1991, which contained several important modifications to Title VII of the original act. Most important, however, the new act shifted the burden of proof onto the employer by requiring that it must prove a close connection between disparate impact and the ability to actually perform the job in question.

语言相对性的沃尔夫假说（p. 472）
**Whorfian hypothesis of linguistic relativity** In 1956, Whorf proposed the theory that language creates thought and experience. According to this hypothesis, the ideas that people can think and the emotions they feel are constrained by the need locate words that happen to exist in their language and culture and with which they use to express them.

愿望满足（p. 237）
**wish fulfillment** If an urge from the id requires some external object or person, and that object or person is not available, the id may create a mental image or fantasy of that object or person to satisfy its needs. Mental energy is invested in that fantasy and the urge is temporarily satisfied. This process is called wish fulfillment, whereby something

unavailable is conjured up and the image of it is temporarily satisfying.

文化内差异（p. 468）
**within-culture variation** Variations within a particular culture that can arise from several sources, including differences in growing up in various socioeconomic classes, differences in historical era, or differences in the racial context in which one grows up.

个体内部（p. 6）
**within the individual** The important sources of personality reside within the individual—that is, people carry the sources of their personality inside themselves—and hence are stable over time and consistent over situations.

工作模型（p. 280）
**working models** Early experiences and reactions of the infant to the parents, particularly the mother, become what Bowlby called "working models" for later adult relationships. These working models are internalized in the form of unconscious expectations about relationships.

# X

恐外症（p. 201）
**xenophobia** The fear of strangers. Characteristics that were probably adaptive in ancestral environments, such as xenophobia, are not necessarily adaptive in modern environments. Some of the personality traits that make up human nature may be vestigial adaptations to an ancestral environment that no longer exists.

# 参考文献


Abdel-Khalek, A. M., and Alansari, B. M. (2004). Gender differences in anxiety among undergraduates from ten Arab countries. *Social Behavior and Personality, 32,* 649–656.

Abe, J.A.A. (2005). The predictive validity of the five-factor model of personality with preschool age children: A nine year follow-up study. *Journal of Research in Personality, 39,* 423–442.

Abelson, R. P. (1985). A variance explanation paradox: When a little is a lot. *Psychological Bulletin, 97,* 129–133.

Abrahamson, A. C., Baker, L. A., and Caspi, A. (2002). Rebellious teens? Genetic and environmental influences on the social attitudes of adolescents. *Journal of Personality and Social Psychology, 83, 6,* 1392–1408.

Ackerman, J. M., and Bargh, J. A. (2010). The purpose-driven life: Commentary on Kenrick et al. (2010). *Perspectives on Psychological Science, 5,* 323–326.

Aczel, B., Lukacs, B., Komlos, J., and Aitken, M.R.F. (2011). Unconscious intuition or conscious analysis? Critical questions for the deliberation-without-attention paradigm. *Judgment and Decision Making, 6,* 351–358.

Adan, A. (1991). Influence of morningness-eveningness preference in the relationship between body temperature and performance: A diurnal study. *Personality and Individual Differences, 12,* 1159–1169.

Adan, A. (1992). The influence of age, work schedule and personality on morningness dimension. *International Journal of Psychophysiology, 12,* 95–99.

Addison, T. L., and Schmidt, L. A. (1999). Are women who are shy reluctant to take risks? Behavioral and psychophysiological correlates. *Journal of Research in Personality, 33,* 352–357.

Affleck, G., and Tennen, H. (1996). Construing benefits from adversity: Adaptational significance and dispositional underpinnings. *Journal of Personality, 64,* 899–922.

Aharon, I., Etcoff, N., Ariely, D., Chabris, C. F., O'Connor, E., and Breiter, H. C. (2001). Beautiful faces have variable reward value: fMRI and behavioral evidence. *Neuron, 32,* 537–551.

Ai, A. L., Peterson, C., and Ubelhor, D. (2002). War-related trauma and symptoms of posttraumatic stress disorder among adult Kosovar refugees. *Journal of Traumatic Stress, 15,* 157–160.

Aigner, M., Eher, R., Fruenhwald, S., Frottier, P., Gutierrez-Lobos, K., and Dwyer, S. M. (2000). Brain abnormalities and violent behavior. *Journal of Psychology and Human Sexuality, 11,* 57–64.

Ainsworth, M. D. (1979). Infant-mother attachment. *American Psychologist, 34,* 932–937.

Ainsworth, M. D., Bell, S. M., and Stayton, D. J. (1972). Individual differences in the development of some attachment behaviors. *Merrill-Palmer Quarterly, 18,* 123–143.

Ainsworth, M. D., and Bowlby, J. (1991). An ethological approach to personality development. *American Psychologist, 46,* 333–341.

Aknin, L. B., Barrington-Leigh, C. P., Dunn, E. W., Helliwell, J. F., Burns, J., Biswas-Diener, R., and . . . Norton, M. I. (2013). Prosocial spending and well-being: Cross-cultural evidence for a psychological universal. *Journal of Personality and Social Psychology, 104*(4), 635–652.

Aldwin, C. M., Spiro, A., III, Levenson, M. R., and Cupertino, A. P. (2001). Longitudinal findings from the normative aging study: III. Personality, individual health trajectories, and mortality. *Psychology and Aging, 16,* 450–465.

Alessandri, G., Caprara, G. V., and De Pascalis, V. (2015). Relations among EEG-alpha asymmetry and positivity personality trait. *Brain and Cognition, 97,* 10–21.

Alexander, R. D., Hoodland, J. L., Howard, R. D., Noonan, K. M., and Sherman, P. W. (1979). Sexual dimorphisms and breeding systems in pinnipeds, ungulates, primates, and humans. In N. A. Chagnon and W. Irons (Eds.), *Evolutionary biology and human social behavior.* North Scituate, MA: Duxbury Press.

Algom, D., Chajut, E., and Lev, S. (2004). A rational look at the emotional Stroop phenomenon: A generic slowdown, not a Stroop effect. *Journal of Experimental Psychology: General, 133,* 323–338.

Alleman, M., Zimprich, D., and Hertzon, C. (2007). Cross-sectional age differences and longitudinal age changes in middle adulthood and old age. *Journal of Personality, 75,* 323–358.

Allemand, M., Gomez, V., and Jackson, J. J. (2010). Personality trait development in midlife: Exploring the impact of psychological turning points. *European Journal of Aging, 7,* 147–155.

Allik, J. (2012). National differences in personality. *Personality and Individual Differences, 53,* 114–117.

Allik, J., and Realo, A. (2009). Editorial: Personality and Culture. *European Journal of Personality, 23,* 149–152.

Allport, G. W. (1937). *Personality: A psychological interpretation.* New York: Holt, Rinehart and Winston.

Allport, G. W. (1961). *Pattern and growth in personality.* New York: Holt, Rinehart and Winston.

Allport, G. W., and Odbert, H. S. (1936). Trait-names: A psycho-lexical study. *Psychological Monographs, 47* (1, Whole No. 211).

Almagor, M., Tellegen, A., and Waller, N. G. (1995). The big seven model: A cross-cultural replication and further exploration of the basic dimensions of natural language trait descriptors. *Journal of Personality and Social Psychology, 69,* 300–307.

Alston, W. P. (1975). Traits, consistency and conceptual alternatives for personality theory. *Journal for the Theory of Social Behavior, 5,* 17–48.

Amelang, M., Herboth, G., and Oefner, I. (1991). A prototype strategy for the construction of a creativity scale. *European Journal of Personality, 5,* 261–285.

American Psychiatric Association. (2013). *Diagnostic and statistical manual of mental disorders* (5th ed.). Washington, DC: Author.

Anastasi, A. (1976). *Psychological testing.* New York: Macmillan.

Anderson, C., and Kilduff, G. J. (2009). Why do dominant personalities attain influence in face-to-face groups? The competence-signaling effects of trait dominance. *Journal of Personality and Social Psychology, 96,* 491–503.

Ando, J., Ono, Y., Yoshimura, K., Onoda, N., Shinohara, M., Kanba, S., and Asai, M. (2002). The genetic structure of Cloninger's seven-factor model of temperament and character in a Japanese sample. *Journal of Personality, 70, 5,* 583–610.

Andrews, J. D. W. (1967). The achievement motive in two types of organizations. *Journal of Personality and Social Psychology, 6,* 163–168.

Angier, N. (1999). *Woman: An intimate geography.* Boston: Houghton Mifflin.

Angleitner, A., and Demtröder, A. I. (1988). Acts and dispositions: A reconsideration of the act frequency approach. *European Journal of Psychology, 2,* 121–141.


更多参考文献请扫描下方二维码。